Nr. 52
S. 18577—18940

1961
27. Dezember

Chemisches Zentralblatt

Vollständiges Repertorium für alle Zweige der reinen und angewandten Chemie

1830 gegründet. 1897—1945 von der Deutschen Chemischen Gesellschaft fortgeführt. Im Auftrage der Deutschen Akademie der Wissenschaften zu Berlin, der Chemischen Gesellschaft in der DDR, der Akademie der Wissenschaften zu Göttingen und der Gesellschaft Deutscher Chemiker (in der BRD)

herausgegeben von Prof. Dr. Heinrich Bertsch und Prof. Dr. Dr. h. c. Wilhelm Klemm

132. Jahrgang

1961

Chefredakteure: Dr. Willi Barz (komm.) und Dr. Eugen Klever

Akademie-Verlag GmbH., Berlin — Verlag Chemie, GmbH., Weinheim/Bergstr.

Inhalt

CHEMISCHES ZENTRALBLATT

VOLLSTÄNDIGES REPERTORIUM FÜR ALLE ZWEIGE DER REINEN UND ANGEWANDTEN CHEMIE

1830 gegründet
1897—1945 von der Deutschen Chemischen Gesellschaft fortgeführt

Im Auftrage der Deutschen Akademie der Wissenschaften zu Berlin,
der Chemischen Gesellschaft in der DDR,
der Akademie der Wissenschaften zu Göttingen
und der Gesellschaft Deutscher Chemiker (in der BRD)
herausgegeben von

Prof. Dr. **Heinrich Bertsch** und Prof. Dr. Dr. h. c. **Wilhelm Klemm**

132. JAHRGANG

1961

SEITE 17457—18940

Chefredakteure: Dr. Willi Barz (komm.) und Dr. Eugen Klever

1961

AKADEMIE-VERLAG GMBH · BERLIN
VERLAG CHEMIE · GMBH · WEINHEIM/BERGSTR.

Heft-Nr.	Seitenzahl	Ausgabedatum
49	17457—17816	6. Dezember 1961
50	17817—18200	13. Dezember 1961
51	18201—18576	20. Dezember 1961
52	18577—18940	27. Dezember 1961

Herausgeber: Prof. Dr. Heinrich Bertsch, Berlin, u. Prof. Dr. Dr. h. c. Wilhelm Klemm, Münster. Chefredakteure und verantwortlich für den Inhalt: Dr. Willi Barz (komm.), Berlin N 4, Schiffbauerdamm 19, Fernsprecher: 42 55 71, und Dr. Eugen Klever, Berlin W 30, Geisbergstraße 39, Fernsprecher: 24 95 41.

©

Verlag: Akademie-Verlag GmbH, Berlin W 8, Leipziger Str. 3—4 (Fernsprecher: 22 04 41, Telex-Nr. 011 773, Postscheckkonto Berlin 350 21), und Verlag Chemie, GmbH, Weinheim/Bergstr. (Fernsprecher: Weinheim 36 35 [Sammelnummer]; Fernschreiber: 04 655 16 chemieverl wnh; Postscheckkonten: Frankfurt/M. 14 53 14 u. Berlin [West] 74 30). Bestellnummer: 1007/132. Das Chemische Zentralblatt erscheint wöchentlich. Preis des Jahrganges einschl. Autoren-, Patent-, Sach- u. Formelregister: DM 960,—; einseitig bedruckte Ausgabe: DM 1050,—. Abgabe der Zeitschrift nur mit sämtlichen Registern.
Abbestellungen nur bis spätestens 6 Wochen vor Ablauf des Kalenderjahres.

Satz und Druck: VEB Leipziger Druckhaus, Leipzig, III/18/203. 12/61.
Veröffentlicht unter der Lizenznummer ZLN 5002 des Ministeriums für Kultur, Hauptverwaltung Verlagswesen.
Printed in Germany.

Abkürzungsverzeichnis

A	Ampère
A.	Äthylalkohol
Å	Ångström
a	Jahr (nur für Dimensionen)
Abb.	Abbildung(en)
abs.	absolut(e)
Ae.	Diäthyläther
akt.	aktiv(e)
allg.	allgemein(e)
App.	Apparat(e), Apparatur(en)
asymm.	asymmetrisch(e)
at	Atmosphäre, technisch
atm	Atmosphäre, physikalisch
Atomgew.	Atomgewicht
ausg.	ausgegeben
AZ.	Acetylzahl
bar	Bar
bes.	besonders, besondere, insbesondere
Best.	Bestimmung(en)
Bibl.	Bibliographie(n)
bin.	binär
Bldg.	Bildung(en)
bzgl.	bezüglich
Bzl.	Benzol
Bzn.	Benzin
bzw.	beziehungsweise
C.	Chem. Zentralblatt (nur bei Zitaten)
c	Curie
ca.	zirka
cal	Calorie (Grammcalorie)
Chlf.	Chloroform
const	constans
cP	Centipoise
cSt	Centistokes
$D._4^{20}$	Dichte (bei 20° gemessen u. bezogen auf Wasser von 4°)
D	Debye
d	Tag (nur für Dimensionen)
DAB.	Deutsches Arzneibuch
dad.gek.	dadurch gekennzeichnet
Darst.	Darstellung(en)
Deriv.	Derivat
Derivv.	Derivate
Dest.	Destillation(en)
dest.	destillieren, destilliert(e)
d.h.	das heißt
DK	Dielektrizitätskonstante
DL	Dosis letalis
DTA	Differentielle Thermoanalyse
$E^{1\%}_{1cm}$	Extinktion (1%ige Lsg.; 1 cm Schichtdicke)
Eig.	Eigenschaft
Eigg.	Eigenschaften
Einfl.	Einfluß, Einflüsse
Einw.	Einwirkung(en)
EMK	Elektromotorische Kraft
Entw.	Entwicklung(en)
Ep.	Erstarrungspunkt
Epp.	Erstarrungspunkte
eV	Elektronenvolt
evtl.	eventuell
EZ.	Esterzahl
°F	Grad Fahrenheit
F.	Schmelzpunkt
FF.	Schmelzpunkte
Fl.	Flüssigkeit
Fll.	Flüssigkeiten
fl.	flüssig(e)
g	Gramm
Geh.	Gehalt(e)
gek.	gekennzeichnet(e)
gesätt.	gesättigt(e)
Geschw.	Geschwindigkeit(en)
Gew.	Gewicht(e)
ggf.	gegebenenfalls
Ggw.	Gegenwart
h	Stunde (nur für Dimensionen)
Herst.	Herstellung(en)
Hz	Hertz
I.E.	Internationale Einheit
i.m.	intramuskulär(e)
inakt.	inaktiv(e)
I.P.	Isoelektrischer Punkt
IR	Infrarot (Ultrarot)
i.v.	intravenös(e)
J	Joule
JZ.	Jodzahl
°K	Grad Kelvin
kcal	Kilogrammcalorie
Koeff.	Koeffizient(en)
Koll.	Kolloid(e)
koll.	kolloid(e), kolloidal(e)
Kondens.	Kondensation(en)
Konst.	Konstante(n)
konst.	konstant(e)
Konstit.	Konstitution(en)
Konz.	Konzentration
Konzz.	Konzentrationen
konz.	konzentriert(e)
korr.	korrigiert(e)
Kp.	Siedepunkt
Kpp.	Siedepunkte
krist.	kristallisiert(e)
KW-Stoff	Kohlenwasserstoff
KW-Stoffe	Kohlenwasserstoffe
Labor.	Laboratorium, Laboratorien
l.c.	loco citato
Leg.	Legierung
Legg.	Legierungen
lösl.	löslich(e)
log	Logarithmus (allgemein)
Lsg.	Lösung
Lsgg.	Lösungen
Lsgm.	Lösungsmittel (Ein- u. Mehrzahl)
m	Meter
m	molar (Konzentrationsangabe)
Meth.	Methode(n)
Min.	Minute(n) (allgemein)
min	Minute (nur für Dimensionen)
Mitt.	Mitteilung(en)
mkr.	mikroskopisch(e)
ml	Milliliter
mμ	Millimikron
Mol	Grammolekül(e)
Mol.	Molekül
Moll.	Moleküle
mol.	molekular(e)
Molgew.	Molekulargewicht(e)
Mol.-Refr.	Molekularrefraktion(en)
n	normal (Konzentrationsangabe)
n-	normal (Isomerieangabe)
n_D^{20}	Brechungsindex (bei 20° u. D-Linie)
nachst.	nachstehend(e)
Nachw.	Nachweis(e)
Nd.	Niederschlag
Ndd.	Niederschläge
Oe	Oerstedt
opt.-akt.	optisch-aktiv(e)
p	Pond
PAe.	Petroläther
pH	Wasserstoffionenkonzentration (negativer dekad. Logarithmus)
pK	Dissoziationskonstante (negativer Logarithmus)
ppm	parts per million
Präp.	Präparat
Präpp.	Präparate
prim.	primär(e)
Prior.	Priorität(en), Unionspriorität(en)
Prod.	Produkt
Prodd.	Produkte
qual.	qualitativ(e)
quant.	quantitativ(e)

quart.	quartär(e) (Bindigkeit)
quatern.	quaternär(e)
°R	Grad Réaumur
r	Internationale Röntgeneinheit
rac.	racemisch(e)
rad	Einheit der absorbierten Strahlendosis
°Rank.	Grad Rankine
Red.	Reduktion
Redd.	Reduktionen
red.	reduziert(e)
Ref.	Referat
Reff.	Referate
rem	roentgen-equivalent-men
rep	roentgen-equivalent-physical
R_F	Retentionsfaktor (anteilmäßige Steighöhe)
RhZ.	Rhodanzahl
Rk.	Reaktion
Rkk.	Reaktionen
S	Sedimentationskonstante
s	Sekunde (nur für Dimensionen)
s.	siehe
schm.	schmelzend(e)
sd.	siedend(e)
Sek.	Sekunde(n), allgemein
sek.	sekundär(e)
sog.	sogenannt(e)
Spezif.Gew.	Spezifisches Gewicht
Std.	Stunde(n) (allgemein)
std.	stündig(e)
symm.	symmetrisch(e)
Synth.	Synthese(n)
Syst.	System(e)
SZ.	Säurezahl
t	Tonne, metrisch
Temp.	Temperatur(en)
tern.	ternär(e)
tert.	tertiär(e)
u.	und
u.a.	und andere, unter anderem
u. dgl.	und dergleichen
U/min	Umdrehungen pro Minute
ungesätt.	ungesättigt(e)
unlösl.	unlöslich(e)
unsymm.	unsymmetrisch(e)
Unters.	Untersuchung
Unterss.	Untersuchungen
USP.	United States Pharmacopeia
usw.	und so weiter
UV	Ultraviolett
V	Volt
Val	Grammäquivalent
Verb.	Verbindung
Verbb.	Verbindungen
verd.	verdünnt(e)
Verf.	Verfahren (Einzahl)
Verff.	Verfahren (Mehrzahl)
Verh.	Verhalten
Vers.	Versuch
Verss.	Versuche
Verw.	Verwendung(en)
Vf.	Verfasser(in) (Einzahl)
Vff.	Verfasser(innen) (Mehrzahl)
Vgl.	Vergleich(e)
vgl.	vergleiche
Vol.	Volumen, Volumina
Vork.	Vorkommen (Ein- u. Mehrzahl)
vorl. Mitt.	vorläufige Mitteilung(en)
Vorr.	Vorrichtung(en)
vorst.	vorstehend(e)
VZ.	Verseifungszahl
W	Watt
W.	Wasser
Wrkg.	Wirkung(en)
wss.	wässerig(e)
X	X-Einheit
z.B.	zum Beispiel
Zers.	Zersetzung(en)
z.T.	zum Teil
Zus.	Zusammensetzung(en)
♂	männlich (im biolog. Sinne)
♀	weiblich (im biolog. Sinne)
°	Grad Celsius
%ig.	prozentig
‰ig.	promillig
~	angenähert, etwa gleich mit, rund
$\geqq$	gleich oder größer als
$\leqq$	gleich oder kleiner als
$>$	größer als
$<$	kleiner als
$\triangleq$	entspricht
∞	unendlich
⌀	Durchmesser

Griech. Abkürzungen

$[\alpha]_D^{20}$	Opt. Drehung, spezifische (gemessen mit D-Linie bei 20°)
λ	Wellenlänge
λ_{max}	maximale Wellenlänge
λ_{min}	minimale Wellenlänge
μ	Mikrometer (auch Mikron genannt)
μg	Mikrogramm (auch Gamma genannt)
Ω	Ohm

Kurzzeichen der Vorsätze für Einheiten

T	Tera-	10^{12} Einheiten
G	Giga-	10^{9} Einheiten
M	Mega-	10^{6} Einheiten
k	Kilo-	10^{3} Einheiten
h	Hekto-	10^{2} Einheiten
da	Deka-	10^{1} Einheiten
d	Dezi-	10^{-1} Einheiten
c	Zenti-	10^{-2} Einheiten
m	Milli-	10^{-3} Einheiten
μ	Mikro-	10^{-6} Einheiten
n	Nano-	10^{-9} Einheiten
p	Pico-	10^{-12} Einheiten

Patent-Abkürzungen

D.A.S.	Deutsche Auslegeschrift
D.B.P.	Deutsches Bundes-Pat.
D.P.[DDR]	Deutsches [DDR] Patent
D.R.P.	Deutsches Reichs-Pat.
A.P.	Amerikanisches Patent
Aust.P.	Australisches Patent
Belg.P.	Belgisches Patent
Can.P.	Canadisches Patent
Dän.P.	Dänisches Patent
E.P.	Englisches Patent
Finn.P.	Finnisches Patent
F.P.	Französisches Patent
Holl.P.	Holländisches Patent
Ind.P.	Indisches Patent
It.P.	Italienisches Patent
Jap.A.S.	Japan. Auslegeschrift
Jug.P.	Jugoslawisches Patent
Norw.P.	Norwegisches Patent
Oe.P.	Österreichisch. Patent
Poln.P.	Polnisches Patent
Schwed.P.	Schwedisches Patent
Schwz.P.	Schweizer Patent
Tschech.P.	Tschechoslowakisches Patent
UdSSR.P.	Sowjetisches Patent
Ung.P.	Ungarisches Patent

Für die fachliche Rechtschreibung in den Referaten und Registern des Chemischen Zentralblattes ist die 2. Auflage (Verlag Chemie GmbH Weinheim/Bergstr. u. VDI-Verlag GmbH Düsseldorf; 1959) der „Rechtschreibung der technischen und chemischen Fremdwörter" von Jansen-Mackensen bestimmend.

Dr. Willi Barz (komm.) und Dr. Eugen Klever, Chefredakteure

Chemisches Zentralblatt

1961 **Bibliographien** Nr. 52

Neue Bücher

A_4. Thermodynamik. Thermochemie

—, I. U. P. A C. Thermodynamics. London: Butterworths. 1961. (338 S.) 50 s.

W. B. Kogan und **W. M. Fridman**, Handbuch der Dampf—Flüssigkeits-Gleichgewichte. Berlin: Deutscher Verl. der Wissenschaften. 1961. (LI + 507 S.) 8° = Physikalisch-chemische Trenn- u. Meßmethoden. Bd. 2. DM 45,—.

A_6. Strukturforschung

R. Gay, Cours de cristallographie. Livre III: Radiocristallographie théorique. Paris: Gauthier-Villars. 1961. (278 S.) 38 NF.

Hans Witzmann, Hrsg., Methoden der Strukturuntersuchung an hochdispersen und porösen Stoffen. Berlin: Akademie-Verl. 1961. (248 S. m. 156 Abb. u. 25 Tab.) 8°. DM 43,—.

A_7. Gleichgewichte. Kinetik

P. Vallet, Tables numériques permettant l'intégration des constantes de vitesse par rapport a la température. Texte trilingue: Français, Anglais, Espagnol. Paris: Gauthier-Villars. 1961. (114 S.) 8°. 12 NF.

S. C. Lind, Radiation chemistry of gases. London: Chapman & Hall. 1961. (313 S. m. Diagr.) 100 s.

A_8. Präparative anorganische Chemie. Komplexverbindungen Metallorganische Verbindungen

Claude-J. Garrigues, Contribution à la chimie des solutions aqueuses de titane tétravalent. Paris: Service de documentation et d'information technique de l'aéronautique. 1960. (X + 79 S. m. Abb.) 8° = Publications scientifiques et techniques du Ministère de l'air. Notes techniques. N° 93. 15,50 NF.

Joseph Jacob Katz, The chemistry of uranium: the element, its binary and related compounds. New York: Dover. 1961. (XXI + 609 S. m. Abb.) $ 2.95.

Ionel Haiduc, Introducere în chimia ciclurilor anorganice. Editura Academiei Rep. Populare Romîne București 1960. (337 S. m. Abb.) — Ohne Preisangabe.
Unter Verw. aller Literaturhinweise (1834—1959; 1047 Literaturzitate), die sich auf die Chemie anorgan. Ringe beziehen, bringt Vf. eine erschöpfende Übersicht über die anorgan. Cyclen, unabhängig davon, ob organ. oder anorgan. Substituenten am Ring enthalten sind. Die Systematisierung wird nach verschiedenen Gesichtspunkten vorgenommen: 1. nach der Art der Bindungen (Ringe mit kovalenten, koordinativen u. überlagerten Bindungen); 2. nach der Anzahl der Ringe (mono- u. polycycl. Verbb., wobei die letzten in lineare verknüpfte Ringe, Spirane u. kondensierte Ringe unterteilt werden); 3. nach der Natur der Komponenten (homo-, pseudohetero- u. heterocycl. Verbb.). Jede Klasse wird gründlich besprochen. Auf Grund der Vgl. der Darst.-Meth., Eigg., Strukturformeln u. Nomenklatur zieht Vf. Schlüsse, die allgemeingültig für eine Klasse sind. — Literatur- u. Sachverzeichnis. M. Moldenschardt

Istvaín Náray-Szabó. Anorganische Chemie. Band I. Berlin: Akademie-Verlag. 1959. Budapest: Verlag der Ungarischen Akademie der Wissenschaften. 1959. Übersetzt aus dem Ungarischen von **András Beliczay**. (664 S.) DM 67,—.
Vorliegender Band I des auf insgesamt 3 Bände veranschlagten Werkes mit Handbuchcharakter enthält nach der allg. Einleitung die nichtmetall. Elemente (Gruppen VIIb—IIIb) u. ihre Verbb., in der Gruppe IVb sind auch Sn u. Pb besprochen. Das Gesamtwerk, aus dem Ungar. von D. J. A. Béliczay übersetzt u. lektoriert von **B. Lengyel** u. **Z. Szabó**, bringt möglichst alle, für den Chemiker wichtigen physikal. u. chem. Tatsachen, die über Elemente u. sicher bekannte Verbb. vorliegen. Die Geschichte, Vork., technolog. u. Produktionsdaten, physiolog. Verh. u. analyt. Nachw. werden weniger eingehend behandelt." Heinz Walter

C. Präparative organische Chemie. Naturstoffe

Friedrich Nerdel, Organische Chemie. Ein Lehrbuch für Naturwissenschaftler, Mediziner und Techniker. Berlin: de Gruyter. 1961. (XI + 181 S. m. 13 Abb.) 8° DM 16,80.

M. M. Schemjakin u. a. Chemie der Antibiotika. 3. überarb. u. vervollst. Aufl. Bd. 1. Moskau: Verl. der Akad. der Wiss. der UdSSR. 1961. (774 S.) 4 Rbl. 53 Kop. [Russ.]

Heinz Schlesinger, Organisch-präparative Chemie. Garmisch-Partenkirchen: Moser. 1961. (90 Bl.) 4° = FEB-Literatur-Bericht. 809. DM 30,—.

Friedrich Klages, Einführung in die organische Chemie. Berlin: Walter de Gruyter u. Co. 1961. (XV + 571 S. m. 50 Abb., 25 Tab., 4 Taf. u. 17 Raumbildern.) DM 28,—.

Im ersten Teil (321 S.) des vorliegenden Werkes werden dem Benutzer die Grundlagen der organischen Chemie in anschaulicher u. sehr übersichtlicher Weise vermittelt, während im zweiten Teil als Sondergebiete u. a. die Grundlagen der Elektronentheorie, der Valenz u. die Stereochemie nach dem neuesten Stand der Erkenntnisse abgehandelt werden; außerdem wird umfangreiches Material über alle Naturstoffklassen geboten. Als Neuerung hervorzuheben sind die gut gelungenen Raumtafeln, die dem Anfänger das unbedingt notwendige Raumdenken erleichtern. Das Werk ist als Rüstzeug für den jungen Organiker sowie als Nachschlagwerk für Studierende der Nachbardisziplinen gleichermaßen geeignet. W. Hoffmann

E_1. Allgemeine Biologie und Biochemie

— Report of the Medical Research Council for the year 1959—1960. London: Her Majesty's Stationery Office. 1961. (326 S. m. Abb.) 15 s. 6 d.

Per-Åke Albertsson, Partition of Cell Particles and Macromolecules. Stockholm, Göteborg, Uppsala: Almqvist & Wiksel; New York: John Wiley & Sons. 1960. (231 S.) Sw. kr. 35.—

Es werden behandelt: Verteilung u. Fraktionierung von Zellen, Viren, Mikrosomen, Proteinen, Nucleinsäuren u. Antigen–Antikörperkomplexen in wss. Polymer-Zweiphasensystemen. — Fl. Polymerphasensysteme (Dextran-Polyäthylenglykol, Dextran-Methylcellulose u. a.). — Die Verteilung von Partikeln in einem Zweiphasensystem (Theorie). — Die Verteilung von Partikeln u. Makromoll. in Polymer-Zweiphasensystemen (Unterss.). — Gegenstromverteilung. — Isolierung von Ribonucleoproteinpartikeln aus Rattenhirnmikrosomen. — Konzentrierung u. Reinigung von Viren. — Antigen–Antikörper in Zweiphasensystemen. H. Kockert

E_2. Enzymologie. Gärung

The Enzymes. Vol. 4. Herausgegeben von **Paul D. Boyer, Henry Lardy, Karl Myrbäck.** New York and London. 1960: Academic Press. (XX + 631 S.) $ 18.—. (Vol. 3 vgl. C. **1961.** 9768).

Von den 33 Kapiteln des 4. Bandes behandelt etwa die Hälfte den Stoffwechsel der Aminosäuren, der Peptide und Proteine, sowie die am Blutgerinnungsmechanismus beteiligten Enzyme Plasmin und Thrombin. Auch die Kapitel über Urease, Penicillinase u. Adenyldesaminase sind hier untergebracht. — Der anschließende Teil bringt die enzymat. Vorgänge des hydrolyt. Kohlenhydratstoffwechsels und des Stoffwechsels verwandter Verbindungen (Glucosidasen, Invertasen, Galaktosidase, Dextranasen, Pektinase, Chitinase, Lysozym, Hyaluronidase, Neuraminidase).— Die 6 Schlußkapitel dieses Bandes befassen sich mit der Spaltung der Fettsäureester, der Cholinester, den Organophosphorsäureestern und den Phospholipiden. — Etwa 3000 Literaturangaben. P. Loch

The Enzymes. Vol. 5. Herausgeg. von **Paul D. Boyer, Henry Lardy, Karl Myrbäck.** New York and London: Academic Press. 1961. (XIX + 645 S.) $ 20,00. (Vol. 4 vgl. vorst. Buchbesprechung.)

Im vorliegenden Band 5 sind 17 Kapitel der Hydrolyse von Phosphaten (Phosphatasen, Nucleotidase, Ribonucleasen, Desoxyribonucleasen, Pyrophosphatasen, Phosphorylasen) gewidmet. — Etwa den gleichen Umfang nimmt die Behandlung von Enzymen der nichtoxydativen Spaltung und der Synthese von C—C-Bindungen, der Isomerisation, der Hydratation u. Dehydratation in Anspruch. — Auch dieser Band zeichnet sich wie seine Vorgänger durch eine kaum zu überbietende Vollständigkeit u. prägnante Darstellung aus. — Die zur Information herangezogenen Originalarbeiten sind durch Tausende von Literaturangaben belegt. P. Loch

E_6. Pharmakologie. Therapie. Toxikologie. Hygiene

N. B. Iljinskaja, Mechanismus der DDT-Wirkung auf Insekten. Moskau-Leningrad: Verl. der Akad. der Wiss. der UdSSR. 1961. (112 S. m. Abb.; 1 Bl. Abb.) 64 Kop. [Russ.]

G. Analyse. Laboratorium

E. Bewell and **P. T. S. Sandon,** Determination of titanium in zirconium and zirconium tetrachloride. London: H.M.S.O. 1961. = A.E.R.E.: AM 79. 1 s. 2 d.

G. Charlot, Dosages colorimétriques des éléments minéraux. Principes et méthodes. 2e édit. Paris: Masson. 1961. (380 S. m. 72 Abb.) 45 NF.

K. R. J. Cottell, Polarographic determination of tin in stainless steel. London: H. M. S. O. 1961. = A. E. R. E.: AM 77. 1 s. 9 d.

P. M. Naylor, Paper chromatographic separation and assay of 90sr and 90y. London: H. M. S. O. 1961 = Development and engineering group, DEG report 317, W. 1 s. 6 d.

R. W. Wilkinson and J. A. Winter, A simple apparatus for the gas chromatography of polyphenyls. London: H. M. S. O. 1961. = A. E. R. E.: M 820. 2 s. 6 d.

J. Woodhead, The absorption spectrum of nitrous acid in tributyl phosphate and its application to analyses for nitrous acid. London: H. M. S. O. 1961. = A. E. R. E.: R 3432. 1 s. 9 d.

Ch. Wunderly, Principles and applications of paper electrophoresis. Amsterdam: Elsevier Publishing Cy. 1961. (XII + 256 S. m. Abb.) = Elsevier monographs. Chemistry section; no. 11. hfl 13.—.

A. N. Zaidel and others, Spectral-isotopic method for the determination of hydrogen in metals. London: Butterworths. 1961. 30 s.

The Determination of Gases in Metals. Special Report No. 68. The Iron and Steel Institute. London and Bradford: Percy Lund, Humphries & Co. Ltd. 1960. (VIII + 308 S.) 33 s.

Ausführlicher Bericht über das von der Society for Analytical Chemistry u. dem Iron and Steel Institute veranstalteten Symposium. Im wesentlichen wird die Best. der techn. wichtigen Gase O_2, H_2 u. N_2 nicht nur in Fe bzw. Stahl, sondern auch in Nichteisenmetallen wie Ti, Zr, Be u. U behandelt. An entsprechenden Beispielen wird die Anwendung der neuesten Analysen-Meth. erläutert.
G. Bauer

H. I. Allgemeine chemische Technologie

L. M. Batuner und **M. Je. Posin**, Mathematische Methoden in der chemischen Technik. Bd. 2. Leipzig: Deutscher Verl. für Grundstoffindustrie. 1961. (281 S. m. Abb.) 8°. DM 19,50.

Wilhelm Foerst, Hrsg., Ullmanns Encyklopädie der Technischen Chemie. 3., völlig neu gestaltete Aufl. Bd. 2/1: Anwendung physikalischer und physikalisch-chemischer Methoden im Laboratorium. München, Berlin: Urban & Schwarzenberg. 1961. (XII + 1017 S. m. 806 Abb.) 8°. DM 182,—.

S. Goostray, Experiments in applied chemistry, 3rd edit. London: Macmillan. 1961. 21 s.

M. Loncin, Les opérations unitaires du génie chimique. Paris: Dunod. 1961. (752 S. m. 300 Abb.) 115 NF.

Wärmelehre und Wärmewirtschaft in Einzeldarstellungen. Bd. 12. Technische Thermodynamik. II. Teil von **F. Bosnjaković**. 3. Auflage. Dresden und Leipzig: Verlag von Theodor Steinkopf. 1960. (XX + 480 S.)

Während schon in früheren Auflagen dieses Bandes bes. Wert darauf gelegt wurde, eine Meth. auszuarbeiten, die dem Ingenieur einen Überblick über den Zusammenhang zwischen den einzelnen Einflußgrößen u. der techn. Führung von Wärmeprozessen bietet, werden in der vorliegenden Auflage ähnliche Gedankengänge auch auf einige chem. Wärmeprozesse wie Vergasungsvorgänge oder Synthese-Prozesse ausgedehnt, wo chem. Rkk. mit dem Stoff- u. Wärmeaustausch verbunden sind. Neu aufgenommen sind Prozesse mit Zucker-Wasser-Lsgg. sowie Gasplasmen hoher Temperaturen. Dem Buch ist eine Aufgabensammlung mit Lösungen beigefügt.
G. Bauer

Progress in Nuclear Energy, Series III, Process Chemistry, Vol. 3, herausgeg. von **F. R. Bruce, J. M. Fletcher** und **H. H. Hyman**. Oxford, London, New York, Paris: Pergamon Press 1961 (XII + 474 S. m. zahlr. Tafeln u. Abb.) 5£ 5s. net.

Der in dieser Serie erscheinende 3. Band bringt die entsprechenden Tagesberichte der 2. International Conference on the Peaceful Uses of Atomic Energy, Genf 1958. Die vorgetragenen Arbeiten sind in folgende Gruppen eingeteilt: 1. Aufbereitung von U-Erzen, 2. Weiterverarbeitung von U u. die Herst. von Kernbrennstoffen, 3. Brennstoffaufbereitung, wssr. Prozesse, 4. Nichtwss. Prozesse, 5. Behandlung radioakt. Abfallstoffe. Abschließend werden die wichtigsten Veröffentlichungen der Konferenz über das in diesem Band behandelte Gebiet in kurzen Referaten zusammengefaßt. — Ausführliche Literaturangaben u. Sachregister.
G. Bauer

George K. Tucker und **Doris M. Wills.** Regelkreise der verfahrenstechnischen Praxis. Graphische Methoden. Deutsche Bearbeitung: **Hans J. Prieur.** München: Oldenbourg Verlag. 1960. (XVI + 360 S. m. 137 Bildern u. 17 Tafeln) Folienband DM 24,—.

Dieses Buch wendet sich an einen Leserkreis, dessen Interesse der Regelungstechnik im Industriebetrieb gilt u. der gerne wissen möchte, wie die Unters. eines Regel-Syst. vor sich geht u. welche Ergebnisse sie bringt. Regelungsmathematik wird nicht vorausgesetzt. Eine Zusammenstellung von nicht nur im Text verwendeten Fachausdrücken mit Begriffsbestimmungen u. den entsprechenden engl. Ausdrücken sowie eine Liste der wichtigsten Fachliteratur u. zahlreiche Tabellen u. Diagramme erleichtern den Überblick über Sinn u. Arbeitsweise der verfahrenstechn. Regelung.
G. Bauer

II. Betriebsschutz. Feuerschutz

Pierre Salmon et Martial Magne, Le Chlore. Paris: Institut national de sécurité pour la prévention des accidents du travail et des maladies professionnelles. 1960. (312 S. m. Abb.) 8°. 8.20 NF.

B. M. Slobinski, Sicherheit beim Arbeiten mit radioaktiven Stoffen. 2. vervollst. Ausg. Moskau: Metallurgisdat. 1961. (344 S.) 1 Rbl. 33 Kop. [Russ.]

VI. Silicatchemie. Baustoffe

I. N. Jukalow, Stähle und Roheisen für die Emaillierung. Moskau: Metallurgisdat. 1961. (120 S.) 3 Rbl. 70 Kop. [Russ.]

Clays and Clay Minerals. Eighth National Conference on Clays and Clay Minerals. Herausgegeben von **Ada Swineford.** Oxford, London, New York, Paris: Pergamon Press 1960 (IX + 292 S.) 63 s. net.

Diese Monographie bringt eine Zusammenstellung aller Arbeiten der 8. Konferenz des „Clay Minerals Committee of the National Academy of Sciences-National Res. Council u. vermittelt einen Überblick über die Entw. der Ton-Forschung in den USA. u. der damit zusammenhängenden mineralog. u. technolog. Fragen. In Anbetracht der umfassenden Bedeutung der Tone u. Ton-Mineralien auf den verschiedenen Gebieten, z. B. der Petroleum-Geologie, der Herst. von Katalysatoren u. a., dürfte dieses Buch einem größeren Kreis von Interessenten von Nutzen sein. G. BAUER

VIII. Metallurgie. Korrosion

G. M. Borodulin, The use of oxygen in the electrometallurgy of steel. Translated from the Russian by G. F. Modlen. London: Pergamon Pr. 1961. (120 S. m. Diagr.) 50 s.

A. J. Maurin, Manuel d'anticorrosion. Tome I: Introduction à l'étude de la technique d'anticorrosion. Paris: Eyrolles. 1961. (350 S. m. 106 Abb.) 60 NF.

—, Hütte. Taschenbuch für Eisenhüttenleute. 5., neubearb. Aufl. Herausgeg. vom Akademischen Verein Hütte in Berlin. Berlin: Ernst; Düsseldorf: Verl. Stahleisen. 1961. (XXXII + 1342 S. m. 1406 Abb.) 8°. DM 112,—.

Cobalt-Monograph. Unter Mitarbeit von the Staff of Battelle Memorial Institute, Columbus, Ohio, USA. Herausgeg. vom Centre d'Information Du Cobalt, Brüssel, Belgien. Brüssel: Weissenbruch Ltd. 1960. (XV + 515 S.) B. F. 750,—.

Die Monographie enthält alle — bis in die Drucklegung hinein erhaltbaren — Daten über Vork., Gewinnung u. physikal., mechan. u. chem. Eigg. des Co u. alle Unterss. über Kobaltlegierungssysteme. Die techn. Literatur ist bis einschließlich 1958 berücksichtigt. Bei der Verwendung des Kobalts zwang die Fülle der Veröffentlichungen zu einer etwas summarischeren Behandlung. Fast jedes Kapitel hat umfangreiche bibliograph. Angaben. Auf ein allgem. Sachregister konnte daher verzichtet werden. DR. GEHLEN-KELLER

XVI. Nahrungs-, Genuß- und Futtermittel

Adolf Beythien†, Einführung in die Lebensmittelchemie. 5. neubearb. Aufl. v. **Werner Heimann.** Dresden, Leipzig: Th. Steinkopff. 1961. (XV + 491 S. m. 2 Abb.) 8°. DM 20,—.

Ausgewertete Bibliographie-Fachzeitschriften

Belgien	Bibliographie de Belgique — Belgische Bibliographie
ČSSR	Bulletin — Die Neuesten Forschungsergebnisse der Tschechoslowakischen Wissenschaft
	Nové Knihy (Neue Bücher)
	Novinky (Neuheiten)
Dänemark	Danske Bogmarked
Deutschland	Börsenblatt für den Deutschen Buchhandel — Frankfurter Ausgabe
	Börsenblatt für den Deutschen Buchhandel — Leipziger Ausgabe
	Deutsche Bibliographie. Wöchentliches Verzeichnis. Ausgabe II. [Frankfurt/Main]
	Deutsche Nationalbibliographie. Reihe A: Neuerscheinungen des Buchhandels [Leipzig]
England	British Books (Incorporating the Publishers Circular & Booksellers Record)
	British National Bibliography
Frankreich	Bibliographie de la France
Holland	Nieuwsblad voor de Boekhandel
Italien	Bibliografia Nazionale Italiana
Japan	Nōhon Shūhō (Current Publications)
Österreich	Österreichische Bibliographie
Schweiz	Schweizer Buch. Serie A und Serie B
UdSSR	Bücherverzeichnis des Jahres (Книжная летопись)
	Neue Bücher (Новые книги)
USA	Publishers' Weekly

Namenregister

Patentregister

Chemisches Zentralblatt

1961 Nr. 52 27. Dezember

A. Allgemeine, physikalische und anorganische Chemie

Die chemischen Wissenschaften in Polen. Stanislaw Malinowski. (Chim. et Ind. **84.** 719—33. Nov. 1960. Varsovie, École Polytechn.) (Franz.)

Übersicht über die in den letzten 10 Jahren auf dem Gebiete der anorgan., organ. u. physikal. Chemie sowie der chem. Ingenieurtechnik durchgeführten Arbeiten.

E. Klever. 10□

Elektronengruppen im Periodischen System der Elemente in der statistischen Theorie des Atoms. T. Tietz. (Ann. Physik [7] **5.** 237—40. 1960. Łódź, Polen, Univ., Inst. für theoret. Phys.) (Dt.)

Es wird eine analyt. Formel abgeleitet für die untere Grenze der Z(Ordnungszahl)-Werte, bei der s-, p-, d- u. f-Elektronen erstmalig in Erscheinung treten. Die numer. Resultate für die Gesamtzahl der Elektronen im Atom ergeben gute Mittelwerte über die empir. Zahlen. Die Gesamtzahlen der Elektronen als Funktionen der Ordnungszahlen sind in einer Tabelle zusammengestellt. W. Betcke. 10□

Klassische Interpretation der Quantenmechanik. James Paul Wesley. (Physic. Rev. [2] **122.** 1932—41. 15/6. 1961. Livermore, Calif., Univ. of California, Lawrence Radiat. Labor.) (Engl.)

Die wiedergegebene Theorie unterscheidet sich von früheren kausalen Interpretationen der Quantenmechanik, indem ψ nicht als Wahrscheinlichkeitsamplitude interpretiert wird u. ferner nur rein reale Darst. für ψ gewählt werden.

Herbert Weber. 10□

Vielkörper-Störungsmethoden in einem lösbaren Modell. Amnon Katz. (Nuclear Physics [Amsterdam] **20.** 663—89. 3. Nov.-H. 1960. Rehovoth, Israel, Weizmann Inst. of Sci., Dep. of Phys.) (Engl.)

Unters. zum Problem der Statistik in der Störungs-Entw. von Goldstone. Die Rolle von Diagrammen mit „falscher" Statistik wird in einem Modell untersucht, bei dem die Störung ein Einzelteilchenpotential ist. Eine Summierung aller Diagramme wird in diesem Modell durchgeführt u. mit der Summe aller Leitern verglichen. Die Zweikörperbeiträge von „Vielkörperdiagrammen" werden behandelt.

Herbert Weber. 10□

A_1. Kernphysik und Kernchemie

Über die elektromagnetischen Eigenschaften des leeren Raumes in Kern- und Atomfeldern. Ugo Tiberio. (Ricerca sci. **30.** 553—60. April 1960. Pisa, Centro di studio per l'elettron. e le telecomunicazioni, Sez. V.) (Ital.)

Unter Bezugnahme auf frühere Unterss. u. unter Verw. der Werte des ε u. des μ im leeren Raum nach der Transformation von Einstein u. Schwarzschild versucht Vf., den elektromagnet. Kernradius von schweren Elementen zu berechnen.

C. Gottfried. 80

Messung der Strahlung beim Flug der dritten kosmischen Rakete. Ss. N. Wernow, A. Je. Tschudakow, P. W. Wakulow, Je. W. Gortschakow, Ju. I. Logatschew und A. G. Nikolajew. (Доклады Академии Наук СССР [Ber. Akad. Wiss. UdSSR] **136.** 322—24. 11/1. 1961.) (Russ.)

Mit der 3. kosm. Rakete wurden vom 4/10. bis 18/10. 1959 bei einer Entfernung von 7500—130000 km vom Erdmittelpunkt die schnellen geladenen Teilchen u. die Photonen mit Scintillations- u. Gasentladungszählern unter Verw. von Pb- u. Al-Folien registriert. Der zeitliche Verlauf der Intensitäten ist angegeben. Die Erzeugung von Teilchen hoher Energie auf der Sonne wird diskutiert. M. Wiedemann. 85□

Berechnung der gemittelten Charakteristika der ausgedehnten atmosphärischen Höhenstrahlschauer. Ss. I. Nikolski und A. A. Pomanski. (Экспериментальной и Теоретической Физики [J. exp. theoret. Physik] **39.** 1339—46. Nov. 1960. Physikal. Lebedew-Inst. der Akad. der Wiss. der UdSSR.) (Russ.; Auszug: Engl.)

Die Berechnung von Kernkaskadenschauern mit einer gegebenen Zahl von Elektronen im Beobachtungsniveau wird behandelt. Für ausgedehnte Luftschauer mit einer Gesamtteilchenzahl von 10^4, 10^5 u. 10^6 auf Seehöhe bzw. auf 3860 m werden die Verteilung u. die Schwankung der Erzeugungshöhen ermittelt. M. Wiedemann. 85☐

Beobachtung über die Größenverteilung von Sternen in Kernemulsionen. G. Bozóki und Éva Gombosi. (Acta physica Acad. Sci. hung. **11.** 307—16. 1960. Budapest, Central Res. Inst. of Phys., Cosmic Ray Labor.) (Engl.)

Die Häufigkeitsverteilung von Sternen, wie sie in Kernemulsionen durch die Höhenstrahlung entstehen, in Abhängigkeit von der Zahl der grauen u. schwarzen Zacken ergibt eine Kurve, die aus zwei Geraden mit verschiedener Steigung u. einem Schnittpunkt bei der Zackenzahl 7,5 besteht. Aus der Analyse von Messungen an der Höhenstrahlung u. dem Vgl. mit Ergebnissen an Beschleunigern hoher Energie ergibt sich, daß die genannte Eig. der Häufigkeitskurve hauptsächlich eine Folge des Energiespektrums der prim. Teilchen ist, die die Sterne erzeugen. J. Wolff. 85☐

Polarisation von Höhenstrahl-Myonen auf Meeresniveau. C. Scott Johnson. (Physic. Rev. [2] **122.** 1883—90. 15/6. 1961. St. Louis, Mo., Washington Univ., Dep. of Phys.) (Engl.)

Zur Messung der μ^+-Polarisation wurden die Myonen in *Cu*-, *Fe*- oder *S*-Absorbern abgebremst u. die Auf/Ab-Asymmetrie der Zerfallselektronen beobachtet. Es konnte festgestellt werden, daß unmagnetisiertes Fe polarisierte μ^+ depolarisiert, indem ihre magnet. Momente in den starken, statist. orientierten Magnetfeldern der Domänen präzessieren. Das Auf/Ab-Verhältnis der Zerfallselektronen betrug $1{,}14 \pm 0{,}02$ für Cu, $0{,}98 \pm 0{,}02$ für Fe u. $1{,}02 \pm 0{,}03$ für S. Auf der Basis der Zweikomponenten-Neutrinotheorie wird eine Myonenpolarisation von $\geq (21 \pm 3)$ % gefunden. Auf der Basis der Höhenstrahldaten über das μ-Energiespektrum als Funktion der Höhe wird eine Polarisation von ca. 30% erwartet. Die Daten lassen vermuten, daß Cu bei Abwesenheit äußerer Magnetfelder positive Myonen depolarisiert. Herbert Weber. 90☐

Polarisation der μ^+-Mesonen der Höhenstrahlen. W. W. Barmin, W. P. Kanawetz und B. W. Morosow. (Журнал Экспериментальной и Теоретической Физики [J. exp. theoret. Physik] **39.** 986—90. Okt. 1960.) (Russ.; Auszug: Engl.)

Mittels einer Anordnung aus Geiger- u. Scintillationszählern, Pb- u. Cu-Filtern wurde auf Seehöhe der Polarisationsgrad der Höhenstrahlmyonen gemessen. Die Energie der μ^+ wurde aus der Reichweite ermittelt. Es ergaben sich Polarisationsgrade von $0{,}23 \pm 0{,}10$ bei 0,45 GeV/c, von $0{,}37 \pm 0{,}11$ bei 0,9 GeV/c u. von $0{,}31 \pm 0{,}10$ bei 1,7 GeV/c. M. Wiedemann. 90☐

Untersuchung der Asymmetrie beim Zerfall negativer μ-Mesonen in Kernemulsionen. A. O. Waissenberg, E. D. Kolganowa und W. A. Smirnitski. (Журнал Экспериментальной и Теоретической Физики [J. exp. theoret. Physik] **39.** 1198 bis 1200. Nov. 1960.) (Russ.; Auszug: Engl.)

Die Vorwärts-Rückwärts-Asymmetrie der Elektronen aus dem $\mu^- \rightarrow e^-$-Zerfall wurde in Emulsionen in einem Magnetfeld von 11 kOe bzw. ohne Magnetfeld an insgesamt ca. 12500 Zerfällen untersucht. Es wurde in keinem Fall eine Asymmetrie beobachtet. M. Wiedemann. 90☐

Über die Pion-Pion-Resonanz im p-Zustand. Zso-Sju Che und Guan-Tschshao Tschshou. (Журнал Экспериментальной и Теоретической Физики [J. exp. theoret. Physik] **39.** 1485—86. Nov. 1960. Verein. Inst. für Kernforsch.) (Russ.)

Es wird vorgeschlagen, die folgenden Rkk. zu untersuchen: $\pi^\pm + {}^4He \rightarrow {}^4He + \pi^\pm + \pi^0$, $\pi^\pm + d \rightarrow d + \pi^\pm + \pi^0$, $p + p \rightarrow d + \pi^+ + \pi^0$. Im Ausgangszustand ist hier der Isotopenspin 1, daher muß das Pionenpaar im Endzustand ebenfalls $I = 1$ besitzen. Die Existenz eines Isobars mit der Masse 435 MeV sollte sich durch scharfe Maxima in den entsprechenden Spektren, z. B. bei ^{4}He, bemerkbar machen. M. Wiedemann. 90☐

Resonanzmodell der Reaktionen $N + \pi \rightarrow N + \pi + \pi$ und $\gamma + N \rightarrow N + \pi + \pi$. W. W. Anissowitsch. (Журнал Экспериментальной и Теоретической Физики [J. exp. theoret. Physik] **39.** 1357—62. Nov. 1960. Leningrad, Physikal.-techn. Inst. der Akad. der Wiss. der UdSSR.) (Russ.; Auszug: Engl.) — Vgl. C. **1961.** 17818.

Die Rkk. $N + \pi \rightarrow N + \pi + \pi$ u. $\gamma + N \rightarrow N + \pi + \pi$ werden für Mesonen- u. γ-Energien von 300—550 bzw. 450—700 MeV phänomenolog. untersucht. Ein einfaches Modell, bei dem angenommen wird, daß bei Meson-Nucleon-Stößen die Mesonenerzeugung überwiegend über $D_{3,2} \rightarrow P_{3,2}\, s_{3,2}$ verläuft, befriedigt die experimentellen Daten. M. Wiedemann. 90☐

Eine Bemerkung über die dispersionstheoretische Näherung zur Erzeugung eines zusätzlichen Pions durch Pion-Nucleon-Stoß. Kin-Ichi Ishida. (Progr. theoret. Physics [Kyoto] **22.** 499—512. Okt. 1959. Yamagata, Univ., Fac. of Liberal Arts and Sci.) (Engl.) — Vgl. C. **1961.** 1082.

Ein „natürliches" Bezugs-Syst. zur Ableitung der Dispersionsbeziehung für die Erzeugung eines zusätzlichen Pions beim π–N-Stoß wird eingeführt. Es ist eine natürliche Erweiterung desjenigen für die elast. π–N-Streuung. HERBERT WEBER. 90□

Multiple Mesonenerzeugung bei Meson–Nucleon-Stößen. E. Friedländer. (Studii Cercetări Fizică **8.** 379—81. 1957.) (Rum.) — Vgl. C. **1960.** 1729.

Vf. untersucht den zentralen Stoß eines π-Mesons mit einem Nucleon u. wendet die Ergebnisse auf den nichtzentralen Stoß von 2 Nucleonen an. R. K. MÜLLER. 90□

Eine untere Grenze für die π^0-Lebensdauer. Steven C. Frautschi. (Progr. theoret. Physics [Kyoto] **22.** 544—48. Okt. 1959. Kyoto, Univ., Res. Inst. for Fundamental Phys.) (Engl.)

Es wird angenommen, daß die Streuamplitude für $\gamma + P \rightarrow \gamma + P$ analyt. zu dem Pol fortgesetzt werden kann, der aus dem Austausch eines π^0 zwischen P u. γ entsteht. Das Experiment begrenzt die mögliche Größe des Residuums beim Pol u. liefert somit eine untere Grenze $\tau \gtrsim 6 \cdot 10^{-19}$ s für die π^0-Lebensdauer. HERBERT WEBER. 90□

Asymmetrie beim Zerfall von Λ^0-Hyperonen, die durch π^--Mesonen mit 2,8 GeV/c erzeugt wurden, nach Beobachtungen in der Freon-Blasenkammer. W. W. Barmin, Ju. Ss. Kresstnikow, I. I. Perschin, W. P. Rumjanzewa, Ja. Ja. Schalamow und W. A. Schebanow. (Журнал Экспериментальной и Теоретической Физики [J. exp. theoret. Physik] **39.** 1229—31. Nov. 1960.) (Russ.; Auszug: Engl.)

Eine 17-Liter-Freon-Blasenkammer wurde dem 2,8-GeV/c-π^--Bündel des Synchrophasotrons ausgesetzt u. die Rk. $\pi^- + N \rightarrow \Lambda^0 + K + n\pi$ mit $\bar{n} \approx 1{,}5$ durchgeführt. Die Asymmetrie beim Zerfall der Λ^0 in bezug auf ihre Erzeugungsebene wurde untersucht. Bei 183 Zerfällen, von denen 165 vom Freon herrührten u. 18 von der Propan–Xe-Mischung, wurde ein Asymmetrie-Koeff. von im Mittel $\alpha \bar{P} = -0{,}30 \pm 0{,}15$ gefunden. M. WIEDEMANN. 90□

Erzeugung von π^0-Mesonen bei π^-p-Stößen der π^--Mesonen von 2,8 GeV/c. Ja. Ja. Schalamow und W. A. Schebanow. (Журнал Экспериментальной и Теоретической Физики [J. exp. theoret. Physik] **39.** 1232—36. Nov. 1960.) (Russ.; Auszug: Engl.) — Vgl. vorst. Referat.

Die Erzeugung von π^0 nach $\pi^- + p \rightarrow m\pi^0 + n$ mit $m = 1, 2, 3$ wurde mit 2,8-GeV/c-Pionen in einer 17-Liter-Blasenkammer untersucht u. bei Mischungen von Freon 12 (CCl_2F_2) u. Freon 13 ($CClF_3$) sowie von Propan u. Xe je ca. 3000 Aufnahmen analysiert. Die Gesamtzahl der Pionen lag jeweils bei ca. 4000. Der Wrkg.-Querschnitt an H wurde zu $2{,}2 \pm 0{,}3$ mbarn bestimmt. Die Wrkg.-Querschnitte bei der Bldg. von 1, 2 u. 3 π^0 wurden zu ca. 0,2, 1,3 bzw. 0,7 mbarn abgeschätzt. Die Zahl der γ-Quanten je Wechselwrkg. liegt bei $4{,}0 + 0{,}4$, ihre Verteilung zeigt ein Maximum in Vorwärtsrichtung. Für die Austauschstreuung $\pi^- + p \rightarrow \pi^0 + n$ ergibt sich ein kleiner Wrkg.-Querschnitt, woraus geschlossen wird, daß die partiellen Wrkg.-Querschnitte für die Isotopenspins 1/2 u. 3/2 gleich sind. M. WIEDEMANN. 90□

Experimentelle Prüfungen bestimmter Symmetriehypothesen bezüglich der starken Wechselwirkungen. B. D'Espagnat, A. Martin und J. Prentki. (Nuclear Physics [Amsterdam] **20.** 543—56. 3. Nov.-H. 1960. Genève, CERN.) (Franz.)

Verschiedene Tests für die globale Symmetrie u. für die SALAM-POLKINGHORNE-Annahme werden vorgeschlagen. Während die Tests für die Universalität der Pion–Hyperon-Kopplung durch Gleichungen beschrieben werden, werden die für einen Vgl. zwischen den Pion–Hyperon- u. Pion–Nucleon-Kopplungen durch Ungleichungen ausgedrückt. Phasenraumeffekte werden diskutiert. HERBERT WEBER. 90□

Elementarteilchen. C. Manneback. (Bull. Cl. Sci., Acad. roy. Belgique [5] **45.** 1132—47. 1959.) (Franz.)

Überblick über Eigg. u. Theorie der Elementarteilchen. HERBERT WEBER. 90□

Grenzen für Streuphasenverschiebungen: Statische Zentralpotentiale. Leonard Rosenberg und Larry Spruch. (Physic. Rev. [2] **120.** 474—82. 15/10. 1960. New York, N.Y., New York Univ., Inst. of Math. Sci.; Washington Square Coll., Phys. Dep.) (Engl.)

Unters. der oberen u. unteren Grenzen für Phasenverschiebungen für den Fall stat. Zentralpotentiale. HERBERT WEBER. 90□

Schema der schwachen Wechselwirkungen mit neutralen Strömen. W. N. Baijer und I. B. Chriplowitsch. (Журнал Экспериментальной и Теоретической Физики [J. exp. theoret. Physik] **39.** 1374—80. Nov. 1960.) (Russ.; Auszug: Engl.)

Unter Berücksichtigung der schwachen Wechselwrkg. werden die Wrkg.-Querschnitte für Streuung u. Vernichtung bei Stößen ermittelt, u. zwar für Lepton–Lepton-Prozesse, z. B. $e + e \rightarrow \mu + \mu$ oder $e + e \rightarrow e + e$, wobei auch die Effekte der schwachen Wechselwrkg. zwischen Elektronen des Mediums in Festkörpern erwähnt werden. Der

Grad der longitudinalen Polarisation beträgt im letzten Fall bei 200—300 MeV ca. 10^{-6} bis 10^{-7}, in den beiden ersten bei einigen GeV 10^{-3} bis 10^{-4}. M. Wiedemann. 90□

Übergangstrahlung im Falle einer diffusen Grenze zweier Medien. A. Z. Amatuni und N. A. Korchmasjan. (Журнал Экспериментальной и Теоретической Физики [J. exp. theoret. Physik] 39. 1011—19. Okt. 1960. Physikal. Inst. der Akad. der Wiss. der ArmenSSR; Erewan, Univ.) (Russ.; Auszug: Engl.)

Für den Fall zweier Medien mit einer diffusen Grenze wird die Übergangsstrahlung geladener relativist. Teilchen behandelt. Für die Größenverhältnisse zwischen der diffusen Zone u. den Bereichen der Bldg. der Übergangsstrahlung in den beiden Medien werden verschiedene Annahmen gemacht. M. Wiedemann. 90□

Strahlungskorrekturen zur Elektron-Proton-Streuung. Yung-Su Tsai. (Physic. Rev. [2] **122.** 1898—1907. 15/6. 1961. Stanford, Calif., Stanford Univ., Dep. of Phys., Inst. of Theoret. Phys.) (Engl.)

Berechnungen der Strahlungskorrekturen zur e-p-Streuung unter Berücksichtigung des Protonenrückstoßes. Herbert Weber. 90□

Asymmetrie bei der doppelten Mott-Streuung und absolute Werte der Longitudinalpolarisation der β-Elektronen. P. Je. Spiwak, L. A. Mikaeljan, I. Je. Kutikow und W. F. Apalin. (Журнал Экспериментальной и Теоретической Физики [J. exp. theoret. Physik] **39.** 1479—81. Nov. 1960.) (Russ.)

Die doppelte Streuung von nichtpolarisierten Elektronen an Au-Folien mit Dicken von 70—300 $\mu g/cm^2$ wurde untersucht. Die Energien lagen bei 50—290 keV, die Streuwinkel bei 90—150°. Um den Polarisationsgrad zu berechnen, ist außer der Asymmetrie der Streuung die Kenntnis der Konst. S, einer Funktion von Winkel, Energie u. Ladung, erforderlich; diese wurde ermittelt. Mit ihr wurde dann die Längspolarisation von Elektronen von 300 keV bei Streuung von ^{32}P, ^{153}Sm, ^{177}Lu, ^{166}Ho u. ^{114}In sowie an ^{198}Au gemessen u. Abweichungen um 8—9% vom v/c-Wert gefunden. M. Wiedemann. 90□

Polarisation der β-Elektronen aus orientiertem RaE. A. S. Dolginow und N. P. Popow. (Журнал Экспериментальной и Теоретической Физики [J. exp. theoret. Physik] **38.** 1518—24. Mai 1960. Leningrad, Physiko-techn. Inst. der Akad. der Wiss. der UdSSR.) (Russ.; Auszug: Engl.)

Eine theoret. Unters. der Polarisation der β-Teilchen aus RaE zeigt, daß bei orientiertem Kern die transversale Polarisation ein sehr empfindlicher Indicator für eine evtl. Nichterhaltung der Zeitparität sein muß. K.-E. Seyb. 90□

Über die unelastische magnetische Streuung langsamer Neutronen an Phononen. B. M. Chabibullin. (Журнал Экспериментальной и Теоретической Физики [J. exp. theoret. Physik] **39.** 1027—30. Okt. 1960. Physikal.-techn. Inst. der Akad. der Wiss. der UdSSR, Kasan. Abt.) (Russ.; Auszug: Engl.)

Der differentielle Wrkg.-Querschnitt für die unelast. Streuung von Neutronen an Phononen infolge magnet. Wechselwrkg. des Neutrons mit dem Spin-Syst. des Paramagnetikums wird zu 10^{-27} cm^2 abgeschätzt. M. Wiedemann. 90□

Nucleon-Nucleon-Streuung im Impulsraum: Einpionenaustauschpotential als Beispiel. Peter Signell. (Progr. theoret. Physics [Kyoto] **22.** 492—98. Okt. 1959. Lewisburg, Pa., Bucknell Univ., Phys. Dep.) (Engl.)

Ein prakt. Formalismus für die Behandlung der N-N-Streuung im Impulsraum wird entwickelt. Das nichtadiabat. Einpionenaustauschpotential wird als Beispiel benutzt. Herbert Weber. 90□

Ungültigkeit der Raphael-Analyse für NN-Streuung bei mittlerer Energie. Peter Signell und Richard Yoder. (Physic. Rev. [2] **122.** 1897. 15/6. 1961. University Park, Pa., Pennsylvania State Univ., Phys. Dep.) (Engl.)

Vff. zeigen, daß die modifizierte Reihen-Entw. der effektiven Reichweite nach Raphael (C. **1957.** 8979) keine gute Darst. für die Ableitung eines geeigneten Potentialmodells für Nucleon-Nucleon-Streuung mittlerer Energie ist. Herbert Weber. 90□

Stochastische Untersuchung der Verteilung der Neutronen in einem Moderator. G. Louchard. (Bull. Cl. Sci., Acad. roy. Belgique [5] **46.** 233—49. 1960. Bruxelles, Univ. Libre, Inst. de Statist.) (Franz.)

Entw. der allg. Gleichungen der Neutronenverteilung in einem Moderator, wobei die Verteilung als ein stochast. Prozeß behandelt wird. Die Differentialgleichungen werden für die charakterist. Funktion u. die Momente der Verteilung gelöst. Gerhard Schmidt. 90□

Über die Anisotropie eines heterogenen Mediums bezüglich der Neutronendiffusion. 2. Mitt. Ladislav Trlifaj. (Českoslov. Časopis Fysiku **7.** 469—77. 1957. Praha, Úst. jaderné fys. ČSAV.) (Tschech.) — 1. vgl. C. **1959.** 6356 u. C. **1961.** 4959.

In einem geschichteten heterogenen Medium wird die Verteilung der Neutronenstromdichte untersucht, die einer unendlich entfernten Neutronenquelle mit zylindr. oder sphär. Symmetrie entspricht. Es zeigt sich als möglich, die Anisotropie der Neutronendiffusion auf Grund der Abweichung der Gleichungen für das heterogene Medium von denjenigen für ein homogenes Medium gleicher Geometrie zu untersuchen. Bei dieser Homogenisierung des heterogenen Mediums ist die Anisotropie vom P-Typ des elementaren Aktes der Neutronenstreuung in den Medien zu berücksichtigen.

R. K. Müller. 90□

Über die Darstellung eines polarisierten Wasserstofftargets. L. N. Rosenzweig und M. Ja. Asbel. (Журнал Экспериментальной и Теоретической Физики [J. exp. theoret. Physik] **38.** 1556—58. Mai 1960. Physiko-techn. Inst. der Akad. der Wiss. der UdSSR.) (Russ.; Auszug: Engl.)

Die Möglichkeit der Polarisation von Protonen in Metallfolien wird theoret. untersucht. K.-E. Seyb. 90□

Untersuchung der Neutronenspektren aus der Zertrümmerung der Deuteronen durch Protonen. W. W. Komarow und A. M. Popowa. (Журнал Экспериментальной и Теоретической Физики [J. exp. theoret. Physik] **38.** 1559—63. Mai 1960. Moskau, Univ., Inst. für Kernphys.) (Russ.; Auszug: Engl.)

Das Energiespektrum der bei der Rk. $p + d \rightarrow p + p' + n$ erzeugten Neutronen wird für eine Gesamt-Rk.-Energie von ca. 4 MeV berechnet. Dazu werden Wechselwrkg. zwischen je zwei der drei Nucleonen des Endzustands berücksichtigt. K.-E. Seyb. 90□

Klassifizierung der Wellenfunktionen des α-Teilchens. L. Cohen. (Nuclear Physics [Amsterdam] **20.** 690—97. Nov. (3) 1960. Southampton, Univ., Math. Dep.) (Engl.)

Klassifizierung der Funktionen, die in der Grundzustandswellenfunktion des α-Teilchens auftreten können. Isobarenspin-, Spin- u. Bahndrehimpulsfunktionen sowie interne Funktionen werden gemäß ihres Verh. unter der Permutationsgruppe von 4 Teilchen klassifiziert u. kombiniert, so daß sie vollständig asymm. Funktion bilden. Drei S-, acht P- u. sechs D-Zustandsfunktionen werden erhalten. Herbert Weber. 90□

Ein Zweikörper-Clustermodell des Kerns. T. A. Tombrello und G. C. Phillips. (Nuclear Physics [Amsterdam] **20.** 648—62. Nov. (3) 1960. Houston, Tex., Rice Inst.) (Engl.)

Wiedergabe von Berechnungen für gekoppelte Schrödinger-Gleichungen, die das detaillierte Verh. eines von Vff. entwickelten Zweikörper-Clustermodells des Kerns wiedergeben. Die schmalen Resonanzen im Streuquerschnitt, der Querschnitt in der Nähe der Schwelle anderer Kanäle u. die Konfigurationsmischung gebundener Zustände folgen aus diesem Modell. Als Beispiel wird die Parametrisierung der niedrigsten $J = 5/2^+$-Zustände in ^{13}C behandelt. Herbert Weber. 95□

Fermi-Thomas-Typ-Approximation für Kerne. Kailash Kumar und Rajat K. Bhaduri. (Physic. Rev. [2] **122.** 1926—29. 15/6. 1961. Canberra, Australian Nat. Univ., Inst. of Advanced Studies; Bombay, Tata Inst. of Fundamental Res.) (Engl.)

Von der K-Matrixformulierung ausgehend, wird die Hartree-Fock- zu -Fermi-Thomas-Reduzierung für endliche Kerne durchgeführt. Die resultierenden Formeln geben die Energie des Kerns mit guter Genauigkeit in Termen der Dichte u. ihrer 1. Abgeleiteten wieder. Herbert Weber. 95□

Bemerkung über die Spin-Bahn-Kopplung und Tensorkräfte. Shuji Takagi, Wataro Watari und Masaru Yasuno. (Progr. theoret. Physics [Kyoto] **22.** 549—65. Okt. 1959. Osaka, Osaka Univ., Dep. of Phys.; Osaka, Osaka City Univ., Res. Labor. for Atom. Energy; Kyoto, Kyoto Univ., Dep. of Phys.) (Engl.)

Die Spin-Bahn-Kopplung in schweren Kernen wird auf der Basis starker Tensor-Wechselwrkg. zwischen den Nucleonen (Merkmal der Pionentheorie der Kernkraft) untersucht. Der Austausch eines einfallenden Nucleons mit denen des (deformierten) Targetkerns wird behandelt. Herbert Weber. 95□

Spin-Bahn-Kopplung und Tensorkräfte. B. Jancovici. (Progr. theoret. Physics [Kyoto] **22.** 585—94. Okt. 1959. Tokyo, Univ. of Tokyo, Inst. for Nucl. Study.) (Engl.)

Die mögliche Erklärung der Spin-Bahn-Kopplung in schweren Kernen durch Effekte zweiter Ordnung der Tensorkräfte wird untersucht. Die verschiedenen Terme zweiter Ordnung werden durch 4 Graphen für den Fall eines Teilchens außerhalb geschlossener Schalen beschrieben. Der Hauptbeitrag kommt von einem Ausschließungseffekt: Zwei Teilchen der geschlossenen Schalen können nicht durch gegenseitige Anregung in die Bahn springen, die bereits von dem äußeren Teilchen besetzt ist. Dieser Effekt kann (mindestens teilweise) für die beobachtete Spin-Bahn-Aufspaltung verantwortlich sein. Der Fall eines Loches wird ebenfalls untersucht. Herbert Weber. 95□

Das statistische Modell und Kernniveaudichten. Torleif Ericson. (Advances Physics **9.** 425—511. Okt. 1960. Cambridge, Mass., MIT, Dep. of Phys. and Labor. for Nucl. Sci.) (Engl.)

Übersicht über die verschiedenen Modelle für die Kernniveaudichten, die Verdampfungsapproximation sowie über das statist. Modell u. die Drehimpulserhaltung. In die Betrachtungen werden die Lebensdauer des Compoundzustands sowie die Schwankungen von Querschnitten u. Winkelverteilungen bei überlappenden u. nichtüberlappenden Niveaus einbezogen. GERHARD SCHMIDT. 95□

Ausnahmen zu Gamma-Intensitätsregeln in Kern-Rotationsspektren. K. Helmers. (Nuclear Physics [Amsterdam] **20.** 585—89. Nov. (3) 1960. Hamburg, Physikal. Staatsinst.) (Engl.)

Die üblichen Intensitätsregeln für γ-Übergänge zwischen Kernrotationszuständen können nur für Übergangsoperatoren bewiesen werden, die nicht vom kollektiven Drehimpuls abhängen. Vf. zeigt, daß im BOHR-MOTTELSON-Kernmodell nur die M1- u. M 3-Operatoren diese Bedingung nicht erfüllen u. somit zu ungewöhnlichen Verzweigungsverhältnissen Anlaß geben können. HERBERT WEBER. 95□

Möglichkeit einer experimentellen Nachprüfung des Modells des nichtaxialen Rotors durch Untersuchung des Einflusses des Mediums auf die Winkelkorrelation der γ-Quantenkaskade. D. P. Gretschuchin. (Журнал Экспериментальной и Теоретической Физики [J. exp. theoret. Physik] **39.** 1371—73. Nov. 1960.) (Russ.; Auszug: Engl.)

Bei einigen Isotopen vom gerade-gerade-Typ, wie Nd, Sm, Gd, W, Os u. Pt, sollten sich mit Änderung der Zahl der Neutronen nach dem Modell des nichtaxialen Rotors die Deformation u. das Quadrupolmoment ändern. Die Messung der Abschwächung der Korrelation entsprechender γ-Kaskaden bei Isotopen desselben Elements in ident. Medien sollte eine Prüfung des Modells gestatten. M. WIEDEMANN. 95□

Energieniveaus von ^{90}Zr. V. K. Thankappan und Y. R. Waghmare. (Progr. theoret. Physics [Kyoto] **22.** 459—61. Sept. 1959. Ahmedabad, India, Phys. Res. Labor.) (Engl.)

Schalenmodell-Berechnung des Niveauschemas von ^{90}Zr. HERBERT WEBER. 95□

Ein neuer isomerer Zustand von ^{131}Cs. E. Bodenstedt, H. J. Körner, C. Günter, D. Hovestadt und J. Radeloff. (Nuclear Physics [Amsterdam] **20.** 557—60. Nov. (3) 1960. Hamburg, Univ., II. Inst. für Experimentalphysik.) (Engl.)

Der in ^{131}Cs gefundene neue isomere Zustand bei 133 keV hat eine Halbwertszeit von 13,3 $\pm$ 0,5 ns. Das Niveau wird als der $g_{7/2}$-Schalenmodellzustand interpretiert. Eine neue Best. der Halbwertszeit des 124-keV-Niveaus ergab 3,77 $\pm$ 0,05 ns. HERBERT WEBER. 95□

Über superschwere Wasserstoff- und Heliumisotope. W. I. Goldanski. (Журнал Экспериментальной и Теоретической Физики [J. exp. theoret. Physik] **38.** 1637 bis 1639. Mai 1960. Physik. Lebedew-Inst. der Akad. der Wiss. der UdSSR.) (Russ.)

Auf Grund der Statistik der Neutronenpaarungsenergien werden Voraussagen über die Stabilität der neutronenreichen Kerne ^{8}He, ^{5}H u. ^{7}H abgeleitet. K.-E. SEYB. 95□

Stabilitätsgrenzen und Protonen- und Zweiprotonenaktivität der Isotope der leichten Kerne mit Neutronendefizit. W. I. Goldanski. (Журнал Экспериментальной и Теоретической Физики [J. exp. theoret. Physik] **39.** 497—501. Aug. 1960.) (Russ.; Auszug: Engl.) — Vgl. vorst. Referat.

Theoret. Betrachtung über Protonen- u. Zweiprotonenemission neutronenarmer Kerne auf der Grundlage der Isotopeninvarianz. K.-E. SEYB. 95□

Nichtentdeckte Isotope leichter Kerne. A. I. Bas, W. I. Goldanski und Ja. B. Seldowitsch. (Успехи Физических Наук [Fortschr. physik. Wiss.] **72.** 211—34. Okt. 1960.) (Russ.) — Vgl. vorst. Referate.

Zusammenfassende Übersicht über die Haupteigg. von Isotopen leichter Kerne, deren Existenz zwar angenommen, aber noch nicht nachgewisen werden konnte. Es wird ferner kurz auf die Grenzgebiete der stabilen Kerne eingegangen. — 22 Literaturangaben. E. KLEVER. 95□

Anregung von schweren Kernen durch schnelle Nucleonen. Ken Kikuchi. (Nuclear Physics [Amsterdam] **20.** 601—13. Nov. (3) 1960. Minneapolis, Minn., Univ. of Minnesota, School of Phys.) (Engl.)

Durch schnelle Nucleonen induzierte Kern-Rkk. werden auf der Basis eines klass. Modells untersucht. Es wird eine Formel zur Berechnung des Energiespektrums aller emittierten Nucleonen erhalten, wobei die aufeinanderfolgenden Stöße zwischen dem einfallenden Nucleon u. den Nucleonen im Kern berücksichtigt werden. Berechnete Energiespektren u. Querschnitte sind in ziemlicher Übereinstimmung mit experimentellen Werten. HERBERT WEBER. 103□

Coulomb-Anregung von Kernen durch schwere Ionen, die durch Emission von γ-Quanten begleitet wird. B. N. Kalinkin. (Журнал Экспериментальной и Теоретической Физики [J. exp. theoret. Physik] **38.** 1541—43. Mai 1960. Verein. Inst. für Kernforsch.) (Russ.; Auszug: Engl.)

Die theoret. Überlegung zur Coulomb-Anregung höherer Niveaus von Kernen durch schwere Ionen auf der Grundlage des Schalenmodells liefert Wrkg.-Querschnitte, die eine experimentelle Prüfung möglich erscheinen lassen. K.-E. Seyb. 103□

Untersuchung der Reaktion $^3He + {^3H}$. Li Ga Jen, G. M. Ossetinski, N. Ssodnom, A. M. Goworow, I. W. Ssisow und W. I. Ssalatzki. (Журнал Экспериментальной и Теоретической Физики [J. exp. theoret. Physik] **39.** 225—29. Aug. 1960. Verein. Inst. für Kernforsch.) (Russ.; Auszug: Engl.)

Ein reines ^{3}He-Target wird mit 150—970-keV-Tritonen beschossen, geladene Teilchen im Winkel von 90° zum Primärbündel werden mit einem Scintillationsspektrometer mit CsJ-Kristall untersucht. Neutronen werden durch Aktivierung einer Permanganat-Lsg. gemessen. Die Energieabhängigkeit des totalen Rk.-Querschnitts (3,2 bis 63,0 mbarn) u. der Anteil verschiedener Rk.-Wege werden bestimmt.

K.-E. Seyb. 103□

Energiespektrum und Winkelverteilung der α-Teilchen der Reaktion B(p, α)^{11}Be* (2,9 MeV) in der Umgebung der 163-keV-Resonanz. 1. Mitt. Detlef Kamke. (Z. Physik **156.** 603—20. 1959. Marburg/Lahn, Univ., Phys. Inst.) (Dt.)

Die Unters. der Winkelverteilung der α-Teilchen der Rk. $p + {^{11}B} \rightarrow ({^{12}C^*}) \rightarrow {^8Be^*} + \alpha_1$ (+5,675 MeV) $\rightarrow \alpha_{11} + \alpha_{12} + \alpha_1$ (+8,675 MeV) gestaltet sich schwierig, weil die breite α_1-Linie auf einem Kontinuum aufsitzt, welches sich von 0,05—4,9 MeV erstreckt u. die Abtrennung der α_1-Linie nicht erlaubt, die bei 3,88 MeV liegt u. selbst eine Breite von 0,8 MeV hat. Letzteres entspricht der Breite des 2,9-MeV-Niveaus in ^{8}Be, über das die Rk. abläuft. Das Energiespektrum wurde unter 90° zum Protonenbündel gemessen (CsJ + Photomultiplier u. Amplitudendiskrimator). Es zeigt Anisotropien der α-Emission mit starker Interferenz in der 163-keV-Resonanz.

Herbert Weber. 103□

Winkelverteilung und Energiespektrum der α-Teilchen der Reaktion ^{11}B(p, α)^{8}Be* (2,9 MeV) in der Umgebung der 163-keV-Resonanz. 2. Mitt. Detlef Kamke. (Z. Physik **156.** 621—32. 1959.) (Dt.) — 1. vgl. vorst. Referat.

Berechnung u. Diskussion des Energiespektrums u. der Winkelverteilung der α-Teilchen für eine Messung des Energiespektrums unter 90° bzgl. des Protonenbündels.

Herbert Weber. 103□

Einfang von μ^--Mesonen durch den ^{16}O-Kern. I. Ss. Schapiro und L. D. Blochinzew. (Журнал Экспериментальной и Теоретической Физики [J. exp. theoret. Physik] **39.** 1112—14. Okt. 1960.) (Russ.; Auszug: Engl.)

Das Verhältnis der Einfangwahrscheinlichkeiten von μ^- durch den ^{16}O-Kern mit Bldg. von ^{16}N in den Zuständen 0^- u. 1^- hängt stark von der pseudoskalaren Wrkg.-Konstante ab, aus dem Verhältnis kann diese bestimmt werden. Die abs. Wahrscheinlichkeit für den gesamten Einfang liegt bei ca. $5 \cdot 10^3\ s^{-1}$. M. Wiedemann. 10 □

Winkelverteilungen von (^{14}N, α)-Reaktionen. Tetsuo Kammuri und Ryuzo Nakashima. (Progr. theoret. Physics [Kyoto] **22.** 458—59. Sept. 1959. Osaka, Univ., Dep. of Phys.; Washington, D.C., Nat. Res. Council, Nucl. Data Project.) (Engl.)

In Analogie zum Abstreifprozeß wird die (^{14}N, α)-Rk. in der Born-Approximation als Prozeß $(\alpha + {^{10}B})$ + Target $\rightarrow \alpha + ({^{10}B}$ + Target) behandelt. Die experimentelle Winkelverteilung der α-Teilchen aus der Rk. $^{16}O(^{14}N, \alpha)^{26}Al^*$ bei einer zurückbleibenden Anregungsenergie von 8 MeV wird mit dieser Theorie verglichen.

Herbert Weber. 103□

Der β-Zerfall von ^{40}K. W. H. Kelly, G. B. Beard und R. A. Peters. (Nuclear Physics [Amsterdam] **11.** 492—98. Juni (1) 1959. East Lansing, Mich., Michigan State Univ., Dep. of Phys. and Astronomy.) (Engl.)

Der β-Zerfall von ^{40}K wurde in einem KJ(Tl)-Scintillationskristall von 1 in. Ø u. 1 in. Höhe untersucht. Die extrapolierte Endpunktsenergie (Kurie-Diagramm) war 1,35 ± 0,02 MeV. Eine spezif. Aktivität von 27,2 ± 0,5 β-Zerfällen pro Sek./g natürliches K wurde erhalten. Das entspricht einer Zerfalls-Konst. $\lambda(\beta) = (4{,}72 \pm 0{,}09) \cdot 10^{-10}$ pro Jahr u. einer Halbwertszeit $t(\beta) = (1{,}47 \pm 0{,}03) \cdot 10^9$ Jahre. Herbert Weber. 103□

Über die Möglichkeit des Protonenzerfalls von Kernen. W. A. Karnauchow und N. I. Tarantin. (Журнал Экспериментальной и Теоретической Физики [J. exp. theoret. Physik] **39.** 1106—11. Okt. 1960.) (Russ.; Auszug: Engl.)

Die Kernbereiche, in denen Protonen-Radioaktivität vorkommen könnte, werden diskutiert. Die Lebensdauern sollten bei 0,1—0,01 s liegen. Die Konkurrenz der Prozesse α-, β^+-Zerfall u. K-Einfang werden erörtert. Verschiedene Rkk., durch die protonenakt. Nuclide entstehen könnten, z. B. ^{39}Sc aus ^{40}Ca durch (p, 2n), sind zusammengestellt, die Wrkg.-Querschnitte liegen bei 10^{-26} bis 10^{-28} cm^2.

M. Wiedemann. 103☐

Nachweis einer neuen Aktivität von Nb mit 191 Minuten Halbwertszeit. M. Bocciolini, G. Di Caporiacco, L. Foà und M. Mondò. (Nuovo Cimento [10] **16.** 780—81. 16/5. 1960. Firenze, Ist. Naz. di Fis. Nucl.; Arcetri (Firenze), Univ., Ist. di Fis.) (Engl.)

Die neue Aktivität wurde beim Beschuß mit Neutronen aus der Rk. ^{3}H (d, n) ^{4}He beobachtet. Das γ-Spektrum zeigt 2 Maxima, u. zwar bei 200 u. 495 keV, die beide die gleiche Halbwertszeit von (191 ± 3) Min. besitzen. Beide Linien sind außerdem in Koinzidenz u. haben gleiche Intensität. Das Verhältnis der Erzeugungsquerschnitte der 191-Min.-Aktivität u. der 10,45-d-Aktivität beträgt 0,018. J. Wolff. 103☐

Zerfall von ^{156}Ho. Je. P. Grigorjew und B. Ss. Dshelepow. (Доклады Академии Наук СССР [Ber. Akad. Wiss. UdSSR] **135.** 564—67. 21/11. 1960. Leningrad, Shdanow-Univ., Chlopin-Radiuminst.) (Russ.)

Das Konversionsspektrum von ^{156}Ho, das als Prod. der Hochenergiespaltung von Ta isoliert wurde, wird mit einem β-Spektrometer mit doppelter Fokussierung untersucht. Energien, Intensitäten u. Typen der Übergänge werden bestimmt. Mit den erhaltenen Daten wird ein Zerfallsschema aufgestellt. K.-E. Seyb. 103☐

Über den Zerfall von ^{161}Er. I. Ss. Dneprowski, L. Nemet und L. K. Peker. (Журнал Экспериментальной и Теоретической Физики [J. exp. theoret. Physik] **39.** 13—15. Juli 1960.) (Russ.; Auszug: Engl.)

Vff. untersuchen den 826-keV-Übergang von ^{161}Er mit Scintillationsspektrometern u. doppelfokussierendem β-Spektrometer. Ein Zerfallsschema für ^{161}Er wird vorgeschlagen. K.-E. Seyb. 103☐

Über das Niveauschema von ^{181}Ta. G. A. Wartapetjan und A. G. Chudawerdjan. (Журнал Экспериментальной и Теоретической Физики [J. exp. theoret. Physik] **39.** 25—26. Juli 1960. Physik. Inst. der Akad. der Wiss. der ArmenSSR.) (Russ.)

Mit Anthracen- u. NaJ(Tl)-Scintillationsdetektoren werden verzögerte β-γ-Koinzidenzen beim Zerfall ^{181}Hf → ^{181}Ta untersucht. Neue γ-Übergänge mit 480 u. 345 keV Energie werden beobachtet. Die Lebensdauer des 619-keV-Zustandes ist $< 10^{-9}$ s.

K.-E. Seyb. 103☐

Das Elektronenspektrum von ^{199}Tl. B. Jung und J. Svedberg. (Nuclear Physics [Amsterdam] **20.** 630—47. Nov. (3) 1960. Uppsala, Univ., Gustaf Werner Inst. for Nucl. Chem.) (Engl.)

Das Elektronenspektrum einer durch elektromagnet. Massentrennung hergestellten ^{199}Tl-Quelle wurde zwischen 5,75 u. 950 keV mit einem doppelfokussierenden β-Spektrometer (ca. 0,4% Impulsauflösung) untersucht. Die experimentellen Ergebnisse sind im Einklang mit folgender Niveaufolge in ^{199}*Hg*: Grundzustand (½$^-$), 158,4 ($^5/_2{}^-$), 208,2 ($^3/_2{}^-$), 403,4 ($^1/_2{}^-$), 455,4 ($^1/_2{}^-$) u. 492,2 keV ($^3/_2{}^-$). Die Halbwertszeit von ^{199}Tl wurde zu 7,42 ± 0,08 Std. bestimmt. Die K- u. L-Auger-Spektren von Hg werden kurz diskutiert. Herbert Weber. 103☐

Schnelle Photoneutronen aus einigen Elementen. L. A. Kultschitzki und W. Pressperin. (Журнал Экспериментальной и Теоретической Физики [J. exp. theoret. Physik] **39.** 1001—04. Okt. 1960. Leningrad, Physik. -techn. Inst., Akad. der Wiss. der UdSSR.) (Russ.; Auszug: Engl.)

Mittels eines Polyäthylenkonvertors u. eines Kristallteleskops wurden die durch Bremsstrahlung von 90 MeV aus Li u. J ausgelösten Photoneutronen mit mehr als 10 MeV untersucht, ihre Winkelverteilung ist sehr asymm., die meisten werden unter kleinen Winkeln emittiert. Die Energieverteilung der Neutronen u. Protonen unterscheidet sich nicht wesentlich. Die relativen Ausbeuten an schnellen Photoneutronen werden bestimmt, sie betragen für *Li* 1,00; *Be* 1,22; *O* 0,74; *Al* 0,49; *Ca* 0,33; *Cu* 0,37; *Cd* 0,35; *J* 0,39 u. für *Bi* 0,41. M. Wiedemann. 103☐

Untersuchung der sekundären (α, xn)-Reaktionen an Wismut. Jun-Jui Wan, W. W. Kusnetzow, M. Ja. Kusnetzowa und W. A. Chalkin. (Журнал Экспериментальной и Теоретической Физики [J. exp. theoret. Physik] **39.** 230—33. Aug. 1960. Verein. Inst. für Kernforsch.) (Russ.; Auszug: Engl.)

Bi wird mit 120—660-MeV-Protonen beschossen, das erzeugte At (^{210}At u. ^{211}At) an Te-Träger isoliert u. die α-Aktivität mit einem ZnS(Ag)-Kristall-Scintillationszähler gemessen. Im vorliegenden Fall werden die At-Kerne durch Rk. der Targetkerne mit α-Teilchen(> 20 MeV) erzeugt. Der Querschnitt der Bldg. dieser α-Teilchen wird in Abhängigkeit von der Protonenenergie bestimmt. Ein Energiespektrum der α-Teilchen wird berechnet. K.-E. SEYB. 103□

Die totalen effektiven Wirkungsquerschnitte von ^{233}U, ^{235}U, ^{239}Pu und der Spaltquerschnitt von ^{235}U im Resonanzbereich. V. V. Sokolovsky, V. V. Vladimirsky, I. A. Radkevich und A. A. Panov. (J. nuclear Energy **5.** 389—401. 1957. — C. 1958. 6730.) (Engl.) HERBERT WEBER. 103□

Isolierung von Strontium-90 durch ein Ionenaustauschverfahren. E. A. Bryant, J. E. Sattizahn und Buddy Warren. (Analytic. Chem. **31.** 334—37. März 1959. Los Alamos, N.Mex., Univ. of California, Los Alamos Sci. Labor.) (Engl.)

^{90}Sr kann von seinem Tochterelement ^{90}Y u. anderen radioaktiven Spalt-Prodd. (nach mindestens 10tägigem Zerfall) durch ein Kationenaustausch-Verf. getrennt werden. Die am Austauscher adsorbierten Ionen werden mit Ammonium-α-hydroxybutyrat-Lsg. (I) vom pH 6 eluiert. Nach 2tägiger Verweilzeit am Austauscher lassen sich ^{90}Sr u. ^{140}Ba, die adsorbiert bleiben, u. ^{90}Y, ^{140}La u. a. Seltene Erdmetalle, die eluiert werden, trennen. Durch nochmaliges selektives Eluieren von ^{90}Y aus einer zweiten Ionentauschersäule mit I (pH 3,55) wird ^{90}Y rein erhalten. Das beschriebene Trenn-Verf. kann auch bei Ggw. größerer Mengen Fe, U u. Ca in entsprechender Modifizierung angewendet werden. Die radiochem. Ausbeute an ^{90}Y übertrifft 97%. Die radiochem. Reinheit wurde durch γ-Spektroskopie ermittelt. Geringe Verunreinigungen (ca. 0,01%) an ^{95}Zr u. ^{103} Ru sowie 1% ^{132}J (entstanden aus ^{132}Te), das aber eine sehr kleine Halbwertszeit (2,3 Std.) gat, wurden festgestellt. W. BETCKE. 104

Die Anwendung von Radioisotopen bei Problemen der Forschung und Industrie in Japan. Kenjiro Kimura. (Proc. int. Conf. peaceful Uses Atomic Energy **15.** 220—25. 1956. Japan.) (Engl.)

Es wird über einige Anwendungen radioakt. Isotope in Japan berichtet. Die Zers. von SrO- u. BaO-Überzügen auf Kathoden durch β-Beschuß wurde durch Indizierung mit ^{89}Sr bzw. ^{140}Ba quant. verfolgt. Die aus der Oxydschicht freigesetzten Metalle wurden unter wechselnden äußeren Bedingungen auf einem Ni-Schirm niedergeschlagen u. ihre Aktivitäten bestimmt. Die Menge des zersetzten Sr bzw. Ba erwies sich als lineare Funktion der Beschußzeit u. wächst exponentielle mit der Temp. im Bereich < 600 bis > 700° K, bei Ba nimmt sie exponentiell mit der Wurzel der Beschleunigungsspannung (bei gleichbleibende Stromstärke) ab. Eine Unters. über die Verflüchtigung von In aus Elektroden für die Spektrographie mit Hilfe von ^{113m}In wird beschrieben. Erwähnt wird weiter die Verw. von ^{59}Fe, ^{60}Co u. ^{125}Sb zur Best. der Dissoziations-Konst. einiger Komplexsalze, von ^{51}Cr für die Unters. des Rk.-Mechanismus bei der Bldg. von Cr-Überzügen u. von ^{35}S bei der Unters. der H_2S-Absorption durch Kautschuk. W. BETCKE. 106□

Einige Fragen bezüglich des Betriebes eines Kernkraftwerkes. A. N. Grigoriants. (J. nuclear Energy **5.** 377—88. 1957.) (Engl.)

Diskussion der beim Betrieb das ersten Kernkraftwerks der UdSSR gesammelten Erfahrungen. HERBERT WEBER. 110□

Trockene Methoden, die künftigen Wege zur Aufarbeitung von Kernbrennstoffen. J. Fuger. (Ind. chim. belge **25.** 937—43. Aug. 1960. Belgique, Inst.Interuniv. des Sci. Nucl.) (Franz.)

Übersicht über Verff. zur Aufarbeitung (reprocessing) von Kernbrennstoffen unter bes. Berücksichtigung der Fluorierung u. anschließenden Abtrennung des U u. Pu von den Spalt-Prodd. durch Dest. u. pyrometallurg. Prozesse. Die trockenen Verff. erscheinen bes. aussichtsreich für die Aufarbeitung stark angereicherter Kernbrennstoffe. HEINZ SCHULTZ. 110□

Das 600-MeV-Synchrozyklotron des CERN in Genf. 1. Mitt. **Entwurf und Problemstellung.** W. Gentner. (Philips' techn. Rdsch. **22.** 81—89. 1960/61. Heidelberg, MPI für Kernphys.) (Dt.)

Das seit August 1957 im Betrieb befindliche Synchrozyclotron des CERN-Labor. in Genf liefert Protonen von 600 MeV. Der innere Protonenstrom beträgt ca. 0,3 μA. Ein zweckmäßiges Ablenk-Syst. gestattet es, ca. 6% dieses Stromes zu extrahieren. Man hat ferner kräftige Bündel von π-Mesonen u. μ-Mesonen zur Verfügung (pro Sek. $4 \cdot 10^5$ π^--Mesonen von 150 MeV oder 10^4 π^+-Mesonen von 70 MeV). GERHARD SCHMIDT. 112□

Das 600-MeV-Synchrozyklotron des CERN in Genf. 2. Mitt. **Die Hochfrequenzanlage.** K. H. Schmitter und S. Kortleven. (Philips' techn. Rdsch. **22.** 89—102. 1960/61. München, MPI für Phys. u. Astrophys.; Eindhoven, Philips.) (Dt.) — 1. vgl. vorst. Referat.

Die l. c. entwickelte u. gebaute Hochfrequenzanlage umfaßt 2 Hauptbestandteile, den Resonator u. den Hochfrequenzgenerator. Der zur Modulation verwendete Stimmgabelkondensator ergibt eine Kapazitätsvariation zwischen 256 u. 2580 pF. Das Dee-Syst. wird zu einem Resonator für den ganzen Frequenzvariationsbereich ausgestaltet. Die theoret. Überlegungen werden wiedergegeben. Der Oscillator arbeitet in einer sog. Schwungradschaltung, bei der die Steuerspannung der Senderöhre aus einem eigenen Rückkopplungskreis entnommen wird. GERHARD SCHMIDT. 112□

Das 600-MeV-Synchrozyklotron des CERN in Genf. 3. Mitt. **Der Stimmgabel-Modulator.** B. Bollée und F. Krienen. (Philips' techn. Rdsch. **22.** 102—22. 1960/61. Eindhoven, Philips-Forschungslabor.; Genf, CERN.) (Dt.) — 2. vgl. vorst. Referat.

Die Frequenzmodulation von 29—16,5 MHz wird durch einen mit 55 Hz schwingenden Kondensator erhalten. Der Kondensator besteht aus einer 60 cm langen u. 2 m breiten Al-„Stimmgabel“ u. einem ebenso breiten, am Hals der Dee-Elektrode befestigten Stator. Die Stimmgabel wird durch einen elektromagnet. Antrieb mit Hilfsmasse in Schwingung versetzt u. hat keinen festen Stützpunkt. Hierdurch werden fast keine Schwingungen auf die Umgebung übertragen. GERHARD SCHMIDT. 112□

Ein differentieller Bündelkollektor. W. T. H. Van Oers. (Nuclear Instruments Methods [Amsterdam] **9.** 111—12. Okt. 1960. Amsterdam, Inst. voor Kernphys. Onderz.) (Engl.)

Zur exakten Ermittlung der mittleren Reichweite von geladenen Teilchen u. damit ihrer Energie werden im Strahlengang 2 FARADAY-Käfige hintereinander geschaltet, deren erster einen Boden hat, der nahezu gleich der Reichweite der Teilchen in diesem Material ist. Durch in den Strahlengang einschwenkbare dünne Folien gleichen Materials kann die Materialstärke in kleinen meßbaren Stufen so weit vergrößert werden, bis der 2. Käfig keine Ladung mehr aufnimmt. W. REUSSE. 112□

Mikrotron mit hohem Strom. Ss. P. Kapitza, W. P. Bykow und W. N. Melechin. (Журнал Экспериментальной и Теоретической Физики [J. exp. theoret. Physik] **39.** 997—1000. Okt. 1960. Inst. für Physik. Probleme der Akad. der Wiss. der UdSSR.) (Russ.; Auszug: Engl.)

Vorläufige Messungen mit einem neuen zylindr. Elektronenbeschleuniger vom Cyclotrontyp werden mitgeteilt. Es werden 5—15 MeV erzielt, die Stromstärke auf der 12. Bahn erreicht 15 mA. Eine Lanthanboridelektrode, erhitzt auf 1600°, befindet sich direkt im Resonator. Der Durchmesser der Polschuhe beträgt 70 cm, der Abstand 11 cm. Als Quelle der hochfrequenten Schwingung dient ein Impulsmagnetron. Die Elektronen zeigen nur geringe Abweichungen vom Mittelwert der Energie u. des Impulses. M. WIEDEMANN. 112□

Tragbare Isotopen-Röntgenstrahlungsgeräte. R. G. Daggs. (Proc. int. Conf. peaceful Uses Atomic Energy **15.** 174—76. 1956. USA.) (Engl.)

Tragbare Strahlungsgeräte für die klin. Verw. der sek. Röntgenstrahlung werden beschrieben. Ein ca. 40 lbs. schweres Gerät arbeitet mit ^{170}Tm als Strahlenquelle (Halbwertszeit 127 Tage, γ-Strahler), während für ein β-Strahlengerät ^{90}Sr mit seinem Tochterelement ^{90}Y (Halbwertszeiten 20 Jahre bzw. 62 Std.) verwendet werden. W. BETCKE. 112□

Intensive γ-Quelle mit automatischer Steuerung. F. G. Firsov. (J. nuclear Energy **5.** 425—26. Tafel. 1957.) (Engl.) — C. **1958.** 2330. HERBERT WEBER. 112□

Eine Positronenquelle (positron cow). G. I. Gleason. (Int. J. appl. Radiat. Isotopes **8.** 90—94. Juli 1960. Oak Ridge, Tenn., Abbott Labor.) (Engl.)

Ausgehend von der Verw. interner Positronenstrahler bei intracranialen Schäden oder Tumoren wird eine ergiebige Positronenquelle beschrieben: Im Cyclotron wird ^{69}Ca nach der Rk. ^{69}Ga (p, 2n) ^{68}Ge in ^{68}Ge übergeführt, das dann auf chem. Weg in $Mg_2 \cdot {}^{68}GeO_4$ verwandelt wird. Der relativ langlebige (290 Tage) Positronenstrahler ^{68}Ge zerfällt in das kurzlebige (68 Min.) ^{68}Ga, das seinerseits wiederum unter Positronenabspaltung in das inakt. ^{68}Zn zerfällt. ^{68}Ga wird durch Ionenaustausch vom ^{68}Ge abgetrennt u. in injizierbare Form gebracht. Die einzelnen Schritte werden beschrieben. W. REUSSE. 112□

Ein neuer Halogenzähler für γ- und β-Strahlen mit flüssiger Anode. S. C. Pancholi. (Nuclear Instruments Methods [Amsterdam] **9.** 118—19. Okt. 1960. Delhi, Univ., Dep. of Phys.) (Engl.)

Es wird ein GEIGER-Zähler beschrieben, dessen Anode aus einem Pyrexglasrohr von 1,2 cm Außendurchmesser mit verd. H_2SO_4 als elektr. leitender Füllung u. dessen Kathode aus einem mit einer Kupferdrahtspirale umwickelten Glaszylinder von 3 cm Ø besteht. Die Gasfüllung ist Ar mit wenig Br. Bei der 1. Ausführungsform als γ-Zähler wurde bei

einer Plateaulänge von 400 V eine Steigung von 10%/100 V, bei der 2. Ausführungsform als β-Endfensterzähler 360 V Plateaulänge bei 30%/100 V Steigung erzielt.
W. REUSSE. 112□

Detektor für schwere Teilchen auf Grundlage von n-p-Übergängen in Silicium. Georges Amsel, Pierre Baruch und Olgierd Smulkowski. (C. R. hebd. Séances Acad. Sci. **250.** 1468—70. 22/2. 1960.) (Franz.) — Vgl. C. **1961.** 14912.

Die Unters. wird mit Hilfe einer Po-Quelle u. der (Rkk. $^{16}O(d, p)^{17}O$; $^{16}O(d, \alpha)^{14}N$; $^{12}C(d, p)^{13}C$; $^{27}Al(d, d)^{27}Al$ in $^{27}Al(p, p)^{27}Al$ durchgeführt. Es wurde ein VAN DE GRAAFF von 2 MeV benutzt. Der Detektor besitzt ein linear zeitliches Ansprechen in der Größenordnung von μ-Sekunden. Er spricht nicht auf Neutronen u. γ-Strahlen an, sondern gestattet die selektive Analyse der Spektren von α-Strahlen, Protonen u. Deuteronen.
D. HOENE. 112□

Absorption von γ-Strahlen mittlerer Energie im NaJ(Tl)-Scintillator. Chikai Ishii, Motoharu Kimura, Yuji Ohnuki und Katsufusa Shoda. (Sci. Rep. Tôhoku Univ., Ser. I **42.** 7—15. Juni 1958. Tôhoku, Univ., Fac. of Sci., Physic. Inst.) (Engl.)

Vff. berechnen verschiedene Absorptionsprozesse von 17-MeV-γ-Strahlen, die durch einen NaJ (Tl)-Scintillator laufen. Die räumliche Verteilung der Quellen der Scintillationslichtemission sowie die Build-up-Faktoren für 17-MeV-γ-Strahlen werden wiedergegeben.
J.-M. SPAETH. 112□

Direkte Strahlungsmessung an Plasma- und Gewebeproben durch Flüssigkeits-Scintillationszähler. Egil Gjone, Hugh G. Vance und David Alan Turner. (Int. J. appl. Radiat. Isotopes **8.** 95—97. Juli 1960. Baltimore, Md., Sinai Hosp. of Baltimore, Inc., Dep. of Med., Biochem. Res. Div.) (Engl.)

Um bei Blut-Unterss. ^{14}C u. ^{3}H im Plasma oder im Serum nachweisen zu können, wird die Probe nach Versetzen mit KOH in eine Scintillations-Fl., bestehend aus Diphenyloxazol, Methanol u. Toluol, eingebracht u. die Strahlung mit einem Scintillationsspektrometer gemessen. Die Eichung wird mit Toluol-^{3}H- u. Benzoesäure-^{14}C-Standards durchgeführt. Die Präparierung der Meßprobe wird beschrieben.
W. REUSSE. 112□

Korrekturen für die Rückstreuung und die Energieauflösung bei der β-Spektroskopie mit Scintillationsdetektoren. G. Bertolini, F. Capellani und A. Rota. (Nuclear Instruments Methods [Amsterdam] **9.** 107—10. Okt. 1960. Ispre, C.N.R.N.) (Engl.)

Bei der Messung von β-Spektren mit plast. Scintillatoren, z. B. Anthracen, kommt es bei an sich guter Linearität der Anzeige zu Störungen durch die Rückstreuung der Elektronen. Es werden Korrekturterme durch Messung exakter Eichwerte mit den β-Strahlern ^{114m}In, ^{113}Sn, ^{137}Cs u. ^{207}Bi ermittelt; auf Grund der damit bestimmten Eichung werden die β-Spektren von ^{204}Tl u. ^{170}Tm gemessen.
W. REUSSE. 112□

Neuer Typ eines Neutronenspektrometers. Richard L. Bramblett, Ronald I. Ewing und T. W. Bonner. (Nuclear Instruments Methods [Amsterdam] **9.** 1—12. Okt. 1960. Houston, Tex., Rice Univ.) (Engl.)

Die Messung der Energiespektren von Neutronen wird mit einem ^{6}LiJ (Eu)-Kristall vorgenommen. Im Kristall erfolgt die Erregung der Scintillationen im Verlauf der Rk. $^{6}Li(n, \alpha)^{3}H$. Mit monoenerget. Neutronen (therm. Energie bis 15 MeV) aufgenommene Meßkurven über den Wrkg.-Grad werden mitgeteilt, wobei die Neutronen durch Polyäthylenkugeln von 2—12 in. Ø moderiert werden. Anwendungsmöglichkeiten, z. B. zur Best. der Neutronenspektren der Rkk. $^{14}C(p, n)^{14}N$ u. $^{103}Rh(p, n)^{103}Pd$, werden behandelt.
W. REUSSE. 112□

Anordnung und Analyse eines Summenkoinzidenz-(n, γ)-Spektrometers. J. E. Draper und A. A. Fleischer. (Nuclear Instruments Methods [Amsterdam] **9.** 67—77. Okt. 1960. New Haven, Conn., Yale Univ.) (Engl.)

Bei Kern-Unterss. über Energieniveaus u. Übergangswahrscheinlichkeiten sind Energie- u. Intensitätsmessungen an γ-Quanten durchzuführen, die bei Neutroneneinfangprozessen emittiert werden. Es wird eine für solche Unterss. geeignete Summenkoinzidenzmeßanordnung beschrieben.
W. REUSSE. 112□

Die Korrektur gemessener Resonanzspitzen auf Grund der experimentellen Auflösung der Meßanordnung. R. O. Lane, N. F. Morehouse jun. und D. L. Phillips. (Nuclear Instruments Methods [Amsterdam] **9.** 87—91. Okt. 1960. Argonne, Ill., Argonne Nat. Labor.) (Engl.)

Das Problem der Ermittlung einer wahren Resonanzkurve aus der gemessenen auf Grund einer bekannten Auflösungsfunktion der Meßanordnung wird mathemat. behandelt, u. zwar auf die Ermittlung von Neutronenwirkungsquerschnitten nahe der Resonanzspitze als Funktion der Energie der Neutronen angewandt.
W. REUSSE. 112□

Auflösungsvermögen eines Spektrographen mit gekrümmtem Kristall. Michio Suzuki. (Sci. Rep. Tôhoku Univ., Ser. I **42.** 1—6. Juni 1958. Tôhoku, Univ., Fac. of Sci., Physic. Inst.) (Engl.) — Vgl. HOYASI, NISHIMURA u. SUZUKI, Sci. Rep. Tôhoku Univ., Ser. I **41.** [1958.] 183.

Als Ergänzung zu l. c. wurde der Einfl. der Temp. des Spektrographen untersucht. Die Temp. muß innerhalb $\pm 0{,}37^0$ gehalten werden für die Wellenlängenmessung bis zu einer Genauigkeit von 0,01 X-Einheiten. Bei Verw. eines WOLLASTON-Drahtes von 10 μ Ø wurde ein Auflösungsvermögen von $\lambda/\Delta\lambda = 2{,}9 \cdot 10^4$ erhalten. Als Test des Auflösungsvermögens des Spektrographen wurde die Halbwertsbreite von Cu $K\alpha_1$ 0,64 u. Cu $K\alpha_2$ 0,68 X-Einheiten gemessen. J.-M. SPAETH. 112□

Ein Compton-Elektronen-γ-Spektrometer mit Zweirichtungsfokussierung. G. E. Lee-Whiting. (Canad. J. Physics **38.** 720—50. Juni 1960. Chalk River, Ontario, Canada, Theoret. Phys. Branch.) (Engl.)

Es wird ein γ-Spektrometer vorgeschlagen u. durchgerechnet, das auf der Spektrometrie der in zwei zueinander orthogonalen Richtungen (senkrecht zu den γ-Strahlen) emittierten COMPTON-Elektronen beruht. H. HART. 112□

Ein Transistorenspektrometer mit Frequenzmodulation. Claude Frio und Harald Hahn. (C. R. hebd. Séances Acad. Sci. **250.** 1471—73. 22/2. 1960.) (Franz.)

Vff. beschreiben ein mit Transistoren bestücktes Spektrometer u. vergleichen es mit einer Röhrenanordnung, die ebenfalls bei 30 MHz arbeitet. D. HOENE. 112□

Automatische Bestimmung der Massenzahl bei Isotopenseparatoren und Massenspektrometern. L. Wåhlin. (Nuclear Instruments Methods [Amsterdam] **9.** 21—28. Okt. 1960. Pretoria, Nat. Phys. Res. Labor., Nucl. Phys. Div.) (Engl.)

Bei dem elektromagnet. Massenspektrometer erhält man für die Abhängigkeit der Massenzahl M von der Beschleunigungsspannung der Ionen V u. dem ablenkenden Magnetfeld H die Beziehung $M/e = (k^2H^2)/V$. Es wird eine elektron. Computerschaltung beschrieben, die von den elektr. u. magnet. Werten des Spektrometers ihre Eingaben erhält u. daraus die Umrechnung auf die Massenzahl automat. durchführt. W. REUSSE. 112□

Ein halbautomatischer Analysator für Blasenkammeraufnahmen. O. R. Frisch und A. J. Oxley. (Nuclear Instruments Methods [Amsterdam] **9.** 92—96. Okt. 1960. Cambridge, Cavendish Labor.) (Engl.)

Für die schnelle Auswertung von Blasenkammeraufnahmen wurde eine Vorr. entwickelt, bei der die photograph. Aufnahme auf eine Transparentscheibe projiziert wird u. die zu untersuchenden Punkte manuell mit einer Bezugsmarke auf der Scheibe zur Deckung gebracht werden. Durch Photozellen werden dann automat. die Koordinaten der Punkte ermittelt u. derart auf Lochstreifen gegeben, daß ihre Auswertung mit einem Computer durchgeführt werden kann. W. REUSSE. 112□

Die Anwendung eines Gammastrahlen-Taschendosimeters für die Dosimetrie schneller Neutronen. V. V. Bovin und A. I. Mosharov. (J. nuclear Energy **5.** 427. 1957.) (Engl.) — C. **1958.** 2330. HERBERT WEBER. 112□

Empfindlichkeit von Ilford Q_1-Platten. E. Burlefinger und H. Ewald. (Z. Naturforsch. **16a.** 430—31. April 1961. München, TH, Physik. Inst.) (Dt.)

Vff. beschreiben eine Meth. zur Best. der Empfindlichkeit von in der Massenspektroskopie verwendeten ILFORD Q_1-Platten für Ionen von ca. 17,5 keV Energie in Abhängigkeit von der Masse der Ionen. Die Empfindlichkeit e wird durch den Quotienten Korndichte K/Ionendichte I für verschwindende Ionendichten definiert. Als Korndichte wird die Anzahl der unter dem Mikroskop gezählten, geschwärzten Körner pro Flächeneinheit, als Ionendichte die Anzahl der pro Flächeneinheit aufgefallenen Ionen bezeichnet. Tabelle für die Abhängigkeit der relativen Empfindlichkeiten von der Massenzahl für 13 verschiedene einfach geladene Ionen. Die Meßpunkte folgen ziemlich gut einer $\sqrt{2/M}$-Kurve. W. GÜNTHER. 112□

Neue ionographische Emulsionen auf der Basis von Polyvinylalkohol. Etsuo Fujii, Hideko Fujii, Joseph Demers und Pierre Demers. (Canad. J. Physics **37.** 1465 bis 1473. Dez. 1959. Montreal, Canada, Univ., Fac. des Sci., Dep. de Phys.) (Franz.)

Vff. beschreiben die Herst. von 2 ionograph. Emulsionen auf der Grundlage von Polyvinylalkohol, die ca. 84% AgBr, aber weder *N* noch Gelatine enthalten. In den Emulsionen wurden die Spuren von α-Strahlen, Protonen u. selbst von langsamen Elektronen beobachtet. C. GOTTFRIED. 112

Über photometrische Ladungsmessungen in Kernemulsionen. Carlo Castagnoli, Massimiliano Ferro-Luzzi und Guido Pizzella. (Ricerca sci. **29.** 2127—32. Okt. 1959. Roma, Univ., Ist. di Fis. e Ist. naz. di Fis. nucl.) (Ital.) — Vgl. C. **1961.** 2173.

Die Ionen von ^{40}Ar, ^{16}O u. ^{12}C (aus dem Linearbeschleuniger HILAC) mit 10 MeV/Nucleon wurden unter Verw. von Ilford-G5-Emulsion (200 μ) u. eines automat. Photometers gemessen u. die nachst. 4 Parameter berechnet: h = größte Höhe des photometr. Impulses; L = Impulsbreite bei einer bestimmten Fraktion von h; L' = Impulsbreite bei einer gegebenen photometr. Absorption u. S = Impulsfläche. Im Vgl. scheint S der geeignetste Parameter zur Identifizierung von Ladungen zu sein. Schließlich wird auf die Unmöglichkeit einer guten Ladungs-Best. mit der „taper length"-Meth. hingewiesen (Diagramme). — 15 Literaturhinweise. G. Platzer. 112□

A_2. Optisches Verhalten der Materie.

Aus Atomterm-Abständen als Funktion der Ionenladung abgeleitete Abschirmkonstanten. Chr. Klixbüll Jørgensen. (J. inorg. Nuclear Chem. **4**. 369—71. 1957. Copenhagen, TU of Denmark, Chem. Dep. A.) (Engl.)

Theoret. Unters. zur Ableitung von effektiven Ladungen Z* aus der nahezu linearen Abhängigkeit der Termabstände von Z_0, d. h. von der Ionenladung. Die Abstände zwischen den Barizentren der Terme von teilweise gefüllten p-Schalen werden in einem Diagramm wiedergegeben. Herbert Weber. 114□

Messungen der Schwächung von Röntgenstrahlen niedriger Energie für Elemente niedriger Ordnungszahl. John I. Hopkins. (J. appl. Physics **30**. 185—87. Febr. 1959. Nashville, Tenn., Vanderbilt Univ.) (Engl.)

Massenschwächungs-Koeff. wurden für *Al* u. *Cu* im Energiebereich von 6 keV bis 40 keV u. für *Cr, Co, Ni* u. *Zn* im Energiebereich 6—14 keV gemessen. Der mittlere wahrscheinlichste Fehler ist kleiner als 3%. Die Übereinstimmung mit der Theorie ist gut. Herbert Weber. 116□

Quantitative Untersuchungen des Absorptionsspektrums von Kupfer(I)-oxyd. I. Ss. Gorban. (Оптика и Спектроскопия [Optik u. Spektroskopie] **9**. Nr. 6. 759—64. Dez. 1960.) (Russ.)

Es wurde das Absorptions (A)-Spektrum von Cu_2O im sichtbaren Gebiet mit Hilfe des Glasspektrographen ISsP–51 mit Autokollimationskamera u. photoelektr. Registrierung bei Zimmer-Temp. u. bei —180° gemessen. Die Analyse der Spektren von Proben mit verschiedener Dunkelleitfähigkeit ergab, daß die A bei $\lambda > 6750$ Å von Verunreinigungen verursacht wird, während die A zwischen 6730 u. 6100 Å bis auf 2 Stufen unbekannter Herkunft durch Acceptorenzentren (nichtstöchiometr. O) hervorgerufen wird. Am langwelligen Rand der danach anschließenden Eigen-A-Bande des Cu_2O können bei —180° eine gelbe u. eine grüne wasserstoffähnliche Serie (S) mit dem intensivsten Glied für n = 2 beobachtet werden. Die n = 2 entsprechende scharfe, aber schwache Linie konnte nur mit einem Fabry-Perot-Interferometer ausgemessen werden. Die S gehören offensichtlich zur Eigen-A des Cu_2O. Für 5 Glieder der gelben S sind A-Koeff., Halbwertsbreite u. a. Daten in Tabellenform angeführt. Die Intensitätsverhältnisse der S-Glieder u. die Eigg. des kontinuierlichen Untergrunds lassen sich gut durch die Theorie direkter verbotener Übergänge erklären. Eine rote S, als deren Glied mit n = 2 eine beobachtete rote Linie gedeutet worden ist, konnte nicht aufgefunden werden. R. Gerbatsch. 118□

Anomale g-Verschiebungen der angeregten Zustände des Cr^{3+} im Rubin. Ikuji Tsujikawa und Satoru Sugano. (J. physic. Soc. Japan **13**. 220. Febr. 1958. Sendai, Tohoku Univ., Res. Inst. for Iron, Steel and other Metals; Tokyo, Univ., Dep. of Phys.) (Engl.)

Bei Unterss. des Zeeman-Effekts des charakterist. Dubletts R_1 u. R_2 des Rubins bei 20°K u. 4,2°K fand man anomale $g_{e//}$-Verschiebungen der angeregten Zustände von R_1 u. R_2, nämlich: $g_{e//}(R_1) \approx 2 + 2\Delta$, $g_{e//}(R_2) \approx 2 - 2\Delta$ ($\Delta \approx 0{,}2$) u. $g_{e//}(R_1) + g_{e//}(R_2) \approx 4$. Bei der Unters. des Zeeman-Eeffekts bei den bei ca. 21000 cm^{-1} liegenden Linien B_1 u. B_2 wurden in einem Falle starke Aufspaltungen festgestellt. E. Uhlein. 118□

Verwirklichung eines Mediums mit negativen Absorptionskoeffizienten. W. K. Ablekow, M. Ss. Pessin und I. L. Fabelinski. (Журнал Экспериментальной и Теоретической Физики [J. exp. theoret. Physik] **39**. 892—93. Sept. 1960. Physik. Lebedew-Inst. der Akad. der Wiss. der UdSSR.) (Russ.)

Ein Medium mit negativem Absorptions-Koeff. im sichtbaren Bereich ist durch eine Gasentladung in einer Mischung von Hg u. Zn-Dampf verwirklicht. Die Temp. der fl. Elektroden lag bei 6 u. 15°, der Entladungsstrom betrug 8—15 A. Die Durchlässigkeit für die Zn-Linie 6362 Å ($4^1P_1^0 - 4^1D_2$) lag zwischen 1,5—10, die für 4722 Å dagegen bei 0,9. Der Absolutwert des Absorptions-Koeff. k variierte von 0,2—1,15. Die Konz. der Atome auf dem Niveau 4^1D_2 wurde zu $5 \cdot 10^{10}$ ermittelt. M. Wiedemann. 119□

Dispersion des Spannungsoptik-Koeffizienten im Lithiumfluorid. R. Srinivasan. (Naturwissenschaften **48.** 96. 2. Febr.-H. 1961. Bangalore, Indian Inst. of Sci., Phys. Dep.) (Engl.)

Die Dispersion des Spannungsoptik-Koeff. C wurde für LiF im Bereich von 5700 bis 2500 Å nach der Formel $C = (n^3/2)\cdot(q_{11}-q_{12})$ bestimmt. Die Genauigkeit der Best. von C beträgt im fraglichen Bereich 0,65 brewsters. M. Walther. 119□

Experimentelle Untersuchung über die Form der F-Banden-Absorption bei NaCl. Jordan J. Markham und John D. Konitzer. (J. chem. Physics **34.** 1936—42. Juni 1961. Chicago, Ill., Zenith Radio Corp.) (Engl.)

Die Möglichkeit der Ausweitung von Unterss. opt. Absorptionsbanden im Zusammenhang mit F-Zentren beim KCl auf KJ, KBr u. NaCl wird untersucht. Bedingt durch ihre relative Größe u. durch die Lage der K- u. F-Banden lassen sich beim KJ u. beim KBr die Absorptionsspektren nicht auflösen. Die Situation beim NaCl ist unklar. Ein einziges F-Zentrum wurde nach verschiedenen Verff. hergestellt u. das Verh. beim Verblassen untersucht, das je nach Herst.-Bedingungen verschieden war. Zusätzliche Verfärbungen liefern keine Hauptbande, die Form der F-Bande wird nicht beeinflußt, der %-Satz der „sek." Zentren ist jedoch groß. Die Absorptionskurve läßt sich durch die Gleichung von Smakula wiedergeben. Die Smakulasche Konst., das Verhältnis von M_0 (Fläche unter der Absorptionskurve) zu $\alpha_m H$ (α_m Absorptions-Koeff., H Halbwertshöhe) ist 1,17. Der rote u. der mittlere Teil der Kurve läßt sich durch eine Pekarian-Kurve wiedergeben, während der violette Teil Abweichungen zeigt. Die beste Gleichung für die Breite der Absorptionsbande in der Halbwertshöhe H (in eV) hat die Form $H^2 = 0{,}075$ ctg hyp $(105{,}5/\Theta) - 0{,}01$, wobei Θ die Temp. ist. Schließlich zeigt sich, daß die Resultate von KCl nicht ohne weiteres auf die übrigen Alkalihalogenide übertragen werden können. G. M. Neumann. 119□

Durch das dichroitische D-Band (340 mμ) hervorgerufene optische Anisotropie im E-Band (425 mμ) im KCl-Ag-Kristall. (Kurze Mitt.) Masakazu Ishiguro und Takeshi Okuno. (Mem. Inst. sci. ind. Res., Osaka Univ. **16.** 37—42. 1959.) (Engl.)

Nach Kyropoulos hergestelltes mit Ag dotiertes KCl zeigt nach Bestrahlung mit Röntgenstrahlen Absorptionsbanden bei A (230 mμ), B (286 mμ), C (316 mμ), D (340 mμ), E (425 mμ) u. F (545 mμ). Bei Raum-Temp. bestrahlte Kristalle wurden im E- u. F-Band unpolarisiertem Licht ausgesetzt u. anschließend bei Raum- oder fl. N_2-Temp. im D-Band mit [0 0 1]-polarisiertem Licht auf einer (1 0 0)-Fläche gebleicht. Die Absorption wurde bei fl. N_2-Temp. mit in [0 0 1]- u. [0 1 0]-Richtung polarisiertem Licht gemessen. Es zeigte sich deutlich Dichroismus im D-Band nach diesem Bleichen. Bei fl. N_2-Temp. bestrahltes KCl, das nicht gebleicht wurde, ergab nur das E-Band u. keinen Dichroismus. Der mit unpolarisiertem Licht im E- u. F-Band gebleichte Kristall zeigte ein verstärktes D-Band u. teilweise gebleichte E- u. F-Bänder. Nach Bleichen mit [0 0 1]-polarisiertem Licht im D-Band zeigte auch das E-Band Dichroismus. Vff. diskutieren die Erscheinung nach der Theorie der Farbzentren. D. Hoene. 119□

Über Farbänderungen in $BaTiO_3$-Einkristallen in Wasserstoffatmosphäre bei hohen Temperaturen. Hanuš T. Arend und Paula Coufová. (Czechoslov. J. Physics **9.** 751—52. 1959. Československ. Časopis Fysiku **9.** 670—71. 1959. Prague, Czechosl. Acad. of Sci., Inst. of Phys.) (Engl.)

Vff. bestimmen die Absorptionsspektren (0,4—0,7 μ) von *BaTiO₃*-Einkristallen in Abhängigkeit von der Umgebung: Luft; H_2 bei 500 u. bei 100°; feuchtes H_2 bei 1000°. Die Absorptionskurven werden diskutiert. G. Ruban. 119□

Untersuchungen über die optischen Eigenschaften und die Excitonenspektren der roten und orangefarbigen Abarten von Quecksilber(II)-jodid. Manuel Sieskind. (Rev. Opt. théor. instrument. **39.** 239—87. Juni 1960.) (Franz.)

Durch Eindampfen der Lsgg. von HgJ_2 mit <0,0001% Verunreinigungen in Aceton werden 2—4 μ dicke Schichten der roten, tetragonalen u. einer orangefarbigen, orthorhomb. Form (a = 8,70, b = 8,7 u. c = 24,0 Å) hergestellt. Die orthorhomb. Form ist bei Raum-Temp. metastabil u. erleidet in kurzer Zeit eine Umwandlung in die tetragonale Form; die Umwandlungs-Geschw. sinkt mit der Temperatur. Von den Schichten werden zwischen 1,5 u. 77°K die Absorptions-, Emissions- u. Reflexionsspektren untersucht. Das Absorptionsspektrum von rotem HgJ_2 zeigt dichroit. Verhalten. Es besteht bei tiefen Temp. aus polarisierten Excitonenbanden, die in gewöhnliche u. außergewöhnliche Banden aufzuteilen sind, u. einem kontinuierlichen Absorptionsuntergrund im kurzwelligen Bereich. Die Intensität der gewöhnlichen Banden von parallel zur Achse orientierten Kristallen scheint invers zu sein. Auch im orangefarbigen HgJ_2 werden bei tiefen Temp. Excitonenbanden beobachtet. Bei Anregung mit dem Licht einer Hg-Dampflampe treten bei tiefen Temp. Emissionsspektren auf, die sich für beide Kristallformen unterscheiden. Während die Luminescenz von rotem HgJ_2 bei 77°K stark grün ist (Banden bei 5355, 5600 u. zwischen 5925 u. 6500 Å), wird für die orangefarbige Form eine orangefarbige Emission (Banden bei 5099 u. zwischen 5900 u. 6600 Å) beobachtet. Die „gekerbten" Reflexionsspektren werden zur Unters. der Brechungsindices beider Formen benutzt. Die Maxima u. Minima der polarisierten Reflexion liegen in der Nähe der entsprechenden Absorptionsbanden. Die Oscillatorstärke in den verschiedenen Spektren wird durch abs. Messung der Änderung der Absorptions-Koeff. als Funktion der Wellenlänge in der Nähe der Banden, aus der Dispersionskurve u. aus der Reflexionsstärke erhalten. Die beiden letzten Meßverff. sind wegen des Absorptionsuntergrunds unsicher. Die Änderungen der Reflexionsstärke in der Nähe der gewöhnlichen Hauptbanden werden aus der Theorie von DRUDE erhalten. Aus den Messungen folgt, daß die gewöhnlichen Spektren zu den Excitonenspektren 1. Klasse nach ELLIOT gezählt werden können. Das außergewöhnliche Spektrum ist ein verbotenes Spektrum 2. Klasse u. entspricht Übergängen zu den Excitonenzuständen P. HERBERT MÜLLER. 119□

Ramaneffekt und Lösungsmittelextraktion. 2. Mitt. Spektren der Tetrachloroindat- und Tetrachloroferrat-Ionen. L. A. Woodward und M. J. Taylor. (J. chem. Soc. [London] **1960.** 4473—77. Nov. Oxford, Inorg. Chem. Labor.) (Engl.) — 1. vgl. C. **1957.** 323.

Die Ae.-Extrakte salzsaurer $InCl_3$-Lsgg. zeigen folgende RAMAN-Frequenzen (in cm^{-1}) 89, 112 (beide mäßig stark, depolarisiert), 321 (stark, polarisiert), 337 (schwach, diffus, depolarisiert). Die Linien entsprechen den Spektren von $InBr_4^-$, InJ_4^-, $CdCl_4^{2-}$ u. $SnCl_4$ u. werden dem zu den beiden letzten Teilchen isosteren $InCl_4^-$-Ion zugeordnet. Als Kraft-Konst. der In–Cl-Bindung ergibt sich $2{,}16 \cdot 10^5$ dyn/cm. In wss. Lsgg. wird bei niedrigen HCl-Konzz. nur eine breite Bande bei 295 cm^{-1} beobachtet, die sich mit steigender HCl-Konz. unter gleichzeitigem Auftreten schwacher Banden bei 175 cm^{-1} u. 130 cm^{-1} bis zu 275 cm^{-1} verschiebt u. ν-In–Cl des $InCl_5^{2-}$- bzw. $InCl_6^{3-}$-Ions zugeordnet wird. HCl-haltige, wss. Lsgg. von $GaCl_3$ u. deren Ae.-Extrakte zeigen die Linien des $GaCl_4^-$-Ions (in cm^{-1}) bei 114, 149, 346 u. 386. Ae.-Extrakte salzsaurer $FeCl_3$-Lsgg. zeigen durch Anregung mit Hg (5461 Å) RAMAN-Linien (in cm^{-1}) bei 106, 133, 330 (stark, polarisiert) u. 385, die durch Vgl. mit den Frequenzen von $TiCl_4$ in Übereinstimmung mit magnet. Messungen dem tetraedr. gebauten $FeCl_4^-$-Ion zugeordnet werden. Die Kraft-Konst. k_{Fe-Cl} wird zu $2{,}28 \cdot 10^5$ dyn/cm errechnet. H. WAGNER. 120□

Infrarotspektroskopische Untersuchung der Photolyse von Chlorazid in festem Argon bei 4,2°K. Dolphus E. Milligan. (J. chem. Physics **35.** 372—73. Juli 1961. Pittsburgh, Pa., Mellon Inst.) (Engl.)

ClN_3 wird mit Ar gemischt u. auf einem CsBr-Fenster bei 4,2°K kondensiert; die gebildeten Filme enthalten $40 \cdot 10^{-6}$ Mol ClN_3. Die Messung der IR-Absorption erfolgt unter Verw. einer Hg-Dampflampe mit einem PERKIN-ELMER-Spektrometer. Die Banden bei 655, 723, 1143 u. 2062 cm^{-1} gehören zu Schwingungen der N_3-Gruppe bzw. der N—Cl-Streckschwingung. Bei UV-Bestrahlung fällt die Intensität der Banden ab, während neue Banden bei $818 \pm 0{,}5$ u. $824 \pm 0{,}5$ cm^{-1} auftreten; gleichzeitig wird eine grünblaue Phosphorescenz beobachtet. Das therm. Verh. dieser Banden deutet an, daß sie reakt. oder instabilen Prodd., wahrscheinlich NCl, angehören, die zu *Dichlorazin* N_2Cl_2 dimerisieren. HERBERT MÜLLER. 120□

Die Korrekturen dritter Ordnung zur Schwingungs-Rotations-Energie polyatomarer Moleküle. Serge Maes. (Cahiers de Physique **14.** 1—84. April/Mai 1960.) (Franz.)

Zur Deutung der Ergebnisse IR- u. mikrowellen-spektroskop. Unterss. ist eine genaue Berechnung der Schwingungs-Rotations-Energie E_{VR} polyatomarer Moll. notwendig. Das in der Reihe $E_{VR} = E_{VR}^{(0)} + E_{VR}^{(1)} + E_{VR}^{(2)} + E_{VR}^{(3)} + \cdots + E_{VR}^{(n)} + \cdots$ auftretende Glied 3. Ordnung $E_{VR}^{(3)}$ wird mit Hilfe von Matrixelementen der transformierten HAMILTON-Funktion 3. Ordnung h_3' berechnet. Die Koeff. der Matrixelemente werden für den allg. Fall u. für bes. Mol.-Modelle betrachtet. Für Fälle, in denen die Berechnung wegen des Auftretens von Resonanzen 3. Ordnung nicht möglich ist, werden die Resonanzmatrixelemente der „wahren" Resonanz $2\omega_n \simeq 3\omega_{n'}$ angegeben u. Korrekturen 3. Ordnung zur FERMI-Resonanz untersucht. Der gesamte Ausdruck für die Matrixelemente von 3-atomigen Moll. ist angegeben. Die Anwendung der Berechnung auf das Spektrum von *Methylcyanid* u. *-isocyanid* (Übergang $J = 1 \rightarrow J = 2$ im angeregten Zustand $v_8 = 1$) liefert die CORIOLIS-Kopplungs-Koeff. $\zeta_{8_1 8_2}$ beider Moll. $0{,}9405 \pm 0{,}0008$ bzw. $0{,}930 \pm 0{,}005$. Die Elemente der Resonanzen $3\omega_1 \simeq 2\omega_3$ im IR-Spektrum von HCN liefern bei Einführung in die Energiematrix eine bessere Deutung der Spektren. Der Ausdruck für die TAYLOR-BENEDICT-STRONG-Korrektur ist in guter Übereinstimmung mit Meßwerten im IR-Spektrum von $^{12}C^{16}O_2$ u. $^{13}C^{16}O_2$.

HERBERT MÜLLER. 121□

Hauptpeaks der Helligkeitswellen der Elektrolumineszenz. A. N. Georgobiani und M. W. Fok. (Оптика и Спектроскопия [Optik u. Spektroskopie] **9.** Nr. 6. 775—81. Dez. 1960.) (Russ.)

Unter der Voraussetzung, daß das Leuchten eines Elektroluminophors (EL.) durch Zurückkehr abgewanderter u. lokal eingefangener Elektronen hervorgerufen wird, untersuchten Vff. den Mechanismus der Elektronenfreisetzung aus lokalen Niveaus. Eine Analyse der Helligkeitswelle eines *ZnS–Cu, Al*-EL. bei Anlegen eines trapezförmigen Wechselfelds ergab, daß therm. Freisetzung nur bei niedrigen Feldstärken (FS.) eine Rolle spielen kann, bei hohen FS. die Elektronen aber durch Feld-Einw. (Stoßionisation bei niedrigen Temp. u. Tunneleffekt bei hohen Temp.) freigesetzt werden. Aus der beobachteten krit. FS. von ca. 10^5 V/cm, bei der alle Elektronen-Donatorniveus geleert sind, ergibt sich deren größte energet. Tiefe zu 0,710 eV in guter Übereinstimmung mit dem aus der Konz. der freien Elektronen im EL.-Kristall berechneten Wert von 0,725 eV. Aus der Temp.-Abhängigkeit der krit. FS. läßt sich die Größe des opt. Phonons in Übereinstimmung mit den aus der Schwingungsstruktur der Fluorescenzspektren erhaltenen Werten zu $2{,}55 \cdot 10^{-2}$ eV berechnen. R. Gerbatsch. 125□

Elektrophotolumineszenz von Zinksulfid-Phosphoren. Yoshihide Kotera und Kiyotaka Naraoka. (Bull. chem. Soc. Japan **33.** 721—27. Juni 1960. Hatagaya, Tokyo, Governm. Chem. Ind. Res. Inst.) (Engl.)

Der Gudden-Pohl-Effekt steigt mit der Erhöhung des Cu-Geh. sowohl bei hexagonalem als auch bei kub. *ZnS–Cu.* Er erreicht ein Maximum für ZnS mit Zinkblendegitter bei einem Geh. von 10^{-5} Mol. Cu pro 1 Mol. ZnS. Angaben über Glow-Kurvenmessungen. H. Moenke. 125□

Luminophor von neuem Typ für Fluorescenzröhren aus rumänischen Rohstoffen. Emanoil Lucatu. (Comun. Acad. Republ. Populare romîne **5.** 333—37. 1955.) (Rum.; Auszug: Franz.)

Ein Gemisch von 3,3802 (g) $CaHPO_4$, 0,9825 $CaCO_3$, 0,1816 $CaCl_2$, 0,1277 CaF_2, 0,3400 Sb_2O_3 u. 0,0500 $MnCO_3 \cdot H_2O$ wird mit 2 ml reinem Aceton je g Gemisch im Mörser 24—28 Std. verrieben, bis die meisten Teilchen $< 1\ \mu$ sind, dann Aceton verdampft u. in einem Tiegel im elektr. Ofen 15 Min. auf 850° erhitzt. Bei dieser Arbeitsweise wird die Verw. von fertigem Apatit vermieden, die für die Herst. des Luminophors eine höhere Temp. (1150°) erforderlich macht. Der erhaltene Luminophor zeigt ein Absorptionsmaximum bei 2537 Å. Bei Einführung von $MgWO_4$ wird blaue, durch Variieren der Mn-Konz. eine orangerote Luminescenz erzielt. R. K. Müller. 125□

A_3. Elektrizität. Magnetismus. Elektrochemie

Virialexpansionsformeln für die Verteilungsfunktionen des Mikrofeldes und des Mikropotentials und deren Anwendung auf ein Hochtemperaturplasma. Tohru Morita. (Progr. theoret. Physics [Kyoto] **23.** 1211—13. Juni 1960. Kyoto, Kyoto Univ., Res. Inst. for Fundament. Phys.) (Engl.)

Vorbereitende Betrachtungen zu Berechnungen mit höheren Approximationen für ein Hochtemperaturplasma. Gerhard Schmidt. 131□

Zur Theorie der runaway-Elektronen. A. W. Gurewitsch. (Журнал Экспериментальной и Теоретической Физики [J. exp. theoret. Physik] **39.** 1296—1307. Nov. 1960. Lebedew-Inst. der Akad. der Wiss. der UdSSR.) (Russ.; Auszug: Engl.)

Für den Fall des schwachen elektr. Felds wird im vollständig ionisierten Plasma das Verh. der runaway-Elektronen untersucht, deren hohe Geschw. mit der Zeit stetig ansteigt. Für die stationäre Verteilungsfunktion u. für den Fluß werden Ausdrücke abgeleitet, der Einfl. der neutralen Plasmateilchen wird diskutiert. Die Instabilitäten, zu denen diese Elektronen während der Entladung Anlaß geben können, werden erörtert. Mit den Experimenten besteht qual. Übereinstimmung. M. Wiedemann. 131□

Hydromagnetischer Kondensator. Oscar Anderson, William R. Baker, Alexander Bratenahl, Harold P. Furth und Wulf B. Kunkel. (J. appl. Physics **30.** 188—96. Febr. 1959. Berkeley, Calif., Univ. of California, Radiat. Labor.) (Engl.)

Sehr hohe DK können leicht mittels eines ionisierten Gases in einem starken Magnetfeld erreicht werden. Wenn ein orthogonales elektr. Feld angelegt wird, speichert die resultierende Teilchendrift elektr. Energie. In einem koaxialen Kondensator, bei dem eine rotierende Plasmascheibe benutzt wird, wurden DK-Werte von 10^6—10^8 gemessen. Die mögliche Anwendung von hydromagnet. Kondensatoren für Unterss. an schnellen Entladungen (z. B. Pinch-Entladungen; vgl. C. **1959.** 5016) wird diskutiert.

Herbert Weber. 131□

Der Einfluß der Kathodensublimation auf die Energiebilanz eines Hochstromkohlebogens. E. Hinrichs und R. Wienecke. (Z. Physik **156**. 592—97. 1959. Kiel, Univ., Inst. für Experimentalphysik.) (Dt.)

Der Einfl. der Sublimation des Kathodenmaterials eines Hochstrom-Kohlebogens im Bereich oberhalb 400 A Stromstärke auf die Energiebilanz des Bogens wird untersucht. Die für die Sublimation notwendige therm. Leistung entspricht einem zusätzlichen elektr. Leistungsbedarf. Sondenmessungen zeigten, daß der zusätzliche Spannungsbedarf eines Bogens mit sublimierender Kathode im Kathodengebiet für die Sublimation, Aufheizung u. Beschleunigung des C-Dampfs zur Verfügung steht.

Herbert Weber. 131□

Energieverteilung der Argon- und Wasserstoffionen aus einer Hochfrequenzionenquelle. Horst Löb. (Z. Naturforsch. **16a**. 67—75. Jan. 1961. Gießen, Univ. Phys. Inst.) (Dt.)

Vf. untersucht die nach Massen getrennten Energiespektren von Ar^+, H^+, H_2^+ u. H_3^+-Ionen aus einer Hochfrequenzionenquelle. Je Spektrum treten bis zu 8 verschiedene Peaks auf. Die beiden Peaks mit der größten Extraktionsenergie werden von Plasmaionen gebildet, zwei weitere entstehen durch Ionenumladung im oberen Teil des Raumladegebietes. Sekundärelektronenstöße im unteren Teil des Raumladegebietes u. Ionenumladung in bzw. hinter dem Extraktionskanal führen zu weiteren, energieärmeren Peaks. Der Ionenstrom ist durch hochfrequente Schwingungen der Plasmagrenze mit der Senderfrequenz moduliert. L. Roth. 131□

Elektrischer Durchschlag von Glimmer bei Mikrowellenfrequenzen. Toshikazu Shibata, Kohzoh Masuda und Tokuo Suita. (Technol. Rep. Osaka Univ. **9**. 9—16. März 1959. Osaka, Univ., Dep. of Nucl. Engng.) (Engl.)

Unterss. über den elektr. Durchschlag von Glimmer wurden mit Rechteckimpulsen von Mikrowellen von 3000 MHz durchgeführt. Die App. ist beschrieben. — Die Durchbruchsspannung ist oberhalb 10^{-3}cm der Probendicke proportional, die Durchschlagsfestigkeit ist für dickere Proben konst., bei Dicken unter 10^{-3}cm wird sie sehr groß. Die Durchbruchsspannung wächst extrem an, wenn die Impulsbreite 10^{-5}s unterschreitet, u. ist bei Mikrowellen etwas kleiner als bei Gleichspannung. Eine modifizierte Diffusionstheorie wird zur Erklärung der Ergebnisse vorgeschlagen. W. Betcke. 132□

Impedanz dielektrischer Schichten. P. Winkel und D. G. de Groot. (Philips Res. Rep. **13**. 489—98. Okt. 1958.) (Engl.)

Im Frequenzbereich von 50 Hz bis 10 kHz wurden die Kapazität u. der Verlustwiderstand dünner, durch anod. Oxydation auf Al u. Ta hergestellter Schichten gemessen. Die Ergebnisse wurden nach der von de Gevers u. du Pré (Trans. Faraday Soc. **42**. [1946.] 47) gegebenen Theorie ausgewertet u. bestätigen den von der Theorie der dielektr. Eigg. amorpher Festkörper geforderten Zusammenhang zwischen Kapazität u. Verlustwiderstand. W. Maier. 132□

Über Oberflächenschichten auf $BaTiO_3$. Bohuslav Březina und Václav Janovec. (Czechoslov. J. Physics **9**. 758. 1 Tafel: 770b. 1959. Českoslov. Časopis Fysiku **9**. 671—72. 1959. Prague, Czechosl. Acad. of Sci., Inst. of Physics.) (Engl.)

Vff. untersuchen den ferroelektr. Übergang an *$BaTiO_3$*-Domänenkristallen durch Polarisationsmikroskopie. Hiernach bleibt oberhalb des Curie-Punktes der Bereich in unmittelbarer Umgebung der natürlichen Oberfläche des Kristalls doppelbrechend, opt. negativ; er besitzt die gleiche Auslöschungsrichtung (tetragonal) wie das Innere des Kristalls unterhalb des Curie-Punktes. Der übrige Kristallbereich ist einachsig oberhalb des Curie-Punktes u. entspricht der kub. Modifikation von $BaTiO_3$. G. Ruban. 133□

Elektromechanisches Verhalten von Bariumtitanateinkristallen von 25 bis 160°. E. J. Huibregtse, W. H. Bessey und M. E. Drougard. (J. appl. Physics **30**. 899 bis 905. Juni 1959. Poughkeepsie, N.Y., Internat. Business Machines Corp., Res. Dep.) (Engl.)

An Bariumtitanat (I)-Einkristallen wurden dynam. piezoelektr. Resonanzmessungen sowohl im ferroelektr.-piezoelektr. Bereich bis 120° (I tetragonal) als auch oberhalb des Curie-Punktes von ca. 120° (I kub.) vorgenommen. Elastizitäts-Koeff. (EK) wurden bei konst. Feld u. konst. Polarisation, der piezoelektr. Koeff. (pK) als Temp.-Funktion bestimmt. Die EK betrugen in cgs-Einheiten ($\cdot 10^{-12}$): s_{11}^E (25) (0,80 ± 0,04), s_{11}^P (25) (0,72 ± 0,3), $2s_{1\Gamma}^E + s_{66}^E$ (0,50 ± 0,05). Der pK wurde zu $d_{31} = (1{,}00 \pm 0{,}03) \cdot 10^{-6}$ bestimmt. Oberhalb des Curie-Punktes konnten piezoelektr. Resonanzen nur bei Anlegen eines äußeren Feldes beobachtet werden. Aus Messungen an Kristallen mit der Längsachse in (1 0 0)- u. (1 1 0)-Richtung wurden unter Annahme der Gültigkeit der Cauchy-Beziehung EK bei gleicher Polarisation in Abhängigkeit von der Temp. u. der Polarisation zwischen 120 u. 160° bestimmt. Bei 150° betrug in cgs-Einheiten ($\cdot 10^{-12}$): s_{11} 0,87, s_{12} — 0,335 u. s_{44} 0,89. Bei Zimmer-Temp. sind die bei der Polarisation angelegten Spannungen dem Quadrat der Polarisation proportional für Polarisationswerte bis zu einem Drittel der spontanen Polarisation. D. HOENE. 133□

Hochtemperatur-Thermoelemente aus Halbleitern. P. S. Kisly und G. V. Samsonov. (Planseeber. Pulvermetallurgie **8.** 200—06. Jan. 1961.) (Dt.)

Die Thermokräfte von Legg. aus Hochtemp.-Halbleiter-Verbb., wie Borcarbid u. Chromsilicid, mit Carbiden u. Boriden sind teilweise sehr hoch u. ergeben lineare Temp.-Abhängigkeiten bei Temp. zwischen 300—400 u. 2000—2200°. Da diese Legg. ferner auch eine hohe Korrosionsbeständigkeit gegenüber angreifenden Medien bis zu den höchsten Temp. besitzen, sind sie zur Herst. von Hochtemp.-Thermoelementen gut geeignet. So wurde ein solches Thermoelement aus $MoSi_2$ u. mit B gesätt. Graphit hergestellt, dessen EMK zwischen 400 u. 2000° linear zwischen 4 u. 45 μV ansteigt u. dabei auch in oxydierenden Atmosphären bei Temp. von 1800—2000° alterungsbeständig ist. Für die Temp.-Messung bis zu 2300° im Vakuum oder in reduzierenden oder inerten Gasen wurden Thermoelemente aus B-gesätt. Graphit mit Carbiden u. Boriden des Ti u. Zr mit noch höheren EMK-Werten bis zu 120 μV bei 2300° entwickelt. Auch hierbei war der Temp.-Verlauf der EMK linear. Weitere Verss. betreffen Thermoelemente mit Schutzschichten, z. B. aus Siliciumnitrid. H. FAHLENBRACH. 133□

Kantenphotoleitfähigkeit von Cadmiumsulfid. M. Avinor. (Philips Res. Rep. **14.** 211—14. Juni 1959. Eindhoven.) (Engl.)

Aus der Messung des Photowiderstandes von CdS-Einkristallen, aktiviert mit Ag^+ u. Cl^- (ca. $5 \cdot 10^{-5}$ g-Atom/Mol) u. geringem Ag^+-Überschuß, folgt, daß das Maximum des inneren Photoeffektes bei 515 mμ nicht die reelle Kante u. nicht auf Band–Band-Übergänge zurückzuführen ist. Offenbar hängt die Absorption bei 515 mμ mit dem Auftreten von Excitonen zusammen; das Maximum wird ebenfalls in superlinearen Kristallen beobachtet. HERBERT MÜLLER. 134□

Energiebänder in Siliciumkristallen. F. Bassani. (Nuovo Cimento [10] **13.** 244—45. 1/7. 1959. Pavia, Univ., Ist. di Fisica Teor.) (Engl.) — Vgl. C. **1958.** 4691.

Die Werte für die Bindungsenergien u. die Leitfähigkeitszustände in *Si* werden für nachst. Punkte der red. Zone angegeben: $L[k = 2\pi a^{-1}(1/2, 1/2, 1/2)]$ u. $\Delta(1/2)[k = 2\pi a^{-1} \cdot (1/2, 0, 0)]$. Es zeigt sich, daß die Entfernung zwischen dem höchsten Bindungszustand L_3' u. dem niedrigsten Leitfähigkeitszustand L_3 größer ist als die entsprechenden Entfernungen bei den Punkten $\Gamma[k = 0]$ u. $X[k = 2\pi a^{-1}(1, 0, 0)]$. Die relative Lage der Energiezustände an den verschiedenen Punkten liefert eine Energiebänderstruktur, die mit den experimentellen Ergebnissen übereinstimmt. G. M. NEUMANN. 135□

Einfluß der umgebenden Atmosphäre auf die Oberflächenrekombination von Silicium. H. U. Harten. (Philips Res. Rep. **14.** 207—10. Juni 1959. Hamburg-Lokstedt, VALVO GmbH., Radioröhrenfabrik, Entw.-Labor.) (Engl.)

Von p- u. n-leitendem Si, das an der Oberfläche sowohl p- als auch n-Leitung (Ätzung unter Zusatz von $K_2Cr_2O_7$ bzw. mit HF) zeigt, wird die Oberflächenphotospannung als Funktion der Belichtungszeit untersucht; die Oberfläche war der Einw. von N_2, N_2–H_2O- bzw. O_2–O_3-Gemischen ausgesetzt. Die umgebende Atmosphäre verschiebt die Lage der FERMI-Zustände an der Grenzfläche Halbleiter–Oxyd, durch die die Lage der Raumladungsschicht u. die Ladung in den Rekombinationszentren beeinflußt wird. In Analogie zu Ge wird die Oberflächenrekombination von Zentren vom HALL-SHOCKLEY-READ-Typ bestimmt. Die Folge ist eine geringe Rekombination, wenn die FERMI-Flächen in der Nähe des Valenz- oder Leitungsbandes an der Grenzfläche liegen, u. eine starke Rekombination für eine Lage in der Mitte des Bandabstandes. HERBERT MÜLLER. 135□

Vorzeichenumkehr der Hallkoeffizienten bei tiefen Temperaturen bei schwer kompensiertem Germanium vom p-Typ. Hiroo Yonemitsu, Hajime Maeda und Hisao Miyazawa. (J. physic. Soc. Japan **15.** 1717—18. Sept. 1960. Kawasaki, Toshiba Electr. Co., Matzuda Res. Labor.) (Engl.)

Ein Ge-Kristall wurde mit einem Anfangs-Geh. von $2 \cdot 10^{16}$ Ga-Atome/cm³ u. einem elektr. Widerstand von 0,2 Ω cm hergestellt u. danach mit Sb kompensiert. An dieser Kristallprobe wurde ein spezif. elektr. Widerstand von 0,32 Ωcm u. ein p-Typ-HALL-Koeff. von 740 cm³ Coul^{-1} bei Raum-Temp. gemessen. Bei tiefen Temp. nimmt dieser HALL-Koeff. zunächst bei 10° K ein Maximum an, nimmt dann mit weiter fallender Temp. stark ab u. wechselt bei einigen Proben bei 5° K das Vorzeichen u. bleibt bei den tiefsten Temp. unterhalb 4° K konstant. Dabei zeigt der elektr. Widerstand unterhalb 10° K das typ. Verh. einer Verunreinigungsleitung durch einen linearen Anstieg mit der reziproken Temperatur. Die Ergebnisse werden mit dem 2 Träger–Bänder-Modell erklärt. H. FAHLENBRACH. 135□

Die Ursache der photomagnetischen Anomalie bei Germanium. Arnold R. Moore und John O. Kessler. (Physic. Rev. Letters **4.** 121—23. 1/2. 1960. Princeton, N.J., Radio Corp. of America Labors.) (Engl.)

Durch Susceptibilitätsmessungen an Ge-Einkristallproben verschiedener Abmessungen u. verschiedener elektr. Leitfähigkeit mit u. ohne Bestrahlung mit einer W-Draht-Lampe wird gezeigt, daß die Susceptibilitätsänderung bei Bestrahlung nicht unmittelbar auf die Bldg. von Loch–Elektron-Paaren unter der Einw. der Strahlung zurückgeführt werden kann. Die Ergebnisse führen vielmehr zu dem Schluß, daß der Herd der photomagnet. Anomalie in Teilchen zu suchen ist, die nicht durch elektr. Widerstandsmessungen feststellbar sind u. die durch bimol. Rekombinationen aus den durch Bestrahlung erzeugten Loch–Elektron-Paaren entstehen. Solche Teilchen besitzen ferner eine große diamagnet. Susceptibilität u. eine Diffusionslänge von 2,6 mm u. werden beim Erreichen der Probenoberfläche zerstört. Außerdem sollten diese Teilchen elektr. neutral sein. Aus allen diesen Befunden wird geschlossen, daß das Exciton der Träger der photomagnet. Anomalie ist. Gleichzeitig wird damit eine Möglichkeit der Energieübertragung durch Excitonen über größere Reichweiten nahegelegt. H. FAHLENBRACH. 135□

Wirkung von Oberflächenpotentialveränderungen auf Übergangscharakteristiken. J. H. Forster und H. S. Veloric. (J. appl. Physics **30.** 906—14. Juni 1959. Murray Hill, N.J., Bell Telephone Labor., Inc.) (Engl.)

An einem *Ge*-Draht wurden die elektr. Eigg. der Oberfläche mit denen eines benachbarten p–n-Übergangs, der die Oberfläche schneidet, verglichen. Die Oberflächenladung wurde am isolierten Teil des Drahtes u. in der Nähe des p–n-Übergangs geändert. Es ergab sich eine Beziehung zwischen den Oberflächenpotentialveränderungen u. den entgegengesetzt durch den Übergang fließenden Strömen. Bei niedrigen Spannungen verändert sich der Übergangsstrom mit der Oberflächenrekombinationsgeschwindigkeit. Bei Spannungen in der Nähe der Durchschlagsspannung verändert sich diese mit der induzierten Oberflächenladung. Für entgegengesetzte Oberflächen (n–p-Übergänge) ändert sich der Strom bei geringen Spannungen stark mit der Kanallängenänderung. Das Kanalwachstum führt zu großen Veränderungen der Sperrströme mit dem Oberflächenpotential. Die Durchbruchsspannung wird aber unabhängig von der Oberflächenladung. Die Veränderungen werden theoret. erörtert. D. HOENE. 135□

Über Leerlauf-Übergangseffekte in Punktkontakt-Gleichrichtern. H. L. Armstrong. (J. appl. Physics **27.** 420—21. April 1956. Culver City, Calif., Pacific Semiconductors, Inc.) (Engl.)

Theoret. Unters. der Leerlaufübergangsspannung über einen Halbleitergleichrichter, die einem Vorwärtsstromimpuls folgt. Vf. findet, daß sich ein großer hemisphär. p-Bereich wie ein ebener p–n-Übergang verhält, während das Übergangs-Verh. für eine kleine Halbkugel unabhängig von der Ladungsträgerlebensdauer u. statt dessen abhängig vom Übergangsradius wird. HERBERT WEBER. 135□

Esaki-Diode aus InSb. R. L. Batdorf, G. C. Dacey, R. L. Wallace und D. J. Walsh. (J. appl. Physics **31.** 613—14. März 1960. Murray Hill, N.J., Bell Telephone Labor., Inc.) (Engl.)

Dioden mit negativem Widerstand wurden durch Bldg. von p^+–n^+-Übergängen aus Cd-Leg. auf Einkristallen aus InSb hergestellt. Die Kristalle wurden dann mit Te im Bereich von 10^{16}—$7 \cdot 10^{17}$ cm^{-3} dotiert. Mit diesen Dioden wurden bei 78° K RC-Werte von $5 \cdot 10^{12}$ s erreicht, das ist weniger als bei Ge. Ferner wurden diese Dioden in Hinsicht auf den ESAKI-Effekt sowie ihre Eignung zur Verstärkung von Mikrowellen untersucht. G. M. NEUMANN. 135□

Cd_3As_2 — ein nichtkubischer Halbleiter mit außergewöhnlich hoher Elektronenbeweglichkeit. Arthur J. Rosenberg und Theodore C. Harman. (J. appl. Physics **30.** 1621—22. Okt. 1959. Lexington, Mass., MIT, Lincoln Labor.) (Engl.)

Elektronenbeweglichkeiten von mehr als 10^4 cm^2/V·s sind bisher nur bei den im Zinkblendengitter kristallisierenden Verbb. InSb, InAs, HgSe u. HgTe beobachtet worden. Eine Elektronenbeweglichkeit von mindestens 10^4 cm^2/V·s bei Zimmer-Temp. u. $3{,}6 \cdot 10^4$ cm^2/V·s bei 78° K ist jetzt durch HALL-Effektmessungen auch für das tetragonale Cd_3As_2 nachgewiesen worden. Die thermoelektr. Kraft bei 300° K ergibt sich zu 46 μV/Grad, die Leitungselektronendichte im Temp.-Intervall von 78—300° K liegt bei ca. $4 \cdot 10^{18}$ cm^{-3}. Diese Ladungsträger-Konz. ist der bisher größte gefundene Wert. Da die Beweglichkeit ein anisotropes Verh. zeigt, handelt es sich auch nicht um ein Optimum. G. M. NEUMANN. 135□

Spezifischer elektrischer Widerstand von kubischer Natrium-Wolframbronze. L. D. Ellerbeck, H. R. Shanks, P. H. Sidles und G. C. Danielson. (J. chem. Physics **35.** 298—302. Juli 1961. Ames, Iowa, Iowa State Univ., Inst. for Atomic Res. and Dep. of Phys.) (Engl.)

Vff. messen den spezif. elektr. Widerstand ϱ von elektr. homogenen, getemperten, kub. Einkristallen der nichtstöchiometr. Verbb. Na_xWO_3 in Abhängigkeit von der Na-Konz. von x = 0,48—0,88 u. von der Temp. von 4—873° K. Die Proben, die elektrolyt. bei ca. 700° aus der Schmelze von Na-Wolframat u. WO_3 gezüchtet wurden, werden als elektr. homogen angesehen, wenn der mittlere Fehler der aus 24 Best. erhaltenen, gemittelten ϱ-Werte weniger als 5% beträgt. Temperung erfolgt durch 24std. Erhitzen auf 675° nach Aufheizen mit einer Geschw. von 125°/h. Das in früheren Unterss. beobachtete Widerstandsminimum in der Nähe von x = 0,75 wird bei diesen Proben nicht festgestellt. Oberhalb Raum-Temp. steigt die spezif. elektr. Leitfähigkeit angenähert linear mit der Na-Konz., bei der Temp. des fl. He dagegen angenähert mit x^4. Widerstandsminimum, spezif. Restwiderstand u. der therm. Anteil des spezif. elektr. Widerstands werden erörtert. P. Frenzel. 136 □

Die adiabatische Erwärmung von Kupfer-, Aluminium- und Silberleitern. Aurel Avramescu. (Rev. Électrotechn. Énergét. [Bucarest] **2.** 5—15. 1957. Bucarest, Inst. für Energetik.) (Dt.)

Vf. berechnet die Erwärmung von Leitern aus Cu, Al u. Ag bei kurzzeitig auftretenden Überströmen, wobei die Wärmeabgabe an die Umgebung vernachlässigt wird. H. Schirrwitz. 136 □

Methode zur Beendigung der Energiezufuhr zu einem elektrisch explodierten Draht. Robert J. Reithel und James H. Blackburn. (Rev. sci. Instruments **31.** 464. April 1960. Los Alamos, N.Mex., Los Alamos Sci. Labor.) (Engl.)

Beschreibung einer Anordnung zur Unterbrechung des Stromes in einem explodierenden Draht nach einer vorbestimmten Zeit. C. Gottfried. 136

Magnetische Temperaturhysteresis von Einkristallen siliciumhaltigen Eisens L. W. Kirenski, D. A. Laptei, A. I. Drokin und R. P. Smolin. (Физика Металлов и Металловедение [Physik Metalle Metallkunde] **9.** Nr. 3. 337—44. März 1960. Krasnojarsk, Phys.-Inst. der Sibir. Abt. der Akad. der Wiss. der UdSSR.) (Russ.)

Vff. untersuchen die magnet. Temp.-Hysteresis längs der kristallograph. Richtungen [1 0 0], [1 1 0] u. [1 1 1] von siliciertem Fe (3,8% Si) zwischen 0 u. 800°. Die Dynamik der Domänstruktur u. des Temp.-Verlaufs der Anisotropie- u. Magnetostriktions-Konst. werden erörtert. H. Hochstein. 137 □

Die magnetischen Eigenschaften und die Mikrostruktur eines Magnetstahls mit hohem C- und hohem Cr-Gehalt. Kyōji Tachikawa. (Aeronaut. Res. Inst., Univ. Tokyo, Rep. **24.** 171—87. Sept. 1958. Tokyo, Univ., Aeronaut. Res. Inst., Dep. of Instruments.) (Engl.)

An dem Magnetstahl mit einem C-Geh. von 1% u. einem Cr-Geh. von 18%, Rest Fe wird B_r = 6900 G, H_c = 140 Oe, $(B \cdot H)_{max} = 4 \cdot 10^5$ G·Oe erhalten, nach dem die Teile auf 600—900° vorgewärmt, dann 15 Min. bei 1060° erhitzt u. an Luft abgekühlt wurden. Dabei treten bei der Abkühlung kleine sphär. Carbidausscheidungen auf. Der Restaustenit wird durch die vorgenommene Wärmebehandlung stark reduziert. Beim Abschrecken in H_2O von 1060° bilden sich die Carbidausscheidungen nicht. Sie können in diesem Falle aber durch ein anschließendes Anlassen bei 300° erzeugt werden, wobei B_r u. H_c ansteigen, die Härte aber abnimmt. Die Ursache der hohen H_c-Werte des untersuchten Cr-Stahls wird sowohl der feinen Martensitverteilung wie auch den vorhandenen starken inneren Spannungen zugeschrieben. Durch weitere Zusätze von Co u. W können die magnet. Eigg. noch verbessert werden. H. Fahlenbrach. 137 □

Zu aufgetretenen Widersprüchen über die sich beim Anlassen von Kohlenstoffstahl bildenden Carbidphasen. B. A. Apajew. (Физика Металлов и Металловедение [Physik Metalle Metallkunde] **9.** Nr. 3. 400—14. März 1960. Gorki, Physikal.-techn. Forsch.-Inst.) (Russ.)

Die ausgearbeitete magnet. Analyse dient zur qual. u. quant. Phasen-Unters. komplizierter Systeme. Die reversiblen Kurven der Temp.-Abhängigkeit der Sättigungsmagnetisierung $J_s(t)$ können als Analoga der Röntgenogramme angesehen u. als Magnetogramm bezeichnet werden. Die Aussagen über die Natur des Curie-Punktes u. der Sättigungsmagnetisierung bei der magnet. Analyse haben gegenüber der Röntgenstruktur-Meth. Vorzüge, da die Werte dieser Kenngrößen prakt. nicht von der Form, Verteilung u. dem Spannungszustand der Phase abhängen, was beim Studium derjenigen Syst. bes. wichtig ist, in denen die Phasenparameter sich in Abhängigkeit von verschiedenen Faktoren der Wärmebehandlung in weiten Grenzen ändern können. Die Anwendung der magnet. Analyse auf die Unters. der Phasen-Zus. angelassener Kohlenstoffstähle ermöglicht die Bestätigung der drei Carbidphasen Fe_3C, χ-Fe_xC u. ε-Fe_xC mit Curie-Punkten bei 210, 265 u. 380°. Die magnet. Analyse bestätigt jedoch nicht die Annahme verschiedener Autoren über die Bldg. einer Reihe isomorpher hexagonaler u. zementit. Strukturen beim Anlassen. Die Theorie des Ferromagnetismus u. die erhaltenen experimentellen Werte lassen keinen Zusammenhang zwischen dem Knick auf den J_s(t)-Kurven im Bereich von 265° mit der Verschiebung des Curie-Punktes des Zementits unter Einw. von Spannungen erkennen. Dieser Effekt (Knick auf der Sättigungsmagnetisierungskurve) kann nur mit einer Störung der Domänstruktur in der ferromagnet. Carbidphase verbunden sein, welche sich vom Zementitgitter oder auch durch die chem. Zus. unterscheidet. — 65 Literaturangaben.

H. Hochstein. 137 □

Die Temperaturabhängigkeit der Hysteresis- und Wirbelstromverluste von elektrotechnischem Stahl. W. W. Drushinin und N. I. Mokruschina. (Физика Металлов и Металловедение [Physik Metalle Metallkunde] **9.** 498—502. April 1960. Werch-Issetsk, Hüttenwerk.) (Russ.)

In einem Dynamostahl mit 1,0—1,2% Si beträgt bei einer Temp.-Erhöhung auf 250° u. bei B_{max} = 10000 G u. einer Frequenz von 50 Hz die Abnahme der Hysteresisverluste 10—15%, während der Wirbelstromverlust um 25—35% abnimmt. Die Verringerung der Nachwrkg.-Verluste ist den Wirbelstromverlusten (30—40%) ähnlich. Bei einer Temp.-Erniedrigung der Dynamostahlproben von Raum-Temp. auf —80° tritt eine Zunahme beider Verlustarten etwas stärker auf (das 1,3—1,5fache) als bei ihrer Erwärmung auf 120°. In einem warmgewalzten Transformatorenstahl findet im Temp.-Bereich von —80 bis +150° eine Änderung der Hysteresis- u. Wirbelstromverluste innerhalb der Grenzen der Vers.-Genauigkeit nur in einem geringen Maße statt; bei weiterer Temp.-Erhöhung der Proben auf 250° werden die Verluste um 6—9% erniedrigt. H. Hochstein. 137 □

Über den Einfluß einer Wärmebehandlung in einem Magnetfeld auf die magnetischen Eigenschaften von Eisen-Aluminium-Legierungen. Makoto Sugihara. (J. physic. Soc. Japan **15.** 1456—60. Aug. 1960. Tokyo, Nippon Telegraph and Telephone Publ. Corp., Electric. Communicat. Labor.) (Engl.)

An vakuumgeschmolzenen Fe-Al-Legg. mit Al-Geh. von 0—17% wird der Einfl. einer Abkühlung im Magnetfeld u. einer Wärmebehandlung mit u. ohne Magnetfeld bei Temp. unterhalb des Curie-Punktes auf die Permeabilitätswerte untersucht. Dabei ist der Einfl. auf die Anfangspermeabilität im allg. sehr klein. Dagegen wird in den günstigsten Fällen die Maximalpermeabilität um den Faktor 10 gesteigert. Diese Steigerung ist bes. bei den Legg. mit Al-Geh. zwischen 5 u. 11%, mit einem Maximum bei 10%, vorhanden. Mit der Zunahme der Maximalpermeabilität ist eine Remanenzzunahme im Sinne rechteckiger Hystereseschleifen verbunden. Bei der Magnetfeldbehandlung im Anschluß an ein Abschrecken von höheren Temp. zeigten sich Wertesteigerungen der Permeabilität durch Wärmebehandlungen bei Temp. von 225° aufwärts. Die höchsten Werte der Maximalpermeabilität (30000) wurden durch eine Magnetfeldbehandlung bei 250° erhalten. H. Fahlenbrach. 137 □

Über den Einfluß einer Magnetfeldabkühlung auf die Magnetostriktion von 45-25 Perminvar und 65 Permalloy. Makoto Sugihara. (Sci. Rep. Tôhoku Univ., Ser. I **41.** 21—34. Sept. 1957. Res. Inst. for Iron, Steel and Other Metals.) (Engl.)

An einer Perminvar-Leg. der Zus. 45% Ni, 25% Co, Rest Fe u. an einer Permalloy-Leg. der Zus. 65% Ni, Rest Fe wird die Längenmagnetostriktion bei Raum-Temp. in Abhängigkeit von der Feldstärke u. von der Magnetisierung nach Abkühlungen in Magnetfeldern von 13,3 u. 9,6 Oe von verschiedenen Temp. im Bereich von 700° abwärts bis 150° gemessen. Die Einw. der Magnetfeldabkühlung macht sich dabei in einer plötzlichen Abnahme der Sättigungsmagnetostriktion von einer bestimmten Temp. an aufwärts bemerkbar. Diese Temp. des Wirksamwerdens der Magnetfeldabkühlung beträgt beim Perminvar 475°, beim Permalloy 480°. Aus der Tatsache der Existenz dieser krit. Temp. wird geschlossen, daß der Effekt der Wärmebehandlung im Magnetfeld sehr eng mit der Umwandlung Ordnung–Unordnung zusammenhängt.

H. Fahlenbrach. 137 □

Über den Einfluß der Magnetfeldabkühlung auf die Permeabilität von 45—25 Perminvar und von 65 Permalloy. Makoto Sugihara. (Sci. Rep. Tôhoku Univ., Ser. I **41.** 221—25. Jan. 1958.) (Engl.) — Vgl. vorst. Referate.

Im Anschluß an die vorst. referierte Arbeit wird an den gleichen Perminvar- u. Permalloy-Legg. nach den gleichen Magnetfeldabkühlungen die Anfangs- u. die Maximalpermeabilität gemessen. Dabei erreicht man eine beachtliche Steigerung der Anfangspermeabilität in beiden Fällen nur dann, wenn die Abkühlung im Magnetfeld (12,5 Oe) bei einer Temp. in der Umgebung von 480° beginnt. Nach Abkühlen im Magnetfeld von höheren u. tieferen Temp. aus zeigen sich prakt. keine Unterschiede in der Anfangs-

permeabilität gegenüber Behandlungen ohne Magnetfeld. Auch bei der Maximalpermeabilität beginnt der Anstieg der Werte durch Magnetfeldabkühlung bei einer Temp. um 480°, wobei eine Abkühlung im Magnetfeld von höheren Temp. mindestens ebenso wertesteigernd wirkt. Die Ergebnisse werden als Bestätigung der in der vorst. referierten Arbeit ausgesprochenen Vermutung angesehen, daß der Magnetfeldabkühlungseffekt mit der Ordnung–Unordnung-Umwandlung zusammenhängt.
H. Fahlenbrach. 137 □

Der magnetische Widerstandseffekt bei der Ummagnetisierung von dünnen Permalloy-Schichten. Eiji Tatsumoto, Kaizo Kuwahara und Mitita Goto. (J. physic. Soc. Japan **15**. 1703. Sept. 1960. Hiroshima, Univ., Fac. of Sci., Dep. of Phys.) (Engl.)

An dünnen, im Hochvakuum auf 200° erwärmte Glasträger im Magnetfeld aufgedampften Schichten aus Fe–Ni-Legg. mit 80% Ni wird die Änderung des elektr. Widerstandes im Magnetfeld gemessen, wobei die Vorzugsrichtungen der Schichten parallel oder senkrecht zur Stromrichtung bei den Widerstandsmessungen liegen. Die Ergebnisse bestätigen die bisherigen Annahmen, daß die Ummagnetisierungsprozesse in niederfrequenten Magnetfeldern über Wandverschiebungen oder Drehprozesse betätigt werden, die parallel oder senkrecht zur Richtung leichtester Magnetisierbarkeit ablaufen. H. Fahlenbrach. 137 □

Die Abhängigkeit der Bezirksorientierung von der Dicke bei dünnen Nickelschichten. Kaizo Kuwahara und Mitita Goto. (J. physic. Soc. Japan **15**. 359. Febr. 1960. Hiroshima, Univ., Fac. of Sci., Dep. of Phys.) (Engl.)

An aufgedampften dünnen Ni-Schichten wurde die Abhängigkeit des elektr. Widerstandes vom Magnetfeld (parallel u. senkrecht zur Schichtebene) untersucht. Die hieraus abgeleitete Sättigungsfeldstärke zeigt in Abhängigkeit von der Schichtdicke bei 700 Å einen Sprung der Richtung leichter Magnetisierung. Diesen Wechsel der leichten Magnetisierungsrichtung (parallel zur Schichtebene bei Dicken $<$700 Å u. senkrecht zur Schichtebene bei $>$700 Å) liefern überraschenderweise auch theoret. Überlegungen von Kittel (Physic. Rev. [2] **70**. [1946.] 965). K. Reichel. 137 □

Einfluß von chemisorbiertem Wasserstoff auf die Magnetisierung von Nickel. R. E. Dietz und P. W. Selwood. (J. chem. Physics **35**. 270—81. Juli 1961. Evanston, Ill., Northwestern Univ., Dep. of Chem.) (Engl.)

Ni-Proben werden durch Imprägnieren einer SiO_2-Matrix (Kieselgur bzw. Silicagel) mit $Ni(NO_3)_2$-Lsgg. oder durch gemeinsame Fällung von $Ni(OH)_2$ u. SiO_2 u. nachfolgende Red. mit H_2 bei 350° hergestellt u. bei 10^{-6} Torr u. 350° entgast; ihre Sättigungsmagnetisierung wird bei 4,2, 77 u. 296° K in einem magnet. Feld von 10 kOe bestimmt. Außer bei den durch gemeinsame Fällung hergestellten Proben wird innerhalb von 1—2% die Sättigungsmagnetisierung des massiven Ni erreicht. Demnach ist die Oberfläche frei von chemisorbierten Verunreinigungen u. besitzt den gleichen Elektronenzustand wie massives Ni. Die Chemisorption von H_2 führt bei diesen Proben zu einer Senkung des magnet. Sättigungsmomentes um 0,7 Bohrsche Magnetonen pro Atom adsorbiertes H_2. Die Abnahme ist auf die Aufhebung der Spinmomente des 3d-Elektronen von Ni durch die H-Elektronen zurückzuführen. Aus dem Vgl. mit den magnet. Eigg. homogener Legg. folgt, daß die für die Wechselwrkg. verantwortlichen Elektronen eine beträchtliche Dichte um die H-Kerne haben. Der Einfl. von chemisorbiertem H_2 auf die Sättigungsmagnetisierung des Ni ist bis 300° K von der Temp. u. der Oberflächenbelegung unabhängig u. steht mit der Magnetisierung superparamagnet. Ni-Teilchen im kleinen Magnetfeld in einfachem Zusammenhang. Herbert Müller. 137 □

Der Wirkungsgrad eines thermomagnetischen Generators. H. E. Stauss. (J. appl. Physics **30**. 1622—23. Okt. 1959. Washington, D.C., U.S. Naval Res. Labor.) (Engl.)

Es wird die Möglichkeit erörtert, elektr. Energie direkt aus Wärme durch abrupten Wechsel des magnet. Flusses am Curie-Punkt zu gewinnen. Eine einfache Rechnung zeigt jedoch, daß der maximale Wrkg.-Grad eines derartigen thermomagnet. Generators bei 10^{-4} bis 10^{-3}% liegt. Zur Überprüfung der Berechnungen wurde ein einfaches Modell eines thermomagnet. Generators erprobt, der experimentelle Wrkg.-Grad lag bei $6 \cdot 10^{-6}$% gegenüber einem theoret. Wrkg.-Grad von 10^{-5}%. G. M. Neumann. 137 □

Anwendung eines Magnetfeldes schwacher Inhomogenität zur quantitativen Bestimmung geringer ferromagnetischer Beimengungen bei Susceptibilitätsmessungen. Dieter Gerstenberg. (Z. Metallkunde **50**. 472—77. Aug. 1959. Marburg/Lahn, Univ., Phys. Inst., Abt. Metallphys.) (Dt.)

Eine magnet. Drehpendelwaage wird beschrieben, bei der durch bes. Polschuhform (nach Fereday) bei beliebiger Probengestalt im Bereich von ca. 1 cm^3 eine konst. ($\pm$1%) Kraft ausgeübt wird. Nach Eichung mit Hg wurden die (bekannten) Susceptibilitäten von Pd, Al, Cr u. Mn nachgemessen. Es können Massensusceptibilitäten von 10^{-4} bis herab zu $2 \cdot 10^{-8}$ cm³/g gemessen u. ferromagnet. Fe-Verunreinigungen bis zu 10^{-8} g erfaßt werden. K. Reichel. 137 □

Bestimmung der Curietemperatur auf Grund der Anfangssusceptibilität. R. Gerber und K. Závěta. (Czechoslov. J. Physics B **10**. 811—19. 1960. Prag, Tschechosl. Akad. der Wiss., Inst. für Techn. Phys.) (Dt.)

Bei der Best. der Curie-Temp. aus dem Wendepunkt der Susceptibilitäts-Temp.-Abhängigkeit im steil abfallenden Kurventeil wird bei Verw. magnet. offener Proben (gescherte Susceptibilität) ein bisher nicht berücksichtigter systemat. Fehler begangen. Durch Messungen an Proben ($Mn_{0,54}Zn_{0,49}Fe_{1,97}O_4$) mit verschiedenen Entmagnetisierungsfaktoren werden die Abweichungen experimentell nachgewiesen u. es werden Näherungs-Meth. zur Berechnung angegeben. K. Reichel. 137 □

Antiferromagnetismus in Gold–Chrom-Legierungen. E. Wachtel und U. Vetter. (Naturwissenschaften **48**. 156—57. 2. März-H. 1961. Stuttgart, Max-Planck-Inst. für Metallforsch.) (Dt.)

Die Susceptibilität wurde bis zu 40 Atom-% Cr im größeren Temp.-Bereich gemessen. Unterhalb 13 Atom-% Cr liegt Paramagnetismus vor, darüber wurde bei steigender Temp. ein Anstieg der Susceptibilität beobachtet mit anschließendem Abknicken bei einer von der Zus. abhängigen Temp. (Néel-Temp. als Kennzeichen des Antiferromagnetismus). Bei 20 Atom-% Cr wurde Überstruktur-Bldg. gefunden. K. Reichel. 137 □

Theorie der Spinwellen in Ferrimagnetika. Jerzy Kociński. (Acta physica polon. **19**. 565—72. 1960. Poznań, Pol. Acad. Sci., Phys. Inst., Ferromagnetic Labor.) (Engl.)

Die Berechnung (Spinwellentheorie) eines Ferrimagnetikums (kub. flächen- u. raumzentriertes Kristallgitter als Modell) am abs. Nullpunkt mit Spins in gleicher Richtung führt auf eine quadrat. Dispersionsgleichung mit zwei Frequenzgliedern für die Spinwellen-Ausbreitung. K. Reichel. 137 □

Spintemperatur und Hochenergie-Effekte bei ferrimagnetischen Werkstoffen. M. T. Weiss. (J. appl. Physics **30**. 2014. Dez. 1959. Holmdel, N.J., Bell Telephone Labor.) (Engl.)

Die an einer Mn-Ferritscheibe (0,22 in. ∅, Frequenz 9500 MHz) gefundene Amplitudenabhängigkeit der Resonanzfrequenz, die ebenfalls an Y–Fe-Granat, jedoch mit umgekehrtem Vorzeichen (d. h. Hochenergie-Resonanzfrequenz bei kleinerer Feldstärke), gemessen wurde, ist vermutlich beim Ferrit durch eine bei höheren Feldstärken auftretende Spin-Temp.-Erhöhung zu erklären. K. Reichel. 137 □

Frequenzverdopplung in Ferriten von 9 auf 18 kMHz und von 35 auf 70 kMHz. Toshio Makimoto, Toshimi Okubo und Masataka Yamamoto. (Mem. Inst. sci. ind. Res., Osaka Univ. **16**. 35—36. 1959.) (Engl.)

Die Verss. wurden mit dem Ferriten TDKG 97 (Cu–Zn) ausgeführt. Zwischen Ausgangs- u. Eingangsenergie ergab sich eine nahezu quadrat. Beziehung. D. Hoene. 137 □

Widerstandsänderungen von Ferriten im Magnetfeld. H. Schröder. (Naturwissenschaften **47**. 175—76. 2. April-H. 1960. Jena, Inst. für Magnet. Werkstoffe der Dt. Akad. der Wiss.) (Dt.)

An einem n-leitenden polykrist. Ni-Ferrit der stöchiometr. Zus. $NiO \cdot Fe_2O_3$ wurden folgende Abhängigkeiten aufgenommen: Änderung des elektr. Widerstandes $\Delta R/R$ unter der Einw. eines longitudinalen u. eines transversalen Magnetfeldes ($H_{\parallel}$ bzw. $H_{\perp}$) sowie einer äußeren Spannung; $(\Delta R/R)_{H\perp}$ als Funktion der Temp.; die Magnetostriktions- u. die Magnetisierungskurve. Im Bereich starker Felder oberhalb der techn. Sättigung nimmt R linear mit $H_{\parallel}$ oder $H_{\perp}$ ab. Bei konst. Außenfeld nimmt $\Delta R/R$ mit der 3. Potenz der Temp. ab. Oberhalb 350° bis zur Curie-Temp. ist keine Feldabhängigkeit von R oder R-Anomalie nachweisbar. Dieses Ergebnis steht im Widerspruch zu den Verhältnissen beim Mn-Ferrit, der in Mn^{2+} u. Fe^{3+} die Atome mit den höchsten magnet. Momenten (je 5 μ_B) besitzt. Da beim Auftreten höherer Wertigkeitsstufen des Mn, die kleinere μ aufweisen, die Anomalie verschwindet, wird die Vermutung ausgesprochen, es sei die „Momentsumme" ein entscheidendes Kriterium für das Auftreten von Widerstandsanomalien. Vff. schließen, daß auch beim Mg-Ferrit ($< 6\ \mu_B$) keine Widerstandseffekte in Nähe des Curie-Punktes zu erwarten sind. W. Betcke. 137 □

Untersuchung des magnetischen Nachwirkungseffektes in Magnesium–Mangan-ferriten. S. Krupička. (Czechoslov. J. Physics B **10**. 782—810. 1960. Prague, Czechosl. Acad. Sci., Inst. of Techn. Phys.) (Engl.)

An 4 Ferritproben der Reihe $Mg_xMn_{1,15-x}Fe_{1,85}O_{4+\gamma}$ u. $MgFe_2O_{4+\gamma}$ ($\gamma < 0$) wurde die auf Elektronendiffusion zurückzuführende magnet. Nachwrkg. sowohl durch die Temp.-Abhängigkeit der Anfangspermeabilität als auch durch die frequenzabhängige Verschiebung des Maximums der Verlustwinkel–Temp.-Kurve bestimmt. Die Auswertung führt zur Annahme von drei verschiedenen Elektronendiffusions-Nachwrkg.-Vorgängen, bei denen die Mn-Ionen an Oktaederplätzen eine gewisse Rolle spielen. Der Zusammenhang zwischen rechteckförmiger Hystereseschleife u. Nachwkrg.–Zeit-Konst. liefert Entw.-Möglichkeiten für Rechteckferrite mit kurzer Schaltzeit.

K. REICHEL. 137 □

Die Magnetostriktion von Yttrium–Eisen-Granat. Akira Nakamura und Yoshikazu Sugiura. (J. physic. Soc. Japan **15.** 1704. Sept. 1960. Nagatacho, Tokyo, Electrotechn. Labor.) (Engl.)

An sehr reinem Y–Fe-Granat (99,9% Reinheitsgrad von Y_2O_3; 99,99% von Fe_2O_3), das in Luft bei 1350° gesintert wurde, wird die Magnetostriktion bei verschiedenen Winkeln zur Richtung des äußeren Magnetfeldes H mit Dehnungsmeßstreifen gemessen. Dabei ergibt sich eine Sättigungsmagnetostriktion λ_s in Feldrichtung von $-(3{,}7 \pm 0{,}5)\cdot 10^{-7}$. Auf Grund der Dipol-Wechselwrkg. errechnet man ein im Vorzeichen verschiedenes $\lambda_s = (0{,}8-1{,}1)\cdot 10^7$. Da Formeffekt u. magnetocalor. Effekt nur einen Anteil von ca. $0{,}2\cdot 10^7$ auf λ_s ausmachen, sind wahrscheinlich Störungen höherer Ordnung bei der Spin–Bahnmoment-Kopplung zur Erklärung der experimentellen Ergebnisse heranzuziehen. H. FAHLENBRACH. 137 □

Die Herstellung von ferromagnetischem Chromdioxyd. Buichi Kubota. (J. physic. Soc. Japan **15.** 1706. Sept. 1960. Kadoma, Osaka, Matsushita Electr. Ind. Co. Ltd., Wireless Div., Techn. Res. Dep.) (Engl.)

Ausgehend von chem. reinem CrO_3 (0,059% Sulfation, 0,2% H_2O) wird unter hohen O_2-Drucken in Hochdruckbehältern aus nichtrostenden Stählen bei Temp.-Steigerungen ein Zerfall in Oxyde kleineren O-Geh. eingeleitet, wobei der O_2-Druck von dem abgegebenen O des CrO_3 herrührt. Dabei bildet sich unter 300—250° Cr_3O_8 bis zu einem Partialdruck von mehr als 120 kg/cm², danach bis 370° Cr_2O_5 (>200 kg/cm²), danach bis 520° CrO_2 (>330—370 kg/cm²) u. oberhalb 550° Cr_2O_3 (über 600 kg/cm²). Das auf diese Weise hergestellte CrO_2 (480°, 560 kg/cm²) wurde mit einer magnet. Waage bei Temp. zwischen 77° u. 500°K gemessen u. zeigte einen CURIE-Punkt bei 117° u. eine auf 0°K extrapolierte Sättigungsmagnetisierung, die einem Cr^{4+}-Ionenmoment von 2,01 ± 0,08 BOHRschen Magnetonen entspricht. H. FAHLENBRACH. 137 □

Die magnetische Susceptibilität einiger Magnetite aus verschiedenen Gegenden Rumäniens. Mihail Pascu. (Bul. ştinţ., Secţ. Ştiinţe mat. fizice **7.** 1171—86. Okt./Dez. 1955.) (Rum.; Auszug: Franz.)

Die nach der ballist. Meth. ermittelten Susceptibilitäten von 23 Magnetitproben u. ihre spezif. Gew. werden in Tabellen mitgeteilt. R. K. MÜLLER. 137 □

Die magnetische Susceptibilität einiger gesteinsbildender Silicatmineralien, wie Amphibole, Biotite, Cordierite und Granate. Yasuhiko Syono. (J. Geomagnetism Geoelectr. [Kyoto] **11.** 85—93. 1960. Tokyo, Univ., Geophysic. Inst.) (Engl.)

Zwischen 90° u. über 600°K u. bei magnet. Feldstärken zwischen 100 u. 2000 bis 3000 Oe wird die magnet. Susceptibilität von 4—7 verschiedenen Proben von *Amphibolen, Biotiten, Cordieriten* u. *Granaten* gemessen. Bei den Granaten stimmen die aus den Messungen bei Raum-Temp. errechneten effektiven magnet. Momente (in BOHRschen Einheiten) mit den theoret. Werten für die Salze der Elemente der Eisenreihe überein, die in den Granaten analyt. festgestellt wurden. Bei den anderen drei Mineralien, die alle Kristallwasser enthalten, sind die gemessenen Susceptibilitäten wesentlich größer als nach dem Geh. an paramagnet. Ionen zu erwarten war. H. FAHLENBRACH. 137 □

Das natürliche Auftreten von Titanomaghaemit und seine Beziehung zur instabilen Magnetisierung von Gesteinen. Syun-Iti Akimoto und Ikuo Kushiro. (J. Geomagnetism Geoelectr. [Kyoto] **11.** 94—110. 1 Tafel. 1960. Tokyo, Univ., Geophysic. Inst., Geolog. Inst.) (Engl.) — Vgl. C. **1961.** 4607.

Durch magnet. Messungen u. mkr. Beobachtungen wird der physikal. Vorgang untersucht, der zur instabilen Magnetisierung einiger Doleritschichten führt. Dabei wird bes. auch durch Röntgen-Unterss. u. durch chem. Analysen gezeigt, daß bei solchen Gesteinen mit instabiler Magnetisierung stets *Titanomaghaemit* auftritt. Daraus wird für das Auftreten instabiler Magnetisierungen geschlossen, daß dabei die thermoremanente Magnetisierung des Gesteins durch eine natürliche Oxydation von ursprünglichem Titanomagnetit zu Titanomaghaemit zerstört wird, so daß die übriggebliebene remanente Magnetisierung nur das Ergebnis der magnet. Nachwrkg. unter dem Einfl. des Erdfeldes ist. Auf dieser Grundlage konnten ferner auch die systemat. Veränderungen der magnet. Instabilität verständlich gemacht werden. H. FAHLENBRACH. 137 □

Die Temperaturabhängigkeit der magnetischen Susceptibilität von Natrium und Kalium. K. Venkateswarlu und S. Sriraman. (Current Sci. **24.** 191—92. Juni 1955. Annamalainagar, Annamalai Univ., Dep. of Phys.) (Engl.) — Vgl. C. **1958.** 2931.

Wegen unbefriedigender Übereinstimmung früherer Angaben haben Vff. die Susceptibilität von Na u. K zwischen 30 u. 120° nach dem Curie-Verf. unter Berücksichtigung ferromagnet. Verunreinigungen gemessen. Für Na bzw. K wurden gefunden: Susceptibilität $(\cdot 10^6)$ 0,575 bzw. 0,450; Susceptibilitätsbeitrag der freien Elektronen 20,12 bzw. 32,78; Energiebandbreite (V) 1,95 bzw. 0,98. Karl Reich[illegible]. 137□

Druckabhängigkeit des kritischen Feldes in Indiumeinkristallen. H. Rohrer. (Philos. Mag. [8] **4.** 1207—12. Nov. 1959. Zürich, ETH, Inst. für Kalor. App. u. Kältetechn.) (Engl.)

Die Abhängigkeit der krit. magnet. Feldstärke H vom Druck wird für *In*-Einkristalle aus Messungen der Längenänderungen am Übergangspunkt berechnet. Vf. erhält für die einachsigen Drücke $p_{\parallel}$ u. $p_{\perp}$ (parallel bzw. senkrecht zur tetragonalen Achse) sowie die red. Temp. $t = T/T_c$ die Beziehungen: $\partial H_c/\partial p_{\parallel} = -[(3,4 \pm 0,2) + (2,8 \pm 0,2)t^2] \cdot 10^{-9}$ u. $\partial H_c/\partial p_{\perp} = -[(0,2 \pm 0,1) + (0,1 \pm 0,1)t^2] \cdot 10^{-9}$ Oe·dyn^{-1} cm^2. Die Anisotropie verschwindet, wenn der Einfl. gleicher Längenänderungen statt gleicher Drücke in verschiedenen Richtungen betrachtet wird. G. Ruban. 137□

Die magnetischen Eigenschaften der Metallkomplexe aus Übergangselementen der Pd- und Pt-Gruppe. Hiroshi Kamimura, Shoichiro Koide, Hisao Sekiyama und Satoru Sugano. (J. physic. Soc. Japan **15.** 1264—72. Juli 1960. Tokyo, Univ., Fac. of Sci., Dep. of Phys.; Coll. of Gen. Educat., Inst. of Phys.; Kanagawa, Univ., Fac. of Engng.) (Engl.)

Berechnet werden die magnet. Susceptibilitäten u. die g-Werte von Komplexen der Elemente der Pd-(4d-) u. Pt-(5d-)Gruppen des Period. Syst. unter Berücksichtigung der auftretenden Wechselwirkungen. Da die Kristallfelder der kub. Komplexe als sehr stark angenommen werden, ist der Einfl. der $d\gamma$-Bahnmomente zu vernachlässigen. Der Einfl. der Coulomb-Abstoßungen wird vergleichbar stark mit der Spin-Bahnmoment-Wechselwkg. angenommen. Die Ergebnisse werden als Funktionen der Parameter: $\eta = \zeta_d/(3\,B + C)$ u. kT/ζ_d dargestellt, wobei B u. C Racahs Parameter u. ζ_d der Koeff. der Spin–Bahnmoment-Wechselwkg. eines d-Elektrons sind. H. Fahlenbrach. 137□

Zum magnetischen Verhalten von Platin-Trägerkatalysatoren. W. Haberditzl und C. Nicolau. (Naturwissenschaften **47.** 251. 2. Juni-H. 1960. Berlin, Humboldt-Univ., Physik.-Chem. Inst.; Berlin-Buch, Dtsch. Akad. der Wiss., Inst. für Med. u. Biol.) (Dt.)

Zur Unters. der magnet. Susceptibilität (χ) von Pt-Kohlekatalysatoren wurde gereinigte Aktivkohle mit $\chi_g = -0,23 \cdot 10^{-6}$ cgs-Einheiten verwendet. Nach der Absorption von H_2PtCl_6 (Gew.-Verhältnis Pt:C = 5:100) wurde das Syst. magnet. vermessen u. dann mit Hydrazinhydrat reduziert. Nach der Red. wurde noch einmal vermessen. Mit der magnet. Waage nach Havemann wurden bei Feldstärken von 12000—15600 Gauß $(\chi_g \cdot 10^{-6})$-Werte zwischen −0,26 u. −0,23 (Kohle + $PtCl_6$) bzw. zwischen −0,08 u. 0,13 (red. Probe) erhalten. Der hohe χ_g-Wert des Pt im Trägerkatalysator, der sich daraus ergibt ($\chi_g = 2,6 \cdot 10^{-6}$), spricht für das Vorliegen des Pt in atomarer oder komplex gebundener Form. W. Betcke. 137□

Verteilung der Felder von zufällig angeordneten Dipolen: Das Abklingen von Signalen der freien Präzession als Ergebnis magnetischer Körner. Robert J. S. Brown. (Physic. Rev. [2] **121.** 1379—82. 1/3. 1961. La Habra, Calif., California Res. Corp.) (Engl.)

Vf. berechnet das zeitliche Verh. von Signalen frei präzedierender Kerne in Fl.-Proben, die dispergierte, willkürlich verteilte ferromagnet. Körner (Dipole) enthalten. Es zeigt sich, daß die Häufigkeit, mit der eine bestimmte, durch individuelle Körner verursachte Phasenverschiebung auftritt, umgekehrt proportional zum Quadrat der Phasenverschiebung ist u. daß diese Verteilung einen Grenzfall der Cauchyschen Verteilung darstellt. Die resultierende Verteilung der Phasenverschiebungen als Folge vieler Körner ist dann immer noch eine Cauchysche Verteilung. Das führt auf einen diffusionsunabhängigen, exponentiellen Abfall der Präzessionssignale. Als Relaxations-Geschw. ergeben sich $1/T_2 = (8\pi^2/9\sqrt{3})\,M\gamma$ bzw. $(4\pi/3)\,M\gamma$ (mit M = algebraische Summe der individuellen Dipolmomente der individuellen magnet. Körner pro Vol.-Einheit; γ = gyromagnet. Verhältnis) für die Fälle, daß alle Körner parallel bzw. senkrecht zum Präzessionsfeld magnetisiert sind, u. $1/T_2 = 4,6\,M\gamma\ (\pm 10\%)$ für den allg. Fall willkürlicher oder auch systemat. Orientierung. Messungen an *W.*, das durch *Carboxylmethylcellulose* stabilisiertes Magnetitpulver enthielt, an *Magnetitpulver* enthaltendem *Glycerin* sowie an Magnetitpulver enthaltenden u. mit W. oder Glycerin gesätt. *Sandproben* bestätigten sowohl den exponentiellen u. von der Diffusion oder der Viscosität unabhängigen Abfall des Signals als auch die obigen numer. Werte. D. JÖRCHEL. 137□

Weitere Bemerkungen über magnetische Zentren in neutronenbestrahltem Calcit. James C. Kemp. (J. chem. Physics 35. 377—78. Juli 1961. Berkeley, Calif., Univ. of California, Dep. of Phys.) (Engl.) — Vgl. C. **1961.** 12357.

Vf. dehnt die Unters. des Elektronenspinresonanzspektrum von neutronenbestrahltem *Calcit* bei 8,7 GHz mit Hilfe der Spin-Echo-Meth. (l. c.) auf Temp. bis 300°K aus. Die bei 77°K beobachteten Linienpaare fallen bei steigender Temp. zu einer einzigen Linie zusammen; bei 300°K beträgt ihre Breite 0,5 Gauss ($\lesssim 10^{16}$ Spins/cm³). Oberhalb 200°K tritt ein Komplex schmaler, leicht sättigender α-Linien auf. In einer Probe mit 10^{18} Spins/cm³ wird eine Breite der α-Linien von $0{,}3 \pm 0{,}1$ Gauss u. eine Relaxationszeit $T_2 = 4 \pm 1\ \mu s$ beobachtet. Aus IR-Messungen folgt, daß Elektronen offenbar von CO_2-Moll. eingefangen werden. HERBERT MÜLLER. 137□

Feinstruktur des paramagnetischen Resonanzspektrums des natürlichen Sapphirs. W. M. Winokurow, M. M. Saripow und N. R. Jafajew. (Журнал Экспериментальной и Теоретической Физики [J. exp. theoret. Physik] **37.** 312—13. Juli 1959. Kasan, Univ.) (Russ.)

Vff. untersuchen das paramagnet. Resonanzspektrum von natürlichen Sapphir-Einkristallen bei Zimmer-Temp. im Bereich von 9600—9200 MHz. Die Abhängigkeiten der Spinenergie-Niveaus von Fe^{3+} im Sapphir u. der magnet. Dipolübergangswahrscheinlichkeit von der magnet. Feldstärke [für den Fall H || z = (1 1 1)] werden graph. dargestellt. Die Werte der HAMILTON-Konst. stimmen mit denen von KORNIJENKO u. PROCHOROW (C. **1959.** 7705) an Al_2O_3 mit künstlich eingeführtem Fe^{3+} gemessenen überein: $g = 2{,}003 \pm 0{,}001$; $|D| = (1801 \pm 3)$ Oe; $|9-F| = (357 \pm 2)$ Oe; $|a| = (280 \pm 20)$ Oe. D. HOENE. 137

Die elektrische Leitfähigkeit von Lösungen geschmolzener Salze. 1. Mitt. Das System $PbCl_2$–KCl. M. F. Lantratow und O. F. Moissejewa. (Журнал Физической Химии [J. physik. Chem.] **34.** 367—74. Febr. 1960. Leningrad, Elektrotechn. Uljanow [Lenin)-Inst.] (Russ.)

Vff. untersuchen mit einer verbesserten Wechselstrombrückenschaltung die elektr. Leitfähigkeit (LF) von geschmolzenen $PbCl_2$–KCl-Mischungen zwischen 425—800°. Der KCl-Anteil variiert von 0—1,0 Mol. Die Kurve der spezif. LF von $PbCl_2$ hat einen Knickpunkt bei 600—650°, was auf die Beendigung der Dissoziation des Komplexes ($PbCl_2$) zurückgeführt wird. Der abs. Temp.-Koeff. der LF $\alpha = (x_2 - x_1)/(t_2 - t_1)$ beträgt bei 600° $4{,}4 \cdot 10^{-3}$, zwischen 600—650° $3{,}6 \cdot 10^{-3}$ u. zwischen 650—700° $3{,}4 \cdot 10^{-3}$. Die Isothermen der spezif. LF u. der Äquivalentleitfähigkeit (ÄL) haben ein Minimum bei der Zus. $n_{KCl} = 0{,}6$—$0{,}7$. Die ÄL-Isotherme bei 650° besitzt ein kleines Maximum bei $n_{KCl} = 0{,}1$, was auf die Dissoziation des Eigenkomplexes $(PbCl_2)_n$ bei Zusatz geringer KCl-Mengen zurückgeführt wird. Die 650°-Isothermen der Zähigkeit u. der Oberflächenspannung, das Zustandsdiagramm u. thermodynam. Größen (Mischungsenthalpie u. -entropie) sind über den ganzen molaren Bereich graph. dargestellt. D. HOENE. 138□

Optische Untersuchungen des Soret-Effektes. 1. Mitt. Eine modifizierte Lichtstrahl-Verschiebungs-Methode und ihre Anwendung auf wässerige Silbernitratlösungen. H. J. V. Tyrrell, J. G. Firth und M. Kennedy. (J. chem. Soc. [London] **1961.** 3432—44. Aug. Sheffield, Univ.) (Engl.)

Es wird eine opt. Meth. zur Unters. des SORET-Effekts beschrieben, bei der eine modifizierte TANNER-Zelle verwendet wird. Die Ergebnisse für 1m u. 2m $AgNO_3$-Lsgg. bei einer mittleren Temp. von 25°, die für unterschiedliche Temp.-Gradienten erhalten wurden, werden zur Berechnung des SORET-Koeff. nach verschiedenen Meth. benutzt. Die aus einer gegebenen Reihe von Werten erhaltenen Ergebnisse stimmen hauptsächlich wegen theoret. Schwierigkeiten nicht vollständig überein. Vf. beschreibt eine zufriedenstellende Berechnungs-Meth., welche Werte für den SORET-Koeff. liefert, die unabhängig von der Höhe der Zelle, von der Lage des zur Unters. verwendeten Lichtstrahls in der Zelle u. von dem Temp.-Gradienten sind. Die Vorteile für die Verw. einer Zelle mit einer geringen Trennung zwischen der heißen u. der kalten Platte bei der beschriebenen Lichtstrahl-Verschiebungs-Meth. werden erläutert. Es wurden SORET-Koeff. für 0,1—8m Lsgg. bei verschiedenen mittleren Temp. erhalten u. die Transportentropien für $AgNO_3$ als Funktion der Konz. der Lsg. bei 25° berechnet. GERHARD SCHULZE. 138□

Schnellcalorimetrische Methode zur Messung des Dissoziations-Feldeffektes von Polyelektrolyten. U. Schödel, R. Schlögl und M. Eigen. (Z. physik. Chem., Frankf. Ausg. [N. F.] **15.** Bonhoeffer-Gedenkband. 350—62. April 1958. Göttingen, MPI für physik. Chem.) (Dt.)

Beschreibung einer Meth. zur Unters. des Dissoziations-Feldeffekts von Polyelektrolyten. Hierbei dient die durch kurze Hochspannungsimpulse entwickelte JOULEsche Wärme als Maß für die elektr. Leitfähigkeit. Die für die Calorimetrie notwendigen adiabat. Bedingungen werden durch schnelles Registrieren der Temp.-Sprünge erreicht. Mit Hilfe dieser Meth. wurden Messungen an Lsgg. von *K-Polyphosphat* durchgeführt, dessen unverzweigte Ketten aus 10^3-10^4 KPO_3-Einheiten bestanden. Hierbei zeigte sich ein starker Feldeffekt der elektr. Leitfähigkeit, der mit steigenden Konzz. der Lsgg. erheblich abnahm. Dieses Verh. wird durch Analogiebetrachtungen zur Theorie von ONSAGER gedeutet. Die entwickelte Meßmeth. ermöglicht prakt. eine lückenlose Unters. des 2. WIEN-Effekts vom Bereiche kleiner Konzz. bis hinauf zu konz. Lösungen.
E. ÜHLEIN. 139□

Der pH-Wert als Aciditätsmaß. K. Schwabe. (Chimia [Schweiz] **13.** 385—96. 11/12. 1959. Dresden, TH, Inst. für Elektrochem.) (Dt.)

Der pH-Wert als Aciditätsmaß in wss. u. nichtwss. Lsgm. wird einer krit. Betrachtung unterzogen. Potentiometr., colorimetr. u. katalyt. Aciditätsmaße sind im allg. nicht vergleichbar. In nichtwss. Medien zeigen die ptH-Werte, bezogen auf $a^{\pm} = 1$ in H_2O, denselben Verlauf wie die pH_K-Werte beim Übergang von H_2O zu organ. Lsgm. u. gestatten also einen Vgl. zwischen wss. u. nichtwss. Lösungsmitteln. Die HAMMETT-Funktion zeigt dagegen eine andere Abhängigkeit vom Medium als $ptH_{S'}$ u. pH', so daß ein Aciditäts-Vgl. kaum möglich ist. Es wird festgestellt, daß der pH-Wert zwar noch prakt. Bedeutung besitzt, jedoch in physikal. Hinsicht problemat. geworden ist. — 25 Literaturangaben. G. HERZOG. 139□

Verallgemeinerter Aciditätsbegriff bei radiochemischen Trennungen. Ralph A. Horne, Charles D. Coryell und Lionel S. Goldring. (Annu. Rev. Nuclear Sci. **6.** 163—78. 1956. Cambridge, Mass., MIT, Dep. of Chem. and Labor. for Nucl. Sci.; White Plains, N.Y., Nucl. Dev. Corp. of America, Radiochem. Sect.) (Engl.)

Überblick über die geschichtliche Entw. des Säurebegriffs, moderne Säure–Base-Theorien u. den Begriff der verallgemeinerten Acidität; Anwendung bei Isotopentrennungen (H, D u. T). — 84 Literaturangaben. G. RUBAN. 139□

Neue Typen von Elementen mit AgCl als Depolarisator. 1. Mitt. Flache Elemente mit AgCl als Depolarisator. S. Sternberg, S. Rottner und Viorica Leonte. (Studii Cercetări Chim. [Bucureşti] **7.** 95—105. 1959. Bucureşti, Inst. politehn.) (Rum.)

Vff. untersuchen Elemente vom Typ Zn | NH_4Cl, AgCl | Ag, in denen AgCl als Depolarisator wirkt. Gegenüber den LECLANCHÉ-Elementen zeigt dieser Typ Vorzüge, vor allem prakt. konst. Stromstärke bei Entladung auch mit hoher Stromstärke (bis 25% der nominellen Kapazität) bei geringem Kapazitätsverlust. Das bei der Entladung in Ag umgewandelte AgCl ist völlig regenerierbar. Die NH_4Cl-Lsg. wird in Form getränkter Papierfolien angewandt. Als Elementabschluß dient ein Ring aus Polyvinylchlorid. Die Serienschaltung mehrerer Elemente dieses Typs führt zu Batterien mit additiven Eigg. u. einer EMK, die ein Mehrfaches der Zell-EMK darstellt. R. K. MÜLLER. 140□

Innere Spannungen in elektrolytischen Kupferniederschlägen. Ju. W. Lyslow und A. G. Ssamarzew. (Журнал Физической Химии [J. physik. Chem.] **33.** 1345 bis 1352. Juni 1959. Leningrad.) (Russ.) — Vgl. C. **1959.** 13387.

Aus einem Bad mit je 0,5 Mol/Liter $CuSO_4$ u. H_2SO_4 wird Cu elektrolyt. abgeschieden u. der Nd. mit dem Kontraktometer auf innere Spannungen (IS) untersucht. Bei Bädern ohne weiteren Zusatz werden die IS durch die Struktur des Cu bestimmt. Sie sind um so größer, je kleiner die Kristalldimensionen sind u. beruhen offenbar auf Rekristallisation. Zusätze von Thiocarbamid oder Gelatine verstärken bei geringer Menge die IS, bei höheren Zusatzmengen gehen die IS zurück u. ändern schließlich ihr Vorzeichen. Als eine Ursache der IS bei Bädern mit Glanzzusatz werden Vol.-Änderungen der interkrist. Schicht angenommen: bei Vol.-Zunahme treten Ausdehnungsspannungen auf. Die Elektrolytschicht an der Kathode verarmt während der Abscheidung des Nd. an Zusatz, bes. an solchen Stellen, an denen die Diffusion erschwert ist, z. B. an Vertiefungen, ohne daß aber die Stromdichte hier zunimmt; damit erklärt sich die „Ausgleichs-Wrkg." der Ndd. in Ggw. passivierender Zusätze. R. K. MÜLLER. 141□

Über den Einfluß der Kristallgitterstörungen von Bleipulver auf dessen Schwefelsäure-Aufnahmefähigkeit. K. Appelt, M. Elbanowski und A. Janko. (Electrochim. Acta [London] **3.** 149—53. Juli 1960. Poznań, Centralne Labor. Akumulatorów i Ogniw.) (Dt.)

Vff. stellen fest, daß Gitterstörungen sowohl für das Auftreten eines hohen Potentials an Pb-Elektroden als auch für die H_2SO_4-Menge, die beim Binden der aus Pb-Pulver u. PbO hergestellten Paste verbraucht wird, maßgebend sind. Es wurde ein spektralreines Pb-Stäbchen durch Verreiben im Achatmörser bei 20° bzw. im Fe-Mörser bei 160° einer Oberflächenbehandlung unter Luftzutritt unterworfen. Das spektralreine Pb wurde nach dem Zonenschmelz-Verf. gewonnen. Das Potential des Pb-Stäbchens wurde gemessen u. die auf seiner Oberfläche auftretenden Strukturänderungen röntgenograph. untersucht. Unverriebenes Pb, unter A. geschabtes Pb, unverriebenes über 150° in O_2-Atmosphäre geröstetes Pb besaßen ein niedriges Potential (—545, —500, —490 mV), das im Achatmörser bearbeitete Pb-Stäbchen dagegen ein höheres Potential (—680 mV). Vff. sehen in der Oberflächendeformation der Pb-Metallkristallite, die den Bldg.-Prozeß des stark oxydierten Pb-Pulvers beeinflussen, die Ursache des Auftretens der hohen Potentiale. Außerdem wurde Pb-Pulver aus der Mühle untersucht. Die H_2SO_4-Aufnahmefähigkeit betrug 16,6 g H_2SO_4/100 g Pulver, das Potential nach 1 Std. —650, nach 24 Std. —720 mV. Das Gitter ist gestört. Durch Erwärmen in einer Inertgasatmosphäre (CO_2) bei 180 bzw. 200° bildet sich gut krist. Pulver, das ein wesentlich geringeres Potential u. eine H_2SO_4-Aufnahmefähigkeit von nur 3,0 g H_2SO_4/100 g Pulver besitzt. Andererseits nimmt die H_2SO_4-Aufnahmefähigkeit von tetragonalem PbO von 9,2 auf 18,4 g H_2SO_4/100 g Pulver nach 260 Min. Kaltverreibung zu. Zugleich wächst die Zahl der Gitterstörungen u. das Potential. H. GUTHKE. 142□

Untersuchungen mit einer Quecksilber-Mikroelektrode. R. C. Kapoor und S. K. Tiwari. (Z. analyt. Chem. 183. 24—30. 1961. Allahabad, India, Univ. of Allahabad, Chem. Labor.) (Engl.)

Mit einer Hg-Mikroelektrode, deren Empfindlichkeit die der gewöhnlichen Hg-Elektroden um das 5—10fache übertrifft, wurden polarograph. Titrationen von ca. 1—5·10^{-4}m Tl^+-, *Cystein* (I)-, *Cystin* (II)- u. *Phenylquecksilberchlorid* (III)-Lsgg. durchgeführt. Die Elektrode enthält einen Hg-Tropfen in der Bohrung einer Glasküvette. Als Trägerelektrolyt diente bei Tl_2SO_4 0,1 m KCl + 0,1 m Na_2SO_3, bei I 1,0 NH_3/0,1 NH_4NO_3- bzw. 0,05 m Borax-Puffer-Lsg., bei II 0,1 m $HClO_4$- bzw. 0,05 m Boraxpuffer-Lsg., bei III NH_3-Puffer-Lsg. in Ggw. von 0,2 m Na_2SO_3 bzw. 0,1 m NaOH. Tl^+ u. III geben eine kathod., I eine anod. u. II überhaupt keine Stufe. Die Halbstufenpotentiale sind —0,52 V (Tl^+), —0,50 V (I) u., je nach Konz., —0,44 bis —0,82 V (III). Der Grenzstrom ist (wie der Diffusions-Koeff.) bei Tl(I) größer als bei I. Messungen bei verschiedenen Tl^+-Konzz. (0,92—5,54·10^{-4}m) ergaben einen linearen Anstieg des Grenzstroms mit der Konzentration. III gibt bis 1,33·10^{-4}m einen normalen kathod. Grenzstrom. Bei höheren Konzz. tritt Film-Bldg. auf der Hg-Oberfläche auf, verbunden mit einem plötzlichen Stromabfall bei stärker negativen Spannungen.

W. BETCKE. 142□

Wirkungsgrad der differentiellen Belüftung und des pH-Wertes auf die Korrosion von nichtrostenden Stählen in engen Rissen. I. B. Ulanowski und Ju. M. Korowin. (Журнал Физической Химии [J. physik. Chem.] 33. 1414—17. Juni 1959. Moskau, Inst. für physik. Chem. der Akad. der Wiss. der UdSSR.) (Russ.) — Vgl. C. 1960. 17272.

Bei der Elektrolyse von Meerwasser mit Elektroden aus nichtrostendem Stahl 1Ch13 (I) mit 13% Cr in Kontakt mit Nichtmetallen (Gummi, Textolit, Plexiglas) entstehen an den Stellen enger Spalten durch Verarmung an O_2 Konz.-Elemente zwischen Elektrolyt von normalem u. vermindertem O_2-Gehalt. Dadurch tritt eine Aktivierung der I-Oberfläche ein. Bei den üblichen Stromstärken verschwinden diese Elemente rasch, vermutlich durch Passivierung der Anode. Das Potential hat den höchsten positiven Wert bei pH 6—7, geht aber bei pH 8,0—8,3 ebenso wie bei pH <6 zu negativeren Werten über. In einigen Fällen wird bei niedrigem pH die I-Oberfläche aktiviert u. erleidet durch Bldg. starker galvan. Elemente im Spalt intensive Zerstörung; in anderen Fällen wird dies nicht beobachtet. 1Ch18N9T verhält sich ähnlich wie I.

R. K. MÜLLER. 143□

A_4. Thermodynamik. Thermochemie

Über Münzen mit ungleichen Seiten und verwandte Probleme. Michael Polanyi. (Z. physik. Chem., Frankf. Ausg. [N. F.] 15. Bonhoeffer-Gedenkband. 290—96. April 1958. Manchester, Univ., Dep. of Econom. and Social Stud.) (Engl.)

Übertragung des Wahrscheinlichkeitsproblems beim Hochwerfen von Münzen mit ungleichen Seiten (Bevorzugung beim Auffallen einer Seite durch Übergew.) auf die BROWNsche Bewegung. Am abs. Nullpunkt würde demnach das Übergew. der einen Seite 100%ig. zur Auswrkg. kommen, während dessen Einfl. bei hohen Temp. hinter dem der Wärmebewegung immer stärker zurücktritt. Es wird der Schluß gezogen, daß die Wahrscheinlichkeitsverteilung ungleichseitiger Syst. (Münzen, Würfel u. dgl.) stets unbestimmt ist u. von der Intensität der willkürlichen Stöße abhängt, denen das einzelne Syst. unterworfen ist. E. ÜHLEIN. 146□

Thermische Diffusion und Annäherung an den stationären Zustand in Gasen. 2. Mitt. S. C. Saxena und E. A. Mason. (Molecular Physics **2.** 379–96. Okt. 1959. College Park, Md., Univ. of Maryland, Inst. for Mol. Physics.) (Engl.) — 1. vgl. C. **1958.** 2346.

Die Annäherungs-Geschw. an den Gleichgewichtszustand bei der therm. Diffusion in den Syst. *He–Ar*, *He–CO_2*, *H_2–CO_2* u. *D_2–CO_2* wird im Temp.-Bereich von -78 bis $+325^0$ experimentell mit ^{37}Ar u. $^{14}CO_2$ als Tracer untersucht. Die Theorie wird offenbar bestätigt; die Ergebnisse dienen zur Berechnung der gewöhnlichen Diffusions-Koeff. in Übereinstimmung mit früheren Messungen nach anderen Methoden. Die therm. Diffusionsfaktoren, die aus denselben Messungen erhalten werden, scheinen ebenfalls beträchtliche Genauigkeit aufzuweisen. Somit verspricht diese Meth., ein empfindliches Mittel zur Best. der Kräfte zwischen ungleichen Moll. zu liefern. G. RUBAN. 149□

Streuung metastabiler Helium-Atome in Helium, Neon und Argon. G. M. Smith und E. E. Muschlitz. (J. chem. Physics **33.** 1819–25. Dez. 1960. Gainesville, Fla., Univ. of Florida, Dep. of Chem.) (Engl.)

In einem Atomstrahl therm. Energie wird ein Teil der He-Atome durch Elektronenbeschuß angeregt. Die angeregten Teilchen werden durch die Sekundärelektronenemission an Metalloberflächen nachgewiesen. Für die totalen Stoßquerschnitte σ (in $10^{-16}cm^2$) der Streuung metastabiler 2^3S- u. 2^1S-Atome ergeben sich folgende Werte: 2^3S He in He 49 ± 5, in Ne 50 ± 5, in Ar 58 ± 9; 2^1S He in He 37 ± 4, in Ne 29 ± 3, in Ar 51 ± 7. Die Streuquerschnitte der Triplett-Atome sind in jedem Fall größer als die der Singulett-Atome. Für Ne ist die Differenz beträchtlich größer als der vermutliche experimentelle Fehler; daraus folgt eine große Differenz des Wechselwrkg.-Potentials.
J. WOLFF. 149□

Gesamtstoßquerschnitte für die Wechselwirkung von Molekularstrahlen von Cäsiumchlorid mit Gasen. Einfluß der Dipol–Dipol-Kraft auf die Streuung. Hugo Schumacher, Richard B. Bernstein und Erhard W. Rothe. (J. chem. Physics **33.** 584–90. Aug. 1960. Ann Arbor, Mich., Univ. of Michigan, Dep. of Chem.) (Engl.)

Die Gesamtstoßquerschnitte (Q) für die Wechselwrkg. von CsCl-Mol.-Strahlen mit Ar, CH_4, CH_2F_2, CHF_3, CF_4, NO, H_2S, NH_3 sowie cis- u. trans-$C_2H_2Cl_2$ wurden mit einem Gerät gemessen, dessen Winkelauflösung ca. 4′ betrug u. in dem die Temp. des streuenden Gases von 200–735°K variiert werden konnte. Die Temp.-Abhängigkeit der Q-Werte wurde untersucht. Relative Werte für Q (bezogen auf $Q_{Ar} = 1{,}000$) wurden für die genannten Gase u. außerdem für He, Ne, Kr, Xe, H_2, D_2, SF_6 u. $SiCl_4$ ermittelt. Die Vers.-Ergebnisse werden auf Grund der MASSEY-MOHRschen Theorie erörtert. Dabei wurde ein intermol. Potential $V(r) = -C/r^6$ angenommen, so daß $Q = b(C/v_r)^{2/5}$ ist (C = Potential-Konst., v_r = relative Geschw., b = Konst.). C wurde aus Formeln für die Dispersion, die dipolinduzierte Dipol- u. Dipol–Dipol-Kraft berechnet. Für die unpolaren Gase stimmt die beobachtete geringe Temp.-Abhängigkeit von Q innerhalb des experimentellen Fehlers ($\pm 3\%$) mit der auf Grund der Temp.-Abhängigkeit von v_r erwarteten überein. Die theoret. Q-Werte weichen um einen nahezu konst. Faktor von den experimentellen Werten ab, so daß die relativen Stoßquerschnitte (Q^*) mit annehmbarer Genauigkeit vorausberechnet werden können. Für die polaren Gase sind die Q-Werte groß u. nehmen mit steigender Temp. bedeutend ab. Wegen der starken Dipol–Dipol-Wechselwrkg. erklärt die näherungsweise theoret. Behandlung, die auf dem von der Grenz-Temp. abhängigen Dipol–Dipol-Beitrag zu C beruht, die Beobachtungen nur halbquantitativ. GERHARD SCHULZE. 149□

Geschwindigkeitsanalyse von Molekularstrahlen aus NaOH-Dampf. V. S. Rao und Richard C. Schoonmaker. (J. chem. Physics **33.** 1718–20. Dez. 1960. New York, N.Y., Columbia Univ., Dep. of Phys., Columbia Radiat. Labor.) (Engl.)

Es wurde die molare Zus. des Dampfes im Gleichgewicht mit fl. NaOH zwischen 887 u. 996°K untersucht. Die Ergebnisse sind schlechter reproduzierbar, als die experimentellen Ungenauigkeiten erwarten ließen. Offenbar ist das anomale Verh. für das Syst. NaOH charakteristisch. Verschiedene Erklärungen für die Diskrepanzen werden diskutiert. J. WOLFF. 150□

Die thermodynamischen Eigenschaften von AgCl–NaCl-Gemischen in geschmolzenem Zustand. S. Sternberg und Steliana Gheorghiu. (Studii Cercetări Chim. [Bucureşti] **7.** 107–16. 1959. Bucureşti, Acad. R. P. R., Centr. de cerc. chim.) (Rum.)

Aus der Messung der EMK von Elementen Ag | AgCl, NaCl | Cl_2 errechnen Vff. die thermodynam. Aktivität, den Aktivitäts-Koeff., die Freie Energie, die Exzessentropie u. -enthalpie. Das Gemisch AgCl + NaCl zeigt gegenüber einer idealen Lsg. positive Abweichungen. Es hat als reguläre Lsg. nur eine geringe Überschußentropie. Allg. besteht für Gemische von AgCl u. AgBr mit den entsprechenden Alkalihalogeniden Parallelität zwischen den thermodynam. Überschuß-Eigg. u. dem Typ des Schmelzdiagramms: wenn die Gemische bei Abkühlung Mischkristalle (chem. Verbb.) bilden, sind die Abweichungen vom idealen Typ positiv (negativ); Gemische mit einfachem Eutektikum zeigen, je nach dem Verhältnis des Schmelzdiagramms zur „Kurve idealer Löslichkeit" negative oder positive Abweichungen. R. K. Müller. 150□

Thermodynamische Eigenschaften von irregulären, binären Metall-Lösungen und ihr Zusammenhang mit thermischen Gleichgewichten: Die Systeme Zn–Sn, Cd–Sn und Al–Sn. Aleksander Krupkowski. (Arch. Hutnictwa **5.** 143—68. 1960. Kraków, Pol. Acad. of Sci., Inst. of Basic Techn. Problems, Dep. of Metallurgy.) (Engl.)

Bei der Analyse der fl. Lsgg. der Syst. *Zn–Sn*, *Cd–Sn* u. *Al–Sn* wurde ein Zusammenhang zwischen dem Aktivitäts-Koeff. der einen Komponente u. der Temp. u. Zus. der Lsg. gefunden. Dieser Zusammenhang kann durch den Ausdruck $\ln f = \omega(T)X(N)$ wiedergegeben werden, wobei $\omega(T)$ die von der Temp., u. $X(N)$ die von der Zus. abhängige Funktion darstellt. Die abgeleiteten Formeln gestatten eine Deutung der Kurven der therm. Gleichgewichte u. der Enthalpieänderungen in bin. Lösungen.

Claus Fischer. 150□

Dampfdruck von schmelzflüssigem Mangan und Silber. P. L. Woolf, G. R. Zellars, E. Foerster und J. P. Morris. (U. S. Dep. Interior, Bur. Mines, Rep. Invest. **1960.** Nr. 5634. 1—10. Bruceton, Pa., Bur. of Mines.) (Engl.)

Die Dampfdrücke von fl. *Mn* u. fl. *Ag* werden mit Hilfe einer Mitführungs-Meth. (Transportgas: 90% He, 10% H_2) im Temp.-Bereich 1250—1550° bestimmt u. die Ergebnisse (Dampfdruck in Torr) durch folgende Gleichungen wiedergegeben: $\log p\,(Mn) = -12275/T + 8{,}248$; $\log p\,(Ag) = -13350/T + 8{,}361$. Die berechnete Verdampfungswärme, bezogen auf 0° K, beträgt für Mn 66450, für Ag 67780 cal/Mol. G. Bauer. 150□

Zum Mechanismus der Wärmeübertragung beim Sieden E. Ruckenstein. (Studii Cercetări Chim. [Bucureşti] **7.** 117—23. 1959. Bucureşti, Inst. politehn.) (Rum.)

Das vorgeschlagene Modell für den Mechanismus der Wärmeübertragung beim Sieden einer Fl. berücksichtigt die Durchmischung, die durch die an der Siedefläche entstehenden u. von den akt. Zentren sich ablösenden Blasen verursacht wird. Die Vorgänge werden in Gleichungen dargestellt. R. K. Müller. 150□

Eine theoretische Behandlung der Verbrennung in einer sphärischen, unter Wasser befindlichen Gasblase. D. A. Senior. (Proc. Roy. Soc. [London], Ser. A **251.** 493—503. 23/6. 1959. Teddington, Adm. Res. Labor.) (Engl.)

Die Verbrennungs- u. Bewegungsgleichungen innerhalb einer unter W. befindlichen Gasblase, die in der Mitte entzündet wird, wobei die Flammenfront kugelförmig nach außen wandert, werden entwickelt. Als Beispiele werden die Verhältnisse bei Gemischen von 15, 20, 25 u. 30 Vol.-% H_2 in O_2 bzw. in Luft durchgerechnet u. in Form von Kurven die Verbrennungs-Geschw. angegeben. E. Roeder. 157□

Homogen-heterogene Verbrennung von Kohlenoxyd in engen Kanälen. L. Ss. Ssolowjewa. (Журнал Физической Химии [J. physik. Chem.] **33.** 1813—18. Aug. 1959. Moskau.) (Russ.)

Zur Nachprüfung der Gleichungen für Verbrennungsprozesse in homogen-heterogenen Medien wird eine App. vorgeschlagen, bei der das Verbrennungsgemisch durch zylindr. Kanäle (Ø 2 mm) aus Material verschiedener katalyt. Aktivität geleitet wird. Luft mit 2—5 Vol.-% CO u. 1,2% Feuchtigkeit wird mit einer Geschw. von 1—34 m/s durch einen solchen Kanal aus Quarz geleitet u. der Anteil an Verbrennungs-Prodd. bei Temp. von 500—900° untersucht (Diagramme). Die Aktivierungsenergie der CO-Verbrennung ergibt sich bei 500—700° zu 22000, bei $>750°$ zunächst zu Werten bis 60000 kcal/Mol, nimmt aber dann $>800°$ auf ca. 30000 ab. R. K. Müller. 157□

Der Einfluß von Halogenen auf die Ionisation in mit Alkalimetallen beladenen Wasserstoff- und Acetylenflammen. 1. Mitt. **Die Theorie des stationären Ionisationszustandes in Flammen.** P. J. Padley, F. M. Page und T. M. Sugden. (Trans. Faraday Soc. **57.** 1552—62. Sept. 1961. Cambridge, Dep. of Phys. Chem.) (Engl.)

Es wurde beobachtet, daß unter bestimmten Bedingungen Zusatz von Halogenen zu Flammengasen, die Spuren von Alkalimetallen enthalten, zu einer ausgeprägten Zunahme der Elektronen-Konz. im Syst. führt. Dieses unerwartete Ergebnis erklären Vff. auf Grund einer Hypothese, nach der die Erzeugung von Elektronen in Abwesenheit von Halogenen durch einen stationären Zustand der Rk. $A + X \rightleftharpoons A^+ + e + X$ (A = Alkalimetallatom, X = Teilchen eines dritten Körpers), beherrscht wird, während nach Einführung eines Halogens B die Rkk. $A + B \rightleftharpoons A^+ + B^-$ u. $B^- + H \rightleftharpoons HB + e$ auftreten können. Dadurch wird die stationäre Elektronen-Konz. beeinflußt. Die Theorie eines solchen Syst. wird entwickelt. Gerhard Schulze. 157□

Einfluß der Kompressibilität von festen Treibmitteln auf die Instabilität der Verbrennung. J. F. Bird, L. Haar, R. W. Hart und F. T. McClure. (J. chem. Physics **32.** 1423—29. Mai 1960. Silver Spring, Md., Johns Hopkins Univ., Appl. Phys. Labor.) (Engl.)

Fortsetzung u. Erweiterung der C. **1960.** 6748 referierten Arbeit von Hart u. Mc Clure. C. Gottfried. 157

Wärmeabgabe von nichtsiedendem Wasser bei hohen Wärmeflüssen. V. V. Yakovlev. (J. nuclear Energy **5.** 421—23. 1957. (Engl.) — C. **1958.** 10283.)

Herbert Weber. 158□

Thermische Leitfähigkeit und Gleichgewichtskonstante des Systems $N_2O_4 \rightleftarrows 2\,NO_2$. B. N. Srivastava und A. K. Barua. (J. chem. Physics **35.** 329—34. Juli 1961. Calcutta, Indian Assoc. for the Cultivat. of Sci.) (Engl.)

Vff. verwenden eine vollständig aus Glas bestehende, verbesserte App. zur Best. der therm. Leitfähigkeit λ des Syst. $N_2O_4 \rightleftarrows 2\,NO_2$ mit Hilfe der Hitzdraht-Meth. mit starkem Draht (vgl. Kannuluik u. Carman, C. **1956.** 7719 u. früher) im Temp.-Bereich von 32—90° u. bei Drücken bis ca. 500 Torr. Die App. ist zur gleichzeitigen Messung von λ u. der Gleichgew.-Konst. des Syst. geeignet. Die Ergebnisse werden tabellar. mitgeteilt u. theoret. unter der Annahme eines örtlichen chem. Gleichgew. erörtert. Der Widerspruch zwischen experimentellen u. berechneten Werten weist auf die Notwendigkeit hin, die Theorie der Wärmeübertragung im Ungleichgew. zur Deutung der Werte heranzuziehen. P. Frenzel. 158□

Bestimmung der thermischen Kenngrößen schlecht wärmeleitender Stoffe mit einer Zweiplattenapparatur ohne Schutzring. Werner Knappe. (Z. angew. Physik **12.** 508—14. Nov. 1960. Darmstadt, Deutsches Kunststoff-Inst.) (Dt.)

Nach einer Übersicht über die bekannten stationären u. instationären Meth. zur Ermittlung der therm. Leitfähigkeit schlechter Wärmeleiter (Kunststoffe, keram. Werkstoffe, Gläser, Baustoffe) wird ein weiterentwickelter Zweiplatten-App. beschrieben, in dem an Stelle einer massiven Heizplatte eine 10 μ starke, gleichmäßig vom Strom durchflossene Folie aus Konstantan verwendet wird. Die Proben bestehen aus quadrat. Platten von 80 mm Kantenlänge u. 3—12 mm Dicke. Eine Schutzringanordnung oder eine Korrektur für den seitlichen Wärmeabfluß ist nicht erforderlich. Mit dem Gerät lassen sich stationäre Messungen der therm. Leitfähigkeit (Temp.-Differenz zwischen beiden Seiten der Probe ca. 2°) sowie instationäre u. quasistationäre Messungen zur Best. von Wärmeeindringzahlen u. Temp.-Leitzahlen ausführen. Die zur Auswertung erforderlichen mathemat. Beziehungen werden auch für Heizplatten mit nicht vernachlässigbarer Wärmekapazität angegeben. Die Meth. wird am Beispiel von Messungen an einigen Kunststoffen dargelegt. Wolfgang Wagner. 158□

Ultraschallinterferometer. A. Hilf und M. Naumescu. (Studii Cercetări Fizică **6.** 801—30. Okt./Dez. 1955.) (Rum.)

Im Anschluß an die Beschreibung des Ultraschallinterferometers nach Pierce [1923], das nur für Messungen in Gasen geeignet ist, entwickeln Vff. die Theorie eines auch für Fll. geeigneten Interferometers, erörtern vereinfachte Meth. zur Best. des Absorptions-Koeff. u. verschiedene Varianten des Ultraschallinterferometers.

R. K. Müller. 159□

—, I. U. P. A. C. Thermodynamics. London: Butterworths. 1961. (338 S.) 50 s.

W. B. Kogan und W. M. Fridman, Handbuch der Dampf-Flüssigkeits-Gleichgewichte. Berlin: Deutscher Verl. der Wissenschaften. 1961. (LI + 507 S.) 8° = Physikalisch-chemische Trenn- u. Meßmethoden. Bd. 2. DM 45,—.

A$_5$. Kolloidchemie. Grenzschichtforschung

Der Einfluß von grenzflächenaktiven Stoffen und Schutzkolloiden auf die Stabilität hydrophober Sole und Dispersionen bei hoher Elektrolytkonzentration. H. Lange. (Kolloid-Z. **169.** 124—31. März/April 1960. Düsseldorf, Waschwiss. Labor. der Fa. Henkel & Cie.) (Dt.)

Sowohl an Paraffinsol (Teilchengröße $< 1\,\mu$) als auch an Rußdispersionen (0,05—1 μ) wird die Wrkg. verschieden hoher Elektrolytzusätze ($MgCl_2$, NaCl) ohne oder mit Zusatz von ionogenen (Na-n-Alkylsulfate, -n-Alkylsulfonate, -p-n-Alkylbenzolsulfonate, Polyäthylenglykolen) u. nichtionogenen grenzflächenakt. Stoffen (CMC, Methylcellulose, Dodecylpolyglykoläthern) an Hand von Trübungsmessungen untersucht. Es wird gezeigt, daß der Einfl. der grenzflächenakt. Stoffe u. der Schutzkolloide auf die Stabilität hydrophober Sole oder Dispersionen neben der Änderung des elektr. Grenzflächenpotentials vor allem auf der Bldg. einer Hydrathülle um die Partikel beruht.

Ch. Weiske. 162□

Orientierung der Tonteilchen beim Deformieren der Tonmasse. W. Ss. Fadejewa (Коллоидный Журнал [Kolloid-J.] **19.** 640—43. Sept./Okt. 1957. Moskau, Wiss. Forschungsinst. für Baukeramik.) (Russ.)

Aus hochplast. Tschassow–Jar-Ton u. 5% dunklem feinstgemahlenem Biotit wurde eine plast. Masse mit 38% W. hergestellt u. zu Würfeln von 2 cm geformt, die man in 3 Serien einem Druck aussetzte: 1. 1 kp/cm² 1 Tag; 2. 10 kp/cm² 15 Min.; 3. 1 kp/cm² 1 Std., danach langsames Verschieben (1—2 cm/min) entlang einer Zwangsfläche. Schliff-Präpp. in bestimmter Orientierung (getrocknet u. in Canadabalsam eingebettet) wurden photographiert. Die Aufnahmen weisen eine deutliche Orientierung der dunklen Biotitkörner vorwiegend in Richtung der maximalen Verschiebungsspannung auf. An der Reibfläche sammeln sich die feinsten Teilchen unter Wasseraustritt zu einer wie poliert aussehenden Fläche an. In größerer Entfernung von der Oberfläche bleibt die Orientierung unvollständig. A. v. WILPERT. 162□

Mikromethode zur Messung der Grenzflächenspannung. V. Alexander Gordieyeff und Ethel B. Hackley. (J. chem. Educat. **37.** 301—02. Juni 1960. Maryland, Army Chem. Center, U.S. Army Chem. Warfare Labor.) (Engl.)

Beschreibung einer einfachen App. zur Messung von Ober- u. Grenzflächenspannungen. Es wird der Druck gemessen, der nötig ist, bei einer in die Probe-Fl. eintauchenden Capillare den Fl.-Meniskus um eine bestimmte Strecke zu senken. Für die Best. der Grenzflächenspannung genügen bei einem Capillardurchmesser von 0,1—0,5 mm 0,25mm³ der Test-Fl., so daß eine Anwendung auf giftige u. radioakt. Stoffe möglich ist.
R. KRATTNER. 166□

Das Donnan-Gleichgewicht. J. Th. G. Overbeek. (Progr. Biophysics biophysic. Chem. **6.** 57—84. 1956. Utrecht, van't Hoff Labor.) (Engl.)

Überblick über die Theorie des DONNAN-Gleichgew.; Ionenverteilung u. Aktivitäts-Koeff.; DONNAN-Potential; Hinweis auf biolog. Anwendungen. — 50 Literaturangaben.
G. RUBAN. 170□

Zur Permselektivität und Semipermeabilität der Kupferhexacyanoferrat(II)-Membran. V. Freise. (Z. physik. Chem. Frankf. Ausg. [N. F.] **15.** Bonhoeffer-Gedenkband 48—63. April 1958. Göttingen, MPI für physik. Chem.) (Dt.)

Man fand, daß 2 Modifikationen des *Cu-Hexacyanoferrat(II)*-Nd. auftreten können. 1. ein K-reicher Nd., der leicht die für K- u. Na-Ionen selektiv permeable (permselektive) BEUTNER-Membran bildet, an der sich DONNAN-Potentiale messen lassen, 2. eine Cu-reiche Form, die semipermeabel für W. ist u. die Membran der PFEFFERschen Zelle bildet, an der osmot. Drücke gemessen werden können. Die BEUTNER-Membran ist als metastabiler Zwischenzustand mit den Eigg. eines Kationenaustauschers aufzufassen, die PFEFFERsche Membran bildet wahrscheinlich den stabilen, kupferreichen Endzustand u. besitzt keine Ionenaustauscher-Eigg. mehr. Die Beweglichkeit der Li-Ionen in der BEUTNER-Membran ist stark gehemmt, möglicherweise durch einen Siebeffekt infolge ihrer starken Hydratation. Membranpotentialmessungen an Membranen aus *Fe-Hydroxyd*-Nd. ließen diese Verb. als Anionenaustauscher erkennen, während im analogen Falle bei Membranen aus *Cu-Hydroxyd*-Nd. Kationenaustauscher-Eigg. festgestellt wurden. Es wird darauf hingewiesen, daß wahrscheinlich viele nichtkristalline Ndd., denen man Adsorption von Alkalimetall- oder Halogenidionen nachsagt, als anorgan. Kationen- oder Anionenaustauscher aufzufassen sind, ferner daß man durch Potentialmessung mehr oder weniger stabile Zwischenmodifikationen ohne Eingriff in die Ndd. selbst erkennen kann. E. ÜHLEIN. 170□

Die Viscositäts-Temperatur-Beziehung für Flüssigkeiten. H. I. Waterman. (Bitumen, Teere, Asphalte, Peche verwandte Stoffe **11.** 412. Okt. 1960.) (Dt.)

Vf. diskutiert die Anwendungsbereiche der Viscositäts-Temp.-Formel $\log \nu = A/T^x + B$. Das HAGEN-POISEUILLEsche Gesetz wird auf nichtnewtonsche Fll. angewendet u. auch bei diesen Fll. die Viscosität zur Struktur-Best. benutzt. K. MÜLLER. 172□

Die dynamischen Viscositäten im System $MgCl_2$–H_2O zwischen 20 und 140°. Heinz Dietzel. (Freiberger Forsch.-H., Reihe A Heft **171.** 25—39. Aug. 1960.) (Dt.) — Vgl. C. **1961.** 18245.

Die Viscositäten wss. $MgCl_2$-Lsgg. wurden im Temp.-Bereich von 20—140° mit Hilfe des UBBELOHDE- u. HÖPPLER-Viscosimeters gemessen. Der Vers.-Aufbau wird eingehend beschrieben; die Korrekturfaktoren werden besprochen. Die Meßergebnisse werden graph. für den Konz.-Bereich 102,8—174 Mol. $MgCl_2$ auf 1000 Mole H_2O mitgeteilt. Bei der Umwandlungs-Temp. *Hexahydrat* in *Tetrahydrat* bei 117,2° ändert sich der Viscositätsverlauf. Die Viscositätspolythermen gesätt. $MgCl_2$-Lsgg. gehen zwischen 80 u. 90° durch ein ausgeprägtes Minimum. H.-G. MOSLÉ. 172□

Die Ermittlung der Dichteverteilungen und der Dichtegradienten binärer Lösungen im Gleichgewicht in der Ultrazentrifuge. James B. Ifft, Donald H. Voet und Jerome Vinograd. (J. physic. Chem. **65.** 1138—45. Juli 1961. Pasadena, Calif., California Inst. of Technol., Gates and Crellin Labor. of Chem.) (Engl.)

Vff. entwickeln eine Meth. zur Berechnung von Dichteverteilungen u. Dichtegradienten bin. Lsgg. im Sedimentationsgleichgewicht in der Ultrazentrifuge. Das Sedimentationsgleichgewicht wird durch die Differentialgleichung $\beta(\varrho)\,d\varrho = \omega^2 r\,dr$ beschrieben, worin β eine Funktion von Temp., Aktivität, Molgew. u. spezif. Partial-Vol. des Gelösten bei der Dichte ϱ, ω die Winkel-Geschw. u. r der Mittelpunktsabstand ist. Für *CsCl, KBr, RbBr, RbCl, LiBr* u. *Saccharose* werden bei 25° Werte von β für den ganzen Konz.-Bereich aus bekannten Daten für Dichte u. Aktivität berechnet. Für diese bin. Syst. kann $\beta(\varrho)$ als ein kub. Polynom von ϱ ausgedrückt werden. Für die ersten 4 Salze wird obige Gleichung in der integrierten Form unter Benutzung eines Digitalrechners zur Ermittlung der Integrations-Konst. berechnet. Die Integrations-Konst. ist der radiale Abstand, bei dem die ursprüngliche Dichte der Lsg. vorliegt. Dieser Punkt wird als Isokonzentrationspunkt bezeichnet. Für CsCl werden die berechneten Dichteverteilungen u. Dichtegradienten durch Verss. bestätigt. J. PETERS. 174□

Korngrößenbestimmungsmethoden. Franz Schückher und Lennart Janerot. (Jernkontorets Ann. **143.** 593—614. 1959.) (Schwed.)

Vff. geben eine Übersicht über die zur Best. von Korngrößen angewandten Meth. mit bes. Berücksichtigung der ASTM-Meth. u. der JKM-Meth. (vgl. BERGLUND, HULTGREN u. PHRAGMÉN [1937]). Theoret. wird gezeigt, daß die 2- u. 3-dimensionale Korngrößenverteilung annähernd als logarithm. normale Verteilung beschrieben werden kann, wenn es sich um homogene Strukturen mit einheitlichen Korngrößen handelt; in diesen Fällen kann die Struktur bzgl. der Korngrößen durch den geometr. Mittelwert u. die Verteilungsstreuung beschrieben werden. Die Berechnung des arithmet. Mittelwertes aus einer logarithm. Normalverteilung u. der Verteilung des Oberflächenanteiles wird erläutert. — 26 Literaturangaben. R. K. MÜLLER. 175□

Teilchengrößenanalyse durch γ-Absorption. Charles P. Ross. (Analytic. Chem. **31.** 337—39. März 1959. Aiken, S. C., E. I. du Pont de Nemours & Co., Inc., Savannah River Labor.) (Engl.)

Für die γ-Durchlässigkeit von UO_2-Suspensionen gilt das BEERsche Gesetz bis zu Konzz. von 21,5 g/Liter, so daß die Partikeldichte in verschiedenen Schichten der Suspension aus γ-Absorptionsmessungen bestimmt werden kann. An Hand einer Standardkurve, die die nach dem STOKESschen Gesetz berechneten mittleren Partikelgrößen in Abhängigkeit von der Schichthöhe in der Suspension widergibt, kann die Partikelgröße erhalten werden. Als Strahlungsquelle diente ^{241}Am. Die γ-Absorption erwies sich als nur von der Masse der Teilchen abhängig. Messungen an Partikeln von 5—50 μ Durchmesser zeigten, daß die Abweichung von den nach dem STOKESschen Gesetz erhaltenen mittleren Teilchengrößen (die Größe der einzelnen Teilchen schwankt um ±50%) 0,3 μ nicht überschreitet. Die Meth. kann bei allen Suspensionen angewendet werden, bei denen die Absorptions-Koeff. von Fl. u. Partikeln hinreichend verschieden sind. W. BETCKE. 175

Dichte von an Montmorillonit sorbiertem Wasser. W. F. Bradley. (Nature [London] **183.** 1614—15. 6/6. 1959. Urbana, Ill., Illinois Geol. Surv.) (Engl.)

Vf. erörtert Dichtemessungen an Pasten von Wyoming-Bentonit unter Bezug auf die laminare Struktur des Montmorillonits u. vergleicht die Werte mit röntgenograph. bestimmten Dichten bei Wasser-Geh., die einer Bedeckung des Bentonits mit 3, 2 oder einer Schicht Hydratwasser sowie der der reinen Einzellamelle entsprechen. Das mittlere spezif. Vol. des W. in den verschiedenen Pasten sowie das wahrscheinliche spezif. Vol. des gebundenen W. werden berechnet. Ist Na das austauschende Ion, so muß angenommen werden, daß diese Ionen hauptsächlich mit dem gebundenen Anteil assoziiert sind. Ihr Überschuß in Bezug auf das gebundene W. beträgt ca. 8 Gew.-% bzw. 2 Vol.-%. Bei einer Feststoffmenge von 75% ist zu wenig W. vorhanden, um eine kontinuierliche Phase zu bilden. Die Dichte-Best. weichen dann von der theoret. Kurve der Dichte in Abhängigkeit vom Feststoff-Geh. ab. Man kann dann die wahrscheinliche Porosität bestimmen. P. FRENZEL. 176□

Dichte von an Montmorillonit sorbiertem Wasser. Robert C. Mackenzie. (Nature [London] **183.** 1615. 6/6. 1959. Cragiebuckler, Aberdeen, Macaulay Inst. for Soil Res.) (Engl.) — Vgl. C. **1958.** 10284.

Vf. erörtert die Arbeit von BRADLEY (vgl. vorst. Ref.) u. weist darauf hin, daß ofengetrockneter Montmorillonit stets Restmengen an Feuchtigkeit aufweist. Es werden niedrigere Werte für eine der berechneten Dichten erhalten u. auch nach dem wahren, hypothet. Wert von 100% ofengetrockneten Montmorillonit erwartet. Weiterhin ändert sich das spezif. Vol. des gebundenen W. mit dem austauschbaren Ion. Bei den Werten für hohe Geh. an Feststoff (> 77%) ist bis jetzt noch kein eindeutiger Beweis aus den Dichtemessungen für die Art der anfänglich an Montmorillonit sorbierten Wassermenge erbracht worden. P. FRENZEL. 176□

Stufenhöhe in der Gaschromatographie. J. Calvin Giddings, Spencer L. Seager, Larry R. Stucki und George H. Stewart. (Analytic. Chem. **32.** 867—70. Juni 1960. Salt Lake City, Utah, Univ. of Utah, Dep. of Chem.) (Engl.)

Bei Verw. sehr dünner Fl.-Schichten in der Gaschromatographie macht sich der Beitrag der Diffusion in der Gasphase stark bemerkbar u. muß durch einen zusätzlichen Term in der ursprünglichen VAN DEEMTER-Gleichung berücksichtigt werden. Da die Linear-Geschw. des Trägergases längs einer Säule einen Gradienten aufweist, kann man Mittelwerte der Stufenhöhe in Bezug auf die Zeit, die Länge u. den Druck bilden. Eine Mittelung über die Länge der Säule kommt den experimentellen Ergebnissen am nächsten. C.-E. DÖRING. 177□

Die Theorie der Dynamik der Ionenaustauschsorption und Chromatographie. 1. Mitt. Die Gleichgewichtsdynamik der Ionenaustauschsorption. W. W. Ratschinski. (Известия Тимирязевской Сельскохозяйственной Академии [Nachr. landwirtsch. Timirjasew-Akad.] **1960.** Nr. 5. 184—93.) (Russ.) — Vgl. C. **1961.** 2899.

Untersucht werden die Bedingungen für die Bldg. primärer Ionenaustauschchromatogramme sowie die Trennung der Ionen durch Elution u. Verdrängung. Die Formeln zur Berechnung der Wanderungs-Geschw. der Zonen, deren Breite u. der Verteilung der Ionen in den Zonen werden abgeleitet. R. WITTWER. 177□

Untersuchungen über das Ionenaustauschgleichgewicht der Natriumisotope auf Kationenaustauscherharzen. 2. Mitt. Natriumchlorid in Dioxan–Wasser-Mischungen. Hitoshi Ohtaki. (Z. physik. Chem. [Frankfurt/M.] [N. F.] **27.** 209—20. Febr. 1961. Nagoya, Japan, Nagoya Univ., Fac. of Sci., Chem. Inst.) (Engl.) — 1. vgl. C. **1960.** 2779.

Es werden Selektivitäts-Koeff. der Isotope ^{23}Na u. ^{24}Na in Dioxan–W.-Mischungen (0,20, 34, 50 u. 74% Dioxan) an verschieden stark vernetzten Harzen des sulfonierten Styrol-Divinylbenzol-Typs (Dowex 50 mit 1, 4, 8, 12 u. 16% Divinylbenzol) u. an einem Phenolsulfonsäure-Harz (Orgatit A) bestimmt. Die Austauscherharze in der $^{23}Na^+$-Form werden dazu im Batch-Verf. mit 0,01 m oder 0,1 m $^{24}NaCl$-Lsg. ins Gleichgew. gesetzt. Die γ-Aktivität des am Gleichgew.-Punkt in der Lsg. noch enthaltenen ^{24}Na wurde mit einem Scintillations-Zählrohr gemessen u. auf die γ-Aktivität am Vers.-Beginn unter Beachtung der Halbwertszeit des ^{24}Na (15,0 Std.) zurückgerechnet. Nach der Gleichgew.-Einstellung wurde die Lsg. abgesaugt u. das vom Harz adsorbierte Lsgm. mit Methanol, dessen Wasser-Geh. bekannt ist, heruntergewaschen. Der Wasser-Geh. in dieser Lsg. wurde dann nach der KARL-FISCHER-Meth. bestimmt. Der Dioxan-Geh. kann aus dem Vol. an W. u. Methanol leicht errechnet werden. Es zeigt sich, daß mit steigendem Vernetzungsgrad die vom Harz adsorbierte Lsgm.-Menge sinkt, daß W. in stärkerem Maße als Dioxan von den stärker vernetzten Harzen adsorbiert wird u. daß bei Harzen gleichen Vernetzungsgrades die adsorbierte W.-Menge mit steigender NaCl-Konz. sinkt. Der Selektivitäts-Koeff. $K^{24}_{23}(Na)$ jedoch ist weitgehend unabhängig vom Vernetzungsgrad. Der Beitrag der ebenfalls bestimmten DK in den äußeren Lsgg. u. in der Harzphase zum Selektivitäts-Koeff. zwischen den Isotopen ist wahrscheinlich größer als oder doch mindestens ebenso groß wie andere Faktoren, wie Vernetzungsgrad des Harzes u. Konz. des NaCl in den äußeren Lösungen. W. HEIN. 177□

Die Aufnahme der Äthylendiamintetraessigsäure-Komplexe von Zink, Cadmium, Zirkonium und Niob durch Anionenaustauscher. M. Wald. (Mh. Chem. **91.** 505—18. 1960. Warschau, Poln. Akad. der Wiss., Inst. für Kernforsch.) (Dt.)

Die Isotope ^{65}Zn, ^{115m}Cd, ^{95}Zr u. ^{95}Nb wurden verwendet, um das Austausch-Verh. der Äthylendiamintetraessigsäure (EDTA, Y)-Komplexe dieser Elemente an Säulen des stark bas. Harzes Dowex-1 X 4 zu untersuchen. Die Messung der Verteilungs-Koeff. zwischen NO_3^--beladenem Austauscher u. EDTA-haltigen NO_3^--Lsgg. bzw. zwischen EDTA-beladenem Austauscher u. EDTA-Lsgg. ermöglicht Aussagen über die Zus. der Komplexe, die für den Austauschvorgang bestimmend sind. Zn bildet im pH-Bereich 3,0—8,8 einen negativ 2-wertigen Komplex, der durch den Austauscher stärker aufgenommen wird als der Pb-Komplex. An NO_3^--beladenen Austauschersäulen wird die Elutions-Geschw. sehr stark durch den EDTA-Geh. der Elutions-Lsg. beeinflußt, sobald das Verhältnis $[NO_3^-]:[H_2Y^{2-}]$ unter ca. 100 absinkt. Der Cd-Komplex wird durch den NO_3^-- beladenen Austauscher bei pH 5,0—10,0 als 2-wertiger Komplex aufgenommen, jedoch schwächer als der Zn-Komplex. Ähnliche Eigg. werden an EDTA-beladenen Aus-

auschern erhalten. Zr wird im untersuchten pH-Bereich 5,0—7,5 als 2-wertiger Zirkonylkomplex aufgenommen, unterhalb pH 3,0 ist ein 1-wertiger Komplex der wahrscheinlichen Zus. $ZrH_3Y_2^-$ für die Aufnahme maßgeblich. Nb wird als Radiokolloid festgehalten. Der Vgl. der Aufnahme der Komplexe ZnY^{2-}, PbY^{2-} u. CdY^{2-} läßt schließen, daß die Größe der Komplex-Bldg.-Konst. nicht der entscheidende Faktor für die Aufnahme ist. Die Möglichkeit radiochem. Trennungen von Zn, Cd, Pb u. Bi einerseits u. von Zr–Nb andererseits werden aufgezeigt. G. KRIEN. 177□

Untersuchung des Austausches von verschiedenwertigen Ionen an gequollenen Ionenaustauschern und die Verwendung der gefundenen Gesetzmäßigkeiten zur Bestimmung der Ladung der Ionen in der Lösung. A. M. Trofimow und L. N. Stepanowa. (Вестник Ленинградского Университета, Серия Физики и Химии [Nachr. Leningrader Univ.] **15.** Nr. 22. [Ser. Physik Chem.] Nr. 4. 70—76. 1960.) (Russ.)

Die Vff. untersuchen die Abhängigkeit des Verteilungs-Koeff. verschiedenwertiger Ionen zwischen Lsg. u. gequollenem Austauscherharz mit Hilfe radiochem. Methoden. Es wird eine Beziehung angegeben für die Abhängigkeit des Verteilungs-Koeff. von der spezif. Austauschkapazität u. dem spezif. Vol. des Harzes im gequollenen Zustand. Zur Best. der Ionenladung dient die Gleichung $z = (\lg \alpha^I/\alpha^{II} + \lg V^{II}/V^I)/(\lg g^I/g^{II} + \lg V^{II}/V^I)$. α^I u. α^{II} sind die Verteilungs-Koeff. bei Verw. zweier Harze mit verschiedener Quellung, V^I u. V^{II} die entsprechenden spezif. Vol. u. g^I u. g^{II} die spezif. Austauschkapazitäten. Das Verf. wurde zur Best. der Ionenladung von radioakt. Zirkonium in salpetersaurer Lsg. angewandt. Die Verss. ergaben, daß die Zirkoniumionen nur in dem engen Konz.-Bereich 2—2,5 n HNO_3 die maximale Ladung +4 aufweisen. Die Erniedrigung der Ionenladung bei höherer Säure-Konz. ist wahrscheinlich auf Komplex-Bldg., die bei niedriger Konz. auf den Beginn der Hydrolyse zurückzuführen.
E. WINKLER. 177□

Über die Selektivität von Ionenaustauschern mit seifenähnlichen Strukturelementen. G. Richter und D. Woermann. (Z. physik. Chem., Frankf. Ausg. [N. F.] **15.** Bonhoeffer-Gedenkband. 454—57. April 1958. Göttingen, MPI für physik. Chem.) (Dt.)

Zur Herst. selektiver Austauscher wurden Polyseifen direkt, bzw. einzelne Seifenionen, vernetzt, um eine höhere Kapazität des Austauschers zu erzielen. Als Polyseife wurde ein teilweise (40%) mit Dodecylbromid quaternisiertes, mit 1% Divinylbenzol vernetztes *Polyvinylpyridin* ausgewählt u. seine Selektivität gegenüber Cl^-- u. Br^--Ionen untersucht. Wird der Dissoziationsgrad der nicht quaternisierten Pyridingruppen eines solchen Austauschers variiert, so ändert sich der Wasser-Geh. nicht wie bei einem Gel, sondern er bleibt über einen großen Bereich des Dissoziationsgrades prakt. konst. u. steigt innerhalb eines kleinen Intervalls bis zu einem Sättigungswert an. Der krit. Konz. in Seifen-Lsgg. entspricht im Austauscher ein „krit. Abstand" der im organ. Gerüst verankerten „Seifenschwänze". Die Folgen der Variation des Abstandes werden hinsichtlich ihrer Auswrkg. auf die Selektivität des Austauschers diskutiert. Es wird vermutet, daß Austauscher-Syst., in denen sich die Seifenschwänze möglichst unbehindert durch die organ. Gerüstsubstanz assoziieren können, ein entsprechend größeres Unterscheidungsvermögen zeigen werden. E. ÜHLEIN. 177□

Lichtstreuung durch ein koagulierendes Aerosol. O. M. Todess und A. A. Tschekunow. (Коллоидный Журнал [Kolloid-J.] **19.** 633—39. Sept./Okt. 1957. Leningrad.) (Russ.)

Die opt. Eigg. der Aerosole werden durch die Lichtstreuung an den Teilchen u. deren Verteilung nach ihrer Größe bedingt. Für kleine Wellenlängen ($r = \lambda$) wird eine einfache Interpolationsformel zur Berechnung der Lichtstreuung an einem polydispersen Aerosol entwickelt: $y = x^2/1 + x^{4/3}$. Aus dieser Formel wird unter Berücksichtigung der asymptot. Gesetzmäßigkeit der Koagulation eine weitere ähnliche Interpolations-Abhängigkeit für die Lichtabschwächung durch ein Aerosol abgeleitet u. durch Messungen an Masutrauch bestätigt: $\Theta = \tau/1 + \tau^{4/3}$. Es bedeuten: $x = \omega/\omega_0$, $y = F\omega/F_0$. ω ist das Vol. eines Teilchens; $F = K/N$ (cm^2) = effektiver Schnitt der Lichtstreuung durch ein Einzelteilchen; N = Partikel-Konz. eines monodispersen Aerosols; Θ = Maskierungsfähigkeit in der dimensionslosen Zeit τ; K = linearer Abschwächungs-Koeff. infolge Streuung im cm^{-1}. A. v. WILPERT. 180□

Strömungsprobleme bei Aerosolen und Aerosolpartikeln. 6. Mitt. **Partikelbeweglichkeit, Verhältnis von Brownscher Bewegung zu Sedimentationsbewegung und Gruppen-Einteilung suspendierter Partikel.** Johann-Ludwig von Eichborn. (Kolloid-Z. **146.** 157—58. April 1956. Göttingen, Univ., Landmaschineninst.) (Dt.) — 5. vgl. C. **1960.** 6759; vgl. Z. Aerosolforschg. **4.** [1955.] 453.

Die Partikelbeweglichkeit (B) ist definitionsgemäß der Proportionalitätsfaktor zwischen Umströmungs-Geschw. (ω) eines suspendierten Partikels in ihrem Medium u. der bewegenden Kraft (K) im Bereich der „Stokesschen Bewegung im weiteren Sinn", welcher den Bereich der Schlupfkorrektur nach Cunningham u. a. für Aerosolpartikel mit umfaßt. B ist anderseits der Proportionalitätsfaktor zwischen dem Diffusions-Koeff. der Partikel in diesem Medium u. der therm. Mol.-Energie (k·T) u. somit auch zwischen Wachstums-Geschw. des Brownschen Verschiebungskreises u. k·T; dessen Peripherie ist der jeweilige geometr. Ort der größten Aufenthaltswahrscheinlichkeit aus der Kenntnis des Ortes bei t_0 heraus u. unter der Voraussetzung, daß keine anderen Kräfte auf die Partikel einwirken. Im Bereich des Stokes-Cunninghamschen Bewegungswiderstandes läßt sich hieraus eine übersichtliche Funktion zwischen dem Verhältnis der Länge $s_S = \omega\delta t$ des gerichteten Sedimentationsweges unter der Wrkg. von K zur Länge $s_V = \sqrt{\delta(x^2)}$ der ungerichteten Brownschen Verschiebung in derselben Zeitspanne (δt), also zwischen s_S/s_V als gesuchte Variable u. dem Sedimentationsweg s_S sowie dem Partikeldurchmesser (2r) als gegebene Variablen ableiten. Es wird an Hand von Diagrammen der Fall der Schwerkraft als K diskutiert. Die Funktion $s_S/s_V = \sqrt{K \cdot r/k \cdot T \cdot s_S/2r}$ hat universelle Bedeutung. Die angegebenen Betrachtungen erweisen sich als nützlich für die Einteilung der Suspensionen in Gruppen u. ihre Bewertung nach dem Grad ihrer Stabilität gegen Zerstreuung, Flockung oder Abscheidekräfte unter bes. Bedingungen.
C. Gottfried. 180

A₆. Strukturforschung

Elektronen-Dreistrahlinterferenzen mit elektrostatischen Biprismen. Rainer Buhl. (Naturwissenschaften **48.** 298—99. 2. April-H. 1961. Tübingen, Univ., Inst. für Angew. Phys.) (Dt.)

Vf. berichtet über Verss. zur Erzeugung von Dreistrahlinterferenzen mit dem Elektroneninterferenzmikroskop unter Verw. zweier elektrostat. Biprismen. Prinzip u. techn. Einzelheiten werden erläutert. M. Vogelmann. 181□

Intensitätsmessung bei der Elektronenbeugung an einem CdS-Einkristall. Satio Takagi und Fuminori Fujimoto. (J. physic. Soc. Japan **15.** 1607—14. Sept. 1960. Tokyo, Univ., Coll. of Gen. Educat., Inst. of Phys.) (Engl.)

An einem *CdS*-Einkristall mit aufgedampften dünnen *In*-Metallschichten wurden in einer Diffraktionskamera bei $8 \cdot 10^{-5}$ Torr mit einem durch Elektronenbeschuß induzierten Strom die Charakteristiken dieses Intensitätsdetektors aufgenommen. Die angewandten Elektronenenergien betrugen zwischen 23,5 u. 50,2 keV, die auf ± 2—3% genau gemessenen Intensitäten zwischen $3{,}2 \cdot 10^{-12}$ u. $3{,}8 \cdot 10^{-9}$ A/cm². Eine ähnliche Messung wurde an *TlCl* vorgenommen. W. Sobieski. 181□

Eine optische Methode zur Untersuchung der Diffraktion von gestörten Kristallen. 3. Mitt. Schichtstrukturen mit Stapelfehlern. B. T. M. Willis. (Proc. Roy. Soc. [London], Ser. A **248.** 183—98. 11/11. 1958. Harwell, AERE.) (Engl.) — 2. vgl. C. **1958.** 644.

Mit einem Photomultiplier werden Beugungsbilder von opt. Gittern ausgemessen, die die Stapelfehler von Kristallschichtgittern in Modellform wiedergeben. Es läßt sich so der Fehlordnungsgrad α bestimmen. Die Meth. wird an einigen verbreiteten Fehlordnungstypen geprüft. Ihre Begrenzung liegt in der Zahl von 10^3 Schichten, die in einem Modell noch wiedergegeben werden können. Dies bedingt schwache Schwankungen in der Intensitätsverteilung u. eine Ungenauigkeit von α. G. Bergerhoff. 181□

Über das Problem der Weitwinkelkorngrenzen. E. F. Holländer. (Czechoslov. J. Physics **9.** 754—55. 1959. Bratislava, Weld. Res. Inst.) (Engl.)

Theoret. Unters. der Weitwinkelkorngrenzen; Betrachtung der relativen Energien E/E_∞ in Abhängigkeit vom Winkel ϑ u. Vgl. mit experimentellen Daten an *Pb*. Für $E = f(\vartheta)$ wird ein neuer Ausdruck mitgeteilt. G. Ruban. 181□

Quantitative Methode zur Bestimmung der Fasertextur in Drähten. 1. Mitt. **Grundlage der Methode und analytischer Ausdruck für den Absorptionsfaktor.** Vladimír Syneček. (Czechoslov. J. Physics **9.** 736—46. Českoslov. Časopis Fysiku **9.** 406 bis 746. 1959. Prague, Czechosl. Acad. of Sci., Inst. of Techn. Phys.) (Engl.)

Beschreibung der röntgenograph. Meth., rechner. Lsg. des Absorptionsproblems für den zylindr. Fall u. Anwendung auf einen *Al*-Draht. G. Ruban. 181□

Das Problem der Mehrzentrenintegrale in der Quantenchemie. Au-Chin Tang. (Tagungsber. chem. Ges. DDR., Hauptjahrestag. **1955.** 29—31. 1956. Changchun, Northeastern Peoples Univ., Chem. Dep.) (Dt.)

Kugelfunktionen werden nach ellipt. Koordinaten entwickelt u. die Ableitung der Zweizentren-Entw. nach sphär. u. ellipt. Koordinaten durchgeführt. Dabei erscheint die Einzentrenexpansion von NEUMANN als Sonderfall. Mittels dieser Expansionsformeln ist eine systemat. u. umfassende Behandlung der Mehrzentrenintegrale der Quantenchemie möglich. Die Anwendung dieser Meth. auf die Berechnung der Hinderung der inneren Rotation im Äthan- u. Propan-Mol. führt zu Ergebnissen, die gut mit den experimentell ermittelten Werten übereinstimmen. — Diskussion. G. TALSKY. 182□

Über den Zusammenhang zwischen Elektronegativitäten und Rumpfladungszahlen. H.-A. Lehmann und S. Bähr. (Tagungsber. chem. Ges. DDR., Hauptjahrestag. **1955.** 20—28. 1956. Leuna-Merseburg, TH für Chem., Inst. für anorg. Chem.) (Dt.) — Vgl. C. **1957.** 10685.

Vff. beschreiben die Ableitung der Rumpfladungszahl, deren Beziehung zu den Elektronegativitätswerten nach PAULING u. den SR-Werten (= stability ratio) nach SANDERSON sowie eine Meth. zur Berechnung der Atomradien in verschiedenen Verbindungen. — Diskussion. G. TALSKY. 182□

Mehrfachbindungen in der zweiten Achterperiode. J. Goubeau. (Tagungsber. chem. Ges. DDR., Hauptjahrestag. **1955.** 32—39. 1956. Stuttgart, TH, Labor. für anorg. Chem.) (Dt.) — Vgl. C. **1957.** 10131.

Nach Besprechung der Kraft-Konst. von Einfachbindungen der ersten Achterperiode werden auch die der zweiten Achterperiode diskutiert. Zahlreiche Tatsachen sprechen dafür, daß sich den σ-Bindungen von Elementen der zweiten Achterperiode zusätzlich Bindungsanteile überlagern, die auf Überlappung von d-Bahnen zurückzuführen sind; dieser Effekt nimmt ähnlich wie in der ersten Achterperiode mit steigender Elektronegativität der Bindungspartner zu, da Mehrfachbindungen durch Elektronenmangel bedingt sind. — Diskussion. G. TALSKY. 182□

Bindungshybridisierung und Struktur der Metallcarbonyle. Joe W. Cable und Raymond K. Sheline. (Chem. Reviews **56.** 1—26. Febr. 1956. Tallahassee, Fla., Florida State Univ., Dep. of. Chem.) (Engl.)

Überblick. — 91 Literaturangaben. G. RUBAN. 182□

Spin-Bahn-Kopplung in der ersten und zweiten Übergangsreihe. T. M. Dunn. (Trans. Faraday Soc. **57.** 1441—44. Sept. 1961. London, Univ. College, William Ramsay and Ralph Forster Labor.) (Engl.)

Eine vollständige Liste der Einelektronen-Spin-Bahn-Kopplungsparameter ζ_{nd} für die Konfigurationen d^x, $d^{x-1}s$ u. $d^{x-2}s^2$ der Elemente der ersten beiden Übergangsreihen wurde bis zum Oxydationszustand M(VI) zusammengestellt. Die einzelnen Parameter wurden entweder von Spektraldaten erhalten oder unter Verw. von Extrapolations-Meth. berechnet. G. M. NEUMANN. 182□

Die Aufspaltung der d^n-Terme in starken Komplexgebieten mit tetragonaler, trigonaler und rhombischer Symmetrie. Ferenc Gilde und Miklós Bán. (Magyar fizikai Folyóirat [Ung. Z. Physik] **8.** 95—115. 1960. Szeged, Univ., Inst. für theoret. Physik.) (Ung.)

Die Eigg. der Komplex-Verbb. von Metallen mit d-Eletronen sind durch diese d-Elektronen bestimmt. Vff. berechnen aus den d^n-Elektronenkonfiguren ($n = 1, 2, \ldots 10$) alle Konfigurationen, welche unter der Wrkg. von starken Komplexfeldern tetragonaler, trigonaler u. rhomb. Symmetrie entstehen. Es wird bestimmt, wie viele dieser Konfigurationen unter der Wrkg. des starken Feldes auftreten u. in welche Multiplettzustände sie zerfallen. Hieraus wird ein Verf. zur Systematisierung der durch Aufspaltung gebildeten Zustände entwickelt, welches nur gruppentheoreth. Erwägungen enthält u. deshalb exakt ist. J. PLANK. 182

Über die Bestimmung der Ionenradien. Kálmán Sasvári. (Magyar Fizikai Folyóirat [Ung. Z. Physik] **8.** 131—47. 1960. Budapest, Zentralforsch.-Inst. für Chem.) (Ung.)

Anstatt der früheren Meth. benutzt Vf. das genauer meßbare Zell-Vol. zur Best. der Ionenradien. Die so erhaltenen Werte ähneln zum größten Teil den von AHRENS bestimmten, nur wenige den GOLDSCHMIDTschen Werten. Für einige Ionen wurden Radien gefunden, die zwischen den AHRENSschen u. den GOLDSCHMIDTschen Werten liegen. Weiter wurden bisher unbekannte Ionenradien bestimmt. Vf. weist nach, daß sich der Ionenradius im Gitter von Ionenkristallen nicht nur mit der Koordinationszone ändert, sondern auch von der Art der Kationen u. vom Kation-Anion-Verhältnis im Gitter abhängt. Je größer dieses Verhältnis ist, um so größer sind die Radien der positiven Ionen desselben Elements. J. PLANK. 182

Einfluß der Wasserstoffbindung auf die Energie des Ionengitters von Ammoniumchlorid und Bestimmung der Protonenaffinität des Ammoniakmoleküls. Ss. I. Wetschinkin, Je. A. Pschenitschnow und N. D. Ssokolow. (Журнал Физической

Химии [J. physik. Chem.] **33**. 1269—74. Juni 1959. Moskau, Inst. für chem. Phys. der Akad. der Wiss. der UdSSR.) (Russ.) — Vgl. C. **1956**. 13324.

Die Protonenaffinität des Wasser-Mol. wird meist zu P_{H_2O} = 188,6 kcal angenommen. Dieser Wert ist aber um ca. 19 kcal zu hoch. Wenn man die Energie der H-Bindung an den H-Atomen des Ions H_3O^+ zu je 6 kcal annimmt, gelangt man zu dem von TALROSE u. FRANKEWITSCH (C. **1957**. 12386) gefundenen Wert 169 ± 2 kcal. Die Näherungsberechnung der Gitterenergie U von NH_4Cl ergibt, daß am Wert von U zur Berücksichtigung der H-Bindung eine Korrektur von ca. 10 kcal anzubringen ist, so daß man statt des von BLEICK [1934] errechneten Wertes 161,6 kcal den Wert U = 178 ± 7 kcal erhält. Für NH_3 ergibt sich P_{NH_3} = 194 ± 7 kcal statt des bisher verwendeten Wertes 209,8. R. K. MÜLLER. 182□

Zur Theorie der Wasserstoffbindung. N. D. Sokolow. (Tagungsber. chem. Ges. DDR., Hauptjahrestag. **1955**. 10—19. 1956. Moskau, Inst. für chem. Phys. der Akad. der Wiss. der UdSSR.) (Dt.)

Das einfache elektrostat. Modell der Wasserstoffbindung (W) erklärt nicht die grundlegende spektroskop. Erscheinung dieser Bindung, nämlich die Verschiebung der Frequenz ν der Gruppe A—H in Richtung der langen Wellen. Die W A—H···B ist im wesentlichen durch die Donator–Akzeptor-Wechselbeziehung der Atome H u. B. bedingt. Die Bldg. einer W stellt immer das erste Stadium des Protonenübergangs dar, dessen Geschw. um so größer u. dessen Potentialbarriere um so niedriger liegt, je stärker die vorliegende Bindung ist. Dabei zeigte es sich, daß in der Rk. des gegebenen Typs der Übergang des Protons das langsamste Stadium darstellt. — Diskussion.

G. TALSKY. 182□

Theorie der Schwingungsrelaxation in Flüssigkeiten. Robert Zwanzig. (J. chem. Physics **34**. 1931—35. Juni 1961. Washington, D. C., Nat. Bur. of Stand.) (Engl.)

Vf. gibt eine neue Formulierung der Theorie der Schwingungsrelaxtion auf der Basis der halbklass. Näherung von ZENER. Es zeigte sich, daß die Relaxations-Geschw. der spektralen Dichte derjenigen Kräfte proportional ist, die auf einen Oszillator aus seiner unmittelbaren Umgebung einwirken. Ferner wird die Theorie des isolierten Zweierstoßes abgeleitet, jedoch nur unter der Voraussetzung, daß die Stoßfrequenz sehr viel kleiner als die Oszillatorfrequenz ist. Diese Bedingung wird aber in Fll. nicht erfüllt. Vf. schließt daraus, daß die Anwendung der Theorie des isolierten Zweierstoßes auf Fll. durch LITOVITZ nicht gerechtfertigt ist. Schließlich wird eine mögliche Beziehung zwischen der Schwingungsrelaxation u. dem Selbstdiffusions-Koeff. in einer Fl. vorgeschlagen.

G. M. NEUMANN. 186□

Untersuchungen über Arsensulfidglas. Shigeru Minomura, Jiro Matsuda und Masahiro Ōura (Rev. physic. Chem. Japan **29**. 22—26. 26/12. 1959. Sep. Kyoto, Univ., Labor. of Physic. Chem.) (Engl.)

Das durch Rk. von As_2O_3 mit H_2S oder durch Reinigung des handelsüblichen Präp. dargestellte As_2S_3 wird durch Dest. bei 600° in die glasige Modifikation überführt u. IR-spektrometr. untersucht. Hierbei wird die Durchlässigkeit des Glases für 1, 2 u. 4 mm Dicke in Abhängigkeit von der IR-Wellenlänge (2—13 μ) sowie für 1 mm Dicke auch im Bereich 0,55—1 μ untersucht. Es folgt, daß das Glas ideale Zus. (2 As + 3 S) besitzt u. keine Fremdbeimengungen an freiem S oder As enthält. G. RUBAN. 186□

Untersuchungen über Selenglas. Jiro Matsuda. (Rev. physic. Chem. Japan **29**. 27—29. 26/12. 1959. Sep. Ehime Univ., Fac. of. Sci. and Literat., Dep. of Chem.) (Engl.) — Vgl. vorst. Referat.

Das durch Erhitzen von handelsüblichem *Se* mit konz. HCl gereinigte Präp. wird in den glasigen Zustand überführt u. mit einem IR-Spektrometer untersucht. Die Durchlässigkeit des glasigen Se beträgt bei 1 mm Dicke ca. 65—70% im Bereich von 2—19,5 μ fällt bis ca. 30% bei ca. 21 μ u. steigt dann bis 25 μ wieder an. Ebenso werden bin. Se–As_2S_3-Gläser mit 75 u. 25% Se untersucht, sie zeigen ähnliches Verh. bis ca. 12 μ, dann aber geringere Transparenz. G. RUBAN. 186□

Kernstrahlungseffekte in Festkörpern. H. Brooks. (Annu. Rev. Nuclear Sci. **6**. 215—76. 1956. Cambridge, Mass., Harvard Univ., Div. of Engng. and Appl. Physics.) (Engl.)

Überblick. — 210 Literaturangaben. G. RUBAN. 190□

Gitterschwingungsspektrum von Natriumchlorid. J. R. Hardy. (Philos. Mag. [8] **4**. 1278—81. Nov. 1959. Bristol, Univ., H.H. Wills Physic. Labor.) (Engl.)

Theoret. Behandlung der Gitterschwingungen in Kristallen, bes. *NaCl*, unter Berücksichtigung der Resultate der diffusen Röntgenstreuung u. der unelast. Neutronenstreuung. G. RUBAN. 190□

Die Kinetik des Wachstums von Ausscheidungen aus festen Lösungen. J. Burke Philos. Mag. [8] 5. 176–85. Febr. 1960. Liverpool, Univ., Dep. of Metallurg.) (Engl.) – Vgl. C. **1961**. 14560.

Auf theoret. Wege entwickelte Vf. Beziehungen für die Ausscheidungs-Geschw. einer anfänglich homogenen festen Lsg., u. zwar unter der Voraussetzung, daß Keime bereits vorhanden sind u. daß die Wachstums-Geschw. durch Diffusion kontrolliert wird. In Betracht wurden verschiedene Formen der Ausscheidung gezogen, nämlich kugelförmige u. zylindr. Teilchen. C. GOTTFRIED. 190

„Abrupt-kink"-Modell der Versetzungsbewegung. A. D. Brailsford. (Physic. Rev. [2] **122**. 778–86. 1/5. 1961. Dearborn, Mich., Ford Motor Co., Sci. Labor.) (Engl.)

Vf. entwickelt eine neues Modell für die Bewegung einer Versetzung, deren Verh. in Ggw. einer mechan. Beanspruchung durch eine Neuverteilung der „Kinks" längs der Versetzungslinie beschrieben wird. Unter „Kink" wird nach SHOCKLEY der Übergangsbereich zweier aneinandergrenzender Segmente verstanden, die parallel zur Richtung der dichtesten Packung angeordnet sind u. deren jedes gegenüber seinem vorangehenden Nachbarn um den gleichen Gittereinheitsvektor seitlich verschoben ist. Im Unterschied zu bekannten Modellen wird jedoch angenommen, daß es sich um jäh auftretende u. wohl lokalisierte „Kinks" handelt. Daher wird die „Kink"-Diffusion als ein therm. aktivierter Prozeß betrachtet. Vf. leitet Transportgleichungen ab, die die Erzeugung, die Diffusion u. den Stoß von „Kinks" einschließen, zeigt, daß sich eine Versetzung in diesem Modell nicht wie eine dehnbare Saite verhält, u. entwickelt durch Anwendung des Modells auf kleine harmon.-zeitabhängige Spannungen eine neue Theorie der an kaltbearbeiteten Metallen beobachteten unelast. BORDONI-Spitzen; zahlreiche experimentelle Beobachtungen über das Verh. dieser Maxima bei kaltbearbeiteten u. getemperten Metallen werden durch diese Theorie befriedigend gedeutet.

D. JÖRCHEL. 190□

Hochdruckbereich der Siliciumdioxydisotypen. Frank Dachille und Rustum Roy. (Z. Kristallogr., Kristallgeometrie, Kristallphysik, Kristallchem. **111**. 451–61. Dez. 1959. University Park, Pa., Pennsylvania State Univ., Coll. of Miner. Ind.) (Engl.)

Vff. untersuchen die SiO_2-Modifikationen sowie BeF_2, $AlPO_4$, $AlAsO_4$, $AlVO_4$, $MnPO_4$, $MnAsO_4$, $GaPO_4$, $GaAsO_4$, $GaSbO_4$, BPO_4, BVO_4, $BAsO_4$, $FePO_4$ u. $FeAsO_4$ im Bereich von 1 atm bis ca. 60000 bar u. von Zimmer-Temp. bis annähernd 600°. Die Hochdruck-App. wurde an Hand der *Quarz-Coesit*-Umwandlungen auf Reproduzierbarkeit, Reversibilität u. Erreichbarkeit des Gleichgewichts sorgfältig geprüft. Bei 500° wandeln sich SiO_2 u. BeF_2 bei 20400 bzw. 21600 bar aus der Quarzform in die Coesitform sowie BPO_4 bei 46000 bar aus der Cristobalit- in die Quarzform um. Die Umwandlung von $MnPO_4$, $FePO_4$, $GaPO_4$ u. $AlPO_4$ erfolgt um 450° u. 55000 bar; in diesem Bereich wurde keine Umwandlung von $AlAsO_4$ u. $GaAsO_4$ beobachtet. Tridymit u. Cristobalit konnten nicht in neue metastabile Hochdruckformen übergeführt werden. Die p–T-Kurven dieser Rkk. wurden für einen engen Zustandsbereich ermittelt. G. RUBAN. 190□

Der NiAs-Strukturtyp und seine Abarten. F. Jellinek. (Österr. Chemiker-Ztg. **60**. 311–21. Nov. 1959. Groningen, Rijksuniv., Anorg.-chem. Labor.) (Dt.)

Zusammenfassende Behandlung des NiAs-Strukturtyps u. seiner Abarten, der Substitutions- u. „Einlagerungs"-Phasen, der Addition u. Subtraktion von Übergangsmetall, der gemischten Packungen, verzerrten Strukturen u. Anti-NiAs-Strukturen sowie der magnet. Eigg. der verschiedenen Vertreter. G. RUBAN. 195□

Zur Struktur des D'Ansit. H. Burzlaff und E. Hellner. (Z. Elektrochem., Ber. Bunsenges. physik. Chem. **65**. 565–71. 1961. Kiel, Mineralog.-Petrograph. Inst. u. Museum.) (Dt.)

Vff. ermitteln mit Hilfe von 3dimensionalen PATTERSON-Synth. u. kristallchem. Überlegungen eine kub. Näherungsstruktur für den *Zn–D'Ansit* (I), $ZnSO_4 \cdot 3\,NaCl \cdot 9\,Na_2SO_4$ zu $I\bar{4}3d$. Die aus wss. Lsg. gezüchteten, idiomorph ausgebildeten Kristalle zeigen schwache, anomale Doppelbrechung unter dem Polarisationsmikroskop, die bei 265° verschwindet, aber nach Abkühlen erneut auftritt. Die Kristalle bestehen aus opt. Einzelindividuen, die lamellar nach $(1\,1\,0)_{kub.}$ verzwillingt sind. Nach der Meth. der isothermen Verdampfung wird versucht, Mg^{2+} durch Ni^{2+}, Co^{2+}, Fe^{2+}, Zn^{2+}, Mn^{2+} u. Cd^{2+} zu ersetzen, was isomorph nur für Zn^{2+} u. Mn^{2+} gelingt. Die Doppelbrechung ist bes. für Zn^{2+} sehr viel geringer, obwohl die Kristalle ebenfalls verzwillingt waren. Die Struktur von I läßt sich durch den Aufbau aus $[SO_4^{2-}]$-Tetraedern u. $[ClNa_6]^{5+}$-Oktaedern erklären. Die restlichen Na^+/Zn^{2+}-Ionen sind nur von O-Ionen der SO_4-Tetraeder umgeben. Vff. versuchen, diese komplizierte Struktur mit Hilfe der HERMANNschen Symbolik der Gitterkomplexe (Z. Kristallogr., Kristallgeometrie, Kristallphysik, Kristallchem. **113**. [1960.] 142) zu beschreiben. Außerdem werden weitere Beispiele für die

Anwendung der HERMANNschen Gitterkomplexe auf eine Nomenklatur von Strukturtypen (Flußspattyp) gegeben. Die Auswertung der PATTERSON-Synth. wurde mit einer IBM-Rechenanlage durchgeführt. P. FRENZEL. 195☐

Neue Verbindungen mit apatitartiger Struktur. 3. Mitt. Weitere Möglichkeiten des isomorphen Ersatzes im Gitter der Blei-Apatite (Pyromorphite). Ludwig Merker und Hans Wondratschek. (Z. Kristallogr., Kristallgeometrie, Kristallphysik, Kristallchem. **113.** 475—77. April 1960. Würzburg, MPI für Silicatforsch.) (Dt.) — 2. vgl. C. **1960.** 6420.

Vff. beschreiben einige neue Substanzen mit Apatitstruktur, die sich vom Pyromorphit herleiten. Die Halogenplätze der Apatitstruktur sind bei diesen Verbb. anscheinend frei oder nur teilweise besetzt. Ob derartige Verhältnisse auch bei den Ca-Apatiten auftreten können, ist noch nicht bekannt. $Pb_3BiTl(PO_4)_2SiO_4$ krist. in hexagonalen Nadeln mit a = 9,78 u. c = 7,34 (Å), c/a = 0,750; das Pulverdiagramm ist von dem der Verb. $Pb_5(PO_4)_2SiO_4$ kaum zu unterscheiden. $Pb_4Bi(SiO_4)_2PO_4$ krist. in Stengeln mit a = 9,76 u. c = 7,26, c/a = 0,744. Weniger gut, aber noch deutlich in diesem Strukturtyp krist. Schmelzen der Zus. $Pb_4Na(SO_4)(PO_4)(SiO_4)$ mit a = 9,79 u. c = 7,29, c/a = 0,744, aus einem klaren Apatitdiagramm, wobei die Linien jedoch eine schwache Aufspaltung zeigten; ebenso $Pb_3Bi_2(SiO_4)_3$ mit vielen Fremdlinien u. breiten Apatitlinien im Röntgendiagramm, die sich aber noch gut mit den Gitter-Konst. a = 9,7—9,8 u. c = 7,2—7,3 indizieren lassen. Dies dürfte der erste Silicat-Pyromorphit sein, der nur SiO_4-Tetraeder als Anionen enthält. Nicht ganz in diese Reihe gehört der *Oxypyromorphit*, $Pb_{10}(PO_4)_6O$, der aus Schmelzen im Syst. $PbO–P_2O_5$ schöne Einkristallnadeln ergibt. Die hexagonalen Gitter-Konst. sind a = 9,84 u. c = 14,86 = 2·7,43; die Verdoppelung der c-Achse deutet auf einen geordneten Einbau von O^{2-}-Ionen, welche die Hälfte der Halogenplätze des Apatitgitters besetzen. Für die Existenz von Pb-Apatiten mit teilweiser Besetzung der Halogenlagen spricht auch die beobachtete Mischkristall-Bldg. zwischen *Halogenpyromorphiten* u. *Alkalipyromorphiten* des Typs $Pb_4A\cdot(PO_4)_3$ (A = Alkali), unter evtl. Beteiligung von *Silicopyromorphit*, $Pb_5(SiO_4)(PO_4)_2$. G. RUBAN. 195☐

Gitterkonstanten von synthetischem Gerhardtit [rhombisches, basisches Kupfer-(II)-nitrat]. Carl W. F. T. Pistorius. (Z. Kristallogr., Kristallgeometrie, Kristallphysik, Kristallchem. **113.** 478—80. April 1960. Los Angeles, Calif., Univ., Inst. of Geophys.) (Engl.)

Synthet. *Gerhardtit*, $Cu(NO_3)_2\cdot 3\,Cu(OH)_2$, krist. rhomb. mit a = 11,051, b = 5,975, c = 6,891 Å; Z = 2; berechnete $D.^{25}$ 3,504 g/cm³. Zur Darst. der blaugrünen Verb. wurden wss. Lsgg. von $Cu(NO_3)_2$ u. CH_3COONa vermischt u. zum Sieden erhitzt. G. RUBAN. 195☐

Raumgruppe und Zelldimensionen einer Probe von Hollandit. Bibhuti Mukherjee. (Acta crystallogr. [Copenhagen] **13.** 164—65. 10/2. 1960. Calcutta, Geol. Surv. of India.) (Engl.)

Morpholog. Unterss., Drehkristall- u. WEISSENBERG-Aufnahmen ($Fe_{K\alpha}$) eines Einkristalls von Hollandit aus Kajlidongri ergaben monokline Symmetrie mit a = 10,02; b = 5,76 u. c = 9,89 Å; β = 90° 36′. D. gemessen 4,94 g/cm³, Z = 2. Raumgruppe C_{2h}^5 — P 2_1/n. G. RUBAN. 195☐

Einige interessante Eigenschaften von pyrolytischem Kohlenstoff. 1. Mitt. **Die Struktur und Dichte von pyrolytischem Kohlenstoff.** A. R. G. Brown, D. Clark und J. Eastabrook. (J. less-common Metals [Amsterdam] **1.** 94—100. April 1959. Farnborough, Hants., Royal Aircraft Establ.) (Engl.)

Die durch Zers. von KW-Stoffdämpfen hergestellten pyrolyt. *C*-Abscheidungen werden opt. (mit polarisiertem Licht) u. elektronenopt. (Mikrographien) untersucht. Die gebildeten Oberflächenstrukturen sind von der Abscheidungs-Temp. abhängig, ebenso die Dichte (2,26 g/cm³ bei 2100°, Minimum 1,2 bei ca. 1750°, Anstieg auf 2,1 bei 1350° Abscheidungs-Temp., darunter >2,0. Die Röntgen-Unters. ergibt eine polytype Schichtenanordnung. G. RUBAN. 196☐

Einige interessante Eigenschaften von pyrolytischem Kohlenstoff. 2. Mitt. **Deformation von abgeschiedenem Kohlenstoff.** F. J. Bradshaw und C. Wheeler. (J. less-common Metals [Amsterdam] **1.** 101—05. April 1959.) (Engl.) — 1. vgl. vorst. Referat.

Vff. untersuchen Graphit, der bei höheren Temp. (2100—2200°) abgeschieden wurde, im Hinblick auf seine Verformung unter dem Einfl. einer Dreipunktbelastung parallel zur c-Achse. Hierzu werden die im Elektronenmikrogramm auftretenden hellen Flecke ausgewertet. G. RUBAN. 196☐

Über einen besonderen Fall der Zersetzung von Kupfer(I)-oxyd im Vakuum. Radko Seidl und Václav Střelka. (Czechoslov. J. Physics **9.** 757. 1959. Prag, Tschechoslovak. Akad. der Wiss., Inst. für techn. Physik.) (Dt.)

Während man Cu_2O im Vakuum über 500° erhitzen kann, ohne eine merkliche Desorption von O_2 u. dadurch ein „Ausreduzieren" der metall. Cu-Schicht beobachten zu können, stellen Vff. fest, daß sich die Verhältnisse grundsätzlich ändern, falls sich auf dem Cu_2O eine dünne Deckschicht aus Cu befindet, wobei eine Dicke von 100 Å ausreicht. In diesem Falle verläuft im Vakuum bereits bei 300° ein Quasi-Red.-Prozeß, so daß sich aus der Cu_2O-Schicht eine metall. Cu-Schicht bildet. Durch Best. der elektr. Leitfähigkeit der Schicht läßt sich der Rk.-Ablauf in Abhängigkeit von der Temp. verfolgen (graph. Darst.); zum Vgl. wird auch der Verlauf der Red. mittels A. wiedergegeben.

G. RUBAN. 196□

Die Oxydfilmbildung auf der Oberfläche von Kupfereinkristallen in reinem Wasser. 2. Mitt. **Geschwindigkeit des Wachstums bei Raumtemperatur.** Jerome Kruger. (J. electrochem. Soc. **108.** 503—09. Juni 1961. Washington, D.C., Nat. Bureau of Stand.) (Engl.) — 1. vgl. C. **1960.** 15678.

Vf. ermittelt durch direkte Unters. im polarisierten Licht (ellipsometr.; vgl. KRUGER u. AMBS, C. **1961.** 12348) den Zusammenhang zwischen Erhöhung der Schichtdicke u. der Zeit bei der Film-Bldg. auf den (1 0 0)-, (1 1 0)-, (1 1 1)- u. (3 1 1)-Flächen eines Cu-Einkristalls in W., das sich im Gleichgewicht mit einer O_2- oder He/O_2-Atmosphäre mit 1, 10 oder 20% O_2 befindet. Das Verf. erlaubt die direkte Beobachtung des Einkristalls u. die Messung der Schichtdicke während des Wachstums. Für angenommene Werte des Brechungsindex werden mit Hilfe eines IBM-Digitalrechners 704 die relative Phasenverzögerung u. die relative Erniedrigung der Amplitude für verschiedene Schichtstärken eines Cu_2O-Films berechnet u. mit den beobachteten Werten verglichen. Die plötzliche Änderung dieser opt. Parameter wird auf die einsetzende CuO-Bldg. zurückgeführt. In der O_2-Atmosphäre erreicht die Schichtdicke des gebildeten Cu_2O-Films einen Grenzwert (65—95 Å), der ca. 1½—2 Std. konst. bleibt. Danach ist die Bldg. von CuO zu beobachten. Bewegung durch Einleiten von O_2 erhöht die Zeit bis zum Auftreten des CuO, quant. Schlüsse können nicht gezogen werden. Ähnliches Verh. zeigt sich mit den O_2–He-Mischungen. Der Grenzwert der Schichtdicke u. die Zeit bis zur einsetzenden CuO-Bldg. steigen mit abnehmendem O_2-Geh. der angewendeten Atmosphäre. Enthält diese 1% O_2, so verläuft das Filmwachstum nach einem parabol. Geschw.-Gesetz. In allen Fällen weist die (1 1 1)-Fläche die niedrigste Wachstums-Geschw. auf. Der Wachstumsmechanismus wird unter elektrochem. Gesichtspunkten erörtert.

P. FRENZEL. 196□

Leerstellen in Metallgittern. F. Blaha. (Radex-Rdsch. **1959.** 722—33. Wien.) (Dt.)

Übersicht über Einteilung der punktförmigen Fehlstellen, ihre Bldg. u. Bewegung, theoret. u. experimentelle Best. ihrer Aktivierungsenergien auf Grund von Messungen verschiedener physikal. Eig.-Änderungen, wie elektr. Widerstand, gespeicherte Energie, Dichte usw., sowie über prinzipielle Schwierigkeiten u. weitere Entw.-Aussichten. — 59 Literaturangaben. G. RUBAN. 197□

Genaue Bestimmung der Gitterparameter von Beryllium. D. R. Schwarzenberger. (Philos. Mag. [8] **4.** 1242—46. Nov. 1959. Cambridge, Tube Investm. Res. Labor.) (Engl.)

Vf. bestimmt die genauen Gitterparameter eines Be-Einkristalls aus Röntgenaufnahmen bei divergenter Durchstrahlung. Die Beugung im Kristall führt auf ein Muster von „Defizitlinien" auf der photograph. Platte, deren Geometrie von den Gitterparametern des Kristalls u. von der Wellenlänge der Strahlung abhängt, aber unabhängig von der Genauigkeit der experimentellen Anordnung ist. Für Be werden folgende Präzisionswerte erhalten: $a = 2{,}2866 \pm 0{,}0006$ u. $c = 3{,}5833 \pm 0{,}0009$ Å. G. RUBAN. 197□

Die Struktur von Beryllium unter besonderer Berücksichtigung der Temperaturen über 1200°. A. J. Martin und A. Moore. (J. less-common Metals [Amsterdam] **1.** 85—93. April 1959. Aldermaston, Berks., Atomic Weapons Res. Establ.) (Engl.)

Vff. untersuchen die von verschiedenen Autoren aufgestellte Hypothese einer 2. Modifikation (β-Be) mit komplexer hexagonaler Struktur ($Z = 58$ Atome/Elementarzelle). Die DTA bei 25—1200° zeigt keine Anomalien, also keine Hinweise auf Allotropie; lediglich in der Nähe des F. bei 1286,9—1291,9° treten zwei schwache Spitzen auf, die vielleicht auf einer allotropen Umwandlung beruhen. Genaue Deformation gibt die röntgenograph. Unters.; die Abhängigkeit der Gitter-Konst. von der Temp. (graph. Darst.) zeigt einen anomalen Verlauf bei 1250° beim Erhitzen bzw. 1244° bei der Abkühlung, also mit einer Hysterese von 6°. Hier geht die dichter gepackte hexagonale α-Phase in eine innenzentriert-kub. β-Phase über. Die kürzesten Abstände sind 2,276 (α) u. 2,208 Å (β), die Koordinationszahlen entsprechend 12 u. 8. Vff. betonen jedoch, daß bei Zimmer-Temp. oder auch bei Reaktor-Temp. (<600) die β-Phase nicht existent ist, also auch nicht mit α koexistiert. Außerdem wird ein mögliches Phasendiagramm Be—Ni aufgestellt, in dem bei 8% Ni-Geh. der Übergang α → β bereits bei 1065° erfolgt.

G. RUBAN. 197 □

Verzwillingung in Cadmiumdendriten. P. B. Price. (Philos. Mag. [8] **4.** 1229—41. Nov. 1959. Bristol, Univ., H. H. Wills Phys. Labor.) (Engl.)

Wachstumszwillinge von Cd mit [1 2 $\bar{3}$ 0] als Zwillingsachse u. (0 0 0 1) als Zwillingsebene werden während der Abscheidung aus der Dampfphase bei hoher Übersättigung gebildet. Die Zwillingskristalle bilden flache „Blatt"-Dendriten von einigen mm Länge u. nur wenigen μ Dicke, während andere Kristalle in der Abscheidung 3dimensional, nichtdendrit. u. in ihrer Größe auf wenige μ begrenzt sind. Vf. beschreibt die experimentellen Bedingungen, unter denen die Blattdendriten auftreten, die Morphologie der Dendriten u. die Atomanordnung in der Umgebung der Zwillingsebene u. stellt schließlich eine Beziehung zwischen Zwillings-Bldg. u. dendrit. Wachstum von Cd her.

G. RUBAN. 197 □

Durchgang von Wasserstoff durch Metalle. R. Ash und R. M. Barrer. (Philos. Mag. [8] **4.** 1197—1206. Nov. 1959. London, Imp. Coll., Chem. Dep., Physic. Chem. Labor.) (Engl.)

Vff. diskutieren den Durchgang von H_2 durch verschiedene Übergangsmetalle (bes. *Pd*) u. entwickeln eine neue Theorie, bei der langsame Phasengrenzprozesse in Verbindung mit der Diffusion die beobachteten Phänomene in ziemlich einfacher Weise erklären. Für die Durchdringungsprozesse werden bes. „Schwellendrücke" besprochen, ferner Durchdringungs-Geschw., die bei einem Anfangsdruck p_1 u. einer Membrandicke l von p_1^m u. l^n abhängen, wobei $0 \leqslant m \leqslant 1$ u. $-1 \leqslant n \leqslant 0$ sind.

G. RUBAN. 197 □

Der Einfluß der Korngröße auf die Absorptionsgeschwindigkeit von Wasserstoff durch Palladium. T. J. Tiedema, B. C. De Jong und W. G. Burgers. (Proc., Kon. nederl. Akad. Wetensch., Ser. B **63.** 422—26. 1960. Delft, Technolog. Univ., Labor. of Phys. Chem.) (Engl.)

Es wurden 1 mm starke Pd-Drähte verschiedener Korngröße bei Raum-Temp. u. steigendem Druck in einem H_2-Strom beladen. Von den Prodd. wurden DEBYE-SCHERRER-Aufnahmen hergestellt. Die feinkörnigste Probe nahm ca. das 20fache der groben auf. Weiter wurde nachgewiesen, daß Draht aus grobkörnigem Material nach 3 Std. bei 20—25 at keine Umwandlung der Oberflächenschicht in β-Pd zeigt, wohl aber nach 15 Std. unter gleichen Bedingungen. Bei elektrolyt. Beladung wurde dagegen keine unterschiedliche Absorption beobachtet. Danach muß angenommen werden, daß Unterschiede in der Dissoziation der H_2-Moll. an der fein- u. der grobkörnigen Oberfläche zu den Ergebnissen bei Beladung im Gasstrom geführt haben. S. v. SCHIESZL. 197 □

Änderung des Verteilungskoeffizienten und der Löslichkeit im Falle fester Lösungen mit der Temperatur. R. N. Hall. (Physics Chem. Solids **3.** 63—73. 1957. Schenectady, N.Y., Gen. Electr. Res. Labor.) (Engl.)

Die Analyse bekannter Daten über die Temp.-Abhängigkeit des Verteilungs-Koeff. bestätigen die Gültigkeit der Gleichung $\log k = B - A/T$ bei *Ge*- u. *Si*-haltigen Syst. mit Ausnahme der Diffusion von *Li* in Si. Hier lassen sich die auftretenden Diskrepanzen damit erklären, daß die Lsg.-Wärme in der festen Phase einen negativen Temp.-Koeff. besitzt.

G. RUBAN. 197 □

Löslichkeit von Lithium in Germanium. E. M. Pell. (Physics Chem. Solids **3.** 74—76. 1957. Schenectady, N.Y., Gen. Electric Res. Labor.) (Engl.) — Vgl. vorst. Referat.

Vf. untersucht die Löslichkeit von *Li* in *Ge* als Funktion der Temp. zwischen 593 u. 899°. Bei ca. 800° erreicht sie ein Maximum ($1{,}7 \cdot 10^{-4}$ Atom-%); am F. ist der Verteilungs-Koeff. ca. $2 \cdot 10^{-3}$. Der Li-Geh. wurde flammenphotometr. bestimmt, wodurch die bei Abkühlung ausfallenden Anteile miterfaßt werden konnten. Zusätzlich wurden im Syst. Li-Ge die Verbb. $Li_{4n}Ge_n$ (wahrscheinlich Li_4Ge), F. $750 \pm 10°$, u. $Li_{3n}Ge_n$ (wahrscheinlich Li_6Ge_2) mit einem F. $800 \pm 10°$ nachgewiesen; das Eutektikum liegt bei 49 ± 5 Atom-% Li u. $525 \pm 10°$.

G. RUBAN. 197 □

Löslichkeit von Lithium in Silicium. E. M. Pell. (Physics Chem. Solids **3.** 77—81. 1957.) (Engl.) — Vgl. vorst. Referate.

Messungen der Löslichkeit von *Li* in *Si* als Funktion der Temp. zwischen 592 u. 1382° ergeben eine maximale Verunreinigung von $1{,}5 \cdot 10^{-3}$ Atom-% ± 8% bei ca.

1200°; der Verteilungs-Koeff. am F. beträgt $1{,}0 \cdot 10^{-2}$ in Übereinstimmung mit thermodynam. Daten. Zusätzlich wird das Phasendiagramm Li—Si aufgestellt: $Li_{4n}Si_n$ (F. 720 ± 20°), $Li_{2n}Si_n$ (F. 750 ± 10°), Li (F. 1408 ± 2°), Eutektikum (590 ± 10°, 58 ± 5 Atom-% Li). Das durch Zers. von $Li_{4n}Si_n$ an der Luft gebildete Li_2CO_3 besitzt einen F. 715 ± 10° an Stelle des sonst angenommenen Wertes 618°. G. RUBAN. 197 □

Über die Legierungselemente für Legierungen des Systems Mg–Zr. 3. Mitt. Riei Ichikawa. (Light Metals [Tokyo] **10.** Nr. 6 (45). 37—44. Nov. 1960.) (Jap.; Auszug: Engl.) — 2. vgl. C. **1961. 45.**

Der Verlauf der Erstarrung der Mg-Seite mehrerer Mg–Zr-Legg. wird mit Hilfe mkr., röntgenograph. u. DTA-Unterss. bestimmt, wobei die Liquidusoberfläche von *Mg–Zn–Zr, Mg–Ag–Zr, Mg–Ca–Zr* u. *Mg–Al–Zr* sowie der Bereich der prim. festen Lsg. der Mg-Ecke des Syst. Mg–Zn–Zr festgestellt werden. Das Projektionsdiagramm der Mg-Seite der Syst. Mg–Zn–Zr u. Mg–Ag–Zr wird ermittelt. W. WESLY. 197 □

Untersuchung von Chromseleniden. Maurice Chevreton und Félix Bertaut. (C. R. hebd. Séances Acad. Sci. **253.** 145—47. 3/7. 1961. Grenoble, Labor. d'Électrostat. et de Physique du Métal; Lyon, Fac. des Sci., Centre de 3e cycle de Génie chim.) (Franz.)

Durch Erhitzen der stöchiometr. Mengen Cr u. Se auf 1100° im evakuierten Quarzrohr werden Verbb. der Zus. $Cr_{1-x}Se$ hergestellt u. röntgenograph. untersucht. Cr_3Se_4 ist monoklin (Raumgruppe I 2/m — C_{2h}^3) mit a = 6,32; b = 3,62; c = 11,77 Å u. β = 91°28′. Mit 2 Moll. Cr_3Se_4 pro Elementarzelle wird die Dichte zu 5,818 g/ml erhalten. Aus den Atomlagen für Leerstellen 2a (0, 0, 0), $Cr_{(I)}$ 2c (0, 0, ½), $Cr_{(II)}$ 4i ±(0,022; 0; 0,240), $Se_{(I)}$ 4i ±(0,336; 0; 0,866) u. $Se_{(II)}$ 4i ±(0,329; 0; 0,379) folgt, daß die Struktur mit der von NiAs verwandt ist. Einen neuen Strukturtyp stellt das monokline Cr_7Se_8 mit a = 12,67; b = 7,37; c = 11,98 Å; β = 90°57′ u. der Raumgruppe F 2/m — C_{2h}^3 dar. Unter Annahme von 4 Moll. Cr_7Se_8 in der Elementarzelle wird die röntgenograph. Dichte zu 5,910 g/ml erhalten. Die Atomlagen sind für Leerstellen 4a (0, 0, 0), $Cr_{(I)}$ 4b (0, ½, 0), $Cr_{(II)}$ 8e (¼, ¼, 0) (¼, ¾, 0), $Cr_{(III)}$ 8h ±(¼; 0,244; ¼), $Cr_{(IV)}$ 8i ±(0,494; 0; 0,268), $Se_{(I)}$ 8i ±(0,173; 0; 0,122), $Se_{(II)}$ 8i ±(0,669; 0; 0,126) u. $Se_{(III)}$ 16j ±(0,422; 0,240; 0,131) (0,422; 0,240; 0,131).
HERBERT MÜLLER. 197 □

Über einen Sonderfall der Oxydation hitzebeständiger Ni–Cr–Co–Mo-Legierungen bei Strukturhärtung. Charlotte Bückle, Frima Malamand und Jean Poulignier. (C. R. hebd. Séances Acad. Sci. **252.** 3042—44. 15/5. 1961. Chatillon-sous-Bagneux, O.N.E.R.A.) (Franz.)

Vff. untersuchen das Verh. von Ni-Legg. mit 4,6 (%) Al, 0,3 C, 19,3 Co, 11,4 Cr, 0,3 Fe, 4,9 Mo, 0,3 Si, 1,2 Ti, 0,08 Zr, Rest Ni, bei der Oxydation in ruhender Luft während 0,5—100 Std. bei 900—1000°. Aus der mikrograph. Unters. folgt ein starker Einfl. der Oberflächenbehandlung. Nach elektrolyt. Polieren wird eine innere Oxydation beobachtet, die auf der reziproken Diffusion von O u. den Leg.-Bestandteilen beruht. Abschleifen hat die Bldg. einer oberflächlichen Oxydschicht zur Folge, während dicht unter der Oberfläche kleine Körner auftreten. Nach der Bearbeitung durch Drehen ist die Rekristallisation genügend tief, obwohl trotz der Verarmung der Grenzfläche noch Teile der koalescenten Härtungsphase γ' beobachtet werden. Die Diffusion der Leg.-Bestandteile während der Oxydation wird nach dem mechan. bzw. elektrolyt. Abtragen dünner Schichten spektrograph. untersucht. Al, Cr u. Mo werden in der Oxydschicht bevorzugt angereichert, entsprechend verarmt die unmittelbar darunter liegende Metallschicht. Die Oxydation elektrolyt. polierter Oberflächen führt zu einer unregelmäßigen Verteilung der Leg.-Elemente. Das gleiche Verh. wird auch an Legg. mit ähnlicher Zus. beobachtet. HERBERT MÜLLER. 197 □

Über die Natur der Sekundärphasen in nichtrostendem Chrom–Nickel–Molybdän–Niob-Stahl. N. P. Agapowa, F. P. Butra und Ss. N. Wotinow. (Физика Металлов и Металловедение [Physik Metalle Metallkunde] **9.** Nr. 3. 422—25. März 1960.) (Russ.)

Untersucht wird die Natur der sich beim Anlassen des von 950—1300° abgeschreckten nichtrostenden austenit. Stahles mit 0,05 (%) C, 14,8 Cr, 14,64 Ni, 3,61 Mo, 1,28 Nb ausscheidenden Sekundärphasen. Das Anlassen der abgeschreckten Stahlproben wurde bei 500, 600 u. 750° mit einer Dauer von 100, 400 u. 1000 Std. durchgeführt. Die Unters.-Ergebnisse führen zu der Annahme, daß die als Sekundärphase beobachtete intermetall. Verb. der Zus. $Mo(Fe, Cr)_2$ entsprechen muß. Die sich so ausscheidenden Molybdänide rufen eine gewisse Veränderung der Härte, der Festigkeit, der Dehnung u. der Kerbschlagzähigkeit des Stahles hervor. In einem Vgl.-Stahl EI 847, der sich von dem untersuchten durch einen höheren C-Geh. von 0,07% sowie einen geringeren Mo-Geh. von 2,9% u. geringeren Nb-Geh. von 0,8% unterscheidet, entspricht die intermetall. Verb.

des elektrolyt. Nd. der Zus. $MoFe_2$. Dies kann durch die Ggw. einer größeren C-Menge erklärt werden, die das gesamte Nb als Carbid bindet. H. HOCHSTEIN. 197☐

Phasenumwandlungen bei der elektrischen Erhitzung von Mangan-Vanadin-Stählen. W. N. Gridnew und W. G. Netschiporenko. (Український Фізичний Журнал [Ukrain. physik. J.] **5.** 402—07. Mai/Juni 1960.) (Ukrain.; Auszug: Engl.)

Die Lage der krit. Punkte von Mn-V-Stählen mit 0,054—0,71 (%) C, 1,30—1,79 V, 1,27—1,46 Mn, 0,12—0,30 Si, 0,07 Cr, 0,18—0,19 W, Rest Fe mit den üblichen Verunreinigungen wird in Abhängigkeit von der Erhitzungs-Geschw. (80—30000°/s) u. von der Anfangsstruktur untersucht. Hierbei wurde festgestellt, daß bei der Erhitzung ausgeglühter niedriggekohlter Stähle mit der Zunahme der Erhitzungs-Geschw. der krit. Punkt kontinuierlich bis auf eine Erhitzungs-Geschw. von ca. 20000°/s ansteigt u. dann prakt. stabil wird. Die Stabilisierung des krit. Punktes wurde auch bei der Erhitzung kaltverformter Proben festgestellt. Beim Erhitzen angelassener Stähle wurde keine deutliche Stabilisierung des krit. Punktes beobachtet. Beim Erhitzen der hoch gekohlten Stähle nahm bei allen untersuchten Erhitzungs-Geschw., unabhängig von der Ausgangsstruktur, der krit. Punkt kontinuierlich zu, wobei die krit. Punkte für angelassene Stähle wesentlich höher als die für geglühte Stähle lagen.

H. HOCHSTEIN. 197☐

Untersuchung von Umwandlungen des α-Leboits. F. A. Ssidorenko, P. W. Geld und M. A. Schumilow. (Физика Металлов и Металловедение [Physik Metalle Metallkunde] **9.** 861—67. Juni 1960. Uraler Polytechn. Kirow-Inst.) (Russ.)

Zur metallograph. u. dilatometr. Unters. der α-Leboit-Umwandlung dienten im Vakuum ausgeglühte Fe-Proben P-4 u. chem. gereinigtes, 99,95% Si u. 0,03% Fe enthaltendes Si, die nach Vermischung u. Verpressung in Tablettenform in Quarztiegeln im Vakuum (10^{-3} bis 10^{-4} mm Hg-Säule) geschmolzen, darauf im Vakuum 100 Std. bei 1080° homogenisiert u. an Luft abgeschreckt waren. Es wurden die Rkk. $\zeta_\alpha \rightarrow \zeta_\beta + Si$, $\varepsilon + \zeta_\alpha \rightarrow \zeta_\beta$ sowie $Si + \varepsilon \rightarrow \zeta_\beta$ (I; ζ_α = α-Leboit, ζ_β = β-Leboit) in ihrem Ablauf verfolgt u. hierbei der Umwandlung in den die I-Phase enthaltenden Proben (bei Temp. unter 915°) bes. Aufmerksamkeit geschenkt. Es werden einige opt. Kennwerte des Leboits angegeben, die die Identifierung der ζ_α- u. ζ_β-Phasen ermöglichen. Das spezif. Gew. von α-Leboit wurde zu 4,44—4,87 (g/cm³) u. das von β-Leboit zu 4,93 ermittelt. Die Mikrohärte von β-Leboit beträgt 750—850 kg/mm². Ferner werden die Prozesse beschrieben, die in den Legg. des Teil-Syst. FeSi–Si beim Glühen sowohl über als auch unter der peritekt. u. eutektoiden Temp. ablaufen.

H. HOCHSTEIN. 197☐

Der Einfluß der Austenit-Korngröße und der Temperatur auf die Geschwindigkeit der Bainit-Bildung. J. Barford und W. S. Owen. (J. Iron Steel Inst. **197.** 146—51. Febr. 1961. Salfords, Mullard Res. Labor.; Liverpool, Univ.) (Engl.)

Die Einfl. der Austenitisierungsbedingungen auf die nachfolgende isotherme Umwandlung einiger *Fe-Mn-C-Legg.* zu Bainit wurden unter Anwendung elektr. Widerstandsmessungen zwecks Verfolgung der kinet. Veränderungen untersucht. Die Aufeinanderfolge der Austenitisierungsstufen war so gewählt, daß Einfl. in der Änderung der Austenitkorngröße von den submkr., allein durch die Austenitisierungs-Temp. bestimmten Einfl. getrennt werden konnten. In den Fe–Mn–C-Legg. entsteht Bainit an der Austenitkorngrenze. Es wird nachgewiesen, daß die Zeit für eine unter 25% liegende Bainit-Bldg. direkt proportional dem mittleren Austenitkorndurchmesser ist. Eine Erklärung für dieses Verh. wird erörtert. Bei einer Erhöhung der Austenitisierungs-Temp. von 900 auf 1000° verzögert der submkr. Einfl. die Geschw. der Bldg. des Bainits, jedoch wird bei einer weiteren Erhöhung der Austenitisierungs-Temp. die Bainit-Bldg.-Geschw. wieder erhöht. Dieses Ergebnis ist unter der Annahme verständlich, daß der Keim des Bainits dem des Ferrit nahe verwandt ist. H. HOCHSTEIN. 197☐

Untersuchung der Textur und Anisotropie der Magnetostriktion von Fe-Al- und Fe-Cr-Legierungen. M. M. Borodkina, S. N. Bulytschewa und Ja. P. Sselisski. (Физика Металлов и Металловедение [Physik Metalle Metallkunde] **9.** Nr. 3. 390—99. März 1960. Inst. für Präzisionslegg. des zentralen Forsch.-Inst. des Eisenhüttenwesens.) (Russ.)

Die Verformungstextur der untersuchten Legg. (Fe–Al-Leg. mit 10% Al, Ju 10 u. Fe–Cr-Leg. mit 14% Cr) wird durch 3 Hauptorientierungen charakterisiert: (1 0 0) [0 1 1], (1 1 1) [1 1 $\bar{2}$] u. (1 1 2) [1 $\bar{1}$ 0]. Zwischen den Orientierungen der Verformungs- u. Rekristallisationstextur dieser Legg. besteht ein bestimmter Zusammenhang: 1. die Verstärkung der Orientierung (1 1 1) [1 1 $\bar{2}$] führt nach dem Härten zur Entw. der Orientierungen (1 1 0) [0 0 1] u. (1 0 0) [0 0 1], was durch Walzen mit geringen Gesamtabnahmen in den Arbeitsgängen von 50—60% sowie mit einigen Zwischenhärtungen

erreicht wird. Die Erhöhung der Anzahl solcher Arbeitsgänge verstärkt die Textur, was die Erzielung einer maximalen Magnetostriktion in Walzrichtung u. in Querrichtung gewährleistet; 2. ein Walzen mit großen Abnahmen in den Arbeitsgängen von 80—90% u. mit einer Zwischenhärtung führt zu einer Verstärkung der Orientierung (1 1 2) [1 $\bar{1}$ 0], u. nach der Schlußhärtung zur Entw. komplizierter Orientierungen, welche nicht die notwendige Anisotropie der Magnetostriktion im Blech sicherstellt; 3. ein einmaliges Walzen mit einer Abnahme von 90—96% ohne Zwischenhärtungen ergibt eine starke Orientierung (1 0 0) [0 1 1], die z. T. nach der Glühung erhalten bleibt, bei der die größte Magnetostriktion in den untersuchten Legg. unter einem Winkel von 45° zur Walzrichtung erhalten wird; 4. eine Verstärkung des Deformationsgrades auf 98—99% beim einmaligen Walzen führt ebenso wie beim 2maligen Walzen mit großen Abnahmen in den einzelnen Arbeitsgängen zu einer verstärkten Orientierung (1 1 2) [1 $\bar{1}$ 0] u. nach dem Glühen zur Entw. komplizierter ungünstiger Orientierungen der Rekristallisationstextur. Nur ein mehrmaliges Walzen mit einer großen Anzahl von Arbeitsgängen mit je 50—60% Abnahme u. mit einigen Zwischenhärtungen gewährleistet die Entw. der Orientierungen (1 0 0) [0 0 1] u. (1 1 0) [0 0 1] in den Legg. Ju-10 u. Ch-14, was die Erzielung einer solchen Anisotropie der Magnetostriktion im Blech ermöglicht, bei der die größten Werte derselben in Walzrichtung festgestellt werden. Sie betragen für die Leg. Ju-10 $42 \cdot 10^{-6}$, für die Leg. Ch-14 $30-32 \cdot 10^{-6}$.
H. HOCHSTEIN. 197□

Über die Stabilität des bei dem Ordnungsvorgang in einer kaltverfestigten Legierung Fe_3Al eintretenden Zustandes. Ja. P. Sselisski. (Физика Металлов и Металловедение [Physik Metalle Metallkunde] **9**. Nr. 3. 472—73. März 1960. Inst. für Präzisionslegg. des zentr. Forsch.-Inst. für das Eisenhüttenwesen.) (Russ.)

Durch dilatometr. Unterss. an Fe-Al-Legg. mit 19,9, 21,3 u. 24,4 Atom-% Al wird nachgewiesen, daß der als Ergebnis eines Ordnungsvorganges im kaltverformten Gitter entstehende Strukturzustand bei nachfolgender Erwärmung beständiger ist, als derjenige Zustand, der in der durch vorherige Abschreckung erhaltenen Ausgangsstruktur durch Ordnung entsteht. H. HOCHSTEIN. 197□

Röntgenuntersuchung der Orientierung von Kristalliten in Drähten von hohem Widerstand. N. Martalogu und O. Balint. (Studii Cercetări Fizică **6**. 733—43. Okt./Dez. 1955.) (Rum.; Auszug: Franz.)

Die Röntgen-Unters. von Widerstandsdrähten aus *Stahl* mit 0,95 (%) C u. 0,23 Mn in 2 techn. Qualitäten zeigt, daß mit der Orientierung der Kristallite die Elastizitäts-Konst. E u. G zunehmen, u. daß der Asterismus bei gut behandelten Drähten stärker ausgeprägt ist. R. K. MÜLLER. 197□

Röntgenuntersuchung der Oberflächenschicht beim Schleifen von niedrig angelassenem eutektoidem Stahl. L. I. Mirkin. (Физика Металлов и Металловедение [Physik Metalle Metallkunde] **9**. Nr. 3. 459—60. März 1960. Forsch.-Inst. für die Technol. der Automobil-Ind.) (Russ.)

Durch Verss. wird gezeigt, daß die beim Schleifen von eutektoidem Stahl auftretenden Wärmeprozesse zu einem Anlassen der α-Phase u. gleichzeitig auch zur Entfestigung der γ-Phase führen. Die Verfestigung der α-Phase infolge einer Teilhärtung oder einer plast. Verformung wird von einer Verfestigung der γ-Phase infolge einer plast. Verformung u. durch Wärmespannungen begleitet. Bei der Entstehung der austenit. Struktur während des Schleifens der gehärteten hochkohlenstoffhaltigen Stähle wird die Kristallstruktur des Austenits u. Ferrits in der Oberflächenschicht in gleicher Weise geändert. H. HOCHSTEIN. 197□

Besonderheiten des Verhaltens des nitrierten Stahls 1Ch18N9T beim langen Verweilen bei hoher Temperatur. A. W. Kosstenko, Je. W. Lopuchina, T. M. Pogrebetzkaja und A. A. Jurgensson. (Физика Металлов и Металловедение [Physik Metalle Metallkunde] **9**. 868—77. Juni 1960. Swerdlowsk, Werk für Turbomotoren.) (Russ.)

Die Zunahme der Tiefe der nitrierten Schicht u. des Gew. der Proben eines austenit. Stahles 1Ch18N9T mit 0,10 (%) C, 0,53 Mn, 0,58 Si, 17,80 Cr, 9,70 Ni, 0,64 Ti, 0,012 S, 0,020 P mit der Nitrierdauer bei 680° gehorcht einem parabol. Gesetz. Die Sättigung dieses Stahles an N bewirkt eine Phasenumwandlung in der Oberflächenschicht; dabei tritt eine teilweise Zers. des Austenits mit Abscheidung der magnet. α-Phase ein; N wird in Form eines Nitrids mit der CrN-Struktur gebunden. Ein längeres Verweilen des Stahles bei 680° ruft auf der Oberfläche der nitrierten Schicht des austenit. Cr-Ni-Stahles die Bldg. eines aus 2 Schichten bestehenden Zunders hervor, deren äußere Schicht aus Fe_2O_3 u. deren innere Schicht aus einem komplizierten Oxyd $(Cr, Fe)_2O_3$ besteht; die Fe-Nitride dissoziieren. Innerhalb der nitrierten Schicht bewirkt die Temp.-

Behandlung einen vollständigen Austenitzerfall, was mit einer Verteilung des N sowie mit der Bldg. u. Zusammenballung der Nitride zusammenhängt. Für die Erhöhung der Beständigkeit der nitrierten Schicht dieses austenit. Cr–Ni-Stahles gegen die langandauernde Einw. hoher Temp. muß das Nitrier-Verf. so durchgeführt werden, daß die größtmögliche Menge beständiger Nitride erhalten wird, die mechan. die N-Diffusion verhindern, u. daß gleichzeitig hiermit die Bldg. einer größeren Menge an α-Phase in der nitrierten Schicht nicht auftritt. Auch ist die Ggw. von Fe-Nitriden unerwünscht.
H. HOCHSTEIN. 197 □

Über die Löslichkeit von Vanadincarbid in γ-Eisen. N. A. Ssawosstjanowa und L. A. Schwarzman. (Физика Металлов и Металловедение [Physik Metalle Metallkunde] 9. 515—19. April 1960. Inst. für Metallkunde u. Metallphys. des zentr. Forsch.-Inst. für das Eisenhüttenwesen.) (Russ.)

Es wird durch Verss. gezeigt, daß der beobachtete Einfl. von Mn auf den Übergang von nur schwer lösl. V_4C_3 in den Austenit dadurch erklärt werden kann, daß die Ggw. von Mn in fester Lsg. den Aktivitäts-Koeff. von C erniedrigt. Bei einer thermodynam. Betrachtung dieser Frage lagen sich widersprechende Vers.-Werte vor. Eine Überprüfung der Angaben erscheint Vff. zweckmäßig. H. HOCHSTEIN. 197 □

Die Löslichkeit von Magnesium im Eisen. F. N. Tawadse, Je. Ss. Kartosija und A. Ja. Schinjajew. (Металловедение и Термическая Обработка Металлов [Metallkunde therm. Metallbearb.] **1961.** Nr. 1. 33—35. Jan.) (Russ.)

Auf Grund einer autoradiograph. Unters. der Selbstdiffusion von Fe in Mg-haltigen Schichten mit den Isotopen ^{59}Fe u. ^{55}Fe wird festgestellt, daß Mg die Selbstdiffusions-Geschw. des Fe verändert. Bei 1080° nimmt in der Mg enthaltenden Oberfläche die Fe-Selbstdiffusion um mehr als das 25fache gegenüber der des reinen Fe zu. Diese starke Erhöhung wird als Beweis dafür angesehen, daß bei der Lsg. von Mg im Fe die Kräfte der zwischenatomaren Wechselwrkg. im Kristallgitter wesentlich verändert werden. Im untersuchten Temp.-Bereich bis zu 1170° wird eine Raumdiffusion des Fe auf der gesamten Tiefe der Diffusionszone festgestellt. Dies zeigt, daß das im Fe gelöste Mg gleichmäßig über den Korninhalt verteilt ist. Während der Lsg. von Mg im Fe bildet sich eine große Anzahl von Leerstellen im Kristallgitter. So wird auf den Mikroaufnahmen der Mg-haltigen Fe-Schichten fast in allen Fällen das Erscheinen von Poren festgestellt, die in Abhängigkeit von den Rk.-Bedingungen des Fe mit Mg (Temp., Druck) koagulieren. Mg wird im Fe nur bei hohen Drucken u. hohen Temp. aufgelöst (unter 1000° wird keine Mg-Auflösung festgestellt). H. HOCHSTEIN. 197 □

Über die Wanderung des Kohlenstoffs in Bimetall und Schweißverbindungen verschiedenartiger Stähle. I. N. Gerassimenko. (Физика Металлов и Металловедение [Physik Metalle Metallkunde] 9. Nr. 4. 520—24. April 1960.) (Russ.)

Durch Verss. über die C-Diffusion in dem aus den Stählen 12 MCh u. EI 496 bestehenden Bimetall sowie in den Schweißverbindungen verschiedenartiger Stähle wird festgestellt, daß man durch Steuerung des Prozesses der C-Diffusion in unlösbaren Verbindungen aus verschiedenartigen Stählen die Qualität dieser Verbindungen ohne Verw. einer speziellen Zwischenschicht aus reinem Fe, Ni oder anderen, die C-Diffusion begünstigenden Metallen verbessern kann. H. HOCHSTEIN. 197 □

Die Löslichkeit des Kohlenstoffs in Legierungen von Eisen mit Chrom und Silicium. P. W. Geld und M. Ss. Petruschewski. (Фикика Металлов и Металловедение [Physik Metalle Metallkunde] 9. Nr. 3. 473—75. März 1960. Ural-Polytechn. Kirow-Inst.) (Russ.)

Der Einfl. von Si u. Cr auf die Löslichkeit von C in Fe–Cr–Si-Legg. bei 1700° wird festgestellt. Hierbei zeigt sich, daß die C-Löslichkeit sich wesentlich mit der Zus. der Legg. ändert. Sie ist am größten in reinem Cr u. nimmt mit der Zunahme des Fe-Geh. u. bes. des Si-Geh. im Syst. ab. Außerdem wird festgestellt, daß der Ersatz des Cr durch Fe einen größeren Einfl. auf die C-Löslichkeit in Legg. mit niedrigem Si-Geh. als in solchen mit hohem Si-Geh. zeigt. Die erhaltenen Werte können durch den Energie-Unterschied der partiellen Wechselwrkg. der Cr-, Fe-, Si- u. C-Atome erklärt werden.
H. HOCHSTEIN. 197 □

Die thermische Diffusion von Kohlenstoff im α- und γ-Eisen. P. Shewmon. (Acta metallurg. [New York] 8. 605—11. Sept. 1960. Pittsburgh, Pa., Carnegie-Inst. of Technol., Metals Res. Labor.) (Engl.)

Die Transportwärmen Q_c^* von C im α- u. γ-Fe wurden genau gemessen. Mit Hilfe von C^{14} wurden dabei folgende Werte erhalten: $Q_c^*(\alpha) = -24 \pm 1{,}5$ kcal bei 700°; $Q_c^*(\gamma)$ erstreckte sich von -2 kcal bis Null bei C-Konzz. von 0,02—0,92% u. 940°. Nach WIRTZ kann man die Daten für $Q_c(\alpha)$ unter der Annahme erklären, daß die gesamte Aktivierungsenergie für die C-Diffusion benutzt wird. Nach dieser Erklärung von Q* erscheint es zweckmäßig, den Einfl. eines Temp.-Gradienten auf andere einfache Diffusions-Syst. zu untersuchen. H. HOCHSTEIN. 197□

Veränderung der Struktur von technischem Eisen bei Alterung. Ju. A. Skakow. (Металловедение и Термическая Обработка Металлов [Metallkunde therm. Metallbearb.] **1961.** Nr. 1. 15—19. Jan. Moskau, Stahl-Inst.) (Russ.)

Die Kinetik der Härtung u. der Mikrostrukturveränderung wird behandelt u. hierbei bes. die bei der Alterung von techn. Fe während der Alterung auftretende Gefügeveränderung erörtert. Es werden Angaben über die Umwandlungen der Feinstruktur der festen Lsg. gemacht u. die Verformungsalterung von techn. Fe beschrieben. An im Labor. durchgeführten Schmelzen sowie an Windfrischstahl wird der Einfl. einer 10%ig. Zugverformung auf eine 2std. Alterung bei 250° ermittelt. Mikrogefügeaufnahmen bestätigen dabei die Vorstellung von COTTRELL über den Mechanismus der Verformungsalterung von techn. Eisen. In Verbindung mit einer großen Anzahl von Versetzungen im verformten Mischkristall verbleibt noch eine geringe Menge an Atomen von Beimengungen, die zu einer Ausscheidung fähig sind. Daher führt auch längeres Halten bei erhöhter Temp. (2 Std. bei 250°) nicht zu einer normalen Zerfallsstruktur. H. HOCHSTEIN. 197□

Weitere Betrachtungen über die Duktilität von Eisen bei 4,2° K. R. L. Smith und J. L. Rutherford. (Acta metallurg. [New York] **5.** 761—62. Dez. 1957. Philadelphia, Pa., Franklin Inst.) (Engl.)

Vff. nehmen kurz Stellung zu Unterss. von BASINSKI u. SLEESWYK (Acta metallurg. [New York] **5.** [1957.] 176). C. GOTTFRIED. 197

Duktilität von Eisen bei 4,2° K. Z. S. Basinski. (Acta metallurg. [New York] **5.** 763—64. Dez. 1957. Ottawa, Nat. Res. Council, Div. of Pure Phys.) (Engl.)

Erwiderung auf die Bemerkungen von SMITH u. RUTHERFORD (vgl. vorst. Ref.). C. GOTTFRIED. 197

Über die Duktilität von Eisen bei 4,2° K. A. W. Sleeswijk. (Acta metallurg. [New York] **5.** 764. Dez. 1957. Amsterdam, Koninklijke/Shell Labor.) (Engl.)

Vf. nimmt kurz zu den Ausführungen von SMITH u. RUTHERFORD (vgl. vorvorst. Ref.) Stellung. C. GOTTFRIED. 197

Über den Einfluß einer vorherigen Belastung bei 300° K auf die mechanischen Eigenschaften von technischem Eisen bei 77° K. I. A. Gindin. (Физика Металлов и Металловедение [Physik Metalle Metallkunde] **9.** Nr. 3. 447—55. März 1960. Charkow, Physik.-Techn. Inst. der Akad. der Wiss. der UkrainSSR.) (Russ.)

Die mechan. Eigg. von techn. Fe mit 0,03% C werden bei der Temp. des fl. N_2 nach einer voraufgegangenen elast. u. plast. Verformung bei Raum-Temp. untersucht. Festgestellt werden hierbei das Auftreten der Plastizität u. die Erhöhung der Festigkeit bei 77° K nach einer voraufgegangenen elast. Belastung bei 300° K u. einer Abkühlung unter Last. Es wird gezeigt, daß die einleitende bleibende Verformung unmittelbar nach dem Fließen nicht zu einer Verbesserung der mechan. Eigg. bei niedrigen Temp. führt. H. HOCHSTEIN. 200□

Veränderungen der mechanischen und physikalischen Eigenschaften von kohlenstoffhaltigen Eisen-Legierungen unter der Wirkung von Kernstrahlungen. I. M. Pronman. (Металловедение и Термическая Обработка Металлов [Metallkunde therm. Metallbearb.] **1961.** Nr. 1. 36—47. 1 Doppeltafel. Jan. Inst. der Metallurg. der Akad. der Wiss. der UdSSR.) (Russ.)

Übersicht über die Einw. von Kernstrahlungen auf die mechan. Eigg. von Fe u. Stahl-Legg. an Hand von 31 Literaturangaben, worin die erhöhte Festigkeit u. das erniedrigte Formänderungs-Verh. der Stähle bei Einw. der Strahlen behandelt werden. H. HOCHSTEIN. 200□

Untersuchung der Erhöhung der inneren Reibung in den Proben von polykristallinem Uran bei Temperaturänderung. Ju. N. Ssokurski und Ju. W. Bobkow. (Атомная Энергия [Atomenergie] **8.** 348—53. April 1960.) (Russ.)

Die Erhöhung der inneren Reibung bei Temp.-Änderung (20—120°) wird durch die Dämpfung von Torsionsschwingungen der Proben angezeigt. Die U-Metallproben (Ø 1 mm, Länge 220 mm) werden auf verschiedene Weise therm. vorbehandelt. Die Ergebnisse zeigen, daß die Zunahme der inneren Reibung auf die anisotrope Ausdehnung der Kristallite zurückzuführen ist. K.-E. SEYB. 200□

Innere Reibung von kalt bearbeitetem Gold und Kupfer bei tiefen Temperaturen. Ryukiti R. Hasiguti und Sigeo Okuda. (J. sci. Res. Inst. [Tokyo] **53.** 265—70. Dez. 1959.) (Engl.)

Mit Hilfe der Torsionspendel-Meth. bestimmten Vff. die inneren Reibungen von bei Zimmer-Temp. u. der Temp. des fl. N_2 durch Torsion verformten Au u. Cu in Abhängigkeit von der Temp. zwischen −180 u. +80°. Die Messung der inneren Reibung der bei Zimmer-Temp. verformten Au-Proben in Abhängigkeit von der Temp. ergab 2 Maxima P_1 u. P_3 bei ca. −140 u. −60° für eine Schwingungsfrequenz von 1 Hz. Diese Maxima verschwinden nach Anlassen bei Zimmertemperatur. P_1 u. P_3 nehmen zunächst an Höhe mit zunehmender Kaltbearbeitung zu u. hierauf bei noch stärkerer Kaltbearbeitung wieder ab. P_3 nimmt bei Zimmer-Temp. an Höhe ab u. verschwindet nach 10 Stunden. Andererseits nimmt P_1 beim Anlassen bei Zimmer-Temp. zunächst zu u. nimmt hierauf ab. Die für das Verschwinden von P_1 benötigte Zeit ist länger als die für P_3. Messungen an Au-Proben, die bei der Temp. des fl. N_2 verformt worden waren, ergaben ein sehr großes Maximum P_2 bei einer Temp., die etwas niedriger war als bei P_3. Die Höhe dieses Maximums zeigte, ähnlich wie P_1, ein Maximum, wenn in Abhängigkeit vom Grad der plast. Verformung gemessen wurde. Die 3 Maxima wurden auch bei Cu gemessen. Das Ansteigen u. das Verschwinden von P_2 u. das Ansteigen von P_1 sind von beträchtlichen Änderungen im dynam. Modul begleitet. Der Modul wird größer u. nimmt über ein Maximum ab in dem gleichen Sinne, wie das Maximum der inneren Reibung ansteigt u. verschwindet. Berechnet wurden die Aktivierungsenergien aus der Frequenzabhängigkeit der Maximumtemperatur. Es wird eine modellmäßige Erklärung für die Meßergebnisse gegeben. C. Gottfried. 200

Zugspannungen in elektrisch geladenen Drähten und elektrochemischen Elektroden. P. J. Gellings. (Electrochim. Acta [London] **3.** 169—74. Juli 1960. Amsterdam, Werkspoor N.V.) (Engl.)

In elektr. geladenen Körpern, wie z. B. in elektrochem. Metallelektroden, treten auf Grund der gegenseitigen Abstoßung der Ladungen mechan. Spannungen auf. Vf. untersucht diese Spannungen für den Fall rotationsellipsoider Körper u. leitet ein Ausdruck für die höchste vorkommende Spannung ab. Die Anwendung des Ausdrucks auf dünne Drähte zeigt, daß die auftretenden mechan. Spannungen u. die sich aus ihnen ergebenden thermodynam. u. elektrochem. Effekte so klein sind, daß sie vernachlässigt werden können. P. Frenzel. 200□

Mit Restspannungen zusammenhängende Doppelbrechung in Silicium. J. Hornstra und P. Penning. (Philips Res. Rep. **14.** 237—49. Juni 1959. Eindhoven.) (Engl.)

Mit Hilfe der Spannungsdoppelbrechung (photoelast. Effekt) im IR (1,1—1,2 μ) werden Restspannungen in Si untersucht, die nach dem Abschrecken oder bei plast. Verformung auftreten. Wird von 1300° abgekühlt, so kann die Hauptmenge der therm. Spannungen durch plast. Verformung beseitigt werden. Aus den Messungen der opt. Phasendifferenz wird die spannungsopt. Konst. für Si abgeleitet; die erhaltenen Werte sind kleiner als die von Giardini (C. **1960.** 4417) angegebenen Werte. Die Unterschiede sind offenbar auf das Meß-Verf. zurückzuführen. Auch in Stäben, die bei 750° gebogen wurden, werden Restspannungen beobachtet. Aus dem Spannungsbild in Abhängigkeit von der kristallograph. Richtung kann die Spannungsverteilung während des plast. Fließens abgeleitet werden; erhalten wird die Kriech-Geschw. als Funktion der angelegten Spannung. Häufig wird das Spannungsbild infolge beginnender Verfestigung komplizierter. Herbert Müller. 200□

Verhalten von Steinsalz, Kalk und Anhydrit bei Eindrückversuchen. W. F. Brace. (J. geophys. Res. **65.** 1773—88. Juni 1960. Cambridge, Mass., MIT, Dep. of Geol. and Geophysics.) (Engl.)

Das Verh. von *Kalk, Marmor, Anhydrit* u. künstlichem *Steinsalz* beim Eindrücken mit einem flachen pyramidenförmigen Eindrückkörper wurde untersucht u. mit dem Druckfestigkeits-Verh. derselben Gesteine verglichen. Um die Eindrückstellen bildeten sich Deformationshalbkugeln aus. Die Deformation beruht beim Steinsalz auf reiner Translation, bei den anderen Gesteinen auf Translation u. Zerstörung. Durch Messung der Spannungsdifferenzen, des örtlichen Druckes u. der Verformung wurden Werte gefunden, die in direkter Beziehung zu Meßergebnissen bei Druckfestigkeitsprüfungen mit behinderter Seitenausdehnung stehen. Die Anwendung des Eindrück-Verf. ist bisher auf porenfreie isotrope Gesteine beschränkt. H. Braun. 200□

R. Gay, Cours de cristallographie. Livre III: Radiocristallographie théorique. Paris: Gauthier-Villars. 1961. (278 S.) 38 NF.

Hans Witzmann, Hrsg., Methoden der Strukturuntersuchung an hochdispersen und porösen Stoffen. Berlin: Akademie-Verl. 1961. (248 S. m. 156 Abb. u. 25 Tab.) 8°. DM 43.—.

A_7. Gleichgewichte. Kinetik

Änderung der Reaktionsgeschwindigkeit mit dem Schwingungszustand. William Klemperer und Dudley Herschbach. (Proc. nat. Acad. Sci. USA **43.** 429—35. Mai 1957. Cambridge, Mass., Harvard Univ., Dep. of Chem.) (Engl.)

Es wird über eine Meth. zur Unters. chem. Rkk. berichtet, bei der wenigstens die eine Komponente vor der Rk. in bekannten Quantenzuständen vorliegt. Mit Hilfe der hohen Auflösung der Mol.-Strahlspektroskopie lassen sich bestimmte Quantenzustände auswählen. Es wurde die Rk. $LiCl \rightarrow Li^+ + Cl + e^-$ an einem heißen W-Draht untersucht. Die Moll., die bei einer bestimmten Resonanzfrequenz des R_F-Feldes den W-Draht erreichen, befinden sich in einem genau definierten Zustand in bezug auf den Grundzustand der Elektronenenergie, die Schwingungsenergie, das Winkelmoment u. die Raumorientierung des Winkelmomentes. Die Rk. verläuft zunächst über eine Dissoziation der Alkalihalogenid-Moll. in Atome u. anschließende Ionisation der Alkaliatome. Es zeigt sich, daß die Dissoziations-Geschw. von dem Schwingungszustand der auftreffenden Moll. abhängig ist. Moll. in hohen Schwingungszuständen haben einen kinet. Vorteil vor Moll. in niedrigeren Schwingungszuständen, da die notwendige durchschnittliche Zeit, um die Dissoziationsenergie aufzunehmen, mit zunehmender Ausgangsschwingungsenergie abnimmt; d. h. diese Moll. werden schneller dissoziieren als wieder verdampfen. G. M. NEUMANN. 220□

Häufigkeitsfaktoren und Isotopieeffekte bei Prozessen im festen Zustand. George H. Vineyard. (Physics Chem. Solids **3.** 121—27. 1957. Upton, N.Y., Brookhaven Nat. Labor.) (Engl.)

Vf. behandelt die Bewegung von Fehlstellen in Kristallen, die in der ARRHENIUS-Gleichung auftretende effektive Häufigkeit u. ihre Beeinflussung durch die Massen verschiedener Atome, bes. Isotope. G. RUBAN. 220□

Die Abhängigkeit der Löslichkeit von der Anwesenheit von Leerstellen im Quarzgitter. J. A. Waddams. (Res. appl. in Ind. **11.** 370—71. 371—72. Sept. 1958. Wolverhampton, Coll. of Technol., Dep. of Appl. Sci.) (Engl.)

Die anomale Löslichkeit von Quarzschliffpulver in W. (Bldg. von Monokieselsäure) beruht vermutlich auf einer Überzahl von O-Leerstellen in der Oberflächenschicht des SiO_2-Gitters. Durch Erhitzen des Pulvers wird diese stark lösl. Schicht normalisiert; dementsprechend sinkt die Löslichkeit. An stark ausgelaugten, minder lösl. Präpp. steigt sie durch Erhitzen auf den gleichen Grenzwert an. — Das Red.-Vermögen von Quarzpulver z. B. gegenüber $KMnO_4$-Lsg. zeigt ein völlig analoges Verh. u. wird ebenso erklärt. J. TELTOW. 224□

Löslichkeitsprodukte von Metalloxyden und -hydroxyden. 5. Mitt. Die Löslichkeit von α-$Be(OH)_2$ in verdünnten Säuren. P. Schindler und A. B. Garett. (Helv. chim. Acta **43.** 2176—78. 1/12. 1960. Bern, Univ., Inst. für anorgan., analyt. u. physikal. Chem.; Columbus, Ohio, Ohio State Univ., Dep. of Chem.) (Dt.) — 4. vgl. C. **1961.** 389.

Aus Meßwerten von GILBERT u. GARRET (C. **1958.** 651) wurden die Gleichgewichts-Konst. für die Rkk. von $Be(OH)_2$ in verd. Säuren (HCl, $HClO_4$) bei 25° berechnet. Aus Unterss. von KAKIHANA u. SILLEN (C. **1958.** 951) geht hervor, daß als Hauptprod. der Hydrolyse der dreikernige Komplex $Be_3(OH)_3^{3+}$ auftritt. Für die Rk. $3\,\alpha\text{-}Be(OH)_2 + 3\,H^+ \rightleftharpoons Be_3(OH)_3^{3+} + 3\,H_2O$ wurde $\log K = -11{,}67 \pm 0{,}05$ gefunden.

W. BETCKE. 224□

Über die Auflösung von Na_2O-CaO-SiO_2-Glas in Säure und in Wasser. Shoji Tsuchihashi und Eiichi Sekido. (Bull. chem. Soc. Japan **32.** 868—72. Aug. 1959. Kobe, Univ. Higashinada-ku, Fac. of Sci., Dep. of Chem.) (Engl.)

Vff. behandeln 1—3 Std. Glaspulver der Korngröße 0,83—1,0, 0,7—0,83 u. 0,5 bis 0,7 mm bei 100° mit W., 1n HCl u. 1n H_2SO_4 u. analysieren die Lsgg. auf Na-, Ca- u. Si-Gehalt. Vff. zeigen, daß der erste Schritt des Wasserangriffs auf Glas die Austausch-Rk. H gegen Na ist. Gebildetes NaOH greift dann die Si—O—Si-Bindung an, wobei Si in Lsg. geht. In Ggw. von H^+ treten zwar mehr Metallionen in Lsg., doch wird das Gitter stabilisiert, so daß weniger gelöstes Si nachgewiesen wird. G. KRIEN. 224□

Reaktion des Systems H_2/O_2 im Hochfrequenzfeld. L. Knop. (Vestnik Sloven. kem. Društva **4.** 85—89. Juli/Dez. 1957. Ljubljana, Naravoslovne Fak., Kem. Inšt.) (Slowen.)

Vf. untersucht die Bldg. von H_2O_2 aus H_2–O_2-Gemischen u. die Zers. von H_2O_2-Wasserdampf-Gemischen in Ggw. von H_2 u. O_2 im Hochfrequenzfeld bei verschiedenen Frequenzen, Temp., Gasdrücken, Gas-Geschw. u. Zus. der Gasgemische. Die Prinzipien der Rk.-Kinetik bleiben unter den gegebenen Rk.-Bedingungen erhalten. Das Massen-

Wrkg.-Gesetz macht sich nur mit gewissen Einschränkungen bemerkbar. Andere Einw. (z. B. die nichtleitenden Elektrodenoberflächen) spielen jedoch eine entscheidende Rolle bei der H_2O_2-Bildung. W. WESLY. 225□

Die Spaltung der Kohlenstoff-Metall-Bindung. Raymond E. Dessy und Jin-Young Kim. (J. Amer. chem. Soc. **83.** 1167—73. 5/3. 1961. Cincinnati, Ohio, Univ. of Cincinnati, Dep. of Chem.) (Engl.)

Vff. untersuchen kinet. die Spaltung der C—Metall-Bindung durch Säuren (HCl) 1. am Beispiel der Rk. substituierter Bis-[phenyl]- u. Bis-[phenylacetylen]-quecksilber-Verbb. mit HCl im Hinblick auf die Fähigkeit der Dreifachbindung, elektr. Effekte zum Rk.-Zentrum weiterzuleiten, 2. bei unsymm. Bis-[organyl]-quecksilber-Verbb., 3. hinsichtlich einer Abwandlung des Metalls Hg, Pb, Sn, Cd, 4. hinsichtlich des Lsgm.-Einfl. u. diskutieren die Ergebnisse. A. SCHMIDPETER. 225□

Kinetik der Oxydation von Eisen(II)-oxydhydratsuspensionen in wäßrigen Eisen(II)-sulfatlösungen mit Sauerstoff. B. Matzejewski und L. Lepin. (Известия Академии Наук Латвийской ССР [Nachr. Akad. Wiss. LettSSR] **1960.** Nr. 6. 85—88. Chem. Inst. der Akad. der Wiss. der LettSSR.) (Russ.)

Es wird festgestellt, daß bei der Oxydation von Gemischen gefällter u. gelöster Verbb. von 2wertigem Fe [$Fe(OH)_2 + FeSO_4$] mit O_2 nur $Fe(OH)_2$ schnell (in einigen Min.) u. prakt. völlig oxydiert wird, während die Oxydation des gelösten Salzes überaus langsam erfolgt. Dadurch wird bewiesen, daß die Oxydations-Geschw. von $Fe(OH)_2$-Suspensionen, die einen Überschuß an gelöstem Salz enthalten, einen mikroheterogenen Prozeß darstellen. Diese Oxydations-Geschw. unterscheidet sich von der Oxydations-Geschw. von Lsgg. mit einem Überschuß an Lauge. H. TREUMANN. 225□

Kinetik der Oxydation von geschmolzenem Zink. J. O. Cope. (Trans. Faraday Soc. **57.** 493—503. März 1961. Melbourne, C.S.I.R.O., Chem. Res. Labor., Div. of Chem. Phys.) (Engl.)

Vf. bestimmt die Kinetik der Oxydation von geschmolzenem Zn im Temp.-Bereich von 440—700° mit Hilfe manometr. Meth. bei konst. Druck. Einzelheiten dieser Meth. sowie Verff. zur Gewinnung gereinigter Metallproben mit anfänglich oxydfreien Oberflächen (Vakuum-Dest.) werden mitgeteilt. Die Oxydation wird durch die Gew.-Zunahme der Proben in Abhängigkeit von der Zeit verfolgt. Die Meßwerte ergeben ein parabol. Geschw.-Gesetz, die Geschw.-Konst. läßt sich durch $k = 2{,}2 \cdot 10^{-5} \exp(-1{,}08/k\,T)\ cm^2/s$ darstellen, wobei die Aktivierungsenergie im Exponenten in eV ausgedrückt ist. Sie beträgt im untersuchten Bereich 1,0—1,5 eV. Die Ergebnisse werden mit den Werten verglichen, die THOMAS (vgl. J. Physics Chem. Solids **3.** [1957.] 289) aus Messungen der Löslichkeit u. der Diffusions-Koeff. für überschüssiges Zn in ZnO-Kristallen erhielt. Es wird eine gute Übereinstimmung festgestellt. Vf. nimmt an, daß die Oxydation des Zn durch die Diffusion von Defektstellen, die dem überschüssigen Zn zugeordnet sind, bestimmt wird. Diese Annahme wird in bezug auf die Selbstdiffusion von Zn u. O in den ZnO-Kristallen erörtert. P. FRENZEL. 225□

Über die Abhängigkeit der Ausbeute strahlungschemischer Reaktionen von der Konzentration der gelösten Stoffe. M. A. Prosskurnin. (Доклады Академии Наук СССР [Ber. Akad. Wiss. UdSSR] **135.** 1446—49. 21/12. 1960. Moskau, Physikal.-chem. Karpow-Inst.) (Russ.)

Die mittlere Konz. freier Radikale wird bestimmt. Vf. postuliert, daß für β-Teilchen, beschleunigte u. sek. Elektronen das erste Viertel der entstandenen Radikale bei einer mittleren Konz. $C_1 = 1{,}5 \cdot 10^{-5}$, das zweite Viertel bei $C_2 = 3 \cdot 10^{-6}$, das dritte bei $C_3 = 5 \cdot 10^{-7}$ u. das letzte Viertel bei $C_4 = 6 \cdot 10^{-8}$ Mol reagieren. Die Ausbeute G der Rk., z. B. eines Acceptors mit atomarem H, berechnet sich nach $G = G^H \Sigma \eta \cdot (C_{Ak}\, \sigma_{H+Ak}) / C_{Ak}\, \sigma_{Ak+H} + C_{OH}\, \sigma_{OH+H} + C_H\, \sigma_{H+H}$, wobei G^H der G-Wert des Atoms H (Radikal), C_{Ak}, C_{OH} u. C_H die entsprechenden Konzz. des Acceptors, der OH- bzw. H-Radikale, σ_{Ak+H}, σ_{OH+H} u. σ_{H+H} die Wrkg.-Querschnitte der möglichen Rkk. des Radikals sowie η der Molenbruch aller Radikale, die bei vorliegender mittlerer Konz. reagieren (0,25), sind. Die theoret. berechneten Kurven für die Abhängigkeit der Ausbeute strahlungschem. Rkk. (in Val/100 eV) von der Konz. des Acceptors bei einem G-Wert für H-Radikale = 4 Val/100 eV für einen schlechten, idealen u. zusätzlichen Acceptor laufen bei höheren Konzz. ($> 10^{-1}$ Mol) zusammen. Der Verlauf der Kurven bei kleineren Konzz. wird auch durch die Anwesenheit angeregter Moll. bestimmt. Diese Kurven werden mit der graph. Darst. der Abhängigkeit der Ausbeute red. NO_2^+-Ionen von der NO_3^+-Konz. (pH 14) sowie der Ausbeute red. Fe^{2+}-Ionen von der Fe^{3+}-Konz. (pH 3) verglichen. Die experimentellen Kurven steigen schneller an. Das ist durch die Anregungsenergieübertragung an die H_2O-Moll. der Hydrathülle bedingt. Bei Fe^{2+} treten auch im Gebiet kleiner Konzz. starke Abweichungen auf. Der zusätzliche Acceptor H^+ bildet mit dem

Radikal H das Ion H_2^+. Diese Ionen sind für die hohe Ausbeute von oxydiertem Fe^{3+} in Anwesenheit von O_2 verantwortlich. Die theoret. berechnete Kurve der Oxydations-Wrkg. von $H_2O_2 + OH^- + H_2^+$ (Abhängigkeit der Ausbeute von Fe^{3+} in Val/100 eV von der Konz. Fe^{2+}) weicht von der experimentellen ab, weil der Anteil der angeregten Moll. nicht berücksichtigt wurde. G. EWALD. 226□

Photolyse von H_2O_2 in alkalischen Medien. G. N. Gerassimow, A. P. Purmal und A. B. Zenziper. (Журнал Физической Химии [J. physik. Chem.] **33.** 1806—07. Aug. 1959. Moskau.) (Russ.) — Vgl. C. **1960.** 7107.

Die Geschw. der Photolyse von H_2O_2 bei 20° ist, wie Verss. mit Zusatz von KOH oder NaOH zeigen, zwischen pH 6,0 u. 11,2 vom pH unabhängig. Bei 40° wird in alkal. Medium schon die therm. Zers. von H_2O_2 merklich. Die kinet. Kurve der photochem. Zers. bei 40° stimmt mit derjenigen der Photozers. überein, wenn man die therm. Dunkelkomponente abzieht. Die Beschleunigung der therm. Zers. von H_2O_2 mit zunehmender Konz. der OH^- hängt mit der Schwächung der Peroxyd—O—O-Bindung zusammen. Die stabilisierende Wrkg. von H^+ wird auf die Bldg. von Perhydroxoniumionen $[H \cdot H_2O_2]^+$ zurückgeführt. R. K. MÜLLER. 226□

Photochemie des Jodid-Ions in wäßriger Lösung. Joshua Jortner, Raphael Levine, Michael Ottolenghi und Gabriel Stein. (J. physic. Chem. **65.** 1232—38. Juli 1961. Jerusalem, Hebrew Univ., Dep. of Phys. Chem.) (Engl.)

Vff. untersuchen das photochem. Verh. von KJ-Lsgg. bei 2537 Å u. ermitteln die anfängliche Quantenausbeute in Abhängigkeit vom pH-Wert, der J^--Konz. u. der Strahlungsintensität. Bei pH >3 wird die Quantenausbeute pH-unabhängig, das Wesen dieser „restlichen" Quantenausbeute wird diskutiert. Die pH-Abhängigkeit läßt sich als lineare Funktion der Wurzel aus der H^+-Konz. darstellen. Es wird gezeigt, daß dieses Verh. mit der Theorie, die einen durch Diffusion bestimmten Auffangmechanismus annimmt, übereinstimmt. Die H^+-Ionen fungieren als Elektronenfänger gegenüber den gebildeten Teilchen (Elektronen oder H-Atomen), wodurch H-Atome in der Lsg. entstehen. Die Rk.-Fähigkeit dieser photochem. erzeugten H-Atome wird untersucht u. ein Beweis für einen pH-abhängigen Oxydationsmechanismus von J^- durch H-Atome, der über die Form H_2^+ aq als tatsächlich oxydierendes Agens verlaufen kann, geliefert. J. PETERS. 226□

Zur magnetochemischen Dosimetrie der Gamma-Strahlen. S. Yamaguchi, H. Takeshita und R. Otsuka. (Naturwissenschaften **47.** 176. 2. April-H. 1960. Kamifuji [Hongo], Tokyo, Inst. of Chem. and Phys. Res.) (Dt.)

Der aus einer Lsg. von MOHRschem Salz mit NH_3 gefällte Nd. von Fe(II)-Hydroxyd bzw. -Oxyd wurde bei anhaltender Bestrahlung (48 Std.) mit γ-Strahlen ($2 \cdot 10^4$ r von ^{60}Co) schwarz u. ferromagnet. (Bldg. von Fe_3O_4). Bei noch längerer Bestrahlungsdauer bildet sich über der schwarzen Fe_3O_4-Schicht eine rote α-Fe_2O_3-Schicht von geringerer Dichte aus. Die Abhängigkeit des (abschätzbaren) Vol. der Schichten von der Bestrahlungsdauer deutet die Möglichkeit einer magnetochem. Dosimetrie der γ-Strahlen an. W. BETCKE. 226□

Röntgenuntersuchung von Vanadinoxydkatalysatoren. B. K. Banerjee, A. N. Basu, J. Saha und A. Lahiri. (J. sci. ind. Res. [New Delhi], Sect. B **18.** 97—102. März 1959. Jealgora, Bihat, Central Fuel Res. Inst.) (Engl.)

SiO_2–V_2O_5–K_2SO_4-Katalysatoren, die zur Oxydation von Naphthalinölen zu Phthalsäureanhydrid verwendet werden, wurden nach verschiedenen Betriebszeiten röntgenograph. untersucht. Zunächst zeigte sich eine starke Abhängigkeit der Teilchengröße u. der Teilchenstruktur sowie der katalyt. Eigg. von den Herst.-Bedingungen des Katalysators. Wurde als Ausgangsmaterial Vanadinoxalat verwendet, so entstand neben V_2O_5 unter der reduzierenden Einw. von CO bei der Zers. des Oxalats auch $V_{12}O_{26}$. Ferner zeigte sich ein großer Einfl. der Betiebsdauer des Katalysators auf seine physikal. u. chem. Eigenschaften. So liegt das V beim regenerierten Katalysator nur noch als $V_{12}O_{26}$, nicht mehr als V_2O_5 vor. Es lassen sich ebenfalls amorphe u. kristalline Phasen unterscheiden, wobei jedoch beim regenerierten Katalysator die kristalline Phase im Gegensatz zum akt. Katalysator überwiegt. Eine zu ausgedehnte Benutzung des Katalysators führt zu einer Änderung in der Struktur des SiO_2. Während normalerweise das Silicagel bei Temp. zwischen 600 u. 700° zu sintern beginnt, setzt der Sinterprozeß hier schon bei so niedrigen Temp. wie 450° ein. G. M. NEUMANN. 227□

P. Vallet, Tables numériques permettant l'intégration des constantes de vitesse par rapport a la température. Texte trilingue: Français, Anglais, Espagnol. Paris: Gauthier-Villars. 1961. (114 S.) 8°. 12 NF.

S. C. Lind, Radiation chemistry of gases. London: Chapman & Hall. 1961. (313 S. m. Diagr.) 100 s.

A_8. Präparative anorganische Chemie. Komplexverbindungen. Metallorganische Verbindungen

Basisches Berylliumnitrat. C. C. Addison und A. Walker. (Proc. chem. Soc. [London] **1961.** 242. Juli. Nottingham, Univ., Dep. of Chem.) (Engl.)

Vff. berichten über bas. Be-Nitrat als erstes Beispiel einer Verb., in der die NO_3^--Gruppe als brückenbildende Gruppe in einem einzelnen Mol. auftritt. Unterwirft man $BeCl_2$ der Solvolyse in Äthylacetat–N_2O_4-Gemischen, so erhält man blaßgelbe Kristalle der Additions-Verb. *$Be(NO_3)_2 \cdot 2\,N_2O_4$*, die sich beim Erhitzen im Vakuum in zwei Stufen zersetzt. Oberhalb 50° entweicht N_2O_4, $Be(NO_3)_2$ bleibt als weißes, nichtflüchtiges Pulver zurück. Dieses ist bis ca. 125° stabil; dann tritt plötzlich Zers. unter Bldg. von N_2O_4 u. einer flüchtigen Be-Verb. ein, die sich aus der Gasphase in farblosen Kristallen abscheidet u. der die Formel *$Be_4O(NO_3)_6$* zukommt. Die Verb. dissoziiert in verd. wss. NaOH-Lsg.; das UV-Spektrum dieser Lsg. läßt erkennen, daß 6 NO_3^- aus einem Mol. der Verb. stammen u. daß NO_2^- nicht vorhanden ist. Es besteht eine Analogie zum bas. Be-Acetat, $Be_4O(CH_3COO)_6$. Doch trägt die äußere Sphäre der O-Atome in der Nitratstruktur eine größere Ladung als die Methylgruppen, die diese Positionen in der Struktur des Acetats einnehmen. Das bas. Acetat ist daher lösl., während das bas. Nitrat in nichtpolaren Lsgm., wie Chlf., Bzl. u. CCl_4, unlösl. ist. $Be_4O(NO_3)_6$ krist. kub. mit $a = 14{,}04 \pm 0{,}02$ Å; $Z = 8$, D. $2{,}05 \pm 0{,}01$ g/cm³. GERHARD SCHULZE. 281□

Beiträge zur Herstellung quecksilberorganischer Verbindungen. W. Poethke und W. Fürst. (Arch. Pharmaz. Ber. dtsch. pharmaz. Ges. **294 (66).** 524—31. Sept. 1961. Jena, Friedrich-Schiller-Univ., Inst. für Pharmazie u. Lebensmittelchem.) (Dt.)

Vff. überprüfen verschiedene Verff. zur Herst. Hg-organ. Verbb. des Bzl., Toluols u. Phenols. Bei Toluol u. Phenol wurden mehrfach mercurierte Verbb. gewonnen. Mit Phenol konnte die Bldg. einer dreifach mercurierten Verb. beobachtet werden. Verschiedene Salze des dreifach mercurierten Phenols wurden dargestellt.

Versuche: *p-Toluylquecksilberacetat*, F. 153° (korr.), aus 2 g p-Toluolsulfinsäure in 50 ml 50%ig. A. u. 3,5 g Hg-Acetat in W. durch Erhitzen, Abfiltrieren des grau gewordenen Nd., Erhitzen des Nd. in 50%ig. Essigsäure u. Abkühlen; Kristalle; 1,5 g (Ausbeute). — *p-Toluylquecksilbernitrat*, $CH_3C_6H_4HgNO_3$, F. 154—155° (korr.), aus 9 g p-toluolsulfinsaurem Na in 50 ml Methanol u. 18 g $Hg(NO_3)_2$ in mit HNO_3 angesäuertem W. durch Erhitzen zum Sieden, Zugabe von 30 ml 25%ig. HNO_3, Sieden bis zur Grünfärbung, Filtrieren, dreimaliges Auskochen des Nd. mit der Mutterlauge, Suspendieren von 5 g des so erhaltenen bas. p-Toluylquecksilbernitrats in 50 ml 25%ig. HNO_3, Extrahieren mit Bzl., Trocknen der benzol. Phase u. Versetzen mit Bzn.; nadelförmige Kristalle; 3 g. — *p-Toluylquecksilbernitrat-Pyridin*, $CH_3C_6H_4HgNO_3 \cdot C_5H_5N$, F. 210° (korr.), aus 5 g des bei der Darst. vorst. Verb. anfallenden bas. Salzes durch Lösen in 5 ml Pyridin, Verdünnen mit 50 ml W. u. Zugabe von wenig HNO_3; säulenförmige Kristalle; 3 g. — *3.4-Bis-[acetoxymercuri]-toluol*, $CH_3C_6H_3(HgOCOCH_3)_2$, F. 240—242° (korr.; Zers.), aus 20 g Toluol in 150 ml Eisessig u. 120 g Hg-Acetat durch 5std. Sieden unter Rückfluß, Verdünnen mit W., Behandeln des schmierigen Nd. mit A., mehrmaliges Umkristallisieren aus Essigsäure; 7 g. — *Phenylquecksilbernitrat*, F. 165° (korr.), durch Erhitzen von 2 g Diphenylquecksilber in 30 ml 12,5%ig. HNO_3 zum Sieden, Filtrieren u. Abkühlen; tafelförmige Kristalle des bas. Salzes; 1,2 g. — *o-Hydroxyphenylquecksilberacetat*, F. 156° (korr.), durch Erhitzen von 100 g HgO in 300 ml Eisessig zum Sieden, Zugabe von 100 ml verflüssigtem Phenol, Eintragen der heißen Lsg. in 1 Liter sd. 5%ig. NaCl-Lsg., Abfiltrieren von der ausgeschiedenen p-Verb., Abkühlen, Lösen des ausgefallenen o-Hydroxyphenylquecksilberchlorids in verd. NaOH-Lsg., Einleiten von CO_2 u. Überführen des abgeschiedenen Hydroxyds mit Essigsäure in das Acetat; 25 g. — *o-Hydroxyphenylquecksilbernitrat*, $HOC_6H_4HgNO_3$, F. 140—141° (korr.), aus 5 g des bei der Darst. vorst. Verb. entstandenen o-Hydroxyphenylquecksilberhydroxyds durch Übergießen mit 5 ml 25%ig. HNO_3, Verreiben mit Ae., Extrahieren mit 200 ml Ae., Trocknen der äther. Phase, Einengen u. Umkristallisieren aus Chlf. u. Aceton; prismat. Kristalle; 1,2 g. — *2.4.6-Tris-[acetoxymercuri]-phenol-3-Essigsäure*, $HOC_6H_2 \cdot (HgOCOCH_3)_3 \cdot 3\,CH_3COOH$, F. 116—120° (korr.), durch Erhitzen von 65 g HgO u. 10 g Phenol in 200 ml Eisessig zum Sieden, Abkühlen, Umkristallisieren aus 800 ml Eisessig, Waschen mit Ae., Trocknen an der Luft u. dann über KOH im Exsiccator; nadelförmige Kristalle, die beim Trocknen im Trockenschrank die Kristallessigsäure abgeben; 34,5 g. — *2.4.6-Tris-[chlormercuri]-phenol*, $HOC_6H_2(HgCl)_3$, durch Lösen von 10 g vorst. Verb. in 300 ml 25%ig. Essigsäure unter Erwärmen, Versetzen der filtrierten Lsg. bei 40° mit konz. NaCl-Lsg., Filtrieren u. Trocknen des Nd. bei 105°. — *2.4.6-Tris-[chlormercuri]-phenol-2-Pyridin*, $HOC_6H_2(HgCl)_3 \cdot 2\,C_5H_5N$, durch Lösen vorst. Verb. in wasserfreiem Pyridin, Zusatz von Chlf., Absaugen, Waschen mit A. u. Ae. u. Trocknen im Vakuum; plättchenförmige Kristalle, die beim Erhitzen $HgCl_2$ u. Pyridin ergeben. — *Nitrat des 2.4.6-Tris-[hydroxymercuri]-phenols,* $HOC_6H_2(HgNO_3)_3$, aus einer heiß filtrierten Lsg. von 65 g HgO in 100 ml 25%ig. HNO_3 u. 10 g Phenol in 50 ml heißem W., Filtrieren nach 10 Min., Suspendieren des Nd. in 100 ml W., Erwärmen auf 80°, Zugabe von 50 ml 68%ig. HNO_3 u. längeres Stehen, Waschen des Nd. mit Eisessig u. Ae. u. Trocknen im Vakuum; nadelförmige Kristalle. — *K-Salz des 2.4.6-Tris-[cyanmercuri]-phenols* $KOC_6H_2(HgCN)_3$, durch Erhitzen von 65 g HgO u. 10 g Phenol in 300 ml Eisessig zum Sieden, Eingießen in eine Lsg. von 30 g KCN in 1 Liter W. nach 5 Min., Abfiltrieren des Nd., Waschen mit W., Erhitzen in einer Lsg. von 20 g KOH in 1 Liter W. zum Sieden, Abkühlen, Waschen des Nd. mit Methanol u. Ae. u. kurzzeitiges Trocknen im Vakuum; plättchenförmige Kristalle; 35 g. GERHARD SCHULZE. 290□

Die Phase Ti_2O. H. Nowotny und Elisabeth Dimakopoulou. (Mh. Chem. **90.** 620—22. 1959. Wien, Univ., I. Chem. Inst.) (Dt.) — Vgl. ANDERSSON u. Mitarbeiter, C. **1958.** 10289.

Im α-Bereich Ti–$TiO_{0,5}$ wird aus der beobachteten Überstrukturlinie (0 0 0 3) die Existenz der Ordnungsphase Ti_2O bestätigt. G. RUBAN. 321□

Die Teilsysteme von HfC mit TiC, ZrC, VC, NbC, TaC, Cr_3C_2, Mo_2C (MoC), WC und UC. H. Nowotny, R. Kieffer, F. Benesovsky, C. Brukl und E. Rudy. (Mh. Chem. **90.** 669—79. 1959. Wien, Univ., I. Chem. Inst.; Reutte, Tirol, Metallwerk Plansee A. G.) (Dt.) — Vgl. vorst. Referat.

In Übereinstimmung mit der Vol.-Regel sind die isotypen Monocarbide von Ti, Zr, Nb u. Ta mit HfC lückenlos mischbar. HfC u. Cr_3C_2 zeigen keinerlei gegenseitige Löslichkeit, dagegen löst HfC in sehr starkem Maße Mo_2C bzw. MoC (über 80 Mol-%). WC wird von HfC unter den gewählten Bedingungen bis zu 40 Mol-% aufgenommen. HfC u. UC lösen sich weitgehend, entgegen der Erwartung jedoch nicht lückenlos. Ein vollkommener Übergang dürfte erst bei hohen Temp. (ca. 2500°) bestehen, aber es genügen 10 Mol-% ZrC, um die bei tiefen Temp. bestehende Mischungslücke zu schließen. G. RUBAN. 323□

Thermogravimetrische Zersetzung von Thorium-8-hydroxychinolinat. C. E. Crouthamel und C. E. Johnson. (Talanta [London] **8.** 377—80. Juni 1961. Argonne, Ill., Argonne Nat. Labor., Chem. Engng. Div.) (Engl.)

Vff. untersuchten das thermogravimetr. Verh. von kristallinem Th-Oxinat. Auf einer Thermowaage wurden 300 mg-Proben jeweils bis zur Gew.-Konstanz erhitzt u. die therm. Zers.-Kurve aufgenommen. Zusätzlich erfolgten Analysen des Th- u. Oxinat(Ox)-Gehalts. Die Best. von Th wurde durch Verbrennung an der Luft bei 950° über ThO_2 u. die des Ox durch photometr. Analyse vorgenommen. Die therm. Zers.-Kurve zeigt zwei scharfe Knicke bei ca. 160 u. 225°. Der thermogravimetr. Verlust betrug für die erste Stufe 20,0 ± 0,2 mg u. für die zweite 27,0 ± 0,3 mg. Durch exakte Analysen konnte gezeigt werden, daß das Ausgangs-Prod. nach 24 std. Trocknen bei 50° die Formel $Th(Ox)_{4,8} \cdot 2H_2O$ hatte u. bei der ersten Stufe (maximale Temp. 165°) 11,4 ± 0,3 mg H_2O u. 8,9 ± 0,15 mg Oxin verlor. Die Farbe änderte sich von Gelb nach Gelbgrün. Dem 1. Zers.-Prod. kommt die Formel $Th(Ox)_{4,6}$ zu. Bei der zweiten Stufe (maximale Temp. 230°) wurden 27,3 ± 0,4 mg Oxin als Verlust bestimmt. Danach ist die Formel $Th(Ox)_{4,0}$. Die Farbe dieser Verb. ist grün. Ein ähnlicher Vorgang wie bei der therm. Zers. spielt sich ab, wenn das Ausgangs-Prod. $Th(Ox)_{4,8} \cdot 2H_2O$ in wasserfreiem Methanol gelöst wird. Nach kurzer Zeit fällt aus der gelben Lsg. ein Nd., der Th u. Oxin im Mol-Verhältnis 1:4 enthält. Es gelang, 1 g hydriertes Th-Oxinat in ca. 100 ml trockenem Methanol unter Rühren im Verlauf einer Std. vollständig in $Th(Ox)_4$ umzuwandeln, welches kontinuierlich wieder auskristallisierte. K. OHLS. 324□

Untersuchung des Siedegleichgewichts im System Germaniumchlorid–Salzsäure. 1. Mitt. Der Einfluß der Salzsäurekonzentration auf die Flüchtigkeit des Germaniumchlorids. Andor Almásy und Ferenc Barcánfalvi. (Nehézvegyipari Kutató Intézet Közleményei [Mitt. Forsch.-Inst. chem. Schwerind.] **1.** 297—301. Juni 1959. Veszprém, Nehézvegyipari Kut. Int.) (Ung.)

Vff. bestimmen die Flüchtigkeit von *$GeCl_4$* in Abhängigkeit von der HCl-Konz. im Bereich von 83—108,5°. Bei HCl-Konzz. $<$17% ist $GeCl_4$ wenig flüchtig, bei 17% haben fl. u. Dampfphase gleiche $GeCl_4$-Konz., höhere HCl-Konzz. lassen den $GeCl_4$-Geh. der Dampfphase steil ansteigen. Durch Zugabe von $CaCl_2$ wird die Flüchtigkeit von $GeCl_4$ erhöht. Zur Anreicherung von $GeCl_4$ ist die Verw. von azeotrop sd. HCl vorteilhaft. N. SEILER. 326□

Eine einfache Darstellungsmethode für Molybdänpentachlorid. H. J. Seifert und H. P. Quak. (Angew. Chem. **73.** 621. 11/9. 1961. Gießen, Univ., Anorgan. Abt. des Chem. Inst.) (Dt.)

$MoCl_5$ entsteht beim 12std. Kochen von 7,2 g MoO_3 mit 50 ml $SOCl_2$ am Rückfluß (Wasserbad) unter gleichzeitigem schnellen Durchleiten von N_2 (50 ml/min). Nach Abkühlen scheiden sich glänzende schwarze Nadeln von $MoCl_5$ ab, die nach Spülen mit PAe. unter Schutzgas rein erhalten werden; 70% Ausbeute. CH. WEISKE. 336□

Röntgenpulverdaten von synthetischem Iriginit. Neysa S. Rocha und Augusto Baptista. (An. Acad. brasil. Ci. **31.** 413—15. 30/9. 1959. Rio de Janeiro, Dep. Nac. da Prod. Miner.; Comissão Nac. de Energ. Nucl.) (Engl.)

Im Rahmen von Verss. zur Best. der Formel von *Umohoit* (wahrscheinlich $UO_2 \cdot MoO_4 \cdot H_2O$) synthetisieren Vff. aus $UO_2(NO_3)_2$ u. MoO_3 in wss. Lsg. ein goldgelbes Prod. der Zus. $UO_2MoO_4 \cdot nH_2O$, dessen Pulverdiagramm (Netzebenenabstände u. rohe Intensitäten) mit dem des natürlichen Minerals *Iriginit* übereinstimmt. G. RUBAN. 339□

Synthetischer Saléeit und Metasaléeit I. Augusto Baptista. (An. Acad. brasil. Ci. **31.** 417—19. 30/9. 1959.) (Engl.) — Vgl. vorst. Referat.

Zitronengelbes $Mg(UO_2)_2(PO_4)_2 \cdot nH_2O$ wird durch Zutropfen einer $UO_2(NO_3)_2$-zu einer erwärmten $MgSO_4$–Na_2HPO_4-Lsg. in 2 Hydratationsstufen synthetisiert; die eine mit dem größeren H_2O-Geh. kommt in der Natur als Mineral *Saléeit* vor, die andere mit kleinerem n bildet sich bei der Entwässerung über konz. H_2SO_4 (33 Tage) u. wird vom Vf. *Metasaléeit I* genannt, auf Grund ihrer Analogie mit Meta-Autunit I. Die Röntgenpulverdiagramme beider Verbb. werden wiedergegeben. G. RUBAN. 339□

Untersuchungen der anionischen Nitratokomplexe der sechswertigen Actiniden durch Ionenaustausch und im nichtwässerigen Medium. J. L. Ryan. (J. physic. Chem. **65.** 1099—1107. Juli 1961. Richland, Wash., Gen. Electric Co., Hanford Labor. Operat.) (Engl.)

Spektrophotometr. Unterss. in wss. u. nichtwss. Syst. dienten zur Identifizierung der Komplex-Konstit. von Actiniden in der Oxydationsstufe +6, die aus Nitrat-Lsgg. an Anionenaustauscherharze (Dowex-1; NO_3^--Form; verschiedene Vernetzungsgrade) absorbiert worden waren. In festen Verbb., in Nitromethan-Lsgg. u. an den Anionenaustauscherharzen wurde der bisher nicht bekannte Tetranitratokomplex, $[MeO_2 \cdot (NO_3)_4]^{2-}$ mit *Me* = *U*, *Np*, *Pu*, nachgewiesen. Es ergab sich, daß die Anionenaustauscherharze vorwiegend die Tetranitratoionen u. nur eine geringe Menge Trinitratoionen, $[MeO_2(NO_3)_3]^-$, absorbieren. Das Mengenverhältnis dieser beiden Komplexarten in der Harzphase war von den Eigg. des Harzes abhängig u. innerhalb der Meßgenauigkeit unabhängig von den Eigg. der Lsg.-Phase. Die Komplex-Bldg.-Konst. der Rk.: $[UO_2(NO_3)_3]^- + NO_3^- \rightleftarrows [UO_2(NO_3)_4]^{2-}$ in Nitromethan errechnete sich zu $4{,}7 \pm 0{,}2$. W. HEIN. 341□

Die Eigenschaften salpetersaurer Plutonyllösungen. 3. Mitt. Stabilität des Plutonylions in salpetersauren Lösungen. W. D. Nikolski, M. Je. Posharskaja und B. G. Posharski. (Радиохимия [Radiochemie] **2.** 320—29. 1960.) (Russ.) — 2. vgl. C. **1961.** 4281.

Über 2 Monate wurde die Stabilität von 10^{-3} bis 10^{-2}m Plutonyl (IV)-Lsgg. in 0,0024—8n HNO_3 spektrophotometr. (bei 830 mμ) verfolgt. Die radiolyt. Red. wird durch Erhöhung der Säure-Konz. verlangsamt u. durch Erhöhung der Pu-Konz. beschleunigt. Vff. nehmen folgenden Verlauf der Red. an: $PuO_2OH^+ + H \rightleftarrows PuO_2^+ + H_2O$. Daneben entstehen durch Radiolyse von W. u. durch Ionisation von H H^+-Ionen. Pu(IV) wird nach $2PuO_2^+ + 4H^+ \rightleftarrows PuO_2^{2+} + Pu^{4+} + 2H_2O$ gebildet. In schwachsauren Pu(VI)-Lsgg. liegt das Ion $[Pu(OH)_3]^{3+}$ vor, das jedoch nicht beständig ist u. disproportioniert: $3[Pu(OH)_3]^{3+} \rightleftarrows PuO_2^{2+} + 2\,Pu^{3+} + H^+ + H_2O$.
M. WIEDEMANN. 343□

Alkyl- und Acyl-Kobaltcarbonyle, die Olefine enthalten. Allylkobalttricarbonyl und verwandte Verbindungen. Richard F. Heck und David S. Breslow. (J. Amer. chem. Soc. **83.** 1097—1102. 5/3. 1961. Wilmington, Del., Hercules Powder Co., Res. Center.) (Engl.)

Allylbromid (I) reagiert mit $NaCo(CO)_4$ (II) bei 0° zu *Allyltricarbonylkobalt* (III), für das eine symm., nichtklass. Struktur, die sämtliche C- u. H-Atome in einer Ebene enthält, angenommen wird. Mit Triphenylphosphin (IV) bildet III *Allyltriphenylphosphindicarbonylkobalt* (IIIa). Überschüssiges I liefert mit II bei 25° *Hexadien-(1.5)*, wahrscheinlich durch Weiter-Rk. von intermediär gebildetem III. In dem aus Acrylsäurechlorid (V) u. II entstehenden, weniger stabilen *Acryloyltricarbonylkobalt* ist die Doppelbindung mit dem Co-Atom koordiniert. Keine Koordination dagegen zeigt *Buten-(3)-oyltetracarbonylkobalt* (VI), dargestellt aus II, CO u. I oder aus II u. Buten-(3)-oylchlorid (VII); unter Verlust von 2 CO geht VI in III über. Das folgende Homologe, *Penten-(4)-oyltricarbonylkobalt* (VIII) aus Penten-(4)-oylchlorid (IX) u. II hergestellt, bildet wieder einen cycl. Komplex, der beim Erwärmen in *Buten-(2)-yltricarbonylkobalt*

(**X**), mit nichtklass. Struktur, mit **IV** in *Penten-(4)-oyltriphenylphosphindicarbonylkobalt* übergeht. 2-Allylpenten-(4)-oylchlorid reagiert mit **II** zu einem **VIII** ähnlichen Komplex. **X** entsteht auch aus Butadien (**XI**), CO u. Co-Carbonylwasserstoff (**XII**) oder aus „Crotylbromid" (**XIII**), der Gleichgewichtsmischung aus 1-Brombuten-(2) u. 3-Brombuten-(1), u. **II** über *Penten-(3)-oyltetracarbonylkobalt* mit nachfolgender CO-Abspaltung. Analog **XI** reagiert 2.3-Dimethylbutadien-(1.3) (**XIV**) mit **XII** u. CO, woraufhin mit **IV**, wieder unter CO-Abspaltung, *3.4-Dimethylpenten-(3)-oyltriphenylphosphintricarbonylkobalt* entsteht. — Die IR-Spektren der dargestellten Verbb. sind angegeben.

Versuche: *Allyltricarbonylkobalt* (**III**), $C_6H_5CoO_3$, F. —33 bis —32° (Pentan), aus 0,5 ml **I** u. 1,5 g **II** in 25 ml Ae. bei 0°, Einengen, Extrahieren mit Pentan u. Auskristallisierenlassen bei —80°. — *Allyltriphenylphosphindicarbonylkobalt* (**III a**), $C_{23}H_{20}Co \cdot O_2P$, F. 132° (Zers.), durch Vereinigung der äther. Lsgg. von **III** u. **IV** bei 25°; gelbe Prismen aus Methylenchlorid/n-Pentan. — *Acryloyltriphenylphosphindicarbonylkobalt*, $C_{23}H_{18}CoO_3P$, Zers. bei 106—107° [Tetrahydrofuran (THF)–Pentan], durch 1 std. Rk. des bei 0° in Ae. unter CO aus **II** (30 ml einer 0,07 m Lsg.) u. **V** (3 ml einer 1,1 m Lsg.) gebildeten *Acryloyltricarbonylkobalt* mit **IV** (3,5 ml einer 1 m Lsg.) bei 0°. — *Buten-(3)-oyltriphenylphosphintricarbonylkobalt*, $C_{25}H_{20}CoO_4P$, F. 82° (Ae.–Pentan), aus 15 ml einer 0,07 m Lsg. von **II**, 2,0 ml einer 1,0 m Lsg. von **IV** u. 1 ml **I** oder 1,5 ml einer 1 m Lsg. von **VII** in Ae. bei 0°. — *Penten-(4)-oyltriphenylphosphindicarbonylkobalt*, $C_{25}H_{22}CoO_3P$, F. 106,5—107° (THF–Pentan), analog vorvorst. Verb. aus **IX** über *Penten-(4)-oyltricarbonylkobalt* (**VIII**). — *Buten-(2)-yltriphenylphosphindicarbonylkobalt*, $C_{24}H_{22} \cdot CoO_2P$, F. 91,5—94° (THF–Pentan), analog **III a** aus **II** (30 ml einer 0,07 m Lsg.) u. **XIII** (3 ml einer 0,9 m Lsg.) in Ae. bei 25°. — *Penten-(3)-oyltriphenylphosphintricarbonylkobalt*, $C_{26}H_{22}CoO_4P$, a) aus **II**, **IV** u. **XIII** in Ae. bei 0° unter CO; b) durch 1 std. Rühren von **XI**, **XII** u. CO in Pentan bei 0° u. Zufügen von **IV**. — *3.4-Dimethylpenten-(3)-oyltriphenylphosphintricarbonylkobalt*, $C_{28}H_{26}CoO_4P$, Zers. bei 95°, analog vorst. Verb. nach a) aus **XIV**. HEINZ NESTLER. 355□

Thermische Eigenschaften einiger Cu-Bis-[β-diketon]-Polymeren als eine Funktion der Zahl der verbindenden Methylengruppen. W. C. Drinkard, Dave Ross und Joel Wiesner. (J. org. Chemistry **26**. 619—20. Febr. 1961. Los Angeles, Calif., Univ. of California, Dep. of Chem.) (Engl.)

Cu-Chelate von Bis-β-ketonen des Typs $C_6H_5—CO—CH_2—CO—(CH_2)_n—CO—CH_2—CO—C_6H_5$ mit n = 2—8 besitzen eine um so niedrigere therm. Stabilität, je größer die Zahl der zwischen den beiden Diketogruppen liegenden Methylengruppen ist. Mit Hilfe der DTA werden die Zers.-Temp. bestimmt. Alle Zers. verlaufen endotherm. Bei n = 2 liegt die Zers.-Temp. bei 300° u. bei n = 8 bei 230°. — Die *Cu-Chelate der Bis-β-diketone* werden durch 1tägiges Erhitzen der entsprechenden Diketone mit Bis-[Acetylacetonato]-kupfer(II) im Vakuum auf 60° u. dann bis zur Gew.-Konstanz auf 105—110° erhalten u. sind schwach grüngefärbte Pulver. E. KOSSMEHL. 358□

Komplex-Verbindungen von Palladium(II) mit substituierten Biguaniden. Manoj Mohan Ray. (J. Indian chem. Soc. **36**. 860—64. Dez. 1959. Calcutta, Indian Assoc. for the Cultivat. of Sci., Dep. of Inorg. Chem.) (Engl.) — Vgl. C. **1961**. 17139.

Die Komplex-Bldg. des *Pd(II)* mit *Methyl-*, *Äthyl-*, *Dimethyl-*, *Phenyl-* u. *Benzylbiguanid* u. mit *Äthylendibiguanid* wird untersucht. Die Komplexbasen sind meist unlösl. in W., reagieren gegen Lackmus alkal. u. setzen aus NH_4^+-Salzen NH_3 frei. Die Salze sind im allg. schwachlösl. in Wasser. Die Pd–Biguanid-Komplexe gleichen den entsprechenden Ni-Komplexen, sind aber viel stabiler u. weniger löslich. Das komplexe Thiocyanat wird in Ggw. von Säuren in *Bis-[biguanid]-palladium(II)-[Pd(SCN)$_4$]* umgewandelt. Die Komplexe sind diamagnet. u. gehen vorzugsweise dsp^2-Hybridbindungen mit planquadrat. Konfiguration ein. An verschiedenen Komplexen wurden Leitfähigkeitsmessungen in wss. Lsgg. durchgeführt; die Werte entsprechen einem zweiwertigen Kation.

Versuche: *Bis-[methylbiguanidium]-palladium(II)-sulfat* (I): Zu 2,5 g Methyl-BH·H_2SO_4 in 50 ml warmem W. wird eine 0,5 g Pd enthaltende $Na_2[PdCl_4]$-Lsg. gegeben u. 15 Min. digeriert. Der Nd. wird mit W. u. A. gewaschen; feine, seidige, gelblichweiße Kristalle. — *Hydroxyd*: I wird in wss. Suspension mit NaOH behandelt; gelbweiße Kristalle. — *Chlorid*: I wird mit einer äquivalenten Menge $BaCl_2$-Lsg. zerrieben. Die Suspension wird ½ Std. lang auf dem Wasserbad digeriert, vom $BaSO_4$ abfiltriert u. auf ein kleines Vol. eingedampft. Das Chlorid krist. in der Kälte aus; unlösl. in A., in W. gut (gelb) löslich. — *Nitrat*: Durch Behandeln der Chlorid-Lsg. mit KNO_3 oder NH_4NO_3; gelbweiße Kristalle, in W. mäßig löslich. — *Thiocyanat*: Durch Zugeben einer KSCN-Lsg. zum

Chlorid; gelbweiße Kristalle. — *Bis-[methylbiguanid]-palladium(II)-[Pd(SCN)₄]*: Aus dem Thiocyanat durch Digerieren (einige Min.) mit verd. HCl (pH 2); braunrote Kristalle, unlösl. in W. u. Alkohol. — *Bis-[äthylbiguanidinium]-palladium(II)-sulfat*: Analog I aus Äthyl-BH · H_2SO_4 u. $Na_2[PbCl_4]$; gelbweiße Kristalle. — *Bis-[phenylbiguanidin]-palladium(II)*: Eine Lsg. von 2,5 g Phenyl-BH in 60 ml heißem W. wird mit $Na_2[PdCl_4]$-Lsg. (0,5 g Pd) behandelt. Die hellgelbe, das Hydrochlorid enthaltende Lsg. wird nach einigen Min. auf dem Wasserbad alkal. gemacht; hellgelbe Kristalle. — *Chlorid*: 2 g der obigen Komplexbase werden mit 100 ml 1%ig. NH_4Cl-Lsg. auf dem Wasserbad digeriert, solange die NH_4-Entw. anhält. Dann wird auf 70 ml eingeengt, filtriert u. die Lsg. über Nacht kaltgestellt; hellgelbe Kristalle. — *Sulfat* u. *Nitrat*: Aus dem Chlorid u. dem entsprechenden Na-Salz; schlecht lösl. in kaltem, gut in heißem Wasser. W. BETCKE. 365 □

Claude-J. Garrigues, Contribution à la chimie des solutions aqueuses de titane tétravalent. Paris: Service de documentation et d'information technique de l'aéronautique. 1960. (X + 79 S. m. Abb.) 8° = Publications scientifiques et techniques du Ministère de l'air. Notes techniques. N°. 93. 15,50 NF.

Joseph Jacob Katz, The chemistry of uranium: the element, its binary and related compounds. New York: Dover. 1961. (XXI + 609 S. m. Abb.) $ 2.95.

Ionel Haiduc, Introducere în chimia ciclurilor anorganice. Editura Academiei Rep. Populare Romîne, București 1960. (337 S. m. Abb.) — ohne Preisangabe.

Unter Verw. aller Literaturhinweise (1834—1959; 1047 Literaturzitate), die sich auf die Chemie anorgan. Ringe beziehen, bringt Vf. eine erschöpfende Übersicht über die anorgan. Cyclen unabhängig davon, ob organ. oder anorgan. Substituenten am Ring enthalten sind. Die Systematisierung wird nach verschiedenen Gesichtspunkten vorgenommen: 1. nach der Art der Bindungen (Ringe mit kovalenten, koordinativen u. überlagerten Bindungen); 2. nach der Anzahl der Ringe (mono- u. polycycl. Verbb., wobei die letzten in lineare verknüpfte Ringe, Spirane u. kondensierte Ringe unterteilt werden); 3. nach der Natur der Komponenten (homo-, pseudohetero- u. heterocycl. Verbb.) Jede Klasse wird gründlich besprochen. Auf Grund der Vgl. der Darst.-Meth., Eigg., Strukturformeln u. Nomenklatur zieht Vf. Schlüsse, die allgemeingültig für eine Klasse sind. — Literatur- u. Sachverzeichnis. M. MOLDENSCHARDT

István Náray-Szabó. Anorganische Chemie. Band I. Berlin: Akademie-Verlag. 1959. Budapest: Verlag der Ungarischen Akademie der Wissenschaften. 1959. Übersetzt aus dem Ungarischen von **András Béliczay.** (664 S.) DM 67,—.

Vorliegender Band I des auf insgesamt 3 Bände veranschlagten Werkes mit Handbuchcharakter enthält nach der allg. Einleitung die nichtmetall. Elemente (Gruppen VIIb—IIIb) u. ihre Verbb., in der Gruppe IVb sind auch Sn u. Pb besprochen. Das Gesamtwerk, aus dem Ungar. von **D. J. A. Béliczay** übersetzt u. lektoriert von **B. Lengyel** u. **Z. Szabó,** bringt möglichst alle, für den Chemiker wichtigen physikal. u. chem. Tatsachen, die über Elemente u. sicher bekannte Verbb. vorliegen. Die Geschichte, Vork., technolog. u. Produktionsdaten, physiolog. Verh. u. analyt. Nachw. werden weniger eingehend behandelt. HEINZ WALTER

A₉. Mineralogische und geologische Chemie

Ableitung eines Diagramms der optischen Orientierung saurer und intermediärer Plagioklase. A. Ss. Marfunin. (Известия Академии Наук СССР, Серия Геологическая [Nachr. Akad. Wiss. UdSSR, geol. Ser.] **25.** Nr. 5. 88—102. Mai 1960. Moskau, Inst. für Geol. der Erzlagerstätten, Petrogr., Miner. u. Geochem. der Akad. der Wiss. der UdSSR.) (Russ.)

Es wird ein neues Diagramm zur Best. der Zus. von sauren u. intermediären Plagioklasen auf der Grundlage des WULFschen Netzes konstruiert. Dabei wird die Unterscheidung zwischen Hoch- u. Tieftemp.-Feldspäten fallengelassen. Die Feldspäte werden als feste Lsgg. aufgefaßt, die in Abhängigkeit von der Entstehungs-Temp. einen mehr oder weniger guten Regelungsgrad des Kristallgitters haben, der sich in den opt. Eigg. widerspiegelt. Dieser Regelungsgrad wird durch Ziffern von 0,0—1,0 ausgedrückt u. durch Vektoren im Diagramm dargestellt. Die Vektoren kreuzen sich mit Linien wachsenden Anorthit-Geh., wie sie bisher in den Hoch- u. Tieftemp.-Kurven auch üblich waren. Dadurch ist eine eindeutige Kennzeichnung jedes Feldspates unabhängig von seiner Herkunft durch 2 Angaben möglich: Anorthit-Geh. 0—60%; Regelungsgrad 0,0—1,0. Es entfällt die Unsicherheit u. der Streubereich, mit denen die Plagioklas-Best. neben den reinen Meßfehlern bisher behaftet war. Zur Aufstellung des Diagramms wurden 71 eigene u. aus der Literatur entnommene Feldspat-Best. benutzt. HORST BRAUN. 370 □

Strontium-90 in Ekuador. Norman R. French. (Science [Washington] **131.** 1889—90. 24/6. 1960. Los Angeles, Calif., Univ., Dep. of Biophys. and Nuclear Med., Environmental Radiation Div.) (Engl.)

Vf. bestimmte den ^{90}Sr-Geh. an einer Reihe von Viehknochen u. Böden in Ekuador im Jahre 1958. Die höchsten Werte für ^{90}Sr wurden in dem trop. Gebiet auf der Ostseite der Anden gefunden, die niedrigsten Werte in dem hohen Zentraltal. Eine Beziehung zwischen Regenfall u. Geh. an ^{90}Sr konnte nicht festgestellt werden.

C. GOTTFRIED. 378

Die Natur der roten und grünen Färbungen von Gesteinen der rötlichen Formationen des Meso-Känozoikums in Zentral- und Südkasachstan. W. N. Rasumowa. (Известия Академии Наук СССР, Серия Геологическая [Nachr. Akad. Wiss. UdSSR, geol. Ser.] **25.** Nr. 5. 41—48. Mai 1960. Moskau, Geol. Inst. der Akad. der Wiss. der UdSSR.) (Russ.)

Durch Unters. verschiedener Sedimentgesteine wurde festgestellt, daß deren rote bzw. grüne Färbung nicht einfach auf das Vorherrschen verschiedener Oxydationsstufen des Fe zurückgeführt werden kann. Die Geh. an Fe^{2+} u. Fe^{3+} in roten u. grünen Gesteinen unterscheiden sich nicht wesentlich. Die grüne Färbung wird durch Fe–Al-Minerale der Illit–Montmorillonit-Gruppe hervorgerufen, während die rote Farbe auf der Oxydation von Fe beruht, das bei der Umbldg. von Biotit zu Illit u. Montmorillonit, bei der Zers. Fe-haltiger Minerale (Pyroxen, Hornblende, Epidot) u. durch Fe-Adsorption aus Lsgg. während der Sedimentation frei wird. Die grüne Färbung entsteht prim. bei Bldg. der Gesteine in reduzierendem Milieu oder sek. durch Auflösung u. Wegtransport des Fe. Die rotgefärbten Gesteine wandeln sich bei der Metamorphose oft in Biotitglimmergesteine um, so daß folgende Umwandlungsreihe vorliegt: Biotit → Illit/Haematit → Biotit.

HORST BRAUN. 378□

Geochemische Nachforschungen über die Vererzung mittels spektralanalytischer Methoden. M. Földvári-Vogl und S. Rapp-Sik. (Acta chim. Acad. Sci. hung. **28.** 9—15. 1961. Budapest, Ung. Geolog. Anst.) (Dt.)

Es werden Nachforschungen über die Vererzung im Gebiet des Köszeger Gebirges unter Anwendung geochem. Meth. durchgeführt u. Bach- u. Quellwasser- sowie Gesteinsproben auf 20 Spurenelemente u. 17 Makrokomponenten untersucht. Die Alkalimetalle werden mittels Flammenanregung mit Hilfe eines Glasprismenspektrographen (Na u. K mit einem Flammenphotometer), die übrigen Spurenelemente mittels Bogenanregung mit Hilfe des Quarzspektrographen bestimmt.

W. HAMPEL. 378□

Die Verteilung einiger Elemente über die Kontakte von vier Xenolithen. M. G. Farrand. (Geol. Mag. **97.** 488—93. Nov./Dez. 1960. Accra, Geol. Surv. of Ghana.) (Engl.)

Zwei bas. Xenolithe (I) aus einem Adamellit u. zwei weitere aus einem porphyr. Granodiorit wurden isoliert. Petrograph. u. spektrochem. wurden jeweils Xenolithkern, -rand u. Wirtsgestein analysiert. Aus jeder Probe wurden die porphyr. Alkalifeldspateinsprenglinge u. die Titanitkristalle isoliert. Gestein u. Einzelmineralien wurden auf Spurenelemente (Ga, Cr, Li, Ni, Co, Cu, V, Zr, Sr, Pb, Ba, Rb, Cs) u. Alkali-Konz. untersucht. Proben der vermeintlichen Ausgangsgesteine der I wurden gleichfalls analysiert. I sind durch magmat. Rest-Lsgg. beeinflußt worden.

H. MOENKE. 378□

Problem des Alters der kristallinen Schiefer des Zentralmassivs Frankreichs. Je. W. Pawlowski. (Известия Академии Наук СССР, Серия Геологическая [Nachr. Akad. Wiss. UdSSR, geol. Ser.] **25.** Nr. 9. 3—14. Sept. 1960. Moskau, Geol. Inst. der Akad. der Wiss. der UdSSR.) (Russ.)

Das französ. Zentralmassiv besteht zum größten Teil aus einem „alten Kern", der von präkambr. Gesteinen gebildet wird. Diese Gesteine wurden am Ende des Präkambriums der assynt. Faltung unterworfen. Sie wurden autometamorph verändert, ihr Fundament wurde migmatisiert bis zur Bldg. anatekt. Granite. Eine 2. Metamorphose ging während der hercyn. Faltung vor sich, die auch Granitintrusionen mit sich brachte. Im Zentralmassiv geht die armorikan. NW-Richtung in die hercyn. NO-Richtung über. Beide Richtungen sind schon in der assynt. Phase angelegt worden. — Ausführliche Literaturangaben u. -auswertung.

HORST BRAUN. 378□

Diskussion über Systeme mit völlig beweglichen Komponenten und ihre thermodynamischen Eigenschaften. D. Ss. Korshinski. (Известия Академии Наук СССР, Серия Геологическая [Nachr. Akad. Wiss. UdSSR, geol. Ser.] **25.** Nr. 5. 103—05. Mai 1960.) (Russ.)

Rechtfertigung des Vf. zur Anerkennung seiner Meth. zur Analyse der Paragenese von Mineralien.

HORST BRAUN. 378□

Kryogene geochemische Felder auf dem Territorium der vieljährigen Eiszone. P. F. Schwetzow. (Известия Академии Наук СССР, Серия Геологическая [Nachr. Akad. Wiss. UdSSR, geol. Ser.] **26.** Nr. 1. 46—51. Jan. 1961. Workuta, Nördl. Abt. des Inst. für Frostkunde der Akad. der Wiss. der UdSSR.) (Russ.)

Es werden 2 Erscheinungen der Mineral-Konz. im Bereich der ewigen Frostböden beschrieben. Im 1. Fall hat das zeitweilige Auftauen der oberen Schichten des Bodens das Entstehen von salzhaltigen Grundwasserquellen zur Folge, deren W. langsam über weite Flächen abfließt u. beim Wiedergefrieren die gelösten Stoffe, vor allem Kalk u. Gips, hinterläßt. Dadurch entsteht eine Salzschicht, die große Gebiete bedeckt u. deren Zus. Aufschluß über Lagerstätten im Untergrund zu geben vermag. Die 2. Erscheinung wurde in Bohrlöchern beobachtet, in denen das Grundwasser trotz negativer Temp. nicht gefror, da es einen Salz-Geh. von >100 g/Liter hatte. Diese hohe Konz. erklärt sich dadurch, daß in der Frostperiode die gefrierende obere Schicht alles W. aus dem Untergrund an sich zieht, beim Auftauen aber an der Oberfläche abfließen läßt. Die gelösten Salze konzentrieren sich im Untergrund u. bilden die beobachtete Sole.

HORST BRAUN. 378☐

Orientierung von Hornblende. F. E. Tocher. (Geol. Mag. **97.** 461—65. Nov./Dez. 1960. Univ. of Aberdeen, Marischal Coll., Dep. of Geol. and Mineral.) (Engl.)

Es wird Kritik geübt an einer 1928 von SCHMIDT aufgestellten Behauptung, wonach Hornblenden (I) in einem Amphibolit–Zoisit-Schiefer eine eindeutige Lage haben sollen. Es wird gefügekundlich nachgewiesen, daß I im Epidiorit vom Geallaig Hill in West-Aberdeenshire derartig eingeregelt sind, daß von einer Eindeutigkeit nicht gesprochen werden kann. Es wird eine Meth. vorgeschlagen, die es gestattet, ein Gefüge, welches durch Hornblendekristallisation unter Spannung entstanden ist, von dem, welches durch Ausrichten nach schon vorher vorhandenen Hornblendeprismen gebildet ist, zu unterscheiden.

H. MOENKE. 378☐

Über den Einfluß von Assimilationsprozessen auf die Verbreitung akzessorischer Mineralien in Granitoiden. W. W. Ljachowitsch und A. D. Tscherwinskaja. (Известия Академии Наук СССР, Серия Геологическая [Nachr. Akad. Wiss. UdSSR, geol. Ser.] **25.** Nr. 5. 67—78. Mai 1960. Moskau, Inst. für Min., Geochem. u. Kristallchem. der seltenen Elemente der Akad. der Wiss. der UdSSR.) (Russ.)

Unveränderte u. durch Assimilation verschiedener Fremdgesteine veränderte Granite einer Reihe von Massiven der UdSSR wurden chem. analysiert u. auf ihre Geh. an akzessor. Mineralen untersucht. Bei Aufnahme fremder Ergußgesteine (Hybridisation) erhöht sich der Geh. an Apatit, Zirkon, Orthit, Epidot, Titanit, Magnetit u. Pyrit, bei Aufnahme von sedimentärem Nebengestein (Kontamination) reichert sich das Magma außerdem an Andalusit an, wenn die Sedimente vorwiegend aus Ton bestanden, u. an Granat, Vesuvian u. Wollastonit, wenn Kalk vorherrschte. Bei der Korrelation von Granitmassiven auf Grund der Akzessorien muß daher deren Abhängigkeit vom Nebengestein beachtet werden. Korund, Andalusit u. Staurolith sind häufig postmagmat. Entstehung u. kein eindeutiges Zeichen für Hybridisation. Parallel mit der Anreicherung des Granits an Ca-, Fe-, Ti-haltigen Akzessorien geht die Anreicherung des Gesamtmagmas an Ca, Mg, Fe, Ti, so daß auf magmat., seltener postmagmat. Entstehung der Akzessorien geschlossen werden kann. Es ist eine starke Anreicherung an Magnetit, Ilmenit u. Pyrit zu beobachten, während sich Sn-, W-, Pb-, Zn-, Mo-Minerale nicht finden. Diese Elemente lagern sich in die Kristallgitter der Fe–Mg-Silicate ein. Dort sind auch Nb, Ta u. Seltene Erden eingebaut. Lediglich Zr wird selbständig angereichert. — 40 Literaturhinweise.

HORST BRAUN. 378☐

Chemismus von Eruptivgesteinen. 1. Mitt. Differentiationsindex. C. P. Thornton und O. F. Tuttle. (Amer. J. Sci. **258.** 664—84. Nov. 1960. University Park, Pa., Pennsylvania State Univ., Coll. of Min. Ind.) (Engl.)

Experimentell wurden die durch BOWEN 1937 geäußerten Ansichten bestätigt, wonach fraktionierte Kristallisation eines Komplexmagmas zu dem Syst. SiO_2–$NaAlSiO_4$–$KAlSiO_4$ führt. In einer Serie vulkan. Gesteine läßt sich der Entwicklungsgang eines gegebenen Magmas in Richtung auf dieses Syst. durch Best. der Norm u. Summation der Bestandteile im petrogenet. Restsystem. quant. verfolgen Diesen Wert nennen die Autoren Differentiationsindex. Er kann als nützliche Koordinate von Differentiationsdiagrammen dienen u. ist auch ein Maß für die Basizität eines Gesteins.

H. MOENKE. 378☐

Über die Bildung kugelförmiger Laven in sauren Ergußgesteinen des Kuraminsker Gebirges. O. P. Jelissejewa. (Известия Академии Наук СССР, Серия Геологическая [Nachr. Akad. Wiss. UdSSR, geol. Ser.] **25.** Nr. 5. 79—87. Mai 1960. Moskau, Inst. für Geol. der Erzlagerstätten, Petrographie, Miner. u. Geochem. der Akad. der Wiss. der UdSSR.) (Russ.)

Die beschriebenen Kugellaven bilden ein 15—20 m mächtige Schicht in einer Serie saurer Effusivgesteine u. Tuffe. Die Laven bestehen aus rundlichen rötlichbraunen Quarzporphyrkonkretionen ohne jede konzentr. Struktur (1—35 cm ∅) in einer Felsitgrundmasse. Diese zeigt z. T. Fluidaltextur. Neben den Kugeln treten viel kleinere tröpfenartige Sphärolithe, die aus vulkan. Glas oder Felsit bestehen, u. radialstrahlige Sphärolithe aus Feldspatleisten auf. Es wird angenommen, daß sich diese Kugellaven unter terrestr. Bedingungen gebildet haben. Im Augenblick des Lavenergusses trennte sich die Schmelze in 2 Schichten, deren silicatreichere auf Grund der Oberflächenspannung zur Kugel-Bldg. neigte. Der Vorgang wurde begünstigt durch ungleichmäßige Verteilung der flüchtigen Bestandteile (Fluor), die chem. Zus. der Schmelze u. durch das steile Druck- u. Temp.-Gefälle beim Lavenerguß. Die Sphärolithe bildeten sich aus den gleichen Ursachen kurz vor Erstarren der Schmelze, die Radialstruktur eines Teils von ihnen entstand durch spätere Entglasung. HORST BRAUN. 378□

Zur Frage des „Sangerhäuser Anhydrits". Rolf Langbein und Gerd Seidel. (Geologie 9. 778—87. Okt. 1960. Jena.) (Dt.)

Der „Sangerhäuser Anhydrit" von Bendeleben wurde geolog., morpholog. u. chem. untersucht. Er ist danach ein Ablaugungsrückstand des Staßfurtsteinsalzes u. z. T. des Flözes „Staßfurt". Er ist also weder das Hangende der Kalilager, noch vertritt er diese seitlich. Er ist aus dem unter dem Kalilager im Steinfurtsalz auftretenden Anhydrit u. teilweise aus den Anhydriten der anhydrit.-kalit. Vertaubungen des Kaliflözes Staßfurt entstanden. F. ENSSLIN. 378□

Über die Genesis von Gips im Gebiet von Radnewo. St. Iw. Safirow. (Годишник на Минно-Геоложкия Институт [София] [Annu. Inst. minier géol. (Sofia)] **5.** Nr. 3. 153—63. 1958/59.) (Bulg.; Auszug: Engl.)

Der Gips im Gebiet im Südosten Bulgariens bildet sich aus den Wasser-Lsgg. nach Ablagerung des oberen Horizontes des Pliozäns, was u. a. durch die ungleichmäßige Verteilung der Gipslager bewiesen wird. Die Bldg. der Gipskristalle dauert bis in die heutige Zeit an. Alles unterird. W., daß im Gebiet der Gipslager gefunden wird u. sich über dem Gipshorizont befindet, enthält Ca^{2+}, Mg^{2+}, SO_4^{2-}, H_2SiO_3 u. Alkalien. Der Gesamt-Geh. der gelösten Mineralien beträgt 1,32 g/Liter. Man nimmt an, daß das an der Oberfläche befindliche W., das H_2SO_4-haltig ist, durch Eindringen in die stark kalkigen Tone des Pliozäns, in denen sich diagonale Spalten befinden, mit dem $CaCO_3$ in Wechselwrkg. tritt u. Gips bildet. A. WITZMANN. 378□

Über eine vorübergehende Paragenese nach Lawsonit und Glaukophan in der alpinen Metamorphose in Haute Maurienne (Savoyen). François Ellenberger. (Bull. Soc. géol. France [7] **2.** 190—94. Dez. 1960.) (Franz.)

In einer der vielen Phasen der alpinen Metamorphose bildeten sich verschiedene Mineralien, die in späteren Phasen wieder verschwanden. Hierher gehören Granat, Lawsonit u. Glaukophan. Von Lawsonit sind nur noch Pseudomorphosen erhalten geblieben. Diese Mineral-Bldg. waren reichlich in kalkigen mesozoischen Schichten von Termignon. F. ENSSLIN. 378□

Olivin-Metasomatose in Carbonatgesteinen aus der Umrandung des Bergeller Granitmassivs (Oberengadin). F. K. Drescher-Kaden. (Naturwissenschaften **48.** 300. 2. April-H. 1961. Hamburg, Univ., Min. Inst.) (Dt.)

Vf. berichtet über die Serpentin-Vork. des Bergeller Massivs, deren Genese metasomat. zu deuten ist. An den Vork. von serpentinisierten Kalken des Zuges Prata-Chiavenna lassen sich die verschiedenen Umwandlungsphasen gut voneinander u. von der späteren Granit-Einw. unterscheiden. Die Kalksedimente wurden zunächst durch allg. Zuführung von Mg u. Si zu Olivinfelsen u. Olivin–Enstatit–Brucit-Serpentinschiefern, in Anwesenheit von Al zu Chloritschiefern umgebildet. In der Folgezeit ergaben sich durch tekton. Vorgänge Mylonitzonen, die wiederum zu Breccienzonen führten, in denen die umgewandelten Bruchstücke des Altbestandes der Gesteine enthalten sind. Außer diesen Mylonitzonen bildeten sich in den Olivin–Serpentin-Chlorit-Schiefern einfache Scherflächenscharen aus, in denen neben Chlorit- u. Tremolit-Neubldg. Olivinporphyroblaste auftreten. Charakterist. ist diese nur an Scherflächen gebundene zweite Olivinbildung. E. FRITZSCHE. 378□

Über die exogenen Bildungsprozesse von Uranlagerstätten A. G. Betechtin. (Геология Рудных Месторождений [Geol. der Erzlagerstätten] **1959.** Nr. 6. 5—26.) (Russ.)

Bei der Verwitterung von U-Lagerstätten u. U-haltigen Gesteinen geht U (IV) unter oxydierenden Bedingungen in U (VI) über u. wird durch Oberflächen- u. Grundwässer abtransportiert. U setzt sich z. T. mit anderen Ionen um oder wird durch verschiedene Gele u. feindisperse Stoffe adsorbiert. Unter günstigen Bedingungen kommt es zur Ausfällung u. Bldg. von neuen Lagerstätten in Sedimentgesteinen; entweder syngenet. mit der Sedimentation der Gesteine an Meeresküsten, in See- u. Sumpfgebieten oder aber im epigenet. Stadium durch Infiltration U-haltiger Lsgg. in Risse u. Poren des Gesteins. Durch darauffolgende Metamorphose formiert sich der Erzkörper. Anschließend bringt Vf. eine Klassifikation der exogenen U-Lagerstätten. H. NOACK. 378

Analcim und Albit in einem metamorphen jurassischen Tuff in Idaho und Wyoming. R. A. Gulbrandsen und E. R. Cressman. (J. Geology **68.** 458—64. Juli 1960. Menlo Park, Calif., U. S. Geol. Surv.) (Engl.)
Ein 5 ft. mächtiger Tuffhorizont, der sich über weite Gebiete in den genannten Staaten erstreckt, setzt sich vorwiegend aus mikrokristallinem Quarz, Analcim, Albit u. Calcit zusammen. Auffallend ist der hohe Na-Geh. (6,2% Na_2O) des submarin abgelagerten Sediments. Die Entstehung des Analcims wird auf die Rk. von vulkan. Glas mit stark salzhaltigem Meerwasser während der Diagenese zurückgeführt. Die Albit-Bldg. erfolgte bei höheren Drücken u. Temp. im Stadium der Metamorphose bei tiefer Versenkung des Sediments aus dem Analcim. Horst Braun. 380□

Apatit aus dem Morefield-Pegmatit, Amelia County, Virginia. R. S. Mitchell und E. H. McGavock. (Rocks and Minerals **35.** 553—55. Nov./Dez. 1960. Charlottesville, Va., Univ. of Virginia, Dep. of Geol.) (Engl.)
Der Apatit aus dem Morefield-Pegmatit ist hellgrau bis grünlich u. kommt zusammen mit Quarz u. Cleavelandit vor. Auf Grund der röntgenograph. Unters. ist die hexagonale Elementarzelle durch a = 9,35 u. c = 6,86 Å gegeben. Der Apatit zeigt eine starke orangegelbe Fluorescenz im UV, ohne Phosphorescenz. Als Spurenelemente, die diese Eigg. verursachen können, wurden 0,5—1% Seltene Erden (Ce u. Y neben anderen) gefunden. Daneben treten 2,5% Si u. bis zu 3% Mn auf. Die Kristalle wurden goniometr. vermessen. F. Ensslin. 380□

Ein Beryllvorkommen in Moody Mountain, Oxford County, Maine. Neil Jorgensen. (Rocks and Minerals **35.** 547—49. Nov./Dez. 1960. Buckfield, Maine.) (Engl.)
In einem Granodiorit in Moody Mountain treten 2 Arten von Pegmatitgängen auf. Der lachs- bis rosafarbene Pegmatit mit Perthit, Quarz, Muskovit u. Biotit ist frei von Beryll, während in dem weißen bis cremefarbenen Pegmatit mit Perthit, Quarz u. Muskovit ohne Biotit Kristalle von hellgrünem bis tiefblauem Beryll (Aquamarin) auftreten. F. Ensslin. 380□

Churchit aus dem Krassnojarsk-Gebiet. W. I. Noneschnikowa. (Записки Всесоюзного Минералогического Общества [Schr. Allunions mineralog.] Ges. [2] **89.** Nr. 2. 221—27. 1960. Moskau, Inst. für Miner., Geochem. u. Krist. der seltenen Elemente der Akad. der Wiss. der UdSSR.) (Russ.)
Churchit wurde in den Proben der Schwermineralfraktion aus der Verwitterungskruste des Alkalimassivs von Kiis im Krasnojarsk-Gebiet gefunden. Es sind bis zu 0,6 mm große isometr. Körner, z. T. korrodiert. Sie zeigen meist einen radialfaserigen Aufbau. Spezif. Gew. 3,05—3,15. $N_g' = 1{,}639$, $N_p' = 1{,}613$. Die Pulveraufnahme zeigt Übereinstimmung mit den bisher bekannten. Im Elektronenmikroskop erkennt man dünnplattige Kristalle. Die chem. Analyse ergab einen Geh. an Seltenen Erden von 47,99%, wovon $Y_2O_3 > 30$, Dy_2O_3 6,3, Er_2O_3 4,8, Yb_2O_3 4,1, Gd_2O_3 3,7, Ce_2O_3 1,9, Ho_2O_3 1,6, Nd_2O_3 1,3, Sm_2O_3 1,1, Tu_2O_3 0,8, La_2O_3 0,7, Lu_2O_3 0,7, Tb_2O_3 0,6, Pr_2O_3 0,3, Eu_2O_3 0,2% sind. Lichtbrechung u. Spezif. Gew. nehmen beim Erhitzen auf 1100° beträchtlich zu. Die DTA zeigt einen starken endothermen Effekt im Intervall zwischen 270 u. 370° u. einen schwächeren zwischen 500 u. 530°. Nach dem Erhitzen zeigt der Churchit dem Xenotim analoge Röntgenaufnahmen. Neben den sphär. Körnern von Churchit wurden noch selten grünliche Kristalle dipyramidaler Form gefunden, bei denen es sich um Pseudomorphosen von Churchit nach Xenotim handelt. H.-J. Bautsch. 380□

Goldformen in Erzen. A. J. Weinig. (Mines Mag. **1.** 27—32. Okt. 1960.) (Engl.)
Reich illustrierte Beschreibung der Ausbildungsformen von Au in verschiedenen silicat. Muttergesteinen. Auch Tellurid-Vork. werden behandelt. H. Moenke. 380□

Jadeit in kristallinen Sanbagawa-Schiefern von Zentraljapan. Yotaro Seki. (Amer. J. Sci. **258.** 705—15. Dez. 1960. Uroma, Japan, Saitama Univ., Dep. of Earth Sci.) (Engl.)
Jadeit-Fund in pelit., psammit., kristallinen Schiefern mit relativ geringer metamorpher Überprägung. Die Paragenese Quarz–Jadeit könnte eine Bldg.-Temp. von 200 bis 300° u. einen Druck von 6000—12000 bar bei der Schieferentstehung beweisen. H. Moenke. 380□

Korund im Biotit-Sillimanit-Gneis in der Nähe von Polgahawela, Ceylon. P. G. Cooray und P. S. Kumarapeli. (Geol. Mag. **97.** 480—87. Nov./Dez. 1960. Colombo, Ceylon, Geol. Surv. of Ceylon, Dep. of Miner.; Ceylon Techn. Coll., Dep. of Geol.; London, Imp. Coll. of Sci. and Technol., Dep. of Geol.) (Engl.)
Beschreibung blaßblauer Porphyroblasten eines feinkörnigen Gneis-Vork., welches von Pegmatitadern durchzogen wird. Bericht über Feldbeobachtungen u. Petrographie des Muttergesteins. Der Korund soll als Folge metamorpher Differentation in Al-reichen, Si-armen Zonen eines semipelit. Gneisgesteins gebildet worden sein. Paragenese der korundhaltigen Zonen: Orthoklasperthit, Sillimanit, Spinell. H. Moenke. 380□

Geologie des Erzkörpers von Braden, Chile, Süd-Amerika. Fred H. Howell und John S. Molloy. (Econ. Geol. 55. 863–905. Aug. 1960. Salt Lake City, Utah, East Milo Way.) (Engl.)

Geolog.-mineralog. Beschreibung des Cu-Vork. von Braden. O. Bär. 380□

Lawsonit und Pumpellyit im Glaukophan-Schiefer der North Berkeley Hills in Californien. Mit Angaben über die Röntgenkristallographie von Lawsonit. Gregory A. Davis und A. Pabst. (Amer. J. Sci. 258. 689–704. Dez. 1960. Berkeley, Calif., Univ., Dep. of Geol.) (Engl.)

Bericht über ein bisher nicht bekanntes Mineral-Vork. mit außergewöhnlicher Ader- u. Gangbldg. des Lawsonits im Schiefer. Die Glaukophan-Schiefer bilden eine tekton. Einheit in Serpentiniten. Es wird angenommen, daß sie durch regressive Metamorphose aus Eklogiten entstanden. Angabe kristallopt. u. -morpholog. Daten u. einer neuen chem. Analyse für Lawsonit. Halbquant. spektrochem. Unters. von Pumpellyit ergab neben den Hauptbestandteilen Ca, Al u. Si: Fe_2O_3 5,4%, TiO_2 0,5, Cr_2O_3 0,01, MgO 5,0, MnO_2 0,1–0,5, Na_2O 0,1–0,2, V_2O_5 0,1, Ni 0,002, Ga 0,005. Mit Hilfe von Weissenberg-Aufnahmen wurden folgende Gitter-Konst. von Lawsonit bestimmt: $a = 8{,}788 \pm 0{,}008$, $b = 13{,}129 \pm 0{,}010$ u. $c = 5{,}846 \pm 0{,}006$ Å. Die therm. Umwandlung des Minerals in das metastabile hexagonale $CaAl_2Si_2O_8$ wurde mit Hilfe von Einkristallaufnahmen verfolgt. Die Umwandlung geht bei 700° in weniger als 1 Std. quant. vor sich.

H. Moenke. 380□

Über ein ungewöhnliches Vorkommen von Millerit auf Temagami Island, Temagami Distrikt, Ontario. M. H. Frohberg und E. W. Nuffield. (Neues Jb. Mineralog., Abh. 94. 1183–86. Juli 1960. Toronto, Canada, Univ., Dep. of Geol. Sci.) (Dt.)

Auf Temagami-Island wurden faustgroße massive Aggregate u. bis 4 mm dicke Kristalle von Millerit hydrothermaler Herkunft neben Kupferkieskörpern gefunden. Als Begleitmineralien kommen Gersdorffit u. Kupferkies in Quarzgängen vor.

H. Moenke. 380□

Pneumatolytisch-hydrothermaler Monazit des Flusses Malaja Labo (Nord-Kaukasus). W. W. Ploschko. (Известия Академии Наук СССР, Серия Геологическая [Nachr. Akad. Wiss. UdSSR, geol. Ser.] 26. Nr. 1. 86–93. Jan. 1961. Moskau, Akad. der Wiss. der UdSSR, Inst. für Geol. der Erzlagerstätten, Petrographie, Miner. u. Geochem.) (Russ.)

Der Monazit (I) wurde in einer Gesteinsserie gefunden, die aus krist. Schiefern, Plagiogneisen u. Amphibolit besteht u. von verschiedenartigen Gängen im Zusammenhang mit einer Granitintrusion durchsetzt wird. Er tritt innerhalb des Amphibolits in kleinen Nestern auf, die hauptsächlich von Orthit (II) u. Apatit (III) gebildet werden. Chem. Zus. (in %): P_2O_5 26,65; TR_2O_3 53,98; ThO_2 2,39; U_3O_8 0,03; SiO_2 3,90; TiO_2 0,07; Al_2O_3 2,70; Fe_2O_3 + FeO 2,05; CaO 2,86; MgO 1,69; H_2O 1,37; CO_2 0,55; K_2O 0,24; Na_2O 0,35. Formel: $(TR, Th)_{0,9}P_{1,0}O_4$. Spezif. Gew. 4,683. Die Seltenen Erden (TR) teilen sich wie folgt auf (in %): La_2O_3 22,05; Ce_2O_3 53,18; Nd_2O_3 16,90; Pr_2O_3 5,71; Sm_2O_3 1,68; Eu_2O_3 0,12; Gd_2O_3 0,24; Dy_2O_3 0,12. Genese von I: Zuerst Bldg. von II u. III durch Verdrängung des Amphibols bei Zufuhr von Rest-Lsgg. des granit. Magmas. I entstand etwas später bei einer Neuzufuhr von Lsgg. in der pneumatolyt.-hydrothermalen Phase u. verdrängte metasomat. II u. III. Der Th-Geh. in I entspricht dem in II. Später (hydrothermal) bildeten sich noch Pennin, Delessit, Quarz, Albit, Calcit, Coelestin–Baryt u. schließlich Zeolith. H. Braun. 380□

Die Beziehung zwischen bevorzugter Orientierung von Olivin in Dunit und der tektonischen Umgebung. M. H. Battey. (Amer. J. Sci. 258. 716–27. Dez. 1960. Newcastle-upon-Tyne, Univ. of Durham, Dep. of Geol.) (Engl.)

Es wird die Orientierung von Olivinkristallen im Dunit der Dun-Mountains auf Neuseeland zu tekton. Gesetzmäßigkeiten der Nachbargesteine im Nelson-Peridotit-Gebiet in Beziehung gesetzt. H. Moenke. 380□

Koexistierende Pyroxene in Metamorphiten. M. J. O'Hara. (Geol. Mag. 97. 498–503. Nov./Dez. 1960. Edinburgh, Univ., Grant Inst. of Geol.) (Engl.)

Vgl. der chem. Analysen u. opt. Konst. von 18 Pyroxenpaaren aus Gesteinen der Granulitfacies. Es bestehen Unterschiede der Verteilung von Ca, Mg u. Fe auf die koexistierenden Pyroxene, die vermutlich unterschiedliche Bldg.-Bedingungen anzeigen.

H. Moenke. 380□

Lagerstätten von Niob und Seltenen Erden im südlichen Ravalli-County, Montana. Frank A. Crowley. (Montana Bur. Mines Geol., Bull. 1960. Nr. 18. 1–47. August.) (Engl.)

In den carbonatreichen Gesteinen im südlichen Ravalli-County treten ungleichmäßig im Muttergestein verteilt Mineralien des Nb u. der Seltenen Erden auf. Die Hauptniobmineralien sind Columbit u. Aeschynit neben geringen Mengen Fersmit. Die Mineralien der Gruppe der Seltenen Erden sind Ankylit, Allanit u. Monazit. Die Schichten treten in Gneisen u. kristallinen Schiefern in der Nähe von Amphibolitschichten auf, selten kommen die Seltene Erden führenden Carbonate in Augengneis, Quarz-Plagioklas-Biotit-Gneis u. Quarz-Hornblende-Schiefern vor. F. ENSSLIN. 380□

Das Tonmineral, das das Erz von Nagybörzsöny begleitet, und einige neue Mineralvorkommen bei Nagybörzsöny. János Erdélyi, Vera Koblencz und Vera Tolnay. (Földtani Közlöny **87.** 400—18. Okt./Dez. 1957.) (Ung.)

Vff. untersuchen die mit der Genese des Tonminerals, das das Erz von Nagybörzsöny begleitet, zusammenhängenden Problem mit Hilfe chem., kristallograph., DTA u. röntgenograph. Methoden. Das Tonmineral ist *Hydromuskovit* (I), $\frac{2}{\infty}(K_{0,70}Na_{0,05}Ca_{0,05})^{[12]}(Al_{1,78}, Fe^{3+}_{0,04}Fe^{2+}_{0,10}Mg_{0,08})^{[6]}(Si_{3,12}Al_{0,88})^{[4]}O_{9,83}](OH)_{2,17}$. I u. die begleitende Erzader sind mesothermalen Ursprungs. In I besetzt das überschüssige OH die Lagen der O-s der tetraedr. Schicht, so daß die Zahl der Alkaliionen, die gebunden werden können, abnimmt. Die Zahl der O-Atome der tetraedr. Schicht nimmt in demselben Verhältnis ab, wie die Zahl der äquivalenten OH-Ionen zunimmt, so daß die Formel $\frac{2}{\infty}(K, Na, Ca)^{[12]}_{y-m}(Al, Fe^{3+}, Fe^{2+}, Mg)_2^{[6]}[(Si_{4-y}Al_y)^{[4]}O_{10-m}](OH)_{2+m}$ resultiert. An Hand des Vgl. der gefundenen Werte mit denen anderer Arten konnte die Existenz eines neuen Minerals, Hydroparagenit, zweifellos festgestellt werden. Das als Brammalith beschriebene Mineral kann nicht als Na-Illit betrachtet werden, sondern es ist im Gegenteil eine Art Hydroparagonit. Weiterhin wird die Genese der Erzlagerstätte behandelt.
J. PLANK. 380

Eine Zwischenschichtmischung dreier Tonmineraltypen aus Hector, Californien. Meredith E. Ostrom. (Amer. Mineralogist **45.** 886—89. Juli/Aug. 1960. Urbana, Ill., Illinois State Geol. Surv.) (Engl.)

Eine Tonprobe aus Hector wurde röntgenograph. untersucht. Es wurden bemerkenswerte Abweichungen von Daten festgestellt, die über das Mineral Hectorit bekannt waren. Sie betreffen vor allem die {*0 0 l*}-Reflexe. Offensichtlich handelt es sich bei der Tonprobe um Phlogopit–Hectorit-Zwischenglieder. Es wird vermutet, daß Hectorit als Ergebnis der Einw. heißer Quellwässer auf ein phlogopit-ähnliches Mineral entstanden ist (K-Verlust der Zwischenschicht u. Na-Aufnahme). Ein derartiges Zwischenglied der Tonmineral-Bldg. aus anderen Schichtsilikaten aus Hector wurde bisher nicht beschrieben. H. MOENKE. 380□

Vermiculit-Lagerstätte von Kowdor. W. I. Ternowoi. (Разведка и Охрана Недр [Erforsch. Schutz Bodenschätze] **26.** Nr. 5. 5—11. Mai 1960. Nordwestliche Geol. Verwaltung.) (Russ.)

Die Lagerstätte enthält paläozoische ringförmige Intrusionen ultrabas., alkal. bzw. carbonathaltiger Gesteine. Alle Gesteine der Lagerstätte enthalten Glimmer in vier Varietäten: dunkelgrüner Biotit-Phlogopit, tiefgrüner Phlogopit, goldbrauner Vermiculit, goldbrauner kleinschuppiger Glimmer, der nach seinen Eigg. dem Vermiculit entspricht. In der Lagerstätte bildete sich Vermiculit von der Biotit–Phlogopit-Reihe durch Hydratisation. Maximale Hydratisation fand an der meridonalen Zone breccienartiger sungulitisierter Olivinite statt. Hier ist der Glimmer vollständig in Vermiculit übergegangen. Mit steigender Hydratisation wird Glimmer heller u. sein Brechungsindex niedriger. Die Spektralanalyse ergab, daß sowohl in Vermiculit als auch in Biotit-Phlogopit Ni, Co, Cr, Ga, Ba, V enthalten sind. Bei einer Teilchengröße von über 1 mm eignet sich Vermiculit zur Wärmeisolation, bei einer solchen von über 0,5—1,0 mm am besten zu Bauzwecken. M. WROBLEWSKI. 380□

Klassifikation von Molybdänlagerstätten. N. A. Chruschtschow. (Геология Рудных Месторождений [Geol. der Erzlagerstätten] **1959.** Nr. 6. 52—67. Moskau, Allunions-Inst. für mineral. Rohstoffe.) (Russ.)

Vf. leitet aus dem Studium der Mo-Vork. der UdSSR u. den Angaben der sonstigen Literatur eine Klassifikation der Mo-Lagerstätten her u. untersucht eine Reihe von Erzformationen. Industriell am wichtigsten sind die Quarz–Molybdänit–Sericit-Formationen u. die Lagerstätten der Cu-Porphyr-Erze. H. NOACK. 380

Mineralogische Bemerkungen zu einigen Mangan- und Eisensilicat führenden Schiefern aus dem Sebeş-Gebirge. L. Pavelescu. (Comun. Acad. Republ. Populare romîne **5.** 369—76. 1955.) (Rum.; Auszug: Franz.)

Die mkr. Unters. läßt in den Schiefern vom Sebeş-Gebirge Mn- u. Fe-Silicate aus der Rhodonitgruppe (Pyroxmangit, Bustamit), der Olivingruppe (Knebeldit, Tephroit), der Amphibolgruppe (Dannemorit) u. der Granatgruppe (Spessartin) erkennen. Diese

Schiefer sind sedimentären Ursprungs u. im Paläozoicum durch regionale Metamorphose entstanden, syngenet. mit den krist. Schiefern ihrer Umgebung. R. K. MÜLLER. 385□

Kilauea -Magma 1959/60. C. E. Tilley. (Geol. Mag. **97.** 494—97. Nov./Dez. 1960. Cambridge, Dep. of Miner. and Petrol.) (Engl.)

Chem. Analysen von Lavaproben der Eruptionen des Vulkans im Zeitraum 1959/60 werden verglichen mit entsprechenden Daten von Material der Flankeneruptionen im Jahre 1955. H. MOENKE. 386□

Die Radioaktivität der Mineralthermalwässer von Băile Herculane. C. A. Ionescu. (Bul. ştiinţ., Secţ. Ştiinţe mat. fizice **7.** 1163—69. Okt./Dez. 1955. Inst. de balneol. si fizioterap.) (Rum.; Auszug: Franz.)

Unter den untersuchten Quellen zeigen die höchste Radioaktivität die Hygea-Quelle mit 4,17 u. die Crişan-Quelle mit 1,38 mμc/Liter. Alle gefundenen Werte werden in Tabellen mitgeteilt u. mit früheren Unterss. verglichen. Die Verw. von Holzhähnen kann zu Rn-Verlusten führen. R. K. MÜLLER. 393□

Felduntersuchung über Küstenabtrift unter Verwendung von radioaktivem Glassand. Shizuo Inose, Masao Kato, Seiichi Sato und Naobumi Shiraishi. (Proc. int. Conf. peaceful Uses Atomic Energy **15.** 211—19. 1956. Japan.) (Engl.)

Es wird eine Meth. beschrieben, die Drift am Meeresboden an Küstenstreifen mit Hilfe von radioakt. u. indiziertem Glassand zu verfolgen. Die Verss. wurden aus industriell-ökonom. Erwägungen heraus im Tomakomai-Hafen, Hokkaido, über einen Zeitraum von mehreren Monaten durchgeführt. Als Radioisotop wurde ^{65}Zn (γ-Strahler) verwendet, das in Form einer $ZnCl_2$-Lsg. mit dem Rohmaterial aufgeschlemmt wird u. nach Trocknung u. Luftoxydation als ^{65}ZnO in den Schmelzfluß geht. Die Beschaffenheit des Glassands muß so sein, daß er sich hinsichtlich Dichte u. Korngröße dem Meeresbodensand angleicht. Als weitere für ähnliche Unterss. geeignete Radioisotope wurden ^{60}Co u. ^{46}Sc in Erwägung gezogen. W. BETCKE. 393□

Die Bildung von Coelestin ($SrSO_4$) aus Meerwasser. German Müller und Harald Puchelt. (Naturwissenschaften **48.** 301—02. 2. April-H. 1961. Tübingen, Univ., Miner.-Petrograph. Inst.) (Dt.)

$SrSO_4$ ist in wss. Lsgg. von NaCl u. KCl bedeutend leichter lösl. als in reinem Wasser. Überträgt man dieses auf Meerwasser (8 g Sr/t), so sollte eine prim. Coelestinabscheidung erst im letzten Stadium der salinaren Sedimentation (K-Mg-Chloride u. -Sulfate) zu erwarten sein. Das Auffinden einer großen sedimentären Coelestinlagerstätte im Obermalm-Salinar Nordwestdeutschlands führte nun zu Unterss. über die Löslichkeit von $SrSO_4$ im Meerwasser selbst. Dazu wurde die Löslichkeit in verschiedenen Einengungs- u. Verdünnungsstadien von natürlichem u. künstlich bereitetem Meerwasser spektrophotometr. bestimmt. Es ergab sich in allen untersuchten Konz.-Bereichen eine niedrigere Löslichkeit gegenüber reinem Wasser. Nach den Unterss. tritt eine Coelestinabscheidung aus Meerwasser bereits dann ein, wenn eine Einengung auf $^1/_4$ des Ausgangs-Vol. erfolgt. E. FRITZSCHE. 393□

B. Allgemeine und theoretische organische Chemie

Die Struktur von Carbonylcyanid. A. Tramer und K. L. Wierzchowski. (Bull. Acad. polon. Sci., Cl. III **5.** 417—20. 1957. Warsaw, Univ., Polish Acad. of Sci., Inst. of Phys., Inst. of Inorg. Chem.) (Engl.) — Vgl. C. **1961.** 17520.

Es wurden die Kraft-Konst. der chem. Bindung von *Carbonylcyanid* durch Vgl. gemessener u. berechneter Schwingungsfrequenzen ermittelt. Durch Vgl. der Kraft-Konst. mit denen in gesätt. u. ungesätt. Nitrilen wird geschlossen, daß, ähnlich wie in ungesätt. Nitrilen, eine Konjugation der C=O-Bindung mit einer C≡N-Bindung vorhanden ist. J. KRAUSSE. B 114□

Die Deutung der Lichtabsorption organischer Verbindungen auf Grund des Elektronengasmodells. Die Berechnung der Absorptionsbanden des Stilbens. M. Bán. (Acta chim. Acad. Sci. hung. **14.** 299—310. 1958. Szeged, Univ., Inst. für Allg. u. Physikal. Chem.) (Dt.)

Die Meth. von KUHN, die bei Verbb. mit Ionencharakter auf der Berücksichtigung der Stör-Wrkg. des Heteroatoms beruht, wird auf die Lichtabsorption des *Stilbens* als nichtion. Verb. ausgedehnt u. die Lichtabsorption auf diese Weise gedeutet. Es werden Berechnungen vorgenommen, die auf Gund neuer Vorstellungen über das Mol. auf der Annahme einer „2stufigen" Ausbildung des Potentials beruhen. Die Ergebnisse werden mit den auf Grund des verzweigten Modells erhaltenen Wellenlängen verglichen, wobei eine gute Übereinstimmung erzielt werden kann. W. HAMPEL. B 114□

Elektronenspektren der Azine: n–π'-Übergänge. Giorgio Favini und Massimo Simonetta. (Atti Accad. naz. Lincei, Rend., Cl. Sci. fisiche, mat. natur. **28.** 57–62. Jan. 1960. Milano, Univ., Ist. di Chim. Ind.) (Ital.)

Vff. berechneten mit Hilfe der von POPLE (vgl. C. **1950/54.** 7279 S) angegebenen Meth. die den n–π'-Übergängen entsprechenden Anregungsenergien für *Pyridin, Pyridazin* u. *Pyrimidin.* Die berechneten Werte stimmten mit experimentellen Werten befriedigend überein. C. GOTTFRIED. B 114

UV-Absorptionsspektren einiger 5-substituierter 2-Nitrothiophen-Derivate und ihrer Vinylogen. Giovanni Pappalardo. (Gazz. chim. ital. **89.** 551–59. Febr. 1959. Parma, Univ., Ist. di Chim. ind.) (Ital.) – Vgl. C. **1961.** 16052.

Vf. untersucht das spektroskop. Verh. im nahen UV von in 5-Stellung mit Elektronenacceptoren (COOR, R = H, CH_3, C_2H_5; COR, R = H, CH_3) substituierten 2-Nitrothiophenen (I) u. deren Vinylogen [II; $-CH{=}CH\cdot COOR$, R = H, CH_3, C_2H_5; $-CH{=}CH\cdot COCH_3$(**III**)]. Die Absorptionsspektren u. λ_{max}, log ε (Tabellen) sind wiedergegeben. Die **I** zeigen eine ziemlich breite Bande mit λ_{max} 297–301 u. 300–320 mμ in 95%ig. A., während eine analoge Verlagerung der λ_{max} von **II** durchschnittlich um 70 Å beim Übergang von einem unpolaren zu einem polaren Lsgm. beobachtet wird. Die Einführung der Nitrogruppe in α-substituierten Thiophenen mit elektroaffinen Substituenten verursacht einen bemerkenswerten bathochromen Effekt, der um so deutlicher ist, je kleiner der elektromere Effekt des Substituenten ist; tatsächlich nimmt die Übergangsenergie (ΔE) bei Einführung der Nitrogruppe stufenweise ab: Bei 5-Nitrothiophen-2-carbonsäure, deren Methylester u. *5-Nitro-2-acetylthiophen* 19,5, 11,5 u. 8,5 kcal/Mol u. *β-[5-Nitrothienyl-(2)]-acrylsäure*, deren *Methylester* u. **III** 18, 9,5 u. 8,5. Die Nitrogruppe ist mit der 5-Carboxythienylgruppe statist. mehr konjugiert als in der 5-Acetylthienylgruppe, wie dies auch in der Furanreihe (mit ΔE 14,5, 11 u. 7,5 kcal/Mol) der Fall ist. Die Änderung von ΔE durch Einführung einer α-Nitrogruppe in den entsprechenden Furan-Derivv. 5-Nitrofuran-2-carbonsäure u. deren Methylester ist immer größer – 26,5 u. 11 kcal/Mol – als bei den entsprechenden Thiophenen – 19,5 u. 8,5 kcal/Mol. Die durch Einführung des Vinylrestes verursachte Änderung von ΔE bei Nitro-Derivv. (14 u. 12 kcal/Mol) ist von derselben Größenordnung wie die für die entsprechenden nichtnitrierten Derivv. (14,5 u. 12 kcal/Mol). Die Ergebnisse zeigen, daß die Chromophore $-S(C{=}C)_nC{=}O$ u. $-S(C{=}C)_nN{=}O$ für die UV-Absorption verantwortlich sind, u. die letzte Gruppe am mesomeren Syst. des Mol. um so mehr teilnimmt, je kleiner der M-Effekt der CO-Gruppe ist. Der Effekt der Nitrogruppe ist in den analogen Furan-Derivv. größer, was den aromatischeren Charakter des Thiophenkerns bestätigt. Schließlich verursacht die Einführung des Vinylrestes die erwartete bathochrome Verschiebung durch Vergrößerung des Chromophoren.

Versuche (mit Annino Angeloni): Die Absorptionsspektren werden mit Lsgg. in A. u. in 0,0005%ig. n-Hexan aufgenommen, die untersuchten Verbb. nach bekannten Verff. dargestellt. *β-[5-Nitrothienyl-(2)]-acrylsäuremethylester*, $C_8H_7NO_4S$, F. 157° (verd. Aceton), gelbliche nadelförmige Kristalle, durch 2std. Erhitzen von 1,5 g der Säure mit 50 ml abs. CH_3OH u. 10 ml konz. H_2SO_4. – *5-Nitrothenylidenaceton* (**III**), $C_8H_7NO_3S$, F. 131,5° (A.), gelbe (im Licht dunkel werdende) Nadeln, durch Kühlen von 20 g Thenylidenaceton in 60 ml konz. H_2SO_4 auf –10°, tropfenweise Zugabe (30 Min.) von 5 ml rauchender HNO_3 in 70 ml konz. H_2SO_4 unter Rühren, 30 Min. langes Stehen; 12,8 g (Ausbeute). *Oxim*, $C_8H_8N_2O_3S$, F. 173–174° (70%ig. A.), glänzende goldgelbe Schuppen. *Phenylhydrazon*, $C_{14}H_{13}N_3O_2S$, F. 192–193° (Bzl.). – *5-Nitrothiophen-2-carbonsäure*, F. 158° (W.), durch Oxydation vorst. Verb. mit CrO_3 in 20%ig. H_2SO_4. – *3.5-Dinitrothenylidenaceton* (**IV**), $C_8H_6N_2O_5S$, F. 126,5° (verd. Aceton), glänzende gelbliche Schuppen, analog **III** unter Verw. von 8 ml rauchender HNO_3. – *3.5-Dinitrothiophen-2-carbonsäure*, durch Oxydation von **IV** mit CrO_3 in 15%ig. H_2SO_4. *Oxim* von **IV**, $C_8H_7N_3O_5S$, F. 210–211° (A.), gelbe Prismen. G. PLATZER. B 118□

Die ebenen Normalschwingungen der Ameisensäure. R. Blinc und D. Hadži. (Spectrochim. Acta [London] **1959.** 82–85. April. Ljubljana, Univ., Chem. Labor. u. Inst. Boris Kidrič.) (Engl.)

Ameisensäure besitzt 7 Normalschwingungen. Vff. berechnen die Normalschwingungen von HCOOH u. HCOOD durch Normalkoordinatenanalyse unter Verw. der Mol.-Parameter von SHOEMAKER (J. Amer. chem. Soc. **72.** [1950.] 4222) nach einem Verf. von BRATOŽ (vgl. C. **1956.** 10162) in nullter Näherung. Es werden nur die Schwingungen mittlerer Frequenz berücksichtigt, die höherfrequenten [ν(OH), ν(CH)] u. eine niederfrequente [δ(OCO)] bleiben unberücksichtigt. Die Übereinstimmung zu den gemessenen Frequenzen ist sehr gut. Aus der Berechnung ergibt sich, daß ν(C–O), δ(OH) u. δ(CH) die gleiche Größenordnung besitzen, die Normalschwingung der Frequenz 1105 cm^{-1} setzt sich aus einer komplexen Bewegung dieser 3 Schwingungen zusammen. Eine Überprüfung der Zuordnungen von WILMSHURST (vgl. C. **1957.** 6092) ergab, daß diese nicht mehr haltbar sind. VOLKMAR SCHMIDT. B 120□

Über die Ramanfrequenzen der Essigsäure im Gebiet 3000 cm^{-1}. I. Cucurezeanu. (Bul. ştiinţ., Sect. Ştiinţe mat. fizice **9.** 187—91. Jan./März 1957.) (Rum.)

Entgegen den Beobachtungen von BATUJEW (C. **1949.** 29) tritt die Frequenz 2900 (cm^{-1}) im Spektrum von reiner *Essigsäure* (I) nicht auf, sie kann also nicht der antisymm. Schwingung der CH_3-Gruppe zugeschrieben werden. Die Verss. sprechen für die Annahme von FÉNÉANT (C. **1954.** 3895, 5035), daß das Dublett 2990/3020 ebenso wie die Frequenz 2942 der CH_3-Gruppe zugehört. Die Annahme von BATUJEW (l. c.), daß das Dublett der OH-Gruppe des cycl. Dimeren der I zuzuordnen sei, trifft nicht zu. Die breite strukturlose Bande um 3000 ist für diese OH-Gruppe charakterist., nicht für die OH-Gruppe einer höherpolymeren Form der I. R. K. MÜLLER. B 120□

Schwingungsspektren und Strukturen der Hydrochloride von Harnstoff, Thioharnstoff und Acetamid. Die basischen Eigenschaften von Amiden und Thioamiden. E. Spinner. (Spectrochim. Acta [London] **1959.** 95—109. April. Canberra, Australian Nat. Univ., John Curtin School of Med. Res., Dep. of Med. Chem.) (Engl.)

Es wurden die IR- u. RAMAN-Spektren der *Hydrochloride* von *Harnstoff* (I), *Thioharnstoff* (II) u. *Acetamid* (III) u. zum Vgl. die der neutralen Moll. (**Ia—IIIa**) in Nujol, KBr, z. T. auch in verd. oder konz. HCl aufgenommen. Die Verbb. können 2 Arten von Kationen bilden: Ammonium- oder Oxonium- bzw. Sulfoniumionen. Es fehlen jedoch bei **I** u. **III** die Frequenzen oberhalb 3400 cm^{-1} u. bei **II** die RAMAN-Frequenzen bei $\approx$2570 cm^{-1}, die OH- bzw. SH-Gruppen anzeigen könnten. Dagegen deuten zusätzliche Banden im δ(NH)-Bereich sowie die Banden 2570 (**I**) u. 2350 cm^{-1} (**II** u. **III**) auf eine NH_3^+-Gruppe hin. Die Spektren von **Ia—IIIa** ähneln denen von **I—III**. Die wesentlichsten beobachteten Banden werden zugeordnet, teilweise durch Vgl. mit den Spektren der Deuteroanalogen. Aus den Daten kann geschlossen werden, daß die CN-Bindung in den neutralen Moll. weniger Doppelbindungscharakter hat als in den Kationen. Eine ausgeprägte Delokalisierung der ungepaarten Elektronen ist unwahrscheinlich. Struktur u. bas. Eigg. der Amide werden diskutiert. VOLKMAR SCHMIDT. B 120□

Phosphinoxyd-Halogen-Komplexe: Wirkung auf die P–O- und P–S-Valenzfrequenzen. Ralph A. Zingaro und Richard M. Hedges. (J. physic. Chem. **65.** 1132—38. Juli 1961. College Station, Tex., Agric. and Mechan. Coll. of Texas, Dep. of Chem.) (Engl.)

Die P—O- bzw. P—S-Valenzfrequenzen in den IR-Spektren von Phosphinoxyden [*Tri-n-butyl-*, *Tri-n-octyl-*, *Tri-[2-äthylcyclohexyl]-* (n^{20} 1,4643), *Tricyclohexyl-*, *Dicyclohexylphenyl-*, *Diphenylcyclohexyl-*, *Triphenyl-*] bzw. Phosphinsulfiden (*Dicyclohexylphenyl-*, *Tricyclohexyl-*, *Trimethyl-*, *Triphenyl-*) werden durch Komplex-Bldg. mit Halogenen (J_2, JBr, JCl, Br_2) erniedrigt. Diese Verschiebung zeigt, daß die Komplex-Bldg. über das O-Atom erfolgt. In CS_2 gilt für die Oxyde: $\bar{\nu}_{P-O} = 11{,}72 + 13{,}86\,\Sigma\sigma^* + 4{,}11\,\Sigma E_s$. J. ROTHE. B 120□

Über die nichtebenen CH-Schwingungen und Extrabanden von Benzoesäure, Benzoesäureestern, Benzoylchlorid und ihren para-substituierten Derivaten. Shigeru Yoshida. (Chem. pharmac. Bull. [Tokyo] **8.** 389—94. Mai 1960.) (Engl.)

Es wurden die IR-Spektren von *Benzoesäure*, ihren *Estern*, den *Chloriden* u. den p-substituierten Derivv. in der Region von 900—650 cm^{-1} untersucht. Neben den nichtebenen Schwingungen [δ(CH)] treten bei den genannten Verbb. noch Extrabanden auf; *p-Chlorbenzoesäure* (760 cm^{-1}), *p-Nitroanilin* (740 cm^{-1}). Nach Vf. sind die Extrabanden der genannten Verbb. mit Hilfe des Begriffs der „Familienabsorption" zu erklären. Ein ebenes Mol. soll eine Y-Struktur haben, 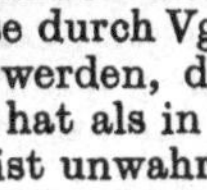

. Entspricht A dem Benzolring, so soll die nichtebene Schwingung des Atoms B als Extrabande erscheinen. Die Erklärung befindet sich in Einklang mit dem beobachteten Polarisationsdichroismus von δ(CH) u. der Extrabande. Es werden Frequenzangaben für die Lage der Extrabanden u. die der δ(CH)-Banden für eine größere Zahl von Derivv. der genannten Stamm-Verbb. gemacht. Im einzelnen wurden untersucht: Die Methyl- u. Äthylester von *p-Nitro-*, *p-Methyl-*, *p-Methoxy-*, *p-Chlor-*, *p-Hydroxy-*, *p-Amino-*, *p-Cyanbenzoesäure* sowie von *Benzoesäure*; die entsprechenden Carbonsäuren selbst sowie ihre COOD-Derivv.; die Benzoylchloride (außer der p-OH-Verb.). H.-J. SPANGENBERG. B 120□

Die Infrarotspektren und die Wasserstoffbindung in einigen sauren Salzen der Phthalsäure. D. Hadži und A. Novak. (Bull. sci. [Yougoslavie] **4.** 40—41. Sept. 1958. Ljubljana, Univ., Chem. Labor.; Academy Inst. B. Kidrič.) (Engl.)

Der vor kurzem von Okaya u. Pepinsky (vgl. C. **1958.** 1806) angegebene O—O-Abstand, erhalten aus Röntgenbeugungsmessungen an Ammoniumhydrogenphthalat, stimmt nicht mit der Lage der ν(OH)-Bande des IR-Spektrums überein. Vff. untersuchen daraufhin die IR-Spektren der *Phthalsäure* (**I**), des *K-Phthalats* (**II**) sowie der *Hydrogenphthalate* von NH_3 (**III**), *Li* (**IV**), *K* (**V**) u. *Na* (**VI**). Von den letzten beiden Salzen werden auch die deuterierten Analoga (**V**d u. **VI**d) aufgenommen. Die Spektren von **I** u. **II** zeigen die COOH- bzw. COO^--Banden in üblicher Lage. Im Bereich 3000 bis 1700 cm^{-1} finden sich bei **V** u. **VI** 2 mittelstarke u. breite Banden bei ca. 2500 u. 1950 cm^{-1}, bei **III** außer diesen eine bei 3170 cm^{-1} [$\nu(NH_4^+)$] u. bei **IV** nur eine Bande bei 2960 cm^{-1}. In **V**d u. **VI**d sind die beiden Banden nach 1910 u. 1800 cm^{-1} verschoben. Die höherfrequente Bande ist zweifellos die ν(OH), die Zuordnung der niederfrequenten ist nicht so eindeutig. Die beste Deutung der Spektren erfolgt durch Annahme einer Aufspaltung der Schwingungsenergieniveaus durch Tunnelieren des Protons zwischen zwei unsymm. Minima der potentiellen Energie. Eine solche H-Brückenbindung bedingt jedoch einen größeren O—O-Abstand, als er von Okaya u. Pepinsky (l. c.) gemessen wurde. Die übrigen Banden der Spektren werden diskutiert. Volkmar Schmidt. B 120□

Das Infrarot-Absorptionsspektrum von Dimethyltricyclopentyl. D. Bîrcă-Gălăţeanu. (Comun. Acad. Republ. Populare romîne **5.** 339—42. Febr. 1955.) (Rum.)

Das Absorptionsspektrum von *2.2''-Dimethyltricyclopentyl* wird zwischen 1,5 u. 14 μ aufgenommen. Es zeigt 3 Gebiete starker Absorption bei 3,5, 7 u. 11 μ. Bei 3,5 μ werden die 2 sehr starken Banden 2864 u. 2937 (cm^{-1}) der symm. bzw. asymm. Valenzschwingung der CH_2-Gruppe zugeschrieben, mit den Obertönen 5717 bzw. 5727 im Gebiet um 1,7 μ. Um 7 μ findet sich eine starke Bande 1440 der Grunddeformationsschwingung der CH_2-Gruppe sowie eine Bande 1311 (Deformationsschwingung der CH-Gruppe) u. eine Bande 1253 (Torsion der CH_2-Gruppe), im Gebiet um 11 μ eine Bande 893 der Grundschwingung der C—C-Gruppe. Das Spektrum enthält ein Triplett 10,734, 11,200, 11,99 μ, analog den früher [1937] bei Cyclopentan u. Methylcyclopentan gefundenen; es kann als charakterist. für einen gesätt. Fünfring angesehen werden. R. K. Müller. B 120□

Infrarot- und Raman-Spektrum des Isoxazols: Schwingungsanordnung. S. Califano, F. Piacenti und G. Speroni. (Spectrochim. Acta [London] **1959.** 86—94. April Napoli, Ist. Chim.) (Engl.)

Gemessen wurden die IR- u. Raman-Spektren von fl. u. gasförmigem *Isoxazol* (**I**; Kp. 96,5°; n_D^2 1,4276) im Bereich 3600—300 cm^{-1}. Unter der Annahme einer ebenen Struktur gehört **I** zur Punktgruppe C_s. Durch Vgl. mit den Spektren von Furan u. Pyrrol sowie **I**-Derivv., auf Grund der Intensität u. Rotationsstruktur der Banden sowie von Polarisationsdaten wird eine Zuordnung der beobachteten Banden zu Grund- bzw. Ober- u. Kombinationsschwingungen gegeben u. diskutiert. Eine scharfe Unterscheidung der CH-Ringdeformationsschwingung bei 1128 cm^{-1} u. der CH-Deformationsfrequenzen bei 1217, 1089 u. 1021 cm^{-1} ist schwer möglich, da starke Schwingungskopplung in Betracht zu ziehen ist. Volkmar Schmidt. B 120□

Protonenübergänge in Systemen mit Wasserstoffbrückenbindung. L. J. Bellamy und P. E. Rogasch. (Proc. Roy. Soc. [London], Ser. A **257.** 98—108. 13/8. 1960. Waltham Abbey, Essex, Ministry of Aviation, E.R.D.E.) (Engl.)

Von *Thiopyridon-(2)*, *Pyridon-(2)*, *2-Mercaptobenzthiazol*, *Acetylaceton*, *Dimedon* [*5.5-Dimethylcyclohexandion-(1.3)*] u. *Methylen-2.2'-bis-*[*dimedon*] {*Methylen-2.2'-bis-*[*5.5-dimethylcyclohexandion-(1.3)*]}, *1.4-*, *1.5-Dihydroxy-* u. *1.4.5.8-Tetrahydroxyanthrachinon*; $KHCO_3$ u. $NaHCO_3$ (fest u. in CCl_4-Lsg.) wurden die IR-Spektren im Bereich um 3000 cm^{-1} aufgenommen u. mit denjenigen der deuterierten Verbb. verglichen. Das ermittelte Verhältnis ν_{XH}/ν_{XD} ist mit 1,30 oder darunter stets niedriger als theoret. zu erwarten (1,40). Vff. sehen darin einen Beleg für Protonenübergänge in den Wasserstoffbrücken der dimeren Verbb.; diese führen über eine stärkere Beteiligung polarer Formen zu einer Bindungsverkürzung. In den deuterierten Verbb. ist die Übergangswahrscheinlichkeit kleiner u. die Bindung entsprechend schwächer. Der Effekt soll auch für die Verbreiterung der ν_{XH}-Bande verantwortlich sein. A. Schmidpeter. B 120□

Die Methode der Rotationsdispersion und ihre Anwendung zur Aufklärung der Konstitution organischer Substanzen. Eduard Knobloch. (Chemie [Praha] **10.** 547—58. Juli 1958. Praha, Vysk. ústav pro farmacii a biochemii.) (Tschech.)

Zusammenfassender Überblick mit 32 Literaturangaben. C. Kozák. B 121□

Allylumlagerungen. 48. Mitt. Die absolute Konfiguration des (+)-α-Methylallylalkohols und des (+)-α-Methylallylchlorids. William G. Young und Frederick F. Caserio jun. (J. org. Chemistry **26.** 245—46. Jan. 1961. Los Angeles, Calif., Univ., Dep. of Chem.) (Engl.) — **47.** vgl. C. **1960.** 17074; **49.** vgl. C. **1961.** 8609.

(+)-*α-Methylallylalkohol* [(+)-I] liefert bei der katalyt. Hydrierung L-(+)-Butanol-(2) [L-(+)-III] u. gehört daher ebenfalls zur L-Reihe. (+)-*α-Methylallylchlorid* (II), gewonnen aus D-(−)-I mit $SOCl_2$ u. Tri-n-butylamin in Ac., liefert bei der Ozonisierung L-(−)α-Chlorpropionsäure u. gehört daher ebenfalls zur L-Reihe.

Versuche: (+)-*α-Methylallylalkohol* [(+)-I], Kp. 97°; n_D^{25} 1,4121; α_D^{27} +20,09° (rein; l = 1,0), durch teilweise Spaltung von dl-I (Kp. 96—97°, n_D^{25} 1,4125) nach KENYON u. SNELLGROVE [1925]; 71,9% opt. Reinheit. — Hydrierung von 2,21 g (+)-I u. 2,36 g inakt. III in Ae. an Pd auf $BaSO_4$ gibt 1,8 g (+)-III [α_D^{24} +1,91° (rein; l=1,0)], verunreinigt mit Methyläthylketon. — (+)-*α-Methylallylchlorid* (II), zu 10 g (−)-I u. 25,7 g Tri-n-butylamin in Ae. wurden 16,5 g $SOCl_2$ unter Eiskühlung zugetropft, → 33 g γ-Methallylchlorid u. 7,1 g II; 83% (Ausbeute). II [α_D^{25} +5,87° (rein; l = 1,0)] in $CHCl_3$ bei 0° ozonisiert u. anschließend oxydiert mit a) $KMnO_4$ → 22% (−)-*α-Chlorpropionsäure* [III; $Kp._{1,2}$ 69,5°; α_D^{25} −1,73° (rein; l = 1,0)]; b) H_2O_2 → 20% unreines III mit α_D^{25} −1,46°. GERHARD SCHULZ. B 123□

Innere Spannungsenergie (Strain-Energy) und Geometrie der Moleküle von Cyclopropan, Spiropentan und Cyclopropen. Massimo Simonetta, Giorgio Favini und Paolo Beltrame. (Rend. Ist. lombardo Sci. Lettere, Cl. Sci. mat. natur. **91.** 311—28. 1957. Milano, Univ., Ist. per la Laurea in Chim. ind., Labor. di Chim. fis.) (Ital.)

Zur Berechnung der Atomisierungsenergie (Z) u. der geometr. Parameter von Moll. mit inneren Spannungen werden 2 Formeln vorgeschlagen. Ausgeführt wurden die Berechnungen für *Cyclopropan* (I), *Spiropentan* (II) u. *Cyclopropen* (III); für I u. II wurden die Spannungsenergien aus der Verbrennungswärme unter Zugrundelegung der Sublimationswärme von Graphit mit 170 kcal/Mol berechnet u. die Werte 61,5 u. 91 kcal/Mol gefunden. Die mit den Formeln errechneten Werte 5,7 u. 7,0 kcal/Mol liegen weitaus niedriger. Für III wird nur der berechnete Wert 4,8 kcal/Mol wiedergegeben. Sehr gute Ergebnisse wurden aber für die geometr. Parameter der Moll. erzielt. Die Berechnung mit den Elektronenzuständen nach SLATER [1930] führt zu weniger guten Ergebnissen (Diagramme u. Tabelle). G. PLATZER. B 123□

Berechnung der magnetischen Hauptsusceptibilitäten des Benzolmoleküls. Jean Baudet, Jean Guy und Jacques Tillieu. (J. Physique Radium **21.** 600—08. Juli 1960. Bordeaux, Fac. des Sci., Labor. de Chim. Phys.; École Polytechn., Groupe de Chim. Théor.) (Franz.)

Die von Vff. früher (vgl. C. **1957.** 6988) benutzte Näherungs-Meth. zur Berechnung der diamagnet. Susceptibilitäten (S) vieler nichtaromat. organ. Moll. wird jetzt auf *Bzl.* angewandt. Die theoret. u. experimentellen Werte liegen eng beieinander (relative Differenz 7%), wenn die Feldrichtung senkrecht zur Mol.-Ebene ist; andererseits wird eine größere Abweichung (34%) für die andere Haupt-S beobachtet. Mittels einer besser ausgearbeiteten Berechnung wird die Differenz für $X_{\perp}$ auf 0,6% erniedrigt, aber $X_{\parallel}$ bleibt prakt. unverändert ($X_{zz} = -93{,}64 \cdot 10^{-6} \pm 0{,}6$) usw., $X_{xx} = X_{yy} = -47{,}74 \cdot 10^{-6} \pm 33{,}7\%$, $X_M = -63{,}04 \cdot 10^{-6}$ u. $\Delta = 45{,}90 \cdot 10^{6-}$). J.-M. SPAETH. B 137□

Perfluoralkansulfonsäuren. 3. Mitt. Die Stärke der Sulfonsäuren. Thor Gramstad. (Tidsskr. Kjemi Bergves. Metallurgi **19.** 62—66. 30/4. 1959. Kjeller (pr. Lillestrom), Forsvarets forskninginst.) (Engl.) — 2. vgl. C. **1961.** 18660.

Vf. ermittelte die Dissoziations-Konst. für CF_3SO_3H (I), $HClO_4$ (II) u. CH_3SO_3H (III) in Essigsäure nach FUOSS u. KRAUS aus Leitfähigkeitsmessungen bei 25°. Die K-Werte sind für I $1{,}26 \cdot 10^{-5}$, II $6{,}4 \cdot 10^{-6}$, III $5{,}1 \cdot 10^{-7}$. Auf Grund von Daten der spezif. Leitfähigkeit anderer Säuren berechnet Vf. relative Säurestärken (bezogen auf HNO_3, CF_3CO_2H u. $C_3F_7CO_2H$ = 1): I 426, II 397, $(CF_3)_2POOH$ 224, HBr 164, H_2SO_4 30, III 17, HCl 965, $CF_3PO(OH)_2$ 9, $(CF_3)_2AsO(OH)$ 2,9, $CF_3AsO(OH)_2$ 2,2. Die größere Säurestärke der I gegenüber II bestätigt sich auch bei der Best. der HAMMETTschen Säurefunktion H_0. H. NÖTH. B 139

UV-Spektroskopische Untersuchungen über die Dissoziation von Acetylaceton und Acetessigester. Walter Walisch und Henner A. Ruppersberg. (Chem. Ber. **92.** 2622—27. 13/10. 1959. Univ. des Saarlandes, Inst. für Organ. u. Inst. für Anorgan. Chem.) (Dt.)

Es wurden die „empir. Dissoziations-Konst." (K_b', vgl. Ann. Univ. Saraviensis **8.** [1959.] 1) von *Acetylaceton* (I) u. *Acetessigester* (II) in wss. Puffer-Lsg. (Borax u. Na_2CO_3) UV-spektrophotometr. bei verschiedenen Wellenlängen u. pH-Werten bestimmt. Der Enolisierungsgrad von I u. damit auch das Konz.-Verhältnis Enolform/Ketoform (X) sind im pH-Bereich von 7,74—9,56 unabhängig vom pH-Wert. Die Meßergebnisse beweisen, daß K_b' für I u. II eine Konst. ist u. daß sich im pH-Bereich 2—11 X u. die Aktivitäts-Koeff. der Enol- u. der Ketoform bei pH- u. Konz.-Änderungen nicht verändern. Für I bzw. II ist pK_b = 9,01 bzw. 10,79. Die potentiometr. bestimmten Werte sind pK_b = 9,00₅ bzw. 10,81. Die ε_{max}-Werte waren für I: sauer 1700 bei 273 mμ, bas. 21600 bei 192 mμ; für II: bas. 21200 bei 272 mμ. GERHARD CLEVE. B 139□

Über die Basizität von Aminoalkoholen und über die Beziehung von Mac Innes. Gisèle Girault und Paul Rumpf. (C. R. hebd. Séances Acad. Sci. **246.** 1705—07. 17/3. 1958.) (Franz.) — Vgl. C. **1958.** 6494.

Untersucht wurden Hydroxylamine der Form $HO(CH_2)_xNH_2$, wobei x = 0, 2, 3, 4, 5, 6 sowie *n-Propylamin.* Es wurden die Dissoziations-Konst. der 0,01n Lsgg. dieser Verbb. bestimmt. Die Basizität fügt sich in das Syst. von MACINNES ein: Es gilt eine lineare Beziehung zwischen dem pK u. x, pK = 11,07 — 2,9/n, bzw. der Kettenlänge d: pK = 11,3 — 7,3/d. E. BOYE. B 139□

Der basenkatalysierte Austausch von $T_{(1)}$-Phenylacetylen in wässriger Lösung. E. A. Halevi und F. A. Long. (J. Amer. chem. Soc. **83.** 2809—14. 5/7. 1961. Ithaca, N.Y., Cornell Univ., Dep. of Chem.) (Engl.)

Vff. untersuchen die Geschw. des Austauschs des akt. H von *Phenylacetylen* (I) in wss. Lsg. bei 25° mit $C_6H_5C_2T$ (Kp. 130°, aus I u. tritiierter wss. Na_2CO_3-Lsg. durch Schütteln über Nacht). Die Rk. mit OH^- ist 1. Ordnung. Die Geschw.-Konst. k = 2,7·10^2 [Liter Mol^{-1} s^{-1}]. Vgl. von D_2O mit W. als Lsgm. führen zu k_{OD^-}/k_{OH^-} = 1,34, wie es für einen langsameren Protonenübergang in einem Schritt erwartet wird. Der Ersatz von OH^- durch Tris-[hydroxymethyl]-amin, 2.6-Lutidin u. NH_3 beweist, daß die Rk. basenkatalysiert ist, doch nimmt die Geschw. bei Verw. der schwächeren Basen relativ zu OH^- ab. k des Protonenübergangs zu W. als Base kann nicht größer als $2\cdot10^{-10}$ sein, da ein unkatalysierter Austausch nicht beobachtet wurde. k für den Protonenübergang von der Säure zum I-Anion liegt bei 10^8 u. der vom Hydroniumion wahrscheinlich bei 10^{11}. J. WEINER. B 139□

Ionisationskonstanten von Fluorenderivaten und anderen polycyclischen Verbindungen. Preston H. Grantham, Elizabeth K. Weisburger und John H. Weisburger. (J. org. Chemistry **26.** 1008—17. April 1961. Bethesda, Md., Nat. Cancer Inst., Labor. of Biochem.) (Engl.)

Vff. bestimmen potentiometr. oder spektrophotometr. die scheinbaren pK_a-Werte folgender Verbb. in 70%ig. A. (bei 25°; Werte in W., Werte bei 40° u. Konz.-Abhängigkeit vgl. Original; bei Aminophenolen: 1. Wert: NH_2-Gruppe, 2. Wert: OH-Gruppe; bei Diaminen: $pK_1'_a$ u. $pK_2'_a$): *1-* (I) 3,60; *2-* 4,30; *3-* (II) 4,37; *4-* (III) 3,4; *9-Aminofluoren* 7,56; *2-Aminofluorenol-(1)* 4,54; 11,25; *7-Aminofluorenol-(1)* 4,38; 11,66; *2-Aminofluorenol-(3)* 4,50; 11,60; *7-Aminofluorenol-(3)* 4,32; 11,9; *2-Aminofluorenol-(5)* 4,59; 11,9; *2-Aminofluorenol-(7)* 4,60; 11,8; *2-Aminofluorenol-(9)* 3,88; —; α- 3,60; *β-Naphthylamin* 3,85; *1.2.3.4-Tetrahydronaphthylamin-(2)* 9,13; *2-Aminodiphenyl* 2,94; *2-Dimethylaminodiphenyl* 3,71; *3-Aminodiphenyl* 3,89; *3-Amino-4-phenylacetanilid* 2,80; *4-Aminodiphenyl* 3,94; *4-Dimethylaminodiphenyl* 3,66; *2-Methyl-4-aminodiphenyl* 4,23; *2'-Methyl-4-aminodiphenyl* 4,03; *4'-Methyl-4-aminodiphenyl* 3,95; *4-Amino-p-terphenyl* 3,98; *2'-Fluor-4-aminodiphenyl* 3,77; *2-Aminophenanthren* 3,74; *3-Aminophenanthren* 3,79; *2-Aminochrysen* 3,58; *1-Aminopyren* 2,77; *3-Aminodibenzofuran* 3,35; *2-Aminodibenzothiophen* 3,94; *3-Aminodibenzothiophen* 3,52; *4'-Aminodiphenylcarbonsäure-(2)* 3,92; *4-Aminodiphenylsulfid* 2,86; *3-Aminodibenzothiophenoxyd-(5)* 2,57; *3-Aminodibenzothiophendioxyd-(5.5)* 1,25; *3-Aminocarbazol* 5,75; *1-Dimethylaminofluoren* [aus 5 (Millimol) I u. Trimethylphosphat (1 Std. bei 195°); *Hydrochlorid*, $C_{15}H_{16}ClN$, F. 192,5—193,5° (6 n HCl) 1,65 (Millimol, Ausbeute)] 4,41; *2-Methylaminofluoren* 4,02; *2-Dimethylaminofluoren* 3,99; *3-Dimethylaminofluoren* [$C_{15}H_{15}N$, F. 62—63° (PAe.), aus 5 II; 2,95] 4,43; *4-Dimethylaminofluoren* [$C_{15}H_{15}N$, F. 37° (PAe.), aus 5 III; 2,5] 3,59; Aminofluorenone: *1-* —0,32; *2-* 2,40; *3-* 0,86; *4-* 1,42; Aminofluorene: *7-Nitro-1-* 3,50; *3-Nitro-2-* —1,2; *7-Methoxy-3-nitro-2-* [$C_{14}H_{12}N_2O_3$, F. 202°, rote Nadeln (A.–W. oder Bzl.–PAe.), durch Nitrierung von 1 g 7-Methoxy-2-acetamidofluoren in CH_3COOH (→ 0,99 g orangegelber Nd., F. 158—160°), nachfolgende Hydrolyse mit wss.-alkoh. 3n HCl (30 Min. Kochen) u. Herauslösen der in o-Stellung zur CH_3O-Gruppe nitrierten Verb. mit 0,3n HCl; 0,3 g] —0,9; *5-Nitro-2-* 3,59; *7-Nitro-2-* (IV) 3,57; *7-Nitro-3-* 3,86; *5-Nitro-4-* 1,91; *7-Nitro-4-* 2,19; *1-Fluor-2-* 2,59; *3-Fluor-2-* 2,69; *3-Jod-2-* 1,97; *4-Flour-2-* 3,05; *5-Fluor-2-* 3,93; *6-Fluor-2-* 3,71; *8-Fluor-2-* 3,54; *1-Fluor-4-* 2,95; *3-Flour-4-* 2,71; *7-Fluor-2-* 3,53; *7-Chlor-2-* 4,00; *7-Brom-2-* 400; *7-Jod-2-* 3,90; *2-Acetamido-7-* 4,31; *3-Acetamido-7-* 4,10; Diaminonaphthaline: *1.2-* 4,29; <3,5; *2.3-* 3,99; <3,5; *1.8-* 4,08; <3,5; *2.2'-Diaminodiphenyl* 3,81; <3,5; *Benzidin* 4,63; 3,48; *4.4'-Methylendianilin* 4,81; 3,71; *4.4'-Methylen-bis-[N.N-dimethylanilin]* (*p.p'-Bis-[dimethylamino]-diphenylmethan*) 4,63; 3,57; Diaminofluorene: *1.7-* 4,47; <3,5; *2.3-* 4,49; <3,5; *2.5-* 4,52; <3,5; *2.7-* 4,97; 3,5; *4.5-* 5,16; <3,5; Hydroxyfluorene: *1-* 11,39; *2-* 11,56; *3-* 11,76; *4-* [$C_{13}H_{10}O$, F. 110—110,5°, blaßgelbe Kristalle (W.), aus 0,5 g III über das Diazoniumsalz; 0,09—0,27 g; Zers. des Diazoniumsalzes aus

0,37 g III in Ggw. von CuBr gab *4-Bromfluoren*, F. 60—61° (CH_3OH); das früher (WEISBURGER u. Mitarbeiter, C. 1950/54. 202 S) isolierte „4-Bromfluoren" (F. 112°) ist in Wirklichkeit *2-Bromfluoren*] 11,71; *2-Acetamido-9-* 10,96; *2-Acetamido-1-* 10,40; *4-Acetamido-1-* 11,12; *3-Acetamido-2-* 10,43; *2-Acetamido-3-* 10,58; *2-Acetamido-5-* 11,82; *2-Acetamido-6-* 11,79; *2-Acetamido-7-* 11,58; *2-Acetamido-8-* 11,53; *2-Nitro-1-* 8,69; *4-Nitro-1-* 8,46; *7-Nitro-1-* 10,74; *3-Nitro-2-* 8,62; *7-Nitro-2-* 10,76; *2-Nitro-3-* 9,12; *7-Nitro-3-* 11,16; *2.4-Dinitro-3-* 5,88; *7-Nitro-4-* 10,98. *2-Nitro-3-hydroxyfluorenon* 5,42; *Benzosäure* 6,41; *Diphenylcarbonsäure-(2)* 6,00; Diphenylcarbonsäuren-(2): *4-Acetamido-* 5,82; *4'-Acetamido-* 6,25; *4'-Amino-* 6,13. *Diphenylcarbonsäure-(4)* 6,32; Fluorencarbonsäuren: -(*1*), 6,65; -(*2*) (I) 6,39; -(*3*) 6,52; -(*4*) 5,87. 9-Oxofluorencarbonsäuren: -(*1*) 5,30; -(*2*) 5,83; -(*3*) 5,46; -(*4*) 5,00. 7-Nitrofluorencarbonsäuren: -(*1*) 6,29; -(*2*) [$C_{14}H_9NO_4$, F. 335° (KOFLER), blaßgelbe Nadeln (Dimethylformamid–W.), aus 3 g V u. HNO_3 in CH_3COOH; 1 g; SCHMIDT-Rk. gab IV, F. 230°] 5,82; -(*3*) 6,08; -(*4*) 5,41; *5-Nitrofluorencarbonsäure-(4)* 6,24. Die Ergebnisse werden im Hinblick auf induktive u. ster. Wechselwirkungen, Mesomerie u. Wasserstoffbindungen ausführlich diskutiert. J. ROTHE. B 139□

Perfluoralkansulfonsäuren. 1. Mitt. **Elektrochemische Fluorierung.** Thor Gramstad. (Tidsskr. Kjemi Bergves. Metallurgi **18.** 157—60. 1958. Kjeller [pr. Lillestrom], Forsvarets forskninginst.) (Engl.) — 2. vgl. C. **1961.** 18660.

Bei der Elektrolyse von CH_3SO_2F (I) oder CH_3SO_2Cl (II) in wasserfreier HF bei 5—6 V entsteht in hoher Ausbeute CF_3SO_2F (III). Durch Hydrolyse von III erhält man CF_3SO_3H (IV). I wird aus CH_3SO_3H (V) über II in wss. KHF_2-Lsg. dargestellt. Bei der direkten elektrochem. Fluorierung von V entsteht explosives OF_2. Umsetzung von V mit SbF_3, HSO_3F u. wasserfreier HF zu I gab unbefriedigende Ausbeuten. Da bei einem Potential von 5—6 V bei der HF-Elektrolyse noch kein freies F_2, an der Anode jedoch ein hellgrüner Beschlag mit einem Ni-Geh. von 44,3% Ni gebildet wird, nimmt Vf. an, daß evtl. 3- oder 4wertiges Ni-Fluorid das Fluorierungsmittel von I bzw. II darstellt. Auch bei der Elektrolyse anderer Alkansulfonylchloride in HF entstehen *Perfluoralkansulfonylfluoride*: CF_3SO_2F, Kp —21,7°, aus I, 96% (Ausbeute) neben 1% CHF_3 u. CF_4; aus II, 87%, $\log p = 7{,}736 - 1221/T$, Verdampfungswärme 5590 cal/Mol, TROUTONsche Konst. 22,2. — $C_2F_5SO_2F$; 79%. — $C_3F_7SO_2F$; 68%. — $C_4F_9SO_2F$; 59%. — $C_5F_{11}SO_2F$; 45%. — $C_6F_{13}SO_2F$; 36%. — $C_7F_{15}SO_2F$; 31%. — $C_8F_{17}SO_2F$; 25%.
H. NÖTH. B 141

Die Polarographie von Amidinen. P. O. Kane. (Z. analyt. Chem. **173.** 50—56. 1960. Dagenham/Essex, May & Baker Ltd. Res. Labor.) (Engl.)

Mit Hilfe der Polarographie wurde der Red.-Mechanismus nachstehender Amidine (A) untersucht: *Acet-*, *α-Äthyl-α-n-butyl-α-n-octylacet-*, *Phenylacet-*, *β-[2.4-Dichlorphenyl]-propion-*, *2.4-Dichlorphenoxybutyr-*, *Phenoxyacet-*, *4-Chlorphenoxyacet-*, *2.4-Dichlorphenoxyacet-*, *N-Methyl-2.4-dichlorphenoxyacet-*, *N.N-Dimethyl-2.4-dichlorphenoxyacet-*, *Benz-*, *4-Chlorbenz-*, *N-Phenyl-4-hydroxybenz-*, *N-[p-Chlorphenyl]-4-hydroxybenz-*, *1.3-Bis-[p-amidinoformylphenoxy]-propan*, *1.3-Bis-[p-amidinoformyl-o-bromphenoxy]-propan*, *1.3-Bis-[p-amidinoformyl-o-jodphenoxy]-propan*, *1.5-Bis-[p-amidinoformylphenoxy]-pentan*, *4.4'-Bis-[amidinoformyl]-diphenyläther*, *4.4'-Bis-[amidinoformyl]-diphenylamin*. Die Red.-Prodd. wurden durch F.-Best. u. UV-Absorptionsspektren identifiziert. — Während die alipath. u. arylaliphat. A an der Hg-Elektrode im Potentialbereich von 0—1,8 V nicht red. werden, entstehen aus den Phenoxyacetamidinen die entsprechenden Phenole u. Acetamidin, aus den aromat. A die entsprechenden Amine u. NH_3. Die Halbstufenpotentiale der reduzierbaren Verbb. sind zwischen pH 7—9 unabhängig vom pH. Die quant. Best. einiger A ist wahrscheinlich möglich. E. FAULHABER. B 142□

Eine neue Beziehung für die physikalischen Eigenschaften von n-Alkanen und n-Alkylverbindungen. Aleksander Kreglewski und Bruno J. Zwolinski. (J. physic. Chem. **65.** 1050—52. Juni 1961. Pittsburgh, Pa., Carnegie Inst. of Technol., Chem. and Petroleum Res. Labor.) (Engl.)

Die Abhängigkeit physikal. Eigg. (y), wie der Kpp., der krit. Temp., der krit. Drucke, der Verdampfungswärmen (ΔH_v) u. der ANTOINEschen Dampfdruck-Konst. (B) von der Anzahl der C-Atome (m) in n-Paraffinen beschreiben Vff. mit der Gleichung $\log (y_\infty - y) = a - b\, m^{2/3}$ (A). Vff. geben die Werte für y_∞, a, b u. y_0 (m = 0) an: Für $Kp._{760}$ (in °K) 1078, 3,03191, 0,0499901, 1,7; $Kp._{50}$ 989, 2,99615, 0,0431882, —2,2, ΔH_v (cal/Mol, beim normalen Kp.) 62500, 4,79747, 0,016848, —230 u. für B $y_\infty \approx 3010$ an. Ein Vgl. der berechneten mit beobachteten Kpp. (m = 1—17; Literaturdaten) zeigt eine mittlere Abweichung von 0,03% u. bei den Verdampfungswärmen von ungefähr 0,1%. Die ANTOINE-Konst. C_∞ der Gleichung $\Delta H_v = 4{,}57568\, BT^2/(C' + T)^2$ wird nach zweierlei Meth. zu —572 u. —556 bestimmt. Gleichung A gibt auch die bekannten Werte der krit. Temp. der n-Alkane bis zu m = 10 gut wieder, sie gilt auch für die physikal. Eigg. anderer KW-Stoff-Derivv., z. B. n-Olefine, n-Alkylbenzole, Thioalkohole. Für die Kpp. der n-1-Olefine geben Vff. $y\infty = 1078$, a = 3,03702 u. b = 0,0505662 an, für die Kpp. der n-Alkylbenzole mit m $\geqq$ 6 ist a: 2,90547, b: 0,043197 u. $y_0 = 274$ u. für ΔH_V a: 4,7511, b: 0,014442 u. y_0: 5338. Physikal. Eigg., die sich aus dem mol. Aufbau ergeben, wie Mol-Vol. u. Brechungsindex, gehorchen der Gleichung nicht. Die Anwendung der Gleichung **A** ist günstig zur Voraussage u. zum Vgl. intensiver Eigg. der Verbb. homologer Reihen. J. WEINER. B 146□

Die Berechnung einiger physikalischer Konstanten von Monochlorparaffinen. Josef Tomiška und Zdeněk Hanuš. (Chem. Průmysl **10(35)**. 633—37. 1960. Brno, Vojenská akad. Antonína Zápotockého.) (Tschech.)

Es wurden Korrekturgleichungen für die Berechnung von einigen wichtigen Konst. von Monochlorparaffinen entworfen. Für Kp: $T_c = 120{,}5 - 67{,}2 \log x - 12{,}6 \log^2 x + 0{,}92\, x + T_p - \alpha$, wobei T_p = normaler Kp. im entsprechenden Paraffin, x = Atomzahl von C im Mol. u. α = Konstit.-Inkrement. Der größte Fehler ist 1,5°. Die Dampftension $T\,[°K] = T_c[A + B/(C - \log p)]$ u. $\log p\,[\text{mm Hg}] = C - B \cdot T_c/(T - A \cdot T_c)$; die Konst. A, B, C sind tabellar. angegeben. Für krit. Druck gelten folgende Gleichungen: p_k (in atm) $= p'_k + 3{,}3044/(x - 1)$, wobei p'_k = der krit. Druck des Stammparaffins oder p_k [mm Hg] $= 760 \cdot \{60{,}3\ (20{,}2\ T_c^{0,60} - 143 - 1{,}2[P] + 10{,}4\,[R])\}/(9 + 1{,}5\ [P] - 4{,}34\ [R])^{1,226}$, wobei [P] = Parachorwert $= 54{,}3 + 17{,}1\ n_H + 4{,}8 n_C$ u. [R] = Mol-Refr. sind. Die Gleichung für das krit. Vol.: $V_k = 0{,}55\ (9 + 1{,}5\,[P] - 4{,}34\,[R])^{1,155}$ (cm^3/Mol). Die Verdampfungswärme wird aus der Gleichung $\Delta H_v = k_2 T_c$ berechnet. Die Konst. k_2 sind auch angegeben. Dichte $d_t = d_a\ (t_k - [t + 6]/t_k - [t_a + 6])^{0,3}$, worin d_a u. t_a = Dichte u. Temp. bei a°, t_k = krit. Temp., $d_4^{20} = 0{,}906 - 0{,}023 \log x - 0{,}016 \log^2 x + \varepsilon$ sind. Das Konstit.-Inkrement ε wird tabellar. angegeben. J. SCHNEIDER. B 146□

Einige physikalische Daten von wässrigen Picolinsäurelösungen. R. A. Robinson und R. W. Green. (J. physic. Chem. **65.** 1084. Juni 1961. Armidale, Australia, Univ. of New England; Sydney, Univ. of Sydney.) (Engl.)

Vff. haben die Dichten, Brechungsindices u. Viscositäten von 11 ws. *Picolinsäure*-Lsgg. im Konz.-Bereich von 0,4359—7,411 m bei 25° gemessen. Das partielle Mol-Vol. bei unendlicher Verdünnung beträgt 83,8 [ml·Mol^{-1}) (77,5 für Pyridin, berechnet), während eine Berechnung ca. 93 ergibt. Das Brechungsvermögen bei unendlicher Verdünnung beträgt angenähert 31,9 [ml·Mol^{-1}] u. auf Grund einer Berechnung 30,1. Die Viscosität einer 48%ig. Lsg. entspricht der einer 38%ig. Saccharoselösung. Die relativen Viscositäten können durch die von VAND modifizierte EINSTEIN-Gleichung $\ln \eta/\eta^0 = 2{,}5\ V_c/1 - Q\ \overline{V}_c$ mit dem „effektiven molalen Vol." $\overline{V} = 0{,}0917$ Liter·Mol^{-1} u. einem Parameter Q = 0,873 dargestellt werden. J. WEINER. B 146□

Die isomorphe Ersetzbarkeit von Wasserstoff durch Fluor in Benzoesäure. Göran Claeson und Rolf Bäckström. (Ark. Kemi **15.** 241—46. 1960. Uppsala, Univ., Chem. Inst., Dep. of Organ. Chem.) (Engl.)

Vff. untersuchten die Phasendiagramme der *Benzoesäure* (**I**) mit *o*- (**II**), *m*- (**III**) u. *p-Fluorbenzoesäure* (**IV**) u. Röntgendiagramme einiger Gemische verschiedener Zusammensetzung. **III** bildet mit **I** eine kontinuierliche Reihe von Mischkristallen; die F.-Kurve hat ein Minimum bei ca. 50 Mol-%. Das Phasendiagramm von **II** mit **I** ist vom Typ V in der ROOZEBOOMschen Klassifizierung; deutlich ist aus dem Diagramm die Fähigkeit von **I** zu erkennen, **II** in dessen Kristallgitter zu ersetzen. Die F.-Kurve von **IV** + **I** zeigt einen Knick bei 70% **IV**. Pulverdiagramme der gemischten Komponenten bei verschiedenen Zus. zeigten, daß eine Linienverteilung in der Nähe von 80% **IV** auftritt, die vollkommen verschieden ist von der von **I**, was auf die Ggw. einer Intermediärphase mit einem inkongruenten F. hinweist. Aus allen Diagrammen geht hervor, daß die Fluorbenzoesäuren mehr oder weniger vollkommene Mischkristalle bilden können. Von den untersuchten Säuren sind **I** u. **II** am wenigsten ineinander lösl.; sie haben eine 40% erreichende Mischbarkeitslücke. Von **II**, **III** u. **IV** sind die IR-Absorptionsspektren in Nujolemulsionen angegeben. C. GOTTFRIED. B 150□

Über das Schmelzdiagramm des Systems Diphenylamin–Benzophenon. B. Björge, J. Brynestad und K. Grjotheim. (Z. physik. Chem. **216.** 118—25. 1961. Trondheim, TH, Inst. für Anorg. Chem.) (Dt.)

Vff. berechnen die Liquiduslinien des Schmelzdiagramms *Diphenylamin* (**I**)–*Benzophenon* (**II**) u. vergleichen sie mit den experimentell gefundenen; die Schmelzwärmen wurden für **I**, **II** u. die in diesem Syst. auftretende **I**-**II**-Verb. (**DB**) zu 6,4 ± 0,3, 4,0 ± 0,3 u. 4,4 ± 0,4 kcal/Mol ermittelt. Zur Berechnung gehen Vff. von 2 extremen Modellen aus. Im 1. Fall soll **DB** in der Schmelze vollständig dissoziieren. Für die Gleichgewichte der Schmelze mit **I**, **II** u. **DB** gelten folgende Gleichungen: $\ln X_I = -\Delta H_I R\ (1/T - 1/T_I)$,

$\ln X_{II} = - \Delta H_{II}/R\,(1/T - 1/T_{II})$ u. $\ln (X_I \cdot X_{II}) = - \Delta H_{DB}/R\,(1/T - 1/T_{DB}) + \ln {}^1/_4$ (T_I usw. = Schmelz-Temp.; X = Molenbruch in der Schmelze). Der Vgl. mit experimentellen Werten zeigt eine gute Übereinstimmung der Liquiduskurven von **DB**, während bei **II** mit steigender Konz. von **I** Abweichungen auftreten, die Vff. mit der Annahme einer regulären Mischung erklären. Die Werte von **I** zeigen eine stärkere Abweichung von den gefundenen, was einer geringen Löslichkeit von festem **II** in festem **I** zugeschrieben werden könnte. Im 2. Fall soll die Schmelze aus einer idealen Mischung von **I** u. **DB**, $X_{II} < 0{,}5$, bzw. von **DB** u. **II**, $X_{II} > 0{,}5$ bestehen. Die berechneten Kurven weichen von den experimentell gefundenen stark ab. Auf Grund der guten Übereinstimmung der Werte des Modells 1 ist **DB** prakt. vollkommen dissoziiert, doch widerspricht dem die gelbe Farbe sowohl der geschmolzenen als auch festen Verb. **DB** im Gegensatz zu den farblosen Verbb. **I** u. **II**. J. WEINER. B 150□

Die Schallfortpflanzung in einem binären Flüssigkeitsgemisch. A. E. Brown und E. G. Richardson. (Philos. Mag. [8] **4**. 705—20. Juni 1959. Newcastle-upon-Tyne, King's Coll.) (Engl.)

An Gemischen von *Anilin* u. *Cyclohexan* verschiedener Konz. führten Vff. Messungen der Geschw. u. Dämpfung von Ultraschallimpulsen bei Temp. nahe der krit. Lsg.-Temp. (30°) bei 1,5, 2,5 u. 5 MHz durch. Die Ergebnisse der Geschw.-Messungen sind graph. wiedergegeben. Obwohl die Kurven für die 3 Frequenzen nicht genau zusammenfallen, ist kein deutliches Anzeichen für Dispersion der Geschw. in diesem Frequenzbereich festzustellen. Während der „Tripelpunkt" in der Geschw. stets bei der krit. Lsg.-Temp. auftrat, lag das Maximum der Dämpfung oft bis zu 1½% höher. Aus den Kurven ist zu ersehen, daß die Dämpfung mit der Frequenz zunimmt, wenn das Gemisch eine Konz. nahe 40% Anilin hat. Von anderen Autoren war diese große Absorption Relaxationsprozessen struktureller Natur zugeschrieben worden, wobei ein größerer Teil der Energie des Schallstrahls bei Bldg. u. Zerschlagung von „Haufen" („clusters") gestreut wird. Um diese Annahme nachzuprüfen, wurde die Winkelabhängigkeit der Intensität der Streustrahlung um den ungestreuten Schallstrahl bei verschiedenen Frequenzen gemessen. Aus den Messungen ergab sich deutlich, daß die nahe dem krit. Lsg.-Punkt beobachteten hohen Dämpfungswerte auf Streuung der Strahlung zurückzuführen sind. Ein gewisser Anteil der Absorption ist allerdings mol. Natur. Aus der Form der erhaltenen Streukurven wird geschlossen, daß die Streuung zweiphasigen „Haufen" zuzuschreiben ist, die in der Nähe des krit. Lsg.-Punkts vorhanden sind u. nicht erst bei dem Durchgang des Schallstrahls erzeugt werden. Diese „Haufen" konnten auch mit Hilfe der Schlierentechnik visuell u. photograph. beobachtet werden. C. GOTTFRIED. B 159

Anomale Grenzflächenspannungen an Flüssigkeiten mit lockerer H-Bindung und ihre Bedeutung. Hemlata Kazi und C. M. Desai. (J. Indian chem. Soc. **37**. 35—39. Jan. 1960. Surat, M.T.B. Coll., Chem. Dep.) (Engl.)

Vff. führten mit Hilfe der Abtropf-Meth. Messungen der Grenzflächenspannung γ von *Isoamylacetat* u. *n-Butylacetat* (Verbb. mit lockerer Wasserstoffbrückenbindung) sowie von *Bzl.* u. *Hexan* (**I**) gegen wss. Lsgg. verschiedener Konz. von CdJ_2, Na-Oleat u. Mischungen von CdJ_2 u. KJ, K_2CrO_4 u. $Pb(NO_3)_2$, NaOH u. HCl durch. γ zeigt bei den Estern im Gegensatz zu Bzl. u. **I** bei bestimmten Elektrolyt-Konzz. Maxima u. Minima. Bei Bzl. u. **I** fällt γ mit zunehmender Elektrolyt-Konz. ab. H.-J. TASCHOW. B 166□

Bestimmung des Koeffizienten der inneren Reibung von festem Paraffin. Piroska Szabó. (Magyar Fizikai Folyóirat [Ung. Z. Physik] **8**. 125—30. 1960. Budapest, TU, Inst. für Experimentalphys.) (Ung.)

Vorverss. ergaben, daß die HAGEN-POISEUILLE-Gleichung auch für festes Paraffin gültig ist u. somit das auf der Anwendung dieser Gleichung beruhende Viscosimeter brauchbar ist. Die Messungen wurden mit Paraffin, dessen Erstarren bei 54 bzw. 50° beginnt, bei 28—48 bzw. 41° unter 100, 140 u. 150 atm Druck ausgeführt. Der Koeff. der inneren Reibung ist bei der Anfangs-Temp. von der Größenordnung 10^9, bei der End-Temp. 10^3 cP. J. PLANK. B 172

Sorption von organischen Dämpfen an organische Ionenaustauscher. Torbjörn Westermark. (Acta chem. scand. **14**. 1857—58. 1960. Stockholm, Sweden, Royal Inst. of Technol., Div. of Physic. Chem.) (Engl.)

Ionenaustauscher mit typ. funktionellen Gruppen, wie SO_3^-, COOH, NH_4 u. ähnlichen, können infolge ihrer großen „inneren Oberfläche" polare Moll. zu einem relativ großen Betrag adsorbieren. Zur Prüfung dieser Vorstellung wurden Dämpfe organ. Fll. mit N_2 als Trägergas über trockne Ionenaustauscher, die in granulierter Form in einem Glasrohr untergebracht waren, geleitet. Unter diesen Bedingungen betrug z. B. für Wofatit KSNa die Gew.-Zunahme bei *Ae.* 15%, bei *Methanol* 21% des trockenen

Austauschers. Für Dowex 50-H betrug die Zunahme bei *Bzl.* 4,7%, für *n-Butanol* 43,1%. Es scheint, daß Ionen–Dipol-Wechselwrkg. eine Rolle bei der Sorption spielen. Die unter der Annahme sphär. Diffusion berechneten Adsorptions-Geschw. stimmen größenordnungsmäßig mit den beobachteten überein. W. RITTLER. B 176□

Bindungsverkürzung durch elektronegative Substituenten. Henry A. Bent. (J. chem. Physics 33. 1260–61. Okt. 1960. Minneapolis, Minn., Univ. of Minnesota, Inst. of Technol., School of Chem.) (Engl.)

Wenn ein Atom von relativ niedriger Elektronegativität, z. B. H, durch ein solches mit höherer Elektronegativität, wie F oder andere Halogenide, substituiert wird, tritt in den benachbarten CX- oder NX-Bindungen eine Bindungsverkürzung ein (X = Halogen, C u. O). Diese Erscheinung wird an zahlreichen Beispielen aus der neueren Literatur belegt. A. MASCHKE. B 182□

Theoretische Untersuchungen makrocyclischer Pigmente. 1. Mitt. **Die Struktur von Bakteriochlorophyll.** J. R. Barnard und L. M. Jackman. (J. chem. Soc. [London] **1956.** 1172–78. Mai. London, Imp. Coll. of Sci. and Technol., Dep. of Chem.) (Engl.)

Vff. berechnen mit Hilfe der MO-LCAO-Meth. die längstwelligen Übergänge für die verschiedenen Symmetriegruppen des Porphin- bzw. Chlorinrings, D_{2h}- u. C_{2v}-*Tetrahydroporphin, Porphin* u. *Chlorin.* Es ergibt sich für *Bakteriochlorophyll* D_{2h}-Symmetrie, die beiden hydrierten Ringe liegen also gegenüber, nicht nebeneinander. Die Berechnungen werden mit den entsprechenden Zuordnungen für polycycl. aromat. Syst. verglichen. W. HABERDITZL. B 182□

Anwendung der Vorzeichenbeziehungen für den Fall von 4-Chlor-1.3-dinitrobenzol. E. M. Gopalakrishna. (Indian J. Physics Proc. Indian Assoc. Cultivat. Sci. **34 (43).** 149–51. März 1960. Calcutta, Indian Assoc. for the Cultivat. of Sci.) (Engl.)

Vf. wandte die von GRANT u. Mitarbeitern (vgl. C. **1958.** 10574) entwickelte Meth. zur Vorzeichen-Best. der Strukturfaktoren der 0 k l-Reflexe der rhomb. kristallisierenden α-Modifikation von *4-Chlor-1.3-dinitrobenzol* an, dessen Elementarzelle vom Vf. (vgl. Z. Kristallogr., Kristallgeometrie, Kristallphysik, Kristallchem. **111.** [1959.] 159) bestimmt worden war. Aus der mit Hilfe der erhaltenen Strukturfaktoren hergestellten Elektronendichteprojektion nach (1 0 0) wurden die folgenden vorläufigen y- u. z-Parameter erhalten: Cl (y =) 0,063; (z =) –0,070; C: 0,117; 0,017; C: 0,067; 0,103; C: 0,133; 0,175; C: 0,229; 0,163; C: 0,241; 0,075; C: 0,208; 0,007; N: 0,263; 0,233; B: 0,250; 0,300; O: 0,371; 0,210; N: –0,054; 0,113; O: –0,017; 0,183; O: –0,154; 0,068. C. GOTTFRIED. B 195

Statistische Struktur von Anthron. K. Banerjee und S. N. Srivastava. (Indian J. Physics Proc. Indian Assoc. Cultivat. Sci. **34 (43).** 184–86. April 1960. Allahabad, Allahabad Univ., Phys. Dep.) (Engl.)

Anthron (**I**) krist. nach den Unterss. von SRIVASTAVA (vgl. C. **1959.** 17012) in der Raumgruppe $P\,2_1/a$ mit Z = 2. Diese Raumgruppe verlangt für das Mol. ein Symmetriezentrum, welches jedoch die chem. Formel des **I**-Mol. nicht besitzt. Auf lange exponierten Drehkristallaufnahmen um die Symmetrieachse treten nun diffuse Schwärzungen zwischen den Schichtlinien auf, die auch auf WEISSENBERG-Aufnahmen an den gleichen Stellen festgestellt werden konnten. Zur Erklärung dieser scheinbaren Anomalien schlagen Vff. eine statist. Struktur des **I**-Kristalls vor. C. GOTTFRIED. B 195

Kristallstruktur von 2.6-Dimethyl-1.5-anthrazolin. Floriana Bertinotti, Mario Bonamico und Liliana di Marco. (Ann. Chimica **49.** 2143–48. Dez. 1959. Roma, Univ., Ist. di chim. farmaceut.) (Ital.)

Zur Unters. geeignete Kristalle von 2.6-Dimethyl-1.5-anthrazolin wurden durch Sublimation im Vakuum erhalten. Es wird darauf hingewiesen, daß gemäß der Nomenklatur der organ. Chemie der IUPAC [1957] die Verb. mit *2.7-Dimethyl-1.6-anthrazolin* zu bezeichnen ist. WEISSENBERG-Aufnahmen führten zu einer monoklinen Zelle mit den Abmessungen $a = 12{,}53 \pm 0{,}04$; $b = 5{,}08 \pm 0{,}02$; $c = 18{,}46 \pm 0{,}06$ Å; $\beta = 105^\circ \pm 20'$. Mögliche Raumgruppen sind $C_s^2 - P\,c$ oder $C_{2h}^4 - P\,2/c$; Z = 4. Es wurden FOURIER-Projektionen parallel [0 1 0], [1 0 0] u. [0 0 1] angefertigt. Wegen der zahlreichen Überlagerungen der Atome in den [1 0 0]- u. [0 0 1]-Projektionen konnten genaue Parameterwerte nicht festgelegt werden. Unter Verw. der Molekularbahn-Meth. wird ein Modell der Verb. vorgeschlagen. C. GOTTFRIED. B 195

Über Dialkylphosphite. Georges Quesnel und Gérard Mavel. (C. R. hebd. Séances Acad. Sci. **248.** 695–97. 2/2. 1959. Paris, École Normale, Labor.) (Franz.)

Dialkylphosphite zeigen Rkk. sowohl der Enolform als Phosphite (**A**) als auch der Ketoform als Phosphonate (**B**). Zur Best. des **A**/**B**-Gleichgewichts aus der Differenz zwischen den berechneten Mol-Refr.-Werten für **A** u. **B** u. dem empir. gefundenen Wert des betreffenden Deriv. wurde ein Atomrefraktionswert für die P—H-Bindung von 4,07 verwendet, der aus den gemessenen Werten für *Monoäthanol-*, *Diäthanol-* u. *β-Hydroxypropylphosphin* gemittelt wurde. Als weitere Atomrefraktionswerte werden benutzt: C—H: 1,676; C—C: 1,296; C=O: 1,46; C=C: 4,16; O—H: 1,73; P—O: 3,18 u. P=O: —1,22. Es ergeben sich als Näherungswerte folgende Daten für die **A/B**-Gleichgewichte (in % **A**; 20°) nachst. Phosphite: *Dimethyl-*: 7; *Diäthyl-*: 10; *Dipropyl-*: 12; *Diisopropyl-*: 42; *Di-n-butyl-*: 1; *Di-tert.-butyl-*: 10; *Di-n-hexyl-*: 4; *Di-n-heptyl-*: 0; *Di-n-octyl-*: 0; *Dioctyl-(2)* 4; *Dinonyl-*: 13; *Didecyl-*: 17; *Bis-[1-phenyläthyl]-*: 43; *Diallyl-*: 7; *Äthylamyl-*: 13; *Äthylhexyl-*: 15. Werte für n_D^{20}, $D._4^{20}$ u. die Mol-Refr. der Gleichgewichtsmischungen werden angegeben. R. SCHÖNFELDER. B 221□

Allgemeine Betrachtungen zur Bildung von Molekülkomplexen in Lösung. Milton Tamres. (J. physic. Chem. **65.** 654—59. April 1961. Ann Arbor, Mich., Univ. of Michigan, Chem. Dep.) (Engl.)

Die Bldg. von 1:1-Komplexen in Lsg. wird unter folgenden Gesichtspunkten betrachtet: a) Einfl. der Lsgm.; b) verschiedene Konz.-Verhältnisse Elektronendonatoren/-acceptoren; c) Beeinflussung der Gleichgewichts-Konst. (GK), wenn im GK-Ausdruck die Konz.-Parameter durch Näherungen ersetzt werden. Die allg. entwickelten Vorstellungen werden zur krit. Betrachtung u. Korrektur der früher gefundenen Daten der Komplex-Syst. *Jod*–X angewendet (X = *Bzl.*, *Pyren*, *Trimethylensulfid* u. *Triäthylamin*). CLAUS FISCHER. B 223□

Die Geschwindigkeiten und Gleichgewichte einiger Reaktionen von Trinitrotoluol und verwandten Substanzen zwischen —80 bis +20° C. E. F. Caldin und G. Long. (Proc. Roy. Soc. [London], Ser. A **228.** 263—85. 22/2. 1955. Leeds, Univ., Phys. Chem. Dep.) (Engl.)

Vff. untersuchten spektrophotometr. die Kinetik der Farb-Rk. von *2.4.6-Trinitrotoluol* (**I**; F. 82°) mit dem $C_2H_5O^-$-Ion zwischen —78,5 u. +20° u. analoge Rkk. für *1.3.5-Trinitrobenzol* (**II**), *2.4.6-Trinitroanilin* (**III**; F. 187°) u. *-m-xylol* (**IV**; F. 177°) in A. mit 1% Toluol. Für den Rk.-Vorgang $I + C_2H_5O^- \underset{k_{-1}}{\overset{k_1}{\rightleftharpoons}} [C_6H_2(NO_2)_3CH_2]^- + C_2H_5OH$ wurden die Geschw.-Konst. für die Hin- u. Rück-Rk. ermittelt u. daraus die ARRHENIUS-Parameter $E_1 = 13{,}6 \pm 0{,}08$ [kcal/Mol], $A_1 = 1{,}0 \pm 0{,}1 \cdot 10^{12}$ [Liter/Mol·s], $E_{-1}{}^0 = 10{,}0 \pm 0{,}5$, $A_{-1}{}^0 = 1{,}3 \pm 0{,}4 \cdot 10^6$ [s^{-1}] berechnet. Entsprechend wird erhalten für die Rk. von $C_2H_5O^-$ mit **III** (—50 bis —79°) $E_1 = 11{,}7 \pm 0{,}3$, $A_1 = 3 \pm 2 \cdot 10^{12}$, $E_{-1}{}^0 = 9{,}7 \pm 0{,}6$, $A_{-1}{}^0 = 1{,}0 \pm 0{,}6 \cdot 10^{-7}$; mit **II** (+20 u. —80°) $E_1 = 11{,}7 \pm 0{,}1$, $A_1 = 1{,}8 \pm 0{,}6 \cdot 10^{13}$, $E_{-1}{}^0 = 11{,}4 \pm 0{,}2$, $A_{-1}{}^0 = 4{,}7 \pm 2 \cdot 10^9$. Für das Gleichgewicht der Rk. mit $C_2H_5O^-$ wurden folgende thermodynam. Konst. erhalten: **I** ΔH 3,6 ± 0,4 [kcal/Mol], $\Delta S^0$27,2 ± 1,5 [cal/Grad·Mol]; **III** 2,0 ± 0,3, 23 ± 1; **IV** 4,4 ± 0,3, 23,5 ± 1,5; **II** 0,3 ± 0,3, 16,5 ± 1,5. Es wird angenommen, daß bei der Rk. von **I** mit $C_2H_5O^-$ wirklich eine Protonenübertragung unter Bldg. eines gefärbten Anions stattfindet, es ist allerdings wahrscheinlich, daß die Geschw. der Rk. nicht nur durch den Protonenübergang bestimmt wird, sondern auch durch Lsgm.-Effekte. Die Rk. von **II** ist höchst wahrscheinlich eine Addition (Komplex-Bldg.). Die Gleichgewichts-Konst. K^0 der Rk. wird durch Methylsubstitution herabgesetzt, K^0 beträgt bei 25° für **I** 2040, **IV** 78 u. ist für *Trinitromesitylen* (F. 228°) so klein, daß eine Färbung erst in 2m $C_2H_5O^-$-Lsg. erkennbar ist. Weiterhin wurden die Geschw.-Konst. der Rk. des **I**-Anions mit schwachen Säuren ($[C_6H_5(NO_2)_3CH_2]^- + HAc \rightarrow Ac^- + I$) zwischen +20 u. —78,5° gemessen u. daraus folgende Aktivierungsgrößen ermittelt: *Essig-* $E_2 = 9{,}3 \pm 0{,}2$ [kcal/Mol], $A_2 = 2{,}5 \pm 1{,}0 \cdot 10^9$ [Liter/Mol·s]; *Monochloressig-* 8,3 ± 0,2, $(2{,}5 \pm 10) \cdot 10^9$; *Dichloressigsäure* 8,5 ± 0,2, $(3{,}2 \pm 1{,}5) \cdot 10^{10}$; *Glykokoll* 9,6 ± 0,2, $2{,}0 \pm 1{,}0 \cdot 10^{10}$. Hier besteht eine Beziehung vom BRØNSTED-Typ zwischen Geschw.-Konst. u. den Säurestärken. W. SCHRAMM. B 223

Über Molekül- und Einschlußverbindungen von Steroiden. 61. Mitt. über Sterine und Steroide. Wilhelm Dirscherl und Erich Gerhards. (Liebigs Ann. Chem. **639.** 181—94. 30/1. 1961. Bonn, Univ., Physiolog.-chem. Inst.) (Dt.) — 60. vgl. C. **1961.** 11780.

An Hand von Zustandsdiagrammen nach dem Mikroverf. der Auftau-Schmelz-Meth. untersuchten Vff. die Fähigkeit von Steroiden zur Bldg. von Mol.- u. Einschlußverbindungen. Steroide mit einer Δ^4-3-Ketogruppierung, wie *Testosteron* (**I**), *-propionat* (**II**), *-acetat* (**III**), *Androstendion* (**IV**), *Desoxycorticosteronacetat* (**V**), *Progesteron* (**VI**) sowie Steroide mit einem aromat. Ring A [*β-Östradiol* (**VII**)] liefern mit geeigneten Partnern, wie *Laurinsäure* (**VIII**), *Stearinsäure* (**IX**), *Palmitinsäure* (**X**), *Myristinsäure* (**XI**), *Cetylalkohol* (**XII**), *α-Naphthol* (**XIII**), *α-Naphthylamin* (**XIV**) Verbb., die auf Grund ihrer kleinzahligen Mol-Verhältnisse als Mol.-Verbb. im klass. Sinne aufzufassen sind: **I—VIII** 2:1, 1:1, 1:2); **I—IX** (1:1, 1:2); **I—X** (1:1, 1:2); **III—IX** (2:1, 1:1, 1:2) [dagegen aber **II—X** (1:6, 1:16)]; **IV—X** (2:1, 1:1, 1:2); **V—IX** (1:1, 1:2); **I—XII** (2:1, 1:1, 1:2); **VI—IX** (3:1, 2:1, 3:2, 1:1, 1:2, 1:3, 1:8); **VII—XI** (1:1); **VII—IX**

(1 : 1), **VII**—**X** (1 : 1), **VII**—**XIII** (1 : 1); **VII**—**XIV** (1 : 1). Steroide mit einer Δ^5-3-Ol-Gruppierung bilden mit Fettsäuren, *Benzoesäure* (**XV**) u. *Phenylurethan* (**XVI**) Verbb., die auf Grund der ermittelten Mol-Verhältnisse als choleinsäureartige Einschluß-Verbb. anzusprechen sind, in denen die Steroide, ähnlich wie die Desoxycholsäure, den Einschlußkanal bilden (Gittereinschluß-Verbb.): *Dehydroepiandrosteron* (**XVII**)—**IX** (8 : 1, 2 : 1, 1 : 1, 1 : 2); **XVII**-Acetat—**IX** (16 : 1, 8 : 1, 1 : 1, 1 : 2); **XVII**-*Acetat*—**VIII** (6 : 1, 2 : 1, 1 : 1); **XVII**-*Acetat*—**XV** (4 : 1, 2 : 1, 1 : 1); *Androsteron*—**IX** (4 : 1, 2 : 1, 1 : 1); *Cholesterin* (**XVIII**)—**IX** (4 : 1, 3 : 1, 2 : 1, 3 : 2, 1 : 1, 1 : 2, 1 : 4, 1 : 8). — Mit *Hippursäure* (**XIX**) oder **XVI** bilden Steroide neben kleinzahligen Mol-Verhältnissen auch Verbb. mit einem hohen Säureamidgehalt. Diese Verbb., in denen 4, 6, 8 u. 12 Moll. des Amids auf ein Steroid-Mol. entfallen, lassen sich als Gittereinschluß-Verbb. deuten, in denen das Steroid vom kanalbildenden Amid umhüllt wird: **I**—**XVI** (2 : 1, 1 : 1, 1 : 2, 1 : 3, 1 : 8); **XVII**-Acetat—**XVI** (1 : 6, 6 : 1); **XVIII**—**XVI** (2 : 1, 1 : 1, 1 : 6); **I**—**XIX** (1 : 1, 1 : 2, 1 : 4, 1 : 6), *Desoxycorticosteron* — **XIX** (1 : 2, 1 : 6, 1 : 12); **XVII**-Acetat—**XIX** (1 : 2, 1 : 4, 1 : 6, 1 : 12); **I**—*Acetamid* (2 : 1, 1 : 1, 1 : 2, 1 : 4, 1 : 6, 1 : 8, 1 : 40); aber **IX**—**XVI** (1 : 2) u. **I**—*Acetanilid* (2 : 1, 1 : 1, 2 : 3, 1 : 2). Aus der Best. der Löslichkeit von **I** in Abhängigkeit von der **XIX**-Konz. kann man auch in wss. Lsgg. Verbb. mit 2 oder mehreren Moll. **XIX** pro Mol. **I** annehmen. Mit steigender **XIX**-Konz. nimmt auch die Löslichkeit von **I** in W. zu. Es handelt sich dabei nicht um eine einfache Seifen-Wrkg., da Zusatz von Tyrosin oder Glutathion die Löslichkeit von **I** nicht erhöht, sondern sogar geringfügig herabsetzt. Nach Ansicht der Vff. wäre es denkbar, daß für den Transport u. auch für die biolog. Wrkg. von Sterinen derartige Mol.- oder Einschluß-Verbb. von Bedeutung sind. Bei folgenden Syst. konnte keine Komplex-Bldg. beobachtet werden: **VII** mit Sebacinsäure, **XV**, Diäthylbarbitursäure, β-Naphthol (**XX**), β-Naphthylamin (**XXI**), **XVIII** mit **XIII**, **XX**, Naphthalin, **XXI**. B. GÖRLICH. B 223 □

Carbene. Ein Abriß ihrer Chemie. J. Leitich. (Österr. Chemiker-Ztg. **61.** 164—72. Juni 1960. Wien, Univ., Organ.-chem. Inst.) (Dt.)

Überblick über die Bildungsweisen der Carbene, Ketocarbene, allen. Carbene u. Dihalogencarbene sowie ihre Rkk. u. physikal.-chem. Eigenschaften. W. HILLER. B 225 □

Verallgemeinerung der Hammett-Gleichung auf die Thiophenreihe. Jean Tirouflet und Jean-Paul Chane. (C. R. hebd. Séances Acad. Sci. **245.** 80—82. 1/7. 1957.) (Franz.) — Vgl. C. **1957.** 11256.

Die Kinetik der alkal. Hydrolyse einer Reihe einfacher u. substituierter Thiophencarbonsäureester (*Methylester* der *4*- bzw. *5-Nitro-*, *5-Chlor-*, *5-Amino-*, *5-Acetamido-*, *5-Benzamidothiophen-2-carbonsäure*) wurde bei 25° an m/100 Lsgg. in wss. A. (85%ig. A.) untersucht. Mit Ausnahme der Amino- u. Acylaminoester sind die ϱ- u. σ-Werte die gleichen wie für die entsprechenden aromat. Verbindungen. — Die polarograph. Inkremente einiger 5-**X**-Thiophen-2-aldehyde (**X** = *H*, *$NHCOCH_3$*, *Cl*) wurden bei 25° u. pH-Werten zwischen 2 u. 13 in 10% A. enthaltenden wss. Lsgg. bestimmt. Die für **X** = H u. $NHCOCH_3$ gemessenen Werte sind ähnlich denen der aromat. Reihe mit Ausnahme des abnorm hohen Werts für **X** = $NHCOCH_3$ im alkal. Gebiet. Für **X** = Cl findet man die normale CHO-Stufe, der eine Halogenstufe vorausgeht, jedoch ist hier $\Delta E_{1/2}$ wesentlich größer als für die aromat. Reihe. Wegen dieser Anomalien ist die Anwendung der HAMMETT-Gleichung auf die Thiophenreihe nur bedingt möglich.

Versuche: *5-Aminothiophen-2-carbonsäuremethylester*, $C_6H_7NO_2S$ (**I**), F. 81°, aus 5-Nitrothiophen-2-carbonsäuremethylester durch Red. mit Al-Amalgam. — *5-Acetamidothiophen-2-carbonsäuremethylester*, $C_8H_9NO_3S$ (**II**), F. 172°, aus **I** durch Acylierung. — *5-Benzamidothiophen-2-carbonsäuremethylester*, $C_{13}H_{11}NO_3S$, F. 192°, analog **II**. — *5-Acetamidothiophen-2-carbonsäure*, $C_7H_7NO_3S$, F. 272°, aus **II** durch Verseifung. — *5-Chlor-2-cyanthiophen* (**III**), C_5H_2ClNS, F. 15°, neben etwas *5-Chlorthiophen-2-carbonsäureamid*, C_5H_4ClNOS, F. 177°, aus dem Oxim des 5-Chlorthiophen-2-aldehyds u. $(CH_3CO)_2O$. — *5-Chlorthiophen-2-carbonsäuremethylester*, $C_6H_5ClO_2S$, F. 15°, aus **III** durch Hydrolyse u. Veresterung. — 5-Nitrotiophen-2-carbonsäureamide: *N-[4-Methylthiazolyl-(2)]-*, $C_9H_7N_3O_3S_2$, F. 260—262°. — *N-[5-Nitrothiazolyl-(2)]-*, $C_8H_4N_4O_5S_2$, F. 218°. — *N-[3-Methylpyridyl-(2)]-*, $C_{11}H_9N_3O_3S$, F. 222—224°. — *N-[4-Methylpyridyl-(2)]-*, $C_{11}H_9N_3O_3S$, F. 208°. M. SCHENK. B 225 □

Über das thermische Gleichgewicht der Umlagerungsreaktion Methylnitrit ⇄ Nitromethan. G. Geiseler und M. Rätzsch. (Z. physik. Chem. [Frankfurt/M.] [N. F.] **26.** 131—37. Okt. 1960. Leipzig, Univ., Physikal.-Chem. Inst.) (Dt.)

Es werden die nach der Meth. der statist. Thermodynamik berechneten thermodynam. Funktionen von *cis-* u. *trans-Methylnitrit* sowie das therm. Gleichgewicht der Umlagerungs-Rk. $CH_3ONO \rightleftharpoons CH_3NO_2$ für den Temp.-Bereich von 100—1500° K mitgeteilt. Setzt man ideale Umlagerungsbedingungen voraus, so ist bis ca. 100° mit über 80% CH_3NO_2 im Gleichgewichtsgemisch zu rechnen; sowohl CH_3ONO als auch CH_3NO_2

sind in dem betrachteten Temp.-Bereich prakt. noch therm. stabil, u. es ist deshalb thermodynam. möglich, das leicht zugängliche CH_3ONO in CH_3NO_2 überzuführen. Bei Temp. des Dampfphasennitrierprozesses unter Nitrierbedingungen sind maximal 40% CH_3NO_2 zu erwarten; in welchem Ausmaß die Umlagerung wirklich stattfindet, wurde bisher nicht experimentell geprüft. G. TALSKY. B 225☐

Die Isomerisierung von Fetthydroperoxyden zu cyclischen Peroxyden durch Alkohole und organische Säuren. A. R. S. Kartha. (J. sci. ind. Res. [New Delhi], Sect. B **17.** 284—86. Juli 1958. Ernakulam, Maharaja's Coll.) (Engl.)

Die Unterss. wurden an *Peroxyden* aus autoxydiertem Sesam- u. Erdnußöl vorgenommen. Die autoxydierten Substanzen erfahren weder in reinem CCl_4 noch in einer verd. CH_3OH-CCl_4-Lsg. bei 30° während 5 Std. bzw. beim Erhitzen auf dem Wasserbad während 15 Min. eine Peroxyd-Zers., obwohl der Jodwert abnimmt. Diese Abnahme in der CCl_4-CH_3OH-Lsg. führt Vf. auf eine durch die alkohol. OH-Gruppe des CH_3OH bedingte teilweise Umwandlung der Hydroperoxyde in cycl. Peroxyde zurück. Der Grad der Umwandlung nimmt mit Temp. u. Verweilzeit zu. Auch Essigsäure bewirkt in einer CH_3COOH-CCl_4-Lsg. (1 : 2) eine teilweise Isomerisierung von Fetthydroperoxyden. Schwächere organ. Säuren (z. B. Stearinsäure) sind gleichfalls wirksam, dagegen wurde mit Carbonsäureestern (z. B. Methylstearat) keine Isomerisierung erzielt. H. E. SEYFARTH. B 225☐

Der Einfluß von Aminen und Phenolen auf die Gasphasenoxydation von n-Butan und Isobutan. K. U. Ingold und I. E. Puddington. (Canad. J. Chem. **37.** 1376—78. Aug. 1959. Ottawa, Nat. Res. Council of Canada, Div. of Appl. Chem.) (Engl.)

Untersucht wird die inhibierende Wrkg. von *Anilin* (I), $D_{2(N.N)}$-I sowie von *Phenol, o-Toluidin, N-Methylanilin, p-Kresol, Pyrrol* (II) u. *Piperidin* (III) auf die Gasphasenoxydation von *n-Butan* u. *Isobutan* bei 275 bzw. 310°. In einer Vers.-Reihe wurden die Inhibitoren vor Beginn der Rk. zugesetzt, in einer zweiten erst, nachdem die Rk. bereits angesprungen war; eine anfänglich stärker wirksame Oberflächeninhibition soll dadurch ausgeklammert werden. In beiden Fällen erwiesen sich I u. D_2-I neben anderen aromat. Aminen u. Phenolen als Inhibitoren, jedoch ist die Wrkg. geringer als in fl. Phase. Die inhibierende Wrkg. wird auf eine kettenabbrechende Rk. der Amine mit den Radikalen des Rk.-Gemisches zurückgeführt: $X^{\cdot} + ArNHR \rightarrow XH + Ar\dot{N}R$, wobei das Radikal $Ar\dot{N}R$ weniger reaktionsfähig ist als $X^{\cdot}$. Die etwas geringere Wrkg. von D_2-I gegenüber I kann als Hinweis dienen, daß die Inhibitor-Wrkg. wenigstens z. T. auf einen Bruch der N—D- bzw. N—H-Bindung zurückzuführen ist. Während II u. III beide die Oxydation von n-C_4H_{10} inhibieren, katalysiert III die Rk. von iso-C_4H_{10} bei allen Temp. sehr stark; II ist nur bei tieferen Temp. u. in sehr schwachem Maße katalyt. wirksam. H. E. SEYFARTH. B 225☐

Einige Luftoxydationsprodukte von Bis-[2-äthylhexyl]-sebacinat. Earl W. Malmberg und Boris Weinstein. (Ohio J. Sci. **59.** 303—04. Sept. 1959. Columbus, Ohio, Ohio State Univ., Dep. of Chem.) (Engl.)

Vff. erhitzen *Bis-[2-äthylhexyl]-sebacinat* auf 160—333° unter gleichzeitigem Durchleiten von Luft. Die Geschw. der Entstehung von Carbonyl-Verbb. wird durch Best. der Induktionszeit (Beginn der Wolken-Bldg. in 2.4-Dinitrophenylhydrazin-Lsg.), der Gesamt-Rk.-Dauer, der gesamten u. der je Std. gebildeten Hydrazonmenge untersucht. Als Hauptprodd. treten Acet-, Propion- u. Butyraldehyd im Verhältnis 2 : 1 ; 1 auf; bei tieferen Temp. bildet sich noch etwas Äthylbutylketon. Acrolein u. Crotonaldehyd werden nicht gefunden. W. SCHWEERS. B 225☐

Oxydation von Kohlenhydratosotriazolen mit Cer(IV). S. P. Rao, J. N. Gaur und S. K. Sharma. (Naturwissenschaften **48.** 98. 2. Febr.-H. 1961. Jodhpur, India, Jaswant Coll., Dep. of Chem.) (Engl.)

Die Oxydation 0,01 m wss. Lsgg. von Glucosephenylosotriazol (I) mit Ce^{4+} verläuft bei 2n Säure-Konz. u. $^3/_4$std. Kochen stöchiometr. nach der Gleichung: $I + 8\,Ce^{4+} \rightarrow$ *2-Phenyl-1.2.3-triazol-4-carbonsäure* (II, F. 191°) $+ 3\,HCO_2H$. Ähnliche Ergebnisse werden bei der Oxydation von I mit V^V oder durch Bestrahlen der I–Ce^{IV}-Rk. mit monochromat. Licht (600 mμ) bei 30—35° erhalten. Da die Rk. im Gegensatz zu der Oxydation mit $KMnO_4$ oder Br_2 stöchiometr. verläuft, kann sie zur quant. Best. von Kohlenhydratosotriazolen u. zur Unterscheidung zwischen Pentose- u. Hexosetriazolen benutzt werden. G. MARQUARD. B 225

Kinetik der alkalischen Hydrolyse von Chloroform in Äthanol. Sameer Bose. (J. Indian chem. Soc. **37.** 325—28. Juni 1960. Jabalpur, M.M.V., Dep. of Chem.) (Engl.) — Vgl. J. Indian chem. Soc. **36.** [1959.] 554.

Die Verseifung von *Chlf.* mit KOH in 95%ig. A. zwischen 20 u. 40° verläuft bei ungefähr gleichen Konzz. beider Rk.-Partner (ca. 0,2 m) in 1. Ordnung bzgl. Chlf. u.

KOH. $k_2^{35} = 158 \pm 8 \cdot 10^{-4}$ Liter·Mol^{-1}·min^{-1}, Aktivierungsenergie: 33,3 kcal, $\Delta H^{\neq} =$ 32,7 kcal, $\Delta S = 44$ cal·Grad^{-1}·Mol^{-1}. Die Rk. geht in 2. Ordnung bzgl. KOH über, wenn [Chlf.] ca. 0,02m u. [KOH] ca. 2m. Der von HINE (C. **1952.** 2647) angenommene Rk.-Mechanismus gilt auch hier für die Rk. 2. Ordnung, bei der 3. Ordnung (KOH-Überschuß) wird die Rk.-Folge: Chlf. + $2\,OH^- \rightleftharpoons C(OH)Cl_2^- + Cl^- + H_2O$ (schnell); $C(OH)Cl_2^- \rightarrow Cl + C(OH)Cl$ (langsam); $C(OH)Cl + OH^- \rightarrow C(OH)_2 + Cl^-$ (schnell); $C(OH)_2 \rightarrow HCOOH$ angenommen. CH. SCHLAGE. B 225□

Chlorierung von Äthanol in der Dampfphase unter stiller elektrischer Entladung. 2. Mitt. Untersuchung des Reaktionsmechanismus. O. P. Malhotra. (J. Indian chem. Soc. **36.** 405—09. Juni 1959. Varanasi, Banaras Hindu Univ., Chem. Labor.) (Engl.) — 1. vgl. J. Indian chem. Soc. **35.** [1958.] 99.

Zur Klärung ihrer Rolle bei der Bldg. von *Chloral* (**VI**) u. *Hexachloräthan* (**VII**) aus A. wurden einige der bei der Chlorierung von A. in der Dampfphase unter stiller elektr. Entladung entstehenden Prodd. [*Acet-* (I), *Par-* (II), *Dichloracet-*, *Trichloracetaldehyd*, *Mono-* (**IV**) u. *Dichloracetaldehyddiäthylacetal* (**V**)] auf ihr jeweiliges Verh. bei der Chlorierung unter ähnlichen Bedingungen untersucht; daraus wurde folgender Rk.-Mechanismus als möglich abgeleitet: 1. A. $\xrightarrow{Cl_2}$ I $\underset{}{\overset{HCl}{\rightleftharpoons}}$ II $\xrightarrow{Cl_2}$ $ClCH_2CHO$ (**III**) $\overset{HCl}{\rightleftharpoons}$ $(III)_3$; 2. bei überschüssigem A.: III $\xrightarrow{HCl}$ $CH_2Cl \cdot CHCl \cdot OC_2H_5$ (**III a**) $\xrightarrow{Cl_2}$ $CHCl_2 \cdot CHCl \cdot OC_2H_5$ (**III b**); 3. **III a** bzw. **III b** $\xrightarrow{HCl}$ **IV** bzw. **V** $\xrightarrow{Cl_2}$ $CCl_3 \cdot CH(OC_2H_5)_2$; 4. ohne A.: I $\xrightarrow{Cl_2}$ III $\xrightarrow{Cl_2}$ $CHCl_2 \cdot CHO$ $\xrightarrow{Cl_2}$ **VI**. Daneben tritt stets **VII** auf (Assoziation des CCl_3-Radikals), bei **VI** als einziges Produkt. W. SCHULENBURG. B 225□

Reaktionen von Lysolecithin, Phosphatestern und Fettsäuren mit Brom in organischen Lösungsmitteln. G. V. Marinetti, K. Temple und Elmer Stotz. (Biochim. biophysica Acta [Amsterdam] **46.** 364—72. 15/1. 1961. Rochester, N.Y., Univ., Dep. of Biochem.) (Engl.)

Art u. Geschw. der Rk. von *Lysolecithin* in Ggw. von Br_2 ist vom Lsgm. abhängig. In Chlf. u. Bzl. werden Lysophosphatidsäuren (**A**) u. Cholin (I) gebildet. In prim. u. sek. Alkoholen (*Methanol, A., n-Propanol, n-Butanol, n-Amyl-, Isopropyl-, sek.-Butylalkohol*) entstehen die entsprechenden Alkoholester der **A**, u. I wird freigesetzt. In *tert.-Butanol* erfolgt keine Reaktion. In Diisopropyläther entsteht ein neues Prod., anscheinend ein gemischter Isopropyläther–Fettsäureester von Glycerylphosphorylcholin. In Alkoholen werden die **A** langsam zu Glycerin-3-phosphat (**II**) bzw. -2.3-phosphat (**II a**) u. dem Fettsäureester des entsprechenden Alkohols abgebaut. Br_2 wirkt auch katalyt. beim Abbau von *Glycerylphosphoryläthanolamin* u. *-serin* in wss. Methanol zu **II** bzw. **II a** u. Äthanolamin bzw. Serin. Keine Rk. erfolgt mit *Phosphoryläthanolamin* oder *Phosphorylserin*. Die Rk. mit *Lecithin* verläuft langsam. Br_2 katalysiert die Veresterung von *Stearinsäure* in verschiedenen Alkoholen. Die Rk. verläuft am schnellsten in Methanol. K. ZINGRAF. B 225□

Einige Deuteriumisotopeneffekte. 3. Mitt. Ein umgekehrter γ-Deuteriumisotopeneffekt. K. T. Leffek, J. A. Llewellyn und R. E. Robertson. (J. Amer. chem. Soc. **82.** 6315—18. 20/12. 1960. Ottawa, Canada, Nat. Res. Council, Div. of Pure Chem.) (Engl.) — Vgl. C. **1960.** 1124.

Gemessen werden die Geschw.-Konst. k der Solvolyse von $D_{2(\alpha,\alpha)}$- (α-**A**), $D_{2(\beta,\beta)}$-(β-**A**) u. $D_{3(\gamma,\gamma,\gamma)}$-*n-Propylestern*- bzw. *-halogeniden* (γ-**A**), u. zwar *Benzolsulfonate, Methansulfonate, Bromide* u. *Jodide*, in W. im Vgl. zu den entsprechenden undeuterierten Verbindungen. Die β-**A**-Verbb. zeigen ein normales Verh., d. h. $k_H/k_D > 1$. Bei den α-**A**-Verbb. ändert sich k_H/k_D von 0,98 (Bromid) über 1,006 (Jodid) nach 1,035 (Sulfonat) in Übereinstimmung mit der abnehmenden Elektronendichte des Übergangszustandes, verursacht durch verkleinerte nucleophile Wechselwrkg. u. verminderte ster. Hinderung der austretenden Gruppe. Bei den γ-**A**-Verbb. tritt durchweg ein umgekehrter Isotopeneffekt auf, d. h. $k_H/k_D < 1$. Dieses unerwartete Ergebnis wird mit einer Hinderung der Schwingungen gedeutet, an denen die endständige Methylgruppe teilnimmt, u. zwar durch im Übergangszustand stark anwachsende VAN DER WAALSsche Kräfte.
H. NESTLER. B 225□

Geschwindigkeit der Reaktion einiger o- und p-Chlornitrotoluole mit Natriummethylat. Massimo Simonetta und Sergio Carrà. (Rend. Ist. lombardo Sci. Lettere, Cl. Sci. mat. natur. **91.** 303—10. 1957. Milano, Univ., Ist. di Chim. ind., Labor. di Chim. fis e Fis. tecn.) (Ital.)

Die Rk.-Geschw. von 6 isomeren Chlornitrotoluolen u. -anisolen wurde unter Verw. einer 0,125n Lsg. der zu untersuchenden organ. Verb. in CH_3OH u. einer 0,5n methanol. Na-Methylat-Lsg. bei 70, 80 u. 90° gemessen. Es wurden folgende Geschw.-Konst.

10^5k(Liter/Mol^{-1}·s^{-1}) bei 80° für die Toluole u. Anisole gefunden: *2-Chlor-5-nitro-*, 4,86 u. 3,82; *3-Chlor-6-nitro-*, 5,08 u. 10,69; *2-Chlor-3-nitro-*, 0,77 u. 1,19; *3-Chlor-4-nitro-*, 4,19 u. 14,56; *4-Chlor-5-nitro-*, 1,37 u. 0,69 u. *3-Chlor-2-nitro-*, 0,68 u. 0,61. Die Werte von k (s^{-1}/Mol^{-1}) u. von E_A (cal/Mol) sind für vorst. Verbb. in Tabellen wiedergegeben. Diese Ergebnisse werden mit denen von MILLER u. WILLIAMS (C. **1954.** 1211) für die Rk. derselben Verbb. mit Piperidin in Bzl. u. mit denen von BRIEUX u. DEULOFEU (C. **1954.** 11160) verglichen u. elektronentheoret. diskutiert. G. PLATZER. B 225□

Beiträge zur Konstellationsanalyse. W. Hückel. (Acta chim. Acad. Sci. hung. **18.** 27—32. 1959. Tübingen, Univ., Pharm.-Chem. Inst.) (Dt.)

Vortrag über Konstellationsanalyse an Hand früherer Ergebnisse (vgl. C. **1961.** 9344 u. früher) über die Hydrolyse von p-Toluolsulfonaten der Alkylcyclohexanole u. -pentanole. K. F. SCHNEIDER. B 225□

Die Wirkung des Lösungsmittels auf die Isotopenaustauschreaktion. Endre Körös, Elemér Schulek und Laszló Pataki. (Magyar Kémiai Folyóirat [Ung. Z. Chem.] **66.** 372—74. Sept. 1960. Budapest, Eötvös Loránd Tud. Egyet. Szervetlenés Anal.-Kém. Intézet.) (Ung.) — Vorl. Mitteilung.

Vff. untersuchten die Isotopenaustausch-Rk. von *1-Phenyl-2.3-dimethyl-4-jodpyrazolon* (*4-Jodantipyrin*) u. J_2 in diversen Lsgm. [Dioxan (I), Chlf., Pentanol, A., A.–W., Nitrobenzol, Formamid, Methanol, Propanol (II), n-Butanol, I–W., II–W., Bzl., Toluol, Chlorbenzol] u. bestimmten die Halbwertszeit $t_{1/2}$ der Austauschreaktion. Es wurde festgestellt, daß die Auswirkung der DK nur innerhalb einer homologen Reihe eindeutig ist. $t_{1/2}$ ist von Wasser-Geh. u. Ggw. von Verbb., die die heterolyt. Dissoziation von J_2 fördern ($HgCl_2$, $AgNO_3$), stark abhängig. Es wurde die wichtige Rolle der J^+-Ionen in der Austausch-Rk. bewiesen. G. HALMI. B 225□

Kinetik der spezifisch basenkatalysierten Hydrolyse von Naphazolin. Marvin J. Stern, Louis D. King und Arnold D. Marcus. (J. Amer. pharmac. Assoc., sci. Edit. **48.** 641—47. Nov. 1959. Newark, N.J., Rutgers Univ., Coll. of Pharm.) (Engl.) — Vgl. C. **1960.** 13115.

Die Geschw. der OH^--katalysierten Hydrolyse (25—95°) von *Naphazolin* (*2-[Naphthyl-(1)-methyl]-Δ^2-imidazolin*; I) gehorcht hinsichtlich [I] u. [OH^-] einer Gleichung 1. Grades. Es wurde eine theoret. Beziehung für konst. Temp. abgeleitet, die die Geschw.-Konst. der Rk. pseudo-1. Ordnung als Funktion der H^+- u. OH^--Aktivitäten darstellt u. die bei 25° selbst bei 10^6facher Änderung der Katalysator(OH^-)-Konz. gültig zu sein scheint. Die protonierte Form von I (P-I) hydrolysiert 1000mal schneller als I. Die Aktivierungsgrößen wurden nach ARRHENIUS zu $E = 16{,}4$ [kcal/Mol] (Frequenzfaktor $1{,}91 \cdot 10^{14}$ [Liter/Mol^{-1}·h^{-1}]) bei P-I u. 4,9 (3,0·10^2) für I bestimmt. Der Mechanismus der Rk. wird diskutiert. Die Dissoziations-Konst. von P-I wurden bei 25, 35 u. 45° bei der Ionenstärke $\mu = 0{,}6$ zu pKa = 10,35, 10,13 u. 9,92 bestimmt. Das Prod. der Hydrolyse von I, N-[Naphthyl-(1)-acetyl]-äthylendiamin, hydrolysiert bei pH 4,55 u. 65° selbst nicht. S. ERBE. B 225□

Reaktivität von Chlor-symm.-triazinen. 2. Mitt. Zur Reaktion von 2.4-Dichlor-6-arylamino-symm.-triazinen mit Anilinen. Kohji Matsui, Kikuyo Hagiwara und Yoshinobu Soeda. (J. Soc. org. synth. Chem., Japan **18.** 184—89. März 1960. Kiryû, Gunma-Daigaku, Kôgakubu.) (Jap.; Auszug: Engl.) — 1. vgl. C. **1961.** 12405.

Die Rk. zwischen 2.4-Dichlor-6-alkylamino- oder 2.4-Dichlor-6-arylamino-symm.-triazinen u. Anilin in Aceton wurde kinet. untersucht. Die Reaktivität der Triazine stieg in der Reihenfolge der Substituenten der Aminogruppe $n\text{-}C_4H_9 \simeq C_2H_5 < CH_3$, H bzw. $p\text{-}C_2H_5OC_6H_4\text{-} < p\text{-}CH_3OC_6H_4\text{-} < p\text{-}CH_3C_6H_4\text{-} < m\text{-}CH_3C_6H_4\text{-} < C_6H_5\text{-} < m\text{-}CH_3OC_6H_4 < p\text{-}ClC_6H_4\text{-} < m\text{-}ClC_6H_4\text{-}$ an, die Substituenten am Phenylrest beeinflussen die Reaktivität der Triazine danach infolge ihres polaren Effekts. Nachst. 2.4-Dichlor-6-arylamino-symm.-triazine wurden aus Cyanurchlorid u. den entsprechenden substituierten Anilinen in Aceton oder Chlf. hergestellt [Angaben in der Reihenfolge: N-Arylgruppe, F. (Lsgm. zum Umkristallisieren)]: *p-Methylphenyl-*, F. 132,5—133° (Bzl.); *m-Methylphenyl-*, F. 131,5—132° (Bzl.); *o-Methylphenyl-*, F. 161—162° (Bzl., schmilzt einmal bei 157°, wird jedoch wieder fest); *p-Chlorphenyl-*, F. 187—188° (Bzl.); *m-Chlorphenyl-*, F. 131—132° (Bzl.); *o-Chlorphenyl-*, F. 158—159° (Bzl.); *p-Methoxyphenyl-*, F. 171,5 bis 172° (Bzl.); *m-Methoxyphenyl-*, F. 126—126,5° (Bzl.); *o-Methoxyphenyl-*, F. 174,5—175° (Bzl.); *p-Äthoxyphenyl-*, F. 143,5—144° (Bzl.). Folgende 2.4-Dianilino-6-aryl(bzw. -alkyl)-amino-symm.-triazine wurden als Prodd. erhalten: *Methyl-*, F. 170—171° (Methanol); *Äthyl-*, F. 94,5—96° (Methanol); *n-Butyl-*, F. 102—104° (Bzl. + PAe.); *p-Methylphenyl-*, F. 197—199° (A. + Aceton); *m-Methylphenyl-*, F. 182—183° (A.); *o-Methylphenyl-*, F. 194—195° (verd. A.); *p-Chlorphenyl-*, F. 159—160° (Bzl.); *m-Chlorphenyl-*, F. 169,5—170° (verd. A.); *o-Chlorphenyl-*, F. 162—163° (verd. A.); *p-Methoxy-*

phenyl-, F. 178,5—179,5° (Aceton + W.); *m-Methoxyphenyl-*, F. 149,5—150° (Bzl. + PAe.); *o-Methoxyphenyl-*, F. 157—158° (A.); *p-Äthoxyphenyl-*, F. 164,5—165° (Aceton + verd. A.). E. MAEKAWA. B 225□

Zur Reaktivität von Cyanurchloridderivaten. 1. Mitt. Reaktion von substituierten 2.4-Bis-[anilino]-6-chlor-symm.-triazinen mit Benzylamin. Mituhiro Goi. (J. Soc. org. synth. Chem., Japan **18.** 327—31. Mai 1960. Ôsaka, Huritu-Kôgyô-Syôreikan.) (Jap.; Auszug: Engl.)

2.4-Bis-[anilino]-6-chlor-symm.-triazine, die an der m- oder p-Stelle des Anilinrestes verschiedene Substituenten tragen, ergaben mit *Benzylamin* (Kp. 184—185°) in Tetrahydrofuran durch eine S_N2-Rk. die 6-Benzylamino-Derivv., wobei die Geschw. der Rk. zwischen 25 u. 40° in der Reihenfolge der Substituenten *p-CH₃O, p-CH₃O* (Aktivierungsenergie E_a 12,8 kcal/Mol; -entropie $\Delta S^{\neq}$ —38 cal/Grad·Mol), *p-CH₃, p-CH₃*(12,4; —38), *p-CH₃O, H* (12,6; —37), *m-CH₃, m-CH₃* (12,7; —38), *p-CH₃, H* (12,4; —38), *m-CH₃, H* (12,1; —38), *H, H* (11,9; —39), *p-Cl, p-CH₃* (11,8; —38), *p-Cl, H* (11,9; —38), *p-Cl, p-Cl* (11,2; —38), *m-NO₂, H* (10,9; —38), *m-NO₂, p-Cl* (11,4; —36), *m-NO₂, m-NO₂* (10,3; —38) zunimmt. Die HAMMETTsche Beziehung zwischen Geschw. u. dem Substituenten des Benzolrings ist erfüllt, wenn die Triazinylamino-Gruppe als Seitenkette beider Benzolringe angesehen wird. Der Einfl. der Substituenten ist hauptsächlich polarer Natur. Die Prodd. wurden nicht isoliert.

Versuche: 6-Chlor-symm.-triazine: *2.4-Bis-[p-anisidino]-*, F. 202—203° (Bzl.), durch Versetzen einer Suspension von Cyanurchlorid (I) in Aceton in Eis–W. mit p-Anisidin (III) in Aceton bei 0—5°, tropfenweise Zugabe von Na_2CO_3-Lsg. zum Gemisch bei 40—45° u. 2std. Rühren; 95% (Ausbeute). — Analog: *2.4-Bis-[p-toluidino]-*, F. 204—206° (Bzl.), aus I u. p-Toluidin (IV); >90%. — *2.4-Bis-[m-toluidino]-*, F. 143 bis 144° (Bzl.), aus I u. m-Toluidin (V); >90%. — *2.4-Bis-[anilino]-*, F. 200,5—201° (Dioxan), aus I u. Anilin (II); >90%. — *2.4-Bis-[p-chloranilino]-*, F. 222,5—223,5° (Bzl.), aus I mit p-Chloranilin (VI; davon die halbe Menge bei niedriger Temp. u. der Rest bei 50—55°) u. Alkalisieren des Gemisches mit $NaHCO_3$ bei 50—55°. — *2.4-Bis-[m-nitroanilino]-*, F. 240—242° (Dioxan), aus I u. m-Nitroanilin (VII). — *2-Anilino-4-[p-anisidino]-* F. 167—167,5° (Bzl.), aus I mit II bei 0—5° u. anschließend mit III; >90%. — *2-Anilino-4-[p-toluidino]-*, F. 176,5—177,5° (Bzl.), aus I mit II u. dann mit IV; >90%. — *2-Anilino-4-[m-toluidino]-*, F. 148,5—149,5° (Bzl.), aus I mit II u. dann mit V; >90%. — *2-Anilino-4-[p-chloranilino]-*, F. 195—197° (Bzl.), aus I mit VI u. dann mit II; >90%. — *2-[p-Toluidino]-4-[p-chloranilino]-*, F. 212—214° (Bzl.), wie vorst. aus I mit VI u. dann mit IV; >90%. — *2-Anilino-4-[m-nitroanilino]-*, F. 163—164° (Dioxan), aus I mit **VII** u. anschließend mit II; >90%. — *2-[p-Toluidino]-4-[m-nitroanilino]-symm.-triazin,* F. 212 bis 214°, aus I mit **VII** u. anschließend mit **IV**; >90%. E. MAEKAWA. B 225□

Zur Reaktivität von Cyanurchloridderivaten. 2. Mitt. Reaktion von 4-substituierten 2-Chlor-6-anilino-symm.-triazinen mit Benzylamin. Mituhiro Goi. (J. Soc. org. synth. Chem., Japan **18.** 332—36. Mai 1960.) (Jap.; Auszug: Engl.) — 1. vgl. vorst. Referat.

4-Substituierte *2-Chlor-6-anilino-symm.-triazine* ergaben mit *Benzylamin* in Tetrahydrofuran durch eine S_N2-Rk. die 2-Benzylamino-Derivv., wobei bei 25—40° die Reaktivität des 2-Cl-Atoms in der Reihenfolge des 4-Substituenten *4-Cl* (k bei 40° 0,931 Liter/Mol·s; E_a 7,87 kcal/Mol; $\Delta S^{\neq}$ —36 cal/Grad·Mol), *4-OCH₃* (6,24·10^{-3}), *4-OC₂H₅* (5,70·10^{-3}), *4-C₆H₅NH* (3,24·10^{-4}; 12,0; —39), *4-Morpholino-* (1,56·10^{-4}), *4-NH₂-* (0,652·10^{-4}; 14,7; —33), *4-(CH₃)₂N* (0,544·10^{-4}; 14,0; —37), *4-C₂H₅NH* (0,495·10^{-4}), *4-CH₃NH* (0,463·10^{-4}), *4-n-C₄H₉NH* (0,465·10^{-4}) abnimmt. Der Einfl. der Substituenten auf der Grundlage der HAMMETTschen Beziehung wird diskutiert. Die Prodd. wurden nicht isoliert.

Versuche: 2-Chlor-6-anilino-symm.-triazine: *4-Methoxy-*, F. 126—130°, aus Cyanurchlorid (I) über 2.4-Dichlor-6-methoxy-symm.-triazin, Versetzen in Eis–W. mit Anilin (II) in Aceton, Zugabe von Na_2CO_3-Lsg. zum Gemisch u. Erwärmen auf 20°; 63% (Ausbeute). — *4-Äthoxy-*, F. 100—109° (Ligroin), aus 12 g 2.4-Dichlor-6-anilino-symm.-triazin (III) in 99,5%ig. A. durch 2std. Rühren mit alkohol. KOH-Lsg. bei 10—20°; 7,0 g. — *4-Amino-*, F. 213—213,5° (Dioxan), aus I u. II über III u. Versetzen mit 28%ig. NH_3 bei 40°; 54%. — Analog: *4-Methylamino-*, F. 235—236° (Dioxan). — *4-Äthylamino-*, F. 204—205° (Bzl.). — *4-n-Butylamino-*, F. 175—177° (Bzl.). — *4-Dimethylamino-*, F. 159,5—160,5° (Bzl.). — *4-Morpholino-*, F. 198,5—199,5° (Bzl.).
E. MAEKAWA. B 225□

Zur Reaktivität von Cyanurchloridderivaten. 3. Mitt. Reaktion von 2-Amino-4.6-dichlor-symm.-triazinen mit aromatischen Aminen. Mituhiro Goi. (J. Soc. org. synth. Chem., Japan **18.** 337—42. Mai 1960.) (Jap.; Auszug: Engl.) — 2. vgl. vorst. Referat.

Die Rk. von *2-Amino-4.6-dichlor-symm.-triazinen*, die am N-Atom der 2-Aminogruppe aliphat. sowie aromat. Reste tragen, mit verschiedenen aromat. Aminen wurden in Tetrahydrofuran kinet. untersucht. Die Rk. mit *p-Toluidin* ist 2. Ordnung, die Geschw. nimmt in der Reihe der 2-Substituenten *2-NH·CH₃* (k·10^2 bei 40° 0,175 Liter/Mol·s; E_a 10,1 kcal/Mol; $\Delta S^{\pm}$ —41 cal/Grad·Mol), *2-N(CH₃)₂* (0,195; 10,0; —43), *2-NH₂* (0,202; 13,1; —31), *2-Morpholino* (0,620; 10,0; —39), *2-N(CH₃)C₆H₅* (0,951; 9,2; —41), *2-p-Anisidino* (1,36), *2-p-Toluidino* (1,70; 8,0; —43), *2-m-Toluidino* (2,21; 8,4; —41), *2-Anilino* (2,40; 8,0; —43) u. *2-p-Chloranilino* (5,12) zu. Die Rk. mit *Anilin* oder *p-Chloranilin* ist deutlich autokatalyt., u. ihre Geschw. nimmt im Verlauf der Zeit zu. Bei den autokatalyt. Rkk. tritt keine Induktionsperiode auf, die Verbb. mit dem 2-NH_2- oder 2-$NHCH_3$-Substituenten zeigten viel größere Reaktivität als die mit dem 2-$N(CH_3)_2$- oder 2-$N(CH_3)C_6H_5$-Rest. Die autokatalyt. Wrkg. beruht vermutlich auf der Aktivierung des zentralen C-Atoms durch Addition eines Protons an ein N-Atom im heterocycl. Ring.

Versuche: 2-substituierte 4.6-Dichlor-symm.-triazine, analog den l. c. beschriebenen Triazinen: *2-p-Chloranilino-*, F. 185—187° (Bzl.). — *2-Anilino-*, F. 134 bis 135° (Bzl.). — *2-m-Toluidino-*, F. 131—133° (Bzl.). — *2-p-Toluidino-*, F. 131,5 bis 132° (Bzl.–Petroleum). — *2-p-Anisidino-*, F. 170—171,5° (Bzl.). — *2-N-Methylanilino-*, F. 131,5—133° (Diisopropyläther). — *2-Amino-*, F. 235—236° (Dioxan). — *2-N-Methylamino-*, F. 156,5—157° (Bzl.). — *2-N.N-Dimethylamino-*, F. 123° (Bzl.). — *2-Morpholino-*, F. 156—157° (Bzl.–Petroleum). E. MAEKAWA. B 225□

Dien-Synthese. 2. Mitt. **Spektrophotometrische Untersuchung der Dien-Synthese von p-Benzochinon und α-Naphthochinon.** B. A. Arbusow und A. I. Konowalow. (Известия Академии Наук СССР, Отделение Химических Наук [Nachr. Akad. Wiss. UdSSR, Abt. chem. Wiss.] **1960.** 68—72. Jan. Kasan, Univ.) (Russ.) — 1. vgl. C. **1961.** 12408.

Es werden 0,3—3mmol. Lsg. von *p-Benzochinon* (**I**) u. *α-Naphthochinon* (**II**) in *Cyclopentadien* (**III**), *Isopren* (**IV**) u. *Piperylen* (**V**) im Gemisch mit Chlf. UV-spektroskop. untersucht. Aus dem zeitlichen Verlauf der Absorption folgt, daß **I** mit einem Mol. **III**, **IV** oder **V** intermediär einen Komplex bildet, der in das *Monoaddukt* übergeht. Das Monoaddukt liefert mit einem 2. Mol. der Diene intermediär wiederum einen Komplex aus Monoaddukt u. Dien, der in das *Bisaddukt* übergeht. **II** u. **III** geben ebenfalls prim. eine Komplex-Verb., die aber schneller als in den vorhergehenden Fällen in das Addukt übergeht. Bei **II** u. **IV** bzw. **V** wird keine intermediäre Verb. beobachtet, da die Bldg. des Addukts sehr schnell erfolgt. HELMUT SCHÄFER. B 225□

Über den Mechanismus der Dehydratisierung von γ-Glykolen. 7. Mitt. **Reaktionsfähigkeit des Acetylenwasserstoffs von sauerstoffhaltigen Acetylenderivaten.** T. A. Faworskaja und O. W. Ssergijewskaja. (Журнал Общей Химии [J. allg. Chem.] **30 (92).** 132—34. Jan. 1960. Leningrad, Univ.) (Russ.) — 6. vgl. C. **1961.** 1526.

Während *2-Methyl-2-äthinyltetrahydrofuran* u. *Dimethyläthinylcarbinoläthyläther* bereits bei Zimmer-Temp. mit ammoniakal. $AgNO_3$-Lsg. zu den entsprechenden *Ag-Acetyleniden* reagieren, liefert *Methyläthinyl-γ-hydroxypropylcarbinol* erst beim Kochen das Acetylenid. *Dimethyläthinylcarbinolbenzyläther* liefert auch beim Kochen nicht das Ag-Acetylenid. Diese unterschiedliche Rk.-Fähigkeit führen Vff. auf eine verschieden starke, zwischenmolekulare H-Bindung des Äthinyl-H-Atoms mit dem freien Elektronenpaar der O-Atome zurück, durch die die „Acidität" des Äthinylprotons z. T. neutralisiert wird. Dieser Schluß wird jedoch nicht durch IR-Analyse bestätigt, da die Änderung der Schwingungsfrequenz der ≡C—H-Gruppe nicht mit der Änderung der Rk.-Fähigkeit parallel geht. HELMUT SCHÄFER. B 225□

Zur Reaktion der N.N-Dimethylarylamine mit Diacylperoxyden; der Mechanismus der Entmethylierung. Rolf Huisgen, Wolfgang Heydkamp und Friedrich Bayerlein. (Chem. Ber. **93.** 363—74. 29/2. 1960. München, Univ., Inst. für Org. Chem.) (Dt.)

Bei Rk. von *Dibenzoylperoxyd* (**I**) in Chlf. mit überschüssigem *N.N-Dimethyl-p-toluidin* (**II**) wurden 54% (Ausbeute) an dem Entalkylierungs-Prod. N-Methyl-p-toluidin, isoliert als N-Methyl-N-acetyl-p-toluidin (**III**; F. 80°), erhalten, beim Verhältnis **II**:**I** = 1:1 fällt die Ausbeute auf 16%. 2-Dimethylamino-5-methylphenol (**IV**), das als 2. Prod. durch Umlagerung des Zwischenprod. der Rk., des N-Benzoxy-N.N-dimethyl-p-toluidiniumions (vgl. HORNER u. Mitarbeiter, C. **1960.** 11609; WALLING u. INDICTOR, C. **1959.** 10864; HUISGEN u. Mitarbeiter, C. **1960.** 6102), möglich wäre, wird nicht erhalten. Jedoch war die Bldg. von **IV** nur unterdrückt, da bei Zugabe von **II** in eine Lsg. von **I** in Eisessig, also bei Verminderung der Basenkatalyse der Eliminierungs-Rk., nach alkohol. Hydrolyse 14% an **IV** ($Kp._{12}$ 100—110°, Bad-Temp.) erhalten wurde. Bei

Zusatz von etwas W. konnte die Ausbeute an **IV** auf 20% erhöht werden (Verss. auch in wss. Dioxan). Auch bei Rk. von *Diacetylperoxyd* (**V**) mit **II** wurden geringe Mengen **IV** neben **III** (40—60%) erhalten. Die geringen Gesamtausbeuten werden auf Sekundär-Rkk. des bei der Entmethylierung gebildeten CH_2O zurückgeführt. Die Rk. von *N.N-Dimethyl-p-chloranilin* (**VI**; F. 36°) u. **V** (6 Std. bei 20° bzw. 26 Std. bei 40°) gab in Eisessig ca. 25% N-Methyl-p-chloranilin (isoliert als N-Acetylderiv., F. 92°; 46% in Eisessig–Acetanhydrid) u. ca. 20% 2-Dimethylamino-5-chlorphenol (F. 87—88,5°; 16%). Die Gesamtausbeute wird bei Zusatz von m-Dinitrobenzol (Radikalfänger) nicht wesentlich geändert, allerdings wird die Bldg. des Phenols begünstigt. Kinet. Verss. der Rk. zeigten, daß der Eigenzerfall von **V** nur in geringem Maße auftritt. Der Vgl. mit dem Rk.-Syst. N.N-Dimethyl-p-chloranilin-N-oxyd (**VII**)–Acetanhydrid/Eisessig (vgl. HUISGEN l. c.) zeigt, daß bei der Amin-Peroxyd-Rk. erheblich mehr Entmethylierungs-Prod. gebildet wird, als bei vollständigem Ablauf der Rk. über ein N-Acetoxy-p-chlor-N.N-dimethylaniliniumion zu erwarten wäre. Die Durchführung der Rk. von **VI** mit **V** in Eisessig/Acetanhydrid in Ggw. von Bzl., Cumol oder Styrol zeigte, daß in Ggw. der beiden letzten Zusätze im Vgl. zu den Benzol-Verss. die Entmethylierung auf die Hälfte zurückgeht. Möglicherweise verläuft daher ein beträchtlicher Teil der Entmethylierung über ein radikal. Schema. Dagegen ergibt die Rk. von **VII** mit Acetanhydrid in Eisessig in Ggw. von Styrol keine wesentliche Änderung der Prod.-Verhältnisse (ca. 60% Phenol, ca. 10% N-Methyl-N-acetyl-p-chloranilin) bei deutlichem Dominieren der Phenolbildung. Der quant. Prod.-Vgl. zeigt also, daß die Äquivalenz der Syst. Aminoxyd + Carbonsäureanhydrid u. Amin + Diacylperoxyd keine vollständige ist. Im 2. Syst. gibt es noch einen unabhängigen Entmethylierungsweg, bei dem Radikalbeteiligung wahrscheinlich ist. W. SCHRAMM. B 225

Einfluß von Mercuri-Ionen auf die decarboxylierende Aktivität von Cystein und Homocystein. Yves Guitton und André Touze. (C. R. hebd. Séances Acad. Sci. **243.** 1367—69. 29/10. 1956.) (Franz.)

Die durch *Cystein* (**I**) u. *Homocystein* (**II**) (Konzz. je $^1/_{200}$m) katalysierte Decarboxylierung von *Mesoxalsäure* (Konz. $^1/_{7,5}$m) wurde bei 38° in N_2 bei den pH-Optima 2,5 für **I** u. 3,9 für **II** bei verschiedener $HgCl_2$-Konz. ($^1/_{12000}$—$^1/_{400}$m) durch manometr. CO_2-Best. verfolgt. Auch bei der $HgCl_2$-Konz. $^1/_{400}$m, welche theoret. zur Blockierung der Thiolgruppen genügt, war die Hemmung nicht vollständig, sondern betrug 79% der Theorie für **I** u. 92% für **II**. Bei $HgCl_2$-Konzz. zwischen $^1/_{2000}$ u. $^1/_{1000}$m wurde anstatt einer Hemmung eine Beschleunigung der Decarboxylierung beobachtet, bes. ausgeprägt bei **II**. Mit Verdoppelung der **I**- bzw. **II**-Konz. verschiebt sich die optimal aktivierende Hg^{2+}-Konz. zu höheren Werten zwischen $^1/_{1000}$ u. $^1/_{400}$m; die aktivierende Wrkg. ist demnach an ein bestimmtes Verhältnis zwischen den Konzz. an Hg^{2+} u. SH-Gruppen gebunden. Es wird die Möglichkeit einer $Hg—NH_2$-Bindung u. Unterdrückung der Induktion zwischen NH_2- u. SH-Gruppen bei geringen Hg-Konzz. diskutiert, ferner eine Beziehung zu biolog. Erfahrungen mit Hg-Verbb. untersucht.

EBERHARD MÜLLER. B 225□

Der Selbstzerfall radioaktiv markierter Verbindungen. R. J. Bayly und H. Weigel. (Nature [London] **188.** 384—87. 29/10. 1960. Amersham, Radiochem. Centre; Englefield Green, Surrey, Univ. of London, Royal Holloway Coll., Chem. Dep.) (Engl.)

Die Arten u. das Ausmaß des Selbstzerfalls radioakt. markierter Verbb. wird diskutiert u. geeignete Lagerbedingungen werden vorgeschlagen. Die Lagerbeständigkeit der photosynthet. bereiteten Verbb. *^{14}C-Rohrzucker*, *D-^{14}C-Glucose*, *^{14}C-Maltose* u. *^{14}C-Amylose* wurde bei Raum-Temp. u. bei —80°, bei Atmosphärendruck u. bei 0,01 Torr, nach Gefriertrocknung u. nach Trocknung über Saugpapier untersucht: günstig sind tiefe Temp., kleiner Druck u. Papiertrocknung. P. PAETZOLD. B 226□

Kinetik der durch γ-Strahlen induzierten Entfärbung von Lösungen des α.α-Diphenylpikrylhydrazyls in Chloroform und Tetrachlorkohlenstoff. S. Ciborowski, N. Colebourne, E. Collinson und F. S. Dainton. (Trans. Faraday Soc. **57.** 1123—30. Juli 1961. Leeds, Univ., Dep. of Physical Chem.) (Engl.)

Für verd. Lsgg. von *α.α-Diphenylpikrylhydrazyl* (*DPPH*) in CCl_4 u. Chlf., die mit ^{60}Co-γ-Strahlen hoher Dosisleistung bestrahlt worden waren, bestimmten Vff. die Werte für G (—DPPH) in den Bereichen 2—758 bzw. 4,4—460 μMol. Es wurde gefunden, daß G (—DPPH) unabhängig von Temp. u. Dosisleistung ist; die Konz.-Abhängigkeit ist derart, daß die Möglichkeit ausgeschlossen ist, daß ein bedeutender Anteil der in dem Primärakt gebildeten Radikale durch gegenseitige Wechselwrkg. zerstört werden. Ein Mechanismus wird vorgeschlagen, der außer der Bldg. freier Radikale auch die Bldg. angeregter Lsgm.-Moll. im Primärakt vorsieht; die letzten sind ebenfalls fähig, DPPH zu zerstören, ihre durchschnittliche Lebensdauer ist nicht kleiner als 10^{-8}s.

J. ROTHE. B 226□

Über die Natur des unlöslichen Produktes, das bei der radiolytischen Oxydation von Benzol in Wasser entsteht. Je. W. Barelko, L. I. Kartaschewa und M. A. Prosskurnin. (Доклады Академии Наук СССР [Ber. Akad. Wiss. UdSSR] **116.** 74—77. 1/9. 1957.) (Russ.)

Aus den Eigg. des bei der radiolyt. Oxydation von Bzl. in W. in O_2-freier Atmosphäre erhaltenen, in W. unlösl. Prod. (I) geht hervor, daß es sich dabei um ein Gemisch von Hydroxy- oder auch Dihydroxyverbb. des Diphenyls handelt. Dies steht im Widerspruch zu der Auffassung von Stein u. Weiss [1949], nach der die Phenol-Bldg. über das Phenylradikal verläuft, das mit Hydroxylradikalen reagieren soll. Nach Ansicht der Vff. bildet sich aus dem Benzol-Mol. u. freiem Hydroxyl das Hydroxycyclohexadienyl-Radikal, das entweder mit einem Cyclohexadienyl- oder mit einem gleichen Radikal Phenol bilden kann: $C_6H_7^{\cdot} + C_6H_6OH^{\cdot} \rightarrow C_6H_8 + C_6H_5OH$ u. $2\,C_6H_6OH^{\cdot} \rightarrow C_6H_5OH + H_2O + C_6H_6$. Daneben kann eine Rekombination ablaufen, die zu *p.p'-Dihydroxydiphenyl* führt. — Als Quelle der γ-Strahlung wurde ^{60}Co verwendet; bestrahlt wurde eine wss. Benzol-Lsg. von 18 ml, die mit 1 ml Bzl. überschichtet war u. im Hochvakuum entgast wurde. Die milchig-weiße Rk.-Suspension wurde zentrifugiert, zur Entfernung des Phenols mit n-Soda-Lsg. u. W. gewaschen u. der Rückstand im Vakuum getrocknet: I; F. 160 ± 5^0 (p.p'-Dihydroxyphenyl, F. 160—165°, o.p'-Dihydroxydiphenyl, F. 162 bis 163°). Die Lsg. des *Addukts von I mit p-Nitroanilin* absorbiert bei λ_{max} 520 mμ (typ. für aromat. Hydroxylverbb.); das IR-Spektrum von I zeigt OH- (3310 cm^{-1}), aromat. CH- (3020 cm^{-1}) u. aliphat. CH-Schwingungen (2900 cm^{-1}). H. Kühne. B 226

Darstellung von Formaldehyd bei der durch Stickstoffoxyde katalysierten Oxydation von Methan. N. Ss. Jenikolopjan, N. A. Kleimenow, L. W. Karmilowa, A. M. Markewitsch und A. B. Nalbandjan. (Журнал Прикладной Химии [J. angew. Chem.] **32.** 1132—35. Mai 1959.) (Russ.)

Bei der katalyt. Umwandlung eines Gemisches aus 33,3 (Vol.-%) Methan (I), 66,6 Luft u. 0,1 NO in 3 aufeinanderfolgenden Reaktoren (Temp. nicht angegeben) werden 7,4% I zu *Formaldehyd* (II) u. 9—12% zu *CO* oxydiert. Unter Berücksichtigung der Methanol-Bldg. erreicht der Umwandlungsgrad von I 9%. In einer mit Zirkulation des Gasgemisches arbeitenden geschlossenen Anlage steigt die Bldg. von II u. CO proportional den Zirkulationen an. Bei einem Gemisch aus 28 (Vol.-%) I, 71,4 Luft u. 0,6 NO bilden sich bei 580° nach 8 Zirkulationen ca. 18% II u. 19% CO, bezogen auf I. Ein Gemisch mit 22% I u. 0,1% NO liefert bei 620° nach 10 Zirkulationen ca. 21% II, bezogen auf I. Die abs. II-Ausbeute kann durch Anreicherung von I im Gasgemisch u. Temp.-Erhöhung gesteigert werden, doch sinkt die relative Ausbeute etwas ab.
Helmut Schäfer. B 227 □

Oxydation von Acenaphthen zu Naphthalsäureanhydrid. G. P. Petrenko und M. M. Daschewski. (Журнал Прикладной Химии [J. angew. Chem.] **32.** 1126—32. Mai 1959.) (Russ.)

Die katalyt. Dampfphasenoxydation von Acenaphthen (I) mit Luft am V_2O_5-Kontakt bei 320—400° liefert in wechselnden Ausbeuten *Acenaphthylen* (II; 9—40%) u. *Naphthalsäureanhydrid* (III; 4—40%). Die optimale Temp. für die Bldg. von III ist 350—360°. Völlig anders ist die Zus. des Katalysats, wenn K_2SO_4 auf den V_2O_5-Kontakt aufgetragen wird: Hauptprod. ist dann III, das bei 350—400° in Ausbeuten von 70—80% erhalten wird. Die Bldg. von II wird erst oberhalb 360—380° merklich. An Cu-Vanadat oder Fe-Vanadat mit aufgetragenem K_2SO_4 werden ähnliche Ergebnisse erhalten. Die optimalen Bedingungen für die Bldg. von III sind: Fe-Vanadat-Katalysator mit K_2SO_4, 350—370°, Vol.-Verhältnis I : Luft = 1 : 100, Kontaktzeit 2,9 Sek.; dabei beträgt die Ausbeute an reinem III 75—80%. — Die Oxydation von I an MnO_2 bei 236—400° liefert keine brauchbaren Ergebnisse: Die II-Bldg. setzt eher ein als bei den vorhergehenden Katalysatoren, erreicht bei 325° 28—30% u. ändert sich bis 400° wenig. Durch Erhöhung des Luftüberschusses wird keine Vergrößerung der Ausbeute an II erreicht; III wird nicht gebildet, u. I wird in verstärktem Maße zersetzt. — Der Einfl. von Temp., Katalysator, Luftüberschuß u. Kontaktzeit auf die Ausbeute an II u. III wird graph. u. tabellar. angegeben. Die App. wird beschrieben. Als Träger für die Katalysatoren wurde Bimsstein verwendet. Helmut Schäfer. B 227 □

Heterogene Katalyse bei der Hydroformylierung. Clyde L. Aldridge und Hans B. Jonassen. (Nature [London] **188.** 404—05. 29/10. 1960. Baton Rouge, La., Div. of Humble Oil and Refining Co.; Esso Standard, Esso Res. Labor.; New Orleans, La., Tulane Univ., Dep. of Chem.) (Engl.)

Für die bei der Hydroformylierung von Olefinen mit CO u. H_2 in Ggw. von $HCo(CO)_4$ oder $Co_2(CO)_8$ konkurrierende Hydrierung des Aldehyds wird als Mechanismus eine heterogene Katalyse vorgeschlagen. Metall. Co u. seine Carbonyl-Verbb. stehen hiernach unter den Bedingungen der Hydroformylierung im dynam. Gleichgewicht, so daß die sonst als Katalysatorgifte wirkenden Verbb. vom Typ des CO u. die nach der Hydroformylierung gebildeten Aldehyde um die Katalysatoroberfläche konkurrieren können. Eine irreversible Vergiftung des Katalysators kann durch Leg.-Bldg. mit Schwermetallen eintreten; untersucht wurde die Gift-Wrkg. von Pb^{2+}-, Hg^{2+}-, Bi^{3+}- u. Tl^{3+}-Ionen, die vom Normalpotential dieser Ionen abhängt. Die genannten Ionen außer Tl^{3+} wirken als Gifte; Tl^{3+} wird unter den Bedingungen der Hydroformylierung vorzugsweise zu Tl^{+}-Ion red. u. wirkt daher nicht giftig. P. Paetzold. B 227□

C. Präparative organische Chemie. Naturstoffe

Anwendung von Ionenbeschleunigung zur Markierung chemischer Verbindungen. F. Cacace, G. Giacomello und M. Zifferero. (Energia Nucleare **5**. 387—92. Juni 1958. Roma, Centro di Chim. nucl. del C.N.R.) (Engl.)

Nach einer Übersicht über die Grundlagen der Markierung von organ. Verbb. durch Teileinbau von ^{14}C aus $^{14}C^+$, $^{14}CO^+$ oder $^{14}CO_2{}^+$ werden Unterss. über die Bestrahlung von Na-Benzoat, Cholesterin, Paraffin u. Stearinsäure beschrieben; die tabellar. mitgeteilten Ergebnisse zeigen, daß ca. 1—6% der Gesamtaktivität in das Target aufgenommen werden, wenn man das Ionenbündel auf eine dünne Materialschicht (ca. 25 mg/cm²) einwirken läßt. — 32 Literaturhinweise. R. K. Müller. 480□

Synthese von Kohlenwasserstoffen. 70. Mitt. **Synthese von Di-tert.-alkylmethanen (C_{14}–C_{17}) mit 3 quartären Kohlenstoffatomen.** R. Ja. Lewina, W. K. Daukschass und W. A. Kosstrow. (Журнал Общей Химии [J. allg. Chem.] **29** (**91**). 2601—04. Aug. 1959. Moskau, Univ.) (Russ.) — 69. vgl. C. **1961**. 17536.

Durch Rk. von 2-Chlor-2.4-dimethylpenten-(3) (**I**) mit tert.-Butyl-MgCl wird *2.2.3.3-5-Pentamethylhexen-(4)* (**II**) erhalten, das mit HCl *5-Chlor-2.2.3.3.5-pentamethylhexan* liefert. Dieses gibt bei Umsetzung mit Isopropyl-MgBr *2.2.3.3.5.5-6-Heptamethylheptan*. Auf analogem Wege werden weitere aliphat. KW-Stoffe mit 3 quart. C-Atomen dargestellt.

Versuche: *2.2.3.3.5-Pentamethylhexen-(4)* (**II**), $Kp._{760}$ 171—172°, aus **I** u. tert.-Butyl-MgCl in Ae. durch 1 Std. langes Rühren unter Eiskühlung, 4 Std. langes Rühren bei Zimmer-Temp., Stehenlassen über Nacht, 4 Std. langes Kochen u. Gießen auf Eis + Essigsäure; $D._4^{20}$ 0,7828, n_D^{20} 1,4459. — *2.4.4.5.5-Pentamethylhepten-(2)*, $Kp._{755}$ 198 bis 199,5°, aus **I** u. tert.-Amyl-MgCl; $D._4^{20}$ 0,8095, n_D^{20} 1,4592. — *2.2.3.5-Tetramethyl-3-äthylhepten-(4)*, $Kp._{740}$ 210—211°, aus 3.5-Dimethyl-3-chlorhepten-(4); $D._4^{20}$ 0,8015, n_D^{20} 1,4571. — *3.3.4.6-Tetramethyl-4-äthylocten-(5)*, $Kp._7$ 96—97°, $D._4^{20}$ 0,8229, n_D^{20} 1,4622. — *5-Chlor-2.2.3.3.5-pentamethylhexan*, $C_{11}H_{23}Cl$, $Kp._9$ 82—83°, durch 3 Tage langes Schütteln von **II** mit konz. HCl, die vorher unter Eis-Kochsalz-Kühlung mit gasförmigem HCl gesätt. wird; $D._4^{20}$ 0,9034, n_D^{20} 1,4561; 80—90% (Ausbeute). — *2.2.3.3.5.5 6-Heptamethylheptan*, $C_{14}H_{30}$, $Kp._{739}$ 232—232,2°, $Kp._8$ 95—95,5°, durch Rk. vorst. Verb. mit Isopropyl-MgBr in Ggw. von $HgCl_2$; $D._4^{20}$ 0,8102, n_D^{20} 1,4518; 19%. — *2.3.3.5.5.6.6-Heptamethyloctan*, $C_{15}H_{32}$, $Kp._{12}$ 111—111,5°; $D._4^{20}$ 0,8268, n_D^{20} 1,4607; 6,5%. — *2.2.3.5.6-Pentamethyl-3.5-diäthylheptan*, $C_{16}H_{34}$, $Kp._{13}$ 128,5—129°; $D._4^{20}$ 0,8381, n_D^{20} 1,4663; 8%. — *2.3.5.6.6-Pentamethyl-3.5-diäthyloctan*, $C_{17}H_{36}$, $Kp._{16}$ 151—152°; $D._4^{20}$ 0,8464, n_D^{20} 1,4691; 3,5%. L. Hertelt. 510□

Synthese von Kohlenwasserstoffen. 71. Mitt. **Synthese von Dineoalkylverbindungen $C_{12}H_{26}$–$C_{14}H_{30}$.** R. Ja. Lewina, I. Bauch, P. A. Kaikariss und Je. G. Treschtschowa. (Журнал Общей Химии [J. allg. Chem.] **29** (**91**). 2945—50. Sept. 1959.) (Russ.) — 70. vgl. vorst. Referat.

Aus 1-Brom-3-methylbuten-(2) (**I**) u. 2-Methylbutyl-(2)-magnesiumbromid entsteht neben *2.5.5-Trimethylheptadien-(2.6)* (**II**) u. *2.7-Dimethyloctadien-(2.6)* (**III**) in 10%ig. Ausbeute *2.5.5-Trimethylhepten-(2)* (**IV**), das auch durch katalyt. Hydrierung von **II** in Ggw. von Pt erhalten u. durch Addition von HCl in *2-Chlor-2.5.5-trimethylheptan* (**V**) übergeführt wird. Aus **I** u. 2-Methylpentyl-(2)-magnesiumbromid entsteht neben **II** u. **III** *2.5.5-Trimethylocten-(2)* (**VI**), dessen katalyt. Hydrierung zu *2.5.5-Trimethyloctan* führt u. das mit HCl in *2-Chlor-2.5.5-trimethyloctan* (**VII**) umgewandelt wird. **V** wird mit Äthyl-, Propyl- (**VIII**) bzw. Isopropylmagnesiumbromid in Ggw. von $HgCl_2$ unter Bldg. von *3.3.6.6-Tetramethyloctan* (*Dineohexyl*) (**IX**), *3.3.6.6-Tetramethylnonan* (**X**) bzw. *2.3.3.6.6-Pentamethyloctan* (**XI**) u. **VII** mit **VIII** unter Bldg. von *4.4.7.7-Tetramethyldecan* (*Dineoheptyl*) (**XII**) umgesetzt. Die Ausbeute beträgt dabei aber nur 5—16%, da **IV** bzw. **VI** durch Abspaltung von HCl zu 50—55% zurückgebildet werden. Die Raman-Spektren von **IV, VI, IX, X, XI** u. **XII** sind angegeben u. bestätigen die Konst. dieser Verbindungen.

Versuche: *2.5.5-Trimethylhepten-(2)* (**IV**), $C_{10}H_{20}$, Kp.$_{755}$ 154—154,5°, a) aus **I** u. 2-Methylbutyl-(2)-magnesiumbromid bei —8° bis —5° neben *2.5.5-Trimethylheptadien-(2.6)* (**II**) (Kp.$_{753}$ 148,5—149°; n_D^{20} 1,4390) in ca. 12%ig. Ausbeute u. *2.7-Dimethyloctadien-(2.6)* (**III**) (Kp.$_{750}$ 166—167°; n_D^{20} 1,4474) in ca. 6%ig. Ausbeute; b) aus **II** durch Hydrierung in A. bei Zimmer-Temp. in Ggw. von PtO_2; D.$_4^{20}$ 0,7594; n_D^{20} 1,4318. Durch Ozonisierung → *Acetonperoxyd* (F. 130°) u. *Aceton* (*2.4-Dinitrophenylhydrazon*, F. 125°). *2.4-Dinitrophenylsulfenylchlorid-Addukt*, $C_{16}H_{23}ClN_2O_4S$, F. 76,5° (A.). — *2-Chlor-2.5.5-trimethylheptan* (**V**), $C_{10}H_{21}Cl$, Kp.$_{25}$ 85°, aus **IV** u. HCl; D.$_4^{20}$ 0,8743; n_D^{20} 1,4391; 93% (Ausbeute). — *2.5.5-Trimethylocten-(2)* (**VI**), $C_{11}H_{22}$, Kp.$_{741}$ 171,5°, aus **I** u. 2-Methylpentyl-(2)-magnesiumbromid bei —8° bis —5° neben **II** u. **III**; D.$_4^{20}$ 0,7708; n_D^{20} 1,4375. — *2.5.5-Trimethyloctan*, Kp.$_{738}$ 166,5°, aus **VI** durch Hydrierung in Ggw. von Ni auf Al_2O_3 bei 160—170°; D.$_4^{20}$ 0,7463; n_D^{20} 1,4195. — *2-Chlor-2.5.5-trimethyloctan* (**VII**), Kp.$_{43}$ 110—111°, aus **VI** u. HCl; D.$_4^{20}$ 0,8730; n_D^{20} 1,4420; 75%. — *3.3.6.6-Tetramethyloctan* (**IX**), E. —73,4°, Kp.$_{720}$ 185°, aus **V** u. Äthylmagnesiumbromid in Ggw. von $HgCl_2$; D.$_4^{20}$ 0,7620; n_D^{20} 1,4267; 16,5%. — *3.3.6.6-Tetramethylnonan* (**X**), Kp.$_{43}$ 152°, analog aus **V** u. **VIII**; D.$_4^{20}$ 0,7673; n_D^{20} 1,4300; 14%. — *2.3.3.6.6-Pentamethyloctan* (**XI**), Kp.$_{722}$ 202—203°, Kp.$_{24}$ 85,5°, analog aus **V** u. Isopropylmagnesiumbromid; D.$_4^{20}$ 0,7761; n_D^{20} 1,4339; 7%. — *4.4.7.7-Tetramethyldecan* (**XII**), Kp.$_{25}$ 111°, analog aus **VII** u. **VIII**; D.$_4^{20}$ 0,7725; n_D^{20} 1,4325; 5%. CH. BÖHME. 510□

Synthese von Kohlenwasserstoffen. 72. Mitt. Di-tert.-alkylmethane C_{10}–C_{12} (Tetra-, Penta- und Hexamethylhexane). R. Ja. Lewina und W. K. Daukschass. (Журнал Общей Химии [J. allg. Chem.] **29** (**91**). 3550—51. Nov. 1959.) (Russ.) — 71. vgl. vorst. Referat.

Durch Anlagerung von HCl an 2.4-Dimethylpentadien-(1.3) wird *2-Chlor-2.4-dimethylpenten-(3)* dargestellt, das mit CH_3MgBr nach GRIGNARD-WURTZ in *2.2.4-Trimethylpenten-(3)* (**I**) übergeführt wird. Durch Anlagerung von HCl an **I** wird *4-Chlor-2.2.4-trimethylpentan* (**II**) erhalten, das bei Rk. mit Äthyl–MgBr, Isopropyl–MgBr oder tert.-Butyl–MgCl in Ggw. von $HgCl_2$ *2.2.4.4-Tetramethyl-*, *2.2.4.4.5-Pentamethyl-* bzw. *2.2.3.3.5.5-Hexamethylhexan* liefert.

Versuche: *2.2.4-Trimethylpenten-(3)* (**I**), Kp.$_{745}$ 102,5—104°, aus 2-Chlor-2.4-dimethylpenten-(3) u. CH_3MgBr; D.$_4^{20}$ 0,7184; n_D^{20} 1,4128; 60% (Ausbeute). — *4-Chlor-2.2.4-trimethylpentan* (**II**), Kp.$_{13}$ 41—42°, aus **I** u. HCl; D.$_4^{20}$ 0,8748; n_D^{20} 1,4311; 90%. — *2.2.4.4-Tetramethylhexan*, $C_{10}H_{22}$, Kp.$_{745}$ 148,8—149,1°, aus **II** u. Äthyl–MgBr; D.$_4^{20}$ 0,7449; n_D^{20} 1,4203, 22%. — *2.2.4.4.5-Pentamethylhexan*, $C_{11}H_{24}$, Kp.$_{757}$ 170—170,5°, aus **II** u. Isopropyl–MgBr; D.$_4^{20}$ 0,7651; n_D^{20} 1,4297, 15%. — *2.2.3.3.5.5-Hexamethylhexan*, $C_{12}H_{26}$, Kp.$_{735}$ 187—188°, aus **II** u. tert.-Butyl–MgCl; D.$_4^{20}$ 0,7830; n_D^{20} 1,4389; 3%. ILSE HARTMANN. 510

Über Acetylmercaptomethylrhodanid, -senföl und -cyanid. H. Böhme und A. Dick. (Arch. Pharmaz. Ber. dtsch. pharmaz. Ges. **294** (**66**). 475—78. Aug. 1961. Marburg/Lahn, Univ., Pharmazeut.-chem. Inst.) (Dt.)

Chlormethylacetylsulfid (**I**) reagiert mit NaSCN in Aceton unter Bldg. von *Acetylmercaptomethylrhodanid* (**II**); in Ggw. geringer Mengen $ZnCl_2$ entstand ein Gemisch von **II** u. *Acetylmercaptomethylsenföl* (**III**). Durch erneute Behandlung des Gemisches von **II** u. **III** mit $ZnCl_2$ wurde reines **III** erhalten, das mit Anilin in Ae. zu *N-Acetylmercaptomethyl-N'-phenylthioharnstoff* reagiert. **I** ergab durch Rk. mit NaCN *Acetylmercaptomethylcyanid* (**IV**), das auch durch Rk. von Chloracetonitril mit K-Thiolacetat dargestellt wurde. Verss., **IV** mit 2n methanol. HCl zu Thioglykolsäurenitril (**V**) umzusetzen, ergaben *Thioglykolsäuremethylester*, der durch Oxydation mit J_2 zu *Dithiodiglykolsäuredimethylester* identifiziert wurde. **V** konnte durch Rk. von Chloracetonitril mit KHS nicht dargestellt werden; unter H_2S-Entw. wurde statt dessen *Thiodiglykolsäuredinitril* erhalten; es wird angenommen, daß prim. gebildetes **V** sofort mit Chloracetonitril weiterreagiert. Chlormethylacetat reagiert mit NaSCN in W. zu *Acetoxymethylrhodanid*, das sich durch Einw. von $ZnCl_2$ in *Acetoxymethylsenföl* umlagert.

Versuche: *Acetylmercaptomethylrhodanid* (**II**), $C_4H_5NOS_2$, Kp.$_{14}$ 118°, durch 5std. Kochen von wasserfreiem NaSCN mit **I** in abs. Aceton, Kühlen, Filtrieren, Einengen, Waschen mit Eiswasser u. Aufnehmen in Ae.; n_D^{25} 1,5441; hautreizend; 44% (Ausbeute). — *Acetylmercaptomethylsenföl* (**III**), $C_4H_5NOS_2$, Kp.$_{14}$ 124°, durch 8std. Kochen von wasserfreiem NaSCN, $ZnCl_2$ u. **I** in abs. Aceton, Aufarbeiten, 8tägiges Stehen der bei 110—126°/14 Torr sd. Anteile mit $ZnCl_2$ u. Dest.; n_D^{25} 1,5647, orangestichige Fl.; hautreizend; 41%. — *N-Acetylmercaptomethyl-N'-phenylthioharnstoff*, $C_{10}H_{12}N_2OS_2$, F. 146° (wss. CH_3OH) durch Schütteln von **III** in Ae. mit Anilin, 3std. Stehen u. Filtrieren; 92%. — *Acetylmercaptomethylcyanid* (**IV**), C_4H_5NOS, Kp.$_{14}$ 95—96°, a) durch Zutropfen von Chloracetonitril zu K-Thiolacetat in abs. Ae. unter Rühren, 4std. Erwärmen auf 35°, Kühlen u. Filtrieren; gelbliche Fl., n_D^{25} 1,4905; 76%; b) durch Rk. von I mit NaCN in Aceton analog II; 13%. — *Thioglykolsäuremethylester*, $C_3H_6O_2S$, Kp.$_{15}$ 49°, durch 12std. Stehen von IV mit 0,5 n methanol. HCl u. Filtrieren; luftempfindlich; n_D^{25} 1,4668; 63%. — *Dithiodiglykolsäuredimethylester*, $C_6H_{10}O_4S_2$, Kp.$_{11}$ 151°, durch Oxydation vorst. Verb. mit äthanol. J_2-Lsg.; n_D^{25} 1,5210; 95%. — *Thiodiglykolsäuredinitril*, C_4H_4·N_2S, F. 45° (W.), durch Zutropfen von Chloracetonitril zu KHS in abs. A. unter Rühren u. Kühlen mit Eis-NaCl, 30 Min. Rühren ohne Kühlung, Einengen u. Waschen mit Eiswasser; 75%. — *Acetoxymethylrhodanid*, $C_4H_5NO_2S$, Kp.$_{10}$ 88°, a) durch 45 Min. Erwärmen von Chlormethylacetat mit KSCN in W. auf 50° unter Rühren, Kühlen, Ae.-Extraktion u. Dest.; hautreizend; n_D^{25} 1,4740; b) analog a) in Aceton; 13%. — *Acetoxymethylsenföl*, $C_4H_5NO_2S$, Kp.$_{10}$ 92°, durch Erhitzen vorst. Verb. mit $ZnCl_2$ auf 50—60° (Bad) bis zur Lsg., Waschen mit W. u. Aufnehmen in Ae.; hautreizend; n_D^{25} 1,4898; 46%. H. BERTSCH. 600□

Perfluoralkansulfonsäuren. 2. Mitt. **Darstellung und Reaktionen von Trifluormethansulfonsäure und ihren Derivaten.** Thor Gramstad. (Tidsskr. Kjemi, Bergves. Metallurgi **19.** 30—33. 7/4. 1959.) (Engl.) — 1. vgl. C. **1961.** 18645; 3. vgl. C. **1961.** 18643.

Das Säurefluorid der Trifluormethansulfonsäure (I) wird dargestellt durch Elektrofluorierung von Methansulfonylfluorid oder -chlorid. Wss. $Ba(OH)_2$-Lsg. hydrolysiert es in wenigen Min. u. liefert das rein erhältliche Ba-Salz von I, das leicht in die freie I übergeführt werden kann. Wasserfrei wird I durch Behandeln des Ba-Salzes mit konz. H_2SO_4 erhalten. Die Salze von I (K- F. 230°, Na- 248°, Ag- 356°, Ba- >370°) sind in W. u. Aceton leicht, in A. weniger lösl., das Ag-Salz ist mäßig lösl. in Ae. u. Bzl.; I, Kp. 162°, ist beständig gegen konz. HNO_3 bis 150° u. 15%ig. KOH bei 100°, u. wird am besten als Aniliniumsalz charakterisiert. Ihr Monohydrat, Kp.$_1$ 96°, F. 34°, ist hygroskop., lösl. in Ae. u. hat wahrscheinlich Hydroniumsalz-Struktur $H_3O^+CF_3SO_3^-$. I löst sich in den sauerstoffhaltigen Lsgm. (Alkoholen, Ketonen, Äthern) unter Bldg. von Oxoniumsalzen. Mit P_4O_{10} entsteht das *Anhydrid*, Kp. 84°, das in Abwesenheit organ. Stoffe unbeschränkt haltbar ist. Es ist ein gutes Veresterungsmittel, Ester von I sind gute Alkylierungsmittel. Das *Amid* von I ist stärker sauer als Kohlensäure. I ist eine stärkere Säure als $HClO_4$. P. SARTORI. 600□

Synthese mit Isocyanaten. 1. Mitt. **Umsetzung von N-Dimethylformamid mit Phenyl- und α-Naphthylisocyanat.** A. Jovtscheff und F. Falk. (J. prakt. Chem. [4] **13 (285).** 265—71. 1961. Berlin-Adlershof, Dt. Akad. der Wiss., Inst. für Fettchemie der Forschungsgemeinschaft der naturwiss., techn. u. med. Inst.) (Dt.)

Durch Rk. von Isocyanaten mit aliphat. substituierten Äthylenoxyden konnten keine 3.5-disubstituierten Oxazolidone-(2) erhalten werden. Durch Kochen von Phenylisocyanat (I) in Dimethylformamid (DMF) entstand *N'-Phenyl-N.N-dimethylformamidin* (II); gleichzeitig anwesende aliphat. substituierte Äthylenoxyde wurden unverändert zurückgewonnen. *α-Naphthylisocyanat* (III) ergab analog *N'-α-Naphthyl-N.N-dimethylformamidin* (IV); das gleichzeitig entwickelte CO_2 wurde quant. erfaßt. Aliphat. Isocyanate reagierten nicht mit DMF. Bei Raum-Temp. trat keine Rk. zwischen I bzw. III u. DMF ein; bei 6tägigem Stehen trat quant. Polymerisation von I zu *Triphenylisocyanursäure* ein. Die Rk. wurde spektroskop. verfolgt. Die IR- u. UV-Spektren von II u. IV sind angegeben. Der Rk.-Mechanismus wird diskutiert.

Versuche (FF. korr.): *N'-Phenyl-N.N-dimethylformamidin* (II), $C_9H_{12}N_2$, Kp.$_{11}$ 127—128,5°, durch 4std. Kochen von DMF mit Dodecyl- oder Phenylisocyanat, Dest., 2std. Kochen der bei 153°/760 Torr sd. Anteile (n_D^{20} 1,4295) mit I u. Dest.; n_D^{20} 1,5900, $D._4^{20}$ 1,0060; 75% (Ausbeute). *Hydrochlorid*, $C_9H_{13}ClN_2$, F. 233—235° (A.), durch Einleiten von HCl in die äther. Lsg. von 1 g II unter Eiskühlung u. Filtration; 1,2 g. *Hydrosulfat*, $C_9H_{14}N_2O_4S$, Kristalle, durch Erhitzen von II mit 20%ig. H_2SO_4 zum Sieden u. Kühlen. — *Anilin*, Kp. 184—185°, durch 5std. Kochen von II mit wss. NaOH, Ae.-Extraktion u. Dest.; n_D^{20} 1,5858; daneben Dimethylamin u. HCOOH. — *Triphenylisocyanursäure*, $C_{21}H_{15}N_3O_3$, F. 282° (Eisessig), durch 6tägiges Stehen von II in DMF; ca. 100%. — *N'-α-Naphthyl-N.N-dimethylformamidin* (IV), $C_{13}H_{14}N_2$, Kp.$_{0,15}$ 151—152°, analog II aus III; $n_{D_{40}}$ 1,6590; 71%. *Hydrochlorid*, wie oben. — *α-Naphthylamin*, F. 47 bis 50°, durch 5std. Kochen von IV mit wss. NaOH u. Ae.-Extraktion; *Acetyl-Deriv.*, F. 159°. Daneben Dimethylamin u. HCOOH. H. BERTSCH. 810□

Gemischte Xanthogensäureanhydride. Günter Losse und Eberhard Wottgen. (J. prakt. Chem. [4] **13 (285).** 260—64. 1961. Halle, Martin-Luther-Univ., Inst. für organ. Chem.; Freiberg, Forschungs-Inst. für Aufbereitung.) (Dt.)

K-Alkylxanthogenate niedriger Alkohole reagieren in inerten Lsgm. mit PCl_3 unter Bldg. von *Alkylxanthogenphosphorigsäureanhydriden*. Xanthogenate höherer Alkohole ergeben unter diesen Bedingungen unter CS_2-Abspaltung *Trialkylphosphite*. Die gemischten Anhydride reagieren mit Cu-Salzen unter Aufspaltung u. Bldg. von *Cu (I)-Xanthogenat*. Neben den gemischten Anhydriden entstehen geringe Mengen *Trialkylphosphit*. Die gemischten Anhydride sind gegen halbkonz. H_2SO_4 u. HCl beständig; starke KOH oder NaOH wirken erst nach längerer Zeit zersetzend; Cu-, Ag- u. Hg-Salze spalten die Anhydride, Fe-, Co-, Ni-, Zn- u. Mn-Salze sind ohne Einfluß. Die gemischten Anhydride sind in unpolaren Lsgm. u. in Aceton lösl., weniger gut in Alkoholen, unlösl. in W., sie zeigen gute flotative Wrkg. für sulfid. Erze in saurer u. alkal. Trübe u. sind den entsprechenden Xanthogenaten überlegen. Verss., K-Alkylxanthogenate mit $SOCl_2$ oder SO_2Cl_2 zu gemischten Anhydriden umzusetzen, ergaben *Dixanthogensäuredialkylester*.

Versuche (FF. korr.): Alkylxanthogenphosphorigsäureanhydride, durch Zutropfen von 1 Mol PCl_3 in Bzn. oder Ae. zu 3 Mol K-Alkylxanthogenat in Bzn. oder Ae. unter Rühren bei 0—20°, mehrstd. Rühren bei Raum-Temp., Filtrieren, Einengen, mehrstd. Stehen bei —10° u. Kristallisieren aus Bzn.: *Methyl-*, $C_6H_9O_3PS_6$, F. 67—69° (Zers.); 46% (Ausbeute). — *Äthyl-*, $C_9H_{15}O_3PS_6$, F. 57—60° (Zers.); 48%. — *Isopropyl-*, $C_{12}H_{21}O_3PS_6$, F. 92—95° (Zers.); 68%. — *Butyl-*, $C_{15}H_{27}O_3PS_6$, F. 29—30° (Zers.); 38%. — *sek.-Butyl-*, F. 56—57° (Zers.); 48%. — *Dixanthogensäure, Dimethylester*, $C_4H_6O_2S_4$, F. 23° (Bzn.), durch Zutropfen von 1 Mol $SOCl_2$ oder SO_2Cl_2 in Bzn. oder Ae. zu 2 Mol K-Alkylxanthogenat in Bzn. oder Ae. unter Rühren unterhalb 30°, 2std. Rühren, Filtrieren u. Einengen; 55%. *Diäthylester*, $C_6H_{10}O_2S_4$, F. 29° (Bzn.), analog; 72%. *Dipropylester*, $C_8H_{14}O_2S_4$, n_D^{20} 1,6030, analog; 68%. *Diisopropylester*, F. 58° (Bzn.); 86%. — *Dibutylester*, $C_{10}H_{18}O_2S_4$, n_D^{20} 1,5840; 74%. H. BERTSCH. 880□

Synthese einiger Glyceride mit stickstoffhaltigen Gruppen. A. Arpino und G. Jacini. (Fette Seifen einschl. Anstrichmittel **60.** 1—3. Jan. 1958. Mailand, Stazione Sperimentale Olii Grassi.) (Dt.)

1.2-Isopropylidenglycerin (I) wird mit Chloressigsäurechlorid (II) umgesetzt u. nach hydrolyt. Abspaltung der Isopropylidengruppe mit Fettsäurechloriden u. prim. oder sek. Aminen in *1.2-Diacyl-3-aminoacylglycerine* übergeführt. Analoge Verbb. werden auch durch Umsetzung eines techn. Diglycerids mit **II** erhalten. Eine dritte Möglichkeit besteht darin, Fette mit Tri-[monochloracetin] teilweise umzuestern. Diese Rk. gelingt in Ggw. von p-Toluolsulfonsäure (**III**).

Versuche: *1.2-Isopropylidenglycerin* (I), $Kp._{22}$ 73°, nach NEWMANN u. RENOLL (J. Amer. chem. Soc. **67.** [1945]. 1621); 95% (Ausbeute). — *1.2-Isopropylidenmonochloracetylglycerin*, $C_8H_{13}ClO_4$, $Kp._{0.5}$ 88°, durch 1std. Zutropfen von **II** zu **I** in Pyridin/Bzl. (2:5) unter Eiskühlung, 1std. Schütteln, mehrstd. Stehen bei Raum-Temp., Filtrieren u. Dest. im Vakuum; 70%. — *1-Monochloracetin*, $C_5H_9ClO_4$, $Kp._{0.5}$ 146°, durch 10 Min. langes Schütteln vorst. Verb. in W. in Ggw. von etwas **III** bei 60°, Extrahieren mit Ae. (2 Std.) u. Dest.; 65%. — *1-Monochloracetyl-2.3-distearylglycerin* (IV), $C_{41}H_{77}ClO_6$, F. 51° (Methanol), durch 1std. Zugabe von Stearylchlorid zu vorst. Verb. in abs. Bzl., 12std. Stehen, 2std. Erhitzen auf 100°, Filtrieren u. Eindampfen im Vakuum. — *Monochloracetyldioleylglycerin* (**VII**), $C_{41}H_{73}ClO_6$, analog vorst. Verbindung. — *Monochloracetyldibutyrylglycerin* (V), $C_{13}H_{21}ClO_6$. — *Piperidinoacet' ldistearylglycerin* (VI), $C_{46}H_{87}$·NO_6, F. 42° (PAe.), durch 5std. Kochen von **IV** u. Piperidin in abs. Bzl. Filtrieren u. Eindampfen im Vakuum. *Methojodid*, $C_{47}H_{90}JNO_6$, F. 79°, durch 1std. Kochen mit CH_3J. — *Piperidinoacetyldioleylglycerin*, $C_{46}H_{83}NO_6$, analog **VI** aus **VII**; viskoses Öl. — *Piperidinoacetyldibutyrylglycerin*, $C_{18}H_{31}NO_6$, analog **VI** aus **V**. — *Morpholinoacetyldistearylglycerin*, $C_{45}H_{85}NO_7$, F. 41° (PAe.), analog **VI** aus **IV** u. Morpholin. *Methojodid*, $C_{46}H_{88}$·JNO_7, F. 70°. — *Morpholinoacetyldioleylglycerin*, $C_{45}H_{81}NO_7$, analog **VI**. — *Morpholinoacetyldibutyrylglycerin*, $C_{17}H_{29}NO_7$. — *α.α'-Piperazin-N.N'-bis-[acetyldistearylglycerin]*, $C_{86}H_{162}N_2O_{12}$, F. 48° (PAe.), analog **VI** aus **IV** u. Piperazin. — *α.α'-Piperazin-N.N'-bis-[acetyldibutyrylglycerin]*, $C_{30}H_{50}N_2O_{12}$. — *Diäthanolaminoacetyldistearylglycerin*, $C_{45}H_{87}$·NO_8, F. 57°, analog **VI** aus **IV** u. Diäthanolamin. — *Tris-[monochloracetin]*, $C_9H_{11}Cl_3O_6$, $Kp._{0.5}$ 176—180°, durch 4std. Kochen von 1 Mol Glycerin u. 4 Mol **II** u. fraktionierte Dest.; 30%. P. GOLINSKE. 950□

Studien auf dem Fettgebiet. 197. Mitt. **Über gemischte Glyceride, die Fettsäuren und Aminosäuren enthalten.** H. P. Kaufmann und J. Kretschmann. (Fette Seifen einschl. Anstrichmittel **60.** 3—11. Jan. 1958. Münster, Univ., Inst. für Pharmac. u. Lebensmittelchem.; Deutsches Inst. für Fettforschung.) (Engl.) — 196. vgl. C. **1961.** 16320; 206. vgl. C. **1961.** 2603.

Durch direkte Veresterung von Isopropylidenglycerin (I), Glycerin u. Monoglyceriden mit N-Carbobenzoxyglykokoll, -alanin, -lysin, -ε-aminocapronsäure (II) u. anschließende

Abspaltung der Schutzgruppen durch HBr erhält man *Aminoacylglyceride*. Zu den *N-[p-Äthoxyphenyl]-Derivv.* gelangt man durch Umsetzung von p-Phenetidin mit entsprechenden Halogenacylglyceriden. Bes. die Glyceride mit freier Aminogruppe sind sehr leicht verseifbar u. als Hydrobromide äußerst hygroskopisch. Die Glyceridstruktur der neu dargestellten Verbb. wird an Hand von IR-Spektren bewiesen.

Versuche: *N-Carbobenzoxy-ε-aminocapronsäure* (II), $C_{14}H_{19}NO_4$, F. 51°, durch ½std. Kochen von ε-Caprolactam u. 4n NaOH, Zutropfen von Carbobenzoxychlorid bei pH 8—10 u. 0—5°, ½std. Stehen bei Raum-Temp., Ausäthern, Ansäuern des Rückstandes auf pH 2, Ausäthern u. mehrstd. Stehen; 87% (Ausbeute). — *1-Mono-[N-carbobenzoxy-ε-amino]-capronin* (V), F. 25—27°, durch 3std. azeotrope Veresterung von I u. II in Bzl. in Ggw. von p-Toluolsulfonsäure (III), Auswaschen mit $NaHCO_3$, Eindampfen, Aufnehmen des Sirups in Ae., Versetzen mit konz. HCl bei —15 bis 0° zur Abspaltung der Isopropylidengruppe, Aufnehmen des Öls in Chlf., Eindampfen u. Stehen im Eisschrank. *Diphenylurethan*, $C_{31}H_{35}N_3O_8$, F. 132—134° (Aceton, PAe.), durch 3tägiges Stehen mit Phenylisocyanat bei Raum-Temp. unter Feuchtigkeitsausschluß; 86%. — *Bis-[N-carbobenzoxy-ε-aminocaprono]-stearin*, $C_{49}H_{76}N_2O_{10}$, F. 77° (Essigester/A.), durch 5std. Verestern von Monostearin u. II in Bzl. in Ggw. von III am Wasserauskreiser, Waschen mit $NaHCO_3$ u. Eindampfen; 70%. — *Tris-[N-carbobenzoxy-ε-aminocapronin]*, $C_{45}H_{59}N_3O_{12}$, F. 68—69° (Essigester), durch 5std. Verestern von Glycerin u. II in Bzl. in Ggw. von III; 87%. — *1.2-Isopropyliden-3-[N-carbobenzoxyaminoacetin]*, $C_{16}H_{21}NO_6$, F. 68° (Ae./PAe.), durch 1½std. Verestern vor I u. N-Carbobenzoxyglycin (IV), Waschen mit $NaHCO_3$ u. Eindampfen; 79%. — *1-Mono-[N-carbobenzoxyaminoacetin]*, $C_{13}H_{17}NO_6$, F. 112° (Aceton/PAe.), a) ohne Isolierung vorst. Verb. durch Aufnehmen in Ae., Kühlen auf —10°, Versetzen mit konz. HCl, ½std. Stehen bei 0° u. Verdünnen mit W.; 30%; b) durch 2std. Schütteln der Rk.-Lsg. vorst. Verb. mit konz. HCl/W. (2:1), Extrahieren mit Chlf. u. Eindampfen im Vakuum. — *Bis-[N-carbobenzoxyaminoaceto]-stearin* (VI), $C_{41}H_{60}N_2O_{10}$, F. 63° (A./Essigester), a) durch 3std. Verestern von Monostearin u. IV in Ggw. von III u. Auswaschen mit $NaHCO_3$; b) durch Verestern analog a), Versetzen mit Ae., Zugabe von Pyridin, Auswaschen des Pyridiniumsalzes mit W. u. Eindampfen; 76%. — *Tris-[N-carbobenzoxyaminoacetin]* (VII), $C_{33}H_{35}N_3O_{12}$, F. 101° (Ae./Bzl.), durch 4std. Verestern von abs. Glycerin, IV u. III in Bzl. am Wasserauskreiser u. Aufarbeiten analog. vorst. Verb. nach b). — *1-Mono-[N-carbobenzoxyamidpropionin]*, $C_{14}H_{19}NO_6$, F. 104°, aus I, N-Carbobenzoxyalarin u. III analog V (2 Std.); aus Ae./Essigester Plättchen; 34%. — *Bis-[N-carbobenzoxyaminopropiono]-stearin*, $C_{43}H_{64}N_2O_{10}$, F. 59° [A./Essigester (1:1)], analog VI; 72%. — *Tris-[N-carbobenzoxyaminopropionin]*, $C_{36}H_{41}N_3O_{12}$, analog VII. — *1-Mono-[bis-(N-carbobenzoxy)-α.ε-diaminocapronin]*, *Diphenylurethan*, $C_{39}H_{42}N_4O_{10}$, F. 226—227° (PAe./Aceton), analog V aus I, Bis-[N-carbobenzoxy]-lysin u. III u. Versetzen des Sirups mit Phenylisocyanat; 90%. — *Di-[bis-(N-carbobenzoxy)-α.ε-diaminocaprono]-stearin*, $C_{65}H_{90}N_4O_{14}$, F. 66° (A./Essigester), analog VI. — *Tri-[bis-(N-carbobenzoxy)-α.ε-diamincapronin]*, $C_{69}H_{80}N_6O_{18}$, anolog VII. — *1.2-Isopropyliden-3-monochloracetin*, $C_8H_{13}ClO_4$, Kp.$_{12}$ 129—130°, durch mehrstd. Stehen von I in Pyridin/Chlf. u. Chloracetylchlorid in Chlf., Verdünnen mit Ae., Filtrieren u. Dest. im Vakuum; 81%. — *1-Monochloracetin*, $C_5H_9ClO_4$, Kp.$_{0,5}$ 149°, durch Versetzen vorst. Verb. mit 0,3 n H_2SO_4 bei 35—40°, 25 Min. langes Stehen bei 40°, Einstellen auf pH 8, Eindampfen im Vakuum bei <35° (Bad-Temp.), Aufnehmen in Chlf. u. Dest. im Vakuum; 86%. — *1.2-Isopropyliden-3-[N-(p-äthoxyphenyl)-aminoacetin]*, $C_{16}H_{23}NO_5$, F. 58° (Ae./PAe.), a) durch 2—3std. Erwärmen vorvorst. Verb. mit p-Phenetidin unter N_2 auf 70°, Behandeln des Kristallkuchens mit Ae. u. Einengen der Ae.-Lsg.; 74%; b) analog a), Behandeln des Kristallkuchens mit A., Kochen der Lsg. mit A-Kohle, Filtrieren u. Ausfällen mit W.; Schuppen. — *1-Mono-[N-(p-äthoxyphenyl)-aminoacetin]*, analog vorst. Verb. mit 2 Mol p-Phenetidin, Aufnehmen in Chlf. u. Eindampfen; Sirup. — *1.2-Bis-[monochloraceto]-3-stearin*, $C_{25}H_{44}Cl_2O_6$, F. 39—40°, durch Zugabe von Chloracetylchlorid in Chlf. zu 1-Monostearin in Pyridin/Chlf. bei <5°, 12 std. Stehen, Verdünnen mit Ae., Filtrieren u. Eindampfen; 84%. — *1.2-Bis-[N-(p-äthoxyphenyl)-aminoaceto]-3-stearin*, $C_{41}H_{64}N_2O_8$, F. 86° (Ae.), durch 2 bis 3std. Erwärmen vorst. Verb. mit p-Phenetidin unter N_2 auf 70°, Behandeln mit Ae., Filtrieren u. Einengen im Vakuum; 76%. — *Tris-[monochloracetin]*, Kp.$_{10}$ 205—208°, durch Zugabe von Chloracetylchlorid in Chlf. zu abs. Glycerin in Pyridin/Chlf. unter Feuchtigkeitsausschluß bei <30°, 12std. Stehen bei Raum-Temp., Verdünnen mit Ae. u. Dest. im Vakuum; 81%. — *Tris-[N-(p-äthoxyphenyl)-aminoacetin]*, $C_{33}H_{41}N_3O_9$, F. 98°, durch 3std. Erwärmen vorst. Verb. mit p-Phenetidin unter N_2, Extrahieren mit Chlf., u. Fällen mit PAe./A.; aus A./W. Nadeln; 56%. — *1.2-Isopropyliden-3-brompropionin*, $C_9H_{25}BrO_4$, Kp.$_{16}$ 141—142°, durch Zutropfen von α-Brompropionylbromid in Chlf. zu I in abs. Pyridin/Chlf. bei <5°, mehrstd. Stehen bei Raum-Temp., Verdünnen mit Ae. u. Aufarbeiten wie gewöhnlich; 90%. — *1.2-Isopropyliden-3-[α-(p-äthoxyphenyl)-*

amino]-propionin, $C_{17}H_{25}NO_5$, F. 56° (PAe.), durch 3std. Erwärmen vorst. Verb. mit p-Phenetidin unter N_2 auf 70°; 70%. — *1.2-Bis-[α-(p-äthoxyphenyl)-aminopropiono]-3-stearin*, $C_{43}H_{68}N_2O_8$, F. 61° (Ae./A.), durch 2std. Erwärmen von *1.2-Bis-[α-brompropiono]-3-stearin* (aus Monostearin u. Brompropionylbromid) u. *p-Phenetidin* auf 70°; 48%. P. GOLINSKE. 950□

Eine neue Synthese von DL-Glutamin. G. Bruce Kline und Standiford H. Cox. (J. org. Chemistry **26.** 1854—56. Juni 1961. Indianapolis, Ind., Lilly Res. Labor.) (Engl.)

Durch katalyt. Hydrierung der aus α-Ketoglutarsäure (I) u. $N_2H_4 \cdot H_2O$ synthetisierbaren *1.4.5.6-Tetrahydro-6-oxopyridazincarbonsäure-(3)* (II) in W. in Ggw. von Pd-Kohle unter Druck entsteht in 63%ig. Ausbeute *DL-Glutamin.* Katalyt. Hydrierung von II in Eisessig in Ggw. von PtO_2 führt zu *DL-Ornithin.* Katalyt. Hydrierung von *1-Benzyl-, 1-Methyl-* bzw. *1-Phenyl-1.4.5.6-tetrahydro-6-oxopyridazincarbonsäure-(3)* liefert *DL-Glutaminsäure-γ-benzylamid, -methylamid* bzw. *-anilid.*

Versuche: *1.4.5.6-Tetrahydro-6-oxo-pyridazincarbonsäure-(3)* (II), $C_5H_6N_2O_3 \cdot 1/2 H_2O$, F. 194—195° (Zers.; 2n HCl), durch ½ std. Rk. von I mit 80%ig. $N_2H_4 \cdot H_2O$; 88% (Ausbeute). *Äthylester*, $C_7H_{10}N_2O_3$, F. 133,5—135° (A.), durch 27std. Kochen von II in A. in Ggw. von konz. H_2SO_4; 60,5%. — *1-Benzyl-1.4.5.6-tetrahydro-6-oxopyridazincarbonsäure-(3)*, $C_{12}H_{12}N_2O_3$, F. 175—177,5° (A.), aus I u. Benzylhydrazin; 63%. — *1-Methyl-1.4.5.6-tetrahydro-6-oxopyridazincarbonsäure-(3)*, $C_6H_8N_2O_3$, F. 156—157° (2n HCl u. A.), aus I u. Methylhydrazinsulfat; 56,6%. — *1-Phenyl-1.4.5.6-tetrahydro-6-oxopyridazincarbonsäure-(3)*, $C_{11}H_{10}N_2O_3$, F. 170—172° (A.). durch ½ std. Erwärmen von I mit Phenylhydrazin auf 100°; 65%. — *DL-Ornithinmonohydrochlorid*, $C_5H_{12}N_2O_2 \cdot HCl$, F. 226,5—227° (W./F.), durch katalyt. Hydrierung von II in Eisessig in Ggw. von PtO_2 u. Aufnehmen in HCl; 23%. — *DL-Glutamin*, $C_5H_{10}N_2O_3$, F. 173—174,5° (W./Aceton), durch katalyt. Hydrierung von II in W. in Ggw. von Pd-Kohle bei 70 atm.; 63%. — *DL-Glutaminsäure, γ-Benzylamid*, F. 209—210° (Zers.; W./A.); 46%. *γ-Anilid*, F. 203—203,5° (NaOH/HCl); 35%. *γ-Methylamid*, F. 196—196,5° (W./A.); 48%. — *Benzylidenhydrazin*, $C_7H_8N_2$, Kp.$_8$ 115—120°; aus Benzaldehyd u. $N_2H_4 \cdot H_2O$ bei 38—40°; n_D^{25} 1,6271; 82,6%. — *Benzylhydrazin*, $C_7H_{10}N_2$, Kp.$_8$ 105—110°, durch Hydrierung vorst. Verb. in A. in Ggw. von Pd-Kohle; n_D^{25} 1,5568; 75%. *Hydrochlorid*, $C_7H_{10}N_2 \cdot HCl$, F. 109—111° (A.). E. SCHRÖDER. 950□

Die Benzyl- und p-Nitrobenzylester von L-Glutamin und L-Asparagin. Ernest Sondheimer und Russell J. Semeraro. (J. org. Chemistry **26.** 1847—49. Juni 1961. Syracuse, N.Y., State Univ. Coll. of Forestry, Chem. Dep.) (Engl.)

Durch mehrstd. Erwärmen von Carbobenzoxy (Cbo)-L-glutamin (I) bzw. Cbo-L-asparagin (II) mit p-Nitrobenzylchlorid (III) in Dimethylformamid (DMF)/Triäthylamin entstehen *Cbo-glutamin-*(**IV**) bzw. *Cbo-L-asparagin-p-nitrobenzylester* (**V**), aus denen durch Decarbobenzoxylierung mit HBr/Eisessig *L-Glutamin-* bzw. *L-Asparagin-p-nitrobenzylesterhydrobromid* erhalten werden. *N-Formyl-L-glutamin-* u. *N-Formyl-L-asparaginbenzylester* lassen sich aus N-Formyl-L-glutamin (VI) bzw. *N-Formyl-L-asparagin* (VII) u. Diazotoluol in A./Ae. herstellen. Eine Abspaltung der N-Formylgruppe mit 1 n methanol. HCl konnte nicht realisiert werden. Aus *Cbo-L-glutamin-* u. *Cbo-L-asparaginbenzylester* konnten dagegen L-Glutamin-(**VIII**) u. L-Asparaginbenzylesterhydrobromide (**IX**) als Öle gewonnen werden. Aus Cbo-glycinazid (**X**) u. **VIII** bzw. **IX** werden *Cbo-glycyl-L-glutaminbenzylester* u. *-L-asparaginbenzylester* synthetisiert, die durch Hydrogenolyse in die opt. reinen freien Dipeptide umgewandelt werden konnten.

Versuche: *Cbo-L-glutamin-p-nitrobenzylester* (**IV**), $C_{20}H_{21}N_3O_7$, F. 135—136° (Essigester/PAe.), aus I u. III nach SCHWARZ u. ARAKAWA (C. **1961.** 1177), 79% (Ausbeute). — *Cbo-L-asparaginbenzylester* (**V**), $C_{19}H_{19}N_3O_7$, F. 164—166° (A.), durch 5std. Erwärmen von II mit III in DMF/Triäthylamin auf 75° u. Zugeben von W.; 70%. — *L-Glutamin-p-nitrobenzylesterhydrobromid*, $C_{12}H_{15}N_3O_5 \cdot HBr$, F. 175° (Methanol/Ae.), durch ¼std. Rk. von IV mit 30%ig. HBr/Eisessig, Gefriertrocknen u. Verreiben mit Ae.; 77%. — *L-Asparagin-p-nitrobenzylesterhydrobromid* $C_{11}H_{13}N_3O_5 \cdot HBr$, F. 170—171° (Methanol/Ae.), analog aus V; 70%. — *N-Formyl-L-glutaminbenzylester*, $C_{13}H_{16}N_2O_4$, F. 133—135° (A./Ae.), durch ½ std. Rk. von VI in A. mit Diazotoluol [aus Benzalhydrazon (Kp.$_2$ 85°) mit HgO in PAe.], Zugeben von Essigsäure u. Einengen; 64%. — *N-Formyl-L-asparagin* (**VII**), $C_5H_8N_2O_4$, F. 133—135°, nach SHEEHAN u. YANG (C. **1958.** 8601); 71%. — *N-Formyl-L-asparaginbenzylester*, $C_{12}H_{14}N_2O_4$, F. 83—85° (A./Ae), aus VII u. Diazotoluol; 22%. — *Cbo-L-glutaminbenzylester*, $C_{20}H_{22}N_2O_5$, F. 130—131° (wss. A.), aus I u. Diazotoluol; 49%. — *Cbo-L-asparaginbenzylester*, $C_{19}H_{20}N_2O_5$, F. 128,5° (Essigester), analog vorst. Verb.; 45%. — *Cbo-glycyl-L-glutaminbenzylester*, $C_{22}H_{25}N_3O_6$, F. 134—135° (wss. A.), durch mehrstd. Stehen von **X** mit **VIII** (aus der Cbo-Verb. mit HBr/Eisessig in ¼ Std.) in

DMF/Ae. u. 4std. Stehen bei Raum-Temp.; 67%.; Hydrogenolyse in Ggw. von Pd → *Glycyl-L-glutamin*, F. 202—203°. — *Cbo-glycyl-L-asparaginbenzylester*, $C_{21}H_{23}N_3O_6$, F. 135—136°, aus **X** u. **IX**; 58%; Hydrogenolyse → *Glycyl-L-asparagin*, F. 214°.
E. Schröder. 950□

Diphenylketen als Reagens zur Knüpfung von Peptidbindungen. Günter Losse und Eckhard Demuth. (Chem. Ber. **94.** 1762—66. 7/7. 1961. Halle/Saale, Univ., Inst. für Organ. Chem.) (Dt.)

Diphenylketen (I) addiert sich in Ggw. tert. Amine an Carbobenzoxy (Cbo)-aminosäuren unter Bldg. gemischter Anhydride, deren Aminolyse durch Aminosäureester oder Aminosäure-Na-Salze auf Grund eines ster. Hinderungseffektes an der Diphenylacetylgruppe bevorzugt u. in guter Ausbeute zu Peptiden von hohem Reinheitsgrad führt. Die günstigsten Ausbeuten erzielt man bei —15° in abs. Tetrahydrofuran (THF). Bei opt.-akt. Aminosäuren erfolgt die Bldg. der Peptide ohne Beeinträchtigung der opt. Aktivität.

Versuche (FF. korr.): *Glycinäthylesterhydrochlorid*, F. 144°. — *L-Phenylalaninäthylesterhydrochlorid*, F. 155—156°, $[\alpha]_D^{20}$ 7,3° (c = 3,9; W.). — *Cbo-glycin* (II), F. 121°. — *Cbo-L-phenylalanin* (III), F. 121—124°, $[\alpha]_D^{20}$ +11,0° (c = 5,0; Eisessig). — *Cbo-L-leucin*, $[\alpha]_D^{22}$ —16,4° (c = 1,83; A.). — *Cbo-glycinanilid*, $C_{16}H_{16}N_2O_3$, F. 146—146,5°, a) durch Rk. von II in abs. Toluol/Triäthylamin mit Phenyl-, Diphenyl- oder Triphenylacetylchlorid bei 0° u. mehrstd. Stehen mit Anilin bei +10°; b) durch Rk. von II mit I u. Triäthylamin in abs. THF bei —15°, ½ Min. Stehen, Zugeben von Anilin u. 2—3std. Stehen bei Raum-Temp.; 63,7% (Ausbeute). — *Cbo-glycinanhydrid*, $C_{20}H_{20}N_2O_7$, F. 119 bis 120° (Essigester), durch 10std. Stehen von II mit I in abs. THF; 72,5%; gibt mit Anilin vorst. Verb.; 91,5%. — *Cbo-L-phenylalanylglycinäthylester*, $C_{21}H_{24}N_2O_5$, F. 109,5 bis 110,5° (Essigester/PAe.), durch Zugeben von I u. Triäthylamin zu III in THF bei —15°, Zugeben von Glycinäthylester u. 2—3std. Stehen; $[\alpha]_D^{20}$ —16,3° (c = 2,0; A.); 60%. — *Cbo-L-phenylalanyl-L-phenylalaninäthylester*, $C_{28}H_{30}N_2O_5$, F. 134,5—136° (Essigester/PAe.), $[\alpha]_D^{21}$ —10,6° (c = 1,8; A.); 57%. — *Cbo-L-leucyl-L-phenylalaninäthylester*, $C_{25}H_{32}N_2O_5$, F. 94,5—96° (Essigester/PAe.), $[\alpha]_D^{18}$ —22,5° (c = 1,0; A.); 59,4%. — *Cbo-glycyl-DL-alanin*, $C_{13}H_{16}N_2O_5$, F. 182—183,5° (verd. Methanol), durch Rk. von II mit I u. Triäthylamin in abs. THF, Zugeben von DL-Alanin in 1n NaOH, Ausäthern u. Ansäuern; 46,5%. — *Cbo-glycyl-L-alanin*, F. 182—184° (verd. Methaol), $[\alpha]_D^{21}$ —10,0° (c = 0,5; A.); 45%. — *Cbo-L-phenylalanylglycin*, $C_{19}H_{20}N_2O_5$, F. 152—153° (verd. Methanol), $[\alpha]_D^{18}$ —9,8° (c = 1,5; Eisessig); 31%.
E. Schröder. 950□

Synthese von L-Leucyl-L-alanyl-L-valyl-L-glutaminsäure und intermediären Peptiden. William H. Mc Gregor und Frederick H. Carpenter. (J. org. Chemistry **26.** 1849—54. Juni 1961. Berkeley, Calif., Univ., Dep. of Biochem.) (Engl.)

L-Leucyl-L-alanyl-L-valyl-L-glutaminsäurehydrochlorid wird aus *p-Nitrocarbobenzoxy-*(p-Nitro-cbo)-*L-leucyl-L-alaninhydrazid* (I) u. L-Valinmethylesterhydrochlorid, Umwandlung des *p-Nitro-cbo-L-leucyl-L-alanyl-L-valinmethylesters* in das entsprechende *Hydrazid*, Kupplung mit L-Glutaminsäuredibenzylesterbenzolsulfonat, anschließende Hydrogenolyse des p-Nitro-cbo-tetrapeptiddibenzylesters u. Reinigung durch Gegenstromverteilung synthetisiert. *L-Leucyl-L-alanin* u. *L-Leucyl-L-alanyl-L-valin* werden durch Hydrogenolyse der entsprechenden p-Nitro-cbo-peptidbenzylester dargestellt. Aus *p-Nitro-cbo-L-valyl-L-glutaminsäurediäthylester* (III) entstand durch katalyt. Hydrierung in Eisessig nicht der gewünschte Dipeptidester, sondern *3-[2-Carboxyäthyl]-6-isopropylpiperazindion-(1.5)-äthylester*.

Versuche: *p-Nitro-cbo-L-valin*, $C_{13}H_{16}N_2O_6$, F. 72—74° (n-Butyläther), nach Gish u. Carpenter (C. **1954.** 4137); $[\alpha]_D^{24}$ +5,5° (c = 3,16; A.); 50% (Ausbeute). — *p-Nitro-cbo-L-valyl-L-glutaminsäurediäthylester* (III), $C_{22}H_{31}N_3O_9$, F. 138—141°, durch 1std. Rk. vorst. Verb. mit PCl_5 in Ae. bei 0°, Einengen, 2std. Stehen mit L-Glutaminsäurediäthylester in Ae. bei Raum-Temp. u. Digerieren des Nd. mit W.; $[\alpha]_D^{24}$ —7,9° (c = 2,8; Dioxan); 84%. *Freie Säure*, $C_{18}H_{23}N_3O_9$, F. 162—163° (wss. A.), durch ½std. Rk. von III mit 1nNaOH in A., Ansäuern mit 6nHCl u. Einengen; $[\alpha]_D^{24}$ —7,8° (c = 1,1; A.); 67%. — *L-Valyl-L-glutaminsäure*, $C_{10}H_{18}N_2O_5$, F. 220—222° (Zers.; wss. Aceton), durch katalyt. Hydrierung vorst. Säure in Methanol in Ggw. von PdO u. Eisessig; $[\alpha]_D^{24}$ +23° (c = 1,0; W.); 90%. — *3-[2-Carboxyäthyl]-6-isopropylpiperazindion-(2.5)-äthylester*, $C_{12}H_{20}N_2O_4$, F. 185—187° (wss. A.), durch katalyt. Hydrierung von III in Methanol in Ggw. von PdO u. Eisessig u. Einengen. *Freie Säure*, F. 207° (Zers.). — *p-Nitro-cbo-L-leucinhydrazid*, $C_{14}H_{20}N_4O_5$, F. 133—134° (A.), durch Rk. von L-Leucinmethylesterhydrochlorid in Methanol mit Triäthylamin, Zugeben von Ae., ½std. Rühren mit p-Nitro-cbo-chlorid bei 0° u. 2 Std. bei Raum-Temp., Einengen u. 48std. Stehen des öligen *p-Nitro-cbo-L-leucinmethylesters* in A. mit $N_2H_4 \cdot H_2O$; $[\alpha]_D^{24}$ —10° (c = 1,21; A.); 80%. — *p-Nitro-cbo-L-leucyl-L-alaninäthylester*, $C_{19}H_{27}N_3O_7$, F. 131—133° (wss. A.), a) durch 10 Min. lange Rk. von p-Nitro-cbo-L-leucinmonohydrat (IV) mit Chlorkohlensäureisobutylester (V) in Tetrahydrofuran Triäthylamin bei 10° u. 2std. Rühren mit L-Alaninäthylesterhydrochlorid in wss. Dioxan/Triäthylamin; $[\alpha]_D^{24}$ −29° (c = 1,2; A.); 77%; b) durch Rk. vorst. Hydrazids in 1,2nHCl mit $NaNO_2$ bei 0°, Extrahieren mit Essigester u. 48std. Stehen mit L-Alaninäthylester in Essigester bei 4°; $[\alpha]_D^{24}$ −25° (c = 1,11; A.); 66%. *Benzylester*, $C_{24}H_{29}N_3O_7$, F. 105,5 bis 107,5° (wss. A.), aus IV u. L-Alaninbenzylesterbenzolsulfonat in Ggw. von V; $[\alpha]_D^{24}$ −36° (c = 1,1; A.); 83%. *Freie Säure*, $C_{17}H_{23}N_3O_7$, F. 126,5—127,5° (wss. A.), durch 40 Min. lange Rk. des Äthylesters mit 1nNaOH in A., Ansäuern u. Einengen; $[\alpha]_D^{24}$ −14° (c = 1,1; A.); 72%. *Hydrazid* (I), $C_{17}H_{25}N_5O_6$, F. 194—196° (Methanol), a) durch 48std. Rk. des Äthylesters mit $N_2H_4 \cdot H_2O$ in Methanol; $[\alpha]_D^{24}$ −24° (c = 1,1; Essigsäure); 85%; b) aus dem Benzylester mit $N_2H_4 \cdot H_2O$ in A. in 3 Tagen bei Raum-Temp.; 94%. — *L-Leucyl-L-alanin*, $C_9H_{18}N_2O_3$, F. 258—259° (Zers.; Methanol/Essigester), a) durch katalyt. Hydrierung vorst. Säure in Methanol in Ggw. von PdO u. Eisessig; $[\alpha]_D^{24}$ +23° (c = 5; Methanol); 50%; b) analog a) aus vorst. Benzylester; 80%. — *p-Nitro-cbo-L-leucyl-L-alanyl-L-valinmethylester*, $C_{23}H_{34}N_4O_8$, F. 199—200° (Methanol), durch Rk. von I in 1,2nHCl mit $NaNO_2$, Extrahieren mit Essigester u. 2tägiges Stehen mit L-Valinmethylester in Essigester; $[\alpha]_D^{24}$ −37° (c = 1,2; Dioxan); 86%. *Benzylester*, $C_{29}H_{38}N_4O_8$, F. 162—165° (wss. A.), aus I u. L-Valinbenzylesterbenzolsulfonat; $[\alpha]_D^{24}$ −37° (c = 1,1; Essigsäure); 79%. *Freie Säure*, $C_{22}H_{32}N_4O_8$, F. 160—161° (wss. A.), durch 3std. Rk. des Methylesters mit 1nNaOH in Dioxan; $[\alpha]_D^{24}$ −31° (c = 1,0; A.); 47%. — *L-Leucyl-L-alanyl-L-valin*, $C_{14}H_{27}N_3O_4 \cdot H_2O$, F. 243—247° (Zers.; wss. A.), a) durch Hydrogenolyse vorst. Säure; $[\alpha]_D^{29}$ −31° (c = 1,0; W.); 78%; b) durch Hydrogenolyse vorst. Benzylesters; 85%. — *p-Nitro-cbo-L-leucyl-L-alanyl-L-valinhydrazid* (II), $C_{22}H_{34}N_6O_7$, F. 249,5—251,5°, durch 2tägige Rk. des entsprechenden Benzylesters mit $N_2H_4 \cdot H_2O$ in abs. A. bei 37°; $[\alpha]_D^{24}$ −42° (c = 0,81; Essigsäure); 85%. — *p-Nitro-cbo-L-leucyl-L-alanyl-L-valyl-L-glutaminsäure, Diäthylester*, $C_{31}H_{47}N_5O_{11}$, F. 220—223° (A.), durch Rk. von II in 1,2nHCl mit $NaNO_2$, Extrahieren mit Essigester u. 2tägiges Stehen mit L-Glutaminsäurediäthylester; $[\alpha]_D^{24}$ −46° (c = 1,0; Essigsäure); 45%. *Dibenzylester*, $C_{41}H_{51}N_5O_{11}$, F. 178—186° (A.), aus II u. L-Glutaminsäuredibenzylesterbenzolsulfonat; $[\alpha]_D^{24}$ (c = 1,0; Essigsäure); 50%. — *L-Leucyl-L-alanyl-L-valyl-L-glutaminsäurehydrochlorid*, $C_{19}H_{34}N_4O_7 \cdot HCl$, F. 194,5—196° (Zers.; A./Essigester), durch Hydrogenolyse von 10,4 g vorst. Dibenzylesters in 80%ig. Essigsäure in Ggw. von PdO, 200stufige Gegenstromverteilung in Butanol-(2)/0,1nHCl, erneute 1507stufige Gegenstromverteilung u. Gefriertrocknung; $[\alpha]_D^{24}$ −62° (c = 1,0; W.); 3,7 g. E. SCHRÖDER. 950□

Alkali-Phosphorverbindungen und ihr reaktives Verhalten. 6. Mitt. **Reaktionen der Alkaliphosphide, $MePR_2$, mit Äthylenoxyd.** Kurt Issleib und Hans-Martin Möbius. (Chem. Ber. **94.** 102—06. Jan. 1961. Jena, Univ., Anorgan-Chem. Inst.) (Dt.) — 5. vgl. C. **1961.** 6832.

Bei der Rk. von Äthylenoxyd (I) mit $LiP(C_6H_{11})_2$ oder $LiP(C_2H_5)_2$ konnten nach hydrolyt. Aufarbeitung *β-Hydroxyäthyldicyclohexylphosphin* (II) bzw. *β-Hydroxyäthyldiäthylphosphin* (III) gewonnen werden. Der Strukturbeweis für II u. III erfolgte auf Grund des IR-Spektrums u. des Vorhandenseins von akt. H. II reagierte nicht mit S oder CH_3J zu entsprechenden Derivv., war aber auch nicht ident. mit dem isomeren *Äthyldicyclohexylphosphinoxyd* [dargestellt durch Oxydation von Äthyldicyclohexylphosphin (V)]. III dagegen konnte als $HOC_2H_4 \cdot (C_2H_5)_2P \cdot CS_2$, als *Sulfid* u. mit CH_3J bzw. C_2H_5J als entsprechendes *Salz* charakterisiert werden. Aus $KP(C_6H_5)_2$ u. I entstand *Hydroxyäthyldiphenylphosphin* (IV) als einziges Rk.-Prod., das durch mehrere Derivv. charakterisiert wurde. Die OH-Gruppe von IV konnte weder im IR-Spektrum noch nach ZEREWITINOFF noch durch Acetylierung oder Benzoylierung nachgewiesen werden. Vff. halten dennoch an der Formulierung IV fest, da das Oxydations-Prod. von IV (*β-Hydroxyäthyldiphenylphosphinoxyd*) nicht mit *Diphenylphosphinsäureäthylester* u. IV selbst nicht mit dem isomeren $C_2H_5OP(C_6H_5)_2$ ident. ist. — II ergibt mit $NiBr_2$ u. $CoCl_2$ rotbraune bzw. grüne Komplexe.

Versuche: *β-Hydroxyäthyldicyclohexylphosphin* (II), $C_{14}H_{27}OP$, F. 110—112° (PAe./Ae.), Kp.$_4$ 180—250°, durch Zutropfen von I in Dioxan (Di) zu $LiP(C_6H_{11})_2$ in Di unter N_2, Rühren u. Eiskühlung, je ½ std. Weiterrühren bei Eis- u. Raum-Temp., Zers. mit W., Trennen u. Dest.; 37% (Ausbeute). — *β-Hydroxyäthyldiäthylphosphin* (III), $C_6H_{15}OP$, Kp.$_{24}$ 106—109°, analog II aus I u. $LiP(C_2H_5)_2$ [aus $(C_2H_5)_2PH$ u. $Li(C_6H_5)$ in Ae.]; 26%. *Sulfid*, $C_6H_{15}OPS$, F. 106—109° (Methanol), aus III u. S in Bzl.; 81%. *CS_2-Additions-Prod.*, $C_6H_{15}OP \cdot CS_2$, F. 97° (Zers.), mit CS_2 in Ae.; 72%. *Methojodid*, $C_7H_{18}JOP$, F. 253—255° (A.), aus III u. CH_3J in Ae.; 72%. *Äthojodid*, $C_8H_{20}JOP$, F. 168°; 64%. — *β-Hydroxyäthyldiphenylphosphin* (IV), $C_{14}H_{15}OP$, Kp.$_{18}$ 178—184°, analog II aus $KP \cdot (C_6H_5)_2 \cdot 2$ Di u. I in Di; 56%. *Methojodid*, $C_{15}H_{18}JOP$, F. 122° (A.); 84%. *Sulfid*, $C_{14}H_{15} \cdot OPS$, F. 53°; 85%. *Oxyd*, $C_{14}H_{15}O_2P$, F. 111—114° (Aceton-W.), durch Oxydation von **IV** mit H_2O_2 in Aceton; 65%. — *Äthyldicyclohexylphosphin* (**V**), $C_{14}H_{27}P$, Kp.$_4$ 129 bis 130°, aus der CS_2-Additions-Verb. durch Lösen in A. u. Abdest. des A.-CS_2-Gemisches unter N_2; 87%. *CS_2-Additions*-Verb., $C_{14}H_{27}P \cdot CS_2$, durch Zutropfen von $(C_6H_{11})_2PCl$ in Ae. unter N_2 zu einer Grignard-Lsg. aus Mg u. C_2H_5Br in Ae., ½ std. Kochen, Zers. mit wss. NH_4Cl-Lsg., Trennen, Trocknen, Einengen u. Versetzen mit CS_2; rotbrauner, feinkrist. Nd.; 48%. *Oxyd*, $C_{14}H_{27}OP$, Kp.$_4$ 170—173°, aus **V** u. $KMnO_4$ in Aceton. — *Diphenylphosphinsäureäthylester*, Kp.$_5$ 195—198°, aus $(C_6H_5)_2PO_2H$ u. Diazoäthan in Äther.

E. Dehmlow. 980

Alkali-Phosphorverbindungen und ihr reaktives Verhalten. 7. Mitt. **Über disek. Phosphine RHP-[CH₂]n-PHR und Diphosphine RHP–PHR.** Kurt Issleib und Detlef Jacob. (Chem. Ber. **94.** 107—13. Jan. 1961.) (Dt.) — 6. vgl. vorst. Referat.

Aus prim. Phosphinen u. K entstehen beim Kochen in Bzl. Verbb. des Typs *KPHR*. Bei der Rk. des äußerst luft- u. feuchtigkeitsempfindlichen $KPHC_6H_5$ (**I**) mit 1.3- oder 1.4-Dihalogenalkanen werden *Polymethylen-bis-[monophenylphosphine]* gebildet. Dagegen treten bei der Rk. zwischen **I** u. 1.2-Dibromäthan (**II**) *Äthylen* u. *1.2-Diphenyldiphosphin* (**III**), zwischen **I** u. CH_2Cl_2 ebenfalls **III** u. *Polymethylen* auf. $KPHC_6H_{11}$ gibt mit **II** neben Äthylen *Cyclohexylphosphin* u. *Tetracyclohexylcyclotetraphosphin.* **III** liegt in Bzl. assoziiert vor. Mit Phenyl- oder Methyl-Li wird **III** doppelt metalliert zu $C_6H_5P(Li)-P(Li)\cdot C_6H_5$. Dieselbe Rk. wird auch von den anderen disek. Phosphinen eingegangen. Durch Rk. derartiger Verbb. $(RLiP-[CH_2]_n-PLiR)$ mit Alkylhalogeniden werden unsymm. substituierte *ditert. Phosphine* $(R_1R_2P-[CH_2]_n-PR_1R_2)$ zugänglich, die auch durch Rk. der disek. Phosphine mit 2 Mol Alkyljodid u. anschließende doppelte HJ-Abspaltung gewonnen werden können. Mit S bilden die entsprechenden Phosphine *Dithiosäuren* vom Typ $RP(SH)(S)-[CH_2]_n-(S)(SH)PR$ bzw. $R(S)(SH)P-P(S)(SH)R$. Diese Verbb. bilden mit $CoBr_2$ u. $NiCl_2$ unter HBr-Entw. Salze. Die P—P-Bindung von **III** wird durch CH_3J unter Bldg. von *Dimethylphenylphosphoniumjodid* (**IV**) gespalten, das auch aus Dimethylphenylphosphin u. HJ entsteht. **IV** liefert durch Behandlung mit NaOH u. Zugabe von CH_3J *Trimethylphenylphosphoniumjodid.* Bei der Umsetzung von **I** mit Br_2 entsteht *Tetraphenylcyclotetraphosphin.*

Versuche (alle Rkk. unter N_2): *Kaliummonophenylphosphid* (**I**), C_6H_6KP, durch Zugeben von K zu $C_6H_5PH_2$ in Bzl. unter Rühren u. Kochen bis zum Aufhören der H_2-Entw. u. zur Hellgelbfärbung des Rk.-Produkts. — *Trimethylen-1.3-bis-[monophenylphosphin]* (**V**), $C_{15}H_{18}P_2$, Kp.$_5$ 191—200°, durch Zutropfen von 1.3-Dibrompropan (**VI**) zu einer heißen, gerührten Suspension von **I** in Bzl. u. Kochen bis zur Entfärbung; 74% (Ausbeute). *Bis-[methojodid]*, $C_{17}H_{24}J_2P_2$, F. 154—155° (A.), durch Kochen mit CH_3J in Ae.; 61,2%. *1.3-Dibrompropan–Diphosphoniumsalz*, $C_{18}H_{24}Br_2P_2$, F. 120°, durch 2std. Kochen von **V** u. **VI** in Toluol; 82%. — *Trimethylen-1.3-bis-[phenyldithiophosphinsäure]*, unreines Öl, durch Kochen von **V** mit S in Benzol. — *Tetramethylen-1.4-bis-[monophenylphosphin]*, $C_{16}H_{20}P_2$, Kp.$_4$ 208—212°, analog **V** aus **I** u. 1.4-Dibrombutan in Toluol; 69,5%. *Bis-[methojodid]*, $C_{18}H_{26}J_2P_2$, F. 157—159° (A.-Ae.); 52,7%. — *Tetramethylen-1.4-bis-[phenyldithiophosphinsäure]*, $C_{16}H_{20}P_2S_4$, F. 124° (Aceton), durch Kochen vorst. Verb. mit S in Bzl.; 68,1%. — *1.2-Diphenyldiphosphin* (**III**), $C_{12}H_{12}P_2$, F. 151—152°, a) aus **I** u. **II** in Toluol unter Äthylen-Entw., Absaugen u. Schütteln des Filtrats mit PAe.; 57%; b) aus **I** u. CH_2Cl_2; 50,8% (neben etwas Polymethylen). *Dilithiumsalz*, $C_{12}H_{10}Li_2P_2$, a) durch Zutropfen von $LiCH_3$ in Ae. zu **III** in Bzl. unter Rühren; b) analog a) mit LiC_6H_5, 1std. Kochen, Filtrieren, Lösen in Ae. u. Fällen mit Bzl.; 81%. — *Dimethylphenylphosphoniumjodid* (**IV**), $C_8H_{12}JP$, F. 107—108° (A.-Ae.), durch Kochen von **III** u. CH_3J in Ae.; 42,2%. — *Trimethylphenylphosphoniumjodid*, F. 226—227°, durch Schütteln vorst. Verb. in Ae. mit wss. NaOH, Trennen, Trocknen u. Umsetzen mit CH_3J. — *Bis-[phenyldithiophosphinsäure]*, Zers. ab 225°, durch Kochen von **III** mit S in CS_2; nicht umkristallisierbar. — *Tetraphenylcyclotetraphosphin*, $C_{24}H_{20}P_4$, F. 154—156° (Toluol–PAe.), durch 3std. Kochen von **I** u. Br_2 in Cyclohexan. *Tetrasulfid*, $(C_6H_5PS)_4$, F. 150—151°. E. Dehmlow. 980 □

Alkali-Phosphorverbindungen und ihr reaktives Verhalten. 8. Mitt. **Über die Bildung cyclischer Phosphine.** Kurt Issleib und Siegfried Häusler. (Chem. Ber. **94.** 113—17. Jan. 1961.) (Dt.) — 7. vgl. vorst. Referat.

Alkaliphosphor-Verbb. des Typs Li_2PR reagieren mit 1.5- u. 1.4-Dihalogenalkanen unter Bldg. von *Cyclopentamethylen-* bzw. *Cyclotetramethylenphosphinen*; daneben entstehen Polymere. Die Umsetzungen wurden nach dem Ruggli-Zieglerschen Verdünnungsprinzip durchgeführt. Die Kpp. der gewonnenen 5- u. 6-Ring-Verbb. weisen ähnliche Unterschiede wie die der analogen N-Verbb. auf. Die Verbb. zeigen die üblichen Rkk. des 3-bindigen P; sie bilden z. B. mit S bzw. Alkylhalogenid *Sulfide* bzw. *Phosphoniumsalze.* Mit 1.3- u. 1.6-Dihalogenalkanen entstanden keine 4- bzw. 7-Ring-Verbb., sondern nur polymere P-haltige Produkte.

Versuche: *Phosphine*, durch Zutropfen des entsprechenden Dihalogenalkans zu einer heißen, gerührten Suspension des entsprechenden Dilithiumphosphids in Bzl. oder Tetrahydrofuran unter N_2, 2std. Kochen, Einengen, Dekantieren u. Dest.; *Phosphinsulfide*, durch Kochen mit S in Bzl.: *Phenylcyclopentamethylenphosphin*, $C_{11}H_{15}P$, Kp.$_3$ 119°; 31% (Ausbeute). *Methojodid*, $C_{12}H_{18}JP$, F. 176° (A./Ae.); 66,8%. *Sulfid*, $C_{11}H_{15}PS$, F. 86° (PAe.); 61%. — *Phenylcyclotetramethylenphosphin*, $C_{10}H_{13}P$, Kp.$_3$ 97°; 29,8%. *Methojodid*, $C_{11}H_{16}JP$, F. 130° (A.); 71%. *Sulfid*, $C_{10}H_{13}PS$, F. 77° (PAe.); 67%. — *Cyclohexylcyclopentamethylenphosphin*, $C_{11}H_{21}P$, Kp.$_3$ 115°; 20%. *Methojodid*, $C_{12}H_{24}JP$, F. 230—232° (A.); 65,5%. *Sulfid*, $C_{11}H_{21}PS$, F. 153° (PAe.); 64,8%. — *Cyclohexylcyclotetramethylenphosphin*, $C_{10}H_{19}P$; Kp.$_{3,5}$ 94°; 23,2%. *Methojodid*, $C_{11}H_{22}JP$, F. 249° (A.); 69,7%. *Sulfid*, $C_{10}H_{19}PS$, F. 81° (PAe.); 72,4%. — *Äthylcyclopentamethylenphosphin*, $C_7H_{15}P$, Kp. 170°; 19,7%. *Methojodid*, $C_8H_{18}JP$, F. 293—296° (A.); 62,1%. *Sulfid*, C_7H_{15}·PS, F. 67° (PAe.); 61%. — *Äthylcyclotetramethylenphosphin*, $C_6H_{13}P$, Kp. 145°; 21,7%. *Methojodid*, $C_7H_{16}JP$, F. 289—291° (A.); 63,8%. E. DEHMLOW. 980□

Die Darstellung von 3.4-Dimethoxy- und 3.4-Methylendioxyphenäthylalkohol. Tozo Fujii, Minoru Tashiro, Kenji Ohara und Makio Kumai. (Chem. pharmac. Bull. [Tokyo] **8**. 266—69. März 1960. Tokyo, Univ., Fac. of Pharmac. Sci.) (Engl.)

3.4-Dimethoxy- (I) u. *3.4-Methylendioxyphenäthylalkohol* (**IV**) werden aus den entsprechenden Aminen dargestellt. 3.4-Dimethoxyphenäthylamin (**III**) wird in das *Acetyl-Deriv.* übergeführt, das durch Nitrosierung *N-Nitroso-N-acetyl-3.4-dimethoxyphenäthylamin* (**II**) ergibt. **II** liefert beim Erhitzen ohne vorherige Isolierung *Essigsäure-3.4-dimethoxyphenäthylester* (**VI**), der beim Verseifen **I** gibt. Analog werden **IV** u. Benzylalkohol dargestellt.

Versuche: *N-Acetyl-3.4-dimethoxyphenäthylamin*, $C_{12}H_{17}NO_3$, F. 98—99°, a) durch 2std. Erhitzen von **III** mit überschüssigem Acetanhydrid; b) aus **III** u. Acetylchlorid nach SCHOTTEN-BAUMANN; aus Hexan/Bzl. (2:1) Nadeln; 95—97% (Ausbeute); gibt mit $POCl_3$ *1-Methyl-6.7-dimethoxy-3.4-dihydroisochinolin* (F. 105—106°). — *N-Benzoyl-3.4-dimethoxyphenäthylamin* (V), $C_{17}H_{19}NO_3$, F. 97—98°; aus wss. A. Nadeln; liefert mit $POCl_3$ *1-Phenyl-6.7-dimethoxy-3.4-dihydroisochinolin* (F. 120—121°; Prismen). — *Essigsäure-3.4-dimethoxyphenäthylester* (**VI**), $C_{12}H_{16}O_4$, Kp.$_{0,01}$ 120—123°, a) durch Versetzen vorvorst. Verb. in Acetanhydrid/Eisessig (5:1) mit $NaNO_2$ nach WHITE (C. **1957**. 9328), Gießen in Eis/W., Extrahieren des entstandenen *N-Nitrosamins* (**II**) mit Bzl., 18std. Kochen, Eindampfen im Vakuum u. Dest.; gelbliches Öl; 89,3%; b) durch 2std. Kochen vorvorst. Verb. mit Acetanhydrid u. Weiterverarbeitung analog a); 86,5%. — *Essigsäurebenzylester*, Kp.$_{1,5}$ 62—64°, analog **VI**; 80%. — *Essigsäure-3.4-methylendioxyphenäthylester*, $C_{11}H_{12}O_4$, Kp.$_{0,025}$ 110—112°; 90,7%. — *Benzoesäure-3.4-dimethoxyphenäthylester* (**VIII**), F. 32—40°, Kp.$_{0,65}$ 210—215°, durch Zugabe von N_2O_4 in CCl_4 zu **V** u. wasserfreiem Na-Acetat in Hexan bei 0°, 2½std. Stehen bei 0°, Gießen in Eiswasser, Filtrieren des entstandenen *N-Nitrosoamins*, Lösen in Bzl. u. Aufarbeiten analog **VI**; 84%. — *Benzoesäurebenzylester*, Kp.$_3$ 142—144°, analog **VIII**; 87,9%. — *Phenylessigsäurebenzylester*, Kp.$_5$ 155—157°; 84,8°; liefert beim Hydrieren an 20%ig. Pd/Kohle in A. bei Raum-Temp./1 at 90% **VII** u. 91% *Phenylessigsäure*. — *3.4-Dimethoxyphenäthylalkohol* (I), F. 40—43°, Kp.$_{5,5}$ 155—158°, Kp.$_{1,5}$ 127—129°, a) durch 5std. Kochen von **VI** in 50%ig. KOH/Methanol, Eindampfen, Extrahieren mit Bzl. u. Dest. im Vakuum; gelbliches Öl; 95,7%; b) durch 1½std. Zugabe von Essigsäure-3.4-dimethoxyphenäthylester (**VI**) in abs. Ae. zu $LiAlH_4$ in abs. Ae. bei —10 bis —5°, 2std. Rühren bei Raum-Temp., 4std. Kochen, Zugabe von Ae., W. u. verd. HCl unter Kühlung, Abtrennen der Ae.-Schicht u. Dest. im Vakuum; 97%. *Phenylurethan*, F. 99—100°; aus wss. A. Nadeln. — *Benzylalkohol* (**VII**), Kp.$_{10}$ 82—83°, a) analog **I**; 60%; b) analog vorvorst. Verb. aus **VIII**; 92%; daneben 90% **I**. *Phenylurethan*, F. 75—76°; aus Hexan Nadeln. — *3.4-Methylendioxyphenäthylalkohol* (**IV**), F. ca. 20°, Kp.$_{2,5}$ 120—122°, analog **I**; Öl, das beim 3tägigen Stehen bei 0° fest wird; 96,2%. *Phenylurethan*, $C_{16}H_{15}NO_4$, F. 98—99°, aus wss. A. Nadeln; 80,6%. P. GOLINSKE. 1070□

Über die Chlormethylierung von Alkyläthern des o-Thiokresols und die Umsetzung der Chlormethylverbindungen mit cyclischen Dicarbonsäureimiden. Elmar Profft und Lothar Lemke. (J. prakt. Chem. [4] **13** (285). 253—59. 1961. Mersebur TH für Chem. Leuna-Merseburg, Inst. für Organ. Chem.) (Dt.)

o-Thiokresyläther können durch Behandlung mit Paraformaldehyd in konz. HCl bei 65—70° in p-Stellung chlormethyliert werden. Ein großer Überschuß an Paraformaldehyd führt zur Verharzung; *3-Methyl-4-n-propylmercapto-* (I) u. *3-Methyl-4-isoamylmercaptobenzylchlorid* (II) wurden in 90 bzw. 75%ig. Ausbeute erhalten. Verss., die *Alkylmercaptobenzylchloride* mit cycl. Imiden umzusetzen, schlugen fehl; auch deren K-Salze reagierten beim Erhitzen ohne Lsgm. oder in Alkoholen oder Toluol, selbst unter Zusatz von Pyridin, nicht. Die Kondens. der K-Dicarbonsäureimide mit *Alkylmercaptobenzylchloriden* gelang durch lang dauerndes Erwärmen in Dimethylformamid (DMF). Die Rk.-Prodd. konnten wegen ihrer Zersetzlichkeit nicht destillativ isoliert werden. Durch Spaltung der erhaltenen Kondens-Prodd. mit Hydrazin wurden *3-Methyl-4-alkylmercaptobenzylaminophthalazone* erhalten, die durch Erhitzen mit HCl *3-Methyl-4-alkylmercaptobenzylaminhydrochloride* u. *Phthalsäurehydrazid* ergaben. Diese substituierten Benzylamine konnten auch durch Rk. von 3-Methyl-4-alkylmercaptobenzylchloriden mit Hexamethylentetramin u. Spaltung der krist. Addukte mit HCl dargestellt werden.

Versuche: *3-Methyl-4-n-propylmercaptobenzylchlorid* (I), $C_{11}H_{15}ClS$, Kp.$_{11}$ 161 bis 163°, durch 12½ std. Einleiten von HCl in eine Mischung von 0,4 Mol o-n-Propylmercaptotoluol, 45 g Paraformaldehyd, 12 g $ZnCl_2$ u. 300 cm³ konz. HCl bei 65—70° unter Rühren, Phasentrennung, Waschen mit NaCl-Lsg. u. 5%ig. $NaHCO_3$-Lsg., Ae.-Extraktion der Wasch-Fll. u. Dest. der organ. Phase u. des Extraktes; 89,1% (Ausbeute). — *3-Methyl-4-isoamylmercaptobenzylchlorid* (II), $C_{13}H_{19}ClS$, Kp.$_{12}$ 185—187°, analog I; 74,7%. — *N-[3-Methyl-4-n-propylmercaptobenzyl]-phthalimid* (III), $C_{19}H_{19}NO_2S$, F. 87—88° (CH_3OH) durch 4std. Erwärmen von I mit Phthalimid-K in DMF unter Rühren auf 85—90°, Kühlen, Zugabe von Chlf., Gießen in W., Chlf.-Extraktion, Waschen, Abdest. des Chlf., längeres Stehen, Verreiben mit Ae., Filtrieren u. mehrfaches Kristallisieren aus CH_3OH; 45,6%. — *N-[3-Methyl-4-isoamylmercaptobenzyl]-phthalimid*, $C_{21}H_{23}NO_2S$, F. 74—75° (gelbliche Kristalle aus A.), analog III aus II in 5 Std. bei 85—90°; 55,9%. — *N-[3-Methyl-4-n-propylmercaptobenzyl]-saccharin*, $C_{18}H_{19}NO_3S_2$, F. 92°, durch 12std. Erwärmen von I mit Saccharin-K in DMF auf 85—90° u. Aufarbeitung wie oben; 39,4%. — *N-[3-Methyl-4-isoamylmercaptobenzyl]-saccharin*, $C_{20}H_{23}NO_3S_2$, F. 73—74° (A.), analog aus II durch 10std. Rühren bei 85—90°; 39,7%. — *N-[3-Methyl-4-n-propylmercaptobenzyloxy]-phthalimid*, $C_{19}H_{19}NO_3S$, F. 93°, analog aus I u. N-Hydroxyphthalimid-K in 10 Std. bei 85—90°; 42,4%. — *N-[3-Methyl-4-isoamylmercaptobenzyloxy]-phthalimid*, $C_{21}H_{23}NO_3S$, F. 84° (A.), analog vorst. Verb.; 41%. — *N-[3-Methyl-4-n-propylmercaptobenzyl]-succinimid*, $C_{15}H_{19}NO_2S$, F. 53°, durch 20std. Rühren von I mit Succinimid-K in DMF bei 85—90°, Zugabe von Chlf., Gießen in W., Chlf.-Extraktion, Eindampfen, mehrwöchiges Stehen, Aufnehmen in Ae. u. Filtrieren; 50,7%. — *N-[3-Methyl-4-isoamylmercaptobenzyl]-succinimid*, $C_{17}H_{23}NO_2S$, F. 69° (A.), analog; 48,4%. — *3-Methyl-4-n-propylmercaptobenzylaminhydrochlorid*, $C_{11}H_{18}ClNS$, F. 216°, a) durch 3std. Kochen von 0,05 Mol I mit 0,15 Mol Hexamethylentetramin in Chlf., Kühlen, Filtrieren, mehrmaliges 2std. Erhitzen des Filtrates, Kühlen u. Filtrieren, Zugabe von wss.-alkohol. HCl zu 0,025 Mol der Additions-Verb. (53,3%), 4tägiges Stehen unter Umschwenken, Filtrieren, Einengen im Vakuum, Aufnehmen in Ae. u. Filtrieren; 34,4%; b) durch 3std. Kochen von III mit 85%ig. Hydrazinhydrat in A. unter Rühren, Kühlen, Ansäuern mit konz. HCl, 30 Min. langes Erwärmen auf 50°, Filtrieren, Einengen im Vakuum, Aufnehmen in Ae. u. Filtrieren; 65,5%. — *3-Methyl-4-isoamylmercaptobenzylaminhydrochlorid*, $C_{13}H_{22}ClNS$, F. 204°, a) durch Rk. von II mit Hexamethylentetramin wie oben u. Rk. des Adduktes (52%) mit alkohol. HCl; 38,5%; b) analog vorst. Verb. nach b); 46,2%.

H. BERTSCH. 1090□

Sulfonsäuren von Sulfonen als Nebenprodukte bei Sulfurierungsreaktionen. 1. Mitt. Bildung von Sulfonsäuren des Diphenylsulfons bei der Sulfonierung von Benzol mit Oleum. A. P. Schesstow. (Журнал Общей Химии [J. allg. Chem.] **26(88)**. 1219—24. April 1956. Wiss. Woroschilow-Forschungsinst. für organ. Prodd. u. Farbstoffe.) (Russ.) — 2. vgl. C. **1961**. 4675.

Bei der Sulfonierung von Bzl. mit 60%ig. Oleum entstehen neben *Benzol-1.3-disulfonsäure* 24—50% *Diphenylsulfon-3.3'-disulfonsäure*. Die völlige Umwandlung der prim. gebildeten Benzolmonosulfonsäure u. der Diphenylsulfon-3-sulfonsäure in die vorst. Verbb. erfolgt bei 70° u. geringem Oleumüberschuß in weniger als 3 Stunden. Ersatz eines 3. H-Atoms tritt erst bei Temp. über 160° ein. Dies folgt eindeutig aus der Unters. von Sulfonierungsgemischen durch alkalimetr. u. polarograph. Titration, Überführung in die Ba-Salze u. Isolierung der *Diphenylsulfon-3.3'-disulfonsäure* als *Dichlorid*, $C_{12}H_8Cl_2O_6S_3$, F. 180—180,6° (Chlf.).

A. NOWAK. 1090

Über Sulfenylverbindungen organischer Basen. 3. Mitt. Mehrfach sulfenylierte Amidine, Isoharnstoffe, Isothioharnstoffe und Guanidine. Joachim Goerdeler und Josef Vitt. (Chem. Ber. **92**. 2563—73. 13/10. 1959. Bonn, Univ., Chem. Inst.) (Dt.) — 2. vgl. C. **1959**. 13439.

N'-Mono-, N.N (oder *N.N'*)*-Bis-* u. *N.N.N'-Tris-[arylsulfenyl]-amidine* wurden nach 5 Meth. dargestellt: a) aus Amidinsalz in W. u. Arylsulfenylchlorid in Ae. in Ggw. von NaOH; b) analog in Eisessig in Ggw. von Na-Acetat; c) aus Monoarylsulfenylamidin u. Arylsulfenylchlorid in Dioxan in Ggw. von Kollidin; d) aus Sulfensäuremethylester u. Amidinsalz in CH_3OH bei —70°; e) durch Disproportionierung von Monoarylsulfenylamidin in heißem Eisessig. Aus Benzamidinhydrochlorid (I) u. Trichlormethansulfenylchlorid (II) wurde *N.N.N'-Tris-[trichlormethansulfenyl]-benzamidin* erhalten. Pyridin ist bei diesen Rkk. zum Abfangen der entstehenden Säuren nicht geeignet. Isoharnstoffe u. Isothioharnstoffe ließen sich mono-, di- u. trisubstituieren, aus Amidinen konnten nur die *Mono-* u. *Tris-*, aus Guanidin nur die *Mono-* u. *Bis-[arylsulfenyl]-Derivv.* erhalten werden. *Mono-*, *Bis-* bzw. *Tris-[o-nitrobenzolsulfenyl]-äthylisothioharnstoff* absorbieren bei 438 mμ ($\log \varepsilon = 3{,}58$) bzw. 393 (3,90) bzw. 378 (3,07) in Dioxan. Die S—N-Bindung ist leicht spaltbar: o- > p-Nitrobenzolsulfenyl > Benzolsulfenyl. Durch konz. heiße HCl wurde *N.N.N'-Tris-[p-nitrobenzolsulfenyl]-benzamidin* in *Benzamidinhydrochlorid*, *Bis-[p-nitrophenyl]-disulfid* u. *p-Nitrobenzolsulfinsäure* gespalten. NaOH wirkt erst bei höherer Temp. u. Konz. ein. Die Sulfenyl-Derivv. der stärkeren Basen werden leichter von Säuren gespalten. Beim Erhitzen von Lsgg. von Monoarylsulfenylamidinen entstehen *Amidin* u. *Tris-[arylsulfenyl]-amidin.*

Versuche (FF. unter Zers.): *Benzolsulfenylchlorid*, $Kp._{0,4}$ 39—41°, durch Chlorierung von Thiophenol in CH_2Cl_2 unter Kühlung; 85% (Ausbeute). — *N'-[p-Nitrobenzolsulfenyl]-acetamidin*, $C_8H_9N_3O_2S$, F. 149°, nach Meth. d); orangerote Nadeln aus Bzl.; 71%. — *N.N.N'-Tris-[p-nitrobenzolsulfenyl]-acetamidin*, $C_{20}H_{15}N_5O_6S_3$, F. 209°, gelbe Plättchen aus Dimethylformamid/CH_3OH; nach a) 51%; nach e) 88%. — Propionamidine: *N'-[p-Nitrobenzolsulfenyl]-*, $C_9H_{11}N_3O_2S$, F. 105°, nach d); orangerote Rechtecke aus Bzl.; 64%. — *N.N.N'-Tris-[p-nitrobenzolsulfenyl]-*, $C_{21}H_{17}N_5O_6S_3$, F. 182°, nach a) bzw. e); gelbe Nadeln aus Bzl.; 40 bzw. 82%. — *N.N.N'-Tris-[benzolsulfenyl]-*, $C_{21}H_{20}\cdot N_2S_3$, F. 81° (wss. Dioxan), nach c); 54%. — Benzamidine: *N-Methyl-N*(oder *N'*)-*[p-nitrobenzolsulfenyl]-*, $C_{14}H_{13}N_3O_2S$, F. 120°, nach d); tiefrote Nadeln aus Chlf./Ligroin; 53%. — *N*(oder *N'*)-*Methyl-N.N'*-(oder *N.N*)-*bis-[p-nitrobenzolsulfenyl]-*, $C_{20}H_{16}N_4O_4S_2$, F. 168°, nach c); gelbe Platten aus Chlf./CH_3OH; 68%. — *N.N.N'-Tris-[o-nitrobenzolsulfenyl]-*, $C_{25}H_{17}N_5O_6S_3$, F. 218°, nach a), b), c) bzw. e); gelbe Nadeln aus Bzl.; 98, 50, 83 bzw. 94%. — *N.N.N'-Tris-[p-nitrobenzolsulfenyl]-*, $C_{25}H_{17}N_5O_6S_3$, F. 212°, nach a), b), c) bzw. e); gelbe Nadeln aus Chlf./CH_3OH; 70, 50, 78 bzw. 91%. — *N.N.N'-Tris-[benzolsulfenyl]-*, $C_{25}H_{20}N_2S_3$, F. 102° (Dioxan/CH_3OH/W.), nach c); 66% — *N.N.N'-Tris-[trichlormethansulfenyl]-*, $C_{10}H_5Cl_9N_2S_3$, F. 188° (Zers.; Dioxan), durch Verrühren von I in W. u. II in Ae. mit einem Emulgator u. Zutropfenlassen von K_2CO_3-Lsg.; 65%. — *N.N.N'-Tris-[o-nitrobenzolsulfenyl]-formamidin*, $C_{19}H_{13}N_5O_6S_3$, F. 237°, nach e); gelbe Platten aus Chlf./CH_3OH; 80%. — *N.N.N'-Tris-[o-nitrobenzolsulfenyl]-phenylacetamidin*, $C_{26}H_{19}\cdot N_5O_6S_3$, F. 203°, nach a) bzw. c); gelbe Stäbchen aus Chlf./CH_3OH; 81 bzw. 74%. — *N.N.N'-Tris-[p-nitrobenzolsulfenyl]-phenylacetamidin*, $C_{26}H_{19}N_5O_6S_3$, F. 189°, nach a); gelbe Nadeln aus Chlf./CH_3OH; 48%. — Isoharnstoffe: *O-Phenyl-N-[p-nitrobenzolsulfenyl]-*, $C_{13}H_{11}N_3O_3S$, F. 150°, nach d); gelbe Platten aus Chlf./Ligroin; 81%. — *O-Methyl-N.N'*(oder *N'.N'*)-*bis-[p-nitrobenzolsulfenyl]-*, $C_{14}H_{12}N_4O_5S_2$, F. 162° (CH_3OH), nach c) bzw. e); tiefgelb; 71 bzw. 87%. — *O-Äthyl-N.N'*(oder *N'.N'*)-*bis-[p-nitrobenzolsulfenyl]-*, $C_{15}H_{14}N_4O_5S_2$, F. 122° u. 151°, nach c) bzw. e); gelbe Nadeln aus CH_3OH/Aceton; 81 bzw. 82%. — *O-Methyl-N.N'.N'-tris-[o-nitrobenzolsulfenyl]-*, $C_{20}H_{15}N_5O_7S_3$, F. 182°, nach a); gelbe Stäbchen aus Chlf./CH_3OH; 62%. — *O-Phenyl-N.N'.N'-tris-[o-nitrobenzolsulfenyl]-*, $C_{25}H_{17}N_5O_7S_3$, F. 190°, nach a); gelbe Platten aus Chlf./CH_3OH; 81%. — Isothioharnstoffe: *S-tert.-Butyl-N-[p-nitrobenzolsulfenyl]-*, $C_{11}H_{15}N_3O_2S_2$, F. 72°, nach d); gelbe Prismen aus Bzl./Ligroin; 41%. — *S-Äthyl-N.N'*(oder *N'.N'*)-*bis-[o-nitrobenzolsulfenyl]-*, $C_{15}H_{14}N_4O_4S_3$, F. 152°, nach a), c) bzw. e); rote Nadeln aus Chlf./Ligroin; 62, 84 bzw. 78%. — *S-Äthyl-N.N'*(oder *N'.N'*)-*bis-[p-nitrobenzolsulfenyl]-*, $C_{15}H_{14}N_4O_4S_3$, F. 127°, nach c) bzw. e); gelbe Nadeln aus Bzl./Ligroin; 94 bzw. 96%. — *S-tert.-Butyl-N.N'*(oder *N'.N'*)-*bis-[p-nitrobenzolsulfenyl]-*, $C_{17}H_{18}N_4O_4S_3$, F. 141°, nach c) bzw. e); gelbe Nadeln aus Bzl./Ligroin; 69 bzw. 83%. — *S-Methyl-N.N'.N'-tris-[o-nitrobenzolsulfenyl]-*, $C_{20}H_{15}N_5\cdot O_6S_4$, F. 175°, nach a); orangerote Plättchen aus Bzl./Ligroin; 75%. — *S-Methyl-N-[o-nitrobenzolsulfenyl]-*, *Hydrochlorid*, $C_8H_9N_3O_2S_2\cdot HCl$, F. 191°, schwachgelbe Plättchen. — Guanidine: *N-[o-Nitrobenzolsulfenyl]-* (III), $C_7H_8N_4O_2S$, F. 201°, durch Lösen von äquimol. Mengen o-Nitrobenzolsulfensäuremethylester u. Guanidinsalz in CH_3OH, Zufügen von $NaOCH_3$-Lsg. u. Eingießen in W. nach 10 Std.; rote Nadeln aus Aceton/Ligroin; 94%. *Hydrochlorid*, $C_7H_8N_4O_2S\cdot HCl$, F. 216°, schwachgelbgrüne Nadeln. — *N.N'-Bis-[p-nitrobenzolsulfenyl]-* (oder Isomeres), $C_{13}H_{11}N_5O_4S_2$, F. 204°, durch Lösen von Guanidinhydrochlorid in CH_3OH bei —70° u. Zugeben von $NaOCH_3$-Lsg. u. p-Nitrobenzolsulfenylchlorid in Ae.; tiefgelbe Kristalle aus wss. Dimethylsulfoxyd; 90%. — *N.N'-Bis-[o-nitrobenzolsulfenyl]-* (oder Isomeres), $C_{13}H_{11}N_5O_4S_2$, F. 226°, nach c) bzw. analog III; tiefrote Nadeln aus Aceton/Ligroin; 42 bzw. 51%. — *N-[p-Nitrobenzolsulfenyl-*, *Hydrochlorid*, $C_7H_8N_4O_2SHCl$, F. 160°. GERHARD CLEVE. 1090□

Über die Darstellung pharmakologisch interessanter Aminoäther. C. Rohmann und D. Meisel. (Arch. Pharmaz. Ber. dtsch. pharmaz. Ges. **294** (**66**). 538—49. Sept. 1961. Frankfurt, Univ., Pharmazeut. Inst.) (Dt.)

Vff. synthetisierten *Aminoäther* des Typs p-$RC_6H_4CR'R''(CH_2)_nOCH_2CH_2N(C_2H_5)_2$ [R = C_4H_9O oder $(C_2H_5)_2NCH_2CH_2O$, R' u. R'' = H, CH_3 oder C_2H_5, n = 0···2] zum Zweck der pharmakolog. Prüfung als Lokalanästhetica.

Versuche: *4-Butoxybenzoesäureäthylester*, $Kp._{12}$ 159—161°, aus 4-Hydroxybenzoesäureäthylester (I) u. C_4H_9Br in Ggw. von K_2CO_3 u. KJ in sd. Butanon (8 Std.); 86,5% (Ausbeute). — *4-Butoxybenzylalkohol* (II), F. 32—32,5°, $Kp._{13}$ 154—156°, aus vorst. Verb. u. $LiAlH_4$ in Ae.; 80%. — *4-[2-Diäthylaminoäthoxy]-benzoesäureäthylester*, $Kp._{14}$ 196—199°, aus I u. $(C_2H_5)_2NCH_2CH_2Cl \cdot HCl$ (III) in Ggw. von K_2CO_3 u. W. in sd. Butanon (4 Std.); 84,2%. — *4-[2-Diäthylaminoäthoxy]-benzylalkohol*, $C_{13}H_{21}NO_2$, $Kp._{14}$ 192—194°, aus vorst. Verb. u. $LiAlH_4$; 78,5%. — *4-Acetoxy-ω-diazoacetophenon*, F. 106—107° (gelbe Säulen aus A.), aus 4-Acetoxybenzoylchlorid u. CH_2N_2 in Ggw. von $(C_2H_5)_3N$ in Ae.; 87,5%. — *4-Acetoxyphenylessigsäureäthylester*, $C_{12}H_{14}O_4$, $Kp._{12}$ 168—170°, aus vorst. Verb. u. Ag_2O in abs. A. (2 Std. bei 55—60°, dann $^1/_2$ Std. Kochen); 67%. — *2-[4-Hydroxyphenyl]-äthanol* (*Tyrosol*, IV), F. 91,5°, aus vorst. Verb. u. $LiAlH_4$; 97%. — *2-[4-Butoxyphenyl]-äthanol*, $C_{12}H_{18}O_2$, F. 31,8°, Kp_{10} 163—165°, aus IV u. C_4H_9Br wie oben; 81%. — *2-[4-(2-Diäthylaminoäthoxyphenyl)]-äthanol*, $C_{14}H_{23}NO_2$, $Kp._{10}$ 193—195°, aus III u. IV wie oben; 60%. — *4-Butoxyzimtsäureäthylester*, F. 40°, $Kp._{11,5}$ 204—206°, aus 4-Hydroxyzimtsäureäthylester (V); 87,8%. — *3-[4-Butoxyphenyl]-propionsäureäthylester*, $Kp._{10,5}$ 180 bis 182°, aus vorst. Verb. u. H_2/Pd-Kohle; 89%. — *3-[4-Butoxyphenyl]-propanol-(1)*, $C_{13}H_{20}O_2$, F. 39°, $Kp._{11}$ 179,5—181°, aus vorst. Verb. u. $LiAlH_4$; 94%. — *4-[2-Diäthylaminoäthoxy]-zimtsäureäthylester*, $C_{17}H_{25}NO_3$, $Kp._{10}$ 225—227°, aus V; 95%. — *3-[4-(2-Diäthylaminoäthoxy)-phenyl]-propionsäureäthylester*, $C_{17}H_{27}NO_3$, $Kp._{11}$ 207,5—209°, aus vorst. Verb. u. H_2/Pd-Kohle; 87%. — *3-[4-(2-Diäthylaminoäthoxy)-phenyl]-propanol-(1)*, $C_{15}H_{25}NO_2$, $Kp._{10}$ 205—206,5°, aus vorst. Verb. u. $LiAlH_4$; 84,5%. — *4-Butoxyacetophenon* (VI), F. 25°, $Kp._{11}$ 160—161°, aus 4-Hydroxyacetophenon (VII); 80,5%. — *1-[4-Butoxyphenyl]-äthanol*, $C_{12}H_{18}O_2$, $Kp._{12}$ 158—160,5°, aus vorst. Verb. u. $LiAlH_4$; 80,5%. — *4-[2-Diäthylaminoäthoxy]-acetophenon*, $Kp._{12,5}$ 192—195°, aus VII; 85%. — *1-[4-(2-Diäthylaminoäthoxy)-phenyl]-äthanol*, $C_{14}H_{23}NO_2$, $Kp._{11}$ 187—188°, aus vorst. Verb. u. $LiAlH_4$; 90,4%. — *4-Butoxypropiophenon*, F. 29,5°, $Kp._{13}$ 172—173°, aus 4-Hydroxypropiophenon (VIII); 81,2% — *1-[4-Butoxyphenyl]-propanol-(1)*, $C_{13}H_{20}O_2$, $Kp._{12}$ 167 bis 168°, aus vorst. Verb. u. $LiAlH_4$; 89,3%. — *4-[2-Diäthylaminoäthoxy]-propiophenon*, $Kp._{12}$ 200—201°, aus VIII; 78,5%. — *1-[4-(2-Diäthylaminoäthoxy)-phenyl]-propanol-(1)*, $C_{15}H_{25}NO_2$, $Kp._{13}$ 198—198,5°, aus vorst. Verb. u. $LiAlH_4$; 88,2%. — *2-[4-Butoxyphenyl]-propanol-(2)*, aus 9,6 g VI u. CH_3MgJ in Ae. (1 Std. bei 0°, 3 Std. bei Raum-Temp.); 9,5 g (roh). — *2-Diäthylaminoäthyl-[4-butoxybenzyl]-äther*, $C_{17}H_{29}NO_2$, $Kp._{0,3}$ 158—160°, aus II u. $(C_2H_5)_2NCH_2CH_2Cl$ in Ggw. von $NaNH_2$ in Toluol ($6^3/_4$ Std. bei 120—130° Bad-Temp.); 81%. *Prim. Citrat*, $C_{23}H_{37}NO_9$, F. 117—118°. — Analog wurden folgende 2-Diäthylaminoäthyläther dargestellt: *[4-(2-Diäthylaminoäthoxy)-benzyl]-*, $C_{19}H_{34}N_2O_2$, $Kp._{0,3}$ 182—183,5°; 70,5%. *Dihydrochlorid*, $C_{19}H_{34}N_2O_2 \cdot 2HCl$, F. 163,5—164°. *Bis-tetraphenyloborat*, $C_{67}H_{76}B_2N_2O_2$, F. 142,5—143° (Zers.). — *[2-(4-Butoxyphenyl)-äthyl]-*, $C_{18}H_{31}NO_2$, $Kp._{0,3}$ 163—165 5°; 73,5%. *Prim. Citrat*, $C_{24}H_{39}NO_9$, F. 86,5—87°. — *{2-[4-(2-Diäthylaminoäthoxy)-phenyl]-äthyl}-*, $C_{20}H_{36}N_2O_2$, $Kp._{0,3}$ 185,5—187°; 67,3%. *Dihydrochlorid*, $C_{20}H_{36}N_2O_2 \cdot 2$ HCl, F. 154—156°. *Bis-tetraphenyloborat*, $C_{68}H_{78}B_2N_2O_2$, F. 148—149° (Zers.). — *[3-(4-Butoxyphenyl)-propyl]-*, $C_{19}H_{33}NO_2$, $Kp._{0,3}$ 176,5—179°; 70,7%. *Prim. Citrat*, $C_{25}H_{41}NO_9$, F. 110—110,5°. — *{3-[4-(2-Diäthylaminoäthoxy)-phenyl]-propyl}-*, $C_{21}H_{38}N_2O_2$, $Kp._{0,3}$ 197,5—199,5°; 87,7%. *Dihydrochlorid*, $C_{21}H_{38}N_2O_2 \cdot 2$ HCl, F. 157,5—158°. *Bis-tetraphenyloborat*, $C_{69}H_{80}B_2N_2O_2$, F. 146—146,5° (Zers.). — *[1-(4-Butoxyphenyl)-äthyl]-*, $C_{18}H_{31}NO_2$, $Kp._{0,3}$ 150,5—152,5°; 63,3%. *Prim. Citrat*, $C_{24}H_{39}NO_9$, F. 89—91°. — *{1-[4-(2-Diäthylaminoäthoxy)-phenyl]-äthyl}-*, $C_{20}H_{36}N_2O_2$, $Kp._{0,3}$ 174—176,5°; 66%. *Bis-tetraphenyloborat*, $C_{68}H_{78}B_2N_2O_2$, F. 132—132,5°. — *[1-(4-Butoxyphenyl)-propyl]-*, $C_{19}H_{33}NO_2$, $Kp_{0,35}$ 159,5—160,5°; 55%. *Prim. Citrat*, $C_{25}H_{41} \cdot NO_9$, F. 84—86°. — *{1-[4-(2-Diäthylaminoäthoxy)-phenyl]-propyl}-*, $C_{21}H_{38}N_2O_2$, $Kp._{0,3}$ 180,5—182,5°; 83,5%. *Bis-tetraphenyloborat*, $C_{69}H_{80}B_2N_2O_2$, F. 133—133,5°. — *[2-(4-Butoxyphenyl)-propyl]-*, $C_{19}H_{33}NO_2$, $Kp._{0,3}$ 157—158,5°; 37,5% (bezogen auf VI); wird in wss. saurem Milieu außerordentlich leicht gespalten. *Prim. Citrat*, $C_{25}H_{41}NO_9$, F. 116 bis 117°. — Die Hydrochloride wurden aus Essigester–A., die Citrate aus Essigester oder Essigester–A., die Tetraphenyloborate aus Aceton–W. umkristallisiert.

J. ROTHE. 1320□

Untersuchungen über Alkamine. 7. Mitt. Gegenseitige Überführung von L(+)-Pseudoephedrin in L(—)-Ephedrin. Susumu Ikuma. (J. pharmac. Soc. Japan [Yakugakuzasshi] **75.** 52—53. 25/1. 1955. Tōkyō, Sankyō AG., Takamine-Labor.) (Jap.; Auszug: Engl.) — 6. vgl. J. pharmac. Soc. Japan [Yakugakuzasshi] **73.** [1953.] 284.

Die Rk.-Folgen L(+)-Pseudoephedrin → *L(+)-N-Acetylpseudoephedrin* → *L-N-Acetylpseudoephedrinchlorsulfit* → *L(−)-Ephedrinhydrochlorid* sowie L(−)-Ephedrin → *L(+)-N-Acetylephedrin* → *L-N-Acetylephedrinchlorsulfit* → *L(+)-Pseudoephedrinhydrochlorid* werden untersucht. Durch diese Stufen wird L(+)-Pseudoephedrin in *L(−)-Ephedrinhydrochlorid* mit 70—75%ig. Ausbeute, bezogen auf N-Acetylpseudoephedrin, übergeführt.

Versuche: *L(+)-N-Acetylpseudoephedrin*, F. 103—104° (A.), aus 10 g L(+)-Pseudoephedrin in 20 cm³ Ae. u. 8 g Essigsäureanhydrid; $[\alpha]_D^{25}$ +110,5°; 83,5% (Ausbeute). — *L(−)-Ephedrinhydrochlorid*, $C_{10}H_{16}ClNO$, F. 216—217° (A.), aus 3 g vorst. Verb., 5 cm³ Chlf. u. 12 g $SOCl_2$; $[\alpha]_D^{27}$ −34,4°; 75,5%. — *L(+)-N-Acetylephedrin*, F. 83°, aus 2,5 g vorst. Verb. in W. u. 2 g Essigsäureanhydrid; $[\alpha]_D^{20}$ +6,8°; 85,5%. — *L(+)-Pseudoephedrinhydrochlorid*, $C_{10}H_{16}ClNO$, F. 183° (CH_3OH u. Isopropylalkohol), aus 4 g $SOCl_2$, 5 cm³ Chlf. u. 1 g vorst. Verb.; $[\alpha]_D^{27}$ +61,9°; 79%. F. MOSSNER. 1320

Chinaaldehyd. R. Grewe und H. Haendler. (Angew. Chem. **73.** 531. 7/8. 1961. Kiel, Univ., Inst. für Organ. Chem.) (Dt.)

Katalyt. Red. von Tetraacetylchinasäurechlorid nach ROSENMUND in Ggw. von Pd-$BaSO_4$ in sd. Xylol liefert fast quant. *Tetraacetylchinaaldehyd* (I, F. 169°, α_D −35°). Umesterung mit Methanol-HCl führt hauptsächlich zu *Chinaaldehyddimethylacetal* (II, F. 112°, α_D −38°), daneben entstehen die beiden *Methyllactolide* III (F. 153°, α_D −115°) u. IV (F. 139°, α_D +82°). II geht beim Erhitzen in III über. Behandlung von I mit Methanol-Na-Methylat führt zu einem Gemisch aus dem freien, nicht kristallisierenden *Chinaaldehyd* (V) u. seinem Dimeren; in neutraler Lsg. sind beide trennbar. V bildet sich auch durch Aminolyse von I u. Zerlegung des Aldehydammoniak-Deriv. mit Oxalsäure. HEINZ NESTLER. 1940□

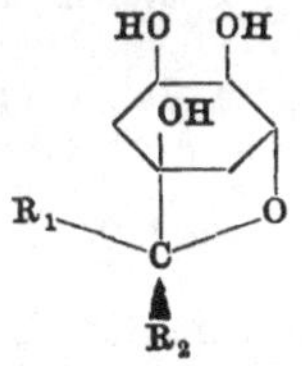

III (R_1 = H, R_2 = OCH_3)
IV (R_1 = OCH_3, R_2 = H)

Cyclohexandione-(1.3). 5. Mitt. **Reaktion von 3-Methoxy-2.5-diphenylcyclohexen-(2)-on-(1) mit Acetoncyanhydrin.** B. E. Betts und W. Davey. (J. chem. Soc. [London] **1961.** 1683—87. April. London, The Polytechnic.) (Engl.) — 4. vgl. C. **1958.** 14028.

Die Rk. von 3-Methoxy-2.5-diphenylcyclohexen-(2)-on-(1) (I) mit Acetoncyanhydrin (II) liefert *3-Cyan-2.5-diphenylcyclohexen-(2)-on-(1)* (III). Die Struktur eines Additions-Prod., *1.5-Dicyan-3.8-diphenyl-6-azabicyclo-[3.2.1]-octanon-(7)* (IV), wird bestimmt. III u. IV lassen sich durch Dehydrierung in *p-Terphenyl-Derivv.* überführen. UV- u. IR-Spektren sind angegeben.

Versuche: *3-Cyan-2.5-diphenylcyclohexen-(2)-on-(1)* (III), $C_{19}H_{15}NO$, F. 155 (Essigester/PAe.), a) durch mehrstd. Stehen von 1 g I u. II in 13%ig. methanol. KOH, Gießen in W. u. Ansäuern (Kongorot); 0,7 g (Ausbeute); b) durch 3std. Kochen von 1 g IV in abs. Pyridin u. Gießen in verd. HCl; 0,7 g; c) durch 12std. Kochen von 0,7 g IV in Essigsäure, konz. HCl u. W. (10 : 7 : 4) u. Verdünnen mit W.; 0,4 g; d) durch Versetzen von 0,7 g IV mit CH_3MgJ; 0,4 g; e) durch Zugabe von 6%ig. wss. NaOH u. CH_3MgJ zu 1 g IV in A. u. 3std. Kochen; 0,5 g. *Oxim, Hemihydrat*, $C_{19}H_{16}N_2O \cdot 1/2\ H_2O$, F. 225°; aus A. Nadeln. — *2'-Hydroxy-p-terphenyl* (V), F. 194°, a) durch Erhitzen von III über seinen F.; b) durch 3std. Kochen von 2,5 g IV u. 20%ig. wss. NaOH in A., Eindampfen im Vakuum u. Verdünnen mit W.; 1,7 g; c) durch 3std. Kochen von 1 g III in A. mit wss. 20%ig. NaOH; 0,5 g. — *1.5-Dicyan-3.8-diphenyl-6-azabicyclo-[3.2.1]-octanon-(7)* (IV), $C_{21}H_{17}N_3O$, F. 225°, a) durch ³/₄std. Erhitzen von 2 g I, II u. Triäthylamin auf 80—90° u. Gießen in W., aus Essigester/PAe. Prismen; 0,6 g; b) analog a) mit III an Stelle von I; 35%; c) neben 92 g III aus 155 g I, II u. Triäthylamin durch mehrstd. Stehen, Filtrieren u. Gießen in W.; 6 g. *6-Acetyl-Derivv.*, $C_{23}H_{19}N_3O_2$, F. 272°, durch 1std. Kochen von 0,8 g IV mit Acetanhydrid in Ggw. von etwas konz. H_2SO_4, Gießen in W. u. mehrstd. Stehen; aus Essigester Nadeln; 0,6 g. *6-Benzoyl-Derivv.*, $C_{28}H_{21}N_3O_2$, F. 227°, durch 2std. Kochen von 0,5 g IV mit Benzoylchlorid in abs. Pyridin; aus Essigester Prismen; 0,5 g. *6-[3.5-Dinitrobenzoyl]-Deriv.*, $C_{28}H_{19}N_5O_6$, F. 262°; aus Bzl. Nadeln. — *2'.6'-Dicyan-p-terphenyl*, $C_{20}H_{12}N_2$, F. 236°, durch 1std. Erhitzen von 2,9 g vorst. 6-Acetyl-Deriv. mit Se auf 300—350° u. Extrahieren mit A.; aus Essigester Nadeln; 0,3 g. — *1-Cyan-1-aminocarbonyl-3-oxo-2.5-diphenylcyclohexan*, $C_{20}H_{18}N_2O_2$, F. 218°, durch 3std. Kochen von 6,4 g IV u. Natriumsesquicarbonat in W./A. (1 : 15), Eindampfen im Vakuum u. Verdünnen mit W.; aus Essigester Nadeln; 0,4 g; daneben *Verb.* $[C_{10}H_9NO]_n$ (F. 248°; aus Methanol Prismen; 0,2 g) u. *Verb.* $[C_{21}H_{19}N_3O_2]_n$ (F. 334 bis 335°; aus Dimethylformamid Prismen; 2,5 g). *Oxim*, $C_{20}H_{19}N_3O_2$, F. 208° (Essigester), durch Versetzen von **IV** mit $NH_2OH \cdot HCl$ u. Na-Sesquicarbonat; amorph. *Semicarbazon*, $C_{21}H_{21}N_5O_2$, F. 198° (Bzl.), aus **IV**, Semicarbazidhydrochlorid u. Na-Acetat; amorph. *Phenylhydrazon*, $C_{28}H_{24}N_4O$, F. 238—239°, durch 4std. Kochen von 0,3 g **IV** in A. mit Phenylhydrazin; aus Essigester/PAe. orangefarbene Prismen; 30 mg. — *3-Chlor-2.5-diphenylcyclohexen-(2)-on-(1)*, $C_{18}H_{15}ClO$, F. 139—140°, durch 2std. Kochen von 2.5-Diphenylcyclohexandion-(1.3) u. PCl_3 in abs. Chlf., Zugabe von Eis, Ae. u. wss. $NaHCO_3$ u. Eindampfen der organ. Phase; aus Essigester/PAe. Nadeln; 7 g; gibt durch 7std. Kochen mit NaCN in Dimethylformamid u. Verdünnen mit W. 80% **V**. — *1-Acetoxy-3-cyan-2.5-diphenylcyclohexen-(2)*, $C_{21}H_{19}NO_2$, F. 133°, durch Zugabe von KBH_4 in W. zu **III** in Methanol, 5std. Stehen, Gießen in W., Filtrieren, Trocknen, 1std. Kochen mit Acetanhydrid in Ggw. von etwas konz. H_2SO_4 u. Verdünnen mit W.; aus Essigester/PAe. Nadeln. — *6-Brom-3-cyan-2.5-diphenylcyclohexen-(2)-on-(1)*, $C_{19}H_{14}BrNO$, F. 183°, durch Zugabe von N-Bromsuccinimid u. Benzoylperoxyd zu 10 g 3-Cyan-2.5-diphenylcyclohexen-(2)-ol-(1) in abs. CCl_4 2std. Kochen, Filtrieren u. Einengen; aus Essigester Platten; 4,4 g. — *4-Brom-3-cyan-2.5-diphenylcyclohexen-(2)-on-(1)*, $C_{19}H_{14}BrNO$, F. 162°, durch mehrtägiges Stehen aus der Mutterlauge vorst. Verb.; gelbe Nadeln; 2,2 g. — *2'-Cyan-6'-hydroxy-p-terphenyl*, $C_{19}H_{13}NO$, F. 193°, a) durch 3std. Kochen von 0,8 g vorst. Verb. in abs. Pyridin u. Gießen in verd. HCl; aus Essigester Nadeln; 0,6 g; b) analog aus vorvorst. Verbindung. P. GOLINSKE. 1960□

Untersuchung auf dem Gebiet cyclischer Arylazo-β-diketone. 3. Mitt. Kondensation von Dimedon mit aromatischen Diazoverbindungen. E. Gudrinijetze, G. Wanag, R. Fridmane, L. Maskalke und E. Tire. (Известия Академии Наук Латвийской ССР [Nachr. Akad. Wiss. LettSSR] **1959**. Nr. 7. 81—84.) (Russ.) — 1. vgl. C. **1959**. 1431.

Durch Kupplung von Dimedon (**I**) mit entsprechenden Aryldiazoniumsalzen werden *2-[Phenylazo]-*, *2-[p-Sulfophenylazo]-*, *2-[o-, -m-* u. *-p-Tolylazo]-dimedon* dargestellt. Von den Verbb. werden *Mono-* u. *Di-Na-Salze*, *Mono-* u. *Dioxime* u. *Mono-* u. *Disemicarbazone* erhalten. Die Arylazodimedone besitzen nur schwach saure Eigg., u. die Salze werden leicht hydrolysiert. *2-[p-Sulfophenylazo]-dimedon-Na-Salz* ist gegen *Bac. Coli* u. *Bac. Mycoides* aktiv.

Versuche: *2-[p-Sulfophenylazo]-dimedon, Na-Salz, Semihydrat*, $C_{14}H_{15}N_2NaO_5S \cdot {}^1/_2 H_2O$, F. ca. 360° (Zers.), man gibt zu diazotierter Sulfanilsäure (3,6 g Säure) bei pH 9 2,8 g **I**, rührt 2 Std. bei 1—5°, säuert mit HCl auf pH 5 an u. salzt mit NaCl aus; gelbe Kristalle; 54% (Ausbeute). *Di-Na-Salz*, $C_{14}H_{14}N_2Na_2O_5S$, man krist. vorst. Salz aus alkohol. NaOH um; rote Kristalle, die leicht hydrolysieren. *Amid*, F. 250° (A.), aus diazotiertem Sulfanilamid u. **I**; orangerote Kristalle; 100% [*Na-Salz*, $C_{14}H_{16}N_3NaO_4S$, rote Kristalle, die leicht hydrolysieren. *Oxim*, $C_{14}H_{18}N_4O_4S$, F. 236° (Zers.; Eisessig), feine, rote Kristalle; 50%. *Dioxim*, $C_{14}H_{19}N_5O_4S$, F. 220—221° (Zers.; A.); gelbe Kristalle]. — *2-[Phenylazo]-dimedon*, $C_{14}H_{16}N_2O_2$, F. 142° (A. oder Pyridin); orangerote Nadeln; läßt sich mit Dimethylsulfat nicht methylieren. *Na-Salz*, $C_{14}H_{15}N_2NaO_2$; orangerote Nadeln. — *2-[o-Tolylazo]-dimedon, Semicarbazon*, $C_{16}H_{21}N_5O_2$, F. 217—218° (50%ig. Essigsäure); gelbe Nadeln. *Disemicarbazon*, $C_{17}H_{24}N_8O_2$, F. 253° (A.); orange Kristalle. *Oxim*, $C_{15}H_{19}N_3O_2$, F. 245—246° (Eisessig); rote Kristalle. *Dioxim*, $C_{15}H_{20}N_4O_2$, F. 236—237° (A.); hellgelbe, feine Nadeln. — *2-[p-Tolylazo]-dimedon, Semicarbazon*, $C_{16}H_{21}N_5O_2$, F. 229—230° (50%ig. Essigsäure); orange Kristalle. *Disemicarbazon*, $C_{17}H_{24}N_8O_2$, F. 275—276° (50%ig. Essigsäure); orange Kristalle. *Oxim*, $C_{15}H_{19}N_3O_2$, F. 223—225° (A.); gelbe Kristalle. *Dioxim*, $C_{15}H_{20}N_4O_2$, F. 230—233° (A.); hellgelbe Kristalle. — *2-[m-Tolylazo]-dimedon*, $C_{15}H_{18} \cdot N_2O_2$, F. 102—103°. *Semicarbazon*, $C_{16}H_{21}N_5O_2$, F. 225—226° (50%ig. Essigsäure); orange Kristalle. *Disemicarbazon*, $C_{17}H_{24}N_8O_2$, F. 265—266° (50%ig. Essigsäure); orange Kristalle. *Oxim*, $C_{15}H_{19}N_3O_2$, F. 227° (Zers.; A.); gelbe Kristalle. *Dioxim*, $C_{15}H_{20}N_4O_2$, F. 236—237° (A.); hellgelbe Kristalle. — *2-{p-[Dimedonyl-(2')-azo]-phenylsulfonamido}-4.6-dimethylpyrimidin* („*p-Phenylazodimedonyl-(2)-sulfadimesin*"), $C_{20}H_{23}N_5O_4S$, F. 241—243° (Pyridin); gelbe Kristalle. HELMUT SCHÄFER. 2140□

Untersuchungen auf dem Gebiet cyclischer Arylazo-β-diketone. 4. Mitt. Metallkomplexe von Phenylazodimedonen. E. Gudrinijetze, A. Ieviņš, G. Wanag und D. Kurgan. (Известия Академии Наук Латвийской ССР [Nachr. Akad. Wiss. LettSSR] **1959**. Nr. 9. 101—05. Chem. Inst. der Akad. der Wiss. der LettSSR.) (Russ., Auszug: Lett.) — 3. vgl. vorst. Referat.

Dimedon (**I**) wird durch Rk. mit den entsprechenden Diazoniumsalzen in *2-[o-, m-* u. *p-Nitrophenylazo]-dimedon* übergeführt. Von 2-[Phenylazo]-dimedon (**II**) u. den Nitro-Derivv. sowie ihren *Oximen* werden *Komplexsalze* mit Ni, Co, Cu u. Ag erhalten.

Versuche: *2-[Phenylazo]-dimedon* (**II**), *Oxim*, $C_{14}H_{17}N_3O_2$, F. 235—236° (Zers.; Eisessig), man kocht 3,6 g **II**, 2,1 g Hydroxylaminhydrochlorid, 2,5 g Na-Acetat u. 60 ml A.

3 Std.; gelbe Plättchen; 94% (Ausbeute). *Dioxim*, $C_{14}H_{18}N_4O_2$, F. 188—190° (Zers.; A., Aceton), aus **II**-Monoxim; gelbe Nadeln. *Ni-Komplex*, $C_{28}H_{30}N_4NiO_4 \cdot 2$ Pyridin, man gibt zu 50 ml 0,1 n $NiSO_4$ u. 3 ml Pyridin bei 60° 80 ml der 0,5%ig. Lsg. von **II**-Na-Salz u. krist. aus verd. Pyridin um; dunkelgrüne Kristalle. *Co-Komplex*, $C_{28}H_{30}CoN_4O_4 \cdot 2$Pyridin; rotbraune Kristalle. *Cu-Komplex*, $C_{28}H_{30}CuN_4O_4$; rotbraune Plättchen. *Ag-Komplex*, $C_{14}H_{15}AgN_2O_2$; orangerote Kristalle. *Oxim–Ni-Komplex*, $C_{56}H_{66}N_{12}NiO_8$, man gibt zu 20 ml 0,1n $NiSO_4$ bei 60° 10 ml 1%ig. **II**-Oxim in Pyridin; graugrüne Kristalle. — *2-[o-Nitrophenylazo]-dimedon*, F. 155—156° (Zers.; Eisessig), man diazotiert 13,8 g o-Nitroanilin in 50 ml konz. HCl u. gießt bei 0° die Lsg. von 14 g **I** in 150 ml W. + 4,5 g NaOH zu; nach ½ Std. säuert man an; orangerote Kristalle; 81,6%. *Dioxim*, $C_{14}H_{17}N_5O_4$, F. 237° (Zers.; A.); rote Nadeln; 99%. *Ni-Komplex*, $C_{28}H_{28}N_8NiO_8 \cdot 2$ Pyridin; dunkle, glänzende Kristalle. *Dioxim–Ni-Komplex*, $C_{56}H_{66}N_{20}NiO_{16}$; dunkle Plättchen. *Dioxim–Co-Komplex*, $C_{56}H_{66}N_{20}CoO_{16}$; dunkle Plättchen. — *2-[m-Nitrophenylazo]-dimedon*, F. 139—140° (Zers.); rotbraune Kristalle. *Oxim*, $C_{14}H_{16}N_4O_4$, F. 247—248° (Zers.; Eisessig); orange Kristalle. *Ni-Komplex*, $C_{28}H_{28}N_6NiO_8 \cdot 2$ Pyridin; graugrüne Kristalle. *Co-Komplex*, $C_{28}H_{28}CoN_6O_8 \cdot 2$ Pyridin; rotbraune Kristalle. *Oxim–Ni-Komplex*, $C_{56}H_{62} \cdot N_{16}NiO_{16}$; rotbraune Kristalle. *Oxim–Co-Komplex*, $C_{56}H_{62}CoN_{16}O_{16}$; rotbraune Kristalle. — *2-[p-Nitrophenylazo]-dimedon*, $C_{14}H_{15}N_3O_4$, F. 217—218° (Zers.); rote Kristalle. *Oxim*, $C_{14}H_{16}N_4O_4$, F. 230—231° (Zers.; Eisessig). *Ni-Komplex*, $C_{28}H_{28}N_6NiO_8 \cdot 2$ Pyridin, graugrüne Kristalle. *Co-Komplex*, $C_{28}H_{28}CoN_6O_8$, orangebraune Kristalle. *Oxim–Co-Komplex*, $C_{56}H_{62}CoN_{16}O_{16}$; rotbraune Kristalle. *Oxim–Ni-Komplex*, $C_{56}H_{62}N_{16}NiO_{16}$; rotbraune Kristalle. HELMUT SCHÄFER. 2140□

Reaktion einiger arylierter Äthylenkohlenwasserstoffe mit Jodmonochlorid und über die Pinakolin-Umlagerung ihrer 1-Jod-2-methoxyderivate. M. A. Chaimowa und B. I. Kurtew. (Доклады Академии Наук СССР [Ber. Akad. Wiss. UdSSR] **135.** 1153—56. 11/12. 1960. Inst. für organ. Chem. der Bulgar. Akad. der Wiss.) (Russ.)

1.2-Diphenylpropen-(1) (**I**) reagiert mit JCl zu *1.2-Dichlor-1.2-diphenylpropan*, das beim Erhitzen mit alkohol. KOH eine tief- u. eine hochschmelzende Form des *1-Chlor-1.2-diphenylpropen-(1)* liefert. 1.1-Diphenylpropen-(1) (**II**) wird durch Einw. von HgO + Jod in Methanol in *dl-α-Methyldesoxybenzoin* (*Phenyl-α-methylbenzylketon*) übergeführt. 1.1-Diphenyläthylen (**III**) liefert mit Jod, Methanol u. HgO *1-Methoxy-2-jod-1.1-diphenyläthan*, das durch $AgNO_3$ oder JCl in *Desoxybenzoin* umgelagert wird.

Versuche: Rk. von **I** mit JCl: Man tropft zu 4,85 g **I** in 25 ml Chlf. 8,13 g 0,05 m JCl-Lsg. zu, wäscht am nächsten Tag mit $Na_2S_2O_3$-Lsg. u. dampft ein: 6,55 g *1.2-Dichlor-1.2-diphenylpropan*, $C_{15}H_{14}Cl_2$, F. 104—106° (A.). Liefert bei 2std. Erhitzen mit 10%ig. alkohol. KOH auf dem Wasserbad, Eindampfen u. erneutem Erhitzen (15 Std. auf 120°) die isomeren *1-Chlor-1.2-diphenylpropene-(1)*, $C_{15}H_{13}Cl$, F. 121—122,5° (Eisessig) u. F. 50—51°. — *dl-α-Methyldesoxybenzoin*, F. 48—50°, man tropft zu 0,01 Mol **II** u. 0,12 Mol HgO in 25 ml Methanol 0,02 Mol Jod in 30 ml Methanol zu, rührt 3 Std., dampft am nächsten Tag ein u. versetzt das Filtrat mit $AgNO_3$-Lsg.; ca. 78% (Ausbeute). — *1-Methoxy-2-jod-1.1-diphenyläthan*, $C_{15}H_{15}JO$, F. 86—87,5° (A.), a) man rührt 4,14 g **III** mit Jod u. Methanol in Ggw. von HgO einige Std., verd. mit W. u. extrahiert mit Chlf.; 76%; b) man tropft zu 2,7 g **III** in 20 ml abs. Methanol 2,68 g JCl in 30 ml Methanol zu u. rührt 2 Std.; 74%. — *Desoxybenzoin*, F. 54—56°, a) man vermischt 1,01 g vorst. Verb. in 15 ml Methanol mit einer wss. Lsg. von 0,68 g $AgNO_3$, läßt über Nacht stehen u. extrahiert mit Chlf.; 0,40 g; b) man rührt 5,07 g vorst. Verb. u. 3,09 g JCl in 70 ml Methanol 10 Std., läßt über Nacht stehen u. erhält nach dem Filtrieren aus der Mutterlauge mit 2.4-Dinitrophenylhydrazin 0,63 g *Desoxybenzoin-2.4-dinitrophenylhydrazon*, F. 198—200°. HELMUT SCHÄFER. 2200□

Carboniumionensalze. 1. Mitt. **Tropenium und Tritylbromborate.** Kenneth M. Harmon und Ann B. Harmon. (J. Amer. chem. Soc. **83.** 865—71. 20/2. 1961. Claremont, Calif., Harvey Mudd Coll., Dep. of Chem.) (Engl.)

Die Rk. von BBr_3 (**I**) mit Cycloheptatrien (**II**) entweder rein oder in CH_2Cl_2 (**M**) ergibt gute Ausbeute an dem *Tropenium*(*Cycloheptatrienylium*)*-ion* (**VII**), dessen Initialprod. *Tropeniumbromborat* (**III**) ist. Die Zus. von **III** wird durch Spektren, Analyse, Eigg., Rkk. u. direkte Synth. aus *Tropeniumbromid* (**VIII**) u. **I** bewiesen. Die Rk. von Triphenylmethan (**IV**) mit **I** in Cyclohexan oder **M** ergibt eine 6—26%ig. Ausbeute an *Triphenylcarboniumion*, während aus **I** u. Triphenylbrommethan (**IX**) in 80—90%ig. Ausbeute *Triphenylmethylbromborat* (**V**) als gelbes Salz erhalten wird. Hydridaustausch zwischen **V** u. **II** in **M** ergibt hohe Ausbeuten an **III** u. **IV**.

Versuche: *Tropeniumbromid* (**VIII**), F. 203°, a) durch Rk. von **II** mit tert.-Butylbromid (**VI**) u. **I** unter Kühlen, Einengen im Vakuum, Extrahieren mit Ae. u. Trocknen des Rückstandes an der Luft; aus Acetonitril/Ae. gelbes Pulver; Sublimation bei 105°/0,5 Torr ergibt gelbe Kristalle; 63,1% (Ausbeute); b) durch Hydridaustausch zwischen

II u. **IX**; c) durch Erhitzen von **III** über den F.; d) durch Rk. von **I** u. **II** analog a); 43,8%. — *Tropeniumion* (**VII**), durch mehrstd. Stehen von **II** u. **VI** mit einem Überschuß an **I**; 20,6%. — *Tropeniumbromborat* (**III**), $C_7H_7BBr_4$, F. 173° (Zers.), a) durch Zugabe von **I** zu **II** u. **VI** in **M** u. 2std. Stehen; Nadeln; 44,4%; b) durch Zugabe von **I** zu **II** in **M**; 52,7%; c) analog b) u. 1/4std. Stehen bei Raum-Temp.; 100%; d) durch Rk. von **II** in **M** mit **I**, 1std. Stehen, Waschen mit **M** u. Trocknen im Vakuum; 58% (bezogen auf **II**); e) durch Rk. von **VIII** u. **I** in **M**.; 39%; f) durch Zugabe von **I** u. **II** zu **IX** in **M** 83,9%; daneben *Triphenylmethan* (**IV**; F. 92—93°; aus Methanol Nadeln); 70,5%. — *Triphenylcarboniumion*, a) durch Rk. von **IV** mit **I** in **M** u. Verdünnen mit W. nach 40 Min.; 6,7% (durch Spektralanalyse); b) analog a) in Cyclohexan; 26,8%. — *Triphenylmethylbromborat* (**V**), $C_{19}H_{15}BBr_4$, F. 148—150°, a) durch Einw. von **I** auf **IX** in Cyclohexan; 95%; b) analog a) in **M**; gelborangefarbene Nadeln; 77,1%. — *Triphenylcarbinol*, F. 162°, durch Hydrolyse von **V**. W. Hampel. 2580□

Synthese von Hydrochinonmonophosphaten aus Vitamin K₁, Ubichinon und anderen Chinonen und Versuche zur oxydativen Phosphorylierung. K. J. M. Andrews. (J. chem. Soc. [London] **1961**. 1808—16. April. Welwyn Garden City, Roche Prod. Ltd.) (Engl.)

Dibenzylphosphit (**I**) reagiert in Bzl. oder Acetonitril (AN) in Ggw. von Metallalkylaten mit zahlreichen Chinonen (**A**) zu den entsprechenden *Dibenzylphosphaten* (**B**). Im Gegensatz zu alkylierten **A** verläuft die Rk. mit Chloranil u. 2-Chlor-3-methylnaphthochinon-(1.4) langsam u. nur beim Erhitzen. Mit symm. alkylierten **A** werden hohe Ausbeuten erhalten, unsymm. geben Gemische u. beträchtliche Verluste bei der fraktionierten Kristallisation. *Monobenzyläthylphosphate* aus **A** u. Benzyläthylphosphit (**II**) gehen bei Hydrogenolyse leicht in *Äthylhydrogenphosphate* über. **B** oder Dihydrogenphosphate lassen sich acylieren. Die Ausbeute an *Dialkylphosphaten* ist temperatur- u. lösungsmittelabhängig, z. B. ist bei Rk. von **I** mit Menaphthon in Ggw. von K-tert.-Butylat (**III**) unterhalb 40° das Verhältnis von 1- zu 4-Dibenzylphosphorsäureester in AN **4**:1, in Bzl. 1,25:1. Vitamin K_1 (**IV**) reagiert analog einfachen **A** in exothermer Rk. unter Entfärbung. Durch Hydrogenolyse werden aus dem öligen **IV**-*Monodibenzylphosphat Dihydrovitamin-K₁-monophosphat* (**V**) u., mit entsprechenden Agentien, eine Reihe anderer Derivv. erhalten. Analog werden *Phosphate* von Ubichinon$_{(50)}$, Vitamin $K_{2(10)}$ u. α-Tocopherylchinon dargestellt. Infolge oxydativer Dephosphorylierung sind bes. die *Naphthohydrochinonmonophosphate* in wss. Lsg. u. O_2-Ggw. wenig stabil, z. B. nimmt *2.3-Dimethylnaphthohydrochinon-1-phosphat* (**VI**) bei 37° u. pH 6,9 kaum O_2 auf, bei pH 8,3 ist nach Absorption des theoret. O_2-Vol. (75 Min.) 80% *Orthophosphat* (**IX**) gebildet, bei pH 10,5 verläuft die Rk. zu rasch für genaue Messungen. **V** u. **VI** geben beim Schütteln mit Triäthylamin (TAM), Kohle u. $CuSO_4$ in A. bei 60° unter O_2 **A** u. *Äthylphosphat*, **V** u. außerdem ein papierchromatograph. nachweisbares *Pyrophosphat*. 2′.3′-Isopropylidenadenosinbenzylphosphit (**VII**) u. 2.3-Dimethylnaphthochinon-(1.4) (**VIII**) geben ein *Adenosin-5′-phosphat*, aus dem nach anion. Abspaltung der Benzylgruppe u. anschließender O_2-Oxydation in alkal.-wss. Lsg. *Chinon* u. *2′.3′-Isopropylidenadenylsäure* (**XIII**) erhalten wird. **XIII** liefert bei der Hydrolyse *Adenylsäure* in geringer Ausbeute. Vff. untersuchen 9 der beschriebenen Verbb. in 0,2%ig. wss. Puffer-Lsg. bei 37—38° u. verschiedenen, meist alkal. pH-Werten auf ihre Stabilität in N_2 bzw. O_2, wodurch Einblick in die Wrkg. bei oxydativer Phosphorylierung gegeben ist.

Versuche [R_F in „Syst. A“ (Whatman 3 MM, mit 5% Siliconöl in PAe. imprägniert, u. Essigsäure–W.–Propanol-(2) 1:15:24) u. „Syst. B“ (Whatman 1 u. Essigsäure–W.–Butanol-(1) 2:3:5)]: *2-Methylnaphthohydrochinon-(1.4), 1-Dibenzylphosphat*, $C_{25}H_{23}O_5P$, F. 85—86,5° [Essigester (EE)/PAe.], durch langsames Eintragen von 1n **III** in tert.-Butanol/Bzl. in eine Lsg. von 17 g 2-Methylnaphthochinon-(1.4) u. 31,4 g **I** in Bzl. bei <40°, 1std. Rühren bei 20°, Filtrieren, Waschen mit W., Trocknen, Einengen, Aufnehmen des Gemisches [F. 109—113°; aus Chlf./Cyclohexan Nadeln; 31 g (Ausbeute)] in Ae. u. Zugabe von PAe.; 12,2 g; daneben *4-Dibenzylphosphat*, $C_{25}H_{23}O_5P$, F. 118—119°, aus dem Ae.-unlösl. Teil; 9,7 g; in AN beträgt das Verhältnis von 1- zu 4-Verb. 20,2 g:4 g. *1-Dibenzylphosphat-4-benzoat*, $C_{32}H_{27}O_6P$, F. 93—94°, durch 2std.Rk. von 1,1 g 1-Dibenzylphosphat u. Benzoylchlorid in Pyridin bei 20°; aus Ae./PAe. Prismen; 1,06 g. *4-Dibenzoylphosphat-1-benzoat*, $C_{32}H_{27}O_6P$, F. 85—86°, a) aus 1,1 g 4-Dibenzylphosphat; 0,8 g; b) aus 0,7 g 1-Benzoyl-2-methylnaphthohydrochinon-(1.4) u. 0,7 g **I** in CCl_4 u. TAM; 1,12 g. — Hydrochinon-1-dibenzylphosphate: *2.3-Dimethylnaphthohydrochinon-(1.4)-* (**VI**), $C_{26}H_{25}O_5P$, F. 111—112,5° (EE/PAe.), analog den vorst. Verbb. in AN; 82%. — *Hydrochinon-*, $C_{20}H_{19}O_5P$, F. 84—86° (EE/PAe.); in Bzl.; 51%. — *Trimethylhydrochinon-*, $C_{23}H_{25}O_5P$, F. 100—101° (EE/PAe.); in AN; 52,9% [als Gemisch (F. 75—83°) der *1-* u. *4-Phosphate*]. — *Durohydrochinon-*, $C_{24}H_{27}O_5P$, F. 112

bis 113° (EE/PAe.); in AN; 81,5%. — *Tetrachlorhydrochinon-*, $C_{20}H_{15}Cl_4O_5P$, F. 143 bis 145° (EE/PAe.); in Bzl.; 33%. — 1-Äthylbenzylphosphate: *2.3-Dimethylnaphthohydrochinon-(1.4)-*, $C_{21}H_{23}O_5P$, F. 111—112° (CCl_4); in AN; 49%. — *Hydrochinon-*, $C_{15}H_{17}O_5P$, F. 46—51°; in AN; 92%. — *Tetrachlorhydrochinon-*, $C_{15}H_{13}Cl_4O_5P$, F. 137 bis 139° (EE/PAe.); in Toluol; 22%. — *2.3-Dimethylnaphthohydrochinon-(1.4), 4-Acetat-1-dibenzylphosphat*, $C_{28}H_{27}O_6P$, F. 105—106°, aus **VI** in Acetanhydrid mit wenig H_2SO_4 (86%) oder TAM (91%); Nadeln. *4-p-Toluolsulfonat-1-dibenzylphosphat*, $C_{33}H_{31}O_7PS$, F. 88—89,5°. — Aus vorst. Hydrochinondibenzyl- bzw. -benzyläthylphosphaten werden durch Hydrieren an 10%ig. Pd/C in A. folgende Hydrochinon-1-monodihydrogenphosphate bzw. -monoäthylhydrogenphosphate (*Monoäthylester*) dargestellt: *2.3-Dimethylnaphthohydrochinon-(1.4)-*, $C_{12}H_{13}O_5P$, F. 128—129° (EE/Cyclohexan). *Cyclohexylammoniumsalz*, $C_{12}H_{13}O_5P \cdot 1{,}5\ C_6H_{13}N$, F. 200—203° (Methanol/Ae.). *Monoäthylester*, $C_{14}H_{17}O_5P$, F. 165—166° (EE/PAe.). — *2.3-Dimethylnaphthohydrochinon-(1.4)-4-acetat-*, $C_{14}H_{15}O_6P$, F. 185—188° (Zers.; EE/PAe.). — *2-Methylnaphthohydrochinon-(1.4)-*, $C_{11}H_{11}O_5P \cdot {}^1/_4\ H_2O$, F. 194—195° (Zers.; EE/PAe.). *Aniliniumsalz des 4-Acetats*, $C_{19}H_{20}NO_6P$, F. 190—191° (A./Ae.). *Triäthylammoniumsalz des 4-Acetats*, $C_{19}H_{28}NO_6P$, F. 211—212° (EE/PAe.). — *2-Methylnaphthohydrochinon-(1.4)-4-monodihydrogenphosphat*, $C_{11}H_{11}O_5P$, F. 150° (Zers.; Ae./PAe.). *Aniliniumsalz des 1-Acetats*, $C_{19}H_{20}NO_6P \cdot {}^1/_2\ H_2O$, F. 180—182° (A.). — *Hydrochinon-*, $C_6H_7O_5P$, F. 167—168° (EE/PAe.). *Aniliniumsalz*, $C_{12}H_{14}NO_5P$, F. 176—177° (A.). *Monoäthylester*, $C_8H_{11}O_5P$; Öl [*Cyclohexylammoniumsalz*, $C_{14}H_{24}NO_5P$, F. 175—178° (Methanol/Ae.)]. — *Trimethylhydrochinon-*, $C_9H_{13}O_5P$, F. 211—212° (Cyclohexan). — *Durohydrochinon-*, $C_{10}H_{15}O_5P$, F. 237° (Zers.; EE/PAe.). *Cyclohexylammoniumsalz*, $C_{16}H_{28}NO_5P$, F. 214—218° (Methanol/Ae./PAe.). — *Tetrachlorhydrochinon-*, $C_6H_3Cl_4O_5P \cdot {}^1/_2\ H_2O$, F. 204—206° (Zers.). *Monoäthylester*, $C_8H_7Cl_4O_5P$, F. 224—225° (Zers.; EE/PAe.). — 2-Methyl-3-phytylnaphthohydrochinon-(1.4)-phosphate (Dihydrovitamin-K_1-phosphate): *-1-dibenzylphosphat* (**V**), $C_{45}H_{61}O_5P$, durch Zugabe von **I** u. **III** zu **IV** in Bzl., 2std. Rühren unter N_2 bei 20°, Verdünnen mit PAe. u. Einengen im Vakuum; blaßgelbes Öl; 97%. *4-Benzoyl-Deriv.* (**X**), $C_{52}H_{65}O_6P$, durch 2std. Rk. von 3,55 g des Phosphats mit C_6H_5COCl/Pyridin bei 20° u. Chromatographie an Al_2O_3; Öl; 2,3 g. *4-Propionyl-Deriv.*, $C_{48}H_{65}O_6P$; Öl; 76%. — *-1-benzoat-4-dibenzylphosphat*, $C_{52}H_{65}O_6P$, aus Dihydrovitamin-K_1-1-benzoat u. **I** in CCl_4, langsame Zugabe von TAM unter Schütteln bei 0°, mehrstd. Stehen bei 20°, Filtrieren, Einengen u. Chromatographie an Al_2O_3; 68% (Rohausbeute). — *-1-dihydrogenphosphat*, $C_{31}H_{49}O_5P$, durch 50 Min. langes Hydrieren von **V** an 10%ig. Pd/C in abs. A.; hygroskop. saures Öl; nimmt rotbraune Farbe an. *Aniliniumsalz*, $C_{37}H_{56}NO_5P$. *4-Acetyl-Deriv., Hydrat*, $C_{33}H_{51}O_6P \cdot H_2O$, durch 2std. Rk. von **V** mit Acetanhydrid u. einer Spur H_2SO_4 u. anschließendes Hydrieren; schwach orangefarbenes Öl; 86%. *4-Propionyl-Deriv., Hemihydrat*, $C_{34}H_{53}O_6P \cdot {}^1/_2\ H_2O$, analog vorst. Ester; bernsteinfarbenes Öl; 99% [*Diammoniumsalz*, $C_{34}H_{59}N_2O_6P$, F. 160° (Erweichung bei 152°; aus A./AN)]. — *-4-benzoat-1-aniliniumhydrogenphosphat*, $C_{44}H_{60}NO_6P$, F. 146—147° (A./AN), durch Hydrieren von 0,5 g **X**, Zugeben von Anilin in A. u. Fällen mit AN; R_F 0,89 („Syst. A"); 0,2 g. — *-1-benzoat-4-aniliniumhydrogenphosphat*, $C_{44}H_{60}NO_6P$, F. 160—161° (A./AN); analog vorst. Isomeren; R_F 0,9 („Syst. A"). — *-1-äthylhydrogenphosphat*, $C_{33}H_{53}O_5P$, aus 2,5 g **IV** u. 1,2 g **II** u. Hydrieren des erhaltenen *1-Äthylbenzylphosphats* (gelbes Öl; 3,14 g); R_F 0,92 („Syst. A"); hellbraunes Öl; 1,04 g. — *-1-äthylhydrogenphosphat-4-dihydrogenphosphat*, $C_{33}H_{54}O_8P_2$, durch Zutropfen von 1n **III** zu 1 g **IV** u. 0,5 g **II** in Bzl., 1std. Stehen, Verdünnen mit Pyridin, Zugeben von $POCl_3$ in Pyridin bei 0°, ½std. Stehen bei 20°, Einengen im Vakuum, Lösen in Toluol, erneutes Einengen, Verteilen zwischen Ae./W., Einengen der Ae.-Lsg. bei 60°/0,1 mm u. 1std. Hydrieren des erhaltenen *1-Äthylbenzylphosphat-4-dihydrogenphosphats* (blaßgelbes Öl; 1,42 g) an Pd/C in A.; R_F 0,73—0,79 („Syst. A"); hellgelbes Öl; 1,04 g. *Diammoniumsalz*, $C_{33}H_{60}N_2O_8P_2$, amorph aus A. mit AN; 74%. — *2-Geranyl-3-methylnaphthohydrochinon-(1.4)-ammoniumhydrogenphosphat* (*Dihydrovitamin-$K_{2(10)}$-ammoniumhydrogenphosphat*), $C_{21}H_{30}NO_5P$, durch Hydrogenolyse von *Dihydrovitamin-$K_{2(10)}$-dibenzylphosphat* (Darst. analog **V**) an Pd/$BaSO_4$ in A.; R_F 0,88 („Syst. A"). — *α-Tocopherylhydrochinonmonodihydrogenphosphat*, $C_{29}H_{53}O_6P$, durch Darst. des *Monodibenzylphosphats* ($C_{43}H_{65}O_6P$) aus α-Tocopherylchinon analog **V** u. 1std. Hydrogenolyse; R_F 0,93 („Syst. A"); schwach orangefarbenes Öl; 60,5%. — *Ubihydrochinon(50)-monodibenzylphosphat*, aus Ubichinon(50) u. **I** in Bzl. unter N_2; R_F 0,87 (modifiziertes „Syst. A"). — *Benzyläthylphosphit* (**II**), $C_9H_{13}O_3P$, Kp.$_{0,35}$ 108—110°, durch ½std. Zutropfen von Benzylalkohol u. Diäthylanilin zu Phosphorigsäureäthylesterdichlorid in Bzl. bei 5—10°, 2std. Rühren bei 0°, Zufügen von W. u. 1std. Rühren; n_D^{20} 1,5024; 35%. — *[2'.3'-O-Isopropylidenadenosin-5']-[4-hydroxy-2.3-dimethylnaphthyl]-hydrogenphosphat* (**XI**), $C_{25}H_{28}N_5O_8P \cdot 2\ H_2O$, F. (unbestimmt; Klärung bei 160—165°), durch 1½std. Rühren von 12,3 g **VII**, 4,95 g **VIII** u. 2 ml 1n **III** in Bzl., mehrstd. Stehen, Einengen, Lösen in Chlf., Auswaschen mit W. u. wenig HCl, Filtrieren, Einengen, Eingießen in Ae., Verreiben bis zur Erstarrung des öligen *Benzylphosphats* (11 g), 2std. Kochen von 3,24 g dieser Verb. mit 0,44 g NaCNS in Äthylmethylketon, Abfiltrieren des ölig-erstarrten *Na-Salzes* (**XII**; 1,78 g; weitere 0,88 g aus der Mutterlauge), Lösen von 1,78 g **XII** in W. u. Ansäuern; amorph aus Essigsäure; R_F 0,77 (Syst. „B"); 1,15 g; mit Br_2–W. aus der wss. Lsg. von **XII** sofort *2.3-Dimethylnaphthochinon* [**VIII**; F. 122—123°]. — *Adenylsäure*, F. 186—188° (Zers.; W. mit wenig Aceton), durch Lösen von 237 mg **XI** in 0,1 n NaOH bei pH 8,4, 10std. Durchleiten von O_2 bei pH 8,4—9,6 unter weiterer NaOH-Zugabe, Ansäuern mit 9 ml 0,1 n HCl, 20 Min. langes Kochen, Einengen u. Kristallisieren mit Aceton; R_R 0,27 [WHATMAN 4 mit W.–NH_4OH–Propanol-(1) 1:3:6], daneben in Spuren R_F 0,52 (**XIII**), R_R 0,16 (anorgan. Phosphat) u. R_F 0,8 u. 0,97 (wahrscheinlich Naphthochinone); 18,5 mg.

G. KIRSTEN. 2700□

Zur Stereochemie adrenergischer Verbindungen: Die Synthese von cis- und trans-2-Aminotetralol-(1). F. Zymalkowski und H. J. Rimek. (Arch. Pharmaz. Ber. dtsch. pharmaz. Ges. **294(66)**. 581—87. Sept. 1961. Hamburg, Univ., Inst. für Pharmaz. Chem.) (Dt.)

Die Rezeptorhypothese zur Erklärung des Zustandekommens der adrenerg. Wrkg. von Verbb. des Adrenalin- u. Ephedrintyps besagt, daß diese Substanzen über eine Dreipunktbindung, an der sich aromat. Ring, OH- u. NH_2-Gruppe beteiligen, mit der Rezeptoroberfläche verknüpft sind. Vff. synthetisierten aus α-Tetralon (I) die beiden diastereomeren *2-Aminotetralole-(1)* (**II**), in denen die freie Drehbarkeit der Seitenkette durch den Ringschluß aufgehoben ist u. die Stellungen der Substituenten fixiert sind. cis-**II** zeigte Ephedrin-Wrkg., trans-**II** nicht; das entspricht dem Erwarten nach der Rezeptorhypothese.

Versuche (F.* = Mikro-F.): *2-Isonitrosotetralon-(1)* (**III**), aus **I** (aus Bzl. u. Butyrolacton, gereinigt über das Azin; mit unreinen Prodd. mißlingt die Rk.) u. n-Butylnitrit; 45—50% (Ausbeute). — *2-Aminotetralon-(1)-hydrochlorid*, F. 197—199° (A.), a) aus **III** u. 2 Mol H_2 in Ggw. von Pd/$BaSO_4$ in wss.-methanol HCl; 77,3%; b) aus 2-Acetamidotetralon-(1) u. 1 n HCl (12 Std./100—120°). — *trans-2-Aminotetralol-(1)* (trans-**II**), $C_{10}H_{13}NO$, F. 89—90° (Essigester), a) aus **III** u. 3 Mol H_2 in Ggw. von Pd/$BaSO_4$ in wss.-methanol. HCl (zuletzt Erwärmen auf 40—50°; 15—80%, Ausbeuten wechseln sehr stark); b) aus vorst. Verb. u. $NaBH_4$ in wss. Methanol; 75—80%; c) aus vorst. Verb. u. H_2/Pd/$BaSO_4$ in wss.-methanol. HCl; 75—80%. *Pikrat*, F.* 201—202°. — *2-Acetamidotetralon-(1)*, $C_{12}H_{13}NO_2$, F. 125—125,5° (W.), aus **III** u. H_2/Pd/$BaSO_4$ in Acetanhydrid/Eisessig; 79,5%. — *cis-2-Acetamidotetralol-(1)*, $C_{12}H_{15}NO_2$, F.* 175—176°, aus vorst. Verb. u. $NaBH_4$ in wss. Methanol; 79% (ohne Isolierung vorst. Verb. 75—81%, bezogen auf **III**, aber schwieriger zu reinigen). — *cis-2-Aminotetralol-(1)* (cis-**II**), F. 102 bis 103° (Essigester/PAe.), aus vorst. Verb. u. 1%ig. HCl (12 Std. bei 120° Badtemp.); 70%. *Pikrat*, F. 180—181°.

J. ROTHE. 2700□

Synthese einiger methylsubstituierter Anthracene. Enno Wolthuis. (J. org. Chemistry **26.** 2215—20. Juli 1961. Heidelberg, Chem. Inst.) (Engl.)

Die Synthese einiger *methylsubstituierter Anthracene* geht aus von der Rk. der *Dehydrobenzol-Derivv.* aus Butyl-Li u. o-Dibrombenzol (I), 3.4-Dibromtoluol (Kp.$_{0,4}$ 58 bis 60°, durch Bromieren von p-Toluidin u. SANDMEYER-Rk.; n_D^{20} 1,5970) bzw. 1.2-Dimethyl-4.5-dibrombenzol (F. 88°) mit Furan (II), 2-Methylfuran (Kp.$_{750}$ 64°, n_D^{20} 1,4322) u. 2.5-Dimethylfuran (Kp.$_{750}$ 92—93°, n_D^{20} 1,4413) u. führt zu *methylsubstituierten 1.4-Epoxy-1.4-dihydronaphthalinen*, die sich mit Isopren (Kp.$_{745}$ 34°, n_D^{20} 1,4216), 2.3- (Kp.$_{750}$ 69—70°, n_D^{20} 1,4370) bzw. 1.3-Dimethylbutadien (Kp.$_{750}$ 75—76°) zu *methylsubstituierten 9.10-Epoxy-1.4.4a.9.9a.10-hexahydroanthracen-Derivv.* umsetzen lassen. Diese werden durch HCl in sd. Methanol zu *1.4-Dihydroanthracen-Derivv.* dehydratisiert u., vorteilhaft mit Chloranil (III) in Xylol, in *methylsubstituierte Anthracen-Derivv.* umgewandelt. Die UV-Spektren dieser Verbb., *2-Methyl-*, *1.3-* u. *2.3-Dimethyl-*, *2.3.6-* u. *2.3.9-Trimethyl-*, *2.3.6.7-* u. *2.3.9.10-Tetramethyl-* u. *2.3.6.7.9.10-Hexamethylanthracen*, sowie das des Anthracens sind angegeben; die durch Einführung der Methylgruppen verursachte bathochrome Verschiebung wird bzgl. Zahl u. Stellung der Gruppen untersucht.

Versuche: *1.4-Epoxy-1.4-dihydronaphthalin*, $C_{10}H_8O$, F. 56°, durch Zufügen von **I** in Ae. zu Butyl-Li u. **II** in Ae. bei ca. —70° unter Rühren, Erwärmenlassen, Waschen mit W. u. Dest.; 70% (Ausbeute). — Analog folgende methylsubstituierten 1.4-Epoxy-1.4-dihydronaphthaline: *1-Methyl-*, $C_{11}H_{10}O$, Kp.$_{0,2}$ 57—59°, n_D^{20} 1,5510; 56%. — *6-Methyl-*, Kp.$_{0,2}$ 57—59°, n_D^{20} 1,5510; 54%. — *1.4-Dimethyl-*, $C_{12}H_{12}O$, F. 35—35,5°; 45%. Kochen mit methanol. HCl → 80% *4-Methylnaphthol-(1)*, F. 82—83°. — *6.7-Dimethyl-*, F. 72,5—73°; 55%. — *1.4.6.7-Tetramethyl-*, $C_{14}H_{16}O$, F. 52—52,5°;

25%. — Methylsubstituierte 9.10-Epoxy-1.4.4a.9.9a.10-hexahydroanthracene, durch Erhitzen einer der vorst. Verbb. u. der entsprechenden Dien-Verb. in Ggw. von etwas Hydrochinon unter N_2 im geschlossenen Rohr auf 150° (Meth. **A**) oder in Xylol unter Rückfluß (Meth. **B**): *2-Methyl-*, $C_{15}H_{16}O$, F. 58—58,5° (PAe.), nach **A**; 30%. — *2.3-Dimethyl-*, $C_{16}H_{18}O$, F. 108,8—109° (Methanol), nach **A**; 86%. — *1.3-Dimethyl-*, Zers. bei der Dest., nach **A**; 92% (roh). — *2.3.9-Trimethyl-*, $C_{17}H_{20}O$, F. 96,5 bis 97° (Methanol), nach **B**; 82%. — *2.3.6-Trimethyl-*, F. 107—107,5° (PAe.), nach **A**; 77%. — *2.3.9.10-Tetramethyl-*, $C_{18}H_{22}O$, F. 100—100,5° (Methanol), nach **B**; 80%. — *2.3.6.7-Tetramethyl-*, F. 155,2—155,4° (PAe.), nach **B**; 85%. — *2.3.6.7.9.10-Hexamethyl-*, $C_{20}H_{26}O$, F. 141,5—142° (PAe.), nach **B**; 77%. — Methylsubstituierte 1.4-Dihydroanthracene, durch 12std. Kochen vorst. Verbb. in Methanol u. konz. HCl: *2-Methyl-*, $C_{15}H_{14}$, F. 98,5—99° (Methanol); 73%. — *2.3-Dimethyl-*, $C_{16}H_{16}$, F. 189—190° (A.); 63%. — *1.3-Dimethyl-*, F. 54—54,5° (PAe.); 49%. — *2.3.9-Trimethyl-*, $C_{17}H_{18}$, F. 112 bis 112,5° (A.); 90%. — *2.3.6-Trimethyl-*, F. 195—196° (Zers.; Methanol); 48,5%. — *2.3.9.10-Tetramethyl-*, $C_{18}H_{20}$, F. 178,5—179° (A.-Bzl.); 94,5%. — *2.3.6.7-Tetramethyl-*, F. 250,5—251° (Zers.; Ligroin); 47%. — *2.3.6.7.9.10-Hexamethyl-*, $C_{20}H_{24}$, F. 211—212° (Ligroin); 96,5%. — Methylsubstituierte Anthracene, aus den entsprechenden vorst. Verbb. durch 4—8std. Erhitzen mit Se auf 300° u. Extrahieren mit PAe. oder Bzl. (Meth. **C**) oder durch 1std. Kochen mit der äquivalenten Menge **III** in Xylol, Kühlen, Filtrieren u. Chromatographie des Filtrats an Al_2O_3 (Meth. **D**): *2 Methyl-*, $C_{15}H_{12}$, F. 206—206,5° (PAe.), nach **C**; 35%. — *2.3-Dimethyl-*, $C_{16}H_{14}$, F. 250,5—251° (PAe.), nach **C**; 51%. — *1.3-Dimethyl-*, F. 79—79,5° (Methanol), nach **C**; 68%. — *2.3.9-Trimethyl-*, $C_{17}H_{16}$, F. 124—124,5° (Äthylacetat), nach **D**; 99%. — *2.3.6-Trimethyl-*, F. 249—249,5° (PAe.), nach **C**; 30%. — *2.3.9.10-Tetramethyl-*, $C_{18}H_{18}$, F. 138,3—138,8° (PAe.), nach **D**; 97%. — *2.3.6.7-Tetramethyl-*, F. 299—300° (Äthylacetat), nach **D**; 97%. — *2.3.6.7.9.10-Hexamethyl-*, F. 223—224° (Äthylacetat), nach **D**; 98%.

HEINZ NESTLER. 2800□

Synthese und Desaminierung von 1-Aminobicyclo-[2.2.1]-heptanon-(7). Douglas E. Applequist und Joseph P. Kleiman. (J. org. Chemistry **26**. 2178—82. Juli 1961. Urbana, Ill., Univ., Noyes Chem. Labor.) (Engl.)

7-Ketobicyclo-[2.2.1]-heptancarbonsäure-(1)-chlorid (**I**), nach HATCHARD u. SCHNEIDER (vgl. C. **1958**. 5061) aus Hexahydroterephthalsäure (**II**)-Chlorid u. Triäthylamin (**III**) zugänglich, reagiert mit NaN_3 in W.-Aceton u. nachfolgend mit Benzylalkohol (**IV**) zu *trans-Cyclohexan-1.4-bis-[benzylcarbamat]* unter Ringöffnung, in sd. Bzl. zu *7-Ketobicyclo-[2.2.1]-heptyl-(1)-isocyanat* (**V**), das durch konz. HCl in *7.7-Dihydroxybicyclo-[2.2.1]-heptyl-(1)-aminhydrochlorid* (**VI**) übergeführt wird. Dieses geht beim Erhitzen auf 100° über P_2O_5 in die *7-Keto-Verb.*, mit Acetanhydrid in Pyridin in *1-Acetamido-7-ketobicyclo-[2.2.1]-heptan* über. Mit wss. NaOH liefert **VI** *3.9-Diazapentacyclo-[8.2.2.-$2^{4.7}0.^{2.10}0.^{4.8}$]-hexadecadien-(2.8)*. Durch Rk. mit $AgClO_4$ u. Diazotierung in Eisessig entstehen aus **VI** *1.7.7-Trihydroxybicyclo-[2.2.1]-heptan* (**VII**) u. *Cyclohexanoncarbonsäure-(4)* (**VIII**); Diazotierung von **VI** in W. liefert **VII** neben wenig *1-Chlor-7-ketobicyclo-[2.2.1]-heptan.* Die Bldg. von **VIII** wird diskutiert; möglicherweise erleidet das intermediäre 7.7-Dihydroxybicyclo-[2.2.1]-heptyl-Kation eine Kontraktion zum Bicyclo-[2.2.0]-hexan-Syst., das unter Ringöffnung u. Oxydation der Vorstufe Cyclohexanolcarbonsäure-(4) (**IX**) in **VIII** übergeht. Die Art der Oxydations-Rk. ist noch nicht geklärt; durch HNO_2 u. $HClO_4$ wird **IX** nicht zu **VIII** oxydiert.

Versuche: *cis-* u. *trans-Hexahydroterephthalsäurechlorid,* $Kp._{0,5}$ 85—90°, durch 24std. Erhitzen von 43 g cis- u. trans-**II** mit $SOCl_2$; 48 g (Ausbeute). — *7-Ketobicyclo-[2.2.1]-heptancarbonsäure-(1)-chlorid* (**I**), $Kp._{0,5}$ 78—82°, durch 1std. Zutropfen von **III** zu 50 g vorst. Verb. in sd. Ae., 20std. Kochen, Filtrieren u. Dest.; 18,8 g. — *trans-Cyclohexan-1.4-bis-[benzylcarbamat]*, $C_{22}H_{26}N_2O_4$, F. 245—247°, durch Zufügen von wss. NaN_3-Lsg. zu 3,7 g **I** in Aceton, Aufnehmen des Prod. in Bzl. u. Erwärmen mit **IV** auf 70°; 1,59 g. Daneben 3,5 g unbekannte *Verb. vom F. 204—214°*. — *7-Ketobicyclo-[2.2.1]-heptyl-(1)-isocyanat* (**V**), durch 22std. Kochen von 1 g **I** mit aktiviertem NaN_3 in Bzl., Filtrieren u. Ausfrieren. — *7.7-Dihydroxybicyclo-[2.2.1]-heptyl-(1)-aminhydrochlorid* (**VI**), a) durch 2½std. Kochen von **V** mit konz. HCl in Bzl.; 0,8 g; b) durch 20std. Kochen von **I** mit NaN_3 in Bzl., Filtrieren, Zusatz von konz. HCl u. 6std. Kochen; 4,8 g. — *3.9-Diazapentacyclo-[8.2.2.$2^{4.7}.0^{2.10}.0^{4.8}$]-hexadecadien-(2.8)*, $C_{14}H_{18}N_2$, F. 211,5—212° (Cyclohexan-Ae.), aus 3,2 g **VI** u. wss. NaOH u. Ausäthern; 1,6 g. 10std. Stehen mit konz. HCl → **VI**. — *1-Acetamido-7-ketobicyclo-[2.2.1]-heptan*, $C_9H_{13}NO_2$, F. 115—117° (Cyclohexan), durch 12std. Kochen von 0,22 g **VI** mit Acetanhydrid in Pyridin, Kühlen u. Gießen auf Eis-HCl; 0,1 g. — *1-Chlor-7-ketobicyclo-[2.2.1]-heptan-2.4-dinitrophenylhydrazon*, $C_{13}H_{13}ClN_4O_4$, F. 207,5—208,5°, durch Diazotieren von 4,8 g **VI**-Hydrochlorid in 2,5 n HCl,

6std. Kochen, Zusatz von NaOH, Ausäthern, Einengen, Behandeln mit 2.4-Dinitrophenylhydrazin in Bzl. u. Chromatographie; 290 mg. Daneben 2 g in Bzl. unlösl. **VII.** — *1.7.7-Trihydroxybicyclo-[2.2.1]-heptan* (**VII**), $C_7H_{12}O_3$, F. 121,5—122,5° (Aceton), durch Überführung von 5 g **VI** mit $AgClO_4$ in 4 g *Aminperchlorat*, dessen Diazotierung in Eisessig unter Kühlung, Ausäthern, Einengen, Lösen in wss. NaOH u. Extrahieren mit Ae.; 0,9 g. Rk. mit 2.4-Dinitrophenylhydrazin liefert unter W.-Abspaltung das *2.4-Dinitrophenylhydrazon* des *1-Hydroxy-7-ketobicyclo-[2.2.1]-heptans*, $C_{13}H_{14}N_4O_5$, F. 216,5 bis 217,5°. Neben **VII** aus der alkal. Lsg. durch Ansäuern, Ausäthern u. Sublimieren 0,5 g **VIII.** — *7-Ketobicyclo-[2.2.1]-heptyl-(1)-p-nitrobenzolsulfonat*, $C_{13}H_{13}NO_6S$, F. 131 bis 132° (Bzl.-Hexan), durch 45std. Rühren von 1,12 g **VII** mit p-Nitrobenzolsulfonylchlorid in Pyridin bei Raum-Temp.; 1,41 g. — *Cyclohexanolcarbonsäure-(4)* (**IX**; cis-trans-Gemisch), F. 120—142°, a) durch Hydrieren von 60 g p-Hydroxybenzoesäureäthylester in Eisessig bei Raum-Temp. u. 105 at an PtO_2, Filtrieren, destillative Abtrennung von 14,3 g *Cyclohexancarbonsäureäthylester* ($Kp._{10}$ 65—67°) u. 2std. Kochen der 17,4 g *4-Hydroxycyclohexancarbonsäureäthylester* ($Kp._{0,3}$ 93—98°) mit 10%ig. wss. NaOH; 11,7 g; b) aus 3,1 g 4-Carboxycyclohexyl-(1)-aminhydrochlorid durch Überführung ins *Aminperchlorat* (3,8 g) u. dessen Diazotierung in Eisessig unter Kühlung; 90 mg. — *Cyclohexanoncarbonsäure-(4)* (**VIII**), $C_7H_{10}O_3$, F. 67—70°, durch Chromsäureoxydation aus **IX.** *Semicarbazon*, $C_8H_{13}N_3O_3$, Zers. bei 196—197° (A.). HEINZ NESTLER. 2950□

Derivate des 1.8.8-Trimethylbicyclo-[3.2.1]-octans. 3. Mitt. **Synthese von 1.8.8-Trimethylbicyclo-[3.2.1]-octanol-(2α) und -(2β) und von 5.8.8-Trimethylbicyclo-[3.2.1]-octanol-(2α) und -(2β).** H. Favre und M. Lefebvre (unter Mitarbeit von J.-C. Richer). (Canad. J. chem. **37.** 403—10. Febr. 1959. Montréal, P.Q., Univ., Dép. de Chim.) (Franz.) — 2. vgl. C. **1959.** 5466.

Aus (—)-Homocampher (I) u. (+)-Homoepicampher (II) wurden a) durch chem. Red. (Na + A.) u. b) durch katalyt. Hydrierung (Pt in Essigsäure) *1.8.8-Trimethylbicyclo-[3.2.1]-octanol-(2α)* (**III**) nach a) u. -(2β) (**IV**) nach b) bzw. (+)-*5.8.8-Trimethylbicyclo-[3.2.1]-octanol-(2α)* (**V**) nach a) u. -(2β) (**VI**) nach b) in einer ster. Ausbeute von >90% u. deren *p-Nitrobenzoate* (p-NB) hergestellt. Ihre Konformation (Sesselform entsprechend I u. II) u. Konfiguration wurde bewiesen auf Grund ihrer Bildungsweise [a) OH-äquatorial; α-Konfiguration; b) OH-axial; β-], ihrer Drehwerte in der Auswertung nach BOSE (C. **1960.** **4464**) u. ihrer Oxydations-Geschw. mit CrO_3 in Essigsäure, die bei axialen OH-Gruppen größer ist als bei äquatorialen (vgl. VAVON [1931] u. SCHREIBER, C. **1956.** 4095).

Versuche: *Homocampher* (I), vgl. C. **1959.** 2788. — *1.8.8-Trimethylbicyclo-[3.2.1]-octanol-(2β)* (**IV**), $C_{11}H_{20}O$, F. 234—235° (sublimiert), aus I in Eisessig durch 4½std. Hydrierung über vorred. PtO_2, Extrahieren des neutralisierten Prod. mit Ae. u. Sublimation; $[\alpha]_D^{23}$ —32,4° (c = 3,93; Bzl.); 93% (Ausbeute); mit RANEY-Ni in A. u. NaOH oder Pt in A. unter H_2 keine Red.; Reinigung von 3,8 g durch alkal. Verseifung des p-NB, Al_2O_3-Chromatographie u. Elution mit PAe., PAe.-Bzl. u. Benzol. p-NB, $C_{18}H_{23}NO_4$, F. 125° (95%ig. A.), $[\alpha]_D^{23}$ — 84,5° (c = 4; Chlf.). — I-*2.4-Dinitrophenylhydrazon* (*DNP*), F. 238—239° (Eisessig), aus 360 mg **IV** in 3 Std. mit CrO_3 in Eisessig, Neutralisation mit $NaHCO_3$, Ae.-Extraktion u. Rk. mit 2.4-Dinitrophenylhydrazin in Methanol + HCl; 452 mg. — *1.8.8-Trimethylbicyclo-[3.2.1]-octanol-(2α)* (**III**), F. 212°, aus I in sd. Isobutanol mit Na, 5 Std. langes Kochen, Zusatz von W. u. Dest. im Vakuum; 97% (roh); Reinigung durch Chromatographie; $[\alpha]_D^{23}$ +17,9° (c = 4; Bzl.). *p-NB*, F. 127—128° (Methanol), $[\alpha]_D^{23}$ +35,0° (c = 4; Chlf.). — *5.8.8-Trimethylbicyclo-[3.2.1]-octanol-(2β)* (**VI**), F. 206°, a) aus **II** in 95% g. A. mit H_2 über RANEY-Ni in 5%ig. alkohol. NaOH u. Sublimation des Ae.-Extrakts; 93% (roh); b) aus **II** mit H_2 über vorred. PtO_2 in Eisessig in 3 Std., Neutralisation, Ae.-Extraktion u. Sublimation; 87% (roh); Reinigung über das *p-NB* [$C_{18}H_{23}NO_4$, F. 137—138° (A.)] u. Al_2O_3-Chromatographie; $[\alpha]_D^{23}$ +43,9° (c = 4,0; Bzl.). — II-*DNP*, F. 178—178,5°, aus 504 mg **VI** mit CrO_3 wie oben; 659 mg. — *5.8.8-Trimethylbicyclo-[3.2.1]-octanol-(2α)* (**V**), F. 166°, aus **II** in abs. A. mit Na analog **III** u. Reinigung über das *p-NB* [$C_{18}H_{23}NO_4$, F. 120°, $[\alpha]_D^{23}$ +24,5° (c = 4; Chlf.)]; $[\alpha]_D^{23}$ +35,9° (c = 4,0; Bzl.). — II-*DNP*, F. 177,5°; aus 504 mg **V** wie oben; 632 mg. W. SCHULENBURG. 2950□

Derivate des 1.8.8-Trimethylbicyclo-[3.2.1]-octans. 4. Mitt. **Konfigurationsbestimmung der beiden 5.5-Dimethylcyclohexandiole-(1.3).** H. Favre und J.-C. Richer. (Canad. J. Chem. **37.** 411—16. Febr. 1959.) (Franz.) — 3. vgl. vorst. Referat.

Aus Dimedon (I) wurde mit abgeschwächtem RANEY-Ni in A. bei 25° von den beiden möglichen *5.5-Dimethylcyclohexandiolen* [**II** (F. 106—107,5°) u. **III** (F. 149—150°)] ungeklärter Konfiguration nur **II** zu 95% erhalten. Mit nur 1 Mol H_2 entstand dabei neben I u. **II** das Zwischenprod. *5.5-Dimethylcyclohexanol-(3)-on-(1)* (**IV**), prakt. isoliert als *5.5-Dimethylcyclohexen-(2)-on-(1)*. Analog *3.3.5-Trimethylcyclohexanon-(1)*, das infolge Hinderung durch die beiden axialen 3- u. 5-CH_3-Gruppen zum trans-Alkohol (OH axial) red. wird (vgl. WICKER, C. **1957.** 7335), wird **IV** in gleicher Konformation zur trans-Verb. (OH axial u. äquatorial) führen. Unter den milden, eine Isomerisierung ausschließenden Bedingungen ist daher für **II** die trans- u. für **III** die cis-Form anzunehmen. Dies wurde gestützt durch Unterss. der Oxydations-Geschw. von **II** u. **III** mit CrO_3 in Essigsäure im Vgl. mit denen von cis- u. trans-Cyclohexandiol-(1.2), -(1.3) u. -(1.4) bekannter Konfiguration, nach denen diäquatoriale Diole langsamer oxydiert werden als diaxiale u. **II** ca. 8,3mal so schnell reagiert wie **III**.

Versuche: *Dimedon* (I), F. 149—150° (95%ig. A.). — *trans-5.5-Dimethylcyclohexandiol-(1.3)* (II), $C_8H_{16}O_2$, F. 106—107,5° (Ae.), aus 7,28 g I in 95%ig. A. mit H_2 über 7,5 g RANEY-Ni u. Zusatz von 50 mg Chlf. in A. (10:90 Vol.), 42std. Schütteln, Al_2O_3-Chromatographie des Ae.-Auszugs aus dem Eindampfrückstand (Vakuum) aus Bzl. u. Elution mit Bzl. u. Methanol, erneute Adsorption des 1. Eluates aus PAe. u. Elution mit Chlf. u. Methanol; 95% (roh, Ausbeute). — *5.5-Dimethyl-Δ^2-cyclohexenon-(1)*, aus 5,27 g I in 80 cm³ A. + 90 mg Chlf. mit 1,02 Mol H_2 über 4,5 g RANEY-Ni u. Dampf-Dest. des eingedampften Filtrats nach Zusatz von 10%ig. Na_2CO_3-Lsg.; aus dem Ae.-Auszug des mit NaCl gesätt. Destillates als *Semicarbazon*, $C_9H_{15}N_3O$, F. 191 bis 192,5° (Methanol); 125 mg; aus der alkal. Lsg. mit Ae. II (1,7 g roh) u. mit HCl I; 2,1 g. W. SCHULENBURG. 2950□

Derivate des 1.8.8-Trimethylbicyclo-[3.2.1]-octans. 5. Mitt. **Katalytische und chemische Reduktionen des 1.8.8-Trimethylbicyclo-[3.2.1]-octandions-(2.4).** H. Favre und J.-C. Richer. (Canad. J. Chem. **37.** 417—26. Febr. 1959.) (Franz.) — 4. vgl. vorst. Referat.

Die Red. von 1.8.8-Trimethylbicyclo-[3.2.1]-octandion-(2.4) (I) führt je nach dem angewandten Verf. zu verschiedenen Prodd.; so entstehen *1.8.8-Trimethylbicyclo-[3.2.1]-octanol-(4β)-on-(2)* (II) u. daraus *1.8.8-Trimethylbicyclo-[3.2.1]-Δ^3-octenon-(2)* (III) mit H_2 über RANEY-Ni (mit Chlf. abgeschwächt), *1.8.8-Trimethylbicyclo-[3.2.1]-octandiol-(2β.4β)* (**IVa**) analog (mit NaOH), *Homocampher* (V) neben **IVa** über RANEY-Ni (zuerst mit wenig Chlf., dann mit NaOH behandelt), ein Gemisch von *1.8.8-Trimethylbicyclo-[3.2.1]-octandiol-(2α.4α)* (**IVb**), *-(2α.4β)* (**IVd**) u. wahrscheinlich *(-2β.4α)* (**IVc**) mit Na u. Äthanol. Die Konfigurationen von **IVa—IVd** werden unter Benutzung der entsprechenden Ergebnisse bei der Red. von V u. Homoepicampher (vgl. vorst. Reff.) auf Grund ihrer Bildungsweise, der Drehwerte ihrer *Di-p-nitrobenzoate* (*Di-p-NB*; vgl. STRIEBEL u. TAMM, C. **1955.** 8635) u. der Geschw. ihrer Oxydation mit CrO_3 ermittelt, wobei die Ergebnisse sich gegenseitig stützen. Die IR-Spektren von **IVa** u. **IVb** sprechen gegen das Vorliegen einer intramol. H-Brücke bei den OH-Gruppen, die auch beim cis-5.5-Dimethylcyclohexandiol-(1.3) fehlt (Hinderung durch die axiale Methylgruppe). Dies erklärt die Reduzierbarkeit von II über RANEY-Ni mit NaOH im Gegensatz zu V dadurch, daß die Sesselform des Cyclohexans durch die Wechselwrkg. der diaxialen OH–CH_3-Gruppen deformiert wird, wodurch die Red. der CO-Gruppe ermöglicht wird.

Versuche: *(—)-1.8.8-Trimethylbicyclo-[3.2.1]-octandion-(2.4)* (I), vgl. 1. Mitt., C. **1959.** 2788. — *1.8.8-Trimethylbicyclo-[3.2.1]-octandiol-(2β.4β)* (**IVa**), $C_{11}H_{20}O_2$, F. 279 bis 284°, a) durch Hydrierung aus 12,5 g I in 150 cm³ 95%ig. A. u. 1,39 g NaOH mit 1720 cm³ H_2 in 25 Std. über 12,0 g RANEY-Ni; Dampf-Dest. des Filtrats → 5,6% nicht untersuchte Ketone, Ae.-Extraktion des nichtflüchtigen Teils, Ansäuern mit HCl u. Chlf.-Extraktion → 47% I; Al_2O_3-Chromatographie des Ae.-Auszugs u. Elution mit Bzl. u. Bzl./Chlf. (1:1) u. dann mit Chlf. → 81% **IVa**, $[\alpha]_D^{22}$ —17,4° (c = 4,09; 95%ig. A.); b) analog a) aus 10,0 g I, 2,22 g NaOH mit 310 cm³ H_2 über 12 g RANEY-Ni in 85 cm³ 95% A. neben 91% I u. 2% Ketone 5% **IVa** roh. *Di-p-nitrobenzoat* (*Di-p-NB*), $C_{25}H_{26}N_2O_8$, F. 213—215° (Chlf.-A.), $[\alpha]_D^{23}$ +41,6° (c = 2,97; Chlf.). — *1.8.8-Trimethylbicyclo-[3.2.1]-octanol-(4β)-on-(2)* (II), $C_{11}H_{18}O_2$, F. 249—250°, aus 5,022 g I in 50 cm³ 95%ig. A. mit 710 cm³ H_2 in 20 Std. über 5 g RANEY-Ni u. Zusatz von 0,75 cm³ A. mit 10% Chlf.; das Filtrat wird bei 25° im Vakuum eingedampft; II gibt bei der Sublimation 1 Mol H_2O ab. — *1.8.8-Trimethylbicyclo-[3.2.1]-octen-(3)-on-(2)* (III), $C_{11}H_{16}O$, F. 176—178°, a) aus 9,854 g I mit 1265 cm³ H_2 über 5 g RANEY-Ni in 100 cm³ 95%ig. A. mit 0,7 cm³ Chlf.-A. (1:9) in 25 Std., Dampf-Dest. des eingedampften Filtrats nach Zusatz von 10%ig. Na_2CO_3 (im Rückstand der Dampf-Dest. 4% **IVa** u. 2% I), Aufnehmen des Destillats in Ae. u. Sublimation; 94%; b) aus II durch Alkalisieren u. Dampf-Dest.; $[\alpha]_D^{23}$ —54,9° (c = 3,93; Bzl.). *2.4-Dinitrophenylhydrazon*, F. 191—192,5°. — *Homocampher* (V), F. 191—191,5°, a) durch Red. der Doppelbindung in III; $[\alpha]_D^{23}$ —111,4° (c = 4,32; Bzl.); b) aus 20 g I in 200 cm³ 95%ig. A. mit 2825 cm³ H_2 über 12 g RANEY-Ni mit 1,08 cm³ einer 10%ig. Chlf.-Lsg. in 95% A. in 20 Std., Zusatz von 44,4 cm³ einer 10%ig. Lsg. von NaOH (1 Mol:1 Mol I) in A. u. Aufnahme von 2140 cm³ H_2 in 30 Min. u. Lösen des eingedampften Filtrats in Ae.; 17,92 g (roh); $[\alpha]_D^{23}$ −112,2° (c = 2,97; Bzl.); c) aus 5,0 g I in 50 cm³ A. mit 740 cm³ H_2, nach 22 Std. Zusatz von 1,11 g NaOH in A. u. Aufnahme von 495 cm³ H_2; der Ae.-Auszug des eingedampften Filtrats wird an Al_2O_3 adsorbiert u. mit Bzl. eluiert; $[\alpha]_D^{23}$ −114° (c = 4,95; A.); 3,658 g; dazu mit Bzl.–Chlf. 40 mg. Methanol eluiert noch 517 mg **IVa**. — *1.8.8-Trimethylbicyclo-[3.2.1]-octandiol-(2α.4α)* (**IV b**), $C_{11}H_{20}O_2$, F. 234—236°, aus 20,78 g I in 500 cm³ abs. A. mit 36 g Na; Chlf.-Auszug nach Zers. mit W. (8,455 g neutrale Verbb.) in Bzl.–Chlf. (1:1) suspendiert, an Al_2O_3 adsorbiert (Ungelöstes oben) u. in 12 Fraktionen eluiert; Chlf.-Eluate 6—12 (roh 5,175 g) werden sublimiert; *Di-p-NB*, $C_{25}H_{26}N_2O_8$, F. 221—224°; $[\alpha]_D^{23}$ +37,0° (c = 2,91; Chlf.). — *Gemisch* von *1.8.8- u. 5.8.8-Trimethylbicyclo-[3.2.1]-octanol-(2α) u. -(2β)*, $C_{11}H_{20}O$, F. 171—173° (sublimiert), aus den Fraktionen 3 (Bzl.–Chlf.; 1:4), 4 u. 5 (Chlf., zusammen 3,032 g) vorst. Elution durch Adsorption aus Bzl. an Al_2O_3 u. Elution in 24 Fraktionen in den Eluaten 3—5 (Bzl.–Chlf.; 1:1); $[\alpha]_D^{23}$ +23,6° (c = 3,6; Bzl.); 0,438 g. — *1.8.8-Trimethylbicyclo-[3.2.1]-octandiol-(2α.4β)* (**IV d**), $C_{11}H_{20}O_2$, F. 237—239°, aus 432 mg Di-p-NB durch alkal. Verseifung, Al_2O_3-Chromatographie u. Sublimation; $[\alpha]_D^{23}$ −9,0° (c = 1,4; 95%ig. A.); 152 mg. *Di-p-NB*, $C_{25}H_{26}N_2O_8$, F. 211—212,5° (Nitromethan), $[\alpha]_D^{23}$ +70,0° (c = 2; Chlf.). — *Gemisch*, $C_{11}H_{20}O_2$, F. 250—255°, aus den Eluaten 6—12 (Bzl.–Chlf.; 1:1) der obigen Chromatographie nach Sublimation; $[\alpha]_D^{23}$ +7,2° (c = 4,2; A.); 1,265 g.

W. SCHULENBURG. 2950 □

Benzocyclobutene. 1. Mitt. **Versuche zur Herstellung von 1.2-Diphenylbenzocyclobuten.** Wilson Baker, J. F. W. McOmie und G. A. Pope (unter Mitarbeit von D. R. Preston). (J. chem. Soc. [London] **1961.** 2965—71. Juli. Bristol, Univ.) (Engl.)

Durch Oxydation von 9.10-Dihydro-9.10-dihydroxy-9.10-diphenylanthracen mit CrO_3 wurde *1.2-Dibenzoylbenzol* (**I**) dargestellt. Durch Red. von **I** nach WOLFF-KISHNER entstand *1.4-Diphenylphthalazin.* Verss., durch CLEMMENSEN-Red. von **I** *1.2-Dibenzylbenzol* (**II**) darzustellen, schlugen fehl. **II** wurde in schlechter Ausbeute durch katalyt. Red. von **I** erhalten; die Red. von **I** mit Na in Isopentanol-(1) lieferte **II** in 60%ig. Ausbeute. Die Red. von **I** mit $LiAlH_4$ ergab eine der beiden stereoisomeren Formen von *α.α'-Dihydroxy-o-dibenzylbenzol* (α-**III**), die auch durch Rk. von 3-Phenylphthalid mit Phenyl-MgBr zu *1-Hydroxy-1.3-diphenylphthalan* u. Red. mit Na-Amalgam erhalten werden konnte. Die Behandlung von α-**III** mit PBr_3 ergab *9-Phenylanthracen* (**IV**). Durch Dehydratisierung von α-**III** zu *1.3-Diphenylphthalan* u. Kochen mit HBr entsteht ebenfalls **IV**. Verss., durch Pinakon-Red. von **I** 1.2-Dihydroxy-1.2-diphenylbenzocyclobuten darzustellen, schlugen fehl. Durch Red. von **I** mit Al-Amalgam in Bzl.–A. oder wss. A., mit Na-Amalgam, mit Na in Ae. oder mit Mg u. MgJ_2 entstand *1.3-Diphenylisobenzofuran.* Die Red. von **I** mit Na-Amalgam in A. ergab β-**III**, das mit Acetanhydrid dasselbe *Diacetyl-Deriv.* liefert wie α-**III**; die analoge Red. in Propanol–Essigsäure ergab α-**III**. Durch Red. von **I** mit Zn u. Alkali entstand neben β-**III** wenig *Anthrachinon*; die Behandlung von **I** mit Zn in sd. Essigsäure lieferte *9.9'.10.10'-Tetrahydro-10.10'-diphenyl-9.9'-bianthryl* (**VI**). *α.α'-Dibrom-o-dibenzylbenzol* (**V**) konnte durch Rk. von **II** mit 2 Mol N-Bromsuccinimid dargestellt werden; durch Einw. von 1 Mol Bromsuccinimid entstand das *Monobrom-Deriv.* (**VII**), mit einem Überschuß in sd. CCl_4 *1.2.3.4.9-Pentabrom-1.2.3.4-tetrahydro-10-phenylanthracen*, das auch durch Addition von Br_2 an 9-Brom-10-phenylanthracen (**VIII**) erhalten werden konnte. **V** ergab durch Behandlung mit Na in Ae. nach der Verdünnungs-Meth. **IV** u. *10.10'-Diphenyl-9.9'-bianthryl*; mit Zn u. A. entstand ein *Addukt* von **IV** an *9.10-Dihydro-9-phenylanthracen.* Die Rk. von **V** mit K-tert.-Butylat lieferte **VIII**; mit NaJ in A. oder Aceton entstanden **IV**, vorst. Verb. u. **VI**. **VII** verhält sich ähnlich.

Versuche: *o-Dibenzoylbenzol* (**I**), F. 145—146° (A.), durch Zugabe von CrO_3 in wss. Essigsäure zu 9.10-Dihydro-9.10-dihydroxy-9.10-diphenylanthracen in Eisessig innerhalb 15 Min. bei 70° unter Rühren, 2std. Erwärmen auf dem Wasserbad, Kühlen u. Gießen in W.; 79% (Ausbeute). *Mono-2.4-dinitrophenylhydrazon*, $C_{26}H_{18}N_4O_5$, F. 199 bis 200° (A.), in A.–HCl. — *o-Dibenzylbenzol* (**II**), $C_{20}H_{18}$, F. 77—78° (A.), a) durch 12std. Schütteln von 2 g **I** in A. mit Pd-Kohle bei 70° unter 23 at H_2-Druck, Filtrieren, Eindampfen u. Ae.-Extraktion; 0,43 g; b) durch Zugabe von Na zu 2 g **I** in sd. Isopentanol-(1) unter Rühren, Zugabe von Isopentanol-(1), Wasserdampf-Dest. u. Stehen; 1,1 g. — *α.α'-Dihydroxy-o-dibenzylbenzol* (**III**), *α-Form*, F. 127—128° (wss. CH_3OH), a) durch Extraktion von **I** in eine sd. Lsg. von $LiAlH_4$ in Ae., Zers. mit verd. H_2SO_4 u. chromatograph. Reinigung; 45%; b) durch 6std. Kochen von 11,5 g 1-Hydroxy-1.3-diphenylphthalan mit 2%ig. Na-Amalgam in CH_3OH u. Eindampfen; 8,5 g; c) durch Zugabe von 2%ig. Na-Amalgam zu **I** in Propanol–Essigsäure innerhalb 30 Min.; Gießen in W., Ae.-Extraktion, Eindampfen u. Behandeln mit sd. wss. A.; 42%. *Diacetat*, $C_{24}H_{22}O_4$,

F. 107—108° (A.), durch Rk. mit Acetanhydrid bei 100°. *β-Form*, $C_{20}H_{18}O_2$, F. 105 bis 106°, a) durch Zugabe von 2%ig. Na-Amalgam zu I in 95%ig. A. innerhalb 30 Min., Gießen in W. nach Beendigung der exothermen Rk., Ae.-Extraktion, Eindampfen u. Behandeln mit sd. wss. A.; 39%; b) durch 8std. Erwärmen von 2,9 g I mit Zn u. wss. KOH in A. auf dem Wasserbad, Filtrieren, Einengen, Gießen in W., Ae.-Extraktion, Kristallisieren aus A. u. Aufarbeiten der Mutterlauge; 56%. — *9-Phenylanthracen* (**IV**), F. 153—154° (blaßgrüne Kristalle aus A.), a) durch 5std. Kochen von 1.3-Diphenylphthalan mit 48%ig. HBr, Neutralisieren mit Na_2CO_3 u. Ae.-Extraktion; 48%; b) durch Zutropfen von PBr_3 zu α-III u. Pyridin in Bzl. bei 70°, 2std. Stehen bei 55° u. Behandeln mit wss. Alkali; 57%; c) durch 12std. Rühren von **V** mit NaJ in A. bei 40°, Kühlen, Filtrieren, Zugabe von wss. $Na_2S_2O_3$-Lsg., Ae.-Extraktion, Kristallisation aus A. u. chromatograph. Aufarbeitung der Mutterlauge; 15%; d) analog c) bei —80, —40, 0, 20° oder unter Kochen oder bei —80, 0 bzw. 20° in Aceton oder in sd. Aceton; e) durch 24std. Rühren von **VII** mit K-tert.-Butylat in tert.-Butanol bei 35—80°, Zugabe von W., Ae.-Extraktion, Kristallisation u. chromatograph. Aufarbeitung der Mutterlauge; 16,5%; f) durch Zugabe von 9 g **V** in Ae. zu Na in sd. Toluol innerhalb 12 Std., 8std. Kochen, Filtrieren u. Dest.; $Kp._1$ 194—200°; 1,4 g. — *1.3-Diphenylisobenzofuran*, $C_{20}H_{14}O$, F. 124—125° (gelbe Kristalle aus PAe.), a) durch Zugabe von alkal. angeätzter Al-Folie u. von $MgCl_2$ zu I in Bzl.-A., 6std. Erwärmen auf dem Wasserbad u. Gießen in wss. HCl; 68%; b) durch 100std. Schütteln von I mit 2%ig. Na-Amalgam in Ae. unter N_2 u. Zugabe zu 10%ig. Essigsäure unter N_2; 56%; c) analog b) mit Na; 42%; d) durch langsame Zugabe von I in Bzl. zu Mg u. MgJ_2 in Bzl.-Ae., 3std. Kochen, Filtrieren, Extraktion mit verd. HCl u. Eindampfen; 63%. — *Anthrachinon*, $C_{14}H_8O_2$, F. 283—284° (gelbe Kristalle aus A.), neben β-III nach b); 0,3 g. — *9.9'.10.10'-Tetrahydro-10.10'-diphenyl-9.9'-bianthryl* (**VI**), F. 254—255,5° (gelbe Kristalle aus A.), a) durch portionsweise Zugabe von Zn zu 11,5 g I in sd. Essigsäure innerhalb 15 Min., 3std. Kochen, Filtrieren u. Gießen in W.; 8,4 g; b) neben **IV** nach e) u. d); 35%; c) durch 6std. Rühren von 1,06 g **VII** mit KOH in A. u. Filtrieren; 14 mg. — *α-Brom-o-dibenzylbenzol* (**VII**), $C_{20}H_{17}Br$, Fl., durch 3std. Rühren von **II** mit 1 Mol N-Bromsuccinimid u. Benzoylperoxyd in CCl_4 bei 40° unter Belichtung, Zugabe von Benzoylperoxyd nach 1½ Std., Kühlen, Filtrieren u. Eindampfen im Vakuum; 99%. — *α.α'-Dibrom-o-dibenzylbenzol* (**V**), $C_{20}H_{16}Br_2$, gelbe Fl., analog **VII** mit 2 Mol N-Bromsuccinimid; zersetzt sich oberhalb 40°; 96%. — *1.2.3.4.10-Pentabrom-1.2.3.4-tetrahydro-9-phenylanthracen*, $C_{20}H_{13}Br_5$, F. 160—161°, a) durch 5std. Kochen von 1 g **II** mit 5 Mol N-Bromsuccinimid in CCl_4 in Ggw. von Dibenzoylperoxyd, Kühlen, Filtrieren, Schütteln des Filtrates mit wss. $NaHSO_3$-Lsg., Eindampfen u. Kristallisieren aus Aceton; 0,5 g; b) durch 12std. Kochen von **VIII** mit Br_2 in CCl_4 u. Eindampfen. — *10.10'-Diphenyl-9.9'-bianthryl*, $C_{40}H_{26}$, F. >300° (gelbliche Kristalle) neben **IV** nach f) durch Extraktion des Dest.-Rückstandes mit sd. Toluol; 2,4 g. — *Addukt von* **IV** *an 9.10-Dihydro-9-phenylanthracen* (1:1), $C_{40}H_{30}$, F. 119—120° (A.), a) durch langsame Zugabe von 4,2 g **V** in 95%ig. A. zu Zn in sd. 95%ig. A., 4std. Kochen, Filtrieren, Eindampfen, Zugabe von W. u. Ae.-Extraktion; 1,9 g; b) durch 6std. Rühren von **VII** mit 1,5 Mol KOH in A., Filtrieren, Verdünnen mit W., Ae.-Extraktion u. Dest.; $Kp._{0,05}$ 110—120°; 62%; c) analog b) bei 0°; d) durch 24std. Rühren von **VII** mit K-tert.-Butylat in tert.-Butanol bei 35—80°, Zugabe von W. u. Ae.-Extraktion; 57%. — *9.10-Dihydro-9-phenylanthracen*, F. 85—86°, neben vorst. Verb. nach d) durch chromatograph. Aufarbeitung der Mutterlauge; 9%. — *9-Brom-10-phenylanthracen* (**VIII**), F. 154—155° (A.), a) durch 4std. Kochen von 4,2 g **V** mit K-tert.-Butylat in tert.-Butanol, Eindampfen im Vakuum, Behandeln mit verd. Säure u. Ae.-Extraktion; 1,4 g; b) neben **IV** nach c) u. d); 10%.

H. BERTSCH. 2950□

Benzocyclobutene. 2. Mitt. **Eine neue Synthese von Benzocyclobuten und 1.2-Diphenylbenzocyclobuten.** Wilson Baker, J. F. W. McOmie und D. R. Preston. (J. chem. Soc. [London] **1961**. 2971—74. Juli.) (Engl.) — 1. vgl. vorst. Referat.

1.3-Dihydro-2-[p-toluolsulfonamido]-isoindol reagiert mit 20%ig. wss. NaOH unter Bldg. von *1.2;5.6-Dibenzocyclooctadien*, *Benzocyclobuten* u. wenig *o-Xylol*; die Rk. verläuft wahrscheinlich über das Dimethylenbenzoldiradikal. 1.3-Dihydro-N-nitroso-1.3-diphenylisoindol wurde mit Al-Amalgam zur *N-Amino-Verb.* red., die als *Hydrochlorid* isoliert werden konnte. Durch Behandlung des Hydrochlorids mit p-Toluolsulfonylchlorid in Pyridin entstand *1.3-Dihydro-1.3-diphenyl-N-[p-toluolsulfonamido]-isoindol*, das sich spontan unter Bldg. von *1.2-Diphenylbenzocyclobuten* u. *9.10-Dihydro-9-phenylanthracen* zersetzte.

Versuche: *1.3-Dihydroisoindol*, *Pikrat*, $C_8H_9N \cdot C_6H_3N_3O_7$, F. 195—196,5°, durch Rk. von p-Toluolsulfonamid mit o-Xylylendibromid zu *1.3-Dihydro-N-p-toluolsulfonyl-*

isoindol, Hydrolyse mit wss. HBr in Propionsäure in Ggw. von Phenol u. Überführung in das Pikrat. — *1.3-Dihydro-N-nitroisoindol*, F. 95—97° (A.), nach GABRIEL u. NEUMANN [1893]. — *2-Amino-1.3-dihydroisoindol*, $Kp._{24}$ 115—120°, durch Zugabe von $LiAlH_4$ in Ae. zu vorst. Verb. in Ae. innerhalb 1 Std. unter Rühren, Schütteln mit feuchtem Ae., dann mit 20%ig. NaOH u. Dest. der organ. Phase; luftempfindlich; 69% (Ausbeute). *Hydrochlorid*, $C_8H_{11}ClN_2$, F. 189—195° (Zers.), durch Fällen mit Ae. aus heißem Äthanol. — *1.3-Dihydro-2-[p-toluolsulfonamido]-isoindol*, F. 130—135° (Zers.; hellbraune Nadeln aus wss. Aceton), durch Zugabe von p-Toluolsulfonylchlorid zu vorst. Hydrochlorid in Pyridin innerhalb 5 Min. unter Rühren bei 0°, 15 Min. langes Rühren bei 0°, Zugabe von W. u. Filtrieren; 56%. — *Benzocyclobuten*, $Kp._{100}$ 95—102°, durch portionsweise Zugabe von 0,7 g vorst. Verb. zu 20%ig. wss. NaOH innerhalb 15 Min. bei 70—80°, Kühlen, Ae.-Extraktion u. Dest.; enthält 10% o-Xylol; isomerisiert sich bei höherer Temp. zu *Styrol*; 40 mg. — *1.2;5.6-Dibenzocyclooctadien*, F. 106—108°, neben vorst. Verb. durch Sublimation des Dest.-Rückstandes bei 100—120°/0,2 Torr; 12%. — *1.3-Dihydro-2-nitroso-1.3-diphenylisoindol*, $C_{20}H_{16}N_2O$, F. 175,5—176,5° (A.), durch Zugabe von wss. $NaNO_2$-Lsg. zu 1.3-Dihydro-1.3-diphenylisoindol in sehr verd. H_2SO_4 innerhalb 20 Min. unter Eiskühlung u. 3std. Rühren; 70%. — *2-Amino-1.3-dihydro-1.3-diphenylisoindol, Hydrochlorid*, $C_{20}H_{17}ClN_2$, F. 225—228° (Zers.; W.), durch Zugabe vorst. Verb. zu Al-Amalgam in Ae. innerhalb 15 Min. unter Rühren, Zutropfen von W. innerhalb 30 Min., 1std. Rühren, Schütteln mit 10%ig. NaOH, Filtrieren u. Einleiten von HCl; 83%. — *1.2-Diphenylbenzocyclobuten*, F. 93—94° (A. bei 0°), durch Zugabe von 200 mg p-Toluolsulfonylchlorid zu 270 mg vorst. Verb. in Pyridin, 6std. Stehen, 15 Min. langes Kochen, Gießen in verd. HCl, Ae.-Extraktion, Reextraktion mit wss. NaOH, Eindampfen u. chromatograph. Trennung; 77 mg; daneben *9.10-Dihydro-9-phenylanthracen*, F. 85—86° (A.); 22 mg. H. BERTSCH. 2950□

Untersuchungen über die Komponenten von Carpesium abrotanoides. 3. Mitt. Chemische Konstitution des Carpesialactons. 2. Mitt. Tatsuo Kariyone und Shunichi Naito. (J. pharmac. Soc. Japan [Yakugakuzasshi] **75.** 39—43. 25/1. 1955. Kyoto, Univ., Med. Fak., Pharmakol. Inst.) (Jap.; Auszug: Engl.) — 2. bzw. 1. vgl. C. **1950/54.** 5369 S.

Carpesialacton (I), $C_{15}H_{20}O_3$, besitzt wahrscheinlich die Struktur von *1-Oxo-3.8-dimethyl-4-(bzw. 6)-hydroxy-5-[1-carboxyäthyl]-1.3a.4.5.6.7.8.8a-oktahydroazulen*. I absorbiert bei der katalyt. Hydrierung an PtO 1 Mol H_2; die entstehende *Dihydro-Verb.* bildet ein *2.4-Dinitrophenylhydrazon*, womit die Ggw. von 1 Keto- u. 1 Lactongruppe sowie von 1 Doppelbindung in I bewiesen ist. Die große Stabilität der Lactongruppe gegenüber Alkali u. das IR-Absorptionsspektrum weist auf ein γ-Lacton hin. Da bei der Ozonolyse von I keine flüchtigen Prodd. entstehen, I nach der $KMnO_4$-Oxydation die Rk. auf Methylketone gibt u. CH_3COOH gebildet wird, wird die Teilstruktur $CH_3CR_1=CR_2R_3$ für I bewiesen. Das IR-Absorptionsspektrum weist auf die —CH=CR-Gruppe u. deren Konjugation mit der CO-Gruppe hin.

Versuche: *Dihydrocarpesialacton*, $C_{15}H_{22}O_3$, $Kp._5$ 205—207°, aus 1 g I in 50 cm^3 A. durch Hydrieren in Ggw. von 0,1 g PtO_2; $[\alpha]_D^{18}$ +1,63° (c = 2,95). *2.4-Dinitrophenylhydrazon*, $C_{21}H_{26}N_4O_6$, F. 191° (Aceton), aus 0,5 g des Dihydrolactons in A., 0,5 g 2.4-Dinitrophenylhydrazin in 15 cm^3 A. u. 10 cm^3 50%ig. H_2SO_4. — *Carpesiatriol*, $C_{15}H_{28}O_3$, $Kp._5$ 195°, aus 2 g $LiAlH_4$ in 150 cm^3 Ae. durch Zutropfen von 5 g I in Ae.; 2 g (Ausbeute). *Triacetyl-Deriv.*, $C_{21}H_{34}O_6$, $Kp._5$ 175°, aus 2 g des Triols, 6 g Na-Acetat u. 25 cm^3 Essigsäureanhydrid durch 3std. Kochen; $[\alpha]_D^{18}$ —0,52° (c = 1,93); 0,5 g. — *3.4.5-Trimethylcyclopenten-(2)-on-(1)*, $Kp._{17}$ 80°, aus 19 g α-Methyl-α.β-diacetylbuttersäureäthylester in 500 cm^3 KOH durch 8std. Erhitzen auf 120°. *Semicarbazon*, $C_9H_{15}N_3O$, F. 209° (A.) F. MOSSNER. 2950

Synthese und Eigenschaften bicyclischer Oxetane. A. Rosowsky und D. S. Tarbell. (J. org. Chemistry **26.** 2255—60. Juli 1961. Rochester, N.Y., Univ., Dep. of Chem.) (Engl.)

Synth. u. Eigg. von *7-Oxabicyclo-[4.2.0]-octan* (I) u. *1-Oxaspiro-[3.5]-nonan* (II) werden beschrieben. Zur Darst. von I wird *cis-2-Hydroxymethylcyclohexanol*, durch katalyt. Hydrierung von Salicylsäuremethylester (III) zugänglich, mit p-Brombenzolsulfonsäurechlorid in sein *Monobrombenzolsulfonat* (IV) u. dieses mit LiCl in A. in *cis-2-Chlormethylcyclohexanol* (V) übergeführt. **IV** u. **V** lassen sich mit bas. Medien zu I cyclisieren. Zur Darst. von II wird *1-[β-Hydroxyäthyl]-cyclohexanol* (**VI**), durch Rk. von Cyclohexanon (**VII**) mit Keten u. $LiAlH_4$-Red. des entstandenen β-Lactons gewonnen, über sein *Monobrombenzolsulfonat* (**VIII**) in *1-[β-Chloräthylcyclohexanol* umgewandelt u. dieses durch Erhitzen über KOH zu **II** cyclisiert. **VIII** läßt sich durch alkal. Behandlung nicht cyclisieren, ebensowenig das aus **VI** mit HCl gewonnene *1-[β-Hydroxyäthyl]-*

cyclohexylchlorid, das einen ungesätt. Alkohol, *β-Cyclohexylidenäthanol* oder *β-[Cyclohexen-(1)-yl]-äthanol* oder beide (Kp.$_{20}$ 105—106°, n_D^{24} 1,4807), liefert. **I** u. **II** sind charakterist. riechende, bei der Dest. rauchende Substanzen. Ihr IR-Spektrum zeigt bei 10,4 μ eine Bande. Ihre Kernresonanzspektren werden angegeben, ihre Eigg. mit denen anderer Oxetane verglichen. **I** weist keine ungewöhnliche Spannung auf, wie seine Rkk. beweisen. Die Methanolyse führt, mit Säure sehr leicht, zu *cis-2-Methoxymethylcyclohexanol* (**IX**), das auch aus **IV** mit $NaBH_4$ u. Methanol entsteht; dabei wird die CH_2–O-Bindung getrennt. Behandlung mit $LiAlH_4$ in sd. Ae. liefert das ebenso aus **IV** zugängliche *cis-2-Methylcyclohexanol* (**X**); $NaBH_4$ in sd. Methanol greift den Ring nicht an. Daher kann **I** nicht Zwischenprod. sein bei der Rk. **IV** → **IX**, möglicherweise aber bei **IV** → **X**.

Versuche: *cis-2-Hydroxymethylcyclohexanol*, Kp.$_{0,12-0,15}$ 80—83°, durch Hydrierung von **III** an RANEY-Ni bei 125 at u. 125° in Ggw. von Spuren Alkali u. anschließende $LiAlH_4$-Reduktion. *Bis-p-nitrobenzoat*, F. 132,5—133°. *Monobrombenzolsulfonat* (**IV**), $C_{13}H_{17}BrO_4$, F. 36—40° (Ae.-PAe.). — *1-[β-Hydroxyäthyl]-cyclohexanol* (**VI**), Kp.$_{0,03}$ 82 bis 85°, durch 6std. Einleiten von Keten in äther. **VII**-Lsg. in Ggw. von BF_3 bei —10 bis 0° u. Red. des rohen β-Lactons mit $LiAlH_4$; n_D^{24} 1,4838; 74% (Ausbeute). *Monobrombenzolsulfonat* (**VIII**), ölig, wird schnell dunkel. — *cis-2-Chlormethylcyclohexanol* (**V**), durch Kochen von **IV** u. LiCl in 95%ig. Alkohol. *p-Nitrobenzoat*, $C_{14}H_{16}ClNO_4$, F. 45 bis 47°. — *1-[β-Hydroxyäthyl]-cyclohexylchlorid*, durch 8std. Rühren von 10,6 g **VI** mit konz. HCl bei Zimmer-Temp.; n_D^{24} 1,4868; 10,6 g. — *7-Oxabicyclo-[4.2.0]-octan* (**I**), $C_7H_{12}O$, Kp.$_{9-10}$ 44,5—45°, Kp.$_{15}$ 47—49°, a) durch Zufügen von NaH zu **IV** in sd. Ae. innerhalb von 2 Tagen, Filtrieren, Waschen u. Dest.; 49%; b) aus **IV** u. tert.-Butanol durch 12std. Stehen in der Kälte; 47%; c) durch Erhitzen von **V** mit KOH auf 90 bis 150° u. Abdestillieren; 66%; n_D^{25} 1,4625. — *cis-2-Methoxymethylcyclohexanol* (**IX**), $C_8H_{16}O_2$, Kp.$_{0,3-0,4}$ 40—44°, Kp.$_{12}$ 92—95°, a) aus **IV** u. $NaBH_4$ in Methanol durch mehrstd. Stehen, Kühlen, Absaugen des Nd u. Extrahieren mit Ae.; 35%; b) durch ½std. Rühren von **I** in Methanol in Ggw. von konz. H_2SO_4 bei 40°; 67%; n_D^{25} 1,4624. *p-Nitrobenzoat*, $C_{15}H_{19}NO_5$, F. 110,5—112,5°. *3.5-Dinitrobenzoat*, F. 87—88°. — *cis-2-Methylcyclohexanol* (**X**), Kp.$_{13}$ 67—68°, a) aus **IV** u. $LiAlH_4$ in Ae. unter Eiskühlung in 48 Std.; 59%; b) durch 56std. Kochen von **I** u. $LiAlH_4$ in Ae.; 53%. *p-Nitrobenzoat*, F. 56,5—57°. *3.5-Dinitrobenzoat*, F. 101—102°. — *1-Oxaspiro-[3.5]-nonan* (**II**), $C_8H_{14}O$, Kp.$_{34-35}$ 78—79°, durch 2std. Rühren von *1-[β-Chloräthyl]-cyclohexanol* (aus **VIII** u. LiCl in sd. A.) u. NaH in Ae. u. Dest.; n_D^{26} 1,4521; 55%. HEINZ NESTLER. 3040□

5-Nitrofuryl-(2)-substituierte 1.3.4-Oxdiazole, 1.3.4-Thiadiazole und 1.3.5-Triazine. William R. Sherman. (J. org. Chemistry **26**. 88—95. Jan. 1961. North Chicago, Ill., Abbott Labors., Res. Div., Organ. Chem. Dep.) (Engl.)

Das aus dem Chlorid (**I**) der 5-Nitrobrenzschleimsäure (**II**) u. Hydrazin darstellbare **II**-Hydrazid (**III**) wird durch Rk. mit BrCN nach A. P. 2 883 391 (C. **1960**. 2622) in *2-Amino-5-[5-nitrofuryl-(2)]-1.3.4-oxdiazol* (**IV**) übergeführt, das sich auch aus dem durch Rk. von **I** u. Thiosemicarbazid (**V**) bzw. von **III** u. HSCN erhältlichen *1-[5-Nitrofuroyl-(2)]-thiosemicarbazid* (**VI**) durch Rk. mit Pb_3O_4 synthetisieren läßt. Die Rk. von **III** mit $COCl_2$ bzw. $CSCl_2$ führt zu *5-[5-Nitrofuryl-(2)]-1.3.4-oxdiazolon-(2)* (**VII**) bzw. *-oxdiazolthion-(2)* (**VIII**), deren Strukturen durch die IR-Spektren gestützt werden. **VII** wird mit CH_2O zum *3-Hydroxymethyl-Deriv.* u. mit CH_2O u. sek. Aminen zu einigen substituierten *3-Aminomethyl-Derivv.* umgesetzt, deren Struktur aus der leichten Spaltbarkeit mit Säuren zu **VII** gefolgert wird. **IV**, **VII** u. die zuletzt genannten Derivv. sind baktericid wirksam, während **VIII** sowie das aus 1-[5-Nitrofuroyl-(2)]-2-phenylhydrazin (**IX**) u. $COCl_2$ dargestellte *3-Phenyl-5-[5-nitrofuryl-(2)]-1.3.4-oxdiazolon-(2)* (**X**) inakt. sind. **VIII** reagiert mit CH_3J zu *2-Methylmercapto-5-[5-nitrofuryl-(2)]-1.3.4-oxdiazol* (**XI**), dessen Struktur aus dem IR-Spektrum gefolgert wird u. das bei der sauren Hydrolyse **II** liefert, u. ergibt bei der Rk. mit HgO in sd. W. oder Dioxan das Bis-**VIII**-Salz von Hg statt **VII**. Bei der Darst. des zur Synth. von **X** benötigten **IX** aus **I** u. Phenylhydrazin (**XII**) wird außer **IX** *1-[5-Nitrofuroyl-(2)]-1-phenylhydrazin* (**XIII**) isoliert, dessen Struktur durch Darst. des Benzyliden-Deriv. gesichert wird. Ebenfalls antibakteriell wirksam sind die durch Cyclisierung von **VI** u. seinem aus **III** u. Isothiocyanaten erhältlichen 4-Methyl-, 4-Äthyl- u. 4-Phenyl-Deriv. mit H_2SO_4 synthetisierten *2-Amino-5-[5-nitrofuryl-(2)]-1.3.4-thiadiazole* sowie die durch Rk. von **II**-Methylester (**XIV**) u. Biguanid (**XV**) bzw. 1-substituierten **XV**-Derivv. dargestellten *2.4-Diamino-6-[5-nitrofuryl-(2)]-1.3.5-triazine*. Bei der Rk. von **XIV** mit 1-p-Nitrophenylbiguanid (**XVI**) wird in einigen Lsgm. [in Pyridin, Diäthylenglykoldimethyläther (**XVII**), Äthylenglykolmonomethyläther (**XVIII**) bei Raum-Temp. bzw. in sd. A.] das in diesen schwerlösl. *1-[5-Nitrofuroyl-(2)]-5-[p-nitrophenyl]-biguanid* isoliert, das in sd. Dimethylformamid

(DMF) zu *2-Amino-4-[p-nitroanilino]-6-[5-nitrofuryl-(2)]-1.3.5-triazin* cyclisiert wird. Verss., 2-Amino-4-[o-toluidino]-6-[5-nitrofuryl-(2)]-1.3.5-triazin aus **I** u. 1-o-Tolylbiguanid (**XIX**) darzustellen, waren erfolglos.

Versuche: 5-[5-Nitrofuryl-(2)]-1.3.4-oxdiazole: *2-Amino-* (**IV**), $C_6H_4N_4O_4$, F. 261,5° (Zers.), a) durch 1std. Kochen von **III** u. 1,125 Val BrCN in CH_3OH unter Rühren, Kühlen, Abfiltrieren u. Isolierung von weiterem Prod. durch Einengen u. Gießen in W.; gelbe Nadeln aus DMF–A.; 64% (Ausbeute); b) durch 24std. Kochen von **VI** u. 2,5 Val Pb_3O_4 in A. unter Rühren, Abfiltrieren, Extraktion des Nd. mit heißem A. u. Einengen der Extrakte; 16%. — *2-Oxo-2.3-dihydro-* (**VII**), $C_6H_3N_3O_5$, F. 201—202° (Zers.), a) durch 1std. Einleiten von $COCl_2$ in eine Lsg. von **III** in verd. HCl (10:1) unter Rühren u. Kühlung, Abfiltrieren u. Waschen mit W.; hellgelbbraune Täfelchen aus Aceton–W.; 92%; b) durch Rühren von **XXII** in W. mit konz. HCl; 94%; c) analog b) aus **XXI**; d) analog b) aus **XXIII**. *3-Acetyl-Deriv.*, $C_8H_5N_3O_6$, F. 144—144,5°, durch 2std. Kochen von **VII** in Acetanhydrid u. Eindampfen im Vakuum; hellgelbe Kristalle aus Aceton–W.; 84%. — *2-Thiono-2.3-dihydro-* (**VIII**), $C_6H_3N_3O_4S$, F. 157,5—158° (Zers.), durch Zugabe von 1 Val $CSCl_2$ zu **III** in Dioxan bei Raum-Temp., Filtrieren mit Kohle, Verdünnen mit Hexan, Kühlen u. Impfen bzw. Kratzen; gelbe Nadeln aus sd. W.; 64%. *Hg(II)-Salz*, $C_{12}H_4HgN_6O_8S_2$, F. 262° (Zers.; DMF–W.), a) durch 15std. Kochen von **VIII** u. HgO in abs. Dioxan, Abfiltrieren, Extraktion des Nd. mit heißem DMF u. Zusatz von W.; 56%; b) analog a) durch Kochen in H_2O. — *3-Hydroxymethyl-2-oxo-2.3-dihydro-*, $C_7H_5N_3O_6$, F. 110—111°, durch Aufkochen von **VII** u. 1 Val Formalin in W., ½std. Erwärmen auf dem Dampfbad u. Kühlen; Nadeln aus A.-Cyclohexan; 4,7%. — *3-Dimethylaminomethyl-2-oxo-2.3-dihydro-*, $C_9H_{10}N_4O_5$, F. 118—119°, durch Zugabe von 1 Val CH_2O zu **VII** in eiskaltem abs. A. unter Rühren, Zusatz von alkohol. Dimethylamin-Lsg. (1 Val), Filtration nach 10 Min., Kristallisation aus A., Extraktion mit heißem Bzl., Eindampfen des Extrakts u. Kühlen; 28%. — *3-Diäthylaminomethyl-2-oxo-2.3-dihydro-* (**XX**), $C_{11}H_{14}N_4O_5$, F. 99—99,5°, durch Zugabe von 1 Val CH_2O u. 1 Val Diäthylamin zu einer Lsg. von **VII** in abs. A. (+5% DMF) bei 40°, Eiskühlung u. Kratzen; gelb; 22%. — *2-Oxo-2.3-dihydro-3-piperidinomethyl-*, $C_{12}H_{14}N_4O_5$, F. 133,5—134°, analog **XX** aus **VII**, CH_2O u. Piperidin; gelbe Kristalle aus A.; 78,2%. — *3-Morpholinomethyl-2-oxo-2.3-dihydro-* (**XXI**), $C_{11}H_{12}N_4O_6$, F. 190—191°, analog **XX** aus **VII**, CH_2O u. Morpholin; gelbe Kristalle aus DMF–A.; 93%. — *2-Oxo-2.3-dihydro-3-pyrrolidinomethyl-* (**XXII**), $C_{11}H_{12}N_4O_5$, F. 138—139° (DMF–A.), analog **XX** aus **VII**, CH_2O u. Pyrrolidin; 85%. — *3-Hexamethyleniminomethyl-2-oxo-2.3-dihydro-* (**XXIII**), $C_{13}H_{16}N_4O_5$, F. 134 bis 135°, analog **XX** aus **VII**, CH_2O u. Hexamethylenimin; gelb; 92%. — *2-Methylmercapto-* (**XI**), $C_7H_5N_3O_4S$, F. 165,5—166°, durch Zugabe von CH_3J u. KOH in A. zu **VIII** in A.; gelbe Nadeln aus DMF–W.; 85%. — *2-Oxo-2.3-dihydro-3-phenyl-* (**X**), $C_{12}H_7N_3O_5$, F. 186,5 bis 187,5° (Toluol), durch 1std. Einleiten von $COCl_2$ in eine Lsg. von **IX** in Toluol auf dem Dampfbad, Abtreiben des Toluols im Luftstrom u. Aufschlämmen in sd. A.; 71,2% (+12,8% aus der alkohol. Mutterlauge). — *1.4-Bis-{5-[5-nitrofuryl-(2)]-2-oxo-2.3-dihydro-1.3.4-oxdiazolyl-(3)-methyl}-piperazin*, $C_{18}H_{16}N_8O_{10}$, F. 200° (Zers.), analog **XX** aus **VII**, CH_2O u. Piperazin; orangefarbenes Pulver; 95%. — *5-Nitrobrenzschleimsäure* (**II**), F. 182—183° (Zers.), durch 7std. Erhitzen von **XI** u. konz. HCl auf dem Dampfbad u. Kühlen; hellgelb; 74%. *Chlorid* (**I**), a) durch 20std. Kochen von **II** mit $SOCl_2$; 69% (daneben 24% **II**-*Anhydrid*, $C_{10}H_4N_2O_9$, F. 212—213°, durch Abtrennung des in kaltem $SOCl_2$ nicht lösl. Prod.; hellgelbe Nadeln aus CH_3NO_2); b) durch 36std. Kochen von **II** mit $SOCl_2$; 81%. *α-Phenylhydrazid* (**XIII**), $C_{11}H_9N_3O_4$, F. 167—167,5°, a) durch Zutropfen von **I** in abs. Bzl. zu **XII** in eiskaltem abs. Bzl. unter Rühren, kurzes Kochen, Kühlen, Abfiltrieren, Waschen mit W., Kristallisieren aus abs. A. u. Kühlen; gelbe Kristalle; 37,8%; b) durch langsame Zugabe von **I** in abs. Ae. zu **XII** in eiskaltem, abs. Ae. unter Rühren, Abfiltrieren, Waschen des Nd. mit W., Lösen in A. u. Kühlen; 16,2%; **XIII**-*Benzyliden-Deriv.*, $C_{18}H_{13}N_3O_4$, F. 207—208°, durch 40 Min. langes Erhitzen von frisch dest. Benzaldehyd u. **XIII** auf dem Dampfbad u. Kühlen; hellgelbe Kristalle aus Toluol; 78%. *β-Phenylhydrazid* (**IX**), F. 127,5—128°, a) neben **XIII** nach a) durch Eindampfen der alkohol. Mutterlauge, Extraktion mit warmem W. u. Kristallisation aus Toluol; gelborangefarbene Nadeln; 17,4%; b) neben **XIII** nach b) durch Eindampfen des äther. Filtrats u. der alkohol. Mutterlauge u. Kristallisation wie bei a); 58,2%. — *1-[5-Nitrofuroyl-(2)]-thiosemicarbazid* (**VI**), $C_6H_6N_4O_4S$, F. 192° (Zers.; A.), a) durch langsame Zugabe von **I** in abs. Dioxan zu **V** u. $NaHCO_3$ in abs. Dioxan unter Rühren, 2std. Rühren bei Raum-Temp., 10 Min. langes Kochen auf dem Dampfbad, Kühlen, Filtrieren, Einengen u. Fällen mit A.; 46%; b) durch 4std. Erhitzen von **III**, KSCN, konz. HCl u. W. auf dem Dampfbad, Kühlen über Nacht, Abfiltrieren u. einige Min. langes Aufschlämmen in wenig sd. A.; 50%. *4-Methyl-Deriv.*, $C_7H_8N_4O_4S$, F. 190° (Zers.), durch 2std. Kochen von **III** u. CH_3NCS in A., Kühlen, Kristallieren aus A. u. Erhitzen des *Äthanolats* ($C_7H_8N_4O_4S \cdot C_2H_5OH$) im Vakuum auf 100°; 96%. *4-Äthyl-Deriv.*, C_8H_{10}·N_4O_4S, F. 193°, analog aus **III** u. C_2H_5NCS; blaßgelbe Nadeln aus A.; 88%. *4-Phenyl-Deriv.*, $C_{12}H_{10}N_4O_4S$, F. 175° (Zers.), analog aus **III** u. C_6H_5NCS durch ½std. Kochen; gelbe Kristalle aus Aceton–W.; 81%. — 5-[5-Nitrofuryl-(2)]-1.3.4-thiadiazole: *2-Amino-*, $C_6H_4N_4O_3S$, F. 280° (Zers.), durch portionsweise Zugabe von **VI** zu konz. H_2SO_4 von 0° unter Rühren, 1std. Rühren in der Kälte, Erwärmen auf Raum-Temp. in 1 Std., Filtrieren, Gießen auf Eis, Stehen über Nacht in der Kälte, Abfiltrieren, Kristallisieren aus DMF–W. u. Neutralisieren des Filtrats; gelbe Nadeln aus DMF–W.; 76%. *Acetyl-Deriv.*, $C_8H_6N_4O_4S$, F. 308° (Zers.; Pyridin), durch 2std. Erhitzen mit Acetanhydrid u. Pyridin auf 80—90° u. Kühlen; 95%. — *2-Methylamino-*, $C_7H_6N_4O_3S$, F. 214,5—215,5° (Zers.), durch Zugabe des **VI**-Methyl-Deriv. (als Äthanolat) zu konz. H_2SO_4 bei 0° unter Rühren, Erwärmen auf Raum-Temp., Gießen auf Eis, Einstellen auf pH 5 u. Filtrieren; gelbe Würfel aus DMF–W.; 52%. — *2-Äthylamino-*, $C_8H_8N_4O_3S$, F. 216 bis 216,5° (Zers.), analog vorst. Verb. aus dem **VI**-Äthyl-Deriv.; gelbe, verfilzte Nadeln; 70%. — *2-Anilino-*, $C_{12}H_8N_4O_3S$, F. 267—267,5°, analog vorvorst. Verb. aus dem **VI**-Phenyl-Deriv.; flache gelbe Nadeln aus DMF–W.; 73%. — 4-Amino-6-[5-nitrofuryl-(2)]-1.3.5-triazine: *2-Isopropylamino-*, $C_{10}H_{12}N_6O_3$, F. 197—197,5°, durch Lösen von Na in abs. **XVIII**, Zugabe von 1-Isopropylbiguanidhydrochlorid, Abfiltrieren des NaCl, Zugabe von **XIV**, 3tägiges Stehen bei Raum-Temp., Abfiltrieren u. Waschen mit A. (weiteres Prod. durch >2wöchiges Stehen der Mutterlauge, Eindampfen u. Extraktion mit heißem A.); feine gelbe Nadeln; 28%. — *2-Anilino-*, $C_{13}H_{10}N_6O_3$, F. 259,5—260° (n-Butanol), durch 3½std. Erhitzen des 1-Phenyl-Deriv. von **XV** u. **XIV** in **XVIII** auf dem Dampfbad, 3tägiges Stehen bei Raum-Temp., Abfiltrieren u. Kristallisieren aus DMF–W. (weiteres Prod. aus der Mutterlauge); 15,4%. — *2-p-Chloranilino-*, $C_{13}H_9$·ClN_6O_3, F. 249—249,5° (DMF–W.), durch 2½std. Erhitzen des 1-p-Chlorphenyl-Deriv. von **XV** u. **XIV** in **XVIII** auf dem Dampfbad, 5tägiges Stehen bei Raum-Temp. u. Abfiltrieren; 8,5%. — *2-o-Toluidino-*, $C_{14}H_{12}N_6O_3$, F. 257° (Zers.; n-Butanol), durch 5tägiges Stehen von **XIX** u. **XIV** in **XVII** bei Raum-Temp.; 9,6%. — *2-p-Nitroanilino-*, $C_{13}H_9N_7O_5$, F. 342° (Zers.; DMF), a) durch 14tägiges Stehen von **XIV** u. **XVI** in **XVIII** oder **XVII** bzw. Pyridin bei Raum-Temp. (bzw. durch Kochen in A.), Abfiltrieren des *1-[5-Nitrofuroyl-(2)]-5-[p-nitrophenyl]-biguanidhydrats* [$C_{13}H_{11}N_7O_6 \cdot H_2O$, F. 259° (Zers.; CH_3COOH–A.); 56%], Eintragen in wenig sd. DMF u. sofortige Eiskühlung der Lsg.; 33%; b) durch 8½std. Erhitzen von **XIV** u. **XVI** in DMF auf dem Dampfbad u. Kühlen; 12%; c) analog b) durch 8tägiges Stehen bei Raum-Temp.; 5%. — *2-Amino-* (**XXIV**), *Acetyl-Deriv.*, $C_9H_8N_6O_4$, F. 317° (Zers.; DMF), durch 16std. Kochen des Diacetyl-Deriv. in DMF-W. (1:1) u. Kühlen; 63%. — *$N^2.N^4$-Diacetyl-Deriv.*, $C_{11}H_{10}N_6O_5$, F. 274,5 bis 275° (Zers.), durch 1½std. Kochen von **XXIV** in Acetanhydrid u. Kühlen; gelbbraune Kristalle aus DMF; 72,5%. H. PAGEL. 3061□

Eine bequeme alternative Synthese von 5-Hydroxytryptamin. L. Bretherick, K. Gaimster und W. R. Wragg. (J. chem. Soc. [London] **1961**. 2919—22. Juli. Dagenham, Essex, May and Baker Ltd., Res. Labor.) (Engl.)

Durch Kondens. von p-Benzyloxybenzoldiazoniumchlorid mit α-Acetyl-δ-phthalimidovaleriansäureäthylester (I) u. anschließende Cyclisierung entsteht *5-Benzyloxy-3-[2-phthalimidoäthyl]-indol-2-carbonsäureäthylester*, der alkal. verseift u. zu *5-Benzyloxy-3-[2-phthalimidoäthyl]-indol* (**II**) decarboxyliert wird. 2½std. Kochen von **II** mit 80%ig. $N_2H_4 \cdot H_2O$ u. katalyt. Hydrierung des erhaltenen *5-Benzyloxytryptaminsulfatmonohydrats* (**IV**) liefern *5-Hydroxytryptamin*, das als Kreatininsulfatmonohydrat isoliert wird.

Versuche: *5-Benzyloxy-3-[2-phthalimidoäthyl]-indol-2-carbonsäureäthylester*, C_{28}·$H_{24}N_2O_5$, F. 188—190°, durch Rk. von p-Benzyloxyanilin in verd. HCl mit $NaNO_2$ bei 0°, 40 Min. langes Rühren bei 5—10°, Zugeben zu **I** in A./Na-Acetat bei 5°, Erwärmen auf Raum-Temp., Extrahieren mit Bzl., Einengen, Lösen in abs. A. u. Einleiten von HCl unter Kühlung; Nadeln; 51% (Ausbeute). — *5-Benzyloxy-3-[2-o-carboxybenzamidoäthyl]-indol-2-carbonsäure* (**III**), F. 230—235° (Zers.), durch 1½std. Kochen vorst. Verb. mit KOH in wss. A., Einengen u. Ansäuern; 98%. — *5-Benzyloxy-3-[2-phthalimidoäthyl]-indol* (**II**), $C_{25}H_{20}N_2O_3$, F. 179—181°, a) durch 1½std. Erhitzen von **III** auf 250°, Lösen in Methyläthylketon, Einengen, Zugeben von A. u. Digerieren des Nd. in 1n NaOH; gelbe Prismen; 84%; b) durch ¾std. Erhitzen nachst. Verb. auf 260—270°; 70%. — *5-Benzyloxy-3-[2-phthalimidoäthyl]-indol-2-carbonsäure*, $C_{26}H_{20}N_2O_5$, F. 250—251° (Zers.; Essigsäure), durch 5std. Kochen von **III** mit Essigsäure u. Einengen; 71%. — *5-Benzyloxytryptaminsulfatmonohydrat* (**IV**), $C_{17}H_{18}N_2O \cdot 0{,}5\,H_2SO_4 \cdot H_2O$, F. 187—189° (W.), durch 2½std. Kochen von **II** mit 80%ig. $N_2H_4 \cdot H_2O$ in A., Einengen, Zugeben von 2n NaOH u. Ae., Extrahieren der Ae.-Lsg. mit 1n Essigsäure u. Zugeben von konz. H_2SO_4; Blättchen; 73%. — *Kreatininsulfathemihydrat*, $C_4H_7N_3O \cdot 0{,}5\ H_2SO_4 \cdot 0{,}5\ H_2O$, F. 259—260° (A.-W.), durch Gießen einer 2n H_2SO_4-Kreatinin-Lsg. in Aceton; Prismen; 80%. — *5-Hydroxytryptamin-Kreatininsulfatmonohydrat*, $C_{10}H_{12}N_2O \cdot C_4H_7N_3O \cdot H_2SO_4 \cdot H_2O$, F. 219—221° (Zers.; W./A.), durch katalyt. Hydrierung von **IV** in A. in Ggw. von Pd-Kohle, Einengen unter N_2, Lösen mit vorst. Verb. in W. u. Zugeben von Aceton; Prismen; 67%. E. SCHRÖDER. 3081 □

Isothiuronium-, Alkylmercaptooxazolinium- und Alkylmercaptothiazoliniumpikrate. Louis Long jun., Richard C. Clapp, Frank H. Bissett und Torsten Hasselstrom. (J. org. Chemistry **26.** 85—88. Jan. 1961. Natick, Mass., U. S. Army, Quartermaster Res. and Engng. Center, Pioneer. Res. Div., Organ. Chem. Labor.) (Engl.)

Durch die Darst. einer Reihe von N-substituierten *S-Methyl-* u. *-Äthylisothiuroniumpikraten* (**A**) aus Isothiocyanaten (**B**), NH_3, CH_3J bzw. C_2H_5J u. Pikrinsäure (**I**) wird gezeigt, daß diese Derivv. sich zur Isolierung u. Identifizierung von **B** im Mikromaßstab eignen. — *2-Äthyl-* u. *2-Methylmercapto-Δ^2-oxazolinium-* bzw. *-Δ^2-thiazoliniumpikrate* werden als Derivv. von 2-Thionooxazolidinen bzw. 2-Thionothiazolidinen durch Rk. mit CH_3J oder C_2H_5J in Ggw. von C_2H_5ONa u. **I** dargestellt. Bei Verss. der Alkylierung von 2-Thionooxazolidin (**II**) u. 5.5-Dimethyl-2-thionooxazolidin (**III**) ohne C_2H_5ONa wurde nur Zers. beobachtet. Die IR-Maxima der **A** sind tabellar. aufgeführt u. werden diskutiert.

Versuche (FF. korr.): S-Methylisothiuroniumpikrate (**A**), durch Rk. der **B** mit methanol. NH_3, 10 Min. langes Kochen des *Thioharnstoffs* mit 1,1 Val CH_3J in 95%ig. A., Zugabe von 1 Val **I** in heißem 95%ig. A., ggf. langsamen Zusatz von W. bis zur Kristallisation, Kühlen u. Umkristallisieren aus A., W. oder wss. A.; 85—90% (Ausbeute): *N-Methyl-*, $C_9H_{11}N_5O_7S$, F. 183—184,5°. — *N-Äthyl-*, $C_{10}H_{13}N_5O_7S$, F. 163 bis 164°. — *N-n-Propyl-*, $C_{11}H_{15}N_5O_7S$, F. 153—154°. — *N-Isopropyl-*, F. 167—168°. — *N-Allyl-*, $C_{11}H_{13}N_5O_7S$, F. 148—149°. — *N-n-Butyl-*, $C_{12}H_{17}N_5O_7S$, F. 154—155°. — *N-sek.-Butyl-*, F. 143—144°. — *N-Isobutyl-*, F. 163,5—164,5°. — *N-[Buten-(3)-yl]-*, $C_{12}H_{15}N_5O_7S$, F. 135,5—136,5°. — *N-3-Methylmercaptopropyl-*, $C_{12}H_{17}N_5O_7S_2$, F. 112,5 bis 113,5°. — *N-Phenyl-*, $C_{14}H_{13}N_5O_7S$, F. 176—177,5°. — *N-Benzyl-*, $C_{15}H_{15}N_5O_7S$, F. 173—174°. — S-Äthylisothiuroniumpikrate (**A**), analog den S-Methyl-Derivv.: *N-Methyl-*, $C_{10}H_{13}N_5O_7S$, F. 161—162,5°. — *N-Äthyl-*, $C_{11}H_{15}N_5O_7S$, F. 126—127°. — *N-n-Propyl-*, $C_{12}H_{17}N_5O_7S$, F. 119—120°. — *N-Isopropyl-*, F. 154—155°. — *N-Allyl-*, $C_{12}H_{15}N_5O_7S$, F. 124,5—125° (partielles Schmelzen bei 112,5—113,5°). — *N-n-Butyl-*, $C_{13}H_{19}N_5O_7S$, F. 122—123°. — *N-sek.-Butyl-*, F. 112,5—114°. — *N-Isobutyl-*, F. 151 bis 152°. — *N-[Buten-(3)-yl]-*, $C_{13}H_{17}N_5O_7S$, F. 129—130°. — *N-3-Methylmercaptopropyl-*, $C_{13}H_{19}N_5O_7S_2$, F. 103—104°. — *N-Phenyl-*, $C_{15}H_{15}N_5O_7S$, F. 198,5—199,5°. — *N-Benzyl-*, $C_{16}H_{17}N_5O_7S$, F. 143,5—144,5°. — Δ^2-Oxazoliniumpikrate: *2-Methylmercapto-*, $C_{10}H_{10}N_4O_8S$, F. 124,5—125,5°, a) durch Zugabe von **II** zu 1 Val C_2H_5ONa in abs. A., portionsweisen Zusatz von 1,018 Val CH_3J in abs. A., 1std. Stehen bei Raum-Temp., $^3/_4$std. Kochen, Eindampfen im Vakuum, Extraktion mit Ae., Eindampfen, Lösen in A. u. Zugabe von **I** in A.; gelbe Tafeln aus Aceton; IR-Maxima; 44%; b) analog a) durch Rk. in wss. A. in Ggw. von NaOH; 24%. — *2-Methylmercapto-5-vinyl-*, *dl-Form*, $C_{12}H_{12}N_4O_8S$, F. 104,5—105,5°, analog vorst. Verb. nach a) aus dl-5-Vinyl-2-thionooxazolidin; gelbe Nadeln aus Chlf.-Heptan (10 : 7); 33%. *(—)-Form*, F. 104,5—105°, analog aus (—)-5-Vinyl-2-thionooxazolidin (Goitrin); gelbe Nadeln aus Chlf.-Heptan; 33%. — *5.5-Dimethyl-2-methylmercapto-*, $C_{12}H_{14}N_4O_8S$, F. 133—134,5°, aus **III** analog vorvorst. Verb. nach a); gelbe, prismat. Kristalle aus Chlf.-Heptan; 57%. — Δ^2-Thiazoliniumpikrate: *2-Methylmercapto-*, F. 150—151°, a) durch $^3/_4$std. Kochen von 2-Thionothiazolidin mit CH_3J in A. u. Zugabe von **I**; IR-Maxima; 51%; b) analog a) in Ggw. von C_2H_5ONa; 84%; c) nach CRAWHALL u. ELLIOTT (C. **1953.** 1961). — *2-Äthylmercapto-*, $C_{11}H_{12}N_4O_7S_2$, F. 112,5—114°, analog vorst. Verb. nach b); prismat. Kristalle aus wss. Aceton. H. PAGEL. 3100 □

Untersuchungen über die Benzoinkondensation. 5. Mitt. **Über Benzoselenazoin.** Teiji Ukai und Saburō Kanahara. (J. pharmac. Soc. Japan [Yakugakuzasshi] **75.** 31—33. 25/1. 1955. Kanazawa Univ., Pharmakolog. Inst.) (Jap.; Auszug: Engl.) — 4. vgl. J. pharmac. Soc. Japan [Yakugakuzasshi] **74.** [1954.] 45.

Die Benzoin-Kondens. von 2-Formylbenzoselenazol (**II**) gibt *Benzoselenazoin* (*1.2-Bis-[benzoselenazolyl]-äthendiol-(1.2)*; **I**), das mit Endiolreagentien reagiert u. ein Diacetyl-Deriv. liefert. Die Luftoxydation von **I** in Xylol führt zu *Benzoselenazil*, das ein *Hydrazon* u. ein *Chinoxalin-Deriv.* bildet. Die Oxydation von **I** in äthanol. KOH führt zu *Benzoselenazol-2-carbonsäure*. Das UV-Spektrum von **I** zeigt Absorptionsmaxima bei 417 u. 440 mμ; die Form der Absorptionskurve ähnelt denjenigen von Benzothiazoin u. Chinaldoin.

Versuche: *2-Formylbenzoselenazol* (II), F. 70° (PAe.), aus 10 g 2-Methylbenzoselenazol in 20 g Dioxan u. 11 g SeO_2 in 100 g Dioxan durch 1std. Erhitzen auf 50—60°; 3 g (Ausbeute). — *Benzoselenazoin* (I), $C_{16}H_{10}N_2O_2Se_2$, F. 274—275° (Zers.; Xylol), aus 2 g II in 20 cm³ A. u. 1 cm³ 1%ig. KCN-Lsg.; 90%. *Diacetyl-Deriv.*, $C_{20}H_{14}N_2O_4Se_2$, F. 240° (Zers.; Bzl.). — *Benzoselenazil*, $C_{16}H_8N_2O_2Se_2$, F. 224—225° (Zers.; Bzl.), aus a) 1 g I in 80 cm³ Xylol durch Luftoxydation u. 5—10std. Kochen; 90%; b) 0,21 g I in 1 g Chlf. durch Zutropfen von 0,08 g Br_2 in 10 cm³ Chlf.; 0,1 g. — *2.3-Bis-[benzoselenazolyl-(2)]-chinoxalin*, $C_{22}H_{12}N_4Se_2$, F. 207—208°, durch 1std. Kochen von 0,21 g vorst. Verb. u. 0,06 g o-Phenylendiamin in 30 cm³ A.; 0,15 g. — *Benzoselenazol-2-carbonsäure*, $C_8H_5NO_2Se$, F. 120° (Zers.; A.), aus a) 0,1 g pulverisiertem I in 2%ig. alkohol. KOH durch Luftoxydation; 0,08 g; b) 0,1 g II in 15 cm³ A. u. 10 cm³ 3%ig. H_2O_2 durch ½std. Erhitzen. *Pikrat*, F. 180°. F. MOSSNER. 3142

Untersuchungen über antibakterielle Pyronderivate. 3. Mitt. Kōmei Miyaki und Saburō Yamagishi. (J. pharmac. Soc. Japan [Yakugakuzasshi] **75**. 43—46. 25/1. 1955. Chiba Univ., Inst. für Fäulnisforsch.) (Jap.; Auszug: Engl.) — 2. vgl. J. pharmac. Soc. Japan [Yakugakuzasshi] **73**. [1954.] 985.

Zur Aufklärung des antibakteriellen Mechanismus von Verbb. mit Tricarbonylmethanstruktur werden Acylgruppen in 3-Stellung von 6-Methyl-2.3-dihydro-4 H-pyrandion-(2.4) (I) durch Rk. mit dem entsprechenden Säurechlorid in Ggw. von konz. H_2SO_4 eingeführt. Auf diese Weise werden Verbb., wie *3-Propionyl-*, *3-Phenacetyl-*, *3-[β-Phenylpropionyl]-*, *3-Cinnamoyl-* (II) u. *3-Sorboyl-6-methyl-1.2-dihydro-4 H-pyrandion-(2.4)*, erhalten. II besitzt den F. 131—132° u. ist nicht ident. mit der von HALE [1911] durch Kondens. von Dehydracetsäure u. Benzaldehyd erhaltenen Verb. vom F. 105—106°. Der Vers., diese Verb. nach dem Verf. von HALE (l. c.) zu erhalten, mißlang.

Versuche: 6-Methyl-1.2-dihydro-4 H-pyrandione-(2.4): *3-Isobutyryl-*, $C_{10}H_{12}O_4$, F. 76—77° (A.), aus 4,2 g Isobutyrylchlorid, 0,3 cm³ konz. H_2SO_4 u. 2,5 g I durch ½std. Erhitzen auf 130° u. Ae.-Extraktion; 2 g (Ausbeute). — *3-Propionyl-*, F. 104°, aus 5,2 g Propionylchlorid, 0,3 cm³ konz. H_2SO_4 u. 1,8 g I; 1,2 g. — *3-Caproyl-*, F. 66 bis 67°, aus 7 g Caproylchlorid, 0,3 cm³ konz. H_2SO_4 u. 3,3 g I; 2,6 g. — *3-Decanoyl-*, F. 76—77°, aus 7 g Decanoylchlorid u. 2,5 g I wie vorst.; 3,6 g. — *3-Stearyl-*, $C_{24}H_{40}O_4$, F. 93,5—94,5°, aus 3 g Stearylchlorid, 0,2 cm³ konz. H_2SO_4 u. 0,6 g I; 0,8 g. — *3-Sorboyl-*, $C_{12}H_{12}O_4$, F. 157—159°, aus 2 g Sorboylchlorid, 0,2 cm³ konz. H_2SO_4 u. 1 g I durch 10std. Erhitzen auf 90—110°; 0,4 g. — *3-Phenacetyl-*, $C_{14}H_{12}O_4$, F. 147—149° (A.), aus 3 g Phenacetylchlorid u. 1,1 g I durch 20 Min. langes Erhitzen auf 100—120° wie vorst.; 0,9 g. — *3-[β-Phenylpropionyl]-*, $C_{15}H_{14}O_4$, F. 77,5—78,5°, durch ¼std. Erhitzen von 2 g β-Phenylpropionylchlorid, 0,1 cm³ konz. H_2SO_4 u. 0,8 g I auf 120°; 0,9 g. — *3-Phenylthiocarbamyl-*, $C_{13}H_{11}NO_3S$, F. 192—194° (A.), aus 1,4 g Phenylisothiocyanat, 0,5 g CH_3COONa u. 1,2 g I durch Erhitzen auf 90—100°; 0,2 g. — *3-Cinnamoyl-* (II), $C_{15}H_{12}O_4$, F. 131—132° (Ae.), aus 2 g Cinnamoylchlorid, 0,2 g konz. H_2SO_4 u. 1 g I durch 10 Min. langes Erhitzen auf 120—130°; 0,4 g. — *3-Brom-*, $C_6H_5BrO_3$, F. 200—201° (Zers.; A.), aus 3,2 g Br_2, 20 cm³ Chlf., 3 Tropfen konz. H_2SO_4 u. 2,2 g I; 3 g. — *Verb. vom F. 234—235°* (Zers.; A.), aus 2,5 g SO_2Cl_2, 20 cm³ Chlf., 3 Tropfen konz. H_2SO_4 u. 1,2 g I; 2,7 g. — *6-Methyl-2-[p-nitrophenylacetoxy]-γ-pyron*, $C_{14}H_{11}NO_6$, F. 62—65°, aus 3,6 g p-Nitrophenylessigsäure, 2,5 g $SOCl_2$, 0,2 cm³ konz. H_2SO_4 u. 1,2 g I durch Erhitzen auf 110—130°; 2,1 g. — *6-Methyl-2*(oder *4*)*-benzoxy-γ*(oder *α*)*-pyron*, $C_{13}H_{10}O_4$, F. 90—91°, aus a) 1 g I, 10 cm³ Pyridin, 1 Tropfen Piperidin u. 2 g Benzoylchlorid (III) durch 1tägiges Stehen u. 1std. Erhitzen; 0,5 g; b) 1,2 g I, 1,4 g III u. 1,3 g $AlCl_3$; 0,4 g. — *6-Methyl-3-benzoyl-2*(oder *4*)*-benzoxy-γ*(oder *α*)*-pyron*, $C_{20}H_{14}O_5$, F. 242—243° (A.), aus 4,6 g III, 0,5 cm³ konz. H_2SO_4 u. 1,5 g I durch ½std. Erhitzen auf 100—120°; 0,1 g.
F. MOSSNER. 3211

2.2′.4.4′.6.6′-Hexamethylbi-[4H-pyranyl-(4.4′)]. Kenneth Conrow und Phillip C. Radlick. (J. org. Chemistry **26**. 2260—63. Juli 1961. Los Angeles, Calif., Univ., Dep. of Chem.) (Engl.)

2.2′.4.4′.6.6′-Hexamethylbi-[4 H-pyranyl-(4.4′)] (I) entsteht durch reduktive Dimerisierung des Trimethylpyryliumkations [aus dem Perchlorat (IIa) oder Fluoroborat (IIb)] mit Cyclooctatetraendinatrium (IIIa), -dikalium (IIIb), Natriumdiphenylketyl (IV) oder Anthracendinatrium (V). Die Kernresonanz- u. UV-Spektren von I sind angegeben. Die IR-Bande bei 1705 cm⁻¹ wird der Enoläthergruppierung in I zugeschrieben (*2.4.4.6-Tetraphenyl-4 H-pyran* absorbiert bei 1675 cm⁻¹). Mittels Perbenzoesäureoxydation lassen sich 4 Doppelbindungen nachweisen; ihre nur unvollständige Hydrierbarkeit dürfte auf Öffnung des Enoläthers u. Bldg. von Ketogruppen beruhen. Aus Hydrolyse-Verss. konnten 4 unbekannte Verbb. isoliert u. charakterisiert werden (IR-, UV-Spektren).

Versuche: *2.2'.4.4'.6.6'-Hexamethylbi-[4 H-pyranyl-(4.4')]* (I), $C_{16}H_{22}O_2$, F. 120 bis 121° (A.), a) durch Verrühren von **IIIa** mit **IIa** in Tetrahydrofuran bei Raum-Temp. unter N_2, Wasserzusatz, Extrahieren mit PAe. u. Chromatographie; 20% (Ausbeute); b) analog aus **IIb** u. **IIIb**; 54%; c) analog aus **IIa** u. **IV** durch 1std. Kochen; 2%; d) analog aus **IIa** u. **V** durch 20 Min. langes Kochen; 22%. Hydrolyse durch 3tägiges Stehen in wss. Dioxan u. wenig konz. $HClO_4$, 1std. Kochen mit 10%ig. NaOH-Lsg., Ausäthern, Einengen u. Chromatographie an Al_2O_3 in PAe. → *Keton* $C_{16}H_{24}O_3$, F. 69 bis 69,5°, Nadeln; 11%. Daneben *Hydroxyketon* $C_{16}H_{24}O_3$, F. 121—123° (PAe.), Tafeln; 6%. Daneben vermutlich *Hydroxyketon* $C_{16}H_{24}O_3$, F. 82—83,5°, Rhomben; ca. 10%. Daneben *ungesätt. Hydroxyketon* $C_{16}H_{22}O_2$, F. 140—141° (PAe.), dicke Nadeln; ca. 10%.

HEINZ NESTLER. 3211 □

Einige neue Ester von Chromon-2-carbonsäure. Juan X. De Vries und Kempis Vidal-Beretervide. (Nature [London] **191.** 171. 8/7. 1961. Montevideo, Uruguay, Fac. de Quím., Organ. Chem. Labor.; Fac. de Med., Pharm. Dep.) (Engl.)

Chromon-2-carbonsäure [F. 256—259° (Zers.), Nadeln aus W.–A.] u. deren *Chlorid* (I, $C_{10}H_5ClO_3$, F. 105—106°, Nadeln aus PAe.) wurden nach SAGOREWSKI u. Mitarbeitern (C. **1960.** 5811) synthetisiert u. in folgende *Ester* u. *Ester-Derivv.* übergeführt: *Dimethylaminoäthylesterhydrochlorid*, $C_{14}H_{15}NO_4 \cdot HCl$, F. 202—204° (Zers.), durch 4½std. Kochen von **I** u. 2-Dimethylaminoäthanol in Toluol; Nadeln aus Methanol. *Methojodid*, $C_{15}H_{18} \cdot JNO_4$, F. 224—226° (Zers.), durch 8std. Kochen von **I** u. Cholinchlorid in Toluol u. Zusatz von NaJ in Methanol; Tafeln aus Methanol. — *Tropylester* (**II**), $C_{18}H_{19}NO_4$, F. 107—109°, durch 12std. Stehen von **I** u. Tropin in Pyridin, Eingießen in K_2CO_3-Lsg. u. Chlf.-Extraktion; aus PAe. Prismen. *Hydrochlorid*, $C_{18}H_{19}NO_4 \cdot HCl \cdot H_2O$, F. 247 bis 251° (Zers.), durch HCl-Einleiten in äther. **II**-Lsg.; Nadeln aus Ae.–Methanol. *Methobromid*, $C_{19}H_{22}BrNO_4 \cdot H_2O$, F. 270—271° (Zers.), durch Zusatz von CH_3Br zu **II** in Aceton bei Zimmer-Temp.; aus Methanol–Ae. Tafeln. *Methojodid*, $C_{19}H_{22}JNO_4$, F. 276 bis 277° (Zers.), mit CH_3J; aus wss. A. Tafeln. — Die R_F-Werte in n-Butanol–Essigsäure–W. (6 : 1 : 2) u. n-Butanol–2n HCl (1 : 1) sind angegeben. HEINZ NESTLER. 3211 □

Addition von Thioharnstoff an 2- und 4-Vinylpyridine. Ludwig Bauer und Libero A. Gardella jun. (J. org. Chemistry **26.** 82—85. Jan. 1961. Chicago, Ill., Univ., Coll. of Pharm., Dep. of Chem.) (Engl.)

2- (**I**) u. 4-Vinylpyridin (**II**) addieren Thioharnstoff (**III**) in Ggw. von p-Toluolsulfonsäure (**IV**) unter Bldg. der *Bis-p-toluolsulfonate von S-[2-Pyridyl-(2)-äthyl]-isothioharnstoff* (**VII**) bzw. dem *Pyridyl-(4)-Analogon*. Die in Ggw. von HCl- bzw. HBr-Gas analog darstellbaren *Dihydrohalogenide* sind im Gegensatz zu den Sulfonsäuresalzen schwierig zu reinigen. Die Strukturen der Verbb. folgen aus der Hydrolyse mit NH_4OH zu *2-* (**V**) bzw. *4-[2-Mercaptoäthyl]-pyridin* (+ *Guanidin-p-toluolsulfonat*) u. deren Oxydation mit konz. HNO_3 bzw. H_2O_2 zu den entsprechenden *Pyridyläthansulfonsäuren* bzw. *Bis-[pyridyläthyl]-disulfiden* sowie der Synth. von **V** durch Rk. von 2-[Pyridyl-(2)]-äthanol (**VI**) mit HBr u. **III** u. Hydrolyse des Prod. mit konz. NH_4OH. — 2-Methyl-5-vinylpyridin addiert unter gleichen Bedingungen **III** nicht; bei der Rk. wird nur **III**-*p-Toluolsulfonat* isoliert. Dieses Verh. stützt die Vorstellung, daß bei der Addition von **III** eine polare Grenzstruktur des protonisierten Pyridins mit positiv geladenem β-Vinyl-C beteiligt ist, die sich hier nicht ausbilden kann.

Versuche: *S-[2-Pyridyl-(2)-äthyl]-isothioharnstoff, Dihydrochlorid*, $C_8H_{13}Cl_2N_3S$, F. 208° (abs. CH_3OH–Aceton), durch 1std. Einleiten von trocknem HCl-Gas in ein sd. Gemisch von **III** u. frisch dest. **I** (Kp.$_{23}$ 68,5°; n_D^{29} 1,5455) in A., Kühlen mit Eis, Abfiltrieren, Waschen mit kaltem A. + Ae. (1 : 1) u. Trocknen im Vakuum über H_2SO_4 u. NaOH; 99% (Ausbeute). *Bis-p-toluolsulfonat* (**VII**), $C_{22}H_{27}N_3O_6S_3$, F. 178° (A.), durch Zugabe von **III** u. frisch dest. **I** zu **IV**-Monohydrat in abs. A., 1std. Kochen, Einengen im Vakuum, Zugabe von Ae., Stehen zur Kristallisation, Kühlen mit Eis, Abfiltrieren, Waschen mit kaltem A. + Ae. (1 : 1) u. Trocknen; 92%. — *2-[Pyridyl-(2)]-äthylmercaptan* (**V**), C_7H_9NS, Kp.$_{0,15}$ 57—58°, durch ½std. Erhitzen von **VII** in konz. NH_4OH + W. auf dem Dampfbad, Kühlen, Zugabe von Chlf., Filtrieren (→ *Guanidin-p-toluolsulfonat*, F. 230—232°, nach Waschen mit Chlf. u. Trocknen; 88,5%), Extraktion des Filtrats mit Chlf. u. Eindampfen des Extrakts; n_D^{27} 1,5581; 82,0%. *Pikrat*, $C_{13}H_{12}N_4O_7S$, F. 89°, aus A. gelbe Nadeln. *Hydrochlorid*, $C_7H_{10}ClNS$, F. 98—99° (Isopropanol), a) aus **V**; b) durch 24std. Kochen von **VI** u. **III** in 48%ig. HBr, 48std. Stehen, Einengen im Vakuum, Zugabe von Aceton, Kühlen, Abfiltrieren, Waschen mit kaltem Aceton + A. (1 : 1), Lösen der Kristalle in konz. NH_4OH, ½std. Erhitzen auf dem Dampfbad, Extraktion mit Chlf., Eindampfen, Dest. bei 120—125°/18 Torr, Lösen in abs. Ae., Einleiten von trocknem HCl-Gas, Abfiltrieren u. Waschen mit abs. Ae.; 48%. — *Bis-[2-pyridyl-(2)-äthyl]-disulfid*, $C_{14}H_{16}N_2S_2$, F. 74°, durch ½std. Rühren von **V** in 0,1n HCl mit 30%ig. H_2O_2 in W., Eindampfen im Vakuum, Alkalisieren mit 10%ig. Soda-Lsg., Extraktion des Nd. mit Chlf., Eindampfen, Extraktion mit heißem Ligroin u. Kühlen; Nadeln aus Ligroin. — *2-[Pyridyl-(2)]-äthansulfonsäure* (**VIII**), F. 263° (Zers.; heißer 90%ig. A.), durch Zugabe von konz. HNO_3 zu **V**-Hydrochlorid, Erhitzen auf dem Dampfbad bis zur Entfärbung, Eindampfen im Vakuum, Zugabe von Aceton bis zur Trübung, Stehen, Abfiltrieren u. Waschen mit kaltem Aceton; 90%. — *S-[2-Pyridyl-(4)-äthyl]-isothioharnstoff, Bis-p-toluolsulfonat*, $C_{22}H_{27}N_3O_6S_3$, F. 201—202°, analog **VII** aus **II** (Kp.$_{21}$ 76°; n_D^{29} 1,5440), **III** u. **IV**·H_2O; 90,1%. *Bis-methansulfonat*, $C_{10}H_{19}N_3O_6S_3$, F. 170—171° (CH_3OH), analog mit Methansulfonsäure statt **IV**; 84,5%. — *2-[Pyridyl-(4)]-äthylmercaptan*, C_7H_9NS, Kp.$_{0,2}$ 92°, analog **V** aus vorst., nicht isoliertem **IV**-Salz; n_D^{29} 1,5651; 64,8%. *Hydrochlorid*, $C_7H_{10}ClNS$, F. 189 u. 250° (Zers., nach Wiedererstarren; Isopropanol). — *Bis-[2-pyridyl-(4)-äthyl]-disulfid, Dihydrochlorid*, $C_{14}H_{18}\cdot Cl_2N_2S_2$, F. 199—200° (Zers.; Dunkelfärbung bei 185°; abs. A.), durch Zugabe von 30%ig. H_2O_2 in W. zu vorst. Hydrochlorid in 0,1n HCl, 2std. Rühren, Einengen im Vakuum, Alkalisieren mit 10%ig. Soda-Lsg., Extraktion des Nd. mit Ae., Trocknen mit Na_2SO_4, Einengen, Einleiten von trocknem HCl-Gas, Stehen zur Kristallisation, Abfiltrieren u. Waschen mit kaltem abs. Ae.; 67,1%. *Dipikrat*, $C_{26}H_{22}N_8O_{14}S_2$, F. 166° (Zers.; 80%ig. A.). — *2-[Pyridyl-(4)]-äthansulfonsäure*, analog **VIII** aus vorvorst. Hydrochlorid; 91%. — *Thioharnstoff* (**III**)-*p-Toluolsulfonat*, $C_8H_{12}N_2O_3S_2$, F. 173—174° (A.), durch Kochen von **III** u. **IV**-Monohydrat in A. bis zur Lsg., Kühlen, Abfiltrieren u. Waschen mit kaltem A.; 96%. H. PAGEL. 3231□

Untersuchungen über Chinolinderivate. 3. Mitt. Die Nitrierung von Lepidin-N-oxyd. Masao Ishikawa und Ikuo Kikkawa. (J. pharmac. Soc. Japan [Yakugakuzasshi] **75.** 33—35. 25/1. 1955. Amagasaki, Shionogi A. G., Forschungslabor.) (Jap.; Auszug: Engl.) — 2. vgl. J. pharmac. Soc. Japan [Yakugakuzasshi] **65.** [**1943.**] 102.

Daß beim Nitrieren von Lepidin-1-oxyd (**I**) *8-Nitrolepidin-1-oxyd* entsteht, wird dadurch bewiesen, daß dieses durch PCl_3 in *8-Nitrolepidin* (**II**) übergeführt wird, dessen Konstit. aus dem Vgl. mit der auf andere Weise dargestellten Verb. (Misch-F., UV-Absorption) folgt. **II** wird außerdem in *8-Nitrochinolin* übergeführt.

Versuche: *8-Nitrolepidin-1-oxyd*, $C_{10}H_8N_2O_3$, F. 216—217° (CH_3OH), aus 10 g **I** in 70 cm³ H_2SO_4 u. 8 g $AgNO_3$ durch 3std. Erhitzen; 7,4 g (Ausbeute). — *8-Nitrolepidin* (**II**), F. 125—126°, aus 1 g vorst. Verb. in 10 cm³ Chlf. u. 1 g PCl_3 in 10 cm³ Chlf.; 87%. — *8-Nitrochinolin-4-aldehyd*, F. 175—177°, aus 4 g **II** u. 3,7 g SeO_2 in 60 cm³ A. durch 8std. Erhitzen. — *8-Nitrochinolin-4-carbonsäure*, F. 254—255° (Zers.), aus 0,8 g der vorst. Verb. in 25 cm³ Aceton durch Zutropfen von 8,4 g 5%ig. $KMnO_4$; 74%. — *8-Nitrochinolin*, F. 90—91,5° (Aceton/PAe.), aus 0,5 g vorst. Verb. u. 0,5 g Cu-Pulver durch Zers. bei 220°/100 Torr u. CH_3OH-Extraktion. F. MOSSNER. 3231

Untersuchungen über Chinolinderivate. 4. Mitt. Die Nitrierung von 2-Chlorlepidin. Masao Ishikawa und Ikuo Kikkawa. (J. pharmac. Soc. Japan [Yakugakuzasshi] **75.** 36—39. 25/1. 1955.) (Jap.; Auszug: Engl.) — 3. vgl. vorst. Referat.

Die Nitrierung von 2-Chlorlepidin nach ADAMS u. HEY (C. **1949.** E. 4557) führt zu einer Verb. vom F. 142—143°, die nach chromatograph. Abtrennung durch UV- u. IR-Spektralanalyse sowie therm. Analyse als *8-Nitro-2-chlorlepidin* (**I**) erkannt wird. Bei dem daneben erhaltenen Prod. vom F. 133—135° handelt es sich um ein Gemisch der *6-* u. *8-Nitro-Verb.*, aus dem durch Red. mit N_2H_4 in Ggw. von $CuSO_4$ an Stelle von KOH nur *8-Aminolepidin* erhalten wird. Nitrieren von Lepidin führt zu *8-Nitrolepidin* u. einer Verb. vom F. 127—129°, vermutlich *5-Nitrolepidin.*

Versuche: *6-Nitrolepidin*, $C_{10}H_8N_2O_2$, F. 128—129° (Aceton), a) durch 5std. Erhitzen von 3 g 6-Nitro-2-chlorlepidin (**II**) in 80 cm³ A. u. 7 g $N_2H_4\cdot H_2O$ u. Zutropfen von 2,5 g des entstehenden *2-Hydrazino-6-nitrolepidins* [$C_{10}H_{10}N_4O_2$, F. 235° (Zers.; A.); 3 g (Ausbeute). *Pikrat*, F. 245° (Zers.). *Benzyliden-Deriv.*, $C_{10}H_8N_4O_2\cdot C_7H_6$, F. 261° (Zers.), durch Rk. mit Benzaldehyd] in 25 cm³ W. zu 70 cm³ 10%ig. $CuSO_4$-Lsg.; b) aus (**II**) durch Red. mit N_2H_4 u. KOH. — *8-Aminolepidin*, F. 84—86°, aus **I** über *2-Hydrazino-8-nitrolepidin* [$C_{10}H_{10}N_4O_2$, F. 176° (Zers.). *Pikrat*, $C_{10}H_{10}N_4O_2\cdot C_6H_3N_3O_7$, F. 203° (Zers.; A.). *Benzyliden-Deriv.*, F. 186—187° (Zers.)] u. dessen Behandlung mit $CuSO_4$. — *8-Nitrolepidin*, F. 126—127°, a) durch Red. von **I** mit N_2H_4 u. KOH; b) aus Lepidin in 50 cm³ H_2SO_4 oder HNO_3 u. 7,5 g KNO_3. F. MOSSNER. 3231

Über die Synthese der heterocyclischen Verbindungen mit Stickstoff. 95. Mitt. Photosensibilisierende Farbstoffe. 14. Mitt. Torizō Takahashi und Kenzō Satake. (J. pharmac. Soc. Japan [Yakugakuzasshi] **75.** 14—20. 25/1. 1955. Kyōto Univ., Med. Fak., Pharmakolog. Inst.) (Jap.; Auszug: Engl.) — 94. bzw. 13. vgl. J. pharmac. Soc. Japan [Yakugakuzasshi] **74.** [**1954.**] 1377.

13 *Styrylfarbstoffe* werden durch Kondens. der Alkyljodide von Pyridinen u. Chinolinen, die 1 akt. CH_3- oder C_2H_5-Gruppe besitzen, bzw. von 2-Methyl-6-chlorbenzothiazol (**I**) mit aromat. Aldehyden bzw. Furfurol (**XX**) in Ggw. von Piperidin (Pi) dargestellt. Durch Einw. der Na- oder Ag-Salze organ. Säuren werden daraus 7 *quart. Salze* dargestellt, deren Säurerest an das N im Heteroring gebunden ist. 5 *Farbstoffe*, die eine Divinylgruppe enthalten, werden durch Rk. von Zimtaldehyd-Derivv. mit den Alkylhalogeniden von 6-Chlor- (**XV**) oder 6-Dimethylaminochinaldin (**XVI**) u. 6-Chlorbenzothiazol dargestellt. Durch Zusammenschmelzen von **XVI**-Äthojodid mit p.p'-Bis-[carbäthoxy]-diphenylformamidin (**XXI**) wird eine *Aminovinyl-Verb.* erhalten. Durch Einw. von Brommalonaldehyddianil (**XXII**) bzw. Glutaconaldehyddianil (**XXIII**) auf **XVI**-Methojodid (**XI**) werden *2-[γ-Brom-δ-acetanilido-$\Delta^{\alpha,\gamma}$-butadienyl]-* u. *2-[ω-Acetanilido-$\Delta^{\alpha,\gamma,\varepsilon}$-hexatrienyl]-chinolin-Derivv.* erhalten. Die Acetanilidogruppe in diesen Verbb. kann durch die Diäthylamino- oder β-Phenyläthylaminogruppe ersetzt werden. Aus 2-Methylmercaptobenzothiazolmethojodid (**XIV**) werden 2 Monomethincyanine dargestellt.

Versuche: *2-[p-Diäthylaminostyryl]-6-dimethylaminochinolinjodmethylat*, $C_{24}H_{30}JN_3$, F. 234° (Zers.; CH_3OH), aus 0,33 g **XI** in 5 cm³ A., 2 Tropfen Pi u. 0,18 g p-Diäthylaminobenzaldehyd (**II**) in 1 Std.; 0,3 g (Ausbeute). — *2-[p-Diäthylaminostyryl]-6-chlorbenzothiazoljodmethylat*, $C_{20}H_{22}ClJN_2S$, F. 181° (Zers.; CH_3OH), aus 0,33 g **I**-Jodmethylat (**VII**) in 5 cm³ A., 2 Tropfen Pi u. 0,18 g **II** in ½ Std.; 0,3 g. — *2-[p-Dimethylaminostyryl]-6-chlorchinolinjodmethylat*, $C_{20}H_{20}ClJN_2$, F. 263° (Zers.; CH_3OH), aus 0,32 g **XV**-Jodmethylat in 5 cm³ A., 2 Tropfen Pi u. 0,15 g p-Dimethylaminobenzaldehyd (**III**) in 1 Std.; 0,25 g. — *2-[p-Dimethylaminostyryl]-4-methylpyridinjodmethylat* (**IV**), $C_{17}H_{21}JN_2$, F. 284—285° (Zers.; A.), aus 1 g 2.4-Lutidinjodmethylat (**XVII**) in 15 cm³ A., 5 Tropfen Pi u. 0,9 g **III** in 1 Std.; 1,5 g. — *2-[p-Dimethylaminostyryl]-1.4-dimethylpyridiniumacetat*, $C_{19}H_{24}N_2O_2$, F. 297—298° (Zers.; A.), aus 0,5 g **IV** u. 1 g CH_3COONa in 15 cm³ 50%ig. A. durch ½std. Erhitzen; 0,3 g. — *2-[p-Dimethylaminostyryl]-1.4-dimethylpyridiniumnicotinat*, $C_{23}H_{25}N_3O_2$, F. 126—127° (A.), aus 0,5 g **IV** u. 1 g Na-Nicotinat analog vorst. Verb.; 0,2 g. — *4-[p-Dimethylamino-β-methylstyryl]-pyridinjodäthylat* (**V**), $C_{18}H_{23}JN_2$, F. 155° (A.), aus 2 g 4-Äthylpyridinjodäthylat in 30 cm³ A., 20 Tropfen Pi u. 1,8 g **III** in 2 Std.; 2,3 g. — *1-Äthyl-4-[p-dimethylamino-β-methylstyryl]-pyridiniumsalicylat*, $C_{25}H_{28}N_2O_3$, F. 94° (Zers.), aus 0,5 g **V** u. 1 g Na-Salicylat (**XIX**); 0,15 g. — *1-Äthyl-4-[p-dimethylamino-β-methylstyryl]-pyridiniumnicotinat*, $C_{24}H_{27}N_3O_2$, F. 205—206° (Zers.; A.), aus 3,25 cm³ n-NaOH in 3,25 cm³ A., 0,4 g Nicotinsäure u. 0,2 g **V** durch ½std. Erhitzen; 0,05 g. — *1-Äthyl-4-[p-dimethylamino-β-methylstyryl]-pyridinium-p'-hydroxybenzoat*, $C_{25}H_{28}N_2O_3$, F. 169—170° (Zers.; A.), aus 0,4 g **V** u. 0,8 g Na-p-Hydroxybenzoat in 6 cm³ 50%ig. A.; 0,1 g. — *4-[p-Dimethylamino-β-methylstyryl]-pyridinjodpropylat*, $C_{19}H_{25}JN_2$, F. 214—215° (Zers.; CH_3OH), aus 1 g 4-Äthylpyridinjodpropylat in 5 cm³ A., 10 Tropfen Pi u. 0,55 g **III** in ½ Std.; 1,2 g. — *2-[p-Dimethylaminostyryl]-4.6-dimethylpyridinjodmethylat*, $C_{18}H_{23}JN_2$, F. 230° (Zers.; CH_3OH), aus 0,5 g 2.4.6-Kollidinjodmethylat in 5 cm³ A., 2 Tropfen Pi u. 0,45 g **III** in 1 Std.; 0,35 g. — *1-Methyl-2-[p-dimethylaminostyryl]-chinolinium-p'-hydroxybenzoat*, $C_{27}H_{26}N_2O_3$, F. 246° (Zers.; A.), aus 0,5 g 2-[p-Dimethylaminostyryl]-chinolinjodmethylat u. 0,5 g Ag-p-Hydroxybenzoat in 10 cm³ A. durch 1std. Erhitzen; 0,25 g. — *4-[m.p-Methylendioxy-β-methylstyryl]-pyridinjodmethylat*, $C_{16}H_{16}JNO_2$, F. 263° (Zers.; CH_3OH), aus 1,5 g 4-Äthylpyridinjodmethylat (**VI**) in 10 cm³ A., 8 Tropfen Pi u. 0,9 g Piperonal (**XVIII**) in 2 Std.; 0,2 g. — *2-[m.p-Methylendioxystyryl]-4-methylpyridinjodmethylat*, $C_{16}H_{16}JNO_2$, F. 245—246° (Zers.; CH_3OH), aus 0,25 g **XVII** in 10 cm³ A., 3 Tropfen Pi u. 0,16 g **XVIII** in 1 Std.; 0,25 g. — *1-Äthyl-4-[m.p-methylendioxy-β-methylstyryl]-pyridiniumsalicylat*, $C_{24}H_{23}NO_5$, F. 187° (Zers.), aus 0,4 g 4-[m.p-Methylendioxy-β-methylstyryl]-jodäthylat u. 1 g **XIX** in 10 cm³ 50%ig. A.; 0,05 g. — *4-[β-Methylstyryl]-pyridinjodmethylat*, $C_{15}H_{16}JN$, F. 168—169° (Zers.; A.), aus 1,5 g **VI** in 10 cm³ A., 8 Tropfen Pi u. 0,64 g Benzaldehyd in 2 Std.; 0,3 g. — *4-[o-Hydroxy-β-methylstyryl]-pyridinjodmethylat*, $C_{15}H_{16}JNO$, F. 119—120° (Zers.; A.), aus 2 g **VI** in 10 cm³ A., 8 Tropfen Pi u. 1 g Salicylaldehyd in 2 Std.; 0,4 g. — *4-[m-Methoxy-p-hydroxy-β-methylstyryl]-pyridinjodmethylat*, $C_{16}H_{18}JNO_2$, F. 265—266° (Zers.; CH_3OH), aus 2 g **VI** in 30 cm³ A., 8 Tropfen Pi u. 1,2 g Vanillin in 2 Std.; 0,2 g. — *4-[α-Furfurylidenäthyl]-pyridinjodmethylat*, $C_{13}H_{14}JNO$, F. 190,5° (Zers.; A.), aus 1,5 g **VI** in 10 cm³ A., 8 Tropfen Pi u. 0,6 g **XX** in 2 Std.; 0,3 g. — *2-[p-Dimethylaminocinnamylidenmethyl]-6-chlorchinolinjodmethylat*, $C_{22}H_{22}ClJN_2$, F. 273° (Zers.), aus 0,32 g **XV**-Jodmethylat (**X**), 5 cm³ Essigsäureanhydrid (Ea) u. 0,18 g p-Dimethylaminozimtaldehyd (**VIII**) durch Erhitzen auf 130°; 0,15 g. — *p-Dimethylamino-α-bromzimtaldehyd* (**IX**), $C_{11}H_{12}BrNO$, F. 132° (A.), aus 8,5 g **VIII** in 35 cm³ Ea durch Zutropfen von 8 g Br_2, Zusatz von 6 g Na_2CO_3 u. 1std. Erhitzen; 5 g. — *2-[p-Dimethylamino-α-bromcinnamylidenmethyl]-6-chlorchinolinjodmethylat*, $C_{22}H_{21}BrClJN_2$,

F. 225° (Zers.), aus 0,32 g **X**, 5 cm³ Ea u. 0,26 g **IX** durch Erhitzen auf 130°; 0,2 g. — *2-[p-Dimethylamino-α-bromcinnamylidenmethyl]-6-dimethylaminochinolinjodmethylat*, $C_{24}H_{27}$·$BrJN_3$, F. 196° (Zers.), aus 0,33 g **XI**, 5 cm³ Ea u. 0,26 g **IX** durch Erhitzen auf 130°; 0,25 g. — *6-Dimethylaminochinaldinbromoctylat* (**XXV**), aus 1 g **XVI** u. 1 g Octylbromid in 5 cm³ A. durch 10std. Erhitzen auf 150° im Bombenrohr; 0,8 g. — *2-[p-Dimethylamino-α-bromcinnamylidenmethyl]-6-dimethylaminochinolinbromoctylat*, $C_{31}H_{41}$ r_2N_3, F. 208° (Zers.), aus 0,38 g der vorst. Verb., 5 cm³ Ea u. 0,26 g **IX** durch Erhitzen auf 130°; 0,15 g. — *2-[p-Dimethylamino-α-bromcinnamylidenmethyl]-6-chlorbenzthiazoljodmethylat*, $C_{20}H_{19}BrClJN_2S$, F. 192° (Zers.), aus 0,33 g **VII**, 3 cm³ Ea u. 0,26 g **IX** durch Erhitzen auf 130°; 0,18 g. — *2-[ω-(p-Carbäthoxyanilino)-vinyl]-6-dimethylaminochinolinjodäthylat*, $C_{24}H_{28}JN_3O_2$, F. 287° (Zers.; A.), aus 0,33 g **XVI**-Jodäthylat u. 0,3 g **XXI** durch ½std. Schmelzen bei 120°; 0,15 g. — *2-[γ-Brom-δ-acetanilido-$\Delta^{\alpha,\gamma}$-butadienyl]-6-dimethylaminochinolinjodmethylat* (**XII**), $C_{24}H_{25}BrJN_3O$, F. 234° (Zers.), aus 0,33 g 6-Dimethylaminochinaldinjodmethylat (**XI**), 0,38 g **XXII**-Hydrobromid u. 0,6 g K-Acetat in 1,5 cm³ Ea durch ½std. Erhitzen auf 70°; 0,2 g. — *2-[γ-Brom-δ-diäthylamino-$\Delta^{\alpha,\gamma}$-butadienyl]-6-dimethylaminochinolinjodmethylat*, $C_{20}H_{27}BrJN_3$, F. 298° (Zers.; CH_3OH), aus 0,2 g **XII** u. 0,2 g $(C_2H_5)_2NH$ in 3,5 cm³ A. durch ½std. Erhitzen auf 60°. — *2-[γ-Brom-δ-(β'-phenyläthylamino)-$\Delta^{\alpha,\gamma}$-butadienyl]-6-dimethylaminochinolinjodmethylat*, $C_{24}H_{27}BrJ$·N_3, F. 245° (Zers.), aus 0,2 g **XII** u. 0,2 g β-Phenyläthylamin (**XXIV**) analog vorst. Verb.; 0,15 g. — *2-[ω-Acetanilido-$\Delta^{\alpha,\gamma,\varepsilon}$-hexatrienyl]-6-dimethylaminochinolinjodmethylat* (**XIII**), $C_{26}H_{28}JN_3O$, F. 231° (Zers.), aus 0,33 g **XI**, 0,3 g **XXIII**-Hydrochlorid u. 0,6 g K-Acetat in 1,5 cm³ Ea analog **XII**; 0,25 g. — *2-[ω-Diäthylamino-$\Delta^{\alpha,\gamma,\varepsilon}$-hexatrienyl]-6-dimethylaminochinolinjodmethylat*, $C_{22}H_{30}JN_3$, F. 258° (Zers.), aus 0,25 g **XIII** u. 0,25 g $(C_2H_5)_2NH$; 0,15 g. — *2-[ω-(β'-Phenyläthylamino)-$\Delta^{\alpha,\gamma,\varepsilon}$-hexatrienyl]-6-dimethylaminochinolinjodmethylat*, $C_{26}H_{30}JN_3$, F. 274° (Zers.), aus 0,25 g **XIII** u. 0,25 g **XXIV**; 0,1 g. — *2-Methyl-6-chlorbenzthiazolbromisoamylat*, aus 1 g **I** u. 0,8 g Isoamylbromid in 4 cm³ A. durch 10std. Erhitzen auf 150° im Bombenrohr; 0,5 g. — *[3-Isoamyl-6-chlorbenzthiazol-(2)]-[3'-methylbenzthiazol-(2')]-monomethincyaninbromid*, $C_{21}H_{22}BrClN_2S_2$. F. 284° (Zers.; A.), aus 0,48 g 2-Methylmercaptobenzthiazoljodmethylat (**XIV**) u. 0,5 g vorst. Verb. in 5 cm³ Pyridin u. 3 Tropfen Pi durch 1½std. Erhitzen; 0,35 g. — *[1-Octyl-6-dimethylaminochinolin-(2)]-[3'-methylbenzthiazol-(2')]-monomethincyaninbromid*, $C_{28}H_{36}BrN_3S$, F. 231° (Zers.), aus 0,48 g **XIV** u. 0,57 g **XXV** analog vorst. Verb.; 0,38 g. F. MOSSNER. 3231

Über die Synthese der heterocyclischen Verbindungen mit Stickstoff. 96. Mitt. **Photosensibilisierende Farbstoffe.** 15. Mitt. Torizō Takahashi und Kenzō Satake. (J. pharmac. Soc. Japan [Yakugakuzasshi] **75.** 20—24. 25/1. 1955.) (Jap.; Auszug: Engl.) — 95. bzw. 14. vgl. vorst. Ref.; 99. vgl. C. **1961.** 18324.

Verschiedene Ketoderivv. von Methinfarbstoffen werden durch Einw. von aromat. Aldehyden auf Pyrido-[1.2:3'.2']-imidazolon-(5')-Derivv. dargestellt. Eine Reihe von Merocyaninfarbstoffen wird durch Rk. von Verbb., die eine akt. CH_2-Gruppe besitzen, mit von 2-Methyl-6-chlorbenzothiazol (**XI**) u. 6-Dimethylaminochinaldin (**XII**) abgeleiteten quart. Salzen, sowie 5-[1-Phenyl-3-methyl-5-hydroxypyrazolyl-(4)]-pentadien-(2.4)-al-2'.4'-dinitroanil (**XIV**) erhalten.

Versuche: 5'-Oxopyrido-[1.2:3'.2']-$\Delta^{2'}$-imidazoliniumbromide: *5-Brom-* (**II**), $C_7H_6Br_2N_2O$, F. 243° (Zers.; CH_3OH), durch 1std. Erhitzen von 3,4 g 2-Amino-5-brompyridin u. 4 g Bromessigsäureäthylester (**I**) in 20 cm³ A.; 5 g (Ausbeute). — *5-Jod-* (**III**), $C_7H_6BrJN_2O$, F. 254° (Zers.), aus 4,4 g 2-Amino-5-jodpyridin u. 4 g **I** analog **II**; 5,5 g. — *4'-[p-Dimethylaminocinnamyliden]-*, $C_{18}H_{18}BrN_3O$, F. 226° (Zers.; A.), aus 0,22 g 5'-Oxopyrido-[1.2:3'.2']-$\Delta^{2'}$-imidazoliniumbromid in A., einigen Tropfen Piperidin u. 0,16 g p-Dimethylaminozimtaldehyd (**IV**) durch 1std. Kochen; 0,2 g. — *4'-[p-Dimethylaminobenzyliden]-5-brom-*, $C_{16}H_{15}Br_2N_3O$, F. 258° (Zers.), analog vorst. Verb. aus 0,3 g **II** u. 0,15 g p-Dimethylaminobenzaldehyd (**V**); 0,35 g. — *4'-[p-Dimethylaminocinnamyliden]-5-brom-*, $C_{18}H_{17}Br_2N_3O$, F. 238° (Zers.), aus 0,3 g **II** u. 0,17 g **IV**; 0,2 g. — *4'-[α-Methylcinnamyliden]-5-brom-*, $C_{17}H_{14}Br_2N_2O$, F. 184° (Zers.), aus 0,3 g **II** u. 0,15 g α-Methylzimtaldehyd; 0,15 g. — *4'-[p-Dimethylaminobenzyliden]-5-jod-*, $C_{16}H_{15}BrJN_3O$, F. 292° (Zers.), aus 0,33 g **III** u. 0,15 g **V**; 0,3 g. — *4'-[p-Chlorbenzyliden]-5-jod-*, $C_{14}H_9BrClJN_2O$, F. 179° (Zers.), aus 0,33 g **III** u. 0,14 g p-Chlorbenzaldehyd; 0,23 g. — *4'-[p-Nitrobenzyliden]-5-jod-*, $C_{14}H_9BrJN_3O_3$, F. 224° (Zers.), aus 0,33 g **III** u. 0,15 g p-Nitrobenzaldehyd; 0,18 g. — *4'-[p-Acetamidobenzyliden]-5-jod-*, $C_{16}H_{13}BrJN_3O_2$, F. 175° (Zers.), aus 0,33 g **III** u. 0,17 g p-Acetamidobenzaldehyd; 0,2 g. — *4'-[p-Dimethylaminocinnamyliden]-5-jod-*, $C_{18}H_{17}BrJN_3O$, F. 186° (Zers.), aus 0,33 g **III** u. 0,2 g **IV**; 0,35 g. — *5-Acetanilidomethylenbarbitursäure* (**X**), $C_{13}H_{11}N_3O_4$, F. >300° (Methanol), aus 0,64 g Barbitursäure (**XV**) u. 0,98 g Diphenylformamidin in 5 cm³ Essigsäureanhydrid durch ½std. Kochen; 0,7 g. — 3-Methyl-6-chlor-2.3-dihydrobenzothiazole: *2-[ω-Acetyl-ω-carbäthoxyallyli-*

den]-, $C_{16}H_{16}ClNO_3S$, F. 198° (Zers.; CH_3OH), aus 0,33 g **XI**-Jodmethylat (**VI**) u. 0,2 g α-Äthoxymethylenacetessigsäureäthylester (**VII**) in Ggw. von 2 cm³ Pyridin u. 3 Tropfen Piperidin durch 1std. Erhitzen; 0,2 g. — *2-[ω.ω-Diacetylallyliden]-*, $C_{15}H_{14}ClNO_2S$, F. 233° (Zers.; CH_3OH), aus 0,33 g **VI** u. 0,17 g α-Äthoxymethylenacetylaceton (**IX**) analog vorst. Verb.; 0,18 g. — 6-Dimethylamino-1.2-dihydrochinoline: *2-[ω-Acetyl-ω-carbäthoxyallyliden]-1-methyl-*, $C_{20}H_{24}N_2O_3$, F. 261° (Zers.; CH_3OH), aus 0,33 g **XII**-Jodmethylat (**VIII**) u. 0,2 g **VII**; 0,15 g. — *2-[ω-Acetyl-ω-carbäthoxyallyliden]-1-äthyl-*, $C_{21}H_{26}N_2O_3$, F. 172° (Zers.; A.), aus 0,35 g **XII**-Jodäthylat u. 0,2 g **VII**; 0,15 g. — *2-[ω.ω-Diacetylallyliden]-1-methyl-*, $C_{19}H_{22}N_2O_2$, F. 267° (Zers.; CH_3OH), aus 0,33 g **VIII** u. 0,17 g **IX**; 0,2 g. — Methinmerocyanine: *α-[1-Methyl-6-dimethylaminochinolin-(2)]-δ-[1'.1'-dimethyl-3'.5'-dioxocyclohexan-(4')]-γ-bromtetra-*, $C_{24}H_{27}BrN_2O_2$, F. 230° (Zers.; CH_3OH), aus 0,49 g 2-[γ-Brom-δ-acetanilido-$\Delta^{\alpha.\gamma}$-butadienyl]-6-dimethylaminochinolinjodmethylat u. 0,14 g Dimedon (**XIII**); 0,2 g. — *α-[1-Methyl-6-dimethylaminochinolin-(2)]-ω-[1'.1'-dimethyl-3'.5'-dioxocyclohexan-(4')]-hexa-*, $C_{26}H_{30}N_2O_2$, F. 237° (Zers.; CH_3OH), aus 0,53 g 2-[ω-Acetanilido-$\Delta^{\alpha.\gamma.\varepsilon}$-hexatrienyl]-6-dimethylaminochinolinjodmethylat u. 0,14 g **XIII**; 0,13 g. — *α-[1-Phenyl-3-methyl-5-hydroxypyrazol-(4)]-ε-[barbitursäure-(5')]-penta-*, $C_{19}H_{16}N_4O_4$, F. 242° (Zers.; A.), aus 0,42 g **XIV**, 0,13 g **XV** u. 10 Tropfen Piperidin durch ½std. Erhitzen auf 60°; 0,2 g. — *2-[Barbituryliden-(5')-äthyliden]-3-isoamyl-6-chlor-2.3-dihydrobenzthiazol*, $C_{18}H_{18}ClN_3O_3S$, F. >300° (Zers.; A.), aus 0,27 g **X** u. 0,3 g 2-Methyl-6-chlorbenzthiazolbromisoamylat; 0,15 g. F. MOSSNER. 3231

1-[β-Hydroxyäthyl]-6-methoxy-1.2.3.4-tetrahydroisochinolin. N. A. Nelson, K. O. Gelotte, Y. Tamura, H. B. Sinclair, J. M. Schuck, V. J. Bauer und R. W. White. (J. org. Chemistry **26**. 2599—2601. Juli 1961. Cambridge, Mass., MIT, Dep. of Chem.) (Engl.)

Aus N-m-Methoxyphenäthylmalonamidsäureäthylester (I) entsteht mit P_2O_5 eine nichtkristalline, rote Masse, die nach dem IR-Spektrum das Tautomere des erwarteten Äthyl-[6-methoxy-3.4-dihydroisochinolyl-(1)]-acetats, nämlich *1-Carbäthoxymethylen-6-methoxy-1.2.3.4-tetrahydroisochinolin* (**II**), ist. Hydrierung von **II** liefert *Äthyl-[6-methoxy-1.2.3.4-tetrahydroisochinolyl-(1)]-acetat* (**III**), das mit $LiAlH_4$ zu *1-[β-Hydroxyäthyl]-6-methoxy-1.2.3.4-tetrahydroisochinolin* (**IV**) red. wird. Neben **IV** wurden in geringer Menge als Prod. eines Ringschlusses in o-Stellung *1-[β-Hydroxyäthyl]-8-methoxy-1.2.3.4-tetrahydroisochinolin* u. als Folge einer Hydrolyse u. Decarboxylierung von **I** oder **II** *6-Methoxy-1-methyl-1.2.3.4-tetrahydroisochinolin* isoliert. Die IR- u. UV-Spektren der dargestellten Verbb. sind angegeben.

Versuche: *N-m-Methoxyphenäthylmalonamidsäureäthylester* (**I**), aus Malonsäurediäthylester mit m-Methoxyphenäthylamin. — *1-Carbäthoxymethylen-6-methoxy-1.2.3.4-tetrahydroisochinolin* (**II**), aus **I** in sd. Toluol durch portionsweises Eintragen von P_2O_5, 1std. Kochen, Hydrolyse mit Eis–W., Alkalisieren der wss. Lsg., Ae.-Extraktion u. Konz. im Vakuum; zersetzt sich beim Vers. der Dest. bei 0,001 mm; 79% (Ausbeute). — *Äthyl-[6-methoxy-1.2.3.4-tetrahydroisochinolyl-(1)]-acetat* (**III**), $Kp._{0,004}$ 98—103°, aus 22,2 g **II** in Eisessig durch Hydrieren bei 1—2 atm in Ggw. von ADAMS-Katalysator in 40 Min.; n_D^{25} 1,5362; 21,2 g. *Pikrat*, $C_{20}H_{22}N_4O_{10}$, F. 167,5—168° (A.). — *1-[β-Hydroxyäthyl]-6-methoxy-1.2.3.4-tetrahydroisochinolin* (**IV**), $C_{12}H_{17}NO_2$, F. 87—88° (Cyclohexan), aus 10,0 g **III** in Tetrahydrofuran durch 1std. Kochen mit $LiAlH_4$ in Ae., Eiskühlung, Versetzen mit W., 15%ig. NaOH u. etwas Celite 545, Filtration, Einengen, Chromatographie des roten Öls an Florisil u. Elution mit Bzl.; 5,3 g. *Pikrat*, $C_{18}H_{20}N_4O_9$, F. 143 bis 144° (A.). *Hydrobromid*, $C_{12}H_{18}BrNO_2$, F. 170—171° (A./Ae.). — *6-Methoxy-1-methyl-1.2.3.4-tetrahydroisochinolin*, $Kp._{0,45}$ 92—105°, aus 28,5 g **III** neben **IV**; 3,7 g. *Pikrat*, $C_{17}H_{18}N_4O_8$, F. 187,5—188,5° (A.). — *1-[β-Hydroxyäthyl]-8-methoxy-1.2.3.4-tetrahydroisochinolin*, $C_{12}H_{17}NO_2$, $Kp._{0,7}$ 167—170°, F. 96—97°, neben vorst. Verb.; 1,8 g. ELFRIEDE REINHARDT. 3231 □

Synthese des 1.3-Dioxochinolizidins. K. Winterfeld und H. Buschbeck. (Arch. Pharmaz. Ber. dtsch. pharmaz. Ges. **294/66**. 468—74. Aug. 1961. Bonn, Univ., Pharmazeut. Inst.) (Dt.)

Verss., Picolinsäureäthylester (**I**) mit Oxalessigsäurediäthylester (**II**) in Toluol, A. oder Ae. in Ggw. von Na oder Na-Alkoholat zu kondensieren, schlugen fehl; entweder trat keine Rk. ein oder es bildeten sich verharzende Produkte. Die Umsetzung von **I** mit **II** in Ae. unter starker Kühlung ergab wenig *α-Pyridil*. Durch Rk. von Picolinsäureazid mit Na-**II** in abs. A. bei 0—5° entstand eine fl. Verb., die sich bei der Dest. zersetzte. Die Rk. von 2-Acetylpyridin mit Oxalsäurediäthylester **VII** ergab in 95%ig. Ausbeute *Picolinoylbrenztraubensäureäthylester* (**III**). Die Hydrierung von **III** an Pt bei Raum-Temp. u. Normaldruck ergab ein nicht destillierbares Öl. Durch Hydrierung von **III** an RANEY-Ni unter 100 at Druck wurde eine *Verb.* $C_9H_{15}NO_2$, wahrscheinlich *3-Hydroxy-4-oxochinolizidin*, erhalten. Die Hydrierung von 2-Acetylpyridin an Raney-Ni bei 100° u. 150 at ergab in 95%ig. Ausbeute *1-[Piperidyl-(2)]-äthanol* (**IV**). Verss., 2 Mol **IV** mit Chloressigsäureäthylester in Bzl. zu [2-(1-Hydroxyäthyl)-piperidino]-essigsäureäthylester umzusetzen, ergaben durch sek., intramol. Umesterung *1-Methyl-2-oxa-3-oxochinolizidin* (**V**). Durch Rk. von **V** mit Phenylhydrazin entstand *[2-(1-Hydroxyäthyl)-piperidino]-essigsäure-N'-phenylhydrazid.* Die Methylengruppe zwischen Carbonylgruppe u. N in **V** ist aktiviert; durch Rk. mit Na u. C_2H_5J entstand *1-Methyl-2-oxa-3-oxo-4-äthylchinolizidin. 1.3-Dioxochinolizidin* (**VI**) konnte durch Hydrierung von **I** zu *Pipecolinsäureäthylester*, kondens. mit Bromaceton zum *N-Acetonyl-Deriv.* u. intramol. Dieckmann-Kondens. dargestellt werden; **VI** ist stark enolisiert u. bildet mit den bas. N-Atomen ein inneres Enolsalz, ein Gleichgewicht tautomerer Formen, von denen nur die Diketoform in organ. Lsgm. gut lösl. ist. In stark saurer Lsg. ist die Enolisierung unterdrückt, bei pH 6,1—7,2 ist die Enolform bevorzugt. Durch 4wöchige Extraktion mit Ae. bei pH 6,5 konnte die Diketoform in 56%ig. Ausbeute isoliert werden. Das von Winterfeld u. Schirm [1937] als **VI** beschriebene Oxydations-Prod. von Lupanin ergibt im Gegensatz zum obigen Prod. positive Pyrazolin-Rk. nach Knorr u. ein Au-Salz. Das Lupanin-Deriv. konnte chromatograph. in 3 Verbb. zerlegt werden, von denen eine mit **VI** ident. sein dürfte, während die Nebenprodd. wahrscheinlich obiges chem. Verh. verursachen.

Versuche: *Pyrokohlensäurediäthylester*, Kp.$_{12}$ 83—87°, durch 2std. Einleiten von CO_2 in alkohol. Na-Äthylat unter Rühren, Filtrieren, Trocknen bei 100°, 18std. Erwärmen des erhaltenen *Äthylnatriumcarbonats* [89,3% (Ausbeute)] mit Chlorameisensäureäthylester unter Rühren auf 75°, Kühlen, Filtrieren, Waschen mit Ae. u. Dest. des Filtrates; 70%. — *Picolinsäureäthylester* (**I**), Kp.$_{11,5}$ 120,5°, durch 7std. Erwärmen von 0,4 Mol Picolinsäure mit 0,62 Mol vorst. Verb. auf 70°; 97%. — *Picolinoylbrenztraubensäureäthylester* (**III**), $C_{11}H_{11}NO_4$, F. 68—69,5° (A.), durch Zutropfen von 2-Acetylpyridin u. **VII** in A. zu alkohol. Na-Äthylat innerhalb 15 Min. unter Rühren u. Eiskühlung, 3std. Rühren unter Kühlen, Stehen über Nacht bei 0°, Gießen in sehr verd. eiskalte Essigsäure unter Rühren, Filtrieren unter CO_2 u. Waschen mit eiskaltem 20%ig. Alkohol. — *1-Methyl-2-oxa-3-oxochinolizidin* (**V**), $C_9H_{15}NO_2$, Kp.$_{12}$ 150°, durch Zutropfen von 0,124 Mol Chloressigsäureäthylester zu 0,194 Mol **IV** in sd. Bzl., 5std. Kochen, Kühlen, Zugabe von Ae., Filtrieren u. Dest. unter N_2; 83,5%. *Pikrat*, $C_{15}H_{18}N_4O_9$, F. 196—197,5° (hellgelbe Kristalle aus A.), durch Zugabe von alkohol. Pikrinsäure zu **V** in A. bis zur sauren Reaktion. *Goldsalz*, F. 173° (Zers.; hellgelbe Kristalle aus wss. HCl), durch Zugabe von 5%ig. salzsaurer $AuCl_3$-Lsg. zu **V** in wss. HCl. — *[2-(1-Hydroxyäthyl)-piperidino]-essigsäure-N'-phenylhydrazid*, $C_{15}H_{23}N_3O_2$, F. 136—137,5° (A.), durch 2std. Erhitzen von **V** mit Phenylhydrazin unter N_2, Stehen über Nacht u. Aufnehmen in heißem A.; 24,4%. — *1-Methyl-2-oxa-3-oxo-4-äthylchinolizidin*, Kp.$_{0,008}$ 80,5—81°, durch Kochen von 1,67 g Na mit 12,1 g **V** in Ae. unter Rühren bis zur Lsg., Zutropfen von C_2H_5J, 2std. Kochen, Kühlen, Filtrieren, Extraktion mit wss. HCl, Alkalisieren mit NH_4OH, Ae.-Extraktion u. Dest. unter N_2. *Pikrat*, $C_{11}H_{19}NO_2 \cdot C_6H_3N_3O_7$, F. 157—159,5° (gelbe Kristalle aus A.), mit alkohol. Pikrinsäure in A. u. 2tägiges Stehen. — *N-Acetonylpipecolinsäureäthylester*, Kp.$_{0,04}$ 81,5—83°, durch Zutropfen von Bromaceton zu Pipecolinsäureäthylester u. K_2CO_3 in A. unter Kühlung, 4tägiges Schütteln bei Raum-Temp., Filtrieren, Eindampfen bei 30° im Vakuum u. Dest. unter N_2; luftempfindlich; 45,7%. *Pikrat*, $C_{17}H_{22}N_4O_{10}$, F. 143,5 bis 145,5° (A.). — *1.3-Dioxochinolizidin* (**VI**), $C_9H_{13}NO_2$, F. 122—126° (Aceton), durch Zutropfen von 0,047 Mol vorst. Verb. in Toluol zu einer Suspension von 0,047 Val Na in sd. Toluol innerhalb 1 Std., 6½std. Kochen, Kühlen, Zers. von Na mit A., Gießen in wss. eiskalte HCl, Phasentrennung, Ae.-Extraktion, Zugabe von verd. NaOH bis pH 6,5, 4wöchige Extraktion mit Ae. u. Dekantieren des Ae.; 56%. H. Bertsch. 3231 □

m-Dioxane und andere cyclische Acetale. Christian S. Rondestvedt jun. (J. org. Chemistry **26**. 2247—53. Juli 1961. Wilmington, Del., E. I. du Pont de Nemours and Co., Inc., Organ. Chem. Dep., Jackson Labor.) (Engl.)

Eine Anzahl von *m-Dioxanen* u. verwandter Verbb. wurde durch säurekatalysierte Rk. von 1.3- (in einigen Fällen 1.2- u. 1.4)-Diolen mit Aldehyden oder Ketonen synthetisiert. Unstabile Aldehyde (Chloracetaldehyd, Malondialdehyd) wurden als Methyl- oder Äthylacetale eingesetzt. Sehr schnell reagieren aromat., nur wenig langsamer aliphat. Aldehyde; bei den schnell reagierenden Ketonen liegt das Gleichgewicht wenig günstig. Das Ketal des Cyclopentanons wird im Gegensatz zu denen des Acetons u. des Cyclohexanons schon von W. hydrolysiert. Chloral (**I**) reagiert mit 2.2-Dimethylpropandiol-(1.3) (**II**) nur sehr träge u. nur in Ggw. von konz. H_2SO_4 statt p-Toluolsulfonsäure(**III**) Auch Äther-O in den Komponenten bremst die Rk., wobei als Nebenprodd. polymere

Äther auftreten können. *2.5-Dimethyl-5-tosyloxymethyl-m-dioxan, 8-Isopropyl-1.7.9-trioxaspiro-[4.5]-decan* u. *2-Isopropyl-5-nitro-5-methyl-m-dioxan* ließen sich destillativ, *2-Isopropyl-5-n-propyl-5-methyl-m-dioxan* gaschromatograph. in Diastereomere (DS) trennen; in anderen, theoret. möglichen Fällen, z. B. bei 2.5-Dimethyl-5-methylol-m-dioxan, gelang dies nicht.

Versuche: m-Dioxane, durch Kochen äquimol. Mengen Carbonyl-Verb. u. Diol in Hexan mit 0,5% **III** bis zur Beendigung der Wasserabscheidung, Waschen mit $NaHCO_3$-Lsg. u. W. u. Einengen: *5.5-Dimethyl-*, $C_6H_{12}O_2$, Kp. 126,5°, n_D^{25} 1,4190; 97% (Ausbeute). — *2-Methyl-*, $C_5H_{10}O_2$, Kp. 109—110°, n_D^{25} 1,4119; 63%. — *2.5.5-Trimethyl-*, $C_7H_{14}O_2$, Kp. 130—131°, n_D^{25} 1,4134; 88%. — *2-Isopropyl-5-methyl-5-n-propyl-*, $C_{11}H_{22}O_2$, $Kp._{45}$ 114—116°, n_D^{25} 1,4332; 79%. — *2.2.5.5-Tetramethyl-*, $C_8H_{16}O_2$, Kp. 144—145°, in Bzl. u. Wasserentzug mit $CaCl_2$ in der SOXHLET-App.; n_D^{25} 1,4178; >73%. — *2.5-Dimethyl-5-methylol-*, $C_7H_{14}O_3$, $Kp._{33}$ 125—135° (DS-Gemisch), n_D^{25} 1,4508; 79%. — *2.5-Dimethyl-5-tosyloxymethyl-*, $C_{14}H_{20}O_5S$, als DS vom F. 86—87° u. vom F. 61—62°, durch 12std. Rühren vorst. Verb. mit Tosylchlorid in Pyridin, Benzolzusatz, Filtrieren, Waschen mit W., Einengen u. Umkristallisieren aus Hexan–Bzl.; 89%. — *2-Isopropyl-5-äthyl-5-allyloxymethyl-*, $C_{13}H_{24}O_3$, $Kp._6$ 106—108° (DS-Gemisch), n_D^{25} 1,4470; 90%. — *2-n-Propyl-5-methyl-5-vinyl-*, $C_{10}H_{18}O_2$, $Kp._{12}$ 75—78° (DS-Gemisch), n_D^{25} 1,4408; 100%. — *2-Isopropyl-5-methyl-5-nitro-*, $C_8H_{15}NO_4$, als DS a) F. 56—57° (Hexan), $Kp._{18}$ 142—144°; 68%; b) $Kp._{18}$ 107—137°, n_D^{25} 1,4443—1,4460; 18%. — *2-Isopropyl-5.5-diphenyl-*, $C_{19}H_{22}O_2$, F. 96,5—97,5° (Hexan), aus Isobutyraldehyd (**IV**) u. 2.2-Diphenylpropandiol-(1.3) [F. 105,7—106,2°, durch $LiAlH_4$-Red. von 2.2-Diphenyl-3-hydroxypropionsäure (aus Diphenylessigsäure durch IWANOW-Rk.)]; 64%. — 5.5-Dimethyl-m-dioxane: *2-Isopropyl-* (**V**), $C_9H_{18}O_2$, Kp. 165—167°, $Kp._{30}$ 70°, n_D^{25} 1,4227; 85%. — *2-Vinyl-*, $C_8H_{14}O_2$, $Kp._{70}$ 83—86°, in PAe. mit 0,003 Mol-% **III** in 7½ Std.; n_D^{25} 1,4349; 63%. — *2-[Cyclohexen-(3)-yl]-*, $C_{12}H_{20}O_2$, $Kp._{1,5}$ 80—81°, n_D^{25} 1,4708; hohe Ausbeute. — *2-Chlormethyl-*, $C_7H_{13}ClO_2$, $Kp._{49}$ 104—105°, durch 2std. Kochen von Diäthylchloracetal mit **II** u. 1 Mol-% **III**, Zusatz von Bzl. u. azeotrope Dest.; n_D^{25} 1,4476; 95%. — *2-Trichlormethyl-*, $C_7H_{11}Cl_3O_2$, F. 129—129,5° (Hexan–Bzl.), aus **I** u. **II** in Ggw. von konz. H_2SO_4; 30%. — *2-Phenyl-*, $C_{12}H_{16}O_2$, $Kp._7$ 134—137°, F. 33° (Methanol–W.), n_D^{59} 1,5021; 95%. — *2-p-Tolyl-*, $C_{13}H_{18}O_2$, $Kp._{1,7}$ 106°, F. 40,8—41,0° (Methanol–W.); 88%. — *2-[p-Isopropylphenyl]-*, $C_{15}H_{22}O_2$, $Kp._4$ 136°, n_D^{25} 1,5017; 87%. — *2-[p-ω.ω.ω-Trifluortolyl]-*, $C_{13}H_{15}F_3O_2$, F. 73° (Hexan); 49%. — *2-p-Chlorphenyl-*, $C_{12}H_{15}ClO_2$, F. 55,5—56,5° (Hexan), n_D^{35} 1,5050; 75%. — *2-[2.4-Dichlorphenyl]-*, $C_{12}H_{14}Cl_2O_2$, F. 57—57,5°. — *2-[3.4-Dichlorphenyl]-*, F. 45—46°. — *2-[2.6-Dichlorphenyl]-*, F. 120—121°. — *2-[p-Methoxyphenyl]-*, $C_{13}H_{18}O_3$, F. 81,5—82,0° (Hexan, Methanol); >80%. — *2-[p-Dimethylaminophenyl]-*, $C_{14}H_{21}NO_2$, F. 98—98,5° (Bzl.); >75%. — *2-[m-Nitrophenyl]-*, $C_{12}H_{15}NO_4$, F. 48—49° (Hexan); 86%. — *2-[1-Methyl-3-oxacyclobutyl]-*, $C_{10}H_{18}O_3$, $Kp._{17}$ 110 bis 112°, F. 42—42,5° (Methanol–W.), aus 3-Formyl-3-methyloxetan u. **II** in Ggw. von Oxalsäure u. später H_2SO_4; n_D^{25} 1,4438; 68%. — *2-[Tetrahydrofuryl-(2)]-*, $C_{10}H_{18}O_3$, $Kp._{12}$ 107 bis 109°, n_D^{25} 1,4558; 82%. — *2-[Isobutoxy-1.1-dimethyläthyl]-*, $C_{14}H_{28}O_3$, $Kp._{23}$ 130—132°, durch Rk. von Isobutoxypivalinaldehyd (durch Pyrolyse von **V**); n_D^{25} 1,4314; 84%. — *2-n-Undecyl-*, $C_{17}H_{34}O_2$, $Kp._{2,2}$ 137—143° n_D^{25} 1,4441; 77%. — *2.4-Diisopropyl-*, $C_{12}H_{24}O_2$, $Kp._{26}$ 98—102° (DS-Gemisch), n_D^{25} 1,4310; >80%. — *2-Phenyl-4-isopropyl-*, $C_{15}H_{22}O_2$, $Kp._7$ 133—134° (DS-Gemisch), n_D^{25} 1,4995; 90%. — *8.8-Dimethyl-6.10-dioxaspiro-[4.5]-decan*, $C_{10}H_{18}O_2$, $Kp._{36}$ 103—105°, n_D^{25} 1,4520; 67%. — *9.9-Dimethyl-7.11-dioxaspiro-[5.5]-undecan*, $C_{11}H_{20}O_2$, $Kp._7$ 134—137°, n_D^{25} 1,4610; 87%. — *7-Isopropyl-2.6.8-trioxaspiro-[3.5]-nonan*, $C_9H_{16}O_3$, $Kp._8$ 86—89°, aus 3.3-Dimethyloloxetan u. **IV** unter mehrmaliger Zugabe von **III**; n_D^{25} 1,4524; 59%. — *3-Isopropyl-1.7.9-trioxaspiro-[4.5]-decan*, $C_{10}H_{18}O_3$, als DS a) $Kp._{26}$ 112—114°, n_D^{25} 1,4495; b) $Kp._{25}$ 138—139°, n_D^{25} 1,4592; 87%. — *3-Isopropyl-2.4-dioxaspiro-[5.5]-undecen-(9)*, $C_{12}H_{20}O_2$, $Kp._6$ 98,5—100°, n_D^{25} 1,4730; 94%. — *3-Isopropyl-2.4-dioxaspiro-[5.5]-undecan*, $C_{12}H_{22}O_2$, $Kp._6$ 99 bis 100,5°, n_D^{25} 1,4635; 100%. — *Bis-[5.5-dimethyl-m-dioxanyl-(2)]*, $C_{12}H_{22}O_4$, $Kp._7$ 125°, F. 165,5—166,5° (Äthylacetat), aus **II** u. 30%ig. wss. Glyoxal in 9 Std.; 61%. — *Bis-[5.5-dimethyl-m-dioxanyl-(2)]-methan*, $C_{13}H_{24}O_4$, Kp. 152° F. 119,5—120,5° (Äthylacetat–Cyclohexan), aus 1.1.3.3-Tetraäthoxypropan oder 1-Methoxy-1.3.3-triäthoxypropan u. **II** in Ggw. von BF_3; 85%. — *1.2-Bis-[5.5-dimethyl-m-dioxanyl-(2)]-äthan*, $C_{14}H_{26}O_4$, F. 74 bis 75° (Äthylacetat–Cyclohexan), aus 2.5-Diäthoxytetrahydrofuran u. **II** in Ggw. von HCl; >83%. — *1.3-Bis-[5.5-dimethyl-m-dioxanyl-(2)]-propan*, $C_{15}H_{28}O_4$, F. 69,8—70,5° (Methanol–W.), durch Erwärmen von 2-Äthoxy-3.4-dihydro-2H-pyran mit **II** u. konz. HCl auf 60°; 76%. — *p-Bis-[5.5-dimethyl-m-dioxanyl-(2)]-benzol*, $C_{18}H_{26}O_4$, F. 210,5—212° (Äthylacetat); 84%. — *1.1-Bis-[2.5-dimethyl-m-dioxanyl-(5)-methoxy]-äthan*, $C_{16}H_{30}O_6$, $Kp._2$ 120 bis 135°, aus 2-Hydroxymethyl-2-methylpropandiol-(1.3) u. überschüssigem Acetaldehyd; n_D^{25} 1,4490; 37%. — *2.4.8.10-Tetraoxaspiro-[5.5]-undecan*, $C_7H_{12}O_4$, $Kp._{0,8}$ 86°, F. 50°;

88%. — *3.9-Diisopropyl-2.4.8.10-tetraoxaspiro-[5.5]-undecan*, $C_{13}H_{24}O_4$, Kp.$_{0,8}$ 110°, F. 89 bis 90° (Bzl.-Cyclohexan); 92%. — *3.9-Diphenyl-2.4.8.10-tetraoxaspiro-[5.5]-undecan*, $C_{19}H_{20}O_4$, F. 158,5—159° (Äthylacetat); >80%. — *2.4.4-Trimethyl-1.3-dioxolan*, C_6H_{12}·O_2, Kp. 98—100°; n_D^{25} 1,3921; 69%. — *2-Isopropyl-1.3-dioxepan*, $C_8H_{16}O_2$, Kp. 163 bis 166°, n_D^{25} 1,4312; 58%. — *2-Isopropyl-1.3-dioxepen-(5)*, $C_8H_{14}O_2$, Kp.$_{90}$ 94—99°, n_D^{25} 1,4470; 38%. — *2-Phenyl-1.3-dioxepan*, $C_{11}H_{14}O_2$, Kp.$_{11}$ 118—119°, n_D^{25} 1,5210; 38%. — *2-Isopropyl-5.5-diäthyl-1.3-oxathian*, $C_{11}H_{22}OS$, Kp.$_{18}$ 127—130°, n_D^{25} 1,4809; 45%. — *2-Phenyl-5.5-diäthyl-1.3-oxathian*, $C_{14}H_{20}OS$, F. 52—54° (Methanol); 80%.

HEINZ NESTLER. 3252□

Untersuchungen über die Synthese von Diphenylendioxydderivaten. 22. Mitt. Die Synthese von 7.8-Phenylendioxychinolin. Eiichi Fujita und Norioki Gotō. (J. pharmac. Soc. Japan [Yakugakuzasshi] **75.** 28—30. 25/1. 1955. Tokushina, Univ., Pharmakol. Inst.) (Jap.; Auszug: Engl.) — 21. vgl. J. pharmac. Soc. Japan [Yakugakuzasshi] **74.** [1954.] 934.

7.8-o-Phenylendioxychinolin konnte nicht durch ULLMANN-Rk. von o-Dibrombenzol u. Chinolindiol-(7.8), jedoch aus o-Bromphenol (**I**) u. 7-Hydroxy-8-bromchinolin, das durch Bromieren von 7-Hydroxychinolin erhalten wird, dargestellt werden.

Versuche: *7-Hydroxychinolin*, F. 237—238°, aus m-Aminophenol durch SKRAUPsche Synthese. — *7-Hydroxy-8-bromchinolin*, C_9H_6BrNO, F. 193° (Aceton), aus 2 g vorst. Verb. in 20 g Eisessig u. 2,2 g Br_2 in 7 g Eisessig; 86% (Ausbeute). — *7.8-o-Phenylendioxychinolin*, $C_{15}H_9NO_2$, F. 127—129° (Ae.), aus 3,5 g **I** u. 4,5 g vorst. Verb. in CH_3OH, 2,2 g KOH in CH_3OH u. 0,8 g Cu-Pulver durch 3std. Erhitzen auf 200°. *Hydrochlorid*, 2½-hydrat, $C_{15}H_9NO_2 \cdot HCl \cdot 2½\ H_2O$, F. >300° (Bzl.). F. MOSSNER. 3252

Chinoxaline. 2. Mitt. Basische Äther von 2-Chlorchinoxalin. Raymond N. Castle und Masayuki Onda. (J. org. Chemistry **26.** 954—56. März 1961. Albuquerque, N.Mex., Univ. of New Mexico, Dep. of Chem.) (Engl.) — 1. vgl. C. **1956.** 139.

Durch Rk. von 2-Chlorchinoxalin u. Na-Dialkylaminoalkoholat in abs. Bzl. entstehen *2-[ω-(N.N-Dialkylamino)-alkyloxy]-chinoxaline* (**A**), die durch Dest. im Vakuum gereinigt u. in Salze organ. Säuren übergeführt werden. Die **A** werden hinsichtlich ihrer pharmakolog. Wrkg. geprüft.

Versuche: *2-Chlorchinoxalin*, F. 47—48°, Kp.$_{0,25}$ 104—107°, durch 20 Min. langes Erhitzen von 2-Hydroxychinoxalin, PCl_5 u. $POCl_3$ auf 120—130°, Gießen in Eis/W., Ausäthern u. Dest. im Vakuum; Nadeln; 94% (Ausbeute). — 2-[ω-Aminoalkyloxy]-. chinoxaline: *2-[β-(N.N-Dimethylamino)-äthyloxy]-*, Kp.$_{0,005}$ 112—114°, durch 1std. Kochen von β-Dimethylaminoäthanol u. Na in abs. Bzl., Zugabe vorst. Verb. bei 0°, 4std. Kochen u. Dest. im Vakuum; hellgelbes Öl; 91%. *Hydrogen-d-tartrat*, $C_{16}H_{21}N_3O_7$, F. 123—125°; aus A. Körnchen. — *2-[β-(N.N-Diäthylamino)-äthyloxy]-*, Kp.$_{0,015}$ 120 bis 123°, analog vorst. Verb.; 96%. *Dihydrogencitrat*, $C_{20}H_{27}N_3O_8$, F. 140—141°; aus A. Nadeln. — *2-[β-Piperidinoäthyloxy]-*, F. 63—64°, Kp.$_{0,025}$ 149—152°; 87%. *Dihydrogencitrat*, $C_{21}H_{27}N_3O_8$, F. 108—110°; aus A. Nadeln. — *2 [β-Morpholinoäthyloxy]-*, F. 76 bis 78°, Kp.$_{0,025}$ 150—153°; 90%. *Hydrogensuccinat*, $C_{18}H_{23}N_3O_6$, F. 99—100°; aus A. Körnchen. — *2-[β-(4-Methylhexahydropyrazino)-äthyloxy]-*, F. 61—62°, Kp.$_{0,01}$ 146—148°; 87%. *Bis-[hydrogen-dl-malat]*, $C_{23}H_{32}N_4O_{11}$, F. 142—144°; aus A. Nadeln. — *2-[γ-(N.N-Dimethylamino)-propyloxy]-*, Kp.$_{0,02}$ 143—146°; 96%. *Hydrogen-d-tartrat*, $C_{17}H_{23}N_3O_7$, F. 133—135°; aus A. Körnchen. — *2-[γ-(N.N-Diäthylamino)-propyloxy]-*, Kp.$_{0,02}$ 134 bis 137°; 89%. *Dihydrogencitrat*, $C_{21}H_{29}N_3O_8$, F. 159—161°; aus A. Nadeln. — *2 [γ-(4-Methylhexahydropyrazino)-propyloxy]-*, F. 90—92°, Kp.$_{0,02}$ 164—168°; 94%. *Bis-[hydrogen-d-tartrat]*, *Dihydrat*, $C_{24}H_{34}N_4O_{13} \cdot 2\ H_2O$, F. 168—170°; aus A. Körnchen. — *2-[γ-(4-Methylhexahydropyrazino)-β-methylpropyloxy]-*, Kp.$_{0,005}$ 147—149°; 95%. *Bis-[hydrogen-dl-malat]*, $C_{25}H_{36}N_4O_{11}$, F. 116—118°; aus A. Nadeln. — *2-[N-Methylpiperidinyl-(4)-oxy]-*, F. 86—87°, Kp.$_{0,005}$ 145—148°; 91%. *Hydrogen-d-tartrat*, $C_{18}H_{23}N_3O_7$, F. 148—150°; aus A. Körnchen. P. GOLINSKE. 3272

Vorstufen von Benzoxazolinon in Roggenpflanzen. 2. Mitt. Artturi I. Virtanen und Pentti K. Hietala. (Suomen Kemistilehti **32.** B 252. 1959. Helsinki, Foundation for Chem. Res., Biochem. Inst., Labor.) (Engl.) — 1. vgl. C. **1961.** 894.

Die l. c. beschriebenen aus Roggenkeimlingen gewonnenen Benzoxazin-Derivv., das Glucosid $C_{14}H_{17}NO_9$ (**I**) u. das Aglucon $C_8H_7NO_4$ (**II**) werden untersucht. Durch Red. von **II** mit Zn in konz. HCl wird die Verb. $C_8H_7NO_3$ (F. 198; gelbe Nadeln) erhalten. Auf Grund dieser u. bereits beschriebener Rkk. werden **II** als *2.4-Dihydroxy-3-oxo-2.3-dihydro-5.6-benzoxazin* u. **I** als das entsprechende *Glucosid* formuliert. W. HAMPEL. 3282□

Zur Glucosidbildung aus 1-Acylglucosen. Burckhardt Helferich und Ludwig Forsthoff. (Chem. Ber. **94.** 158—63. Jan. 1961. Bonn, Univ., Chem. Inst.) (Dt.) — Vgl. C. **1961.** 6152.

Wasserfreie CH_3SO_3H ist als Katalysator bei der Darst. von α-D-Glucosiden (u. den entsprechenden cis-Glykosiden anderer Zucker) durch Rk. von 1-Mesitoyl-β-D-glucopyranose (I) in dem entsprechenden Alkohol besser geeignet als p-Toluolsulfonsäure (TS), HCl, H_2SO_4, $HClO_4$ u. a. Säuren, wobei die Protonenaktivität der Säure im entsprechenden Alkohol entscheidend ist. Mit steigender Säuremenge u. höherer Temp. wird aus **I** in CH_3OH in wachsendem Maße, vermutlich infolge von Anomerisierung, *Methyl-β-D-glucosid* (**II**) gebildet. Eine Reihe von *1-Acyl-2.3.4.6-tetraacetyl-β-D-glucosen* wird durch Rk. der entsprechenden Ag-Salze mit Acetobromglucose (**III**) dargestellt. Trimethylessig-, Diphenylessig-, Triphenylessig-, 2.4.6-Trinitrobenzoylessig-, β.β.β-Trimethylpropion- u. β.β.β-Triphenylpropionsäure reagieren glatt. Aus 1-Triphenylacetyl-2.3.4.6-tetraacetyl-β-D-glucose (**X**) gelingt die Darst. von *1-Triphenylacetyl-β-D-glucose* (**IV**), in allen anderen Fällen wird der 1-Acylrest gleichzeitig mit den CH_3CO-Gruppen abgespalten. *Methyl-α-D-glucosid* (**V**) entsteht sowohl aus **IV** als auch aus 1-Benzoyl-β-D-glucose (**VI**) in CH_3OH in Ggw. von CH_3SO_3H nur zu ca. 65%; daneben wird chromatograph. **II** nachgewiesen. Tris-[2.3.4.6-tetraacetyl-α-D-glucosyl-(1)]-phosphat (**VII**) reagiert in CH_3OH in Ggw. von CH_3SO_3H unter Bldg. von ca. 40% **II** neben **V**. Vermutlich wird aus den 1-Acyl-D-glucopyranosen im entsprechenden Alkohol in Ggw. von CH_3SO_3H unter WALDENscher Umkehr das entsprechende *Alkylglucosid* gebildet, das dann durch Anomerisierung oder durch Umglucosidifizierung vor beendeter Rk. ins isomere (anomere) *Glucosid* übergeht. **I** reagiert mit Phenol (**VIII**) in Ggw. von CH_3SO_3H zu *Phenyl-α-D-glucosid* neben *Phenyl-β-D-glucosid*; mit m-Kresol (**IX**) entsteht aus **I** ebenso *m-Tolyl-α-D-glucosid*.

Versuche: *Methyl-α-D-glucosid* (**V**), F. 165—166°, $[\alpha]_D^{21}$ +158,1° (W.), a) (unter Mitarbeit von H. G. GERMSCHEID) durch Lösen von 0,1 g **I** in 10 cm³ abs. CH_3OH bei 50°, wobei α_D^{20} nach 1½ Std. in Ggw. von 0,07 g CH_3SO_3H + 1,13°, nach 1 Std. 25 Min. in Ggw. von 0,05 g TS +0,86°, nach 50 Min. (bei 40°) in Ggw. von 0,24 g HCl +0,85°, nach 1 Std. in Ggw. von 0,07 g H_2SO_4 +0,82°, nach 1 Std. 10 Min. in Ggw. von 0,07 g $HClO_4$ +0,65°, nach 72 Std. in Ggw. von 0,06 g Oxalsäure +0,42°, nach 21 Std. in Ggw. von 0,1 g H_3PO_4 +0,55° beträgt; b) aus 1 g **I** in 20 cm³ abs. CH_3OH durch Zugabe der äquimolaren Menge 20%ig. abs. CH_3SO_3H, Auffüllen auf 50 cm³ u. 41std. Stehen bei ca. 20°; α_D^{20} +1,95° (berechnet +1,98°; bei mehr Säurezusatz fällt der Drehwert); c) durch 45⅓std. Rk. von **IV** in abs. CH_3OH in Ggw. von CH_3SO_3H bei 30°; fast 63% (Ausbeute); d) durch 290std. Rk. von 1 g **VI** in 50 cm³ abs. CH_3OH in Ggw. von 0,2 g CH_3SO_3H bei Raum-Temp.; 66%; e) aus 1-Benzoyl-4.6-benzal-β-D-glucose analog d); 66%. — *Methyl-β-D-glucosid* (**II**), durch 121std. Rk. von 1 g **VII** in 100 cm³ abs. CH_3OH in Ggw. von 0,2 g CH_3SO_3H bei 16—22° [→ *Tetraacetyl-Deriv.*, F. 103—104°, durch Rk. mit Pyridin (Py) Acetanhydrid (**XI**); $[\alpha]_D^{20}$ —19,1°; 40% (bezogen auf **VII**)]. — *α-Methyl-D-galaktosid* (unter Mitarbeit von D. V. KASHELIKAR), aus 0,2 g 1-Mesitoyl-β-D-galaktose in 20 cm³ CH_3OH in Ggw. von 0,1 g TS-Monohydrat, wobei α_D^{20} 1,04° bei 40° in 108 Min., bei 50° in 58 Min., bei 60° in 31 Min. erreicht wird. — 2.3.4.6-Tetraacetyl-β-D-glucosen (die Ag-Salze werden durch Fällen der wss. Lsgg. der Na-Salze mit $AgNO_3$ gewonnen): *1-Trimethylacetyl-*, $C_{19}H_{28}O_{11}$, F. 137,5° (CH_3OH), durch 20std. Schütteln von 0,01 Mol **III** in abs. Bzl. mit 0,011 Mol Ag-Trimethylacetat unter Lichtausschluß u. Verdampfen zur Trockne im Vakuum; $[\alpha]_D^{21}$ +6,3° (c = 1; Chlf.); 87%. — *1-Diphenylacetyl-*, $C_{28}H_{30}O_{11}$, F. 144—145°, analog vorst. Verb.; Nadeln; $[\alpha]_D^{21}$ —39,0° (c = 1,2; Chlf.). — *1-Triphenylacetyl-* (**X**), $C_{34}H_{34}O_{11}$, F. 71—73° (A.), analog vorvorst. Verb. durch Kondens. von Bzl./CH_3CN (2:1); $[\alpha]_D^{21}$ +27,3° (c = 1; Chlf.); verliert 1 Mol. A. bei 30std. Trocknen bei 60° über P_2O_5. — *1-[2.4.6-Trinitrobenzoyl]-*, $C_{21}H_{21}N_3O_{17}$, F. 152 bis 153° (A.), durch Kondens. in abs. Bzl./CH_3CN; $[\alpha]_D^{21}$ +71,6° (c = 1,4; Chlf.). — *1-[β.β.β-Trimethylpropionyl]-*, $C_{20}H_{30}O_{11}$, F. 103—104,5° (50%ig. CH_3OH; sintert bei ca. 90°), durch Kondens. in abs. Bzl./CH_3CN (1:1); $[\alpha]_D^{21}$ +11,3° (c = 0,8; Chlf.). — *1-[β.β.β-Triphenylpropionyl]-*, $C_{35}H_{36}O_{11}$, durch Kondens. in abs. Bzl./CH_3CN (1:1); aus A. Kristalle; $[\alpha]_D^{21}$ —5,7° (c = 0,7; Chlf.). — *1-Triphenylacetyl-β-D-glucose* (**IV**), $C_{26}H_{26}O_7$, F. 93—98° (wird bei 130—160° kristallin; zersetzt sich ab 245°), durch 1std. Schütteln von 2 g **X** u. 0,0046 g Na in 20 cm³ CH_3OH bei Raum-Temp., Neutralisieren mit verd. H_2SO_4 u. Eindampfen zur Trockne im Vakuum; aus 50%ig. A. Nadeln; $[\alpha]_D^{20}$ +14,6° (c = 1,1; CH_3·OH); >90%; enthält 1 Mol A., der im Vakuum bei 90° entweicht; wahrscheinlich verunreinigt durch Triphenylessigsäuremethylester. — α-D-Glucoside: *Phenyl-*, F. 172 bis 173°, durch 1std. Rk. von 1 g **I** in 25 cm³ abs. **VIII**/Dioxan (5:1) in Ggw. von 0,67 cm³ CH_3SO_3H bei 21—23°, Verdünnen mit Bzl., Ausschütteln mit W., Entionisieren mit Amberlite IRA 410, Eindampfen zur Trockne im Vakuum, Lösen in CH_3OH, Verdünnen der filtrierten Lsg. mit Ae. u. Fällen mit PAe.; $[\alpha]_D^{20}$ +179,5° (W.); 39,5%. — *m-Tolyl-* (unter Mitarbeit von M. KRÖNER), durch 6std. Rk. von 0,5 g **I** in 20 cm³ abs. **IX** in Ggw. von 0,25 cm³ CH_3SO_3H bei 20°, Verdünnen mit Bzl., Ausschütteln mit W., Neutralisieren mit NaOH u. Eindampfen zur Trockne im Vakuum [→ *Tetraacetyl-Deriv.*, F. 77° (abs.

A.), durch 3tägiges Acetylieren mit Py/**XI** bei Raum-Temp., Eindampfen im Vakuum, Chlf.-Extraktion, Eindampfen des Auszuges im Vakuum zur Trockne, Ausziehen mit PAe. u. Einengen des Auszuges; $[\alpha]_D^{22}$ + 165,2° (Chlf.); 30%]. G. REISNER. 3400□

Neue C-Substitutionsprodukte der Glucose. Ju. A. Shdanow, G. A. Koroltschenko und Ss. I. Uwarowa. (Доклады Академии Наук СССР [Ber. Akad. Wiss. UdSSR] **122.** 811—13. 11/10. 1958. Rostow/Don, Univ.) (Russ.)

Vff. beschreiben die Darst. von *1-Desoxy-1-[o-methoxyphenyl]-tetraacetylglucose* (**I**) u. ihrer *Brom-* u. *Nitro-Derivv.*, sowie die Darst. von *1-Desoxy-1-[m-amino-p-methoxyphenyl]-tetraacetylglucose* (**II**), die am besten aus der entsprechenden Nitro-Verb. an RANEY-Ni erhalten wird. **II** wurde in das *N-Benzoyl-* u. *N-p-Toluolsulfonyl-Deriv.* übergeführt. Diazotierte **II** wurde mit Anilin, Phenol u. β-Naphthol umgesetzt. Dabei entstanden orangegelbe Verbindungen.

Versuche: *1-Desoxy-1-[o-methoxyphenyl]-tetraacetylglucose* (**I**), $C_{21}H_{26}O_{10}$, durch 5std. Erhitzen von o-Methoxyphenylmagnesiumbromid u. α-Chlortetraacetylglucose in abs. Ae. auf dem Wasserbad, Zers. mit W. u. verd. Essigsäure, Eindampfen der wss. Schicht im Vakuum, Versetzen mit Acetanhydrid u. wasserfreiem Na-Acetat u. Extrahieren mit Ae.; 42% (Ausbeute). — *1-Desoxy-1-[5-nitro-2-methoxyphenyl]-tetraacetylglucose*, durch Erhitzen von **I** u. $Cu(NO_3)_2 \cdot 3\,H_2O$ in Acetanhydrid u. Essigsäure auf 65—75°, Gießen in Eiswasser u. Extrahieren mit Ae.; nach Verdampfen des Ae. hinterbleibt ein sirupartiges Prod.; 72,7%. — *1-Desoxy-1-[5-brom-2-methoxyphenyl]-tetraacetylglucose*, F. 147—148°, aus **I** u. Br_2 in Essigsäure, nach 1std. Stehen, Gießen in kaltes W. u. Extrahieren mit Ae., schneeweiße Kristalle aus Isopropylalkohol; 76,7%. — *1-Desoxy-1-[m-amino-p-methoxyphenyl]-tetraacetylglucose* (**II**), F. 154—157°, durch 6—7std. Einleiten von H_2 in ein Gemisch der entsprechenden Nitro-Verb. u. RANEY-Ni in W.; cremefarbene Kristalle aus wenig wss. A.; 64%. *N-Benzoyl-Deriv.*, F. 162°, aus **II** u. Benzoylchlorid in trockenem Pyridin; silberglänzende Schuppen aus A.; 41,6%. *N-p-Toluolsulfonyl-Deriv.*, F. 161°, aus **II** u. p-Toluolsulfochlorid in trockenem Pyridin, nach 4std. Stehen, Gießen in viel W.; weiße silbrigglänzende Schuppen aus A.; 41%.

GOTTFRIED SCHREIBER. 3400□

Über Harnstoff- und Tetrahydroimidazol-Derivate von D-Glucosamin. Ch. J. Morel. (Helv. chim. Acta **44.** 403—12. 15/3. 1961. Basel, J. R. Geigy A. G., Wissenschaftliches Labor.) (Dt.) — Vgl. C. **1959.** 9912. 7789.

Durch Rk. von 3.4-Dichlorphenylisocyanat bzw. anderen Isocyanaten u. 1.3.4.6-Tetra-O-acetyl-β-D-glucosamin (**IV**) entstehen *1.3.4.6-Tetra-O-acetyl-N-[3.4-dichlorphenylcarbamyl]-β-D-glucosamin* (**I**) u. analoge Verbb., die sich mit methanol. NH_3 entacetylieren lassen. Aus den entacetylierten Verbb. läßt sich mit 20%ig. Essigsäure W. abspalten. So entsteht aus **I** über die entacetylierten Verb. *2-Oxo-3-[3.4-dichlorphenyl]-D-glucopyrano-[1.'2':4.5]-imidazolidin* (**III**). Die entsprechenden Verbb. wurden auch mit Phenylisothiocyanaten dargestellt.

Versuche [opt. Drehungen in Dimethylformamid (DMF)]: N-[Arylcarbamyl]-1.3.4.6-tetra-O-acetyl-β-D-glucosamine: *N-[3.4-Dichlorphenylcarbamyl]-* (**I**), F. 190—191° (A.), durch Kochen von 3,6 g 1.3.4.6-Tetra-O-acetyl-β-D-glucosamin (**IV**) u. 2,1 g 3.4-Dichlorphenylisocyanat in abs. Bzl.; $[\alpha]_D$ + 36,8° (c = 1,02); 4 g (Ausbeute). — *N-[4-Chlorphenylcarbamyl]-*, F. 209—210° (A.), analog **I**; $[\alpha]_D$ + 38,4° (c = 1,02). — *N-[4-Nitrophenylcarbamyl]-*, F. 220—221° (A.), $[\alpha]_D$ + 40,9° (c = 0,98), — *N-[p-Tolylcarbamyl]-*, F. 200—201° (A.); $[\alpha]_D$ + 38,0° (c = 1,03). — *N-[p-Methoxyphenylcarbamyl]-*, F. 203—204° (A.); $[\alpha]_D$ + 35,2° (c = 1,01). — *N-[2-Chlorphenylcarbamyl]-*, F. 190—191° (A.); $[\alpha]_D$ + 37,5° (c = 1,08). — *N-[3.4-Dimethylphenylcarbamyl]-*, F. 210—211° (A.); $[\alpha]_D$ + 39,1° (c = 1). — *N-[3.5-Dichlorphenylcarbamyl]-*, F. 202—203° (A.); $[\alpha]_D$ + 37,2° (c = 1). — *N-[p-Aminosulfonylphenylcarbamyl]-*, F. 210—211° (A.); $[\alpha]_D$ + 37,3° (c = 1). — *N-[Benzylcarbamyl]-*, F. 206—207° (Bzl./Ae.); $[\alpha]_D$ + 30,1° (c = 1). — *N-[Isopropylcarbamyl]-*, F. 184—185° (Bzl./Ae.); $[\alpha]_D$ + 30,1° (c = 0,99). *N-[n-Butylcarbamyl]-*, F. 159—160° (Essigester); $[\alpha]_D$ + 30,4° (c = 1). — *N-[Cyclohexylcarbamyl]-*, F. 206—207° (Bzl./Ae.); $[\alpha]_D$ + 30,1° (c = 1). — N-[Arylcarbamyl]-β-D-glucosamine: *N-[3.4-Dichlorphenylcarbamyl]-* (**II**), F. 170—172° (A.), durch Versetzen von 13 g **I** in abs. Methanol mit gesätt. methanol. NH_3-Lsg. bei 0° unter Feuchtigkeitsausschluß, 2std. Stehen bei 0°, 4std. Stehen bei Raum-Temp., Eindampfen im Vakuum zur Trockne u. Aufnehmen in A.; $[\alpha]_D$ + 32,4° (c = 1); 7,8 g. — *N-[4-Chlorphenylcarbamyl]-*, F. 171—173° (A.), analog **II**; $[\alpha]_D$ + 88,1° (c = 0,97). — *N-[p-Nitrophenylcarbamyl]-*, F. 153—155° (A.); $[\alpha]_D$ + 17,7° [c = 1; W./DMF (1:9)]. — *N-[p-Tolylcarbamyl]-*, F. 146—147° (Methanol/Ae.); $[\alpha]_D$ + 16° (c = 1,01). *α-Form*, F. 180—181° (A./W.); $[\alpha]_D$ + 45,2° (c = 1,03). — *N-[p-Methoxyphenylcarbamyl]-*, F. 135—138°; (A./Ae.); $[\alpha]_D$ + 13,1° (c = 1,01). — *N-[2-Chlorphenylcarbamyl]-*, F. 189—192° (A./W.) $[\alpha]_D$ + 55,8° (c = 0,99). — *N-[3.4-Dimethylphenylcarbamyl]-*, F. 184—186° (A.); $[\alpha]_D$

+47,6° (c = 1,1). — *N-[3.5-Dichlorphenylcarbamyl]-*, F. 181—184° (A.); $[\alpha]_D$ +47,2° (c = 1,06). — *N-[Aminosulfonylphenylcarbamyl]-*, F. 116—119° (A.); $[\alpha]_D$ +14,9° (c = 1,01). — *N-[Benzylcarbamyl]-*, F. 182—185° (Methanol/W.); $[\alpha]_D$ + 48,6° (c = 1). — *N-[Isopropylcarbamyl]-*, F. 175—178° (A./W.); $[\alpha]_D$ +62,7° (c = 1,08). — *N-[n-Butylcarbamyl]-*, F. 154—156° (A./W.); $[\alpha]_D$ +51,6° (c = 1,04). — *N-[Cyclohexylcarbamyl]-*, F. 196—198° (A./W.); $[\alpha]_D$ +38,9° (c = 0,31). — 3-Aryl-D-glucopyrano-[1'.2':4.5]-imidazolidinone-(2): *3-[3.4-Dichlorphenyl]-*, (III) F. 206—207° (A.), durch ½ std. Erhitzen von 9,5 g **II** mit 20%ig. Essigsäure auf 100°; $[\alpha]_D$ + 148,7° (c = 1,02); 6,5 g. — *3-[4-Chlorphenyl]-*, F. 221—222° (A.), analog **III**; $[\alpha]_D$ + 145,9° (c = 1,01). — *3-[p-Nitrophenyl]-*, F. 233—234° (W.); $[\alpha]_D$ +281,2° (c = 1). — *3-[p-Tolyl]-*, F. 221—222° (A.); $[\alpha]_D$ +126,5° (c = 1,04). — *3-[p-Methoxyphenyl]-*, F. 201—202° (W.); $[\alpha]_D$ +117,1° (c = 1). — *3-[2-Chlorphenyl]-*, F. 260—261° (A.); $[\alpha]_D$ +87,1° (c = 1,01). — *3-[3.4-Dimethylphenyl]-*, F. 166—167° (W.); $[\alpha]_D$ +124,6° (c = 1). — *3-[3.5-Dichlorphenyl]-*, F. 107—108° (W.); $[\alpha]_D$ +146,2° (c = 1,04). — *3-[p-Aminosulfonylphenyl]-*, F. 195—196° (Methanol/Ae.); $[\alpha]_D$ +147,2° (c = 1). — *1-Acetyl-2-oxo-3-[3.4-dichlorphenyl]-3.'4'.6'-tri-O-acetyl-D-glucopyrano-[1'.2':4.5]-imidazolidin*, $C_{21}H_{22}Cl_2N_2O_9$, F. 163—164 (A.), durch 18std. Stehen von 1,5 g **III** in Acetanhydrid in Ggw. von $ZnCl_2$, Versetzen mit Methanol u. Gießen auf Eis; $[\alpha]_D^{23}$ +65,8° (c = 0,99; DMF); 1,3 g. — *1-Acetyl-2-oxo-3-[p-tolyl]-3'.4'.6'-tri-O-acetyl-D-glucopyrano-[1'.2':4.5]-imidazolidin*, $C_{22}H_{26}N_2O_9$, F. 144—145° (A.), analog vorst. Verb.; $[\alpha]_D^{23}$ +45,1° (c = 1; A.). — N-[Arylthiocarbamyl]-1.3.4.6-tetra-O-acetyl-β-D-glucosamine: *N-[3.4-Dichlorphenylthiocarbamyl]-* (**V**), F. 134 bis 135° (Ae.), durch 2std. Kochen von 14 g **IV** u. 3.4-Dichlorphenylsenföl in abs. Bzl., Filtrieren u. Eindampfen im Vakuum bei 30°; $[\alpha]_D$ + 10,9° (c = 1,05); 18 g. — *N-[4-Chlorphenylthiocarbamyl]-*, F. 160—161° (Methanol), analog **V**; $[\alpha]_D$ +25,5° (c = 1). — *N-[p-Tolylthiocarbamyl]-*, F. 158—159° (Methanol); $[\alpha]_D$ +35,6° (c = 1,01). — *N-[p-Methoxyphenylthiocarbamyl]-*, F. 139—140° (A.); $[\alpha]_D$ + 33,7° (c = 0,98). — *N-[2-Chlorphenylthiocarbamyl]-*, F.1 36—137° (A.); $[\alpha]_D$ + 11,1° (c = 1). — *N-[3.4-Dimethylphenylthiocarbamyl]-*, F. 157—158° (A.); $[\alpha]_D$ +44,9° (c = 1). — *N-[3.5-Dichlorphenylthiocarbamyl]-*, F. 152—153° (Ae.); $[\alpha]_D$ +25,8° (c = 0,98). — N-[Arylthiocarbamyl]-β-D-glucosamine: *N-[3.4-Dichlorphenylthiocarbamyl]-* (**VI**), F. 180—182° (A.), analog **II** aus 16 g **V** (1 Std.); $[\alpha]_D$ —7,3° (c = 1,01); 9 g. — *N-[4-Chlorphenylthiocarbamyl]-*, F. 144—147° (A./Ae.), analog **VI**; $[\alpha]_D$ +30° (c = 1,08; A.). — *N-[p-Tolylthiocarbamyl]-*, F. 154—157° (A.); $[\alpha]_D$ +10,2° (c = 1,01). — *N-[2-Chlorphenylthiocarbamyl]-*, F. 204 bis 206° (W.); $[\alpha]_D$ —21,6° (c = 1,07). — *N-[3.4-Dimethylphenylthiocarbamyl]-*, F. 188—190° (W.); $[\alpha]_D$ +6,3° (c = 1). — *N-[3.5-Dichlorphenylthiocarbamyl]-*, F. 192—194° (A./W.); $[\alpha]_D$ —13,5° (c = 1,01). — 3-Aryl-2-thiono-D-glucopyrano-[1'.2':4.5]-imidazolidine: *3-[3.4-Dichlorphenyl]-* (**VII**), F. 185—186° (W.), analog **III** aus 5 g **VI**; $[\alpha]_D$ + 72,1° (c = 1,09); 3,8 g. — *3-[4-Chlorphenyl]-*, F. 232—233° (A./W.), analog **VII**; $[\alpha]_D$ +80,1° (c = 1). — *3-[p-Tolyl]-*, F. 237—238° (W.); $[\alpha]_D$ +79,5° (c = 0,88). — *3-[p-Methoxyphenyl]-*, F. 235—236° (Methanol/W.); $[\alpha]_D$ +79,6° (c = 1). — *3-[2-Chlorphenyl]-*, F. 215 bis 216° (W.); $[\alpha]_D$ +119,7° (c = 1). — *3-[3.4-Dimethylphenyl]-*, F. 211—212° (W.); $[\alpha]_D$ + 80° (c = 1). — *3-[3.5-Dichlorphenyl]-*, F. 191—192° (W.); $[\alpha]_D$ + 66,2° (c = 1). — *X-Acetyl-2-thio-3-[3.4-dichlorphenyl]-3'.4'.6'-tri-O-acetyl-D-glucopyrano-[1'.2':4.5]-tetra(di?)-hydroimidazol*, $C_{21}H_{22}Cl_2N_2O_8S$, F. 208—209° (A.), durch 16std. Stehen von 0,5 g **VII** mit Acetanhydrid /Pyridin, ½ std. Erhitzen auf 100° u. Gießen in Eiswasser; $[\alpha]_D^{22}$ +54,5° (c = 1); 0,45 g. — *2-Oxo-3-[3.4-dichlorphenyl]-imidazolidin*, $C_9H_8Cl_2N_2O$, F. 192 bis 194° (Chlf.), durch 1½ std. allmähliches Erhitzen von 20,5 g *N-[3.4-Dichlorphenyl]-äthylendiamin* [aus 3.4-Dichloranilin u. Äthylenimin nach COLEMAN u. CALLEN (J. Amer. chem. Soc. **68.** [1946]. 2006)] mit 6,5 g Harnstoff u. 5 ml W. auf 240—245°; 10,5 g. — *1-Acetyl-2-oxo-3-[3.4-dichlorphenyl]-imidazolidin*, $C_{11}H_{10}Cl_2N_2O_2$, F. 151—152° (A.), durch 24std. Stehen von 1 g vorst. Verb. mit Acetanhydrid in Ggw. von $ZnCl_2$ u. Gießen auf Eis; 0,91 g. P. GOLINSKE. 3400□

Untersuchungen von Coenzymanaloga. 1. Mitt. **Synthese von 3-β-D-Ribofuranosyl-2-oxo-2.3-dihydropyrimidin(6-Desoxyuridin) und seinem 5'-Phosphat.** Morio Ikehara. (Chem. pharmac. Bull. [Tokyo] **8.** 308—13. April 1960. Hokkaido, Univ., Medical School, Fac. of Pharm.) (Engl.)

Ein neues Nucleosid, *3-[β-D-Ribofuranosyl]-2-oxo-2.3-dihydropyrimidin* (*6-Desoxyuridin*) (**I**), wird aus 2-Oxo-1.2-dihydropyrimidinyl-(1)-HgCl (**II**) u. 2.3.5-Tri-O-benzoylribofuranosylchlorid durch nachfolgende Entfernung der Schutzgruppen synthetisiert. *6-Desoxyuridin-5'-monophosphat* u. *-2'* (oder *3'*)*.5'-diphosphat* (**III**) werden durch Phosphorylieren von **I** erhalten.

Versuche: *2-Oxo-1.2-dihydropyrimidinyl-(1)-HgCl* (**II**), $C_4H_3ClHgN_2O$, durch Vereinigen von 2-Hydroxypyrimidin in verd. NaOH u. $HgCl_2$ in A.; 90,1% (Ausbeute). — *1-Chlor-2.3.5-tri-O-benzoylribofuranose*, durch Sättigen einer alkohol. Lsg. von 1-O-Acetyl-

2.3.5-tri-O-benzoylribofuranose mit HCl u. 8tägiges Stehen bei 0—5°. — *3-[2'.3'.5'-Tri-O-benzoylribofuranosyl]-2-oxo-2.3-dihydropyrimidin*, $C_{30}H_{24}N_2O_8$, F. 134—136°, durch Zugabe einer benzol. Lsg. vorst. Verb. zu II in Xylol, 5 Min. langes Kochen, 1std. Stehen, Eindampfen im Vakuum, Lösen in Chlf., Waschen mit gesätt. NaJ-Lsg., Chromatographie an Al_2O_3 u. Eluieren mit Chlf.; $[\alpha]_D^{13}$ —1,12° (c = 1,49; Chlf.) 67,7%. — *3-β-D-Ribofuranosyl-2-oxo-2.3-dihydropyrimidin* (*6-Desoxyuridin*) (I), *Hydrat*, $C_9H_{12}N_2O_5 \cdot H_2O$, F. 183°, durch Sättigen der methanol. Lsg. vorst. Verb. mit NH_3 bei 0°, 50std. Stehen bei 5—15°, Eindampfen im Vakuum, Lösen in W., Extrahieren mit Chlf. u. Eindampfen der wss. Lsg. zu Trockne; aus verd. A. Nadeln; 46,5%. — *2-Oxo-1.2-dihydropyrimidin*, durch ½std. Kochen von I mit 2n HCl u. Papierchromatographie; daneben *Ribose*. — *2'.3'-Isopropyliden-6-desoxyuridin*, $C_{12}H_{16}N_2O_5$, aus 2 g I in Aceton in Ggw. von p-Toluolsulfonsäure, Zugabe von gesätt. $NaHCO_3$-Lsg. u. Extrahieren mit Chlf.; 2 g. — *6-Desoxyuridin-2'* (*oder 3'*).*5'-diphosphat* (III), *Ba-Salz, Heptahydrat*, $C_9H_{10}Ba_2N_2O_{11}P_2 \cdot 7\,H_2O$, a) durch 2std. Erwärmen vorst. Verb. mit H_3PO_4/P_2O_5 auf 60°, Zugabe von W., ½std. Kochen, Zugabe von gesätt. $Pa(OH)_2$-Lsg. bis pH 6,4, Filtrieren, Zugabe von $Ba(OH)_2$ bis pH 7,3 u. Verdünnen mit 2 Volumen A.; 17%; daneben *6-Desoxyuridin-5'-monophosphat, Ba-Salz, Dihydrat*, $C_9H_{11}BaN_2O_8P \cdot 2\,H_2O$, durch weiteres Verdünnen mit A.; 8,2%; b) durch 15std. Stehen von 0,1 g IV in methanol. HCl, Verdünnen mit W., Einengen im Vakuum, Einstellen mit $Ba(OH)_2$-Lsg. auf pH 7,3 u. Versetzen mit A.; 60 mg. — *2'.3'-Isopropyliden-6-desoxyuridin-5'-benzylphosphit*, durch ½std. Stehen von 0,7 g III u. dem Anhydrid von Phosphorigsäurebenzylester u. O.O-Diphenylphosphorsäure in Acetonitril/2.4.6-Collidin/Bzl., Eindampfen, Lösen in Chlf. u. Eindampfen im Vakuum; hellgelber Sirup; 0,8 g. — *2'.3'-Isopropyliden-6-desoxyuridin-5'-benzylphosphat*, durch 2täg. Stehen von 0,8 g vorst. Verb. u. N-Chlorsuccinimid in Acetonitril, Zugabe von gesätt. $NaHCO_3$-Lsg., 6std. Rühren, Einengen im Vakuum, Ansäuern mit verd. HCl u. Extrahieren mit Chlf.; 250 mg. — *2'.3'-Isopropyliden-6-desoxyuridin-5'-phosphat* (IV), durch Lösen von 250 mg vorst. Verb. in W., Ansäuern mit verd. HCl u. Hydrieren in Ggw. von PdO_2/Pd/Kohle; 175 mg. W. HAMPEL. 3450□

Untersuchungen von Coenzymanaloga. 2. Mitt. Eine bequeme Synthese von „Thioinosin". Morio Ikehara. (Chem. pharmac. Bull. [Tokyo] **8.** 367—68. April 1960.) (Engl.) — 1. vgl. vorst. Referat.

Eine Synth. von *Thioinosin* wird beschrieben. Die Maxima der UV-Spektren werden angegeben.

Versuche: *2'.3'.5'-Tri-O-acetyladenosin*, F. 166—167° (A.), durch Acetylieren von 5 g Adenosin in Pyridin, 1½std. Stehen, Filtrieren, Eindampfen im Vakuum u. Lösen in Chlf.; 4,1 g (Ausbeute). — *2'.3'.5'-Tri-O-acetylinosin*, F. 236—238°, durch 48std. Stehen von 1,5 g vorst. Verb. u. $NaNO_2$ in verd. Essigsäure, Eindampfen im Vakuum u. Exrtaktion mit heißem A.; Nadeln; 0,8 g. — *2'.3'.5'-Tri-O-acetylthioinosin*, $C_{16}H_{18}N_4O_7S$, F. 214—216° (A./Aceton), durch 4std. Kochen von 0,3 g vorst. Verb. u. P_2S_5 in Pyridin; 250 mg. — *6-Mercapto-9-β-D-ribofuranosylpurin* („*Thioinosin*"), F. 208—210° (A.), a) durch Sättigen von 100 mg vorst. Verb. in Methanol mit NH_3 bei 0°, 24std. Stehen, Eindampfen in Vakuum u. Extrahieren mit Methanol; 20 mg; b) durch 4½std. Kochen von 2,5 g vorst. Verb. mit Na-Methylat in abs. Methanol, Eindampfen im Vakuum, Zugabe von W., Zugabe von Essigsäure bis pH 8,5, Extrahieren mit Chlf. u. Einstellen auf pH 4—5; 800 mg. W. HAMPEL. 3450□

Konstitution und Eigenschaften des Biphenylen-(4.4')-bis-[methylatropinium-bromids], einer biquartären Atropinverbindung. Georg L. Szendey und Siegfried Munnes. (Chem. Ber. **94.** 38—42. Jan. 1961. Monheim/Düsseldorf, Forschungslabor. der Dr. Schwarz Arzneimittelfabrik G.m.b.H.) (Dt.)

Bei der Darst. von *p-Biphenylylmethylatropiniumbromid* (I) aus Atropin (II) u. rohem Biphenylyl-(4)-methylbromid (III) wurde ein neues, hochtoxisches biquartäres Atropin-Deriv., *Biphenylen-(4.4')-bis-[methylatropiniumbromid]* (IV) entdeckt, das aus dem bei der Brommethylierung neben III entstandenen p.p'-Biphenyl-Deriv. u. II gebildet wird. Für polarimetr. Unterss. wurden auch die I u. IV entsprechenden *Hyoscyamin-Derivv.* dargestellt, die sich aber außer in der opt. Drehung nicht von den Atropin-Derivv. unterschieden.

Versuche: *Biphenylyl-(4)-methylbromid* (III), durch Versetzen von 12 g Biphenyl, Paraformaldehyd u. NaBr in Eisessig bei 130° mit konz. H_2SO_4/Eisessig (2:1) 8std. Stehen, Zers. mit Eiswasser u. Filtrieren; 15,6 g (Ausbeute). — *Biphenylen-(4.4')-bis-[methylatropiniumbromid]* (IV), $C_{48}H_{58}Br_2N_2O_6$, F. 237—239° (A.), aus 5 g II u. 4,5 g III durch Vereinigung der Aceton-Lsgg. bei 50°, Stehen, Filtrieren. — *p-Biphenylylmethylatropiniumbromid* (I), $C_{30}H_{34}BrNO_3$, F. 219—221° (A.), aus der ersten Mutterlauge von IV durch Zusatz von wenig W. u. Einengen. — *4.4'-Bis-[brommethyl]-biphenyl*, $C_{14}H_{12}Br_2$,

F. 169—172°, durch Umkrist. von 10 g rohem III aus PAe. u. Aceton; 4,8 g. — *Biphenylen-(4.4')-bis-[methylhyoscyaminiumbromid]*, analog IV aus III u. Hyoscyamin; $[\alpha]_D^{23}$ —18,1° ±2° (c = 1,4; Methanol). — *p-Biphenylylmethylhyoscyaminiumbromid*, analog I; $[\alpha]_D^{23}$ —15,8°±2° (c = 2,4; Methanol). E. LODEMANN. 3500□

Untersuchungen über die Stereochemie von Emetin. 1. Mitt. Dehydrierung von (—)-2'-Acylemetinen mit Quecksilber(II)-acetat. Yoshio Ban, Osamu Yonemitsu und Masanao Terashima. (Chem. Pharmac. Bull. [Tokyo] **8**. 183—93. März 1960. Hokkaido, Univ., Med. School, Pharmac. Inst.) (Engl.)

Bei der Dehydrierung von (—)-2'-Acylemetin mit $Hg(OOCCH_3)_2$ entstehen ausschließlich *5.11b-Dehydro-2'-acylemetinderivate*. Als Modellsubstanzen für die $Hg(OO\cdot CCH_3)_2$-Dehydriering dienen verschiedene 1-Alkyl-1.2.3.4-tetrahydroisochinoline, aus denen *1-Alkyl-3.4-dihydroisochinoline* entstehen. 1-Alkyl-2-acyl-1.2.3.4-tetrahydroisochinoline werden bei der gleichen Rk. (mehrstd. Erhitzen) nicht verändert. Andererseits läßt sich 9.10-Dimethoxy-1.2.3.4.6.7-hexahydro-11b H-benzo-[a]-chinolizin (I) in guten Ausbeuten leicht zum *9.10-Dimethoxy-1.2.3.4.6.7-hexahydrobenzo-[a]-chinoliziniumsalz* dehydrieren. Das Verh. von I läßt verstehen, wenn man für das H-Atom an $C_{(11b)}$ eine axiale Stellung annimmt. Sämtliche Dehydrierungs-Prodd. werden durch Vgl. mit authent. Substanzen u. durch UV-Spektren identifiziert. (—)-2'-Acetylemetin (II) liefert bei der Dehydrierung u. nach Zugabe von 30%ig. $HClO_4$ *2'-Acetyl-5.11b-dehydroemetiniumperchlorat*. Die IR- u. UV-Spektren einer Anzahl der dargestellten Verb. sind angegeben.

Versuche: 1.2.3.4-Tetrahydroisochinoline: *1-Benzyl-* (V), $Kp._{2,5}$ 163—169°, durch Hydrieren von 1-Benzyl-3.4-dihydroisochinolin (VI; $Kp._{2,5}$ 165—171°. *Hydrochlorid*, F. 223—225°. *Methojodid*, F. 197—199°). *Hydrochlorid*, F. 170—172°; aus A./Ae. Nadeln. *Pikrat*, F. 166—167°; aus A./Ae. orangegelbe Kristalle. — *1-Äthyl-6.7-dimethoxy-* (IV), $Kp._4$ 162—164°, analog V aus 1-Äthyl-6.7-dimethoxy-3.4-dihydroisochinolin ($Kp._2$ 146—150°). *Pikrat*, F. 182—184°; aus A. gelbe Säulen. — *1-Propyl-6.7-dimethoxy-*, $Kp._4$ 163—167, analog V aus 1-Propyl-6.7-dimethoxy-3.4-dihydroisochinolin (III; $Kp._2$ 153—157°). *Pikrat*, F. 190—191°; aus A. gelbe Prismen. *Hydrochlorid*, F. 210—214°; aus A./Ae. Nadeln. — *1-Propyl-2-methyl-6.7-dimethoxy-*, $Kp._5$ 160—163°, durch 5std. Kochen von III mit überschüssigen CH_3J, Überführen des entstandenen *Methojodids* [$C_{15}H_{22}JNO_2$, F. 167—169°; aus A. gelbe Prismen; 90% (Ausbeute)] in das entsprechende *Chlorid* u. Hydrieren; 92%. *Pikrat*, $C_{21}H_{26}N_4O_9$, F. 167—168,5°; aus A. gelbe Prismen. — *1-Äthyl-2-acetyl-6.7-dimethoxy-*, $C_{15}H_{21}NO_3$, F. 78—80°, durch ½ std. Kochen von 1 g IV u. Acetanhydrid, Gießen in Eiswasser, Alkalisieren mit $NaHCO_3$, Extrahieren mit Bzl. u. Einengen; aus Hexan Säulen; 0,95 g. — *1-Äthyl-2-benzoyl-6.7-dimethoxy-*, $C_{20}H_{23}NO_3$, F. 104—106°, durch ½ std. Schütteln von 1 g IV u. Benzoylchlorid mit 10%ig. NaOH in Ae.; aus Hexan Säulen; 1,1 g (Rohprod.). — *1-[3.4-Dimethoxyphenäthyl]-1H-pyridon-(2)*, $C_{15}H_{17}NO_3$, F. 78—80°, durch Oxydation von 1-[3.4-Dimethoxyphenäthyl]-pyridiniumbromid mit $K_3[Fe(CN)_6]$ u. Stehen in Hexan; aus Hexan Nadeln; 4,2 g. — *1-[3.4-Dimethoxyphenäthyl]-piperidon-(2)*, durch Hydrieren von 2,5 g vorst. Verb. an RANEY-Ni in A. bei Raum-Temperatur. — *9.10-Dimethoxy-1.2.3.4.6.7-hexahydrobenzo-[a]-chinoliziniumjodid*, $C_{15}H_{20}JNO_2$, F. 203—205°, a) durch 2½ std. Kochen vorst. Verb. u. $POCl_3$ in Bzl., Eindampfen im Vakuum, Aufnehmen in wenig W. u. Sättigen mit KJ; aus A. gelbe Nadeln; 70%; b) durch 1½ std. Erhitzen von 0,3 g I u. $Hg(OOCCH_3)_2$ in 5%ig. Essigsäure; 91,6%. *Pikrat*, $C_{21}H_{22}N_4O_9$, F. 183—185°; aus A. gelbe Schuppen. — *9.10-Dimethoxy-1.2.3.4.6.7-hexahydro-11b H-benzo-[a]-chinolizin* (I), F. 57—59,5°, durch Überführen vorst. Verb. in das entsprechende *Chlcrid*, Hydrieren am ADAMS-Kontakt in A. bei Raum-Temp. (1½ Std.), Filtrieren, Eindampfen, Aufnehmen in wenig W., Alkalisieren mit $NaHCO_3$ u. Extrahieren mit Bzl.; aus PAe. Platten. *Pikrat*, F. 170—172°, aus A. gelbe Prismen. *Hydrochlorid*, F. 230—232° (A./Ae.). *Perchlorat*, F. 180—183°; aus W. Nadeln. — *5.6.8.13-Tetrahydrodibenzo-[a; g]-chinoliziniumjodid*, $C_{17}H_{16}JN$, F. 193—194°, durch 3std. Kochen von V u. abs. HCOOH, Eindampfen im Vakuum, Lösen in Tetralin, Versetzen mit P_2O_5, 25 Min. langes Kochen, Zugabe von Eiswasser, Ansäuern mit HCl, Abtrennen der Tetralinschicht, Filtrieren der wss. Phase u. Sättigen mit KJ; aus 90%ig. A. gelbe Nadeln; 60,5% (Rohprod.). — *5.6.13.13a-Tetrahydro-8H-dibenzo-[a; g]-chinolizin* (VII), F. 82—85°, durch Cyclisieren von V mit HCOOH, Gießen in Eiswasser, Zugabe ovn konz. HCl u. Zn-Staub, 3std. Erhitzen auf 100°, Filtrieren, Alkalisieren mit $NaHCO_3$ u. Extrahieren mit Chlf.; aus Hexan blaßgelbe Nadeln; 41,8%. *Pikrat*, F. 148—150°; aus A. gelbe Nadeln. — 3.4-Dihydroisochinoline: *1-Benzyl-* (VI), *Pikrat*, F. 175—176°, durch Zugabe von $Hg(OOCCH_3)_2$ zu V in 5%ig. Essigsäure, 3std. Erhitzen auf 90—95°, Filtrieren, Sättigen mit H_2S bei 100°, Filtrieren, Alkalisieren mit $NaHCO_3$, Extrahieren mit Bzl. u. Überführen in das Pikrat; aus A. gelbe Prismen;

26%. — *1-Äthyl-6.7-dimethoxy-, Pikrat*, F. 190—192°, analog **VI** aus 0,1 g **IV**; aus A. gelbe Nadeln; 0,13 g. — *1-Propyl-6.7-dimethoxy-* (**III**), *Pikrat*, F. 174—176°, analog **VI**; aus A. gelbe Nadeln; 79%. — *1-Propyl-2-methyl-6.7-dimethoxy-, Jodid*, F. 167—169°, analog **VI**; aus A. gelbe Nadeln; 82,7%. — *5.6-Dihydrodibenzo-[a; g]-chinoliziniumjodid*, F. 239—241°, analog **VI** aus **VII**; aus 80%ig. A. gelbe Nadeln; 75,2%. *Pikrat*, $C_{23}H_{16}\cdot N_4O_7$, F. 191—192°; aus A. gelbe Säulen; liefert bei der katalyt. Hydrierung in 95,7%ig. Ausbeute wieder **VII**. — (—)-*2'-Acetylemetin* (**II**), F. 97—99°, aus (—)-Emetin nach AHL u. REICHSTEIN (Helv. chim. Acta **27**. [1944.] 366); aus A. prismat. Nadeln. — *5.11b-Dehydro-2'-acetylemetiniumperchlorat, Tetrahydrat*, $C_{31}H_{41}ClN_2O_9\cdot 4H_2O$, F. 161 bis 164°, a) durch 2std. Erhitzen von 1 g **II** u. $Hg(OOCCH_3)_2$ in 5%ig. Essigsäure auf 90—95°, Filtrieren, Sättigen mit H_2S bei 100°, Einengen im Vakuum, Zugabe überschüssiger 30%ig. $HClO_4$ u. Stehen bei Raum-Temp.; aus Tetrahydrofuran/Methanol Prismen; 0,9 g; b) durch 7std. Erhitzen von **II** mit $Hg(OOCCH_3)_2$ in Eisessig auf 60°; 98%. — (—)-*2'-Benzoylemetin*, F. 181—182°, aus (—)-Emetin nach SPÄTH u. LEITHE [1927]; aus abs. A. prismat. Nadeln. — *2'-Benzoyl-5.11b-dehydroemetiniumperchlorat, Hydrat*, $C_{36}\cdot H_{43}ClN_2O_9\cdot H_2O$, F. 163—165°, analog vorvorst. Verb. aus vorst. Verb.; aus A. Nadeln; 98% (Rohprod.). P. GOLINSKE. 3500□

Die Chemie von Hortiamin und 6-Methoxyrhetsinin. Irwin J. Pachter, Richard J. Mohrbacher und David E. Zacharias. (J. Amer. chem. Soc. **83**. 635—42. 5/2. 1961. Philadelphia, Pa., Smith Kline and French Labor., Res. and Dev. Div.) (Engl.)

Die Struktur von 6-Methoxyrhetsinin (I), die aus den U-V-Spektren abgeleitet wurde, wird auf Grund der Natur der chem Rk.-Prodd. von I bekräftigt. Die Methylierung, Äthanolyse, $LiAlH_4$-Red. u. Acetylierung von I werden untersucht. Die Acetylierung führt zu *Isohortiamin*, das allg. strukturelle Merkmale eines bisher noch nicht beschriebenen Alkaloids aus *Hortia braziliana* Vel. aufweist. Die $LiAlH_4$-Red. von *Hortiamin* (**II**) wird untersucht. Eine neue Synth. von **II** wird beschrieben.

Versuche: *2-[o-Dimethylaminobenzoyl]-6-methoxy-1-oxo-1.2.3.4-tetrahydropyrido-[3.4:b]-indol*, $C_{21}H_{21}N_3O_3$, F. 240—241°, a) durch Lösen von I in Dimethylformamid (DMF), Versetzen mit CH_3J, 1½ std. Erhitzen auf 100° in einem verschlossenen Gefäß, Eindampfen zur Trockne, Verteilen des Rückstandes zwischen 10%ig. NH_4OH u. Chlf., Extrahieren der Chlf.-Lsg. mit 10%ig. Essigsäure u. W. u. Eindampfen der Chlf.-Lsg.; aus Essigester gelbe Prismen; 0,13 g (Ausbeute); b) durch 40 Min. langes Rühren eines Gemisches von 5 g **III** u. 100 g Polyphosphorsäure (PPS) bei 55°, Kühlen, Verdünnen mit W. u. Alkalisieren mit NH_4OH; 3,2 g. — *3-[β-(o-Methylaminobenzoyl)-aminoäthyl]-5-methoxyindol-2-carbonsäure* (**IV**), $C_{20}H_{21}N_3O_4$, F. 229—230° (A.), durch 20 Min. langes Erhitzen eines Gemisches von 5-Methoxytryptamin-2-carbonsäure u. N-Methylisatosäureanhydrid (**V**) auf 190°, Kühlen, Lösen in wss. KOH u. Ansäuern mit Essigsäure; 13,1 g. — *3-[β-(o-Dimethylaminobenzoyl)-aminoäthyl]-5-methoxyindol-2-carbonsäure* (**III**) $C_{21}H_{23}N_3O_4$, F. 216—217° (Zers.; Methanol), durch 4std. Erhitzen von 7,35 g vorst. Verb. u. CH_3J/Methanol auf 100° in einer Druckflasche, Eindampfen, Ansäuern, mit verd. HCl u. Filtrieren; 6,3 g. — *Hortiamin* (**II**), F. 205—208° (Zers.), durch 2½ std. Rühren von 1 g **IV** u. 25 g PPS bei 60°, Verdünnen mit W., Filtrieren, Lösen des Rückstandes in Chlf./NH_4OH u. Eindampfen der Chlf.-Lsg.; aus Chlf./Bzl. rote Nadeln; 0,9 g. — *9-Acetyl-2-[o-dimethylaminobenzoyl]-6-methoxy-1-oxo-1.2.3.4-tetrahydropyrido-[3.4:b]-indol*, $C_{23}H_{23}N_3O_4$, F. 208—209°, durch 1std. Kochen von 2 g **III** in Acetanhydrid u. Eindampfen im Vakuum; aus Essigester/Essigsäure gelbe Prismen; 1,53 g. — *9-Acetyl-6-methoxy-1-oxo-1.2.3.4-tetrahydropyrido-[3.4:b]-indol*, $C_{14}H_{14}N_2O_3$, F. 183—185°, durch Kochen vorst. Verb. in Methanol u. Einengen; aus A. Nadeln, aus Bzl. Prismen; daneben *Anthranilsäuremethylester*. — *2-Acetyl-6-methoxy-1-oxo-1.2.3.4-tetrahydropyrido-[3.4:b]-indol*, $C_{14}H_{14}N_2O_3$, F. 225—226°, durch 1std. Kochen von 2 g 6-Methoxy-1-oxo-1 2.3.4-tetrahydropyrido-[3.4:b]-indol (**VII**) u. Acetanhydrid; aus Methanol/Chlf. Nadeln; 2,2 g. — *2-Carbäthoxy-3-[β-(o-methylaminobenzoyl)-aminoäthyl]-5-methoxyindol*, $C_{22}H_{25}N_3O_4$, F. 162 bis 163°, durch 48std. Kochen von 10,5 g I u. K-Acetat in 99%ig. A., Einengen, Filtrieren, Eindampfen, Lösen in Essigsäure, Verdünnen mit W., ½ std. Stehen, Filtrieren, Lösen des Rückstands in Essigsäure, Verdünnen mit 3n HCl u. W., Abfiltrieren des *6-Methoxy-1-oxo-1.2.3.4-tetrahydropyrido-[3.4:b]-indols* (**VII**) u. Alkalisieren des Filtrats mit NH_4OH; aus A. Nadeln; 0,5 g; gibt bei der Hydrolyse mit 5%ig. NaOH **IV**. — *6-Methoxy-1.2.3.4-tetrahydropyrido-[3.4:b]-indol*, F. 220—223°, durch Versetzen von 6-Methoxy-1-oxo-1.2.3.4-tetrahydropyrido-[3.4:b]-indol (**VII**) in sd. abs. Butanol mit Na (25 Min.), ½ std. Kochen, Verdünnen mit 95%ig. A./W. (15:2) u. Filtrieren; 54,7%. *Hydrochlorid*, $C_{12}H_{15}\cdot ClN_2O$, F. 270—273°; aus wss. A. Nadeln. — *6-Methoxy-2-[o-methylaminobenzoyl]-1.2.3.4-tetrahydropyrido-[3.4:b]-indol*, $C_{20}H_{21}N_3O_2$, F. 165—167°, durch 70 Min. langes Erhitzen eines Gemisches von 10 g vorst. Verb. u. 7,4 g **V** auf 165°, Kühlen, Lösen in Bzl./

Hexan, Kühlen u. Filtrieren; aus Bzl./Hexan schwachgelbe Nadeln; 14,34 g; läßt sich mit $LiAlH_4$ zu **VI** reduzieren. — *3-[β-Formylaminoäthyl]-5-methoxyindol*, $C_{12}H_{14}$-N_2O_2, F. 95—96° (Methanol/Essigester), durch 2std. Erhitzen von 1 g 5-Methoxytryptamin u. Ameisensäureäthylester auf 100° im Druckgefäß u. Eindampfen; 0,7 g. — *3.4-Dihydro-6-methoxypyrido-[3.4:b]-indolmethojodid*, $C_{13}H_{15}JN_2O$, F. 230 bis 232°, durch Zugabe von PCl_5 in Chlf. zu vorst. Verb. in Chlf., Eindampfen im Vakuum, Versetzen des Rückstands mit Eiswasser, Erwärmen, Alkalisieren der wss. Lsg. mit NH_4OH, Extrahieren mit Essigester, Einengen u. Erwärmen mit CH_3J; aus Methanol orangegelbe Prismen. — *10-Methoxy-14-methyl-5.7.8.13.13b.14-hexahydroindolo-[2.3:c]-chinazolino-[3.2:a]-pyridin*, $C_{20}H_{21}N_3O$, F. 206—208°, durch $LiAlH_4$-Red. von 30 g **II** (3 Std.), Versetzen mit Essigester/W., u. Extrahieren mit Chlf.; aus wss. A. Platten; 8,3 g; gibt eine tiefgelbe Farbe mit verd. Mineralsäuren. — *6-Methoxy-2-[o-methylaminobenzyl]-1.2.3.4-tetrahydropyrido-[3.4:b]-indol*, $C_{20}H_{23}N_3O$, F. 164—166°, a) durch Zugabe von 2 g **I** in Ae. zu $LiAlH_4$ in Ae., 2½ std. Rühren, Versetzen mit Essigester/W. u. Eindampfen der Ae.-Schicht; aus abs. A./Hexan Nadeln; 0,7 g; b) aus dem äther. Filtrat vorst. Verb.; 7,2 g; c) durch $LiAlH_4$-Red. von 2 g vorst. Verb.; 80,2%; d) durch 3std. Hydrieren von 0,5 g vorst. Verb. in Essigsäure an PtO_2 bei 60 p.s.i.; 0,48. — *Diacetyl-6-methoxyrhetsinin*, $C_{24}H_{23}N_3O_5$, F. 238—239°, a) durch 14 Min. langes Erhitzen von 14 g **I** in Acetanhydrid auf 80° Einengen, Filtrieren, Aufnehmen des eingedampften Filtrats in Methanol, Ansäuern mit 3n HCl u. Filtrieren; aus Methanol Prismen; 5,8 g; b) durch 20 Min. langes Kochen von 0,5 g **IV** mit Acetanhydrid; 0,25 g. — *Monoacetyl-6-methoxyrhetsinin*, $C_{22}H_{21}N_3O_4$, F. 249°, a) aus den methanol. Mutterlaugen vorst. Verb.; aus Essigester blaßgelbe Prismen; 0,7 g; b) durch 10 Min. langes Kochen von 3 g vorst. Verb. mit Essigsäure u. 3n HCl u. Gießen in Eiswasser; 1,2 g. — *6-Methoxy-1-oxo-1.2.3.4-tetrahydropyrido-[3.4:b]-indol*, F. 276°, durch mehrere Min. langes Kochen vorvorst. Verb. in A. mit äthanol. KOH, Eindampfen im Vakuum, Aufnehmen in Ae./W. u. Einengen der Ae.-Schicht; Prismen; daneben *N-Acetyl-N-methylanthranilsäure*, F. 193—194°; aus W. Platten. — *Isohortiamin*, $C_{20}H_{17}N_3O_2$, F. 340—343° (Zers.), aus den salzsauren Filtraten von Diacetyl-I durch Alkalisieren mit NH_4OH; aus Methanol/Chlf. gelbe Nadeln; 3,1 g; durch 8std. Kochen mit äthanol. KOH, Eindampfen, Aufnehmen mit W., Ansäuern mit konz. HCl, Ausäthern, Einstellen auf pH 6,5 mit konz. NH_4OH, Extrahieren mit CH_2Cl_2 u. Vakuumsublimation *N-Methylanthranilsäure*, F. 179°. — *Tetrahydroisohortiamin*, $C_{20}H_{21}N_3O_2$, F. 239—240°, durch ½ std. Hydrieren von 0,3 g vorst. Verb. in Eisessig an PtO_2 bei 40 lbs, Filtrieren, Verdünnen mit W. u. Chromatographie in Essigester an Al_2O_3; aus A. Platten; 0,2 g. — *Dodekahydroisohortiamin*, $C_{20}H_{29}N_3O_2$, F. 140—141° (Ae. u. Methanol), a) durch 6std. Hydrieren von 2 g vorvorst. Verb. in Essigsäure an PtO_2 bei 50 p.s.i., Eindampfen im Vakuum, Verdünnen mit 1n HCl, Abfiltrieren der entstandenen 0,6 g vorst. Verb., Alkalisieren des Filtrats mit NH_4OH, Extrahieren mit Ae. u. Eindampfen der Ae.-Lsg.; 0,2 g; b) analog a) aus 0,3 g vorst. Verb.; 20 mg. *Benzolsulfonyl-Deriv.*, $C_{26}H_{33}N_3O_4S$, F. 164—165° (Methanol), mit Benzolsulfochlorid u. 10%ig. NaOH. — *5-Methoxy-3-[β-(o-methylaminobenzoyl)-aminoäthyl]-indol*, $C_{19}H_{21}N_3O_2$, F. 120° (Methanol), durch 1std. Erhitzen von 1 g 5-Methoxytryptamin u. 1,2 g **V** auf 100°, Aufnehmen in Methanol u. Einengen; 1,1 g. — *Desmethoxyisohortiamin*, $C_{19}H_{15}N_3O$, F. 235—236° (Methanol), durch Kochen von Rhetsinin mit Acetanhydrid. P. GOLINSKE. 3500□

Neue Synthese von 18-Hydroxy-17-methoxy-15.16.17.18.19.20-hexadehydroyohimbanhydrochlorid. James H. Short, Morris Freifelder und George R. Stone. (J. org. Chemistry **26.** 2560—61. Juli 1961. North Chicago, Ill., Abbott Labors., Dep. of Organ. Chem.) (Engl.)

Die Synth. von *18-Hydroxy-17-methoxy-15.16.17.18.19.20-hexadehydroyohimbanhydrochlorid* (**IV b**) aus Tryptamin (**I**) u. 4-Hydroxy-3-methoxyphenylbrenztraubensäure (**II b**) wird durch Verw. des O-Benzyl-Deriv. (**II a**) von **II b** statt des instabilen **II b** verbessert. Das aus O-Benzylvanillin über das Azlacton dargestellte **II a** wird mit **I**-Hydrochlorid zu *1-[4-Benzyloxy-3-methoxybenzyl]-1.2.3.4-tetrahydro-β-carbolinhydrochlorid* (**III a**) kondensiert, das mit CH_2O zu *18-Benzyloxy-17-methoxy-15.16.17.18.-19.20-hexadehydroyohimbanhydrochlorid* (**IV a**) cyclisiert wird, welches durch Debenzylierung **IV b** liefert.

Versuche: *1-[4-Benzyloxy-3-methoxybenzyl]-1.2.3.4-tetrahydro-β-carbolinhydrochlorid* (**III a**), $C_{26}H_{26}N_2O_2 \cdot HCl$, F. 226—227° (Eisessig oder wss. A.), durch 2std. Kochen von **I**-Hydrochlorid u. **II a** in Butanol-(1), Kühlen, Verdünnen mit Aceton u. Kühlen; flockige Nadeln; 55% (Ausbeute). — *18-Benzyloxy-17-methoxy-15.16.17.18.19.20-hexadehydroyohimbanhydrochlorid* (**IV a**), $C_{27}H_{26}N_2O_2 \cdot HCl$, F. 265—268°, durch Kochen von **III a** mit 50%ig. A. bis zur Lsg., Zugabe von 36%ig. CH_2O, 3std. Kochen, Heißfiltration

u. Waschen mit 50%ig. A.; 84% — *1-[4-Hydroxy-3-methoxybenzyl]-1.2.3.4-tetrahydro-β-carbolinhydrochlorid* (**III b**), F. 253—254°, durch 1std. Hydrieren von **III a** in 50%ig. A. bei 1,7 atm u. 60° an 5%ig. JP/Kohle; 84%. — *18-Hydroxy-17-methoxy-15.16.17.18.19.-20-hexadehydroyohimbanhydrochlorid* (**IV b**), $C_{20}H_{20}N_2O_2 \cdot HCl$, F. 277—279°, a) durch 8—15std. Hydrieren von **IV a** an 5%ig. Pd/Kohle in Dimethylformamid bei 2 atm u. 70°, Erhitzen mit Dimethylformamid u. W., Heißfiltration u. Kühlen; 73%; b) durch Kondens. von **III b** mit CH_2O. R. MAYER-MADER. 3500□

Synthetische Steroid- und Triterpenoid-Glykoside. 1. Mitt. Die Darstellung von β-D-Glucosiden von β-Amyrin und verwandten Alkoholen. Effat A. Aba-Mustafa und M. B. E. Fayez. (Egypt. J. Chem. **2.** 251—61. 1959. Dokki, Cairo, Nat. Res. Centre.) (Engl.)

Vff. stellen im Hinblick auf die Bldg. natürlich vorkommender Glykoside eine Reihe von Glucosiden, Glucosidtetraacetaten u. -tetrabenzoaten von β-Amyrin (Δ^{12}-Oleanen-3β-ol, **I**) u. verwandten Alkoholen dar u. bestimmen die chem. u. biolog. Eigg. dieser Verbb. sowie die Konstit. der Glykosidbindung u. ihre Beständigkeit gegenüber verschiedenen Reagentien. Als Modellsubstanz zur Ermittlung der günstigsten Glykosid-Synth. wird Cholesterin (**II**) verwandt. Von verschiedenen untersuchten Meth. erwies sich nur die von KÖNIGS u. KNORR [1901] in der Modifizierung von MIESCHER u. MEYSTRE (vgl. Helv. chim. Acta **27.** [1944.] 231) als zufriedenstellend. Kondens. von **I** mit Acetobromglucose (**III**) in Ggw. von Ag_2CO_3 ergibt *Δ^{12}-Oleanen-3β-yl-β-D-glucopyranosid-tetraacetat* (**IV**), dessen Verseifung mit methanol. KOH bzw. mit $LiAlH_4$ in Ae. das freie *Glucosid* von **I** (**V**) ergibt. Rk. von **I** mit **III** in Ggw. von Hg-Acetat ergibt ein Prod. mit dem gleichem F. wie **IV**, jedoch mit größerer opt. Drehung, vermutlich das entsprechende α-D-Glucosid. Oxydation von **IV** mit SeO_2 ergibt *$\Delta^{11.13,18}$-Oleanadien-3β-yl-β-D-glucosid-tetraacetat* (**VI**). Rk. von *$\Delta^{11.13,18}$-Oleanadienol* (**VII**) — hergestellt aus **I** über das Acetat durch SeO_2-Oxydation — mit **III** ergibt ebenfalls **VI**, das durch alkal. Hydrolyse in das freie *Glucosid* (**VIII**) übergeführt wird. Acetylierung von **VIII** ergibt wieder **VI**, saure Hydrolyse von **VI** Glucose u. **VII**. Die Umwandlungen zeigen, daß während der Rkk. keine strukturellen oder stereochem. Veränderungen im Aglykonteil stattgefunden haben. Katalyt. Hydrierung von **VI** ergibt *$\Delta^{13,18}$-Oleanen-3β-yl-D-glucosidtetraacetat* (**IX**), ein δ-Amyrinderivat. Während die Oxydation von **I**-Acetat mit Perameisensäure *12-Oxo-oleanan-3β-ylacetat* ergibt, führt die Peressigsäure-Oxydation von **IV** zu keinem gut definierten Produkt. Kondens. von 12-Oxooleananol (**X**, F. 207—208°) mit **III** ergibt ebenfalls ein schwer kristallisierbares Prod., das nach Verseifung mit methanol. KOH in *12-Oxooleanan-3β-yl-β-D-glucosidtetrabenzoat* (**XI**) verwandelt wird. 12-Oxo-$\Delta^{9,11}$-oleanenol (**XII**, F. 230—232°) — hergestellt aus **X** über das Acetat durch Br_2-Oxydation — wird analog **XI** in *12-Oxo-$\Delta^{9,11}$-oleanen-3β-yl-β-D-glucosidtetrabenzoat* (**XIII**) verwandelt. Ebenso wird *12-Oxoisooleanadienyl-β-D-glucosidtetrabenzoat* (**XIV**) aus 12-Oxoisooleanadienol (**XV**, F. 241—243°) u. dieses aus **XII** über das Acetat durch längere SeO_2-Oxydation dargestellt. Oxydation von **I**-Benzoat mit CrO_3 ergibt *11-Oxo-Δ^{12}-oleanenylbenzoat* (**XVI**). 60std. Kochen von **XVI** bzw. des durch alkal. Hydrolyse daraus erhaltenen *11-Oxo-Δ^{12}-oleanenols* (**XVII**, F. 226—228°) mit konz. Alkali führt durch Epimerisierung an C_{18} zu *11-Oxo-18α-Δ^{12}-oleanenol* (**XVIII**, F. 237 bis 239°). Glucosidierung dieser beiden epimeren Alkohole führt zu *11-Oxo-* (**XIX**) bzw. *11-Oxo-18α-Δ^{12}-oleanen-3β-yl-β-D-glucosidtetraacetat* (**XX**). Die UV-Spektren der Verbb. **IV—VI, IX, XI, XIII, XIV, XIX** u. **XX** sind angegeben.

Versuche (opt. Drehungen in Chlf.): *Cholesteryl-β-D-glucosidtetraacetat*, F. 157 bis 159°, durch 5std. Kochen von 4 g **II** u. 10,5 g **III** in Bzl. in Ggw. von Ag_2CO_3, Filtrieren, Abdest. des Bzl., Behandlung mit Acetanhydrid-Pyridin bei Raum-Temp. u. Chromatographie; aus Methanol-Chlf. Plättchen, $[\alpha]_D$ —26°; 1,3 g (Ausbeute). Daneben 30 mg eines *acetylierten Zuckers* (F. 193—195°, $[\alpha]_D$ —16°) u. 120 mg *Cholesterylacetat* (F. 110—112°). — *Δ^{12}-Oleanen-3β-yl-β-D-glucosidtetraacetat* (**IV**), $C_{44}H_{68}O_{10}$, F. 198—200°, aus 3 g **I** u. 7,5 g **III** analog vorst. Verb. mittels azeotroper Dest.; aus Methanol-Chlf. Nadeln, $[\alpha]_D$ +39° (c = 0,84); 1,5 g. $^3/_4$std. Kochen mit äthanol. HCl → **I**, F. 198—200°. — *β-Amyrinacetat*, F. 202—204°, durch 3std. Kochen von 3 g **I** u. 2,85 g **III** in Bzl. in Ggw. von Hg-Acetat u. nachfolgende Acetylierung; Nadeln; 1,4 g. Daneben 0,1 g vermutliches *Δ^{12}-Oleanen-3β-yl-α-D-glucosidtetraacetat*, F. 202—204°, Nadeln, $[\alpha]_D$ +61°. — *Δ^{12}-Oleanen-3β-yl-β-D-glucosid* (**V**), $C_{36}H_{60}O_6$, F. 242°, a) durch 20 Min. Kochen von **IV** in methanol. NaOH; b) durch ½std. Kochen von **IV** mit $LiAlH_4$ in Ae.; $[\alpha]_D$ +73°.— *Δ^{12}-Oleanen-3β-yl-β-D-glucosidtetrabenzoat*, $C_{64}H_{76}O_{10}$, F. 224—225°, aus **V** durch Benzoylierung; $[\alpha]_D$ +79,7°. — *$\Delta^{11.13,18}$-Oleanadien-3β-yl-β-D-glucosidtetraacetat* (**VI**), $C_{44}H_{66}O_{10}$, F. 219—220°, a) durch ½std. Kochen von 0,16 g **IV** u. SeO_2 in Eisessig; 70 mg; b) aus 1 g **VII**, 4 g **III** u. Ag_2CO_3 in Bzl. durch azeotrope Dest.; 1,1 g; Nadeln aus Methanol-

Chlf., $[\alpha]_D$ -27^0) bis -29^0. — *$\Delta^{11.13,18}$-Oleanadien-3β-yl-D-glucosid* (**VIII**), $C_{36}H_{58}O_6$, F. 273—274⁰, aus 0,2 g **VI** mit methanol. NaOH; Tafeln aus Methanol–Chlf., $[\alpha]_D$ $-6,4^0$; 150 mg. Acetylierung → **VI**. — *$\Delta^{11.13,18}$-Oleanadienol* (**VII**), F. 223—224⁰, durch Hydrolyse von **VI** mit äthanol. HCl. — *$\Delta^{13,18}$-Oleanen-3β-yl-D-glucosidtetraacetat* (*δ-Amyrin-D-glucosidtetraacetat*, **IX**), $C_{44}H_{68}O_{10}$, F. 218—220⁰, durch 27 std. Hydrieren von 0,3 g **VI** in Eisessig über Pt; flache Nadeln aus Methanol–Chlf., $[\alpha]_D$ -24^0; 0,17 g. — *δ-Amyrin-D-glucosid*, $C_{36}H_{60}O_6$, F. 269—270⁰, durch alkal. Verseifung von 85 mg **IX**; filzige Nadeln, $[\alpha]_D$ $+90^0$; 63 mg. — *12-Oxooleanan-3β-yl-β-D-glucosidtetrabenzoat* (**XI**), $C_{64}H_{76}O_{11}$, F. 236 bis 237⁰, durch Rk. von 0,5 g **X** u. 1,5 g **III** analog **IV**, Hydrolyse u. Benzoylierung; Plättchen, $[\alpha]_D$ $+26^0$; 70 mg. — *12-Oxo-$\Delta^{9,11}$-oleanen-3β-yl-β-D-glucosidtetrabenzoat* (**XIII**), $C_{64}H_{74}O_{11}$, F. 211—212⁰, aus **XII** u. **III** analog **XI**; Blättchen, $[\alpha]_D$ $+121^0$. — *12-Oxo-isooleanadienyl-β-D-glucosidtetrabenzoat* (**XIV**), $C_{64}H_{72}O_{11}$, F. 165—166⁰, aus **XV** u. **III** analog **XI**; flache Nadeln, $[\alpha]_D$ $+18,5^0$. — *11-Oxo-Δ^{12}-oleanen-3β-yl-β-D-glucosidtetraacetat* (**XIX**), $C_{44}H_{66}O_{11}$, F. 188—189⁰, aus 0,4 g **XVII** u. 1 g **III** analog **XI**; aus wss. Methanol lange Nadeln, $[\alpha]_D$ $+56^0$; 220 mg (roh). — *11-Oxo-18α-Δ^{12}-oleanen-3β-yl-β-D-glucosidtetraacetat* (**XX**), $C_{44}H_{66}O_{11}$, F. 231—232⁰, analog vorst. Verb. aus **XVIII** u. **III**; $[\alpha]_D$ $+40^0$. J. SICKFELD. 3600□

Synthetische Steroid- und Triterpenoid-Glykoside. 2. Mitt. Die Darstellung von β-D-Glucosiden der Glycyrrhetinsäure und verwandter Alkohole. Effat A. Abu Mustafa und M. B. E. Fayez. (Egypt. J. Chem. 2. 263—73. 1959.) (Engl.) — 1. vgl. vorst. Referat.

Vff. untersuchen die Ursache für die cortisonähnliche Aktivität (Ak) der *Glycyrrhetinsäure* (**I**) bzw. ihres natürlichen Saponins, der *Glycyrrhizinsäure* (**II**), bes. die

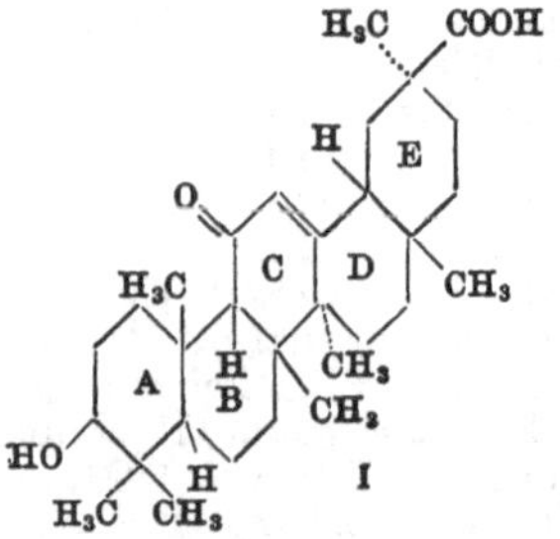

Bedeutung des α,β-ungesätt. Ketonrings C. Durch katalyt. Hydrierung von **I**-Methylester (**III**, F. 251—253⁰), dessen 18α-Epimeren u. von *11-Oxo-Δ^{12}-oleanen-3β-yl-β-D-glucosidtetraacetat-30-säuremethylester* (**IV**) werden *3β-Hydroxy-Δ^{12}-oleanen-30-säuremethylester* (*11-Desoxoglycyrrhetinsäuremethylester*), dessen *18α-Epimeres* u. *11-Desoxoglycyrrhetinsäuremethylester-β-D-glucosidtetraacetat* (**VI**) erhalten. **IV** entsteht durch Kondens. von **III** mit α-Acetobromglucose (**VIII**) nach KÖNIGS u. KNORR (vgl. vorst. Ref.). Oxydation von 11-Desoxoglycyrrhetinsäuremethylesteracetat (**V**; F. 248—250⁰) mit Perameisensäure oder Peressigsäure ergibt *3β-Hydroxy-12-oxooleanan-30-säuremethylesteracetat* (**VII**), das sich bzgl. $C_{(13)}$ gegenüber alkal. u. saurer Hydrolyse als ster. stabil erweist. Durch Br_2-Oxydation in Eisessig wird **VII** über ein intermediäres *11-Br-Deriv.* in *3β-Hydroxy-12-oxo-$\Delta^{9,11}$-oleanen-30-säuremethylesteracetat* verwandelt. Zur Ermittlung des Einfl. der Diglucuronsäurehälfte von **II** auf die Ak werden die Ak von **I**, **II** u. dem durch Verseifung von **IV** erhaltenen *Glucosid* **IX** gemessen. **IX** ist in W. schlecht lösl. u. zeigt den für Saponine charakterist. Schaum nicht. *3β-Acetoxy-30-acetoxymethyl-11.30-dioxo-Δ^{12}-oleanen* (**X**; $[\alpha]_D$ $-37,5^0$) wird aus **I**-Acetat über das *Säurechlorid* ($[\alpha]_D$ $+175^0$ in Bzl.) u. das *Diazomethylketon* (**XI**; $[\alpha]_D$ -101^0 in Chlf.) dargestellt. Da **X** u. **XI** im Gegensatz zu **I** u. seinen Derivv. linksdrehend sind, wird die Orientierung der Ketolseitenkette offengelassen.

Versuche: *3β-Hydroxy-12-oxooleanan-30-säuremethylesteracetat* (**VII**), $C_{33}H_{52}O_5$, F. 295—296⁰, a) aus **V** durch 12 std. Behandeln mit H_2O_2 u. HCOOH in Äthylacetat bei ca. 54⁰; b) durch 4 std. Behandeln von 0,5 g **V** in Eisessig mit H_2O_2 bei 100⁰; 0,315 g (Ausbeute); $[\alpha]_D$ $+76^0$. — *3β-Hydroxy-12-oxooleanan-30-säuremethylester*, $C_{31}H_{50}O_4$, F. 238—239⁰, durch Verseifung von 250 mg **VII** in Bzl. mit methanol. KOH; Nadeln aus Methanol–Chlf.; $[\alpha]_D$ $+98^0$; 200 mg. Acylierung → **VII**. — *3β-Hydroxy-12-oxo-$\Delta^{9,11}$-oleanen-30-säuremethylesteracetat*, $C_{33}H_{50}O_5$, F. 281—283⁰, aus 1,06 g **VII** u. Br_2 in Eisessig; aus Methanol–Chlf. Plättchen, $[\alpha]_D$ $+88^0$; 0,6 g. — *Glycyrrhetinsäuremethylester-β-D-glucosidtetraacetat* (**IV**), $C_{45}H_{66}O_{13}$, F. 221—222⁰, aus 0,2⁰ **III** u. 1 g **VIII** in Bzl. in Ggw. von Ag_2CO_3; aus Methanol–Chlf. Nadeln, $[\alpha]_D$ $+108^0$; 135 mg. — *Glycyrrhetinsäuremethylester-β-D-glucosid* (**IX**), $C_{37}H_{58}O_9$, F. 244—248⁰, aus **IV** mit methanol. NaOH; aus wss. A. Nadeln, $[\alpha]_D$ $+114^0$. — *11-Desoxoglycyrrhetinsäuremethylester-β-D-glucosidtetraacetat* (**VI**), $C_{45}H_{68}O_{12}$, F. 193—194⁰, durch 36 std. Hydrieren von 0,94 g **IV** in Eisessig an Pt, aus Methanol–Chlf. lange Nadeln, $[\alpha]_D$ $+99^0$; 0,55 g. — *11-Desoxoglycyrrhetinsäuremethylester-β-D-glucosid*, $C_{37}H_{60}O_8$, F. 251—253⁰, durch Verseifung von 60 mg **VI** aus wss. Aceton kleine Plättchen, $[\alpha]_D$ $+97^0$; 120 mg. J. SICKFELD. 3600□

Untersuchungen über Digitalisglykoside. Struktur von Digipronin und Digiprogenin. Daisuke Satoh. (Chem. pharmac. Bull. [Tokyo] 8. 270—72. März 1960. Imafuku, Amagasaki, Shionogia & Co. Ltd., Res. Labor.) (Engl.)

Digipronin (I; $C_{28}H_{40}O_9$, F. 233—238°; $[\alpha]_D^{28}$ —64,5°) wird aus den Blättern von *Digitalis purpurea* L. gewonnen u. gibt beim Versetzen mit verd. Alkali *Isodigipronin* (II; $C_{28}H_{40}O_9$, F. 296—298°; $[\alpha]_D^{18}$ —72,3°). I u. II liefern durch Hydrolyse mit Säuren als Aglykone *γ-Digiprogenin* (III; $C_{21}H_{28}O_5$, F. 250—253°; $[\alpha]_D^{31}$ —72,5°) bzw. *α-Digiprogenin* (IV; $C_{21}H_{28}O_5$, F. 242—244°; $[\alpha]_D^{31}$ —87,5°). III läßt sich durch Versetzen mit verd. Alkali oder Säuren in IV überführen. Beim Kochen mit Säuren erhält man aus III u. IV *Anhydrodigiprogenin* [*β-Digiprogenin* (V)]. Alle Verbb. geben eine positive LIEBERMANN-Rk., enthalten 21 C-Atome u. 3 Methylgruppen. OPPENAUER-Oxydation von IV liefert ein *Δ^4-3-Keto-Deriv.*, das eine negative ROSENHEIM-Rk. zeigt. IV scheint also eine Δ^5-3-Hydroxygruppe zu enthalten. Die IR-Spektren von *Monoacetyl-α-digiprogenin* (F. 258—261°) u. Monoacetylanhydrodigiprogenin (F. 168—170°) zeigen die Anwesenheit einer sek. u. tert.-Hydroxylgruppe in IV. Das IR-Spektrum von IV zeigt die Ggw. einer Ketogruppe im 5-Ring, eines 6-Ringes u. einer $C_{(17)}$-Acetylseitenkette. IV gibt nur ein *Dioxim* (F. 280—283°). V liefert bei der Hydrierung an Pd/Kohle ein gesätt. Prod. u. bei der Red. mit Zn/Essigsäure ein *Dihydro-Deriv.* ($C_{21}H_{28}O_4$, F. 203 bis 204°); letzteres wird auf Grund vorst. Verss. als *3-Hydroxy-Δ^5-pregnen-11.15.20-trion* formuliert, das durch OPPENAUER-Oxydation ein *Δ^4-3-Keto-Deriv.* (VII; $C_{21}H_{26}O_4$, F. 218—220°; $[\alpha]_D^{32}$ +145,9°). Die physikal. Eigg. von VII ähneln denen des von SCHUBERT u. Mitarbeitern (C. **1959**. 4855) dargestellten *Δ^4-Pregnen-3.11.15.20-tetrons* (VI; $C_{21}H_{26}O_4$, F. 218—220°; $[\alpha]_D^{24}$ +356,4°). VII ist in bezug auf $C_{(14)}$ u. $C_{(17)}$ ein Stereoisomeres von VI. Nach SCHUBERT u. Mitarbeitern (l. c.) wird 11α-Hydroxyprogeteron mit *Calonectria decora* zu *11α.15α-Dihydroxyprogesteron* oxydiert, das durch 18std. Stehen mit 0,02n methanol. KOH bei Raum-Temp. VII liefert. Zwischen den Ringen C u. D in I u. III besteht also eine trans-Verknüpfung, in II u. IV eine cis-Verknüpfung. Die 3-Hydroxygruppe wird als *β*-ständig angenommen. Damit ergeben sich für III u. IV die Strukturen von *3β.17-Dihydroxy-11.15.20-trioxo-Δ^5-pregnen* bzw. *3β.17-Dihydroxy-11.15.20-trioxo-Δ^5-14-isopregnen*, für V die Struktur von *3β-Hydroxy-11.15.20-trioxo-$\Delta^{5.16}$-pregnadien* u. für I u. II III u. IV entsprechende Strukturen. P. GOLINSKE. 3700□

Aromatisierung des Ringes A eines 19-Norsteroids. Manfred E. Wolff und Carole B. Karash. (J. org. Chemistry **24**. 1612—13. Okt. 1959. Philadelphia, Pa., Smith, Kline and French Labor., Res. and Dev. Div.) (Engl.)

5 *Ester* des *4-Chlor-19-nortestosterons* wurden dargestellt. Beim *Önanthat* (I) wurde als Nebenprod. 18% *Östradiol-17β-önanthat* ($C_{25}H_{36}O_3$, F. 94—96°, ε_{281} = 2000 mit Schulter bei 286 mμ in A.) erhalten. Darst. der Ester durch Zufügen von NaOH u. H_2O_2 zu 19-Nortestosteron in CH_3OH bei —5 bis 0°, Behandeln des entstandenen Epoxyds mit dem Säurechlorid bei —5° u. Kochen des erhaltenen Esters in Chlf. mit Pyridinhydrochlorid (FF. korr.): I, $C_{25}H_{37}ClO_3$, Fl.; 13% (Ausbeute). — *-3'-cyclopentylpropionat*, $C_{26}H_{37}ClO_3$, F. 88—89° (Ae./PAe.); 17%. — *-3'-phenylpropionat*, $C_{27}H_{33}ClO_3$, F. 127 bis 130° (Ae.); 17%. — *-p-chlorphenoxyacetat*, $C_{26}H_{30}Cl_2O_4$, F. 167—168° (Methyläthylketon); 37%. — *-benzoat*, $C_{25}H_{29}ClO_3$, F. 192—196° (Ae.), aus 19-Nortestosteronbenzoat; 12%. GERHARD CLEVE. 3750□

17-Hydroxypregnane aus Androstanverbindungen. Pietro De Ruggieri und Carlo Ferrari. (J. Amer. chem. Soc. **81**. 5725—27. 5/11. 1959. Milan, Ormonoterapia Richter Res. Labor.) (Engl.)

Bei der Verätherung von 3β-Acetoxy-17-cyan-Δ^5-androsten-17-ol [Epimerengemisch (I)] mit 2.3-Dihydropyran (VI) wurden *3β-Acetoxy-17α-cyan-17β-[tetrahydropyranyl-(2)-oxy]-Δ^5-androsten* (II) u. *3β-Acetoxy-17β-cyan-17α-[tetrahydropyranyl-(2)-oxy]-Δ^5-androsten* (III) erhalten. Aus II wurde a) *3β-Acetoxy-17α-cyan-Δ^5-androsten-17β-ol* [u. hieraus *3β-Acetoxy-Δ^5-androsten-17-on* (IV), F. 167—170°], b) mit CH_3MgBr u. Hydrolyse des Prod. *Δ^5-17α-Pregnen-3β.17β-diol-20-on* dargestellt, das sich in *17aβ-Methyl-D-homo-3β.17aα-diol-Δ^5-androsten-17-on* umlagern ließ. Analog wurde aus III a) IV, b) *Δ^5-Pregnen-3β.17α-diol-20-on* erhalten. Die Darst. von *6α-Methyl-17α-hydroxyprogesteron* aus 3β-Acetoxy-5α.6α-epoxyandrostan-17-on (V) gelang über die Zwischenprodd. *3β-Acetoxy-5α.6α-epoxy-17-cyanandrostan-17-ol*, dessen *17-Tetrahydropyranyläther*, *6β-Methyl-pregnan-3β.5α.17α-triol-20-on* u. *6β-Methylpregnan-5α.17α-diol-3.20-dion*.

Versuche ($[\alpha] = [\alpha]_D^{20}$ in Chlf.): *3β-Acetoxy-17α-cyan-17β-[tetrahydropyranyl-(2)-oxy]-Δ^5-androsten* (II), $C_{27}H_{39}NO_4$, F. 127—130° (PAe.), aus 10 g I in sd. VI in Ggw. von $POCl_3$; $[\alpha]_D$ —92° (Dioxan); 6,7 g (Ausbeute). Daneben aus den PAe.-Mutterlaugen 7,1 g fl. III. — *3β-Acetoxy-17α-cyan-Δ^5-androsten-17β-ol*, $C_{22}H_{31}NO_3$, F. 195—200° (Zers.), durch Kochen von 1 g II in Aceton mit HCl; [α] —121° (Dioxan); 0,8 g. — *3β-Acetoxy-17β-cyan-Δ^5-androsten-17α-ol*, $C_{22}H_{31}NO_3$, F. 207—210° (Zers.), analog aus 1 g III; [α] —56° (Dioxan); 0,78 g. — *Δ^5-17α-Pregnen-3β.17β-diol-20-on*, $C_{21}H_{32}O_3$, F. 175—177° (CH_3OH), aus 4,5 g II in Anisol mit CH_3MgBr bei 95°; [α] —58°; 2,65 g. — *17a.β-Methyl-*

D-homo-Δ^5-androsten-3β.17aα-diol-17-on, $C_{21}H_{32}O_3$, F. 275°, aus vorst. Verb. mit KOH; $[\alpha]_D$ −108° (Dioxan). — *Δ^5-Pregnen-3β.17α-diol-20-on*, F. 265–267° (Aceton), aus 4,5 g III in Anisol mit CH_3MgBr bei 95°; $[\alpha]_D$ −36° (Dioxan); 2,5 g. — *3β-Acetoxy-5α.6α-epoxy-17-cyanandrostan-17-ol*, $C_{22}H_{31}NO_4$, F. 178–180° (Zers.), aus 10 g V in Acetoncyanhydrin unter Erwärmen; [α] −61°; 10,58 g. — *3β-Acetoxy-5α.6α-epoxy-17-cyan-17-[tetrahydropyranyl-(2)-oxy]-androstan*, $C_{27}H_{39}NO_5$, F. 183–186° (Ae.), durch Kochen von 10 g vorst. Verb. in VI u. p-Toluolsulfonsäure; [α] −48°; 8,9 g. — *6β-Methylpregnan-3β.5α.17α-triol-20-on*, $C_{22}H_{36}O_4$, F. 247–249° (Aceton), aus 3 g vorst. Verb. in Anisol mit CH_3MgBr; [α] −34°; 0,97 g. — *6β-Methylpregnan-5α.17α-diol-3.20-dion*, F. 270–273° (CH_2Cl_2/Aceton), aus 0,5 g vorst. Verb. in Pyridin u. Pyridin-CrO_3 bei Zimmer-Temp.; [α] −6°; 0,39 g. — *6α-Methyl-17α-hydroxyprogesteron*, F. 218–222°, durch Kochen von 0,3 g vorst. Verb. in A. mit HCl; [α] −73°, λ_{max} 241 mμ (ε = 16000 in A.); 0,23 g. GERHARD CLEVE. 3750□

Über die Struktur einer aus dem menschlichen Tuberkelbacillenstamm Canetti isolierten Mycolsäure. 53. Mitt. über die Bestandteile der Mycobakterien. Jean Asselineau. (Bull. Soc. chim. France **1960**. 135–40. Jan. Paris, Inst. de Biophysicochim.) (Franz.) — 52. vgl. C. R. hebd. Séances Acad. Sci. **248**. [1959.] 604.

Für das durch starke bzw. milde CrO_3-Oxydation einer aus dem menschlichen Stamm Canetti gewonnenen *C_{87}-Mycolsäure* (I) erhaltene *Diketon* (III) wird auf Grund seines IR-Spektrums, seiner alkal. Spaltung zu *n-Hexakosansäure*, die auch durch Pyrolyse von I erhalten wird, u. seiner Oxydierbarkeit mit CrO_3 zu einem *Monoketon* (IV; $C_{31}H_{62}O$) die Konstit. **A** angenommen, welche für I die Konstit. **C** nahelegt, deren Biosynth. daraus leichter erklärt wird als aus einer Konstit. **D**. Daß die beim Erhitzen von I mit Acetanhydrid u. $KHSO_4$ erhaltene *Dianhydro-C_{87}-mycolsäure* eine isolierte u. nur eine mit der COOH-Gruppe konjugierte Doppelbindung besitzt, wird darauf zurückgeführt, daß die Seitenketten in 2-, 4- u. 6-Stellung von **C** die Bldg. eines vollkommen konjugierten Syst. bei der Dehydratisierung behindern. Damit wird auch erklärt, daß aus I kein β-Lacton erhalten wird. Die C-Methyl-Best. von I gibt ca. 4 CH_3-Gruppen, was auf mindestens 3 aliphat. Seitenketten hinweist. Die Konstit. **D** für I bzw. **B** für III werden jedoch auf Grund der IR-Spektren von III bzw. I-*Methylester*, die die Bande eines tetrasubstituierten C-Atoms zeigen, nicht ausgeschlossen. Im Gemisch mit III wird nach der CrO_3-Oxydation von I bzw. III im ätherunlösl. Anteil noch ein weiteres *Monoketon* (V, $C_{60}H_{120}O$) gefunden. III u. V werden über die *Oxime* durch Chromatographie an Al_2O_3 getrennt. Im ätherlösl. Anteil werden neben IV, dessen C-Methyl-Best. 2 CH_3-Gruppen anzeigt, nach Chromatographie an Al_2O_3 III, V, *n-Pentakosansäure*, ein weiteres

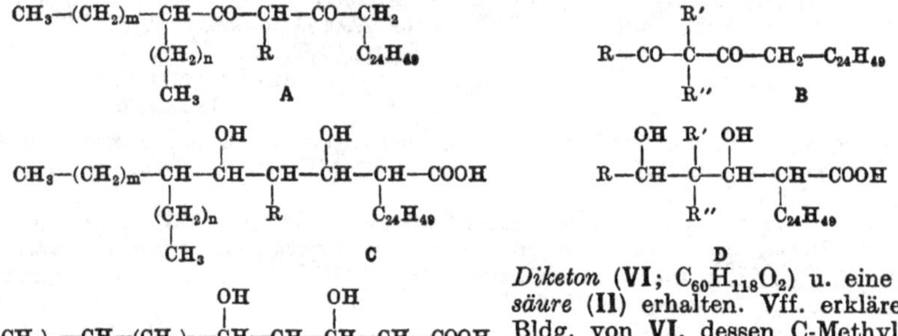

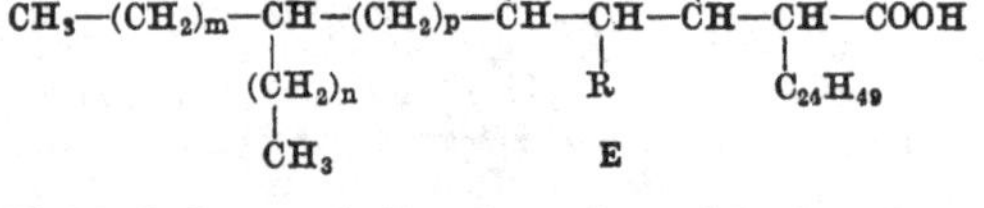

Diketon (VI; $C_{60}H_{118}O_2$) u. eine *Ketosäure* (II) erhalten. Vff. erklären die Bldg. von VI, dessen C-Methyl-Best. 3 CH_3 anzeigt, u. die Bldg. von II durch Beimengungen einer *3.5-Dihydroxysäure* des Typs **E** in der verwendeten Probe von I bzw. III. Der II-*Methylester* ($C_{61}H_{120}O_3$) gibt 3 CH_3 bei der C-Methyl-Best. u. ist nach dem IR- bzw. UV-Spektrum kein β-Ketoester. Sämtliche Keto-Verbb. werden als *Oxime* charakterisiert. Die IR-Spektren von I-*Methylester* u. III sind abgebildet.

Versuche: *Mycolsäuremethylester*, $C_{88}H_{176}O_4$, F. 48–51°, durch Chromatographie von rohem I an Al_2O_3, Eluieren mit 1% CH_3COOH enthaltendem Ae., nochmalige Chromatographie an Al_2O_3, Eluieren mit 1% CH_3COOH enthaltendem Ae., Verestern der erhaltenen Mitteleluate ($C_{87}H_{174}O_4$, F. 57–59°; daneben ein *Prod. $C_{87}H_{174}O_3$*, F. 56 bis 57°) mit CH_2N_2, Chromatographie von 4,65 g des erhaltenen Esters an Kieselgel u. Eluieren mit Bzl.; $[\alpha]_D$ +3° (c = 1,502; Chlf.); 1,006 g; daneben aus den Eluaten mit PAe./Bzl. 3:1 ein *Prod. $C_{88}H_{176}O_3$*, F. 48–50°, $[\alpha]_D$ +3° (c = 1,488; Chlf.); u. ein

Prod. vom F. 50—51°; $[\alpha]_D$ +2° (c = 1,526; Chlf.); u. aus dem Eluat mit PAe./Bzl. 7:3 ein *Prod.* $C_{89}H_{178}O_4$, F. 46—48°, $[\alpha]_D$ +2° (c = 1,719; Chlf.). — *C_{87}-Mycolsäure* (I), $C_{87}H_{174}O_4$, F. 56—59°, durch Verseifen vorst. Esters; $[\alpha]_D$ +2° (c = 2,446; Chlf.). — *n-Hexakosansäure*, F. 85—86°, Kp.$_{0,1}$ 180—200° (Luftbad-Temp.), a) durch Pyrolyse von I; 24% ; b) durch Zugabe von 275 mg III in Bzl. zu Na in abs. A. u. 40std. Erhitzen; 22 mg. — *Dianhydro-C_{87}-mycolsäure*, F. 38—40°, durch 3std. Kochen von I mit Acetanhydrid u. $KHSO_4$, Verseifen u. Chromatographie an Al_2O_3. *Methylester*, $C_{88}H_{172}O_2$, F. 35—36°. — *Diketon* III, $C_{86}H_{170}O_2$, F. 80—83° (CCl_4), a) durch 18std. Stehen von 400 mg I in Bzl. mit CrO_3 in CH_3COOH bei 37°; 320 mg; b) durch 48std. Behandlung von 1,6 g I nach a), Trennen in in Ae. lösl. u. unlösl. Anteile, Chromatographie des in Ae. lösl. Anteils, Zugabe des aus dieser Fraktion erhaltenen PAe.-Eluats (386 mg) zu dem in Ae. unlösl. Anteil, weitere Oxydation mit CrO_3, Trennen in in Ae. lösl. u. unlösl. Anteile, Chromatographie des lösl. Anteils an Al_2O_3, Eluieren mit CCl_4, Überführen in die Oxime u. erneute Chromatographie. *Dioxim*, $C_{86}H_{172}N_2O_2$, F. 44—46°. — *Monoketon* V, $C_{60}H_{120}O$, *Oxim*, F. 46—48°, a) neben vorst. Verb. nach Überführen in die Oxime u. Chromatographie nach b); b) aus dem bei der Darst. von III nach b) anfallenden in Ae. unlösl. Anteil durch Überführen in die Oxime, Chromatographie an Al_2O_3 u. Eluieren mit Bzl.; 80 mg; daneben III-*Dioxim*, 120 mg. — *Monoketon* IV, $C_{31}H_{62}O$, F. 77—79° (Ae.), analog III nach b) aus den CCl_4-Eluaten; 65 mg. — *Diketon* VI, $C_{60}H_{118}O_2$, F. 66—69°, a) analog III nach b) aus dem letzten in Ae. unlösl. Anteil nach Chromatographie an Al_2O_3 u. Eluieren mit Bzl./Ae. 4:1; 62 mg; b) aus dem bei der Darst. von III erhaltenen ersten in Ae. lösl. Anteil nach Chromatographie an Al_2O_3 u. Eluieren mit Bzl./Ae. 9:1; 32 mg. — *n-Pentakosansäure*, $C_{25}H_{50}O_2$, F. 80—82°, a) analog VI nach b) durch Eluieren mit $CH_3 \cdot COOH$ enthaltendem Ae.; aus Bzl. kleine Plättchen; 221 mg; b) analog III nach b) durch Eluieren mit CH_3COOH enthaltendem Ae.; 70 mg. — *Ketosäure* II, *Methylester*, $C_{61}H_{120}O_3$, F. 48—50°, analog VI nach b), Verestern mit CH_2N_2, Chromatographie an Al_2O_3 u. Eluieren mit PAe./Ae.; 101 mg. H. KNIESZ. 3950□

Friedrich Nerdel, Organische Chemie. Ein Lehrbuch für Naturwissenschaftler, Mediziner und Techniker. Berlin: de Gruyter. 1961. (XI + 181 S. m. 13 Abb.) 8° DM 16,80.

M. M. Schemjakin u. a., Chemie der Antibiotica. 3. überarb. u. vervollst. Aufl. Bd. 1. Moskau: Verl. der Akad. der Wiss. der UdSSR. 1961. (774 S.) 4 Rbl. 53 Kop. [Russ.]

Heinz Schlesinger, Organisch-präparative Chemie. Garmisch-Partenkirchen: Moser. 1961. (90 Bl.) 4° = FEB-Literatur-Bericht. 809. DM 30,—.

Friedrich Klages, Einführung in die organische Chemie. Berlin: Walter de Gruyter u. Co. 1961. (XV + 571 S. m. 50 Abb., 25 Tab., 4 Taf. u. 17 Raumbildern) DM 28,—.

Im ersten Teil (321 S.) des vorliegenden Werkes werden dem Benutzer die Grundlagen der organischen Chemie in anschaulicher u. sehr übersichtlicher Weise vermittelt, während im zweiten Teil als Sondergebiete u. a. die Grundlagen der Elektronentheorie der Valenz u. die Stereochemie nach dem neuesten Stand der Erkenntnisse abgehandelt werden; außerdem wird umfangreiches Material über alle Naturstoffklassen geboten. Als Neuerung hervorzuheben sind die gut gelungenen Raumtafeln, die dem Anfänger das unbedingt notwendige Raumdenken erleichtern. Das Werk ist als Rüstzeug für den jungen Organiker sowie als Nachschlagewerk für Studierende der Nachbardisziplinen gleichermaßen geeignet. W. HOFFMANN

D. Makromolekulare Chemie

Über das radiale Verdünnungsgesetz bei der Sedimentation mit der Ultrazentrifuge. Per-Olof Kinell. (Ark. Kemi **14.** Nr. 28. 295—304. 1959. Uppsala, Sweden, Univ. of Uppsala, Inst. of Phys. Chem.) (Engl.)

Wenn die Sedimentation von der Konz. des Solvats abhängt, ist das radiale Verdünnungsgesetz von SVEDBERG u. RINDE nicht anwendbar. Das Verdünnungsgesetz in seiner allg. Form nimmt diese einfache Form nur an, wenn kein hydrostat. Druck wirkt u. ursprünglich kein Konz.-Gradient in der Zelle vorhanden ist. Für die Änderung der Konz. von Teilchen an der Oberfläche mit konst. totalem Fluß wird eine Gleichung angegeben. Sie liefert eine Abschätzung einer oberen Grenze des Verdünnungseffekts. J. WOLFF. 4000□

Bestimmung der Umwandlungstemperatur in Polyäthylenen. Enzo Ferroni und Gabriela Gabrielli. (Atti Accad. naz. Lincei, Rend., Cl. Sci. fisiche, mat. natur. 28. 371—74. März 1960. Firenze, Univ., Ist. di Chim. fis.) (Engl.)

Auf Grund von gemessenen Änderungen der Oberflächenspannung verschiedener Polyäthylene in Olivenöl wurden die Umwandlungs-Temp. der einzelnen Proben bestimmt. Untersucht wurden lineares *Polyäthylen* von hohem Molgew. (I), wenig verzweigtes *Normaldruckpolyäthylen* von hohem Molgew. (II), *Hochdruckpolyäthylen* (III), wenig verzweigtes *Hochdruckpolyäthylen* (IV) u. lineares *Polyäthylen* von niedrigem Molgew. (V). Beobachtete Umwandlungs-Temp. sind für I 136°; für II 127,5°; für III 121°; für IV 120° u. für V 116,5°. Diese Temp. sind in befriedigender Übereinstimmung mit auf anderem Wege erhaltenen Werten. C. Gottfried. 4010

Wege zur Erlangung von linearen Dichtegradienten und ihre Verwendung zu Polymerisationsuntersuchungen. Oto Wichterle und Jiří Zelinger. (Chem. Prŭmysl 7 (32). 265—68. Mai 1957. Praha, Vysoká škola chem.-technol.) (Tschech.)

Mit Hilfe von Dichtegradienten wurde die Kinetik der Polymerisation von *p-Chlorstyrol* u. *Styrol* in Chlorbenzol untersucht. Der Vorteil der beschriebenen Meth. ist die Einfachheit u. die Anwendung kleiner Mengen des Monomeren u. Initiators. $D._4^{25}$ von *Poly-p-chlorstyrol* beträgt 1,1820. J. Schneider. 4010

Über die Synthese methylsubstituierter Oligophenylene mit einer m-Verknüpfung. 9. Mitt. W. Kern, W. Heitz und H. O. Wirth. (Makromolekulare Chem. **40.** 189—99. 1960. Mainz, Univ., Organ. chem. Inst.) (Dt.) — 8. vgl. C. **1961.** 7242.

Ziel der Arbeit war es, hinreichend lösl. Oligophenylene mit m-Verknüpfung zu synthetisieren, die zu Vgl.-Unterss. mit entsprechenden linearen Oligophenylenen geeignet sind. Zur Synth. von gewinkelten Oligophenylenen werden Cyclohexandion-(1.3) (I) u. dessen Äthylmonoenoläther (II) verwendet. Eine neue Synth. von II aus I u. Orthoameisensäureester in gesätt. benzol. HCl wird beschrieben. Folgende methylsubstituierte Oligophenylene wurden dargestellt: *$3^2.4^3$-Dimethyl-$2m^3$-quaterphenyl* (III), *$1^2.2^3$-Dimethyl-$3m^3$-quinquiphenyl*, *$1^2.2^3.4^2.5^3$-Tetramethyl-$3m^3$-quinquiphenyl* u. *$1^2.2^3.4^2.6^3$-Tetramethyl-$3m^3$-sexiphenyl*. Allg. zeigen gewinkelte Oligophenylene einen tieferen F. u. eine bessere Löslichkeit als p-Oligophenylene.

Versuche: *Cyclohexandion-(1.3)-monoäthylenoläther* (II), $Kp._{0,05}$ 69,5—70,5°, aus I, Orthoameisensäuretriäthylester u. mit trockenem HCl gesätt. abs. Bzl. unter N_2 bei 0°; 70% (Ausbeute). — *$3^2.4^3$-Dimethyl-$2m^3$-quaterphenyl* (III), $C_{26}H_{22}$, $Kp._{0,001}$ 195 bis 210°, F. 84°, durch 2std. Rühren von 12,4 g 4-Jod-3.3'-dimethylbiphenyl (IV) in Ae. u. Butyllithium in Bzl. bei 0°, dann Zugabe von 3-Cyclohexylcyclohexen-(2)-on nach 12 Std. langem Zutropfen von Acetanhydrid, 3—4std. Erhitzen, dann 12std. Erhitzen des Filtrats, Vakuum-Dest., 48std. Erhitzen des Rückstands mit Chloranil in Xylol u. Dest.; 5,4 g. — *4-[3-Oxccyclohexen-(1)-yl-(1)]-3.3'-dimethylbiphenyl* (V), aus IV in Ae. u. Butyl-Li in Bzl., Zutropfen von II bei 0° u. 12std. Stehen, Zers. mit Acetanhydrid, Kochen der Lsg., Eindampfen, Wasserdampf-Dest. zur Entfernung von I, Aufnehmen des Rückstands in Bzl. u. Hochvakuum-Dest. ($Kp._{0,005}$ 190°) oder besser Versetzen des Rückstands mit Girard-Reagens T in Methanol/10 Gew.-% Essigsäure, 1std. Erhitzen, Gießen in Eiswasser/Soda u. Extraktion mit PAe.; 90%. *Phenylhydrazon*, $C_{26}H_{26}N_2$, F. 102°. — *$1^2.2^3.4^2.5^3$-Tetramethyl-$3m^3$-quinquiphenyl*, $C_{34}H_{30}$, F. 80°, aus IV u. Butyl-Li wie oben, Lösen des gebildeten *4-Li-3.3'-dimethylbiphenyls* in Bzl., Zutropfen von V, 12std. Stehen u. Zugabe von Acetanhydrid, 2—3std. Erhitzen, dann Behandlung analog III u. Vakuum-Dest. ($Kp._{0,001}$ 240—255°); aus PAe. Blättchen; 50%. — *$1^2.2^3$-Dimethyl-$3m^3$-quinquiphenyl*, $C_{32}H_{26}$, F. 128° (Cyclohexan), durch 2—3std. Rühren eines Gemisches aus 8,7 g 4-Jodbiphenyl in Bzl. u. Ae. sowie Butyl-Li in Bzl., Zugeben von V in Bzl. zum gebildeten *4-Li-Biphenyl*, Zugabe von Acetanhydrid, weiter wie vorst. Verb. u. Dest. ($Kp._{0,005}$ 230—260°); 3,8 g. — *$1^2.2^3.4^2.6^3$-Tetramethyl-$3m^3$-sexiphenyl*, F. 131° (aus Cyclohexan Blättchen), durch 3std. Rühren von 1^1-Jod-$1^2.3^3$-dimethylterphenyl in Bzl. u. Ae. mit Butyl-Li in Bzl. bei Zimmer-Temp., Zugabe von V in Bzl. u. weiter analog III. F. Rochlitz. 4010□

Eine Bemerkung über syndyotaktischen Polyvinylalkohol. Howard C. Haas und Albert S. Makas. (J. Polymer Sci. **46.** 524—28. Okt. 1960. Cambridge, Mass., Polaroid Corp., Chem. Res. Labor.) (Engl.)

Der schon früher von Haas, Emerson u. Schuler (vgl. J. Polymer Sci. **22.** [1960.] 291) beschriebene syndyotakt. *Polyvinylalkohol* (I) wird durch Ammonolyse von Polyvinyltrifluoracetat (II) in Diäthylentriamin (III) u. Ausfällung des in III lösl. I mit Methanol hergestellt. Die Ausgangssubstanz II wird durch Substanzpolymerisation von Vinyltrifluoracetat in Ggw. von 0,1% Dibenzoylperoxyd als Aktivator u. Reinigung durch Umfällung aus Aceton mit Hexan erhalten. I ist unlösl. in W. im Gegensatz zu normalem I; daher wurden Viscositätsmessungen in III ausgeführt. Die Viscosität von I in III nimmt bei längerem Stehen der Lsgg. stark ab. Ein Vgl. zwischen den Lsgg. der aus I u. II sowie aus einem lange in einer III-Lsg. abgelagerten I durch Umesterung bzw. Reacetylierung dargestellten Polyvinylacetate in Aceton zeigt, daß die I in III-Lsg. eine Verminderung des Polymerisationsgrades erfahren. J. W. Zimmermann. 4010□

Darstellung von Polyallylalkohol durch Reduktion von Polyacrylsäuremethylester. Bertrand Houel. (Peintures, Pigments, Vernis 35. 376—77. Juli 1959.) (Franz.) — C. **1961.** 14307. R. Schäff. 4010□

Reaktionen ungesättigter Fettalkohole. 2. Mitt. Polymerisation von Vinyläthern und Filmeigenschaften der Polymeren. W. J. Schneider, L. E. Gast, E. H. Melvin, C. A. Glass und H. M. Teeter. (J. Amer. Oil Chemists' Soc. **34.** 244—47. Mai 1957. Peoria, Ill., US Dep. of Agricult., Northern Utilization, Res. Branch, Agricult. Res. Service.) (Engl.) — 1. vgl. C. **1958.** 7719.

Die nach der l. c. beschriebenen Vorschrift hergestellten *Vinyläther* von *Stearyl-*, *Sojaöl* sowie *Leinölalkohol* werden in gelöster (KW-Stoff bzw. chlorhaltige Lsgm.) Form bei Temp. bis herab zu -30^{0} unter Einsatz bestimmter Katalysatoren polymerisiert. Die Charakterisierung der Polyvinyläther erfolgt durch JZ., Molgew., Alkalifestigkeit, Lsgm.-Resistenz, Emulgierungsvermögen u. Infrarotspektren im Hinblick auf Abbauerscheinungen. Die *Polyvinylstearyläther* sind wachsähnliche Prodd. vom F. 44—45°, die *Polyvinyläther* (**I** u. **II**) des *Soja-* bzw. *Leinölalkohols* farblose, viscose Fll.; die Molgew. bewegen sich je nach den Bedingungen der Polymerisation von 1500—15000 und mehr. Die Filme von **I** u. **II** (mit Cobalttrockner hergestellt) sind hart, wenn auf 150° erhitzt wird, mit Bleitrockner aber weich. Die mit Co auf Pyrexglas getrockneten **I**-Filme sind in 5%ig. wss. Alkali vollständig lösbar, die **II**-Filme unlöslich. Zusatz von aromat. Aminen als Antioxydans verbessert die Alkaliresistenz der Cobaltfilme; so ist der mit Co und auf Glas- bzw. Metalloberfläche bei 150° getrocknete **I**-Film wenigstens 3 Tage gegen 5%ig. Alkali resistent. — Die **I**-Filme liefern mit den NH_4-Salzen von Fettsäuren als Emulgatoren wss. Emulsionen, aus denen sich haltbare Filme herstellen lassen. K. Täufel. 4010

Reaktionen ungesättigter Fettalkohole. 3. Mitt. Untersuchungen der Viscosität und des Molekulargewichts an einigen Vinyläther-Polymeren. L. E. Gast, W. J. Schneider und H. M. Teeter. (J. Amer. Oil Chemists' Soc. **34.** 307—10. Juni 1957.) (Engl.) — 2. vgl. vorst. Referat.

Bei Fortsetzung der Verss. werden von den verschiedenen polymerisierten *Vinyläthern* des *Stearyl-*, *Soja-* u. *Leinölalkohols* die Molgew. nach der Meth. der Gefrierpunktsdepression in Cyclohexan (3 verschiedene Konzz.) sowie die wahre Viscosität η im Ostwald/Cannon/Fenske-Viscosimeter unter Benutzung von Bzl. als Lsgm. ermittelt. Es ergeben sich Molgew. M von 1500 bis ca. 15000 und mehr; die wahren Viscositäten der Polymeren bewegen sich zwischen 0,05—0,20. Die gegen η aufgetragenen log M-Werte liefern für die 3 Polymeren jeweils eine Gerade; theoret. Betrachtungen der Zusammenhänge unter Heranziehung der Formel nach Mark-Houwink (Houwink, Prakt. Chem. [Wien] **155.** [1940.] 241). K. Täufel. 4010

Einige Messungen zur Thermodiffusion an Polyvinylacetat in Lösung-Entmischungskoeffizienten des Polyvinylacetats. G. Langhammer und H. Förster. (Z. physik. Chem., Frankf. Ausg. [N. F.] **15.** Bonhoeffer-Gedenkband. 212—22. April 1958. Leipzig, Univ., Physik.-chem. Inst.) (Dt.)

Die Thermodiffusion der Moll. von verschiedenen *Polyvinylacetat*-Präpp. (*Mowilith M 70*, Molgew. ca. 270000 bis ca. 500000, u. daraus hergestellte Fraktionen, Molgew. 90000—1450000; in einigen Fällen auch die *Mowilithe M 30*, Molgew. ca. 100000, u. *M 50*, Molgew. ca. 42000) in verschiedenen Lsgm. (hauptsächlich Toluol, daneben Dioxan, Chlf. DAB 6, Äthylacetat, Isoamylacetat, Methanol u. Bzl.) wurden in Anordnungen nach Clusius-Dickel u. Korsching-Wirtz untersucht. Dabei wurden die Abhängigkeit des Trennverhältnisses von den Vers.-Parametern (Temp.-Differenz, mittlere Temp., Konz., Spaltweite, Zeit, Molgew., Lsgm.) bestimmt u. die Entmischungs-Koeff. berechnet. An einer Probe von *Mowilith M 7*, die nach Verseifen reacetyliert u. fraktioniert wurde, fand man, daß das verzweigte Polymere ausgeprägteres Thermodiffusions-Verh. aufweist als das unverzweigte. E. Uhlein. 4010□

Der Einfluß von Verunreinigungen auf die Aktivität von Vinylacetat. František Gregor und Vendelín Macho. (Chem. Průmysl **7(32).** 505—08. Sept. 1957. Nováky, Výskumný Ústav acetylénovej chémie.) (Tschech.)

Vff. untersuchten den Einfl. der Verunreinigungen [Essigsäure, Essigsäureanhydrid, Acetaldehyd, Crotonaldehyd (**II**) u. Cu(II)-Acetat (**III**)] von *Vinylacetat* (**I**) auf die **I**-Aktivität. Essigsäure u. Essigsäureanhydrid üben prakt. keinen Einfl. aus, die Aldehyde dagegen verlängern die Inhibitionsperiode u. verlangsamen die Polymerisationsgeschwindigkeit. **II** hat einen wesentlich größeren Einfl. als Acetaldehyd; dieser Einfl. macht sich schon bei einer Konz. von $2-3\cdot10^{-4}$ Mol **II**/100 g **I** bemerkbar. Bei einer Konz. von $130\cdot10^{-4}$ Mol **II**/100 g **I** hört die Polymerisation prakt. auf. Denselben Einfl. übt die Ggw. von $(150-200)\cdot10^{-7}$ Mol **III**/100 g **I** aus. Die Verzögerung beginnt schon bei $15\cdot10^{-7}$ Mol **III**/100 g **I**. J. Schneider. 4010

Versuchsbasis einer Theorie über das Verhalten von viscoelastischen linearen Strukturen und Anwendungen. Nestor Distefano. (Ricerca sci. **30.** 114–27. Jan. 1960. Torino, C.O.I.N.I.M.-Sez. Dinamometr.) (Ital.)

Vf. untersucht die Kriecheigg. von *Resinolit*, eines *Phenol–Formaldehyd*-Kondensat enthaltenden *Kunstharzes*, die Kriechlinearität u. die Möglichkeiten einer Überlagerung u. Rückgewinnung. Auf Grund analoger Eigg. wird die Gleichung für die Biegung prismat. viscoelast. Körper wiedergegeben u. auf die Unters. von kontinuierlich gestützten Balken angewendet, u. zwar für den allgemeineren Fall, wenn sowohl Balken als auch deren Unterlage aus viscoelast. linearem Material bestehen. Die erforderlichen App. sind beschrieben u. die Verss. wurden im thermokonst. Medium ausgeführt.
G. PLATZER. 4010□

Wässerige Lösungen von Polyvinysulfonsäure-Salzen. Henryk Eisenberg und Edward F. Casassa. (J. Polymer Sci. **47.** 29–44. Nov. 1960. Pittsburgh, Pa., Mellon Inst.) (Engl.)

Es wird das thermodynam. Verh. von Lsgg. von Salzen der *Polyvinylsulfonsäure* (**I**) in Ggw. 1wertiger Elektrolyte beschrieben. Die Messungen erstrecken sich auf Phasengleichgewicht, Dialysegleichgewicht, Lichtstreuung, Viscosität u. Sedimentation. Bes. herausgestellt werden das **I**-*NH_4-Salz* in 0,5 m NH_4Cl u. **I**-*K-Salz* in 0,5 m KCl. Obwohl die Verteilung der kleinen Ionen durch eine semipermeable Membran in diesen beiden Fällen nicht merklich verschieden ist, zeigen andere thermodynam. Eigg., wie das Auftreten einer Phasentrennung in der KCl-Lsg. im Gegensatz zur NH_4Cl-Lsg., zusammen mit einem größeren zweiten Virialkoeff. im letzteren Fall, daß NH_4Cl ein viel besseres Lsgm. für das entsprechende **I**-Salz ist als KCl. Die hydrodynam. Messungen ergeben damit übereinstimmend für die NH_4Cl-Lsg. eine stärker aufgelockerte Konfiguration der Polymerkette. Die für Lsgg. von nichtionisierten Polymeren entwickelten Beziehungen zwischen thermodynam. u. hydrodynam. Eigg. erweisen sich zumindest qual. für diese beiden Systeme gültig. J. W. ZIMMERMANN. 4010□

Die scheinbare Dichte einiger Olefinpolysulfone: Volumenänderungen beim Mischen von Olefinen mit Schwefeldioxyd. K. J. Ivin. (J. Polymer Sci. **25.** 228–30. Juli 1957. Leeds, England, Univ., Dep. of Physic. Chem.) (Engl.)

Aus dem Verhältnis der Polymerausbeute zur Vol.-Kontraktion bei der Bldg. von *Polysulfonen* aus fl. SO_2 u. Olefinen u. den Dichten des Olefins u. SO_2 wurden die scheinbaren Dichten des Polymerisats in Lsg. unter der Annahme, daß keine Vol.-Änderung beim Mischen der 3 Komponenten stattfindet, berechnet. Die so erhaltenen Dichten von *Hexen-(1)*-, *Buten-(1)*- u. *Buten-(2)-polysulfonen* (Chlf., Aceton, SO_2 als Lsgm.) werden mit den direkt in einzelnen Lsgm. bestimmten Dichten verglichen. Die direkt ermittelten Dichten sind vom Lsgm. prakt. unabhängig, liegen aber in allen Fällen tiefer als die indirekt bestimmten Dichten. Dies wird mehr auf nichtideale Olefin–SO_2-Wechselwrkg. als auf die nichtideale Wechselwrkg. zwischen Polymerisat u. Lsgm. zurückgeführt. R. SCHÄFF. 4010

Die Polymerisation von Aldehyden. O. Vogl. (J. Polymer Sci. **46.** 261–64. Sept. 1960. Wilmington, Del., E. I. du Pont de Nemours & Co., Inc., Du Pont Exp. Station, Polychem. Dep.) (Engl.)

Durch ionische Initiierung gelingt es, *Polyacetaldehyd* (**I**) bei einer Temp. von $< -40^0$ herzustellen. Das Polymere kann sowohl die Natur eines amorphen Gummis als auch eines hochkristallinen Prod. aufweisen. Für die Polymerisation von Acetaldehyd zu elastomerähnlichen Prodd. können als inerte Lsgm. Toluol, Äthylen oder Propylen verwendet werden; ebenso kann auch ohne Lsgm. polymerisiert werden. Zur Initiierung können sowohl LEWIS-Säuren wie $AlCl_3$, $ZnCl_2$, SbF_3, $SbCl_3$, AsF_3, $AsCl_3$ u. BF_3 als auch HCl, HNO_3, H_3PO_4 u. CF_3COOH eingesetzt werden. Ein hochkristallines **I** wird erhalten, wenn die Polymerisation von Acetaldehyd mit anion. Initiatoren durchgeführt wird. Am besten eignen sich Alkalialkoholate, z. B. Li-sek.-Butylat. Die Polymerisations-Temp. liegt zwischen -40 u. -80^0. Nach Extraktion mit Aceton beträgt die Ausbeute des reinen, kristallinen **I** vom F. 165° 50%. Es ist bei Zimmer-Temp. in den üblichen Lsgm. unlöslich. Der hohe Kristallinitätsgrad wurde durch Röntgenstrahlenbeugung nachgewiesen. Das IR-Spektrum weist auf Acetalstruktur von **I** hin. Die hohe Kristallinität von **I** wird auf eine stereospezif. Polymerisation zurückgeführt, ähnlich wie beim isotakt. Polypropylen. Dies scheint das erste isotakt. Polymere zu sein, bei dem das Monomere statt einer C=C-Doppelbindung eine C=O-Doppelbindung enthält. Eine Reihe anderer Polyaldehyde wurde in Ausbeuten von 80–95% hergestellt, so *Polypropionaldehyd*, *Polybutyraldehyd*, *Polyisobutyraldehyd*, *Polyvaleraldehyd*, *Poly-n-heptaldehyd*, *Poly-n-octaldehyd*, *Polyphenylacetaldehyd* u. *3-Äthoxypropionaldehyd*.
WILHELM MÜLLER. 4010□

Die Struktur von Polydiacryloylmethan. Takayuki Otsu, J. E. Mulvaney und C. S. Marvel. (J. Polymer Sci. **46.** 546. Okt. 1960. Urbana, Ill., Univ. of Illinois, Noyes Chem. Labor.) (Engl.)

Vff. diskutieren die von JONES (C. **1960.** 6170) angegebene Formel des aus Diacryloylmethan (I) entstehenden *Poly-4.6-dioxoperhydro-m-benzylen* (II). Auf Grund der CH-Analysen, dem IR- u. UV-Spektrum wird jedoch angenommen, daß es sich bei dem Polymerisat aus I in Wirklichkeit um ein Copolymerisat aus **II**- u. *Methylvinylketon*-Einheiten handelt. J. W. ZIMMERMANN. 4010□

Polymer-NSR-Spektroskopie. 5. Mitt. Die Wirkung von Zinkchlorid auf die freie Radikalpolymerisation von Methylmethacrylat. F. A. Bovey. (J. Polymer Sci. **47.** 480 bis 481. Nov. 1960. St. Paul, Minnesota, Minnesota Mining and Manufacturing Comp., Central Res. Labor.) (Engl.) — **4.** vgl. C. **1961.** **15411.**

Methylmethacrylat wird in Ggw. von $ZnCl_2$ u. Dibenzoylperoxyd polymerisiert. Im Gegensatz zu anderen Vff. (KARGIN, KABANOW u. SUBOW, Высокомолекулярные Соединения [Hochmolekulare Verbind.] **2.** [1960.] 765) wird keine Beeinflussung der Taktizität durch $ZnCl_2$ gefunden. W. SCHMIEDER. 4010□

Über den Einfluß des Drucks auf die Erweichungstemperatur von Polymeren. Ss. A. Arshakow, Je. Je. Rylow und B. P. Schtarkman. (Высокомолекулярные Соединения [Hochmolekulare Verbind.] **1.** 1438. Sept. 1959.) (Russ.; Auszug: Engl.)

Die Unters. der Veränderung der Glasumwandlungs-Temp. T_g von mit 6% Dibutylphthalat plastifiziertem *Polymethylmethacrylat* in Abhängigkeit vom Druck ergab, daß T_g bis 500 kg/cm² konst. bleibt; oberhalb dieses Wertes steigt T_g stark an. Dies wird dadurch erklärt, daß bis zu Drücken von 500 kg/cm² eine Verringerung des freien Vol. zwischen den Moll. erfolgt. Dies folgt auch aus dem Verlauf der Abhängigkeit des spezif. Vol. vom Druck beim Übergang in den Glaszustand; hierbei wird eine Verringerung des spezif. Vol. bis 500 kg/cm² beobachtet; oberhalb dieses Druckes erfolgt wieder eine Zunahme des spezif. Vol. mit dem Druck. H. WERGIN. 4010□

Synthese von Polymethylmethacrylat regulärer Mikrostruktur. A. A. Korotkow, Ss. P. Mitzengendler, W. N. Krassulina und L. A. Wolkowa. (Высокомолекулярные Соединения [Hochmolekulare Verbind.] **1.** 1319—26. Sept. 1959. Inst. für hochmol. Verbb. der Akad. der Wiss. der UdSSR.) (Russ.; Auszug: Engl.)

Bei der katalyt. homogenen Polymerisation von Methylmethacrylat bei —60° in Toluol mit Butyl-, Fluorenyl- oder Triphenyl-Li werden isotakt. *Polymethylmethacrylate* (I) mit einer Erweichungs-Temp. von 50—53° (Dichte 1,23) erhalten. Die so dargestellten Polymeren haben das gleiche IR-Spektrum, das sich jedoch von dem IR-Spektrum des nach einem Radikalmechanismus (mit Dibenzoylperoxyd) gewonnenen I unterscheidet. Die Polymerisations-Geschw. wird vom Rk.-Medium beeinflußt; in Hexan verläuft die Polymerisation langsamer als in Toluol. In stark solvatisierenden Lsgm. (fl. NH_3, Pyridin) wird ein I mit niedrigerer Dichte (1,18) u. einer Erweichungs-Temp. von 135° erhalten. Letzteres ergibt nach Aufquellen in Heptanon-(4) im Laufe von 16 Std. u. anschließender Trocknung ein Röntgenogramm eines syndyotakt. **I**; das IR-Spektrum desselben ist ident. mit dem von atakt. **I**. In Ggw. von Äthylenglykoldimethyläther wird ein Stereoblockpolymeres aus isotakt. u. syndyotakt. I erhalten. U. WERGIN. 4010□

Sulfinsäurederivate als Beschleuniger bei der Polymerisation von Methylmethacrylat. G. M. Brauer und F. R. Burns. (J. Polymer Sci. **19.** 311—21. Febr. 1956. Washington, D.C., National Bureau of Standards.)

Verschiedene *Aminsalze* der *p-Toluolsulfinsäure* (I) werden auf ihre Wirksamkeit als Beschleuniger der Polymerisation von *Methylmethacrylat* (II) untersucht. Die Salze werden durch Zugabe des Amins zur äther. I-Lsg. erhalten. Die öligen Salze werden mit Ae. extrahiert u. die Lsgg. im Vakuum destilliert. Nach diesem Verf. wurden folgende I-Salze dargestellt: *Di-n-propylamin-*, F. 60°. *Di-n-butylamin-*, F. 105°. *Di-sek.-butylamin-*, Öl. *Di-n-hexylamin-*, F. 119°. *Dicyclohexylamin-*, F. 153° [wird beim Umkrist. zum *p-Toluolsulfonsäure* (III)-*Salz*, F. 179°, oxydiert]. *Diäthanolamin-*, Öl. *Tri-n-butylamin-*, Öl. *Tri-n-hexylamin-*, Öl. *Anilin-*, F. 116°. *N-Methylanilin-* (IV), Öl. *m-Toluidin-*, F. 117°. *N.N-Dimethyl-p-toluidin-*, Öl. *Dibenzylamin-*, F. 132° (oxydiert beim Umkrist. zum III-*Salz*, F. 162°). *N.N-Dimethyl-α-naphthylamin-*, Öl. *Phenylhydrazin-*, F. 158°. *Pyridin-*, Öl. *Morpholin-*, F. 124—125°. *Pyrrol-*, F. unscharf. *Pyrrolidin-*, Öl. Das I-Diisobutylamin-, I-N-Methylcyclohexylamin-, I-N.N-Diäthylcyclohexylamin- u. I-Piperidinsalz sind in äther. Lsg. instabil u. kristallisieren als III-Salze aus. Die Wirksamkeit dieser Salze wurde durch Polymerisation von II in Ggw. von 2% Dibenzoylperoxyd u. 0,006% Hydrochinon als Inhibitor unter Zugabe der I-Salze in verschiedenen Konzz. bei 37° geprüft. Die Konzz. der I-Salze, Polymerisationsdauer, das Prod. aus Viscosität u. Dichte in cP·g/cm³ sowie die Färbung der Polymerisate sind tabellar. angegeben. Die aromat. Amine sind die wirksamsten Beschleuniger. Bei Anwendung von **IV** wurde in weniger als 12 Min. ein Wert von 1000 cP·g/cm³ erzielt. Die Salze der Naphthylamine u. aliphat. Amine zeigen weit geringere Aktivität. Die Polymerisate der aromat. Amine sind gelblich bis rot gefärbt, diejenigen der aliphat. u. heterocycl. meist farblos. Aliphat. Aminsalze bedingen längere Erstarrungszeit. Härte u. Elastizität der Prodd. wurden durch Messung der Eindrucktiefe u. der Erholung (in %) bestimmt. **IV** führt zu geringen Eindruckswerten u. guter Erholung. S. NEUE. 4010

Die stereospezifische Polymerisation von Butylacrylaten mit einem Strontium-Zink-Tetraäthyl-Komplex. Junji Furukawa, Teiji Tsuruta und Tsutomu Makimoto. (Makromolekulare Chem. **42.** 165—70. 1960. Kyoto University, Japan, Dep. of Synthetic Chem.) (Engl.)

Isobutyl-, sek.-Butyl- u. *tert.-Butylacrylat* wurden an einem nach Gilman (J. Amer. chem. Soc. **65.** [1943.] 268) hergestellten $SrZn(C_2H_5)_4$ (I)-Kontakt bei —70 bis —78° in Toluol polymerisiert. 60% der Polymerisate sind in heißem Aceton unlösl.; der Rückstand zeigt ausgeprägte Ringe im Röntgenbild, jedoch nicht Poly-n-butylacrylat (II). Ebenso zeigen die IR-Aufnahmen der erstgenannten drei Polymeren ausgeprägte kristalline Banden. Da sich das IR-Absorptionsspektrum des mit I hergestellten II wesentlich von dem des mit Azo-bis-isobutyronitril hergestellten unterscheidet, wird geschlossen, daß sich zwar ein stereoreguläres II bildet, das aber nur schwieriger zur Kristallisation zu bringen ist. Auch CaZn- u. $BaZn-(C_2H_5)_4$ sind Initiatoren für die Polymerisation von Butylacrylaten u. führen zu ähnlichen Polymeren. Die Erdalkalimetall–Zn-Tetraäthyl-Komplexe sind anderen anion. Katalysatoren (z. B. Li-Alkylen, GRIGNARD-Verbb.) bei der stereospezif. Polymerisation von Acrylestern überlegen. H. G. KIRSCHNER. 4010□

Untersuchung eines Copolymeren aus Maleinsäureanhydrid und Vinylacetat mittels Elektrophorese und Diffusion. E. Danciu. (Studii Cercetări Fizică **6.** 781—94. Okt.—Dez. 1955.) (Rum.)

Ein aus *Maleinsäureanhydrid* (I) u. *Vinylacetat* (II) im Verhältnis I/II = 1:10 bei 73,5—84° in 8 Std. hergestelltes *Copolymeres* (III) mit 48 Mol-% I-Gruppen, spezif. Gew. (in Bzl.) 1,41 u. k-Wert $53 \cdot 10^{-3}$, wird durch Hydrolyse mit Puffer-Lsg. (0,04n Essigsäure + 0,02n Na-Acetat-Lsg.) in wasserlösl. Form übergeführt. Die elektrophoret. Unters. von III ergibt im Mittel die Wanderungs-Geschw. $2{,}5 \cdot 10^{-3}$ cm/s u. die elektrophoret. Beweglichkeit $3{,}0 \cdot 10^{-4}$ cm²/s·V mit geringen zeitlichen Änderungen. Die Elektrophorese u. die Diffusionskurven zeigen, daß III zwei in Beweglichkeit u. Struktur verschiedene Komponenten enthält. Die Diffusions-Konst. D nimmt mit der Diffusionsdauer ab, sie schwankt zwischen 10^{-5} u. 10^{-6} cm²/s, je nach dem Geh. an Verunreinigungen. R. K. MÜLLER. 4010□

o-Äthylcyclohexanonoxim, Äthyl-ε-caprolactam und Copolymere mit Caprolactam. F. Somlò, G. Lemetre, U. Giolitti, A. Marabini und S. Pierucci. (Chim. e Ind. [Milano] **39.** 905—12. Nov. 1957. Colleferro, Roma, Centro Stud. Chim. Bombrini Parodi-Delfino.) (Ital.)

Durch BECKMANNsche Umlagerung von 2-Äthylcyclohexanonoxim (V) erhält man ein Gemisch (VI) aus 2 Isomeren, *α-Äthyl-ε-caprolactam* (I; *6-Äthyl-7-ketohexamethylenimin*, F. 99,7—100,2°) u. *ε-Äthyl-ε-caprolactam* (II; *7-Äthyl-2-ketohexamethylenimin*, F. 93,1 bis 93,3°), die isoliert wurden u. ein eutekt. Gemisch vom F. 67,5° mit 58% II ergaben. Beide Verbb. wurden auf folgendem Wege dargestellt: *2-Aminoäthylbenzol*, $Kp._{12}$ 97°, $D.^{22}$ 0,983, n_D^{22} 1,5587, durch Red. von 2491 g 2-Nitroäthylbenzol mit 2270 g Fe-Spänen, 900 ml W. u. 150 ml konz. HCl; 1900 g (96% Ausbeute). — *2-Äthylphenol*, $Kp._{10}$ 88°, $D.^{21}$ 1,0371, durch Diazotieren von 628 g vorst. Verb. mit 1270 g 98%ig. H_2SO_4, 3,3 Liter W., 2,6 kg Eis, 360 g $NaNO_2$ u. 520 ml W. u. Erhitzen der Diazoniumsalz-Lsg.; 378 g (60%). — *2-Äthylcyclohexanol* (III), $Kp._{10}$ 75°, $D.^{21}$ 0,9240, n_D^{20} 1,4650, durch Hydrieren von 102,5 g vorst. Verb. an RANEY-Ni W 5 im Autoklaven bei 205—215°; 106 g (100%). — *2-Äthylcyclohexanon* (IV), $C_8H_{14}O$, $Kp._{13}$ 66—69°, $D.^{16}$ 0,9228, n_D^{16} 1,4525, durch tropfenweise Zugabe von 245 g III in einen Kolben bei 250° in 1 Std., wobei die entstehenden Dämpfe zuerst durch einen Vorerhitzer, dann durch ein den Cu-Al-Katalysator (aus einer 55% Cu enthaltenden Cu-Al-Leg., aus der mit NaOH 20% Al entfernt wurden) enthaltendes Rohr, das bei 300—320° gehalten wird, geleitet u. anschließend gekühlt werden; die dest. Fl. ist ein Gemisch aus IV u. 43 g III; 167 g (83%). — *2-Äthylcyclohexanonoxim* (V), $C_8H_{15}NO$, F. 61°(verd. A.), $Kp._{20}$ 125° (lösl. in Chlf. u. Cyclohexan), durch Umsetzung von 210 g des III/IV-Gemisches mit 216 g Hydroxylaminsulfat u. 1500 ml W. im Verhältnis 1:1 unter 1std. Rühren bei 45°, Zugabe von $NaHCO_3$ (pH 6), weiteres 2std. Rühren u. Dest. der oberen wss. Schicht im Vakuum; 182 g (97%). — *ε-Äthyl-ε-caprolactam* (II), F. 93,1—93,3°, durch Zutropfen von 200 g 99%ig. H_2SO_4 zu 160 g V in 280 ml CCl_4 unter kräftigem Rühren, dann 1std. Weiterrühren, Gießen des

Gemisches auf Eis, Alkalisieren mit NH_4OH, Filtrieren des krist. Prod., Ausäthern der wss. Schicht, Verdampfen des Ae., Vereinigen des Rückstandes mit dem Filtrat, Dest. im Vakuum, Redest. der Fraktion vom $Kp._{12}$ 148° in Ggw. von 5%ig. NaOH u. mehrmaliges Umkristallisieren des farblosen, in W., Aceton, Bzl., CCl_4 u. A. lösl. Rohprod. (F. 61—75°) aus Ligroin. — *δ-Propionylvaleriansäure*, F. 52°, durch 3std. Erhitzen von 20 g **II** mit 15%ig. HCl, Alkalisieren mit 20%ig. NaOH, tropfenweise Zugabe von 5%ig. $KMnO_4$-Lsg. bei 30°, dann ½std. Erhitzen auf 50°, Eindampfen des Filtrats im Vakuum, Aufnehmen des Rückstandes in HCl u. Extrahieren mit CH_2Cl_2; 6 g. *Semicarbazon*, F. 188—190° (A.). — *Adipinsäure*, F. 151°, durch Zufügen von 100 ml sd. konz. HNO_3 in Ggw. von wenig $NaNO_2$ zu 20 g **II**. — *α-Äthyl-ε-caprolactam* (**I**), F. 99,7—100,2°, durch Erhitzen (110 Min.) von 60 g **II** mit n-NaOH u. Kristallisation des unverseiften Rückstandes aus Ligroin; 5,4 g. — *γ-Propionylbuttersäure*, durch Oxydation von **I** mit alkal. $KMnO_4$. *Äthylester*, F. 85°, durch Veresterung mit alkohol. HCl. Durch Oxydation von **I** mit HNO_3 entsteht ein Ölgemisch aus verschiedenen Säuren (*Essig-*, *Buttersäure*). — Das aus **V** erhaltene Gemisch (**VI**) aus **I** u. **II** zeigt eine geringe Neigung zur Polymerisation; die Copolymerisation von **VI** mit *ε-Caprolactam* (**VII**) liefert jedoch in sd. A. lösl. Polymerisate, die zu Fäden u. Platten verformbar sind. Von den Copolymerisaten wurde das Molgew. M durch viscosimetr. Messung 1%ig. Lsgg. in 96%ig. H_2SO_4 bei 25° u. Berechnung nach der Gleichung $P = 124 \cdot 200/(100 - \%\ \text{Lactam})\ (\sqrt{\eta_{rel}} - 1) - 5$ bestimmt. Folgende **VI/VII**-*Copolymerisate* wurden beispielsweise in Ggw. von 5% 66-Salz (**VIII**, Adipinsäurehexamethylendiaminsalz) als Rk.-Beschleuniger dargestellt: 1. F. 207—210°, durch 7std. Erhitzen von 27 g **VII** u. 1,5 g **VI** in Ggw. von 1,5 g **VIII** unter N_2 auf 260°; 30 g (mit 11,5% Monomerem); M (des reinen Copolymerisats) 17900; η_{rel} 2,69; 2. F. 211°, analog aus 16 g **VII**, 3 g **VI** u. 1 g **VIII**, 15 Std. bei 270°; 19 g (mit 8,75% Monomerem); M 19400; η_{rel} 2,86; 3. F. 171°, aus 12,4 g **VII**, 6,6 g **VI** u. 1 g **VIII**, 35 Std. bei 260°; 19 g (12,6% Monomeres), hellhaselnußbraun; M 17700; η_{rel} 2,65; 4. unter Verw. eines App. aus V-Stahl aus 325 g **VII**, 150 g **VI** u. 25 g **VIII**, 30 Std. bei 260°; 450 g (8,8% Monomeres); M 15000; η_{rel} 2,36; in 80%ig. A. nicht völlig lösl.; 5. aus 315 g **VII**, 160 g **VI** u. 25 g **VIII**, 40 Std. bei 260°; 460 g (11,76% Monomeres); M 13200; η_{rel} 2,16; nach 2std. Erhitzen in A. lösl.; 6. aus 6 g **VI**, 0,6 g W. u. 0,067 g H_3PO_4 im Carius-Rohr, 14 Std. bei 250° u. nach Öffnen des Rohres 14std. Erhitzen auf 250° unter N_2; kastanienbraun; M 3300; η_{rel} 1,25. G. Platzer. 4010□

Eine neue Methode zur Messung des Vernetzungsgrades von Elastomeren. E. F. Cluff, E. K. Gladding und R. Pariser. (J. Polymer Sci. 45. 341—45. Aug. 1960. Wilmington, Del., E. I. du Pont de Nemours & Co., Inc., Elastomer Chem. Dep.) (Engl.)

Die neue Meth. besteht darin, den Gleichgewichtskompressionsmodul einer mit Lsgm. gequollenen Probe bei kleineren Deformationen als bei der Dehnungs-Meth. zu ermitteln. Die Messungen können exakt u. schnell mit einem relativ einfachen Gerät durchgeführt werden. An Hand von Unterss. an 3 verschieden vulkanisierten *Polyurethanen* (Molgew. 100000) wird gezeigt, daß die sowohl nach der einen als auch nach der anderen Meth. gemessenen Gleichgewichtsmoduln innerhalb 1—3% gut übereinstimmen. Dabei zeigen die aus dem S-Geh., dem Molgew. des Polymeren u. der Vernetzungsstruktur berechneten Werte gute Übereinstimmung mit den gemessenen. Bei den 3 für die Verss. eingesetzten Proben A—C betrug die Vulkanisationszeit 2 Std. bei 140°. Die Zus. war folgende: jeweils 100 (Teile) *Polyurethan*; 0,30, 0,50 bzw. 0,80 S; 1,20, 2,00 bzw. 3,20 Dibenzthiazolyl-(2)-disulfid (I); 0,60, 1,00 bzw. 1,60 2-Mercaptobenzthiazol; 0,20, 0,31 bzw. 0,56 I-$ZnCl_2$ (1 : 1) u. 0,30, 0,50 bzw. 0,80 Cd-Stearat.

Wilhelm Müller. 4010□

Potentiometrisches, konduktometrisches und viscosimetrisches Verhalten von mit verschiedenen Säuren neutralisiertem Poly-N-vinylimidazol. Daniel H. Gold und Harry P. Gregor. (Z. physik. Chem., Frankf. Ausg. [N. F.] 15. Bonhoeffer-Gedenkband 93—102. April 1958. Brooklyn, N. Y., Polytechn. Inst., Dep. of Chem.) (Engl.)

Das potentiometr., konduktometr. u. viscosimetr. Verh. von *Poly-N-vinylimidazol* (I; Molgew. 5000—20000), das in Ggw. einer Anzahl verschiedener K-Salze mit HNO_3, HCl, $HClO_4$, HBr u. HJ titriert wurde, zeigt spezif. Bindungseffekte, u. zwar im steigenden Maße, entsprechend der Reihe p-Toluolsulfonat $< Cl^- < CCl_3COO^- < JO_3^- < Br^-, NO_3^- < ClO_4^- < J^- < SO_4^{2-}$. Die Polybase erweist sich dabei als so schwach (pK 0,84; Mittelwert), daß oberhalb 60%ig. Neutralisation die Hauptmenge der zugesetzten Säure nicht mehr mit I reagiert. Die effektive Kettenladung wurde aus diesen Daten sowie aus den Ergebnissen von kombinierten Leitfähigkeits- u. Viscositäts-Best. berechnet. Dabei fand man, daß die Assoziation zwischen Polykation u. Gegenion mit der Neutralisation zunimmt, so daß die völlig neutralisierte Base ca. 50% des Ladungswertes zeigt, der für Polykation + Gegenion zu erwarten ist. E. Uhlein. 4010□

Poly-O-butylmethylphosphonalumoxane. K. A. Andrianow und W. M. Nowikow. (Высокомолекулярные Соединения [Hochmolekulare Verbind.] 1. 1390—95. Sept. 1959. Inst. für metallorg. Verbb. der Akad. der Wiss. der UdSSR.) (Russ.; Auszug: Engl.)

Durch Veresterung von Methylphosphonsäuredichlorid (I) mit Butanol wurde *Methylphosphonsäurebutylesterchlorid* (II) dargestellt, das mit Tributoxy-Al zu *Al-Tris-[O-butylmethylphosphonat]* (III) bzw. zu *1.3-Dibutoxy-1.3-bis-[O-butylmethylphosphono]-dialumoxan*

IV 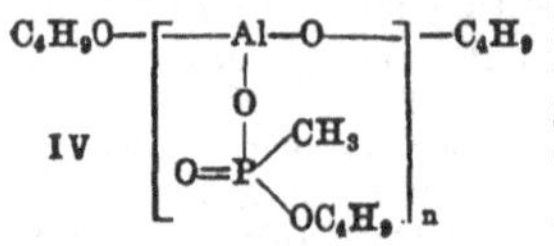

(IV; n = 2) umgesetzt wurde. Bei der Einw. von mit W. gesätt. Butanol auf eine Lsg. von IV in Xylol werden die am Al-Atom gebundenen Butoxygruppen der Hydrolyse unterzogen, wobei ein *Poly-O-butylmethylphosphonalumoxan* der Struktur IV (n = x) gebildet wird. Mit zunehmender Wassermenge (0,5 bis 2,5 Mol) erhält man Polymere mit höherer Viscosität u. höherer Glasumwandlungs-Temp. (50—150°). Der Polymerisationsgrad n beträgt bei der Hydrolyse mit 1 Mol W. 12 u. mit 1,5 Mol W. 24. Bis 650° konnte kein Schmelzen der Polymeren beobachtet werden. Es wird angenommen, daß mit zunehmender Hydrolyse vernetzte Prodd. gebildet werden, die nicht mehr in Xylol lösl. sind. Desgleichen wird ein lösl. Polymeres durch Erhitzen auf 200° unlöslich.

Versuche: *Methylphosphonsäurebutylesterchlorid* (II), $C_5H_{12}ClO_2P$, Kp.$_9$ 78—79°, durch Zugabe von 40 g Xylol zu 39,76 g I unter Rühren, Zutropfen von 0,3 Mol Butanol bei 15—20° u. unter Durchleiten von N_2 Entfernen von HCl; 25,6% (Ausbeute). — *Al-Tris-[O-butylmethylphosphonat]* (III), F. > 650°, a) aus 1,23 g Al-Butylat u. 2,80 g II durch Erhitzen auf 80°; b) durch Zutropfen einer Lsg. von 4,90 g Al-Butylat in 20 g Xylol zu 10,44 g II bei 100° u. Umfällen aus methanol. Lsg. mit W.; festes, weißes Prod., lösl. in Methanol, unlösl. in Xylol u. Benzol. — *1.3-Dibutoxy-1.3-bis-[O-butylmethylphosphono]-dialumoxan* (IV; n = 2), $C_{18}H_{42}Al_2O_9P_2$, durch Zutropfen von 34,09 g II zu einer Lsg. von 49,27 g Al-Butylat in 150,2 g Xylol bei 110—140°; festes Prod., lösl. in Xylol, Bzl., Butanol; wenig lösl. in A.; leicht hydrolysierbar; 84,5%. H. Wergin. 4010□

Darstellung von Ionenaustauschharzen durch Perlpolykondensation. Slavko Hudeček, Richard Chromeček und Miloslav Sytař. (Chem. Průmysl 7(32). 514—17. Sept. 1957. Pardubice, Výzkumný Ustav synthet. pryskyřic a laků.) (Tschech.)

Vff. untersuchten die Perlpolykondens. zur Herst. des *Kationenaustauschers FN* u. des *Anionenaustauschers MFD* u. *L*. Zur Regulierung der Kugelgröße wurde die Dichte der beiden Phasen (Rk.-Gemisch u. inertes Lsgm.) justiert, u. die bisher als Dispersionsmedium verwendeten Öle wurden durch chlorhaltige organ. Lsgm. ersetzt. J. Schneider. 4010

Sedimentation und Diffusion von Celluloseacetat in Aceton. F. H. Holmes und D. I. Smith. (Trans. Faraday Soc. 53. 67—79. Jan. 1957. Didsbury, Manchester, Shirley Inst., British Cotton Ind. Res. Assoc.) (Engl.) — C. 1957. 12775. A. Seuffert. 4050

Die hydrodynamische Konfiguration von Celluloseacetat. 1. Mitt. Viscosimetrische Untersuchung. G. M. Guzmán und J. M.ª G. Fatou. (An. Real Soc. españ. Física Quím., Ser. B 53. 669—84. Nov. 1957. Madrid, Patronato „Juan de la Cierva", Dep. de Plásticos.) (Span.)

Es wurden die konfigurativen Eigg. von *Celluloseacetat* (I) in Lsg. untersucht. Durch Fraktionierung in Aceton/W. konnten 11 Fraktionen erhalten werden, von denen jeweils das osmot. Molgew., die Intrinsicviscosität u. der Acetyl-Geh. bestimmt wurden. Aus diesen Werten lassen sich auf Grund der hydrodynam. Theorie von Simha, Debye, Kirkwood-Riseman u. Kuhn die Reibungs- u. Konfigurationsparameter von I in Aceton ableiten. Die Ergebnisse stimmen mit den durch Diffusion u. Sedimentation erhaltenen Werten überein. Es wird gefolgert, daß I von niedrigem Molgew. einen sehr kleinen Extensions-Koeff. besitzt u. die Moll. sehr starr sind. Mit steigendem Molgew. wird die Beweglichkeit der Moll. größer u. diese nehmen die Form eines statist. Knäuels an. M. Reiher. 4050

Der Wechselwirkungsparameter für Lösungen von Nitrocellulose in Aceton. H. Takenaka. (J. Polymer Sci. 24. 321—32. Mai 1957. Kanagawaken, Japan, Fuji Photo Film Res. Labor.) (Engl.)

Der Dampfdruck von *Nitrocellulose* (I)-Lsgg. in Aceton wurde in Glas-Syst. innerhalb des vollständigen Konz.-Bereichs bei Temp. von 20—60° gemessen u. der Wechselwrkg.-Parameter χ_1 berechnet. Aus seiner Temp.-Abhängigkeit wurde die freie Energie der Wechselwrkg. zwischen I u. Aceton in die Komponenten der Wechselwrkg.-Wärme u. -entropie getrennt. Eine graph. Darst., in welcher die Wärmewerte gegen die entsprechenden Entropiewerte aufgetragen sind, ergibt eine durch den Anfangspunkt gehende Gerade. A. Seuffert. 4050

Eine Untersuchung der Rückfederung von Nitrocellulose. Kensal Van Holde. (J. Polymer Sci. **24.** 417—27. Mai 1957. Madison, Wis., Univ. of Wisconsin, Dep. of Chem.) (Engl.)

Die Rückfederung von *Nitrocellulose* mit 13,95% N-Geh. u. der Intrinsicviscosität 10,4 (in Aceton bei 25°) unter konst. Zugbelastung wurde untersucht. Innerhalb eines großen Zeitbereiches wurde gefunden, daß die Dehnungs–Zeit-Kurven einer Gleichung gehorchen, mit der auch die Rückfederung von Metallen beschrieben wird. Man kann die Rückfederung in eine schnelle elast. Deformation u. eine Deformation zerlegen, die mit der dritten Wurzel aus der Zeit zunimmt. Die 1. Komponente ist der angewandten Spannung direkt proportional, die 2. aber nimmt mit zunehmender Spannung sehr schnell zu, was wiederum mit Beobachtungen bei metall. Rückfederung in Übereinstimmung steht. Die Wiederherstellung, die kurzen Rückfederungsexperimenten folgt, ist vollständig. A. Seuffert. 4050

Der Mechanismus der Jod–Stärke-Reaktion. 1. Mitt. **Kritische Untersuchung der aktuellen Probleme.** J. Holló und J. Szejtli. (Periodica polytechn. [Budapest], chem. Ingenieurwes. **1.** 141—45. 1957. Budapest, Univ. of Techn. Sci., Inst. of Agricult. Chem. Technol.) (Engl.)

Vff. erörtern die bisherige Literatur mit bes. Augenmerk auf die Probleme der Helixstruktur u. die Art der Bindung zwischen den Rk.-Partnern. J. Winkler. 4050□

Die Wirkung von Gammastrahlen auf die Struktur von Pektin. Eine elektrophoretische Untersuchung. E. R. Skinner und Z. I. Kertesz. (J. Polymer Sci. **47.** 99—109. Nov. 1960. Geneva, N.Y., Cornell Univ., New State Agricult. Exp. Stat.) (Engl.)

Trockenes *Citruspektin* (I) wurde mit γ-Strahlen aus einer ^{60}Co-Quelle in Dosen von 57—2056 Krad bestrahlt u. die Probe anschließend in 1%ig. wss. Lsg. elektrophoret. nach der Meth. der wandernden Grenzfläche in Acetatpuffer-Lsg. untersucht. Die Ergebnisse zeigen, daß durch die Bestrahlung keine zusätzlichen Komponenten erzeugt werden u. daß keine Änderung der mittleren Beweglichkeit der I-Grenzfläche oder der Verteilung der Beweglichkeit auftritt. Die aus der Zunahme der Standardabweichung der Beweglichkeitskurve berechnete Heterogenitäts-Konst. zeigt bei Dosen bis zu 205 Krad eine geringe Änderung; bei 528 u. 2056 Krad tritt jedoch eine starke Zunahme ein. Die spezif. Viscosität nimmt mit der Strahlungsdosis ab. Vff. schließen daraus, daß die Wrkg. der Strahlung in der Erzeugung einer statist. hydrolyt. Spaltung der glykosid. Bindungen längs der Kette des I-Mol. besteht, u. daß die Bruchstücke entsprechend der Lage der Spaltstelle in bezug auf die freien Carboxylgruppen eine etwas breitere Verteilung des Ladung–Masse-Verhältnisses besitzen. Die Konstanz der Beweglichkeit der I-Grenzfläche u. das Fehlen aller größeren Änderungen der elektrophoret. Eigg. schließt chem. Änderungen, wie eine Desesterifizierung, aus, welche die Ladung des I-Mol. ändern würden. J. W. Zimmermann. 4050□

Eine Untersuchung der Denaturierungsgeschwindigkeiten von Arachin und Conarachin II. W. E. F. Naismith und R. K. Williams. (J. Polymer Sci. **26.** 199—212. Nov. 1957. Dumfries, Scotland, Imp. Chem. Ind. Ltd., Fibr. Div., Ardil Fibr. Fact.)

Die Denaturierungs-Geschw. von *Arachin* (I) u. *Conarachin II* (II) in NaOH vom pH 11,4 bzw. 12,3 u. der Ionenstärke 0,2 sowie in 1,0—1,9 m Guanidinhydrochlorid-Lsg. jeweils bei 20, 30 u. 40° wurde untersucht. I ist gegen Denaturierung mit beiden Substanzen empfindlicher. Die Denaturierungs-Geschw. beider Proteine in NaOH u. Guanidinhydrochlorid-Lsg. wird mit zunehmender NaCl-Konz. herabgesetzt. I wird durch beide Denaturierungsmittel in eine langsam sedimentierende Substanz verwandelt, wobei eine intermediäre Komponente erhalten wird; bei II wurde dagegen keine intermediäre Komponente beobachtet. Während die Geschw. der alkal. Denaturierung beider Proteine sehr empfindlich gegen Temp.-Änderungen ist, wird mit Guanidinhydrochlorid die Geschw. durch Temp.-Änderungen nicht merklich beeinflußt. Dies zeigt offenbar an, daß für die alkal. Denaturierung eine erhebliche Aktivierungsenergie nötig ist. Eine Bestätigung dafür wird darin gesehen, daß die alkal. Denaturierung von I immer vollständig irreversibel ist, während die mit Guanidinhydrochlorid teilweise reversibel ist. Obwohl mit zunehmender Protein-Konz. c beider Proteine keine Zunahme der Geschw. auftritt, ist die Abhängigkeit von log c von der Zeit in keinem Falle linear, was von einer Rk. erwartet wird, die bzgl. der Protein-Konz. 1. Ordnung ist. G. Ruban. 4070

Untersuchung der Elektronenstruktur von Desoxyribonucleinsäure. 1. Mitt. **Angenäherte Berechnung der π-Elektronenüberlappung zwischen benachbarten Nucleotidbasen. Wahrscheinliche Folgen.** J. Ladik. (Acta physica Acad. Sci. hung. **11.** 239—58. 1960. Budapest, Acad. of Sci., Central Res. Inst. for Chem.) (Engl.)

Die Nucleotidbasen der *Desoxyribonucleinsäure* (I) sind senkrecht zur Achse der rechtsgängigen Doppelschraube von I parallel zueinander in einem Abstand von 3,36 Å angeordnet. Eine angenäherte Berechnung der quantenmechan. π-Elektronenüberlappungsintegrale zwischen diesen parallelen Basen ergab, daß die π-Elektronen-Wechselwrkg. zwischen den benachbarten Basen nicht vernachlässigbar ist. Vf. weist auf den großen biolog. Einfl. der in kleinen Teilen von I lokalisierten physikal. oder chem. Änderungen hin, wobei die Beweglichkeit der Elektronen entlang der langen Achse des I-Makromol. zu berücksichtigen ist. Es wird ferner auf die mögliche genet. Wichtigkeit der Tatsache hingewiesen, daß auf der Grundlage der verschiedenen Werte der Überlappungsintegrale zwischen den verschiedenen Ringen zu erwarten ist, daß die Elektronenverteilungen, die zu den verschiedenen Basenfolgen von I gehören, von einander abweichen. Auf Grund der Berechnungen konnte die wichtige Rolle gedeutet werden, welche die Substitution am $C_{(5)}$-Atom des Pyrimidinrings von biolog. Standpunkt aus spielt. Mit Hilfe der π-Elektronen-Wechselwrkg. konnte auch die sog. anomale Absorption des UV-Spektrums von I erklärt werden. C. GOTTFRIED. 4090

E. Biologische Chemie. Physiologie. Medizin

E_1. Allgemeine Biologie und Biochemie

Synthese von Uracil unter den Bedingungen eines thermischen Modells der präbiologischen Chemie. Sidney W. Fox und Kaoru Harada (Science [Washington] **133.** 1923–24. 19/6. 1961. Tallahassee, Fla., Florida State Univ., Dep. of Chem., Oceanographic Inst.) (Engl.)

Vff. untersuchen die Synth. von *Uracil* (I) aus *Harnstoff* u. *Äpfelsäure* in Ggw. von verschiedenen Mengen an *Polyphosphorsäure* (II) bei Temp. zwischen 100 u. 140° u. Zeiten zwischen $^1/_4$ u. 2 Stunden. Die Ausbeute an I steigt mit zunehmender Menge von II. Die Identität von I konnte durch F., Elementaranalyse, UV- u. IR-Absorption gesichert werden. Vff. ordnen die Rk. in ein Modell der Bldg. organ. Verbb. aus einfachen organ. u. anorgan. Verbb. ein. S. VIERKÖTTER. 4100□

Der Pasteur-Effekt bei einer atmungsgeschädigten Mutante von Bäckerhefe. A. Kotyk. (Nature [London] **190.** 811. 27/5. 1961. Prag, Czechoslov. Acad. of Sci., Inst. of Biol., Labor. for Cellular Metabolism.) (Engl.)

Die Mutante *R XII A* von *Saccharomyces cerevisiae* (durch Züchtung bei hoher Temp. hervorgerufen) hat in Ggw. von *Glucose* (I) keine Atmung. Die Gärung (Q_{CO_2} 100 bis 130), die I-Aufnahme, die Geh. der Zellen an anorgan. u. labilem Phosphat werden durch Übergang von anaeroben zu aeroben Bedingungen nicht beeinflußt, wenn der Inkubations-Lsg. I zugesetzt wird. In Abwesenheit von I ist dagegen der Geh. an *anorgan. Phosphat* in Ggw. von O_2 erniedrigt, der Geh. an *labilem Phosphat* um den entsprechenden Betrag erhöht. Dieser Vorgang wird durch 10^{-4}m *KCN* vollständig, durch $5 \cdot 10^{-4}$m *2.4-Dinitrophenol* jedoch nur um maximal 20% gehemmt. Während Bldg. der labilen Phosphatbindungen wird nur ca. 1 Min. lang O_2 aufgenommen (Q_{O_2} 0,25–0,32), die Gärung ist etwa unverändert (Q_{CO_2} 1,09–1,48). Das P : O-Verhältnis ist also sehr hoch. Diese endogene Phosphorylierung scheint also qual. verschieden zu sein von der Phosphorylierung in I-Gegenwart. Es wird vermutet, daß jeweils verschiedene Energiequellen vorliegen. S. DITTMANN-MITZSCHERLICH. 4150□

Phospholipoide im Sperma des Schafbocks: Stoffwechsel von Plasmalogen und Fettsäuren. E. F. Hartree und T. Mann. (Biochem. J. **80.** 464–76. Sept. 1961. Cambridge, Univ., Molteno Inst., Dep. of Veter. Clin. Studies, A.R.C. Unit of Reproduct. Physiol.) (Engl.)

Es wird die Wrkg. lipoidhaltiger Fraktionen des Schafbockspermas auf die Respiration von Schafbockspermatozoen (Sp.) untersucht. Durch dialysiertes Samenplasma konnte eine Aktivierung beobachtet werden (Wrkg. von Lipoproteiden?); Phospholipoidfraktionen zeigten nur eine geringe oder gar keine Aktivierung der Spermarespiration. Die mit Chlf. extrahierbaren *Phospholipoide* gewaschener Sp. sowie des Samenplasmas werden an Silicagelsäulen fraktioniert, wobei bestätigt werden konnte, daß die Hauptkomponente aus gefriergetrockneten Sp. *Cholinplasmalogen* (I) ist, während *Lecithin* (II) fehlt. Extrakte von frischen Sp. sowie gefrorenen Sp. u. von Samenplasma enthalten sowohl I als auch II. Werden Sp. a) unter anaeroben bzw. b) unter aeroben Bedingungen in Abwesenheit von Zuckern inkubiert, so enthalten die extrahierbaren Lipoide bei a) freie *Fettsäuren* (bes. C_{14} u. C_{16}). II nimmt während der Inkubation ($2^1/_2$–3 Std. bei 37°) nicht ab, jedoch werden ca. 25% des intracellulären I hydrolysiert. Die Ergebnisse stützen die Ansicht der Vff., daß die Sp. in Abwesenheit von *Fructose* die durch den Abbau von I erhaltenen Fettsäuren als Energiequelle benutzen können. P. SCHWERDTFEGER. 4150□

Die Wirkung von Mg^{2+} auf die Reaktionsfähigkeit von Ribonucleinsäure. M. Staehelin. (Experientia [Basel] **15.** 413—14. 15/11. 1959. Berkeley, Calif., Univ. of California, Virus Labor.) (Engl.)

Tabakmosaikvirus-*Nucleinsäure* kann in 2 Formen vorliegen: in salzfreiem Milieu sind alle NH_2-Gruppen frei u. reagieren mit Formaldehyd (I), während in Ggw. von Mg^{2+} nur ca. 35% reaktionsfähig sind. Diese Veränderung geht dem hypochromen Effekt parallel u. spricht für die Ausbldg. gegenseitiger Beziehungen zwischen den Basen unter Mg^{2+}-Einfl., wodurch das Mol. eine geordnete räumliche Konfiguration erhält. Bei niedrigen I-Konzz. entsteht wahrscheinlich ein Monomethylol-Deriv., bei höheren ein Dimethylolderivat. K. MAIER. 4150□

Verteilung von Nucleinsäuren in subcellularen Fraktionen von Chlorella. Tatsuichi Iwamura. (Biochim. biophysica Acta [Amsterdam] **42.** 161—63. 29/7. 1960. Oak Ridge, Tenn., Oak Ridge Nat. Labor., Biol. Div.) (Engl.)

Vf. fraktionierte zerkleinerte Zellen von synchron gewachsenen Chlorella-Algen. Die Fraktionen (1 = zerstörte Chloroplasten, 2 = Ribonucleinpartikel, 3 = Überstand) wurden auf Ribo- u. Desoxyribonucleinsäuren (RNS u. DNS) u. deren Basen-Zus. untersucht. RNS fand sich in allen Fraktionen, die des Überstands enthielt mehr Cytosin u. weniger Adenin als die der Partikelfraktionen. DNS war nur in Fraktion 1 u. 3 enthalten, die von 1 enthielt mehr Thymin u. Adenin als die von 3. Aus ^{32}P-Experimenten folgte, daß die DNS aus Fraktion 1 stärker dem Stoffwechsel unterliegt als die aus Fraktion 3.
H.-G. FLOSS. 4150□

Darstellung und einige Eigenschaften von Ribonucleinsäure aus Hefe 80 S Teilchen. Akio Maeda. (J. Biochemistry [Tokyo] **48.** 363—74. Sept. 1960. Nagoya, Nagoya Univ., Fac. of Sci., Chem. Inst.) (Engl.)

Vf. beschreibt eine Meth. zur Darst. von *Ribonucleinsäure* (*RNS*) aus der Partikelfraktion 80 S von Hefe durch Phenolbehandlung bei niedriger Temp., die hohe Ausbeute u. durchweg hohes Molgew. ergibt. pH-Wert u. Temp. sind bes. wichtig. Die so hergestellte RNS hat folgende Konst.: S : 28 S mit 19 S, wahre Viscosität: 0,55 dl/g u. Diffusions-Konst.: $0{,}82 \cdot 10^{-7} cm^2/s$. Die RNS dissoziiert irreversibel in kleine Untereinheiten (ca. 5 S) bei 40° oder in Ggw. von *Äthylendiamintetraessigsäure* (*ÄDTE*) bei niedriger Temperatur. Die signifikante Veränderung der opt. Dichte ereignet sich bei 40°. Die durch die Phenol-Meth. hergestellte RNS enthält noch Ribonuclease u. freigesetzte, in Säure lösl. Nucleotide, bes. in Ggw. von ÄDTE. Aus dem Viscositäts-Verh. u. der spezif. Drehung von 190° bei 589 mμ werden die Konfigurations-Eigg. der RNS diskutiert.
H. GOLDNER. 4150□

Polarisationsoptische Untersuchungen über die submikroskopische Struktur der Zellnucleinsäuren. G. Romhányi. (Acta physiol. Acad. Sci. hung., Suppl. **18.** 45. 1960. Pécs, Med. Univ., Pathol.-Anatom. Inst.) (Dt.)

In Zellen von Pankreas, Leber u. aus Plasma, die über gut entwickeltes Ergastoplasma (endoplasmat. Reticulum) verfügen, wurde mit anisotroper Präcipitationsfärbung nachgewiesen, daß das Ergastoplasma einem submkr. orientierenden *Lipo-ribonucleoproteid*-Syst. entspricht. In der Erscheinung der den Doppelbrechungseffekt auslösenden geordneten Farbstoffbindung fällt der Lipoidkomponente eine wichtige Rolle zu. Über die Chromatinstruktur der somat. Interphasenkerne gaben elektronenmkr. Unterss. bisher nur mangelhafte Aufklärung, da sie eine amorphe granuläre Struktur zeigten. Lediglich einige Beobachtungen deuten auf fadenförmige submkr. Organisation des Chromatins. Polarisationsopt. Unterss. haben bisher zu keinen Ergebnissen geführt. An Formol-fixierten Schnitten ließ sich zeigen, daß die *Nucleinsäuren* in den somat. Kernen in der Interphase überall in parakristalliner fibrillärer Anordnung vorhanden sind. U. TAUSENDFREUND. 4150□

Untersuchungen an Desoxyribonucleinsäure nach Einwirkung von Tritiumgas. Ellen Borenfreund, Herbert S. Rosenkranz und Aaron Bendich. (J. molecular Biol. **1.** 195—203. Sept. 1959. New York, N.Y., Cornell Univ., Med. Coll., Sloan-Kettering Div.) (Engl.)

DNS aus menschlichen Leukocyten wurde durch Stehenlassen mit 2,4 c ^3H-Gas tritiummarkiert. Das molare ^3H-Verhältnis der Basen Adenin : Thymin : Guanin : Cytosin war 1,0 : 9,8 : 1,4 : 2,4. Das Molgew. der DNS fiel von 5,2 auf $1{,}3 \cdot 10^6$, jedoch trat neben dem Abbau in geringerem Maße auch eine Aggregation auf. Es wurde keine merkliche Denaturierung beobachtet. H.-G. FLOSS. 4150□

Blockierung der Desoxyribonucleinsäuresynthese durch Deuteriumoxyd. Paul R. Gross und Clifford V. Harding. (Science [Washington] **133.** 1131—33. 14/4. 1961. New York, N.Y., New York Univ., Dep. of Biol., and Columbia Univ., Coll. of Phys. and Surg.; Woods Hole, Mass., Marine Biol. Labor.) (Engl.)

Die Verss. ergaben, daß *Seeigeleier*, die in normalem Medium *³H-Thymidin* in ihre *DNS* einbauen, in D_2O-haltigem Medium diesen Einbau nicht zeigen u. auch keine Zellteilung mehr aufwiesen. Bei Überführung der Zellen in normales Medium wurde beides sofort wieder aufgenommen. E. LODEMANN. 4150□

Der Abbau von Desoxyribonucleinsäure in mit Mitomycin C behandelten Zellen von Escherichia coli. H. Kersten und H. M. Rauen. (Nature [London] **190.** 1195—96. 24/6. 1961. Münster, Univ., Physiol.-Chem. Inst.) (Engl.)

Zellen von *E. coli B* wurden nach Inkubation in einem Salz–Glucose-Medium über 12 Std. bei 37° u. pH 7 mit steigenden Mengen *Mitomycin C* (I) versetzt. Nach Extraktion von *Desoxyribonucleinsäure* (II) u. *Ribonucleinsäure* (III) mit 0,5n $HClO_4$ (15 Min. bei 90°) wurde deren Geh. nach Rk. mit *Orcin* bzw. *Diphenylamin* photometr. bestimmt. Das Wachstum der Zellen nach der logarithm. Phase war nur gering. Der Zusatz von 2,5 μg/ml zu dieser Zeit bewirkte einen Abfall des **II**-Geh. auf 60% nach 4 Std. Inkubation u. auf 37% nach 8 Std.; der **III**-Geh. fiel nur wenig ab. Extinktion u. *Protein*-Geh. der Lsg. blieben konstant. Eine Lysis wurde nicht gefunden. Eine längere Inkubation mit **I** bewirkte den Abbau von **II** u. Protein. Unter den Vers. Bedingungen wurde **II** depolymerisiert. **II** aus Kalbsthymus u. **III** aus Heringssperma wurden bei Inkubation in vitro nicht durch **I** abgebaut. J. BOELTER. 4150□

Bestimmung von Desoxyribonucleinsäure in den Kernen von Corpus luteum-Zellen des Kaninchens während eines chirurgischen Stress. D. van de Kerckhove. (Acta endocrinol. [Copenhagen]. Suppl. Nr. **51.** 451. 1960. Ghent, Belgium, State Univ., Dep. of Anat.) (Engl.) H. HERPER. 4150□

Untersuchungen über den Zinkstoffwechsel des Tumors. 2. Mitt. Verhalten von ^{65}Zn- und ^{203}Hg-Hämatoporphyrinen, die in Mäuse mit Ehrlich-Ascites-Tumoren injiziert wurden. Tamitaro Mizunoya, Akira Umayahara, Yoshio Kuroda und Yuichi Yamamura. (Gann, Japan. J. Cancer Res. **51.** 159—67. Juni 1960. Fukuoka, Kyushu Univ., Fac. of Med., Dep. of Biochem. and Res. Inst. of Cancer.) (Engl.) — 1. vgl. C. **1960.** 12717.

^{65}Zn-Hämatoporphyrin (I) u. *^{203}Hg-Hämatoporphyrin* (II) wurden Mäusen mit EHRLICH-Ascites-Tumoren am 5. Tag nach Transplantation der Tumorzellen intraperitoneal oder subkutan injiziert. Als Kontrolle der Verss. mit **I** wurde auch der *^{65}Zn-Glycin-Komplex* (III) unter den gleichen Bedingungen injiziert. Bei subkutaner u. auch intraperitonealer Injektion von **I** wurde am 1. Tag nach Injektion im Ascites-Serum hohe ^{65}Zn-Aktivität festgestellt, diese Aktivität nimmt im Laufe der nächsten Tage langsam ab. In den Ascites-Zellen wurde nur geringe bzw. keine ^{65}Zn-Aktivität festgestellt. Sie schwankt auch nicht im Verlauf der Tage. Dagegen wird am 1. Tag nach **II**-Injektion bei subkutaner u. auch bei intraperitonealer Injektion hohe ^{203}Hg-Aktivität in den Tumorzellen gefunden. Diese nimmt rasch dann ab u. erreicht am 3. Tag fast den Wert Null. Das Ascites-Serum u. die Leber enthalten bis zum 6. Tag keine Aktivität. Aus den Ergebnissen wird gefolgert, daß die Aufnahme der Metalle Zn oder Hg von Tumorzellen unter dem Gesichtspunkt der Art ihrer Bindung an verschiedene Liganden in Komplex-Verbb. gesehen werden muß u. verstanden werden kann.
S. DITTMANN-MITZSCHERLICH. 4160□

Das Vorkommen von Sialsäure in einem Granulom. Lorenzo Bolognani, Germano Coppi, Ferdinando Della Berta und Vittorio Zamboth. (Nature [London] **190.** 913—14. 3/6. 1961. Pavia, Univ., Ist. di Chim. Biol.) (Engl.)

Granulome wurden in ♂ Ratten durch Verw. von 10 ml Luft u. 0,4 ml Crotonöl-Lsg. (4% in Olivenöl) induziert. Nach Isolierung der Granulome wurden diese mit Aceton homogenisiert, aus dem Acetontrockenpulver die *Sialsäure* (I) chromatograph. isoliert, nach Rk. mit *Resorcin* durch das Absorptionsspektrum identifiziert u. quant. gegen Standard-*N-Acetylneuraminsäure* bestimmt. In den Granulomen wurde ein viel höherer I-Geh. gefunden als in den angrenzenden gesunden Unterleibsregionen.
J. BOELTER. 4160□

Der Gehalt an Sialsäure in den serösen Drüsen von Pferdearten. G. Aureli, G. Ferri und A. A. Castellani. (Nature [London] **190.** 914. 3/6. 1961. Pavia, Univ., Ist. di Chim. Biol.; Milano, Univ., Ist. di Anat. degli Animali Domestici, Istol. ed Embriol.) (Engl.) — Vgl. vorst. Referat.

Die Orbitaldrüsen (Glans lacrimalis) u. Drüse des dritten Augenlides sowie Parotis u. Pankreas von Esel u. Pferd wurden homogenisiert. Nach Hydrolyse mit 0,1n H_2SO_4 wurde daraus die *Sialsäure* (I) nach Chromatographie an Dowex-28 durch die *Resorcin*-Rk. quant. bestimmt. I wurde in den Orbitaldrüsen am häufigsten gefunden, weniger in der Parotis u. nur wenig im Pankreas. Parallel dem I-Geh. ging die *Perjodsäure*-SCHIFFsche Rk., so daß die Drüsen nicht nur Proteine, sondern auch Kohlenhydrate (möglicherweise ein Sialopolysaccharid) freisetzen. J. BOELTER. 4160□

Lymphknoten- und Serumproteinuntersuchungen an Mäusen mit spontanen Neoplasmen. 1. Mitt. Einbau von ^{14}C-Lysin in Serum- und Lymphknotenproteine. Ralph M. Johnson, S. Albert und Renee R. Wagshal. (Cancer Res. **18.** 159—63. Febr. 1958. Detroit, Mich., Detroit Inst. of Cancer Res., Richard Cohn Radiobiol. Labor., Wayne State Univ. Coll. of Med.) (Engl.)

Mäusen mit spontanem Brustkrebs u. solchen, die durch 2 Injektionen von Pferdeserum (im Abstand von 3 Wochen) antigen-stimuliert wurden, wird subkutan $^{14}C_{(2)}$-DL-Lysin injiziert (wss. Lsg., 0,06 μC/g Körper-Gew.). Aus der ^{14}C-Unters. der Proteine ergibt sich: Bei Tieren mit großen Tumoren (> 300 mm²) nehmen im Serum γ- u. β-Globulin ab unter Zunahme der ^{14}C-Aufnahme im γ-Globulin u. Abnahme im Lymphknotenprotein. Nach Injektion von Pferdeserum nehmen γ-Globulin bei gesunden Tieren, γ- u. β-Globuline bei Tieren mit großen Tumoren zu (teilweise Bldg. von β- statt γ-Globulin). Offenbar ändert sich unter dem Einfl. von Krebs der Stoffwechsel dieser Proteine, u. es tritt eine Unterfunktion der Lymphknoten ein. R. K. Müller. 4160□

Untersuchungen zur Biosynthese des Cholesterins. 10. Mitt. Biosynthese von Cholesterin und Fettsäuren bei tumorbehafteten Tieren. Erwin Schwenk und Dean F. Stevens. (Cancer Res. **18.** 193—203. Febr. 1958. Shrewsbury, Mass., Worcester Found. for exp. biol.) (Engl.) — 9. vgl. C. **1957.** 10546.

Bei Ratten wird durch Verfütterung von p.p'-Bis-[dimethylamino]-azobenzol ein Hepatom oder durch Implantation von 20-Methylcholanthren ein Spindelzellensarkom (SZS) erzeugt, bei Goldhamstern ein SZS transplantiert; andere Verss. werden mit Yoshida-Ascitestumor durchgeführt. Die Biosynth. von *Cholesterin* (I) u. *Fettsäuren* (FS) wird auf Grund intraperitonealer Injektionen von $^{14}C_{(1)}$-*Na-Acetat* verfolgt. Sie nimmt in der Leber bei carcinogen-induziertem Tumor im latenten Stadium ab, bei sichtbarem Tumor wieder zu, bei transplantiertem Tumor nimmt sie zuerst zu, dann ab. Im Darmtrakt u. im Skelett erfolgt die I-Biosynth. etwa wie in der Leber, die FS-Synth. wird weniger durch Tumor-Bldg. beeinflußt. Im Blut entspricht die I-Menge der Biosynth. (außer bei Hepatom). In den Geweben ist der I-Geh. auch bei Tumor normal. Bei Yoshida-Zellen wird I nur in Spuren gebildet. R. K. Müller. 4160□

Proteingehalt und enzymatische Untersuchungen der Interstitialflüssigkeit von einigen normalen Geweben und verpflanzten Mäuse-Tumoren. Bengt Sylvén und Ingeborg Bois. (Cancer Res. **20.** 831—36. Juli 1960. Stockholm, Karolinska Inst., Radiumhemmet, Res. Div. of Radiumhemmet.) (Engl.)

Bei Vgl.-Unterss. zwischen Interstitial-Fl.-Proben von soliden unicentr. Tumortransplantaten u. normalem Mäuseplasma einerseits sowie Peritonealfl. andererseits hatte der zellfreie Tumor einen höheren *Protein*-Geh. (ca. 5%) als die Peritonealflüssigkeit. Die Gesamt-*Dipeptidase*-Wirksamkeit per Vol. war 40—100fach gesteigert, die *Arginase*- u. *Glutathionreduktase*-Wirksamkeiten waren gleichfalls 5—20fach gesteigert. Die kathept. Wirksamkeit bei pH 4,5 zeigte im Durchschnitt ein 3—4faches Anwachsen in der Wrkg. gegenüber den normalen Plasmaaktivitäten. Die beobachteten Steigerungen in der Enzymaktivität können nicht von einer allg. Proteinretention im Tumor herrühren. Man vermutet, daß die örtliche Enzymsteigerung in Tumor-Fll. durch Proteinverlust aus den Tumorzellen zustande kommt. W. F. Ebel. 4160□

Die Wechselwirkung von Enzymen mit normalen und Tumorzellen. D. H. Cormack, G. C. Easty und E. J. Ambrose. (Nature [London] **190.** 1207—08. 24/6. 1961. London, Royal Cancer Hosp., Inst. of Cancer Res., Chester Beatty Res. Inst.) (Engl.)

Es wurde die Einw. von *Fluorescein*-markierter *Lipase* auf normale u. Tumorzellen (Hamsternierenepithel) mkr. untersucht, wobei die Tumorzellen eine ausgedehnte Vacuolisation des Cytoplasmas zeigten, während die Zellmembran im Gegensatz zu normalen Zellen nicht angefärbt wurde. Landschütz-Ascitestumorzellen nahmen z. T. (5%) in vivo „Pinocytose“-Tröpfchen auf. Sie zeigten jedoch keine Anfärbung der Membran, die allerdings nach Waschen durch Lipasekonjugat an der Oberfläche angefärbt wurde. Es wird angenommen, daß eine Akkumulierung des Enzyms an der Oberfläche der Tumorzellen stattfindet. J. Boelter. 4160□

Untersuchungen an normalen und neoplastischen Mitochondrien. 1. Mitt. Atmung. Alan C. Aisenberg. (Cancer Res. **21.** [Part I.] 295—303. April 1961. Boston, Mass., Massachusetts General Hosp., Harvard Univ., Huntington Memorial Hosp., John Collins Warren Labor.) (Engl.)

Folgende Gewebe wurden fraktioniert: Leber, Herz, Gehirn, Niere, Milz u. Hoden (Tierart nicht angegeben, vermutlich Ratte), Flexner-Jobling-Carcinom, Novikoff-Hepatom, Jensen-Sarkom, Walker-Carcinosarkom u. Murphy-Sturm-Lymphosarkom. Es wurde fraktioniert in: Mitochondrien (A), den leichten Überzug, der sich beim ersten Waschen der Mitochondrien abtrennt u. der durch Aufwirbeln isoliert werden kann (B) (besteht aus lösl. Cytoplasma u. Mikrosomen), u. in den Überstand (C). In diesen Fraktionen wurden die Verteilung von *N* (nach KJELDAHL), *Ribonucleinsäure* sowie die Atmung mit den Substraten *Glutamat* (I) u. *Succinat* (II) bestimmt. Leber, Niere, Herz u. Gehirn haben hohen N-Geh. u. hohe Atmung mit I u. II. Bei allen 5 untersuchten Tumoren sind die entsprechenden Werte niedrig. Die Werte von Milz u. Hoden liegen dazwischen. Bei Leber, Niere u. Milz ist ca. die Hälfte der Atmungsaktivität in A lokalisiert, der Rest etwa zu gleichen Teilen in B u. C. Bei Herzhomogenat bildet sich fast kein B. Bei Gehirnhomogenat ist die A-Menge beträchtlich verringert. Bei Homogenaten aus Hoden u. den 5 Tumoren ist die Atmungsaktivität etwa gleich stark auf A, B, C verteilt. Die Atmungsquotienten sind, auf 1 mg A-N bezogen, etwa gleich. Daraus wird auf eine grundsätzliche Ähnlichkeit der verschiedenen Mitochondrien geschlossen. Die Tumoren scheinen nur weniger bzw. kleinere Mitochondrien zu besitzen.

S. DITTMANN-MITZSCHERLICH. 4160□

Untersuchungen an normalen und neoplastischen Mitochondrien. 2. Mitt. Phosphorylierung. Alan C. Aisenberg. (Cancer Res. **21.** [Part I] 304—08. April 1961.) (Engl.) — 1. vgl. vorst. Referat.

Die gleichen Gewebe, wie in vorst. Ref. angegeben, wurden verwendet. Bei den Inkubationen wurden verschiedene niedrige (im allg. mit 10^{-4}m geringere als in vorst. Ref.) Adenosintriphosphat-Konzz. verwendet, da dann die Atmungskontrollverhältnisse höher sind. Das P : O-Verhältnis der oxydativen Phosphorylierung mit dem Substrat *Glutamat* schwankt bei den Mitochondrien aus den 11 verschiedenen Geweben zwischen 2,2 u. 2,8. Das P : O-Verhältnis mit *Succinat* schwankt zwischen 1,1 u. 2,0. Das Atmungskontrollverhältnis (= Verhältnis der Atmungsquotienten) in Ggw. u. Abwesenheit eines Phosphatacceptors (Zusatz von *Glucose* + *Hexokinase*) ist ebenfalls in den Mitochondrien aller 11 Gewebe etwa gleich hoch u. schwankt zwischen 2,9 u. 18,3. Auch die Rkk. der verschiedenen Mitochondrien auf Zugabe von F^- u. *2.4-Dinitrophenol* (I) sind ähnlich. Es wird angenommen, daß Verschiedenartigkeiten der Rkk. der verschiedenen Homogenate auf F^-- oder I-Zugabe am besten dadurch erklärt werden können, daß man annimmt, es bestehe ein verschiedenes Gleichgewicht zwischen den Mitochondrien, als den stickstoffhaltigen Teilchen der Zellen, die Atmungsaktivität besitzen, u. den Teilchen, die „energiereiche Phosphate" spalten. S. DITTMANN-MITZSCHERLICH. 4160□

Phosphorstoffwechsel von Callus und Krongallgewebe von Karottenwurzeln (in vitro) und Tomatenstengeln (in vivo). A. W. Harhash und W. Brucker. (Acta biol. med. german. [Berlin] **4.** 343—57. 1960. Berlin, Dtsch. Akad. der Wiss., Abt. Botan., Inst. für Med. u. Biol.) (Engl.)

Bei der Ernährung von Tomatenstengeln in vivo u. Karottenwurzeln in vitro, die vorher P-frei ernährt wurden, mit KH_2PO_4 u. Unters. des Geh. an anorgan., organ., Lipoid-, Nucleinsäure-, Protein- u. Gesamt-Phosphor wurde festgestellt, daß in den ersten 24 Std. die P-Aufnahme des normalen Gewebes wesentlich höher liegt als die der Tumoren. Die normalen Gewebe befinden sich aber früher im P-Gleichgewicht, während die Tumoren in den meisten Fraktionen einen weiteren Anstieg des P-Geh. zeigen.

A. GUDE. 4160□

Mögliche biologische Wirkungen elektrisch geladener Partikel im Tabakrauch. K. H. Kingdon. (Nature [London] **189.** 180—82. 21/1. 1961. Schenectady, N.Y., Gen. Electric Res. Labor.) (Engl.)

Zigarettenraucher inhalieren die beim Verbrennungsprozeß entstandenen kleinen elektr. geladenen Partikel (kleine Ionen, Folge thermaler Ionisierung), welchen eine biolog. Wrkg. auf die Schleimhaut der Luftwege zukommt, in einer Konz. von ca. $2 \cdot 10^5$ Ionen/ml während der ganzen Rauchzeit; die Konz. ist damit 1000mal so hoch wie in einem normalen Schlafzimmer in der Stadt ohne Rauch. Auch beim Brand der Zigarre werden gleiche Ionen gebildet, es kommt mit der Zeit jedoch zu einer Abnahme; Pfeifen sind noch geringere Ionenquellen. Die biolog. Wrkg. der Ionen entspricht etwa den von indirekten Röntgenstrahlenprozessen der Bestrahlungsbiologie her bekannten Wirkungen. Wenn auch noch kein experimenteller Beweis dafür vorliegt, läßt sich doch vermuten, daß ebenso wie lang dauernde Röntgenstrahlenexposition auch lang dauernde Exposition gegenüber diesen Ionen zu Lungenkrebs führen kann (dafür sprechen die Unterschiede in der Häufigkeit der Krebsentstehung bei Zigaretten-, Zigarren- u. Pfeifenrauchern in Übereinstimmung mit den genannten Unterschieden der Tabak- bzw. Raucharten als Ionenquellen). Sollte sich diese Hypothese der Lungenkrebsentstehung durch Tabakrauch bestätigen, so ließe sich zweifellos auch eine Eliminierung der Ionen bewerkstelligen (unter Umständen Eliminierung eines bestimmten Elements aus dem Tabak).

U. TAUSENDFREUND. 4160□

Das Wachstum von Tumoren in mit 4-Dimethylaminoazobenzol gefütterten Ratten, denen homogenisierter Tumor gemischt mit Freund's Adjuvans injiziert wurde. Nikša Allegretti. (Nature [London] **190.** 1207. 24/6. 1961. Zagreb, Ruder Boskovic Inst., Dep. of Biol.; Univ., Med. Fac., Dep. of Physiol.) (Engl.)

Albinoratten erhielten mit der Nahrung täglich 3,5 mg *4-Dimethylaminoazobenzol* über 203 Tage. Vor der Entw. eines Tumors erhielten die Tiere intrakutan normales Lebergewebe bzw. Lebercarcinomgewebe in FREUND's Adjuvans appliziert (8mal 0,2 ml Mischung 4 Tage nach Beendigung der carcinogenen Diät simultan in beide Seiten) sowie 3 intraperitoneale Injektionen von 1,0 ml in Abständen einer Woche beginnend mit den intrakutanen Injektionen. 20 Tage nach Beendigung der carcinogenen Diät wurden die Tiere getötet u. die Lebern untersucht. Die intraperitoneale Injektion der in dem cancerogenen Gewebe enthaltenen Antigenmischung bewirkte eine Förderung des Tumorwachstums. Es wird angenommen, daß die Antigenmischung als Antikörper auf normale Gewebe zerstörend, auf cancerogene Gewebe wachstumsstimulierend wirkt.

J. BOELTER. 4160□

Erzeugung von Magenkrebs durch Nitrosamide an Ratten. H. Druckrey, R. Preussmann, D. Schmähl und M. Müller. (Naturwissenschaften **48.** 165. 2. März-H. 1961. Freiburg/Br., Chirurg. Univ.-Klinik, Labor.) (Dt.)

N-Nitroso-N-methylharnstoff u. *N-Nitroso-N-methylurethan* wurden mittels Schlundsonde in den Rattenmagen gebracht. Als Vergiftungserscheinungen waren bei der Sektion der Tiere schwere Schädigungen von Magen, Dünndarm u. Pankreas zu beobachten. Die DL_{50} per os war für beide Verbb. 180 mg/kg. Nach Applikation einer Gesamtdosis von 800—1400 mg/kg (tägliche Dosis 4 mg/kg) traten Geschwülste des Vormagens bei den überlebenden Ratten auf. Zum Vgl. wurde das stabilere *N-Nitroso-N-methyl-4-tolylsulfonamid* untersucht (DL_{50} 2,7 g/kg). Im chron. Vers. zeigten sich nach einer Gesamtdosis von 70 g/kg nach 12 Monaten keine Tumoren. Die carcinogene Wrkg. wird den im Körper freigesetzten, alkylierend wirkenden Diazoalkanen zugeschrieben.

W. GUTSCHE. 4160□

Verteilung von ^{14}C-markierten Urethanen in Geweben der Maus und subcellulare Lokalisierung in Lunge und Leber. Isaac Berenblum, Nechama Haran-Ghera, Ruth Winnick und Theodore Winnick. (Cancer Res. **18.** 181—85. Febr. 1958. Rehovoth, Weizmann-Inst. of Sci., Dep. of exp. Biol.) (Engl.)

Mäusen (♂) wird *$^{14}C_{(1)}$-Äthyl-* (I) oder *^{14}C-Carbonyl-Urethan* (II) in Konz. von 1,3 bzw. 1,8 mc/mMol interperitoneal bis zu einer Gesamt-I-Dosis von 1000 mg/kg Körper-Gew. injiziert. In Leber, Lunge, Haut u. Plasma verteilen sich I u. II in etwa gleichen Konzz., I jedoch rascher als II, das nach 24 Std. noch nicht feststellbar ist. In den Nuclei u. Mitochondrien von Lunge u. Leber findet sich nur ein kleiner Teil des ^{14}C, noch am meisten in den Lungenmitochondrien. Diese Befunde werden in Verss. in vitro bestätigt. Man kann aus den Ergebnissen folgern, daß die Erzeugung von Lungentumoren durch Urethan auf seiner Aufnahme durch die Lungenmitochondrien beruht.

R. K. MÜLLER. 4160□

Der Stoffwechsel der Pyrazol-(3.4.d)-pyrimidine bei der Ratte. Philip Feigelson und Jack D. Davidson. (Cancer Res. **18.** 226—28. Febr. 1958. New York, N.Y., Columbia Univ., Coll. of Physic. and Surg., Dep. of Biochem. and Med.) — Vgl. C. **1957.** 13376.

Der Stoffwechsel der verschiedenen *Pyrazol-(3.4:d)-pyrimidine* bei der ausgewachsenen Ratte wird untersucht. Unter dem Einfl. von Xanthinoxydase gehen *Pyrazoladenin* (I) in *Pyrazolisoguanin* u. *Pyrazolhypoxanthin* (II) in *Pyrazoloxanthin* über. I bildet durch Abgabe von NH_3 u. Aufnahme von H_2O II. R. K. MÜLLER. 4160□

Einfluß von Thyroxin und Thiouracil auf die Erzeugung von Hauttumoren bei Mäusen durch 9.10-Dimethyl-1.2-benzanthracen und Crotonöl. Joseph Meites (Cancer Res. **18.** 176—80. Febr. 1958. East Lansing, Mich., State Univ., Dep. of Physiol and Pharmacol.) (Engl.)

In Verss. an Mäusen (♀) werden durch Bestreichen mit 0,05 ml Lsg. von 9.10-Dimethyl-1.2-benzanthracen (1,0, 0,5, 0,25%) in benzol. Lsg. u. wöchentlich einmal mit 5%ig. Lsg. von Crotonöl in Paraffinöl während 16—17 Wochen auf dem Rücken Hauttumoren erzeugt u. der Einfl. von 2 mg *Thyroxin* (I) bzw. 2 g *Thiouracil* (II) je kg Futter untersucht. Durch I wird Auftreten u. Größe der Tumoren red., durch II verstärkt. I erhöht die Futteraufnahme stark, II setzt sie etwas herab. I beschleunigt die Gew.-Zunahme, teilweise nur in den ersten 10—12 Wochen, II verzögert sie in einem Vers. mit jungen Mäusen. Der Einfl. von I u. II erfolgt vielleicht über eine Über- bzw. Unterfunktion der Schilddrüse, die zu einer Zunahme bzw. Abnahme der Sekretion von Hormonen der Nebennierenrinde führt. R. K. MÜLLER. 4160□

Einfluß von Schwermetallionen auf die Ehrlichsche Mäuseascites-Carcinomzelle und die Wirkung von Cystein. Rudolf Schön, Karl-Heinz Menke und Erwin Negelein. (Hoppe-Seyler's Z. physiol. Chem. **323.** 155—63. 1961. Berlin-Buch, Inst. für Med. u. Biol. der Dtsch. Akad. der Wiss. zu Berlin.) (Dt.)

Durch *Cystein* werden Glykolyse u. Atmung von Ehrlich-Asciteszellen in vitro irreversibel gehemmt. Die Hemmung tritt nur bei Zutritt von O_2 auf. Bei gleichzeitiger Zugabe von $5 \cdot 10^{-6}$m $CuSO_4$ u. $2{,}5 \cdot 10^{-4}$m *Cystein* wird die gleiche Hemmung wie mit 10^{-3}m *Cystein* allein erreicht. Allein zeigen Cystein u. $CuSO_4$ in diesen geringen Konzz. keine meßbare Wrkg. auf die Asciteszellen. Auch andere Schwermetall-Ionen hemmen die Glykolyse (z. B. Hg- u. Cd-Ionen), jedoch hebt ein Cysteinzusatz die Hemmung auf. Die Wrkg. von Cystein allein beruht wahrscheinlich auf der Ggw. von Schwermetallspuren, die von den Asciteszellen mitgebracht werden. Die Wrkg. wird durch die Anreicherung u. hohe Akkumulation von Cystein u. Cystein–Schwermetall-Komplexen in Asciteszellen erklärt. Durch Sauerstoffzutritt erfolgt eine Oxydation des Cysteins u. Herabsetzung der Bindefestigkeit des Schwermetalls, welches dann in der Zelle seine Hemmwrkg. ausüben kann. M. W. Görlich. 4160□

Über den Antitumoreffekt von Sarkomycin-INH. Tomio Takeuchi, Tokurō Hikiji, Kazuo Nitta, Yutaka Morikubo und Hamao Umezawa. (J. Antibiotics [Tokyo], Ser. A **11.** 212—16. Sept. 1958. Tokyo, Nat. Inst. of Health.) (Engl.)

Sarkomycin-INH, bestehend aus 2 Molen *Sarkomycin* u. 1 Mol *INH*, hat Antitumor- u. antibakterielle Wirksamkeit. *Sarkomycin-INH* ist stabiler als *Sarkomycin* u. nur wenig tox., DL_{50} 2 g/kg Maus intravenös. Es ist ähnlich wie Sarkomycin wirksam gegen Ehrlich-Carcinom der Maus (Ascites- u. solide Form); gegen das Yoshida-Sarkom der Ratte ist es wirksamer als *Sarkomycin* selbst. Ch. Zepf. 4160□

Untersuchung der Wirkung von 4 Cholesterinderivaten auf lebende Zellen in vitro. H. Lettré und O. Flandre. (Rev. franç. Études clin. biol. **4.** 335—41. April 1959. Heidelberg, Univ., Krebsforschungsinst.; Montpellier, Fac. de Méd., Labor. de Thérap.) (Franz.)

Vff. untersuchen die cytotox. Wrkg. von *5.6-Secocoprostan-5.6-diol* (**I**), *5.6-Secocoprostan-3β.5.6-triol* (**II**), *5.6-Seco-3β.5-dihydroxy-6-dimethylaminocoprostan* (**III**) u. *6-Aza-$\Delta^{3.5}$-cholestadien* (**IV**) auf Hühnerfibroblastzellen u. carcinomateuse menschliche Zellen (Hela u. H. Ep. Nr. 2) in vitro. **I** u. **II** haben nur eine geringe Wrkg., **III** bewirkt eine Änderung des Zellstoffwechsels vor allem in der Interphase, **IV** inhibiert das Zellwachstum, ändert den Stoffwechsel der Zellen u. stört die Mitose. Es wirkt vor allem auf die Telophase, die Zellwiederherstellung, verlangsamt ihren Ablauf u. bewirkt die Bldg. anomaler Zellkerne. A. Gude. 4160□

Die Tumorhemmungsaktivität normalen menschlichen Serums in vivo. Ernest P. Noble und Austin W. Weisberger. (Proc. Soc. exp. Biol. Med. **105.** 270—73. Nov. 1960. Cleveland, Ohio, Western Reserve Univ., Dep. of Med. and Biochem.) (Engl.)

Normales menschliches Serum enthält einen hitzelabilen, nicht dialysierbaren Bestandteil, der das Wachstum von Sarkom 180-Zellen in vivo hemmt. Er ist im pH-Bereich 5—9 wirksam, durch $(NH_4)_2SO_4$ bei 90%ig. Sättigung fällbar u. in seiner Wrkg. von Ca- u. Mg-Ionen unabhängig. Somit kommt *Properdin* als wirksame Komponente nicht in Frage, sondern wahrscheinlich *Cytotoxine*. Das Serum von Schizophrenen hemmt ebenfalls das Wachstum von Sarkom 180-Zellen, während das Serum leukäm. Menschen sowie von Kaninchen, Ratten, Meerschweinchen, Mäusen, Rindern, Kälbern u. Schafen unwirksam ist. M. Görlich. 4160□

Pharmakologische Wirksamkeit von Elatericin (Cucurbitacin D). H. Edery, G. Schatzberg-Porath und S. Gitter. (Arch. int. Pharmacodynam. Thérap. **130.** 315—35. 1/3. 1961. Ness Ziona, Israel Inst. for Biol. Res.; Petah Tiqva, Beilinson Hosp., Rogoff Med. Res. Inst.) (Engl.)

Die i. v. DL_{50} von *Elatericin A*, einer das Tumorwachstum hemmenden Substanz aus *Ecballium elaterium*, beträgt bei verschiedenen Tierarten ca. 1 mg/kg. Wiederholte intraperitoneale Injektion subletaler Dosen (SLD) bewirkte patholog. Veränderungen in Leber, Milz u. Niere. Nach i.v. SLD waren bei Affen, Hunden u. Katzen Blutdrucksenkung nach längerer Latenzzeit, Abnahme der Atmungsamplitude mit Steigerung des Bronchomotorentonus, negative inotrope u. chronotrope Wrkg. auf das Herz u. ausgeprägte Steigerung der Darmperistaltik zu beobachten. Die Schlafdauer von Mäusen nach Nembutal wurde verlängert u. die Capillarpermeabilität von Ratten erhöht.
K. Zingraf. 4160□

—, **Report of the Medical Research Council for the year 1959—1960. London: Her Majesty's Stationery Office. 1961. (326 S. m. Abb.) 15 s. 6 d.**

Per-Åke Albertsson, Partition of Cell Particles and Macromolecules. Stockholm, Göteborg, Uppsala: Almqvist & Wiksel; New York: John Wiley & Sons. 1960. (231 S.) Sw.kr. 35.—.

Es werden behandelt: Verteilung u. Fraktionierung von Zellen, Viren, Mikrosomen, Proteinen, Nucleinsäuren u. Antigen-Antikörperkomplexen in wss. Polymer-Zweiphasensystemen. — Fl. Polymerphasensysteme (Dextran-Polyäthylenglykol, Dextran-Methylcellulose u. a.). — Die Verteilung von Partikeln in einem Zweiphasensystem (Theorie). — Die Verteilung von Partikeln u. Makromoll. in Polymer-Zweiphasensystemen (Unterss.). — Gegenstromverteilung. — Isolierung von Ribonucleoproteinpartikeln aus Rattenhirnmikrosomen. — Konzentrierung u. Reinigung von Viren. — Antigen-Antikörper in Zweiphasensystemen. H. KOCKERT

E_2. Enzymologie. Gärung

Hemmungseffekt von Tabakrauch auf einige kristalline Enzyme. Rolf Lange. (Science [Washington] **134**. 52—53. 7/7. 1961. Montebello, Norway, Norsk Hydro's Inst. for Cancer Res.) (Engl.)

Tabakrauch hemmt irreversibel die Aktivität von *Glyceraldehyd-3-phosphatdehydrogenase* (**I**) aus Kaninchenmuskel um 65% in 30 Minuten. *Cystein* (**II**; 1000facher Überschuß) bewirkt nur eine 15%ig. Reaktivierung. Die durch inhalierten Rauch bewirkte, nur 15%ig. Hemmung von **I** konnte durch **II** aufgehoben werden. Gleiche Verss. wurden mit *Alkoholdehydrogenase* aus Hefe (**III**), *Milchsäuredehydrogenase* (**IV**), *Glutaminsäuredehydrogenase* (**V**) u. *Katalase* (**VI**) aus Rinderleber durchgeführt. **III** (Konz. $1{,}5 \cdot 10^{-7}$m) wurde zu 50% in 30 Min. gehemmt, **IV** u. **V** wurden nicht angegriffen. **VI** zeigte nur vorübergehende Hemmung. Vff. vermuten eine für die Hemmung verantwortliche Bldg. von *Peroxyden* im Tabakrauch. S. VIERKÖTTER. 4210□

Hemmung von Enzymen durch Atebrin. H. C. Hemker und W. C. Hülsmann. (Biochim. biophysica Acta [Amsterdam] **44**. 175—77. 21/10. 1960. Amsterdam, Univ., Dep. of Physiol. Chem.) (Engl.)

Vff. weisen darauf hin, daß *Atebrin* (**I**) kein spezif. Inhibitor eines *Flavoproteins* (**II**) ist. Vff. zeigen, daß *Glucose-6-phosphatdehydrogenase* u. *Ali-Esterase* (**III**) aus der Rattenleber, welche sicher nicht **II**-Verbb. sind, durch **I** (u. auch durch *Pentachlorphenol*) ebenfalls gehemmt werden. **I** wird offenbar allg. durch Proteine gebunden. **III** wird durch *Antimycin, 2.4-Dinitrophenol, Aureomycin, Chlorpromazin* u. *Methylenblau* nicht, durch *Chloramphenicol* nur wenig gehemmt. A. HESSE. 4210□

Hemmung der Wirkung eines bakteriellen, zellwandlösenden Enzyms durch Spermin. A. D. Brown. (Biochim. biophysica Acta [Amsterdam] **44**. 178—79. 21/10. 1960. Cronulla, Sydney, C.S.I.R.O., Marine Labor.) (Engl.)

Die Zellwandfraktion eines (nicht näher angegebenen) Meeresbakteriums erleidet Autodigestion bei 35° in 0,05m oder 0,067m Phosphatpuffer (pH 8). Diese Autolyse wird durch ein Enzym bewirkt u. ist durch *Spermin* hemmbar. Als Abbau-Prodd. wurden nachgewiesen: Proteinbestandteile, *Hexosamin* + *Muraminsäure*, Spuren von Heptose (?), nicht näher bestimmte Polyole, *Alanin, Asparaginsäure, Glutaminsäure, Glykokoll, Valin* oder *Methionin, Leucin* oder *Isoleucin*. A. HESSE. 4210□

Heterogenität von Gewebe-Dehydrogenasen. Makepeace U. Tsao. (Arch. Biochem. Biophysics **90**. 234—38. Okt. 1960. Ann Arbor, Mich., Univ. of Michigan, Med. School, Dep. of Pediatrics and Communicable Diseases.) (Engl.)

Homogenate aus Geweben der Ratte wurden der Zonenelektrophorese in Stärkegel nach SMITHICS (C. **1956**. 4773) unterworfen. *Milchsäuredehydrogenase, Isocitronensäuredehydrogenase, Glucose-6-phosphatdehydrogenase* konnten direkt als dunkle Banden sichtbar gemacht werden, indem die Gelstreifen in Lsg. getaucht wurden, die ein spezif. Substrat, Neotetrazoliumchlorid, Methylenblau u. ein geeignetes Pyridinnucleotid nebst anderen Cofaktoren enthalten. — In Material aus verschiedenen Organen (Herz, Leber, Niere, Gehirn, Erythrocyten) fand sich eine Heterogenität einiger der *Dehydrogenasen* (**I**). Ähnliches konnte auch in bei einigen spezif. **I** in cytolog. homogenem Material Fibroblastzellen u. Asciteslymphomazellen der Maus; Amnionzellen (Mensch); Zellen aus menschlichem Ovariumcarcinom; „HeLa-Zellen"] nachgewiesen werden. — Der [Nachw. von Glucosedehydrogenase, Glutaminsäuredehydrogenase, β-Hydroxybuttersäuredehydrogenase u. α-Ketoglutarsäuredehydrogenase gelang nicht. A. HESSE. 4210□

Enzymhistochemische Untersuchungen an hungernden und gefütterten Dugesia lugubris. R. Lenke Gazsó und L. J. Török. (Acta physiol. Acad. Sci. hung., Suppl. **18**. 52—53. 1960. Budapest, Med. Univ., Inst. für Histol. und Embryol.) (Dt.)

Im Pharynx hungernder Strudelwürmer (*Dugesia lugubris*) weisen die Muskelzellen u. das Epithel sehr starke *Dehydrogenase*-Aktivität auf. Im Gebiet der Darmäste fand sich nur schwache Aktivität. *Esterase*-Aktivität war nur im Darmepithel zu beobachten. Bei gefütterten Tieren war die Dehydrogenase-Aktivität im Pharynx geringer, im Darmepithel dagegen erhöht; die Esterasenaktivität war im Darmepithel stark ausgeprägt.

Es ist anzunehmen, daß beide untersuchten Enzyme bei den Nahrungsaufnahme- u. Verdauungsprozessen von Dugesia lugubris eine wesentliche Rolle spielen.

U. TAUSENDFREUND. 4210☐

Histochemische Untersuchung der Succindehydrogenase im Verlauf der Spermiogenese. Z. Pósalaky, I. Törö und Angéla Gyévai. (Acta physiol. Acad. Sci. hung., Suppl. **18.** 48. 1960. Budapest, Ungar. Akad. der Wiss., Forschungsinst. für exp. Med., morpholog. Abt.; Med. Univ., Inst. für Histol. und Embryol.) (Dt.)

Der Prozeß der Spermien-Entw. bei der Ratte wird von einer charakterist. Veränderung der *Succindehydrogenase*-Aktivität begleitet. Die Umgestaltung der Spermiden wird durch eine Verstärkung der Enzymaktivität eingeleitet, die sich im Verlauf der Spermien-Bldg. verstärkt. Etwa im 5. Stadium ist die Aktivität der SERTOLI-Zellen ausgeprägt. Sehr kräftig ist auch die Aktivität der primären Spermiocyten.

U. TAUSENDFREUND. 4210☐

Ein möglicher Weg der Malatoxydation von Chromatium. R. C. Fuller und H. L. Kornberg. (Biochem. J. **79.** 8 P—9 P. 1961. Oxford, Univ., Dep. of Biochem., M. R. C. Cell Metabolism Res. Unit.) (Engl.)

Der anaerob in Licht in Ggw. von Malat (**I**) oder Acetat (**II**) als C-Quelle gezüchtete *Chromatium*-Stamm *D* bildete nur mit **II** adaptiv *Isocitratase* (akt. Glyoxylatcyclus). Ultraschallrohextrakte oxydierten L-**I** unter Verbrauch von 0,5 Mol O_2/Mol L-**I** u. Bldg. von *Pyruvat* (**III**). Phenazinmethosulfat aktivierte diese Oxydation, aktivierte Kohle hob sie auf, u. katalyt. Mengen *Triphosphopyridinnucleotid* (**IV**) stellten sie wieder her (Katalyse durch „malic"-Enzym): L-**I** + $\mathbf{IV}^+$ → **III** + $\mathbf{IV}_{red}$ + H^+ + CO_2. **I** oxydierende Partikel-Syst. waren nicht nachweisbar. Mit Hilfe von ^{14}C–$NaHCO_3$ wurde, bei Nichtabtrennung von gebildetem CO_2, die Bldg. markierter C_4-Säuren [Oxalacetat, Asparagat (**V**)] aus nichtmarkiertem **I** nachgewiesen. Die kleine Menge von **V** wurde durch Zusatz von **I** + Cofaktoren oder **III** u. Phosphoenolpyruvat (**VI**) 3—4fach, durch **VI** + Inosindiphosphat 10fach gesteigert. Dies spricht dafür, daß die Carboxylierung von C_3-Verbb. zu C_4-Säuren durch das Oxalessigsäurecarboxylase-Syst. von UTTER u. KURAHASHI erfolgen kann. Die ^{14}C-**V**-Bldg. aus $NaH^{14}CO_3$ wurde durch **III** + *Adenosintriphosphat* (**VII**) 27fach, durch weiteren Zusatz katalyt. Mengen von Acetylcoenzym A 41fach gesteigert. Das obligator. anaerobe Bakterium *Chromatium* kann nach diesen Ergebnissen **I** zu **II** auf eine Weise oxydieren, bei der CO_2 katalyt. wirkt: L-**I** + $\mathbf{IV}^+$ + **VII** → Oxalacetat + $\mathbf{IV}_{red}$ + H^+ + Adenosindiphosphat + Phosphat. K. MAIER. 4210☐

Über die enzymatische Oxydation und Reduktion von Oxim. Yutaka Osajima. (Sci. Bull. Fac. Agric., Kyushu Univ. **18.** 25—34. Okt. 1960.) (Jap.; Auszug: Engl.)

Vf. stellt die Aktivität von *Oximdehydrogenase* (**I**) u. *Oximase* (**II**) in Hühnerleber fest. Im Gegensatz zu **I** wird **II** durch Flavinadenindinucleotid aktiviert u. benötigt zu seiner Wrkg. scheinbar Phosphat. **I** u. **II** unterscheiden sich hinsichtlich Hitzestabilität u. Rk.-Temp., wobei **I** bei 40° leicht aktiviert, **II** beträchtlich inaktiviert wird. Diphosphopyridinnucleotid ist Coenzym von **I** u. **II**; TPN hingegen zeigt keine coenzymat. Wirkung.

G. KIRSTEN. 4210☐

L-Tyrosinoxydase-System in den Knollen von Riedgras. Rupert D. Palmer. (Science [Washington] **134.** 281—82. 28/7. 1961. Mississippi State Univ., Dep. of Plant Physiol. and Pathol.) (Engl.)

In einem aus homogenisierten Knollen von *Cyperus rotundus* stammenden Homogenat wurde die Aktivität des *L-Tyrosinoxydase*-Syst. nach der WARBURG-Meth. in einem 0,2m Phosphatpuffer (pH 7,0) bestimmt. *α-Ketoglutarat* (Konz. $6{,}8 \cdot 10^{-3}$m), *Ascorbinsäure* ($5 \cdot 10^{-2}$m), *Pyridoxalphosphat* ($5 \cdot 10^{-5}$m) u. *Glutathion* ($3{,}3 \cdot 10^{-3}$m) aktivieren das Syst., während *Folsäure* ($5 \cdot 10^{-4}$m) hemmend wirkt. Beste Steigerung der Aktivität durch Kombination aller vier aktivierenden Cofaktoren. Konz. des *L-Tyrosins* im Substrat: $6{,}8 \cdot 10^{-3}$ molar. S. VIERKÖTTER. 4210☐

Kupfer- und Eisen-Gehalt sowie p-Phenylendiaminoxydase-Aktivität (Kupferoxydase-Aktivität) im Plasma bei Kwashiorkor. B. Reiff und H. Schnieden. (Blood **14.** 967—71. Aug. 1959. Ibadan, Nigeria, Univ., Coll., Dep. of Pharmacol.) (Engl.)

An Kindern im Alter von 1—4 Jahren, welche z. T. an Kwashiorkor leiden, werden der *Cu*- u. *Fe*-Geh. im Plasma sowie die *Hämoglobin*-Konz. u. gesamte *Protein*-Konz. bestimmt. Alle Werte liegen unter denen der normalen Kindern. Ebenso zeigt sich eine verminderte *p-Phenylendiaminoxydase*-Aktivität. H. STRUCK. 4210☐

Aromatische Amine als Wasserstoffträger für die durch Peroxydase katalysierte Oxydation von reduzierten Pyridinnucleotiden. H. G. Williams-Ashman und M. Klavins Johnson. (Enzymologia [Den Haag] **22.** 327—31. 31/12. 1960. Chicago, Univ. of Chicago, Ben May Labor. for Cancer Res. u. Dep. of Biochem.) (Engl.)

Folgende aromat. Amine fördern in sehr niedrigen Konzz. die Red. von red. Pyridinnucleotiden durch *Peroxydase* von Uterus (Ratten) oder Meerrettich in Ggw. von O_2 u. Mn^{2+}: *p-Anisidin, 1-Naphthylamin, 2-Naphthylamin, 2-Fluorenamin, 2-Anthramin, p-Toluidin, 2.4-Diaminotoluol, 1-Aminonaphthol-(2), p-Diaminodiphenyl, Dimethylaminostilben*. Diese Wrkg. wird durch Zusatz von Katalase aufgehoben. — Ohne Wrkg. sind: Anilin, p-Bromanilin, o-Aminophenol, Dimethylaminobenzaldehyd, p-Dimethylaminobenzol, p-Aminophenylessigsäure, N-Fluorenyl-(2)-acetamid.
A. HESSE. 4210□

Die Abhängigkeit der ^{14}C-Glycin-Aufnahme durch Proteinfraktionen von der Ribonucleinsäurebiosynthese in Schnitten von regenerierender Rattenleber. Kikuo Ogata, Taiji Shimizu und Kazuo Togashi. (Biochim. biophysica Acta [Amsterdam] **29.** 656—57. Sept. 1958. Nigata, Univ., School of Med., Dep. of Biochem.) (Engl.)

Es konnte gezeigt werden, daß der Einbau von *^{14}C-Orotsäure* (^{14}C-I) in die *Ribonucleinsäure* (**II**) u. der von *^{14}C-Glycin* (*^{14}C*-**III**) in die einzelnen Proteinfraktionen in regenerierenden Leberschnitten (RLS) ca. 3 mal so stark ist wie in normalen Leberschnitten. Wurde *6-Uracilmethylsulfon* (**IV**) zu den RLS zugesetzt, so nahm die Umwandlung der **I** in *Orotidin-5'-phosphat* (**V**) u. *Uridin-5'-phosphat* (**VI**) ab, doch wurde das Verhältnis der Radioaktivität von **V** zu der von **VI** bei Zusatz von **IV** kaum verändert. Demnach inhibierte **IV** die Umwandlung von **I** in **V**, jedoch nicht die Decarboxylierung von **V** in den RLS. **IV** inhibierte den Einbau von ^{14}C-**I** in **II**, wie auch den von ^{14}C-**III** in den einzelnen Fraktionen. Es ergaben sich Hinweise dafür, daß durch Zusatz von **I** sowohl die Inhibierung des Einbaues der ^{14}C-**I** in **II** wie auch die von ^{14}C-**III** in die Proteinfraktionen durch **IV** aufgehoben wird.
E. ÜHLEIN. 4210□

Histochemische Analyse der Phosphomonoesterase im Hypothalamus und der Hypophyse der Ratte. T. Samorajski und G. Robert Fitz. (Lab. Invest. **9.** 517—34. Sept./Okt. 1960. Columbus, Ohio, Ohio State Univ., Dep. of Anatomy.) (Engl.)

Phosphomonoesterase (*saure Phosphatase*) wurde in den Neuronen der Großzellkerne des Hypothalamus u. den β-Zellen des Hypophysenvorderlappens der Ratte nachgewiesen; Beziehung zu Bldg., Transport u. Lagerung der neurosekretor. Substanz scheint nicht zu bestehen. *Alkal. Phosphatase* fand sich in Blutgefäßen der Pars nervosa u. intermedia des Hypothalamus.
U. TAUSENDFREUND. 4210□

Die Aktivität von saurer Plasmaphosphatase und die Knochendystrophie bei Hausgeflügel. D. J. Bell. (Biochem. J. **80.** 44 P—45 P. Sept. 1961. Edinburgh, Agricult. Res. Council, Poultry Res. Centre.) (Engl.)

Unter Anwendung der für *alkal. Phosphatase* geltenden Meth. wurde die Aktivität *saurer Plasmaphosphatase* (**I**) gegen *4-Nitrophenylphosphat* bei normalem Geflügel verschiedenen Alters u. in Fällen von Osteodystrophie bestimmt. Als Einheitswerte galten die von 100 ml Plasma in 1 Std. in 0,2 m Citratpuffer (pH 4,9; 37°) freigesetzten Mengen an *4-Nitrophenol*. Geflügel mit schwerer Osteoporose zeigt eine wesentlich erhöhte Aktivität von **I**.
S. VIERKÖTTER. 4210□

Wirkung der Dehydroascorbinsäure auf die Hexokinase. F. Caramia. (Sperimentale **111.** 97—103. März—April 1961. Perugia, Univ., Ist. di Patol. Generale.) (Ital.)

Dehydroascorbinsäure hemmt sowohl Hefe- als auch Muskelhexokinase. Diese Hemmung kann durch *Cystein* aufgehoben werden.
K. ZINGRAF. 4210□

Untersuchungen über den Stoffwechsel von Echinococcus granulosus. 5. Mitt. Die Phosphopentoseisomerase der Hydatidcysten. Moises Agosin und Luisa Aravena. (Enzymologia [Den Haag] **22.** 281—94. 31/12. 1960. Santiago, Univ. of Chile, Biochem. Sect., Dep. of Parasitology.) (Engl.) — 4. vgl. Exp. Parasitology **10.** [1960] 28.

Aus Acetonpulver der nach AGOSIN (C. **1960.** 13098) isolierten Hydatidcysten von *Echinococcus granulosus* wurde *Phosphopentoseisomerase* (**I**) mit W. extrahiert u. durch Adsorption bzw. Fällungen 68fach gereinigt (Ausbeute 12—13%). **I** wirkt spezif. auf *Ribose-5-phosphat* (**II**) unter Bldg. von *Ribulose-5-phosphat* (**III**). **I** ist frei von Glucose-6-phosphat, 6-Phosphogluconat, Glycerinaldehyd-3-phosphat (**IV**), Milchsäuredehydrogenase, Transketolase, Phosphohexoisomerase, Aldolase, Ribokinase, Adenosintriphosphatase u. wahrscheinlich auch Epimerase. — **I** wirkt optimal bei pH 5,5—8,0 u. 60°; **I** ist thermolabil, wird aber offensichtlich durch Ggw. des Substrates **II** geschützt. — **I** ist sehr empfindlich gegen p-Chlormercuribenzoat, wird aber nur durch verhältnismäßig hohe Konzz. von Jodacetat gehemmt. Phosphat, Adeninsulfat u. Äthylendiamintetraessigsäure hemmen nicht; dagegen erfolgt Hemmung durch Dihydroxyacetonphosphat, **IV**, Dihydroxyaceton oder Ribose. K^+ u. Na^+ aktivieren, wogegen Ca^{2+} u. Co^{2+} hemmen. — Das Gleichgewicht der Rk. **II** → **III** bei 38° liegt bei 0,312 Mol-%. Der berechnete ΔF^0-Wert beträgt +717 cal/Mol bei 38° u. pH 8,5 mit einem Entropieverlust von 22,4 Einheiten. — Laut chromatograph. Unterss. der Rk.-Prodd. ist **III** das einzige Rk.-Produkt.
A. HESSE. 4210□

Der Mangel an Erythrocyten-Glucose-6-phosphatdehydrogenase in Westafrika. A. C. Allison, L. J. Charles und I. A. McGregor. (Nature [London] **190.** 1198—99. 24/6. 1961. London, Nat. Inst. for Med. Res.; Accra, Ghana, Malaria Unit; Fajara, Gambia, Med. Res. Council Labor.) (Engl.)

Es wurde der Geh. an *Erythrocytenglucose-6-phosphatdehydrogenase* (**I**) im Blut ♂ Angehöriger der Hausa, Fulani u. anderer Stämme in Nordnigeria, der Akim u. der Ga aus Ghana sowie von Mandinkas aus Gambia untersucht, wobei alle drei Gruppen einen **I**-Mangel aufwiesen, der bei den Ghanesen am größten war. Damit scheint der **I**-Mangel in Westafrika weitverbreitet zu sein. J. Boelter. 4210□

Hemmung der Phosphoglucomutase durch einen Extrakt aus Knoblauch. R. D. Hart, R. Haldiman, G. A. Gries und B. J. Rogers. (Bot. Gaz. **122.** 148—50. Dez. 1960. Tucson, Ariz., Univ. of Ariz. Dep. of Plant Pathology.) (Engl.)

Der Saft von *Allium cepa* u. *Allium vineale* enthält einen Hemmstoff, der die Bldg. u. den Abbau der Stärke vollständig hemmt. Vff. konnten durch Enzym-Verss. mit Phosphorylase aus Stärke, Hexokinase aus Hefe u. Phosphoglucomutase zeigen, daß der *Hemmstoff* direkt auf die *Phosphoglucomutase* wirkt. Der niedermol., hitzebeständige Hemmstoff ist lösl. in W., Bzl., Chlf. u. Ae. u. kann aus Knoblauchzwiebeln durch wiederholte Extraktion u. Wasserdampf-Dest. angereichert werden. D. Gross. 4210□

Über den Einfluß von Pentamethylentetrazol und ähnlich wirkenden Verbindungen auf Atmung und Glykolyse von Hirnschnitten. Herbert Keller. (Z. Vitamin-, Hormon- u. Fermentforsch. [Wien] **9.** 173—83. 12/5. 1958. Aachen, TH, Inst. für Organ. Chem.) (Dt.)

Durch Einw. von zentralen Krampfmitteln in Konzz. zwischen 10^{-2} u. 10^{-5} m (*Pentamethylentetrazol, 4-Cyclohexyl-3-äthyl-1.2.4.triazol, 3.5-Dimethylisooxazol-4-carbonsäurediäthylamid, o-Phthalsäure-bis-diäthylamid, 3-Methyl-5-isopropylcyclohexanon-(2), Pyridin-β-carbonsäurediäthylamid*) auf Hirnschnitte (Messung in der Warburg-App.) tritt keine Änderung der O_2-Aufnahme ein. Restatmung u. Glykolyse bleiben ebenfalls unverändert, während die retinierte Bicarbonatmenge je nach Konz. der zugefügten Substanzen zunimmt. (Blockierung der Carboanhydrase.) Es bleibt fraglich, ob die Rkk. ausschließlich auf die Wrkg. der Krampfmittel zurückzuführen sind, oder ob Schädigungen des Gewebes während der Aufbereitung der Schnitte mitspielen. U. Baumann. 4210

Identität von β-Glucosidase und β-Galaktosidase im Emulsin der bitteren Mandeln. R. Heyworth und P. G. Walker. (Biochem. J. **80.** 44 P. Sept. 1961. Stanmore, Middlesex, Biochem. Dep., Inst. of Orthopaedics.) (Engl.)

Aus *p-Nitrophenylgalaktosid* (**I**) u. *p-Nitrophenylglucosid* (**II**) wurde die enzymat. Freisetzung des *p-Nitrophenols* bei verschiedenen Substrat-Konzz. gemessen. Die Aktivitäten (0,05 m Butyratpuffer) waren proportional der Konz. des gepufferten Mandelmehlextraktes u. der Zeit. Das pH-Optimum für *β-Glucosidase* war 5,5, für *β-Galaktosidase* 5,6. Sowohl $(NH_4)_2SO_4$-Fraktionierung als auch partielle Hitzeinaktivierung (65°) auf 27% der ursprünglichen Aktivitäten ergaben keine Unterschiede im Verhältnis der beiden Aktivitäten. K_m für **II** 2,6 mm u. für **I** 13 mm bei pH 5,6. Nach Ansicht der Vff. findet die Hydrolyse beider Substrate am selben akt. Zentrum des Enzyms statt.
S. Vierkötter. 4210□

Ein Cellulase-Hemmstoff in den Blättern der Weinrebe. Thomas A. Bell, Leonhard W. Aurand und John L. Etchells. (Bot. Gaz. **122.** 143—48. Dez. 1960. Raleigh, North Carolina, North Carolina State Coll., U. S. Food Fermentation Labor. and Animal Industry Dep.) (Engl.)

Vff. extrahierten aus den Blättern von *Vitis labrusca* L. u. *Vitis rotundifolia* Michx. einen wasserlösl. *Cellulase-Hemmstoff*, der die enzymat. Hydrolyse lösl. Cellulose inhibiert. Die Hemmungs-Verss. wurden mit aus Gurkenblüten gewonnener Cellulase durchgeführt. Die Messungen der Anzymaktivität u. der Hemmung erfolgte viscosimetrisch. Von dem hochmol. organ. Hemmstoff wurden seine Löslichkeit, die relativ hohe Hitzeresistenz u. die Adsorption durch Aktivkohle untersucht. Eine Dialyse mit einer Cellophan- oder Kollodiummembran ließ sich nicht durchführen. Nach chem. Verss. liegt dem Hemmstoff keine Kohlenhydrat- oder Proteinstruktur zugrunde. D. Gross. 4210□

Die Stimulierung des oxydativen Stoffwechsels in Euglena gracilis durch Äthanol. D. E. Buetow. (Nature [London] **190.** 1196. 24/6. 1961. Baltimore, Md., Baltimore City Hosp., Nat. Heart Inst., Gerontology Branch.) (Engl.)

Mit *Streptomycin* behandelte Flagellaten von *Euglena gracilis* var. *bacillaris* wurden in einem 0,061 m Acetat-Lsg. enthaltenden Cramer-Myers-Medium kultiviert. Der Zusatz von abs. *A.* unter Konstanthaltung der *Acetat*-Konz. bei Inkubation im Warburg-App. bewirkte eine Steigerung der Atmung mit einem Maximum der A.-Konz. bei $3,41 \cdot 10^{-3}$ Mol/Liter. Es wird eine Oxydation des A. zu Acetat u. dessen Umsetzung im Citronensäurecyclus oder eine Stimulierung der Lipid-Bldg. angenommen. J. Boelter. 4210□

Beweis für das Vorkommen von Äpfelsäuresynthetase in tierischen Geweben. N. C. Ganguli und Krishna Chakraverty. (J. Amer. chem. Soc. **83.** 2581–83. 5/6. 1961. Calcutta, India, Univ. Coll. of Sci. and Technol., Dep. of Appl. Chem.) (Engl.)

Vff. fanden in den Leber- u. Nierengeweben von Ratten, Meerschweinchen u. Kaninchen, jedoch nicht in deren Herz- oder Gehirngeweben *Äpfelsäuresynthetase*. Als Enzymquelle benutzten sie das Zentrifugat der in 0,1 m Phosphatpuffer (I) homogenisierten Lebern. Zus. des Bebrütungsansatzes: Gesamtvol. 0,5 ml, enthaltend: 50 μm **I** pH 7,0, 10 μc $^{14}C_{(1)}$- oder $^{14}C_{(2)}$-*Acetat*, 1 μ m *inakt. Acetat*, 0,1 μm *CoA*, 1 μm *ATP*, 1 μm red. *Glutathion*, 2 μm *$MgCl_2$*, 4 μm *Glyoxalat* (**II**), 0,2 ml Enzymlösung. Identifizierung des gebildeten *Malats* (**III**) durch Papierchromatographie u. Radioautographie. Die Synth. von radioakt. **III** ist abhängig von **II** u. den anderen Cofaktoren (CoA u. ATP).

S. VIERKÖTTER. 4210□

Beiträge zum Brenztraubensäurestoffwechsel der Lebermitochondrien. T. König, I. Marosvári und A. Lipcsey. (Acta physiol. Acad. Sci. hung., Suppl. **18.** 62–63. 1960. Budapest, Med. Univ., Biochem. Inst.) (Dt.)

In Erweiterung früherer Ergebnisse, nach denen die *Brenztraubensäure* (**I**)-Oxydation der Lebermitochondrien im Gegensatz zur Oxydation der Nieren-, Herz- u. Gehirnmitochondrien von einer geringen *Dicarbonsäure*-Menge nicht katalyt. gesteigert wird, wurde der O_2-Verbrauch der Leber- u. Nierenmitochondrien mit ihrer **I**-metabolisierenden Fähigkeit, in Ggw. oder bei Fehlen einer geringen Menge *Fumarsäure* (**II**) verglichen. Es zeigte sich, daß O_2- u. **I**-Verbrauch der Lebermitochondrien (im Gegensatz zur Steigerung bei Nierenmitochondrien) durch **II** prakt. nicht beeinflußt werden. Auffallend ist, daß in den Lebermitochondrien das Verschwinden der gleichen **I**-Menge von einem wesentlich geringeren O_2-Verbrauch begleitet ist als bei Nierenmitochondrien. Da der O_2-Verbrauch der Lebermitochondrien auch nach Verschwinden von **I** noch beträchtlich ist, wird angenommen, daß irgendein Intermediär-Prod. vermehrt ist, wobei es sich jedoch nicht um Acetessigsäure oder Citronensäure handelt.

U. TAUSENDFREUND. 4210□

Die Biosynthese von Cholin in vitro durch die Rattenleber. F. R. Dalal, J. M. Noronha und A. Sreenivasan. (Nature [London] **190.** 267–68. 15/4. 1961. Mysore, India, Centr. Food Technol. Res. Inst.) (Engl.)

Rattenleberschnitte wurden getrennt mit *Äthanolamin* (**I**), *Monomethyläthanolamin* (**II**) oder *Dimethyläthanolamin* (**III**) in Ggw. von $^{14}C_{(3)}$-*Serin* (**IV**) oder $^{14}C_{(CH_3)}$-*Methionin* (**V**) 2 Std. bei 37° inkubiert. Leberschnitte aus von mit *Folsäure* (**VI**) gefütterten Ratten zeigten einen höheren Einbau von Aktivität in *Phosphatidylcholin* (**VII**) als von Ratten mit **VI**-Mangel, ausgenommen bei gleichzeitiger Inkubation mit **II** u. **V**. Somit scheint **V** an der Synth. von *Cholin* (**VIII**) teilzunehmen. Der erhebliche Einbau von Aktivität aus **V** in **VII** in Ggw. von **I** u. **II** auch bei **VI**-Mangel zeigt, daß die als Transmethylierung verlaufende Rk. die Bereitstellung von CH_3-Gruppen für die **III**-Synth. einschließt. Das β-C-Atom von **IV** wurde stärker in **V** als in **VIII** der säurelösl. Fraktion eingebaut, so daß der Einbau von Aktivität in **VII** möglicherweise über die CH_3-Gruppe von **V** verläuft.

J. BOELTER. 4210□

Die Cholinacetylase in der menschlichen Placenta in den verschiedenen Entwicklungsstadien. Gordon Bull, Catherine Hebb und Dobrila Ratković. (Nature [London] **190.** 1202. 24/6. 1961. Babraham, Cambridge, Agric. Res. Council, Inst. of Animal Physiol.) (Engl.)

In der Entw. befindliche u. reife menschliche Placenta (Pl) wurde auf ihren Geh. an *Cholinacetylase* (**I**) untersucht, wobei sich die frühe Pl als an **I** reicher erwies. Weder foetales Blut noch die foetalen Membranen (Amnion u. Nabelschnur) wiesen derartige **I**-Aktivitäten auf. Unabhängig vom Blut-Geh. wies Pl-Gewebe die gleiche **I**-Aktivität auf. Acetonpulver einer 24 Wochen alten Pl wies eine **I**-Aktivität von 130 mg *Acetylcholinchlorid*/g/Std. bzw. 2 g/Std., bezogen auf das ganze Organ, auf. Der Gesamtbetrag an **I** war in einer 34 Wochen alten Pl höher, was mit einem stärkeren Wachstum anderer Gewebeteile erklärt wird. Es wird angenommen, daß **I** in den chlorion. Villi der das mütterliche von dem foetalen Blut trennenden Zellwand enthalten ist u. den akt. Transport über diese Barriere bewirkt.

J. BOELTER. 4210□

Untersuchung des Effektes der aus quergestreiftem Muskel hergestellten Acetylcholinesterase am hypodynamischen Froschherzen. 2. Mitt. A. Kövér, L. Kónya, L. Kovács und A. Szöör. (Acta physiol. Acad. Sci. hung., Suppl. **18.** 54. 1960. Debrecen, Med. Univ., Physiol. Inst.) (Dt.)

Es konnte nachgewiesen werden, daß der intracelluläre *Na^+*-Geh. von Froschherzen im Verlauf von Hypodynamisierung zunimmt, daß hypodynam. Herzen in hyperton. Na-RINGER-Lsg. weitere beträchtliche Na^+-Mengen aufnehmen, daß hypodynam. Herzen in Na^+-hypoton. RINGER-Lsg. in verstärkten Maße Na^+ abgeben u. daß hypodynam. Herzen trotz der gesteigerten akt. Na^+-Abgabe nicht imstande sind, ihren physiolog. intracellulären Na^+-Spiegel aufrechtzuerhalten. Wird der Inkubations-RINGER-Lsg. *Acetylcholinesterase* zugegeben, so sinkt die „passive" Na^+-Aufnahme der hypodynam. Herzen sowohl in normoton. als auch in hyperton. RINGER-Lsg. auf den intracellulären Na^+-Spiegel der normodynam. Herzen, ja sogar unter deren Wert. U. TAUSENDFREUND. 4210□

Die Verteilung von Cholinesterase in der Niere des Haushuhnes. A. B. Gilbert. (Nature [London] **189.** 1009—10. 25/3. 1961. Edinburgh, Poultry Res. Centre, Agricult. Res. Council.) (Engl.)

12—14 Wochen alte ♂ u. ♀ Haushühner wurden durch eine Überdosis Nembutal getötet. Die Nieren wurden entnommen u. histochem. auf die echte *Cholinesterase* (**I**) angefärbt. *Pseudocholinesterase* (**II**) konnte durch Inkubation mit *Butyrylthiocholin* nachgewiesen werden. Es wurde kein Unterschied zwischen den Nieren ♂ u. ♀ Tiere gefunden. Der Verteilungsgrad zwischen **I** u. **II** schien gleich; der Anfärbungsgrad differierte beträchtlich. **I** u. **II** wurden im Vascular-Syst. gefunden. Die Wand des Harnleiters wurde schwer angefärbt. Die Tubuliwände schienen von **I** u. **II** frei zu sein. Stark angefärbt wurden die BOWMANschen Kapseln bes. in bezug auf **I**. Kein Enzym wurde im Inhalt der Tubuli oder des Harnleiters gefunden, so daß dieses in viel geringerem Maße als im Plasma bzw. in veränderter Form ausgeschieden wird. J. BOELTER. 4210□

Acetylcholinesterase und die Lebensdauer von Erythrocyten. J. Metz, N. J. van Rensburg, K. Stevens und D. Hart. (Nature [London] **190.** 1208—09. 24/6. 1961. Johannesburg, South African Inst. for Med. Res.) (Engl.)

Erythrocyten-*Acetylcholinesterase* (**I**) wurde in vivo in hämatolog. normalen Menschen durch 5 mg *Octamethylpyrophosphoramid* (**II**) täglich irreversibel gehemmt. Das Überleben der Erythrocyten (E) wurde mit ^{51}Cr bestimmt. Die mittlere Lebensdauer (ML) der E wurde durch 7- u. 21 tägige Behandlung mit **II** nicht vermindert. Der im Zusammenhang mit der paroxysmalen nächtlichen Hämoglobinurie auftretende **I**-Mangel u. die gleichzeitig gefundene geringere ML der E scheinen nicht miteinander in Beziehung zustehen, da der **I**-Geh. nicht die ML der E beeinflußt. J. BOELTER. 4210□

Ein Enzym aus Colostrum mit der Fähigkeit, Acetylcholin zu hydrolysieren. J. E. Montoure, T. L. Förster, M. W. Montgomery und H. A. Bendixen. (Proc. annu. Meeting, Western Divis., Amer. Dairy Sci. Assoc. **1958.** 199—203. 13/16. Juli.) (Engl.)

Im Colostrum der Kuh wurde ein Enzym oder Enzym-Syst. nachgewiesen, welches *Acetylcholinchlorid* (**I**) in einer Konz. von 1% rasch hydrolysiert. Es wird durch 10^{-5} m *Eserin* vollständig gehemmt u. ist ziemlich stabil. Es hydrolysiert auch *Butyrylcholin-p-toluolsulfonat, Propionylcholin-p-toluolsulfonat* (noch rascher als **I**), *Tributyrin* u. in geringem Maße *Benzoylcholinchlorid, 2-Butyroxynaphthalin-6-sulfonsäure, Na-Salz* u. *Acetyl-β-methylcholinchlorid.* Es wird angenommen, daß es sich um eine Cholinesterase handelt. K. ZINGRAF. 4210□

Untersuchungen über das photolytische Enzymsystem von Rhizoctonia solani Kühn. 4. Mitt. Viscositätvermindernde Enzyme. K. B. Deshpande. (Enzymologia [Den Haag] 22. 295—306. 31/12. 1960. London, Imperial. Coll.) (Engl.) — 3. vgl. Biologia Plantarum 2. [1960.] 139.

Kulturfiltrate von *Rhizoctonia solani*, das auf Citruspektin in Ggw. von Glucose, Pepton, KH_2PO_4, $MgSO_4$ sowie Spurenelementen gezüchtet war, enthalten neben *Polygalakturonase* eine von dieser verschiedene *Depolymerase* (**I**), welche die Viscosität von *Pektin* (**II**)-Lsgg. herabsetzt, ohne daß dabei Galakturonsäure gebildet wird. Diese **I** ist (im Gegensatz zur Meinung anderer Autoren) auch mit keinem der anderen Pektinenzyme, bes. nicht mit *Protopektinase* (**IV**), identisch. — **I** wirkt gegen **II** u. gegen *Na-Pektat* (**III**) derart, daß Vf. annimmt, **I** reagiert entweder gegen die beiden Substrate in verschiedener Weise oder besteht aus 2 Enzymen. — Maximale Viscositätsabnahme durch **I** erfolgt bei **II** bei pH 4,0 (Wrkg.-Bereich pH 2,4—5,0), bei **III** dagegen bei pH 5,6 (Wrkg.-Bereich pH 3,9—7,3), wobei die optimale Wrkg.-Temp. bei 40° bzw. 30° liegt. — Beim Fällen mit A. oder Aceton wird bei 75% mehr viscositätserniedrigende Wrkg. als bei 66% Fällungsmittel erhalten; bei Fällen mit 66% A. ist der Nd. gegen **III** wirksamer als gegen **II**, was auch auf das Vorliegen von 2 verschiedenen Enzymen deutet. — Dialyse führt zu einem geringen Verlust an **I**-Wrkg. gegen **II** u. **III**; die Wrkg. gegen **II** wird durch anschließende Behandlung im Autoklaven nicht verändert, wogegen die Wrkg. gegen **III** etwas herabgesetzt wird. — Im Gegensatz zum Verh. der **IV** wird die **I**-Wrkg. gegen **II** durch $CaCl_2$ u. $MgCl_2$ nicht verringert; die Wrkg. von Ca u. Mg auf **I** kann bei **III** wegen Bldg. von Ndd. nicht untersucht werden. A. HESSE. 4210□

Die Beziehung zwischen den durch Anionen induzierten Quellen und der Glutaminase I-Aktivität von Mitochondrien. S. R. Guha und H. S. Chakravarti. (Enzymologia [Den Haag] 22. 307—17. 31/12. 1960. Calcutta, Indian Inst. of Biochem. and experim. Med., Dep. of appl. Physiol.) (Engl.)

Glutaminase I (I) der Mitochondrien, welche *L-Glutamin* in *L-Glutaminsäure* überführt, wird nach Angaben der Literatur durch Anionen, bes. Phosphat, aktiviert. Vff. zeigen, daß die Quellung der Mitochondrien (in 0,44 m Saccharose enthalendem Veronalpuffer von pH 7,2 bzw. 8,2) eine Vorbedingung dieser Aktivierung in Meerschweinchenleber u. Rattenleber ist. Diese Quellung kann durch die Anionen selbst (z. B. Phosphat, Arsenat) herbeigeführt werden, kann aber auch durch Temp.-Erhöhung (37° statt 20—30°), durch Erhöhung des pH u. durch bestimmte, die Quellung fördernde Mittel, z. B. Ca^{2+} oder Phlorizin bewirkt werden. — *Pyrophosphat* (II), das eine spontane Quellung verhindert, hat unterhalb von 32° bei Rattenleber u. unterhalb von 37° bei Meerschweinchenleber keine I-aktivierende Wirkung. Ähnlich verhält sich *Sulfat* (III). Dagegen aktivieren II u. III die I, wenn die Mitochondrien vorgequollen sind. — Wird die Quellung durch KCN, Amytal, Antimycin, NaN_3 oder hyperton. (0,88 m) Saccharose-Lsg. verhindert, so wird I inaktiviert; außer NaN_3 haben diese Mittel bei vorgequollenen Mitochondrien keine Wirkung. — Mitochondrien des Gehirns von Meerschweinchen u. Ratten konnten nicht zur Quellung gebracht werden; trotzdem wird I unter verschiedenen Temp.- u. pH-Bedingungen durch Anionen aktiviert. Die oben genannten quellungshemmenden Mittel sind ohne Einfl. auf I. — Vff. meinen, daß zwischen den Mitochondrien aus Leber u. Gehirn Struktur- u. Funktionsunterschiede bestehen. Die Quellung der Lebermitochondrien führt entweder zur Freisetzung der I oder zu einer von den Anionen abhängigen Erhöhung der Permeabilität für das Substrat. Gehirnmitochondrien scheinen stärker permeabel zu sein; sie werden anscheinend weniger durch osmot. Änderungen beeinflußt, so daß die Anionen I aktivieren können, ohne die Mitochondrien zu verändern.
A. HESSE. 4210□

Glutaminsäure-Oxalessigsäure- und Glutaminsäure-Brenztraubensäure-Transaminasem im Blutserum. H. Wachsmuth, R. Denissen und L. van Koeckhoven. (Bull. Soc. chim. belges **69**. 323—27. 15/5. 1960. Antwerpen; Stuivenberggasthuis, Labor. voor Chem. en Biochem.) (Fläm.)

Der Best. der *Glutaminsäure–Oxalessigsäure-Transaminase* (I) u. *Glutaminsäure–Brenztraubensäure-Transaminase* (II) im Blutserum kommt wegen der Erhöhung der I-Werte bei Herzkrankheiten (bes. Herzinfarkt) u. der II-Werte bei Leberschäden bes. Bedeutung zu. Vff. bestimmten den I- u. II-Geh. in den verschiedenen Proteinfraktionen des Serums, die durch papierelektrophoret. Trennung oder Aussalzung mit Na_2SO_4 (15,5, 19,9 u. 27,2%) gewonnen wurden. Nachw. der beiden Enzyme erfolgte spektrophotometr. bei 340 u. 366 mμ auf Grund der Rk. *Asparaginsäure* + *α-Ketoglutarsäure* (IV) → *Glutaminsäure* (III) + *Oxalessigsäure* (V); V + *DPNH* + H^+ → *Äpfelsäure* + *DPN* bzw. IV + *Alanin* → III + *Brenztraubensäure* (VII); VII + DPNH + H^+ → *Milchsäure* + DPN. Die Rk. DPNH → DPN läßt sich spektrophotometr. verfolgen. Unabhängig von der Art der *Protein*-Fraktionierung findet sich I stets in der α_2-Fraktion, II in der β-Fraktion.
HANS THIELE. 4210□

Oxalessigsäure bei der enzymatischen Transaminierung. Barbara E. C. Banks. (Biochem. J. **79**. 7P—8P. 1961. London, Univ. Coll. London, William Ramsay and Ralph Forster Labor.) (Engl.)

Auf Grund der Analogie mit α-Oxoglutarsäure, die in Lsg. vorwiegend als Ketoform vorliegt, sollte die Ketoform von *Oxalessigsäure* (I) bei der enzymat. Transaminierung im Glutaminsäure–Asparaginsäure-Syst. wirksam sein u. die I-Tautomerisierung (Bldg. der Enolform) bei genügend großen Enzym-Konzz. zum geschwindigkeitsbestimmenden Schritt werden. Ein Vgl. der Geschw., mit der sich die opt. Dichte (280 mμ) bei Transaminasezusatz zu einem Gemisch von Asparagat u. α-Oxoglutarat ändert, mit der theoret. Kurve, die unter der Annahme berechnet wurde, daß die enzymat. freigesetzte Ketosäure Enolisierung mit vorbestimmter Geschw. erleidet, ergab einen linearen Verlauf, während die theoret. Kurve eine erhebliche Anfangslatenzphase zeigte. Die Rk. verläuft demnach entgegen der allg. Annahme anscheinend über das Enolation als Zwischenstufe, nicht über die Ketosäure.
K. MAIER. 4210□

Hemmwirkung von Glucose auf Tryptophanase. Martin Freundlich und Herman C. Lichstein. (J. Bacteriol. **80**. 633—38. Nov. 1960. Minneapolis, Minn., Univ. of Minnesota, Dep. of Bacteriol.) (Engl.)

Glucose (I)-Zusatz zu wachsenden *Escherichia coli*-Zellen vor Beginn der Enzym-Synth. verhindert völlig die Bldg. des *Tryptophanase* (II)-Enzymsystems. Es besteht ein enger Zusammenhang zwischen Restzucker der Kulturen u. II-Aktivität. I ist ohne Einfl. auf eine *Tryptophanpermease* u. stimuliert in Konzz., die II hemmen, *Tryptophansynthetase*.
K. MAIER. 4210□

Die Bestimmung der 5-Hydroxytryptophandecarboxylierung im unversehrten Gehirn. A. Pletscher und K. F. Gey. (Nature [London] **190**. 918—19. 3/6. 1961. Basle, F. Hoffmann-La Roche and Co. Ltd., Med. Res. Dep.) (Engl.)

♂ WISTAR-Ratten erhielten 60—80 mg *DL-5-Hydroxytryptophan* (I)/kg 30 Min. vor der Tötung subkutan injiziert. Der I-Geh. im Gehirn wurde spektrofluorometr. a) im mit 0,1nHCl homogenisierten Gehirn unmittelbar nach dem Tode u. b) nach 2std. Inkubation des abgetrennten Kopfes in einem feuchten Behälter bei 37° bestimmt, wobei die Differenzen zwischen den I-Geh. in a) u. b) als Maß für die *Decarboxylase* (II)-Aktivität angesehen wurden. *DL-α-Methyldihydroxyphenylalanin* (III) wurde in verschiedenen Zeitabständen vor dem Tode intraperitoneal injiziert. Bei a) wurde ein I-Geh. des Gehirnes von 1,00 ± 0,06 γ/g (Kontrollen 0,63 ± 0,02 γ/g) gefunden, nach b) ein weiterer Anstieg von 0,86 ± 0,10 γ/g. III (25 mg/kg) hemmte den I-Anstieg zu 50%. Die Meth. ist zur Best. der II-Inhibierung im Gehirn geeignet, da II ihre Wrkg. nur im unversehrten Gehirn entwickelt u. Monoaminooxydase nicht stört. J. BOELTER. 4210□

Urease und Lysindecarboxylase bei Hämophilus influenzae und verwandten Arten. Maurice Huet. (Arch. Inst. Pasteur Tunis **36.** 29—35. März 1959.) (Franz.)

Vf. hat Kulturen von *Hämophilus influenzae* (a), *H. parainfluenzae* (b) u. *H. aegypticus* (c) verschiedener Herkunft nach FERGUSON angelegt u. in ihnen *Urease* (I) u. *Lysindecarboxylase* (II) bestimmt. In a ist sicher u. in c wahrscheinlich eine sehr akt. I enthalten. 15% der a-Stämme enthalten II, ohne daß ihnen weitere bes. Merkmale zukämen. Für das Vork. von I u. II in b liegen keine eindeutigen Ergebnisse vor.

HEINRICH HERMANN. 4210□

Wechselwirkung zwischen Lysozym und Chondroitinsulfat beziehungsweie dessen Proteinverbindung in Lösung. Maxwell Schubert und Edward C. Franklin. (J. Amer. chem. Soc. **83.** 2920—25. 5/7. 1961. New York, N.Y., New York Univ. School of Med., Dep. of Med. and the Study Group on Rheumatic Diseases.) (Engl.)

Chondroitinsulfat bzw. sein Proteinpolysaccharid, *PP-L* (I), das im Nasenknorpel des Rindes vorkommt, scheinen die Eigg. zu haben, als Polyelektrolyte auch kation. Proteine wie *Lysozym* (II) zu binden. Es scheint eine Reihe von salzartigen Verbb. zwischen I u. II zu existieren, deren Zus. vom Äquivalenzverhältnis zwischen I u. II abhängt. Durch Zentrifugieren kann man diese Verbb. grob in drei Gruppen trennen: a) wasserunlösl. Verbb., bei 700 g leicht sedimentierend, Äquivalenzverhältnis 1,0—2,0; b) wasserlösl. Verbb. stark opalescierende Lsgg., schwer sedimentierend bei 700 g, jedoch leicht bei 30000 g Äquivalenzverhältnis 1,9—5,2; c) Wasserlösl. Verbb., Lsg. weitgehend klar, selbst bei 144000 g nicht leicht zu sedimentieren, aber in der Analysenultrazentrifuge deutlich von I u. II zu unterscheiden. Alle Verbb. sind *Lysozym–Polyanion-Komplexe*, die sich nur im Äquivalenzquotienten I:II unterscheiden. Es wird kaum bezweifelt, daß einfache Salze vorliegen, da sich die Verbb. mit Carboxymethylcellulose, die II adsorbiert, in 0,15 m KCl-Lsg. spalten lassen. Die Menge der gebildeten Komplexe ist außerdem von der KCl-Konz. abhängig. In dest. W. bildeten sich keine sedimentierbaren Verbindungen. KCl-Konzz. von 0,06—0,18 m ergaben konst. Werte an Komplexverbindungen. Bei Konzz. von 0,3—1,2 m wurde ein deutlicher Abfall sedimentierender Verbb. festgestellt.

K. KOSSMANN. 4210□

Untersuchungen über Rindermilz-Kathepsin-A. Noah Lichtenstein und Joseph S. Fruton. (Proc. nat. Acad. Sci. USA **46.** 787—91. 15/6. 1960. Yale Univ., Dep. of Biochem.) (Engl.)

Extrakte aus der Rindermilz zeigen eine Enzymaktivität gegenüber Carbobenzoxy-L-glutamyl-L-tyrosin u. Carbobenzoxy-L-glutamyl-L-tyrosylglykokoll; dabei wird in beiden Fällen die Glutamyl–Tyrosyl-Bindung aufgespalten. Diese Wrkg. ist der des Pepsins auf die Substrate ähnlich u. wird dem Milzenzym *Kathepsin* zugeschrieben, das eine optimale Wrkg. bei pH 5,7 zeigt u. keine Aktivierung durch SH-Verbb. benötigt.

K. ZINGRAF. 4210□

Untersuchungen über Rennin. 5. Mitt. **Chromatographische Reinigung von Prorennin.** Bent Foltmann. (Acta chem. scand. **14.** 2247—49. 1960. Kopenhagen, Carlsberg Labor.) (Engl.) — 3. vgl. C. **1961.** 9459.

Das *Prorennin* (I), dessen Reinigung bisher (l. c.) nur bis zu einem ca. 50% Protein enthaltendem Präp. gelungen war, konnte durch fraktioniertes Chromatographieren (Lsg. in 0,01 m Phosphatpuffer, ph 6,1) an Säulen von Diäthylaminoäthylcellulose (mittels 0,1 m Phosphatpuffer, pH 5,8, ins Gleichgewicht gebracht) weiter gereinigt werden. Das erhaltene Präp. hatte Molgew. ca. 40000—50000 u. $S_{20,10}$ 3,5 u. zeigte in der Ultrazentrifuge eine schwach asymm. Spitze. — Die Beobachtungen bestätigen die frühere Annahme (l. c.), daß I einen höheren isoelektr. Punkt als *Labferment* (*Rennin*) hat.

A. HESSE. 4210□

Strukturelle und enzymchemische Untersuchungen der Muskeleiweiße. M. Szabolcs, A. Kövér und K. Benkö. (Acta physiol. Acad. Sci. hung., Suppl. **18.** 56. 1960. Debrecen, Med. Univ., Zentrales Forschungslabor.; Physiol. Inst.) (Dt.)

Aus Skelettmuskeln von Zwergeseln wurde nach Extraktion mit 0,6 m KCl-Phosphatpuffer pH 6,5 u. nachfolgender Fraktionierung eine Fraktion mit hoher *Cholinesterase* (I)- u. relativ niedriger *Adenosintriphosphatase* (ATPase)-Aktivität gewonnen. Die relative Viscosität dieser Fraktion nimmt in der 2. Min. nach Trypsinzugabe stark ab, gleichzeitig kommt es zur proportionalen Erhöhung des Nichteiweiß-N; in der Frühphase der Verdauung tritt keine wesentliche Veränderung der I- u. ATPase-Aktivität ein. Ein aus Muschelschließmuskeln auf verschiedene Weise hergestelltes Paramyosin zeigte weder I- noch ATPase-Aktivität. U. TAUSENDFREUND. 4210□

Über den Mechanismus der chemischen Modifikation von Eiweißen. Gertrude Szabolcsi und Eva Biszku. (Acta physiol. Acad. Sci. hung., Suppl. **18.** **44.** 1960. Budapest, Ungar. Akad. der Wiss., Biochem. Inst.) (Dt.)

Zur Klärung des Mechanismus, der bei der Phosphoglyceraldehyddehydrogenase (SH-Enzym) durch die Bindung der SH-Gruppen mit *p-Chlormercuribenzoat* (I) zustande kommenden Enzymhemmung u. Veränderung der ster. Struktur des Eiweißes wurde das Verh. eines Nicht-SH-Enzyms, *Aldolase* (II) unter der Wrkg. der chem. Modifikation untersucht. Die 10 freien SH-Gruppen der nativen II können ohne Aktivitätsminderung u. ohne Änderung des opt. Drehungsvermögens mit I gebunden werden. In Ggw. von mehr als 10 Äquivalenten I kommt es nach mehrstd. Inkubation zu größeren Veränderungen in der Eiweißstruktur u. die Aktivität nimmt ab (es werden auch die im nativen Eiweiß nicht zugänglichen SH-Gruppen gebunden); diese Hemmung erfolgt nicht kompetitiv zum Substrat. Mit zunehmender Bindung nimmt die Verdaulichkeit zu; diese bedeutet eine Veränderung der nativen ster. Struktur, wenn auch die enzymat. Aktivität unverändert bleibt. Ggw. von Substrat übt Schutz-Wrkg. aus, das mit 10 Äquivalenten I behandelte Eiweiß wird nicht verdaut. U. TAUSENDFREUND. 4210□

Der Einbau von $^{14}C_{(1)}$-Äthanol in die Fettsäuren normaler und alloxandiabetischer Ratten. Marion E. Smith. (Nature [London] **190.** 273—74. 15/4. 1961. Palo Alto, Calif., Stanford Univ. School of Med., Dep. of Med., Div. of Neurol.) (Engl.)

Leberschnitte alloxandiabet. LONG-EVANS-Ratten (150 mg/kg) wurden mit 2 bzw. 4 μc $^{14}C_{(1)}$-*Acetat* (I) oder $^{14}C_{(1)}$-*Äthanol* (II) in Phosphatpuffer 2 Std. bei 37° inkubiert. Die Lipide wurden isoliert u. auf Radioaktivität untersucht. I u. II wurden in die *Lipide* der Leber normaler Ratten in etwa gleichen Mengen eingebaut, während bei diabet. Tieren der Einbau bei II nur 22% u. bei I ca. 17% der von normalen Tieren betrug. Somit waren die diabet. Tiere in der Lage, beide Verbb. einzubauen, wobei der metabol. Block vor diesen Schritt gesetzt sein muß. I wurde als Substrat zur Lipid-Synth. gegenüber II bevorzugt. Inkubation gleicher Mengen inakt. *Acetats* mit II hemmte den ^{14}C-Einbau zu 75%, während bei Verss. mit inakt. *A.* u. I der ^{14}C-Einbau nur zu 10% gehemmt wurde. Der Einbau von II in die Lipide wird über folgende Rkk. angenommen: II → Acetaldehyd → Acetat → aktiviertes Acetat (Acetyl-Co A) → Fettsäuren. J. BOELTER. 4210□

Über enzymatische Umsetzungen von ungesättigten Fettsäuren. Kurt Jacobsohn und M. Deodata de Azevedo. (Arzneimittel-Forsch. **10.** 461—63. Juni 1960. Lissabon, Inst. Rocha Cabral.) (Dt.)

Vff. geben eine Übersicht über ihre bereits veröffentlichten Arbeiten. Die Gärung der *Mesaconsäure* u. *Itaconsäure* durch Fermente tier. Extrakte wurde sichergestellt u. ihre Beteiligung an Transaminierungs-Rkk. wahrscheinlich gemacht. — 9 Literaturangaben. K. GRADE. 4210□

Über die Fähigkeit der Thiaminase I zum Basenaustausch beim Thiamin. Junko Ebara und Kiku Murata. (Vitamins [Kyoto] **18.** 497—501. 1959. Osaka, Osaka City Univ., School of Living, Nutrition Labor.) (Jap.; Auszug: Engl.)

Thiaminase I (von *Bacillus thiaminolyticus*) besitzt die Fähigkeit, den Thiazolring im Thiamin-Mol. gegen den Pyridinring auszutauschen. Die optimalen Rk.-Bedingungen sind pH 6,5 u. 30° u. die Menge des gebildeten Austausch-Prod. („Heteropyrithiamin") ist proportional der Thiaminase-Konz. (in Aceton). R. METZE. 4210□

Anwendung der Chromatographie. 36. Mitt. **Biosynthese von Riboflavin.** 2. Mitt. **Aus Eremothecium ashbyii extrahiertes Riboflavin-synthetisierendes Enzym.** Satoru Kuwada, Toru Masuda, Toyokazu Kishi und Mitsuko Asai. (Chem. pharmac. Bull. [Tokyo] **6.** 618—24. Dez. 1958. Osaka, Takeda Pharmaceutical Ind. Ltd., Res. Labor.) (Engl.) — 35. vgl. Chem. pharmac. Bull. [Tokyo] **6.** [1958.] 523; 1. vgl. C. **1959.** 15396.

Bei Einw. einer aus *Eremothecium ashbyii* mit Phosphatpuffer pH 7,0 u. anschließender Dialyse gegen den gleichen Puffer erhaltene rohe *Enzym* (I)-Lsg. gab bei Einw. auf *6.7-Dimethylribolumazin* (II) bei 37° ein Rk.-Gemisch, aus dem mittels Papierverteilungschromatographie (A. : Butylalkohol : W = 15 : 50 : 35) ein gelber Fleck (R_F 0,3) u. ein purpur fluorescierender Fleck (R_F 0,23) erhalten wurden. Diese Rk.-Prodd. wurden als

Riboflavin (Best. mittels *Lactobacillus casei*) u. *6-Methyl-7-hydroxyribolumazin* (III) erkannt. Es ist nicht entschieden, ob hierbei ein oder mehrere Enzyme wirksam sind. — Die Einw. von I auf II erfolgt optimal bei pH 7,0 u. ca. 45°. — III wird durch I bei pH 6,8 nicht angegriffen. A. HESSE. 4210□

Die enzymatische Umwandlung von Tetrahydrofolsäure in Folinsäure durch Pflanzenproteine. E. H. Byers, J. Stewart und T. J. Bond. (Nature [London] **191.** 179—80. 8/7. 1961. Waco, Tex., Baylor Univ., Dep. of Chem.) (Engl.)

Rüben- bzw. Senflaub wurden nach Homogenisieren in Aceton mit Phosphatpuffer (Pp) extrahiert, das Protein fraktioniert mit $(NH_4)_2SO_4$ gefällt u. in Pp gegen Pp dialysiert. Die Protein-Lsg. wurde mit *Tetrahydrofolsäure* (I), *DPN*, *ATP*, *Glucose*, *Ascorbinsäure* in Pp 4 Std. bei 37° inkubiert. Nach Zentrifugieren wurde der Überstand biolog. mit *P. cerevisiae* (ATCC 8081) auf *Folinsäure* (II) untersucht, wobei Proben ohne Pp oder solches allein keine Wachstumsstimulation von P. cerevisiae zeigten. Von den Verbb. *Formyltetrahydrofolsäure*, I u. *Folsäure* wurde I am besten in II umgewandelt. pH- u. Temp.-Optimum wurde bei 6,0—8,6 gefunden. Die Umwandlung von I in II kann als eine Enzym-Rk. angesehen werden. J. BOELTER. 4210□

Untersuchungen über das Phänomen der Jodierung von Tyrosin in vitro unter Anwendung der autoradiographischen Methode. G. Cetini, A. M. Del Turco und V. Rossetti. (Atti Accad. Sci. Torino, Cl. Sci. fisiche, mat. natur. **90.** 369—81. 1955 bis 1956. Torino, Univ., Ist. di Chim. e di Chim. Fisica.) (Ital.)

Vff. stellten fest, daß die Jodierung von Tyrosin in vitro über folgende Stufen verläuft: *Monojodtyrosin*, *Dijodtyrosin*, *Trijodthyronin*, *Thyroxin*; das hierfür notwendige jodierende Agens ist mol. Jod in Ggw. von Jodiden (Unters. unter Verw. von $^{131}J^-$). Das mol. Jod wird aus Jodiden durch ein oxydierendes Enzym-Syst. (*Xanthinoxydase*) freigesetzt. H. KOCKERT. 4210□

Totalsynthese von Coenzym A. A. La Manna. (Farmaco [Pavia], Ediz. sci. **14.** 688—90. Sept. 1959.) (Ital.)

Beschreibung der von MOFFATT u. KHORANA (J. Amer. chem. Soc. **80.** [1958.] 3756; C. **1961.** 1968) durchgeführten Totalsynth. von Coenzym A. K. ZINGRAF. 4210□

Bestimmung der Enolaseaktivität in Organen. B. Rosdy, Mária Mészáros und M. Endes. (Acta physiol. Acad. Sci. hung., Suppl. **18.** 51—52. 1960. Debrecen, Med. Univ., Biochem. Inst.) (Dt.)

Von der *Enolase* (I) sind in der Literatur nur wenig vergleichende Unterss. über ihre Wrkg. auf einzelne Organe, bes. auf normale u. krebsige Gewebe anzutreffen. Die Aktivitäts-Best. beruht üblicherweise auf dem Nachw. der durch I katalysierten Umgestaltung von 2-Phosphoglycerinsäure zu Phosphoenolpyruvat (II), wobei von dem gebildeten II unter Einw. von Hg-Salzen anorgan. P abgespalten wird. Vff. halten jedoch die Messung der UV-Absorption von II für vorteilhafter. Die Anwendung dieser Meth. auf Kaninchenmuskeln u. -organe traf auf Schwierigkeiten, weshalb zur Ammonsulfatfällung übergegangen wurde. Bei den einzelnen Organen muß jedoch die Extraktion unter verschiedenen Bedingungen vor sich gehen. U. TAUSENDFREUND. 4210□

The Enzymes. Vol. 4. Herausgegeben von **Paul D. Boyer, Henry Lardy, Karl Myrbäck.** New York and London. Academic Press. 1960. (XX + 631 S.) $ 18.—. (Vol. 3 vgl. C. **1961.** 9786).

Von den 33 Kapiteln des 4. Bandes behandelt etwa die Hälfte den Stoffwechsel der Aminosäuren, der Peptide und Proteine, sowie die am Blutgerinnungsmechanismus beteiligten Enzyme Plasmin und Thrombin. Auch die Kapitel über Urease, Penicillinase u. Adenyldesaminase sind hier untergebracht. — Der anschließende Teil bringt die enzymat. Vorgänge des hydrolyt. Kohlenhydratstoffwechsels und des Stoffwechsels verwandter Verbindungen (Glucosidasen, Invertasen, Galaktosidase, Dextranasen, Pektinase, Chitinase, Lysozym, Hyaluronidase. Neuraminidase). — Die 6 Schlußkapitel dieses Bandes befassen sich mit der Spaltung der Fettsäureester, der Cholinester, den Organophosphorsäureestern und den Phospholipiden. — Etwa 3000 Literaturangaben. P. LOCH

The Enzymes Vol. 5. Herausgeg. von **Paul D. Boyer, Henry Lardy, Karl Myrbäck.** New York and London: Academic Press. 1961. (XIX + 645 S.) $ 20.00. (Vol. 4 vgl. vorst. Buchbesprechung.)

Im vorliegenden Band 5 sind 17 Kapitel der Hydrolyse von Phosphaten (Phosphatasen, Nucleotidase, Ribonucleasen, Desoxyribonucleasen, Pyrophosphatasen, Phosphorylasen) gewidmet. — Etwa den gleichen Umfang nimmt die Behandlung von Enzymen der nichtoxydativen Spaltung und der Synthese von C—C-Bindungen, der Isomerisation, der Hydratation u. Dehydratation in Anspruch. — Auch dieser Band zeichnet sich wie seine Vorgänger durch eine kaum zu überbietende Vollständigkeit u. prägnante Darstellung aus. — Die zur Information herangezogenen Originalarbeiten sind durch Tausende von Literaturangaben belegt. P. LOCH

E₃. Mikrobiologie. Bakteriologie. Immunologie

Relative Feuchtigkeit und das Abtöten von Bakterien. 2. Mitt. Mit dem Tode verbundene selektive Veränderungen der oxydativen Aktivität. Mary S. Davis und J. B. Bateman. (J. Bacteriol. **80.** 580—84. Nov. 1960. Frederick, Md., Fort Detrick, U.S. Army Chem. Corps.) (Engl.) — 1. vgl. J. Bacteriol. **80.** [1959.] 577.

Gefriergetrocknete Bakterienzellen zeigen bei Einw. einer feuchten Atmosphäre (93% relative Feuchtigkeit) im Vakuum unterschiedliche Fähigkeit zum Weiterwachstum in einem Nährmedium. *Micrococcus lysodeikticus* (M.) bleibt fast völlig lebensfähig, *Sarratia marcesceus* (S.) wird rasch abgetötet, *Escherichia coli* (E.) langsamer. Zwischen dieser Empfindlichkeit gegen Schädigung u. überdauerndem oxydativem Stoffwechsel besteht ein qual. Zusammenhang: M. behält endogene u. exogene Eigg. unverändert bei, S. verliert die gesamte endogene O_2-Aufnahme u. fast die ganze Fähigkeit zur Oxydation von Substraten, ausgenommen Glucose u. Succinat. Diese Art der Stoffwechselschädigung bei 93% relativer Feuchtigkeit ist von der bei 0% verschieden. Die unterschiedliche Inaktivierung verschiedener intrazellularer Enzyme in feuchten Bakterien beruht anscheinend hauptsächlich auf der Labilität der hydratisierten Makromoll., der unterschiedlichen Lokalisierung u. der voneinander abweichenden Empfindlichkeit gegen Inaktivierung durch spezif. Komponenten der konz. wss. Phase. K. MAIER. 4300□

Untersuchung des Redox-Potentials bei Mycobakterien. B. Matkovics, E. Kovács und J. Földes. (Enzymologia [Den Haag] **22.** 273—76. 31/12. 1960. Szeged, Ungarn, Univ. of Szeged, Dep. of Organ. Chem.) (Engl.)

Mit der Meth. von MATKOVICS, KOVÁCS (C. **1959.** 4852) wurden die Veränderungen des Redox-Potentials (ROP) während des Wachstums von *Mycobacterium tuberculosis hominus* u. *M. tuberculosis bovinus* untersucht. Dabei werden Verschiedenheiten gegenüber anderen Mikroorganismen gefunden. Für die während der ersten Tage des Wachstums beobachtete Zunahme des ROP ist Bldg. von H_2O_2 verantwortlich. Die am 6. oder 7. Tag eintretende Abnahme des ROP beruht auf Zers. des H_2O_2 mittels *Katalase* zusammen mit intensiver Wrkg. einer *Dehydrogenase.* — Die Werte für ORP bieten eine Möglichkeit zur Best. der Antituberkulose-Wrkg. eines Medikamentes. A. HESSE. 4310□

Die Wirkung von Natrium- und Kaliumionen auf Wachstum und Substratdurchdringung einer marinen Pseudomonas-Species. William J. Payne. (J. Bacteriol. **80.** 696—700. Nov. 1960. Athens, Ga., Univ. of Georgia, Dep. of Bacteriol.) (Engl.)

Das Wachstum der marinen *Pseudomonas*-Species M 11 war im Bereich von 0,06 bis 0,25 m Na^+ in einem Minimalmedium mit *Glucuronat* (I) als einziger C-Quelle der Na^+-Konz. proportional. Optimales Wachstum erforderte $<$0,01 m K^+ als $Na^+ \cdot Li^+$, Rb^+ u. Cs^+ konnten Na^+ oder K^+ für die Entw. nicht ersetzen. Bei ruhenden Zellen wurde optimale Induktions-Geschw. oxydativer Enzyme für I bei Suspension der Zellen in 0,25 m NaCl erreicht. Adaptierte Zellen oxydierten I optimal in Ggw. von 0,007 m K^+. Na^+ ist osmot. durch Saccharose vertretbar, d. h. Ruhezellen von M 11 bilden eine akt. Saccharase u. oxydieren rasch Glucose u. Fructose. Ruhezellen nahmen bei Inkubation mit $^{14}C_{(6)}$-I in Ggw. von K^+ wenig ^{14}C auf, der eluiert werden konnte, in Ggw. von Na^+ infolge eines induzierten Eindringungsmechanismus eine signifikante Menge. In Ggw. von Na^+ u. K^+ war die ^{14}C-I-Aufnahme am größten u. nahm mit der Zeit infolge dieser Induktion in Verb. mit Substratabbau zu. K. MAIER. 4310□

Morphologische Veränderungen des Lactobacillus bifidus var. pennsylvanicus durch einen Zellwand-Vorläufer. M. C. Glick, T. Sall, F. Zilliken und S. Mudd. (Biochim. biophysica Acta [Amsterdam] **37.** 361—63. 15/1. 1960. Philadelphia, Pa., Univ. of Pennsylvania, School of Med., Dep. of Mikrobiol. and Biochem.; William Pepper Labor. of Clin. Med.) (Engl.)

Das mikroaerophile *Lactobacillus bifidus var. pennsylvanicus* (L. b.) tritt auf dem modifiz. Nährmedium von TEPLY u. ELVEHJEM als schlankes, gespaltenes Stäbchen auf u. sieht auch in Ggw. von synthet. Wachstumsfaktoren wie Methyl-N-acetyl-α.β-D-glucosaminid (I), 4.0-D-Galaktopyranosyl-N-acetyl-β-D-glucosamin u. N-Acetyl-D-glucosamin ähnlich aus. Im Frühstadium in Ggw. genügender Mengen von I (100 μg/5 ml) tritt es als Stäbchen auf. In der Spätphase, nach Aufnahme maximaler Dosen, wenn die verfügbaren Mengen an Glucosaminid extensiv ausgenützt wurden, fängt es an zu gabeln u. nimmt schließlich bizarre Formen an, die somit durch einen Mangel an N-Acetylaminozucker verursacht werden. L. MACHER. 4310□

Die Verhütung der Amethopterin-Hemmung durch 2-Methyladenin. Maude E. Loebeck. (J. Bacteriol. **79.** 384—86. März 1960. Buffalo, N.Y., Rosswell Park Memorial Inst., Dep. of exp. Therap.) (Engl.)

▦ *Amethopterin*, ein Antagonist der Folsäure, hemmt das Wachstum des *Bacillus subtilis.* Durch substituierte Purine wird die Hemmung aufgehoben, bes. durch *2-Methyladenin.* E. FISCHOEDER. 4310□

Physiologie wasserbewohnender Pilze. 1. Mitt. Ernährung zweier monozentrischer Chytriden. Solomon Goldstein. (J. Bacteriol. **80.** 701—07. Nov. 1960. Ann Arbor, Mich., Univ. of Michigan, Dep. of Bot.) (Engl.)

Rhizophydium sphaerotheca Zopf (R.) u. *Phlyctochytrium punctatum Koch* (P.) vermehrten sich in Schüttelkultur stärker als anaerob (Temp.-Optimum 25—35° u. 25—30°). R. war gegen >0,02 m anorgan. Phosphat empfindlich. R. u. P. wachsen gut bei pH 5,9 bis 7,3. Licht war ohne Einfluß. R. benötigt für optimale Entw. 10 μg Thiamin/Liter Nährlsg. Beide Pilze verwerteten N in Form anorgan. Salze, ebenso eine Anzahl organ. N-Verbb., wobei R. mit Glutamin bessere Ausbeuten als mit Glutamat gab. Maximale Ausbeuten bewirkten in beiden Fällen Glucose oder Mannose als C-Quelle. R. verwertete ferner Lactose u. *Stärke* (I), P. *Fructose, Cellobiose, Trehalose, Glycerin* u. I.

K. MAIER. 4310□

Assimilation und Stoffwechsel des Guanidins bei einem Stamm von Pseudomonas aeruginosa. Frederick Bernheim. (Biochim. biophysica Acta [Amsterdam] **38.** 173—75. 12/2. 1960. Durham, N.C., Duke Univ., Dep. of Physiol. Pharmacol.)

Guanidin wird durch *Pseudomonas aeruginosa* vollständig nur in Ggw. eines oxydablen Substrats wie Pyruvat assimiliert. In den Zellen wird es durch eine induzierte *Desimidase* u. *Urease* restlos abgebaut. Analoges Verh. zeigt *Methylguanidin.* Beim *Kreatinin* scheint nur ein Stickstoffatom von der Zelle verwertet zu werden.

H. STRUCK. 4320□

Der Stoffwechsel von Streptomyces griseus 6. Mitt. **Die Oxydation von Aminosäuren durch das lyophilisierte Mycel von Streptomyces griseus.** Yukio Inoue. (J. Antibiotics [Tokyo], Ser. A **11.** 217—23. Sept. 1958. Kaken Chem. Comp. Ltd.) (Engl. — 5. vgl. J. Antibiotics [Tokyo], Ser. A **11.** [1958.] 116.

Lyophilisiertes Mycel von in Casein-Medium gewachsenem *Streptomyces griseus* oxydiert keine Aminosäuren trotz der Ggw. von Cofaktoren, wohl aber nach 10 Std. Inkubation in pH 8,0 Phosphatpuffer. Der akt. Nd. ist gelbbraun. Er enthält Cytochrom b u. c, aber keine Cytochromoxydase. Er oxydiert D- u. L-Glutaminsäure, L- u. DL-Alanin L-Prolin, L-Arginin u. Bernsteinsäure. KCN hemmt vorübergehend die Oxydation von D- u. L-Glutaminsäure, L-Alanin, L-Leucin u. Bernsteinsäure. Hohe Konz. von 2.4-Dinitrophenol hemmen die Oxydation von D- u. L-Glutaminsäure u. L-Alanin, niedere Konz. von 2.4-Dinitrophenol beschleunigen sie.

CH. ZEPF. 4320□

Der Stoffwechsel von Streptomyces griseus. 7. Mitt. **Die Oxydation von L-Glutaminsäure durch das intakte Mycel.** Yukio Inoue. (J. Antibiotics [Tokyo], Ser. A. **11.** 223—30. Sept. 1958. Kaken Chem. Comp., Ltd.) (Engl.) — 6. vgl. vorst. Referat.

Das intakte Mycel von *Streptomyces griseus* (Medium: mit Glutaminsäure angereicherter DULANEY-Nährboden) oxydiert D- u. L-Glutaminsäure nach folgender Gleichung: Glutaminsäure + $\frac{1}{2}$ O_2 = α-Ketoglutarsäure + NH_3. Die Oxydation wird durch verschiedene anorgan. u. organ. Säuren gehemmt.

CH. ZEPF. 4320□

Aktivierung von Aminosäuren bei Mikroorganismen, die Antibiotica produzieren. O. Ciferri, M. Di Girolamo und A. Bendicenti Di Girolamo. (Nature [London] **191.** 411—12. 22/7. 1961. Pavia, Italien, Univ. Inst. di Genetica.) (Engl.)

Es werden Verss. über die Aktivierung von *D-Aminosäuren* bei *Penicillium chrysogenum* P-4, *Streptomyces antibioticus* 23, *Streptomyces parvus* N.R.R.L. B-1455, *Bacillus polymyxa* A.T.C.C. 10401, B. polymyxa 2459 u. *Bacillus circulans* A.T.C.C. 14040 beschrieben. In den zellfreien Extrakten wurden die *aminosäureaktivierenden Enzyme* auf Grund des P-Austausches zwischen Adenosintriphosphat u. ^{32}P-Pyrophosphat nachgewiesen. Während eine Reihe von *L-Aminosäuren* (*Alanin, Arginin, Asparaginsäure, Cystein, α.γ-Diaminobuttersäure, Glutaminsäure, Glycin, Histidin, Isoleucin, Leucin, Lysin, Methionin, Phenylalanin, Prolin, Serin, Threonin, Tryptophan, Valin*) durch einige der Extrakte aktiviert werden, ist bei den D-Aminosäuren keine Aktivierung nachweisbar, auch wenn die Antibiotica, die diese Mikroorganismen synthetisieren, diese enthalten. Nach Ansicht der Vff. erfolgt daher die Biosynth. von Peptiden mit D-Aminosäuren ohne vorausgegangene Aktivierung.

P. SCHWERDTFEGER. 4320□

Stoffwechsel resistenter Mutanten von Streptococcus faecalis. 1. Mitt. **Isolierung und Identifizierung der Mutanten.** Dorris J. Hutchison. (Cancer Res. **18.** 214—19. Febr. 1958. New York, N.Y., Sloan-Kettering-Inst. for Cancer Res., Div. of exp. Chemotherapy.) (Engl.)

R. K. MÜLLER. 4320□

Stoffwechsel resistenter Mutanten von Streptococcus faecalis. 2. Mitt. **Einbau exogener Purine.** M. Earl Balis, Valia Hylin, M. Katharine Coultas und Dorris J. Hutchison. (Cancer Res. **18.** 220—25. Febr. 1958.) (Engl.) — 1. vgl. vorst. Referat.

An Stämmen von Streptococcus faecalis, die sich als resistent gegenüber tumorhemmenden Mitteln (6-Mercapto-, 2.6-Diaminopurin usw.) erwiesen haben, wird die Befähigung zur Umwandlung markierter Purine in *Adenin* u. *Adenosin* oder von Purinribosiden in *Nucleinsäuren* untersucht. Es werden auch bei Stämmen, die gegen das gleiche Mittel resistent sind, Unterschiede in der Verwertung exogener Purine festgestellt.

R. K. MÜLLER. 4320□

Die mikrobiologische Bedeutung der Oxydationen aromatischer Verbindungen. Vittorio Treccani. (Ann. Microbiol. Enzimol. **9.** 180—97. 1959. Milano, Univ., Ist. di Microbiol. Generale Agrar. e Tecn.) (Ital.)
Übersicht. — 117 Literaturangaben. K. ZINGRAF. 4320☐

Die bakterielle Oxydation von Nicotin. 4. Mitt. **Die Isolierung und Identifizierung von 2.6-Dihydroxy-N-methylmyosmin.** S. H. Richardson und Sydney C. Rittenberg. (J. biol. Chemistry **236.** 959—63. März 1961. Los Angeles, Calif., Univ. of Southern California, Dep. of Bacteriol.) (Engl.) — 3. vgl. C. **1961.** 1246.

Aus *Nicotin, 6-Hydroxynicotin* u. *6-Hydroxypseudooxynicotin* wird in Ggw. von *Brilliantkresylblau* als Redox-Katalysator u. einem aus einem Bakterium (P-34) gewonnenen, zellfreien Enzym-Syst. *2.6-Dihydroxy-N-methylmyosmin* (I) gebildet. I ließ sich aus dem Rk.-Gemisch absteigend papierchromatograph. bei Zimmer-Temp. mit n-Butanol–HCl–H_2O (100:25:20), Aceton–H_2O (80:20) oder Methyläthylketon–Aceton–Formiat–H_2O (80:4:2:12) abtrennen u. unter UV-Licht oder mit J_2, $FeCl_3$ bzw. diazotierter Sulfanilsäure nachweisen. I zeigt im Gegensatz zu anderen Stoffwechsel-Prodd. des Nicotins bei 360 nm ein großes u. bei 290 nm ein kleines Maximum. Mit Hilfe des UV-Spektrums der mit $NaBH_4$ red. Verb. I u. der Elementaranalyse konnte die Struktur von I indirekt bewiesen werden. Die Tatsache, daß I stoffwechselinakt. ist, deutet daraufhin, daß es sich hier um ein Nebenprod. des Nicotinabbaus u. nicht um das 3. Oxydations-Prod. desselben handelt.

Versuche: *2.6-Dihydroxy-N-methylmyosmin* (I), $C_{10}H_{12}N_2O_2$, F. 258—260° (unkorr.); 6-Hydroxynicotin wird bei pH 8,0 (Kaliumphosphatpuffer) mit O_2 im WARBURG-App. in Ggw. des Enzym-Syst. u. Brilliantkresylblau oxydiert. Anschließend wird enteiweißt u. mit Dowex-50 chromatographiert. Nadeln aus n-Amylalkohol; 60—70%.
H. ZÖLLNER. 4320☐

Die bakterielle Oxydation von Nicotin. 5. Mitt. **Die Identifizierung von 2.6-Dihydroxypseudooxynicotin als drittes Oxydationsprodukt.** S. H. Richardson und Sydney C. Rittenberg. (J. biol. Chemistry **236.** 964—67. März 1961.) (Engl.) — 4. vgl. vorst. Referat.

Die Oxydation von *6-Hydroxypseudooxynicotin* (I), die in Ggw. von verschiedenen Enzymfraktionen eines Bakteriums bei pH 8,0 (Kaliumphosphatpuffer) u. *Brilliantkresylblau* als Redoxkatalysator zu *2.6-Dihydroxy-N-methylmyosmin* (II) führt, wurde spektrophotometr. untersucht. Auf diese Weise konnte ein Zwischenprod. (III) nachgewiesen werden, das bei 275 nm u. 345 nm Absorptionsmaxima aufweist. Durch Ansäuern der Rk.-Mischung mit n HCl verschwanden die beiden Maxima, u. es wurde ein neues bei 320 nm gemessen. Es mußte sich hier zweifellos um das *Hydrochlorid* von III handeln, da das Ansäuern einer Lsg. von II mit HCl nur einen hypsochromen Effekt bewirkte. Es gelang nicht, III oder dessen Hydrochlorid zu isolieren. Aus den Tatsachen, daß III mit *2.4-Dinitrophenylhydrazin* reagiert u. anaerob in II umgewandelt wird, schließen Vff., daß es sich bei III um das *2.6-Dihydroxypseudooxynicotin* handelt. Die Bldg. von II aus I über III verläuft unter Wasserabspaltung. Die Ergebnisse sprechen dafür, daß II ein Kunst-Prod. ist, zumal es in Bakterienkulturen nicht nachgewiesen werden konnte u. nach den bisherigen Verss. stoffwechselinakt. ist.
H. ZÖLLNER. 4320☐

Durch Propionat induzierte Lyse von Protoplasten des Bacillus megatherium. J. T. Wachsman und R. Storck. (J. Bacteriol. **80.** 600—06. Nov. 1960. Urbana, Ill., Univ. of Illinois, Dep. of Microbiol.) (Engl.)

Propionat (I) oder bestimmte andere niedermol. Verbb. rufen in 0,25m Saccharose rasche Lyse von *B. megatherium*-Protoplasten hervor. Die Cytoplasmamembranen werden intakt abgelöst u. sind fast frei von anderen mkr. nachweisbaren Zellbestandteilen. I-Lyse tritt bei 30°, nicht aber bei 4° ein u. wird durch $2\cdot10^{-3}$m 2.4-Dinitrophenol (II) völlig gehemmt. Die Befunde stehen mit einem akt., Energie benötigenden I-Transport durch die Permeabilitätsschranke des Protoplasten in Einklang, wobei das extracelluläre Medium in bezug auf den Protoplasten hyperton. wird. Der Protoplast nimmt dann W. auf, schwillt an u. zerfällt. I hemmt das *B. megatherium*-Wachstum, wobei keine I-Oxydation nachweisbar war. Die durch Acetat, Butyrat, Glucose, L-Glutamat, L-Asparagin oder L-Asparagat induzierte Lyse wird durch $2\cdot10^{-3}$m II völlig blockiert. A. u. Gramicidin sind gleichfalls wirksame Inhibitoren. K. MAIER. 4330☐

Die antimikrobielle Wirkung von Betainderivaten. Daniel I. Jones, Ralph H. Hubble und H. James Byrne. (Antibiotics and Chemotherapy **6.** 391—94. Juni 1956. Chicago, Cook County Hosp., Hektoen Inst. for Med. Res., and Chicago State Tuberculosis Sanitarium; Skokie, Ill., Intern. Minerals and Chemicals Corp.) (Engl.)

Die in vitro-Prüfung von 18 *Glycinbetain-Derivv.* auf antimikrobielle Wrkg. gegenüber *M. pyogenes* var. *aureus*, *C. neoformans*, *C. albicans*, *M. fulvum*, *Myco. smegmatis* u. *Myco. tuberculosis* zeigte, daß nur Verbb. (ca. 1 γ/ml) mit Seitenketten von 12, 14 oder 16 C-Atomen wirksam waren. Mit Tuberkelbakterien oder Cryptococcen infizierte Mäuse wurden durch die 20fache Hemmdosis einer Verb./Tag nicht gegen Erkrankung geschützt. Amide wurden viel besser als Ester vertragen. *Betainhexadecylamidchlorid* (I) in wss. Lsg. zeigte einen anfänglichen Heileffekt bei menschlicher Haut mit Dermatophyteninfektion ohne vollständige Heilung. Geprüfte *Betainchlorid-Derivv.*: Ester: *Äthyl-*, *Butyl-*, *Decyl-*, *Dodecyl-*, *Tetradecyl-*, *Hexadecyl-*, *Octadecyl-*; Amide: *Hexyl-*, *Decyl-*, *Dodecyl-*, *Tetradecyl-*, *Hexadecyl-*, *Octadecyl-*, *2-Äthylhexyl-*, *Cyclohexyl-*; *Harnstoff*, *S-Äthylthioharnstoffhydrobromid*, *1.4-Dibetainoxybutanhydrochlorid*.

K. Maier. 4330□

Die Wirkung synthetischen Polylysins auf experimentelle Infektionen bei Tieren. Dorothy J. Buchanan-Davidson, Mark A. Stahmann, Carolyn A. Neeper, C. V. Seastone und J. B. Wilson. (J. Bacteriol. **80**. 595—99. Nov. 1960. Madison, Wis., Univ. of Wisconsin, Dep. of Biochem., Med. Microbiol. and Bacteriol.) (Engl.)

Das synthet. Polypeptid *Polylysin* (I) vergrößerte die experimentelle *Salmonella typhimurium* (Stamm Iln)-Infektion von Mäusen, war ohne Einfl. auf diejenige mit *Streptococcus* (Gruppe C) u. schützte Mäuse gegen intraperitoneale Infektion mit den *Pneumococcus*-Typen I, II u. III u. mit *B. anthracis*-Sporen, wenn I sofort intraperitoneal gegeben wurde. Bei I-Injektion an anderer Stelle als am Ort der Infektion mit *Pneumococcus* Typ I bestand keine Schutzwirkung. I schützte nicht gegen subkutane Infektion von Mäusen mit *S. aureus*. K. Maier. 4330□

Die Wirkung synthetischen Polylysins auf Wachstum und Phagocytose von Bakterien in vitro. Dorothy J. Buchanan-Davidson, C. V. Seastone und Mark A. Stahmann. (J. Bacteriol. **80**. 590—94. Nov. 1960. Madison, Wis., Univ. of Wisconsin, Dep. of Biochem. and Med. Microbiol.) (Engl.) — Vgl. vorst. Referat.

Das kation. Polypeptid *Polylysin* (I) wirkte mit 50 μg/ml auf *Salmonella typhimurium* (Stamm Iln) bakteriostatisch. 1—1000 μg/ml waren in vitro für *S. aureus* (A), Typ I-*Pneumococcus* (B), β-hämolyt. *Streptococcus* (C; Gruppe C) u. *Bacillus anthracis*-Sporen baktericid. I agglutinierte A, B u. C (Gruppe C) u. fällte das Kapselpolysaccharid von B u. eine Hyaluronsäure aus Nabelschnur. Bei Pneumokokken erfolgte weder Lysis noch Quellung. Quant. in vitro-Phagocytose-Verss. ergaben beträchtliche Zunahme der Phagocytose von Typ I- u. II-Pneumokokken, geringe Zunahme derjenigen von Typ III-Pneumococcus, keine Wrkg. auf die von C (Gruppe A oder C) u. eine Abnahme der Phagocytose von A durch I. K. Maier. 4330□

Die Wirkung der Antibiotica auf den Stoffwechsel der Milchsäurebakterien. 2. Mitt. Die Wirkung der Antibiotica auf den Vitaminstoffwechsel. Shigeru Miyazawa. (Vitamins [Kyoto] **18**. 365—70. 1959. Tokyo, Takamine Ltd., Sankyo Labor.) (Jap.; Auszug: Engl.) — 1. vgl. C. **1958**. 5121; vgl. auch C. **1961**. 7987.

Von den Antibioticis beeinflussen lediglich *Aureomycin* (I) u. *Chloramphenicol* (II) das Wachstum von Milchsäurebakterien, *Lactobacillus arabinosus* 17-5, *L. casei* E, *L. fermenti* 36 u. *Streptococcus faecalis* R. Während I (10 μg/ml) beim Streptococcus faecalis eine hemmende Wrkg. zeigt, fördert II (0,5—1,5 μg/ml) das Wachstum von L. arabinosus 17-5 u. L. fermenti 36. R. Metze. 4340□

Die Wirkung der Antibiotica auf den Stoffwechsel der Milchsäurebakterien. 3. Mitt. Die Wirkung von Chloramphenicol und Aureomycin auf den Vitaminstoffwechsel. Shigeru Miyazawa. (Vitamins [Kyoto] **18**. 371—73. 1959.) (Jap.; Auszug: Engl.) — 2. vgl. vorst. Referat.

Chloramphenicol wirkt in niedriger Konz. auf *Lactobacillus arabinosus* 17-5 u. *L. fermenti* 36 ähnlich wachstumsfördernd wie Folsäure u. PABA. Die wachstumshemmende Wrkg. von *Aureomycin* auf Streptococcus faecalis R hängt wahrscheinlich mit dem Riboflavinstoffwechsel zusammen. R. Metze. 4340□

Die Wirkung der Antibiotica auf den Stoffwechsel der Milchsäurebakterien. 4. Mitt. Die Wirkung des Aureomycins auf den Riboflavinstoffwechsel. Shigeru Miyazawa. (Vitamins [Kyoto] **18**. 374—77. 1959.) (Jap.; Auszug: Engl.) — 3. vgl. vorst. Referat.

Aureomycin hemmt beim *Streptococcus faecalis* R die Umwandlung des *Riboflavins* in seine Ester, während das Eindringen in die Zellen u. seine Biosynth. nicht gestört werden. R. Metze. 4340□

Die Wirkung der Antibiotica auf den Stoffwechsel der Milchsäurebakterien. 5. Mitt. Die Wirkung von Chloramphenicol auf den Folsäure-Stoffwechsel. Shigeru

Miyazawa. (Vitamins [Kyoto] **18.** 377—79. 1959.) (Jap.; Auszug: Engl.) — 4. vgl. vorst. Referat.

Chloramphenicol hemmt beim *Lactobacillus arabinosus* 17-5 das Eindringen der *Folsäure* in die Zellen u. ist ohne Einfl. auf die Biosynth. u. die Umwandlung in Folinsäure. R. METZE. 4340□

Bakteriologische Untersuchungen über Kanamycin. 1. Mitt. Antibakterielles Spektrum und Ein-Weg-Kreuzresistenz von E. coli mit Streptomycin. Yutaka Morikubo. (J. Antibiotics [Tokyo], Ser. A **11.** 171—81. Sept. 1958. Tokyo, Nat. Inst. of Health.) (Engl.)

Kanamycin (I) hemmt das Wachstum aller grampositiven u. gramnegativen Bakterien einschließlich Mycobakterien, nicht empfindlich sind Streptokokken, Pseudomonas u. anaerobe Bakterien. Actinomyceten sind unterschiedlich in der Empfindlichkeit gegenüber I, u. Pilze sind resistent (Tabellen). Im alkal. Medium zeigt sich stärkerer bakteriostat. Effekt. *E. coli* wird bei Zugabe von Streptomycin sehr schnell resistent, gegenüber I entwickelt sich die Resistenz langsamer. Der Streptomycin-resistente Stamm von *E. coli* war nicht resistent gegenüber **I**, der I-resistente Stamm war auch gegenüber Streptomycin resistent. CH. ZEPF. 4340□

Bakteriologische Untersuchungen über Kanamycin. 2. Mitt. Hemmung des baktericiden Effekts von Kanamycin durch Eigelb. Yutaka Morikubo. (J. Antibiotics [Tokyo], Ser. A **11.** 181—86. Sept. 1958. Tokyo, Nat. Inst. of Health.) (Engl.) — 1. vgl. vorst. Referat.

Der baktericide Effekt von *Kanamycin* wird nicht gehemmt durch Serum, Frauenmilch u. Albumin, wohl aber durch Eigelb. Der Hemmfaktor wurde nach Extraktion des Eigelbs mit Ae. u. Aceton im Rückstand gefunden. Er ist thermostabil u. wasserunlöslich. Die Hemmung der baktericiden Aktivität von *Kanamycin* erfolgt durch Adsorption. Das adsorbierte *Kanamycin* kann durch 80% CH_3OH bei pH 2,0 oder wss. HCl eluiert werden. CH. ZEPF. 4340□

Weitere Untersuchungen über Griseoflavin. Identifizierung mit Novobiocin. Masahiko Kuroya, Ken Katagiri, Kozaburō Satō und Mikao Mayama. (J. Antibiotics [Tokyo], Ser. A **11.** 187—92. Sept. 1958. Senday, Japan, Tohoku Univ., Fac. of Med., Dep. of Bacteriol.; Amagasaki, Res. Labor. of Shionogi Co. Ltd., Dep. of Bacteriol.) (Engl.)

Die biolog. u. physikochem. Eigg. von *Griseoflavin* u. *Novobiocin* werden verglichen. Summar. u. elektrophoret. Papierchromatogramm, Zers.-Punkt u. Elementaranalyse, UV-, IR- u. antibakterielles Spektrum beider Antibiotica zeigen solche Ähnlichkeit, daß sie als ident. anzusehen sind. CH. ZEPF. 4340□

Studien über Antibiotica. 17. Mitt. Die Hauptkomponente von Dextromycin, einem Antibioticum. Sueo Tatsuoka, Akira Miyake und Hayao Nawa. (J. Antibiotics [Tokyo], Ser. A **11.** 193—98. Sept. 1958. Osaka, Takeda pharm. Ind., Res. Labor.) (Engl.) — 9. vgl. C. **1961. 17587.**

Es wird geprüft, ob *Dextromycin* (I), ein Antibioticum der *Neomycin*-Gruppe, in seiner Hauptkomponente mit *Neomycin* A, B oder C übereinstimmt. Durch Papierchromatographie der freien I-Base im Syst. n-Butanol–Essigsäure wird festgestellt, daß I kein *Neomycin* A enthält. Ein Vgl. der Papierchromatogramme von reinem *N-Acetyl*-I u. *N-Acetylneomycin* im Syst. n-Butanol–Pyridin–W. zeigt, daß I als Hauptkomponente *Neomycin B* neben wenig *Neomycin C* enthält. Reines *N-Acetyl-Neomycin B* wurde durch wiederholte Kristallisation von *N-Acetyl*-I gewonnen. CH. ZEPF. 4340□

Identität von Latumcidin mit Abikoviromycin. Yoshio Sakagami, Ryōzō Utahara, Kōki Yagishita und Hamao Umezawa. (J. Antibiotics [Tokyo], Ser. A **11.** 231—32. Sept. 1958. Tokyo, Univ., Inst. of Appl. Microbiol.; Nat. Inst. of Health.) (Engl.)

Abikoviromycin-Sulfat, produziert von *Streptomyces abikoensum*, wurde kristallin hergestellt u. seine Identität mit *Latumcidin* auf Grund der Ähnlichkeit der produzierenden Stämme, des instabilen Verh. des gleichen roten Zers.-Prod. u. der UV- u. IR-Spektren bewiesen. CH. ZEPF. 4340□

Genetische Steuerung der Oxytetracyclin-Biosynthese. S. I. Alikhanian, N. V. Orlova, S. Z. Mindlin und Z. M. Zaitzeva. (Nature [London] **189.** 939—40. 18/3. 1961. Moscow, U.S.S.R., All-Union Antibiotics Res. Inst.) (Engl.)

Unter Einw. mutagener Faktoren, wie UV-Strahlung, Röntgenstrahlung, Äthylenimin, sind aus *Act. rimosus* Mutanten erhältlich, die prakt. kein *Oxytetracyclin* (I) mehr bilden, darunter eine „weiße“ (gelbliches Mycel, weißes Luftmycel) u. eine „schwarze“ Gruppe (braunes Mycel, graues Luftmycel, Ausscheidung von dunkelbraunem, fast schwarzem Pigment). Bei Züchtung einer Mutante der 1. Gruppe zusammen mit einer der 2. wurde beträchtlich I gebildet. Bei Übertragung gewaschenen Mycels der 2. Gruppe in steril filtrierten Überstand einer 48-Std.-Kultur einer weißen Mutante erfolgte wieder I-Synth., nicht aber bei Übertragung „weißen" Mycels in Kultur-Fl. einer „schwarzen" Mutante. Die „weißen" Mutanten bilden eine Substanz *X*, die I-Synth. durch schwarzes Mycel ermöglicht. *X* ist auch in Kultur-Fl. des akt. Stammes enthalten.

K. MAIER. 4340□

Vergleichende Untersuchungen über den Stoffwechsel der verschiedenen Arten und Varianten der Gattung Mycobacterium. (Möglichkeiten einer Stoffwechselsystematik der Tuberkelbakterien). Rudolf Bönicke. (Jber. Tuberkulose-Forsch.-Inst. Borstel **4.** 43—172. 1956/1957.) (Dt.)

Vf. prüft die Eignung bestimmter enzymat. Leistungen für die Art- u. Typenspezifizierung. Ein auf die *Salicylat-*, *Katalase-*, *Niacin-* u. *Methylenblau*-Teste aufgebauter Best.-Schlüssel erlaubt bei Versagen der klass. Meth. einwandfreie Unterscheidung zwischen *Mycobacterium tuberculosis* var. *homin.* u. *bovis*, eugon wachsenden Mutanten der var. bovis, saprophytären, aviären u. atyp. Mycobacterien, humanen Stämmen vom Typ RA sowie BCG. — 340 Literaturangaben. C. O. LAUBSCHAT. 4350□

Aminosäureantagonismen modifizierende Faktoren einer Neurospora crassa-Mutante. H. E. Brockman und A. Gib DeBusk. (Nature [London] **189.** 940—42. 18/3. 1961. Tallahassee, Florida State Univ., Dep. of Biol. Sci., Genetics Labor.) (Engl.)

Eine Thiamin oder Thiazol zum optimalen Wachstum bei $<30^0$ benötigende *N. crassa* wird durch Threonin, bes. bei 35^0 u. pH $<5{,}8$, gehemmt. Der Hemmungsindex (I; Verhältnis Inhibitor/benötigte Aminosäure, das vollständige Wachstumshemmung, ca. 3 Tage, bewirkt) von *L-Leucin* (I) war 15 bei 20^0, während bei 35^0 auch mit I = 200 keine vollständige Hemmung gelang. I von *L-Valin* (II) nahm bei pH 6,0—5,2 4fach zu. Ein Purin–Pyrimidin-Gemisch veränderte I von L-II ebenfalls. Die auf *L-Phenylalanin* (III) oder Phenylpyruvat ansprechende Mutante *E*-5212 wurde mit zunehmender Zeit nach Beimpfung gegen L-I resistenter. Das Wachstum dieser Mutante in Ggw. von L-III wird durch 14 Aminosäuren blockiert, u. die Aminosäurehemmung durch verschiedene Umgebungsfaktoren modifiziert. K. MAIER. 4350□

Fixierung von Polysaccharid-Antigenen an der Zelloberfläche. A. di Nardo. (Ann. Microbiol. Enzimol. **9.** 198—202. 1959. Milano, Univ., Ist. di Microbiol.) (Ital.) Übersicht. K. ZINGRAF. 4370□

Spezifität von Hauttesten mit gereinigten Peptiden aus verschiedenen Mycobacteriumstämmen und aus Nocardia asteroides. Akira Yasuda. (Fukuoka Acta med. [Fukuoka-Igaku-Zassi] **51.** 778—95. Aug. 1960. Fukuoka, Kyusgu Univ., Fac. of Med., Dep. of Biochem.; Yawata Iron and Steel Works Sanatorium.) (Jap.; Auszug: Engl.)

Bei Herst. *gereinigter Peptidantigene* (nach YAMAMIRA u. Mitarbeitern) aus den Leibern von vier atyp. säurefesten Bazillen (*Bostrum D-35, No. 22, No. 8* u. *Ishii-Stamm*), drei nichtpathogenen säurefesten Bazillen (*Mycobacterium phlei, M. smegmatis* u. *M. butyricum*), einem Humantuberkelbazillenstamm (*H 37 Rv*), einem Rindertuberkelbazillus (*Miwa-Stamm*) u. *Nocardia asteroides* ließen sich jeweils 10 mg Antigen/10 g getrockneter Bazillenleiber gewinnen. Die gereinigten Antigene aus den atyp. säurefesten Bazillen zeigten große Unterschiede in ihrer Hauttestantigenität bei Sanatoriumspatienten mit einer Schwankungsbreite von 13—45% positiver Reaktionen. Spezifität ließ sich bei gegenüber Humanbazillen u. Bovinbazillen sensibilisierten Meerschweinchen mit atyp. säurefesten Bazillen zeigen. Obgleich die stärksten Haut-Rkk. mit einem gegenüber dem zur Sensibilisierung verwendeten Stamm homologen gereinigten Peptidantigen hervorgerufen werden konnten, konnte doch auch eine Kreuz-Rk. in verschiedenen Fällen nachgewiesen werden; bes. bei der Bostrum D-35-Peptidzubereitung. *Alttuberkulin* gab übrigens bei allen mit Mycobakterien sensibilisierten Meerschweinchen Kreuz-Rkk.; es führte jedoch nicht in allen mit Nocardia asteroides sensibilisierten Fällen zu Reaktionen. U. TAUSENDFREUND. 4370□

Theorie der elektrischen Doppelbrechung in verdünnten Lösungen des Tabakmosaikvirus. Sekiko Ogawa und Syoten Oka. (J. physic. Soc. Japan **15.** 658—68. April 1960. Tokyo, Metropolitan Univ., Fac. of Sci., Dep. of Phys.) (Engl.)

Unter Bezugnahme auf die experimentellen Unterss. von O'KONSKI u. HALTNER (vg. C. **1958.** 6277) über die elektr. Doppelbrechung in verd. Lsgg. des Tabakmosaikvirus in Wechselfeldern berechneten Vff. diese Doppelbrechung mit Hilfe von Verteilungsfunktionen. Die theoret. erhaltenen Ergebnisse waren in Übereinstimmung mit den experimentellen Beobachtungen, u. zwar in den Punkten 1., daß die Phasenverzögerung der Doppelbrechung relativ zu dem Wechselfeld proportional der Frequenz ist, 2., daß die maximalen u. minimalen Werte der Gleichgewichtsdoppelbrechung 1 u. Null bei der Frequenz Null sind, u. 3., daß beide Werte mit steigender Frequenz ½ werden u.

4., daß schließlich die Größe der Doppelbrechung sehr schnell abnimmt, wenn die Frequenz bis über 30 kHz erhöht wird. C. GOTTFRIED. 4374

Die Wirkung von Influenzaviren, Receptor zerstörendem Enzym und Proteasen auf das Agglutinogen der Blutgruppe M^g. Georg F. Springer und Karlheinz Stalder. (Nature [London] **191.** 187—88. 8/7. 1961. Philadelphia, Pa., Univ. of Pennsylvania, Dep. of Med. Microbiol., William Pepper Labor., Immunochem. Sect.) (Engl.)

Menschliche Erythrocyten (B, MM^g, O u. NM^g) wurden mit gereinigten Influenzaviren (Melbourne, Schwein S_{15} Typ A u. Lee (?) vom Typ B) bzw. mit dem Receptor zerstörenden Enzym (III) von *Vibrio cholerae* mit *Papain* (I) u. *Trypsin* (II) in einer Puffer-Lsg. behandelt, wobei die Erythrocyten M u. N, nicht jedoch M^g durch die Viren bzw. durch III inaktiviert wurden. I u. II inaktivierten vollständig den M^g-Receptor. Die Inkubation der Agglutinogene mit nichtinokulierter Allantois-Fl., mit gekochten Influenzaviren oder autoklaviertem Enzym bewirkten keine Veränderungen. B-, MM^g-, O- u. NM^g-Erythrocyten wurde nicht durch die Influenzaviren agglutiniert. Die Influenzaviren scheinen ein empfindliches Mittel zur Unters. der feinen Strukturdifferenzen von Prodd. der Blutgruppengene des MNS-Syst. zu sein. J. BOELTER. 4374□

Ähnliche Wirkung von Steroiden verschiedener Struktur und biologischer Aktivität auf die Grippe-Virus-Infektion. Edwin D. Kilbourne. (Acta endocrinol. [Copenhagen], Suppl. Nr. **51.** 773—74. 1960. New York, N.Y., Cornell Univ., Med. Coll.) (Engl.) H. HERPER. 4374□

Nachweis von Poliomyelitisvirus in Homogeneten und Harnstoff-Desoxycholatlysaten von Zellen mit oder ohne Cytopathogenität. E. Kovács. (Experientia [Basel] **15.** 415—17. 15/11. 1959. München, Max-Planck-Inst., Dtsch. Forsch.-Anst. für Psychiatrie.) (Engl.)

Da stark cytolyt. wirkende Harnstoff-Desoxycholat-Lsg. die biolog. Aktivität von Poliovirus (Typ I, Mahoney-Stamm) nicht zerstört, eignet sich diese ausgezeichnet zur Freisetzung infektiösen Materials aus latent oder manifest infizierten Zellkulturen. K. MAIER. 4374□

E₄. Pflanzenchemie. Pflanzenphysiologie. Pflanzenpathologie

Schnellpräparation von Frischgefrierschnitten von Gerstenwurzeln. Maurice Fried und Alicelia H. Franklin. (Nature [London] **189.** 414—15. 4/2. 1961. Beltsville, Md., Soil and Water Conservation Res. Div., Agric. Res. Serv., U.S. Dep. of Agric.) (Engl.)

Es wird eine Technik beschrieben, die es gestattet, die Wanderung von Nährsalzionen in Gerstenwurzeln durch Abkühlung auf tiefe Temp. zu stoppen u. die Verteilung der Ionen im Gewebe zu diesem Zeitpunkt durch Anfertigung von Schnitten u. nachfolgende Radioautographie zu verfolgen. Die Wurzeln werden 1 Min. in W. von 0—5° gelegt u. dann schnell in einen leicht erstarrten Gelee (5%ig. wss. Gelatinemischung, die 3,5% Glyceringelee u. 0,25% Phenol enthält) eingebettet. Das Gefäß mit dem Gelee taucht man sofort ca. 1 Min. in mit fl. N_2 gekühltes Isopentan (—160°) u. bringt die gelierten Wurzeln in einem Kryostaten auf —22°; bei dieser Temp. werden die Schnitte angefertigt. K. GIERSCHNER. 4400□

Der Einfluß von Sauerstoff und rotem Licht auf die Absorption von sichtbarem Licht in grünen Pflanzen. Britton Chance und Bernard Strehler. (Plant Physiol. **32.** 536—48. Nov. 1957. Philadelphia, Pa., Univ. of Pennsylvania, Johnson Found. of Med. Physics; Chicago, Ill., Univ. of Chicago, Dep. of Biochem.) (Engl.) — Vgl. C. **1958.** 12437.

Die Spektren, die sich aus den Absorptionsdifferenzen zwischen aeroben u. anaeroben Suspensionen von *Chlorella pyrenoidosa* u. *Chlamydomonas reinhardii* ergeben, sind mit einem Zweifarben-Doppelstrahl-Instrument aufgenommen. Bei Sauerstoff-Einw. tritt eine Hauptabsorptionsbande bei 518 mμ auf u. eine kleinere Bande im Bereich von 550 mμ verschwindet; letzte wird als zu breit angesehen, um mit Sicherheit einer Cytochromoxydation zugeordnet werden zu können. Diese Absorptionsbanden gleichen denen, die bei schwacher Belichtung anaerober Zellen auftreten. Ein Vgl. zwischen normalen Zellen, die Licht- u. Sauerstoff-induzierte spektrale Veränderungen bei 518 mμ zeigen, u. Carotinoid-Mangel-Mutanten, die keine solche Veränderung aufweisen, läßt vermuten, daß für die 518 mμ-Bande ein Carotinoid erforderlich ist. H. ALTHOFF. 4404

Über die Wirkung von blauem Licht auf das Keimen von Samen. Michael Evenari, Gert Neumann und Gabriel Stein. (Nature [London] **180.** 609—10. 21/9. 1957. Jerusalem, Hebrew Univ.) (Engl.)

Vff. untersuchen die Keimung von Lattichsamen (Var. Grand Rapids), die entsprechend ihren früher veröffentlichten Angaben (Bull. Res. Council Israel **3.** [1953.]136) mit blauem Licht bestrahlt worden waren. Als Filter werden 3 Sorten Corningglas u. andere Glasarten benutzt, die einen Spektralbereich von ca. 350—390, 410—490 u. 450—590 mμ haben. Erst nach 10 Std. wird bei allen 3 Filtern eine merkliche Wuchsbeeinflussung festgestellt, die aber mit derjenigen, die durch rotes u. ultrarotes Licht bewirkt wird, nicht vergleichbar ist. R. LENSCHAU. 4404□

Über die Herkunft von Strontium-90 in Weizenpflanzen. Ryushi Ichikawa, Michiko Abe und Masako Eto. (Science [Washington] **133.** 2017—18. 23/6. 1961. (Chiba City, Japan, Nat. Inst. of Radiol. Sci.) (Engl.)

Das im Weizenmehl aus 1959 in Chiba City geerntetem Weizen enthaltene ^{90}Sr wurde zu 20% durch Wurzelabsorption, zu 30% durch Blütenabsorption aus Erdkrumen, die die Ähre berührten, u. zu 50% aus dem ständigen fallout aufgenommen. Obwohl das „fallout“ im Frühjahr 1960 5mal geringer war als zum gleichen Zeitpunkt 1959, nahm der Geh. an ^{90}Sr im Weizenmehl nur auf die Hälfte ab. Der Anteil der ^{90}Sr-Aufnahme durch „fallout“ war 1960 auf 15% zurückgegangen, während die Wurzelabsorption nun 35%, die Blütenabsorption von Erdteilchen 50% des ^{90}Sr-Geh. betrug. Es wird angenommen, daß der Geh. des Weizenmehls an ^{90}Sr, das hauptsächlich aus der Bodenverseuchung herrührt, auf der Höhe von 1960 bleiben wird, wenn sich die Konz. an ^{90}Sr im Boden nicht ändert. KURT KOSSMANN. 4410□

Fluorverbindungen in afrikanischen Pflanzen. Rudolph A. Peters. (Biochem. J. **76.** 32P. Aug. 1960. Cambridge, Univ., Dep. of Biochem.; Babraham, A.R.C. Inst. of Animal Physiol., Dep. of Biochem.) (Engl.)

Die in den Samen von *Dichapetalum toxicarium* gefundene *Fluoroleinsäure* (**I**) konnte in *D. cymosum* nicht nachgewiesen werden. Somit kann die in den Blättern von *D. cymosum* enthaltene *Fluoressigsäure* nicht in Form von **I** in den Samen gespeichert werden. Die übrigen untersuchten Pflanzen vom Genus *Dichapetalum* zeigten nicht die Toxizität der beiden obengenannten. H. W. LIEBISCH. 4420□

Untersuchungen über die Pflanzen-Cuticula. 1. Mitt. **Die Wachsüberzüge der Blätter.** J. T. Martin und R. F. Batt. (Ann. appl. Biol. **46.** 375—87. Sept. 1958.) (Engl.) — Vgl. C. **1961.** 541.

Vff. untersuchen die mit Ae. extrahierten Wachsüberzüge der Blätter verschiedener Varietäten von Apfel, Birne, Bohne, Kohl, Blumenkohl, Tomate, Lorbeer u. Gras u. bestimmen die Wachs-, sauren, flüchtigen u. Ölkomponenten. Sowohl die Gesamtmenge der Wachsüberzüge als auch deren Zus. variieren in weiten Grenzen. In den Blättern des Lorbeers u. Blumenkohls liegt überwiegend eigentliche *Wachssubstanz* vor, während in den Wachsüberzügen der Apfel- u. Birnenblätter die sauren Komponenten vorherrschen. — Die Rolle der Ae.-lösl. Bestandteile als möglicher Schutz gegen Pilze u. die Bedeutung der Wachsüberzüge beim Besprühen der Pflanzen mit verschiedenen Pflanzenschutzmitteln werden diskutiert. — 36 Literaturangaben. H. SPOHN. 4420□

Chlorogensäure in Lattichsamen. Warren L. Butler. (Nature [London] **185.** 856—57. 19/3. 1960. Beltsville, Md., Market Qual. Res. Div.) (Engl.)

Durch Methanolextraktion von *Lattichsamen* im SOXHLET-App. u. anschließende Papierchromatographie konnte Vf. den bes. hohen Geh. von 2% an *Chlorogensäure* (**I**) u. ihren Isomeren (auch *Kaffeesäure*) nachweisen. Zur Unters. der möglichen Funktion von **I** ließ man Samen 2 Wochen keimen u. stellte nach der Extraktion der Sämlinge mit Methanol keine Veränderung des totalen Geh. an **I** fest. Bei Abtrennung der Kotyledonen zeigte sich, daß die **I** hier verblieben u. nur in ganz geringem Maße in den Stiel oder die Wurzeln gewandert war. Vf. nimmt an, daß **I** ein Endprod. des Stoffwechsels ist u. deshalb keinen Nutzeffekt hat. Auch mit der in den Samen vorhandenen akt. *Polyphenoloxydase* findet keine Wechselwrkg. statt; wahrscheinlich entfalten diese in vivo hydroxylierenden Enzyme ihre Aktivität nur in der beschädigten Zelle. S. BORNKESSEL. 4420□

Die färbende Substanz des Holzes von Rhus cotinus (Junger Fustik). H. G. C. King und T. White. (J. chem. Soc. [London] **1961.** 3538—39. Aug. Harpenden, Herts, Forestal Central Labor.) (Engl.)

Im Äthylacetatextrakt des Holzes des Färbersumachs (*Rhus cotinus*) lassen sich durch 2dimensionale Papierchromatographie [tert. Butanol/Essigsäure/W. (14:25:61) u. 2-Butanol/Essigsäure/W. (14:1:5)] neben *Fisetin* (*3.7.3'.4'-Tetrahydroxyflavon*) 2 weitere im UV-Licht fluorescierende Flecken nachweisen. Die Hauptkomponente ist in ihrem UV-Spektrum ident. mit synthet. *Sulfuretin* (**I**; $C_{15}H_{10}O_5 \cdot H_2O$, F. 293°; *2-Benzyliden-6.3'.4'.-trihydroxycumaron-3-on, Triacetyl-Deriv.* F. 169°). Durch Vgl. mit synth. **I** wird der Geh. des Holzes zu 0,5% berechnet. Die 2. Komponente liefert nach saurer Hydrolyse **I** u. *Glucose*. Nach Ansicht der Vff. ist in der Hauptsache **I**, das in alkal. Lsg.

tief orangerot gefärbt ist, u. nicht Fisetin für die färber. Eigg. des Fustikextraktes verantwortlich. Auch im Holz von *Rhus succedanea* ließ sich papierchromatograph. I neben Fisetin nachweisen. P. SCHWERDTFEGER 4420 □

Lokalisierung von Ascorbinsäure in der Erdbeere „Kung-chu-ling". K. A. Bogdański. (Prezemysł Spozywczy 14. 215—16. 1960. Skierniewice, Inst. Sadownictwa.) (Pol.)

Den höchsten Geh. an *Vitamin C* (I) hat die äußere Schicht der Frucht (89—145 mg%). Nach innen zu nimmt der I-Geh. ab u. erreicht 3 mg% im verhärteten Blütenboden. F. URBAN. 4425 □

Umwandlung von L-Galaktonsäure-γ-lacton in L-Ascorbinsäure durch Pflanzen. G. A. D. Jackson, R. B. Wood und M. V. Prosser. (Nature [London] 191. 282—83. 15/7. 1961. Bangor, Univ. of North Wales, Dep. of Botany; Columbus, Ohio, Ohio State Univ., Dep. of Botany and Plant Pathol.) (Engl.)

Gewebeschnitte unreifer Hagebutten von *Rosa sherardi, R. canina, R. arvensis* u. intakte Blätter von *Petroselinum crispum* (*P. c.*), *Cochlearia officinalis, Nasturtium officinale, Oxalis corniculata, Poa pratensis, Adiantum capillis veneris* wurden bei 25° 24 bis 66 Std. mit einer 0,5% ig. Lsg. von *L-Galaktonsäure-γ-lacton* (I) in demineralisiertem W. behandelt u. eine starke Erhöhung des *Ascorbinsäure* (II)-Geh. festgestellt. Nach 190 std. Versorgung von P.c. mit 0,5% ig. Lsg. von I erhöhte sich die II-Konz. in den Blättern von 1582 auf 12010 mg/100 g Trockengewicht. KURT KOSSMANN. 4425 □

Spektralphotometrische Messungen der Ascorbinsäure und ihre Anwendung zur Bestimmung von Ascorbinsäure und Dehydroascorbinsäure in pflanzlichen Geweben. E. J. Hewitt und G. J. Dickes. (Biochem. J. 78. 384—91. Febr. 1961. Long Ashton, Bristol, Univ. of Bristol, Res. Stat.) (Engl.)

Bei einem pH von 6,8 u. höher ist für *L-Ascorbinsäure* (I) in Übereinstimmung mit dem von LAWENDEL (vgl. C. **1957.** 1893; C. **1958.** 371) angegebenen Wert der mol. Extinktions-Koeff. ε_{max} (265 mμ) 1,65—1,655·10⁴. Der von LAWENDEL angegeben Einfl. von Sorbit konnte nicht bestätigt werden. Bei pH 1,0—2,0 in Metaphosphorsäure oder HCl ist ε_{max} (244 mμ) 1,05·10⁴. Der isosbest. Punkt, der unabhängig vom pH ist, tritt bei 250 mμ auf, wo ε 8,55·10³. Die Extinktionen folgen bei 265 u. 245 mμ dem BEERschen Gesetz für I-Konzz. bis zu 35 μg/ml in gepufferten Lsgg. von pH 6,8 u. höher bzw. pH 1—2, u. bei 250 mμ unabhängig vom pH. Es wird eine spektralphotometr. Meth. zur Best. kleiner Mengen I u. *Dehydroascorbinsäure* (II) in Extrakten von Blattgeweben angegeben. Es wurde gute Übereinstimmung erzielt zwischen der Indophenoltitration u. den spektralphotometr. Veränderungen nach Oxydation mit Kürbisoxydase u. anschließender Red. von II entweder mit Homocystein oder H_2S. H. ALTHOFF. 4425

Photopolymerisation mit Riboflavin. 1. Mitt. Der Einfluß des Lichts auf die Transglykosidierung mit Riboflavin in der Zuckerrübe. Sei Tachibana. (Vitamins [Kyoto] 18. 526—27. 1959. Washington, Univ. of Washington, Dep. of Botany.) (Jap.; Auszug: Engl.)

Die Transglykosidierung mit *Riboflavin* im Extrakt von *Beta vulgaris* wird durch Licht um ca. 25% gesteigert. R. METZE. 4425 □

Photopolymerisation mit Riboflavin. 2. Mitt. **Phototransglykosidierung mit Rivoflavin.** Sei Tachibana. (Vitamins [Kyoto] 18. 527—30. 1959.) (Jap.; Auszug: Engl.) — 1. vgl. vorst. Referat.

Die Bldg.-Geschw. von *Riboflavinylglucosid* u. *Oligosacchariden* aus Maltose u. Riboflavin im Keimblätterextrakt von *Cucurbita pepa* wird durch Licht-Einw. bei Zimmer-Temp. etwa verdoppelt. R. METZE. 4425 □

Die ¹⁵N-Fixierung bei abgeschnittenen Knöllchen von Discaria toumatou. T. M. Morrison. (Nature [London] 189. 945. 18/3. 1961. New Zealand, Univ. of Otago, Botany Dep.) (Engl.)

Vf. untersucht mit Hilfe von *¹⁵N* die Stickstoffixierung bei *Discaria toumatou* (Rhamnaceae). Bei den Verss. werden abgeschnittene Knöllchen von auf natürlichem Boden bzw. in entsprechenden Nähr-Lsgg. gewachsenen Pflanzen einer ¹⁵N-enthaltenden Atmosphäre ausgesetzt. Nach 40 Std. erfolgt nach Extraktion mit 3n HCl die Best. der ¹⁵N-Anreicherung. Die Discaria-Knöllchen fixieren atmosphär. Stickstoff. D. GROSS. 4450 □

Über das Ausmaß der biologischen Bindung des elementaren Stickstoffs. Der Einfluß assimilierbarer Stickstoffverbindungen. Karl Schmalfuß. (Ber. Verh. sächs. Akad. Wiss. Leipzig, math.-naturwiss. Kl. 104. Nr. 1. 1—19. 1960.) (Dt.)

Die Pferdebohne, *Vicia faba*, u. vermutlich auch andere Leguminosen assimilieren durch ihre Symbionten stark wechselnde Mengen atmosphär. N_2, so daß gegenüber anderen Gewächsen unter Umständen sehr hohe Protein-Geh. u. -Erträge erzielt werden.

Außerdem können sie noch große Mengen von gebundenem N (NH_4-Salze, Nitrate) aus dem Boden in Lsg. aufnehmen u. zur Eiweiß-Synth. verwerten. K. MAIER. 4450 □

Leghämoglobin und symbiotische Stickstoff-Fixierung. P. H. Graham und C. A. Parker. (Austral. J. Sci. **23.** 231—32. Jan. 1961. Nedlands, Univ. of Western Australia, Inst. of Agric.) (Engl.)

Vff. untersuchen die Beziehung zwischen dem *Leghämoglobin* (I)-Geh. u. der symbiot. N-Fixierung an westaustral. blauen Lupinen (*Lupinus digitatus* Forsk.) mit 15 ausgesuchten natürlichen Knöllchenbakterienstämmen unter anderweitig abs. sterilen Vers.- u. Wachstumsbedingungen. Zwischen der I-Konz. in den geernteten Knöllchen u. dem N-Geh. der oberen Pflanzenteile besteht eine deutliche positive Beziehung, die zur Beurteilung der symbiot. Wirksamkeit herangezogen werden kann u. frühere Befunde bestätigt. — 1 Konz.-Kurve. G. KIRSTEN. 4450 □

Die Keimung von Oosporen von Pythium mamillatum als Folge eines Exsudats lebender Samen. Richard Barton. (Nature [London] **180.** 613—14. 21/9. 1957. Manchester, Univ., Dep. of Cryptogamic Botany.) (Engl.)

W., in dem Rübensamen 7 Tage gekeimt haben, wird durch Gefriertrocknung auf $^1/_{10}$ seines Vol. eingeengt u. als Medium zur Keimung von Oosporen von *Pythium mamillatum* Meurs benutzt. Im Vgl. zu Verss. in reinem W. wird hier eine deutliche Zunahme der Keimung beobachtet, so daß die Ausscheidung keimungsfördernder Substanzen durch die Rübensamen angenommen werden muß. Der chem. Charakter dieser Substanzen wird diskutiert. R. LENSCHAU. 4455 □

Untersuchung über die Desorption von Phosphor von lösgelösten Gerstenwurzeln. (Vorl. Mitt.) M. Bielinska. (Bull. Inst. agronom. Stat. Rech. Gembloux **28.** 10—17. 1960.) (Franz.)

Abgelöste Wurzeln von *Hordeum sativum* var. *Herta* wurden 10 Min. in Lsgg. von 0,1—10m $KH_2{}^{32}PO_4$ belassen (2—180 Min.), gewaschen u. der Wrkg. folgender Desorptionsmittel unterworfen: W., Glucose, KNO_3, KH_2PO_4 u. $(NH_4)_2HPO_4$. Die beiden letzten Salze wirkten am stärksten desorbierend (bis zu 70% der Totalabsorption). Weiter wird die Temp.-Abhängigkeit der Desorption u. der Reabsorption festgestellt. P. TEICHGRÄBER. 4470 □

Bekämpfung von Manganmangel bei Äpfeln. Francis E. Wiederspahn. (Proc. Amer. Soc. horticult. Sci. **69.** 17—20. Juni 1957. New Brunswick, N.J., Rutgers Univ.) (Engl.)

Im Gewächshaus wurden Mn-Mangelerscheinungen bei Rome Beauty-Äpfelsämlingen unter Verw. von Nähr-Lsgg. mit 0,25 (a), 0,001 ppm (b) u. ohne *Mn* (c) untersucht. — Bei Pflanzen der b- u. c-Reihe traten Mn-Mangelsymptome auf, die von den grundständigen zu den endständigen Blättern graduell an Schwere zunahmen. Die Zahl der axillaren Schößlinge, das Frisch-Gew. u. das Trocken-Gew. der Sprosse u. Wurzeln waren bei Pflanzen der b- u. c-Reihe erheblich geringer als bei solchen der a-Reihe. Im Blattgewebe nahm die Konz. an lösl. u. unlösl. Mn ab, an lösl. Fe zu. Die durchschnittliche Konz. an lösl. Fe war in der c-Reihe um ca. 76% größer als in der a-Reihe. Die Höhe des Mn-Geh. der Nähr-Lsg. übte jedoch keine deutliche Wrkg. auf den Geh. der Gewebe an unlösl. u. Gesamt-Fe aus. F. RANG. 4470 □

Das Bicarbonat-Ion als indirekte Ursache einer Eisenchlorose. J. C. Brown, O. R. Lunt, R. S. Holmes und L. O. Tiffin. (Soil Sci. **88.** 260—66. Nov. 1959. Beltsville, Md., U.S. Dep. of Agric., Agric. Res. Serv., Soil and Water Conserv. Res. Div., Min. Nutrit. Labor.) (Engl.)

Mit einer bes. Vers.-Technik (Wurzel teilweise in Bodenkultur, teilweise in Wasserkultur) mit einem Fe-Chlorose empfindlichen Sojabohnenstamm wird gezeigt, daß bei der Kultur in Fe- oder P-freier Lsg. durch $NaHCO_3$ weder eine Chlorose induziert, noch die Respiration verringert wird. Dagegen wird bei der Kultur in der kompletten Nähr-Lsg. (unter Einschluß von Fe u. P) durch 10 mVal $NaHCO_3$/Liter starke Chlorose bewirkt, wobei die Wurzelrespiration in dem Maße der sich entwickelnden Chlorose verringert wird. — Durch die HCO_3^--Behandlung wird ca. doppelt soviel P in Lsg. gehalten wie bei Abwesenheit von HCO_3^-. — Das Auftreten der Fe-Chlorose wird mehr auf die durch $NaHCO_3$ bewirkte Erhöhung der P-Konz. zurückgeführt als durch HCO_3^- selbst. Es wird deshalb angenommen, daß HCO_3^- mehr indirekt als direkt für die Entw. einer Fe-Chlorose verantwortlich zu machen ist. — 20 Literaturangaben. H. SPOHN. 4470 □

Zum Problem der Stickstoffassimilation und -verwertung durch höhere Pflanzen unter verschiedenen Ernährungsbedingungen. N. Atanasiu. (Z. Pflanzenernähr., Düng., Bodenkunde **69** (**114**). 242—45. 1955. Paulinenaue, Inst. zur Steigerung der Pflanzenerträge.) (Dt.)

Vf. führt die Ertragsdepressionen, die oft mit höheren N-Gaben einhergehen, nicht auf plasmolyt. Auswirkungen der hohen Salz-Konz., sondern auf innerphysiolog. Wrkg. zurück, die vermutlich in der N-Umwandlung zu suchen sind. Danach muß es zwischen den innerphysiolog. Wrkg. der schnell reagierenden u. der langsam fließenden N-Quellen grundsätzliche Unterschiede geben. Papierchromatograph. Unterss. von Alkoholauszügen frischer Pflanzen, die mit verschiedenen N-Quellen ernährt waren, ergaben, daß NH_4- u. NH_2-ernährte Pflanzen große Mengen von Asparagin u. Glutamin, die NO_3-Pflanzen dagegen hauptsächlich Glutaminsäure enthalten. NH_4- u. NO_3-ernährte Pflanzen hatten etwa gleich hohe N-Mengen aufgenommen, in den NO_3-Pflanzen lag aber noch ca. $^1/_3$ des Gesamt-N als NO_3 vor. Dies zeigt, daß der red. N in der Pflanze sofort reagiert, der aufgenommene NO_3-N durch die notwendige Red. dagegen nur langsam. NH_2-N aus langsam fließender Form (Ureaform) wird von der Pflanze ähnlich wie NO_3 assimiliert.

WILFRIED WERNER. 4470□

Stickstoffzuführung an Apfelbäumen durch Besprühen mit Harnstoff nach der Ernte. K. Oland. (Nature [London] **185.** 857. 19/3. 1960. Lofthus, Hardanger, Norway, Ullensvang Res. Stat.) (Engl.)

Durch Besprühen von Apfelbäumen mit 4%ig. *Harnstoff*-Lsg. (I) Mitte Oktober konnte Vf. innerhalb 2 Tagen einen Anstieg des totalen organ. N-Geh. der Blätter um 51% erzielen. Des weiteren wurde nachgewiesen, daß der resorbierte N von den Blättern in den Baum gewandert war. Während des Laubfalles (November) hatten die besprühten Bäume Triebe mit entwickelten Blütenknospen u. enthielten 31% mehr N (entferntester Schößling 16%) als die Triebe der nichtbesprühten Bäume. Die durch die I-Lsg. hervorgerufene Blattschädigung machte sich durch randliches Braunwerden der Blattriebe u. der basalen Blätter der Schößlinge bemerkbar. Vf. meint, daß bei einem einzigen Besprühen 30—40 kg N/ha von den Bäumen resorbiert werden. (Die Blattmenge in einem Obstgarten wird mit 3 kg Trocken-Gew./ha angenommen.) Diese Diese N-Menge liegt weit über der normalerweise erforderlichen u. weitab von der, die durch den normalen organ. Stoffwechsel des Bodens gebildet wird. Vf. nimmt an, daß auf Grund der gewonnenen Erkenntnisse genau bekannte Mengen N durch I-Besprühung nach der Erntezeit in die Bäume eingeführt werden können. S. BORNKESSEL. 4470□

Über die Ursachen der Förderung des Sproßwachstums von Hafer durch Polyoxyanthrachinone. E. Saalbach. (Z. Pflanzenernähr., Düng., Bodenkunde. **69(114).** 246—55. 1955. Braunschweig-Völkenrode, FAL, Inst. für Biochem. des Bodens.) (Dt.)

Unterss. über die Wrkg. von *Polyoxyanthrachinonen* (I) auf das Sproßwachstum von Hafer ergaben, daß dieses durch I bei Nitraternährung stimuliert wird, aber nicht bei Zufuhr anderer N-Quellen (NH_4, NO_2, NH_2). Bei Lichtmangel wurde das Trocken-Gew. der Pflanzen trotz NO_3-Ernährung durch I nicht gefördert. Wurde zu den Lichtmangelkulturen aber Glucose zugesetzt, so trat durch I eine Erhöhung des Wurzeltrocken-Gew. ein. In vitro konnte die NO_3-Red. von Gewebemaceraten oder Preßsäften durch Zusatz von I stimuliert werden. Auf Grund dieser Verss. führte Vf. die Förderung des Sproßwachstums durch I auf eine direkte Beschleunigung der Nitrat-Red. zurück. Möglicherweise beruht diese Wrkg. auf der Veränderung des Redoxmilieus durch I, die wiederum eine Aktivierung der nitratreduzierenden Enzyme zur Folge hat. — Die Erhöhung des Sproßtrocken-Gew. durch I bei NO_3-Ernährung betrug durchschnittlich 9%. WILFRIED WERNER. 4485□

„Antibiotische Effekte" in Pflanzengemeinschaften. J. R. Cannon, N. H. Corbett, K. P. Haydock, J. G. Tracey und L. J. Webb. (Nature [London] **190.** 189—90. 8/4. 1961. Australia, Commonwealth Sci. and Ind. Res. Org.) (Engl.)

In sek. Regenwäldern blieb *Araucaria cunninghamii* Sweet. (A) im Wachstum zurück, während *Backhousia angustifolia* F. Muell. (B) sich üppig entwickelte. Dieses Phänomen, das durch Abgabe von wachstumshemmenden „Antibioticis" durch die Wurzeln usw. der in Gemeinschaft mit anderen Pflanzen lebenden Gewächse erklärt wird, wurde mit folgenden Ergebnissen näher untersucht: Die Blattextrakte von B verhinderten das Keimen der Samen von Kresse, Weizen u. A: Das im Blattöl von B vorliegende *Dehydroangustion* erwies sich als tox. gegenüber A. Es konnte festgestellt werden, daß A-Samen in B-Streu in vitro nicht oder nur sehr schlecht keimen. Je besser das Streu bewässert wurde, desto höher lag die Keimrate. Bei Feldexperimenten ließ sich diese Beobachtung nicht bestätigen. Vff. weisen auf die Gefahr hin, Labor.-Verss. direkt auf Freilandverhältnisse zu übertragen. H. FRANK. 4485□

Zusammenhänge zwischen Stickstoff- und Kationengehalt und Auftreten von Stippigkeit bei Äpfeln verschiedener Sorten und Herkunft. Vorläufige Mitteilung. Gerhard Bünemann. (Gartenbauwissenschaft **24 (6).** 330—33. 1959. Hannover, TH, Inst. für Obstbau u. Baumschule.) (Dt.)

Unterss. des kranken (a) u. gesunden Gewebes (b) stippiger Äpfel, sowie des Gewebes gesunder Äpfel (c) zeigen, daß in a gegenüber b u. c der Asche-Geh. ca. 165% beträgt. Gegenüber c beträgt der *N*-Geh. von a 125%, der von b 95%, der *K*-Geh. von a 125%, von b 82%, der *Ca*-Geh. von a 115%, der von b 46%, der *Mg*-Geh. von a 300% u. der von b 95%. Bezogen auf die Asche zeigt sich, daß nur der Mg-Anteil in a wesentlich gegenüber b u. c erhöht ist. A. GUDE. 4490□

Der Stoffwechsel $^{14}C_{(5)}$-3-Amino-1.2.4-triazol in Pflanzen. Mason C. Carter und A. W. Naylor. (Bot. Gaz. **122.** 138—43. Dez. 1960. Auburn, Ala., Auburn Univ., Dep. of Forestry.) (Engl.)

Vff. untersuchten bei 4 verschiedenen Pflanzenarten den Stoffwechsel von $^{14}C_{(5)}$*-3-Amino-1.2.4-triazol* (I). Nach Verabreichung von I an die Vers.-Pflanzen wird die Verteilung der Radioaktivität in den einzelnen Pflanzenteilen bestimmt u. radioautograph. eine Reihe von markierten, noch nicht identifizierten Verbb. gefunden, die aus dem Stoffwechsel von I hervorgegangen sind. Die bei den einzelnen Pflanzenarten erhaltenen Ergebnisse werden verglichen u. ausführlich diskutiert. Bei den Verss. wird je ein Keimblatt von *Phaseolus vulgaris, Medicago sativum, Acer saccharinum* u. *Lonicera japonica* mit einer wss. Lsg. von I behandelt. Nach im Hellen bzw. Dunkeln durchgeführten, unterschiedlich langen Vers.-Zeiten werden die Pflanzen zerkleinert u. mit sd. A. extrahiert. Der Extrakt wird zentrifugiert u. zweidimensional chromatographiert. Die Best. der radioakt. Substanzen erfolgt radioautographisch. — In einer weiteren Vers.-Reihe werden die Stengelspitzen in eine wss. Lsg. von I inkubiert, nach Aktivitätsaufnahme in eine Nährlsg. übergeführt u. nach 2, 4, 12 u. 24 Std. wie vorst. aufgearbeitet. D. GROSS. 4495□

E5. Tierchemie. Tierphysiologie. Tierpathologie

Vergleichende Biochemie: Labile Trimethylaminderivate in Meerestieren. Renée Audoinot und Ernest Kahane. (C. R. hebd. Séances Acad. Sci. **247.** 2051—54. 1/12. 1958. Montpellier, Fac. des Sci., Labor. de Chim. biol.) (Franz.)

Vff. untersuchen *Mytilus edulis Gallo provincialis* u. identifizieren folgende Substanzen: *freies Trimethylamin, Trimethylaminoxyd* u. je eine beim Kochen im alkal. Medium schnell bzw. langsam zerfallende Substanz. R. LENSCHAU. 4520□

Papierchromatographie der Ei-Lecithine. Yoshiyuki Inouye und Manjiro Noda. (Arch. Biochem. Biophysics **76.** 271—85. Aug. 1958. Kyoto, Japan, Saikyo Univ., Dep. of Biochem.; Kyoto Univ., Dep. of Biochem.) (Engl.)

Gereinigtes Eilecithin wird als Hg-Komplex papierchromatograph. fraktioniert [Laufmittel (aufsteigend): 90% (v/v) Methanol/Eisessig/Tetralin (10 : 2 : 1)]. Weiter werden die Fettsäuren im Ausgangs-Prod. u. in den Fraktionen bestimmt, ebenso die α- u. β-Esterpositionen; in α'-Stellung befinden sich vorwiegend gesätt., in β-Stellung ungesätt. Fettsäuren. H. STRUCK. 4520□

Über das Vorkommen von „Diphosphoinositid" in tierischen Organen. L. Hörhammer, J. Hölzl und H. Wagner. (Naturwissenschaften **48.** 103. 2. Febr.-H. 1961. München, Univ., Inst. für pharmazeut. Arzneimittellehre.) (Dt.)

Diphosphoinositid (I) kommt nicht nur in Hirn, sondern auch in Herzmuskel, Niere u. Lunge des Rindes vor. Die I-Fraktion aus Herzmuskel u. Lunge ist in 2 Komponenten auftrennbar, die aus Niere ist nicht auftrennbar. I wird ebenfalls in Ae.-Extrakten der analogen Organe von Ratten mittels Chromatographie auf CH_2O-Papier sowie Anfertigung eines Autoradiogramms des Chromatogramms nach subkutaner Gabe von 1 mc ^{32}P u. Töten der Tiere nach 8 Std. gefunden. Im Rattenhirn-I sind 2 Komponenten (gegenüber Rinderhirn-I 3 Komponenten) enthalten. PH. FRESENIUS. 4520□

Faktoren, die die Schwellung von Nierenrindenschnitten bei 0° beeinflussen. A. Kleinzeller. (Biochim. biophysica Acta [Amsterdam] **43.** 41—50. 9/9. 1960. Prague, Czechoslovak. Acad. of Sci., Biol. Inst., Labor. for Cell. Metabol.) (Engl.)

Die Unters. der Faktoren, die die Schwellung von Kaninchennierenschnitten bei 0° in isoton. NaCl-Lsg. beeinflussen, führte zu folgenden Ergebnissen: Gewebehydrierung u. Cl^- werden durch K^+-Vermehrung im Medium gesteigert, gleichartig wirkt Rb^+, nicht jedoch Li^+. Zwischen dem aus dem DONNAN-Verhältnis für K errechneten Membranpotential u. dem log der externen K-Konz. besteht eine lineare Beziehung. Zwischen dem Gewebewasser u. dem DONNAN-Verhältnis für Cl u. K besteht eine umgekehrte Beziehung, 0,2—0,6 mm $HgCl_2$, 0,7—1,4 mm Esidron, 2—149 mVal K^+, 67 u. 134 mVal Rb^+ vermindern die Quotienten $Cl^-_{extrazellulär}/Cl^-_{intrazellulär}$ u. $K^+_{intrazellulär}/K^+_{extrazellulär}$, während 1—6 mm Ca^{2+}, Ba^{2+}, Sr^{2+} u. Mn^{2+} die Gewebeschwellung vermindern u. gleichzeitig diese Quotienten ansteigen lassen. Die zwischen Gewebewasser

u. den DONNAN-Verhältnissen für Cl u. K gefundenen Beziehungen entsprechen einer abgeleiteten Beziehung des osmot. Gradienten u. dem Quotienten $Cl^-_{extracellulär}/Cl^-_{intracellulär}$ für ein doppeltes DONNAN-System. U. TAUSENDFREUND. 4550□

Über die muskelkontraktionshemmende Wirkung der Antimyosin- und Antiactin-Immunsera. T. Kovács, A. Kövér, E. Varga und M. Szabolcs. (Acta physiol. Acad. Sci. hung., Suppl. **18.** 55. 1960. Debrecen, Medizin. Univ., Physiolog. Inst.; Zentrales Forschungslabor.) (Dt.)

In Erweiterung von Ergebnissen, nach denen das Immunserum von mit Myosin behandelten Tieren einen Antikörper (*Antimyosin*) enthält, von dem je nach seinem Titer, die unter Adenosintriphosphat (ATP)-Wrkg. an u. für sich eintretende Kontraktion von mit Glycerin extrahierten Muskelfasern verhindert oder gehemmt wird, zeigte sich, daß die kontraktionshemmende Wrkg. ziemlich stabil ist, da die Kontraktion der vorher in Antimyosinimmunserum inkubierten Fasern auch dann beinahe unverändert gehemmt bleibt, wenn die aus dem Immunserum herausgenommenen Fasern vor ATP-Zugabe 24 Std. in BENDALL-Lsg. stehen. Das Immunserum mit Kaninchen-Actin behandelter Hähne enthält ein Antiactin, von dem die unter ATP-Wrkg. eintretende Kontraktion gleichfalls gehemmt wird. Die Spezifität ist noch ungeklärt. Die Adenosintriphosphataseaktivität der extrahierten Fasern wird nicht beeinflußt. U. TAUSENDFREUND. 4551□

Die Teilnahme der Homöostase der Steroide an der Pathogenese des Bronchialasthmas. E. Špaňár, O. Adamec und V. Baláž. (Acta allergol. [Copenhagen] **16.** 63—70. 1961. Lubochňa, ČSR, Inst. d'Endocrinol.) (Franz.)

Aus Unterss. über die *Steroid*-Bldg. bei Asthmaanfällen kann geschlossen werden, daß die Verminderung der Bldg. von Glucocorticoiden beim Asthmatiker während einer Stressperiode als Defizit an *adrenocorticotropem Hormon* (*ACTH*) infolge der Wrkg. des durch die Antigen–Antikörper-Rkk. aus dem Gewebe freigesetzten *Histamins* angesehen werden kann. U. TAUSENDFREUND. 4551□

Thiocyanat-Sekretion im Schweiß bei Cystenfibrose. G. E. Gibbs und R. H. Hutchings. (Proc. Soc. exp. Biol. Med. **106.** 368—69. Febr. 1961. Omaha, Nebr., Univ. of Nebraska, Coll. of Med., Dep. of Pediatr.) (Engl.)

Bei Cystenfibrose war das Verhältnis zwischen dem *Thiocyanat*-Geh. im Schweiß u. Plasma 3,4mal höher als bei den Kontrollpersonen. K. ZINGRAF. 4555□

Der Calcium- und Magnesiumgehalt von verschiedenen Sekreten, die in den Verdauungstrakt des Schafes gelangen. J. E. Storry. (Nature [London] **190.** 1197—98. 24/6. 1961. Aberdeen, Bucksburn, Rowett Res. Inst.) (Engl.)

Es wurden der *Mg*- u. *Ca*-Geh. der Speicheldrüse (*Saliva submaxillaris*) des restlichen Speichels, Magensafts, der Galle, der Pankreas-Fl., der BRUNNERschen Drüsen u. des Blinddarms bestimmt. Unter Zugrundelegung mittlerer Werte des täglichen Ausfluß-Vol. der einzelnen Drüsen wurde die tägliche Gesamtsekretion der Drüsen an Ca u. Mg in den Verdauungstrakt der Schafe zu 16,12 mÄquivalenten Mg u. 27,18 mÄquivalenten Ca berechnet. Bei der Annahme, daß das Plasma u. die interstitielle Fl. 5 bzw. 15% des Körper-Gew. ausmachen u. die Konzz. an Ca u. Mg in der interstitiellen Fl. sowie der ultrafiltrierbare Ca- u. Mg-Geh. des Plasmas gleich sind, stimmen die ermittelten Werte mit den berechneten überein. Die kontinuierliche Sekretion von Mg durch die Verdauungsdrüsen ohne Reabsorption würde zu einem schnellen Verlust des extracellulären Mg führen. J. BOELTER. 4555□

Einige die Milchsekretion durch isolierte durchströmte Brustdrüse beeinflussende Faktoren. D. C. Hardwick und J. L. Linzell. (J. Physiology **154.** 547—71. Dez. 1960. Babraham, Cambridge, A.R.C. Inst. of Animal Physiol.) (Engl.)

Die Milchsekretion des durchströmten Ziegeneuters betrug in den ersten 2 Std. 40% der üblichen Menge, nahm dann aber rasch ab. Die Milchleistung konnte durch Zugabe von Glucose, Acetat, Aminosäuren, Ca u. P zur Perfusions-Fl. gesteigert werden. Zugabe von anorgan. ^{32}P-Phosphat äußerte sich erst nach 2 Std. (Maximalwert nach 5—8 Std.) im anorgan. Phosphat der Milch. K. ZINGRAF. 4555□

Einfluß von Prolactin auf den in vitro-Metabolismus von Glucose in der Milchdrüse von Ratten. Patricia McLean. (Biochim. biophysica Acta [Amsterdam] **42.** 166—67. 29/7. 1960. London, Middlesex Hosp., Med. School, Courtauld Inst. of Biochem.) (Engl.) — Vgl. C. **1960.** 14395.

Vf. untersuchte in vitro den Einbau von ^{14}C aus $^{14}C_{(1)}$- u. $^{14}C_{(6)}$-Glucose in CO_2 u. Lipide durch die Milchdrüse trächtiger Ratten mit u. ohne Zusatz von *Prolactin*. Der Anteil von Glykolyse u. Pentosephosphatcyclus am ^{14}C-Einbau in die Lipide wurde berechnet. Der Anteil der Glykolyse sinkt bei Prolactinzusatz von 85 auf 58%. Im Gegensatz zu den Verhältnissen bei der Milchdrüse trächtiger Ratten hat Prolactin bei der lactierenden Drüse keinen Einfl. auf den Stoffwechsel von $^{14}C_{(1)}$- bzw. $^{14}C_{(6)}$-Glucose. H.-G. FLOSS. 4555□

Untersuchung der Eiweißsynthese in der Vesicula seminalis von Ratten. S. Mányai. (Acta physiol. Acad. Sci. hung., Suppl. **18.** 41—42. 1960. Budapest, Medizin. Univ., Chem. Inst.) (Dt.)

Von der *Vesicula seminalis* der Ratte, die viel Eiweiß-enthaltendes Sekret sezerniert, werden dem Tier in vivo gegebene radioakt. Aminosäuren sowohl in die Drüsen- als auch in die Sekreteiweiße eingebaut. Die Aminosäureninkorporierung läßt sich in den vom Sekret gereinigten Drüsenschnitten auch in vitro untersuchen. Im Rahmen der Unterss. über die Rolle der *Ribonucleinsäuren* bei der Eiweiß-Synth. gelang es, aus der Drüse eine mit den Ribonucleinsäuren gemeinsam extrahierbare *Polypeptid*-Fraktion zu isolieren, die sowohl in vivo als auch in vitro um 2 Größenordnungen intensiver markiert (synthetisiert) wird als die Struktureiweiße des Gewebes. Dieses Polypeptid, dessen charakterist. Aminosäuren-Zus. bestimmt wurde, läßt sich auch im Sekret der Bläschendrüse nachweisen. Seine Synth. wird durch Kastrierung bzw. Testosteronbehandlung am stärksten beeinflußt. U. TAUSENDFREUND. 4559□

Zur Wirkung anaboler Hormone auf die Azotämie bei Nierenversagen. W. Gerber und P. Cottier. (Helv. med. Acta **28.** 197—215. Mai 1961. Bern, Univ., Medizin. Poliklinik.) (Dt.)

Durch *19-Nortestosteronphenylpropionat* (I; 0,05 g/d oder 1—2mal wöchentlich) konnte in 1 Fall akuter Anurie (39 Tage Dauer) u. 5 Fällen mit chron. Nierenversagen der Verlauf der Azotämie (beurteilt am Verlauf des Rest-N) nicht beeinflußt werden. Auch im Tier-Vers. (Ratte) mit durch beidseitige Nephrektomie erzeugter Azotämie konnte durch I, *17-Äthyl-19-nortestosteron* oder *1-Dehydro-17-methyltestosteron* kein Erfolg erzielt werden; es kommt auch zu keiner Verlängerung der Überlebenszeit. U. TAUSENDFREUND. 4559□

Eine klinische Prüfung eines anabolen Stoffes, verabreicht an untergewichtige Patienten in einer Magendarmklinik. Harry Barowsky, Joseph Rechtschaffen und Saul A. Schwartz. (Amer. J. Gastroenterol. **35.** 37—41. Jan. 1961. New York, N.Y., New York Med. Coll., Dep. of Med., Sect. of Gastroenterol.) (Engl.)

Nilevar (*17α-Äthyl-17-hydroxy-19-nor-4-androsten-3-on*; I) kann als wertvoll bei der Behandlung von untergewichtigen Erwachsenen angesehen werden. I ist wirksamer in Fällen ohne patholog. Magendarmstörungen. Während von 25 Fällen nur 1 auf hochcalor. Kost mit Gew.-Zunahme, 2 mit Appetitsteigerung u. 3 mit Besserung des Wohlbefindens reagierten, kam es auf 3mal 10 I/Tag bei 14 zu Gew.-Zunahme, bei 11 zu Appetitsteigerung u. bei 15 zu Besserungen des Wohlbefindens. Von 15 Personen ohne patholog. Magendarmveränderungen reagierten 12 gut, von 10 mit Magendarmstörungen reagierten nur 2 günstig. U. TAUSENDFREUND. 4559□

Untersuchungen über das Schicksal von Testosteronönanthat und 17α-Progesteroncaproat bei Mensch und Ratte. K. H. Kimbel, J. Willenbrink, P. E. Schulze, H. Langecker und K. Junkmann. (Acta endocrinol. [Copenhagen], Suppl. Nr. **51.** 737. 1960. Berlin, Schering Akt.-Ges., Hauptlabor.) (Engl.) H. HERPER. 4559□

Tierexperimentelle Untersuchungen über die Beeinflussung der Ovarialfunktion durch Androgene. H. Igel, K. Groot-Wassink und P. Enold. (Acta endocrinol. [Copenhagen], Suppl. Nr. **51.** 561. 1960. Berlin, Humboldt-Univ., Charité, Frauenklinik.) (Dt.) H. HERPER. 4559□

Anti-Ovulations-Aktivität von oral verabreichten Steroiden beim Östrus des erwachsenen Kaninchens. Fred A. Kincl und Ralph I. Dorfman. (Acta endocrinol. [Copenhagen], Suppl. Nr. **51.** 559—60. 1960. Mexico, D.F., Mexico, Syntex Soc. An., Res. Dep.; Shrewsbury, Mass., Worcester Foundat. for Exp. Biol.) (Engl.) H. HERPER. 4559□

^{65}Zn-Aufnahme durch die dorsolaterale Prostata als spezifischer Bionachweis für Luteinisierungshormon. Samuel A. Gunn, Thelma Clark Gould und W. A. D. Anderson. (Proc. Soc. exp. Biol. Med. **105.** 433—35. Nov. 1960. Coral Gables, Fla., Univ. of Miami, School of Med., Dep. of Pathol.) (Engl.)

Es wurde nachgewiesen, daß die Best. der Aufnahme von ^{65}*Zn* durch die dorsolaterale Prostata hypophysektomierter Ratten als empfindlicher u. spezif. biolog. Nachw. für die Aktivität des *Luteinisierungshormons* gelten kann. U. TAUSENDFREUND. 4560□

Die Wirkung von Choriongonadotropin auf die Ausscheidung von neutralen 17-Ketosteroiden und 17-Hydroxycorticosteroiden im Harn vor und während der Behandlung mit 17α-Methyl-19-nortestosteron. L. G. Huis in't Veld, B. Louwerens und P. A. F. van der Spek. (Acta endocrinol. [Copenhagen], Suppl. Nr. **51.** 539. 1960. Utrecht, Netherlands, Nat. Inst. of Public Health.) (Engl.) H. HERPER. 4560□

Zonenelektrophorese von follikelstimulierendes Hormon-Zubereitungen aus Schafshypophysen auf Stärke. I. D. Raacke, Ardis J. Lostroh und Choh Hao Li. (Arch. Biochem. Biophysics **77.** 138—46. Sept. 1958. Berkeley, Calif., Univ. of California, Hormone Res. Labor. and Dep. of Biochem.) (Engl.)

Die Zonenelektrophorese von Zubereitungen von *follikelstimulierendem Hormon* aus Schafshypophysen auf Stärke zeigte, daß die Aktivität nicht an die Hauptproteinkomponente gebunden war u. daß die akt. Komponente wie die Verunreinigungen einen I.P. bei pH 4,6 besaß. Durch die Elektrophorese konnte ein 10fach reineres Präp. erhalten werden. K. ZINGRAF. 4560□

Zur Frage des tubulären Angriffspunktes von antidiuretischem Hormon. L. Hársing, Erzsébet Dubecz und G. Kövér. (Acta physiol. Acad. Sci. hung., Suppl. **18.** 20—21. 1960. Budapest, Medizin. Univ., Physiolog. Inst.) (Dt.)

Vom *antidiuret. Hormon* wird die Permeabilität nicht nur des distalen Abschnitts, sondern die sämtlicher Tubulusabschnitte reguliert. Die osmot. Konz. des endgültigen Harns wird allerdings ausschlaggebend durch die Permeabilität des proximalen Tubulus beeinflußt, der Permeabilität der distalen Abschnitte kommt nur untergeordnete Bedeutung zu. U. TAUSENDFREUND. 4560□

Die Blutzucker-senkende Wirkung von Affen- und Rinder-Wachstumshormon bei hypophysektomierten Rhesusaffen. E. Knobil, G. R. Best und H. M. Goodman. (Endocrinology **68.** 723—25. April 1961. Boston, Mass., Harvard Med. School, Dep. of Physiol.) (Engl.)

Wachstumshormon von Affen, nicht aber von Rindern, bewirkte bei hungernden hypophysektomierten, nicht aber bei gefütterten hypophysektomierten oder hungernden normalen Rhesusaffen eine ausgeprägte Abnahme des Blutzuckers, die zu Krämpfen u. Koma führte. K. ZINGRAF. 4560□

Latex-Agglutination bei der Reaktion des menschlichen Wachstumshormons mit seinem Antiserum. Doman K. Keele und Jane Webster. (Proc. Soc. exp. Biol. Med. **106.** 168—70. Jan. 1961. Oklahoma City, Okla., Univ. of Oklahoma, Med. Center, Children's Mem. Hosp., Dep. of Pediatr.) (Engl.)

Es wird eine Meth. beschrieben, die zeigt, daß die Rk. zwischen menschlichem Wachstumshormon u. seinem Antiserum die Agglutination einer Latexsuspension hervorruft. H. STRUCK. 4560□

Die Wirkung des α- und β-melanocytenstimulierenden Hormons auf die Hautfarbe des Menschen. Aaron B. Lerner und Joseph S. McGuire. (Nature [London] **189.** 176—79. 21/1. 1961. New Haven, Conn., Yale Univ., School of Med., Dep. of Med., Sect. of Dermatol.) (Engl.)

Durch systemat. verabreichtes *synthet. α-melanocytenstimulierendes Hormon* konnte bei Vers.-Personen eine stärkere Dunkelfärbung der Haut erzielt werden. Die Beziehung zwischen der Melaningranuladispersion u. neuer Melanin-Bldg. in Säugetiermelanocyten ist nicht bekannt; vermutlich ist für die (innerhalb 24 Std. einsetzende) Sofortwrkg. eine Dispersion, für die Dauerwrkg. eine Melanin-Neubldg. verantwortlich. Das *β-melanocytenstimulierende Hormon des Schweins* war nur bei einer von 2 Personen wirksam; ob es sich um eine Rk.-Verschiedenheit oder um Unterschiede in den verschiedenen Chargen handelt, ist unklar. Ob *adrenocorticotropes Hormon* zu einer Dunkelfärbung der Haut führt, wird als sehr fraglich bezeichnet. U. TAUSENDFREUND. 4560□

Untersuchung der Existenz des „lipoidmobilisierenden Hormons". I. Lélek, D. Nagy, L. Kádas und L. Virág. (Acta physiol. Acad. Sci. hung., Suppl. **18.** 40. 1960. Sopron, Staatl. Sanatorium; Szombathely, Komitatskrankenhaus.) (Dt.)

Es wurde die Existenz des von SEIFTER u. BAEDER isolierten *lipoidmobilisierenden Hormons* untersucht; es wurde eine aus dem Serum hungernder Individuen nach Belastung mit 3 mg *Cortison*/kg dialysierbare Substanz verwendet. Wurde diese Substanz Hunden u. Kaninchen in einer Menge von 10 mg/kg verabreicht, so trat beträchtliche *Gesamtfett-*, *Gesamtcholesterin-* u. *Lipoid-P*-Erhöhung zutage. Auch die Menge der *β-Lipoproteide* war vermehrt. Während unter pH 3,5 keine Wrkg. zu beobachten war, führte von Amberlite IRC-50 gewaschene Fraktion bei den Vers.-Tieren ausgeprägte Lipämie herbei, so daß die Substanz bas. Charakter zu haben scheint. Im abschließenden Stadium der Verss. gelang es ebenfalls, mit der aus 40 g Hypophysenhinterlappen vom Menschen extrahierten Substanz Lipämie hervorzurufen. Die Herbeiführung der Hyperlipämie war jedoch niemals möglich, wenn die Tiere vor Einleitung der Verss. Normalkost oder einige Std. vor Beginn der Unterss. Dextrose erhielten. U. TAUSENDFREUND. 4560□

Adrenocorticotropin und der Zuckergehalt im Plasma junger Hühner. D. J. Bell. (Nature [London] **190.** 913. 3/6. 1961. Edinburgh, Agric. Res. Council, Poultry Res. Centre.) (Engl.)

5 Wochen alte braune *Leghorn*-Hühner u. -Hähne erhielten i.m. lang wirkendes *Adrenocorticotropin „Acthar"* (I), täglich 0,5 ml bzw. 20 I.E. über 3 Tage, injiziert. Die Tiere zeigten keinen Schmerz oder Appetitmangel. Am 4. Tage stieg der *Zucker*-Geh. des Plasmas stark an; am 5. Tage war er wieder auf bzw. unter den normalen Wert abgesunken. 48 Std. nach der letzten Injektion konnte keine Wrkg. mehr gefunden werden. Bei ausgewachsenen Tieren zeigten sich bei Verabreichung von I Diurese u. Hyperglykämie, während letztes bei jungen u. bursektomierten Tieren ausblieb. J. BOELTER. 4560□

Behandlung der Whippleschen Erkrankung mit Steroiden. Robert G. Weiner, B. C. Gradinger und Robert G. Rate. (Amer. J. Gastroenterol. **35.** 23—29. Jan. 1961. Halstead, Kans., Hertzler Res. Foundat., Hertzler Clinic; Halstead Hosp.) (Engl.)

Adrenocorticotropes Hormon u. *Corticosteroide* (*Prednison*) können bei der WHIPPLEschen Erkrankung zu einer klin. Remission führen. Die Remission hält jedoch, wie an einem Fall demonstriert wird, meist nicht lange an. U. TAUSENDFREUND. 4560□

Analyse von Plasma-Corticoid-Kurven, die während ACTH-Infusion beim Menschen mittels eines elektronischen Analogzählers erhalten wurden. P. de Moor, W. de Backer, A. Hendrikx, M. Hinnekens und A. de Bock. (Acta endocrinol. [Copenhagen], Suppl. Nr. **51.** 339—40. 1960. Leuven, België, Univ., Labor. voor Exp. Geneeskunde, Rega Inst. Dienst van Inwendige Ziekten, Univ. Klin. St. Rafaël en het Labor. voor Electr. Metingen en Electronica.) (Engl.) H. HERPER. 4560□

Phenylalanin und Tyrosin im Nebennierenmark. Gösta Hall, Nils-Åke Hillarp und Georg Thieme. (Acta physiol. scand. **52.** 49—52. Mai 1961. Lund, Sweden, Univ., Dep. of Histol.; Göteborg, Univ., Dep. of Pharmacol.) (Engl.)

Im Nebennierenmark des Rindes wurden kleine Mengen von freiem *Phenylalanin* ($<$20—40 μg/g Naßgew.) u. *Tyrosin* (10—20 μg/g), aber kein m-Tyrosin, Phenylserin oder 3.4-Dihydroxyphenylalanin gefunden. K. ZINGRAF. 4561□

Nebennierenfunktion bei verschiedenen experimentellen Hypertonien. R. Frenkl, L. Csalay, Anna Döklen und J. Sós. (Acta physiol. Acad. Sci. hung., Suppl. **18.** 33. 1960. Budapest, Medizin. Univ., Pathophysiolog. Inst.) (Dt.)

Die Nebennieren scheinen bei der durch *Trikresylphosphat* (I) bewirkten experimentellen Entw. des hohen Blutdrucks keine wesentliche Rolle zu spielen, da die durch I bei der Entw. der Blutdruckerhöhung hervorgerufene Steigerung der Nebennierenhormonsekretion sich auf dessen Funktion als Stressorsubstanz der Nebennieren zurückführen läßt. Bei der durch Licht-, Schall- u. elektr. Reiz ausgelösten Hypertonie waren die corticosteronsynthetisierende Fähigkeit der Nebennieren u. der Hormon-Geh. ihres Venenbluts bereits nach Entw. einer schwachen Blutdrucksteigerung erhöht. Auch bei einer mit kombinierter Diätbehandlung ausgelösten Hypertonie hatte die Hormon-Bldg.-Fähigkeit der Nebennieren zugenommen. U. TAUSENDFREUND. 4561□

Hemmung der $C_{(11)}$-Oxydation der Nebennierensteroide beim Hund. John S. Jenkins, J. W. Meakin, Don H. Nelson und George W. Thorn. (Science [Washington] **128.** 478—80. 29/8. 1958. Boston, Mass., Harvard Med. School and Peter Bent Brigham Hosp., Dep. of Med.) (Engl.)

Bei laufender *ACTH*-Dauerinfusion (i.v.) u. nach einmaliger i.v. Injektion von *2-Methyl-1.2-bis-[pyridyl-(3)]-propanon-(1)* (I; *SU 4885*) sanken im Nebennierenvenenblut die 17-Hydroxycorticosteroide innerhalb 10 Min. um 90% u. stiegen im Laufe von 3 Std. wieder auf 75% des Ausgangswerts. Dabei ging *Cortisol* (II) von anfänglich 6 μg/Min. innerhalb 20 Min. auf nicht mehr meßbare Werte zurück, während die vorher nicht nachweisbare *Verb. S* von REICHSTEIN in 5 Std. fortlaufend bis auf 5,6 μg/Min. anstieg. Auch *Corticosteron* war nach der I-Injektion nicht mehr nachweisbar; dafür wurde *Desoxycorticosteron* festgestellt. Die Hemmung der 11-Hydroxycorticosteroide dauerte ca. 8 Std.; 20 Std. später erreichte die II-Konz. wieder den Ausgangswert. Bei laufender I-Infusion von 5 mg/kg über 30 Min. wurde ein Abfall der Gesamt-17-Hydroxycorticosteroide nicht nachgewiesen, vielmehr trat ein mäßiger Anstieg auf. II ging jedoch von 7,5 auf 0,5 μg/Min. zurück, dafür wurde Verb. S nachweisbar. Ein klin. Vers. an einem Patienten mit CUSHING-Syndrom zeigte prinzipiell die gleichen I-Wrkg. wie beim Hund. Im Urin wurden größere Mengen von *Tetrahydroverb. S* nachweisbar, während die Ausscheidungen von *Tetrahydrocortison* u. *Tetrahydrocortisol* zurückgingen. R. TIMMLER. 4561□

Die 17-Hydroxycorticosteroide im Plasma im Verlauf der neurogenen und renalen Hypertension beim Hund. W. Eechaute, G. Demeester, I. Leusen und J. J. Bouckaert. (Arch. int. Pharmacodynam. Thérap. **130.** 403—12. 1/3. 1961. Gand, Univ., Labor. de Physio-Pathol.) (Franz.)

Bei Hunden trat bei neurogener u. renaler Hypertension keine Veränderung der freien 17-Hydroxycorticosteroide (I) sowie der K- u. Na-Werte im Plasma ein, die Gesamt-I blieben ebenfalls unverändert oder zeigten eine geringe Zunahme.
K. ZINGRAF. 4561 □

Experimentelle Untersuchungen über die Regulation der Aldosteron- und Corticosteroidproduktion. Edith Gláz und Ágotha Görgényi. (Acta physiol. Acad. Sci. hung., Suppl. **18.** 38. 1960. Budapest, Medizin. Univ., II. Medizin. Klinik.) (Dt.)

In vitro konnte ebenso wie bei der Hemmung der Corticosteron-Bldg. durch Hydrocortison die *Aldosteron*-Bldg. durch das mineralocorticoidartig wirkende *Desoxycorticosteron* gehemmt werden (dabei Erhöhung der Corticosteron-Bldg.).
U. TAUSENDFREUND. 4561 □

Ansteigen der Aldosteronsekretion am Hund durch Constriction der Arteria carotis und seine Verhinderung durch Denervierung des thyrocarotidialen arteriellen Astes. Frederic C. Bartter, Ivor H. Mills und Donald S. Gann. (J. clin. Invest. **39.** 1330—36. Aug. 1960. Bethesda, Md., Nat. Heart Inst., Sect. of Clin. Endocrinol.) (Engl.)

Die Constriction der Arteria carotis am Hund unterhalb des Nackens hat vermehrte Sekretion von *Aldosteron* zur Folge. Diese Erscheinung ist von der Änderung des arteriellen Blutdrucks unabhängig; tritt aber nach bilateraler Denervierung der arteriellen thyrocarotidialen Verzweigungen nicht mehr auf. R. LAFFERENZ. 4561 □

Aldosteron-Ausscheidung und Kaliumretention bei in großer Höhe sich aufhaltenden Menschen. P. J. Ayres, Rona C. Hurter und E. S. Williams. (Nature [London] **191.** 78—80. 1/7. 1961. London, Middlesex Hosp. Med. School, Barnato Joel Labor.) (Engl.)

Bei 7 Vers.-Personen (4 ♂, 3 ♀), die sich 24 Tage in einer Höhe von 14300 ft. auf dem Mont Blanc aufhielten, wurde die *Aldosteron* (I)- u. Na^+- u. K^+-Ausscheidung im 24-Std.-Urin bestimmt. — Nach dem Aufstieg machte sich ein merklicher Abfall der I- u. K^+-Ausscheidung, jedoch eine Zunahme der Na^+-Ausscheidung bemerkbar; während des Aufenthalts auf dem Berg stiegen die I- u. K^+-Werte allmählich wieder an. Der K^+-Geh. des Körpers zeigte nach dem Abstieg höhere Werte als vor Beginn der Expedition. H. KOCKERT. 4561 □

Die biologischen Wirkungen von Dexamethason, Methylprednisolon und Triamcinolon beim Menschen. A. V. Jadresic, J. Vallejos, M. Herreros und E. Ferrer. (Acta endocrinol. [Copenhagen], Suppl. Nr. **51.** 791. 1960. Santiago, Hosp. San Juan de Dios, Dep. de Endocrinol.) (Span.) H. HERPER. 4561 □

Colorimetrisches Mikroverfahren zur Corticosteroid-Bestimmung mit Tetrazoliumblau. O. Koref und Jolán Tuzson. (Acta physiol. Acad. Sci. hung., Suppl. **18.** 67. 1960. Budapest, I. Medizin. Klinik; Patho-physiolog. Abt. des Staatl. Hygieneinst.) (Dt.)

Zur quant. colorimetr. Best. von einzelnen aus Harn u. Nebennierenextrakten papierchromatograph. getrennten *Corticosteroiden* wurde ein modifiziertes Mikroverf. mit *Tetrazoliumblau*-Reagens im methylalkoholhaltigen Medium ausgearbeitet. Zur Alkalisierung wird KOH verwendet. Die Modifikation besteht vorwiegend darin, daß zwecks Erhöhung der Empfindlichkeit des Reagens nicht nur das zu bestimmende Steroid, sondern auch das Reagens vor der Laugenzugabe eingetrocknet wird. Damit konnte erreicht werden, daß die Meth. zur Best. von Mengen in der Größenordnung von 1 μg verwendet werden kann. U. TAUSENDFREUND. 4561 □

Einwirkung von Adenosin-3′.5′-monophosphat auf die Brenzcatechinamin- und Cortisol-Ausscheidung in isolierten, durchströmten Nebennieren. James G. Hilton, Relja I. Nedelkovic und George Dermksian. (Acta endocrinol. [Copenhagen], Suppl. Nr. **51.** 705. 1960. New York, N.Y., St. Luke's Hosp., Dep. of Med.) (Engl.)
H. HERPER. 4561 □

Gewebestoffwechsel von $^{14}C_{(2)}$-dl-Adrenalin bei der Katze. A. F. de Schaepdryver und N. Kirshner. (Arch. int. Pharmacodynam. Thérap. **130.** 477—80. 1/3. 1961. Durham, N.C., Duke Univ., Med. Center, Dep. of Biochem. and Dep. of Exp. Surg.) (Engl.)

Durch kombinierte Säulen- (Amberlite IRC-50 u. Dowex 1-2-X) u. Papierchromatographie wurden die Stoffwechsel-Prodd. von *$^{14}C_{(2)}$-dl-Adrenalin* in Blut, Urin u. Organen von Katzen erfaßt. Die Hemmung der Monaminoxydase durch Iproniazid oder der Brenzcatechin-O-methyltransferase durch Pyrogallol wird durch das vollkommene Enzym-Syst. kompensiert. Bei gleichzeitiger Hemmung beider Enzym-Syst. wird die Abbaufolge bes. in der Leber unter Erhöhung der sauren Stoffwechsel-Prodd. (vorwiegend Konjugate) u. Auftreten eines neuen Stoffwechsel-Prod. grundlegend geändert.
K. ZINGRAF. 4561 □

Ascendierende Wirkungen auf das cerebrale Ganglion nach Anwendung von Serotonin, Noradrenalin und anderen Brenzcatechinaminen auf das Pedalganglion bei Weinbergschnecken. Katalin Rózsa und Ch. S. Koschtojanz. (Acta physiol. Acad. Sci. hung., Suppl. **18.** 9—10. 1960. Budapest, Medizin. Univ., Forschungslabor. für exp. Med.; Physikal. Inst.) (Dt.)

Serotonin (I) wirkt auf die Ganglien der Weinbergschnecke (*Helix pomatica* L.) aszendierend-stimulierend, *Noradrenalin* (II) wirkt aszendierend-hemmend. Bei Registrierung der bioelektr. Aktivität des cerebralen Ganglions der Weinbergschnecke nach Applikation verschiedener Brenzcatechinamine auf das pedale Ganglion in Konzz. von 10^{-7}m ergab sich, daß von dem auf das Pedalganglion gegebenen I eine ausgeprägte Stimulierung, von II u. in schwächerem Maße auch von *Adrenalin* eine Hemmung auf das cerebrale Ganglion ausgeübt wird. *Tryptamin* hatte keine wahrnehmbare Wrkg., nach *Tyramin* tritt ein Hemmeffekt erst nach Entfernung u. Auswaschung dieser Substanz in Erscheinung. U. TAUSENDFREUND. 4561□

Die jahreszeitliche Schwankung des Grundumsatzes und der Schilddrüsenaktivität beim Mann. Susumu Osiba. (Jap. J. Physiol. **7.** 355—65. 20/12. 1957. Kyoto, Kyoto Prefectural Univ. of Med., Dep. of Physiology.) (Engl.)

Gruppenweise Unterss. an ♂ erwachsenen Probanden in klimakonst. Räumen bewiesen eine eindeutige, gleichsinnige Abhängigkeit sowohl des Grundumsatzes als auch des eiweißgebundenen Serumjods von der umgebenden Temp., wobei deren Absinken eine Zunahme der Schilddrüsenaktivität u. hierdurch bedingte Steigerung des Stoffwechsels verursacht. Die Befunde bestätigen u. erklären die Beobachtung analoger jahreszeitlicher Schwankungen unter alltäglichen Verhältnissen (z. B. 7,9 γ-% Serum-J im Januar, 4,7 γ-% im August). Beim Grundumsatz wird ein gewisser Verzögerungseffekt beobachtet, so daß auch bei gleichen Außentemp. der Stoffwechsel im Frühjahr höher als im Herbst ausfällt. R. KLOCKMANN. 4562□

Über den Jodstoffwechsel der intrauterinen Frucht. L. Lampé, L. Kertész, F. Péter und L. Medveczky. (Acta physiol. Acad. Sci. hung., Suppl. **18.** 70. 1960. Debrecen, Med. Univ., Geburtsh. Klinik; Kinderklinik; Ungar. Akad. der Wiss., Inst. für Atomkernforschung.) (Dt.)

Die Schilddrüse von Rattenembryos beginnt normalerweise am 18. Tag der Trächtigkeit zu funktionieren. Durch medikamentöse Schilddrüsenausschaltung am Muttertier wird die fötale ^{131}J-Aufnahme herabgesetzt, durch Thyreoidektomie der Mutter wird sie erhöht. Dieselbe Behandlung vor der Gravidität übt auf die fötale Schilddrüsentätigkeit kaum Einfl. aus. U. TAUSENDFREUND. 4562□

Die Wirkung von Hyaluronidase auf das neuroendokrine System. Anikó Macher, K. Kolvács, Margit Dávid und M. Julesz. (Acta physiol. Acad. Sci. hung., Suppl. **18.** 106—07. 1960. Szeged, Med. Univ., I. Med. Klinik.) (Dt.)

Im Anschluß an Verss., bei denen an Meerschweinchen u. Ratten nachgewiesen werden konnte, daß die den O_2-Verbrauch steigernde *Thyreotropin*-Wrkg. von *Hyaluronidase* (I) abgewehrt u. der O_2-Verbrauch an u. für sich herabgesetzt wird, wurde geprüft, ob I die von *Methylthiouracil* (II) herbeigeführte Schilddrüsenhyperplasie abwehren u. den Serum-*Cholesterin* (III)-Spiegel beeinflussen kann. I hatte dabei weder Einfl. auf den nach II ansteigenden Serum-III-Spiegel, noch führte I eine Zunahme des Schilddrüsen-Gew. herbei; auf die das Schilddrüsen-Gew. erhöhende Wrkg. von II war I ohne Einfluß. Nach den histolog. Unterss. war bei einigen I-behandelten Tieren schwache basophile Degranulierung in der Adenohypophyse zu beobachten. U. TAUSENDFREUND. 4562□

Radiojodtest im Alter. H.-J. Correns, E. Dressler und W. Finck. (Acta biol. med. german. [Berlin] **4.** 334—42. 1960. Jena, Univ., Poliklinik für Innere u. Nervenkrankheiten.) (Dt.)

Vff. zeigen an Hand der Unterss. von 593 Patienten, daß der Radiojodtest bei alten Menschen zu Fehlschlüssen führen kann, da die Aufnahmewerte im Alter fallen, die ^{131}J-Werte für gebundenes Proteinjod u. die Urin-^{131}J-Werte aber steigen. Eine bes. starke Altersabhängigkeit zeigt der Quotient aus der 24 Std. langen Aufnahme der ^{131}J-Werte für gebundenes Proteinjod. A. GUDE. 4562□

Die Wirkung von Parathyreoidektomie und Gaben von teilweise gereinigtem Nebenschilddrüsenextrakt auf die Clearance von Calcium und Phosphor bei Hunden. Charles R. Kleeman, Donald Bernstein, J. Thomas Dowling und Morton H. Maxwell (unter techn. Mitarbeit von Carol Brewer und Audrey Bishop). (Acta endocrinol. [Copenhagen], Suppl. Nr. **51.** 493. 1960. Los Angeles, Calif., Univ. of California, Med. Center, Dep. of Med. and Wadsworth Hosp., Veterans Admin. Center.) (Engl.) H. HERPER. 4563□

Wirkungen von Insulin auf den Monosaccharidtransport und die Inkorporierung von Aminosäuren in das Eiweiß des mit Phlorizin veränderten Zwerchfells. F. C. Battaglia, K. L. Manchester und P. J. Randle. (Biochim. biophysica Acta [Amsterdam] **43**. 50—54. 9/9. 1960. Cambridge, Univ. of Cambridge, Dep. of Biochem.) (Engl.)

Es wurde ein neuer Beweis für die Anschauung erbracht, daß die Wrkg. von *Insulin* (I) auf die *Aminosäuren*-Inkorporierung nicht von der I-Wrkg. auf den *Kohlenhydrat*-Stoffwechsel abhängt. Bei Unters. der Wrkg. von *Phlorizin* (II) auf den Monosaccharidtransport, Aminosäurentransport u. den Aminosäureneinbau in das Protein des isolierten Rattenzwerchfells zeigte sich, daß II die Aufnahme von Glucose u. den Membrantransport von D-Xylose u. D-Galaktose u. die Wrkg. von I auf diese Prozesse hemmt, ohne den Einbau von ^{14}C-Glycin in das Protein u. die durch I auf diesen Einbau ausgeübte Wrkg. zu beeinträchtigen. U. TAUSENDFREUND. 4564□

Untersuchungen über Insulin. 1. Mitt. **Zwei verschiedene Insuline aus der Langerhansschen Insel des Bonitofisches.** Makoto Yamamoto, Akira Kotaki, Tsuneo Okuyama und Kazuo Satake. (J. Biochemistry [Tokyo] **48**. 84—92. Juli 1960. Tokyo, Metropolitan Univ., Fac. of Sci., Dep. of Chem.) (Engl.)

Teilweise gereinigtes *Insulin* (I) aus der vorwiegend aus β-Zellen bestehenden LANGERHANSschen Insel von Bonitofisch wurde an einer Carboxymethylcellulosesäule in 2 Komponenten mit voller I-Wirksamkeit zerlegt, die eine mit einer Glycyl- u. einer Leucylkette, die andere mit einer Glycyl- u. einer Alanylkette/6 · 10^3 g als N-endständigen Aminosäuren. Wahrscheinlich entsprechen diese Leucyl- u. Alanylketten dieser beiden I dem Phenylalaninrest in Säuger-I. Einige Unterschiede zwischen Fisch- u. Säuger-I beruhen hauptsächlich auf dem Unterschied zwischen den beiden Glycylketten. K. MAIER. 4564□

Untersuchungen über den Mechanismus der die dextranbedingte „anaphylaktoide" Reaktion steigernden Insulin-Wirkung. Anna Rédei, S. Nagy und I. Karády. (Acta physiol. Acad. Sci. hung., Suppl. **18**. 101. 1960. Szeged, Med. Univ., Pathophysiol. Inst.) (Dt.)

Es konnte gezeigt werden, daß *Insulin* (I; 4 Einheiten/100 g) die von 1 mg *Dextran* (II)/g intraperitoneal bei Ratten hervorgerufene Degranulierung der mesenterialen Mastzellen fördert. Da nach der üblichen Anschauung die Degranulierung der Mastzellen mit der Freisetzung ihrer physiolog.-akt. Substanzen einhergeht, wird geschlossen, daß die II-Wrkg. auf die Mastzellen von I gesteigert wird, was die Progression der anaphylakt. Rk. zur Folge hat. Dieser Effekt könnte auf den vermehrten II-Transport in die Mastzellen zurückgeführt werden. Nach den Ergebnissen der Vff. wird jedoch bei Katzen der Plasmaspiegel des infundierten II von I nicht beeinflußt. U. TAUSENDFREUND. 4564□

Insulin als Antigen. 1. Mitt. **Eine klinisch-experimentelle Studie.** Hermann Michel. (Acta allergol. [Copenhagen] **16**. 1—8. 1961. Berlin, Freie Univ., II. Med. Klinik u. Poliklinik.) (Dt.)

Theoret. Betrachtungen über das *Insulin* (I)-Mol. als Antigen sowie den Abbau von I durch Stoffwechselantagonisten u. endokrine I-Antagonisten. U. TAUSENDFREUND. 4564□

Insulin als Antigen. 2. Mitt. **Klinischer Teil.** Hermann Michel. (Acta allergol. [Copenhagen] **16**. 9—25. 1961.) (Dt.) — 1. vgl. vorst. Referat.

Klin. Unterss. über *Insulin* (I)-Resistenz, über allg., nichtallerg. Pathogenese der I-Resistenz, über nichtallerg. Hautveränderungen als Ursache der I-Resistenz, über Beziehungen zwischen Diabetes u. Allergie, über Hautallergien gegen I u. dessen Präpp., über gleichzeitiges Vork. von I-Allergie u. I-Resistenz sowie über I-Resistenz als immunbiolog. Phänomen. U. TAUSENDFREUND. 4564□

Insulin als Antigen. 3. Mitt. **Experimenteller Teil.** Hermann Michel. (Acta allergol. [Copenhagen] **16**. 26—49. 1961.) (Dt.) — 2. vgl. vorst. Referat.

Experimentelle Unterss. über *Insulin* (I)-Resistenz. Die serolog. Unters.-Meth. werden mitgeteilt, ebenso klin. Unters.-Ergebnisse u. Mitt. von Tierversuchen. — Vgl. 4. Mitteilung. U. TAUSENDFREUND. 4564□

Insulin als Antigen. 4. Mitt. **Vergleich der klinischen und tierexperimentellen Untersuchungsergebnisse.** Hermann Michel. (Acta allergol. [Copenhagen] **16**. 50—57. 1961.) (Dt.) — 3. vgl. vorst. Referat.

Es werden die klin. u. tierexperimentellen Unters.-Ergebnisse verglichen: Es läßt sich der Ablauf einer Antigen–Antikörper-Rk. gegenüber speciesspezif. *Insulin* (I) erkennen; mit Hilfe modifizierter Komplementbindungs-Rk. u. der passiven Hämagglutination gelang Nachw. echter I-Antikörper (keine Parallelität zum klin. Verlauf des Diabetes); es konnte nach I-Injektion eine Antigen–Antikörper-Kinematik beobachtet werden; es besteht unterschiedliche Antigenität der speciesspezif. I-Arten; I ist als Antigen von wechselnder Potenz anzusehen, die Sensibilisierung gegen dieses Antigen ist daher von unterschiedlicher pathogener Bedeutung. U. TAUSENDFREUND. 4564□

Artspezifität von menschlichem Anti-Rinder-, Schweine-Insulin-Serum. Solomon A. Berson und Rosalyn S. Yalow. (J. clin. Invest. **38.** 2017—25. Nov. 1959. Bronx, N.Y., Veterans Admin. Hosp., Radioisotope Serv.) (Engl.)

Vff. markierten verschiedene *Insuline* (I) u. I-Fraktionen (Schweine-, Pferde-, Schafs-I, 2 Rinder-I-Präpp., Desamido-Rinder-I u. Kette A u. B des Rinder-I) mit ^{131}J u. testeten die Affinität zu menschlichem Anti-Rinder-I- bzw. Anti-Schweine-I-Serum. Nach den Ergebnissen scheinen die Reste 8—10 der A-Kette, in denen sich die verschiedenen I unterscheiden, zumindest z. T. für die Rk. mit dem Antikörper verantwortlich zu sein. H.-G. FLOSS. 4564□

Neuere Untersuchungen über die die Granulationsgewebebildung beeinflussenden endokrinen Faktoren. S. Nagy, Anna Rédei und I. Karády. (Acta physiol. Acad. Sci. hung., Suppl. **18.** 39. 1960. Szeged, Med. Univ., Pathophysiol. Inst.) (Dt.)

In Erweiterung der Unterss., nach denen *Insulin* (I) eine fördernde Wrkg. auf die Granulationsgewebe-Bldg. zukommt, konnte gezeigt werden, daß bei I-Mangel (Diabetes) die Granulations-Bldg. geringer ist, u. daß zum Zustandekommen des granulationsfördernden Effektes des *somatotropen Hormons* (*Somacton*, FERRING) eine normale I-Menge nötig ist. U. TAUSENDFREUND. 4564□

Über die direkte Wirkung von Carbutamid auf die Leber. A. Káldor und G. Pogátsa. (Acta physiol. Acad. Sci. hung., Suppl. **18.** 78. 1960. Budapest, II. Med. Klinik.) (Dt.)

Die peroral wirkenden Antidiabetica üben ihre Wrkg. offenbar nicht nur über Insulin aus, da an der isolierten Rattenleber bei Durchströmung mit *Carbutamid* (100 mg %) in Glucose-freier Lsg. die Zuckerabgabe durch das Lebergewebe gehemmt wurde. U. TAUSENDFREUND. 4564□

Zum Wirkungsmechanismus der peroralen Antidiabetica. M. Palkovits, Z. Horn und N. Horváth. (Acta physiol. Acad. Sci. hung., Suppl. **18.** 91. 1960. Budapest, Med. Univ., Anatom. Inst.; Károlyi Krankenhaus, Labor.) (Dt.)

Vff. sind der Ansicht, daß *BZ 55* auf die Funktion der Leberzellen akute Wrkg. ausübt. Die Senkung des Blutzuckerspiegels u. die Leberglykogen (I)-Vermehrung beruhen nicht auf der Hemmung des I-Abbaus, sondern auf der in den Leberzellen vor sich gehenden akt. I-Bldg., was durch die mit der statist. Kernvariations-Unters. nachgewiesene gesteigerte Zelltätigkeit bestätigt wird. U. TAUSENDFREUND. 4564□

Über die Wirkung von Carbutamide (BZ 55) auf den K- und Na-Gehalt der menschlichen roten Blutkörperchen. G. Csapó, A. Tiszai und Zsuzsanna Szücs. (Acta physiol. Acad. Sci. hung., Suppl. **18.** 94. 1960. Szeged, Med. Univ., I. Med. Klinik.) (Dt.)

Da *BZ 55* Elektrocardiogrammveränderungen bewirkt, die u. a. auf eine Beeinflussung des *K*-Stoffwechsels im Herzmuskel schließen lassen, wurde die Beeinflussung des intracellulären K-Geh. durch BZ 55 in Erythrocytensuspensionen untersucht. Unter Einfl. von 50 mg% BZ 55 verringerte sich in Erythrocyten gesunder Personen u. von Diabetikern gegenüber Kontrollen der K-Geh., der Na-Geh. blieb unverändert. BZ 55 hat demnach anders als *Insulin* gewirkt. U. TAUSENDFREUND. 4564□

Wirkungen einmaliger und längerdauernder Behandlung mit Carbutamid (BZ-55) bei fettsüchtig-hyperglykämischen Mäusen und bei ihren mageren Gefährten vom gleichen Wurf. Jean Christophe und Jean Mayer. (Endocrinology **64.** 664—70. Mai 1959. Boston, Mass., Harvard School of Publ. Health, Dep. of Nutrit.) (Engl.) — Vgl. C. **1960.** 3924.

Einmalige Anwendung von *Carbutamid* (I) hatte bei fastenden normalen Mäusen (NM), nicht aber bei fettsüchtigen hyperglykäm. Mäusen (FM), eine blutzuckersenkende Wirkung. 7 Wochen lange orale Behandlung mit I veränderte den Futterverbrauch u. die Gew.-Zunahme bei allen Tieren nicht. Bei FM wurde eine Besserung des „Diabetes" u. bei NM eine Umkehrung der Wrkg. einer Einzeldosis beobachtet. NM reagierten nach 4 Wochen auf Glukagon u. Wachstumshormon ähnlich wie unbehandelte FM. K. ZINGRAF. 4564□

Stressresistenz bei thymektomierten Ratten. Alfred P. Iacobucci und Howard J. Jenkins. (J. Amer. pharmac. Assoc., sci. Edit. **47.** 813—16. Nov. 1958. Boston, Mass., Coll. of Pharmacy, Pharmacol. Labor) (Engl.)

Thymektomierte Ratten zeigen im Vgl. mit Normaltieren bei Verw. von trockener Hitze (41°), *Reserpin* oder *Histamin* als Stressoren keine abweichende Stressbereitschaft. Bei gleichzeitiger Adrenalektomie wie auch bei Adrenalektomie ohne Entfernung des

Thymus ist die Stressbereitschaft herabgesetzt u. kann durch Desoxycorticosteronacetat wieder normalisiert werden. Eine Thymusinvolution scheint somit keinen Einfl. auf die Stressbereitschaft zu haben. Die Verss. wurden unternommen zur Klärung des Zusammenhanges von erhöhter Stressbereitschaft u. Thymushyperplasie bei dem Krankheitsbild der Myasthenia gravis. K. THIELMANN. 4566□

Der Histamingehalt des menschlichen Uterus. Mavis Gunther und W. D. M. Paton. (J. Physiology **154**. 417—20. Dez. 1960. London, Univ. Coll. Hosp., Obstetric Hosp., Univ. Coll., London, Dep. of Pharmacol.) (Engl.)

Vff. bestimmten den *Histamin* (I)-Geh. des menschlichen nicht-graviden u. graviden Uterus nach Entfernung durch chirurg. Operation. Der I-Geh. des graviden Uterus (0,84 μg/g) war beträchtlich geringer als der des nicht-graviden Uterus (8,58 μg/g). G. BRATFISCH. 4569□

Wirkung von Histamin auf die zirkulierenden Eosinophilen beim Menschen. Toimi Räsänen. (Acta allergol. [Copenhagen] **16**. 58—62. 1961. Savonlinna, Central Hosp.; Helsinki, Univ. of Helsinki, Dep. of Pathol., Section II.) (Engl.)

Histaminhydrochlorid (0,5 mg) führt bei Patienten ohne Zeichen einer Hypophysen-Nebennieren-Insuffizienz zu einem Abfall der eosinophilen Leukocyten im peripheren Blut, der wenigstens für 4 Std. anhält. Es wird angenommen, daß diese Wrkg. Folge der direkten Eosinophilen-zerstörenden Wrkg. u. der aus der Anregung des Hypophysen-Nebennieren-Syst. resultierenden eosinopen. Wrkg. von Histamin ist. U. TAUSENDFREUND. 4569□

Der Histamingehalt des Meerschweinchendarms bei der Schultz-Daleschen Reaktion. B. Csaba, Gy. Beregszászy, A. Kövér, J. Csongor und T. Szilágyi. (Acta physiol. Acad. Sci. hung., Suppl. **18**. 99. 1960. Debrecen, Med. Univ., Pathophysiol. u. Physiol. Inst.) (Dt.)

Bei Unters. des *Histamin* (I)-Geh. isolierter Ileumabschnitte von Kontrolltieren u. mit Kaninchen-Antiovalbuminserum passiv sensibilisierten Meerschweinchen wurde kein wesentlicher Unterschied im I-Geh. beider Gruppen gefunden. Zufügung von Ovalbumin ließ bei den Kontrolltieren den I-Geh. unverändert, bei den sensibilisierten Tieren war der I-Geh. der Darmwand nach Abklingen der SCHULTZ-DALE-Rk. in allen Fällen erhöht (100—200% oder mehr); danach war in der TYRODE-Lsg. stets I nachweisbar. — Es wurde auch die Veränderung des I-Geh. der mit K depolarisierten Darmabschnitte u. der Verlauf der SCHULTZ-DALE-Rk. untersucht. U. TAUSENDFREUND. 4569□

Der Einfluß von 5-Hydroxytryptamin (Serotonin) auf die Nierenblutdynamik, Wasser- und Elektrolytausscheidung. J. Maxwell Little, Emily A. Angell, Ward Huffman und William Brooks. (J. Pharmacol. exp. Therapeutic. **131**. 44—48. Jan. 1961. Winston-Salem, N.C., Bowman Gray School of Med. of Wake Forest Coll., Dep. of Physiol. and Pharmacol.) (Engl.)

Hunde erhalten i.v. 0,9% wss. NaCl-Lsg. (I; 0,5 ml I/kg Körper-Gew./min) u. nach 75 Min. *Serotoninkreatininsulfat* (II) gelöst in I (3 μg freies *Serotonin*/kg Körper-Gew./min). Dabei sinkt die über die Niere ausgeschiedene Menge Na^+, K^+ u. Cl^- stark ab, während die Harnmenge, der Nierenplasmafluß u. die glomeruläre Filtrations-Geschw. unverändert bleiben. Die Na^+-Rückresorption nimmt stark zu. Mit 1,5 μg II/kg/min wird lediglich die Na^+-Ausscheidung erniedrigt. Vff. interpretieren die II-Wrkg. als spezif. Effekt bei der Elektrolytrückresorption durch die Nierenwege im Hund. L. TRÄGER. 4569□

Tyramin, 5-Hydroxytryptamin und Erregung adrenergischer Nerven. Z. M. Bacq und J. Renson. (Arch. int. Pharmacodynam. Thérap. **130**. 464—66. 1/3. 1961. Liège, Univ., Labor. de Pathol. et Thérap. Gén.) (Franz.)

5-Hydroxytryptamin steigert den Effekt der Erregung adrenerg. Nerven auf die Nickhaut der Katze, *Tyramin* verringert ihn. K. ZINGRAF. 4569□

Die Änderungen im Blutserotonin während einer Kälteeinwirkung. Paul Gordon. (Nature [London] **191**. 183—84. 8/7. 1961. Chicago, Ill., Northwestern Univ., Med. School, Dep. of Pharmacol.) (Engl.)

♀ Ratten erhielten 50 mg *Heparin* (I)/kg intraperitoneal injiziert u. wurden 30 bis 40 Min. später aus einem 75° F warmen Raum in einen solchen von 36—38° F gebracht. In Intervallen von 15 Sek. bis 20 Min. wurden die Tiere getötet u. das Blut nach Hämolyse mit dest. W. auf *Serotonin* (II) u. *5-Hydroxyindol* (III) untersucht. Es wurde ein Anstieg des II- u. III-Geh. im Blut entsprechend 0,7 γ II/ml gefunden, der zwischen der 11. u. 20. Min. wieder abfiel. Ohne I wurden höhere III-Werte gefunden. Die III-Werte im Menschen- u. Kaninchenblut waren denen in der Literatur angegebenen ähnlich. Die Änderungen konnten nicht durch nichtspezif. Erniedrigung der Körper-

Temp. erzielt werden. Die Rectal-Temp. blieb unverändert. Die Änderungen der **II**-Konz. werden mit einer Teilnahme von **II** an cardiovasculärer u./oder einer metabol. Anpassung an die Kälte erklärt. J. BOELTER. 4569□

Untersuchungen über den Mechanismus der ulcerogenen Wirkung von Serotonin. L. Csalay, Cs. Hegyvári, Eva Szepesi und Edith Tóth. (Acta physiol. Acad. Sci. hung., Suppl. **18.** 101—02. 1960. Budapest, Med. Univ., Pathophysiol. Inst.) (Dt.)

Beitrag zur Frage der Rolle von *Serotonin* (**I**) bei der Geschwürskrankheit. Der ulcerogene Effekt von **I** nimmt bei Ratten, die 5 Wochen lang mit Licht-, Schall- u. elektr. Reizen erregt wurden, zu. Durch Verabreichung von *Butazolidin* wurde der ulcerogene Effekt nicht beeinflußt. Durch 1 wöchige *Methionin*-Mangelkost wurde die Wrkg. von **I** auf die Magenschleimhaut ebenfalls gesteigert, obgleich die Kost auf andere **I**-Wrkg. keinen Einfl. hat. In weiteren Verss. wurde nachgewiesen, daß die *Corticosteron*-synthetisierende Fähigkeit der Nebennieren durch **I** verstärkt wird; Verss. an adrenalektomierten Tieren zeigten jedoch, daß die Nebennieren beim Mechanismus des **I**-Ulcus keine wesentliche Rolle spielen. Unter der Wrkg. von **I** war eine Veränderung des *Adenosintriphosphat*-Stoffwechsels der Magenschleimhaut zu beobachten.

U. TAUSENDFREUND. 4569□

Die Lokalisierung von Kupfer in Agar-Gel-Elektrophoresebildern von Crustaceenblut. Walter Decleir. (Naturwissenschaften **48.** 102—03. 2. Febr.-H. 1961. Gent, Belgien, Univ., Dep. of Biochem.) (Engl.)

Zur Lokalisierung von *Cu* in Elektropherogrammen von Crustaceenblut werden diese in eine Mischung von 5 ml Eisessig + 70 ml 94%ig. A. + 25 ml 0,2%ig. alkohol. Rubeansäure-Lsg. eingelegt. Dabei erfolgt Cu-Fällung in situ. Innerhalb 20 Min. entwickelte sich eine grünliche Färbung, nach einer Std. eine dunkelgrüne Farbe. Nachweisbar sind 0,132 μg Cu^{2+}. Die Elektrophorese erfolgt in einem 0,9%ig. Spezial–Agar-Noble (Difco)-Gel von pH 8,4 bei 130 V Elektrodenspannung u. 30 mA. Die Elektrophoresedauer beträgt 20 Minuten. PH. FRESENIUS. 4572□

Beiträge zum Mechanismus der hämatopoetischen Wirkung des Tryptophan. G. Harmos, J. Sós, J. Rigó, Anna Döklen und J. Pucsok. (Acta physiol. Acad. Sci. hung., Suppl. **18.** 29. 1960. Budapest, Med. Univ., Pathophysiol. Inst.) (Dt.)

Bei mit *Tryptophan* (**I**)-Mangelkost gefütterten Ratten entwickelt sich außer Anämie auch eine Leukopenie, unter **I**-Behandlung entsteht Leukocytose. Im Blut von mit **I**-Mangelkost ernährten Tieren ist die Aktivität der *alkal. Phosphatase* der Granulocyten vermindert, gleichzeitig ist das Blutbild im Sinne einer Vermehrung der stark segmentierten Granulocyten (Verminderung der Granulocytopoese) verändert. Nach **I**-Behandlung ist der O_2-Verbrauch des Knochenmarks erhöht (nach 24 Std. um 30%), so daß mit den Blutbildveränderungen auch Zellstoffwechselveränderungen vorliegen.

U. TAUSENDFREUND. 4572□

Antigenität von A_2-Hämoglobin. Paul Heller, Vincent Yakulis und A. Mt Josephson. (Nature [London] **189.** 495—96. 11/2. 1961. Chicago, Ill., Vet. Admin. West Side Hosp., Res. Labor.; Michael Reese Hosp., Hematol. Res. Inst.) (Engl.) — Vgl. C. **1961.** 13244.

Es wurde nachgewiesen, daß die langsame elektrophoret. *Hämoglobinfraktion* A_2 spezif. Antigencharakter besitzt. Antikörper gegen A_2-Hämoglobin erscheinen bei Ratten 3 Wochen nach einer einzigen Injektion der A_2-Fraktion. Dieser Antikörper reagiert mit Hämolysaten von normalem Erwachsenenhämoglobin, Fötalhämoglobin, Hämoglobin S, A–S, A–C u. S Thalassämie. U. TAUSENDFREUND. 4572□

Unterschiede in der Kaliumkonzentration und im Hämoglobintyp zwischen den Geschlechtern und verschiedenen Rassen des Merinoschafs. J. V. Evans. (Austral. J. biol. Sci. **14.** 274—87. Mai 1961. Armidale, N.S.W., Univ. of New England, Dep. of Physiol.) (Engl.)

Bei 5 verschiedenen Rassen des Merinoschafs ergaben sich Unterschiede in der *K*-Konz. in den Erythrocyten (flammenphotometr. bestimmt) u. im *Hämoglobintyp* (elektrophoret. bestimmt). Die Kombination einer K-Konz. von 12,0 mVal/Liter mit dem Hämoglobintyp A läuft parallel mit guten Eigg. der betreffenden Rasse.

G. ZIEBARTH. 4572□

Untersuchung des Natrium-Kalium-Gleichgewichts in den Erythrocyten des australischen Merinoschafs. 2. Mitt. Beobachtungen an drei Merinorassen. Helen Newton Turner und Judith H. Koch. (Austral. J. biol. Sci. **14.** 260—73. Mai 1961. Armidale, N.S.W., Univ. of New England, Dep. of Physiol.) (Engl.) — 1. vgl. Austral. J. biol. Sci. **14.** [1961.] 75.

Flammenphotometr. *K*- u. *Na*-Best. in den Erythrocyten dreier Merinoschafrassen ergibt bei Mutterschafen größere Unterschiede in der K-Konz. zwischen den Rassen als bei Widdern. Geringe Abweichung der Mutterschafe vom Normal-K-Wert wirkt sich günstiger auf die Leistung aus als große Abweichung. G. ZIEBARTH. 4573□

Der Glyceridgehalt der roten Blutkörperchen bei Mensch und Hund. Joseph B. Vacca, Paul P. Waring und Robert M. Nims. (Proc. Soc. exp. Biol. Med. **105.** 100—02. Okt. 1960. Denver, Colo., Fitzsimons General Hosp., U.S. Army Med. Res. and Nutrition Labor.) (Engl.)

Der *Mono-*, *Di-* u. *Triglycerid* (**I, II** u. **III**)-Geh. sowie die Menge nicht veresterter Fettsäuren (**IV**) in gewaschenen roten Blutkörperchen von Mensch u. Hund werden bestimmt. Während der **I-** u. **III**-Geh. bei beiden Species übereinstimmt, enthalten die Hunde-Präpp. mehr **II** u. **IV**. Das Plasma des fastenden (20 Std.) Hundes enthält ebensoviel Gesamtglycerid wie die Erythrocyten, aber 75% entfallen auf **III**. Das Plasma des fastenden (12 Std.) Menschen enthält doppelt soviel Gesamtglycerid u. 4mal soviel III wie die Erythrocyten. U. BAUMANN. 4573

Änderungen des Elektrodenpotentials im Blut während Hämolyse und reversibler und irreversibler Koagulation. B. Matkovics, E. Kovács und J. Cseh. (Enzymologia [Den Haag] **22.** 277—80. 31/12. 1960. Szeged, Hungary, Univ. of Szeged, Dep. of Organ. Chem.) (Engl.)

Bei Messung der Redoxpotentiale von durch Oxalat ungerinnbar gemachtem menschlichen Blut mittels Pt-Elektrode ergab sich, daß eine durch dest. W. induzierte Hämolyse das Potential kaum ändert, wogegen es sich während einer Koagulation in positiver Richtung verschiebt. Da diese Verschiebung in der Richtung u. ungefähr im Zahlenwert gleich ist, wenn die Koagulation reversibel (ausgelöst durch $CaCl_2$) oder irreversibel ist (ausgelöst durch Sulfosalicylsäure), wird angenommen, daß diese Potentialveränderung durch Strukturänderungen der Plasmaproteine zustande kommt.
A. HESSE. 4573□

Stoffwechsel der Säugetiererythrocyten. Irving M. London. (Bull. New York Acad. Med. [2] **36.** 79—96. Febr. 1960. New York, N.Y., Albert Einstein Coll. of Med., Dep. of Med.; Bronx Muncipal Hosp. Center, Med. Serv.) (Engl.)

Übersicht über die in Erythrocyten vor sich gehenden Stoffwechselprozesse u. ihre Bedeutung für deren Lebensdauer. — 77 Literaturangaben.
U. TAUSENDFREUND. 4573□

Die Entproteinisierungsmittel und die Kjeldahl-Behandlung stickstoffhaltiger organischer Verbindungen. H. Sluşanschi, M. Suţeanu und Al. Lozinschi. (Studii Cercetări Biochim. **2.** 385—93. 1959. Bucureşti, Acad. R.P.R., Inst. de cerc. agron. u. Fac. de med. vet., Inst. agronom. N. Bălcescu.)

An NH_4Cl, Harnstoff, Gesamtblutserum u. entproteinisiertem Blutserum wird der Einfl. von Trichloressigsäure (I) u. anderen Entproteinisierungsmitteln auf die Genauigkeit der N-Best. nach KJELDAHL untersucht. Unter den üblichen Bedingungen der Best. ist die Ggw. von I oder (bei Serum) $NaPO_3$ oder Phosphorwolframsäure in den Konzz., wie sie in den entproteinisierten Filtraten vorkommen, ohne Einfl., d. h. die Werte für Gesamtnichteiweiß-N sind auch in Ggw. dieser Stoffe genau.
R. K. MÜLLER. 4574□

Hypothesen über die Lokalisierung des Glycins im Serumalbumin. P. Monnier, R. Huguet, J. Ségalas und G. Pous. (Trav. Soc. Pharmac. Montpellier **17.** **34—37.** 1957. Montpellier, Soc. Pharm.) (Franz.)

Bei der proteolyt. Hydrolyse von Human-*Serumalbumin* (I) konnte Glycin (II) durch Papain bereits nach 30 Min. in Freiheit gesetzt werden, durch Trypsin nach 48 Std., durch Chymotrypsin nach 12 Std., während es bei Verw. von Pepsin selbst nach 96 Std. nicht nachzuweisen war. Da II im Verhältnis zu anderen Aminosäuren nur sehr langsam enzymat. aus I abgespalten wird, muß es, falls das Protein einen gegen Enzyme resistenten Kern besitzt, zentral liegen oder im anderen Falle eine spezielle Lage einnehmen, die vielleicht mit ster. Hinderung verbunden ist. Es wird vermutet, daß II in der Polypeptidkette mit Tyrosin gekoppelt ist, u. zwar über dessen Carboxylgruppe. Wahrscheinlich liegt es in der Nachbarschaft von oder direkt neben Histidin, Lysin, Tryptophan u. Cystin, da diese Aminosäuren bei der Hydrolyse des I gleichzeitig mit II auftreten.
E. ÜHLEIN. 4574□

Polymorphie der Serum-β-Globuline bei Mäusen. G. C. Ashton und A. W. H. Braden. (Austral. J. biol. Sci. **14.** 248—53. Mai 1961. Rockhampton, Qld., Cattle Res. Labor., Div. of Animal Genetics; Prospekt, N.S.W., Ian Clunies Ross Animal Res. Labor., Div. of Animal Physiol.) (Engl.)

Durch Elektrophorese an Stärkegel läßt sich von Mäusen gewonnenes *β-Globulin* in 3 Zonen trennen. Die Intensität der Zonen ist vom verwendeten Stamm abhängig.
G. ZIEBARTH. 4574□

Die Isolierung serologisch aktiver Peptide von niedrigem Molekulargewicht aus einem Hydrolysat von Rinderplasma-Albumin. Alfred J. Richard, Sherwin Beck und Hans Hoch. (Arch. Biochem. Biophysics **90.** 309—13. Okt. 1960. Richmond, Med. Coll. of Virginia, Dep. of Pharmaceut. Chem. and Biophys.) (Engl.)

Es wurden 9 Peptidfraktionen mit einem Molgew. zwischen 3200 u. 6800 aus dem Hydrolysat von *Rinderplasmaalbumin* (*RPA*), welches 24 Std. bei 37° in einem Boratpuffer von pH 7,8 mit Chymotrypsin inkubiert war, gewonnen u. papierelektrophoret. aufgetrennt. Jede dieser Peptidfraktionen bildete spezif. Präzipitate mit Antiserum gegen BPA, doch war die benötigte Konz. ca. 1000mal höher als bei normalem BPA. WOLFGANG ALBRECHT. 4574□

Einflüsse auf die Molekularstruktur in Proteinen bei Reaktion mit Bernsteinsäureanhydrid. A. F. S. A. Habeeb, Harold G. Cassidy und S. J. Singer. (Biochim. biophysica Acta [Amsterdam] **29.** 587—93. Sept. 1958. New Haven, Conn., Yale Univ., Dep. of Chem.) (Engl.)

Die Rk. von *Rinderserumalbumin* (**I**), *Rinder-γ-globulin* u. *β-Lactoglobulin* (**II**) mit *Bernsteinsäureanhydrid* (**III**) wurde untersucht. Bei pH 8 u. 0° fand man, daß **III** die Proteine spezif. u. erschöpfend an den freien Aminogruppen angreift, wobei eine Gruppe, die in der Nähe des Neutralpunktes positiv geladen ist, durch eine negativ geladene ersetzt wird. Die gebildeten Protein-Derivv. sind elektrophoret. einheitlich; ihre negative Wanderungs-Geschw. bei pH 8,6 ist größer als die der entsprechenden nativen Proteine. In der Nähe der Neutralität, untersucht bei pH 7,5, ist starker Anstieg der Intrinsicviscosität u. Absinken der Sedimentations-Konst. zu beobachten. Letzteres deutet auf Entfaltung oder Ausdehnung der Protein-Moll. hin, was auf die elektrostat. Abstoßungen zurückgeführt wird, die von den zahlreichen, auf den Moll. sitzenden negativen Ladungen herrühren. Die succinylierten Derivv. von **I** u. **II** können die Antikörper der nativen Proteine nur noch in geringem Umfange fällen, was wahrscheinlich eher durch die Konfigurationsänderungen bei der Rk. mit **III** bedingt sein soll, als durch die Blockierung der Aminogruppen. E. ÜHLEIN. 4574□

Neuraminsäure in durch Aussalzen und Methanolfällung erhaltenen Serumproteinfraktionen. J. Dżułyńska. (Acta biochim. polon. **4.** 103—15. 1957. Warszawa, Inst. Dermatol. i Wenerol.) — Vgl. C. **1957.** 8897.

Vf. bestimmt den *Neuraminsäure* (**I**)-Geh. in Serumproteinfraktionen, die durch Aussalzen oder durch 2 Ausscheide-Meth. mit Methanol erhalten wurden. 75% **I** in der Globulinfraktion, 25% in der Albuminfraktion gefunden. In den mit Methanol erhaltenen Fraktionen höchster Geh. an **I** in α- (1,5%) u. β-Globulinen (1,4%), weniger in γ-Globulinen (0,5%) u. Albuminen (0,3%). Einen hohen **I**-Geh. im in Lsg. verbliebenen Symplex (nach Ausscheiden mit CCl_3COOH der Fraktion „Albumine + α-Globuline"), wahrscheinlich Mucoprotein festgestellt. Die nach WINZLER ausgeschiedene Mucoproteinfraktion wies einen ähnlichen %-Satz der **I** (9,5%) auf. Unter den Methanolfraktionen enthielt die „α + $β_1$-Globulin"-Fraktion am meisten **I** (2,8%), die „γ + $β_2$-Globulin"-Fraktion (0,8%), die Albuminfraktion (0,4%). Ähnlichen Geh. an **I** enthielt die nach PILLEMER erhaltene Albuminfraktion. A. BABCZYŃSKI. 4574

Über die Beziehungen zwischen reticuloendothelialer Speicherung und Gefäßwandpermeabilität. K. Rák, F. Krizsa und S. Benkö. (Acta physiol. Acad. Sci. hung., Suppl. **18.** 95—96. 1960. Szeged, Med. Univ., I. Med. Klinik.) (Dt.)

Serum von wochenlang mit *Methylcellulose* behandelten Ratten wird unbehandelten Ratten injiziert u. bewirkt bei der Prüfung der Aufnahme von *koll. Ag* durch Rattensohlen-Subcutis-Histiocyten eine ausgeprägtere Speicherung als das Serum unbehandelter Tiere. Die Wrkg. wurde durch isoton. Salzverdünnungen herabgesetzt, durch Dialyse nicht aufgehoben. Methylcellulose selbst übt nur minimalen Effekt aus. Das Serum von einigen dysproteinäm. Kranken wirkte ähnlich. Theoret. Überlegungen u. experimentelles Beobachten (durch Hyaluronidase hervorgerufene Farbstoffspeicherung) sprechen dafür, daß die gespeicherte Farbstoffmenge nicht zur direkten Wrkg. der untersuchten Seren auf die Reticuloendothelialzellen, sondern zur Permeabilitätsveränderung der Gefäßwand im Verhältnis steht. Es wird angenommen, daß die durch Reticuloendothelialspeicherung hervorgerufene Eiweißstoffwechselveränderung zum Auftreten eines Proteins (?) führt, das durch Erhöhung der Gefäßpermeabilität eine Steigerung der Tätigkeit des reticuloendothelialen Syst. bewirkt.
U. TAUSENDFREUND. 4574□

Eine enzymatische spektrophotometrische Methode zur Bestimmung von Homogentisinsäure im Plasma und im Urin. J. E. Seegmiller, Vincent G. Zannoni, Leonard Laster und Bert N. La Du. (J. biol. Chemistry **236.** 774—77. März 1961. Bethesda, Md., Nat. Inst. of Arthritis and Metabolic Diseases, Nat. Inst. of Health, U. S. Public Health Service.) (Engl.)

Homogentisinsäure (I) wird durch *Homogentisinsäureoxydase* (II) zu Maleylacetoessigsäure (III) oxydiert, die im UV bei 330 nm mit einem molaren Extinktions-Koeff. von 13500 absorbiert. II ist spezif. für I als Substrat (Gentisinsäure, Homogentisinsäurelactone u. Ester der Säure werden nicht oxydiert). Die hohe Affinität der II zu I (MICHAELIS-MENTEN-Konst. $1{,}07 \cdot 10^{-5}$ m) erlaubt die Best. von kleinen Mengen I, wenn III frei ist von II-Isomerase. Plasma: In die Unters.- bzw. Bezugsküvette gelangen je 2,0 ml 0,2 m Na-Phosphatpuffer (pH 6,5), 0,47 ml H_2O u. 0,50 ml Plasma. Messung bei 330 nm. Zugabe von 0,03 ml II-Lsg. bekannten Geh. (bzw. 0,03 ml H_2O zur Bezugsküvette) u. Messung in Min.-Intervallen, bis maximale Extinktion erreicht ist. Urin: Verdünnung so, daß 5—25 μg I im aliquoten Teil vorhanden sind. Quant. Unterss. von Plasma von Gesunden zeigte keine erfaßbaren Mengen I, bei Patienten mit Alkaptonurie wurden dagegen Werte zwischen 5,0 u. 11,0 μg I/ml Plasma gefunden. Untere Grenze der mit oben angeführten Meth. erfaßbaren Menge ist <1 μg I/ml Plasma.
J. WINTER. 4574□

Die Resorption von Heparin und synthetischen Heparinoiden im Magendarmkanal. E. Windsor und G. E. Cronheim. (Nature [London] **190.** 263—64. 15/4. 1961. Northridge, Calif., Riker Labor., Inc.) (Engl.)

Ratten erhielten 500 mg *Na-Tetraäthylendiaminotetraacetat* (I)/kg sowie 50 mg *Heparin* (II)/kg peroral, Hunde 50 mg I/kg u. 100 mg II/kg verabreicht. Es wurde die Resorption von II sowie von dem *K-Salz* von *Sulfopolyglucin* (III; einem sulfurierten Polysaccharid mit 5—15 Glucoseeinheiten in α-1.4- u. α-1.6-Stellung verbunden mit 2—3 Sulfogruppen pro Glucoseeinheit) durch die Verzögerung der Blutgerinnung u. das Auftreten der Plasmalipämieabschwächung gemessen. In Hunden bewirkte I eine zehnfach größere Resorption von III, in Ratten war die I-Wrkg. noch größer. III allein wurde kaum resorbiert. I wirkte in der Ratte schneller als im Hund. Beim Hund konnten zwischen der II-Dosis u. der Lipämieabschwächung sowie der Antikoagulationsaktivität mit u. ohne I Beziehungen gefunden werden. Die *Na-*, *K-* u. *NH_4*-Salze von I waren wirksam, die *Ca-* u. *Mg*-Salze sowie Phosphatpuffer waren unwirksam. I war nur oral appliziert wirksam, i.v. nicht.
J. BOELTER. 4574□

Die transcapillare Eiweißäquilibrierung bei Phlebohypertonie und Hypoproteinämie. Gy. Szaó, Szuzsa Magyar und Ö. T. Zoltán. (Acta physiol. Acad. Sci. hung., Suppl. **18.** 31—32. 1960. Budapest, Med. Univ., III. u. II. Med. Klinik.) (Dt.)

Beim Verschwinden der i.v. verabreichten markierten Eiweiße aus dem Kreislauf entsteht eine biphas. Kurve, deren 1. Phase der Gleichgewichtseinstellung zwischen dem extra- u. intravasculären Eiweißraum entspricht. Bei Unters. des Austritts von mit ^{131}J u. Evansblau markierten *Serumalbuminen* aus dem Kreislauf in die Lymphe bei Hunden mit chron. Venenstauung sowie bei Hypoproteinämie zeigte sich bei Phlebotomie eine beschleunigte u. bei Hypalbuminämie eine verlangsamte Äquilibrierung, obwohl in beiden Fällen die Lymphströmung auf das Mehrfache angestiegen u. auch das markierte Eiweiß rascher aus dem Kreislauf verschwunden war. Angesichts der Tatsache, daß der effektive Capillarfilterdruck in beiden Fällen erhöht war, schließen Vff. aus den Ergebnissen auf eine Verschiebung im Verhältnis der extra- u. intravasculären Eiweißräume.
U. TAUSENDFREUND. 4578□

Untersuchungen über den Phosphat-Transfer von der Mutter zum Foetus beim Kaninchen. Anna-Riitta Fuchs und Fritz Fuchs. (Acta physiol. scand. **52.** 65—74. Mai 1961. Copenhagen, Univ., Dep. of Med. Physiol.) (Engl.)

Die Konz. von *anorgan. Phosphat* ist im Plasma des Foetus höher als in dem der Mutter, u. der Transport erfolgt gegen den Gradienten. Bei Schwangerschaftsverlängerung durch Progesteron nimmt die P-Konz. im Foetus bis zum Reifetermin, aber nicht darüber hinaus, zu. Die Konz. in der Placenta ist in der 2. Schwangerschaftshälfte ziemlich konstant (auch über den Reifetermin hinaus) u. steigt bei intrauterinem Fruchttod an. Es wird ein aktiver Transportmechanismus für anorgan. Phosphat in den Chorionzellen angenommen.
K. ZINGRAF. 4583□

Über die Schwankungen der Calcium-, Kalium- und Natriumkonzentration in der Schalendrüsenflüssigkeit von Legehennen während der Eibildung. Osamu Koga und Teruo Matsuo. (Sci. Bull. Fac. Agric., Kyushu Univ. **18.** 35—40. Okt. 1960. Kyushu, Univ., Fac. of Agric., Labor. of Animal Breeding.) (Jap.; Auszug: Engl.)

Vff. untersuchen die *Ca-*, *K-* u. *Na*-Konzz. in der Schalendrüsen-Fl. von Legehennen u. unterscheiden dabei 4 Phasen der Ei-Bldg.: a) membranbildend, b) leicht calzifiziert, c) hartschalig, d) ohne Ei. Die Fl.-Abscheidung ist bei a) am größten. Die Ca-Konz. in der Fl. steigt von a) nach c) an, während die K-Konz. in c) u. d) hoch, in a) niedrig ist, jedoch in allen Phasen höher als im Serum liegt. Zwischen der Ionen-Konz. von Fl. u. Serum besteht keinerlei Beziehung. Das zur Vers.-Führung eingeführte Glaskatheter führt zu leichten Störungen im Legerythmus.
G. KIRSTEN. 4583□

Biochemische und histologische Untersuchungen zur Umfärbung der Raupe von Cerura vinula L. Bernt Linzen und Detlef Bückmann. (Z. Naturforsch. **16b.** 6—18. Jan. 1961. München, Max-Planck-Inst. für Biochemie; Göttingen, Univ., Zoolog. Inst.) (Dt.)

Vff. untersuchten an der Raupe von *Cerura vinula L.* die biochem. u. morpholog. Veränderungen bei der beginnenden Verpuppung, die durch das Auftreten mehrerer Ommochrome (Om., *Xanthommatin*, I, *Rhodommatin*, II, *Ommatin D*, III) charakterisiert sind u. durch das Hormon der Prothoracaldrüse, das *Ecdyson*, gesteuert werden. Die in den verschiedenen Stadien der Umfärbung auftretenden Phenoxazonfarbstoffe wurden aus verschiedenen Organen (Epidermis, Mitteldarm, Fettkörper u. a.) extrahiert, papierchromatograph. (Butanol–Eisessig–W. = 4:1:1 oder Propanol–Eisessig–W. = 70:4:26) u. säulenchromatograph. aufgetrennt u. ihr Geh. photometr. (495 mμ) bestimmt. Die Identifizierung der Ommatine erfolgte papierchromatograph. in den Syst. Collidin–Lutidin–W. = 1:1:2, obere Phase bzw. Collidin-m/2 KH_2PO_4 = 2:3, obere Phase. Die UV- u. IR-Spektren der Farbstoffe erwiesen sich ident. mit denen der aus Vanessa-Schlupfsekret isolierten Ommatine. Etwa 10 Tage vor der Puppenhäutung bildet sich in der Epidermis rotes *Dihydro*-I (gebunden an Eiweißgranula), das nach kurzer Zeit wieder zu verschwinden beginnt. Inzwischen setzt im Fettkörper u. im Mitteldarm die Bldg. von II u. III ein. Im Fettkörper dauert sie bis zur Verpuppung an. Der Om.-Geh. erreicht dann 0,2% des Trockengew. der Tiere. Im Verlauf der Puppenruhe geht der Farbstoff-Geh. wieder stark zurück. Histolog. Unterss. zeigten, daß sich im Fettkörper u. im Darm die Farbstoffe während tiefgreifender Strukturveränderungen der Gewebe bilden, während das Auftreten von *Dihydro*-I, das den Farbwechsel der Raupe beim Verlassen des Futters bewirkt, ohne sonstige histolog. Veränderungen verläuft. Vff. nehmen an, daß die Bldg. der Om. bei der beginnenden Verpuppung die Folge eines gesteigerten Proteinstoffwechsels ist bzw. daß die Om., die im Verlauf der Puppenruhe wieder größtenteils abgebaut werden, als Stoffwechsel-Prodd. des Tryptophans zu werten sind. Ein Teil der Farbstoffe wird vom Darm als echtes Exkret abgegeben. Durch Hunger kann in den MALPIGHIschen Gefäßen ebenfalls Om.-Bldg. hervorgerufen werden. B. GÖRLICH. 4583 □

Die Erforderlichkeit von Spurenmengen Natrium in der umgebenden Flüssigkeit für das Wachstum und die Entwicklung von Hydra. H. M. Lenhoff und J. Bovaird. (Exp. Cell Res. **20.** 384—94. Aug. 1960. Miami, Fla., Howard Hughes Med. Inst.) (Engl.)

Spurenmengen von Na im Kulturmedium sind für normales Wachstum u. Entw. von Hydra erforderlich (optimales Wachstum bereits bei 10^{-6} m Na). Die Verss. wurden in Ggw. von Ca, das ebenfalls erforderlich ist, durchgeführt. Na konnte durch Li, K, Cs, Rb, Mg, Sr, Ba oder Cd nicht ersetzt werden. K. ZINGRAF. 4584 □

Wirkungen von diätetischem NaF auf Milchkühe. 2. Mitt. **Wirkungen auf die Milchproduktion.** J. W. Suttie, R. F. Miller und P. H. Phillips. (J. Dairy Sci. **40.** 1485—91. Nov. 1957. Madison, Univ. of Wisconsin, Dep. of Biochem.) (Engl.) — 1. vgl. C. **1960.** 9967.

Geringe Mengen *NaF* im Futter bewirken bei entsprechender Haltung kein Absinken der Milchproduktion. Schäden treten erst ab 1,5 mg F/kg Körper-Gew. auf. Die Milch- u. Fettproduktion verringert sich, verbunden mit schneller Gew.-Abnahme u. Steifheit der Beine. Die Kühe tolerieren 30 ppm Fluorid, ab 50 ppm entstehen Toxikosen. Erst 2—5 Jahre, nachdem die F-Behandlung an den Schneidezähnen sichtbar wird, zeigen sich andere physiolog. Wirkungen. U. MOTHES. 4585 □

Die Wirkung von Schwankungen in der Nahrungsaufnahme auf Milchleistung und -zusammensetzung. 3. Mitt. **Eine Bemerkung über experimentelle Methoden.** A. W. A. Burt. (J. Dairy Res. **25.** 1—8. Febr. 1958. Reading, Univ., Nat. Inst. for Res. in Dairying.) (Engl.) — 1. u. 2. vgl. C. **1958. 7624.**)

Vgl. verschiedener statist. Meth. zur Planung u. Auswertung von Fütterungsversuchen. K. ZINGRAF. 4585 □

Die Beeinflussung des Plasmacholesterins und der Serumproteine des wachsenden Kükens durch Nahrungseiweiß, Fett und Cholesterin. G. A. Leveille, A. S. Feigenbaum und H. Fisher. (Arch. Biochem. Biophysics **86.** 67—70. Jan. 1960. New Brunswick, N.J., Rutgers Univ., Dep. of Poultry Science.) (Engl.)

Verfütterung einer eiweißarmen Diät an junge Küken führt zu einer erheblichen Erhöhung von *Cholesterin* (I) im Plasma, die bei Zufuhr von reichlich Nahrungsfett u. I noch weiter ansteigt. Mit dem Anstieg des Plasma-I ist verbunden eine Abnahme des Gesamt-Eiweiß im Serum durch Verminderung des Serumalbumins. I-Verfütterung führt zu einer Konz.-Zunahme der α_2- u. der α_3-Globuline. Bei sonst gleicher Diät steigt das Plasma-I durch Cocosnußöl stärker an als durch Maisöl, während das Körper-Gew.

der Tiere durch Maisöl stärker ansteigt. Die an die β-Lipoproteine gebundenen Lipide werden durch I-Verfütterung, bes. bei eiweißarmer Diät, erhöht. R. TIMMLER. 4585□

Tierexperimentelle Untersuchungen über die Rolle pflanzlicher und tierischer Nahrungsfette bei der Arterioskleroseentstehung. H. Holzner, E. Kriehuber und R. Wenger. (Virchow's Arch. pathol. Anatom. Physiol. klin. Med. **333.** 210—18. 1960. Wien, Univ., Pathol.-Anatom. Inst. u. I. Med. Klinik.) (Dt.)

Die Wrkg. tier. u. pflanzlichen Fetts bei der Arterioskleroseentstehung wird durch Verfüttern von *Cholesterin* (I), *Olivenöl* (II), *Schweineschmalz* (SS), I + II bzw. I + SS zusammen mit einem Normalfutter an Kaninchen getestet. Bei SS-Fütterung treten arteriosklerot. Veränderungen wesentlich häufiger auf als bei der gleichen II-Gabe, u. zusammen mit u. ohne I-Zusatz. I + II im Futter wirkt weniger stark als I allein. Das Ausmaß der anatom. Veränderungen ist außerdem von der Fettmenge abhängig. Vff. vermuten eine gewisse Schutz-Wrkg. durch II bei der Verfütterung von I.

GOTTFRIED KIRSTEN. 4585□

Unfähigkeit des gereinigten Kornöls zur Beeinflussung der spontanen Arteriosklerose alter Hühner. K. F. Gey und A. Pletscher. (Nature [London] **189.** 491—92. 11/2. 1961. Basle, F. Hoffmann-La Roche & Co., Ltd., Med. Res. Dep.) (Engl.)

In einer Dauerfütterperiode mit physiolog. Mengen gereinigten *Speiseöls* [54% *Linolensäure* (I) enthaltend] konnte bei Hühnern keine Verminderung der spontanen Aortenarteriosklerose-Quote beobachtet werden. Damit findet die Annahme, daß I aus Pflanzenölen eine günstige Einw. auf die Arteriosklerose besitzt, keine Unterstützung.

U. TAUSENDFREUND. 4585□

Untersuchungen über Thiaminmangelerscheinungen. 1. Mitt. Grundlegende Allgemeinbeobachtungen an Albinoratten. Seizo Yamashita. (Vitamins [Kyoto] **18.** 280—84. 1959. Tokyo, Univ. of Tokyo, Fac. of Med. Dep. of Internal Med.) (Jap.; Auszug: Engl.)

Bei *Thiamin*-arm ernährten Albinoratten zeigen sich nach einer Woche Appetitlosigkeit u. Gew.-Abnahme, nach 4 Wochen Lähmungserscheinungen u. gastrointestinale Störungen u. nach 5 Wochen tritt Exitus ein. Orale Thiamingaben (Tagesdosis 5 μg) im Erdstadium bewirken Appetitsteigerung u. Gew.-Zunahme vom nächsten Tage an u. Beseitigung der Ausfallerscheinungen in den folgenden Tagen. Eine einzige Injektion von 1 mg Thiamin hielt 2 Wochen lang an. Bei einer Kontrollgruppe unterernährter Tiere trat gleichfalls Gew.-Abnahme ein, aber es zeigten sich keine Ausfallerscheinungen, u. die Vitalität blieb bis zum Exitus (nach ca. 6 Wochen) erhalten. R. METZE. 4587□

Untersuchungen über Thiaminmangelerscheinungen. 2. Mitt. Nervöse Symptome. Seizo Yamashita. (Vitamins [Kyoto] **18.** 284—91. 1959.) (Jap.; Auszug: Engl.) — 1. vgl. vorst. Referat.

Neurolog. *Thiamin*-Mangelerscheinungen bei Albinoratten äußern sich u. a. in Ataxie, fibrillärem (faszikulärem) Zittern u. Degeneration des Ischiasnerv u. des Musculus gastrocnemius. Diese Mangelerscheinungen, die man bei unterernährten Kontrolltieren nicht beobachtet, können durch orale Thiamingaben in wenigen Tagen geheilt werden.

R. METZE. 4587□

Untersuchungen über Thiaminmangelerscheinungen. 3. Mitt. Cardiovasculäre Symptome. Seizo Yamashita. (Vitamins [Kyoto] **18.** 292—334. 1959.) (Jap.; Auszug: Engl.) — 2. vgl. vorst. Referat.

Thiamin-Mangel bei Albinoratten bewirkt Bradycardie u. Arrythmie, die durch Injektion von *Neostigmin* noch verstärkt werden. Durch Thiamininjektion wird die Herztätigkeit wieder normalisiert; Campher u. Noradrenalin sind ohne Wirkung. Atropin beseitigt die Arrythmie. Injektion von Brenztraubensäure führt bei thiaminmangelkranken Tieren im EKG zu einer Hebung der ST-Strecke, Erniedrigung der T-Zacke u. leichter Abnahme des Herzschlags, was durch nachfolgende Injektion von Fettsäure wieder rückgängig gemacht wird. Thiaminmangel hat eine Zunahme des Hämoglobins u. des Herz-Gew. u. eine Abnahme des im Kreislauf befindlichen Plasma-Vol. zur Folge, ändert aber nichts am Serumprotein. R. METZE. 4587□

Untersuchungen über Thiaminmangelerscheinungen. 4. Mitt. Die Körpertemperatur. Seizo Yamashita. (Vitamins [Kyoto] **18.** 335—57. 1959.) (Jap.; Auszug: Engl.) — 3. vgl. vorst. Referat.

Thiamin-Mangel läßt nach ca. 3 Wochen die Körper-Temp. merklich absinken. Orale Thiamingaben (5 μg pro Tag) u. TTG (Polysaccharidfraktion von *Pseudomonas fluorescenz*) u. 2.4-Dinitrophenol-Injektionen führen nach 3—5 Tagen wieder zur Normaltemperatur. — Bei unterernährten Kontrolltieren wurden bis zur 5. Woche keine Veränderungen der Körper-Temp. bemerkt. R. METZE. 4587□

Die Wirkung des Thiamins auf das Wachstum von Mäusen. Tatsuya Watanabe. (Vitamins [Kyoto] 18. 418—21. 1959. Tokyo, Tokyo Jikeikai Med. Coll., Dep. of Biochem.) (Jap.; Auszug: Engl.)

Thiamin (I)-Mangel führt zu einer Abnahme des Körpergewichts. Nach 18tägiger I-freier Kost bewirkt bei jungen Mäusen ein Vitaminzusatz von 1 μg keine, von 3—5 μg eine leichte u. von 20—50 μg eine vollständige Wiedererlangung des Körpergewichts. Bei ausgewachsenen Mäusen konnte ein Gew.-Verlust von 20 g auch mit 100 μg I/Tag nicht ausgeglichen werden. R. METZE. 4587 □

Untersuchungen über den Einfluß des Trichloräthylens auf den Vitaminstoffwechsel. 1. Mitt. Der Einfluß des Trichloräthylens auf den Thiaminstoffwechsel und histologische Veränderungen in den Organen. Akira Ogata. (Vitamins [Kyoto] **18.** 438—44. 1959.) (Jap.; Auszug: Engl.)

Die bei *Trichloräthylen*-Vergiftungen zu beobachtende Gew.-Abnahme der Leber u. patholog. Veränderungen verschiedener Organe (Herz, Leber u. Niere) wurden auf Störungen des *Thiamin*-Stoffwechsels zurückgeführt. R. METZE. 4587 □

Untersuchungen über den Einfluß des Trichloräthylens auf den Vitaminstoffwechsel. 2. Mitt. Über die Wirkung von Thiaminpräparaten bei Trichloräthylen-Schädigung. Akira Ogata. (Vitamins [Kyoto] **18.** 444—50. 1959.) (Jap.; Auszug: Engl.) — 1. vgl. vorst. Referat.

Thiamin-HCl, *Thiaminpropyldisulfid* u. *Thiamin-β-hydroxyäthyldisulfid* (I) erwiesen sich als wirksam gegen *Trichloräthylen*-Schädigungen. I ist am wirksamsten. R. METZE. 4587 □

Untersuchungen über den Einfluß des Trichloräthylens auf den Vitaminstoffwechsel. 3. Mitt. Über die Thiaminausscheidungen im Urin. Akira Ogata. (Vitamins [Kyoto] **18.** 450—55. 1959.) (Jap.; Auszug: Engl.)

Unter Einfl. von *Trichloräthylen* nimmt der *Thiamin* (I)-Geh. im Urin ab, während das I-Phosphat bei Kaninchen, Ratten u. manchmal auch Menschen zunimmt. Von Einfl. auf den Grad der I-Phosphatausscheidung im Urin ist auch die Futterzusammensetzung. R. METZE. 4587 □

Untersuchungen über den Einfluß des Trichloräthylens auf den Vitaminstoffwechsel. 4. Mitt. Über den Einfluß des Trichloräthylens auf die Phosphataseaktivität. Akira Ogata. (Vitamins [Kyoto] **18.** 455—57. 1959.) (Jap.; Auszug: Engl.) — 3. vgl. vorst. Referat.

Trichloräthylen setzt die Aktivität der *sauren Phosphatase* in Leber u. Nieren herab, so daß es zu einer Ausscheidung von *Thiaminphosphat* im Urin kommt. R. METZE. 4587 □

Untersuchungen über den Einfluß des Trichloräthylens auf den Vitaminstoffwechsel. 5. Mitt. Der Einfluß des Trichloräthylens auf den Riboflavinstoffwechsel. Akira Ogata, Takashi Mukai und Yasukiyo Yoneoka. (Vitamins [Kyoto] **18.** 457—59. 1959.) (Jap.; Auszug: Engl.) — 4. vgl. vorst. Referat.

Trichloräthylen bewirkt bei Riboflavin-belasteten Kaninchen eine leichte Abnahme des *Vitamins* in Blut u. Urin. R. METZE. 4587 □

Der Einfluß der Antibiotica auf den Thiaminstoffwechsel. 1. Mitt. Über den Einfluß verschiedener Antibiotica auf den Thiaminstoffwechsel gesunder Kinder. Yoshiaki Tsuji. (Vitamins [Kyoto] **18.** 468—76. 1959.) (Jap.; Auszug: Engl.)

7tägige Verabreichung von *Aureomycin*, *Chloromycetin* u. *Achromycin* an gesunde Kinder führt zu Änderungen der *Thiamin* (I)-Ausscheidung in Urin u. Faeces, während der I-Spiegel im Blut konst. bleibt. I-Mangelerscheinungen wurden während dieser Zeit nicht beobachtet. R. METZE. 4587 □

Der Einfluß der Antibiotica auf den Thiaminstoffwechsel. 2. Mitt. Der Thiaminbelastungstest bei gesunden Hunden unter Verwendung eines Leberkatheters. Yoshiaki Tsuji. (Vitamins [Kyoto] **18.** 476—81. 1959.) (Jap.; Auszug: Engl.) — 1. vgl. vorst. Referat.

Intramuskulär injiziertes *Thiamin* wird in der Leber phosphoryliert u. erscheint 30—60 Min. später in den Lebergefäßen. — Das durch Verabfolgung von Cocarboxylase im Blut vermehrt auftretende Thiamin liegt überwiegend in der veresterten Form vor u. nur ein kleiner Teil wird in der Leber hydrolysiert. R. METZE. 4587 □

Der Einfluß der Antibiotica auf den Thiaminstoffwechsel. 3. Mitt. Der Einfluß verschiedener Antibiotica und des Homosulfamins auf den Thiaminstoffwechsel eines gesunden Hundes. Yoshiaki Tsuji. (Vitamins [Kyoto] **18.** 481—91. 1959.) (Jap.; Auszug: Engl.) — 2. vgl. vorst. Referat.

Intramuskuläre Injektion von *Streptomycin* u. orale Gaben von *Aureomycin, Chloromycetin* u. *Homosulfamin* bewirken Störungen des *Thiamin*-Stoffwechsels (bes. seiner Phosphorylierung) u. Absinken des Thiaminspiegels im Blut. Oral verabfolgtes Streptomycin hat diese Wrkg. nicht. Die Thiaminausscheidung mit den Faeces nimmt in allen Fällen stark zu. R. METZE. 4587□

Untersuchungen über die Verabreichung von Riboflavin-5'-monosulfat. 2. Mitt. Diätprüfung von Riboflavin-5'-monosulfat. Shizuo Yamada. (Vitamins [Kyoto] **18.** 422—24. 1959. Nagoya, Nagoya Univ., Fac. of Med., Dep. of Biochem.) (Jap.; Auszug: Engl.) — 1. vgl. Vitamins [Kyoto] **18.** [1959.] 176.

Riboflavin-5'-monosulfat (I) wirkt gegenüber *Riboflavin* (II) als Antivitamin. Verss. an Ratten haben ergeben, daß bereits 10 μg II die Wrkg. von 500 μg injiziertem I aufheben. Bei oraler Verabreichung zeigte I keine Wirkung. R. METZE. 4587□

Die Wirkung der Temperatur auf eine bei der mikrobiologischen Bestimmung von Pantothensäure beobachteten Wachstumsverzögerung. Olaf R. Braekkan. (J. Bacteriol. **80.** 626—27. Nov. 1960. Bergen, Norwegian Fisheries Res. Inst., Governmental Vitamin Labor.) (Engl.)

Bei der nephelometr. Best. von *Pantothensäure* mit *Lactobacillus arabinosus* bei 37° trat in der Wachstumskurve regelmäßig eine Latenzphase auf, die beim Übergang zu einer Inkubations-Temp. von 30° verschwand. K. MAIER. 4587□

Gewinnung des Vitamin B_{12} aus Belebtschlämmen der Abwasserreinigung. E. Leibnitz. (Ber. Dtsch. Akad. Wiss. Berlin **1.** 253—57. 1959. Leipzig, Dt. Akad. Wiss. Forschungsgemeinschaft, Inst. für Verfahrenstechnik der organ. Chemie.) (Dt.)

Unterss. an verschiedenen Schlammsuspensionen ergaben für den Lauchhammer-Klärschlamm den höchsten *Vitamin B_{12}* (I)-Geh.; er wurde mit dem Colitest zu ca. 14γ/g Trockensubstanz bestimmt, dabei handelt es sich offenbar um I u. Analoge. Aus papierchromat. Messungen wird geschlossen, daß davon 6 γ/g als *Cyanocobalamin* vorliegen. Spätere Best. ergaben, daß der Geh. an akt. I mit Sicherheit nicht kleiner als 5 γ/g ist. Nach Vf. ist der getrocknete Lauchhammerschlamm als billiges I-Prod. für die Tierernährung zu verwerten. H. DOSSMANN. 4587□

Hemmung der Vitamin B_{12}-Resorption durch die Galle. P. C. Johnson, T. B. Driscoll und W. L. Honska. (Proc. Soc. exp. Biol. Med. **106.** 181—82. Jan. 1961. Oklahoma City, Univ., Dep. of Med., V. A. Hosp., Radioisotope Serv.) (Engl.)

An Ratten kann gezeigt werden, daß Galle die Resorption des *^{60}Co-Vitamins B_{12}* im Dünndarm hemmt. Wird dagegen Magensaft zugeführt, so tritt die Hemmung nicht auf. H. STRUCK. 4587□

Über die Anwendung eines modifizierten Vitamin-B_{12}-Urinexkretionstests. F. Zekert und R. Höfer. (Wiener Z. inn. Med. Grenzgebiete **42.** 13—20. Jan. 1961. Wien, Univ., II. Med. Klinik.) (Dt.)

Zur Verbesserung der Meßbedingungen bei gleichzeitiger Verringerung der *^{60}Co*-Dosis wird die SCHILLING-Meth. zur Messung der Harnausscheidung von *Vitamin B_{12}* (I) modifiziert. Die Testdosis von 0,03 μc ^{60}Co-I wird in 100 ml W. an die nüchterne Vers.-Person morgens verabreicht (die Tage vorher keine I-Gaben), aus dem 24 Std.-Harn wird Co als Sulfit mit Hilfe von $(NH_4)_2S$-Lsg. gefällt u. im Bohrlochkristall gemessen. Der Urinexkretions-Test kann in dieser Form in jedem medizin. Isotopenlaboratorium vorgenommen werden. U. TAUSENDFREUND. 4587□

Über die Einwirkung wasserlöslicher Vitamine auf die *l*-Ascorbinsäure-Oxydation. J. Herrmann und H. G. Grossmann. (Pharmazie **15.** 114—19. März 1960. Berlin, Humboldt-Univ., Inst. für Technologie u. Vorratspflege.) (Dt.)

Es wird festgestellt, daß *Biotin* die kupferkatalysierte Oxydation der *Ascorbinsäure* verzögert, wobei die Wrkg. mit steigender Menge ansteigt u. bei pH 6 ihr Optimum hat. Ähnlich wirken *Rutin* (pH 7—8) u. *Hesperidin* (pH 6—8). Die fermentkatalysierte Oxydation der Ascorbinsäure wird durch Biotin u. Hesperidin nicht beeinflußt. Vff. geben außerdem eine Übersicht über Ascorbinsäureoxydationshemmung in Früchten. G. ZIEBARTH. 4587□

Der Einfluß von Antibioticis auf den Vitamin-A-Stoffwechsel. 1. Mitt. Die Bestimmung des Vitamin-A-Gehalts der Leber, des Dünndarms und des Serums bei normalen und Vitamin-A-belasteten Ratten mit Hilfe des Farrand-Fluorescenzphotometers. Tatsuya Nukina. (Vitamins [Kyoto] **18.** 502—07. 1959. Kyoto, Kyoto Prefectural Univ. School of Med. Dep. of Pediatrics.) (Jap.; Auszug: Engl.)

Der Vitamin-A-Geh. in Leber, Dünndarm u. Serum normaler Ratten entspricht etwa dem von mit Standarddiät gefütterten. (Durchschnittswerte: Leber 9,02 μg/g;

Dünndarm 1,59 μg/g; Serum 29,0 μg-%). Nach intravenöser Injektion von 1 mg Vitamin A pro kg Körper-Gew. steigt der Geh. in der Leber (Maximum nach 6 Std.) u. sinkt im Serum. R. METZE. 4587 □

Der Einfluß von Antibioticis auf den Vitamin-A-Stoffwechsel. 2. Mitt. Der Vitamin-A-Gehalt der Leber, des Dünndarms, des Serums und der Vitamin-A-Belastungstest bei Tetracyclin-behandelten Ratten. Tatsuya Nukina. (Vitamins [Kyoto] **18.** 507—12. 1959.) (Jap.; Auszug: Engl.) — 1. vgl. vorst. Referat.

Durch Zugabe von *Tetracyclin* (50 mg/kg Körper-Gew.) zur Standarddiät steigt der Vitamin-A-Spiegel in der Leber nach 4 Wochen auf das 1,5fache, bleibt im Dünndarm u. im Serum jedoch prakt. unverändert. Nach i.v. Injektion von *Vitamin A* (1 mg/kg Körper-Gew.) nimmt sein Geh. in der Leber *Tetracyclin*-behandelter Ratten wesentlich rascher zu (Maximum nach 3 Std.) als in der Leber normaler Ratten. R. METZE. 4587 □

Der Einfluß von Antibioticis auf den Vitamin-A-Stoffwechsel. 3. Mitt. Der Vitamin-A-Gehalt der Leber, des Dünndarms, des Serums und der Vitamin-A-Belastungstest bei Penicillin-behandelten Ratten. Tatsuya Nukina. (Vitamins [Kyoto] **18.** 513—18. 1959.) (Jap.; Auszug: Engl.) — 2. vgl. vorst. Referat.

Durch Zusatz von *Penicillin* (20000 Einheiten pro kg Körper-Gew.) zur Standarddiät steigt der *Vitamin-A*-Geh. der Leber im Laufe von 4 Wochen auf das Doppelte, sinkt im Serum nach 2—3 Wochen leicht ab, erreicht aber nach 4 Wochen wieder den Normalwert u. ändert sich im Dünndarm nicht. Bei Vitamin-A-Belastung wird die Speicherung in der Leber *Penicillin*-behandelter Tiere stark beschleunigt. R. METZE. 4587 □

Der Einfluß von Antibioticis auf den Vitamin-A-Stoffwechsel. 4. Mitt. Der Vitamin-A-Gehalt der Leber, des Dünndarms, des Serums und der Vitamin-A-Belastungstest bei Chloramphenicol-behandelten Ratten. Tatsuya Nukina. (Vitamins [Kyoto] **18.** 518—21. 1959.) (Jap.; Auszug: Engl.) — 3. vgl. vorst. Referat.

Zusatz von *Chloramphenicol* zur Standarddiät ändert nichts am Vitamin-A-Geh. der Leber, des Dünndarms u. des Serums, auch nicht bei Vitamin-A-Belastung. R. METZE. 4587 □

Der Einfluß von Antibioticis auf den Vitamin-A-Stoffwechsel. 5. Mitt. Der Vitamin-A-Gehalt der Leber, des Dünndarms, des Serums und der Vitamin-A-Belastungstest bei Homosulfamin-behandelten Ratten. Tatsuya Nukina. (Vitamins [Kyoto] **18.** 521—25. 1959.) (Jap.; Auszug: Engl.) — 4. vgl. vorst. Referat.

Der *Vitamin-A*-Geh. der Leber, des Dünndarms u. des Serums wird durch Zusatz von *Homosulfamin* (200 mg pro kg Körpergewicht) zur Standarddiät nicht verändert. Wird nach 4wöchiger Fütterung 1 mg Vitamin A i.v. injiziert, steigt sein Geh. in der Leber leicht an, sinkt etwas im Serum u. bleibt im Dünndarm unverändert. R. METZE. 4587 □

Bemerkungen zu der Arbeit „Über eine Methode zur Nachprüfung der Gehalte an Vitamin A und Vitamin D in Vormischungen" von W. Frömel. Johs. Brüggemann, W. Krauß und J. Tiews. (Landwirtsch. Forsch. **11.** 114—17. 1958. München, Univ., Inst. für Physiol. u. Ernährung der Tiere.) (Dt.)

Kritik an der Arbeit von FRÖMEL (vgl. C. **1960.** 1574.) M. WINIKER. 4587 □

Stellungnahme zu den Bemerkungen zu der Arbeit „Über eine Methode zur Nachprüfung der Gehalte an den Vitaminen A und D in Vormischungen". W. Frömel. (Landwirtsch. Forsch. **11.** 118—20. 1958.) (Dt.)

Vf. weist die von BRÜGGEMANN, KRAUSS u. TIEWS geübte Kritik (vgl. vorst. Ref.) zurück. M. WINIKER. 4587 □

Über den Einfluß der Verabreichungsweise von Vitamin D und von Calcium auf den Verlauf der Ossifikation bei Ratten. Zofia Klimczak. (Nahrung **4.** 347—55. 1960. Warschau, Med. Akad., Sanitäts-Hygien. Studium, Abt. für Ernährungshyg.) (Dt.)

An weißen Ratten wird der Einfl. von *Ca-* u. *Vitamin D* der Nahrung auf die Ca-Retention untersucht. Erhöhte Ca-Gaben erhöhen die Retention. Am günstigsten auf die Ca-Ausnutzung wirkt sich die mehrmalige Verabreichung des Vitamins D von 25 I.E. täglich aus. Die Zunahme des Ca-Geh. der Schenkelknochen bei der Ratte hängt zur Hauptsache von der Ca-Ausnutzung ab. H. STRUCK. 4587 □

Beobachtungen bei Vitaminbestimmungen. 1. Mitt. Vitamin D. H. Janecke und I. Maass-Goebels. (Z. analyt. Chem. **178.** 161—72. 1960. Frankfurt/M., Univ., Inst. für Lebensmittelchem.) (Dt.)

Es wurde festgestellt, daß die *D-Vitamine* durch chem. Vorbehandlung der zu untersuchenden Probe leicht verändert werden. Bei alkal. Verseifung konnten mehrere Umwandlungs-Prodd. nachgewiesen werden. Bei der Vorbereitung von Naturstoffen oder von Extrakten zur Vitamin-D-Best. treten durch akt. Adsorptionsmittel (Al_2O_3 u. Superfiltrol) Mol-Veränderungen ein. Die Art der entstandenen Prodd. wird diskutiert. Zur Erkennung der Veränderungen wurden Spektrophotometrie, Papier- u. Dünnschichtchromatographie herangezogen. E. Faulhaber. 4587 □

Der Einfluß von Nahrungsänderungen auf das Auftreten von Teratogenie bei Ratten mit Vitamin-E-Mangel. Dorothy Wei Cheng, Thomas A. Bairnson, A. N. Rao und S. Subbammal. (J. of Nutrit. **71.** 54—60. Mai 1960. Iowa City, Iowa, State Univ., Dep. of Anatomy.) (Engl.)

Bei *Vitamin E* (I)-Mangeldiät zeigen sich bei der Nachkommenschaft von Ratten kongenitale Mißbildungen. Wird **I** vermehrt zugeführt, so steigt die Prozentzahl der normalen Jungen. Das im rohen Casein vorkommende **I** bewirkt eine Zunahme der abnormen Nachkommenschaft, aber auch eine Abnahme der resorbierten Feten. Kaltes Leberöl, mit einer synthet. Diät verabreicht, zeigt die besten Erfolge. H. Struck. 4587 □

Wirkung von Selendioxyd, Cystin, Ethoxyquin und Vitamin E in der Nahrung auf die Autoxydation der Fette im Kükengewebe. John G. Bieri, Henrik Dam, Inge Prange und Ebbe Søndergaard. (Acta physiol. scand. **52.** 36—43. Mai 1961. Copenhagen, Polytechn. Inst., Dep. of Biochem. and Nutrit.) (Engl.)

In inkubierten Gewebehomogenisaten besaß *Ethoxyquin* (*1.2-Dihydro-6-äthoxy-2.2.4-trimethylchinolin*) eine ebenso starke antioxydierende Wrkg. wie *dl-α-Tocopherolacetat.* SeO_2 hemmte die Autoxydation in Leber, Niere u. Herz u. L-Cystein (bei Verfütterung in einem Casein-Gelatinefutter) im Muskel. K. Zingraf. 4587 □

Die osmotischen Wirkungen einiger einfacher Moleküle und Ionen auf die Magenentleerung. J. N. Hunt und J. D. Pathak. (J. Physiology **154.** 254—69. Dez. 1960. London, Med. School, Dep. of Physiol., Guy's Hosp.; Baroda, India, Med. Coll., Dep. of Physiol.) (Engl.)

Vff. untersuchten den Einfl. verschiedener Lsgg. in Testmahlzeiten auf die Magenentleerung (M.E.). Das Vol. der Testmahlzeit, das nach einer bestimmten Zeit im Magen zurückbleibt, wurde gegen die osmolare Konz. der Lsg. in der ursprünglichen Mahlzeit bestimmt. Auf osmolarer Basis verlangsamt *HCl* u. H_2SO_4 3mal kräftiger als KCl die M.E., in geringeren Konzz. verstärken Zugabe von *NaCl* u. Na_2SO_4 zur Testmahlzeit den Grad der M.E.; in hohen Konzz. dagegen verlangsamen NaCl u. Na_2SO_4 in gleichem Maße die M.E., mit zunehmender *Glucose*-Konz. in NaCl-haltiger Testmahlzeit wird der Einfl. auf die M.E. vermindert. *Harnstoff* u. *Glycerin* beschleunigen in geringen Konzz., in hohen Konzz. dagegen verlangsamen sie. Vff. erklären die Ergebnisse mit der Annahme, daß im Darm ein Osmoreceptormechanismus vorhanden ist, der die M.E. hemmt u. durch die einzelnen Lsgg. verschiedener Konz. unterschiedlich beeinflußt wird.
G. Bratfisch. 4594 □

Der Sitz des Receptors, der die Entleerung des Magens nach Stärke-Gaben in der Testmahlzeit verlangsamt. J. N. Hunt. (J. Physiology **154.** 270—76. Dez. 1960. London, Guy's Hosp., Med. School, Dep. of Physiol.) (Engl.) — Vgl. vorst. Referat.

Vf. verabreicht an 6 Männer u. 3 Frauen Testmahlzeiten (T.M.), die isocalor. Mengen an Kohlenhydraten, wie *Glucose* (I) oder *Stärke* (II), enthielten. Wassermahlzeiten wurden schneller entleert als Kohlenhydrate-enthaltende Mahlzeiten. Hieraus schließen Vff., daß **I** u. **II** die Magenentleerung verlangsamen. T.M. + **II** rufen eine deutich größere Säuresekretion hervor als T.M. + **I**, die Säure-Konz. im Mageninhalt war jedoch zu gering, um die Magenentleerung beeinflussen zu können. Auf Grund dieser Ergebnisse sind Vff. der Ansicht, daß die Verlangsamung der Magenentleerung nach T.M. + **II** durch Reizung von Osmoreceptoren zustande kommt. Da der größte Teil an **II** im Mageninhalt unhydrolysiert bleibt, liegen diese Receptoren wahrscheinlich am oder jenseits des Pylorus. G. Bratfisch. 4594 □

Kalium- und Wasserstoffionengehalt der durch Histamin angeregten Magensekretion bei der Katze. E. L. Blair, A. A. Harper, D. Harris, J. D. Reed und R. Wilkinson. (J. Physiology **154.** 68 P—69 P. Dez. 1960. Newcastle, Univ. of Durham, King's Coll., Med. School, Dep. of Physiol.) (Engl.)

Vff. untersuchten den Geh. an K^+ u. H^+ der durch *Histamin* (I) angeregten Magensekretion bei Katzen. Hierzu wurde der Magen durch die Speiseröhre unter Ausschluß des Magenpförtners intubiert. Es wurden 50 ml einer 0,3 mol. Glycin (II)-Lsg., pH 6,2, verabreicht u. I-Phosphat langsam i.v. injiziert. Die **II**-Lsg. wurde in Abständen erneuert u. die H^+- u. K^+-Konz. durch elektrometr. Titration bis pH 6,2 u. durch Flammenphotometrie bestimmt. Vff. fanden eine hochsignifikante positive Beziehung zwischen der Gesamtproduktion an H^+ u. K^+ während der Sekretion (1—2 Std.). Am Beginn der Sekretion war das Verhältnis K^+:H^+ größer, in der Zeit nach Beendigung der **I**-Injektion geringer als in der restlichen Zeit. Vff. sind der Ansicht, daß ein konst. Verhältnis zwischen K^+ u. H^+ während der anfänglichen Säuresekretion als Folge einer **I**-Stimulierung besteht. G. Bratfisch. 4594 □

Zur Resorption der Urobilinoide. Ilona L. Kahán, L. Csernay und V. Varró. (Acta physiol. Acad. Sci. hung., Suppl 18. 61—62. 1960. Szeged, I. Med. Klinik.) (Dt.)

Es wurde die Resorption einer *Stercobilin* (I)-Lsg., die 20 Min. nach Auswaschen mit physiol. NaCl-Lsg. in einen isolierten Dünndarmabschnitt des Hundes injiziert worden war, mittels Fluorescenz-Unters. verfolgt. Die Resorption war nach 15 Min. maximal u. nach 30 Min. zum Stillstand gekommen. Die aus dem Dünndarm zurückgewonnene I-Lsg. wurde chromatograph. u. elektrophoret. untersucht. Fast alles I war an Mucoprotein sowie an einen sich im elektr. Raum im Verhältnis zum krist. I doppelt so rasch fortbewegenden anderen sauren Ballaststoff gebunden, der mit dem SCHLESINGER-Reagens im Gegensatz zu I erst nach HCl-Hydrolyse fluorescierte. Da der I-Geh. der aus dem Darm zurückgewonnenen I-Lsg. 63% des ursprünglichen ausmachte, wird die Resorption vermutlich nicht durch hochgradige Senkung der I-Konz., sondern durch Bindung an das Vehikel zum Stillstand gebracht, welches die Darmwand nicht zu durchdringen vermag. U. TAUSENDFREUND. 4594□

Stoffwechselgeschwindigkeit und Wärmeverlust bei dicken und dünnen Menschen im Wärmegleichgewicht im kalten und warmen Wasser. P. Cannon und W. R. Keatinge. (J. Physiology 154. 329—44. Dez. 1960. Cambridge, Univ., Med. Res. Council, Dep. of Experimental Med.) (Engl.)

Die Unters. ergaben, daß die Stoffwechsel-Rk. bei dicken Personen zu kaltem W. den Hautreflexen zuzuschreiben ist. Bei Dicken wird eine höhere maximale Gewebeisolierung erreicht, sie können deshalb die Körper-Temp. in W. herunter bis 10—12° stabilisieren. G. BRATFISCH. 4595□

Über die Neuroregulation des Stoffwechsels. F. Obál, Margit Vicsay und Ö. Takács. (Acta physiol. Acad. Sci. hung., Suppl. 18. 29—30. 1960. Szeged, Med. Univ, Physiol. Inst.) (Dt.)

Im Gegensatz zu Literaturangaben wurde festgestellt, daß bei Ratten u. Meerschweinchen ein den O_2-Verbrauch verändernder bedingter Reflex ausgebaut werden kann u. nach wiederholter Verabreichung von Stoffwechsel-beeinflussenden Mitteln ein bedingter Reflex zustande kommt. Dessen Effekt entspricht der Wrkg. des Mittels, wenn dieses zentralen Effekt ausübt (*Amphetamin*; I), ist aber gegensätzlich, wenn das Mittel peripher auf die Zellen wirkt (*Dinitrophenol*; DNP). Von den Stoffwechsel-beeinflussenden peripher wirkenden Mitteln wird auch der Stoffwechsel der Nervenzellen verändert. Dies tritt bei dem auf die Wrkg. von DNP aufgebauten bedingten Reflex in der Weise in Erscheinung, daß in dem alle 2 Min. abgelesenen O_2-Verbrauch in der ersten Viertelstunde eine beträchtliche Erhöhung festzustellen ist, der permanente Senkung folgt. Nach I ist gleichzeitig Stoffwechselsteigerung zu beobachten. Von dem sich verstärkenden bedingten Reflex wird der Effekt der nacheinander verabfolgten Gaben beeinflußt. U. TAUSENDFREUND. 4596□

Die Wirkung von Natriumfluorid auf den Calciumstoffwechsel des Menschen. Clayton Rich und John Ensinck. (Nature [London] 191. 184—85. 8/7. 1961. New York, N.Y., Rockefeller Inst.) (Engl.)

Patienten mit Osteoporose (A) bzw. PAGETscher Krankheit (B) erhielten eine Diät mit konst. *Ca*-, *P*- u. *N*-Gehalt. Nach 3 Wochen wurde ihnen *NaF* (bis zu 60 mg/Tag; 14 Wochen u. länger) oral appliziert. Es wurde das Gleichgewicht von Ca im Kot u. Urin untersucht. Die Zufuhr von NaF war bei B ohne Einfluß. Bei A wurde ein positiver Wechsel des Ca-Gleichgewichts u. eine verminderte Ca-Ausscheidung im Urin gefunden. Daneben zeigte sich ein erhöhter Geh. an *alkal. Phosphatase* im Plasma (bis zu 16—38 KING-ARMSTRONG-Einheiten/100 ml), eine verminderte Ausscheidungsrate von *Citrat* u. beschleunigte Ausscheidung von *sauren Mucopolysacchariden* im Urin. Im Plasma wurden keine wesentlichen Änderungen des Ca-, P- oder Citrat-Geh. gefunden, ebensowenig Änderungen des Röntgenbildes des Skeletts sowie der renalen, hämatolog. u. der hepat. Funktionen. J. BOELTER. 4596□

Untersuchung der Calcium-Stoffwechsel-Beziehung zur Lungentuberkulose. Kenji Kawamura. (Acta endocrinol. [Copenhagen], Suppl. Nr. 51. 521. 1960. Kyoto, Japan, Univ. of Med., Surgical Dep. of Kyoto.) (Engl.) H. HERPER. 4596□

Acetatstoffwechsel bei experimenteller Ketose des Meerschweinchens. Frank Sauer. (Canad. J. Biochem. Physiol. 39. 739—46. April 1961. Ottawa, Ontario, Canada, Dep. of Agriculture, Res. Branch, Animal Res. Inst.) (Engl.)

Bei schwangeren Tieren mit nicht diabet. Ketose (TK) war die Gesamt-CO_2-Ausscheidung geringer als bei den Kontrollen, aber die Umwandlung von $^{14}C_{(1)}$-Acetat zu $^{14}CO_2$ war nicht beeinträchtigt. Bei den TK wurde eine Zunahme der Sterin-Synth., eine Abnahme der Fettsäure (I)-Synth. sowie eine Zunahme der Gesamt-I im Plasma u. der I-Konz. in der Leber festgestellt. K. ZINGRAF. 4596□

Durch Milchsäure verursachte Hypothermie bei älteren Tieren. Gennaro Di Macco. (Atti Accad. Sci. Torino, Cl. Sci. fisiche, mat. natur. **90.** 294—97. 1955/56.) (Ital.)

Vf. stellte fest, daß *Milchsäure* (I; 1 ml/kg einer 5%ig. Lsg., i. m.) bei ausgewachsenen Meerschweinchen (Körpergewicht: 280—400 g) eine Hypothermie, bei alten Tieren (Körper-Gew.: 600—850 g) hingegen eine Hyperthermie verursacht. Diese qual. unterschiedlichen Effekte werden jedoch erklärbar durch das verschiedene Stoffwechselgeschehen bei ausgewachsenen u. alten Tieren. H. KOCKERT. 4596□

Über die zum Aufbau von Schafgewebe essentiellen Aminosäuren. A. M. Downes. (Austral. J. biol. Sci. **14.** 254—59. Mai 1961. Prospect, N.S.W., Ian Clunies Ross Animal Res. Labor., Div. of Animal Physiol.) (Engl.)

Nach i. v. Injektion von $^{14}C_{(1)}$-*Na-Acetat* bei Schafen werden die Proteine der Milch u. der Wolle isoliert, hydrolysiert u. die einzelnen Aminosäuren getrennt, wobei *Glutaminsäure, Asparaginsäure, Prolin, Alanin, Arginin* u. *Serin* radioakt. sind. Die Ergebnisse sprechen gegen einen Aufbau der Proteine der Milch u. der Wolle aus körpereigenem Material. G. ZIEBARTH. 4596□

Bindegewebe. 5. Mitt. Vergleich von Synthese sowie Umsatzgeschwindigkeit von Kollagen und Elastin in Geweben von Ratten verschiedenen Alters. Kung-Ying Tang Kao, D. M. Hilker und Thomas H. McGavack. (Proc. Soc. exp. Biol. Med. **106.** 335—38. Febr. 1961. Washington, D.C., George Washington Univ., School of Med., Dep. of Med.; Martinsburg, W.Va. Vet. Admin. Center, Geriatrics Res. Labor.) (Engl.) — 4. vgl. Proc. Soc. exp. Biol. Med. **106.** [1961.] 121.

Mit Hilfe der Aufnahme u. des Abbaues von ^{14}C-*Lysin* werden Synth. u. Umsatz von *Kollagen* (I) u. *Elastin* (II) an Ratten verschiedenen Alters geprüft. Die Synth. von I u. II ist bei jungen Tieren am höchsten. Der Uterus zeigt als einziges Organ noch Synth. u. Umsatz von I bei älteren Tieren (2 Jahre). In Sehne u. Haut wurde bei älteren Tieren (8 Monate bis 2 Jahre) kein I-Umsat beobachtet. H. STRUCK. 4596□

Die Wirkung von Methylenblau, Acridinorange und Zink auf die Muskelkontraktion. Alexander Sandow und Allen Isaacson. (Biochem. biophysic. Res. Commun. **2.** 455—58. Juni 1960. New York, N.Y., Inst. for Muscle Disease.) (Engl.)

Eine photodynam. Wrkg. von *Methylenblau* (I) in Dosen von $6 \cdot 10^3$ mg/ml in RINGER-Lsg. trat bei normaler Raumbeleuchtung auf Froschmuskel nicht ein. Erst Bogenlicht führte im I-gebeizten Muskel zu Kontraktionen. Bogenlicht allein blieb ohne Wirkung. Da I ein den Muskel durchdringender Farbstoff ist, kann es auf die Membrane des Muskelfibers oder auf das innere kontraktile Syst. direkt einwirken. — Mit *Acridinorange* in gleicher Weise, aber ohne Licht-Einw., angestellte Verss. ließen die Spitzentension in den ersten 20—30 Min. bis zu einem Maximum ansteigen, das ca. 80% höber war als im Kontrollversuch. — *Zn* hat bereits in geringen Konzz. die Zuckungen potenziert, indem es in die Muskelfiber eindringt u. direkt auf das kontraktile Protein einwirkt.

L. MACHER. 4597□

Über den Kaliumgehalt des Muskels und seine Hochfrequenzleitfähigkeit. G. Masszi und Anna Tigyi-Sebes. (Acta physiol. Acad. Sci. hung., Suppl. **18.** 57—58. 1960. Pécs, Med. Univ., Biophysikal. Inst.) (Dt.)

Da nach Durchströmung mit Saccharose bzw. Milchsäure u. NaCl-enthaltender Lsg. u. anschließender Durchströmung mit K^+-reicher Lsg. die Hochfrequenzleitfähigkeit von Muskeln zunimmt, muß angenommen werden, daß das durch die erste Durchströmung herausgewaschene *K* nicht ion. Charakter besessen hat u. demnach das im frischen Muskel enthaltene K in gebundenem Zustand vorliegt. U. TAUSENDFREUND. 4597□

Die Wirkung von K-, Rb- und Cs-Ionen auf die Kationenzusammensetzung und das Membranpotential des Froschherzens. J. Gelléen, Erzsébet Kertész und J. Pórszász. (Acta physiol. Acad. Sci. hung., Suppl. **18.** 68. 1960. Szeged, Med. Univ., Physiol. Inst.) (Dt.)

Unter der Wrkg. von RINGER-Lsg. mit *K*-Übergewicht bleibt der intracelluläre K-Geh. der Kammermuskulatur unverändert. In Verss. an Froschherzen konnte nachgewiesen werden, daß der K-Geh. des Vorhof- u. Kammermyocards von *RbCl* u. *CsCl* in der Konz. von 14,4 mVal./Liter herabgesetzt wird. CsCl wirkt in dieser Hinsicht stärker als RbCl. Die ventriculäre K-Verminderung steht in geradem Verhältnis zur Diffussions-Geschw. der betreffenden Ionen. Die mit diesen Ionen behandelten Froschherzen kommen eine gewisse Zeit nach dem diastol. Stillstand wieder in Gang. Von 27,9 mVal. RbCl/Liter wird der intracelluläre K-Geh. der Kammermuskulatur auf $^1/_3$ des Normalwertes gesenkt. Diese Herzen bleiben auch in der Diastole stehen, kommen jedoch nicht wieder in Gang (Voraussetzung für das Ingangkommen ist eine Mindest-Konz. an intracellulärem K). Es wurden auch die Membran- u. Aktionspotentialveränderungen der mit K-RINGER-Lsg. behandelten Froschherzen durch intracelluläre Mikroelektrodenmessungen untersucht. Anläßlich der sog. Adaptation erhöht sich der Wert der Membran- u. Aktionspotentiale im Verhältnis zu den Werten der unter dem akuten Effekt der K-RINGER-Lsg. meßbaren Membran- u. Aktionspotentialwerte.

U. TAUSENDFREUND. 4597 □

Über den Zusammenhang zwischen der Entwicklung der alimentären Herzmuskelschädigung und dem Blutdruckwert bei Ratten. T. Gáti, J. Sós, T. Kemény und M. Ihász. (Acta physiol. Acad. Sci. hung., Suppl. **18.** 19. 1960. Budapest, Med. Univ., Pathophysiol. Inst.) (Dt.)

Es wurde gezeigt, daß unter einer zu Hypertonie (in der 2. Woche) u. zu herzmuskelinfarktähnlichen Veränderungen (in der 3. u. 4. Woche) führenden Kostform akute Blutdruckerhöhungen (z. B. durch Adrenalin 100 µg/kg/Tag) der hyperton. Ratten einen mäßigenden Einfl. auf die Entw. der Herzmuskelveränderungen ausüben; akute Blutdrucksenkungen (z. B. 2mal 75 mg Hexamethonium/Tag) wirken dagegen gravierend auf die Entw. der Herzmuskelschädigung. U. TAUSENDFREUND. 4597 □

Blutdurchströmung und Sauerstoffverbrauch der Leber von normalen Hunden und bei experimenteller Cirrhose. Gy. Molnár, A. Fischer und L. Takács. (Acta physiol. Acad. Sci. hung., Suppl. **18.** 30—31. 1960. Budapest, Med. Univ., III. u. II. Med. Klinik.) (Dt.)

Mit dem Bromsulfalein-Verf. u. der O_2-Differenz-Best. ergab sich für die Leber des normalen Hundes ein O_2-Verbrauch zwischen 1,0 u. 2,0 ml/min/kg. Das Portalblut zeigte in allen Fällen höhere O_2-Sättigung (2 Vol.-% betragend) als das Lebervenenblut. Bei unter fettreicher u. eiweißarmer Kost herbeigeführter CCl_4-Cirrhose war (falls die Tiere überlebten) die gesamte Leberdurchblutung vermindert, der arterielle Kreislauf erniedrigt, der O_2-Verbrauch verringert; die niedrige O_2-Differenz zwischen Arteria u. Vena hepatica wies auf herabgesetzten O_2-Bedarf der Leberzellen; die O_2-Differenz zwischen Vena portae u. Vena hepatica entsprach ungefähr den normalen Werten.

U. TAUSENDFREUND. 4597 □

Regeneration verschiedener Zellbestandteile in der Rattenleber nach subtotaler Hepatektomie. J. L. Van Lancker und D. G. Sempoux. (Arch. biochem. Biophysics **77.** 129—37. Sept. 1958. Louvain, Belgium, Inst. du Cancer.) (Engl.)

Die Wiederherstellung des N-Geh. u. der Aktivität von *Cytochromoxydase, saurer Phosphatase* u. *Glucose-6-phosphatase* nach subtotaler Hepatektomie (H) bei Ratten läuft der Zunahme des Leber-Gew. parallel. Der Desoxyribonucleinsäure (**I**)-Geh. blieb dagegen in den ersten 12 Std. nach H unverändert u. stieg dann rasch an. Die Anzahl der Zellkerne blieb während der ersten 24 Std. unverändert u. kehrte dann langsam zur Norm zurück. Die Folge davon war eine deutliche Zunahme von **I** u. der Enzyme des Cytoplasmas pro Kern mit einem Maximum 24 Std. nach H. K. ZINGRAF. 4597 □

Hemmung einiger hepatischer Mechanismen durch chronische Verstopfung der Gallenwege. W. H. H. Andrews und I. del Rio Lozano. (J. Physiology **154.** 59 P—60 P. Dez. 1960. London, St. Mary's Hosp., Med. School, Dep. of Pharmacol.) (Engl.)

Vff. untersuchten an Ratten durch Abbinden der Gallenwege u. anschließender i. v. Injektion von 20 mg *Sulfobromphthalein* (**I**)/kg Gew. akute (a) u. chron. (b) Gallenverstopfungen. Die Verss. wurden an narkotisierten Ratten vorgenommen. Das Blut wurde durch Herzpunktion 40 Min. nach der **I**-Injektion entnommen. Die **I**-Konzz. von Leber u. Plasma wurden colorimetr. bestimmt. Bei a u. b enthielt das Plasma aller Tiere sowohl unverändertes als auch durch Stoffwechsel verändertes **I**. Die **I**-Konz. im Plasma war bei a größer. In der Leber war das vorhandene **I** zum größten Teil durch Stoffwechsel verändert. Die bei a vorhandene **I**-Menge war ca. 2mal so groß wie bei b. Bei Aufnahme von **I** durch Leberschnitte normaler Tiere u. solcher mit Verstopfung der Gallenwege wurden von Vff. keine Unterschiede beobachtet. Nach a waren Bilirubin u. **I** in der Galle vorhanden, aber nicht bei b; b scheint nach Ansicht von Vff. eine Farbstoffsekretion u. einen Farbstoffkonzentrierungsmechanismus zu hemmen, hemmt aber nicht Fl.-Sekretion oder **I**-Stoffwechselveränderung. G. BRATFISCH. 4597 □

Ikterus des Neugeborenen und des Säuglings infolge von Stoffwechselstörungen der Leberzelle. Carlos Salazar de Sousa. (An. Azevedos **12.** 132—49. 1960. Lisboa, Univ., Fac. de Med.) (Port.)

Übersicht. K. ZINGRAF. 4597 □

Der Natriumtransport und der Sauerstoffverbrauch in der Niere von Säugetieren. J. Hess Thaysen, N. A. Lassen und O. Munck. (Nature [London] **190.** 919—21. 3/6. 1961. Copenhagen, Bispebjerg Hosp.; Rigshosp.; Inst. of Med. Physiol.) (Engl.)

Unter der Annahme, daß die Na-Rückresorption in der Niere die Hauptmenge der zugeführten oxydativen Energien verbraucht, wurde das Verhältnis von Na-Rückresorption (der Differenz zwischen gefiltertem Na-Betrag minus ausgeschiedenem Na-Betrag) (A) zu Gesamt-O_2-Verbrauch minus O_2-Grundumsatz ohne Na-Transport (B) in der unversehrten Niere des Hundes untersucht, u. zwar nach Kanülierung der Schenkelvene, der linken Nierenvene, der beiden Harnleiter u. unter Verw. von *Na-p-Aminohippurat* u. *Inulin*. Die O_2-Differenz zwischen arteriellem u. venösem Blut (C) stieg stark an bei abnehmendem Blutdurchfluß durch die Niere (D). Der Grundumsatz der Niere an O_2 wurde zu 0,215 ml O_2/g Niere/Min. bzw. 1,0 μMol/g/Min. gefunden. Das Verhältnis A/B betrug durchschnittlich 28,5, wobei eine feste Beziehung zwischen A u. B ähnlich der in der isolierten Froschhaut zu bestehen scheint. Für die Berechnung von C wird eine empir. Formel angegeben. Die Red. von D führte im Gegensatz zu anderen Organen zu einer renalen Verminderung der O_2-Aufnahme, sofern der Blutdruck nicht unter ein bestimmtes Limit absank. J. BOELTER. 4597□

Über den Mechanismus der mit hypertonischer Natriumchloridlösung herbeigeführten Erhöhung der Natriumausscheidung. E. Monos, A. G. B. Kovách, M. Földi, M. Papp, L. Somlyai und Edith Koltay. (Acta physiol. Acad. Sci. hung., Suppl. **18.** 25—26. 1960. Budapest, Med. Univ., Forschungslabor. für exp. Med.; I. Med. Klinik.) (Dt.)

Es wurde die Wrkg. der Vagusdurchtrennung u. des das sympath. Nerven-Syst. blockierenden *Dibenamin* (I) auf die (bei intakten Nebennieren) durch in die Carotis injizierte hyperosmot. *NaCl*-Lsg. zustande kommende erhöhte renale Na-Ausscheidung untersucht. Nach Vagusdurchtrennung bleibt (wohl auf Grund hämodynam. Veränderungen in der Niere) diese Rk. teilweise aus, während sie bei einem anderen Teil unverändert auftritt. Durch I wird die reflektor. Erhöhung der Na-Ausscheidung verhütet. Vorbehandlung mit *Aldalacton* (II; SEARLE) verursacht bei Wasserdiurese einen erhöhten Na-Verlust. Bei mit II vorbehandelten Tieren konnte NaCl-Injektion in die Carotis ebenfalls eine erhöhte Na-Ausscheidung beobachtet werden (Dauer-Verss. an wachen Tieren). U. TAUSENDFREUND. 4597□

Vergleichende Untersuchung der Wirkung des natürlichen Hemmungsfaktors und der γ-Aminobuttersäure. K. Lissák, E. Endröczi und Erzsébet Vincze. (Acta physiol. Acad. Sci. hung., Suppl. **18.** 3. 1960. Pecs, Med. Univ., Physiol. enst.) (Dt.)

Zwischen *γ-Aminobuttersäure* (I) u. *Gehirnextrakt* (welcher außer I auch eine *pikratpositive Substanz mit gleichem* R_F-*Wert* enthält, die sich in dem verwendeten chromatograph. Syst. ebenso wie I verhält) bestehen bei der Anwendung an der succinylcholinbehandelten Katze Differenzen. Die nach Metrazol auftretende konvulsive elektr. Aktivität läßt sich mit i.v. Extrakt abwenden, während selbst hochdosierte i.v. I unwirksam ist; die lokal ausgelöste konvulsive Aktivität läßt sich durch lokale Extrakt (nicht jedoch I)-Anwendung zu einer langsam synchronisierten Aktivität von 2—3 Sek. umgestalten. Wurde Hunden nach Ausbau eines motor. bedingten Nutritionsreflexes durch eine in die Formatio reticularis des Hirnstamms eingebaute chron. Kanüle Hirnextrakt (0,03—0,01 ml) injiziert, so steigerte sich die differenzierende Hemmung, während I keine Änderung bewirkte. Die beobachteten Unterschiede lassen sich möglicherweise auf den pikratpositiven Faktor zurückführen. Gleiche Wrkg. üben i.v. Extrakte u. I auf die mit lokal angewendetem Strychnin ausgelöste konvulsive Aktivität aus (vorübergehende Herabsetzung oder Aufhebung). U. TAUSENDFREUND. 4598□

Vorkommen und Verteilung von Brenzcatechinaminen im Fischhirn. U. S. von Euler. (Acta physiol. scand. **52.** 62—64. Mai 1961. Stockholm, Sweden, Karolinska Inst., Physiol. Dep.) (Engl.)

Im Hirn von *Squalus acanthias* u. *Gadus callarias* wurden relativ große Mengen von *Noradrenalin* (I; vorherrschend) u. *Adrenalin* (II) gefunden. Die größten Mengen von I enthielt das Zwischenhirn, der Hypothalamus u. die Hypophyse, während der Geh. im Kleinhirn sehr gering war. Nur kleine Mengen I u. II wurden im Hirn von *Myxine glutinosa* gefunden. K. ZINGRAF. 4598□

Die Verteilung von Piperidin im Gehirn und seine mögliche Bedeutung im Organismus. L. G. Abood, F. Rinaldi und Virginia Eagleton. (Nature [London] **191.** 201—02. 8/7. 1961. North Chicago, Ill., Abbot Labor.; Univ. of Illinois, Coll. of Med., Dep. of Psych. and Biochem.) (Engl.)

Durch Red. von *Pyridin* mit *Tritium* erhaltenes *T-Piperidin* (I) wurde Albinokaninchen i.v. injiziert (100 mg I-*Hydrochlorid*/kg; 285 μc/mg) u. bewirkte Muskelrelaxation u. Beruhigung der Tiere. Nach 30 Min. wurden die Tiere getötet u. der I-Geh. des Gehirns untersucht. Die größte I-Konz. wurde im Nucleus caudatus, weniger in den Bereichen des Dienzephalons, jedoch im Telenzephalon u. der vorderen Neocortex gefunden. Relativ hohe Konzz. wurden im Corpus callosum gefunden. Die Verteilung in den einzelnen Segmenten des Dienzephalon u. des Mesenzephalon waren nahezu gleich. Mit Ausnahme des Telenzephalons war die I-Verteilung zwischen weißer u. grauer Substanz gleich. Die Wrkg. u. die Bedeutung von I im Gehirn werden diskutiert.

J. BOELTER. 4598□

Untersuchung der intracardialen Ganglien im Verlauf der Ontogenese. A. Daróczy, Irén Horkay, M. Szentiványi und S. Juhász Nagy. (Acta physiol. Acad. Sci. hung., Suppl. **18.** 14. 1960. Debrecen, Med. Univ., Physiol. Inst.) (Dt.)

Bei Ratten ist die Entstehung u. Funktionsfähigkeit der parasympath. Ganglien im Herzen bei der Geburt noch nicht abgeschlossen. Die Anwesenheit funktionsfähiger intracardialer sympath. Ganglien kann lediglich bei mehr als 10 Tage alten Tieren nachgewiesen werden. — Im einzelnen zeigte sich, daß in den ersten Lebenstagen die *Acetylcholin* (I)-Empfindlichkeit des (isolierten) Vorhofes zunimmt. Gleichzeitig steigt die Wrkg. des ganglienreizenden *Tetramethylammoniumbromid* (II; starke Frequenzherabsetzung). Erst am 10. Tag gestaltet sich die II-Wrkg. biphas.; die atropinisierten Präpp. reagieren dann auf die Zugabe von I oder II mit Frequenzsteigerung (aufhebbar durch Hexamethonium). U. TAUSENDFREUND. 4598□

E6. Pharmakologie. Therapie. Toxikologie. Hygiene

Strontium-90 im Menschen. 3. Mitt. Die jährliche Zunahme dieses Isotops im Menschen und seine weltweite Verbreitung wird definiert. J. Laurence Kulp, Arthur R. Schulert und Elizabeth J. Hodges. (Science [Washington] **129.** 1249—55. 8/5. 1959.) (Engl.) — 2. vgl. C. **1959.** 11624.

Experimentelle Herst., regionaler Durchschnitt u. Zeit-Wrkg.; ^{90}Sr in Kindern u. Veränderungen im Verhältnis zum Alter, die menschliche Belastung in Zukunft mit ^{90}Sr, weltweite Verteilung. WALTER SIMON. 4601

Der klinische Wert von Schutz- und Heilstoffen gegen Strahlenschäden. Hideo Irie. (Strahlentherapie **110.** 456—61. Nov. 1959. Fukuoka, Japan, Kyushu Univ., Med. Coll., Dep. of Radiol.) (Dt.)

Es wird über Strahlenschutzstoffe berichtet, insbes. über *Vitamin K* u. *ACHT* [*dl-trans-* (oder *-cis-*) *2-Aminocyclohexanthiol–HCl*] u. die Wrkg. an Hand der Überlebensrate ganzbestrahlter Mäuse demonstriert sowie an einer Aufhebung der Wachstumshemmung der Extremitäten nach Bestrahlung. Bei Verabreichung der Strahlenschutzstoffe vor der Bestrahlung tritt eine signifikante höhere Schutz-Wrkg. ein als bei Applikation nach erfolgter Bestrahlung, die nahezu wirkungslos ist. Auch zur Vorbeugung gegen lokale Bestrahlungen eignet sich ACHT, das jedoch wegen der starken Schutz-Wrkg. bei Tumorpatienten nicht gegeben werden kann. R. SAUERBREY. 4601□

Automatische Durchsicht von Papierstreifenchromatogrammen von ^{131}J-Verbindungen. William J. Schindler und Claude Fortier. (Canad. J. Biochem. Physiol. **39.** 629—32. März 1961. Houston, Tex., Methodist Hosp., Blue Bird Neuroendocrin. Res. Labor.; Texas Med. Center, Baylor Univ. Coll. of Med., Dep. of Physiol.) (Engl.)

Beschreibung eines Geräts zum gleichzeitigen Nachw. der β- u. γ-Strahlungen, welche von ^{131}*J*-Verbb. ausgesandt werden. K. ZINGRAF. 4601□

Antiacceleratorische, coronardilatatorische und gewisse andere pharmakologische Wirkungen von neuen Polymethoxyphenylderivaten. Alexander G. Karczmar, Priscilla Bourgault und B. Elpern. (Proc. Soc. exp. Biol. Med. **98.** 114—18. Mai 1958. Chicago, Ill., Loyola Univ., Stritch School of Med., Dep. of Pharmacol.; Rensselaer, N.Y., Sterling-Winthrop Res. Inst.)

3-Dimethylamino-1.1.2-tris-[4-methoxyphenyl]-propen-(1) (I), *3-Dimethylamino-1.2-bis-[4-methoxyphenyl]-1-isobutyl-*, *3-Dimethylamino-1.2-bis-[4-methoxyphenyl]-1-cyclohexyl-*, *3-Dimethylamino-1.2-bis-[4-methoxyphenyl]-1-hexyl-*, *3-[Piperidyl-(1)]-1.2-bis-[4-methoxyphenyl]-1-isobutyl-* (II), *3-Dimethylamino-1.2-bis-[4-methoxyphenyl]-1-octyl-*, *3-Dimethylamino-1.2-diphenyl-1-isobutyl-*, *3-Dimethylamino-1.2.3-triphenyl-propanol* besitzen eine bedeutende antiacceleratorische Herzwirkung. Am isolierten mit *Adrenalin* angetriebenen Kaninchenherzen erreicht ihre Aktivität manchmal die von *Veratramin*. Einige hatten auch coronardilatator. Eigg., die denen von *Papaverin* entsprachen. Bes. günstige Herz-Wrkg. hatten I u. II. I: DL_{50} Maus i.v. 30 mg/kg; DL_{50} Maus oral 385 mg/kg; ungefähre DL bei Hunden i.v. >10 u. oral >25 mg/kg; Reizschwelle 0,25%; Lokalanästhet. Wrkg. 130% der des *Procain*; schwacher sympathicolyt. Effekt, kein anticholinerg. Effekt; II: 31, —; >5, >20; 0,032%; 25%; kein sympathicolyt. u. anticholinerg. Effekt. G. KIMMERLE. 4607

Benzmalecene: Hemmung der Cholesterin-Biosynthese und hypocholesterinämischer Effekt bei Ratten. Jesse W. Huff und James L. Gilfillan. (Proc. Soc. exp. Biol. Med. **103.** 41—43. Jan. 1960. Rahway, N.J., Merck Inst. for Therap. Res.) (Engl.)

Benzmalecene (*N-[1-Methyl-2.3-bis-(p-chlorphenyl)-propyl]-maleamsäure,* MERCK, SHARP & DOHME, West Point, Pa., Res. Labor.; I) hemmt die in vitro-Inkorporation von $^{14}C_2$-Mevalonsäure in Cholesterin durch Rattenleberhomogenate. Diese Hemmung erscheint nicht kompetitiv. Orale Gaben von I (0,1—0,4% im Futter) senken den Plasmacholesterinspiegel um 12, 20 bzw. 26%. Auf den Gew.-Ansatz hat I keinen oder wenig Einfluß. Das *Na*-Salz war wesentlich stärker wirksam als die freie Säure. Das *Ca*-Salz von I hat eine Aktivität wie die freie Säure in einer Konz. von 0,4%.

G. KIMMERLE. 4607

Über die additive Wirkung von Lysolecithin und g-Strophantin am Meerschweinchen. A. Grisk, A. Steinicke und F. Jung. (Acta biol. med. german. [Berlin] **4.** 423—24. 1960. Berlin, Humboldt-Univ., Inst. für Med. u. Biol. der Dtsch. Akad. der Wiss., Bereich Pharmakol.) (Dt.)

Vff. vergleichen die Wrkg. von *g-Strophantin* (I) u. *Lysolecithin* (II) auf die Herztätigkeit lebender Meerschweinchen. Die Infusion von 0,8 μg I/100 g Körper-Gew./Min. in den Blutkreislauf führt nach 27 μg I/100 g zum Tode des Tieres. 220 μg II/100 g/Min. werden unter gleichen Bedingungen bis zu 5 Std. ohne Änderung des Blutdrucks, des EKG u. der Atmung ertragen. 290 μg II/100 g/Min. führen nach 65 Min. zum Tode der Tiere. Dabei sind die EKG-Veränderungen mit den durch I erzielten nicht identisch. Das Blut der Tiere war hämolyt., als erstes setzte die Atmung aus. Gleichzeitige Infusion von I u. II in den Verhältnissen 1 : 620 u. 1 : 210 führte zum Tode unter für I typ. Symptomen. Aus den I- u. II-Mengen läßt sich ein Wrkg.-Verhältnis von I : II = 1 : 620 errechnen. Behandlung der Tiere mit ca. 12 μg I vor der Infusion von 220 μg II/100 g/Min. führt nach 20,1 mg II unter I-Symptomen zum Tode der Tiere. Die Verss. zeigen, daß zwischen I u. II ein echter Synergismus besteht. Blutplasma-Unterss. zeigen, daß ein großer Teil des II an die roten Blutkörperchen gebunden vorliegt. Das im Serum nachweisbare II liegt möglicherweise in einer nicht hämolyt. wirksamen Form vor.

A. GUDE. 4607 □

Über den Einfluß exogener Faktoren auf den Vergiftungsablauf aromatischer Amino- und Nitrokörper. G. Stopp. (Acta biol. med. german. [Berlin] **4.** 325—33. 1960. Berlin, Humboldt-Univ., Inst. für Pharmakol. u. Toxikol.) (Dt.)

Katzen, die Normalkost, vitaminarme Kohlenhydratkost bzw. Eiweißkost erhielten, wurden mit *Anilin* (I) bzw. *Nitrobenzol* (II) vergiftet. Der Vergiftungsverlauf wurde an Hand der Blutfarbstoffveränderungen u. der HEINZ-Körper-Bldg. verfolgt u. verlief für alle 6 Gruppen ohne nennenswerte Unterschiede. Gleichzeitige Vergiftung mit I u. CCl_4 (nicht aber Trichloräthylen) bewirkte einen verzögerten Anstieg u. eine längere Fortdauer der Methämoglobinbildung.

A. GUDE. 4607 □

O-Äthyl-$S_{(2)}$-[äthylmercapto]-äthylalkylthiophosphonate als systemische Insekticide. R. L. Metcalf und T. R. Fukuto. (J. econ. Entomol. **53.** 127—30. Febr. 1960. Riverside, Calif., Univ. of California, Citrus Exp. Stat.) (Engl.)

Die DL_{50} bei *Musca domestica* stieg in folgender Weise an: *O-Äthyl-S-[äthylmercaptoäthyl]-methylthiophosphonat* 7,0; *-äthylthiophosphonat* 9,5; *-propylthiophosphonat* 10,0; *-[4-methylbutyl]-thiophosphonat* 40; *O-Isopropyl-S-[äthylmercaptoäthyl]-äthylthiophosphonat* 11,5; *$S_{(1)}$-Isopropyl-$S_{(2)}$-[äthylmercaptoäthyl]-äthyldithiophosphonat* 10,5; *O-Äthyl-S-[äthylmercaptoäthyl]-äthyldithiophosphonat* 14,0; *$O_{(1)}$-Äthyl-$O_{(2)}$-[äthylmercaptoäthyl]-äthylthioposphonat* 210; *$O_{(1)}$-Äthyl-$O_{(2)}$-[äthylmercaptoäthyl]-äthylphosphonat* 500; *O-Äthyl-S-[äthylsulfonoäthyl]-P-propylthiophosphonat* 45. Die system. Wrkg. der Verbb., an Baumwollstengel u. -samen erprobt, ließ allg. nach ca. 15 Tagen merklich nach u. ging wie die *Cholinesterase*-Hemmung obiger Reihenfolge etwa parallel.

FRITZ MÜLLER/Ludwigshafen. 4607 □

Zur Pharmakologie des kristallinen Cannabidiols. E. Stenszky, B. Kelentey und F. Czollner. (Acta physiol. Acad. Sci. hung., Suppl. **18.** 76. 1960. Debrecen, Med. Univ., Pharmakol. Inst.) (Dt.)

Toxizität, antibakterielle Wrkg. u. allg. pharmakolog. Eigg. der aus *Cannabis sativa* isolierten u. kristallin hergestellten *Cannabidiolsäure* u. ihres *Triäthylaminsalzes* wurden untersucht. Die DL_{50} ist bei Mäusen subkutan 0,43 g/kg, peroral 1,7 g/kg u. i.v. (bei Katzen) 80—120 mg/kg. Peroral wird die Substanz schlecht, parenteral rasch resorbiert. Aus dem Blut kann sie in baktericider Konz. über mehrere Std. nachgewiesen werden. Auf grampositive Bakterien u. Mycobacterium tuberculosis wirkt sie in vitro u. in vivo. Bei i.v. Verabreichung bewirkt sie eine dosisabhängige Blutdrucksenkung, steigert das Atem-Vol. u. die Atemfrequenz. Sie verfügt auch über infiltrativen lokalanästhet. Effekt.

U. TAUSENDFREUND. 4608 □

Pharmakologie der Alkaloidfraktion aus der Rinde von Pithecolobium samath Benth. (jamaikanischer Schattenbaum). B. E. Leonard und H. S. A. Sherratt. (Nature [London] **191.** 287. 15/7. 1961. Birmingham, Univ., Dep. of Med. Biochem. and Pharmacol.) (Engl.)

Das aus der Rohalkaloidfraktion (erhalten durch Extraktion der pulverisierten Baumrinde mit verd. HCl, die Extrakte alkal. machen, waschen mit Chlf., die Waschfl. mit verd. HCl extrahieren, die sauren Extrakte alkal. machen, mit Chlf. reextrahieren u. das Lsgm. abziehen) gewonnene *Pithecolobin* (I) verursacht nach intraperitonealer Injektion von 40 (γ/g Körper-Gew.) (DL_{50} bei Raum-Temp.) bei BALB/CXC57-Mäusen innerhalb von 2—4 Min. charakterist. Convulsionen. — Nach einer I-Dosis von 12 ist die *Quinalbarbiton* (II)-Schlafzeit von Mäusen um 20% verkürzt; höhere I-Dosen (12—18) bewirken eine entsprechend ausgeprägtere Verkürzung der Schlafzeit (bis zu 100%). — Die Toxizität von I wird durch eine II-Dosis von 450 bei Mäusen etwa verdoppelt. — Nach intraperitonealer Verabfolgung von I in Dosen von 14 sinkt bei Mäusen die rectale Temp. von normal 370 auf 33° ab; wird I zusammen mit II verabfolgt, so macht sich sogar ein Absinken bis auf 26° bemerkbar. — Intravenös verabreichtes I red. den arteriellen Blutdruck bei der anästhesierten Katze u. Ratte vor u. nach Vagotomie. — Bei der anästhesierten Ratte verursachen hypotensive I-Dosen einen merklichen Anstieg der Atmungsamplitude u. eine Abnahme der Atmungsgeschwindigkeit. — Perfusion des Froschrückenmarks mit einer I-Lsg. (15 γ/ml) red. oder hebt die durch elektr. Stimulierung erzielten Reflexkontraktionen des femoralen Biceps auf. — Die Ergebnisse der pharmakolog. Unterss. lassen erkennen, daß I offenbar über den Hirnstamm wirkt.

H. KOCKERT. 4610□

Mit PAS-Behandlung herbeiführbare experimentelle Thrombocytose. I. Piukovich, A. Bardoćzy, L. Szabó und M. Gábor. (Acta physiol. Acad. Sci. hung., Suppl. **18.** 97. 1960. Szeged, Med. Univ., Frauenklinik.) (Dt.)

Intraperitoneale Verabreichung von 100 bzw. 200 mg *PAS* (CILAG)/kg bewirkt bei Ratten eine Thrombocytenvermehrung im Blut (Höhepunkt nach 12 Std., Rückkehr zum Ausgangswert nach 72 Std.) ohne weitere Blutbildveränderungen. *Salicylsäure, Na-Salicylat, p-Aminobenzoesäure* u. *Benzoesäure-Na* bewirken keine Veränderungen. Eine experimentelle Thrombocytose kann auch durch das Serum I-vorbehandelter Ratten (0,5 ml intraperitoneal) bei anderen Ratten hervorgerufen werden.

U. TAUSENFREUND. 4610□

Klinische Studien mit Dihydrodesoxystreptomycin. Vorl. Mitt. Shigetaka Ōbuchi, Takeo Saitō, Yoshihiko Imagawa, Keiichi Nakagawa, Hisatarō Naganuma, Susumu Fujita, Kazuo Kamada, Jun Nagasawa, Kiyoshi Ishii, Tomotsune Murata, Jirō Gomi und Harutaka Baba. (J. Antibiotics [Tokyo], Ser. A **11.** 199—201. Sept. 1958. Tokyo, Med. and Dental Coll.; Univ., Branch Hosp.; Univ., Okinaka Internal Clinic; Keio, Univ., Dep. of Internal Med.; Nat. Nakano Sanatorium.) (Engl.)

Es wird die klin. Anwendung von *Dihydrodesoxystreptomycin* im Vgl. zu *Dihydrostreptomycin* an je 64 Fällen von Lungentuberkulose beschrieben. *Dihydrodesoxystreptomycin* wurde als das wirksamere der beiden Antibiotica gefunden, es konnten auch keine Nebenwrkg. beobachtet werden. CH. ZEPF. 4611□

Klinische und Laboratoriums-Erfahrungen mit Oleandomycin beziehungsweise Triacetyloleandomycin in der Kinderheilkunde. Ryochi Fujii, Haruo Ichihashi, Tomoko Ishibashi, Jun'ichi Tsuda und Toshiko Koyama. (J. Antibiotics [Tokyo], Ser. A **11.** 202—06. Sept. 1958. Tokyo, Univ., Branch Hosp., Dep. of Pediatr.) (Engl.)

Oleandomycin wurde in 41 Fällen, *Triacetyloleandomycin* in 47 Fällen verschiedener Infektionen bei Kindern angewandt. *Triacetyloleandomycin* erwies sich als bes. geeignet zur Behandlung von Sekundärinfektionen bei akuten Erkrankungen der Atmungswege.

K. ZEPF. 4611□

Untersuchungen über die chronische Toxizität von Kanamycin. Tomio Takeuchi, Takayoshi Nomura, Tadashi Wakazawa, Tokuro Hikiji, Seirō Yamazaki, Kazuo Nitta, Yoshitaka Shimizu, Hisarō Takayama und Hamao Umezawa. (J. Antibiotics [Tokyo], Ser. A **11.** 207—11. Sept. 1958. Tokyo, Nat. Inst. of Health.) (Engl.) — Vgl. C. **1958.** 10439.

Unterss. über die chron. Toxizität von *Kanamycin* (I) für das Nerven-Syst. von Hunden u. Katzen u. die Ototoxizität für Ratten werden beschrieben. Die maximale tolerierte tägliche Dosis für Hunde liegt bei 150—200 mg/kg i.m. I. Tägliche Injektion von 200 mg/kg bzw. 400 mg I/kg führt zu keinerlei Bewegungsstörung, wohl aber die tägliche Injektion von 200 mg *Streptomycin* (II)/kg. Katzen reagieren auf 300 mg **I/kg/Tag**

i.m. mit leichter Bewegungsstörung; tägliche Injektion von 100 mg II/kg führt dagegen zu schwerer Ataxie. Auch die Ototoxizität von I bei Ratten ist geringer als die von II.
CH. ZEPF. 4611□

Wirkung von Antibioticis auf die experimentelle Tularämie der Maus. T. Huziwara, S. Hyôdô und Y. Watanabe. (C. R. Séances Soc. Biol. Filiales **154**. 1895 bis 1897. 1960. Hukusima, Japan, Fac. de Méd., Labor. de Bacteriol.) (Franz.)

Bei mit *Pasteurella tularense*, Stamm Ebina, infizierten Mäusen zeigen *Streptomycin* u. *Oxytetracyclin* gute therapeut. Wirksamkeit (höchste Überlebenszahl); *Kanamycin* ist dagegen weit weniger wirksam. Chloramphenicol, Leukomycin u. Erythromycin sind unwirksam. Mit Ausnahme der Tetracycline scheinen die gegen die experimentelle Tularämie bei der Maus wirksamen Antibiotica nicht immer mit denjenigen übereinzustimmen, die auf die Vermehrung von P. tularense in Gewebekulturen hemmend wirken.
J. SEPP. 4611□

Über die Pharmakologie der Malonsäuredinitril-Derivate. B. Kelentey und T. Vályi-Nagy. (Acta physiol. Acad. Sci. hung., Suppl. **18**. 75. 1960. Debrecen, Med. Univ., Pharmakol. Inst.) (Dt.)

Es werden die Ergebnisse toxikolog. u. pharmakolog. Unterss. der von ZSOLNAY hergestellten 13 neuen synthet. Malonsäuredinitril-Derivv. mitgeteilt. *Malonsäuredinitril* (I) verfügt über starke adreno- u. sympathicolyt. Wrkg.; die vergleichenden Unterss. der neuen Derivv. ergaben, daß mehrere von ihnen, bes. *Salicylal*-I, *3-Methoxy-4-hydroxybenzol*-I u. *2-Oxoindolo*-I, in dieser Beziehung biolog. sehr akt. sind.
U. TAUSENDFREUND. 4620□

Die Wirkung von 2-Amino-4-methylpyridin auf Kreislauf und Coronarsystem G. G. Rowe, H. P. Gurtner, C. J. Chelius, S. Afonso, C. A. Castillo und C. W. Crumpton (Proc. Soc. exp. Biol. Med. **105**. 98—100. Okt. 1960.) (Engl.)

2-Amino-4-methylpyridin (*Ascensil*), ein Sympathicomimeticum, verursacht bei Hunden einen Anstieg der pulmonaren, peripheren u. coronarvasculären Resistenz. Herzleistung, Kreislauf im Coronarsyst. u. O_2-Verbrauch des Myocards sind herabgesetzt, aber der O_2-Verbrauch des Körpers u. der Respirationsquotient des Herzens bleiben unverändert.
U. BAUMANN. 4620

Zentrale Effekte des dl-ac-N-Tetralyl-N-allyl-β-alanindiäthylamidhydrochlorids. F. Hauschild, R. Kiesewetter und M. Müller. (Arzneimittel-Forsch. **10**. 206. März 1960. Leipzig, Karl-Marx-Univ., Inst. für Pharmakol. u. Toxikol.) (Dt.)

Die zentrale Wrkg. von *dl-ac-N-Tetralyl-N-allyl-β-alanindiäthylamidhydrochlorid* an Ratten wird durch *Reserpin*, *Chlorpromazin* u. *Meprobamat* aufgehoben.
G. ZIEBARTH. 4620□

Eine Wirkung von Chlorpromazin auf die Membranen von Rattenmitochondrien. M. A. Spirtes und P. S. Guth. (Nature [London] **190**. 274—75. 15/4. 1961. New Orleans, La., Tulane Univ., Med. School; Philadelphia, Pa., Hahnemann Med. Coll., Dep. of Pharmacol.) (Engl.)

Es wurde die hemmende Wrkg. von *Chlorpromazin* (I) auf die Vol.-Zunahme von aus Gehirn u. Leber von WISTAR-Ratten isolierten Mitochondrien durch osmot. Verdünnung u. Zusatz von *Phosphat*, *Triton X-100* + *Rohrzucker* (II), sowie *Thyroxin* + II untersucht. I wirkte bereits in kleinen Konzz. hemmend auf die Vol.-Zunahme, wobei eine Änderung der enzymat. Aktivitäten oder des Betrages der oxydativen Phosphorylierung allg. ausgeschlossen werden konnte. Es wird angenommen, daß I vor allem eine Änderung der Membranpermeabilität bewirkt.
J. BOELTER. 4620□

Die Wirkung von Chlorpromazin und Lysergsäurediäthylamid auf den Gewöhnungsgrad der Erregungsansprechbarkeit. B. J. Key. (Nature [London] **190**. 275—77. 15/4. 1961. Birmingham, Med. School, Dep. of Exp. Psychiatry, Neuropharmacol. Res. Unit, Med. Res. Council.) (Engl.)

In einem bes. Raum gehaltene Katzen mit cortical eingepflanzter Elektrode wurden einer Tonstimulation (1000 c/Sek.) ausgesetzt. Der Gewöhnungsgrad (GG) war von der Intensität, Dauer u. Art der Tonreizung abhängig (für die Verss. Tondauer 8 Sek.). Die intraperitoneale Injektion von 5 oder 10 mg *Chlorpromazin* (I)/kg bewirkte einen Anstieg des GG, in dem die zur Gewöhnung bei den Kontrolltieren notwendigen 45—50 Tonstimulationen auf 3—4 bzw. 1—2 zurückgingen. Im Gegensatz dazu bewirkte die intraperitoneale Injektion von 10—15 μg *Lysergsäurediäthylamid*/kg eine erhöhte Ansprechbarkeit bzw. eine Herabsetzung des Gewöhnungsgrades.
J. BOELTER. 4620□

Die Ergebnisse einer Behandlung psychotischer Zustände mit neueren, in kleinen Dosen wirksamen Phenothiazinverbindungen. Douglas Goldman. (Amer. J. med. Sci. [N. S.] **235**. 67—77. Jan. 1958. Cincinnati, Ohio, Longview State Hosp.) (Engl.)

An einer großen Zahl psych. erkrankter Patienten (Schizophrenie; man.-depressive Irresein; organ. Delirium) werden im Klink-Vers. 4 Phenothiazinabkömmlinge im Vgl. mit Chlorpromazin geprüft, u. zwar *3-Chlor-10-[γ-(p-methyl-* bzw. *p-äthoxypiperazino)-n-propyl]-phenthiazin* (*Compazine, Proclorperazine*; SMITH, KLINE & FRENCH LABORS., bzw. *Trilafon*; SCHERING CORP.), *3-Trifluormethyl-10-[γ-dimethylamino-n-propyl]-phenthiazin* (*Vesprin*; E. R. SQUIBB & SONS) u. *Win 13,645-5* (WINTHROP LABORS.). Sämtliche Verbb. zeigten eine wesentlich intensivere Wrkg. als die üblichen Phenothiazine. Sie sprechen daher schon in kleineren Dosen an u. zeigen geringere Nebenwirkungen. Die sedative Wirkkomponente ist auffallend schwach, die Heilwrkg. speziell bei Erregungszuständen u. Halluzinationen trotzdem weit günstiger. R. KLOCKMANN. 4620□

Curarisierung und cardiovasculäre Wirkungen des Elektroschocks bei Reserpinbehandelten Kaninchen. C. Heymans, Y. Piette und A. F. de Schaepdryver. (Arch. int. Pharmacodynam. Thérap. **130.** 417—24. 1/3. 1961. Ghent, Belgium, Univ., J. F. Heymans Inst. of Pharmacol.) (Engl.)

Der irreversible Kreislaufkollaps u. die Apnoe während des Elektroschocks bei *Reserpin*-behandelten Kaninchen können durch künstliche Atmung u. Vorbehandlung mit Atropin u. Succinylcholin verhütet werden. K. ZINGRAF. 4620□

Succinylcholin und Kreislaufveränderungen im Verlauf der bei Reserpin-vorbehandelten Kaninchen ausgelösten Krampfanfälle. J. J. Reuse. (Arch. int. Pharmacodynam. Thérap. **130.** 459—63. 1/3. 1961. Bruxelles, Univ., Labor. de Pharmacodyn. et de Thérap.) (Franz.)

Wenn *Reserpin*-vorbehandelte Kaninchen vor dem Cardiazol- oder Elektroschock *Succinylcholin* (I) erhalten, so wird der Krampfanfall, nicht aber das Absinken des Blutdrucks mit Herzstillstand verhütet; allerdings ist diese Erscheinung unter Einfl. von I leicht umkehrbar. Gabe von Atropin (II) vor I führt dagegen zu Bradycardie u. lang anhaltender Blutdruckerhöhung. Nach Gabe von II allein (unter künstlicher Atmung) kommt es zu kurz dauernder Hypertension, gefolgt von lang dauernder, aber reversibler Hypotension; die ton. Krampfphase wird dabei nicht unterdrückt.

K. ZINGRAF. 4620□

Die psychotomimetischen Eigenschaften von 3.4.5-Trimethoxyamphetamin. Alexander T. Shuglin, Sterling Bunnell und Thornton Sargent III. (Nature [London] **189.** 1011—12. 25/3. 1961. Pittsburgh, Calif., Dow Chem. Co., Res. Dep.) (Engl.)

Vff. testeten *dl-3.4.5-Trimethoxyamphetamin* (I) an ♂ Vers.-Personen u. stellten fest, daß nach Verabfolgung von 1.6- u. 2,0 mg/kg-Dosen die bereits in früheren Unterss. (vgl. PERETZ u. Mitarbeiter, C. **1956.** **4213**) beschriebenen Rkk. auftreten; die von vorst. Autoren registrierten lebhaften Halluzinationen konnten hingegen nicht bestätigt werden. — Nach höheren I-Dosen (2,8—3,5 mg/kg) machen sich jedoch starke psych. Effekte bemerkbar: anfänglich werden mescalinähnliche Wrkg. festgestellt, später Angstgefühle, megaloman. Euphorie u. anderes. Als körperliche Rkk. gelangen Schweißausbruch, Zittern, Kältegefühl u. a. zur Beobachtung. Nach Abklingen der Intoxikation sind die Erscheinungen verschwunden. Die Vers.-Personen leiden nicht unter Bewußtlosigkeit u. kommen bald zum Normalzustand zurück. J. SEPP. 4620□

Die Wirkung von Diäthyltryptamin auf die Monoaminooxydase-Aktivität. Eva Sátory, A. Klára Pfeifer, I. Pataky und L. Kerekes. (Acta physiol. Acad. Sci. hung., Suppl. **18.** 83. 1960. Budapest, Med. Univ., Pharmakol. Inst.; Staatl. Inst. für Neurol. u. Psych.) (Dt.)

Die psychotrope Wrkg. von *Diäthyltryptamin* (I) kommt mit großer Wahrscheinlichkeit durch seinen Einfl. auf den *Serotonin* (II)-Stoffwechsel zustande. Von I wird die *Monoaminooxydase* (III)-Aktivität in einer Konz. von $4 \cdot 10^{-4}$ m zu 74% gehemmt. Diese Wrkg.-Stärke stimmt ungefähr mit der von *Iproniazid* (IV) in vitro überein. In vivo wird die III-Aktivität von 100 mg I/kg subkutan ebenfalls (zu 51%) gehemmt; die Hemmung tritt bereits nach $^1/_2$ Std. auf. Die in vivo-Wrkg. von IV ist mit der von I ebenfalls ungefähr identisch. Während jedoch IV keine typ. pharmakolog. Wrkg. aufweist, löst I in derselben Dosis bei Ratten u. Mäusen psychot. Wrkg. aus. Von kleineren I-Dosen (15—20 mg/kg subkutan) wird die III-Aktivität nicht beeinflußt. III kann I als Substrat verwenden; die Spaltung ist nicht viel geringer als der Abbau von II durch III.

U. TAUSENDFREUND. 4620□

Zur Wirkung des Procains auf die Kapillarpermeabilität. G. Simon, I. P. Földvári und S. Györgyi. (Acta physiol. Acad. Sci. hung., Suppl. **18.** 96. 1960. Budapest, Med. Univ., Pathophysiol. Inst.; Staatl. Hyg. Inst., Pathophysiol. Abt.; Med. Univ., Physikal. Inst.) (Dt.)

Durch lokale Injektion von *Procain* (I) wird die Permeabilität der Hautkapillaren (von Ratten) herabgesetzt. Intravenös verabreichtes I verändert die Permeabilität der Haut- oder Gesamtkapillaren nicht. U. TAUSENDFREUND. 4627□

Der Einfluß von Barbiturat auf die Bindung von Thyroxin durch Serumproteine. W. E. Balfour und H. E. Tunnicliffe. (J. Physiology **154.** 66P. Dez. 1960. Cambridge, Univ., Physiol. Labor.) (Engl.)

Vff. untersuchten zum Vgl. die Verteilung von Serum-*Thyroxin* (**I**) nach Zonenelektrophorese auf Cellulosesäulen mit Borat–Phosphat (**II**)-Puffer u. mit *Barbiturat* (**III**)-Puffer, pH 8,6. Vff. fanden, daß eine Prae-Albumin (**IV**)-Fraktion leicht mit jedem der Puffer abzutrennen war; die **IV**-Konz. im Serum beträgt ca. 25 mg/100 ml. In Ggw. von **III**-Puffer wird eine sehr kleine, jedoch meßbare **I**-Menge an **IV** gebunden. Im Gegensatz hierzu wird bei Einsatz von **II**-Puffer eine große **I**-Menge an **IV** gebunden. Bei Dialyse von an **IV** gebundenem **I** gegen **III**-Puffer wird das **I** vom Protein in Freiheit gesetzt. Auf Grund dieser Ergebnisse sind Vff. der Ansicht, daß **III** die Bindung von **I** an **IV** hemmt. G. BRATFISCH. 4627 □

Die Wirkung der chronischen Meprobamatbehandlung auf die bioelektrischen Erscheinungen und die anaerobe Phosphorylierung des Hundegehirns. F. Kajtor, Olívia Veress und L. Kocsár. (Acta physiol. Acad. Sci. hung., Suppl. **18.** 86. 1960. Debrecen, Med. Univ., Neurol.-Psych. Klinik; Pathophysiol. Inst.) (Dt.)

Chron. *Meprobamat* (**I**)-Behandlung führt bei Hunden in der Elektrogenese des Gehirns eine gut nachweisbare Veränderung herbei, die im Thalamus–Hypothalamus-Bereich, sowie im Gebiet des Lobus piriformis rascher u. intensiver auftritt als in der Großhirnrinde. Im Verhältnis zu unbehandelten Kontrollen zeigt die anaerobe Phosphorylierung im Gehirn eine Verminderung, die in der Thalamus–Hypothalamus-Substanz ca. 36,2%, im Lobus piriformis 27,3% u. in der sensimotor. Rinde 17,2% ausmacht. Das Ausmaß der Veränderung der elektr. Tätigkeit (vorwiegend Verlangsamung, aber auch Auftreten von β-Spindeln) zeigt größtenteils eine gewisse Parallele zur Größe der Hemmung in der Zahmheit u. anaeroben Phosphorylierung im Gehirn; die Hemmung der Enzymaktivität scheint demnach eine wichtige Rolle bei der tranquillierenden Wrkg. von **I** zu spielen. U. TAUSENDFREUND. 4627 □

Untersuchungen über ein N-demethylierendes System in Rattenlebermikrosomen. Jay S. Roth und Josef Bukovsky. (J. Pharmacol. exp. Therapeut. **131.** 275–81. März 1961. Philadelphia, Pa., Hahnemann Med. Coll., Dep. of Biol. Chem.) (Engl.)

Bei 16 Std. hungernden Ratten (HR) findet in der Leber keine N-Demethylierung (ND) von *Meperidin* (**I**) mehr statt. Im Mikrosomen + überstehender Fl. aus solchen Lebern kann ND in vitro durch genügend Glucose-6-phosphat (**II**), Isocitrat (**III**), Glucose-1-phosphat oder Glykogen wiederhergestellt werden. Mikrosomen aus der Leber von HR hemmen ND von **I** durch normale Leber. Diese Hemmung wird durch Triphosphopyridinnucleotid oder Nicotinamid, nicht aber durch **II** oder **III** aufgehoben. K. ZINGRAF. 4627 □

Einfluß der N-Allylnormorphin-Derivate auf einige Morphin- und Heroinwirkungen. Júlia Nagy, J. Szegi, J. Rausch und Katalin Magda. (Acta physiol. Acad. Sci. hung., Suppl. **18.** 74. 1960. Budapest, Med. Univ., Pharmakol. Inst.) (Dt.)

Es wurde festgestellt, daß die Wrkg. der 100% schmerzstillenden *Morphin* (**I**)-Dosis von *N-Allylnormorphin* (**II**) doppelt so stark herabgesetzt wird wie von *N-Allylnorheroin* (**III**). Die schmerzstillende Wrkg. von *Heroin* (**IV**) wird jedoch von **II** u. **III** gleichermaßen gehemmt. Die Schlafdauer der mit *Intranarcon* narkotisierten Ratten wird sowohl von **I** als auch von **II** (subkutan 0,5 mg/100 g) 2–3fach verlängert. Werden **I** u. **II** zusammen verabfolgt, so wird die Schlafdauer weniger verlängert als bei getrennter Dosierung. Die Wrkg. der 100% Brechdosis von **I** wird durch 15 Min. vorher subkutan verabreichtes **II** aufgehoben. Von einer $^1/_2$ std. 2–3mal intraperitoneal gegebenen Vierteldosis **II** wird die subkutane DL_{50} von **I** bzw. **IV** auf das 3,8fache erhöht. U. TAUSENDFREUND. 4627 □

Die Wirkung von Narkotica und krampfauslösenden Mitteln auf den Ca- und Mg-Spiegel von Blutserum und Gehirn. Anna Magyarlaki. (Acta physiol. Acad. Sci. hung., Suppl. **18.** 92. 1960. Szeged, Med. Univ., Inst. für Pharmakodyn.) (Dt.)

Der Serum-*Mg*-Geh. zeigt nach Anwendung verschiedener Narkotica allg. normale Werte, steigt jedoch unter der Wrkg. von *Metrazol* oder *Strychnin.* Der Mg-Geh. des Gehirns ändert sich unter den genannten Bedingungen nicht. Der *Ca*-Geh. des Gehirns sinkt jedoch zur Zeit des Höhepunktes der Wrkg. der Krampfauslöser beträchtlich; dasselbe konnte auch nach einigen Narkoticis beobachtet werden. U. TAUSENDFREUND. 4627 □

Zur Frage der Vorbeugung der Arzneigewöhnung. I. Pataky, A. Klára Pfeifer, Eva Sátory und I. Szabolcsi. (Acta physiol. Acad. Sci. hung., Suppl. **18.** 73–74. 1960. Budapest, Med. Univ., Pharmakol. Inst.; Staatl. Inst. für Neurol. u. Psych.) (Dt.)

Wird ein (von LEMPERT hegestelltes) *Hydantoinimid-Deriv.* (*LK 819*; I) in Dosen on 0,5 mg/kg zusammen mit *Morphin* (II) verabreicht, so kommt im Verlauf einer Vers.-Periode von 5 Monaten bei Ratten keine Gewöhnung an II zustande. An *A.* gewöhnte Ratten tranken bei freier Wahl 80% A.-haltiges W. u. 20% reines Wasser. Nach 4tägiger Behandlung mit 20 mg I/kg trat eine Verschiebung auf 30 : 70 zu Gunsten des reinen W. ein. Die Motilitätssteigernde Wrkg. von 20 mg *Phenmetrazin* (III)/kg wurde von 20 mg I/kg gehemmt. Auf die Erhöhung des O_2-Verbrauchs war dieselbe Dosis ohne Einfluß. Die Gew.-Kurve der zugleich mit I u. III behandelten Tiere stimmte mit der der allein mit III behandelten überein. U. TAUSENDFREUND. 4628□

Zur Wirkung von d-Tubocurarin, Nicotin und einigen Atropinderivaten auf die ganglionäre Erregungsübertragung. E. Lábos, Gy. Mózsik und T. Szabó. (Acta physiol. Acad. Sci. hung., Suppl. 18. 80. 1960. Debrecen, Med. Univ., Physiol. Inst.) (Dt.)

Die am perfundierten oberen Halsganglion der Katze untersuchte Wrkg. von *Nicoin* (I), *d-Tubocurarin* (II) u. einigen *Atropin-Derivv.* auf die präganglionäre Reizung u. die von *Acetylcholin* (III) ausgelöste Ganglienerregung zeigt, daß von niedrigen, ganglienreizenden I-Dosen nur die stimulierende Wrkg. von III aufgehoben, die Erregungsübertragung jedoch unberührt gelassen wird. Letztere wird nur von wesentlich größeren Mengen gelähmt. Die Wrkg. von II, *Novatropin* u. *N-310* manifestiert sich in erster Linie in der Blockierung der Erregungsübertragung, wobei gleichzeitig die von III ausgelöste Ganglienerregung mäßig herabgesetzt wird. Aus diesen u. kinet. Unters.-Ergebnissen werden Schlüsse auf die Bindung obiger Ganglienblocker an die freien u. innervierten Receptoren gezogen. U. TAUSENDFREUND. 4628□

Untersuchung der Wechselwirkungen von Phenylcholinäther und ganglienblockierenden Substanzen an Katzen. E. Minker und M. Koltai. (Acta physiol. Acad. Sci. hung., Suppl. 18. 80—81. 1960. Szeged, Med. Univ., Pharmakol. Inst.) (Dt.)

Wurden nach *Hexamethonium K*-Salze verabreicht, so kehrte erst die Wirksamkeit der präganglionären Reizung (Prüfung am oberen Halsganglion der Katze) später auch der ganglionäre Erregungseffekt von *Phenylcholinäther* (I) zurück. Die ganglionäre Reiz-Wrkg. von I wird durch gewisse andere ganglienblockierend wirkende Substanzen in entsprechender Dosierung ohne Beeinflussung der präganglionären Reizung längere oder kürzere Zeit gehemmt. Von dem unmittelbar nach einem Ganglienblocker gegebenen I wird die Durchlässigkeit der interneuralen Synapsen für präganglionäre Reize ebenso wie von K wiederhergestellt, doch stimmen in diesem Fall die period. u. kontinuierliche Reizung nicht ganz überein. Die in Intervallen von 90 Sek. wiederholte, 10 Sek. dauernde period. Reizung erweckt den täuschenden Anschein, als ob die Synapsen für die präganglionären Reize normal durchlässig wären, doch kommt es bei kontinuierlicher Reizung nach ca. 20 Sek. zur Relaxation der Nickhaut. Im Gegensatz zur Wrkg. von I wird von den K-Salzen die Wirksamkeit nicht nur der period., sondern auch die der kontinuierlichen präganglionären Reizung wiederhergestellt.
U. TAUSENDFREUND. 4628□

Über die muskelrelaxierende Wirkung und Toxizität des mit Succinylcholin beziehungsweise mit d-Tubocurarin kombinierten Guajacolglycerinäthers. Gy. Papp, L. Decsi und Gy. Méhes. (Acta physiol. Acad. Sci. hung., Suppl. 18. 89. 1960. Pécs, Med. Univ., Pharmakol. Inst.) (Dt.)

Die gleichzeitige Anwendung von *Guajacolglycerinäther* (I; *3-[2'-Methoxyphenoxy]-propandiol-(1.2)*; *My 301*) u. *Succinylcholin* (II) bewirkt im muskelrelaxierenden Effekt komplette Addition u. in der Toxizität eine beträchtliche Potenzierung. In Kombination mit *d-Tubocurarin* (III) führt I in der muskelrelaxierenden Wrkg. inkomplette Addition u. in der Toxizität geringe Potenzierung herbei. Nach einer auf die Atmung allein wirkungslosen I-Dosis trat die atemhemmende Wrkg. von II u. III wesentlich stärker als erwartet in Erscheinung. Darauf dürften die in Tier-Verss. beobachtete Toxizitätssteigerung u. größere Letalität zurückzuführen sein. U. TAUSENDFREUND. 4628□

Neuere biochemische Ansichten über die Behandlung der Hypertension. Albert Sjoerdsma. (Ann. New York Acad. Sci. 88. 933—38. 11/10. 1960. Bethesda, Md., Nat. Heart Inst., Sect. of Exp. Therap., Public Health Serv.) (Engl.)

Ausgehend von der Vorstellung, daß neue blutdrucksenkende Mittel auf der Basis einer Hemmung biochem. Prozesse des Stoffwechsels von aromat. Aminen aufgefunden werden könnten, wurden Monoaminooxydase- u. Decarboxylase-Hemmer untersucht. *β-Phenylisopropylhydrazin* (*JB-156*, *Catron*; I), *Nialamide* (*Niamid*; II), *Phenelzine* (*Nardil*), *Tranylcypromine* (*SKF-385*) u. *Serin-N^2-isopropylhydrazid* (*RO-4-1038*) steigern die Tryptaminausscheidung im Urin u. senken den Blutdruck. Am wirksamsten ist I, doch führt es zu tox. Augenschädigungen. II in Verbindung mit Chlorthiazid ergibt sehr günstige Resultate. Eine weitere Prüfung von Verbb. dieser Klasse erscheint gerechtfertigt, da sie die für blutdrucksenkende Mittel einzigartige Eig. einer Stimmungserhöhung besitzen u. ziemlich reine sympatholyt. Effekte bewirken. Möglicherweise spielt bei der Blutdrucksenkung Dopamin oder eine Blockade sympath. Ganglien eine Rolle. Blutdrucksenkend wirkt auch der Decarboxylase-Hemmer *α-Methyl-3.4-dihydroxy-DL-phenylalanin* (*α-Methyl-Dopa*), vermutlich durch Senkung des Serotonin-Geh. im Gehirn u. von Noradrenalin im sympath. Nervensystem. K. BÖHM. 4630□

Klinische Pharmakologie von Bretyliumtosylat, vorläufige Beobachtungen. James Conway. (Ann. New York Acad. Sci. **88.** 956—63. 11/10. 1960. Ann Arbor, Mich., Univ. of Michigan, Dep. of Internal Med.) (Engl.)

Nach i.v. Injektion von 12,5 mg *Bretyliumtosylat* (**I**) kommt es zu einer kurz dauernden Atmungsstimulation u. einer Vasoconstriction in der Haut. 100 mg **I** i.v. blockieren sympath. Reflexe u. verringern andere. Es kommt zu einem Anstieg des Blutdurchflusses in den Händen u. Füßen, nicht aber im Vorderarm. Der Einfl. auf den Blutdruck ist gering im Liegen, im Stehen dagegen deutlich. Dabei ist die Wrkg. oraler Gaben auf den Blutdruck ebenso vorhanden, sie ist im Stehen am Morgen größer als abends. Außer der initialen Vasoconstriction wurden gelegentlich Hautrötung, Verstopfungsgefühl in der Nase u. Injektion der Conjunctiva beobachtet. Störungen im Verdauungstrakt oder Wrkg. auf das Zentralnerven-Syst. traten nicht auf. K. BÖHM. 4630□

Klinische Erfahrungen mit Bretyliumtosylat. Louis A. Soloff, Marcus Reidenberg, William L. Winters jun. und Carmen T. Bello. (Ann. New York Acad. Sci. **88.** 1003—10. 11/10. 1960. Philadelphia, Pa., Temple Univ., Med. Cent.) (Engl.)

Bretyliumtosylat (*N-o-Brombenzyl-N-äthyldimethylammonium-p-toluolsulfonat*; **I**) ist ein stark orthostat. blutdrucksenkendes Mittel, die orthostat. Hypotension wird durch Blockierung der durch Stehen zunehmenden sympath. Vasoconstriction bewirkt. **I** sollte nur als Zusatztherapie gebraucht werden, wenn eine Fett- u. Salz-arme Diät mit Saluretica u. Sedativa unwirksam bleibt. Es entwickelt sich aber schnell Toleranz u. die Möglichkeit, **I** mit anderen antihypertensiv wirkenden Mitteln zu kombinieren, um länger anhaltende Effekte zu erhalten, bedarf weiterer Untersuchungen. K. BÖHM. 4630□

Klinische Pharmakologie neuer antihypertensiv wirkender Mittel, Monoaminooxydase- und Decarboxylase-Hemmer, Bretyliumtosylat und Guanethidin. Louis Gillespie jun. (Ann. New York Acad. Sci. **88.** 1011—20. 11/10. 1960. Bethesda, Md., Sect. of Exp. Therap., Nat. Heart Inst., Public Health Service.) (Engl.)

Monoaminooxydase (**I**)- u. *Decarboxylase* (**II**)-Hemmer, *Guanethidin* (**III**) u. *Bretyliumtosylat* (**IV**) wirken vorwiegend orthostat. blutdrucksenkend. Parasympathicolyt. Nebenwrkg. fehlen. Durch die sympath. Blockade werden aber auch noch andere Effekte als nur die Blutdrucksenkung ausgelöst. So wurde verzögerte Ejaculation bei Männern beobachtet. **III** u. **IV** wirken nicht auf das Zentralnervensystem. Dagegen wirkt **I** mehr stimulierend, **II** transquillisierend und depressiv. So bewirkt *Iproniazid* in Dosen von 75—300 mg/Tag Blutdrucksenkung, aber auch neuromuskuläre Reizbarkeit, Myalgien u. Schlaflosigkeit u. ist tox. für die Leber. *1-Phenyl-2-hydrazinopropan* (*JB-516, Catron*) ist ebenfalls tox. für die Leber u. verursacht auch Sehstörungen. *α-Methyl-Dopa* als **II**-Hemmer wirkt vorübergehend bei allen Patienten sedierend. Als Nebenwrkg. wurden Fieber, abnormer Lebermechanismus u. depressive Rkk. beobachtet. Bei **I** u. **II** sind biochem. u. pharmakolog. Wrkg. an den klin. Effekten beteiligt, u. weitere Unterss. wären von Interesse. In der Diskussion berichtet MOSER, daß *Nialamid* nur gering auf den Blutdruck wirkt. *RO-5-0831/1* (*Marplan*) u. das *DL-Serin-Deriv.* von *Iproniazid* (*RO-4-1038*) dagegen wirken gut blutdrucksenkend. *Reserpin*, das allein nur gering den Bludruck beeinflußt, wirkt in Kombination mit *RO-5-0831/1* gut blutdrucksenkend. Wenn man annimmt, daß Reserpin durch Senkung der Pressoramine in der Peripherie auf den Blutdruck wirkt, so müßte es eigentlich der Wrkg. der **I** entgegenarbeiten. Dies ist aber nach den Vers.-Ergebnissen nicht der Fall. K. BÖHM. 4630□

Antiacceleratorwirkung von Methoxamin. (Vorl. Mitt.) Shoichi Imai, Tatsuro Shigei und Koroku Hashimoto. (Nature [London] **189.** 493—94. 11/2. 1961. Tokyo, Univ., Pharmacol. Res. Found., Iatrochem. Inst.; Fac. of Med., Dep. of Pharmacol.) (Engl.)

Im Verlaufe der systemat. Unters. von *β-Hydroxy-β-[2.5-dimethoxyphenyl]-isopropylamin* (**I**; *Methoxamin*) ließ sich zeigen, daß **I** am Herzlungen-Präp. des Hundes in Dosen von 10—20 mg die herzbeschleunigende Wrkg. von 2 μg *Adrenalin* antagonist. beeinflußt, wenn **I** selbst auch keine Herz-Geschw.-Änderung hervorruft. Es handelt sich wahrscheinlich um eine direkte Herzmuskelwirkung. U. TAUSENDFREUND. 4630□

Pharmakologische Konsequenzen aus der selektiven Entleerung der Brenzcatechinamine durch antihypertensiv wirkende Mittel. B. B. Brodie und R. Kuntzman. (Ann. New York Acad. Sci. **88.** 939—43. 11/10. 1960. Bethesda, Md., Nat. Heart Inst., Public Health Service.) (Engl.)

Beim Kaninchen entleeren 25 γ *Reserpin* (**I**)/kg oder *Syrosingopine* (**II**) i.v. gegeben vollständig die Brenzcatechinamine aus dem Herz, ohne merkbar die Werte für *Norepinephrin* (**III**) oder *Serotonin* (**IV**) im Gehirn zu senken. 800 γ **I**/kg senken die Hirnamine vollständig, während 800 γ **II**/kg nur eine Senkung von 50% bewirken. **II** muß auch zur Sedierung mehrfach höher dosiert werden als **I**. Andererseits bewirken 4,5 mg **II**/kg **I**-ähnliche Effekte. Als Rkk. einer Inaktivierung des peripheren sympath. Syst. (p.s.Sy.) beobachtet man bei Hunden nach i.v. Injektion von 0,5 mg **II**/kg Erschöpfung von **III**, keine Wrkg. auf die Hirnamine, keine Sedierung, Blutdruckabfall, Pulsfrequenzrückgang u. erheblich geringeres Ansprechen des Parasympathicus auf Carotisdruck oder Reizung der zentralen Stümpfe durchschnittener Vagi. Auf Tetramethylammonium tritt bei adrenalektomierten Tieren kein Pressor-, sondern Depressoreffekt auf. Wie die Sympathektomie vergrößert auch **II** die Rk. von Puls u. Blutdruck auf **III**. Man könnte daraus ableiten, daß die cardiovasculären Effekte von **I** u. **II** durch Freisetzung von **III** an peripheren Nervenendigungen bewirkt werden. Eine *Guanethidin* (**V**)-Injektion verringert bei Kaninchen u. Katzen den **III**-Geh. des Herzens, der Milz u. des Intestinums. **V** hat keinen Einfl. auf den Brenzcatechinamin-Geh. im Nebennierenmark, es senkt auch nicht den Geh. an Hirnbrenzcatechinaminen. Der **IV**-Geh. der Thrombocyten, des Intestinums oder des Herzens wird durch **V** nicht verringert. **V** bewirkt chem. Sympathektomie, wobei der Mechanismus wahrscheinlich verschieden ist von dem von **I**. *Bretylium* (**VI**), 12,5 mg/kg i.v., inaktiviert beim Kaninchen das p.s.Sy., verringert aber nicht den Geh. von **III** im Herzen. **VI** wirkt also offenbar nicht durch Erschöpfung von **III** oder durch Hemmung seiner Synth., sondern durch Hemmung der Freisetzung von **III**. Obwohl **VI** die **III**-Freisetzung durch Reizung sympath. Nerven verhindert, kann es nicht die Freisetzung durch **I** beeinflussen. **VI** scheint hoch spezif. zu sein, im Intestinum ist es stabil, wird aber nicht rasch resorbiert. Zur Frage der Erschöpfung von **III** in sympath. Ganglien ergibt sich, daß nach Erschöpfung der Amine durch **I** bei der Katze Reizung der präganglionären Nerven sympath. Ganglien postganglionär zu einem vergrößerten Potential führt. Das läßt vermuten, daß **III** in den sympath. Ganglien die Wrkg. von *Acetylcholin* (**VII**) moduliert. Ähnliche Ergebnisse wurden mit **VI** oder adrenerg. blockierenden Mitteln bei anderen Tieren erhalten. Es ist also möglich, daß ansteigender **III**-Geh. in Ganglien die Rk. auf **VII** verringert. Für ein hypotensiv wirkendes Mittel, das eine chem. Sympathektomie verursachen soll, müssen eine spezif. Wrkg. auf sympath. Nervenendigungen, Stabilität im Intestinum u. rasche Resorption gefordert werden. K. BÖHM. 4630□

Die Wirkung von Chlorothiazid und seiner Verwandten auf die digitale Zirkulation bei normotensiven und essentiell hypertensiven Patienten. Milton Mendlowitz, Nosrat Naftchi, Stanley E. Gitlow, Herbert L. Weinreb und Robert L. Wolf. (Ann. New York Acad. Sci. **88**. 964—74. 11/10. 1960. New York, N.Y., Mount Sinai Hosp., Div. of Cardiol., Dep. of Medicine.) (Engl.)

An Hyper- u. Normotonikern wurden *Chlorothiazid* (500 mg), *Hydrochlorothiazid* (50 mg) oder *Benzydroflumethiazid* (5 mg) 2 Wochen lang 2mal täglich verabreicht u. die Wrkg. auf den Blutdruck u. den digitalen Blutdurchfluß unter Normalbedingungen, nach indirekter Erhitzung bis zum profusen Schweißausbruch + i.v. Injektion von *SC 1950* (*2.6-Dimethyl-1.1-diäthylpiperidinumbromid*; **I**), einem Ganglienblocker u. schließlich unter i.v. Infusion von *l-Norepinephrin* (**II**) + **I** untersucht. Die einzig konst. Veränderungen bei Hypertonikern sind Blutdrucksenkung u. digitale Gefäßempfindlichkeit gegenüber **II**, bei Normotonikern wird der Blutdruck nicht beeinflußt, u. gewöhnlich trat ein Anstieg der **II**-Empfindlichkeit auf. In beiden Gruppen wurden, von Fall zu Fall verschieden, komplexe hämodynam. Veränderungen beobachtet. Das Verhältnis zwischen **II**-Empfindlichkeit u. Blutdruck nach Behandlung mit diesen, die *Na*-Ausscheidung fördernden Mitteln, kann erklärt werden durch die Annahme einer optimalen Konz. von Na, unter u. über der die Kontraktilität glatter Muskeln stimuliert wird, oder durch die Vorstellung, daß Na ein Ionenaktivator eines Enzym-Syst. sein kann. K. BÖHM. 4630□

Klinische Bewertung von Guanethidin bei Hypertension. Robert F. Maronde, Benjamin Barbour, L. Julian Haywood und John Denney. (Ann. New York Acad. Sci. **88**. 990—1002. 11/10. 1960. Los Angeles, Calif., Univ. of Southern Calif., Hypertension Clinic, Los Angeles County General Hosp. and Dep. of Med.; Coll. of Med. Evangelists.) (Engl.)

An 41 Patienten wurde im doppelten Blindvers. die Wrkg. von *Guanethidin* (**I**) geprüft. Die Behandlungszeit betrug 12 Wochen, die durchschnittliche oral gegebene Einzeldosis 55 mg **I**. Es kommt zu einer Senkung des systol. u. diastol. Druckes im Stehen u. des diastol. Druckes im Liegen, die signifikant ist. Die Werte betrugen in den letzten

6 Wochen im Durchschnitt bei den mit I behandelten Patienten systol. im Liegen 186 mm Hg, im Stehen 154 mm Hg, bei der Placebogruppe 178 mm Hg bzw. 184 mm Hg; diastol. entsprechend bei den mit I behandelten 105 mm Hg bzw. 92 mm Hg, bei der Placebogruppe 115 mm Hg bzw. 116 mm Hg. K. BÖHM. 4630□

Verstärkung der Pressorreaktion gegenüber Guanethedin durch Hemmung der Brenzcatechinamin-O-methyltransferase. D. W. Wylie. (Nature [London] **189.** 490 bis 491. 11/2. 1961. Rensselaer, N.Y., Sterling-Winthrop Res. Inst., Pharmacol. Dep.) (Engl.)

Guanethedin (I; 200 μg/kg) verursacht bei Katzen eine Pressor-Rk. auf dem Umweg über eine Freisetzung von *Brenzcatechinaminen* (II). Diese Rk. kann durch vorherige Verabreichung von 4 mg *Pyrogallol*/kg, welches als *o-Methyltransferase*-Hemmstoff wirkt u. somit die Inaktivierung der II hinauszögert, gesteigert werden. Da die Pressor-Rk. durch ganglienblockierende Substanzen nicht vermindert u. durch bilaterale Adrenalektomie nicht stark verändert wird, wird angenommen, daß I die II von den sympath. Nervenendigungen freisetzt. U. TAUSENDFREUND. 4630□

Einfluß von Lithiumchlorid auf die Toxizität von Digitalis beim Meerschweinchen. René Hazard, Jacques-R. Boissier und Paule Mouillé. (Arch. int. Pharmacodynam. Thérap. **130.** 413—16. 1/3. 1961. Paris, Univ., Fac. de Méd., Inst. de Pharmacol. u. Inst. Nat. d'Hyg.) (Franz.)

LiCl schützte Meerschweinchen in ähnlicher Weise wie KCl gegen tox. Wrkg. von *Digitalis*; allerdings war eine 6mal so hohe Dosis erforderlich. K. ZINGRAF. 4630□

Über die Lokalisation der Receptoren des Coronar-Chemoreflexes (Bezold-Jarisch-Reflex). S. Juhász Nagy und M. Szentiványi. (Acta physiol. Acad. Sci. hung., Suppl. **18.** 14. 1960. Debrecen, Med. Univ., Physiol. Inst.) (Dt.)

Es konnte nachgewiesen werden, daß die bisher nicht genau lokalisierten Receptoren des BEZOLD-JARISCH-Reflexes (durch Veratrin vom Kranzgefäßbereich auslösbare Depressor-Wrkg.) mit den Receptoren des Sinus coronarius-Reflexes im wesentlichen ident. sind. Im einzelnen ergab sich, daß durch Verabreichung von *Protoveratrin* (I) eine ebensolche langdauernde Blutdrucksenkung herbeigeführt wird wie durch die mechan. Reizung der Receptoren des Sinus coronarius. Die Empfindlichkeit des ersten Effektes gegenüber Narkoticis entspricht ebenfalls der des Sinus coronarius-Reflexes. Die blutdrucksenkende Wrkg. von i.v. gegebenem I (10—20 μg) blieb nach Ausschaltung des Sinus coronarius aus dem Kreislauf aus. U. TAUSENDFREUND. 4630□

Die Wirkung von Adrenalin, Noradrenalin und Chlorpromazin auf den Blutdruck von normalen und unterkühlten Tieren. Jacques LeBlanc. (Proc. Soc. exp. Biol. Med. **105.** 109—11. Okt. 1960. Quebec City, Laval Univ., School of Med., Dep. of Physiol.) (Engl.)

Die Wrkg. von *Adrenalin* (I), *Noradrenalin* (II) u. *Chlorpromazin* (III) auf den Blutdruck von normalen u. unterkühlten Tieren wird untersucht u. festgestellt, daß die Unterkühlung eine größere Empfindlichkeit gegen II, nicht aber gegen I u. III bewirkt. Die geringe antagonist. Wrkg. von II gegen III ist bei unterkühlten Tieren gesteigert. U. BAUMANN. 4630

Wirkung von menschlichem Serum (von Versuchspersonen verschiedenen Alters) auf die durch Adrenalin verursachte Vasoconstriction und auf die durch Acetylcholin bedingte Vasodilatation. Gennaro Di Macco. (Atti Accad. Sci. Torino, Cl. Sci. fisiche, mat. natur. **90.** 472—78. 1955/1956.) (Ital.)

Vf. stellte fest, daß das Serum alter Vers.-Personen (a) mit arterieller Hypertonie am peripheren Gefäß-Präp. (Meerschweinchen) eine leichte Vasoconstriction verursacht, wogegen das Serum junger Vers.-Personen (b) vasodilatator. wirksam ist. Außerdem verstärkt das Serum von a die durch *Adrenalin* verursachte Vasoconstriction des Gefäß-Präp. u. vermindert die vasodilatator. Wrkg. von *Acetylcholin*; das Serum von b verhält sich umgekehrt. H. KOCKERT. 4630□

Gegenwärtige Vorstellungen vom Mechanismus der Urinbildung und der diuretischen Wirkung. Arthur Grollman. (Ann. New York Acad. Sci. **88.** 773—84. 11/10. 1960. Dallas, Tex., Univ. of Texas, Dep. of Med. Southwestern Med. School.) (Engl.)

Es werden Filtration u. Rückresorption als Funktionen des Nephrons beschrieben, die hormonalen Einfl. auf die Nierenfunktion erwähnt u. die Pathogenese des Ödems u. der Na-Retention, denen meist extrarenale Störungen zugrunde liegen, besprochen. Die gebräuchlichen Diuretica wirken nach verschiedenen Mechanismen, die wirksamsten u. am meisten gebrauchten durch Hemmung des Transportmechanismus für Na. Es wird kurz eingegangen auf die Wrkg. von Theophyllin u. Hg-Präpp., osmot. wirkende Diuretica u. Harzaustauscher, säuernde Mittel (NH_4Cl) u. Carboanhydrasehemmer sowie auf die Benzothiadiazin-Derivv. u. die Aldosteronantagonisten u. betont, daß eine optimale u. wirksame diuret. Therapie Verständnis für die Natur der Grundstörung erfordert, um unter den Mitteln das gegen den vorliegenden patholog. Prozeß beste auszuwählen. K. BÖHM. 4634□

Die Beeinflussung der von Schwermetallsalzen verursachten Nephrose mit osmotischen Diureticis. A. Lakos und M. Szabó. (Acta physiol. Acad. Sci. hung., Suppl. **18.** 103. 1960. Szeged, Med. Univ., II. Med. Klinik.) (Dt.)

Es konnte in Verss. mit durch Na_2SO_4, Mannit usw. erzeugter osmot. Diurese bestätigt werden, daß der Eindickungsgrad des Glomerulumfiltrats bei der von *Schwermetallsalzen* (hier *Sublimat*) verursachten Nierenschädigung eine wesentliche Rolle spielt. In der Niere der mit *Diureticis* behandelten Tiere waren die histolog. nachweisbaren Schädigungen geringer. die Überlebensdauer günstiger. U. TAUSENDFREUND. 4634□

Wirkungsweise und klinische Brauchbarkeit von Aldosteron-Antagonisten. W. S. Coppage jun. und Grant W. Liddle. (Ann. New York Acad. Sci. **88.** 815—21. 11/10. 1960. Nashville, Tenn., Vanderbilt Univ., School of Med., Dep. of Medicine.) (Engl.)

Steroidlactone, wie *SC 5233*, können die Wrkg. von *Desoxycorticosteron* u. *Aldosteron* (I), Na zu retinieren, aufheben. Es wurden daher die klin. Effekte von *SC 8109* (*19-Nor-Deriv.* von *SC 5233*), *SC 9420* (*7-Acetylthio-Deriv.* von *SC 5233*), *SC 8911* (*1.2-Dehydro-Deriv.* von *SC 5233*) u. *SC 9456* (*6.7-Dehydro-Deriv.* von *SC 5233*) untersucht. Diese Spirolactone (II) sind nur in Ggw. von I oder I-ähnlichen Steroide endogener oder exogener Herkunft wirksam. Sie bewirken dann einen Anstieg der Ausscheidung von Na, Cl u. W. u. verringern die Ausscheidung von K, titierbarer Säure u. Ammonium. Die II blockieren die Sekretion von I oder von Corticosteroiden nicht u. ändern auch nicht die Glomerulusfiltrationsrate. Bei ödematösen Patienten wirken die II allein verabreicht befriedigend diuretisch. Durch Kombination mit anderen Diureticis kommt es zu keiner signifikanten Elektrolytgleichgewichtsstörung, noch tritt Gewöhnung auf. K. BÖHM. 4634□

Untersuchungen über die Stoffwechseleffekte von Spironolactone beim Menschen. W. Guy Hood jun., S. Richardson Hill jun., James A. Pittman jun. und T. Albert Farmer jun. (Ann. New York Acad. Sci. **88.** 864—80. 11/10. 1960. Birmingham, Ala., Univ. of Alabama, Med. Center and Med. Serv., Veterans Adminstr. Hosp., Div. of Metabolism and Endocr., Dep. of Medicine.) (Engl.)

12 Patienten erhielten oral für 3—12 Tage *Spirolacton SC 9420* (*Spironolactone*; I). Die Patienten, die an Cirrhose, Nephrose, Herzinsuffizienz, idiopath. Ödem u. metastasierendem Carcinom erkrankt waren, hatten alle Ascites oder Ödeme oder beides, die auf andere Diuretica nicht befriedigend reagiert hatten. Auf die I-Behandlung trat durch *Na*- u. *W*.-Diurese beträchtlicher Gew.-Verlust ein. Bei 7 Patienten war I allein genügend wirksam. 2 Patienten, die auf I allein nur wenig reagierten, sprachen gut an als ein *Hg*-Präp. oder *Acetazolamid* gleichzeitig mit verabfolgt wurde, auf die sie vorher nicht angesprochen hatten. 3 Patienten sprachen nicht auf I an. Im Blut, an Nieren u. Leber konnten weder klin. noch patholog. Zeichen einer I-Toxicität beobachtet werden. Es traten nach I auch weder Schläfrigkeit noch andere Zeichen für eine neurolog. tox. Wrkg. auf. Bei 2 Patienten entwickelte sich ein makulopapulöser Hautausschlag. K. BÖHM. 4634□

Wirkungen von Benzothiadiazine auf Serum- und Gesamt-Elektrolyte. Peter J. Talso und Antonio J. Carballo. (Ann. New York Acad. Sci. **88.** 822—40. 11/10. 1960. Chicago, Ill., Loyola Univ. Mercy and Cook County Hosp., Dep. of Med., the Stritch School of Med.) (Engl.)

Da in 85% der Fälle bei Patienten, die mit *Benzothiadiazinen* (I) behandelt wurden. eine Senkung der *K*-Serum-Konz. vorkommt, wurden bei 80 Patienten die Serumelektrolyte sowie austauschbares *K* vor u. nach Behandlung mit 100 mg *Hydrochlorothiazid* (II), 10 mg *Benzydroflumethiazid* (III), 100 mg II + 0,6 g *KCl*, 50 mg II + 0,6 g *KCl*, 100 mg II + 1,0 g NH_4Cl täglich für 28 Tage u. nach 100 mg II + 2,7 u. 4,5 g *NaCl* täglich für 14 Tage untersucht. Der Durchschnittswert für austauschbares *K* ändert sich nicht signifikant. Werden II u. III allein gegeben, so geht die *K*-Serum- u. *Cl*-Serum-Konz. zurück, u. das pH des Serums u. die Bicarbonat-Konz. steigen an. Bei Kombination von II mit KCl, NH_4Cl oder NaCl wurden die Veränderungen in der Elektrolyt-Konz. weitgehend verhindert bzw. gemildert. NH_4Cl scheint dabei am wirksamsten, NaCl am wenigsten wirksam zu sein. Vermutlich üben Änderungen in der extracellulären Ionen-Konz. einen signifikanten Effekt auf die Hypokaliämie-Entstehung während der I-Verabreichung aus. Aber auch andere Faktoren, die sich auf die Hypertension oder auf die mit der Therapie zusammenhängenden Beeinflussungen der Permeabilität der Zellmembranen beziehen, spielen eine zusätzliche Rolle. K. BÖHM. 4634

Zur Pharmakologie eines neuen Thiadiazinderivats. G. Leszkovszky und L. Tardos. (Acta physiol. Acad. Sci. hung., Suppl. **18.** 87. 1960. Budapest, Chem. Fabrik Chinoin, Pharmakol. Labor.) (Dt.)

Von den *Thiadiazin*-Verbb. wird die Diurese (Saliurese) gesteigert u. der Blutdruck von Hypertonikern herabgesetzt. Kein Deriv., das den Blutdruck normotensiver Tiere senkt, war bisher bekannt. Ein *neu gefundenes Deriv.* senkt an der mit 1 g Urethan/kg narkotisierten Katze den Blutdruck in einer Dosis von 1 mg/kg. Diese Wrkg. konnte mit Atropin nicht gehemmt werden. Herztätigkeit u. Atmung werden selbst in der Dosis von 50 mg/kg beeinflußt. Die Verb. hat keine ganglienlähmende Wirkung. Am isolierten Kaninchendarm löst sie den mit Acetylcholin u. $BaCl_2$ hervorgerufenen Spasmus, beeinflußt aber nicht den Adrenalineffekt. Von 40 mg/kg werden bei den mit 5 ml/100 g W. hydratisierten Ratten Diurese u. Salzausscheidung gesteigert. Toxizität: DL_{50} 82 mg/kg i. v. bei Mäusen. U. TAUSENDFREUND. 4634□

Vergleichende Untersuchungen über neue Diuretica. Ralph V. Ford. (Ann. New York Acad. Sci. **88.** 809—14. 11/10. 1960. Houston, Tex., Baylor Univ. Coll. of Med., Dep. of Med.) (Engl.)

Untersucht wurden *Chlorothiazid* (I), *Hydrochlorothiazid* (II), *Flumethiazid* (III), *Hydroflumethiazid* (IV), *Benzydroflumethiazid* (V), *Trichlormethiazid* (VI) u. *Chlorphthalidolon* (VII) an kompensierten Hypertonikern ohne Ödeme. Bei den Patienten wurde die Herzinsuffizienz medikamentös ohne Diuretica behandelt, u. sie wurden unter Stoffwechselbedingungen gehalten bei einer Diät von 3 Liter dest. W. u. 50 mVal *Na* pro Tag. Der Verlauf der Dosis-Wrkg.-Kurven ist bei allen Substanzen recht ähnlich, das Maximum der Wrkg. wird innerhalb von 12 Std. erreicht. VII hat eine Wrkg.-Dauer von wenigstens 48 u. VI von ungefähr 36 Std.; im akuten Vers. ist das Verhältnis Na : K proportional zur natriuret. Wirksamkeit der Mittel, in chron. Verss. steigt es an, so bei VI auf 2, bei VII auf 3. Der Na-Ausscheidung geht generell parallel ein Anstieg des pH-Werts im Urin sowie der Bicarbonat- u. Cl-Ausscheidung. IV, V, VI u. VII besitzen einen saluret. Effekt mit nur kleinen Änderungen im Urin-pH-Wert u. der Bicarbonatausscheidung. Alle Mittel sind bei fortlaufender täglicher Zufuhr wirksam u. setzen das Gew. ohne signifikante Änderungen in den Serumelektrolyten, Blutharnstoff oder Hämatokrit herab. Alle Mittel besitzen auch eine blutdrucksenkende Wrkg., die aber nur etwas über 20 mm Hg beträgt mit Ausnahme von VII. K. BÖHM. 4634□

Pyridin-3-carbonsäurehydroxymethylamid bei der Behandlung akuter und chronischer Entzündungen der Gallenblase und der Gallenwege. F. Reinhardt. (An. Azevedos **12.** 123—31. 1960. Pirmasens, Alemanha, Hosp. Municipal, Serv. de Clin. Cirúrg.) (Port.)

Bilamid bewirkt rasche klin. Besserung u. verringert das Operationsrisiko. Bei 14 von 25 Patienten mit Empyem waren infolge der Behandlung keine pathogenen Keime nachweisbar. Die Wirksamkeit des Mittels wird durch Leberparenchymschäden oder mechan. Behinderung der Gallensekretion herabgesetzt. K. ZINGRAF. 4640□

Die Wirkung von Triparanol in der Gastroenterologie. Donald C. Collins. (Amer. J. Gastroenterol. **34.** 601—12. Dez. 1960. Hollywood, Calif.) (Engl.)

Übersicht über die mit *Triparanol* (I; 1-{*p*-[*β-Diäthylaminoäthoxy*]-*phenyl*}-*1*-[*p-tolyl*]-*2*-[*p-chlorphenyl*]-*äthanol*; *MER-29*, MERRELL) erzielbaren therapeut. Erfolge [Hemmung der endogenen *Cholesterin* (II)-Biosynth. in der Leber] einschließlich eigener Erfahrungen von Vf. in 100 Fällen, die auf 2 mal täglich 250 mg I mit Senkung des Serum-II-Spiegels bis zur Norm reagierten. — 47 Literaturangaben. U. TAUSENDFREUND. 4640□

Behandlung des Gastroduodenalulcus und bestimmter Verdauungsstörungen mit Schleimhautenzymsubstraten. Herbert T. Kelly. (Amer. J. Gastroenterol. **34.** 589—600. Dez. 1960. Philadelphia, Pa.) (Engl.)

Von dem Konzept ungenügender Enzym-Wrkg. als ätiolog. Faktor (Substratmangel oder Störfaktoren) bei Ulcus pepticum u. bestimmten Darmkanalstörungen ausgehend, kann die Verabreichung der Enzymsubstrate (in Form von *Carbamine*, KEY PHARMACEUT., mit Substraten des Urease- u. Carboanhydrase-Enzym-Syst., *Carbamid* u. CO_2) zur Wiederherst. des Milieus als Meth. zur Korrektur dieses ätiolog. Faktors gelten. Bei 91% von 200 Patienten mit Gastroduodenalulcus, Hiatushernie, Ösophagitis, Gastritis, Duodenitis, Duodenaldivertikel u. Cholecystitis konnte mit Carbamine eine Besserung von Schmerz, Herzschmerz, Aufstoßen, Nausea, Erbrechen, Nahrungsintoleranz zugleich mit Verschwinden von Ulcusnischen u. Verkleinerungen von Diverticuli erzielt werden. Nebenwrkg. traten nicht auf. U. TAUSENDFREUND. 4645□

Oxethazaine zur Kontrolle der Symptome in refraktären Fällen von Duodenalulcus und Hiatushernie. Edward Hollander. (Amer. J. Gastroenterol. **34.** 613—18. Dez. 1960. New York, N.Y., Manhattan State Hosp.) (Engl.)

Oxethazaine (I; *N.N-Bis-[N-methyl-N-phenyl-tert.-butylacetamido]-β-hydroxyäthylamin*; in *Oxaine* [WYETH LABOR.] zusammen mit Aluminiumhydroxyd-Gel) ist auf Grund seiner oberflächenanästhetisierenden Eigg. zur Behandlung von präösophagealen Hiatushernien u. Duodenalulcera geeignet. In 18 von 19 Fällen konnte Symptomfreiheit erzielt werden, es kam zu Hemmung der überschüssigen Magensekretion u. Motilität, zur Beseitigung von Ösophagusspasmen ohne Toleranz-Entw., Suchtgefahr oder Neben-Wrkg.; meist kann I verringert u. ganz fortgelassen werden. U. TAUSENDFREUND. 4645 □

Behandlung der Diarrhoe mit einem kombinierten enteralen Hydrosorbent und Motilitätshemmstoff. Samuel S. Gilbert, I. Richard Schwartz und Milton J. Matzner. (Amer. J. Gastroenterol. **34.** 619—24. Dez. 1960. Brooklyn, N.Y., Kings County Hosp., Dep. of Med. and Gastroenterol.; Brooklyn Jewish Hosp., Dep. of Med., Div. of Gastroenterol.) (Engl.)

Zur unspezif. Behandlung akuter u. chron. Diarrhoen verschiedener Ätiologie wurde *Sorboquel* (0,5 g *Polycarbophil* als stark wasserbindendes Polymer u. 15 mg *Thihexinolmethylbromid* als parasympathicolyt. Mittel mit bes. Magendarm-Wrkg.; WHITE LABOR.) herangezogen. In 90% von 53 akuten Fällen wurde die Diarrhoe mit 3—4 Tabletten/Tag rasch unter Kontrolle gebracht; in 78% von 67 chron. Fällen waren die Erfolge ebenfalls gut, in 16% weniger gut, in 6% gering. Als Nebenwrkg. traten atropinähnliche Wrkg. in verschiedenen Fällen auf. U. TAUSENDFREUND. 4647

Behandlung der Diarrhoe beim Reizcolon, einschließlich vorläufiger Beobachtungen mit einem neuen Antidiarrhoemittel, Diphenoxylathydrochlorid (Lomotil). Anthony M. Kasich. (Amer. J. Gastroentrol. **35.** 46—49. Jan. 1961. New York, N.Y.) (Engl.)

35 Patienten mit Reizcolonsyndrom erhielten das neue Antidiarrhoemittel *Lomotil* (SEARLE & Co.; *Diphenyloxylathydrochlorid, R 1132, 1-[3-Cyan-3-phenyl-(3.3-diphenyl?)-propyl]-4-phenylpiperidin-4-carbonsäureäthylesterhydrochlorid*) in Dosen von 5 mg bis zu 4mal täglich für die Dauer von 3—17 Wochen. 26 berichteten über ausgezeichnete, 9 über gute Erfolge bei der Bekämpfung der Diarrhoe. U. TAUSENDFREUND. 4647 □

Die Wirkung von Diphenoxylathydrochlorid auf die Diarrhoe. Mauro Merlo und Charles H. Brown. (Amer. J. Gastroenterol. **34.** 625—30. Dez. 1960. Cleveland, Ohio, Cleveland Clinic, Dep. of Gastroenterol.) (Engl.) — Vgl. auch vorst. Referat.

Lomotil (*Diphenoxylathydrochlorid*, SEARLE & Co.) eignet sich zur symptomat. Behandlung von Diarrhoen verschiedener Genese. In 64 von 80 Fällen wurde ausgezeichnete Rk. erzielt, in 4 Fällen war die Rk. mäßig, in 10 Fällen keine Rk., 2mal Verschlechterung. Nebenwrkg. traten in Form von Krämpfen, Übelkeit, Schwäche, Erythem, Wallung mit Herzarrhythmie, Schwindel, parieller Darmobstruktion u. Harnretention auf. Es wird Kombination mit anderen Maßnahmen empfohlen. U. TAUSENDFREUND. 4647 □

Gallensäuren und Dioctylnatriumsulfosuccinat bei Verstopfung und Reizcolon. Joseph C. King. (Amer. J. Gastroenterol. **35.** 50—60. Jan. 1961. Chicago, Ill.) (Engl.)

Das Kombinations-Präp. *Dechotyl*-AMES (I; pro Tablette 200 mg *Dehydrocholsäure*, 50 mg *Desoxycholsäure*, 50 mg *Dioctylnatriumsulfosuccinat*) kann als wertvoll bei der Behandlung der Obstipation angesehen werden. I führt zu leichter Peristaltikanregung u. Stuhlerweichung. Bei Verabreichung von I an 19 Patienten mit Obstipation mit u. ohne Reizcolon mit u. ohne Hämorrhoiden konnte in 87,4% ein sehr gutes oder gutes, bei 9,2% ein mäßig gutes Resultat erzeilt werden. Keine tox. Erscheinungen, in 3,4% Krämpfe u./oder Diarrhoe als Nebenwirkung. U. TAUSENDFREUND. 4647 □

Pharmakologie und Toxikologie von Tetrachlorkohlenstoff im Schaf. 1. Mitt. **Konzentrationen im Blut nach ruminaler, abomasaler und intramuskulärer Gabe.** A. C. Kondos und G. L. Mc Clymont. (Austral. J. agric. Res. **12.** 433—39. Mai 1961.) (Engl.)

Tetrachlorkohlenstoff (I) wurde zur Behandlung von Leberegeln (*Fasciola hepatica*) u. Magenwürmern (*Haemonchus contorus*) benutzt. 8 ml I, rein oder mit 40% (v/v) Paraffinöl, wurden intraruminal, i.m. (je 10 ml in den Semitendinosusmuskel) u. durch eine abomasale Kanüle injiziert. Die Resorption war bei ruminaler am schnellsten (15 bis 20 μg/ml Blut nach 15—30 Min.), bei abomasaler (gleiche Menge nach 60—100 Min.) langsamer u. am langsamsten bei i.m. 10 μg/ml Blut nach 4 Std.) Injektion. 5 Min. nach der Eingabe war I in der ausgeatmeten Luft nachweisbar (BEILSTEIN-Probe). 48 Std. Fasten hat keinen Einfl., fette Tiere zeigen verzögerte Exkretion. Niedrige I-Konz. im Pfortaderblut erlaubt bei minimaler Toxizität u. hoher Empfindlichkeit i.m. zu injizieren. R. ROTHE. 4649 □

Methodischer Beitrag zur Bestimmung der Hautlipoide unter Berücksichtigung des Spreittestes und die Beeinflussung der Lipoid-Regeneration durch therapeutische

Maßnahmen. R. Haensch und W. Blaich. (Fette, Seifen, Anstrichmittel **62.** 417 bis 421. Mai 1960. Wuppertal-Elberfeld, Städt. Ferdinand-Sauerbruch-Krankenanstalten.) (Dt.)

Durch quant. Best. der *Hautlipoide* mit dem *Hautspreittest* u. mit einer neuen *Filtrierpapieradsorptions-Meth.* u. colorimetr. Best. nach Anfärbung mit Sudanschwarz wird festgestellt, daß die Hautlipoidmenge bei Akne u. Psoriasis vulgaris höher, bei endogenem Ekzem niedriger liegt als bei gesunder Haut. Die Regenerierung nach Einw. verschiedener Entfettungsmittel wird bestimmt. G. Ziebarth. 4661 □

Die Behandlung von Vergiftungen durch organische Phosphorverbindungen mit Anticholinesterasewirkung. Jean Célice und Julien Fournel. (Bull. Acad. nat. Méd. **145** ([3] **125**). 397—400. 1961.) (Franz.)

Für die Behandlung von Vergiftungen mit *Parathion* u. verwandten Verbb. kommen *Atropin*, *Diethazin* (*Diparcol*) u. *α-Pyridylaldoximsulfomethylat* allein oder in Kombination in Frage. K. Zingraf. 4675

N. B. Iljinskaja, Mechanismus der DDT-Wirkung auf Insekten. Moskau-Leningrad: Verl. der Akad. der Wiss. der UdSSR. 1961. (112 S. m. Abb.; 1 Bl. Abb.) 64 Kop. [Russ.]

F. Pharmazeutische Chemie. Desinfektion

Erste vorläufige Revisionsankündigung der Pharmakopöe der Vereinigten Staaten. 16. Revision. George D. Beal und Lloyd C. Miller. (Drug Standards **28.** 127—28. Sept./Okt. 1960.) (Engl.) R. Reiss. 4750 □

Erste vorläufige Revisionsankündigung. National Formulary. 11. Ausgabe. William S. Apple und Edward G. Feldmann. (Drug Standards **28.** 120—26. Sept./Okt. 1960. Washington, D.C., Amer. Pharm. Assoc.) (Engl.)

Zusätze, Ergänzungen bzw. Korrekturen der N. F. XI. R. Reiss. 4750 □

Messung der Oberflächenspannung mit einem neuen ČSL-Gerät. Jan Hejlek. (Farmácia [Bratislava] **27.** 240—42. Aug. 1958. Česká Budějovice, KSL, kraisk. kontr. lab.) (Slowak.)

Gerät u. Arbeitsweise werden beschrieben. E. Vevera. 4758

Resoriblettae methyltestosteroni. J. B. Termansen. (Arch. Pharmac. og Chem. **66** (**116**). 1214—17. 24/10. 1959.) (Dän.) — C. **1960.** 8950. R. K. Müller. 4766 □

Arzneimittel mit verzögerter Wirkung. Per Finholt. (Norges Apotekerforen. Tidsskr. **67.** 469—77. Nov. 1959.) (Norw.)

Übersichtsvortrag: Resorption u. Elimination von Arzneimitteln; Meth. zur Erzielung eines protrahierten Effekts; Präpp. zu parenteralem u. zu oralem Gebrauch. — 8 Literaturangaben. R. K. Müller. 4766 □

Zur Problematik des Färbens mikroskopischer Präparate in der Pharmakognosie. J. Kresánek und L. Nátherová. (Farmácia [Bratislava] **27.** 225—28. Aug. 1958.) (Slowak.)

Vergleichende Betrachtungen. E. Vevera. 4782

Qualität der Droge zweier Arten von Bohnenkraut (Satureja hortensis L.). Miloš Chládek. (Farmácia [Bratislava] **27.** 228—32. Aug. 1958.) (Slowak.)

Die bulgar. Art hat einen höheren Geh. an äther. Öl. — 27 Literaturangaben. E. Vevera. 4782

Ein Nebenprodukt der Verarbeitung von grünem Tee der Geschmacksrichtung Cholon: Der Preßsaft, eine Quelle für natürliches Coffein. C. Richard. (Café, Cacao, Thé **3.** 35—40. Jan./April 1959. Suppl. zu: Agronom. tropicale. Saigon, Inst. Pasteur.) (Franz.)

Beschreibung eines Verf. (im Labor.-Maßstab) zur Gewinnung von *Coffein* aus dem Preßsaft von grünem Tee. M. Winiker. 4782 □

Sorbinsäure. Übersicht. C. Trolle-Lassen. (Arch. Pharmac. og Chem. **66** (**116**). 1235—52. 7/11. 1959. Danmarks Apotekerforen. Kontrollabor.) (Dän.)

Konstit.; Vork. u. Gewinnung; physikal. u. chem. Eigg.; quant. Best.; mikrobiolog. u. pharmakolog. Verh.; Anwendung in der Pharmazie u. in der Lebensmittelindustrie. — 98 Literaturhinweise. R. K. Müller. 4786 □

Diagnostischer Farbstoff zur parenteralen Anwendung. Vladislav Veselý. (Farmácia [Bratislava] **27.** 242—45. Aug. 1958.) (Slowak.)

Übersicht mit bes. Berücksichtigung von Kongorot. E. Vevera. 4786

Grenzflächenfilme zwischen Benzol und Lösungen von Salzen der Arabinsäure. E. Shotton und K. Wibberley. (J. Pharmacy Pharmacol., Suppl. **11.** 120T—126T. Dez. 1959. London, Univ., School of Pharm., Dep. of Pharmaceutics.) (Engl.)

Mit der von SHOTTON (vgl. C. 1960. 9922) beschriebenen App. untersuchen Vff. die Grenzflächenspannung zwischen Bzl. u. *Gummi arabicum*, *Arabinsäure*, ihrem Ca- bzw. ihrem Mg-Salz. Innerhalb von 8 Std. sinkt die Grenzflächenspannung schnell, dann bis zu 90 Std. sehr viel langsamer. S. ERBE. 4786□

Eine Bemerkung zur Stabilität von Aspirin in Lösung. Sanford Bolton. (Drug Standards **28.** 117—19. Sept./Okt. 1960. Kingston, R.I., Univ. of Rhode Island.) (Engl.)

Unterss. über den Einfl. von Citrat, Phosphat, Acetat u. NaOH auf die Stabilität von *Acetylsalicylsäure* in wss. Lsg. zeigen, daß das Ausmaß der Hydrolyse prakt. nur vom pH-Wert der Lsg., nicht aber von der Art u. Konz. der Zusätze abhängt. R. REISS. 4790□

Eine Untersuchung über Phenol–Jod-Lösung NF. Gerhard Levy, J. S. Juszkiewicz-Donsbach und R. H. Gumtow. (Drug Standards **28.** 129—32. Sept./Okt. 1960. Buffalo, N.Y., Univ., School of Pharm.) (Engl.)

Bei der Herst. von Phenol–Jod-Lsg. NF XI ist zwecks Entfärbung (Bldg. von Mono-, Di- u. Trijodphenol) eine 1—2 Wochen lange Behandlung mit Sonnenlicht oder mehrstd. Erwärmen notwendig. Ein Zusatz von 0,03% $NaHCO_3$ erhöht den pH-Wert der Endlsg. von 2,6 auf 6,7, wodurch die Entfärbungszeit auf einige Min. herabgesetzt wird. Hinsichtlich der Aktivität gegenüber *Micrococcus pyogenes* var. aureus besteht zwischen der offizinellen u. der modifizierten Lsg. prakt. kein Unterschied. R. REISS. 4790□

Refraktometrische Bewertung von nach ČsL. 2 hergestellten Augenwässern. Jan Hejlek. (Farmácia [Bratislava] **27.** 232—40. Aug. 1958. Česka Budějovice, KSL, kraisk. kontr. lab.) (Slowak.)

Für die nach dem tschech. Arzneibuch hergestellten Augenwässer werden refraktometr. Werte angegeben. E. VEVERA. 4790

Die Löslichkeit von Phenobarbiton. 2. Mitt. Der Einfluß einiger Salze und von Saccharose auf die Löslichkeit in Wasser und in Äthanol–Wasser-Gemischen. Sven O. Eriksson. (Svensk farmac. Tidskr. **65.** 413—24. 10/6. 1961. Stockholm, Kungl. Farm. Inst., Dep. of Chem.) (Engl.) — 1. vgl. C. **1961.** 17659.

Es wurde die Löslichkeit von *Phenobarbiton* (I) in W. u. W.–A.-Gemischen (bis zu 38 Gew.-% A.) in Ggw. von NaCl, NaBr, NaJ, KCl, KBr, KJ, NaH_2PO_4 (II), $CaBr_2$ oder Saccharose (III) bei 20° bestimmt. Die Salz-Konzz. betrugen bis zu 2 Mol. Soweit W. als Lsgm. verwendet wurde, wurden die k-Werte nach der SETSCHENOW-Gleichung ermittelt. In Ggw. von II ist der k-Wert bemerkenswert hoch. Die Ergebnisse der Löslichkeits-Best. in A.–W.-Gemischen werden in einer Tabelle u. verschiedenen Diagrammen, in denen der Aktivitätsfaktor des I bei verschiedener Salz-Konz. gegen den A.-Geh. aufgetragen wurde, zusammengestellt. Wenn die A.-Konz. bis zu einem bestimmten, bei den einzelnen Salzen unterschiedlichen Wert ansteigt, nimmt der Wert für den Aktivitätsfaktor ab, u. zwar anfänglich linear. Bei höheren A.-Konzz. nimmt die I-Löslichkeit in Abhängigkeit von der A.-Konz. zu. Bei der höchsten A.-Konz. ergeben das Chlorid u. Bromid des verwendeten Metalls (Na oder K) denselben Wert für den Aktivitätsfaktor des Nichtelektrolyten. Auch die Jodide nähern sich diesen Werten. III hat, wie in wss. Lsgg., in A.–W.-Gemischen nur wenig Einfl. auf die I-Löslichkeit. — 23 Literaturangaben. H. P. FIEDLER. 4790□

Rheologische Untersuchungen von pharmazeutischen Präparaten. 2. Mitt. Die subjektive Auffassung des Konsistenzbegriffs. Lars-Einar Fryklöf. (Farmac. Tid. **69.** 837—45. 26/12. 1959.) (Schwed.) — C. **1960.** 8267. R. K. MÜLLER. 4792□

Neue Arzneimittel. Anonym. (France-Pharmacie **10.** 237—41. April 1957.) (Franz.)

Aprozal (CASSENNE, Frankreich): Lsg. von 33 (mg) Diäthylendiamin, 33 Aprobarbital je ml Hypnoticum. — *G. R. 50* (JOULLIE, Frankreich): Tabletten mit Gelee Royal, lyophilisiert. Gegen Asthenie. — *Ionopexan* (BIOTHERAX, Frankreich): Tabletten mit 0,1 g Glycyrrhetinsäure. Gegen Morbus Addison. — *Somnalone* (CASSENNE, Frankreich): Dragees mit 50 (mg) Aprobarbital, 50 Diäthylendiamin. Hypnoticum. — *Spasmalan* (CASSENNE, Frankreich): Suppositorien mit 100 (mg) Aprobarbital, 100 Diäthylendiamin, 200 Aminophenazon, 50 Extr. Crataegi. Spasmolyticum. K. GERECKE. 4800□

Darstellung des Imids der 3-Methyl-3-äthylglutarsäure. Stanisław Biniecki und Eugeniusz Muszyński. (Farmacja polska **15.** 33—35. 15/2. 1959. Warszawa, Akad. Med., Zakł. Technol. chem. Środków leczn.; Inst. Leków.) (Pol.)

Ausgangsstoff für die Darst. von *3-Methyl-3-äthylglutarsäureimid* (I) ist der nach INGLIS [1935] dargestellte Cyanessigsäureäthylester, der mit Methyläthylketon u. NH_3 nach FARMER u. RABJOHN [1956] in 2.4-Dicyan-3-äthyl-3-methylglutarsäure [F. 192°; 41,5% (Ausbeute)] übergeführt wird. Die Hydrolyse zu 3-Methyl-3-äthylglutarsäure

(F. 75—76°; 80%) erfolgt mit konz. H_2SO_4 bei normaler Temp., Zusatz von W. u. 10std. Kochen. Durch Erhitzen mit Acetanhydrid wird 3-Methyl-3-äthylglutarsäureanhydrid ($Kp._{23}$ 175°; 92,4%) u. daraus durch Erhitzen mit Harnstoff auf 200° u. Extraktion der Schmelze mit Chlf. I (F. 123°; 55%) erhalten. F. URBAN. 4806□

Über Diuretica. Karin Östberg. (Farmac. Revy **58.** 841—48. 17/12. 1959.) (Schwed.)

Übersicht: W. als Diureticum; osmot. wirkende, säuernde, auf die Tubulimechanismen wirkende u. carboanhydrasehemmende Diuretica (Chlorthiazid); Uracil- u. Pyrimidinderivate. R. K. MÜLLER. 4806□

PAM, Pyridyl-(2)-aldoxim-N-methojodid. Übersicht über die chemischen und physikalischen Eigenschaften. Magnes Halse und Ole Skogan. (Medd. norsk farmac. Selsk. **21.** 141—57. Nov. 1959. Norsk Medisinaldepot.) (Norw.)

Die Darst. von *Pyridyl-(2)-aldoxim-N-methojodid* (I) kann, statt in Nitrobenzol, dessen Reste schwer zu entfernen sind, auch in abs. A. oder Aceton bei gewöhnlicher Temp. erfolgen. Für die quant. Best. wird Titration mit $HClO_4$ oder 0,1n $AgNO_3$ empfohlen. Nach Erhitzen von I in wss. alkal. Lsg. wird mit Benzidin + Cu-Acetat CN^- nachgewiesen. Beim Erhitzen wss. Lsgg. von I hängt der Grad der Zers. vom pH ab; die geringste Zers. erfolgt beim Erhitzen einer 3%ig. Lsg. mit pH 4,2 im Autoklaven während 20 Min. auf 120°. Lsgg. mit pH 6 erleiden rasch Zers. beim Erhitzen u. bei Aufbewahrung (Bldg. von CN^-). Rein wss. Lsgg. können bei +5° (Kühlschrank) unter Lichtausschluß aufbewahrt werden. Festes I ist rein gelb, nicht grün. — 16 Literaturangaben. R. K. MÜLLER. 4806□

Die prinzipielle Grundlage für die Analysentechnik bei der Stichprobenkontrolle des DAK-Laboratoriums. Gunnar Hansen. (Arch. Pharmac. og Chem. **66 (116).** 1101—07. 26/9. 1959.) (Dän.)

Übersicht über die Wahl der Meth. u. die Probenahme bei der Stichprobenkontrolle von galen. Arzneimitteln in Danmarks Apotekerforenings Kontrollaboratorium. R. K. MÜLLER. 4880□

Derivatographische Untersuchung von Arzneipulvern und granulierten Arzneimitteln. F. Paulik, I. Erdey und G. Takács. (Z. analyt. Chem. **169.** 19—27. 1959. Budapest, TU, Inst. für Allg. Chem.)

Durch derivatograph. Differentialthermoanalyse (vgl. C. **1959.** 3241) kann Menge u. Art (mechan., adsorptiv, durch Gitterenergie gebunden usw.) des W. in Arzneipulvern genau bestimmt werden. Als Beispiel wurde die Zers. von Milchzucker untersucht. Die derivatograph. Meth. gibt auch näheren Aufschluß über den verwickelten Zerfallsvorgang. E. DEHMLOW. 4880

Mikrobiologische Methode zur Bestimmung von Sorbinsäure. C. Trolle-Lassen. (Arch. Pharmac. og Chem. **66 (116).** 1107—11. 26/9. 1959. Danmarks Apotekerforenings Kontrollabor.) (Dän.) — Vgl. C. **1959.** 12937.

Sorbinsäure (I) kann mikrobiolog. nach einer Trübungs-Meth. bestimmt werden. Die Meth. beruht darauf, daß in auf pH 4 (Citronensäure–Phosphat-Puffer) eingestelltem Malzwasser *Saccharomyces cerevisiae* in Ggw. von I bei 3tägiger Inkubation bei 25° der I-Konz. proportional wächst, so daß im Vgl. mit einer Blindprobe u. einer Eichkurve aus der Extinktion auf den I-Geh. geschlossen werden kann. Die Genauigkeit der Meth. beträgt ±7—12%. R. K. MÜLLER. 4880□

Methodische Untersuchungen über die quantitative Bestimmung von papierchromatographisch getrennten Aminosäuren. Irena Krzeczkowska, Jerzy Iskierko und Janusz Klimek. (Farmacja polska **15.** 35—39. 15/2. 1959. Lublin, Akad. Med., Zakł. Chem. ogóln.) (Pol.)

Untersucht wurde die Eignung verschiedener Papiere u. Meth. zur chromatograph. Trennung u. Identifizierung von Aminosäuren. Für die quant. Best. ist WHATMAN-Nr.3-Papier am besten geeignet, da die Trennung schnell verläuft u. anorgan. Substanzen vorher nicht abgetrennt werden müssen. Die aufsteigende Meth. hat gegenüber der Rundfilter-Meth. mehr Vorteile. — 24 Literaturangaben. F. URBAN. 4880□

Eine spektrophotometrische Methode zur Bestimmung von Glykobiarsol. M. E. Auerbach und W. W. Houghtaling. (Drug Standards **28.** 115—16. Sept./Okt. 1960. Rensselaer, N.Y., Sterling-Winthrop Res. Inst., Analyt. Labor.) (Engl.)

Zur quant. Best. von *Glykobiarsol* (I; Bi-Salz der N-Glykolylarsanilsäure) wird eine ca. 125 mg I enthaltende Menge Tablettenmasse in einem 250-ml-Meßkolben mit 25 ml 5%ig. Dinatriumäthylendiamintetraacetat-Lsg. versetzt. Nach 5 Min. langem Schütteln wird aufgefüllt u. filtriert. 2 ml Filtrat werden mit 1 ml 1n HCl versetzt u. mit W. zu 100 ml verdünnt. Die Absorption dieser Lsg. wird spektrophotometr. bei 258 mμ bestimmt. Die $E^{1\%}_{1cm}$ von I bei 258 mμ beträgt 520. Die Meth. liefert gute Ergebnisse. R. REISS. 4880□

Eine Untersuchung der Lichtstreuung an Lysolecithinsolen. N. Robinson und L. Saunders. (J. Pharmacy Pharmacol., Suppl. **11.** 115 T—119 T. Dez. 1959. London, Univ., School of Pharmacy, Dep. of Physic. Chem.) (Engl.)

Mit einem von HUGHES u. Mitarbeitern (vgl. C. **1957.** 12556) beschriebenen App. wurden Sole von 4 *Lysolecithin*-Proben auf ihr Verh. hinsichtlich der Lichtstreuung untersucht. Die statist. Auswertung ergab, daß das Lysolecithin in Solen in Micellen von einem ungefähren Molgew. von 92400 vorliegt. Fehlergrenze 7%. S. ERBE. 4880□

Die Bestimmung der Teilchengröße von Phenothiazin. M. J. Thornton. (J. Pharmacy Pharmacol., Suppl. **11.** 127T—138T. Dez. 1959. Macclesfield, Cheshire, Imperial Chem. Ind. Ltd., Pharmaceutic. Div.) (Engl.)

Vf. vergleicht die Mikroskop-Meth., die Sedimentations-Meth. mit der ANDREASEN-Pipette, die STAIRMAND-Meth. u. die Micromerograph-Meth. hinsichtlich der Eignung zur Best. der Teilchengröße von feinem *Phenothiazin*-Pulver. Jede Meth. weist reproduzierbare Werte auf. Eine Übereinstimmung der Werte der verschiedenen Meth. ist nicht gegeben. Vor- u. Nachteile der beschriebenen Meth. werden angegeben. S. ERBE. 4880□

Papierchromatographie von Flechtenstoffen. 2. Mitt. Monji Mitsuno. (Pharmac. Bull. [Tokyo] **3.** 60—62. Febr. 1955. Okuda, Toyama, Univ. of Toyama, Pharmac. Dep.) (Engl.) — 1. vgl. Pharmac. Bull. [Tokyo] **1.** [1953.] 170.

Die papierchromatograph. Trennung, die R_F-Werte u. Anfärbereagentien von *Pulvinsäure* (I), I-*Anhydrid, Vulpinsäure, Pinastrinsäure, Calycin* u. *Epanorin* sowie der Mol.-Verbb. *Homosulfamin–Sulfathiazol, Chloralhydrat–Antipyrin, Barbital–Aminopyrin, Berberinpikrat, Chininpikrat, Glycinpikrat, Aminopyrinpikrat* u. *8-Hydroxychinolinpikrat* werden beschrieben. D. ONKEN. 4880□

United States Vitamin Corp., New York, übert. von: Louis Freedman, Mount Vernon, A. Jay Merritt, New Rochelle, und Sidney A. Sadin, Yonkers, N.Y., V.St.A., **Herstellung einer stabilen, injizierfähigen Lösung von Citrus-Bioflavonoiden,** dad. gek., daß man den Wirkstoff in Propylenglykol–W. löst, ggf. unter Zusatz von Ascorbinsäure u. Menadion(Vitamin K)-bisulfit. — *Mittel zur Verringerung der Capillarbrüchigkeit.* (**A. P. 2 888 381** vom 1/9. 1955, ausg. 26/5. 1959.) W. HEYER. 4791

William Carl Mende, Neshanic, und Victor Richard Berliner, Somerville, N.J., V.St.A., **Spermicides Mittel,** bestehend aus einer Öl-in-W.-Emulsion, z. B. aus Glycerinmonostearat, Erdnußöl u. Glycerin, unter Zusatz eines Alkylphenoxypolyäthoxyäthanols der Formel (p) $CH_3(CH_2)_8{-}C_6H_4{-}(OCH_2CH_2)_xOH$, in der x für 6—10 steht, z. B. p-n-Nonylphenoxyoktaäthoxyäthanol. — *Antikonzeptionsmittel.* (**Ind. P. 59 514** vom 30/1. 1957, ausg. 3/4. 1959.) H. NEBELSIEK. 4791

Kay-Fries Chemicals, Inc., West Haverstraw, übert. von: Leonard Nicholl, Nyack, Peter J. Tarsio, Stony Point, und Herbert Blohm, Garnerville, N.Y., V.St.A., **Oxyalkylidene** der allg. Formel $R_1{-}(C)_x(OR){=}C(R_2){-}R_3$ (R u. R_1 = Alkyl, Phenyl, Tolyl, Xylyl, Naphthyl, Aralkyl; R_1 = auch H; R_2 u. R_3 = COOR; COR, CN, CO—COOR; x = 3—6) erhält man durch Rk. einer Verb. mit einer akt. Methylengruppe mit einem Orthoester niedermol. Fettsäuren oder Benzoesäure mit 1—6 C-Atomen in Ggw. einer schwach sauren Verb. ($NaHSO_4$, $FeCl_3$, NH_4-Benzolsulfonat, Essig-, Propion-, Butter-, Valerian-, Capryl-, Acryl-, Oxal-, Malon-, Fumar-, Wein-, Citronen-, Benzoe-, Salicyl-, Phenylessigsäure). — Aus 0,6 Mol Orthoameisensäuretriäthylester (I), 0,5 Mol Malonsäurenitril u. 1,5 g Eisessig bei 116° unter Entfernen des abgespaltenen Alkohols → *Äthoxymethylenmalonsäurenitril*, $Kp._{12}$ 160—161°; aus A. F. 66,1—67,3°. — Orthoessigsäuretriäthylester (II) → *α-Äthoxyäthylidenmalonsäurenitril*, $Kp._{10}$ 163—165°; aus A. F. 93,5—94,2°. — Orthopropionsäuretriäthylester (III) → *α-Äthoxypropylidenmalonsäurenitril*, $Kp._{10}$ 146—148°; n_D^{20} 1,48813; $D._{20}^{20}$ 1,010. — Cyanessigsäureäthylester + I → *Äthoxymethylencyanessigsäureäthylester*, $Kp._2$ 128 bis 132°; aus A. F. 51°; 85,8% (Ausbeute). *Methylester*, $Kp._{1-2}$ 125—126°; 81,7%. — II → *α-Äthoxyäthylidencyanessigsäureäthylester*, aus A. F. 72,1—73,3°; 91,7%. — III → *α-Äthoxypropylidencyanessigsäureäthylester*, $Kp._2$ 119—126°; aus A. F. 63,8—64°; 99%. — Acetessigsäureäthylester + I → *Äthoxymethylenacetessigsäureäthylester*, $Kp._{22}$ 152—158°; 60,5%. — II → *α-Äthoxyäthylidenacetessigsäureäthylester*, $Kp._1$ 98—100°; 68%. — Oxalessigsäureäthylester + I → *Äthoxymethylenoxalessigsäureäthylester*, $Kp._1$ 153—158°; n_D^{20} 1,48066; 78,3%. — Acetylaceton + I → *Äthoxymethylenacetylaceton*, $Kp._{16}$ bzw. $_{11}$ 140 bis 142 bzw. 130—132°; 57,7%. — Malonsäurediäthylester + I → *Äthoxymethylenmalonsäurediäthylester*, $Kp._{10}$ 135—140°. — *Zwischenprodd.* zur Herst. von *4.7-Dichlorchinolinen*, die zur Herst. von *Antimalariamitteln* dienen. (**A. P. 2 824 121** vom 4/11. 1954, ausg. 18/2. 1958.) G. KRAUSS. 4807

Eli Lilly & Co., übert. von: J. Frank Nash, Indianapolis, Ind., V.St.A., **Herstellung von N-[β-(o-Chlorphenyl)-β-hydroxyäthyl]-isopropylamin-o-[4'-hydroxybenzoyl]-benzoat,** F. 217—217,5°. Das durch Rk. von o-Chloracetophenon mit Br in Ggw. von Dibenzoylperoxyd erhaltene ω-Brom-o-chloracetophenon wird mit Na-Borhydrid behandelt u. das Prod., ein Gemisch aus o-Chlorphenyläthylen-β-bromhydrin u. o-Chlorphenyläthylenoxyd, mit Isopropylamin unter Rückfluß zu *N-[β-(o-Chlorphenyl)-β-hydroxyäthyl]-isopropylamin* umgesetzt. — *Hydrochloridmonohydrat,* F. 163—164°, u. daraus durch Rk. mit o-[4-hydroxybenzoyl]-benzoesaurem Na das Endprodukt. — *Arzneimittel* mit bevorzugt bronchodilator. Wirkung. (**A. P. 2 887 509** vom 5/11. 1956, ausg. 19/5. 1959.) W. HEYER. 4807

Österreichische Stickstoffwerke Akt.-Ges. (Erfinder: Gerhard Zölß und Otto Schmid), Linz, Österreich, **Herstellung von Phenylen- und Polymethylen-bis-[N-methylcarbaminsäuredimethylaminophenylesterjodmethylaten].** Aus m-Nitrophenol (I) u. Na-Methylat in CH_3OH hergestelltes Phenolat wird 5 Std. in Xylol mit Hexamethylen-bis-[N-methylcarbaminsäurechlorid] (II) bei 115° umgesetzt zu *Hexamethylen-bis-[N-methylcarbaminsäure-m-nitrophenylester]*, F. 93—95° (A.); 83,7% (Ausbeute), der in Essigester/abs. A. an RANEY-Ni bei normaler Temp. hydriert wird zu *Hexamethylen-bis-[N-methylcarbaminsäure-m-aminophenylester]*, F. 97,5—99° (CH_3OH); 96,2%, welcher anschließend in CH_3OH in Ggw. von Na_2CO_3 16 Std. mit CH_3J gekocht u. 2 Tage bei normaler Temp. stehengelassen wird: *Hexamethylen-bis-[N-methylcarbaminsäure-m-dimethylaminophenylesterjodmethylat]*, F. 135—136° (Aceton); 65,9%. — Analog: Aus I u. Dekamethylen-bis-[N-methylcarbaminsäurechlorid] *Dekamethylen-bis-[N-methylcarbaminsäure-m-nitrophenylester]*, F. 79—82°, daraus *Dekamethylen-bis-[N-methylcarbaminsäure-m-aminophenylester]*; 85,8%, u. *Dekamethylen-bis-[N-methylcarbaminsäure-m-dimethylaminophenylesterjodmethylat]*, F. 128—131,5° (Zers.); 75,9%. — Aus p-Nitrophenol u. II *Hexamethylen-bis-[N-methylcarbaminsäure-p-nitrophenylester]*, F. 98,5—100° (CH_3OH); 68,6%, daraus *Hexamethylen-bis-[N-methylcarbaminsäure-p-aminophenylester*; 88,41%, u. *Hexamethylen-bis-[N-methylcarbaminsäure-p-dimethylaminophenylesterjodmethylat]*, F. 200° (Zers.); 84%. — *Cholinesterasehemmstoffe.* (**Oe. P. 205 508** vom 24/4. 1958, ausg. 10/10. 1959.) EBERHARD RIEDEL. 4807

Chinoin Gyógyszer és Vegyészeti Termékek Gyára R. T., Budapest, Ungarn, **Herstellung von N-substituierten Sulfonylharnstoffen** der allg. Formel (p) $A-C_6H_4-SO_2-NH-CO-NHR_1$, in der A eine Amino-, eine Acylamino-, Nitro- oder Methylgruppe darstellt u. R_1 einen Alkylrest bedeutet, werden in an sich bekannter Weise hergestellt. — Man löst z. B. 18,65 g Benzylthiocarbonylchlorid in Dioxan, fügt unter Rühren langsam n-Butylamin hinzu u. läßt abkühlen. Das erhaltene *S-Benzyl-N-butylthiocarbaminat* fügt man zu einer phenol. NaOH-Lsg., der 2,5 g Acetylsulfanilylamid zugesetzt sind, u. erhitzt unter 3std. Rühren auf 160°. Man erhält nach dem Aufbereiten *Acetylsulfanilyl-n-butylharnstoff*, F. 178—180°. — *Therapeutica.* (**Ind. P. 90 227** vom 17/4. 1957, ausg. 13/2. 1959.) H. NEBELSIEK. 4807

Cilag Akt.-Ges. (Erfinder: Ernst Habicht), Schaffhausen, Schweiz, **Herstellung von Sulfonylharnstoffen** der Formel $[(R_1)(R_2)Phenyl]-SO_2-NH-CO-NH-R_3-Z-R_4$ (R_1 u. R_2 = H, Alkoxy-, Alkylmercapto-, niedere Alkylgruppe; R_3 = Alkylenrest; Z = O oder S; R_4 = Alkylrest) durch Umsetzung einer Verb. $[(R_1)\cdot(R_2)Phenyl]-SO_2-X$ mit einer Verb. $Y-R_3-Z-R_4$, wobei X u. Y zur Bldg. von Harnstoffbrücken befähigte Reste bedeuten, bes. derart, daß $X = NH_2-$ u. $Y = -NH-COO-Alkyl$, $-NH-COO-Aryl$, $-NH-CO-Halogen$, $-NH-CO-NH_2$, $-NH-CO-NH-NO_2$ bzw. $-N{=}C{=}O$ oder daß $Y = NH_2-$ u. $X = -NH-CO-NH_2$, $-NH-CO-NH-NO_2$, $-NH-CO-NH-Ac$, $-NH-CO-NH-Aryl$ bzw. $-N{=}C{=}O$ oder daß X = Halogenatom u. $Y = HN{=}C(OR)-NH-$ bzw. $H_2N-C(OR){=}N-$. Die Isoharnstoffgruppierung in den in letzterem Fall erhaltenen Kondens.-Prodd. wird durch saure Verseifung in die Harnstoffgruppierung übergeführt. — Die genannten Verbb. können nach Oe. P. 201 609 auch durch Kondens. einer Verb. $[(R_1)(R_2)Phenyl]-SO_2-NH-CO-NH-R_3-X$ (X = reaktionsfähiger Rest) mit einem Alkohol oder Thioalkohol R_4-Z-H bzw. einem entsprechenden Metallalkoholat gewonnen werden. — N-[p-Toluolsulfonyl]-harnstoffe: *N'-β-Chloräthyl-*, F. 150—151°, aus p-Toluolsulfonamid in Aceton u. β-Chloräthylisocyanat in Aceton durch gleichzeitiges Einrühren in 10n NaOH, 2std. Rühren u. Versetzen mit 2n Essigsäure u. W.; 71% (Ausbeute). — *N'-[β-Methylmercaptoäthyl]-*, F. 121—122° (Zers.; A./W.), a) aus 73 (g) vorst. Prod. durch mehrstd. Kochen mit Na u. 42 Methylmercaptan in A., Versetzen mit W. u. nach Filtrieren mit konz. Essigsäure bis pH 4; 75 g; b) aus 60 Methylmercaptoäthylamin u. 35 p-Toluylsulfonylharnstoff durch 30 Min. langes Erhitzen in Eisessig auf 95°, Einrühren in W.; 30 g. — *N'-[γ-Methoxypropyl]-*, F. 107—108° (verd. A.), analog b) oder aus 38 p-Toluolsulfonylisocyanat u. 22 γ-Methoxypropylamin in abs. Bzl., 1std. Kochen, Eindampfen, Aufnehmen in 2n NaOH u. Ansäuern bis pH 2; 42 g; auch aus 50 p-Toluolsulfonamid-Na in abs. Dioxan durch 8—10std. Kochen mit 38 3-Methoxypropylisocyanat, Eindampfen, Aufnehmen in 1n $NaHCO_3$-Lsg. u. Ansäuern bis pH 2; 48 g. — *N'-Äthoxyäthyl-*, F. 115° (verd. A.), aus 80 p-Toluolsulfonylcarbaminsäureäthylester u. 28 Äthoxyäthylamin durch 18std. Erhitzen in Äthoxyäthanol auf 110—120°, Eindampfen, Aufnehmen in 1n $NaHCO_3$-Lsg., Ansäuern mit 2n HCl; 60 g. — *N'-[γ-Isopropoxypropyl]-*, F. 103—104°. — *N'-[γ-Äthoxypropyl]-*, F. 114—119°. — *N'-[γ-Methylmercaptopropyl]-*, F. 125—128°. — *N'-[γ-Butoxypropyl]-*, F. 70—72°. — *N'-[β-Methoxyäthyl]-*, F. 122—123°. — N'-[γ-Methoxypropyl]-harnstoffe: *N-[Benzolsulfonyl]-*, F. 102—105°. — *N-[p-Isopropylbenzolsulfonyl]-*, F. 107—108°. — *N-[p-Methoxybenzolsulfonyl]-*, F. 138—139°. — *N-[p-Methylmercaptobenzolsulfonyl]-*, F. 109—111°. — *N-[3.4-Dimethylbenzolsulfonyl]-*, F. 117—118°. — N'-[γ-Äthoxypropyl]-harnstoffe: *N-[Benzolsulfonyl]-*, F. 74—78°. — *N-[p-Isopropylbenzolsulfonyl]-*, F. 97—99°. — *N-[3.4-Dimethylbenzolsulfonyl]-*, F. 108—110°. — *N-[p-Methoxybenzolsulfonyl]-N'-[β-propoxyäthyl]-harnstoff*, F. 118—119°. — *Mittel mit Blutzuckerspiegel-senkender Wirkung.* — Vgl. Schwz. P. 348 961; C. **1961.** 6240. (**Oe. PP. 201 606** vom 10/7. 1957, ausg. 10/1. 1959. Schwz. Prior. 3/8. 1956 u. 20/2. 1957 u. **201 609** vom 10/7. 1957, ausg. 10/1. 1959. Schwz. Prior. 3/8. 1956.) EBERHARD RIEDEL. 4807

Deutsche Akademie der Wissenschaften zu Berlin (Erfinder: Alfred Rieche, Günter Hilgetag, Anneliese Martini und Rainer Philippson), Berlin, **Bactericid, fungicid und virustatisch wirksame Thiocarbamidsäure-O-arylester** der allg. Formel $R_1 \cdot O \cdot CS \cdot N(R_2)R_3$ (R_1 = phenol. Rest; R_2 = H, Alkyl, Aryl, Aralkyl u. Cycloalkyl; R_3 = Aralkyl u. Cycloalkyl) erhält man durch Rk. von Thionokohlensäurearylesterchloriden (I) mit prim. oder sek. araliphat. oder cycloaliphat. Aminen in Ggw. eines säurebindenden Mittels, als welches auch die Amine selbst dienen können. I erhält man durch Rk. von Phenolaten mit Thiophosgen z. B. nach $H_5C_6ONa + CSCl_2 \rightarrow H_5C_6 \cdot O \cdot CS \cdot Cl + NaCl$. Die Weiterumsetzung verläuft z. B. nach: $H_5C_6 \cdot O \cdot CS \cdot Cl + HN(R_2)R_3 \rightarrow H_5C_6 \cdot O \cdot CS \cdot N(R_2)R_3 + HCl$. — Man tropft z. B. bei Zimmer-Temp. 17,3 (Teile) Thionokohlensäurephenylesterchlorid zu 24,5 β-Phenyläthylamin (**II**) in 100 Methanol, rührt 1 Std. bei Raum-Temp. nach, dest. das Lsgm. im Vakuum ab u. nimmt den Rückstand in W. auf, wobei **II**-Hydrochlorid in Lsg. geht. Der hinterbleibende, wasserunlösl. *N-Phenyläthylthiocarbamidsäure-O-phenylester* schmilzt nach Umkristallisation aus Methanol bei 98—99°; Ausbeute 90%. Die folgenden Thiocarbamidsäure-O-arylester werden analog hergestellt: $H_5C_6 \cdot CH_2 \cdot NH \cdot CS \cdot OC_6H_5$, F. 81°; $H_5C_6 \cdot CH_2CH_2 \cdot NH \cdot CS \cdot O \cdot C_6H_4Cl$-(4), F. 117°; $H_5C_6 \cdot CH_2CH_2 \cdot NH \cdot CS \cdot O \cdot C_6H_3(CH_3)Cl$-(3.4), F. 103°; $H_5C_6 \cdot CH_2 \cdot NH \cdot CS \cdot O \cdot C_6H_3(CH_3)Cl$-(3.4), F. 86°; $H_{11}C_6 \cdot NH \cdot CS \cdot O \cdot C_6H_5$, F. 132°; $(H_{11}C_6)_2 \cdot N \cdot CS \cdot O \cdot C_6H_5$, F. 127—128°; $H_5C_6 \cdot CH_2(H_5C_6) \cdot N \cdot CS \cdot O \cdot C_6H_5$, F. 113°; $H_5C_6 \cdot CH_2CH_2 \cdot NH \cdot CS \cdot O \cdot C_6H_4OCH_3$-(4), F. 107°; $H_5C_6 \cdot CH_2CH_2 \cdot NH \cdot CS \cdot O \cdot C_6H_4CH_3$-(4), F. 100°; $(H_5C_6CH_2)_2 \cdot N \cdot CS \cdot O \cdot C_6H_5$, F. 68—69°; $H_5C_6 \cdot CH_2(H_5C_2) \cdot N \cdot CS \cdot O \cdot C_6H_5$, F. 61°; $H_5C_6 \cdot CH_2CH_2 \cdot NH \cdot CS \cdot OC_6H_4OCH_3$-(2), F. 93°. (**D. A. S. 1 067 425** Kl. 12o vom 27/6. 1958, ausg. 22/10. 1959.) A. MOHR. 4807

„Licencia" Találmányokat Értékesitő Vállalat, Budapest, Ungarn, **Herstellung quaternärer Verbindungen** der allg. Formel **I**, dad. gek., daß man ein aromat. Amin (**II**) der Formel ArNRH in einem Lsgm. in Ggw. eines säurebindenden Stoffes, bes. **II**, im Überschuß mit einem Betainsäurehalogenid umsetzt. In der Formel **I** bedeuten R einen Alkylrest oder H, X Halogen, R_1 u. R_2 Alkylreste u. R_3 einen Aralkylrest. — 24,6 (g) p-Anisidin in 150 Bzl. versetzt man langsam im Verlauf von 1 Std. bei 40—50° mit 27,6 Diäthylaminoacetylchloridchlorbenzylat u. erhitzt 4 Std. unter Rückfluß. Man erhält nach Aufarbeiten des Rk.-Gemisches *Dimethylbenzyl-[p-methoxyphenylglycyl]-ammoniumchlorid* (**IV**), F. 236—238°. Analog das Ammoniumchlorid von

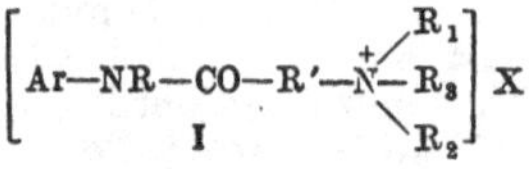

Diäthyl-[2.6-dimethylphenylglycyl]- (**III**), F. 240—244°, *Diäthylbenzyl-[p-methoxyphenylglycyl]-*. Hydriert man **III** mit H_2, so erhält man *Diäthylglycyl-2.6-dimethylanilid-hydrochlorid*, F. 127—130°. Analog aus **IV** *Diäthylglycyl-p-methoxyacetanilid*, F. 184—187°. — *Lokalanästhetica.* (**Ind. P. 56 953** vom 29/3. 1956, ausg. 14/3. 1958.) C. LÜTTGEN. 4807

„Licencia" Találmányokat Értékesitő Vállalat, Budapest, Ungarn, **Herstellung von Anilidderivaten** der allg. Formel **I**, dad. gek., daß ein Anilid der Formel $Ar—NH—CO—CH_2—R—X$ in Ggw. eines Lsgm. mit einem tert. Amin der For-

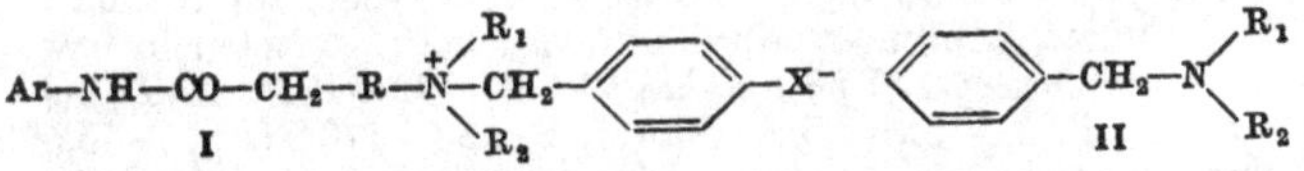

mel II umgesetzt wird. In den Formeln bedeutet Ar einen aromat. Rest mit einem oder mehreren Substituenten, R = $-CH_2-$, $-CH(CH_3)-$ oder nichts u. X Halogen, R_1 u. R_2 = Alkyl. — 10,2 (g) o-Chlor-ω-chloracetanilid werden mit 12,3 Dimethylbenzylamin in Bzl. unter Rückfluß gekocht. Die quatern. Verb. wird in einer Ausbeute von 70% erhalten. Aus ihr erhält man durch Hydrieren *Dimethylglycyl-o-chloranilid*, F. 107—110°. Analog aus Chloracetanilid u. Dimethylbenzylamin über Dimethylbenzyl-[phenylglycyl]-ammoniumchlorid, F. 234—238°, → *Dimethylglycylanilid*, F. 36—37°. — *Zwischenprodd.* zur Herst. von *Therapeuticis*. (**Ind. P. 56 954** vom 29/3. 1956, ausg. 21/3. 1958.) C. Lüttgen. 4807

F. Hoffmann-La Roche & Co. Akt.-Ges., Basel, Schweiz, **Herstellung von substituierten Aminosäurehydraziden** der allg. Formel $R_2-CH(NR_3R_4)-CO-NH-NHR_1$, worin R_1 = alicycl., gesätt. oder ungesätt. aliphat. oder Aralkylrest, R_2 = H oder O, N oder S enthaltender KW-Stoffrest, R_3 = H oder Alkylrest u. R_4 = H, Acyl- oder Alkylrest u. R_2 u. R_3 sowie R_3 u. R_4 auch miteinander verbunden sein können, dad. gek., daß man eine Säure $R_2-CH(NR_3R_4)-COOH$ oder ihre Derivv. mit einem substituierten Hydrazin H_2NNHR_1 umsetzt. — 22 (g) N-Acetyl-DL-methioninäthylester, 11,05 Isopropylhydrazinhydrochlorid, 14,1 cm³ Triäthylamin u. A. werden 12 bis 14 Std. gekocht; Eindampfen im Vakuum, Aufnehmen in Tetrahydrofuran, Absaugen u. Umlösen aus Acetonitril: *1-[N-Acetyl-DL-methionyl]-2-isopropylhydrazin*, F. 121—123°. — *1-[N-Carbobenzoxy-DL-seryl]-2-isopropylhydrazin*, F. 152—154°, daraus *1-[DL-Seryl]-*, F. 89—90°, *1-[N-Acetyl-L(+)-α-alanyl]-*, F. 147—148°, $[\alpha]_D$ −77° (c = 1; W.), *1-[N-Acetyl-DL(−)-α-alanyl]-*, F. 148—150°, $[\alpha]_D$ +74° (c = 1; W.), *1-[N-Acetyl-DL-α-alanyl]-*, F. 128—130°, *1-[N-Acetyl-DL-β-phenylalanyl]-*, F. 173—174°, u. *1-Sarkosyl-2-isopropylhydrazin*, F. 73—75°, aus N-Carbobenzoxy-DL-serinmethylester, N-Acetyl-L(+)-, -DL(−)-, -DL-α-alanin bzw. -DL-β-phenylalanin- bzw. Sarkosinhydrazid. —*L(+)-Tyrosinhydrazidhydrochlorid*, F. 205—207°, $[\alpha]_D$ +83° (c = 1; W.), aus N-Carbobenzoxy-L(−)-tyrosinhydrazid, daraus *1-[L(+)-Tyrosyl]-2-isopropylhydrazin, Sulfat. 5 H_2O*, F. 145 bis 150°, $[\alpha]_D$ +38,3° (c = 1; W.), mit Hydrozimtaldehyd *1-[L(+)-Tyrosyl]-2-[β-phenyläthyl]-hydrazin*, F. 141—143°, $[\alpha]_D$ +48,8° (c = 1; 1n HCl). — *1-[DL-Seryl]-2-benzyl-, Hydrochlorid*, F. 195—198°, *-2-äthyl-*, F. 150—152°, *-2-propyl-, Hydrochlorid*, F. 160 bis 161°, *-2-[n-butyl]-, Hydrochlorid*, F. 150—152°, *-2-[n-valeryl]-, Hydrochlorid*, F. 131 bis 134°, *-2-[N-capryl]-, Hydrochlorid*, F. 130—132°, *-2-[önanthyl]-, Hydrochlorid*, F. 121 bis 123°, u. *-2-[α-benzyläthyl]-hydrazin, Hydrochlorid*, F. 80—85°, aus DL-Serinhydrazidhydrochlorid, F. 187—189°, u. Benz-, Acet-, Propion-, Butyr-, Valer-, Capron-, Önanthaldehyd bzw. Phenylaceton. — *1-[N-Carbobenzoxy-DL-seryl]-2-[sek.-butyl]-*, F. 133 bis 134°, aus N-Carbobenzoxy-DL-serin, u. *1-[DL-Seryl]-2-[sek.-butyl]-hydrazin*, F. 93—94°. — *1-[N-Carbobenzoxy-DL(+)-seryl]-*, F. 162—163°, $[\alpha]_D$ +19,1° (c = 1; n HCl), u. *1-[D(+)-Seryl]-*, F. 105—106°, $[\alpha]_D$ −6,1° (c = 1; W.), aus N-Carbobenzoxy-D(+)-serin, *1-[N-Carbobenzoxy-L(−)-seryl]-*, F. 162—163°, $[\alpha]_D$ −19,2° (c = 1; 1n HCl), aus N-Carbobenzoxy-L(−)-serin, u. *1-[L(−)-Seryl]-2-isopropylhydrazin*, F. 105—106°, $[\alpha]_D$ +8,1° (c = 1; W.). — *1-[N-Carbobenzoxy-DL-seryl]-* u. *1-[DL-Seryl]-2-methylhydrazin*, F. 94 bis 97°, aus Methylhydrazin. — *1-[N-Acetyl-DL-methionyl]-2-[sek.-butyl]-hydrazin*, F. 109 bis 110°, aus sek.-Butylhydrazin. — *1-[N(α)-Carbobenzoxy-DL-tryptophanyl]-2-isopropyl-*, F. 183—184°, u. *-2-[sek.-butyl]-hydrazin*, F. 182—183°, *1-[N(α)-Acetyl-DL-tryptophyl]-2-isopropylhydrazin*, F. 190—191°, aus N(α)-Carbobenzoxy- bzw. -Acetyl-DL-tryptophan. — *1-[N-Acetyl-DL-seryl]-*, F. 170—171°, *-DL-allothreonyl]-*, F. 214—216°, u. *-DL-threonyl]-2-isopropylhydrazin*, F. 174—175°, aus N-Acetyl-DL-serin, -allothreonin bzw. -threonin in Ggw. von N.N'-Dicyclohexylcarbodiimid. — *1-[N-Carbobenzoxy-DL-allothreonyl]-*, F. 190—191°, *-DL-threonyl]-*, F. 134—136°, *1-[DL-allo-Threonyl]-*, F. 103 bis 104°, u. *1-[DL-Threonyl]-2-isopropylhydrazin*, F. 84—85°, aus N-Carbobenzoxy-DL-allothreonin bzw. -DL-threonin. — *1-[N-Carbobenzoxyglycyl]-*, F. 80—81°, *1-Glycyl-*, F. 94 bis 95°, *1-[N-Trifluoracetyl-DL-methionyl]-*, F. 111—112°, u. *1-[DL-Methionyl]-2-isopropylhydrazin*, F. 49—51°, aus N-Carbobenzoxyglycin bzw. N-Trifluoracetyl-DL-methionin. — *1-[N-Carbobenzoxy-L-prolyl]-*, F. 69—70°, $[\alpha]_D$ −66° (c = 1; 1n HCl), *-sarkosyl]-*, F. 93—95°, *-L-hydroxyprolyl]-*, F. 166°, $[\alpha]_D$ −62° (c = 1; 1n HCl), *-L(+)-alanyl]-*, F. 126—127°, $[\alpha]_D$ −25° (c = 1; 1n HCl), *-L-leucyl]-*, F. 106—108°, $[\alpha]_D$ −26° (c = 0,66; 1n HCl), *-L-isoleucyl]-*, F. 169—171°, $[\alpha]_D$ −9° (c = 1; 1n HCl), *-DL-β-phenylalanyl]-*, F. 158—159°, *1-[L-Prolyl]-*, F. 62—63°, $[\alpha]_D$ −43° (c = 1; W.), *1-Sarkosyl-*, F. 73—75°, *1-[L-Hydroxyprolyl]-, Hydrochlorid*, F. 163—164°, $[\alpha]_D$ −37° (c = 1; W.), *1-[L(+)-Alanyl]-, Hydrochlorid*, F. 204—205°, $[\alpha]_D$ +6° (c = 1; W.), *1-[L-Leucyl]-*, F. 42°, $[\alpha]_D$ +17° (c = 1; W.), *1-[L-Isoleucyl]-*, F. 60—61°, $[\alpha]_D$ +19,5° (c = 1; W.),

u. *1-[DL-β-Phenylalanyl]-2-isopropylhydrazin, Hydrochlorid,* F. 187—188°, aus N-Carbobenzoxy-L-prolin, -sarkosin, -L-hydroxyprolin, -L(+)-alanin, -L-leucin, -L-isoleucin bzw. -DL-β-phenylalanin. — *1-[N-Carbobenzoxy-L-β-phenylalanyl]-*, F. 172—174°, u. *1-[L-β-Phenylalanyl]-2-isopropylhydrazin,* F. 54—55°, *Hydrochlorid,* F. 168—170°; $[\alpha]_D$ +55,5° (c = 1; W.). — *1-[N-Carbobenzoxy-L(+)-α-glutaminyl]-2-isopropylhydrazin-γ-benzylester,* F. 123—125°, $[\alpha]_D^{40}$ —14,8° (c = 1; 1 nHCl), u. *1-[L(+)-α-Glutaminyl]-2-isopropylhydrazin,* F. 172—173°, $[\alpha]_D$ +31° (c = 1; W.), aus N-Carbobenzoxy-L(+)-glutaminsäure-γ-benzylester. — *1-[N-Carbobenzoxy-β-phenyl-DL-threo-seryl]-*, F. 157—158°, *1-[β-Phenyl-DL-threo-seryl]-*, *Hydrochlorid,* F. 188—189°, *1-[N-Carbobenzoxy-L(+)-glutaminyl]-*, F. 159—160°, $[\alpha]_D$ —16,9° (c = 1; 1 nHCl), *-L(+)-α-asparaginyl]-*, F. 189—191°, $[\alpha]_D$ —13,8° (c = 1; W.), *-DL-α-glutaminyl]-*, F. 166—168°, *1-[L(+)-α-Glutaminyl]-*, F. 105 bis 107°, $[\alpha]_D$ +20,3° (c = 1; W.), *1-[L(+)-α-Asparaginyl]-*, F. 143—145°, $[\alpha]_D$ +10,4° (c = 1; W.), u. *1-[DL-α-Glutaminyl]-2-isopropylhydrazin,* F. 95—97°, aus N-Carbobenzoxy-L(+)-glutamin, -L(+)-asparagin bzw. -DL-glutamin. — *1-[DL-*, F. 136—137°, u. *1-[L-Pyroglutaminyl]-2-isopropylhydrazin,* F. 119—120°, $[\alpha]_D$ —7,1° (c = 1; W.), aus DL- bzw. L-Pyroglutaminsäure. — Aus Dimethylamin u. α-Brompropionsäure *DL-α-Dimethylaminopropionsäure,* Zers. bei 182—183°, daraus der *Äthylester,* $Kp._{12}$ 56°, u. *1-[DL-α-Dimethylaminopropionyl]-2-isopropylhydrazin,* F. 168—170°. — Aus α-Brom-β-hydroxypropionsäure *1-[DL-α-Dimethylamino-β-hydroxypropionyl]-2-isopropylhydrazinhydrochlorid,* F. 141—142°. — *1-[DL-α-Methylaminopropionyl]-2-isopropylhydrazin,* F. 134—135°, aus DL-α-Methylaminopropionsäure, Sintern bei 275—282°, Sublimation ab 292°, über *DL-α-Methylaminopropionsäurehydrazid,* F. 111,5—112,5°. — *Therapeutica.* — Vgl. D. A. S. 1 087 135; C. **1961**. 5537. (**Oe. P. 205 474** vom 10/6. 1958, ausg. 25/9. 1959. Schwz. Prior. 4/7., 23/9. u. 25/10. 1957, 10/1. u. 12/2. 1958.)

S. BÖTTCHER. 4807

Imperial Chemical Industries Ltd. (Erfinder: John Alan Farrington), **9-Aminodekalinderivate** werden durch Alkylieren, Alkenylieren oder Aralkylieren von 9-Aminodekalin, bes. mittels Dimethylsulfat, Äthyljodid, Allylbromid, in einer oder zwei Stufen zur Gewinnung der Mono- oder Diderivv. hergestellt. — Beispiel: Aus einem Gemisch von 9-Aminodekalin, Äthyljodid, LiOH (als Säurebindungsmittel) wird erhalten *9-Äthylaminodekalin,* $Kp._{28}$ 130—132°, *-hydrochlorid,* F. 240° (Zers.). Weiter wurden hergestellt: *9-Methylaminodekalinhydrochlorid,* F. 303° (Zers.); *9-Dimethylaminodekalin,* $Kp._{16}$ 121—122°, *-hydrochlorid,* F. 172—173°; *N-Äthyl-N-methyl-9-aminodekalin,* $Kp._{33}$ 150—152°; *9-Allylaminodekalin,* $Kp._{15}$ 130°, *-hydrochlorid,* F. 221°; *9-Benzylaminodekalinhydrochlorid,* F. 217°. — *Pharmazeutica.* (**Aust. P. 220 828** vom 24/1. 1958, ausg. 16/4. 1959. E. Prior. 13/2. 1957.) K. DEMMLER. 4807

N. V. Nederlandsche Combinatie voor Chemische Industrie und Laboratoria Pharmaceutica Dr. C. Janssen N.V. (Erfinder: Paul Adriaan Jan Janssen und David Karel de Jongh), **Substituierte 3.3-Diphenylpyrroline** werden hergestellt durch Rk. eines Alkyl- oder Aryl-Mg-Halogenids mit α.α-Diphenyl-γ-halogenbutyronitril u. Zers. des Rk.-Prod. mit W. oder wss. NH_4-Halogenidlösungen. — Beispiel: Aus dem Rk.-Prod. einer Lsg. von Methyl-Mg-Jodid in Ae. mit einer Lsg. von α.α-Diphenyl-γ-brombutyronitril in Xylol wird durch Zers. mit einer gesätt. NH_4Cl-Lsg. *Δ¹-2-Methyl-3.3-diphenylpyrrolin,* F. 47°, Molgew. 237, in 55%ig. Ausbeute erhalten. Ferner wurden folgende 3.3-Diphenylpyrroline hergestellt: *Δ¹-2-Äthyl-*, F. 81—83°; *Δ¹-2-Phenyl-*, F. 128°; *Δ¹-2-[p-Chlorphenyl]-*. — *Pharmazeutica.* (**Aust. P. 221 015** vom 25/10. 1956, ausg. 30/4. 1959. Holl. Prior. 15/11. 1955.) K. DEMMLER. 4807

Takeda Pharmaceutical Industries Ltd., Osaka, Japan, **Herstellung von Verbindungen** der allg. Formel **I**, in der R_6 u. R_7 für H oder einen niederen Alkylrest stehen, durch Behandlung einer Verb. der allg. Formel **II**, in der R_6 u. R_7 die oben genannte Bedeutung haben u. R_2 H oder einen niederen Carbalkoxyrest, R_5 H, einen niederen aliphat. Acylrest oder niederen Carbalkoxyrest u. X ein Halogen bedeuten, mit einer

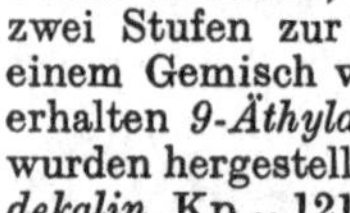
I

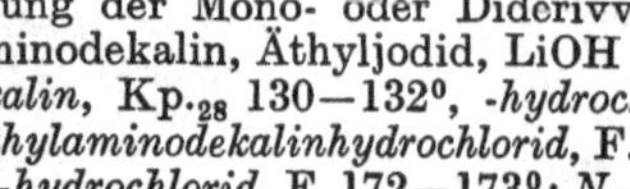
II

Halogenwasserstoffsäure. — Man erhitzt z. B. 14 g 1.2-Dicarbäthoxy-3-dicarbäthoxymethyl-4-[β-äthoxyisopropyl]-pyrrolidin u. 150 ml HBr 28 Std. zum Sieden u. dampft zur Trockne ein. 2,5 g des Rückstands werden dann in 30 ml Methanol suspendiert u. die Suspension mit trocknem Br gesättigt. Nach weiterem Eindampfen u. Entfernen des HBr erhält man durch Druck-Dest.: *2-Carbomethoxy-3-carbomethoxymethyl-4-isopropenylpyrrolidin,* $Kp._{0,3}$ 115—118°; weitere Beispiele für **I**: *DL-1-Caräthoxy-2-carbomethoxy-3-carbomethoxymethyl-4-isopropenylpyrrolidin,* $Kp._{0,15}$ 153°; *1-Carboäthoxy-*

2-carbomethoxy-3-carboxymethyl-4-hydroxy-4-isopropylpyrrolidin-γ-lacton, Kp.$_{0,4}$ 162 bis 165°. — *Arzneimittel*. (**Ind. P. 59 944** vom 19/3. 1957, ausg. 3/7. 1959.) H. NEBELSIEK. 4807

Upjohn Co., Kalamazoo, Mich., V.St.A., **Indole** der allg. Formel **I**, in denen R^4 für einen N-heterocycl. Aminorest oder die Gruppe $-Y-N(R^5, R^6)$ steht, in der Y Alkylen, Arylen oder arylsubstituiertes Alkylen u. R^5 u. R^6 H, Aryl, Aralkyl oder Alkyl (R^5 u. R^6 können mit N auch einen Heterocyclus bilden) bedeuten, lassen sich aus den entsprechenden Indol-Verbb., die die Gruppe $-CO-R^4$ aufweisen, durch Red. mittels Alkaliborhydriden, Al-Amalgam oder Hydrierungskatalysatoren gewinnen. — 6 g Chlormethyl-3-indolylketon in 200 Bzl. + Dimethylamin → 3 g Dimethylaminomethyl-3-indolylketon, F. 205—208° (aus Isopropanol). Dieses + Na-Borhydrid → *3-[2-Dimethylamino-1-hydroxyäthyl]-indol*, F. 118—121°. Analog aus: Diäthylaminomethyl-3-indolylketon, F. 139—141° → *3-[2-Diäthylamino-1-hydroxyäthyl]-indol*; α-Bromäthyl-3-[1-(α-brompropionyl)-indolyl]-keton, F. 168—170°, + Benzylmethylamin → *1-[Benzylmethylamino]-äthyl-3-indolylketon*, F. 179—180°, das durch Na-Borhydrid red. wird; β-Dimethylaminoäthyl-3-indolylketon, F. 116—118,5° → *3-[3-Dimethylamino-1-hydroxypropyl]-indol*, F. 149—151°; + Methylbromid → dessen Brommethylat. — *Pharmazeutica* von *hypotensiver* u. *diuret.* Wrkg., die durch Neutralisation mit Kieselfluorwasserstoffsäure lagerbeständig werden. — Vgl. auch D. A. S. 1 093 366; C. **1961.** 13650. (**E. P. 809 795** vom 16/3. 1956, ausg. 4/3. 1959. A. Prior. 11/4. 1955.) K. GÄBELEIN. 4807

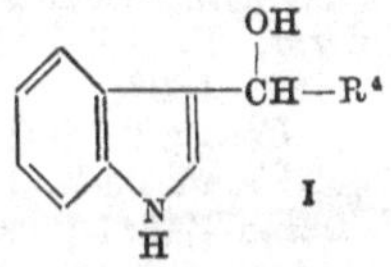

Soc. des Usines Chimiques Rhône-Poulenc, Paris, Frankreich, **Herstellung von therapeutisch wirksamen Indolderivaten** durch Rk. von NH_4OH, einem Hydrazin oder Mono- bzw. Dimethylamin mit einem 3-Äthylindol-2-carbonsäure-Deriv. → Verb. der allg. Formel **I**, in der A für eine einfache Bindung oder eine —NH-Gruppe steht u. R_1 u. R_2, die gleich oder verschieden sein können, H-Atome oder CH_3-Gruppen bedeuten. — Man erhitzt z. B. 51 g 3-Äthylindol-2-carbonsäureäthylester u. 120 ml Hydrazinhydrat u. trennt nach ca. 3 Std. *3-Äthylindol-2-carbonsäurehydrazid*, F. 183°, ab. Auf ähnliche Weise erhält man: *3-Äthylindol-2-carbonsäuredimethylamid*, F. 154°; *3-Äthylindol-2-carbonsäuremonomethylamid*, F. 186°; *3-Äthylindol-2-carbonsäureamid*, F. 134 bzw. 140°. (**Ind. P. 59 802** vom 5/3. 1957, ausg. 12/12. 1958.) H. NEBELSIEK. 4807

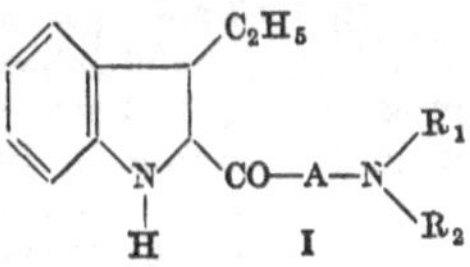

Ciba Ltd., Basel, Schweiz, **Herstellung von quaternärem 2-[2'-Dimethylaminoäthyl]-4.5.7-trichlorisoindolin (I).** Man erhitzt 1 (Vol.-Teil) **I**, 3 Dimethylformamid u. 1,5 CH_3J 4 Std. unter Rückfluß, kühlt u. filtriert das auskrist. **I**-*Dimethojodid* ab, das nach dem Umkristallisieren aus CH_3OH bei 213—214° unter Zers. schmilzt. Durch Kochen mit methanol. HCl läßt es sich in **I**-Dimethochlorid, F. 210—215° (Zers.), überführen. — *Pharmazeuticum* mit *ganglienblockierender Wrkg.* für orale Anwendung. (**Ind. P. 58 090** vom 7/8. 1956, ausg. 20/5. 1958.) C. LÜTTGEN. 4807

J. R. Geigy Akt.-Ges., Basel (Erfinder: Jakob Bindler, Riehen, Ernst Model, Basel, und Robert Zinkernagel, Riehen), Schweiz, **2-Imino-1.3-di-N-heterocyclen** der allg. Formel **I** (A = mit den beiden N-Atomen verbundener gesätt. KW-Stoffrest, R^1 = ggf. substituierter Benzylrest, R^2 = H, aliphat., araliphat. oder Cyclohexylrest, R^1 oder R^2 = lipophile aliphat. Gruppe mit mindestens 10 C-Atomen) werden hergestellt, indem man entweder bei erhöhter Temp. Halogencyan auf eine Diamino-Verb. der Formel $R^1-NH-A-NH-R^2$ einwirken läßt oder Halogencyan auf eine Diamino-Verb. der Formel $H_2N-A-NHR$ ($R = R^1$ oder R^2) u. in der entstandenen heterocycl. Verb. den zweiten N alkyliert oder aralkyliert, oder Halogencyan auf eine Verb. der Formel $H_2N-A-NH_2$ einwirken läßt u. hierauf an den N-Atomen die Substituenten einführt. — In 48 (Teile) N-Dodecyl-1.2-diaminoäthan in 120 Bzl. werden bei Zimmer-Temp. 14 ClCN eingeleitet, wobei man *1-Dodecyl-2-iminoimidazolidinhydrochlorid*, F. 119—120°, erhält. Zu einer Lsg. von 29 desselben in 100 W. wird unter Kühlung bei 20—30° eine Lsg. von 8,8 NaOH in 50 W. gefügt, dann 14 Benzylchlorid zugesetzt u. 24 Std. bei Raum-Temp. gerührt, anschließend nach Reinigung HBr eingeleitet. Man erhält *1-Dodecyl-2-iminobenzylimidazolidinhydrobromid*, F. 116—117°. Dieses kann auch erhalten werden, wenn man N-Dodecyl-N'-benzyläthylidendiamin mit Bromcyan umsetzt. — Analog werden folgende Imidazolidine hergestellt: *1-Tetradecyl-2-imino-3-benzylhydrobromid*, F. 120—121°; aus N-Tetradecyl-N'-benzyl-1.2-diaminoäthan; *1-Dodecyl-2-imino-3-[3'.4'-dichlorbenzyl]-, Hydrochlorid*, F. 136—137°, aus N-Dodecyl-N'-[3.4-dichlorbenzyl]-äthylendiamin;

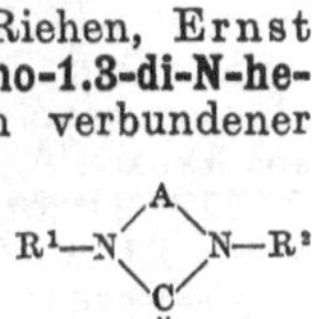

1-Dodecyl-2-imino-3-[4'-chlorbenzyl]-, Kp.$_{0.03}$ 172—182°, *Hydrochlorid*, F. 125—126°, aus N-Dodecyl-N'-[4'-chlorbenzyl]-äthylendiamin; *1-[4'-Dodecylbenzyl]-2-imino-*, *Hydrochlorid*, F. 212—214°, aus N-[Dodecylbenzyl]-äthylendiamin (Kp.$_{11}$ 238—248°); *1-[4'-Dodecylbenzyl]-2-imino-3-benzyl-*, *Hydrochlorid*, F. 156—158°, aus N-Dodecylbenzyl-N'-benzyläthylendiamin; *trans-1-Dodecyl-2-imino-3-benzyl-4.5-tetramethylen-*, *Hydrochlorid*, F. 157—158°; *1-Tetradecyl-2-imino-3-benzyl-4.5-tetramethylen-*, *Hydrochlorid*, F. 187—189°; *1-[4'-Dodecylbenzyl]-2-imino-3-cyclohexyl-*, *Hydrochlorid*, F. 195—196°; *1-[4'-Dodecylbenzyl]-2-imino-*, *Hydrochlorid*, F. 212—214° (aus 1.2-Äthylenguamidin); *1-[4'-Tetradecylbenzyl]-2-imino-4.5-dimethyl-*, *Hydrobromid*, F. 218—221°; *1-Dodecyl-2-imino-3-benzylhexahydropyrimidinhydrobromid*, F. 94—95°; *1-[4'-Dodecylbenzyl]-2-iminohexahydropyrimidinhydrobromid*, F. 150—152°. — *Schutzmittel gegen pathogene Bakterien, Pilze u. Algen.* (**D.A.S. 1 069 634** Kl. 12p vom 27/12. 1957, ausg. 26/11. 1959. Schwz. Prior. 28/12. 1956, 8/2. u. 25/11. 1957.) A. DANDL. 4807

Istituto de Angeli S.p.A. (Erfinder: Cesare Cardani, Gianni Gaffuri, Bergamo, und Giuseppina Tacchinardi), Mailand, Italien, **N¹-Acetyl-N¹-[3.4-dimethylisoxazolyl-(5)]-sulfanilamid** der Formel I entsteht, wenn ein Alkalisalz des 3.4-Dimethyl-5-sulfanilamidoisoxazols, gelöst oder suspendiert, mit Essigsäureanhydrid oder Acetylhalogenidin umgesetzt wird. — 55 g Na-Salz des 3.4-Dimethyl-5-sulfanilamidoisoxazols, suspendiert in 150 ml Äthylacetat, + 16,3 g Acetylchlorid (60—90 Min. geschüttelt) → *N¹-Acetyl-N¹-[3.4-dimethylisoxazolyl-(5)]-sulfanilamid*, F. 190—191° (weißes Pulver) bzw. 191—192°, wenn mit Essigsäureanhydrid dargestellt. — *Pharmazeuticum.* (**E. P. 813 321** vom 1/3. 1956, ausg. 13/5. 1959. It. Prior. 12/3. 1955.) K. GÄBELEIN. 4807

I 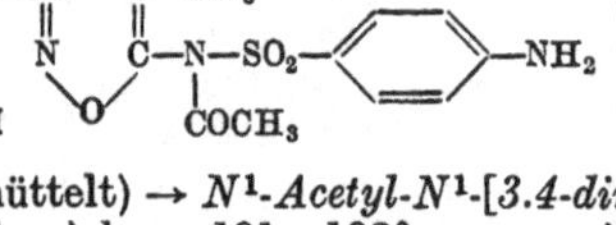

Ciba Pharmaceutical Products, Inc., Summit, N.J., V.St.A., übert. von: Jean Druey, Riehen, und Konrad Meier, Basel, Schweiz, **In 6-Stellung basisch substituierte 1-Azathioxanthone** werden erhalten durch Rk. von 1-Aza-2-niedermol. alkyl-6-chlor-9-methylthioxanthonen mit (tert.-Amino)-niedermol. Alkylaminen in An- oder Abwesenheit eines Lsgm. u. Kondens.-Mittels bei erhöhten Temperaturen. — 2-Chlor-3-cyan-6-methylpyridin + Na-Salz von 2-Methyl-5-chlorthiophenol unter Rückfluß erhitzt → 6-Methyl-3-cyan-2-[5'-chlor-2'-methylphenylmercapto]-pyridin, F. 110—111°, + H_2SO_4 (80%ig) auf 140—150° erhitzt → 1-Aza-2.9-dimethyl-6-chlorthioxanthon (I), F. 204—206°. 13,8 g I + 60 ml Diäthylaminoäthylamin (II) 5 Std. unter Rückfluß → *1-Aza-2-methyl-6-diäthylaminoäthylamino-9-methylthioxanthon*, aus A., F. 83—84°, *Hydrochlorid*, F. 229—229,5°. — Analog werden folgende *1-Azathioxanthone* (III) hergestellt: 6-Isobutyl-3-cyan-2-[5'-chlor-2'-methylphenylmercapto]-pyridin, Kp.$_{0.09}$ 158°, → 6-Isobutyl-3-carboxy-2-[5'-chlor-2'-methylphenylmercapto]-pyridin, F. 157 bis 158°, → 2-Isobutyl-6-chlor-9-methyl-**III**, Öl, + **II** → *2-Isobutyl-6-diäthylaminoäthylamino-9-methyl-***III**, F. 88°, *Hydrochlorid*, F. 195—196°. — *2.9-Dimethyl-6-dimethylaminopropylamino-***III**, aus Aceton, F. 95—96°, *Hydrochlorid*, F. 226—228°. — *2.9-Dimethyl-6-morpholinoäthylamino-***III**, aus Aceton, F. 135,5—136,5°, *Hydrochlorid*, aus W./Aceton, F. 280—282°. — 4.6-Dimethyl-3-cyan-2-[5'-chlor-2'-methylphenylmercapto]-pyridin, aus CH_3OH, F. 101—102°, → 4.6-Dimethyl-3-carboxy-2-(5'-chlor-2'-methylphenylmercapto)-pyridin, aus verd. A., F. 155—156°, → 2.4.9-Trimethyl-6-chlor-**III**, aus Dioxan/A., F. 162—163°, + **II** → *2.4.9-Trimethyl-6-diäthylaminoäthylamino-***III**, F. 118—118,5°, *Hydrochlorid*, F. 228—229°. — *2.4.9-Trimethyl-6-diäthylaminopropylamino-***III**, F. 62—63°, *Hydrochlorid*, F. 235—236°. — *2.4.9-Trimethyl-6-morpholinoäthylamino-***III**, F. 133—135°, *Hydrochlorid*, aus A./Ae., F. 258—260°. — *2.4.9-Trimethyl-6-dimethylaminoäthylamino-***III**, F. 136—137°. — *2.4.9-Trimethyl-6-[(N-β-hydroxyäthyl-N-butylamino)-äthylamino]-***III**, F. 109—110°, *Hydrochlorid*, aus A./Ae., F. 137°. — *2.4.9-Trimethyl-6-dibutylaminoäthylamino-***III**, F. 60—63°, *Hydrochlorid*, F. 211—213°. — *2.4.9-Trimethyl-6-[1'-(N-äthyl-N-β-hydroxyäthylamino)-propyl-(2')-amino]-***III**, aus Aceton, F. 103—105°, *Hydrochlorid*, F. 198—199°. — *Heilmittel.* — Vgl. D. A. S. 1 037 458; C. **1959.** 6572. (**A. P. 2 913 458** vom 17/10. 1957, ausg. 17/11. 1959. Schwz. Prior. 19/8. 1955.) H. BRÄUCKER. 4807

Ciba Ltd., Basel, Schweiz, **Herstellung von neuen Azaverbindungen (I).** Man erhält die **I** z. B. durch Rk. von 1-Aza-2.4-dialkyl-9-methylthioxanthonen, welche in 6-Stellung, z. B. eine mit einem Cl-Atom veresterte OH-Gruppe enthalten, mit einem tert.-Aminoalkylamin, z. B. Diäthylaminoäthylamin. — Beispiele für **I**: *1-Aza-2.4.9-trimethyl-6-chlorthioxanthon*, F. 162—163°; *1-Aza-2.4.9-trimethyl-6-diäthylaminopropylaminothioxanthon*, F. 62—63°, *Hydrochlorid*, F. 235—236°; *1-Aza-2.4.9-trimethyl-6-morpholinoäthylaminothioxanthon*, F. 133—135°, *Hydrochlorid*, F. 258—260°; *1-Aza-2.4.9-trimethyl-6-dimethylaminoäthylaminothioxanthon*, F. 136—137°; *1-Aza-2.4.9-tri-*

methyl-6-[(N-β-hydroxyäthyl-N-butylamino)-äthylamino]-thioxanthon, F. 109—110°, *Hydrochlorid*, F. 137°; *1-Aza-2.4.9-trimethyl-6-β-hydroxyäthylaminothioxanthon*, F. 193 bis 195°. — *Heilmittel.* (**Ind. P. 56 222** vom 3/1. 1956, ausg. 2/4. 1958.) H. NEBELSIEK. 4807

British Drug Houses Ltd. (Erfinder: Vladimir Petrow, Oliver Stephenson und Anthony Musgrave Wild), **Dialkylaminoäthoxyäthylester der Diäthylphenylessigsäure** werden hergestellt durch Umwandlung der Diäthylphenylessigsäure in das entsprechende saure Halogenid u. Kondens. des Halogenids mit einem Dialkyl, aminoäthoxyäthylalkohol. — Hergestellt wurden: *2-[β-Diäthylaminoäthoxy]-äthyldiäthylphenylacetat*, $Kp._{0,1}$ 140°; *2-[β-N-Pyrrolidinoäthoxy]-äthyldiäthylphenylacetat*-$Kp._{0,1}$ 168 bis 170°; *2-[β-N-Piperidinoäthoxy]-äthyldiäthylphenylacetat*; *2-[β-N-Äthylmethylaminoäthoxy]-äthyldiäthylphenylacetat*, $Kp._{0,5}$ 140°; *2-[β-N-Äthylpropylamino, äthoxy]-äthyldiäthylphenylacetat*, $Kp._{0,2}$ 150—160°; *2-[β-N-Di-n-butylaminoäthoxy]-äthyl. diäthylphenylacetat*, $Kp._{1,0}$ 164—174°; *2-[β-N-Di-n-hexylaminoäthoxy]-äthyldiäthylphenyl, acetat*, $Kp._{0,03}$ 190°. — *Hustenstillendes Mittel.* (**Aust. P. 219 654** vom 21/12. 1956-ausg. 5/2. 1959. E. Prior. 4/1. 1956.) K. DEMMLER. 4807

Kali-Chemie Akt.-Ges., Hannover, **Herstellung von therapeutisch wirksamen Aminonitrilen** durch Rk. von α-[β-Halogenäthyl]-α-[1-methylpropyl]-phenylacetonitril mit Dialkylaminen oder sek. heterocycl. N-Basen. — Man erhält so: *α-[1-Methylpropyl]-α-[β-piperidinoäthyl]-phenylacetonitrilhydrochlorid*, F. 200—203°; *α-[1-Methylpropyl]-α-[β-dimethylaminoäthyl]-phenylacetonitrilhydrochlorid*, F. 202—204°; *α-[1-Methylpropyl]-α-[β-diäthylaminoäthyl]-phenylacetonitril*, $Kp._{1}$ 145—155°, *Hydrochlorid*, F. 126 bis 129°; *α-[Isopropyl]-α-[2-N-diäthylamino-1-methyläthyl]-phenylacetonitril*, $Kp._{3}$ 148 bis 151°, *Hydrochlorid*, F. 139—143°; *α-Isopropyl-α-[1-methyl-2-piperidinoäthyl]-phenylacetonitril*, $Kp._{3}$ 160—167°, *Hydrochlorid*, F. 158—162°; *α-Isopropyl-α-[1-methyl-2-N-dimethylaminoäthyl]-phenylacetonitril*, $Kp._{3}$ 160—167°, *Tartrat*, F. 68—70°. (**Ind. P. 60 171** vom 11/4. 1958, ausg. 12/8. 1959.) H. NEBELSIEK. 4807

Lakeside Laboratories, Inc., übert. von: John H. Biel, Milwaukee, Wis., V.St.A., **N-Alkylpiperidincarbonsäureaminoalkinylester (I)** und **N-Alkylpiperidylalkinylamine (II)**. Die **I** werden durch Rk. eines Halogenalkinols der Formel $X-(CH_2)_m-C{\equiv}C-(CH_2)_n-OH$ mit einem sek. Amin der Formel HNR_1R_2

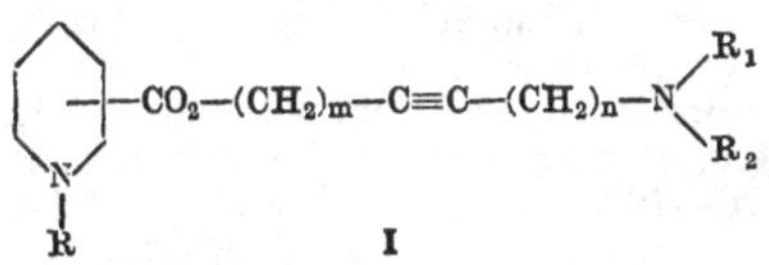
I

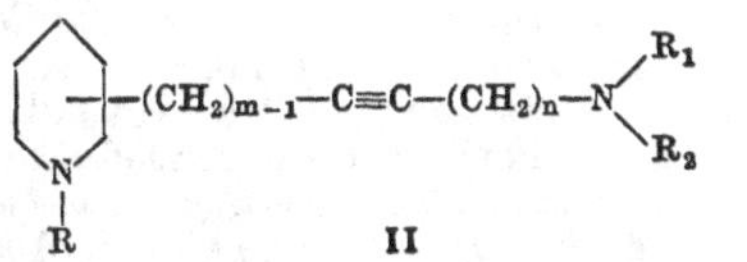
II

u. Rk. des so erhaltenen tert.-Aminoalkinols mit einem niederen Alkylester einer N-substituierten Piperidincarbonsäure (Umesterung) erhalten. Die **II** werden durch Rk. eines Metallsalzes eines Alkinylamins der Formel $A-C{\equiv}C-(CH_2)_n-N-R_1R_2$ (A = Metall) mit einem N-Alkylhalogenpiperidin oder N-Alkylpiperidylalkylhalogenid hergestellt (m = 1—6; n = 1—5; R_1 u. R_2 = niedere Alkylgruppen, Aralkyl, Alkenyl, Aryl, R_1 u. R_2 können Glieder eines N-Heterocyclus sein, wie Pyrrolidin, Morpholin-Piperidin; R = niedere Alkylgruppe). — Beispiele für **I**: Aus Morpholin u. 4-Chlorbutin-(2)-ol-(1) durch Kochen in Bzl. wird 4-Morpholinobutin-(2)-ol-(1) hergestellt, mit dem man in Ggw. von $NaOCH_3$ 1-Methylpiperidin-2-carbonsäuremethylester umestert u. *4-Morpholinobutinyl-(2)-[N-methyl]-pipecolinat*, $Kp._{0,25}$ 149—151°, erhält. Analog werden folgende Ester der Formel **III** hergestellt:

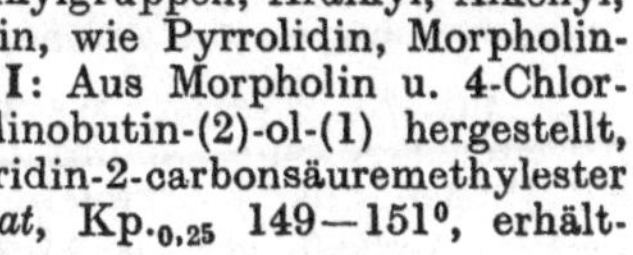
III

Ester mit Am = $N(CH_3)_2$, $Kp._{0,35}$ 107—109°, mit Am = $N(C_2H_5)_2$, $Kp._{0,5}$ 133—135°, mit Am = Pyrrolrest, $Kp._{0,55}$ 138—139°, mit Am = Morpholinrest, $Kp._{0,25}$ 149 bis 151°. Die Ester sind zur Bldg. quatern. Ammoniumsalze befähigt (mehrere Beispiele). — Beispiele für **II**: Das Rk.-Prod. von $NaNH_2$ u. Diäthylaminopropin wird am Rückfluß mit N-Methyl-3-chlorpiperidin gekocht. Man isoliert *β-[3-Diäthylaminopropinyl-(1)]-N-methylpiperidin*, $Kp._{0,05}$ 86—88°. Analog werden folgende N-Methylpiperidine hergestellt: *β-[4-Morpholinobutinyl-(2)]-*, $Kp._{0,07}$ 107—110°; *β-[3-Dimethylaminopropinyl-(1)]-*, $Kp._{1,5}$ 70—73°; *β-[3-Pyrrolidinopropinyl-(1)]-*, $Kp._{0,05}$ 107—109°; *β-[3-Morpholinopropinyl-(2)]-*, $Kp._{0,04}$ 105—107°; *β-[4-Diäthylaminobutinyl-(1)]-*, $Kp._{0,3}$ 88 bis 90°; *β-[4-Pyrrolidinobutinyl-(1)]-*, Kp. 95—98°; *β-[3-Dimethylaminopropinyl-(1)]-bis-hydrochlorid*, F. 193—194°; *β-[3-Trimethylaminopropinyl-(1)]-bis-methobromid*, F. 212 bis 213°. Weitere quatern. Ammoniumsalze sind angegeben. Die **I** finden *Verw. als Ganglienblocker* u. als *Antihypertensiva*, die **II** als *Diuretica* bei Herzschäden u. *hohem*

Blutdruck. (**A. PP. 2 867 619** vom 5/11. 1956 u. **2 867 620** vom 30/8. 1956, beide ausg. 6/1. 1959.) A. DANDL. 4807

Parke, Davis & Co., Detroit, Mich., V.St.A. (Erfinder: Leonard Doub und David Richard Herbst), **Herstellung von substituierten Harnstoffverbindungen,** bes. 1-Butoxyphenylpyridyl-(3)-phenyl-2-thioharnstoff der allg. Formel I durch Rk. einer Butoxyphenyl-Verb. der Formel II mit einer Pyridylphenyl-Verb. der Formel III in einem neutralen Lsgm. (R = n-Butyl- oder Isobutylgruppe, Y = prim. Amino- oder Isothiocyanatgruppe u. Z = Isothiocyanat- oder prim. Aminogruppe). — Man fügt z. B. 290 g p-n-Butoxyphenylisothiocyanat unter Rühren zu 238 g 2-p-Aminophenylpyridin in 750 ml Methanol → *1-[p-n-Butoxyphenyl]-3-[p-pyridyl-(2)-phenyl]-2-thioharnstoff*, F. 148°; weitere Beispiele: *1-[p-Isobutoxyphenyl]-3-[p-pyridyl-(2)]-2-thioharnstoff*, F. 149°; *1-[p-n-Butoxyphenyl]-3-[p-pyridyl-(3)-phenyl]-2-thioharnstoff*, F. 171—172°; *1-[p-n-Butoxyphenyl]-3-[p-pyridyl-(4)-phenyl]-2-thioharnstoff*,

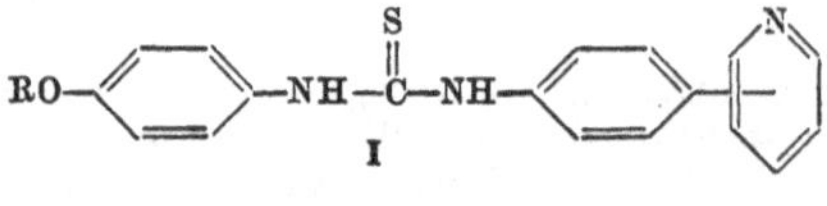
I

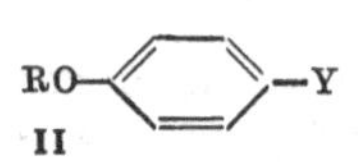
II

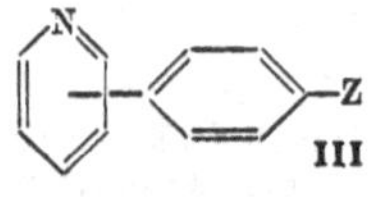
III

F. 157—158°. — *Mittel zur Behandlung von Tuberkulose*, bes. in Verbindung mit Streptomycin. (**Ind. P. 59 786** vom 4/3. 1957, ausg. 11/12. 1958. **Aust. P. 221 066** vom 5/3. 1957, ausg. 30/4. 1959. A. Prior. 5/3. 1956.) H. NEBELSIEK. 4807

Soc. des Usines Chimiques Rhône-Poulenc, Paris, Frankreich, **Herstellung von Estern von 2-[Piperidyl-(2')]-2-äthanolderivaten mit stimulierenden Eigenschaften.** Man verestert das Racemat von 2-Phenyl-2-[piperidyl-(2')]-äthanol, F. 88—90°, z. B. durch Einw. von Essigsäureanhydrid u. Acetylchlorid auf das Hydrochlorid (F. 165—166°) → *2-Phenyl-2-[piperidyl-(2')]-1-acetoxyäthan*, F. 142°. — *Pharmazeutica.* (**Holl. P. 96 720** vom 28/11. 1957, ausg. 16/1. 1961. F. Prior. 28/12. 1956.) F. BÖHM. 4807

McNeil Laboratories, Inc. (Erfinder: Ansel Parrish Swain), **Herstellung von mono-α-arylsubstituierten Pyridylmethanolen** durch Rk. eines Pyridinaldehyds mit einem Aryl-Mg-Halogenid in nichtwss. Medium u. Hydrolyse des erhaltenen mono-α-arylsubstituierten Pyridinmethoxy-Mg-Halogenids. — Eine äther. Lsg. von C_6H_5MgBr wird langsam mit 2-Pyridinaldehyd versetzt, am nächsten Tag auf zerkleinertes Eis gegossen, mit konz. HCl angesäuert, die abgetrennte Ätherschicht entfernt u. durch Zusatz von konz. NH_3 ein schnell sich verfestigendes Öl abgetrennt. Der äther. Extrakt ergibt krist. *α-Phenylpyridyl-(2)-methanol*, F. 75—76°. — *Antihistaminica.* (**Aust. P. 220 932** vom 17/7. 1957, ausg. 23/4. 1959.) K. DEMMLER. 4807

Wellcome Foundation Ltd., London, England, **Diquaternäre Verbindungen** der allg. Formel $(R_1)(R_2)CHO(CH_2)_n—\overset{+}{N}{}^1—Y—\overset{+}{N}{}^2\cdot 2\,A^-$ (R_1 u. R_2 = Cycloalkyl- oder Phenylgruppe, die ggf. substituiert sein kann durch Halogene, eine niedere Alkyl- oder eine niedere Alkoxygruppe; n = 2—10; $\overset{+}{N}{}^1$ = quatern. N-Atom mit 2 Alkylgruppen, die zusammen bis zu 5 C-Atome enthalten können, bes. aber 2—3 C-Atome enthalten; $\overset{+}{N}{}^2$ = quatern. N-Atom mit wenigstens 1 Alkylrest mit 1—4 C-Atomen u. entweder 2 weiteren Alkylresten mit insgesamt höchstens 9 C-Atomen, bes. insgesamt 3 bis 6 C-Atomen, oder 1 Pyrrolidin-, Piperidin- oder Morpholinring; Y = Alkylenkette mit 2—10 C-Atomen, bes. 2—6 C-Atomen; A = Anion). — Man erhält die Verbb. durch Rk. eines Diamins der allg. Formel $(R_1)(R_2)CHO(CH_2)_n—N^3—Y—N^4$, in der R_1, R_2, Y u. n die oben genannte Bedeutung haben, u. N^3 für ein sek. oder tert. N-Atom u. N^4 für ein prim., tert. oder quatern. N-Atom stehen, mit einem niederen Alkylhalogenid oder einem niederen Dialkylsulfat. — Beispiele: *N¹-[2-Benzhydryloxyäthyl]-N².N²-diäthyl-N¹.N¹.N²-trimethyläthylen-1.2-diammoniumdijodid*, F. 156—157° (Zers.); *N¹-[3-Benzhydryloxypropyl]-N².N²-diäthyl-N¹.N¹.N²-trimethyläthylen-1.2-diammoniumdijodid*, F. 210—212° (Zers.); *N¹-[3-Benzhydryloxypropyl]-N¹.N¹.N²-trimethyläthylen-1-ammonium-2-piperidiniumdijodid*, F. 202—204° (Zers.); *N¹-[4-Benzhydryloxybutyl]-N¹.N¹.N²-trimethylpiperaziniumdijodid*, F. 210—270° (Zers.); *N¹-[4-Benzhydryloxybutyl]-N².N²-di-n-butyl-N¹.N¹.N²-trimethyläthylen-1.2-diammoniumdijodid*, F. 126—128°; *N¹-[4-Benzhydryloxybutyl]-N¹.N¹.N²-trimethyläthylen-1-ammonium-2-piperidiniumdijodid*, F. 186—188° (Zers.); *N¹-[4-Benzhydryloxybutyl]-N¹.N¹.N²-trimethyläthylen-1-ammonium-2-morpholiniumdijodid*, F. 200—201° (Zers.); *N².N²-Diäthyl-N¹.N¹.N²-trimethyl-N¹-[4-di-(4-methylphenyl)-methoxybutyl]-äthylen-1.2-diammoniumdijodid*, F. 218—219° (Zers.); *N².N²-Diäthyl-N¹.N¹.N²-trimethyl-N¹-[4-di-*

(2-methylphenyl)-methoxybutyl]-äthylen-1.2-diammoniumdijodid, F. 181—182° (Zers.); *N^1-[4-Benzhydryloxybutyl]-N^1.N^1.N^2-trimethylhexamethylen-1-ammonium-6-morpholiniumdijodid*; *N^1-[3-Benzhydryloxypropyl]-N^1.N^1.N^2-trimethyläthylen-1-ammonium-2-morpholiniumdijodid*, F. 203—204° (Zers.), *-dichlorid*, F. 229° (Zers.); *N^1-[4-Benzhydryloxybutyl]-N^2.N^2-diäthyl-N^1.N^1.N^2-trimethyläthylen-1.2-diammoniumdijodid*, F. 190 bis 191° (Zers.); *N^1-[6-(4-Methylphenyl)-6-phenyl-5-oxahexyl]-N^1.N^1.N^2-trimethyläthylen-1-ammonium-2-morpholiniumdijodid*, F. 193° (Zers.); *N^1-[4-Di-(4-chlorphenyl)-methoxybutyl]-N^1.N^1.N^2-trimethyläthylen-1-ammonium-2-piperidiniumdijodid*, F. 173—175° (Zers.); *N^2.N^2-Diäthyl-N^1-[4-dicyclohexylmethoxybutyl]-N^1.N^1.N^2-trimethyläthylen-1.2-diammoniumdijodid*, F. 188—189° (Zers.); *N^1-[3-Benzhydryloxypropyl]-N^1.N^1.N^2-trimethyltrimethylen-1-ammonium-3-morpholiniumdijodid*, F. 191—192° (Zers.); *N^1-[4-Benzhydryloxybutyl]-N^1.N^1.N^2-trimethyltrimethylen-1-ammonium-3-morpholiniumdijodid*, F. 177—178° (Zers.), *-dichlorid*, F. 203—205°; *N^2.N^2.N^2-Trimethyl-N^1-[6.6-diphenyl-5-oxahexyl]-trimethylen-1-piperidinium-3-ammoniumdibromid*, F. 166—167°; *N^1-[4-Benzhydryloxybutyl]-N^1.N^2.N^2.N^2-tetraäthyl-N^1-methyläthylen-1.2-diammoniumdijodid*, F. 154 bis 155°. — *Pharmazeutica*. (**Ind. P. 57 747** vom 29/6. 1956, ausg. 3/1. 1958. E. Prior. 30/6. 1955.) H. NEBELSIEK. 4807

Boots Pure Drug Co. Ltd., Nottingham, England, **Herstellung von Dichloracetanilidestern** der allg. Formel **I**, in der R für einen niederen Alkylrest mit 1—8 C-Atomen steht, durch Rk. eines Phenols der allg. Formel **II**, in der R die oben genannte Bedeutung hat, mit Phosphoroxychlorid in Ggw. von Pyridin. Das entstandene Chlorophosphat wird hydrolysiert. — Beispiele für **I**: *Na-4-[Dichloracet-N-methylamido]-phenylphosphat*, F. 167—169°; *Diammonium-4-[dichloracet-N-methylamido]-phenylphosphat*, F. 157—166°; *Ca-4-[Dichloracet-N-methylamido]-phenylphosphat*, F. nicht <310°; *Bis-benzylammonium-4-[dichloracet-N-methylamido]-phenylphosphat*, F. 200—201°; *7-Chlor-4-[4'-(diäthylamino)-1'-methylbutylamino]-chinolin-4-[dichloracet-N-methylamido]-phenylphosphat*; *Piperazin-4-[dichloracet-N-methylamido]-phenylphosphat*, F. 205—206°; *Anilin-4-[dichloracet-N-methylamido]-phenylphosphat*, F. 122—126°; *Dinatrium-4-[dichloracet-N-methylamido]-phenylphosphat*. — *Amöbicide Mittel*. (**Ind. P. 58 763** vom 29/10. 1956, ausg. 12/5. 1958. E. Prior. 9/3. 1956.) H. NEBELSIEK. 4807

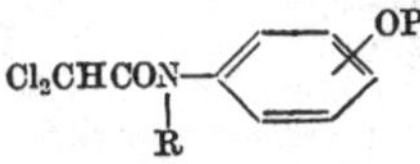

I

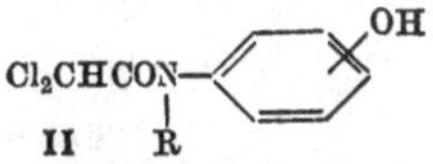

II

American Cyanamid Co., New York, N.Y., übert. von: John S. Webb, Woodcliff Lake, N.J., und George H. Schneller, Devon, Pa., V.St.A., **Acylierte Benzolsulfonamidopyrimidine** der allg. Formel **I** [X = Carbobenzoxyamino-, Amino- oder Nitrogruppe; R = ggf. durch Alkylreste substituierter Pyrimidyl-(2)-rest; R' = Alkanoylrest] werden erhalten durch Acylierung entsprechender Benzolsulfonamidopyrimidine, wobei eine in p-Stellung zur Sulfonamidgruppe befindliche Aminogruppe geschützt u. die schützende Gruppe nach erfolgter Acylierung ggf. wieder abgespalten wird, oder durch Red. von in N^1-Stellung acylierten p-Nitrobenzolsulfonamidopyrimidinen. — 16,3 (Teile) 2-[p-Carbobenzoxyaminobenzolsulfonamido]-4.6-dimethylpyrimidin (F. 189—190°; aus Carbobenzoxychlorid u. 2-[p-Aminobenzolsulfonamido]-4.6-dimethylpyrimidin) u. 30 $(CH_3CO)_2O$ werden unter Rückfluß erhitzt (ca. 1 Std.) u. die nach längerem Stehen abgeschiedenen Kristalle abgetrennt u. mit Ae. gewaschen → *N^1-Acetyl-[2-(p-carbobenzoxyaminobenzolsulfonamido)-4.6-dimethylpyrimidin]* (**II**), aus Acetonitril, F. 180—182°. — **II** + Pd-Kohle + H_2 in CH_3COOH → *N^1-Acetyl-[2-(p-aminobenzolsulfonamido)-4.6-dimethylpyrimidin]* (**III**), aus Aceton, F. 196,5—198,5°. — 2-(p-Nitrobenzolsulfonamido)-4.6-dimethylpyrimidin + CH_3COCl in Ggw. von Pyridin u. Methyläthylketon bei 45—50° → *N^1-Acetyl-[2-(p-nitrobenzolsulfonamido)-4.6-dimethylpyrimidin]* (**IV**), F. 215,5—217,5°. — **IV** + Pd-Kohle + H_2 in CH_3COOH → **III**, aus Ae., F. 191,5—192,5°. — *Bakteriostatica* mit Wrkg. gegen grampositive u. gramnegative Bakterien. (**A. P. 2 891 949** vom 10/5. 1956, ausg. 23/6. 1959. **E. P. 818 313** vom 8/4. 1957, ausg. 12/8. 1959. A. Prior. 10/5. 1956.) H. BRÄUCKER. 4807

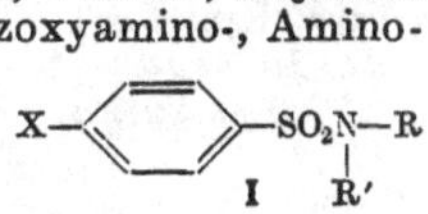

Imperial Chemical Industries Ltd., London, England, **Herstellung neuer Hexahydropyrimidindion-(4.6)-Derivate** der Formel **I** (X u. Y = H, Halogen oder CH_3; Z = Halogen; R = Alkyl mit <3 C-Atomen). Man nitriert Verbb. der Formel **I** mit Z = H, red. die Mononitro-Verb., diazotiert die Amino-Verb. u. führt Halogen nach SANDMEYER ein. — *Antispasmodica*. — Man erhält aus 5-Phenyl-5-äthylhexahydropyrimidindion-(4.6) *5-[m-Nitrophenyl]-5-äthylhexahydropyrimidindion-(4.6)*, F. 248—249°, daraus die *5-[m-*

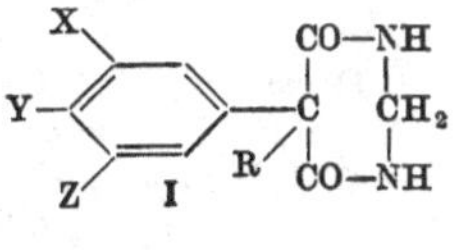

Aminophenyl]-Verb., F. 299—300° (Zers.) u. die *5-[m-Chlorphenyl]-Verb.*, F. 281°. (**Jap. A. S. 9721/1959** vom 6/7. 1955, ausg. 2/11. 1959.) M. Pankow. 4807

Ciba Ltd., Basel, Schweiz, **Herstellung von Phenylchinuclidinen** durch Rk. von Chinuclidon-(3) mit einer Arylmetall-Verb., z. B. Aryl-Mg-halogenid. — Man stellt sich eine Grignard-Verb. her u. fügt dieser tropfenweise 31 g Chinuclidon in 100 ml Ae. zu → *3-Hydroxy-3-phenylchinuclidin*, F. 164—167°; in ähnlicher Weise erhält man: *Δ²-3-Phenylchinuclidin*, farbloses Öl, *Pikrat*, F. 157—158°, *Perchlorat*, F. 163—164°; *3-Phenylchinuclidin*, F. 152°, *Pikrat*, F. 143—145°; *3-Hydroxy-3-[p-dimethylaminophenyl]-chinuclidin*, F. 122—123°, *Pikrat*, F. 149—150° (Zers.) u. 201—204°; *Δ²-3-[p-Dimethylaminophenyl]-chinuclidin*, F. 76—78°, *Pikrat*, F. 205—206°, *Methojodid*, F. 237°, *Hydroperchlorat*, F. 234—236°; *3-[p-Dimethylaminophenyl]-chinuclidin*, F. 65—67°. — *Stimulans* bei Vergiftungen, z. B. durch Barbitursäurederivate. (**Ind. P. 58 541** vom 4/10. 1956, ausg. 4/8. 1958.) H. Nebelsiek. 4807

Ravensberg G. m. b. H., Chemische Fabrik, Konstanz (Erfinder: Harm Siemer, Fritz Kurzen und Adolf Doppstadt), **Tetrahydro-1.4-oxazine** der allg. Formel I, in der R für H, Alkyl (C_{1-5}) oder Aralkyl, R^1 für Aryl u. R^2 für Alkyl stehen, lassen sich aus R^1-Alkin-(2)-olen-(1) in methanol. Lsg. durch BF_3 u. HgO als Katalysatoren in Zwischenprodd. überführen, aus denen sich durch Säure die Gruppe R^1-2-Ketoalkanol-(1) abspalten läßt u. die durch reduktive Aminierung zu Monoalkyl- bzw. Monoaralkylaminen umgewandelt werden können. Mit Äthylenchlorhydrin bzw. Äthylenoxyd können diese in R^1-2-Äthanolaminoalkanole-(1) oder R^1-2-[Alkyl- oder -Aralkylhydroxyäthylamino]-alkanole-(1) umgewandelt werden, die unter Wasseraustritt u. Ringschluß Tetrahydro-1.4-oxazine bilden.

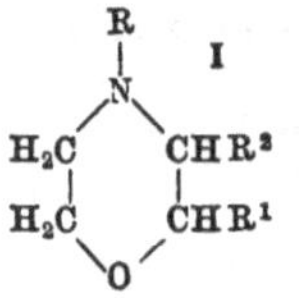

Bes. soll das R^1-2-Ketoalkanol-(1) in Ggw. von Aminoäthanol red. werden u. die Abspaltung von W. in Ggw. eines Dehydrierungsmittels erfolgen. Die Red. kann durch Metalle der 8. Gruppe vorgenommen werden. — 500 g 1-Phenylpropin-(2)-ol-(1) in 500 ml Methanol + 100 ml Lsg. von BF_3 in Methanol (50 Gew.-%) + 5 g HgO in 1250 Methanol (2std. Rühren) → 2.5-Dimethyl-2.5-dimethoxy-3.6-diphenyl-1.4-dioxan. Dieses gibt, beim Kp. von Methanol mit wss. methanol. HCl neutralisiert, → 504 g 1-Phenyl-2-ketopropanol-(1). Man löst in 1000 ml Methanol u. behandelt mit 100 g Methylamin + Raney-Ni (bei 80° u. 100 atü H_2) → 1-Phenyl-2-methylaminopropanol-(1), das mit 165 g Äthylenoxyd 1 Std. gekocht wird. Das so erhaltene 1-Phenyl-2-[methylhydroxyäthylamino]-propanol-(1) (453 g) wird in 453 ml konz. H_2SO_4 eingetragen u. 7 Std. auf 100° erhitzt → *2-Phenyl-3.4-dimethyltetrahydro-1.4-oxazin*, $Kp._2$ 118° (90% Ausbeute beim Ringschluß). — Analog: *2-Phenyl-3-methyltetrahydro-1.4-oxazin*, $Kp._2$ 108°; *2-Phenyl-3-methyl-4-äthyltetrahydro-1.4-oxazin*, $Kp._4$ 132°. — *Pharmazeutica*. (**E. P. 816 576** vom 30/9. 1955, ausg. 15/7. 1959.) K. Gäbelein. 4807

Knoll Akt.-Ges., Chemische Fabriken (Erfinder: Oskar Bub), **Heterocyclische Verbindungen als Zwischenprodukte und für pharmazeutische Zwecke.** *1-[3'-Diäthylaminopropyl]-2.4-dimethyl-3-acetylpyrrol*, $Kp._1$ 160—162°, gelbes Öl, erhält man mit 76% Ausbeute aus in 100 (g) Dimethylformamid (I) gelösten 6,9 2.4-Dimethyl-3-acetylpyrrol nach Zusatz von 2,5 gepulvertem Na-Amid durch Rk. bei 70° mit 9 3-Diäthylamino-1-chlorpropan in 15 l I. — Analog: *2-Acetyl-9-[2'-diäthylaminoäthyl]-carbazol*, $Kp._1$ 235—240°, 96% Ausbeute; ferner *3-Acetyl-[3'-dimethylaminopropyl]-phenothiazin* als dickes rotes Öl, dessen *saures Oxalat*, F. 186—187°. Ferner *3-Acetyl-1-[3'-dimethylaminopropyl]-phenothiazin* mit $Kp._{0,5}$ 245—250° u. *3-Acetyl-10-[3'-dimethylaminopropyl]-phenothiazin*. (**Aust. P. 221 606** vom 16/7. 1957, ausg. 11/6. 1959. D. Prior. 27/7. 1956.) H. Möllering. 4807

Olin Mathieson Chemical Corp. (Erfinder: Klaus George Florey, Jack Bernstein, Albert Robert Restivo und Harry Louis Yale), **Herstellung von Phenothiazinverbindungen** durch Rk. einer Verb. der allg. Formel I (R = N oder Aminrest; R' = H, niedriger Alkyl- oder Alkoxyrest, Halogen, N oder Aminrest) mit einer Halogenalkylen-Y-Verb., in der Y ein bas., N enthaltender Rest mit weniger als 12 C-Atomen ist. — Beispiele: *10-[3'-Dimethylaminopropyl]-7-nitro-2-[trifluormethyl]-phenothiazinhydrochlorid*, F. 240—245° (Zers.); *7-Amino-10-[3'-dimethylaminopropyl]-2-[trifluormethyl]-phenothiazindihydrochlorid*;

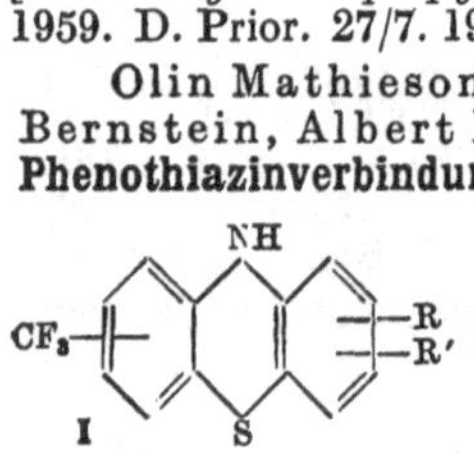

7.9-Diamino-10-[3'-dimethylaminopropyl]-2-[trifluormethyl]-phenothiazintrihydrochlorid; *7-Nitro-10-[3'-(1-piperidino)-propyl]-2-[trifluormethyl]-phenothiazinoxalat*; *7-Nitro-10-[3'-pyrrolidyl-(1)-propyl]-2-[trifluormethyl]-phenothiazinhydrochlorid*. — *Therapeutica*. (**Aust. P. 221 044** vom 5/3. 1958, ausg. 30/4. 1959. A. Prior. 7/3. 1957.) K. Demmler. 4807

Smith, Kline & French Laboratories (Erfinder: Paul Norman Craig), **Phenoselenazine (I).** Diphenylamin, das substituiert sein kann, wird mit Se oder Se_2Cl_2 in äquivalenter Menge oder im Überschuß in Ggw. eines inerten Gases, wie N_2, längere Zeit, z. B. 2—4 Wochen, oder im inerten Lsgm. unter Rückfluß erhitzt. Das gebildete I wird abdest. u. z. B. aus einem Bzl.-Hexan-Gemisch umkristallisiert. Die erhaltenen I sind *Antihistaminica, Antispasmodica* u. haben ggf. *fungicide, mikrocide* u. *bactericide* Eigenschaften. So erhalten werden: festes *2-Chlorphenoselenazin*, F. 195—196°, das mit *3-Chlor-1-dimethylaminopropan* in N_2-Ggw. umgesetzt wird zu *2-Chlor-10-[3'-dimethylaminopropyl]-phenoselenazin*, $Kp._3$ 204—207°. Das hieraus durch Rk. mit Maleinsäure erhaltene *Maleinat* hat F. 129—130°. — Analog: *10-[3'-Dimethylaminopropyl]-phenoselenazin*, $Kp._1$ 190—200°; *Maleinat*, F. 141—142°; *Hydrochlorid*, F. 155—157°; *10-[3'-Piperazinylpropyl]-phenoselenazin*, $Kp._{0,4}$ 225—231°; *10-[3'-(N-Acetoxyäthyl-piperazinyl)-propyl]-phenoselenazindimaleat*; als gelbes Öl *10-[2'-Diäthylaminoäthyl]-2-trifluorphenoselenazin*, $Kp._{0,3}$ 165—170°; *10-[3'-Dimethylaminopropyl]-2-trifluormethyl-phenoselenazin*, $Kp._{0,1}$ 170—175°; *3-Methoxy-10-[3'-(N-2''.5''-trimethylpiperazinyl)-propyl]-phenoselenazin*, $Kp._{0,1}$ 230—234°; *2-Chlor-10-[2'-N-piperazinyläthyl]-phenoselenazin*; *10-[2'.2-Dimethyl-3'-(N-piperidyl)-propyl]-2-trifluormethylphenoselenazin*, $Kp._{0,3}$ 200 bis 205°. (**Aust. P. 221 782** vom 3/1. 1958, ausg. 18/6. 1959. A. Prior. 13/2. 1957.)
H. MÖLLERING. 4807

Soc. des Laboratoires Labaz, Brüssel, Belgien, **Herstellung injizierbarer wässeriger Lösungen von Adrenochrommonosemicarbazon.** Man verwendet als Lösungsvermittler ein in 7-Stellung durch eine hydroxylierte C_2—C_6-Alkylgruppe substituiertes Theophyllin, z. B. 7-[β.γ-Dihydroxypropyl]-theophyllin. (**Ind. P. 61 108** vom 15/7. 1957, ausg. 21/8. 1958.) C. LÜTTGEN. 4809

Tanabe Seiyaku Co. Ltd., Osaka, Japan, **Herstellung von löslichen Epinochromderivaten,** bes. des 5-Monosemicarbazons, dad. gek., daß man das durch Oxydation von Alkalimetallsalz der α-Methylamino-β-[3.4-dihydroxyphenyl]-äthansulfonsäure mittels z. B. Ag_2O oder K-Ferricyanid erhaltene Alkalisalz der Epinochrom-2-sulfonsäure in wss. Lsg., bes. unter Zusatz von Na-Acetat, mit Semicarbazidhydrochlorid kondensiert. — *5-Monosemicarbazon des Na-Epinochrom-2-sulfonats*, F. 227—228° (Zers.); *5-Monosemicarbazon des K-Epinochrom-2-sulfonats*, F. ca. 300° (Zers.). Die Verbb. sind leicht wasserlöslich. — *Hämostatica* mit der Aktivität des Adrenochrom-5-monosemicarbazons. (**E. P. 801 425** vom 15/2. 1957, ausg. 10/9. 1958. Jap. Prior. 18/2. 1956.)
W. HEYER. 4809

Leo Industrie Chimiche Farmaceutiche, Rom, Italien, **Herstellung von Mono- und Dipenicillinderivaten von Sulfonamidverbindungen** der allg. Formeln **I u. II,** in denen die R-Reste, die gleich oder verschieden sein können, für H oder Alkyl-, Pyridyl-, Thiazyl- oder Pyrimidylgruppen stehen, durch Rk. einer Lsg. oder Dispersion eines Penicillinsalzes mit einer Lsg. oder Dispersion eines Sulfonamids (I bzw. II). — Man vermischt z. B. eine wss. Lsg. mit 15 g p-Sulfonamidobenzylaminhydrochlorid mit einer wss. Lsg. von 22 g des Na-Salzes von Penicillin G u. erhält nach dem Abtrennen, Auswaschen u. Trocknen das *Monopenicillin-Deriv.* von *p-Sulfonamidobenzylamin*, F. 122—127°; auf ähnliche Weise erhält man das

II
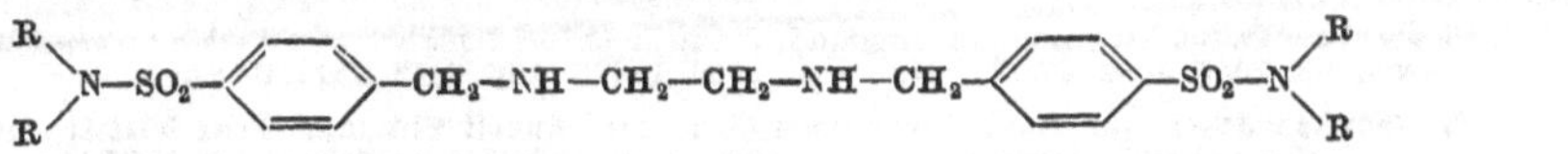

Dipenicillin-Deriv. von *α.β-Bis-[p-sulfonamidobenzylamino]-äthan*, F. 210—212°. (**Ind. P. 58 537** vom 1/0. 1956, ausg. 11/10. 1958.) H. NEBELSIEK. 4811

Farbwerke Hoechst Akt.-Ges., vormals Meister Lucius & Brüning, Frankfurt/M., **Herstellung von wasserlöslichen Tetracyclinderivaten** durch Aminomethylierung von Tetracyclin, Oxytetracyclin oder Chlortetracyclin u. ggf. anschließende Überführung der gebildeten Amino-Verb. in die entsprechenden Salze. — Man löst z. B. 44,3 g Tetracyclin in 1000 ml Tetrahydrofuran u. fügt zu der Lsg. 14,5 g Piperidinacetat in 13,8 ml Formalin-Lsg. (36,7%) → *[Piperidinomethyl]-tetracyclinacetat*, F. 143—145°; auf ähnliche Weise erhält man: *Morpholinomethyltetracyclinhydrochlorid*, F. 165° (Zers.); *[Pyrrolidinomethyl]-oxytetracyclinformiat*, Zers. bei >155°; *[N-Methylpiperazinomethyl]-chlortetracyclindiacetat*, Zers. bei >160°, bei >120° ändert es die Farbe; *[Piperidinomethyl]-anhydrotetracyclinacetat*, Zers. bei >120°; *[Äthanolaminomethyl]-tetracyclinacetat*, Zers. bei >140°; *[Diäthanolaminomethyl]-tetracyclin-*

ascorbinat, Zers. bei >98°; *N-[Diäthylaminoäthyl]-aminomethyltetracyclindiacetat*, Zers. bei >120°; *[Piperidinomethyl]-tetracyclin-Penicillin G-Salz*, Zers. bei >139°; *[Pyrrolidinomethyl]-tetracyclinpantothenat*, Zers. bei >156°; *[Diäthylaminomethyl]-tetracyclin*, Zers. bei >158°; *Piperidinomethyl-Deriv.* des *C_4-Isomeren des Tetracyclins*, Zers. bei >145°; *[Aminomethyl]-tetracyclin*, Zers. bei >180°; *[Piperidinomethyl]-oxytetracyclinacetat*, Zers. bei >135°; *[Pyrrolidinomethyl]-tetracyclin*, F. 162—165° (Zers.). (**Ind. P. 60 088** vom 2/4. 1957, ausg. 24/4. 1959.) H. NEBELSIEK. 4811

Chas. Pfizer & Co., Inc., Brooklyn, N.Y., V.St.A., **Herstellung von Oxytetracyclinsalzen,** bes. **-halogeniden.** Man löst amphoteres Oxytetracyclin in einem niederen aliphat. Alkohol mit 1—4 C-Atomen, z. B. Methanol, in Ggw. von 0,01—0,05 (g/ml) einer Halogenwasserstoffsäure u. 0,02—0,3 eines lösl. Alkali-, Erdalkali- oder Zn-Halogenids u. behandelt diese Lsg. mit 0,02—0,06 einer Halogenwasserstoffsäure zwecks Ausfällung des entsprechenden krist. *Oxytetracyclinhydrohalogenids*. (**Ind. P. 57 978** vom 25/7. 1956, ausg. 30/8. 1958.) H. NEBELSIEK. 4811

Parke, Davis & Co., Detroit, Mich., V.St.A., **Herstellung von Impflösungen von Poliomyelitisvirus (I),** bei der man eine wss. Fl. mit lebendem **I** einer abtötenden Behandlung durch UV-Bestrahlung unterwirft, dad. gek., daß diese Bestrahlung in Ggw. von CH_2O in einer Konz. von 1:2000 bis 1:12000 durchgeführt wird. — Vgl. D. A. S. 1 041 649, C. **1960.** 926. (**Ind. P. 56 914** vom 27/3. 1956, ausg. 3/9. 1958. Can. Prior. 24/2. 1956.) C. LÜTTGEN. 4813

American Cyanamid Co., New York, N.Y., V.St.A., **Arzneimittel** zur Behandlung von Zellgewebsentzündungen, Knochenhaut- u. Muskelentzündungen, Abscessen, sept. Arthritis oder Mastitis, dad. gek., daß man menschliches Plasminogen mit Streptokinase–Streptodornase vermischt, in physiol. NaCl-Lsg. löst u. das pH der Lsg. auf einen Wert von 6,8—7,8 abpuffert. Der Lsg. kann man noch Chlortetracyclin oder Tetracyclin zusetzen. (**E. P. 799 069** vom 22/3. 1957, ausg. 30/7. 1958. A. Prior. 24/4. 1956.) W. HEYER. 4815

Chas. Pfizer & Co., Inc., Brooklyn, N.Y., V.St.A., *Herstellung von Arzneitabletten.* (**Ind. P. 59 376** vom 15/1. 1957, ausg. 26/11. 1958. — C. **1960.** 15832 [A. PP. 2 887 437 u. 2 887 439].)

American Cyanamid Co., New York, N.Y., V.St.A., *Freifließende und leicht dosierbare 4-Hexylresorcin-Silicagelgemische.* (**E. P. 809 184** vom 11/4. 1957, ausg. 18/2. 1959. A. Prior. 14/5. 1956. — C. **1959.** 7226 [A. P. 2 830 010].)

Schering Akt.-Ges., Berlin, *Geschmacklose Zubereitungen basischer Antihistamine.* (**Ind. P. 58 462** vom 19/9. 1956, ausg. 13/8. 1958. — C. **1957.** 7727 [D. A. S. 1 001 455].)

Knud Abildgaard, Kopenhagen, Dänemark, *Herstellung von 2-Hydroxy-4-aminobenzoesäurephenylester.* (**Ind. P. 58 358** vom 7/9. 1956, ausg. 20/5. 1958. E. Prior. 8/9. 1955. — C. **1959.** 3234 [D. A. S. 1 034 189].)

N. V. Koninklijke Pharmaceutische Fabrieken v/h Brocades-Stheeman & Pharmacia, Amsterdam, Holland, *Reinigen von Gemischen aus Estern der Mandelsäure und des 3.3.5-Trimethylcyclohexanols.* (**Ind. P. 58 361** vom 8/9. 1956, ausg. 27/8. 1958. — C. **1959.** 8982 [Holl. P. 88 249].)

Soc. des Laboratoires Labaz (Erfinder: **Maurice Prost**), *Herstellung von Carbamaten.* (**Aust. P. 221 711** vom 21/11. 1956, ausg. 18/6. 1959. D. Prior. 24/11. 1955. — C. **1960.** 2276 [D. A. S. 1 044 796].)

Farbwerke Hoechst Akt.-Ges., vormals Meister Lucius & Brüning, Frankfurt/M., *Herstellung von Sulfonylharnstoffen.* (**Ind. P. 60 073** vom 1/4. 1957, ausg. 17/3. 1959. — C. **1959.** 5572 [D. A. S. 1 028 114].)

Wellcome Foundation Ltd., London, England, *Herstellung von diquaternären Verbindungen.* (**Ind. P. 58 072** vom 6/8. 1956, ausg. 27/12. 1958. — C. **1960.** 10323 [Jap. A. S. 3872/1958].)

Farbenfabriken Bayer Akt.-Ges., Leverkusen (Erfinder: **Rudolf Hiltmann, Fritz Mietzsch** und **Wolfgang Wirth,** Wuppertal), *Herstellung von N-Alkylaminoacylaniliden.* (**Schwz. PP. 350 661** u. **350 663** vom 28/6. 1956, ausg. 31/1. 1961. D. Prior. 26/9. 1955. — C. **1959.** 12188 [D. A. S. 1 018 070].)

T. J. Smith & Nephew Ltd., Kingston-upon-Hull, England, *Phenylalkylthioäthylamine.* (**Ind. P. 58 206** vom 21/8. 1956, ausg. 16/9. 1958. E. Prior. 23/8. 1955. — C. **1960.** 4604 [Aust. P. 212 780].)

N. V. Philips' Gloeilampenfabrieken, Eindhoven, Holland, *Herstellung sekundärer Amine.* (**Ind. PP. 59 956** vom 29/9. 1955, ausg. 26/5. 1958 u. **59 957** vom 29/9. 1955, ausg. 28/4. 1958. — C. **1959.** 15773 [F. P. 1 165 845].)

Dr. Karl Thomae G. m. b. H. (Erfinder: **Ernst Seeger** und **August Kottler**), Biberach/Riß, *Herstellung papaverinartig wirksamer tertiärer Amine mit gleichzeitig lokalanaesthesierenden Eigenschaften und ihrer quaternären Salze.* (**D. A. S. 1 100 648** Kl. 12q vom 6/5. 1957, ausg. 2/3. 1961. — C. **1960.** 13119 [Oe. P. 200 132].)

F. Hoffmann-La Roche & Co. Akt.-Ges., Basel, Schweiz, *Herstellung von neuen Azobenzolderivaten.* (**Ind. P. 59 014** vom 29/11. 1956, ausg. 30/5. 1958. — C. **1960.** 2622 [Oe. P. 197 363].)

Soc. des Usines Chimiques Rhône-Poulenc, Paris, Frankreich, *Herstellung von Iminodibenzylderivaten.* (**Ind. P. 59 073** vom 6/12. 1956, ausg. 17/12. 1958. E. Prior. 18/9. 1956. — C. **1959.** 15775 [Oe. P. 194 400].)

Chimie et Atomistique, Frankreich (Erfinder: **David Libermann**), *Herstellung von halogenierten Desoxybenzoinderivaten.* (**F. P. 1 179 924** vom 5/2. 1955, ausg. 29/5. 1959. — C. **1959.** 1551 [E. P. 778 645].)

J. R. Geigy Akt.-Ges., Basel, Schweiz, *Herstellung von tertiären Aminen der Tetrahydrofuranreihe.* (**Ind. P. 60 021** vom 26/3. 1957, ausg. 12/7. 1959. — C. **1960.** 13774 [Oe. P. 200 137].)

F. Hoffmann-La Roche & Co. Akt.-Ges. (Erfinder: **August Hans Lutz** und **Otto Schnider**), *Disubstituierte Pyrrolidone.* (**Aust. P. 221 974** vom 25/6. 1957, ausg. 2/7. 1959. Schwz. Prior. 25/7. 1956 u. 18/4 1957. — C. **1960.** 7608 [E. P. 811 698].)

J. R. Geigy Akt.-Ges., Basel, Schweiz, *Herstellung von in 4-Stellung substituierten 1.2-Diaryl-3.5-dioxopyrazolidinen.* (**E. P. 793 968** vom 14/8. 1956, ausg. 23/4. 1958. Schwz. Prior. 15/8. 1955. — C. **1960.** 2964 [A. P. 2 835 677].)

F. Hoffmann-La Roche & Co. Akt.-Ges., Basel, Schweiz, *Herstellung von 5-Sulfanilamido-3.4-dimethylisoxazol.* (**Ind. P. 59 683** vom 18/2. 1957, ausg. 24/2. 1958. — C. **1960.** 3634 [Oe. P. 200 576].)

May & Baker Ltd. (Erfinder: **Arthur Adams** und **Ronald Slack**), *Herstellung von p-Aminobenzolsulfonamidisothiazolen.* (**Aust. P. 222 039** vom 9/7. 1957, ausg. 9/7. 1959. E. Prior. 12/7. u. 26/10. 1956. — C. **1960.** 13120 [D. A. S. 1 075 619].)

Lepetit S. p. A. (Erfinder: **Gino Carrara** und **Vitangelo d'Amato**), *Herstellung von Brenztraubensäureisonicotinoylhydrazon.* (**Aust. P. 204 117** vom 15/9. 1954, ausg. 13/12. 1956. It. Prior. 16/9. 1953. — C. **1959.** 6229 [D. A. S. 1 041 962].)

Parke, Davis & Co., V.St.A., *Herstellung von Benzo-[c]-acridinen.* (**F. P. 1 179 942** vom 14/12. 1955, ausg 29/5. 1959. — C. **1959.** 1882 [Oe. P. 193 883].)

Wellcome Foundation Ltd., London, England, *Piperazinderivate.* (**Ind. P. 58 106** vom 9/8. 1956, ausg. 30/5 1958. E. Prior. 11/8. 1955. — C. **1960.** 2967 [E. P. 802 080].)

American Cyanamid Co. (Erfinder: **Joe Haller Clark** und **William Edgar Taft**), *In 6-Stellung substituierte 3-Aminopyridazine.* (**Aust. P. 221 084** vom 28/6. 1957, ausg. 30/4. 1959. A. Prior. 9/7. 1956. — C. **1960.** 16183 [E. P. 836 150].)

Ciba Ltd., Basel, Schweiz, *Herstellung von Pyrazolopyrimidinen.* (**Ind. P. 59 575** vom 6/2. 1957, ausg. 6/2 1959. — C. **1960.** 7939 [Oe. P. 199 652].)

F. Hoffmann-La Roche & Co. Akt.-Ges., Basel, Schweiz, *Herstellung von 5-Sulfanilamido-2.4-dimethylpyrimidin.* (**Ind. P. 59 378** vom 15/1. 1957, ausg. 25/2. 1958. — C. **1959.** 7567 [Oe. P. 195 934].)

United States Vitamin Corp. (Erfinder: **Seymour Lester Shapiro, Louis Freedman** und **Ira Marvin Rose**), *Pyridyläthylierte Benzoxazinderivate.* (**Aust. P. 221 541** vom 21/6. 1957, ausg. 11/6. 1959. A. Prior. 22/6. 1956. — C. **1959.** 15776 [A. P. 2 835 668].)

Soc. des Usines Chimiques Rhône-Poulenc, Paris, Frankreich, *Phenthiazinverbindungen.* (**Ind. P. 58 413** vom 14/9. 1956, ausg. 5/2. 1959. — C. **1959.** 7893 [D. A. S. 1 035 657].)

Soc. des Usines Chimiques Rhône-Poulenc, Paris, Frankreich, *Herstellung von Phenthiazinderivaten.* (**Ind. P. 59 403** vom 18/1. 1957, ausg. 26/11. 1958. E. Prior. 9/11. 1956. — C. **1960.** 3963 [E. P. 805 886].)

Soc. des Usines Chimiques Rhône-Poulenc, Paris, Frankreich, *Phenthiazinderivate.* (**Ind. P. 59 290** vom 4/1. 1957, ausg. 17/4. 1959. — C. **1960.** 920 [D. A. S. 1 059 460].)

Soc. des Usines Chimiques Rhône-Poulenc (Erfinder: **Robert Michel Jacob**), *Herstellung von Phenthiazinderivaten.* (**Aust. P. 208 712** vom 21/6. 1955, ausg. 11/7. 1957. E. Prior. 21/6. 1954. — C. **1960.** 15494 [D. A. S. 1 052 403].)

Smith, Kline & French Laboratories, Philadelphia, Pa., V.St.A., *Herstellung von 10-[Aminoalkyl]-trifluormethylphenothiazinderivaten.* (**Ind. P. 58 482** vom 22/9. 1956, ausg. 19/10. 1959. — C. **1960.** 8958 [Oe. P. 199 650].)

Smith, Kline & French Laboratories, Philadelphia, Pa., V.St.A., *Herstellung von 10-[Aminoalkyl]-trifluormethylphenothiazinderivaten.* (**Ind. P. 58 483** vom 22/9. 1956, ausg. 24/6. 1959. — C. **1960.** 8958 [Oe. P. 199 649].)

Ciba Ltd., Basel, Schweiz, *Herstellung von Pyrazolo-[3.4:d]-vic.-triazinen.* (**Ind. P. 59 482** vom 25/1. 1957, ausg. 15/9. 1958. — C. **1960.** 3317 [D. A. S. 1 058 519].)

Ciba Ltd. (Erfinder: **Emil Schlittler, Harold B. Mac Phillamy, Charles F. Huebner** und **Paul R. Ulshafer**), *Reserpsäure und deren Salze oder quaternäre Ammoniumverbindungen.* (**Aust. P. 203 896** vom 6/5. 1954, ausg. 29/11. 1956. A. Prior. 8/5., 15/6., 10/8., 25/8., 27/8. 1953 u. 19/2. 1954. — C. **1959.** 13265 [Belg. P. 528 674].)

Licencia Találmányokat Értékesitö Vállalat, Budapest, Ungarn, *Quaternäre Tropeine.* (**Ind. P. 58 362** vom 8/9. 1956, ausg. 4/10. 1958. — C. **1959.** 11351 [A. P. 2 833 773].)

Chas. Pfizer & Co., Inc., Brooklyn, N. Y., V.St.A., *Vitamingranulat.* (**Ind. P. 58 196** vom 20/8. 1956, ausg. 19/8. 1958. — C. **1959.** 17314 [F. P. 1 173 491].)

N. V. Philips' Gloeilampenfabrieken, Eindhoven, Holland, *Herstellung von Vitamin A.* (**Ind. P. 58 379** vom 10/9. 1956, ausg. 30/8. 1958. — C. **1959.** 10 343 [D. A. S. 1 041 950].)

F. Hoffmann-La Roche & Co. Akt.-Ges., Basel, Schweiz, *Wasserlösliche Vitamin-A-Ester* (**Ind. P. 59 249** vom 28/12. 1956, ausg. 27/6. 1958. — C. **1959.** 16734 [D. A. S. 1 023 461].)

N. V. Philips' Gloeilampenfabrieken, Eindhoven, Holland, *Herstellung ungesättigter Alkohole der Vitamin-A-Reihe.* (**Ind. P. 58 335** vom 4/9. 1956, ausg. 10/5. 1958. — C. **1959.** 12942 [F. P. 1 156 719].)

F. Hoffmann-La Roche & Co. Akt.-Ges., Basel, Schweiz, *Herstellung stabiler Vitamin-D-Präparate.* (**Ind. P. 59 202** vom 24/12. 1956, ausg. 16/6. 1958. — C. **1959.** 11351 [E. P. 799 068].)

E. Merck Akt.-Ges., Darmstadt, *Herstellung haltbarer Vitamin-B_{12}-Kombinationspräparate.* (**Ind. P. 60 320** vom 26/4. 1957, ausg. 21/7. 1958. — C. **1959.** 12327 [D. A. S. 1 052 637].)

Farmaceutici Italia Soc. An., Mailand, Italien, *Erzeugen von Cobalaminen.* (**Ind. P. 60 386** vom 3/5. 1957, ausg. 27/11. 1959. — C. **1961.** 1298 [D. A. S. 1 068 429].)

Schering Corp., Bloomfield, N. J., V.St.A., *Steroidverbindungen.* (**Ind. P. 60 331** vom 4/8. 1955, ausg. 18/3. 1958. E. Prior. 14/1. 1955. — C. **1959.** 9672 [A. P. 2 819 264].)

Farmaceutici Italia Soc. An., Mailand, Italien, *2-Hydroxy-3-ketosteroide.* (**Ind. P. 58 167** vom 16/8. 1956, ausg. 25/9. 1958. — C. **1959.** 7895 [D. A. S. 1 030 340].)

Chas. Pfizer & Co., Inc., Brooklyn, N.Y., V.St.A., *Δ*[1,4]*-3-Ketosteroide.* (**Ind. P. 58 009** vom 30/7. 1956, ausg. 31/7. 1958. Can. Prior. 17/5. 1956. — C. **1959.** 5239 [D. A. S. 1 030 341].)

Syntex Soc. An., Mexico (Erfinder: **Franz Sondheimer**, Rehovoth, V.St.A., **Jorge Rosenkranz** und **Octavio Macera**, Mexico), Mexico, *Herstellung von Mono- und Hemiestern von Pregnan-21-ol-3,20-dion.* (**Schwz. P. 350 284** vom 28/9. 1956, ausg. 14/1. 1961. Mexican. Prior. 30/9. 1955. — C. **1959.** 13578 [D. A. S. 1 041 954].)

Ciba Ltd., Basel, Schweiz, *Δ*[6]*-20-Ketopregnene.* (**Ind. P. 59 857** vom 9/3. 1957, ausg. 25/6. 1959. — C. **1960.** 580 [D. A. S. 1 057 110].)

Schering Akt.-Ges. (Erfinder: **Emanuel Kaspar, Martin Schenck** und **Karl Junkmann**), *Carbonsäureester von Δ*[1,4]*-Pregnadien-17α-ol-3,20-dionen.* (**Aust. P. 221 971** vom 20/6. 1957, ausg. 2/7. 1959. D. Prior. 20/6. 1956. — C. **1958.** 12482 [D. A. S. 1 020 977].)

Schering Akt.-Ges., Berlin, *Therapeutisch wertvolle Carbonsäureester von 17-Alkyl-19-nortestosteronen.* (**Ind. P. 60 101** vom 4/4. 1957, ausg. 16/11. 1959. — C. **1959.** 2232 [D. A. S. 1 017 166].)

Roskilde Medical Co. Ltd. (**R. M. C.**) (Erfinder: **Henry Marinus Christensen**), *Herstellung von Insulin mit erhöhtem Zinkgehalt.* (**Aust. P. 203 868** vom 3/8. 1954, ausg. 29/11. 1956. Dän. Prior. 19/8. 1953. — C. **1958.** 6920 [Oe. PP. 193 542, 193 543 u. 193 544].)

Solco Basel Akt.-Ges., Basel, Schweiz, *Atmungsfördernde Wirkstoffe für therapeutische Zwecke.* (**Ind. P. 59 110** vom 12/12. 1956, ausg. 24/9. 1959. — C. **1959.** 12637 [Oe. P. 200 257].)

Farmaceutici Italia Soc. An. (Erfinder: **Carlo G. Alberti, Luigi Bernardi, Giovanni Larini** und **Alberto Vercellone**), *Umwandlung von optisch aktiven Aminodiolen in racemische Aminodiole.* (**Aust. PP. 203 860** vom 31/5. 1954, ausg. 29/11. 1956. It. Prior. 30/5. 1953, **204 188** u. **204 189** [Zusatz-Patente] vom 14/7. 1954, ausg. 13/12. 1956. Beide It. Prior. 8/8. 1953. — C. **1959.** 12638 [D. A. S. 1 020 348].)

Glaxo Laboratories Ltd., Greenford, England, *Erzeugung von Mutanten des Genus Penicillium.* (**Ind. P. 57 273** vom 7/5. 1956, ausg. 11/7. 1958. E. Prior. 16/5. 1955. — C. **1958.** 11028 [D. A. S. 1 021 539].)

Imperial Chemical Industries Ltd. (Erfinder: **George Ficher Beattie**), *Alkalisalze von Penicillin V.* (**Aust. P 221 719** vom 17/4. 1957, ausg. 18/6. 1959. E. Prior. 2/5. 1956. — C. **1960.** 6593 [E. P. 806 929].)

Hiroshi Ogawa und **Shigeharu Inoue**, *Herstellung von reinem Tetracyclin.* (**Aust. P. 220 923** vom 18/4. 1957, ausg. 23/4. 1959. — C. **1960.** 1265 [D. A. S. 1 045 398].)

Bristol Laboratories, Inc. (Erfinder: **Murray Arthur Kaplan**), *Tetracyclinhexametaphosphat-Komplex.* (**Aust. P. 221 898** vom 19/9. 1957, ausg. 25/6. 1959. A. Prior. 27/9. u. 24/12. 1956. — C. **1960.** 9989 [D. A. S. 1 068 701].)

F. Hoffmann-La Roche & Co. Akt.-Ges., Basel, Schweiz, *Herstellung eines Streptomycin-Salzes.* (**Ind. P. 59 279** vom 2/1. 1957, ausg. 19/5. 1958. E. Prior. 11/1. 1956. — C. **1961.** 585 [Aust. P. 215 584].)

Merck & Co., Inc. (Erfinder: **Louis Chaiet**), *Novobiocin enthaltendes Antibioticum.* (**Aust. P. 221 760** vom 9/11. 1956, ausg. 18/6. 1959. A. Prior. 30/11. 1955. — C. **1959.** 11670 [D. A. S. 1 039 197].)

Merck & Co., Inc. (Erfinder: **Edward Walton** und **Karl A. Folkers**), *Novobiocinester.* (**Aust. P. 221 072** vom 29/3. 1957, ausg. 30/4. 1959. A. Prior. 19/4. 1956. — C. **1960.** 11037 [D. A. S. 1 076 141].)

Ciba Ltd., Basel, Schweiz, *Herstellung von Gramicidin S.* (**Ind. P. 59 322** vom 8/1. 1957, ausg. 18/1. 1959. — C. **1960.** 12439 [Oe. P. 202 276].)

Aplin & Barett Ltd. (Erfinder: **Henry Bernard Hawley** und **Ronald Henry Hall**), Yeovil, Somerset, England, *Gewinnung von Nisin.* (**D. A. S. 1 084 436** Kl. 30 h vom 16/6. 1958, ausg. 30/6. 1960. E. Prior. 17/6. 1957. — C. **1960.** 7261 [Oe. P. 204 179].)

Upjohn Co., Kalamazoo, Mich., V.St.A., *Herstellung des Antibioticums 101a.* (**Ind. P. 58 430** vom 17/9. 1956, ausg. 12/8. 1959. — C. **1958.** 9013 [D. A. S. 1 022 358].)

Parke, Davis & Co. (Erfinder: **William McLean jun.**), *Herstellung von Vaccine-Produkten.* (**Aust. P. 203 823** vom 30/6. 1955, ausg. 22/11. 1956. A. Prior. 30/3. u. 9/5. 1955. — C. **1957.** 3904 [D. B. P. 945 948].)

Imperial Chemical Industries Ltd., London, England, *Herstellung von Antigene enthaltenden pharmazeutischen Präparaten.* (**Ind. P. 59 431** vom 21/1. 1957, ausg. 6/4. 1959. E. Prior. 6/2. 1956. — C. **1959.** 6234 [D. A. S. 1 041 648].)

Norwich Pharmacal Co. (Erfinder: **William Clark Ward**), *Nitrofuranderivate.* (**Aust. P. 221 068** vom 18/3. 1957, ausg. 30/4. 1959. A. Prior. 9/4. 1956. — C. **1958.** 8420 [A. P. 2 808 414].)

Norwich Pharmacal Co., Norwich, N.Y., V.St.A. *Molekülverbindung von 4.6-Dimethyl-2-hydroxypyrimidin und 5-Nitrofurfuraldehydsemicarbazon.* (**Ind. P. 59 892** vom 13/3. 1957, ausg. 24/9. 1959. — C. **1959.** 7571 [A. P. 2 828 309].)

Norwich Pharmacal Co., Norwich, N.Y., V.St.A., *5-Nitrofurfurol-4-[p-arsonophenyl]-semicarbazon.* (**Ind. P. 59 894** vom 13/3. 1957, ausg. 14/8. 1959. — C. **1958.** 8420 [A. P. 2 808 414].)

West Laboratories, Inc., Long Island City, N. Y., V.St.A., *Keimtötende Mittel.* (**D. A. S. 1 087 765** Kl. 30i vom 9/8. 1958, ausg. 25/8. 1960. A. Prior. 10/1. u. 29/11. 1957. — C. **1961.** 1661 [E. P. 825 676].)

Kurt Lindner, Berlin-Lichterfelde, *Schutz- und Bekämpfungsmittel gegen bakterielle, pflanzliche oder tierische Schädlinge.* (**D. P. [DDR] 19 172** Kl. 301 vom 18/8. 1956, ausg. 20/6. 1960 [Wirtschaftspatent]. — C. **1959.** 7234 [D. A. S. 1 029 536].)

G. Analyse. Laboratorium

Austauschbare Vakuumanschlußstücke für Saugflaschen. W. R. Doty. (J. chem. Educat. **37.** 292. Juni 1960. Richmond, Calif., California Res. Corp.) (Engl.)

Verringerung der Bruchgefahr durch Anschluß des Vakuumschlauchs über ein Glasmundstück mit Neoprendichtung an eine runde Öffnung am Hals der Saugflasche. R. KRATTNER. 5024 □

Chemische Instrumentation. 4. Mitt. **Vakuumpumpen.** S. Z. Lewin. (J. chem. Educat. **36.** A 391—A 394. 396—97. 398—400. Juli. A 433—A 438. 440. 442. 444. 446. Aug. 1959.)— 3. vgl. J. chem. Educat. **36.** [1959.] 337; 2. vgl. C. **1960.** 14799.

Zusammenfassende Übersicht über Vakuum-, Hochvakuum- u. Ultrahochvakuumpumpen. E. KLEVER. 5026 □

Vakuumundichtigkeitsprüfung mit Flüssigkeiten. Clarke C. Minter. (Rev. sci. Instruments **31.** 458—59. April 1960. Washington, D.C., U.S. Naval Res. Labor.) (Engl.)

Beschreibung des Prüfungs-Verf. unter Bezugnahme auf Unters. von MINTER (vgl. C. **1959.** 13891). C. GOTTFRIED. 5026

Mehrstufenkolonne für Molekulardestillation. W. A. Maljussow, N. A. Malafejew, N. N. Umnik, D. N. Glasunow und B. Ss. Belin. (Заводская Лаборатория [Betriebs-Lab.] **25.** 629—30. 1959. Physik.-chem. Karpow-Forsch.-Inst.) (Russ.) — Vgl. C. **1957.** 7749; **1959.** 12656.

Bei einer mehrstufigen, waagerechten Glaskolonne ist die Unterseite des Glasrohrs durch Kerben in gleich lange Abschnitte eingeteilt, auf die ebensoviele am metall. Kondensatorrohr (von W. durchflossenen Paar konzentr. Rohre) im oberen Glasrohrteil im Winkel von 45° befestigte Kondensatorplatten gerichtet sind. Bei einer Neigung der Kolonne von 4—5° fließen die Kondensate langsam von Abschnitt zu Abschnitt abwärts. Das an schwerer flüchtiger Komponente angereicherte Kondensat fließt am unteren Ende ab, während die leichter flüchtige Komponente sich am oberen Ende anreichert. Als Beispiel wird die Trennung eines Vierstoffgemisches mit einer 11stufigen Kolonne beschrieben. R. K. MÜLLER. 5038□

Beschleunigung der Vakuumdestillation. S. Kasman und L. E. Rubin. (J. chem. Educat. **37.** 292. Juni 1960. Cambridge, Mass., Polaroid Corp.) (Engl.)

Beschleunigung der Einengung größerer Fl.-Mengen im Vakuum durch zusätzliches Aufsetzen eines mit Wasserdampf beheizten Rückflußkühlers, durch den die verd. Lsg. langsam in den Dest.-Kolben eingeführt wird. R. KRATTNER. 5038□

Ein einfaches Helium-Densitometer. R. J. Kokes. (Analytic. Chem. **32.** 446—47. März 1960. Baltimore, Md., Johns Hopkins Univ., Chem. Dep.) (Engl.)

Zur Dichtemessung fester Stoffe, vor allem Katalysatoren, wird ein Densitometer mit He beschrieben, mit dem Meßwerte erhalten werden, die z. B. bei einer Probe zu verschiedenen Zeiten ausgeführt um 0,001, bei verschiedenen Proben um 0,002 variieren. W. LUCHSINGER. 5042□

Mol- oder Gewichtsprozentangaben bei quantitativen Analysen nach der Wärmeleitmethode. Carlheinz Heft. (Abh. dtsch. Akad. Wiss. Berlin, Kl. Chem. Geol. Biol. **1959.** Nr. 9. 299—326. Leipzig, Inst. für Verf.-Technik der organ. Chem.) (Dt.)

An Hand von Wärmebilanzen werden die Einfl. auf den Meßeffekt in der Wärmeleitfähigkeitszelle festgestellt u. in Verbindungen mit den berechneten Leitfähigkeiten des Gemisches Schleppgas–Analysenkomponente Rückschlüsse auf Mol- oder Gew.-%-Angaben bei der quant. Auswertung von Chromatogrammen gezogen. W. LUCHSINGER. 5052□

Eine neue Methode zur Ermittlung der Zusammensetzung schwacher Komplexe. E. Asmus, U. Hinz, K. Ohls und W. Richly. (Z. analyt. Chem. **178.** 104—16. 1960. Berlin-Charlottenburg, TU, Lehrgebiet Analyt. Chem.) (Dt.)

Es wird eine Meth. beschrieben, um die Zus. schwacher Komplexe der Form AB_n, wobei n auch ein Bruch sein kann, zu ermitteln. Zu einer konst. Menge der Komponente A werden steigende Mengen der Komponente B hinzugesetzt u. eine, der Menge des gebildeten Komplexes AB_n proportionale Größe beobachtet. Aus den Meßwerten werden bestimmte Funktionen gebildet, die in einem passend gewählten Koordinaten-Syst. nur dann als gerade Linie erscheinen, wenn ein Parameter ident. mit dem Wert n ist. — Beispiele für die Ermittlung der Zus.-Verhältnisse 1:1, 1:2 u. 1:3. Die Meth. ist nicht nur bei schwachen Komplexen, sondern auch bei stärker dissoziierten Verbb. anwendbar. Auch die Koeff. einer Redoxgleichung lassen sich in bes. Fällen auf diese Weise ermitteln. E. FAULHABER. 5052□

Untersuchungen über die analytischen Methoden für Spurenelemente in Metallen. 6. Mitt. **Die analytische Methode zur Bestimmung radioaktiver Nuklide, die die Oberfläche von verschiedenen Metallen kontaminieren.** Hirosi Amano. (Nippon Kinzoku Gakkai-Si [J. Japan Inst. Metals] **23.** 557—60. Okt. 1959.) (Jap.; Auszug: Engl.) — 5. vgl. C. **1961.** 12946.

Die zur Unters. gelangenden Metallproben (Fe, rostfreier Stahl, Cu u. Messing) wurden in auf pH 1,4 eingestellte Nitrat-Lsgg. der Zerfalls-Prodd. getaucht u. die radioakt. Nuklide von der Oberfläche der Proben durch Elektrolyse entfernt, wobei die Probe als Anode geschaltet war. ^{95}Zr, ^{95}Nb u. ^{90}Y wurden zusammen mit den Hydroxyden der Metalle ausgefällt u. als Zr-Phosphat, Niobsäure u. Y-Oxalat abgetrennt. ^{106}Ru, ^{106}Rh wurden aus dem Filtrat als Sulfide gefällt. ^{90}Sr wurde als Oxalat, ^{137}Cs als Perchlorat bestimmt. Aus den Vers.-Ergebnissen wurde der Schluß gezogen, daß die radioakt. Verunreinigung durch Oberflächenadsorption der radioakt. Zerfalls-Prodd. hervorgerufen wird. C. GOTTFRIED. 5052

Überblick über die Gas-Chromatographie. Erika Cremer. (Abh. dtsch. Akad. Wiss. Berlin, Kl. Chem., Geol. Biol. **1959.** Nr. 9. 1—14.) (Dt.)

Übersicht über die chromatograph. Analysen-Meth. mit einer theoret. Behandlung in kinet. u. statist.-thermodynam. Betrachtungsweise mit Erörterungen über die theoret. Bodenhöhe u. der Gas–Adsorptionsschicht-Chromatographie. W. Luchsinger. 5062□

Zum Stand der Anwendung der Gas-Chromatographie. Rudolf Kaiser. (Abh. dtsch. Akad. Wiss. Berlin, Kl. Chem., Geol. Biol. **1959.** Nr. 9. 87—92.) (Dt.)

Übersicht über den internationalen Stand der Anwendung der Gaschromatographie. W. Luchsinger. 5062□

Die kombinierte Gaschromatographie und Aktivitätsmessung ^{14}C- und ^{3}H-markierter Substanzen. H. W. Scharpenseel. (Angew. Chem. **73.** 615—19. 11/9. 1961. Bonn, Univ., Inst. für Bodenkunde.) (Dt.)

Durch Anbau einer Durchflußionisationskammer u. eines Vibrationselektrometers an einen Gaschromatograph lassen sich ^{14}C- u. ^{3}H-markierte Substanzen identifizieren (Beschreibung der App.). Bei einem Widerstand von 10^{11} Ω ist die Nullstabilität gut. Die Grenzaktivität liegt bei 10^{-2} μc. Auf die Entstehung von Pseudopeaks durch Lsgm. wird eingegangen. Der Austausch der Durchflußionisationskammer durch ein Fl.-Szintillationsspektrometer ist bei der beschriebenen Anordnung möglich. Ch. Weiske. 5062□

Ausgewählte Anwendungsmöglichkeiten eines neuen, präparativen Gaschromatographen. Günther A. Rath. (Riechstoffe u. Aromen **10.** 293—97. Sept. 1960.) (Dt.)

Beschreibung des präparativen Gaschromatographen „Megachrom" der Beckman Instruments GmbH. Als Anwendungsbeispiele werden Unterss. an Äthylbenzol, Citronenöl u. an einem Gemisch von C_6- bis C_{14}-Fettsäureestern mitgeteilt. C.-E. Döring. 5062□

Automatischer Gas-Chromatograph. Jürgen Fischer. (Abh. dtsch. Akad. Wiss. Berlin, Kl. Chem., Geol. Biol. **1959.** Nr. 9. 185—202.) (Dt.)

Beschreibung eines automat. Gaschromatographen für Labor. u. Betriebskontrolle mit Wärmeleitfähigkeitszelle, Kompensationsschreiber u. elektron. Steuerung. W. Luchsinger. 5062□

Die Bewertung und die Herstellung leistungsfähiger Trennsäulen. Hans Georg Struppe. (Abh. dtsch .Akad. Wiss. Berlin, Kl. Chem., Geol. Biol. **1959.** Nr. 9. 28—86.) (Dt.)

Die Begriffe Trennvermögen, -leistung, -wirksamkeit u. -stufenzahl werden entwickelt u. definiert. Der Einfl. der Arbeitsbedingungen u. der Trennsäule auf die Trennleistung wird erörtert. Die Herst. leistungsfähiger Trennsäulen, ihre Alterung u. Reproduzierbarkeit werden besprochen. W. Luchsinger. 5062□

Belegte Capillarsäulen. Denis H. Desty. (Abh. dtsch. Akad. Wiss. Berlin, Kl. Chem., Geol. Biol. **1959.** Nr. 9. 176—84. Sunbury-on-Thames, Brit. Petroleum Co., Ltd.) (Engl.)

Es wird ein gaschromatograph. Gerät mit 82 m langer Cu-Capillarsäule u. Flammenionisationsdetektor beschrieben. 2 Anwendungsbeispiele: 1. Trennung der isomeren C_7- bzw. C_8-KW-Stoffe an Squalan bei 72° (ca. 120000 theoret. Böden); 2. Trennung der C_6—C_8 aromat. KW-Stoffe an 7.8-Benzochinolin (ca. 14600 theoret. Böden). W. Luchsinger. 5062□

Aufbau und Anpassung eines elektronisch stabilisierten Netzgerätes zur Stromversorgung der Wärmeleitzellen in der Gas-Chromatographie. Manfred Kuhl. (Abh. dtsch. Akad. Wiss. Berlin, Kl. Chem., Geol. Biol. **1959.** Nr. 9. 254—60.) (Dt.)

Es wird eine elektron. Spannungsstabilisierung für eine Spannung von 8 V u. einen Strom bis 400 mA auf eine Konstanz besser als $\pm 0{,}1\%$ bei Netzspannungsschwankungen von $\pm 15\%$ u. Anpassung an elektron. Kompensationsbandschreiber beschrieben. W. Luchsinger. 5062□

Über eine Mikroflammenapparatur zur Hochtemperatur-Gas-Chromatographie. Helmut Bredel. (Abh. dtsch. Akad. Wiss. Berlin, Kl. Chem., Geol. Biol. **1959.** Nr. 9. 215—42.) (Dt.)

Anleitung zum Bau eines Mikroflammgerätes für isotherme gaschromatograph. Trennungen bes. von Substanzen mit hohem Siedepunkt. Ableitung von Formeln zur quant. Auswertung der Chromatogramme. W. Luchsinger. 5062□

Ein Ofen für gaschromatographische Säulen. John N. Roper jun. (Analytic. Chem. **32.** 447—48. März 1960. Kingsport, Tenn., Tennessee Eastman Co., Div. of Eastman Kodak Co., Res. Labor.) (Engl.)

Es wird ein 6,5 in. langer, elektr. geheizter Ofen zur Aufnahme einer gewundenen, 6 ft. langen Säule beschrieben, der in 9,5 Min. auf 250° geheizt werden kann, dessen Betriebs-Temp. in 9 Std. weniger als 2—3° schwankt. W. LUCHSINGER. 5062□

Über Detektoren. Eine hochempfindliche Wärmeleitzelle. Rudolf Kaiser. (Abh. dtsch. Akad. Wiss. Berlin, Kl. Chem., Geol. Biol. **1959.** Nr. 9. 327—38. Leipzig, Inst. für Verf.-Technik der organ. Chem.) (Dt.)

Über Meßprinzip, Empfindlichkeit u. notwendige Eigg. von Detektoren für die Gaschromatographie wird berichtet, eine hochempfindliche Leitfähigkeitszelle beschrieben u. die Entw.-Richtung für Detektoren umrissen. W. LUCHSINGER. 5062□

Ein neuer registrierender Integraldetektor auf der Grundlage des Janákprinzips. Helmut Hrapia. (Abh. dtsch. Akad. Wiss. Berlin, Kl. Chem., Geol. Biol. **1959.** Nr. 9. 243—53. Leipzig, Inst. für Verf.-Technik der organ. Chem.) (Dt.)

Es wird ein registrierender Integraldetektor mit Absorber, Impulsgeber u. Relaisteil für die Gaschromatographie beschrieben, dessen Registriergenauigkeit ±0,2% der gesamten Probe beträgt. W. LUCHSINGER. 5062□

Beitrag zu einigen Problem der Chromatographie im System Gas-Absorbent. Jaroslav Janák und Miloš Krejči. (Abh. dtsch. Akad. Wiss. Berlin, Kl. Chem. Geol. Biol. **1959.** Nr. 9. 15—27.) (Dt.)

Der Einfl. der Sorptionsoberfläche u. des Trägergases auf die Gestalt der Elutionskurve werden an Beispielen der Trennung He–H_2 u. der katalyt. Verbrennung des H_2 an modifizierten Pd-Asbesten erörtert. W. LUCHSINGER. 5062□

1.2.3-Tris-[2-cyanoäthoxy]-propan, eine stationäre Flüssigkeit für gaschromatographische Trennsäulen. H. M. McNair und Thomas De Vries. (Analytic. Chem., **33.** 806. Mai 1961. Lafayette, Ind., Purdue Univ., Dep. of Chem.) (Engl.)

Das aus Glycerol u. Acrylnitril darstellbare *1.2.3-Tris-[2-cyanoäthoxy]-propan* (**I**) zeigt für Olefine, Aromaten, Naphthene, Alkohole, Ester, Äther u. Alkylhalogenide eine größere Selektivität als z. B. *Dinonylphthalat.* 8,25 g Chromosorb werden mit 3,53 g **I**, in Aceton gelöst, imprägniert u. nach Absaugen des Lsgm. in die Trennsäulen ($^1/_8$ in. innerer Ø, 4 feet lang) gefüllt. Als Trägergas diente He mit einer Durchfluß-Geschw. von 60 ml/min. Es werden mit einer Wärmeleitfähigkeitszelle bei 55°, 100° u. 153° gemessene Werte der Retentions-Vol. von *n-Pentan, n-Hexan, n-Heptan, 1-Hexen, 1-Hepten, Bzl., Toluol, Cyclohexan, A., 1-Propanol, 1-Butanol, Methylacetat. Äthyläther, Methyljodid, Äthylbromid, 1-Chlorpropan, 1-Chlorbutan, 2-Propanon* u. *2-Butanon* angegeben. W. HEIN. 5062□

Quantitative Auswertung von Bandenflächen in der Gas–Flüssig-Chromatographie. K. K. Carroll. (Nature [London] **191.** 377—78. 22/7. 1961. London, Ontario, Canada, Univ. of Western Ontario, Collip Medic. Res. Labor.) (Engl.)

Bei der Auswertung gaschromatograph. Messungen wird allg. aus der Bandenhöhe h u. der Standard-Abweichung σ, die sich aus der Bandenbreite ermitteln läßt, die Fläche unter der Kurve nach der Gleichung $A = 2{,}507\ h \cdot \sigma$ errechnet. Da σ eine lineare Funktion der Retentionszeit t_R ist, kann das Prod. aus h u. t_R ebenso als ein Maß für die Fläche benutzt werden. Dies ist sogar besser, da t_R in jedem Fall gemessen wird u. viel leichter u. genauer als σ ermittelt werden kann. Dieses Verf. zur quant. Ermittlung der Bandenflächen wurde mit der Papierwägungs- u. der Triangulations-Meth. an Chromatogrammen von Fettsäuremethylestermischungen (Palmitat, Stearat, Oleat, Linolenat, Behenat, Erucat), ferner Estern aus Getreideölen u. Rattenplasmatriglyceriden verglichen. Die Ergebnisse nach den einzelnen Verff. stimmen zwar nicht genau überein, jedoch reicht die Genauigkeit für biolog. Unterss. aus. Bei der Anwendung der Meth. auf Banden, die nur teilweise aufgelöst sind, ist zu beachten, daß die gemessenen Bandenhöhen um einen Betrag, der durch den Grad der Überlappung u. durch die relativen Mengen bestimmt wird, größer sind als die wirklichen Höhen. Eine Korrektur ist möglich unter Zuhilfenahme der Gleichung $Y = (A/\sigma \sqrt{2\pi} \exp[-\frac{1}{2}(x/\sigma)^2]$ mit Y = Höhe der Kurve, gemessen im Abstand x von der Mitte. Die Korrekturfaktoren sind prakt. jedoch so klein, daß sie nur selten benötigt werden. Der Vorteil des neuen Verf. gegenüber der Papierwägungs-Meth. liegt in der Aufbewahrungsmöglichkeit der unzerschnittenen Chromatogramme. Es ist weniger arbeitsaufwendig als die Triangulations-Meth. u. gibt besser reproduzierbare Ergebnisse, da hier die möglichen subjektiven Abweichungen nicht auftreten können. W. HEIN. 5062□

Über die Eigenschaften von Gas–Liquid-Säulen bei Verwendung aktiver Trägersubstanzen. Helmut Hrapia. (Abh. dtsch. Akad. Wiss. Berlin, Kl. Chem., Geol. Biol. **1959.** Nr. 9. 93—117.) (Dt.)

Von Verss. über den Einfl. der Trägersubstanz der Liquid-Phasenmenge u. der Temp. auf Retentionszeiten u. Bodenzahl wird berichtet. Als Trägersubstanzen wurden

Silicagel verschiedener Feuchtigkeit u. oberflächenaktives u. -inaktives Al_2O_3 untersucht. Eine neu abgeleitete Formel zur Bodenzahl-Best. wird mitgeteilt.

W. LUCHSINGER. 5062 □

Der Einfluß der elektrischen Parameter einer intermittierenden Gleichstrombogenquelle auf die Verteilung der spektralen Energie über die analytische Öffnung. K. M. Bills. (Spectrochim. Acta [London], Proc. Colloquium spectroscop. int. VI 1956. 282—88. 1957. Birmingham, Mond Nickel Co., D. and R. Dep. Labor.) (Engl.)

Unter Verw. von Fe- u. Ni-Elektroden werden die Formen der Gleichstromentladung bei Funken- u. Bogenanregung untersucht. Bei allen Entladungen liegt das Emissionsmaximum aller Metallinien in der Nähe der Metalloberfläche; das Maximum des Potentialgradienten tritt in unmittelbarer Nähe der Kathode auf. Die Gleichförmigkeit der spektralen Emission entlang der Entladungssäule ist von der Entladungszeit-Konst. u. dem Maximalstrom abhängig. Die Einstellung hoher Gleichförmigkeit ist apparativ möglich, jedoch wird die dadurch erzielbare Genauigkeit durch andere Effekte (u. a. Justierung der Entladung in bezug auf den Spektrographenspalt) überkompensiert. Die Reproduzierbarkeit spektrograph. Analysen wird durch Intensitätsmessung der von verschiedenen Bereichen der Entladung u. der in der gesamten Entladungsstrecke emittierten Strahlung geprüft. Die besten Ergebnisse werden jedoch mit der konventionellen Analysen-Meth. erzielt. Offenbar kann die Empfindlichkeit aber gesteigert werden, wenn der Einfl. der Kathodenschicht bei der intermittierenden Gleichstromentladung entsprechend ausgenutzt wird. HERBERT MÜLLER. 5063 □

Hohlkathodenentladungen — Konstruktion und Charakteristika von abgeschmolzenen Röhren zur Verwendung als spektroskopische Lichtquellen. W. G. Jones und A. Walsh. (Spectrochim. Acta [London] **16.** 249—54. April 1960. Melbourne, C.S.I.R.O., Chem. Res. Labor., Div. of Chem. Phys.) (Engl.)

Vff. teilen mit, daß auf Grund ihrer Erfahrungen geringe Schwierigkeiten bei der Herst. abgeschmolzener Hohlkathodenröhren für die meisten Metalle bestehen. Kein sorgfältig ausgearbeitetes Pumpen- oder Getter-Syst. ist erforderlich. Die Lebensdauer der Röhre ist durch die Aufzehrung u. nicht, wie offenbar allg. angenommen wird, durch den Entgasungsvorgang begrenzt. Die Lebensdauer nimmt stark mit dem Vol. zu; letzteres sollte nicht weniger als 250 cm^3 betragen, wenn eine Lebensdauer von mehr als 50 A·h erwünscht ist. GERHARD SCHULZE. 5063 □

Eine neue Methode zur Messung des absoluten Reflexionsvermögens mit Doppelstrahl-Spektrometern. Antonín Vaško. (Czechoslov. J. Physics **9.** 667—68. 1959. Labor. für Optik der Tschech. Akad. der Wiss.) (Dt.)

Zur Messung des abs. Reflexionsvermögens von Proben unter Ausschaltung von Fehlern, die durch Alterung der Vgl.-Spiegel entstehen, gibt Vf. eine Meßanordnung an, bei der einmal der Strahl über den 1. Ablenkspiegel Z_1 zur Probe Z_3, zum Vgl.-Spiegel Z_4 u. den 2. parallel zu Z_1 gerichteten Ablenkspiegel Z_2 geht, zum anderen von Z_1 über den Vgl.-Spiegel Z_5 zum um 180° gedrehten Z_2. Beide Strahlengänge sind gleich lang. Das Reflexionsvermögen R_Z ergibt sich dann zu $R_{Z3} \cdot R_{Z4}/R_{Z5}$. CH. WEISKE. 5063 □

Neuere Fortschritte in der Atomarabsorptionsspektroskopie. J. W. Robinson. (Analytic. Chem. **33.** 1067—71. Juli 1961. Baton Rouge, La., Div. of Humble Oil & Refining Co., Esso Standard, Esso Res. Labor.) (Engl.)

Vf. erörtert den Anwendungsbereich der Atomarabsorptionsspektroskopie u. die Variablen, die zur Erlangung reproduzierbarer Ergebnisse eine strenge Kontrolle erfordern. Außerdem werden apparative Gesichtspunkte besprochen, u. zwar Konstruktionsprobleme der Lichtquelle, Faktoren, die die Lebensdauer der Hohlkathodenröhre begrenzen (Eindringen von Luft, Verlust an Füllgas u. Verlust an Metall von der Hohlkathode) u. Merkmale des Brenners. Für folgende Elemente werden die Wellenlängen der absorbierten Linien u. die Nachw.-Grenzen in ppm für die H_2/O_2- u. die $(CN)_2/O_2$-Flamme bei Verw. von W. u. von organ. Lsgm. (A., Aceton, Bzl. u. n-Heptan) angegeben: V, Ni, Zn, Co, Cu, Cd, Na, Hg, Ag, Mg, Pb, Fe, Pt, Tl u. Cr. Die Auswahl der Absorptionslinien erfolgte durch Abtasten des Emissionsspektrums der Hohlkathode ohne u. mit Zufuhr der Probensubstanz. Störende Einfl. durch andere Elemente sind für Na, Pb u. Fe angegeben. Folgende Variable müssen kontrolliert werden: Zuführungs-Geschw. der Probe, Lsgm., Stellung der Flamme, Bau des Brenners, vorherrschendes Anion u. Spaltbreite. Die ersten vier Faktoren werden im einzelnen besprochen. Als weitere Konstruktionsmerkmale werden die Modulation u. das Zweistrahl-Syst. diskutiert. Selbst die Verw. einer $(CN)_2/O_2$-Flamme mit Temp. bis zu 4500° ermöglicht nicht den Nachw. von Elementen, die schwer schmelzbare Oxyde bilden, wie Al, Mo oder W, die nicht in der Flamme aufgespalten werden. Vff. regt an, zur Analyse dieser Elemente den Funken in Verbindung mit einer Flamme zu verwenden. Die Vorteile des beschriebenen Analysen-Verf. liegen in dem hoben Grad der Freiheit von Störungen durch Begleitelemente u. in der hohen Empfindlichkeit in allen Fällen, in denen eine Absorption erfolgt. GERHARD SCHULZE. 5063□

Ein einfaches Atomarabsorptionsspektrophotometer. G. F. Box und A. Walsh. (Spectrochim. Acta [London] **16.** 255—58. April 1960. Melbourne, C.S.I.R.O., Chem. Res. Labor., Div. of Chem. Phys.) (Engl.)

Vff. berichten über die Konstruktion eines einfachen Einstrahlspektrophotometers für die Atomarabsorption (Abb. u. Schaltskizzen) u. beschreiben die einzelnen Teile (Lichtquelle, Zerstäuber, Monochromator, Detektor, Photomultiplier u. Verstärker). Die hauptsächliche Begrenzung des App. rührt von Schwankungen in der Lichtquelle her, die eine größere Genauigkeit bei der Absorptionsmessung als $\pm\, ^1/_4\%$ nicht erlauben. Diese Schwankungen lassen sich nicht einfach durch Verw. eines stabileren Netzgerätes beseitigen. Der App. ist aber für die meisten analyt. Anwendungen hinreichend genau. Er läßt sich auch für die Emissionsflammenphotometrie verwenden, indem man einen Zerhacker zwischen Flamme u. Eintrittsspalt des Monochromators anbringt. GERHARD SCHULZE. 5063□

Über Atomabsorptionsuntersuchungen mit Natrium. E. Pungor und I. Konkoly Thege. (Acta chim. Acad. Sci. hung. **28.** 133—39. 1961. Budapest, L. Eőtvős-Univ., Inst. für Anorg. u. Analyt. Chem.) (Dt.)

Es werden von den Vff. spektralanalyt. Messungen an NaCl-Lsgg. mittels der von ihnen konstruierten Atomabsorptionseinrichtung durchgeführt u. die Anionen- [H_2SO_4, $(NH_4)_2SO_4$, H_3PO_4, $(NH_4)_2HPO_4$] u. Alkohol-Wrkg. auf die Atomabsorption studiert. Aus dem Vgl. der Resultate mit den flammenphotometr. Meßergebnissen geht hervor, daß die Deutung der Alkohol-Wrkg. eine Korrektur benötigt. W. HAMPEL. 5063□

Über die Bestimmung der Transformationskonstante K. K. Zimmer und T. Török. (Acta chim. Acad. Sci. hung. **28.** 59—64. 1961. Budapest, L. Eőtvős Univ., Inst. für Anorg. u. Analyt. Chem.) (Dt.)

Der Wert der Konst. $\varkappa$ in der P-Transformation $P = S - K \cdot D$, einer Meth. zur Streckung des unteren gekrümmten Abschnitts der Schwärzungskurve zur quant. Auswertung, hängt vom Filterwert des bei seiner Best. verwendeten Stufenfilters u. vom abs. Wert der gemessenen Schwärzung ab. Genaue u. gut reproduzierbare $\varkappa$-Werte erhält man nur dann, wenn man die den $^a\Delta S$-Wert determinierenden größeren $^aS_1$- u. $^aS_2$-Schwärzungen am linearen Abschnitt der Kurve u. die den $^b\Delta S$-Wert ergebenden kleineren $^bS_1$- u. $^bS_2$-Schwärzungswerte am unterexponierten Abschnitt der gleichen Kurve bestimmt. W. HAMPEL. 5063□

Über die flammenphotometrische Bestimmung der Alkoholwirkung. E. Pungor und I. Konkoly Thege. (Acta chim. Acad. Sci. hung. **28.** 125—32. 1961. Budapest, L. Eőtvős-Univ., Inst. für Anorg. u. Analyt. Chem.) (Dt.)

Es werden flammenphotometr. Verss. mit NaCl u. Co-Nitrat bei verschiedener Zerstäubungs-Geschw. u. Temp. sowie in Ggw. verschiedener Alkohole (CH_3OH, A., n-Propanol) u. bei mehreren Wellenlängen durchgeführt, wobei festgestellt wird, daß neben dem Einfl. der Zerstäubungs-Geschw. auch der Dispersionsgrad des Nebels berücksichtigt werden muß. Dadurch wird die von einem Fl.-Tropfen benötigte Verdunstungsdauer in beträchtlichem Maße verändert, wodurch auch die in der Flamme in atomarem Zustand anwesende Stoff-Konz. beeinflußt wird. W. HAMPEL. 5063□

Eine Vakuumküvette zur Untersuchung der Infrarotabsorptionsspektren fester Körper in verschiedenen Gasatmosphären und in einem ausgedehnten Temperaturbereich. N. N. Kawtaradse und W. I. Lygin. (Журнал Физической Химии [J. physik. Chem.] **34.** 462—63. Febr. 1960. Moskau, Inst. für physikal. Chem. der Akad. der Wiss. der UdSSR.) (Russ.)

Vff. beschreiben eine Mo-Glas-Küvette mit NaCl-Fenster zur Unters. der IR-Absorptionsspektren von Pulvern, Schichten gepreßter Pulver u. Filmen zwischen -50 u. $+200^0$ bei Vakua von 10^{-4}—10^{-5} mm Hg oder in der Atmosphäre verschiedener Gase. Die Küvette wurde zur Unters. chem. Verbb. auf Oberflächen von Adsorbentien u. zur Unters. der physikal. Adsorption des W. auf Silicagel benutzt. D. HOENE. 5063□

„Vergrößerungsverfahren" bei colorimetrischen Ultramikrotitrationen mit lichtelektrischer Endpunktbestimmung. József Mika und Béla Szopory. (Magyar Kémiai Folyóirat [Ung. Z. Chem.] **67.** 129—37. März 1961. Miskolc, TU für Schwerind., Lehrst. für Chem.) (Ung.) — Vgl. C. **1961.** 12942.

Bei diesem Verf. wird der Titrationsendpunkt dadurch festgestellt, daß eine Vgl.-Lsg. von verhältnismäßig großem Vol. mit einer verhältnismäßig konz. Maß-Lsg. so lange titriert wird, bis die titrierte Lsg. mit der in einer Capillarküvette befindlichen Probe-Lsg. „farbgleich" wird. Substanzmengen von μg-Größenordnung können mit diesem Verf. bestimmt werden, es ist somit zur Ausführung von Ultramikrotitrationen geeignet. Es werden die Fehlerquellen der neuen Meth. u. ihre Beseitigung behandelt u. die zweckmäßigsten Vers.-Bedingungen beschrieben. Mit Hilfe von Vgl.-Messungen wird bewiesen, daß man mit diesem Verf. im allg. eine Genauigkeit der Best. erreichen kann, welche die Meßgenauigkeit der zur exakten Best. geeigneten Photometer beinahe erreicht. Man kann ferner mit Hilfe der neuen Meth. sowohl sehr stark verd., wie auch stark konz. Probe-Lsg. mit hinreichender Genauigkeit untersuchen, bei denen nicht nur das Lambert-Beersche Gesetz nicht gilt, sondern bei denen sowohl die lichtelektr. wie auch die visuellen photometr. Best. völlig versagen.
I. Náray-Szabó. 5065

Bestimmung mehrerer Komponenten nebeneinander durch Titration mit Äthylendiamintetraessigsäure. I. Sajó. (Acta chim. Acad. Sci. hung. **28.** 253—58. 1961. Budapest, Forsch.-Inst. für die Eisenind.) (Dt.)

Es wird die analyt. Best. der Syst. *Fe–Mn*; *Fe–Co*; *Fe–Cr–Co*; *Pb–Hg*; *Pb–Tl* u. *Pb–Tl–Hg* besprochen u. die prakt. Durchführung beschrieben. W. Hampel. 5066□

Die Äthylendiamintetraessigsäure in der Maßanalyse. Bestimmung der Metalle. Otto Borchert. (Chem. Techn. **12.** 332—42. Juni 1960. Schönebeck/Elbe.) (Dt.)

Überblick über die seit 1956 erzielten Fortschritte in der komplexometr. Maßanalyse. Ca. 30 neu eingeführte Indicatoren u. ihre Anwendung zur direkten Best. der einzelnen Metalle werden besprochen. — 121 Literaturangaben. N. Pluskal. 5066□

Titrimetrische Bestimmung oberflächenaktiver Substanzen auf Kalisalzen. G. Blümel. (Chem. Techn. **12.** 545—46. Sept. 1960. Sondershausen, Forsch.-Stelle Kaliind.) (Dt.)

Es wird eine Modifikation des Verf. von Schwerdtner (C. **1951.** II. 1029) zur heterometr. Titration kationenakt. Substanzen (langkettige aliphat. Verbb., bes. Stearylaminacetat) mit einem anionenakt. Titrationsmittel unter Zusatz von Tetrabromfluorescein als Indicator beschrieben. Substanzmengen im Bereich von 10—300 μg können noch bestimmt werden. Umgekehrt können auf ähnliche Weise anionenakt. Substanzen mit kationenakt. Titrationsmittel bestimmt werden. F. Rosendahl. 5066□

Aufbewahrung von n/10 Natriumhydroxydlösungen in Polyäthylen- und in Natriumglasflaschen. W. C. Easterbook und A. B. Cameron. (Chem. and Ind. **1957.** 1155. 24/8. Stevenston, Ayrshire, Res. Dep., Nobel Div., Imp. Chem. Ind. Ltd.; Australian Atom. Energy Commiss.) (Engl.)

Bei der Aufbewahrung von Natronlauge in Natriumglasflaschen ist nach kurzer Zeit ein Angriff des Glases festzustellen, wodurch die Stärke der Lauge ansteigt. In Polyäthylenflaschen dagegen ist selbst nach Monaten keine Änderung der Laugenstärke zu erkennen. Die höheren Kosten der Polyäthylenflaschen werden durch ihre Beständigkeit wieder ausgeglichen. D. Hass. 5070□

Beseitigung von gasförmigem Chlortrifluorid im Laboratoriumsmaßstab. D. J. O'Connor und K. R. Hyde. (Chem. and Ind. **1957.** 1155—56. 24./8. Harwell, Berks., AERE.) (Engl.)

Wegen seiner Giftigkeit u. Feuergefährlichkeit wird zur Beseitigung von ClF_3 ein Verbrennen des Gases in einer Leuchtgasflamme mit Hilfe eines Nickelbrenners vorgeschlagen. Die sauren Verbrennungsgase werden anschließend in 10%ig. KOH absorbiert. Die angeführte Verbrennung ist leicht zu kontrollieren u. ohne ständige Beobachtung durchführbar. D. Hass. 5094□

a) Elemente und anorganische Verbindungen

Chromatographische Trennung anorganischer Ionen auf Glasfaserstreifen unter Verwendung geschmolzener Salze als Elutionsmittel. G. Alberti und G. Grassini. (J. Chromatogr. [Amsterdam] **4.** 425—36. Nov. 1960. Rome, C.N.R.N., Div. Geomineraria, Ist. di Chim. Gen. ed Inorgan., Labor. di Anal. Chim.) (Engl.)

Vff. untersuchten das Verh. von Übergangsmetallen bei der Chromatographie auf Glasfaserpapier (Whatman GB), das mit halbkonz. HNO_3 vorbehandelt worden war. Als Elutionsmittel diente das Salzpaar $LiNO_3$–KNO_3 mit 43 Mol-% $LiNO_3$ (Eutektikum); gearbeitet wurde aufsteigend bei $160^0 \pm 2^0$. Unter diesen Bedingungen wanderten Pb^{2+}, Cd^{2+}, Ba^{2+}, Ca^{2+}, Sr^{2+}, Rb^+ u. Cs^+ mit der Front; während Fe^{3+}, Ag^+, Th^{4+} u. U^{6+} am

Start blieben. Cu^{2+}, Co^{2+} u. Ni^{2+} bildeten lange Schwänze. Zusatz von KCl zum Laufmittel ergab merkbare Rk. mit Fe, Cu, Co u. Ag. Bei Verw. von Zirkoniumphosphatbeladenem Glasfaserpapier zur Ionenaustauschchromatographie ergab sich nur für Cs^+ u. Rb^+ ein schwacher Rückhalteeffekt. M. FINKE. 5106□

Quantitative radiochemische Analyse durch Ionenaustausch. Anionenaustausch bei einigen Metallionen in salzsauren, salpetersauren und schwefelsauren Lösungen. L. R. Bunney, N. E. Ballou, Juan Pascual und Stephen Foti. (Analytic. Chem. **31.** 324—26. März 1959. San Francisco, Calif., U.S. Naval Radiolog. Defense Labor.) (Engl.)

Die Adsorption von ^{241}Am, $^{144}Ce(III)$, ^{233}Pa, ^{95}Nb, ^{95}Zr, ^{106}Ru, ^{89}Sr, ^{91}Y, *Mo*, *Th* u. *U(VI)* aus HCl-, HNO_3- u. H_2SO_4-saurer Lsg. verschiedener Acidität an dem Anionenaustauscher Dowex-2 wurde untersucht. Die Salz-Lsgg. (Konz.: Spuren — 0,04 m) wurden bis zur Einstellung des Verteilungsgleichgewichts (ca. 16 Std.) über dem mit der betreffenden Säure vorbehandelten, getrockneten u. ausgewogenen Ionentauscher stehengelassen, u. nach dem Trocknen des nunmehr mit Metall- (Me) Ionen beladenen Harzes wurde der Verteilungsquotient K_d (= g Me-Ionen im Harz/g Me-Ionen im ml Lsg.) durch Scintillationsmessungen bzw. spektralphotometr. (Mo) oder colorimetr. (Th u. U) Meth. bestimmt. K_d ist als Funktion der Normalität der drei Säuren im logarithm. Maßstab wiedergegeben. In HCl-Lsg. zeigen Sr, Y, Ce u. Th keine bemerkenswerte Adsorption (Ad). Die Ad von Mo fällt von 0,1 n HCl an bis zu einem Minimum bei ca. 2n u. weist bei ca. 3n ein Maximum auf. Aus dem Kurvenverlauf wird auf das Vorhandensein mehrerer Mo-Verbb. geschlossen. Ad-Maxima in HCl zeigen Ru u. U (bei 2n bzw. 8n), Minima Nb u. Pa (bei 2n bzw. 0,4—2n). Die Ad von Zr steigt zwischen 2 u. 10n steil an. Trennungsmöglichkeiten ergeben sich für Th, Pa u. U bei 4—5n oder bei 0,1 n, für U u. Mo bei 0,1 n HCl. — In HNO_3 ist keine nennenswerte Ad bei Sr, Y, Ce, Am u. Nb festzustellen. Zr, U u. Th zeigen Maxima nahe 8n. Bei Mo u. Ru nimmt K_d mit wachsender Acidität ab, bei Pa oberhalb 2n zu. Trennungsmöglichkeiten ergeben sich z. B. für U, Zr u. Th aus 8n HNO_3 u. für Ru von allen anderen Ionen aus 0,1 n HNO_3. — Sr, Y, Ce u. Am zeigen auch in H_2SO_4-Lsg. keine nennenswerte Adsorption. Bei Mo, Nb, Pa, U u. Zr fällt K_d mit wachsender Acidität weitgehend linear ab. Die Ad von Th u. Ru geht durch ein Minimum (bei ca. 3 bzw. 2 n), bei Th folgt ein steiler Anstieg bis zu einem Maximum bei 18 n. Verschiedene Trennungen sind möglich, z. B. Am u. Th von U, Pa u. Zr. W. BETCKE. 5106

Quantitative radiochemische Analyse durch Ionenaustausch. Anionenaustausch in Lösungen von gemischten Säuren und Entwicklung eines Trennungsschemas. Leon Wish. (Analytic. Chem. **31.** 326—30. März 1959.) (Engl.) — Vgl. vorst. Referat.

Ein Ionenaustauschtrennungs-Verf. mit Dowex-2 in Verbindung mit radiochem. Analyse für die beim Beschuß von U mit Neutronen auftretenden Spalt-Prodd. wird beschrieben. Die Lsgg. der Isotope ^{239}Np, ^{239}Pu, ^{237}U, ^{95}Zr, ^{95}Nb u. ^{99}Mo in HCl/HF-Mischungen verschiedener Konz. wurden mit dem Austauscher bis zur Einstellung des Gleichgew. (ca. 20 Std.) geschüttelt u. der Verteilungsquotient K_d (s. vorst. Ref.) durch γ-Aktivitätsmessungen oder γ-Spektrometrie bestimmt. K_d ist als Funktion der Säure-Konz. für 0,1 n—12 n HCl mit einem Geh. von 0,3 n HF u. für 12 n HCl bei wechselndem HF-Geh. (0—0,6 n) dargestellt. Die bei 0,1 n bzw. 12 n HCl mit einem Geh. von jeweils 0,3 n HF gefundenen K_d-Werte betragen für: U 8,3/830 (Minimum 0,6 bei 1n HCl), Np 15/30 (0,08 bei 5 n), Pu 37/1725 (0,01 bei 4 n), Zr 530/0,40 (0,27 bei 6 n) Nb 275/15,5 (4,2 bei 6 n), Mo 225/450 (18 bei 2 n). Zum Vgl. ist der Verlauf des Adsorptionsgleichgew. für reine HCl (bis 12 n) als Lsgm. dargestellt. — Für die quant. Eluierung der Elemente wurden die optimalen Bedingungen ermittelt. Für die Trennung von Np u. Nb u. von U u. Mo werden Vorschriften mitgeteilt. Die γ-Reinheit von Mo u. Np übertrifft 99%, dagegen finden sich in den Zr- u. Nb-Fraktionen etwas größere γ-Verunreinigungen, die aber bei der γ-Spektrometrie toleriert werden können. Die Verunreinigung von U durch ^{132}Te u. ^{132}J erfordert eine wiederholte Reinigung. W. BETCKE. 5106

Quantitative radiochemische Analyse durch Ionenaustausch. Anionenaustauschgleichgewichte in phosphorsauren Lösungen. E. C. Freiling, Juan Pascual und A. A. Delucchi. (Analytic. Chem. **31.** 330—31. März 1959.) (Engl.) — Vgl. vorst. Referate.

Die Verteilungsquotienten (K_d) der Radioisotope *Cs*, ^{89}Sr, ^{144}Ce(III), ^{95}Zr(IV). ^{132}Te(IV), ^{144}Ce(IV), ^{239}Np(IV), ^{95}Nb(V), ^{99}Mo(VI) u. ^{237}U(VI) in phosphorsaurer Lsg, verschiedener Normalität zwischen dem Ionenaustauscher Dowex-2 u. der Lsg. wurden durch Messung der Aktivität des Harzes u. der Lsg. nach der Gleichgew.-Einstellung bestimmt (vgl. vorst. Ref.). K_d wird als Funktion der H_3PO_4-Normalität im logarithm. Maßstab dargestellt. — Die untersuchten Elemente lassen sich in drei Gruppen einteilen: (1) Cs u. Te zeigen eine sehr geringe Adsorption bei allen Säure-Konz. (K_d = ca. 1). — (2) Sr, Ce (III) u. Ce (IV) werden bei niedrigen Normalitäten schwach adsorbiert (K_d = 4—10). — (3) Die übrigen Elemente weisen eine starke Adsorbierbarkeit bei geringer Acidität (0,1 n) auf (H_d = 10^3—10^6). Mit zunehmender H_3PO_4-Konz. fällt K_d weitgehend linear schnell ab. — Für Te ergibt sich eine gute Trennungsmöglichkeit von den anderen Elementen. W. BETCKE. 5106

Bestimmung von Natrium in Aluminiumoxyd durch Flammenphotometrie. L. Braicovich und M. F. Landi. (Spectrochim. Acta [London], Proc. Colloquium spectroscop. int. VI **1956.** 51—61. 1957. Milano, Soc. Montecatini, Sect. Aluminium, Usine de Porto Marghera.) (Franz.) — Inhaltlich ident. mit C. **1960.** 1957.

HERBERT MÜLLER. G 274□

Bestimmung von radioaktivem Cäsium. T. H. Handley und C. L. Burros. (Analytic. Chem. **31.** 332—34. März 1959. Oak Ridge, Tenn., Oak Ridge Nat. Labor., Analyt. Chem. Div.) (Engl.)

Die Trennung von ^{136}Cs u. ^{137}Cs von anderen radiaokt. Spalt-Prodd. durch Fällung mit Na-Tetraphenylborat (I) wird beschrieben. Die Verss. wurden mit Standard-Lsgg. durchgeführt. — Aus dem Cs-haltigen Lsg.-Gemisch (ca. 15 ml) werden Fe, Ba, La u. Zr (je ca. 5 mg) mit NaOH/Na_2CO_3 gefällt, die abzentrifugierte Lsg. wird gerade salzsauer gemacht u. unter Rühren tropfenweise mit 4 ml I-Lsg. (4 g I + 1 g $AlCl_3 \cdot 6\,H_2O$, gelöst in 100 ml W., werden gegen Phenolphthalein alkal. gemacht, filtriert u. auf 200 ml verdünnt) versetzt, nach 10 Min. wird zentrifugiert, der Nd. mit W. gewaschen u. in möglichst wenig Aceton (ca. 1 ml) gelöst. Dann werden 10 ml abs. A. mit einem Geh. von 0,5% I dazugegeben, u. nach 10 Min. Stehen unter Eiskühlung wird der Nd. abfiltriert, bei 110° getrocknet u. ausgewogen. In Ggw. größerer Mengen K u. Rb wird das Cs nach Ansäuern der Lsg. mit 15 ml 6 n HCl mit 2 ml Wolframatokieselsäure (1 g/Liter) versetzt u. nach Abzentrifugieren u. nochmaligem Umfällen in 0,5 ml 6 n NaOH gelöst u. wie vorher weiterbehandelt. — ^{136}Cs u. ^{137}*Cs* lassen sich durch γ-Spektrometrie unterscheiden. Die zur Berechnung geeigneten Maxima liegen bei 1,04 bzw. bei 0,661 meV.

W. BETCKE. G 277

Spektrographische Bestimmung von Spuren Beryllium in Erzen mit der Netzelektrode. Julian Czakow und Zofia Walewska. (Chem. analit. [Warszawa] **5.** 369—75. 1960. Warszawa, PAN, Inst. Badan jądr., Zakł. Chem. analit.) (Pol.)

Die pulverisierte, V-haltige Erzprobe wird mit Hilfe einer Cu-Netzelektrode einmal ohne, das andere Mal mit Zusatz geringer, bekannter Mengen Be funkenspektroskop. (FEUSSNER-Funken) untersucht. Bei einem Be-Geh. von 1—20 ppm erfolgt die Auswertung auf Grund der Linien Be II 3130,416 u. V II 3110,706 Å. Zur Berechnung wird die SCHEIBE-LOMAKIN-Gleichung verwendet. F. URBAN. G 281□

Feldnachweis für Beryllium. W. M. Dressel und R. A. Ritchey. (U. S. Dep. Interior, Bur. Mines, Inform. circ. **1960.** Nr. 7946. 1—5.) (Engl.)

Zum Nachw. von Be in Mineralien pulverisiert man die Probe fein wie Mehl. Man erwärmt dann eine Pt-Öse von 5 mm ⌀ zur Rotglut, schmilzt darin eine Perle aus NaOH/Na_2CO_3 (2:3), taucht die heiße Perle in die mehlfeine Erzprobe, schmilzt bis zum Lösen der Probe, löst die Perle in 5—10 ml W. unter Erwärmen u. versetzt mit 10 Tropfen alkoh. Chinalizarin-Lsg. (1 Teil gesätt. Lsg. + 3 Teile A.). Die purpur oder lila gefärbte Lsg. fluoresciert im UV-Licht rosa bis orange. Die Nachw.-Grenze beträgt 0,013% Be, in Ggw. von Pyrit etwas weniger. Ca-Mineralien stören nicht, wohl aber Ca-haltiges Wasser. H. PLUSKAL. G 281□

Feldnachweis für Berylliummineralien: Die Morin-Fluorescenzmethode. T. N. McVay. (U. S. Dep. Interior, Bur. Mines, Rep. Invest. **1960.** Nr. 5620. 1—10.) (Engl.)

Zum Nachw. von Be vermischt man 5 Teile fein pulverisiertes Mineral mit 1 Teil KHF_2 gut im Mörser, erwärmt dann im Porzellantiegel zuerst von unten u. später bei schräg gestelltem Tiegel von oben, bis die Farbe nach Orange oder Rot umschlägt. Die Masse soll sintern, aber nicht schmelzen. Nach dem Abkühlen füllt man den Tiegel zu $^2/_3$ mit W. u. löst Be durch 1std. Digerieren bei Zimmer-Temp. oder schneller durch Erwärmen, macht mit 1 oder notfalls 2 NaOH-Stückchen alkal. u. versetzt mit 5—7 Tropfen gesätt. Morin-Lsg. in Aceton. In Ggw. von Be zeigt die Lsg. unter kurzwelligem UV-Licht eine gelbgrüne Fluoreszenz, die bald nachläßt. Verwendet man $KHSO_4$ für den Aufschluß, dann schmilzt man gleiche Mengen feingepulverte Substanz u. $KHSO_4$ bei verhältnismäßig niedriger Temp. zusammen, bis die Masse unter Gas-Entw. wieder fest wird. Man füllt den Tiegel dann halb voll W., erwärmt u. verfährt weiter wie oben. In Ggw. von Fe muß man $Fe(OH)_3$ absitzen lassen u. die überstehende Fl. für die Fluorescenzprobe verwenden. Vf. empfiehlt die gleichzeitige Durchführung beider Aufschlüsse. In Ggw. von Feldspat liegt dabei die Nachw.-Grenze bei 0,2% Be.

H. PLUSKAL. G 281□

Bestimmung des radioaktiven ^{45}Ca durch Messung mit Flüssigkeitsscintillationszählern. L. Lutwak. (Analytic. Chem. **31.** 340—43. März 1959. Bethesda, Md., Nat. Inst. of Health, Nat. Inst. of Arthritis and Metabolic Diseases, Metabolic Diseases Branch.) (Engl.)

Das für die Unters. biolog. Fll. (Serum, Urin) wichtige Radioisotop ^{45}Ca kann durch Scintillationsmessungen in Lsg. in dem tern. Syst. W.-A.-Toluol, das als Leuchtstoff 2.5-Dimethyloxazol (I) gelöst enthält, bestimmt werden. ^{45}Ca wird aus der wss. biolog. mit KOH alkal. gemachten Lsg. in Toluol mit einem Geh. von 10% 2-Äthylhexansäure, [die verschiedene Ca-Salze u. $Ca(OH_2)$ löst] extrahiert u. in das tern. Lsg.-Gemisch überführt. Die Aktivität kann dann direkt mit einem Scintillationsspektrometer bestimmt werden. Unter den günstigsten Bedingungen (0,3 ml ^{45}Ca in HCl-Lsg. + 4,0 ml abs. A. + 6 ml 0,4%ig. I-Lsg. in Toluol, bei einer Verstärkerspannung von 910 V) betrug die Strahlungsausbeute 65%. W. BETCKE. G 283

Identifizierung des Scandiums. Reinaldo Vanossi. (An. Asoc. quím. argent. **46.** 291—309. Dez. 1958.) (Span.)

Eine Probe, die 10 mg jedes beliebigen Elements oder auch mehr von solchen, die das Verf. nicht stören, enthält, wird in Lsg. gebracht. Aus dieser angesäuerten Lsg. werden flüchtige Chloride durch Dest. u. als Chlorid oder Jodid in Ae. lösl. Elemente durch Extraktion entfernt. Gleichzeitig wird dabei frei gemachtes J_2 mit sd. HCl entfernt. Zum schwefelsauren Rückstand werden 1—2 ml 3 m HCl gegeben, wobei die Sulfate von Ba, Sr, teilweise Ca, Th u. einigen Lanthaniden, die Oxyde von Si, W, Nb, Ta u. die Phosphate von Zr, Ti, Th, auch Phosphoniobate u. Phosphotantalate ungelöst bleiben. Dann wird aufgekocht u. bei Bldg. hydrolyt. Ndd. etwas mehr Säure zugesetzt u. weiter erwärmt. Darauf wird auf 4—6 ml verd. u. wieder gekocht, im Falle des Verbleibs von krist. Ndd. (meist Sulfaten) unter größerer Verdünnung. Diesem ggf. noch etwas Ungelöstes enthaltendem Syst. fügt man nach mäßiger Abkühlung 5 m NaOH bis zu geringem Überschuß, d. h. bis 0,3 m Alkalität, u. dann noch einige cg Na_2O_2 unter Umrühren zu. (Hierbei gehen Si, W, P, Nb, Ta u. Ti wieder in Lsg., während die übrigen Elemente des Ungelösten sich meist in Hydroxyde oder Carbonate umwandeln oder als Sulfate ungelöst bleiben.) Verbleibt danach solch ein Rückstand, so wiederholt man in Anteilen den Na_2O_2-Zusatz bis ca. 0,1 g, wobei ggf. bis auf ca. 10 ml verd. werden darf. 1. Wenn nichts Ungelöstes bleibt, bringt man die Lsg. auf 0,3—0,4 m Alkalität (hierbei 0,01 g Na_2O_2 ≙ 0,05 ml 5 m NaOH) u. tropft dann 1—2 ml Fe^{3+}-Lsg. mit 1 mg Fe/ml zu, filtriert u. wäscht den Nd. (u. bei dem das $Fe(OH)_3$ das Sc, aber auch Al, Be, V, Ir u. Rh mitgefällt hatte, wähernd Mn, Ni u. ein Teil Mg u. Co in Lsg. blieben) aus. 2. Für den Fall, daß nach der Alkalisierung u. Na_2O_2-Zugabe Ungelöstes verbleibt, werden mit diesem die Reinigungs-Verf. in genau beschriebener Weise wiederholt. Ein dann noch verbleibender Rückstand kann Sc gebunden enthalten an Niob- u. Tantalsäure, vor allem aber an Phosphate u. komplexe Phosphorsäuren des Nb, Ta u. Zr. Für deren Aufschluß. ggf. durch NaOH-Schmelze, u. Trennung werden genaue Angaben gemacht, die als wesentlichen Unterschied die umgekehrte Fällung des Hydroxyds durch Eingießen der schwach sauren Suspension in die überschüssige Lsg. von Na_2O_2 + NaOH empfehlen. Der Nd. M wird mit 2 ml 3 m HCl gekocht, die Lsg. auf 4—6 ml verd., ein etwaiger Rückstand abfiltriert u. der Lsg. NH_4OH bis $pH \leq 8$ zugesetzt. Erfolgt umfangreiche Fällung oder ist das Filtrat durch Co rötlich gefärbt, so wiederholt man die Fällung aus stärker verd. Lösung. Der Nd. kann außer Sc u. dem zugesetzten Fe noch die Lanthanide, Y, Zr, Th sowie einige Elemente enthalten, die bei den vorst. Operationen nicht völlig entfernt worden waren. Der zuletzt gewonnene Nd. wird mit wenig 3 m HCl gekocht, die Lsg. ggf. zentrifugiert u. auf ca. 0,5 ml eingeengt. Nach Abkühlung auf Raum-Temp. werden 5—6 Vol. 7 m *NH_4CNS* (I)-Lsg. zugesetzt u. danach so viel konz. HCl, daß die Lsg. 0,5—0,7 m sauer ist. Dann extrahiert man mit 2—3 Vol. Ae. u. zentrifugiert wieder. Hierbei gehen 85—89% Sc in die organ. Phase, während einige Lanthanide, Y, Th, Zr, Hf, Rh, u. Ir in der wss. bleiben. Man wäscht die äther., von der Zwischenschicht freigehaltene Phase mit $^1/_8$—$^1/_{10}$ Vol. auf 0,5 m HCl angesäuerter I-Lsg. u. zentrifugiert, um verunreinigende Reste zu beseitigen. Nach Verdampfen des Ae. wird der noch feuchte Rückstand mit HNO_3 vorsichtig oxydiert u. HNO_3 verdampft. Den danach verbleibenden Rückstand kocht man mit 0,5—1 ml, 2—3 m HCl bis zur Auflösung. Nach Verdünnen auf 4 ml wird bei Raum-Temp. 5 m NaOH zugetropft u. beobachtet, ob der gebildete Nd. bei weiterer Reagenszugabe sich auflöst oder vermindert (Al oder Be) oder volumkonst. bleibt. Dann säuert man mit HCl gerade an, fügt 0,2 g Oxalsäuredihydrat u. 0,5—1 m $CaCl_2$-Lsg. mit 3—4 mg Ca^{2+} zu. Das unterhalb des Kp. ausfallende CaC_2O_4 fällt Sc mit aus u. trennt es so von Al (was beim Kp. bes. bei $pH > 3$ nicht der Fall sein würde), das trotz der vorhergehenden

Trennung von den Reagentien wieder eingeschleppt worden sein kann. Den Nd. löst man unter Erwärmen gerade wieder mit HCl, fügt 1—2 Tropfen alkohol. 0,05—0,1%ig. Bromphenolblau- (bzw. in Ggw. von Al oder Be Thymolblau-)Lsg. u. dann langsam tropfend unter Rühren 2—3 m NH_4OH bis zu schwacher Blau- (knapper Orange-) Färbung u. weiter 1 m HCl bis zur Gelbfärbung u. noch einige Tropfen mehr (pH 2,6—2,8) zu. Wenn nach dem Zentrifugieren $>$ 1 mg Be oder Al sich in Lsg. befindet, wird in dieser wie zuvor angesäuerten Lsg. nach Zusatz von ca. 2 mg Ca die Oxalatfällung wiederholt u. die vereinigten Ndd. werden mit lauwarmem W. gewaschen, dann durch Zutropfen von HNO_3, $HClO_4$ u. H_2SO_4 in der Wärme unter Zers. störender organ. Verunreinigungen gelöst u. die Lsg. fast bis zur Trockne erwärmt; dieser Rückstand wird mit 1 ml W. u. 1 Tropfen 5 m HCl einige Sek. aufgekocht, auf 4—5 ml verd. u. auf Raum-Temp. abgekühlt. Dann tropft man 5 m NaOH gerade bis zum Lackmusumschlag zu (sichtbarer Nd. zeigt hohen Sc-Geh. an), säuert mit ca. 5 m Essigsäure bis zu 0,30—0,35 m Überschuß an u. setzt dann 1—2 Tropfen 10%ig. Na-Diäthyldithiocarbamat-Lsg. unter ständigem Umrühren mit 0.5—1 ml *Äthylacetat* (**II**) zu, zentrifugiert, extrahiert die wss. Phase mit **II** bis zur Farblosigkeit u. kocht das im W. gelöste **II** fort. Mit der organ. Phase werden einige ggf. noch vorhandene Reste von Cr(VI), U, Co, Ni, Mn, Cd, Fe u. Te(IV) entfernt. Zur derart gereinigten wss. Lsg. gibt man 0,2 ml 0,5%ig. Carminsäure-Lsg. u. kocht noch 1 Minute. In Ggw. von Sc wird die Lsg. dunkel oder bei größerer Menge fällt ein blauer Nd. aus. Zur schärferen Erkennung setzt man unter Umrühren zur sd. Lsg. 1 Tropfen 0,5 m $BaCl_2$-Lsg., zentrifugiert u. wäscht den blauen oder violettblauen Nd., der der Nachw.-Grenze von 1—2 μg Sc/Probe oder 0,4 μg Sc/4 ml Endlsg. entspricht. W. METZENER. G 299□

Chromatographische Trennung von Vanadin und Chrom. Dim. A. Schischkow. (Годишник на Минно — Геоложкия Институт (София) [Annu. Inst. minier géol. (Sofia)] **5.** Nr. 3. 139—50. 1958/59.) (Bulg.; Auszug: Dt.)

Es wird die quant. Trennung von V u. Cr an den Anionenaustauschern EDE-10 P, AN-1 u. AN-2 F, sowie an den Kationenaustauschern KU-2 u. Sulfokohle im Zusammenhang mit den funktionellen Gruppen, dem Säuregrad u. der Konz. der Lsgg. untersucht. Die Stärke der N-Absorption der untersuchten Austauscher nimmt in der folgenden Reihe zu: KU-2 $\leq$ Sulfokohle; AN-1 $<$ AN-2 F $<$ EDE-10 P. Cr wird nur von KU-2 u. Sulfokohle absorbiert. Eine quant. Trennung V/Cr bei verschiedenem pH der Lsgg. ist nur an den Anionenaustauschern EDE-10 P u. AN-2 F möglich. Es wurde eine Meth. für die Trennung V/Cr aus salzsauren Lsgg. vom pH 3 ausgearbeitet. Das absorbierte V wird mit 4 n HCl eluiert. A. WITZMANN. G 335□

Anwendung der Ionenaustauschchromatographie zur Bestimmung von Wolfram und Molybdän in Erzen, Konzentraten und Legierungen. D. A. Schischkow. (Годишник на Минно-Геоложкия Институт (София) [Annu. Inst. minier géol. (Sofia)] **5.** Nr. 3. 131—37. 1958/59.) (Bulg.; Auszug: Engl.)

W u. Mo können von V, Cr, Ni, Ti, Mn, Fe u. a. getrennt werden, indem man die saure Lsg. (pH ca. 1), die die Ionen enthält, durch den Anionenaustauscher EDE-10 P laufen läßt. W u. Mo werden als WO_4^{2-} bzw. MoO_4^{2-} am Austauscher festgehalten. Mo wird mit 4 n HCl u. W mit 8 n HCl eluiert, wodurch eine Trennung Mo/W möglich wird. A. WITZMANN. G 337□

Trennung von Titan und Uran von anderen Elementen durch Tannin. J. Das und S. Banerjee. (Z. analyt. Chem. **183.** 42—46. 1961. Calcutta, India, St. Paul's C.M. Coll. u. City Coll., Chem. Dep.) (Engl.)

Ti u. U lassen sich durch Fällen mit Tannin (**I**) aus Äthylendiamintetraessigsäure (EDTA)-haltiger Lsg. von Fe^{3+}, Al^{3+}, Cr^{3+}, Th^{4+}, Zr^{4+}, Bi^{3+}, Pb^{2+}, $(VO)^{2+}$, Seltenen Erden u. a. trennen. — Die Ti^{4+}- oder $(UO_2)^{2+}$- u. Fremdionen enthaltende Lsg. wird mit 10 ml 10%ig. Na-EDTA-Lsg. versetzt u. mit HCl angesäuert. In Anwesenheit von Cr^{3+} oder $(VO_4)^{3-}$ wird 2 Min. gekocht. Nach dem Verdünnen auf 400 ml werden 50 ml I-Lsg. (5 g **I** werden in 25 ml W. gelöst, 5 g NH_4Cl u. 50 ml 1 n NH_4OH zugefügt, auf 250 ml aufgefüllt u. am nächsten Tag filtriert), zugesetzt u. fast zum Kochen erwärmt. Dann wird mit verd. NH_3-Lsg. tropfenweise unter starkem Rühren gefällt u. die Lsg. abgekühlt (der U-Nd. ist in warmer EDTA lösl.). Die Ti-Fällung ist bei pH 4, die U-Fällung bei pH $>$ 6 vollständig. Nach 10 Min. langem Digerieren wird filtriert, mit 2%ig. NH_4Cl-Lsg. gewaschen u. zur gravimetr. Best. (Ti als TiO_2; U als U_3O_8) verglüht. Evtl. muß (nach Lösen in 6 n HCl) umgefällt werden. Statt mit NH_3 kann auch mit Urotropin neutralisiert werden. Die Fehler liegen in der Größenordnung von 0,5%. — PO_4^{3-} u. F^- stören; Oxalat verhindert die Fällung von U, aber nicht von Ti. W. BETCKE. G 339□

Spektrophotometrische Bestimmung von Eisen als Eisen(III)-Acetatkomplex. D. D. Perrin. (Analytic. Chem. **31.** 1181—82. Juli 1959. Canberra, Australia, Univ., Dep. of Med. Chem.) (Engl.)

3—1200 ppm Fe^{3+} können als Acetatkomplex in 2m Na-Acetat-(2m) Essigsäure-Puffer bei 337,5 oder 465 mμ spektrophotometr. bestimmt werden. Ggw. von Komplexbildnern sowie von Co^{2+}, Cu^{2+}, Ni^{2+}, Ce^{4+}, Al^{3+} u. Cr^{3+} stört. E. DEHMLOW. G 354

Chromatographische Studien über die Oxydation von schwefliger Säure durch Eisen(III) in saurer Lösung. F. H. Pollard, P. Hanson und G. Nickless. (J. Chromatogr. [Amsterdam] 5. 68—73. Jan. 1961. Bristol, Univ., Dep. of Phys. and Inorgan. Chem.) (Engl.)

Vff. untersuchten die Rk. zwischen H_2SO_3 u. Fe^{3+}-Ionen in saurer Lösung. Die Best. des gebildeten Dithionats wird durch Abtrennung der Fe^{3+}- u. Fe^{2+}-Ionen an einem Kationenaustauscherharz (Zeo-Carb 225) erleichtert. Im Eluat wird $S_2O_6^{2-}$ durch Oxydation mit Dichromat bestimmt. Fe^{3+} u. Fe^{2+} werden nach der früher beschriebenen Meth. (vgl. C. **1961**. 7331) mit 2-Nitroso-1-naphthol-4-sulfonsäure bestimmt. Es wurde gefunden, daß die Rk. anfangs bimol. verläuft, mit zunehmendem Geh. an gebildetem Fe^{2+} aber immer mehr von der Bimolekularität abweicht. M. FINKE. G 354□

Ein gemischtes Verfahren für die spektrographische Bestimmung von Verunreinigungen und Legierungselementen in Stahl. R. H. Tyas. (Spectrochim. Acta [London], Proc. Colloquium spectroscop. int. VI **1956**. 275—81. 1957. Sheffield, Brit. Iron and Steel Res. Assoc.) (Engl.)

Wenn sowohl Funken- als auch Bogenspektren auf die gleiche photograph. Platte aufgenommen werden sollen, ist es notwendig, die Anregungsquelle so weit zu modifizieren, daß größte Reproduzierbarkeit (Funkenanregung) u. Empfindlichkeit (Bogenanregung) erzielt werden. Bei Verw. einer HILGER-BNF-Anregungsquelle wird die Impedanz des Entladungskreises auf ein Minimum gebracht; damit wird die Intensität der Hochspannungsfunkenentladung um den Faktor 3 gesteigert. Die Empfindlichkeit der intermittierenden Wechselstrombogenentladung wird in bezug auf die Probenpolarität untersucht, die Bedingungen für maximale Empfindlichkeit werden angegeben. Die Variations-Koeff. betragen für Leg.-Elemente 1—4%, für Verunreinigungen 2—10%. HERBERT MÜLLER. G 354□

Ein neues Verfahren zur Trennung des Kobalts von Molybdän und zur Bestimmung dieser Elemente. G. Spacu und Constanța Gheorghiu. (Comun. Acad. Republ. Populare romîne **5**. 385—88. 1955.) (Rum.; Auszug: Franz.)

Ein in 30 Min. durchführbares Verf. zur Trennung u. Einzelbest. von Co u. Mo beruht auf der von SPACU u. DICK [1927] gefundenen Fällung von $[CoPy_4(SCN)_2]$, bei der in Ggw. von Weinsäure Mo in Lsg. bleibt. Mo wird dann mit 8-Hydroxychinolin gefällt. Der Fehler beträgt bei Co maximal $\pm 0{,}0002$, bei Mo $\pm 0{,}0003$ g. Das Verf. eignet sich für die Unters. von Spezialleg., wie sie in der Elektrotechnik angewandt werden. R. K. MÜLLER. G 355□

Oxydation von Kobalt(II)-Salz mit Eisen(III)-Salz in Gegenwart von 1.10-Phenanthrolin und ihre Anwendung in der analytischen Chemie. F. Vydra und R. Přibil. (Acta chim. Acad. Sci. hung. **28**. 297—302. 1961. Prag, Tschech. Akad. der Wiss., Inst. für Geochem. u. anorgan. Rohstoffe, Analyt. Labor.) (Dt.)

Es wird beobachtet, daß Co(II)-Salze in saurer Lsg. in Ggw. von 1.10-Phenanthrolin (I) durch Fe(III)-Salze zu Co(III)-Salzen oxydiert werden. Das bei dieser Rk. entstandene Fe(II)-Salz reagiert mit I zu einem Fe(II)-Phenanthrolinkomplex (Ferroin). Auf Grund der potentiometr. u. colorimetr. Unters. dieser Rk. werden analyt. Verff vorgeschlagen. W. HAMPEL. G 355□

Chrom-, Uran-, Wolfram- und Nickelkomplexe der Thioglykolsäure. V. M. Bhuchar. (Nature [London] **191**. 489—90. 29/7. 1961. New Delhi, India, Nat. Phys. Labor.) (Engl.)

Vf. erörtert die Verw. von Thioglykolsäure (I) als Reagens zur photometr. Best. von Cr, U, W u. Ni sowie zu polarograph. Best. von Ni. Cr bildet mit I in saurem Medium einen violett (λ_{max} 350 mμ bei pH 2), im alkal. Medium einen grün gefärbten Komplex (λ_{max} 630 u. 475 mμ). Der molare Extinktions-Koeff. (ε) beträgt für jedes Maximum $1{,}95 \cdot 10^2$. Der Arbeitsbereich liegt bei pH 6—9, die Best.-Grenzen sind $(1-75) \cdot 10^{-4}$m. Der U-Komplex ist in saurer Lsg. farblos, in alkal. Lsg. orangefarben (λ_{max} 388 mμ, $\varepsilon = 23 \cdot 10^2$); Arbeitsbereich pH 6,5—7,5; Best.-Grenzen $(2-75) \cdot 10^{-5}$m. Der W-Komplex ist im sauren Bereich gelblich (305 mμ, $53 \cdot 10^2$), im alkal. farblos; pH 2,5—5,5; $(4-40) \cdot 10^{-6}$m. Der Ni-Komplex ist bei pH 2 gelblichgrün, in alkal. Lsg. rosa (522 mμ, $0{,}98 \cdot 10^2$); pH 7—9; $(2-20) \cdot 10^{-4}$m. Das Halbstufenpotential liegt für den Ni-Komplex bei $-0{,}68$ V gegen die gesätt. Kalomelelektrode, die polarograph. Best.-Grenzen sind $(0{,}2-2{,}0) \cdot 10^{-4}$m. Die Komplexe aller vier Metalle eignen sich zur Mikrobest. der Elemente. Sie sind ziemlich stabil (der W-Komplex bis zu 2 Wochen). Selbst ein großer I-Überschuß wirkt nicht störend. Ni bildet auch mit o-Mercaptobenzoesäure einen Komplex, dessen Absorptions-Eigg. denen des I-Komplexes ähnlich sind. I läßt sich auch als Komplexbildner für andere Elemente, wie Re u. In, verwenden. GERHARD SCHULZE. G 356□

Colorimetrische Bestimmung von Pd(II) in Gegenwart von Pt(IV). Gr. Popa, D. Negoiu und G. Baiulescu. (Studii Cercetări Chim. [Bucureşti] **7.** 73—78. **1959.** Bucureşti, Univ. C. I. Parhon, Fac. de chim.) (Rum.)

Für die colorimetr. Best. von Pd^{2+} u. Pd^{3+} in Ggw. von Pt^{4+} wird die Verw. von *Tropäolin 00* (I) u. *Tropäolin 0* (II) vorgeschlagen. Mit I können 2,46—39,3 µg Pd^{2+}/ml auch in Ggw. von Pt bis zu Pd : Pt = 1 : 2 bestimmt werden. Mit II kann man 0,63 bis 9,83 µg Pd^{2+}/ml in Ggw. von Pt bis zu Pd : Pt = 1 : 240 bestimmen. Die Unterss. werden mit 98,33 µg $PdCl_2$/ml Lsg. (Dimethylglyoximtiter) mit einem PULFRICH-Photometer im Vgl. mit einer Blindprobe mit gleicher Menge Reagens durchgeführt. R. K. MÜLLER. G 365□

Schnellanalyse von Magneten. P. Répás. (Acta chim. Acad. Sci. hung. **28.** 243—51. 1961. Budapest, Forschungsinst. für die Eisenind.) (Dt.)

Nach dem beschriebenen Verf. wird die Analyse harter u. weicher Ferrite (Mn–Zn-, Mikrowellen- u. Quadrat- u. Ba-Ferrite) mit Hilfe der kombinierten Anwendung der Trennung mit Ionenaustauschern u. der Komplexometrie gelöst. Die Trennung der Metallionen erfolgt mit einem Anionenaustauscherharz als Chlorokomplexe. Nach der Trennung wird das *Mn* in Ggw. von Diphenylcarbazon u. V(V)-Komplexonat (aus NH_4VO_3 u. EDTA), das *Fe* mit Sulfosalicylsäure, das *Zn* mit Xylenolorange, das *Mg* mit Eriochromschwarz-T u. das *Ba* mit Thymolphthalexon als Indicator mit EDTA titriert. W. HAMPEL. 5282□

Spektrographische Analyse von Schlacken nach der Lösungs-Bogen-Methode mit der Becherelektrode. I-djen Ho, Shih-cho Li und Thang-soo Wang. (Spectrochim. Acta [London], Proc. Colloquium spectroscop. int. IV **1956.** 212—16. **1957.** Mukden, Acad. Sinica Shenyang, Inst. of Metal Res.) (Engl.)

Metallurg. Schlacken werden in HNO_3 aufgenommen u. in einer Cu-Elektrodenanordnung mit einem Glasbecher im Wechselstrombogen (6,5 A, 40 Sek.) angeregt. Unterss. zeigen, daß bei diesem Verf. eine fraktionierte Dest. vermieden wird, die Herst. von Probe-Lsgg. mit geeigneter Homogenität einfach ist u. daß die Wahl von HCl, HNO_3 bzw. ihren Mischungen als Lsgm. den jeweiligen Anforderungen an Empfindlichkeit u. Genauigkeit angepaßt werden kann. Die Herst. von echten Lsgg. ist nicht unbedingt erforderlich. HERBERT MÜLLER. 5290□

Die Analyse von Sedimentgesteinen durch Aktivierung mit geladenen Teilchen. Robert F. Sippel und Everett D. Glover. (Nuclear Instruments Methods [Amsterdam] **9.** 37—48. Okt. 1960. Dallas, Tex., Socony Mobil Co., Inc., Field Res. Labor.) (Engl.)

Es wird allg. über die geochem. Unters. von Sedimentgesteinen durch Aktivierungsanalyse mit Protonen, Deuteronen u. α-Teilchen berichtet. Für die quant. Auswertung der gemessenen Aktivitäten müssen Matrixeffekte berücksichtigt werden. Diese Effekte werden durch das Bremsvermögen der Gesamtprobe gegenüber der aktivierenden Strahlung verursacht. Es werden Werte für das Bremsvermögen mitgeteilt u. Vers.-Ergebnisse über die Best. des Geh. von Sedimentgesteinen an folgenden Elementen mitgeteilt (in der Klammer jeweils die Aktivierungs-Rk.): *C* [$^{12}C(d, n)^{13}N$]; *O* [$^{16}O(d, p)^{17}N$]; *Na* [$^{23}Na(p, p')^{23}Na^*$, $^{23}Na(p, \alpha)^{20}Ne^*$, $^{23}Na(d, p)^{24}Na$]; *Mg* [$^{24}Mg(p, p')^{24}Mg^*$, $^{26}Mg(d, p)^{27}Mg$]; *Al* [$^{27}Al(d, p)^{28}Al$]; *P* [$^{31}P(d, p)^{32}P$]; *Li* [$^{7}Li(p, n)^{7}Be$, $^{7}Li(p, \gamma)^{8}Be$, $^{7}Li(p, p')^{7}Li^*$]; *Be* [$^{9}Be(\alpha, n)^{12}C$]; *B* [$^{10}B(\alpha, n)^{13}N$, $^{10}B(d, n)^{11}C$] u. *F* [$^{19}F(p, \alpha)^{16}O^*$, $^{16}O^* \rightarrow {}^{16}O + \gamma$]. W. REUSSE. 5290□

b) Organische Verbindungen

Beiträge zum Nachweis organischer Verbindungen. L. Rosenthaler. (Pharmac. Acta Helvetiae **35.** 385—91. Aug. 1960. Beil. zu: Schweiz. Apotheker-Ztg. Bern.) (Dt.) — Vgl. C. **1961.** 8781.

Fortsetzung der Beiträge zum Nachw. organ. Verbb. mit: 1. Farb-Rkk. der Alkohole; 2. Nachw. von Fuselöl in A.; 3. zur Jodoform-Rk. des Acetons; 4. Nachw. der Essigsäure; 5. Prüfung der Essigsäure auf Glyoxalsäure; 6. Farb-Rkk. mit Aconitsäure u. Essigsäureanhydrid; 7. zum Verh. aromat. Nitro-Verbb. gegenüber Ascorbinsäure; 8. Rkk. der o- u. p-Aminobenzoesäure u. des Procains; 9. SIMONsche Rk. des Ephedrins u. 10. Rk. des Pyramidons mit PbO_2. Den Farb-Rkk. der Alkohole wurden unterworfen Methyl-, Äthyl-, Benzyl-, Phenyläthyl-, Phenylpropyl-, n-Propyl-, Isopropyl-, n-Butyl-, Isobutyl-, sek.-Butyl- u. Isoamylalkohol. F. O. W. MEYER. 5350□

Gaschromatographie fester organischer Verbindungen. C. Hishta, J. P. Messerly, R. F. Reschke, D. H. Fredericks und W. D. Cooke. (Analytic. Chem. **32.** 880. Juni 1960. Syracuse, N.Y., Bristol Labor.; Ithaca, N.Y., Cornell Univ., Baker Labor.) (Engl.)

Feste, organ. Stoffe können bei Temp. bis zu 250° unterhalb ihres Kp. gaschromatograph. analysiert werden, wenn als fester Träger Mikroperlen aus Glas von 200 μ Ø verwendet werden, die mit 0,05—0,2 Gew.-% einer Flüssigphase imprägniert sind. Um Sättigung der Gasphase zu verhindern, muß die Probenmenge wegen des niedrigen Dampfdrucks der Verbb. auf einige Zehntel mg herabgesetzt werden. Folgende Verbb. wurden analysiert: *n-Octacosan* (bei 200°), *Anthracen* (100°), *Chrysen* (190°), *Anthrachinon* (175°), *p-Dibrombenzol* (103°), *Octadecanol* (200°), *1.3-Diphenylbenzol* (200°), *Methyloleat* (148°). C.-E. Döring. 5364□

Gaschromatographische Spurenanalyse an einem Synthesegas. Horst Holzhäuser. (Abh. dtsch. Akad. Wiss. Berlin, Kl. Chem. Geol. Biol. **1959.** Nr. 9. 271—98. Inst. für Verf.-Technik der organ. Chem.) (Dt.)

In einem Synth.-Gas wurden gesätt. u. ungesätt. KW-Stoffe als Spurenkomponenten nach Anreicherung durch Adsorption an A-Kohle in Konzz. von ca. 10^{-4} Vol.-% gaschromatograph. unter Verw. einer hochempfindlichen Wärmeleitfähigkeitszelle bestimmt. W. Luchsinger. G 500□

Bestimmung von Acetylenspurenmengen in Äthylen durch Gaschromatographie. R. A. L. Paylor und Raymond Feinland. (Analytic. Chem. **33.** 808—09. Mai 1961. Stamford, Conn., Amer. Cyanamid Co., Central Res. Div.) (Engl.)

Hexamethylphosphoramid (HMPA) zeigt für Acetylen u. Äthylen einen Trennfaktor von 40. Dieser hohe Trennfaktor gestattet ohne vorherige Anreicherung eine direkte gaschromatograph. Best. von Acetylenspuren in Äthylen. Dazu wurde eine kurze Trennsäule (1/4 in. äußerer Durchmesser u. 5,5 ft. lang; gefüllt mit 20% HMPA auf 60—80 mesh Chromosorb als Trägermaterial in einer Packungsdichte von 0,53 g/cm³) u. ein empfindlicher Flammenionisationsdetektor verwendet. Die Trennsäule hat für Acetylen bei 25° eine Wirksamkeit von 2000 theoret. Böden u. wurde bei Raum-Temp. (27 ± 1,5°) benutzt. Dabei mußte zwischen Säule u. Detektor eine kleine Kühlfalle geschaltet werden, da sonst durch aus der Säule austretendes HMPA die Null-Linie zu hoch liegt. Die Durchfluß-Geschw. betrugen für N_2: 40 ml/min, H_2: 35 ml/min u. Luft: 56 Liter/h. Unter diesen Bedingungen dauert eine Einzelbest. 10 Minuten. Die Reproduzierbarkeit der Acetylenwerte bei Dosierung von 0,5 u. 1,0 ml einer Äthylenprobe mit 3 ppm Acetylen war 3%. Bei der beschriebenen Vers.-Anordnung können maximal 5 ml Äthylen pro Best. dosiert werden. Dieser Menge mit 2,4 ppm Acetylen ist dessen Bandenhöhe einer Anzeige von 1,84 mV äquivalent. Das Rauschen ist auf 0,02 mV zu veranschlagen. Die Nachw.-Grenze (berechnet als die Konz., deren Anzeige in der Größenordnung des Rauschens liegt) beträgt dann 0,03 ppm Acetylen. W. Hein. G 530□

Verminderung des Tailing in der Gas-Flüssigkeitschromatographie. O. Harva, P. Kivalo und Airi Keltakallio. (Suomen Kemistilehti B **32.** 71—72. 1959. Helsinki, Finland, Inst. of Technol.) (Engl.)

Das bei der Gaschromatographie gesätt. Alkohole (Isopropanol, sek.-Butanol, n-Butanol u. n-Propanol) an unpolaren Säulen auftretende „tailing" kann durch Zusatz von 0,1—0,5% oberflächenakt. Substanz (Stearinsäure, Glycerinmonostearat) zur Flüssigphase vermindert werden. C.-E. Döring. 5062□

Über die Halogenierung einfach ungesättigter Ketten der Fettreihe in Allylstellung. 1. Mitt. **Einwirkung von N-Bromsuccinimid auf Ölsäuremethylester.** Maurice Naudet und Eugène Ucciani. (Bull. Soc. chim. France **1959.** 798—803. Juni. Marseille, Fac. des Sci., Labor. de Chim. des Corps Gras.) (Franz.)

Die Substitution einfach ungesätt. Ketten der Fettreihe in Allylstellung wird bei spezif. Halogenierungsmitteln von der Bldg. anderer Halogen-Derivv. begleitet. Eine Meth. zur Best. der verschiedenen chlorierten Ketten der Fettreihe dieser Mischung wurde untersucht u. konnte auf Brom-Derivv. ausgedehnt werden. Diese Meth. erlaubt die Unters. der Bromierung von *Methyloleat* (I) mit *N-Bromsuccinimid* (II) bzgl. Rk.-Kinetik u. Einfl. des molaren Verhältnisses des Halogenierungsmittels.

Versuche: *9.10-Dichlorstearinsäuremethylester*, 0,9 n *Ölsäure* (I)-Lsg. in Chlf. wird bei —20° mit weniger als der äquimol. Menge Cl_2 behandelt. Nach Verdampfen des Lsgm. im Vakuum wird das Rohprod. mit CH_3OH verestert. — *9.10-Dibromstearinsäuremethylester*, I wird in Hexan bei 0° u. Dunkelheit mit einem kleinen Überschuß an Br_2 behandelt. Aus Hexan bei —20° u. —78° umkristallisieren u. mit CH_3OH verestern. — *9(10)-Monochlormethylstearat*. Eine konz. Lsg. von I in Essigsäure wird mit gasförmigem HCl gesätt. u. 7 Std. in einem geschlossenen Gefäß auf 150° erhitzt. Nach Entfernen der Essigsäure wird das Rohprod. bei —30° aus Aceton umkrist. u. mit CH_3OH verestert. — Analog: *9(10)-Monobrommethylstearat*. — *12?-Chlormethyloleat*, der Methylester der Ricinolsäure wird mit der stöchiometr. Menge $SOCl_2$ in Chinolin umgesetzt. Das in Ae. gelöste Rohprod. wird erst mit verd. Säure u. dann mit W. gewaschen. Nach Trocknen u. Behandeln mit Aktivkohle wird das Lsgm. verdampft. — *Chloriertes Methyloleat*, äquimol. Mengen I u. tert.-Butylhypochlorit werden 3 Wochen lang bei Dunkelheit u. Raum-Temp. im Rohr aufbewahrt. Nach Evakuieren wird in Ae. aufgenommen, mit W. gewaschen u. nach Trocknen das Lsgm. abdestilliert. — *Bromiertes Methyloleat*, eine 10% ig. Lsg. von I in CCl_4 wird sd. mit 20% ig. mol. Überschuß an II behandelt. Chlf.-Lsg. mit W. waschen, nach Abfiltrieren des II trocknen u. Chlf. abdestillieren. CH. SASS. G 800□

Die Bestimmung von Chloramin T in Gegenwart von Formaldehyd. Raymond Jensen, Serge Garrin und Francis Tayeau. (Bull. Soc. chim. France **1960.** 975—77. Mai. Bordeaux, Fac. de méd. et de pharm., Labor. de Chim. biol. et médicale.) (Franz.)

Die jodometr. Best. von *Chloramin T* (I) nach der klass. Vorschrift des pharmazeut. Codex ergibt zu niedrige Werte in Ggw. von *Formaldehyd* (II). Durch II wird die Hydrolyse von I infolge Harz-Bldg. zwischen II u. p-Toluolsulfonamid (Hydrolyse-Prod. von I) begünstigt. Das nebenher entstehende NaClO reagiert in neutraler Lsg. mit KJ unter Bldg. von KOH. In der dadurch alkal. werdenden Lsg. wird bereits freigesetztes J_2 durch Oxydation von II zu Ameisensäure teilweise verbraucht. Wenn man die Reagentien nicht nach der in der klass. Vorschrift angegebenenen Reihenfolge (I, KJ, Essigsäure) zusammengibt, sondern KJ erst nach dem Ansäuern mit Essigsäure zufügt, treten die Neben-Rkk. selbst bei großem Überschuß von II nicht ein. K. PAVEL. G 1090

Chromatographie von hydroxylierten Flavanderivaten an Celluloseglykolsäureäther. Richard Neu. (J. Chromatogr. [Amsterdam] **4.** 489—93. Dez. 1960. Karlsruhe-Durlach, Dr. W. Schwabe G. m. b. H., Chem. Forschungslabor.) (Dt.)

Vf. berichtet über die Verw. von *Celluloseglykolsäureäther* (I, *CAM-Cellulose*, SCHLEICHER & SCHÜLL) zur chromatograph. Gewinnung u. Reinigung von *Flavonen*, *Flavanonen* u. *Flavanolen* sowie deren Glykosiden. Aus Pflanzenauszügen werden die polymeren Anteile irreversibel entfernt, aus handelsüblichen Flavonol- u. Flavanglykosiden werden durch chromatograph. Reinigung an I reine Substanzen gewonnen. Im Gegensatz zur Chromatographie an Polyamid werden *d-Catechin* u. *l-Epicatechin* an I nicht irreversibel adsorbiert. Dagegen ist die Trennung von Flavonolen u. deren Dihydro-Derivv. sowie von Chalkonen u. Flavonen an I ebenso möglich wie an Polyamid. Die I-Säulen sind geringer belastbar als Polyamidsäulen. M. FINKE. G 3211□

Die Identifizierung von Alkaloiden und verwandten Verbindungen durch Papierchromatographie und Ultraviolettspektrophotometrie. Russell Hilf, Frank F. Castano und George A. Lightbourn. (J. Lab. clin. Med. **54.** 634—39. Okt. 1959. Fort Baker, Calif., 6. U. S. Army Area Med. Labor., Chem. Div.) (Engl.)

Beschreibung einer Meth. zur Extraktion mit Chlf. + 1,5% ig. A. (4 : 1) u. Identifizierung mehrerer Alkaloide u. Antihistaminica (*Dilaudid*, *Nicotin*, *Morphin*, *Codein*, *Strychnin*, *Atropin*, *Neoantergan*, *Pyribenzamin*, *Cocain*, *Heroin*, *Trimeton*, *Amphetamin*, *Sparin*, *Thorazin*, *Benadryl*). Die meisten der gerichtsmedizin. interessanten Pharmaca waren papierchromatograph. bei 4 verschiedenen pH-Werten, 3,0, 5,0, 6,5 u. 7,5, mit n-Butanol, gesätt. mit den entsprechenden Puffer-Lsgg., als Lsgm. trennbar u. mit Jodplatinatreagens erkennbar. Elution des Papierchromatogramms u. anschließende UV-Absorptionsspektroskopie ergeben nur halbquant. Werte (25—50% Ausbeute), können aber ebenfalls zur Identifizierung dienen. K. MAIER. G 3500□

Die polarographische Bestimmung des Mesobilirubins in Gegenwart des Bilirubins. B. Tvaroha. (Naturwissenschaften **48.** 99. 2. Febr.-H. 1961. Prag, Univ., I. Medizin. Klinik.) (Dt.)

Das Halbstufenpotential des *Bilirubins* (I) in 0,1n NaOH liegt bei —1,48 V gegen die gesätt. Kalomelelektrode, das des *Mesobilirubins IX* (II) bei —1,62 V. Die quant. Best. beider Bilirubine auch in organ. Material kann auf Grund dieser Unterscheidung erfolgen. Zur Best. von II neben I kann man die Ableitungskurven ausnützen. Die Höhe des Ableitungsmaximums 3 ist in weiten Grenzen der II-Konz. proportional. PH. FRESENIUS. G 3550□

Über die Bedingungen der Bestimmung der spezifischen Radioaktivität von Chlorophyll in unendlich dünnen Präparaten. A. A. Schlyk, I. W. Prudnikowa, W. I. Gaponenko und L. I. Fradkin. (Доклады Академии Наук БССР [Ber. Akad. Wiss. Beloruss. SSR] **3.** 484—87. Dez. 1959.) (Russ.)

Bei einem Präp., das a μg *Chlorophyll* (I) enthält, beträgt die registrierbare Radioaktivität N = (35,70 ± 0,09)·a. Wenn die spezif. Aktivität des C in I bei einer Präp.-Dicke d ($\mu g/cm^2$) A_d, bei Dicke 0 (extrapoliert A_0) ist, dann gilt $A_d = A_0[1 + (0{,}0015 \pm 0{,}0017)\,d]$, analog besteht zwischen den Aktivitäten zu Beginn des Vers. (A_0) u.

nach t Tagen (A_t) die Beziehung $A_t = A_0[1 + (0{,}0038 \pm 0{,}0052)\, t]$. Die Wahrscheinlichkeit, daß die spezif. Aktivität bei Zunahme von d (t) nicht zunimmt, ist p = 0,28 (0,31).
R. K. MÜLLER. G 3550□

Zur Kieselgelschicht-Chromatographie der stereoisomeren Menthole. H.-J. Petrowitz. (Angew. Chem. **72.** 921. 7/12. 1960. Berlin-Dahlem, Bundesanst. für Materialprüf.) (Dt.)

Vf. trennt *Menthol* (I) u. *Isomenthol* (II) durch Chromatographie auf Kieselgel von *Neomenthol* (III) u. *Isoneomenthol* (IV). Als Elutionsmittel dienen Bzl., CH_3OH, Bzl./CH_3OH = 25:75 oder 95:5 (am geeignetsten). Nicht voneinander getrennt werden I von II u. III von IV. Als Sprühreagens dient $SbCl_5$ in CCl_4. Das Ergebnis zeigt, daß die axiale oder äquatoriale Stellung der OH-Gruppe die Wanderungs-Geschw. beeinflußt, während die Stellung der CH_3-Gruppe ohne Einfl. ist. W. SCHWEERS. G 3600□

Proteinbestimmung auf der Grundlage der Kupfer-Bindungsfähigkeit. John Westley und James Lambeth. (Biochim. biophysica Acta [Amsterdam] **40.** 364—66. 20/5. 1960. Chicago, Ill., Univ., Dep. of Biochem.) (Engl.)

Es wird eine neue schnelle Meth. zur *Protein* (I)-Best. auf Grund der Biuret-Rk. beschrieben, die für 0,05—1,0 mg I geeignet ist. Die zu untersuchende u. zuvor von Salzen u. freien Aminosäuren durch Dialyse oder Abscheidung des I mit 0,25 ml 3m Trichloressigsäure befreite I-Lsg. (0,50 ml) wird mit 1,0 ml NaOH-alkal. $CuSO_4$-Tartrat-Lsg. versetzt; nach 5 Min. langem Stehen bei Raum-Temp. werden 1,0 ml Dowex-I-Suspension, 5,0 ml Natriumdiäthyldithiocarbamat als Farbreagens zugefügt u. kurz zentrifugiert; der Überstand kann je nach I-Konz. bei 446 bzw. bei 486 mμ gegen eine Blind-Lsg. aus dest. H_2O u. 5,0 ml Farbreagens gemessen werden. Nach dieser Meth. werden I, wie *Elastin*, *β-Lactoglobulin*, *Rinderalbumin*, *Pepsin* u. *Lysozym* untersucht u. mit der von LOWRY (C. **1950/54.** 524 S) u. der allg. verwendeten Biuret-Rk. (Z. Naturforsch. **8 b.** [1953.] 555) verglichen. CH. ZIMMER. G 4070□

d) Medizinische und toxikologische Analyse

Eine spektrophotometrische Methode zur Bestimmung von Methämoglobin im Blut. Glenn E. Martin, John I. Munn und Loretta Biskup. (J. Assoc. off. agric. Chemists **43.** 743—46. Aug. 1960. Washington, D.C., Food and Drug Admin. Educat. and Welfare, Dep. of Health.) (Engl.)

Es wird das im Absorptionsspektrum des *Methämoglobins* (I) bei 630 mμ auftretende charakterist. Maximum zur quant. Best. benutzt. Die durch Zentrifugieren von 1 ml mit $(NH_4)_2C_2O_4$ ungerinnbar gemachtem Blut gewinnbaren Erythrocyten werden in Saponin-Lsg. hämolysiert u. nach Citrat-Phosphat-Puffer-Zusatz in einem aliquoten Teil bei 630 mμ die Absorption D_1 gemessenen (Oxyhämoglobin u./oder I). Nach Zusatz von NaCN-Lsg. wird ebenfalls bei 630 mμ D_2 gemessen (Cyanhämoglobin u./oder *Cyanmethämoglobin* [II]). Ein dritter Wert D_3 wird erhalten nach Überführen eines weiteren aliquoten Teils der hämolysierten Erythrocyten-Lsg. mit $K_3[Fe(CN)_6]$ in I. Das Gesamthämoglobin wird als II separat nach CROSBY [1954] bestimmt u. der I-Geh. wird ermittelt nach: g I/100 ml Blut = g Hämoglobin/100 ml Blut·$(D_1 - D_2)/(D_3 - D_2)$. Vff. vergleichen die Unters.-Ergebnisse der Best. von I im Herzblut von Kaninchen u. Ratten nach intraperitoneal verabreichtem $NaNO_2$ mit denen, die nach der Meth. von WINTROBE [1952] erhalten werden. Als I-Normalwerte, also ohne $NaNO_2$, beim Kaninchen werden 0,18—0,31 g/100 ml Vollblut u. für Ratten 0,09—0,39 g/100 ml Vollblut gefunden.
J. WINTER. 5727□

Trichlorphenol als proteinabscheidendes Agens bei der colorimetrischen Bestimmung der Phosphate im Blutserum. Natalia Mihalache. (Comun. Acad. Republ. Populare romîne **5.** 535—37. März 1955.) (Rum.; Auszug: Franz.)

Für die Proteinabscheidung bei der colorimetr. PO_4^{3+}-Best. im Blutserum wird anstatt Trichloressigsäure *2.4.6-Trichlorphenol* (I) empfohlen. Die Differenzen überschreiten nicht 5%. I ist bes. für klin. Unterss. geeignet. Es bietet den Vorteil der leichteren Zugänglichkeit, fehlender Hygroskopizität u. besserer Rückgewinnbarkeit.
R. K. MÜLLER. 5728□

E. Bowell and **P. T. S. Sandon**, Determination of titanium in zirconium and zirconium tetrachloride. London: H. M. S. O. 1961. = A. E. R. E.: AM 79. 1 s. 2 d.

G. Charlot, Dosages colorimétriques des éléments minéraux. Principes et méthodes. 2e édit. Paris: Masson. 1961. (380 S. m. 72 Abb.) 45 NF.

K. B. J. Cottell, Polarographic determination of tin in stainless steel. London: H. M. S. O. 1961. = A. E. R. E.: AM 77. 1 s. 9 d.

P. M. Naylor, Paper chromatographic separation and assay of 90sr and 90y. London: H. M. S. O. 1961 = Development and engineering group, DEG report 317, W. 1 s. 6 d.

R. W. Wilkinson and J. A. Winter, A simple apparatus for the gas chromatography of polyphenyls. London: H. M. S. O. 1961. = A. E. R. E.: M 820. 2 s. 6 d.

J. Woodhead, The absorption spectrum of nitrous acid in tributyl phosphate and its application to analyses for nitrous acid. London: H. M. S. O. 1961. = A. E. R. E.: R 3432. 1 s. 9 d.

Ch. Wunderly, Principles and applications of paper electrophoresis. Amsterdam: Elsevier Publishing Cy. 1961. (XII + 256 S. m. Abb.) = Elsevier monographs. Chemistry section; no. 11. hfl 13,—.

A. N. Zaidel and others, Spectral-isotopic method for the determination of hydrogen in metals. London: Butterworths. 1961. 30 s.

The Determination of Gases in Metals. Special Report No. 68. The Iron and Steel Institute. London and Bradford: Percy Lund, Humphries & Co. Ltd. 1960. (VIII + 308 S.) 3 3 s.
Ausführlicher Bericht über das von der Society for Analytical Chemistry u. dem Iron and Steel Institute veranstaltete Symposium. Im wesentlichen wird die Best. der techn. wichtigen Gase O_2, H_2 u. N_2 nicht nur in Fe bzw. Stahl, sondern auch in Nichteisenmetallen, wie Ti, Zr, Be u. U, behandelt. An entsprechenden Beispielen wird die Anwendung der neuesten Analysen-Meth. erläutert. G. BAUER

H. Angewandte Chemie

I. Allgemeine chemische Technologie

Chemische Kinetik für Ingenieure. Henry Cassan. (Chaleur et Ind. **39.** 273—89. Nov. 314—24. Dez. 1958.) (Franz.)

Darst. der grundlegenden Ableitungen u. Gesetze der chem. Kinetik homogener u. quasihomogener Rkk., der Rk.-Ordnungen, des Einfl. von Druck u. Temp. auf die Kinetik. Homogene u. Autokatalyse, die Besonderheiten von Ketten-Rkk., heterogene Rkk., Adsorption u. Diffusion werden erläutert. J. LANGER. 5800□

Baustoffe für chemische Fabriken: Schmiedeeisen. E. Ineson. (Chem. Process Engng. incorp. Atomic Wld. **42.** 271—75. Juni 1961. Sheffield, Brit. Iron and Steel Res. Assoc., Metallurgy Div.) (Engl.)

Übersicht über Gewinnung, Zus., mechan. u. physikal. Eigg. von Schmiedeeisen, das Verh. gegen den Angriff von Boden, Atmosphäre u. W. u. seine Verw. als Baustoff in der chem. Industrie. W. WESLY. 5804□

Bimetallrohre. Dan Christopher. (Mechan. Engng. **83.** Nr. 6. 68—71. Juni 1961. Houston, Tex., Gray Tool Co.) (Engl.)

Übersicht über Arten, Herst., Eigg. u. Anwendung von Bimetallrohren, bes. von Rohren aus C-Stahl, die mit Cu u./oder Ni verkleidet sind. — 7 Schrifttumshinweise. W. WESLY. 5804□

Bekämpfung korrosiver Dämpfe mittels glasfaserverstärkter Harze. Al Calderone. (Ind. Engng. Chem., int. Edit. **53.** Nr. 3. 58A—60A. März 1961. Carborundum Metals Co.) (Engl.)

Beschreibung der Verw. von glasfaserverstärkten Harzen u. von Glas, das mit Polyestern verbunden ist, als korrosionsfeste Werkstoffe für Belüftungs-Vorr. in Ggw. korrosiver Dämpfe, z. B. bei der Gewinnung von $ZrCl_4$ aus ZrC u. Cl_2. W. WESLY. 5804□

Diskussion über die Veröffentlichung „Der Partialkoeffizient der Wärmeübertragung in einem trocknenden strömenden Bett" von P. M. Heertjes und S. W. McKibbins. L. N. Johanson. (Chem. Engng. Sci. **6.** 141. März 1957. Seattle, Wash. Univ.)

Vf. weist auf eine Veröffentlichung von JOHANSON u. WAMSLEY hin u. wirft HEERTJES u. MCKIBBINS (vgl. C. **1961.** 9546) eine ungenügende Beachtung der Differenz der Temp. des festen Körpers u. des vorbeiströmenden Gases vor. Bes. die Sättigungs-Temp. der Luft am Gel kann nicht der angegebenen entsprechen. Außerdem kann nicht einheitliche Gas-Temp. angenommen werden. Daher entstehen falsche Übertragungskoeffizienten. H. MIETHING. 5816

Antwort von P. M. Heertjes. P. M. Heertjes. (Chem. Engng. Sci. **6.** 142. März 1957. Delft, Univ., Labor. of Chem. Engng.) — Vgl. vorst. Referat.

Die Arbeit von JOHANSON u. WAMSLEY war dem Vf. entgangen. Diese Autoren rechnen mit Mittel- oder angenommenen Temp., was nicht zulässig ist. Neue Arbeiten sollen die Temp.-Verhältnisse im einzelnen klären. H. MIETHING. 5816

Sammelbehälter für heißes Gebrauchswasser oder heiße Flüssigkeiten zum Ausgleich von Schwankungen des Dampfverbrauchs in industriellen Anlagen. Marcel Stein. (Chaleur et Ind. **39.** 290—98. Nov. 1958.) (Franz.)

An Hand eines Beispiels wird gezeigt, daß die Speicherung von heißem W. oder einer anderen heißen Fl. mehrere Vorteile vor der Speicherung von Dampf bietet, um

Schwankungen im Dampfverbrauch auszugleichen. Die im Heißwasser gespeicherte Wärmeenergie läßt sich wiedergewinnen. Bes. günstig arbeiten solche Anlagen in Betrieben, die große Mengen an heißem Gebrauchswasser benötigen, wie Wäschereien, Färbereien, Molkereien und so weiter. J. LANGER. 5816□

Dispergieren und Homogenisieren im Dienste der chemischen Verfahrenstechnik und der Nahrungsmittel-Industrie. F. H. Smith. (Fette, Seifen, Anstrichmittel **62.** 954—58. Okt. 1960. Hilversum, Holland, Manton Gaulin S. A.) (Dt.)

Nach einem Überblick über theoret. Grundlagen, Bauart u. Leistung gebräuchlicher Dispergier-App. u. über die wirtschaftliche Bedeutung des Dispergierens u. Homogenisierens in den Nahrungs-, Heil-, Anstrichmittel- u. a. Industrien berichtet Vf. ausführlich über Bauart, Leistung u. Arbeitsweise eines neuen Homogenisators, der bes. haltbare Emulsionen oder Suspensionen mit Teilchengrößen bis 0,5 μ liefert. Auf seine vielseitigen Einsatzmöglichkeiten zur Beschleunigung von Lösungsvorgängen u. bes. zu chem. Rkk. (Veresterungen, Katalysen, Hydrierungen usw.) wird hingewiesen. A. SANDER. 5824□

Organische Ionen- oder Molekülaustauscher und -trenner. 3. Mitt. Quecksilber- und Blei–Furfurol–Phenol-Harze. Dimitrie A. Isăcescu und Victoria Ursu. (Comun. Acad. Republ. Populare romîne **7.** 1023—24. Dez. 1957. Bucureşti, Fac. de farm., Labor. de chim. biol.) (Rum.)

Wenn man in alkohol. Lsg. ein Furfurol–Phenol-Harz mit Hg- oder Pb-Acetat umsetzt, entsteht ein brauner Nd., der nach 10—48 Std. Stehen abfiltriert u. mit A. u. W. bis zur völligen Beseitigung von lösl. Hg- bzw. Pb-Salzen gewaschen wird. Die so erhaltenen Hg- u. Pb–Furfurol–Phenol-Harze vermögen Halogene (bes. Br u. J) aus äußerst verd. Lsg. (0,000005 g/ml), organ. Halogen-Derivv. (z. B. Thyroxin) u. SH-Gruppen enthaltende organ. Verbb. (z. B. Äthylmercaptan, Thiophenol) zu binden. R. K. MÜLLER. 5826□

Über eine verbesserte Labor-Flotationszelle. Dimiter Totzev. (Bergakademie [Freiberg] **12.** 453—54. Aug. 1960. Bulgar. Akad. der Wiss.) (Dt.)

Die gebräuchlichen, aus Bewegungs- u. Beruhigungskammer bestehenden Flotationszellen sind vielfach dad. gek., daß ein Teil der gebildeten Luftblasen in der Bewegungskammer verbleibt, sich vergrößert u. zerfällt. In den aus einer Kammer bestehenden Zellen ist die Oberfläche ziemlich unruhig, wodurch das Abstreichen des Schaumes erschwert wird. Vf. beschreibt eine von diesen Nachteilen freie Flotationszelle. W. WESLY. 5828□

Hochvakuumabdichtungen und das Ausgasen und die Permeabilität kautschukähnlicher Materialien. R. H. V. M. Dawton. (Brit. J. appl. Physics **8.** 414—21. Okt. 1957. Harwell, Berks., Atomic Energy Res. Establ.)

Über Ergebnisse bei Hochvakuummessungen (Ausgas- u. Permeabilitäts-Geschw.) an Abdichtungen u. über Befunde hinsichtlich des Effekts kautschukähnlicher Materialien bei kontinuierlich arbeitenden Hochvakuumanlagen wird berichtet. R. SCHÄFF. 5842□

Industriegase. K. C. Smith und T. J. Webster. (Rep. Progr. appl. Chem. **44.** 455—68. 1959. London, British Oxygen Res. & Developm. Ltd.) (Engl.)

Bericht über die in den Jahren 1958 u. 1959 im Schrifttum bekannt gewordenen Fortschritte über Herst., Sicherheitsmaßnahmen, Best.-Meth. u. Anwendung techn. Gase, wie O, N, Ar, He, Kr, Xe, Ne, gasförmige KW-Stoffe u. H. — 79 Literaturhinweise. A. SANDER. 5846□

Die Sättigung der Gasmischung ($N_2 + 3H_2$) mit Ammoniak in Gegenwart von flüssigem Ammoniak bei 300 und 500 kg/cm² im Bereich von $-70°$ und $+60°$. Lefrançois und Vaniscotte. (Chaleur et Ind. **41.** 183—86. Juni 1960.) (Franz.)

Die Sättigung des Gasgemisches ($N_2 + 3\,H_2$) (I) mit NH_3 (II) wurde in der Weise festgestellt, daß I, über die jeweilige Vers.-Temp. hinaus erwärmt, bei konst. Bedingungen durch eine bekannte Menge II geleitet wurde u. anschließend die überschüssige II-Menge in einem auf Vers.-Temp. gehaltenen Kondensator entfernt wurde. Die aus dem Kondensator mit I ausströmende II-Menge wurde dann durch Adsorption an H_2SO_4 ermittelt. Die in Tabellen angegebenen Sättigungsmengen an II lassen sich im gemessenen Temp.-Bereich von $k = -70°$ bis $+60°$ durch die Beziehung wiedergeben: $\log y = a - bt - ct^2 \cdot dt^3$, wo y das mol. Verhältnis 100·mol NH_3/mol ($N_2 + 3\,H_2$) bedeutet. Dabei sind bei 300 kg/cm² bzw. 500 kg/cm² die Werte von a = 0,490 bzw. 0,4255, von b = 0,0157 bzw. 0,0145, von $c = 4{,}52 \cdot 10^{-5}$ bzw. $4{,}75 \cdot 10^{-5}$ u. von $d = 5,\ 10 \cdot 10^{-8}$ bzw. $3{,}26 \cdot 10^{-7}$. E. ROEDER. 5848□

Die Geschwindigkeit der gleichzeitigen Absorption von Ammoniak und Kohlendioxyd durch Wasser. Beitrag zu den Berechnungen von Waschvorrichtungen in Gaswerken. E. Bramslev. (Génie chim. **85.** 127—52. April 1961. Frederiksberg, Dänemark, Gasfabrik.) (Franz.)

Die mathemat. Unters. der Geschw. der gleichzeitigen Absorption von NH_3 u. CO_2 durch W. führt zu einer Differentialgleichung 2. Ordnung. Die in einem mit RASCHIG-Ringen gefüllten Turm ausgeführten Absorptions-Verss. stimmen nicht mit der Lösung der Differentialgleichung überein, weil die Ringe durchnäßt sind, wohl aber die Ergebnisse der in einem hierzu konstruierten Gerät ausgeführten Verss., wobei die Gase von einem Wasserstrahl von 0,85 mm Ø absorbiert werden. Die Schwankungen der Konz. bei Gegenstromabsorption werden in einem anderen Gerät ermittelt.

W. WESLY. 5852□

Ermittlung der günstigsten Bedingungen zur extraktiven Fraktionierung. L. Le Bec. (Génie chim. 84. 41—54. Aug. 1960. Nancy, Labor. de Génie chim. E.N.S.I.C., Faculté des Sci.) (Franz.)

Nach einleitender Kennzeichnung der extraktiven Fraktionierung (**Fr**) fl. bin. Gemische durch die Ggw. eines merklich tiefer sd. u. die Bldg. azeotrop. Fraktionen verhütenden Drittkörpers (**Drk**) oder Lsgm. u. Hinweis auf prakt. Beispiele behandelt Vf. am Fließbild einer typ. extraktiven **Fr** ausführlich die verschiedenen Meth. zur Berechnung der Kolonnenböden u. der Konz. der Lsgm. in der Kolonne nach SOREL, nach der halbgraph. Meth. des Dreieck-Diagramms nach der abgeänderten Meth. von MCCABE u. THIELE sowie der Pariser Meth. nach PONCHON-SAVARIT. Die für Ausbau u. Betrieb der wirtschaftlich günstigsten Anlage grundlegenden Parameter sowie die optimalen Eigg. des zu wählenden fl. **Drk** werden näher erörtert. — 12 Literaturhinweise.

A. SANDER. 5862□

Stoffübergang zwischen flüssigen Phasen. C. A. Edwards und David M. Himmelblau. (Ind. Engng. Chem., int. Edit. **53.** 229—34. März 1961. Austin, Tex., Univ. of Texas, Dep. of Chem Engng.) (Engl.)

Mit Hilfe eines Tracer-Verf. werden unter Anwendung von dest. W., Methylisobutylketon u. radioakt. Essigsäure die Gleichgewichts-Konzz. ermittelt. Auf Grund der Ergebnisse werden Gleichungen für die Gleichgewichtsverteilung u. die Stoffübergangs-Konst. abgeleitet.

W. WESLY. 5864□

Wärme- und Stoffaustausch bei erzwungener Strömung an Körpern verschiedener Form. 2. Mitt. O. Krischer und G. Loos. (Chemie-Ing.-Techn. **30.** 69—74. Febr. 1958. Darmstadt.) — 1. vgl. C. **1961.** 16228.

Bei Körpern mit unvollständig definierter Gestalt muß bei der Berechnung der Übergangszahl an Stelle der tatsächlichen Austauschfläche die Hüllfläche u. deren Anströmlänge als geeignete, einfach zu bestimmende Bezugsgröße zugrunde gelegt werden. Lediglich bei großen Re-Zahlen ist die wahre Austauschfläche als Bezugsgröße zu benutzen. Strömungsaufnahmen bestätigten dies. Für kleinste Re-Zahlen werden die Austauschzahlen durch Berechnung der unteren Grenzwerte des Wärmeübergangs ermittelt, da Messungen in diesem Bereich schwierig sind.

F. SCHUSTER. 5864□

ᵀEine mathematische Untersuchung des Kristallwachstums in einer Kaskade von Schüttelvorrichtungen (agitators). J. N. Robinson und J. E. Roberts. (Canad. J. chem. Engng. **35.** 105—12. Okt. 1957. Trail, B.C., Consolidated Mining and Smelting Co. of Canada Ltd.) (Engl.)

Zweck der mathemat. Unters. war festzustellen, ob ein in der obigen Firma vorhandenes Syst. von Schüttel-Vorr. als $(NH_4)_2SO_4$-Sättiger, entweder in Serie oder parallel, verwendet werden kann, um ein Prod. möglichst gleichmäßiger Korngrößen zu erhalten.

C. GOTTFRIED. 5868

Grundsätzliches über die Sprühtrocknung. Rex T. Ellington. (Ind. Gas [New York] **38.** Nr. 3. 5—9. Sept. 1959. Chicago, Ill., Inst. Gas Technol.) (Engl.)

Vf. gibt eine Übersicht über die *Sprühtrocknung*, wie sie zur Trocknung hitzeempfindlicher Stoffe u. zur Herst. von Trockenpulver von Milch, Ei, Kaffee, Blut, Harzen, Reinigungsmitteln u. a. angewendet wird: Geschichte, bes. Merkmale des Verf., Bauart, Nahrungsmittelzerstäubung, Verdampfung der Fl., Trockenluftanlage, Gasfeuerung (an Stelle von Dampf). Wirtschaftliches.

B. STIEB. 5874□

Geräte für automatische Probenahme. P. H. Stirling und Henry Ho. (Ind. Engng. Chem., int. Edit. **53.** Nr. 3. 53 A—56 A. März 1961. Canadian Industries Ltd.) (Engl.)

Beschreibung von selbsttätig arbeitenden Analysengeräten u. der damit verknüpften Probenahme-Syst., ihrer Bedienung u. Pflege.

W. WESLY. 5888□

Schutz gegen korrosive Stoffe und Radioaktivität. Alfred P. Knapp. (Ind. Engng. Chem., int. Edit. **53.** Nr. 3. 65 A—66 A. März 1961. Knapp Mills, Inc.) (Engl.)

Gegen korrodierende Stoffe u. Radioaktivität in Kernkraftwerken schützen mit Pb überzogene Grundmetalle, wie Al (-Legg.), Cu (-Legg.), C-Stähle, rostfreie u. andere Ni-Stähle.

W. WESLY. 5894□

Forschung über das Förderproblem von Massengütern. M. J. Erisman. (Mechan. Engng. **83.** 55—59. März 1961. Chicago, Ill., ASME, Link Belt Comp.) (Engl.) Die beim Transport von Massengütern mittels Becherwerks oder Förderbands auftretenden Probleme u. deren techn.-wirtschaftliche Lösung wird an prakt. Beispielen, veranschaulicht durch Abb. u. Diagramme, ausführlich behandelt. A. SANDER. 5906□

Semtex Ltd. (Erfinder: Peter Harrington Gibbs und Peter Hutchinson Robin), London, England, **Fugenausfüllmasse bzw. Deckmasse für Wände und Fußböden** aus einem vernetzbaren, kautschukbildenden, fl. organ. Polysulfid u. Zinkoxyd, dad. gek., daß ein einen Katalysator enthaltendes Gemisch aus einem ungesätt. Polyester u. Styrol sowie ggf. noch chloriertes Diphenyl zugesetzt ist. Füllstoffe, Pigmente u. auch Metallpulver können zugesetzt werden. (**D. A. S. 1 107 358** Kl. 22g vom 23/1. 1958, ausg. 25/5. 1961. E. Prior. 30/1. 1957.) P. KRUG. 5811

Shin Nippon Chisso Hiryo Kabushiki Kaisha, Osaka (Erfinder: Morimitsi Hachiyama und Masataka Torikoshi, Minamata), Japan, **Herstellung von Ionenaustauschermembranen.** Man mischt das Ionenaustauscherharz mit Polyäthylen, formt u. imprägniert die erhaltene Membran mit polaren fl. organ. Verbb. (Verbb. mit 1—8 C-Atomen, wie Alkohole, Aldehyde, Ketone, Carbonsäuren, Sulfonsäuren, Hydroxynitrile, Halogenalkohole). Man imprägniert z. B. fein gepulvertes Amberlite IRA-400-Pulver mit einer benzol. Polyäthylen-Lsg., entfernt Bzl. u. walzt bei 130° zu einer Folie, die 2 Std. in CH_3OH, Formalin, Äthylencyanhydrin oder -chlorhydrin, Aceton oder CH_3COOH gelegt wird. (**Jap. A. S. 7720/1959** vom 1/4. 1957, ausg. 3/9. 1959.) M. PANKOW. 5827

Constock Liquid Methane Corp., New York, N.Y. (Erfinder: Willard Langdon Morrison, Lake Forest, Ill.), V.St.A., **Behälter zur Aufbewahrung tiefsiedender verflüssigter Gase** mit einem äußeren gasdichten Mantel u. einer auf der inneren Wandung des äußeren Mantels angebrachten wärmeisolierenden porösen Schicht, die in unmittelbarer Berührung mit dem tiefsd. verflüssigten Gas steht. Die wärmeisolierende poröse Schicht besteht aus Balsa-Holz, dessen Poren zu dem verflüssigten Gas hin offen, von dem Behältermantel jedoch verschlossen sind. (**D. A. S. 1 106 350** Kl. 17g vom 16/12. 1954, ausg. 10/5. 1961. A. Prior. 10/5. 1954.) H. JASS. 5857

Berthold Schumacher (Erfinder: Berthold Schumacher und Arnold E. Grün, Hechingen), Don Mills, Ontario, Canada, **Messung der örtlichen Gasdichte** innerhalb eines ausgedehnten Beobachtungsraumes (I), dad. gek., daß ein scharf gebündelter Korpuskularstrahl relativ hoher Teilchenenergie durch den I geschossen wird u. die Helligkeit des Gasleuchtens längs seines Weges gemessen wird, welch letztere über bekannte Zusammenhänge ein Maß für die Gasdichte darstellt. (**D. A. S. 1 102 442** Kl. 421 vom 14/6. 1955, ausg. 16/3. 1961.) W. v. HUHN. 5887

Otto Heinrich Dräger, Lübeck, **Qualitative und quantitative Bestimmung von Gasen und Dämpfen in Luft** oder anderen permanenten Gasen, dad. gek., daß man die Gemische über ein Adsorptionsmittel, z. B. Aktivkohle oder Silicagel, führt, welches sich in einem elektromagnet. Feld befindet, u. daß man die Feldänderungen mißt. (**It. P. 513 377** vom 2/2. 1954.) K. KOEBKE. 5887

Karl Torsten Källe, Säffle, Schweden, **Kontinuierliche Feststellung der Viscosität oder Konzentration einer strömenden Flüssigkeit oder Suspension** mit einer von einer konst. Kraft oder mit einer konst. Drehzahl angetriebenen Antriebswelle, auf der eine mit der betreffenden Fl. oder Suspension in Berührung befindliche Scheibe (I) drehfest angeordnet ist, wobei die veränderliche Geschw. ein Maß für die Viscosität ist, dad. gek., daß die I auf der Welle verschiebbar angeordnet ist u. Mittel vorgesehen sind, um die Fl.-Strömung im wesentlichen axial gegen die Unterseite der I zu richten. Bes. geeignet für Messungen an stärker verd. Fasersuspensionen bei der *Cellulose-* u. *Papier-*Herstellung. (**D. A. S. 1 101 020** Kl. 421 vom 14/11. 1958, ausg. 2/3. 1961. Schwed. Prior. 22/11. 1957.) W. v. HUHN. 5889

United Kingdom Atomic Energy Authority, London (Erfinder: Peter Fortescue und John Philip, Middleton), England, **Kernkraftanlage.** Ein gasförmiges Wärmeübertragungsmittel durchströmt nach dem Verlassen des Reaktors eine Turbine, einen die Nutzleistung vermittelnden Wärmeaustauscher u. einen von der Turbine angetriebenen Kompressor, der das Gas in den Reaktor zurückspeist. (**F. P. 1 185 473** vom 3/9. 1957, ausg. 31/7. 1959. **Belg. P. 562 024** vom 29/10. 1957, ausg. 20/5. 1960. **E. P. 799 212** vom 3/12. 1955, ausg. 6/8. 1958.) H. KESSEL. 5895

Akt.-Ges. „Weser" (Erfinder: Reinhard Mau), Bremen, **Kernreaktor** mit getrennten Kanälen im Moderator für das Kühlmittel u. die festen Brennelemente. Zum Entfernen radioakt. Spalt-Prodd. wird ein Kühlmittelteilstrom über die Brennstoffkanäle durch einen Reiniger geleitet u. dann dem Hauptstrom wieder zugeführt. (**D. A. S. 1 095 410** Kl. 21g vom 18/12. 1957, ausg. 22/12. 1960. **F. P. 1 211 274** vom 18/12. 1958, ausg. 15/3. 1960. D. Prior. 18/12. 1957.) H. KESSEL. 5895

Gebrüder Sulzer Akt.-Ges., Winterthur, Schweiz, **Kernreaktor-Spaltstoffelement** enthält mehrere Spaltstoffstäbe mit je einem oder zwei darin eingebetteten Kühlrohren. (**Schwz. P. 348 475** vom 29/5. 1957, ausg. 14/10. 1960. **F. P. 1 196 445** vom 28/5. 1958, ausg. 24/11. 1959. **Belg. P. 567 109** vom 25/4. 1958, ausg. 12/8. 1960. **E. P. 855 391** vom 17/4. 1958, ausg. 30/11. 1960. Alle Schwz. Prior. 29/5. 1957.) H. KESSEL. 5895

United Kingdom Atomic Energy Authority, London (Erfinder: Stanley Hackney, Warrington), England, **Graphitmoderatoraufbau für Kernreaktoren** aus säulenförmigen Graphitblöcken mit rechteckiger Grundfläche, die auf einem rechteckigen Gitterwerk aufeinandergestapelt sind, an den Seitenflächen aneinanderstoßen u. Brennelementkanäle aufweisen, die durch die Blöcke in Richtung der Säulenachsen hindurchführen. Die Richtung des minimalen WIGNER-Wachstums verläuft in allen Blöcken senkrecht zu den Achsen der Brennelementkanäle, ändert sich jedoch von Block zu Block so, daß sie in einem Block in Richtung einer Diagonalebene u. in jedem der Blöcke, die den Serienflächen des 1. Blocks anliegen, in Richtung der dazu senkrechten Diagonalebene verläuft. Die Seitenflächen der Blöcke sind mit Aussparungen versehen, die das WIGNER-Wachstum senkrecht zu den vorerwähnten Diagonalebenen berücksichtigen. (**D. A. S. 1 090 787** Kl. 21g vom 30/6. 1958, ausg. 13/10. 1960. **F. P. 1 198 352** vom 1/7. 1958, ausg. 7/12. 1959. Beide E. Prior. 1/7. 1957.) H. KESSEL. 5895

Siemens-Schuckertwerke Akt.-Ges., Berlin und Erlangen (Erfinder: Hermann Kumpf, Erlangen), **Elektrohydraulische Kernreaktorregelung.** Der Regelstab wird in einem Rohr geführt, das sich bis in das Reaktorgitter erstreckt. Als hydraul. Antriebsorgan dient ein in dem Rohr längsbeweglicher Kolben. Der Stab ist mit einem elektromagnet. fixierbaren Metallstabbündel als Steuerorgan für die Bewegungs-Geschw. gekuppelt. (**D. A. S. 1 091 246** Kl. 21g vom 17/2. 1959, ausg. 20/10. 1960. **F. P. 1 244 585** vom 20/11. 1959, ausg. 23/1. 1961. D. Prior. 17/2. 1959.) H. KESSEL. 5895

Norton Grinding Wheel Co. Ltd., Hertfordshire, England (Erfinder: Ernest Douglas Teague), **Herstellung von Katalysatoren aus Platinmetallen.** Die aus hochschmelzenden Metallen bestehenden Wände von Düsentriebwerken werden durch Aufspritzen mit einem hochschmelzenden Oxyd, z. B. Al_2O_3 oder ZrO_2, überzogen, darauf wird ein Überzug aus einem Pt-Metall, z. B. aus 90% *Pt* u. 10% *Rh*, aufgebracht. Ein derartiger Überzug beschleunigt katalyt. die Verbrennungsreaktionen. (**E. P. 832 031** vom 16/12. 1957, ausg. 6/4. 1960.) F. VIER. 5905

Soc. An. des Pneumatiques Dunlop, Seine, Frankreich, übert. von: **Semtex Ltd.**, *Fugendichtungsmasse.* (**F. P. 1 134 716** vom 8/11. 1955, ausg. 17/4. 1957. E. Prior. 10/11. 1954 u. 5/9. 1955. — **C. 1957.** 13844 [E. P. 777 067].)

H. Schou, Palsgaard, Juelsminde, Dänemark, *Herstellung eines Dispersionsmittels für Dispersionen „Wasser-in-Öl".* (**Belg. P. 567 332** vom 2/5. 1958, ausg. 12/8. 1960. D. Prior. 2/5. 1957. — **C. 1960.** 14905 [F. P. 1 195 533].)

N. V. Octrooien-Mij. „Activit", Amsterdam, Holland, *Herstellung von Anionenaustauschern.* (**Holl. P. 94 401** vom 20/7. 1954, ausg. 16/5. 1960. — **C. 1960.** 13481 [F. P. 1 157 753].)

Hans-Heinrich-Hütte G. m. b. H. (Erfinder: **Emil Meyer**), Langelsheim am Harz, *Ausfiltrieren der Feststoffe aus Feststoff-Flüssigkeits-Gemischen.* (**Belg. P. 519 392** vom 22/4. 1953, ausg. 15/4. 1955. D. Prior. 24/4. 1952. — **C. 1957.** 11118 [Schwz. P. 315 118].)

Union Carbide & Carbon Corp., V.St.A. (Erfinder: **Richard Maling Barrer**), *Herstellung von modifiziertem Montmorillonit.* (**F. P. 1 155 196** vom 25/7. 1956, ausg. 23/4. 1958. A. Prior. 28/7. 1955. — **C. 1960.** 14141 [E. P. 823 969].)

„Shell", Research Ltd., London (Erfinder: **Philip James Garner**, Hooton, und **Gerald David Galvin**, Upton, Cheshire), England, *Nichtentflammbare hydraulische Flüssigkeiten.* (**F. P. 1 146 839** vom 23/2. 1956, ausg. 15/11. 1957. **D. A. S. 1 039 685** Kl. 23 c vom 23/2. 1956, ausg. 25/9. 1958. **Belg. P. 545 479** vom 23/2. 1956, ausg. 9/10. 1959. Alle E. Prior. 25/2. 1955. **E. P. 773 568** vom 25/2. 1955, ausg. 24/4. 1957. — **C. 1960.** 946 [Aust. P. 208 099].)

L. M. Batuner und **M. Je. Posin**, Mathematische Methoden in der chemischen Technik. Bd. 2. Leipzig: Deutscher Verl. für Grundstoffindustrie. 1961. (281 S. m. Abb.) 8°. DM 19,50.

Wilhelm Foerst, Hrsg., Ullmanns Encyklopädie der Technischen Chemie. 3., völlig neu gestaltete Aufl. Bd. 2/1: Anwendung physikalischer und physikalisch-chemischer Methoden im Laboratorium. München, Berlin: Urban & Schwarzenberg. 1961. (XII + 1017 S. m. 806 Abb.) 8°. DM 182,—.

S. Goostray, Experiments in applied chemistry, 3rd edit. London: Macmillan. 1961. 21 s.

M. Loncin, Les opérations unitaires du génie chimique. Paris: Dunod. 1961. (752 S. m. 300 Abb.) 115 NF.

Wärmelehre und Wärmewirtschaft in Einzeldarstellungen. Bd. 12. Technische Thermodynamik. II. Teil von **F. Bosnjaković.** 3. Auflage. Dresden und Leipzig: Verlag von Theodor Steinkopff. 1960. (XX + 480 S.)

Während schon in früheren Auflagen dieses Bandes bes. Wert darauf gelegt wurde, eine Meth auszuarbeiten, die dem Ingenieur einen Überblick über den Zusammenhang zwischen den einzelnen Einflußgrößen u. der techn. Führung von Wärmeprozessen bietet, werden in der vorliegenden Auflage ähnliche Gedankengänge auch auf einige chem. Wärmeprozesse, wie Vergasungsvorgänge oder Synthese-Prozesse, ausgedehnt, wo chem. Rkk. mit dem Stoff- u. Wärmeaustausch verbunden sind. Neu aufgenommen sind Prozesse mit Zucker-Wasser-Lsgg., sowie Gasplasmen hoher Temperaturen. Dem Buch ist eine Aufgabensammlung mit Lösungen beigefügt. G. Bauer

Progress in Nuclear Energy, Series III, Process Chemistry, Vol. 3, herausgeg. von **F. R. Bruce, J. M. Fletcher** und **H. H. Hyman.** Oxford, London, New York, Paris: Pergamon Press 1961. (XII + 474 S. m. zahlr. Tafeln u. Abb.) 55 s. net.

Der in dieser Serie erscheinende 3. Band bringt die entsprechenden Tagesberichte der 2. International Conference on the Peaceful Uses of Atomic Energy, Genf 1958. Die vorgetragenen Arbeiten sind in folgende Gruppen eingeteilt: 1. Aufbereitung von U-Erzen, 2. Weiterverarbeitung von U u. die Herst. von Kernbrennstoffen, 3. Brennstoffaufbereitung wss. Prozesse, 4. Nichtwss. Prozesse, 5 Behandlung radioakt. Abfallstoffe. Abschließend werden die wichtigsten Veröffentlichungen der Konferenz über das in diesem Band behandelte Gebiet in kurzen Referaten zusammengefaßt. — Ausführliche Literaturangaben u. Sachregister. G. Bauer

George K. Tucker und **Doris M. Wills. Regelkreise der verfahrenstechnischen Praxis. Graphische Methoden.** Deutsche Bearbeitung: **Hans J. Prieur.** München: Oldenbourg Verlag. 1960. (XVI + 360 S. m. 137 Bildern u. 17 Tafeln) Folienband DM 24,—.

Dieses Buch wendet sich an einen Leserkreis, dessen Interesse der Regelungstechnik im Industriebetrieb gilt u. der gerne wissen möchte, wie die Unters. eines Regel-Syst. vor sich geht u. welche Ergebnisse sie bringt. Regelungsmathematik wird nicht vorausgesetzt. Eine Zusammenstellung von nicht nur im Text verwendeten Fachausdrücken mit Begriffsbestimmungen u. den entsprechenden engl. Ausdrücken sowie eine Liste der wichtigsten Fachliteratur u. zahlreiche Tabellen u. Diagramme erleichtern den Überblick über Sinn u. Arbeitsweise der verfahrenstechn. Regelung. G. Bauer

II. Betriebsschutz. Feuerschutz

Handhabung und Gefahren von Treibstoffen. H. A. Volz. (Ind. Engng. Chem., int. Edit. **53.** Nr. 3. 61 A—63 A. März 1961. Callery Chemical Co.) (Engl.)

Vorschriften für den sicheren Umgang mit Treibstoffen. W. Wesly. 5936□

Toxizität von Kunststoffen. S. F. Chancellor. (Nature [London] **185.** 841. 19/3. 1960. Birmingham, Tyseley, Redfern Road Works.) (Engl.)

Ein mit W. gefülltes 6-Liter-Gefäß aus bleistabilisiertem *PVC* mit 3,77% bas. *Pb-Phosphit* (I) u. 0,94% *Pb-Stearat* gab in 18 Monaten bei Raum-Temp. an weiches W. 0,5 ppm, an hartes W. überhaupt kein Pb ab. Ein anderes *PVC*-Prod. mit nur 3,81% I gab weder an weiches, noch an hartes W. Pb ab. Somit scheint aus hygien. Gründen die Verw. von Pb-haltigem PVC für Lebensmittel oder Trinkwasser unbedenklich zu sein. C. O. Laubschat. 5948□

Technische Kontrolle der Luftverunreinigung in der Umgebung von Los Angeles. Robert L. Chass. (Proc. Amer. Soc. Civil Engr., J. Sanit. Engng. Divis. **85.** Nr. SA 6. Part 1. 143—61. Nov. 1959. Los Angeles, Calif., County Air Pollution Control District.)

Durch gesetzliche, näher erläuterte Maßnahmen wurden folgende techn. Verff. zur Luftreinigung erprobt: a) elektr. Gasreinigung, b) Filtertaschen aus Glasfasern, Filzplatten u. a., c) Separatoren (Cyclone), d) Naßreinigung, e) Dampfphasenreinigung, f) Absorptionsverfahren. H. Eckstein. 5948□

Auftreten, Verteilung und Bedeutung der photochemischen Luftverschmutzung in USA, Kanada und Mexico. John T. Middleton und Arie J. Haagen-Smit. (J. Air Pollut. Control Assoc. **11.** 129—34. März 1961. Riverside, Calif., Univ., Citrus Exp. Stat.; Pasadena, California Inst. of Technol.) (Engl.)

Übersicht über die in den letzten 10 Jahren in USA, Kanada u. Mexico festgestellten Schäden durch Luftverschmutzung, die auf der Verw. von Erdöl beruhen: Sichtverminderung, Augenreizungen, Kautschukrisse, Pflanzenschäden, Steigerung des Oxydationsspiegels in der Luft. — 30 Schrifttumshinweise. W. Wesly. 5948□

Vorläufige Beobachtungen über die Beziehungen zwischen Augenreizungen in synthetischen Rauchsystemen und in der Atmosphäre. N. A. Renzetti und E. A. Schuck. (J. Air Pollut. Control Assoc. **11.** 121—24. März 1961. Air Pollution Found.; Stanford Res. Inst.) (Engl.)

Unterss. der durch Stadtrauch u. synthet. „Rauch“-Gemische verursachten Augenreizungen zeigen, daß Formaldehyd, Acrolein u. wahrscheinlich eine Verb. X die Hauptreizstoffe sind. Die atmosphär. Vgl.-Proben lassen keine eindeutigen Feststellungen zu. W. Wesly. 5948□

Untersuchung über die Bekämpfung des Staubausstoßes aus Bessemer-Konvertern. Alexander R. Orban, John D. Hummell und George G. Cocks. (J. Air Pollut. Control Assoc. **11.** 103—13. März 1961. Columbus, Ohio, Battelle Mem. Inst.) (Engl.)

Übersicht über die seit 1957 erzielten Fortschritte bzgl. Entstehung, Zus. u. Bekämpfung von Rauch u. Staub in Stahlwerken. — 27 Schrifttumshinweise.

W. WESLY. 5948□

Die Rolle der unverbrannten Auspuffgase von Verbrennungsmotoren bei der Luftverunreinigung. Andrew H. Rose jun. und Ralph C. Stahman. (J. Air Pollut. Control Assoc. **11.** 114—17. 144. März 1961. Cincinnati, Ohio, U. S. Dep. of Health, Education and Welfare, Div. of Engng. Serv., Robert A. Taft Sanitary Engng. Center.) (Engl.)

Unterss. an Auspuffgasen von Kraftwagenverbrennungsmotoren zeigen, daß die unverbrannten Anteile zu 75—80% aus einem Gemisch von vergastem Brennstoff u. Luft bestehen. Zwischen den Ansaughüben u. dem Ausstoß unverbrannter Gase besteht eine Wechselbeziehung: Je größer das Vakuum beim Ansaughub ist, desto größer ist der unverbrannte KW-Stoffanteil in den Auspuffgasen. W. WESLY. 5948□

Eine nicht katalytische Kraftwagen-Auspuffgas-Verbrennung. Charles H. Worsham, Robert B. Long und John P. Longwell. (J. Air Pollut. Control Assoc. **11.** 135—40. März 1961. Linden, N.J., Esso Res. and Engng. Co.) (Engl.)

In einer Vers.-Kammer mit einem Wärmeaustauscher aus rostfreiem Stahl werden die Auspuffgase eines Kraftwagenverbrennungsmotors nachverbrannt. Vorverss. zeigen, daß ein künstliches N_2-O_2-Gemisch mit 0,2—0,9% n-Butan bei 900—1100° F zu verbrennen beginnt, wie die gebildeten CO- u. CO_2-Mengen beweisen. Nach 10 Min. langem Durchleiten der Verbrennungsgase hat der Wärmeaustauscher eine Temp. von 1400° F, so daß die Gase von selbst weiter brennen. Es gelingt, die in den Auspuffgasen enthaltenen Gase CO u. H_2 völlig u. $>$70% der KW-Stoffe unter Zusatz von Luft (entsprechend 3 bis 5% des Auspuff-Vol.) zu verbrennen, so daß die Abgase $<$0,1% KW-Stoffe enthalten.

W. WESLY. 5948□

Pierre Salmon et **Martial Magne**, Le Chlore. Paris: Institut national de sécurité pour la prévention des accidents du travail et des maladies professionnelles. 1960. (312 S. m. Abb.) 8°. 8.20 NF.

B. M. Slobinski, Sicherheit beim Arbeiten mit radioaktiven Stoffen. 2. vervollst. Ausg. Moskau: Metallurgisdat. 1961. (344 S.) 1 Rbl. 33 Kop. [Russ.]

III. Elektrotechnik

Feststellung von Defekten im Inneren von keramischen Isolatoren mittels Röntgenstrahlen. Aleš Koller. (Silikáty [Praha] **1.** 40—44. 2 Tafeln, 1957. Hradec Králové, Výzk. ústni elektrotechn. keram.) (Tschech.)

Ein Vgl. der beiden benutzten Verff. (Beobachtung der Prodd. auf dem Fluorescenzschirm bzw. Unters. der Photographien) zeigt, daß das erstgenannte Verf. schnell u. leicht ausführbar, aber nur zur Entdeckung großer Fehler in dünnwandigen Prodd. geeignet ist. Dagegen verläuft die photograph. Unters. wohl langsamer, bietet aber bessere Möglichkeiten des Fehler-Nachw. bes. für Proben, die auf Zug oder Druck beansprucht werden u. in deren Bruchstücken Risse fehlen. Ein Vorteil besteht auch darin, daß die Befunde erhalten bleiben. W. WESLY. 5956□

Ein Verfahren zur Messung der Dielektrizitätskonstanten von pulverförmigen Stoffen und seine Anwendung in der Hochfrequenzkeramik. Hanuš T. Arend und Karel Liedermann. (Silikáty [Praha] **1.** 31—39. 1957. Bratislava, Slov. vys. škly techn., elektrotechn. fak., kat. elektrotechnol.) (Tschech.)

Zur Messung der DK von Pulvern dient ein auf der logarithm. Formel für Mischkörper begründetes Verf., wobei kreisförmige Preßscheiben benützt werden. Das Luft-Vol. ermittelt man durch Paraffinimprägnierung. Unter Verw. von Pulvern bekannter DK wird die Gültigkeit der logarithm. Mischkörperformel untersucht u. die Synth. von Ca-Titanat aus $CaCO_3$ u. TiO_2 verfolgt. Die Anwendungs- u. Verbesserungsmöglichkeiten des Verf. werden erörtert. W. WESLY. 5956□

Ein Verfahren zur genauen Messung des spezifischen elektrischen Widerstandes von Glasfaseroberflächen. Vítězlav Havlíček. (Silikáty [Praha] **1.** 23—30. 1957. Praha, Českoslov. Akad. věd, Úst. pro Elektrotechn.) (Tschech.)

Beschreibung eines Gerätes zur Messung des spezif. elektr. Widerstandes (SW) von isolierenden (Glas-) Faseroberflächen von verschiedener chem. Zus., die zur Drahtisolierung in elektr. Maschinen dienen. Das Gerät gestattet die Best. der makrogeometr. Oberfläche, über die der Strom fließt; seine Messung bei gegebener Spannung u. Oberfläche bestimmt den SW der Fasern. Das Gerät verhindert Stromverluste im Meßstromkreis, was bes. bei hoher Temp. u. in feuchter Luft von Wichtigkeit ist, weil diese Faktoren die Isolierfähigkeit des Werkstoffes vermindern. W. WESLY. 5956☐

Der Einfluß des hydrostatischen Druckes, der Temperatur und der Spannungsdauer auf die elektrische Festigkeit flüssiger Kohlenwasserstoffe. K. C. Kao und J. B. Higham. (J. electrochem. Soc. **108.** 522—28. Juni 1961. Birmingham, Univ. of Birmingham, Electr. Engng. Dep.) (Engl.)

Die Durchschlagfestigkeit (DF) einfacher KW-Stoffe (n-Hexan, n-Heptan, n-Decan) sowie von Bzl., Toluol, Chlorbenzol, CCl_4, A. u. CH_3OH, einiger Mischungen dieser Fl. u. von Transformatorenöl ist unter allen untersuchten Bedingungen, auch bei extrem hoher Reinheit, u. für Spannungsimpulse von nur 1 μs, abhängig vom hydrostat. Druck. Die Vers.-Ergebnisse bestätigen die Annahme, daß der elektr. Durchschlag in fl. Dielektrika grundsätzlich von 3 Vorgängen abhängig ist: 1. Elektronenemission von der Kathode in Abhängigkeit von der Natur der dielektr. Oberflächenschichten auf der Kathode; 2. Stoßionisation u. Ausbildung einer Raumladung im Dielektrikum u. 3. Bldg. von Gasblasen u. deren Längenausdehnung in der Richtung des elektr. Feldes, wodurch der Durchschlag ausgelöst wird. Verunreinigungen, Zustand der Elektroden, Elektrodenabstand, Temp. u. die physikal. u. chem. Eigg. der Fl. beeinflussen die DF, indem sie auf einen oder mehrere dieser Vorgänge einen Einfl. haben. Vff. beschreiben eine geeignete Hochspannungs-App. mit einem Mehrelektroden-Syst. sowie Herst. u. Reinigung der Elektroden (halbkugelförmige aus nichtrostendem Stahl, kugelförmige aus P-Bronze, punktförmige aus Stahl) u. wenden ein Mehrfach-Impuls-Verf. mit Rechteckimpulsen an. Der Einfl. des „conditioning process" (Änderung der DF mit der Anzahl der Spannungsdurchschläge) wird erörtert. P. FRENZEL. 5956☐

Kreuzschalter mit magnetischen Haftstäben, eine neue Entwicklung bei den magnetischen Eigenschaften von Werkzeugstählen. F. A. Zupa. (Bell System techn. J. **39** 1351—74. Sept. 1960.) (Engl.)

Es wird gezeigt, daß Schalt-Syst. in der heutigen Telephonie (Relais, Elektromagnete) an die magnet. Kernmaterial-Eigg. Anforderungen stellen, die mit unlegierten Werkzeugstählen nach bes. Wärmebehandlungen, bes. im Restmagnetismus, gut erfüllt werden. Damit gewinnen diese früheren Magnetstähle wieder an Bedeutung. Bei dem beschriebenen elektr. Schalt-Syst. werden Haftkräfte von ca. 2 kg bei einem Kernquerschnitt von 0,7 cm^2 erreicht. Die für dieses Schaltrelais bestens geeigneten magnet. Eigg. des Stahlkernes (Koerzitivkraft, Remanenz, Permeabilität) werden angegeben u. diskutiert. H. FAHLENBRACH. 5958☐

Mosaic Tile Co., Zanesville (Erfinder: George D. Ford, Zanesville, und Otto T. Kauffmann, South Zanesville), Ohio, V.St.A., **Keramische Fußbodenplatten.** *Elektr. leitfähige* Platten, z. B. als Fußbodenbelag in Operationssälen von Krankenhäusern, bestehen aus 29—60% des Plattengewichtes aus Fe_3O_4 u. zum Rest aus Ton u. Flußmittel u. weisen nach dem Brennen bei 1150—1300° zwischen zwei im Abstand von ca. 91 cm auf ihrer Oberfläche befindlichen Punkten einen elektr. Widerstand von 25000—400000 Ω auf. (**D. A. S. 1 105 787** Kl. 80b vom 14/7. 1958, ausg. 27/4. 1961.) G. FRIKELL. 5953

Standard Telephones & Cables Ltd., London, England (Erfinder: John Sidney Blakemore), **Halbleiter** besteht aus einer tern. Legierung mit 5 Atom-% *Sb* u. dem Rest aus 2 Elementen der Gruppe *In*, *Ga* u. *Al*. Durch Bestrahlen mit therm. Neutronen u. die damit verbundene Umwandlung von In-Atomen in Sn-Atome kann der In enthaltende Halbleiter des p-Typs in einen des n-Typs mit gewünschtem Widerstand umgewandelt werden. (**E. P. 766 671** vom 14/4. 1954, ausg. 23/1. 1957.) F. VIER. 5953

Radio Corp. of America, New York, N.Y. (Erfinder: Wolfram Arnulf Rosenberg, Somerville, N.J.), V.St.A., **Halbleiterkörper.** Zur Gewinnung kleiner Stücke aus einer Halbleiterscheibe wird diese mit einem metall. Flächenraster (z. B. aus Co, Ni, Cu, Rh, Pd, Ag, Ir, Pt oder Au) bedeckt, das in einem Metallbad (z. B. aus Pb, Sn oder einer Pb–Sn-Leg.) verstärkt wird. Dann wird die Scheibe an den nicht metallisierten Stellen mit einem die Metallschichten prakt. nicht angreifenden Ätzmittel (z. B. einem HNO_3–HF-Gemisch) durchgeätzt. (**D. A. S. 1 092 132** Kl. 21g vom 18/7. 1959, ausg. 3/11. 1960. **F. P. 1 230 860** vom 21/7. 1959, ausg. 20/9. 1960. Beide A. Prior. 25/7. 1958.) H. KESSEL. 5953

N. V. Philips' Gloeilampenfabrieken (Erfinder: Johannes Jacobus Asuerus Ploos van Amstel), Eindhoven, Holland, **Germanium-Halbleiterkörper.** Eine Leg.-Elektrode wird bei $<450°$ in einem inerten Gasstrom aufgeschmolzen, dem vorübergehend ein gasförmiges Flußmittel zugeführt wird, z. B. das Halogenid des aufzuschmelzenden Metalls. Dann wird bei einer Temp. > die Aufschmelz-Temp. u. >350° nacherhitzt. (**D. A. S. 1 094 371** Kl. 21g vom 17/7. 1956, ausg. 8/12. 1960. **F. P. 1 178 414** vom 19/7. 1956, ausg. 11/5. 1959. Beide Holl. Prior. 21/7. 1955.) H. KESSEL. 5953

Siemens & Halske Akt.-Ges., Berlin und München (Erfinder: Heinz Henker, Heinz Dorendorf und Franz Kerkhoff, Karlsruhe), **Flächenrichtleiter.** Zur Herst. wird ein einen bestimmten Leitungstyp aufweisendes *Halbleiterstück* in eine Schmelze des Halbleiterstoffes, die durch geeignete Behandlung oder durch Zusatz bestimmter Substanzen entgegengesetzten Leitungstyp aufweist, so lange eingetaucht, bis die Oberfläche anschmilzt. Dann wird es aus der Schmelze herausgezogen. (**D. A. S. 1 093 020** Kl. 21g vom 3/5. 1952, ausg. 17/11. 1960.) H. KESSEL. 5953

Philco Corp., Philadelphia, Pa., V.St.A., **Elektrolytische Behandlung von Oberflächenteilen eines Halbleiters.** Der Elektrolyt wird aus einer Düse auf den zu behandelnden Teil der Oberfläche aufgestrahlt, wobei diese beim Ätzen anod. u. beim galvan. Überziehen mit einem Metall kathod. geschaltet werden. — Abbildung. (**E. P. 836 595** vom 20/6. 1956, ausg. 9/6. 1960. A. Prior. 13/7. 1955.) F. MARKHOFF. 5953

Sylvania Electric Products, Inc., Mass., übert. von: Edward N. Clarke, Levittown, N.Y., V.St.A., **Herstellung eines Transistors** durch Aufbringen eines akt. Fremdstoffes, z. B. durch Aufdampfen von Zn oder Ga, auf einen Halbleiterkörper aus Ge oder Si eines Leitfähigkeitstyps, z. B. n-Typs, u. Erhitzen auf D ffusions-Temp., z. B. 500°, wodurch eine Halbleiterschicht des p-Typs entsteht; danach wird ein 2. Fremdstoff, z. B. As, Sb oder P, aufgebracht u. eindiffundiert, der die Leitfähigkeit des n-Typs wiederherstellt. Auf diese Weise ist es möglich, Transistoren vom n–p–n-Typ herzustellen. — Abbildung. (**A. P. 2 793 145** vom 13/6. 1952, ausg. 21/5. 1957.) F. VIER. 5953

Telefunken G.m.b.H., Berlin (Erfinder: Friedrich Wilhelm Dehmelt und Gerhard Grust, Ulm/Donau), **Anlegieren einer Goldlegierung an einen Halbleiterkörper,** wobei die Au-Leg. ein Dopmittel, wie Sb, As, Ga oder Al enthält u. an der Beruhigungsstelle mit dem festen Halbleiterkörper beim Diffusionsglühen ein fl. Au-Halbleitereutektikum bildet, dad. gek., daß eine *eutekt. Au-Leg.* mit *Pb, Sn, Bi, Cd* oder *Tl* u. den Dotierungsfremdstoffen verwendet wird. Hierzu kann die 2. Komponente, bes. Pb, in Pillen- oder Kugelform galvan. mit einem so dicken Au-Überzug versehen werden, daß die Menge des Au mit dem Pb im eutekt. Verhältnis steht. (**D. A. S. 1 093 643** Kl. 48b vom 7/6. 1957, ausg. 24/11. 1960.) F. VIER. 5953

N. V. Philips' Gloeilampenfabrieken, Eindhoven (Erfinder: Andrianus van Wieringen, Nijmegen), Holland, **Zonenschmelzen** eines Stabes, der eine Bohrung für ein Aktivierungsmittel aufweist. Die Bohrung ist derart angebracht, daß ihre Längsrichtung mit der Schmelzfront der Zone einen Winkel einschließt u. die Zone in solcher Richtung durch den Stab geführt wird, daß die Schmelzfront die Öffnung der Bohrung eher erreicht als das Aktivierungsmittel. — Anwendung z. B. zum *Reinigen halbleitender Materialien.* — Abbildungen. (**D. A. S. 1 107 199** Kl. 12c vom 15/2. 1960, ausg. 25/5. 1961. Holl. Prior. 17/2. 1959.) O. STEIL. 5953

Westinghouse Electric Corp., Pittsburgh, Pa., V.St.A., **Herstellung von elektrischem Isoliermaterial,** das unmittelbar auf einem Kupferleiter erzeugt wird, durch Polymerisation einer ungesätt. Vinyliden-Verb. in Ggw. eines Katalysators u. einer heterocycl. N-haltigen Verb. der allg. Formel I, in der R = H, Halogen, NO_2, SO_3H, ein Carbonyl-, Carboxyl- oder ein einwertiger aliphat. KW-Stoff-Rest ist. Des weiteren kann ein Linolat, Resinat, Naphthenat oder Stearat des Al, Ca, Cs, Cr, Co, Fe, Pb, Mn, Ni, Sn, Ti, V, Zn oder Zr, bes. Co-Naphthenat, zugesetzt werden. Als Monomere sind in den Mengenbeispielen Styrol u. Diäthoxytrivinyltriphenyltrisiloxan u. als heterocycl. Verb. 1.10-Phenanthrolin genannt. Ohne letzteres findet eine Grünverfärbung u. keine Durchpolymerisation statt. Der Zusatz inaktiviert das Cu, so daß harte u. festhaftende Überzüge entstehen. (**E. P. 851 779** vom 9/12. 1958, ausg. 19/10. 1960. A. Prior. 20/12. 1957.)

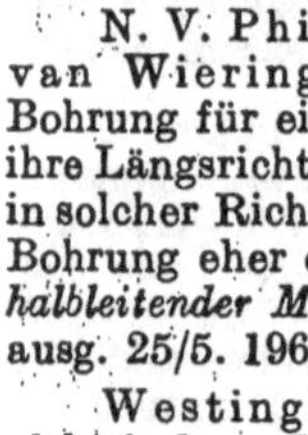

I

H. SCHINDLER. 5957

Minnesota Mining & Mfg. Co., St. Paul, Minn., übert. von: Elizabeth Shen Lo, Fords, und George H. Crawford jun., Rahway, N.J., V.St.A., **Mischpolymere** aus einem *Dien* mit konjugierter Doppelbindung u. aus *Bis-(trifluormethyl)-styrol* (I) (Kp.$_{20}$ 55—60°) werden zwischen —40 u. 100° hergestellt durch Polymerisation einer Mischung von I u. z. B. Butadien (II) in einem wasserhaltigen Katalysator-Syst. (III) welches organ. oder anorgan. Peroxyde, Emulsionsmittel, Aktivatoren, Beschleuniger u. Pufferungsmittel enthält, wobei die Mischung von 10—75 (Mol.-%) I u. von 90—25 II enthält. An Stelle von II sind als bes. geeignet genannt: 2-Fluor!, 2-Chlor-, 1.1.3-Trifluor-

u. 2-Trifluormethylbutadien. Dem III können Modifiziermittel, welche das Molgew. der Mischpolymeren reduzieren u. ihre Löslichkeit erhöhen, z. B. Dodecylmercaptan, Sulfurylchlorid, 1.1.2-Trichlortrifluoräthan oder Trichloracetylchlorid, in Mengen von 0,1 bis 2 (Gew.-Teilen) auf 100 der Gesamtmonomeren zugegeben werden. Auch Weichmacher u. feste Teilchen von Füllmitteln u. Pigmenten, z. B. TiO_2, Cu- u. Fe-Pulver, feine Glimmer- u. Asbestteilchen, können in III eingemischt werden. — Prodd. mit geringer Wasseraufnahme, schwer entflammbar, können bei 200—450° F, z. B. durch Pressen, Preßspritzen oder Strangpressen verformt werden; weiche, gummiähnliche *Dielektrika*, die gegen tiefe u. hohe Temp. beständig sind. (**A. P. 2 914 512** vom 27/8. 1956, ausg. 24/11. 1959.) F. LAASS. 5957

Rosenthal-Isolatoren G.m.b.H. (Erfinder: Herbert Capitain), Selb/Obfr., **Keramisches Dielektrikum** mit hohem positiven Temp.-Koeffizienten der DK. besteht aus 1—20 (Mol.-%) $BaO \cdot Al_2O_3 \cdot 2\,SiO_2$, 0—99 $ZrO_2 \cdot TiO_2$ u. 0—99 $MgO \cdot 2\,TiO_2$. Die Zus. der drei Verbb. kann innerhalb folgender Grenzen liegen: $BaO \cdot 0{,}9\,Al_2O_3 \cdot 1{,}8\,SiO_2$ bis $BaO \cdot 1{,}1\,Al_2O_3 \cdot 2{,}2\,SiO_2$, $ZrO \cdot TiO_2$ bis $ZrO_2 \cdot 1{,}1\,TiO_2$ u. $MgO \cdot 1{,}8\,TiO_2$ bis $MgO \cdot 2{,}2\,TiO_2$. Dabei kann 1—20 Gew.-% SnO_2 gegen $ZrO_2 \cdot TiO_2$ oder gegen $2\,MgO \cdot TiO_2$ bis $MgO \cdot 2\,TiO_2$ ausgetauscht sein. Zur Steuerung der Sinterung u. der Kristallitgröße können 0,5—4 (Gew.-%) BaF_2, MgF_2, ZnF_2, ZnO, Zn-Titanat, SiO_2, Al_2O_3 u. WO_3 (insgesamt nicht mehr als 6) zugefügt werden. (**D. A. S. 1 106 669** Kl. 80b vom 29/11. 1955, ausg. 10/5. 1961.) G. FRIKELL. 5957

Westinghouse Electric Corp. (Erfinder: D. Pavlovic, K. Foster und J. A. Osborn), East Pittsburgh, Pa., V.St.A., **Magnetblech mit einer Dicke bis zu 1 mm aus einer Eisen–Aluminium-Legierung** mit einer Kornorientierung derart, daß das Blech die günstigsten magnet. Eigg. in den beiden im wesentlichen senkrecht aufeinander in der Blechebene liegenden Vorzugsrichtungen (Walzrichtung) u. eine Permeabilität von mindestens 1450 Gauß für eine Magnetisierungskraft von 10 Oe aufweist, enthält 1—10, bes. 2—8% *Al*. Zweckmäßig wird der Block aus der Fe–Al-Leg. bei 900 bis 1100° warm zu einem Blech von 12,5 mm u. darauf kalt ausgewalzt. Nach dem Kaltwalzen wird das Blech bei 900—1050° ca. 1 Std. in H_2 geglüht, dann auf die Enddicke (nicht über 1 mm) kalt ausgewalzt u. nochmals in H_2 bei 900—1050° mindestens 1 Std. derart geglüht, daß eine Korngröße mit einem Durchmesser nicht über 1 mm erzielt wird. — Abbildungen. (**Belg. P. 559 738** vom 31/7. 1957, ausg. 22/4. 1960. A. Prior. 1/8. 1956.) H. HOCHSTEIN. 5959

Metachemical Processes Ltd., Crawley, England, **Gasdicht verschlossenes galvanisches Primärelement.** Elemente mit einer Lsg.-Elektrode aus einer In–Bi-Leg. (I), einem alkal. Elektrolyten u. einem Depolarisator (II) entwickeln weder beim Lagern noch im Gebrauch Gase u. können daher in ein Kunststoffgehäuse eingeschlossen werden. I besteht aus 90—99% In u. aus 10—1% Bi u. wird in Form einer dünnen Folie in ein Drahtnetz oder in Streckmetall aus Ni eingepreßt. Die verwendeten Metalle In u. Bi müssen sehr rein sein u. dürfen nicht mehr als 0,1% Verunreinigungen aufweisen. II enthält HgO oder MnO_2. — Zeichnungen für den Aufbau von Flachzellen. (**E. P. 849 024** vom 21/3. 1958, ausg. 21/9. 1960.) F. LAASS. 5971

Olin Mathieson Chemical Corp., New York, N.Y., V.St.A., **Trockenelement** mit Zn-Becher, Kohlestift, Depolarisatormasse u. NH_4Cl-Elektrolyten. Auf die zum Abdichten eingebrachte Asphaltmasse wird ein Ring aus blauem Lackmuspapier (I) gelegt u. dann die Öffnung des Elementes mit einem durchsichtigen Deckel aus Polystyrol geschlossen. I zeigt — bedingt durch die im Element entstehende Säure — durch Farbumschlag den Verbrauch des Elementes an, u. zwar ehe der Zn-Becher so zerstört ist, daß Elektrolytteile austreten können. — Zeichnung. (**E. P. 855 467** vom 24/3. 1959, ausg. 30/11. 1960.) F. LAASS. 5971

C.O.S.M.O.S. S. r. l., Mailand, Italien, **Akkumulator,** dad. gek., daß die aufeinanderfolgenden positiven u. negativen Platten durch Diaphragmen voneinander getrennt u. die so entstandenen Pakete unten, an den Seiten u. oben durch ein isolierendes u. vom Elektrolyten nicht angreifbares Harz verschlossen sind. Die Pakete sind durch ein Koll. am Boden des Akkumulators angeheftet. (**It. P. 513 021** vom 3/2. 1954.) K. KOEBKE. 5971

Electric Storage Battery Co. (Erfinder: Eric Franz Kujas), Philadelphia, Pa., V.St.A., **Alkalischer Elektrolyt** für einen offen oder ständig dicht verschlossen zu betreibenden *Nickel-Cadmium-Akkumulator* oder für eine Gegenzelle, dad. gek., daß er ein Cl-, Br- oder F-Salz in einer Menge von ca. 1—10% enthält, z. B. 16,66 (%) KCl, KBr oder KF, 16,66 KOH u. 66,67 Wasser. (**D. A. S. 1 108 286** Kl. 21b vom 10/10. 1959, ausg. 8/6. 1961. A. Prior. 13/10. 1958.) F. LAASS. 5971

Rank Cintel Ltd., London, England (Erfinder: William Paterson Forsyth Raffan), **Herstellung von Antikathoden für Röhren.** Auf die Elektrode wird durch Kathodenzerstäubung in H_2-Atmosphäre ein *Ni*-Überzug aufgebracht. Als Träger dient ein Körper aus Glas. Auf diese Weise läßt sich eine gleichmäßige Ni-Schicht von guter Haftfähigkeit aufbringen, auf der sich eine gleichmäßige sehr dünne Oxydschicht bilden läßt. (**E. P. 803 866** vom 28/10. 1955, ausg. 5/11. 1958.) F. VIER. 5975

Mullard Ltd., London, England (Erfinder: Alan Ernest Owen), **Herstellung von photoleitfähigen Schichten.** Aus einer wss. Lsg. wird langsam PbS oder PbSe (z. B. aus Pb-Acetat + Thioharnstoff + Hydrazinhydrat + NaOH) ausgefällt. In der Lsg. ist eine Glasplatte angeordnet u. ihr gegenüber ein Ultraschallgenerator aus Ba-Titanat, der mit einer Frequenz von 1 MHz/s u. einer Spannung bis zu 2 Kilovolt arbeitet. Die dabei auf der Glasplatte niedergeschlagenen Schichten sind gleichmäßiger u. lichtempfindlicher als alle nach anderen Verff. gewonnenen Schichten aus PbS u. PbSe. (**E. P. 820 895** vom 27/9. 1956, ausg. 30/9. 1959.) A. KALIX. 5977

Allgemeine Elektricitäts-Gesellschaft, Berlin (Erfinder: Margot Herbeck, Göttingen, Werner Koch und Siegfried Poganski, Belecke-Möhne), **Trockengleichrichter** mit 2 Halbleiterschichten. Die 2. Halbleiterschicht ist wesentlich dünner als die 1. u. hat ihr gegenüber ein vielfaches Leitvermögen, so daß eine auf ihr angebrachte Metallschicht nur als Stromzuführung wirkt. Sie kann aus mehreren Halbleitern gemischt sein, z. B. aus Bi_2Se_3 (I), SnSe u. CdSe mit mindestens 50% I; oder aus Tl_2O_3 (II), SnO_2 u. CdO mit überwiegendem Geh. an **II**. (**D. B. P. 974 421** Kl. 21g vom 6/7. 1943, ausg. 22/12. 1960. Anmeldung bekanntgemacht 16/10. 1952.) H. KESSEL. 5977

A. H. Hunt (Capacitors) Ltd., London, England, **Rollkondensatoren** sehr kleiner Größe werden hergestellt, indem auf ein Trägerband, z. B. aus Wachspapier, aus regenerierter Cellulose oder Viscose, eine in der Hitze leicht schmelzbare Schicht (I), z. B. aus Paraffinwachs, u. darauf das Dielektrikum (II) in Form eines Lackes, der z. B. Polystyrol oder Celluloseacetat enthält, aufgebracht werden. Nach dem Trocknen des Lackes wird **II** dünn metallisiert, z. B. im Vakuum mit Al, u. ein Rand demetallisiert. Beim Wickelvorgang läuft das beschichtete Band über eine erwärmte Rolle, so daß das Trägerband leicht von dem Dielektrikum getrennt werden kann. Diese Herst. eignet sich auch für Rollkondensatoren mit stärkerem, z. B. 8—10 μ dickem **II**. — Es kann auch so vorgegangen werden, daß das mit **I** überzogene Trägerband auf beiden Seiten zuerst metallisiert u. nach dem Demetallisieren der entgegengesetzt liegenden Ränder **II** auf beide Metallschichten aufgebracht wird. — Das mit **I** überzogene Trägerband kann auch einseitig metallisiert werden, darauf folgt das **II** u. dann wieder eine Metallschicht. — Zeichnungen. (**Ind. PP. 58 409** vom 14/9. 1956, ausg. 24/3. 1958, **58 410** vom 14/9. 1956, ausg. 3/6. 1958 u. **58 411** vom 14/9. 1956, ausg. 22/8. 1958. Alle E. Prior. 15/9. 1955.) F. LAASS. 5983

Diamond Alkali Co., Cleveland, Ohio (Erfinder: Jose C. Baker, Pasadena, Tex., Christopher C. Silsby jun., Euclid, Ohio, John E. Venable, Madison, Ohio, und Henry R. Wiesner, Euclid, Ohio), V.St.A., **Chloralkalielektrolyse nach dem Diaphragmaverfahren.** Sie wird in einem doppelwandigem, elektr. leitend ausgebildeten Trog, der gegenüber der ihn tragenden Grundplatte, die die senkrecht stehenden Anoden trägt, elektr. isoliert ist, durchgeführt, wobei die flächenhaft ausgebildeten, mit dem Diaphragma belegten, zum Zwischenraum der Doppelwand offenen porösen Hohlkathoden, die waagerecht zwischen den Anoden verlaufen, in Öffnungen der Innenwand des Troges ruhen u. sich zwischen benachbarten Kathoden den Raum zwischen der Zelleninnenwand u. den Enden der Kathoden ausfüllendes, elektr. leitendes poröses Kathodenmaterial befindet. Die Zelle ist für Stromaufnahmen bis 40000 A bestimmt. — Vorrichtung. — 3 Zeichnungen. (**D. A. S. 1 108 673** Kl. 121 vom 5/6. 1959, ausg. 15/6. 1961. A. Prior. 6/6. 1958.) K. WOLK. 5993

Libbey-Owens-Ford Glass Co., Toledo (Erfinder: **Charles Mermyn Browne**, Toledo, und **Lazarus Daniel Thomas**, Walbridge), Ohio, V.St.A., *Elektrisch leitende Überzüge.* (**D. A. S. 1 092 974** Kl. 21c vom 5/9. 1956, ausg. 17/11. 1960. A. Prior. 7/9. 1955. — C. 1960. 15531 [E. P. 809 936].)

Libbey-Owens-Ford Glass Co., Toledo, Ohio, V.St.A., *Elektrisch leitfähige durchsichtige Gegenstände aus Glas oder plastischen Massen.* (**E. P. 810 750** vom 22/8. 1956, ausg. 25/3. 1959. A. Prior. 29/8. 1955. — C. 1960. 10354 [Aust. P. 210 627].)

United States Steel Corp. (Erfinder: **Vincent Celestine Boucek**), V.St.A., *Verzinkter Freileitungsdraht aus unberuhigtem Stahl.* (**F. P. 70 104** vom 20/11. 1956, ausg. 3/2. 1959. A. Prior. 28/2. 1956. Zusatz zu F. P. 1 149 607; C. 1959. 948. — C. 1960. 6615 [A. P. 2 853 768].)

Western Electric Co., Inc., New York, N.Y., V.St.A., *Behandlung von Silicium-Einkristallen.* (**E. P. 832 248** vom 8/1. 1957, ausg. 6/4. 1960. A. Prior. 16/1. 1956. — **C. 1959.** 4929 [A. P. 2 808 315].)

Thorn Electrical Industries Ltd. (Erfinder: **Derek Hubert Mash**), *Herstellung von durchscheinenden, elektrisch leitenden Schichten.* (**Aust. P. 218 277** vom 14/8. 1957, ausg. 27/11. 1958. E. Prior. 20/8. 1956. — **C. 1960.** 6279 [D. A. S. 1 045 543].)

Western Electric Co., Inc., New York, N.Y. (Erfinder: **Lincoln Derick**, Colonia, und **Carl John Frosch**, Summit, N. J.), V.St.A., *Herstellen eines gleichrichtenden Übergangs in einem Halbleiter aus Silicium.* (**D. A. S. 1 086 512** Kl. 48b vom 27/10. 1956, ausg. 4/8. 1960. A. Prior. 2/12. 1955. — **C. 1960.** 5278 [A. P. 2 802 760].)

Siemens & Halske Akt.-Ges., Berlin und München (Erfinder: **Hermann Schill**, München), *Isolierstoff-Folie.* (**D. A. S. 1 089 024** Kl. 21c vom 7/6. 1955, ausg. 15/9. 1960. — **C. 1959.** 13908 [F. P. 1 151 289].)

Siemens-Schuckertwerke Akt.-Ges., Berlin und Erlangen (Erfinder: **Hans Müller**, Berlin), *Ozonfestes Hochspannungsisoliermaterial.* (**D. A. S. 1 091 637** Kl. 21c vom 18/5. 1954, ausg. 27/10. 1960. **F. P. 1 124 790** vom 17/5. 1955, ausg. 17/10. 1956. D. Prior. 18/5. 1954. — **C. 1959.** 2251 [E. P. 787 597].)

Shawinigan Resins Corp. (Erfinder: **Edward Lavin** und **James Alan Cote**), Springfield, Mass., V.St.A., *Herstellung von mit einem unlöslichen, isolierenden Überzug versehenen Drähten.* (**Aust. P. 217 878** vom 11/10. 1956, ausg. 13/11. 1958. A. Prior. 25/10. 1955. **A. P. 2 917 416** vom 25/10. 1955, ausg. 15/12. 1959. — **C. 1960.** 11421 [E. P. 810 359].)

N. V. Philips' Gloeilampenfabrieken, Eindhoven, Holland (Erfinder: **J. H. Möllers**), *Keramischer Isolator.* (**Schwed. P. 155 990** vom 6/6. 1952, ausg. 11/9. 1956. D. Prior. 9/6. 1951. — **C. 1956.** 7063 [F. P. 1 078 332].)

N. V. Philips' Gloeilampenfabrieken (Erfinder: **Gerard Hugo Weber**), Eindhoven, Holland. *Dauermagnet.* (**Schwz. P. 341 581** vom 30/9. 1955, ausg. 30/11. 1959. **Belg. P. 541 733** vom 30/9. 1955, ausg. 28/8. 1959. Beide Holl. Prior. 2/10. 1954. — **C. 1960.** 13838 [Oe. P. 200 349].)

N. V. Philips' Gloeilampenfabrieken (Erfinder: **Krijn Jacobus de Vos, Adolf Johannes Jacobus Koch, Hendrik Johannes Meerkamp van Embden, Bartholomeus Haes** und **Johannes Flipse**), Eindhoven, Holland, *Anisotroper Permanentmagnet.* (**D. A. S. 1 087 722** Kl. 21g vom 14/1. 1956, ausg. 25/8. 1960. Holl. Prior. 19/1. 1955. — **C. 1960.** 5604 [Oe. P. 196 897].)

Union Carbide & Carbon Corp. (Erfinder: **Nelson Corey Cahoon**), *Sicherung für elektrische Trockenelemente.* (**Aust. P. 216 499** vom 19/2. 1957, ausg. 28/8. 1958. A. Prior. 20/2. 1956. — **C. 1960.** 13152 [A. P. 2 876 271].)

N. V. Philips' Gloeilampenfabrieken, Eindhoven, Holland, *Leuchtschirm für Kathodenstrahlröhren.* (**Schwed. P. 157 052** vom 13/6. 1952, ausg. 27/11. 1956. Holl. Prior. 16/6. 1951. — **C. 1955.** 10109 [D. B. P. 923 614].)

N. V. Philips' Gloeilampenfabrieken, Eindhoven, Holland, *Kathodenkörper für elektrische Entladungsröhren.* (**It. P. 512 100** vom 13/2. 1954. A. Prior. 16/2. 1953. — **C. 1957.** 10303 [A. P. 2 722 626].)

Solvay & Cie., Brüssel, Belgien, *Automatische Regelung der Zuflußmenge von Elektrolyseflüssigkeiten in Elektrolysezellen mit bewegter Hg-Kathode.* (**Oe. P. 199 665** vom 12/4. 1957, ausg. 25/9. 1958. Belg. Prior. 30/4. 1956. — **C. 1960.** 5941 [D. A. S. 1 061 755].)

IV. Wasser. Abwasser

Auswertung der Ergebnisse von Reihenuntersuchungen auf Fluor-Ionen nach der kumulativen Verteilungsmethode. Floyd B. Taylor. (J. Amer. Water Works Assoc. **52.** 466—70. April 1960.) (Engl.)

Vf. beschreibt die Meth. der kumulativen Verteilung u. ihre Anwendung auf die Auswertung der Ergebnisse von Serienanalysen auf Fluorionen. Das Verf. hat sich für die Überprüfung des wahren Verlaufes des Fluorierungsprozesses als einfach u. nützlich erwiesen. Günstigste Ergebnisse bei der Fluorierung von Trinkwasser zur Verminderung der Karies können nur dann erwartet werden, wenn die mittleren Fluorwerte weitgehend mit dem Optimalwert des interessierenden Bereiches übereinstimmen.

L. Schillbach. 6018 □

Auswertung von Untersuchungen über Geschmacks- und Geruchsbildung. John E. Kinney. (J. Amer. Water Works Assoc. **52.** 505—14. April 1960.) (Engl.)

Vf. berichtet über Ergebnisse eigener u. anderer Arbeiten über das Problem des Auftretens u. der Beseitigung von Geschmack u. Geruch bei der Aufbereitung von Flußwässern, unter bes. Berücksichtigung des Phenols. Es wurde gefunden, daß durch Begrenzung des Phenol-Geh. kein Schutz gegen Geschmacks- u. Geruchs-Bldg. bei der Wasseraufbereitung erreicht werden kann, vielmehr müssen alle riechenden Stoffe beseitigt werden. Geschmacks- u. Geruchseinbrüche werden bes. durch Auswaschen natürlicher organ. Substanz (Laub), die zwar einen geringen Phenol-Geh., aber intensiv riechende Stoffe enthielt u. einen hohen Chlorverbrauch aufwies, beobachtet.

L. Schillbach. 6024 □

Diskussion. Morris B. Ettinger. (J. Amer. Water Works Assoc. **52.** 514—16. April 1960.) (Engl.) — Vgl. vorst. Referat.

Es ist nachgewiesen, daß dem Oberflächenwasser zugesetztes Phenol u. Kresole vollständig u. schnell biolog. abgebaut werden, wenn Temp., Geh. an Nährsalzen u. an Phenolen sowie die Mikroorganismen aufeinander abgestimmt sind. Bei der Chlorung entsteht 2.6-Dichlorphenol mit dem stärksten Geschmack u. Geruch. pH-Wert des W. u. Ggw. von NH_3 sind ohne Einfl. auf die Bldg. von Chlorphenolverbindungen. Im übrigen wertet Ettinger die Beobachtungen Kinneys anders aus. L. Schillbach. 6024 □

Die Behandlung des Wassers mit Ozon im Gebiet von Montreal. J. B. Nobert. (J. New England Water Works Assoc. **75.** 53—61. März 1961.) (Engl.)

Vf. gibt nach Aufzählung der physikal. u. chem. Eigg. von O_3 eine Beschreibung einer zur Ozonerzeugung verwendeten großtechn. Anlage. O_3 dient zur Sterilisierung von Oberflächenwasser, das als Trinkwasser verwendet werden soll. Ein Luftstrom, der zur Trocknung durch eine mit Silicagel gefüllte Kolonne geschickt wird, wird an Plattenelektroden, zwischen denen 8000—10000 V Spannung angelegt sind, vorbeigeführt. Es werden 6—13 g O_3/m^3 Luft erzeugt. Die durchgesetzte Luftmenge beträgt ca. $^1/_2$ der zu behandelnden Wassermenge. Zur Herst. eines g O_3 werden 16—20 W benötigt. O_3 wird anschließend an die normale Wasserbehandlung nach dem Prinzip des „Wasserinjektors" durch turbulente Durchmischung dem W. zugeführt. Die Kontaktzeit beträgt 5 Minuten. Die benötigte Menge O_3 ist von der Temp., den physikal. u. chem. Eigg. des zu behandelnden W. abhängig, liegt aber stets in der Größenordnung von einigen ppm Mikroorganismen, werden völlig vernichtet, ebenso der größte Teil organ. Verunreinigungen. H. SCHROEDER. 6026 □

Neue Gesichtspunkte zur Abwasserfrage. Franz Kirchhoff. (Galvanotechnik **52.** 115—25. 15/3. 1961. Bielefeld, Riedel & Co.) (Dt.)

An Beispielen wird gezeigt, daß Mängel bei der Abwasserentgiftung oft auf zu kurze Verweilzeiten in der Anlage zurückzuführen sind. Die bei der Planung einer Abwasserentgiftungsanlage zu klärenden Fragen werden behandelt. F. VIER. 6036 □

Die Reinigung der Betriebswässer in der Textilindustrie. M. Kehren. (Z. ges. Textilind. **63.** 187—90. März. 283—85. April. 374—83. Mai. 484—89. Juni. 549—53. Juli 1961. M. Gladbach-Rheydt. Textilprüfungsanstalt.) (Dt.)

Allg. Überblick. H. GRIMM. 6036 □

Projektierung, Betrieb und Erfolg von Anlagen zur Bodenbehandlung von Zuckerfabrikabwässern. D. Kramer. (Zucker **14.** 36—41. 15/1. 61—66. 1/2. 1961. Berlin, Inst. für Wasserwirtschaft.) (Dt.)

Bericht über die Praxis der Bodenbehandlung von Abwässern aus Zuckerfabriken (Eignung der Abwasserarten, Größe der benötigten Bodenflächen, Aufleitungsmengen, Auswirkungen auf die landwirtschaftliche Produktion). — 35 Literaturangaben. M. REIHER. 6038 □

Aufbereitung industrieller Abwässer vor der Einleitung in die Vorfluter. C. J. Velz. (Proc. Amer. Soc. Civil Engr., J. Sanit. Engng. Divis. **85.** Nr. SA 6. Part 1. 95—109. Nov. 1959. Ann Arbor, Mich., Univ., School of Public Health.)

Überwiegend theoret. Erörterungen der Abwasseraufbereitung in techn. u. wirtschaftlicher Beziehung während der trockenen Jahreszeit. Es werden folgende 2 Möglichkeiten besprochen: a) entweder muß die Stromregulierung des Vorfluters auf eine höhere Wasseraufnahmefähigkeit eingestellt werden, oder b) der industrielle Abwasseranfall muß auf den Stromzufluß zugeschnitten werden. Ausführliche nähere Erläuterungen. H. ECKSTEIN. 6040 □

Entfärben von Abwässern aus der kaustischen Wäsche des mit Chlor gebleichten Papierbreies. N. F. Murphy, F. W. Bull, R. C. Hart und P. W. Ruggieri. (Bull. Virginia Polytechn. Inst. **53.** Nr. 10. 1—20. Aug. 1960.) (Engl.)

Das stark gefärbte Abwasser kann weder mit Extraktionsmitteln noch durch Superchlorieren wesentlich verbessert werden. Untersucht u. eingehend beschrieben sind folgende Verff.: 1. Absorption mit Diatomeenerde, Erfolg mäßig; Regeneration umständlich u. kostspielig. 2. Behandeln mit techn. $Al_2(SO_4)_3$ (18%). Erfolg: 90%ig. Entfärbung. Schwierig die Entwässerung des Schlammes mit Dorr-Eindickern u. Zentrifugen. Im allg. Wrkg. stark abhängig vom Rohstoff Holz. A. DORSCH. 6042 □

Durchschnittliche Verweilzeit einer Flüssigkeit in einem Turmtropfkörper. Morton D. Sinkoff, Ralph Porges und James H. McDermott. (Proc. Amer. Soc. Civil Engr., J. Sanit. Engng. Divis. **85.** Nr. SA 6. Part 1. 51—77. Nov. 1959. Cincinnati, Ohio, U.S. Dep. of Health, Educat. and Welfare.)

Theoret. Erörterungen, ergänzt durch ausführliche mathemat. Berechnungen über die Verweilzeit von reinem W. in empir. Turmtropfkörpern, die entweder mit reinen Glas- oder Porzellankugeln verschiedener Durchmesser beschickt waren. Ergebnisse: Es wurden direkte Beziehungen zwischen der mittleren Verweilzeit festgestellt (unter den angegebenen Bedingungen) mit a) der hydraul. Beschickung, b) der spezif. Oberfläche der Tropfkörper, c) der kinemat. Viscosität der Fl., d) ihrer Dichte u. e) der Höhe des Tropfkörperturms. — 20 Literaturhinweise. H. ECKSTEIN. 6044 □

Neue Erfahrungen bei der Aufbereitung häuslicher Abwasserschlämme. Frederick G. Nelson und William E. Budd. (Proc. Amer. Soc. Civil Engr., J. Sanit. Engng. Divis. **85.** Nr. SA 6. Part 1. 1—16. Nov. 1959. Stamford, Conn., Dorr-Oliver, Inc.)

Es wird die Aufbereitung von Abwasserschlämmen nach folgenden Verff. behandelt: a) in Zers.-Anlagen („Densludge"-Syst. mit Angabe der Gasausbeute), b) durch Entwässerung in Schlammbecken u./oder in Vakuumfiltertrommeln. Die Fortschritte in techn. (Eindickungs-Verff.) u. chem. Hinsicht (Red. des Wasser-Geh. der Schlämme bis auf ca. 70% des ursprünglichen Wertes) innerhalb der letzten 6 Jahre werden mitgeteilt. Ausführliche Erörterung der in den Vakuumfiltern bes. geeigneten Filterstoffe (*Saran, Dacron, Polyäthylen*-Kunststoffe u. a.). — 18 Literaturhinweise.
H. ECKSTEIN. 6048□

Schlammgewinnung und Schlammverwertung in Philadelphia. Samuel S. Baxter. (Proc. Amer. Soc. Civil Engr., J. Sanit. Engng. Divis. **85.** Nr. SA 6. Part 1. 127—41. Nov. 1959. Philadelphia, Pa., Water Dep.)

Beschreibung von 3 neueren Anlagen zur Gewinnung u. Verwertung häuslicher Abwasserschlämme: techn. u. wirtschaftliche Erörterungen zu 14 verschiedenen Gewinnungs- u. Verwertungs-Verff. der Schlämme (Abpumpen, Ableitung — auch ins Meer —, Kompostierung, Veraschung, Entwässserung). H. ECKSTEIN. 6048□

Radioaktiver „fallout" und Trinkwasser. Ernest A. Snow. (J. New England Water Works Assoc. **75.** 27—37. März 1961. Amherst, Mass., Massachusetts Dep. of Public Health.) (Engl.)

Vf. gibt einen Überblick über die verschiedenen Möglichkeiten des Auftretens des „fallout" u. des Einfl. der Radioaktivität auf den Menschen. Die Konz. der Radioaktivität in verschiedenen natürlich vorkommenden Medien (W., Algen) wird angegeben. Die Meth. der Dekontamination von Wässern werden erörtert. H. SCHROEDER. 6050□

Radioaktive Abwässer. Im Hinblick auf ihre gefahrlose Beseitigung im Meer erforderliche ozeanographische Untersuchungen. R. Revelle und M. B. Schaefer. (Eau **48.** 10—19. Jan. 1961.) (Franz.)

Übersetzung einer der 2. Internationalen Konferenz der Vereinten Nationen über friedliche Atomenergieverwendung in Genf (September 1958) vorgelegten Abhandlung (Engl.) über anzustellende Unterss. bzgl. des Verbleibs radioakt. Substanzen im Weltmeer. H. FEICHT. 6050□

Überwachung der Phosphat- und ABS-Konzentration in den Flußwässern von Illinois. James J. Morgan und Richard S. Engelbrecht. (J. Amer. Water Works Assoc. **52.** 471—82. April 1960.) (Engl.)

Mit zunehmender Verw. von synthet. Wasch- u. Spülmitteln, die alle mehr oder weniger ABS (I; Alkylbenzolsulfonate) u. kondensierte Phosphate (II) enthalten, in Haushalten u. Industrie werden Oberflächenwässer u. daraus bereitetes Brauchwasser immer mehr verunreinigt. Vff. berichten an Hand einer Übersichtskarte, von Tabellen u. Diagrammen über die Ergebnisse der Unterss. aus den Jahren 1955—1957 von 204 Oberflächenwässern. Die zur Best. von ABS, von durch Säure hydrolysierbaren kondensierten Phosphaten, ausgedrückt als MJC (maximale Konz. an anorgan. kondensierten Phosphaten) u. Orthophosphat (III) werden beschrieben. Es wurde gefunden, daß Wässer aus reinen Seen u. Becken $<$0,01 mg/Liter I, $<$0,1 mg/Liter II u. $<$0,2 mg/Liter II + III enthalten. In Flüssen, die zur Wasserversorgung herangezogen werden, liegen die Werte bei 0,2 mg/Liter I, $<$0,5 mg/Liter II u. $<$1,0 mg/Liter II + III; in stark verschmutzten Flüssen muß mit 2—5 mg/Liter I, 1—2 mg/Liter II u. 10—20 mg/Liter II + III gerechnet werden. Diese Befunde sind wichtig für die Landwirtschaft u. für die Wiederverw. des W. in der Industrie. L. SCHILLBACH. 6054□

Methode zur schnellen Bestimmung des Gesamtphosphatgehaltes von Wasser. Reed S. Robertson. (J. Amer. Water Works Assoc. **52.** 483—91. April 1960.) (Engl.)

Vf. beschreibt eine Schnell-Meth. zur Best. des Gesamtphosphat-Geh. von Wasserproben in weniger als 15 Min. im Bereich von 0—20 mg/Liter PO_4 nach Hydrolyse der komplexen Phosphate durch Kochen in saurer Lsg. u. Messen der gebildeten Molybdänblau-Lsg. entweder im Colorimeter oder im Spektralphotometer bei 690 mμ. Die Einfl. von oxydierenden, reduzierenden u. färbenden Stoffen auf die Farb-Bldg. sind angegeben.
L. SCHILLBACH. 6060□

Beziehung zwischen dem elektrischen Widerstand eines Wassers und seiner Salinität. Modifizierungen der Doroschewskischen Formel. C. Richard und Nguyen Van Cu. (Eau **48.** 22—24. Jan. 1961.) (Franz.)

Zur Verbesserung der Schnell-Best. des Trockenrückstands in Wässern verschiedenster Herkunft durch Messung ihres elektr. Widerstands u. Ausrechnung nach der Formel von DOROSCHEWSKI u. DWORZANCZYK [1913] werden Wässer mit einem elektr. Widerstand (in Ω/cm bei 20°) von $<$100 (Meerwasser) bis $>$20000 (Regenwasser) in

7 Gruppen eingeteilt u. für jede Gruppe ein bes. Koeff. zur Ausrechnung nach Doroschewski ermittelt. Nach Beleganalysen von 14 Wasserproben mit 21—2340 mg/Liter Trockenrückstand beträgt bei Anwendung der neuen Koeff. der mittlere Fehler nur noch —1,23% gegenüber —27,46% bei Verw. der ursprünglichen Doroschewskischen Formel. H. Feicht. 6060□

V. Anorganische Industrie

Herstellung, Dehydratisierung und Modifikationen der Jodsäure. András Halász, Antal Jánosi und Kálmán Lábdy. (Veszprémi Vegyipari Egyetem Közleményei [Mitt. Univ. chem. Ind. Veszprém] **4.** 159—68. Jan. 1961. Veszprém, Univ., Lehrst. analyt. Chem.) (Ung.)

Größere Mengen HJO_3 werden am besten durch Oxydation von Jod mit $HClO_3$ hergestellt. Aus techn. reinem J_2, $Ba(ClO_3)_2$ u. H_2SO_4 erhält man eine HJO_3-Lsg., aus welcher nach Vermischung mit HNO_3 u. Eindampfung bei niedriger Temp. die reine Säure auskrist., die durch Waschen mit abs. Methanol gereinigt wird; Ausbeute 85 bis 90%. Beim Erhitzen von HJO_3 konnte thermograph. festgestellt werden, daß 2 Modifikationen existieren. Die α-Modifikation verliert beim Erhitzen von 70—150° W., es entsteht J_2O_5. Die β-Modifikation liefert, bis 150° erhitzt, HJ_3O_8 u. geht bei 200° in J_2O_5 über. Die Existenz der beiden Modifikationen wurde auch röntgenograph. bestätigt. J. Plank. H 249

Herstellung von p. a. Perjodsäure. András Halász und Antal Jánosi. (Veszprémi Vegyipari Egyetem Közleményei [Mitt. Univ. chem. Ind. Veszprém] **4.** 141—49. Jan. 1961. Veszprém, Univ., Lehrst. analyt. Chem.) (Ung.)

Zur Herst. von reiner H_5JO_6 für den Kleinbetrieb wurde folgendes Verf. ausgearbeitet: Man oxydiert Jod in warmer, mit HNO_3 angesäuerter $NaClO_3$-Lsg. zu $NaJO_3$, gibt zur Lsg. überschüssiges NaOH u. leitet Cl_2 ein. Es entsteht das schwerlösl. $Na_3H_2JO_6$, welches nach Absetzen dekantiert u. gewaschen wird. Der in W. aufgewirbelten Substanz wird so viel konz. HNO_3 zugegeben, daß die Lsg. sauer reagiert, sodann wird sie mit $Ba(NO_3)_2$-Lsg. vermischt. Nach ca. 2std. schwachem Kochen ist die Umsetzung beendet, dann wird, um ein neutrales Medium zu sichern, Phenolphthalein u. carbonatfreies $Ba(OH)_2$ zugesetzt, bis die rosa Farbe einige Sek. bestehenbleibt. Der Nd. wird mit W. dekantiert u. gut ausgewaschen. Um die Verunreinigung des Endprod. durch die schwer auswaschbaren SO_4^{2-}-Ionen zu vermeiden, wird H_5JO_6 durch konz. HNO_3 freigesetzt. Das schwerlösl. $Ba(NO_3)_2$ fällt aus, u. nach Filtration wird die Lsg. im Vakuum destilliert. Hierbei fallen Verunreinigungen aus, die abfiltriert werden. Die Dest. wird erst abgebrochen, wenn schon größere Mengen H_5JO_6 ausfallen. Die Kristalle werden abgesaugt u. die Mutterlauge weiter konzentriert. Die Kristalle werden mit konz. HNO_3 gewaschen u. bei 100° nicht übersteigender Temp. getrocknet. Versetzt man die letzte Mutterlauge mit KOH, so scheidet sich KJO_4 aus. Auf Jod berechnete Ausbeute ca. 80%. J. Plank. H 249

Erfahrungen beim Abrösten von Pyriten in Etagenöfen mit Abhitzekessel. Willi Gehrhardt und Claus Sitz. (Chemie-Ing.-Techn. **31.** 739—42. Nov. 1959. Köln-Deutz, Klöckner-Humboldt-Deutz A. G.) (Dt.)

Vff. stellten fest, daß die Röstgasumwälzung an Etagenöfen in Verbindung mit einem Abhitzekessel eine wesentliche Leistungssteigerung der Ofeneinheiten, eine Verbesserung der Wirtschaftlichkeit u. eine Vereinfachung der Betriebstechnik bei der Pyritröstung bewirkt. M. Winiker. H 253□

Untersuchungen in einer Versuchsanlage über die Gewinnung von Schwefel aus sulfatangereichertem Abwasserschlamm. S. G. Burgess und L. B. Wood. (J. Sci. Food Agric. **12.** 326—35. April 1961. London, County Council.) (Engl.)

Das von Butlin, Selwyn u. Wakerley (J. appl. Bacteriol. **23.** [1960.] 158) vorgeschlagene Verf. zur mikrobiolog. H_2S-Gewinnung aus Abwasserschlamm, der mit $CaSO_4$ versetzt worden ist, mittels des SO_4-reduzierenden Organismus Desulfovibrio desulfuricans ergibt in einem Vers.-Betrieb die gleichen Ausbeuten wie im Labor., in einigen Fällen sogar höhere Ausbeuten. Die H_2S enthaltenden Gase ragieren mit dem aus einer früheren Charge gewonnenem S, der zu SO_2 verbrannt wird: $2\,H_2S + SO_2 = 3\,S + 2\,H_2O$. Der zersetzte aerob behandelte Abwasserschlamm wird entwässert (Fließbild); das Abwasser ist von guter Beschaffenheit. Der Sulfidschlamm wirkt nicht korrodierend. W. Wesly. H 253□

Beitrag zur Untersuchung über die Entfernung des in Industriegasen enthaltenen Schwefelwasserstoffs. H. Guinot, P. le Hrnaff und X. Tinchant. (Chim. et Ind. **85.** 561—75. April 1961.) (Franz.)

Übersicht über die gebräuchlichen Verff. zur Beseitigung von H_2S aus Industriegasen. Ein neues Verf. wird vorgeschlagen, wobei das zu reinigende Gas mit einer wss. Lsg. von Fe(III)-Propionat gewaschen wird. Unter Zers. von H_2S gewinnt man S, der in der nun Fe^{2+} enthaltenden Lsg. suspendiert ist. In der 2. Stufe des Verf. wird durch Einleiten von O_2 oder Luft Fe^{2+} zu Fe^{3+} oxydiert u. damit die Lsg. regeneriert. — 34 Schrifttumshinweise. W. WESLY. H 253□

Vorschläge zur Erhöhung der Kochsalzproduktion und zur Verbesserung seiner Qualität auf unseren Meersalinen. Ž. Panković. (Věstnik sloven. kem. Društva **4.** 37—41. Jan./Juni 1957. Ljubljana, Metalurški inšt.) (Slowen.)

Vf. entwickelt Vorschläge für die Anordnung u. Handhabung der Verdunstungs-u. Kristallisationsbecken bei der NaCl-Gewinnung aus Meerwasser. Die Qualität des NaCl wird verbessert, wenn man in den Kristallisationsbecken die Konz. 28,5° Bé nicht überschreitet u. 1—2 Tage vor der Salzernte durch Zusatz von verd. Salz-Lsg. die Konz. auf ca. 27,5° Bé verd., wodurch das Ausfallen von $MgCl_2$ verhindert wird.
R. K. MÜLLER. H 274□

Der Talk. G. Génin. (Peintures, Pigments, Vernis **36.** 721—26. Dez. 1960.) (Franz.)

Überblick über Vork., Gewinnung, Eigg. u. techn. Bedeutung. M. WINIKER. 6148□

E. I. du Pont de Nemours & Co., Wilmington, Del., übert. von: Christian J. Wernlund, Niagara Falls, und Paul F. Bente jun., Lewiston, N.Y., V.St.A., **Kobalthaltiger Katalysator,** bes. für die *H_2O_2-Zersetzung.* Man erhält den Katalysator durch Elektrolyse einer Lsg. von $CoSO_4 \cdot 7\,H_2O$ (40—50 g/Liter) u. $(NH_4)_2SO_4$ (40—50 g/Liter) an einer Kathode aus einem Eisendrahtnetz mit einer Kobaltanode bei einer kathod. Stromdichte von 40—50 A/sq.ft. u. einer anod. Stromdichte von 40—30 A/sq.ft. bei pH 7,3—7,6. (**A. P. 2 842 486** vom 21/2. 1947, ausg. 8/7. 1958.)
H. KOBS. H 241

Soc. de Produits Chimiques et de Synthèse, Bezons, Frankreich, **Stabilisieren von wässerigen Wasserstoffperoxydlösungen** mit einem Mg-Salz einer Aminopolycarbonsäure der Formel $R \cdot N(CH_2COO)_2Mg$, wobei R einen ein oder mehrere O-, S- oder N-Atome enthaltenden aliphat. oder aromat. Rest bedeutet, z. B. Di-Mg-Äthylendiamintetraacetat, Sesqui-Mg-Nitrilotriacetat, Sesqui-Mg-Hydroxyäthyläthylendiamintriacetat, Mg-Hydroxyäthyliminodiacetat. Die Salze werden den H_2O_2-Lsgg. in Mengen von 0,1—5 g/Liter zugesetzt. (**E. P. 852 102** vom 17/2. 1959, ausg. 26/10. 1960. E. Prior. 17/2. 1958.) K. DEMMLER. H 241

Phillips Petroleum Co., übert. von: Earl W. Jordan, Dumas, Tex., und Weller R. Pierce, Bartlesville, Okla., V.St.A., **Stickstoffkontrolle bei der Ammoniaksynthese.** Man zieht kontinuierlich einen bestimmten Teil Kreislaufgas ab, mißt seinen CH_4-Geh. u. läßt zwecks Einhaltung des bestimmten CH_4-Geh. einen Teil des Gases entweichen. Außerdem zieht man gleichzeitig einen zweiten Strom Kreislaufgas ab, oxydiert diesen u. entfernt CO_2 u. W., die sich dabei gebildet haben. Auch diesen Teilstrom stellt man genau ein u. entfernt den N_2 daraus. Dann mißt man auch hier genau wie bei dem ersten Teilstrom die Strömungs-Geschw. des Gases in Form der Differenz der Strömungs-Geschw. des Gasstroms vor u. nach der N_2-Entnahme, stellt das Verhältnis der beiden Differenzen fest u. reguliert damit die O_2-Zufuhr, um ein konst. $N_2 : H_2$-Verhältnis für das Synth.-Gas zu bekommen. (**A. P. 2 894 821** vom 2/1. 1951, ausg. 14/7. 1959.) H. NEBELSIEK. H 243

Richard Andrew Ogg jun. und James Daniel Ray, Atherton, Calif. V.St.A., **Herstellung von Natriumnitrat aus Stickoxyd,** dad. gek., daß man NO-haltige Gase in Ggw. von O_2 bei 300—500° durch eine Masse leitet, die aus Fe_2O_3, CoO oder NiO als Katalysator u. Na_2O besteht u. das gebildete Nitrat mit W. aus der Masse auswäscht. — Vgl. A. P. 2 684 283; C. **1950/54.** 3493 S. (**Aust. P. 162 755** vom 24/6. 1953, ausg. 26/5. 1955.) C. LÜTTGEN. H 243

Godfrey L. Cabot, Inc., Boston, Mass., V.St.A., **Herstellung von Ruß.** Man versprüht ein KW-Stoff-Öl (I) in äußerster Feinheit in eine wärmeisolierte Rk.-Kammer (II) u. in einiger Entfernung davon durch an der Peripherie der II befindliche Düsen ein Brenngas (III) so ein, daß dieses einen Mantel um das versprühte I bildet, u. gleichzeitig mit geringer Geschw. ein O_2-haltiges Gas in einer Menge, die die zur Verbrennung von III notwendige Menge übersteigt. Der anfallende Ruß ist feinkörnig. — Abbildung. (**Ind. P. 58 316** vom 3/9. 1956, ausg. 7/8. 1958.) C. LÜTTGEN. H 260

Siemens-Schuckertwerke Akt.-Ges., Berlin und Erlangen (Erfinder: Heinrich Gutsche, Erlangen), **Herstellung von Reinst-Silicium,** wobei Si aus der Gasphase durch chem. Rk. auf einen Si-Trägerkörper abgeschieden wird, dad. gek., daß bei Verwendung eines durchsichtigen Rk.-Gefäßes aus Glas oder SiO_2 die Temp. der Wand des Gefäßes während der Abscheidung des Si auf 300—800° gehalten wird.— Zeichnung. (**D. A. S. 1 105 396** Kl. 12i vom 29/5. 1957, ausg. 27/4. 1961. **E. P. 853 729** vom 7/5. 1958, ausg. 9/11. 1960. D. Prior. 29/5. 1957.) A. Gradl. H 261

Deutsche Gold- und Silber-Scheideanstalt vormals Roessler, Frankfurt/M., **Herstellung feinverteilter Oxyde,** dad. gek., daß man Metall- oder Metalloid-Verbb., bes. *$SiCl_4$*, in einer Flamme, in der Gase verbrannt werden, die bei der Verbrennung W. bilden, z. B. H_2 oder CH_4 u. O_2, hydrolysiert. (**Ind. P. 49 407** vom 20/4. 1953, ausg. 16/7. 1955.) C. Lüttgen. H 261

Council of Scientific & Industrial Research, Neu-Delhi (Erfinder: Ramchandra Keshavsapre und Sanatkumar Diliprai Buch, Bhavnagar), Indien, **Trennen von Natriumsulfat und Natriumchlorid durch Flotation.** Man vermahlt das Gemisch aus Na_2SO_4 (I) u. NaCl (II), mischt es mit gesätt. Lsg. (III) aus I u. II zu einem Brei, dem ein Schaummittel, bes. Na-n-Octylsulfat, zugesetzt u. der mit weiterer III verd. wird, so daß ca. 20—30 (Teile) I u. II auf 100 III kommen. Die Masse wir verschäumt, wobei in 25 Min. alles I mit dem Schaum abgetrennt ist. (**Ind. P. 58 243** vom 25/8. 1956, ausg. 20/5. 1958.) C. Lüttgen. H 274

Armour Research Foundation of Illinois Institute of Technology, Chicago, Ill., V.St.A., **Herstellung von reinem Titantetrachlorid.** Man trocknet K- oder Ammoniumhexachlorotitanat, indem man bei 70—300°, z. B. 150—220°, trockenes HCl durch- oder überleitet u. zersetzt die Verb. dann durch Erhitzen auf 150—550°, z. B. 425°. (**Holl. P. 96 652** vom 28/9. 1956, ausg. 16/1. 1961. A. Prior. 9/12. 1955.) F. Böhm. H 321

California Research Corp., San Francisco, Calif., V.St.A., **Verbindungen der Formel $AlTi_2Cl_8$** werden dadurch erhalten, daß man Al u. $TiCl_4$ in Ggw. von KW-Stoffen bei höherer Temp. aufeinander einwirken läßt. (**Belg. P. 563 558** vom 27/12. 1957, ausg. 17/6. 1960. **E. P. 856 644** vom 19/12. 1957, ausg. 21/12. 1960. Beide A. Prior. 28/12. 1956.) K. Wolk. H 321

Council of Scientific & Industrial Research, Neu-Delhi, Indien, **Gewinnung von reinem Mangansulfat.** Das fein gebrochene Mn-Erz wird mit Beizlauge von 5—15% $FeSO_4$-Geh. u. 0,5% H_2SO_4-Geh. bei 85—95° ca. 40 Min. behandelt u. das anfallende Filtrat zur Trockne eingedampft. Dann sintert man den Rückstand bei 650 bis 700°, digeriert ca. 15—20 Min. mit sd. W. u. filtriert. Im Filtrat befindet sich reines $MnSO_4$ u. im Rückstand Fe_2O_3. (**Ind. P. 59 713** vom 22/2. 1957, ausg. 22/6. 1959.) H. Nebelsiek. H 350

Hercules Powder Co., übert. von: **James H. Shapleigh,** Wilmington, Del., V.St.A., *Herstellung von Wasserstoff aus schwefelhaltigen Kohlenwasserstoffen.* (**A. P. 2 830 880** vom 24/12. 1954, ausg. 15/4. 1958. **E. P. 807 786** vom 7/6. 1955, ausg. 21/1. 1959. A. Prior. 24/12. 1954. — C. **1961.** 619 [F. P. 1 135 484].)

Columbia-Southern Chemical Corp., Pittsburgh, Pa. (Erfinder: **Malcolm Korach,** Corpus Christi, Tex.), V.St.A., *Hydrierung von Chinonen.* (**Jap. A. S. 4261/1959** vom 11/6. 1957, ausg. 28/5. 1959. A. Prior. 22/6. 1956. — C. **1960.** 13488 [D. A. S. 1 075 568].)

Laporte Chemicals Ltd., Luton, übert. von: **Charles William Le Feuvre** und **Cyril Alfred Morgan,** Southampton, England, *Herstellung von Wasserstoffperoxyd nach dem Anthrachinonverfahren.* (**A. P. 2 940 833** vom 28/6. 1954, ausg. 14/6. 1960. E. Prior. 7/7. 1953. — C. **1957.** 775 [E. P. 746 385].)

Kymin Osakeyhtö Kymmene Aktiebolag (Erfinder: **Runar Mauritz Rafaelsson Örnhjelm**), Kuusankoski, Finnland, *Herstellung von Alkaliperoxyden.* (**Oe. P. 202 974** vom 5/11. 1955, ausg. 25/4. 1959. Finn. Prior. 5/11. 1954. — C. **1961.** 3113 [D. A. S. 1 054 970].)

International Minerals & Chemical Corp., Chicago, Ill., V.St.A., *Zersetzung von Ammoniumsulfat.* (**It. P. 513 586** vom 22/2. 1954. A. Prior. 2/3. 1953. — C. **1957.** 7464 [E. P. 758 753].)

Simon Carves Ltd., England, *Herstellung von Ammoniumsulfat.* (**F. P. 1 179 136** vom 18/7. 1957, ausg. 21/5. 1959. E. Prior. 19/7. 1956. — C. **1961.** 3113 [D. A. S. 1 089 737].)

Allied Chemical Corp., New York, N.Y., V.St.A., *Herstellung von reinem Silicium.* (**E. P. 820 192** vom 19/7. 1957, ausg. 16/9. 1959. A. Prior. 26/7. 1956. — C. **1959.** 11035 [D. A. S. 1 050 321].)

Columbia-Southern Chemical Corp., V.St.A. (Erfinder: **Hartien Sharp Ritter**), *Herstellung von feinverteiltem SiO*. (**F. P. 1 169 013** vom 20/12. 1956, ausg. 19/12. 1958. A. Prior. 23/12. 1955. — C. **1961.** 2748 [A. P. 2 921 839].)

Bell Telephone Mfg. Co. N. V., Antwerpen, Belgien, *Herstellung von Silan.* (**Belg. P. 561 160** vom 27/9. 1957, ausg. 20/5. 1960. E. Prior. 28/9. 1956 u. 1/4. 1957. — C. **1961.** 3114 [E. P. 832 333].)

General Electric Co., übert. von: **Newell C. Cook,** Schenectady, und **John K. Wolfe,** Burnt Hills, N. Y., V.St.A., *Herstellung von Silan.* (**A. P. 2 938 374** vom 29/3. 1955, ausg. 19/4. 1960. — C. **1961.** 620 [F. P. 1 167 572].)

Solvay & Cie., Belgien, *Abheben eines auf einem Drehfilter abgesetzten Niederschlages.* (**F. P. 1 178 901** vom 15/7. 1957, ausg. 19/5. 1959. Belg. Prior. 17/7. 1956. — C. **1961.** 262 [Oe. P. 206 904].)

Norsk Hydro-Elektrisk Kvaelstofaktieselskap, Oslo, Norwegen, *Gewinnung von Kaliumnitrat.* (It. P. 513 571 vom 16/2. 1954. Norw. Prior. 17/2. 1953. — C. 1957. 4223 [E. P. 740 675].)

Farbenfabriken Bayer Akt.-Ges., Deutschland, *Herstellung von Metallhydriden.* (F. P. 68 134 vom 1/7. 1955, ausg. 8/4. 1958. D. Prior. 12/7. 1954. Zusatz zu F. P. 1 126 794; C. 1959. 16864. — C. 1957. 4511 [D. B. P. 947 789].)

Vereinigte Aluminium-Werke Akt.-Ges., Bonn/Rh., *Aufschließen von Bauxiten.* (It. P. 514 799 vom 21/4. 1954. D. Prior. 19/6. 1953. — C. 1957. 6864 [D. B. P. 954 327].)

British Titan Products Co. Ltd., Billingham (Erfinder: **James Dennis Groves**, Stockton-on-Tees), England, *Verhinderung der Abscheidung von festen Chloriden auf Ofenwandungen und -leitungen bei der Gewinnung von Titantetrachlorid.* (D. A. S. 1 083 243 Kl. 12i vom 15/1. 1958, ausg. 15/6. 1960. E. Prior. 16/1. 1957. — C. 1961. 1722 [F. P. 1 197 946].)

Laporte Titanium Ltd. (Erfinder: **Howard Arthur Stanley Bristow**), *Reinigen von mit Vanadin verunreinigtem Titantetrachlorid.* (Aust. P. 219 384 vom 18/9. 1957, ausg. 22/1. 1959. E. Prior. 21/9. 1956. — C. 1961. 621 [F. P. 1 183 191].)

Columbia-Southern Chemical Corp., V.St.A. (Erfinder: **Peter Raymond Girardot**), *Chlorierung von Zirkoniumerzen.* (F. P. 1 212 179 vom 8/9. 1958, ausg. 22/3. 1960. A. Prior. 18/9. 1957. — C. 1961. 2748 [D. A. S. 1 084 253].)

United States Atomic Energy Commission, V.St.A. (Erfinder: **John P. McBride**), *Verbesserung der Dispergierbarkeit von Teilchen.* (F. P. 1 217 372 vom 11/2. 1959, ausg. 3/5. 1960. A. Prior. 10/3. 1958. — C. 1961. 4488 [A. P. 2 917 406].)

Junta de Energia Nuclear (Erfinder: **Francisco Aguilar Bartolome** und **Jovino Diaz-Pedregal y Garcia de Tuñon**), Madrid, Spanien, *Gewinnung von Urantetrafluorid.* (D. A. S. 1 098 498 Kl. 12n vom 20/9. 1957, ausg. 2/2. 1961. E. P. 855446 vom 15/8. 1957, ausg. 30/11. 1960. Beide Span. Prior. 16/5. 1957. — C. 1961. 621 [F. P. 1 183 114].)

VI. Silicatchemie. Baustoffe

Gegen Röntgen- und γ-Strahlung schützende Gläser. 2. Mitt. Wacław Tuszyński. (Szkło i Ceram. **11.** 353—60. Dez. 1960.) (Pol.) — 1. vgl. C. **1961.** 17707.

Zur Festlegung der chem. Zus. von Strahlenschutzglas ist die Berechnung des „Pb-Äquivalents" geeignet. Das „Pb-Äquivalent" wird mit Hilfe des Massenabsorptions-Koeff. der Oxyde berechnet. F. URBAN. 6200□

Nickel- und Kobaltüberzüge. 3. Mitt. Samuel Wein. (Glass Ind. **40.** 696—97. 726. Dez. 1959.) (Engl.) — 2. vgl. C. **1960.** 14487.

Zahlreiche Rezepturen u. Arbeitsvorschriften für das Aufbringen von Ni-Schichten auf Glas durch chem. Red. von Ni-Salzlösungen. H.-O. MULFINGER. 6202□

Versuch zum Beweis der Gültigkeit der Balshinschen Preßgesetze für keramische Stoffe. Zdeněk Pospíšil. (Silikaty [Praha] **1.** 45—55. 1957. Hradec Králové, Výzkumný ústav elektrotechn. keram.) (Tschech.)

Beschreibung eines Prüfgeräts (Abb.) zur Best. des relativen Vol. eines Preßlings u. des entsprechenden Preßdrucks. Das Gerät liefert deutliche Unterschiede bei Verw. verschiedener Werkstoffe. An 4 keram. Stoffen wird die Abhängigkeit des relativen Preßling-Vol. vom Preßdruck bei Drücken von 1000—2500 kg/cm^2 in der Trockenpresse gezeigt, wobei eine gute Übereinstimmung mit dem halblogarithm. 1. Gesetz von BALSHIN (Pulvermetallurgie, Halle 1954) besteht. Die Übereinstimmung mit dem 2. Gesetz ist weniger gut. Die die Neigung der Geraden ausdrückende Konst. L (gemäß dem 1. Gesetz) steht in Beziehung zu der Preßbarkeit des betreffenden Werkstoffs; ihr Wert steigt für Stoffe mit hoher Preßbarkeit. W. WESLY. 6206□

Email. Wandlungen und neue Möglichkeiten. Karl Schollmayer. (Dtsch. Goldschmiede-Ztg. **59.** 401—04. Juli 1961.) (Dt.)

Histor. Überblick über die Entw. des Emails in der Edelmetallgestaltung bis zur Herst. des „*Tropfemails*". M. GEHLEN-KELLER. 6212□

Untersuchungen über das Emaillieren von Aluminium. 2. Mitt. Zur Technik der anodischen Oxydation von Aluminiumblechen als Vorbehandlung für das Aufbringen von Blei-, Borosilicat- und Phosphatemail. Toshio Yamada. (J. ceram. Assoc., Japan [Yogyo Kyokai Shi] **67.** Nr. 768. 399—403. Dez. 1959. Nagoya, Inst. of Technol.) (Orig.: Jap.; Auszug: Engl.) — 1. vgl. C. **1959.** 13607.

Als optimale Bedingungen der anod. Oxydation von Al in Perborat-Bädern zur Emailliervorbehandlung werden angegeben: Perborat-Konz. 2—3%, Bad-Temp. 30 bis 50°, Spannung 40—50 V, Stromdichte 0,5—1 A/dm^2, Oxydationsdauer 5—10 Min., die Zus. der anschließend aufgebrachten Emails ist angegeben. H.-O. MULFINGER. 6212□

Untersuchungen über das Emaillieren von Aluminium. 3. Mitt. Wirkung der Vorbehandlung der Oberfläche des Aluminiums durch anodische Oxydation. Toshio Yamada. (J. ceram. Assoc., Japan [Yogyo Kyokai Shi] **68.** Nr. 774. 163—68. Juni 1960.) (Orig.: Jap., Auszug: Engl.) — 2. vgl. vorst. Referat.

Vorbehandlung von Al durch anod. Oxydation verbessert die Emaillierung, weil sie kleine Gruben in der Oberfläche bewirkt, die die Haftfestigkeit erhöhen u. weil sie Farb-Wrkg. u. Glanz des fertigen Prod. verbessert u. Blasen-Bldg. vermindert. L. KÜHNERT. 6212□

Emaillen auf Antimonitgrundlage. 2. Mitt. Antimonplattierung. Soňa Vytasilová und Vladimír Vytasil. (Silikáty [Praha] **1.** 56—64. 1957. Praha, Vys. škola chem.-technol., Kat. technol. silikátů.) (Tschech.) — 3. vgl. C. **1961.** 2402.

Das zur Prüfung der Geschw. der Sb-Plattierung dienende Verf. liefert gute Ergebnisse. Die Abscheidung von Sb aus einer Lsg. von Sb_2O_3 in HCl hängt hauptsächlich von der HCl-Konz., weniger von der Sb^{3+}-Konz. ab. Bei geringer Sb-(Metall)-Konz. u. geringer Acidität scheidet sich eine schwarze, sofort abfallende Sb-Schicht ab. Bei hohen Sb- u. HCl-Konzz. erscheint eine festhaftende, leicht silbrige Schicht. Zur Erzielung guter Haftfestigkeit des 1. Emailüberzugs eignet sich eine Schicht von 16,74 mg Sb/dm^2. W. WESLY. 6212□

Tonmineralogische und chemische Untersuchungen an Tonen der Oberpfalz. Die Tone der Gruben „Rohrhof" und „Austria" bei Ponholz und Maxhütte. H. M. Köster und H. Nordmeyer. (Ber. dtsch. keram. Ges. e. V. **38.** 98—106. März 1961.) (Dt.)

In den tert. Tonen des Ponholzer Beckens (20 km nördlich von Regensburg) tritt als mineral. Hauptbestandteil ein Kaolin auf, der nach seinem Kristallbild zwischen Fireclay-Mineral u. Metahalloysit einzuordnen ist. Wichtige Beimengungen sind: Dioktaedr. Illit, Quarz u. Kalifeldspat. Diese Anteile bestimmen im wesentlichen das therm. Verh. der Tone. Die feinkörnigen, fast nur aus Kaolin- u. Glimmermineralien bestehenden Tone sintern unter dem Erhitzungsmikroskop zwischen 1160 u. 1350° sehr stark. Zwischen 1350 u. 1500° ist die weitere Schwindung dieser Tone nur sehr gering. Die gröberen Tone schwinden zwischen 1160 u. 1500° gleichmäßig stark. N. PETERS. 6216□

Die Formgebung der Tonerden bei höheren Temperaturen. D. Cocora. (Rev. Construcţiilor Mater. Construcţii **11.** 351—53. Juli 1959.) (Rum.)

Beschreibung eines Verf. zur Aufbereitung u. Formgebung von Ton bei erhöhter Temp., wobei nur die positiven, bekannten Teile der Rohstoffbereitung, Formgebung u. Trocknung angewandt werden. W. WESLY. 6216□

Theoretische und praktische Fragen der Herstellung von chemisch gebundenen basischen Steinen. János Sövegjártó. (Épitöanyag [Baumaterial] **12.** 358—67. Okt. 1960.) (Ung.)

Vf. untersuchte das Bindevermögen vieler Chemikalien bei der Herst. von chem. gebundenen bas. Steinen u. erreichte mit H_3BO_3 die günstigsten Ergebnisse. Mit H_3BO_3 hergestellte Steine behalten ihre Druckfestigkeit auch im Temp.-Bereich von 600 bis 1000°, wo Steine anderer Bindung versagten. Zu diesen Steinen ist totgebrannter Magnesit zu verwenden, welcher nicht lange lagerte, weil sonst der akt. MgO-Geh. abnimmt. Chromerz oder chem. inakt. Zusatzstoffe erfordern keine Vorbereitung. Nach dem Vermischen werden die Steine gepreßt u. sofort in den Trockenkammern der Verfestigungs-Wärmebehandlung unterzogen. Der zum Formen nötige Wasser-Geh. von 4—5% muß auf mindestens 0,2% sinken, weil sonst die Druckfestigkeit abnimmt. Die Kaltdruckfestigkeit so bereiteter Steine ist beinahe die 3fache der gebrannten Chrommagnesitsteine. Ihre Maßhaltigkeit ist höher, daher ihr Einbau einfacher, schneller u. genauer, ihre Hydratationsempfindlichkeit, Wärmeleitfähigkeit, Druckfeuerbeständigkeit, Gasdurchlässigkeit kleiner, ihre Temp.-Wechselbeständigkeit u. Nachschwindung größer, als die der gebrannten Steine. J. PLANK. 6218

Orientierte Verwachsungen von Calciumoxyd und Tricalciumsilikat. Josef Gahm. (Tonind.-Ztg. keram. Rdsch. **85.** 95—98. 25/2. 1961.) (Dt.)

Gut ausgebildete C_3-Kristalle treten in der CaO-haltigen Verschlackungszone von Dolomitsteinen auf, die zur Auskleidung von Elektrostahlöfen mit sauren Deckelausmauerungen dienten. Es werden verschieden orientierte Einschlüsse u. Aufwachsungen in Fe-, Mg- u. Mn-haltigen CaO-Polyedern beobachtet. N. PETERS. 6218□

Untersuchungen über den Einfluß der Textur und der Ofenatmosphäre auf die Wärmeleitfähigkeit von Schamottesteinen bei hohen Temperaturen. P. Eckhoff. (Gaswärme **10.** 81—93. Febr. 1961. Schwelm.) (Dt.)

Unter Lufteinwrkg. beträgt die Wärmeleitfähigkeit in Schamottesteinen der Klasse A II bei einer mittleren Stein-Temp. von 900° in Richtung senkrecht zur Kopffläche u. zur Läuferfläche 0,79 kcal/mh · Grad, in Richtung senkrecht zur Lagerfläche 1,10 kcal/mh · Grad. Bei 1200—1300° wird ein entsprechender Wärmefluß von 0,89 kcal/mh · Grad u. 1,24 kcal/mh · Grad angegeben. Die Wärmeleitfähigkeit ist unabhängig von der Luftatmosphäre u. abhängig von der Ofenatmosphäre u. Einwirkungsdauer der vorhandenen Rauchgase. Oxydierende Rauchgasatmosphären bewirken gegenüber Luft ein Ansteigen der Wärmeleitfähigkeit, wobei die Porösität infolge Cristobalit-Bldg. durch CO_2 abnimmt. In reduziere der Rauchgasatmosphäre liegt der Wert der Wärmeleitfähigkeit bis maximal 1280° zwischen dem des oxydierend wirkenden Rauchgases u. Luft. Über

1330° sinkt die Wärmeleitfähigkeit der Steine in red. Rauchgas unter der der Luft ab. Diese Ergebnisse werden auf eine Verschiebung des CO_2/CO-Verhältnisses der Rauchgase unter erhöhten Temp. zurückgeführt. Alle Verss. werden in einem Ofen mit kombinierter Gas- u. elektr. Silitstabheizung durchgeführt. H. SCHUMANN. 6218□

Feuerfester Barium-Tonerdezement. Al. Braniski. (Tonind.-Ztg. keram. Rdsch. **85.** 125—29. 25/3. 1961. Bukarest.) (Dt.)

Die Herst. weicht von derjenigen des Ca-Tonerdezements lediglich durch etwas höhere Brenn-Temp. ab. Sie erfolgte z. B. aus 5 (Teilen) Al_2O_3 (techn.); 14,5 $BaCO_3$ (techn.) u. 1,5 feuerfestem Ton oder 5 Al_2O_3; 17,5 $BaSO_4$ u. 1,5 feuerfestem Ton. Die fertigen Zemente enthielten 1,0—7,0 (%) SiO_2, 37,7—23,2 Al_2O_3, 61,4—69,8 BaO u. hatten eine Feuerfestigkeit von 1825—1750°. Feuerfestigkeit u. mechan. Festigkeit steigen mit dem Geh. an $BaO \cdot Al_2O_3$. Die Zugfestigkeit lag zwischen 36,9—29,6 (kp/cm²), die Druckfestigkeit zwischen 445—380. SiO_2, Fe-Oxyd, Alkalien u. a. Beimengungen verschlechtern diese Werte. Die Binde- u. Erhärtungs-Eigg. sind normal, die Anfangsfestigkeit ist hoch. Das Erhärten des hydratisierten, feuerfesten $BaO \cdot Al_2O_3$-Zements erfolgt durch Austrocknen des hydratisierten Tonerde-Gels, der Gele der hydratisierten Ba-Aluminate u. Ba-Silicate u. durch Auskristallisieren von $3\,BaO \cdot Al_2O_3 \cdot 6\,H_2O$. $BaO \cdot Al_2O_3$-Zement ist in W. sehr leicht lösl. u. ist deshalb nicht als hydraul., sondern als ein an der Luft erhärtendes Bindemittel anzusehen. Er ist geeignet für die Herst. bas. hochfeuerfester Betone. G. FRIKELL. 6218□

Hochfeuerfester Beton aus feuerfestem Barium-Tonerdezement. Al. Braniski. (Tonind.-Ztg. keram. Rdsch. **85.** 129—35. 25/3. 1961. Bukarest.) (Dt.)

Monolith. Prodd., die Temp. bis zu 1790°, entsprechend SK 26, standhalten, werden hergestellt aus feuerfesten Ba-Tonerdezementen oder Ca-Tonerdezementen auf der Basis $CaO \cdot 2\,Al_2O_3$ mit über 70 (%) Al_2O_3 u. unter 1 ($Fe_2O_3 + SiO_2 + MgO +$ Alkalien) u. hochfeuerfesten Zugschlagstoffen, wie Schamottestein-, Korundstein-, Chrommagnesitstein- u. Magnesitsteinabfällen u. Sinterbauxit. Die Temp.-Wechselbeständigkeit ist abhängig von der Art der Zuschlagstoffe, deren Kornaufbau u. der Art u. Menge des Zements. Die besten Werte zeigt Ba-Tonerdezement, dann folgen nacheinander Ca-Dialuminat-, Ca-Monoaluminat- u. Tonerdeschmelzzement. Die Feuerfestigkeit der Betone sinkt u. die Druckfestigkeit nimmt mit wachsendem Geh. an Zement zu. Bei Temp. von ca. 1400° werden die Kaltdruckfestigkeiten größer als die Druckfestigkeiten der ungebrannten Betone nach 28 Tagen. — 16 Literaturhinweise. G. FRIKELL. 6218□

Über verschiedene Reaktionen in keramischen Grundmassen beim Brennen. 8. Mitt. **Viscosität von Massen hohen Feldspatgehalts im System Feldspat–Quarz.** Kenya Hamano. (Rep. Government chem. ind. Res. Inst., Tokyo **53.** 316—24. Sept. 1958.) (Jap.; Auszug: Engl. S. XXXVI—XXXVII.) — 7. vgl. Rep. Government chem. ind. Res. Inst., Tokyo **53.** [1958.] 227.

Preßlinge (20 mm Ø × 5 mm) aus 75—100% *K-* (**I**) bzw. *Na-Feldspat* (**II**) u. 25—0% *Quarz* (**III**) werden im elektr. Ofen auf 1000—1450° bis 4 Std. (>1000° Anstieg 60—180°/Std.) erhitzt u. rasch in Luft abgeschreckt. Der Grad der Deformation wird im senkrechten Querschnitt mkr. bestimmt u. in Diagrammen bzgl. Viscosität (n) u. Oberflächenspannung (o) ausgewertet: Mit steigender Brenntemp. u. -dauer nehmen η u. σ zu; dabei haben die Syst. mit **II** niedrigere η-Werte u. stärkere Abnahme derselben mit der Temp., bei **III**-Geh. <20—25%. σ der **II**-Syst, ist höher als bei **I** u. die Abnahme mit steigender Temp. stärker. Der Fließpunkt der **I**-Proben bei 60° Temp.-Anstieg/Std. liegt bei 1350—1360°, jener von **II** bei 1270—1280°. η der Probekörper steigt mit dem **III**-Geh., u. zwar stärker u. regelmäßiger bei **II**-haltigen. Mit steigender Temp. u. Dauer nimmt dieser Unterschied ab. Ein Maximum an Deformation tritt bei 90—95% **I** u. 5—10% **III**, nie im **II**–**III**-Syst., ein („Deformationseutektikum"). L. SCHULER. 6220□

Portlandzement im Lichte neuerer Anschauungen der Festkörperchemie. F. Bekker und W. Schrämli. (Zement-Kalk-Gips **13** (**49**). 222—26. Mai 1960.) (Dt.)

Die neuesten Erkenntnisse der Festkörperchemie u. -physik zeigen auf, daß bestimmte alte Auffassungen der Portlandzementchemie hinfällig geworden sind. Es ist die Mißachtung dieser Erkenntnisse, die es schwer verständlich macht, daß an vielen Beispielen als gesichert nachgewiesene Relationen in einzelnen Fällen nur unsicher oder überhaupt nicht mehr erkannt werden können, obgleich nach den Begriffen der klass. Chemie ident. Verhältnisse vorliegen. Es wird gezeigt, daß die Vorgeschichte eines Stoffs in starkem Maße seine Eigg. beeinflußt. N. PETERS. 6222□

Erhöhung des thermischen Wirkungsgrades des Zementschachtofens. Hans Eigen. (Tonind.-Ztg. keram. Rdsch. **85.** 91—94. 25/2. 1961.) (Dt.)

Der therm. Gesamtwrkg.-Grad des Zementschachtofens steht mit dem therm. Wrkg.-Grad des Hauptwärme-Syst. in einem bestimmten Verhältnis. Soll der in der

Praxis erstrebte Gesamtwrkg.-Grad von 72% erreicht werden, so müssen folgende Bedingungen erfüllt werden: Geringes Temp.-Intervall von Gas–Gut an der Syst.-Grenze, niedrige Klinkerwärme- u. Wandwärmeverluste u. möglichst vollständige Verbrennung des C zu CO_2. Kleine Granalien u. eine genügend hohe Vorwärmezone garantieren einen hohen therm. Wrkg.-Grad des Ofens. N. PETERS. 6222 □

Einfluß der Klinkervorkühlung im Zementdrehofen auf den Wärmeverbrauch. H. Eigen. (Zement-Kalk-Gips **13** (**49**). 226—29. Mai 1960.) (Dt.)

Der Einfl. der Vorkühlung des Klinkers im Drehofenauslauf u. die Erhöhung des Luftfaktors vom Drehofen bis zum Vorwärmer werden ermittelt. N. PETERS. 6222 □

Einfluß der Brenntemperatur auf die hydraulischen Eigenschaften von Zementen aus Kirowograd-Mergel. W. W. Manshurnet und O. O. Startschewska. (Доповiдi Академiї Наук Української РСР [Ber. Akad. Wiss. UkrainSSR] **1961.** 652—55. Kiew, Polytechn. Inst.) (Ukrain.; Auszug: Engl.)

Vff. untersuchten den Einfl. der Brenntemp. (700; 750; 800; 850; 900°) auf die physikal.-mechan. Eigg. des aus Kirowograd-Mergel (Gemisch von $CaCO_3$ u. SiO_2) hergestellten Zements. Als optimal erwies sich die Brenntemp. von 800—850°. Die thermograph. Unters. des Abbindeprozesses ergab, daß bei den Brenntemp. von 800, 850 u. 900° in den Abbindeprodd. des Zements eine Hydrosilicat vom Typ $C_2SH(C)$, bei 800 u. 850° außerdem ein Hydrosilicat vom Typ CSH(B) vorliegt. Wird der Mergel bei 830° 4 Std. lang gebrannt, so wird ein Zement erhalten, der nach 28 Tagen eine Druckfestigkeit von 152,0 (kg/cm²) u. eine Zugfestigkeit von 16,0 aufweist. O. LEBTAG. 6222 □

Die Kontrolle der Erhärtung von Portland-Zement ist bisweilen ein Problem. Harold H. Steinour. (J. PCA Res. Development Lab. **1.** Nr. 1. 45. Jan. 1959. Skokie, Ill., PCA Res. and Dev. Labor.) (Engl.)

Vf. erörtert das umstrittene Problem des Übergangs Erstarrung in Erhärtung. H. SCHUMANN. 6222 □

Ursachen und Kontrolle der Volumenänderung von Zementpasten. Treval C. Powers. (J. PCA Res. Development Lab. **1.** 29—39. Jan. 1959. Skokie, Ill., PCA, Res. and Dev. Labor.) (Engl.)

Die Schrumpfung u. Quellung ist abhängig von den inneren Kräften, die zu den vom Gel aufgenommenen Wassermengen in Beziehung stehen. Nur die Menge W. ist entscheidend, die an der Wechselwrkg. Beton—Geloberfläche beteiligt ist. Kies wirkt im Gegensatz zu Ton auf die Gel-Bldg. hemmend ein. Gröbere Teilchen in Zementpasten schrumpfen weniger als feinere, wobei die Grenze für die Teilchengröße bei ca. +200 mesh liegt. Die Schrumpfung ist abhängig von dem Verhältnis des vorhandenen Gipses zum Optimum Gips, woraus die Bldg. von Tricalciumaluminat oder der Geh. an Alkali resultiert. CO_2 führt in Ggw. von Feuchtigkeit zu irreversiblen Schrumpfungen. Das Feuchtigkeitsmaximum beträgt 55%. Verss. mit Zementpasten in Sattdampf bei 350 bis 450°F zeigen keine Veränderung des Volumens. H. SCHUMANN. 6222 □

Neue Ansichten über Technologie und Eigenschaften des Betons. Oldřich Valenta. (Inž. Stavby **6.** 463—68. 21/9. 524—29. 21/10. 1958.) (Tschech.)

Übersicht: Schnelle Kontrolle der Beton-Zus., Verw. von Kunststoffen in der Beton-Zus., Aktivierung des Zementmörtels, Kontrolle des Betonschwunds, des dynam. Elastizitätsmoduls u. der Betonkomponenten in Beziehung zu Festigkeit u. Lebensdauer; nichtzerstörende Meth. der Betonkontrolle. R. K. MÜLLER. 6224 □

Verdichten von Beton auf Rütteltischen. Kurt Walz. (Cement, Lime Gravel **35.** 361—63. Dez. 1960.) (Engl.)

Unter sonst gleichen Bedingungen wird bei Verw. einer lose befestigten Form ein besseres u. gleichmäßigeres Ergebnis erzielt als mit einer auf dem Rütteltisch festgeschraubten Form. Beim kreisförmigen oder gradlinigem vertikalem Vibrieren wird bei einer festverschraubten Form das Optimum der Verdichtung bei einer Beschleunigung von 8—10 g erzielt im Gegensatz zu nur 1,5 g im anderen Falle. Das Gew. einer locker befestigten Form spielt nur in bezug auf die mögliche Beschleunigung eine Rolle. Durch diese Art der Befestigung wird eine Überlastung der App. vermieden u. bei einer Frequenz von 3100 U/min u. einer Doppelamplitude von 0,7 mm volle Verdichtung erreicht. G. FRIKELL. 6224 □

Energetische und Schwingungsverhältnisse bei der Betonverdichtung auf Rütteltischen. János Csutor. (Építöanyag [Baumaterial] 12. 368—72. Okt. 1960.) (Ung.)

Vf. befaßt sich mit der Verteilung der Energie, die bis zur vollkommenen Verdichtung des Betons dem Schwing-Syst. Rütteltisch–Stahlform–Beton zuzuführen ist, u. weist nach, daß die Verteilung der Energie die Grundlage zur Charakterisierung der Voraussetzungen für die Verdichtung eines bestimmten Betons sein könnte. J. PLANK. 6224

Verwendung von Natriumalginat zur Verbesserung der Technologie von Betonmischungen. D. Dalew, L. Lidshi, K. Bajew und D. Dantschew. (Доклады Болгарской Академии Наук [C. R. Acad. bulg. Sci.] **10.** Nr. 2. 117—19. März/April **1957.**) (Russ.; Auszug: Engl.)

Na-Alginat, in Mengen von 0,01—0,05% zum Betongemisch gegeben, steigert dessen Festigkeit um 8% (am 28. Tag); demnach kann man 5—8% an Zement im Gemisch sparen, wenn man die gleiche Festigkeit erhalten will wie ohne Alginat, das auch die Plastizität u. Dichte steigert u. der Entmischung beim Transport entgegenwirkt. Der Beton wird weniger wasserdurchlässig, frostfester u. chem. widerstandsfähiger. Na-Alginat ist leicht aus der Schwarzmeeralge *Cystoseira barbata* zu gewinnen, welche bis 40% Alginsäure enthält. Bei höherer Alginatgabe (0,07—0,1%) sinkt die Druckfestigkeit wieder. A. v. WILPERT. 6224 □

Hochfeste schnellhärtende Schlackensilicatbetone für Eisenbetonkonstruktionen. W. W. Konstantinow und G. T. Pushanow. (Бетон и Железобетон [Beton u. Eisenbeton] **1960.** 468—70. Okt.) (Russ.)

Ein Gemisch aus 90% granulierter Hochofenschlacke u. 10% Wasserglas ist ein neues Bindemittel mit einer Aktivität von 400—800 kg/cm². Es ist für die Herst. von schnellhärtenden u. hochfesten Betonen geeignet. Entsprechende Proben (Würfel mit 4, 7 u. 10 cm Kantenlänge) wurden aus einem Beton mit dem Verhältnis Bindemittel : Sand : Schotter = 1 : 1 : 2 hergestellt, 60 Sek. gerüttelt u. anschließend bei 95—100° für 0,5, 1,2 u. 4 Std. in Kammern bedampft. Anschließend wurde ihre Druckfestigkeiten erprobt. Bei einer Bedampfung von nur 30 Min. wurde eine Druckfestigkeit von 400 kg/cm² erzielt. Bei einer Wärmebehandlung von 60 Min. wurden 700 kg/cm² erreicht. Die Druckfestigkeit von Armaturen in Beton mit einem Schlacke : Sand-Verhältnis = 1 : 3 betrug ca. 250 kg/cm², das Vol.-Gew. ca. 50 kg/cm³. Die Härtezeit bei der Anfertigung von Bauelementen beträgt deshalb nur 30—60 Minuten. G. EWALD. 6224 □

Die Anwendung von „kaltem" Beton beim Eisenbahnbau. P. Ss. Kosstjajew. (Бетон и Железобетон [Beton u. Eisenbeton] **1960.** 442—45. Okt.) (Russ.)

Bei Einhaltung verschiedener strenger Regeln ist die Anwendung von „Kaltbeton" für den Brücken-, Röhren- u. Stützwandbau bei folgenden klimat. Bedingungen möglich: Temp. während 7—9 Monaten $< -40^0$; während der Schneeschmelze ($2-2^1/_2$ Monate) erreicht die Temp. nachts —20 bis —25°, tagsüber ±0 bis +5°; dabei schwankt der Schmelzwasserspiegel innerhalb von 24 Std. um 15—20 cm; pH 5—7,5; Carbonathärte 0,25—0,9. Der Beton hat beim Schütten eine Temp. von —7 bis 9°. Die Salzzuschläge in Form von $CaCl_2$ u. NaCl (6—20%) werden nach der Prognose der mittleren Temp. für die nächsten 10 Tage berechnet, da die innere Temp. der Betonkörper (z. B. Brückenpfeiler) der mittleren Tages-Temp. folgt. Der Beton muß in den ersten Tagen größtmögliche Festigkeit erreichen, da oft unerwartete Temp.-Rückgänge eintreten. Deshalb wird mehr $CaCl_2$ als NaCl zugegeben. Um die Temp. zu halten, wird das Anmachwasser zur Abdichtung entsprechend bis zu 40° vorgewärmt. Es wurde durch Verss. eine geeignete Verschalung gefunden, die die geforderte Festigkeit des Betons garantiert: 40 mm Bretterverschalung mit Pergamindichtung. Erhärtet der Beton unter anhaltendem Frost, kann er erst nach dem 90. Frosttag bedingt belastet werden, erreicht aber nach 28 Tagen bei einer Temp. $> \pm 0^0$ die Festigkeit nach der Norm. Eine Korrosion tritt bei Verw. von feinem Kies nicht auf. G. EWALD. 6224 □

Zur Frage der Korrosion von Stahl im Beton. G. Rehm und H. Moll. (Zement-Kalk-Gips **13** [49]. 230—39. Mai 1960.) (Dt.)

In einer lebhaften Diskussion verschiedener Autoren werden gegensätzliche Auffassungen in bezug auf den Zusatz von Chloriden zu Betonarmierungen sowie das Problem der elektrochem. Prüfung zur Feststellung der Aggressivität von Betonzusatzmittel erörtert. N. PETERS. 6224 □

Beitrag zur Kenntnis des Brennverhaltens verschieden stark verunreinigter Varietäten einer Kalksteinlagerstätte. Hans Lehmann und Martin Schmidt. (Tonind.-Ztg. keram. Rdsch. **85.** 73—91. 25/2. 1961.) (Dt.)

Der Einfl. verschiedener Verunreinigungen von Kalkstein einer bestimmten Lagerstätte wurde auf das Brennverh. untersucht. Da die untersuchten Kalke mit ihren Verunreinigungen eine Brenntemp. von 1200° möglichst nicht überschreiten sollen, wird das in der Stahlindustrie bekannte Schalen-Verf. angewandt. Das Erweichungs- u. Schmelz-Verh. wurde mit Hilfe eines LEITZ-Erhitzungsmikroskops bestimmt; das Dehnungs- u. Schwindungs-Verh. sowie der Ablauf therm. Rkk. wurde mit der kombinierten DTA-DS-App. ermittelt. N. PETERS. 6226 □

Das Saugvermögen von Gips. W. Deen. (Ber. dtsch. keram. Ges. e.V. **38.** 107—10. März 1961.) (Dt.)

Es wird eine Gleichung abgeleitet, mit der eine ausreichende Abschätzung des Capillardrucks in feinporigen Medien erhalten werden kann. Mit Hilfe einer Modellberechnung wird festgestellt, durch welche Capillaren bei der Wasseransaugung durch Gips die Wasserströmung verläuft. Es wird abgeleitet, daß zwischen dem Capillardruck u. der Diffusions-Konst. D_g ein hyperbol. Zusammenhang besteht. N. PETERS. 6226 □

Die bautechnische und wirtschaftliche Bedeutung der Messung des Beständigkeitsgrades für die Auswahl und Verwendung fester, mineralischer Baustoffe. Hans Breyer. (Strassen- u. Tiefbau **14.** 958—62. Dez. 1960. Kassel, Gesteinsprüfstelle der Deutschen Bundesbahn bei der Bundesbahndirektion Kassel.) (Dt.)

Es wird ausgeführt, daß die Frostbeständigkeit der festen mineral. Baustoffe nicht von ihrer Festigkeit, von der Tiefe der Frost-Temp. oder von der Anzahl der Frostdurchgänge abhängt, sondern vom Wassersättigungsgrad (WS) ihrer Poren. Die Baustoffe sind um so beständiger, je mehr ihr WS unter 85% u. je größer der verbleibende freie Porenraum bleibt. Dies gilt für keram. Erzeugnisse wie auch alle übrigen festen mineral. Baustoffe. Auf die Gültigkeit des WSW-Verf. nach HIRSCHWALD u. die Verff. nach DIN 52103, 52104 u. 52106 wird hingewiesen. — 28 Literaturhinweise.
G. FRIKELL. 6228 □

Penton, ein thermoplastisches Kunstharz für Bauzwecke. G. M. Taylor und E. C. Wenger. (Ind. Engng. Chem., int. Edit. **53.** Nr. 3. 46A—49A. März 1961. Hercules Powder Co.) (Engl.)

Beschreibung der Entw. u. der Eigg. von Penton (Poly-[3.3-bis-(chlormethyl)-oxetan], F. 356°F u. seiner Verw. als korrosionsfester Baustoff. W. WESLY. 6228 □

Praktische Proben der Anwendung von Sulfitablauge zur Verstärkung des Scherbens eines getrockneten Dachziegels. Kazimierz Kubiczek. (Szkło i Ceram. **10.** Nr. 5. Bul. Inst. Przemysłu Szkła i Ceram. **9.** Nr. 1. 1—3. Mai 1959. Warszawa.) (Pol.)

Zusatz von 0,5% einer konz. Sulfitablauge zur Ziegelmasse verbessert die Festigkeit des getrockneten u. gebrannten Dachziegels. Außerdem wird seine Frostbeständigkeit erhöht. Vorraussetzung der günstigen Auswrkg. der Sulfitablauge ist die Anwendung von magerem Ton u. feinkörnigem Material. F. URBAN. 6228 □

Verschiedene Herstellungsmethoden und technische Kennwerte von Staubkohlenaschenkies. János Albert. (Építöanyag [Baumaterial] **12.** 345—51. Okt. 1960.) (Ung.)

Der aus Staubkohlenasche hergestellte Kies hat ein Raum-Gew. von 900—1400 kg/m³ u. ein Schüttgew. von 600—850 kg/m³. Zur Herst. solchen Kieses eignen sich jene Staubkohlenaschen, welche wenigstens 40 (%) SiO_2, 18 Al_2O_3 u. 5 Fe_2O_3 enthalten u. frei von lösl. Sulfat u. CaO sind. Diese Kiese werden in Dreh- oder Schachtöfen aus Granalien gebrannt. J. PLANK. 6230

Im polnischen Institut für Glas und Keramik ausgeführte Apparatur für die Differentialthermoanalyse. Andrzej Pytliński. (Szkło i Ceram. **10.** Nr. 5. Bul. Inst. Przemysłu Szkła i Ceram. **9.** Nr. 1. 4—5. Mai 1959.) (Pol.)

Beschrieben wird eine App., die hauptsächlich zur Unters. von keram. Rohstoffen dienen soll. F. URBAN. 6240 □

Thermogravimetrische Untersuchungen an Tonen und ihre Beziehung zu den technologischen Eigenschaften. H. G. Hohlt, F. Müller und K. Zimmermann. (Ber. dtsch. keram. Ges. e.V. **38.** 58—71. Febr. 1961.) (Dt.)

Von 6 sehr verschiedenartigen Tonen werden die technolog. Eigg. untersucht. Alle Entwässerungskurven werden nach der dynam. Meth. von RADZCEWSKI aufgenommen. Gleiche Vers.-Bedingungen sind für reproduzierbare Werte von ausschlaggebender Wichtigkeit, weniger die Vorbehandlung der Substanz. Es werden Eichkurven der wichtigsten Tonmineralien gezeigt u. erläutert. Die thermogravimetr. Entwässerungskurven sind durch Dilatometer- u. DTA-Kurven ergänzt. N. PETERS. 6248 □

Thermochemische Untersuchungen an Montmorillonit in Abhängigkeit von der Art, der Korngröße und der Kationenbelegung. R. Gauglitz und H. E. Schwiete. (Ber. dtsch. keram. Ges. e.V. **38.** 43—57. Febr. 1961.) (Dt.)

Die Bewertung thermochem. Unterss. für die Kenntnis der Struktur von Tonmineralien geschieht zunächst durch die Differentialthermoanalyse (DTA). Diese Meth. läßt jedoch nur qual. Schlüsse zu, die dynam. Differenzenkalometrie (DDK), deren Vers.-Anordnung eine quant. Auswertung der Rk.-Effekte gestattet, arbeitet besser u. hat den Vorteil gegenüber der DTA, daß hierbei wirklich nur kalor. Effekte gemessen werden. Zur Unters. gelangten zwei Montmorillonite (Moosburg u. Polkeville). Der Einfl. der Korngröße wurde am Moosburger Material ermittelt; mit steigender Korngröße nehmen die zur Dehydratation u. zum Gitterzusammenbruch erforderlichen Energien zu.

Die Enthalpie der 1. Hochtemp.-Rk. zwischen 600 u. 750° ist bei dem Polkeville-Material doppelt so groß wie bei dem andern, bei der zweiten Wärmetönung zwischen 720 u. 920° ist es umgekehrt. Die Größe der Wärmetönungen ist außerdem von der Art der adsorbierten Kationen (meist Alkali- oder Erdalkali-Ionen) abhängig. N. PETERS. 6248 □

Bestimmung des Flächeninhalts von Kaolinit durch Glycerin-Adsorption. K. H. Woodside und W. C. Ormsby. (J. Amer. ceram. Soc. **43.** 671—72. Dez. 1960.) (Engl.)

Zur Best. des Flächeninhalts von natürlichen Silicaten, einschließlich Kaolinit, verwendet man mehrwertige Alkohole (Glycerin). Es wurde der Flächeninhalt in Abhängigkeit der Partikelgröße des Kaolinits untersucht. Mit steigender Teilchengröße fällt der Flächeninhalt u. damit verbunden die adsorbierte Glycerinmenge. Die Meth. ist sehr schnell u. genau. Zur experimentellen Ausführung wurde die Meth. von DAIMOND gewählt. Die Ergebnisse stimmen mit der gewöhnlichen N_2-Meth. gut überein.

H. OPPERMANN. 6248 □

Ein kleiner Digitalrechner, Installation und sein Gebrauch. Paul Seligmann. (J. PCA Res. Development Lab. **1.** Nr. 1. 21—28. Jan. 1959. Skokie, Ill., PCA, Res. and Dev. Labor.) (Engl.)

Als Anwendungsbeispiele werden die Auswertung von Röntgenanalysen hydratisierter Portlandzementpasten, Struktur-Unterss. an Eisenbeton, thermoelast. Best. u. Berechnungen von Scherkräften sowie statist. Analysen angeführt. Schwierigkeiten treten bei Analysenirrtümern auf, da diese alle Rechenvorgänge durchlaufen u. die Fehler somit vervielfacht werden. H. SCHUMANN. 6252 □

Erforschung der Wirksamkeit von Pervibratoren mittels Isotopen. Miroslav Jirsák und Jiří Sloupenský. (Inž. Stavby **6.** 530—34. 21/10. 1958. Ústř. výzk. labor. n.p.) (Tschech.)

Vff. beschreiben ein Verf., bei dem die Dichte von Beton im Rüttelprozeß durch Messung der von ^{60}Co ausgesandten γ-Strahlung geprüft u. verfolgt wird.

R. K. MÜLLER. 6252 □

Ein abgekürztes Verfahren zur Bestimmung der 7- und 28-Tage-Druckfestigkeit von Beton. J. W. H. King. (J. appl. Chem. **10.** 256—62. Juni 1960.) (Engl.)

Es wurde ein Verf. entwickelt, um Prüfwerte von Betonen auf Grund einer 7-Std.-Probe vorherzusagen. Verwendet werden hierzu 4-in.-Würfel aus Beton, die 30 Min. nach dem Formen in einem Ofen während 6 Std. bei einer in einer Tabelle festgelegten Temp.-Zunahme auf 100° erhitzt u. nach weiteren 30 Min. auf ihre Druckfestigkeit geprüft wurden. Mittels empir. aufgestellter Kurven können aus den so gemessenen Werten die 7- u. die 28-Tage-Druckfestigkeiten vorausgesagt werden. Die Streuung der geschätzten Werte geht nicht über diejenige der tatsächlich gemessenen hinaus. Das Verf. wurde erprobt an Portlandzement, an Schnellbindern u. an Weißzement mit wechselnden Mengen Anmachwasser. G. FRIKELL. 6252 □

Über das Verhalten und den Widerstand des Betons bei Scher- und Zugbeanspruchung. N. Iosipescu und I. Făcăoaru. (Rev. Construcţiilor Mater. Construcţii **11.** 119—28. März 1959.) (Rum.)

Photoelast. Unterss. u. Unterss. mit einem zur Scherprüfung bestimmten Probestück aus Beton zeigen die Verteilung der Beanspruchungen u. Formveränderungen u. das Verh. von Beton bei Zug u. Schub (Diagramme), bes. die verschiedenen Phasen des Verh., die Spaltungserscheinungen u. die Streckgrenze bei Dehnung 2. Grades. Die Vorgänge werden theoret. gedeutet. W. WESLY. 6252 □

Eine verbesserte Methode zur Bestimmung der Konsistenz von Gipsmörteln. R. A. Kuntze. (ASTM Bull. **1960.** Nr. 246. 35—37. Mai.) (Engl.)

Die übliche Meth. zur Messung der Konsistenz von Gipsmörteln beruht auf der Messung des Eindringvermögens zylindr. Kolben (meist als Al) in die Prüfmasse. Der Vf. arbeitet statt dessen mit kon. Kolben, die genau bestimmte Winkelgrade des Konus aufweisen. Es sollen besser reproduzierbare Ergebnisse erhalten werden.

N. PETERS. 6254 □

Tasaburô Yamaguti, Chiba City, Japan, **Herstellung von Natriumnitrat-Polarisatoren,** wie Polarisationsprismen u. -platten, bei welcher zwei *Glaskörper* (I) mittels eines dünnen Einzelkristalls (II) von $NaNO_3$ miteinander verbunden werden, der aus geschmolzenem $NaNO_3$ bei Abkühlung auf einer Glimmerplatte (III) auskrist., dad. gek., daß das geschmolzene $NaNO_3$ zwischen auf der **III** in engem Abstand ausgerichtet gestellten **I** erwärmt wird u. infolge Kapillaritäts-Wrkg. bei Erwärmung über den F. des $NaNO_3$ einen dünnen Film bildet, der bei Abkühlung zu einem die **I** verbindenden **II** krist., ohne die **I** in eine $NaNO_3$-Schmelze einzutauchen. (**D. A. S. 1 100 319** Kl. 42h vom 16/4. 1959, ausg. 23/2. 1961. Jap. Prior. 18/4. 1958.) W. v. HUHN. 6201

Alberto Gerard, Banfield, Argentinien, **Herstellung von keramischen Formkörpern.** Man formt die üblichen Grundmassen unter Beimischung von hydraul. Zement (I) u. läßt diesen abbinden. Die Formstücke sind formfest u. leicht zu handhaben. Durch ein 2std. Brennen bei 700—1500° wird der I zu Na- u. Ca-Silicat zersetzt u. die hydraul. Bindung der Masse durch eine auf der üblichen, durch therm.-chem. Rk. der Komponenten entstandene Bindung ersetzt. (**Ind. P. 57 038** vom 11/4. 1956, ausg. 5/2. 1958.) C. LÜTTGEN. 6207

United Kingdom Atomic Energy Authority, London, England (Erfinder: John Edward Antill Henry Lloyd), **Sinterung fester keramischer Massen.** Längliche Formkörper, wie Stäbe u. Rohre, aus vorgepreßten keram. Massen, z. B. solche, die nach dem Sintern aus 94,35 (%) Al_2O_3, 3,25 SiO_2, 1,4 CaO u. 1,0 MgO bestehen, werden kontinuierlich durch einen Ofen mit kurzer Sinterzone geführt. Bei kleinen Querschnitten werden rissefreie Körper erhalten bei Temp. von 1600—1700°, einer 5 cm langen Sinterzone u. einer Geschw. von 75 cm/Stunde. Größere Querschnitte benötigen ein langsameres Vorrücken von z. B. 15—25 cm/Stunde. (**E. P. 848 571** vom 11/7. 1957, ausg. 21/9. 1960.) G. FRIKELL. 6221

Elettrocarbonium S. p. A. Mailand, Stabilimento di Narni, Narni (Erfinder: Angiolo Gemmi, Terni), Italien, **Herstellung von Verbindungen zwischen Kohle- oder Graphitkörpern untereinander oder mit Metallteilen.** Ein guter mechan. u. physikal. Kontakt beim Verbinden, bes. unter Verw. von Pech oder Kunstharz, wird dadurch hergestellt, daß den Verbindungsmassen Graphit-Derivv., wie Graphitsäure, -oxyde oder -halogen-Derivv., oder -Additions-Prodd. mit Metallen (Metallsalze oder sog. Graphitester) zugesetzt u. die Verbindungsstellen bis zum Aufblähen der Graphit-Derivv. erhitzt werden. — Zeichnungen. (**D. A. S. 1 107 578** Kl. 80b vom 21/11. 1958, ausg. 25/5. 1961. It. Prior. 18/7. 1958.) G. FRIKELL. 6221

Siemens & Halske Akt.-Ges., Berlin und München (Erfinder: Reinhold Reichmann †, Moskau), **Preßkörper aus nicht plastischen mineralischen Grundstoffen.** Gute mechan. Bearbeitungsfähigkeit vor u. geringer C-Geh. nach dem Brennen u. Sintern wird erreicht, wenn den Grundstoffen, wie Metalloxyden, bis 1% Polyvinylalkohol u. evtl. noch Glycerin oder Äthylenglykol zugesetzt wird. (**D. B. P. 974 882** Kl. 80b vom 26/3. 1943, ausg. 25/5. 1961. Anmeldung bekanntgemacht 6/11. 1952.) G. FRIKELL. 6221

S.p.A. Arturo Morandi Riserie Riunite, Novara, Italien, **Behandlung von Reisspreu.** Man unterwirft ggf. unter Erwärmen einer alkal. Behandlung, wäscht, behandelt mit einer sauren Lsg., wäscht u. trocknet. Man erhält ein weitgehend von Hemicellulosen, Pentosanen, Lignin, Eiweiß u. Fett befreites Material, das als *Füllmittel* für *Zemente, Kalkmörtel, Gips, Leim* oder *Lacke* verwendet werden kann. (**It. P. 517 528** vom 14/6. 1954.) K. KOEBKE. 6227

Pittsburgh Plate Glass Co., Pittsburgh (Erfinder: **John J. Smith** und **James E. Duncan**, Brackenridge), Pa., V. St. A., *Regelung der Farb- und Durchlässigkeitseigenschaften eines gelbgrünen Glases.* (**D. A. S. 1 053 147** Kl. 32b vom 19/10. 1956, ausg. 19/3. 1959. A. Prior. 20/10. 1955. — C. **1960.** 7976 [E. P. 804 930].)

Quigley Co., Inc., New York, N.Y., V.St.A. (Erfinder: **Samuel Fillmore Murphy** und **Raymond Jules Demaison**), *Ofenauskleidungen und Massen dafür.* (**E. P. 833 026** vom 12/3. 1957, ausg. 21/4. 1960. — C. **1959.** 5272 [A. P. 2 809 126].)

Siemens-Planiawerke Akt.-Ges. für Kohlenfabrikate (Erfinder: **Franz Jeitner**), Meitingen/Augsburg, *Gesinterte, vorzugsweise aus Hartstoffen bestehende Körper.* (**D. B. P. 974 245** Kl. 80b vom 12/11. 1954, ausg. 3/11. 1960. Anmeldung bekanntgemacht 20/9. 1956. — C. **1960.** 16223 [Schwz. P. 342 886].)

Régie Nationale des Usines Renault, Billancourt, Frankreich, *Zündkerzen für Niederspannung.* (**E. P. 817 935** vom 1/8. 1956, ausg. 6/8. 1959. F. Prior. 1/8. 1955. — C. **1960.** 8637 [F. P. 1 129 656].)

Thermal Syndicate Ltd., **Arthur Eric Jarvis Vickers** und **John Bernard Maloney**, England, *Feuerfester Zement.* (**F. P. 1 064 967** vom 23/10. 1952, ausg. 19/5. 1954. E. Prior. 24/10. 1951. — C. **1955.** 2513 [D. B. P. 912 911].)

Seco Soc. An Brig (**Soc. pour l'Étude et la Construction d'Entreprises Industrielles**), Schweiz, *Tonerdezement.* (**F. P. 1 083 143** vom 8/9. 1953, ausg. 5/1. 1955. Oe. Prior 19/8. 1952. — C. **1959.** 264 [E. P. 777 564].)

Dunlop Rubber Australia Ltd. (Erfinder: **Arthur Ernest Pickard** und **Walter Saul**), *Haftmittel für Kunststoffplatten.* (**Aust. P. 204 630** vom 2/8. 1954, ausg. 3/1. 1957. — C. **1958.** 6649 [F. P. 1 111 542].)

I. N. Jukalow, Stähle und Roheisen für die Emaillierung. Moskau: Metallurgisdat. 1961. (120 S.) 3 Rbl. 70 Kop. [Russ.]

Clays and Clay Minerals. Eighth National Conference on Clays and Clay Minerals. Herausgegeben von **Ada Swineford**. Oxford, London, New York, Paris: Pergamon Press 1960 (IX + 292 S.) 63 s. net.

Diese Monographie bringt eine Zusammenstellung aller Arbeiten der 8. Konferenz des „Clay Minerals Comittee of the National Academy of Sciences-National Res. Council" u. vermittelt einen Überblick über die Entw. der Ton-Forschung in den USA. u. den damit zusammenhängenden mineralog. u. technolog. Fragen. In Anbetracht der umfassenden Bedeutung der Tone u. Ton-Mineralien auf den verschiedenen Gebieten, z. B. der Petroleum-Geologie, der Herst. von Katalysatoren u. a., dürfte dieses Buch einem größeren Kreis von Interessenten von Nutzen sein. G. BAUER

VII. Agrikulturchemie. Schädlingsbekämpfung

Hydrothermische Behandlung von natürlichen Phosphaten in einem Cyclonofen. S. J. Volfkovich. (Chim. et Ind. **85**. 588—93. April 1961.) (Franz.)

Durch Behandlung von Rohphosphaten mit Wasserdampf in einem durch Naturgas oder fl. Erdölfraktionen beheizten Cyclonofen mit Wirbelschicht bei 1450—1600° werden 95—99% in citronensäurelösl. Form übergeführt: Das erhaltene Prod. enthält <0,2% F. W. WESLY. 6282 □

Untersuchung über die Herstellung von körnigem Calciumcyanamid mit hohem Stickstoffgehalt. 2. Mitt. **Der Zerfall von nach dem Naßverfahren hergestelltem körnigem Calciumcyanamid.** Shigeo Ueki und Toshihiko Kakizaki. (J. Sci. Soil Manure, Japan [Nippon Dozyô-Hiryô-Gaku Zasshi] **26**. 410—12. Febr. 1956.) (Jap.; Auszug: Engl.) — 1. vgl. C. **1959**. 3268.

Es wurde festgestellt, daß der Zerfall von körnigem *Calciumcyanamid* (I), das nach dem Naß-Verf. hergestellt wurde, nicht, wie früher angenommen, mit einer Hydratation von im I verbliebenem CaO ursächlich verknüpft ist. Der Zerfall ist vielmehr durch einen Wasserverlust beim Erhitzen des I bedingt. M. WINIKER. 6284 □

Der Einfluß der Bodentemperatur auf die Mineralstoffernährung der Erdbeere. E. L. Proebsting sen. (Proc. Amer. Soc. horticult. Sci. **69**. 278—81. Juni 1957. Davis, Calif., Univ. of California.) (Engl.)

Die Wurzeln von Erdbeeren wurden in ihren Kulturen bei 6 verschiedenen Temp. im Bereich von 45—90°F gehalten. Die besten Erträge wurden bei 75°F erzielt. Fruchtansatz erfolgte nur bei niedrigeren Temperaturen. Die optimale Temp. für die Bldg. von Ausläufern betrug 75°F. Der N-Geh. der Pflanzen änderte sich bei Veränderung der Wurzel-Temp. nur geringfügig. Der K-Geh. nahm mit steigender Temp. stark ab, der P-Geh. lag bei 65°F am höchsten. F. RANG. 6302 □

Durchwaschungs- und Durchschlämmungserscheinungen an Böden aus Bayern. Ein Beitrag zur Frage der Parabraunerden. F. Kohl. (Z. Pflanzenernähr., Düng., Bodenkunde **80** (**125**). 237—44. März 1958. München, Bayer. Geolog. Landesamt, Abt. Bodenkunde.) (Dt.)

Vf. demonstriert an einigen Profilen aus dem südbayer. Raum, daß auch dort die *Parabraunerden* weit verbreitet sind. Weiter legt Vf. dar, daß Auswaschung (Lessivierung) u. Podsolierung 2 voneinander zu trennende Vorgänge u. Begriffe sind. M. WINIKER. 6304

Bor- und Kupfergehalt in einigen Ackerböden von Norrland. 3. Mitt. **Westnorrland.** Lars S. Agerberg. (Kungl. Skogs-och Lantbruksakad. Tidskr. **98**. 343—51. 1959.) (Schwed.) — 2. vgl. C. **1960**. 16226.

Von den untersuchten mineral. Böden zeigen 70% P_2O_5-, 25% K_2O- u. 33% CaO-Mangel; die Torfböden sind alle P_2O_5- u. K_2O-arm, 50% sind CaO-arm. B_2O_3-Mangel liegt bei 60% der Mineralböden u. fast allen Torfböden vor, CuO-Mangel nur bei ca. 20 bzw. 50%. R. K. MÜLLER. 6304 □

Die Wirkung des Natriums im Rhenaniaphosphat. K. Scharrer und H. Kühn. (Z. Pflanzenernähr., Düng., Bodenkunde **80** (**125**). 189—202. März 1958. Gießen, Justus-Liebig-Univ., Agrikulturchem. Inst.) (Dt.)

In Gefäß-Verss. mit Zuckerrüben (**a**), Deutschem Weidelgras, Rotklee, Sommergerste, Spinat (**b**), Rispenhirse (**c**) u. Futterrüben (**d**) wurde bei niedriger K-Düngung die Na-Wrkg. des *Rhenaniaphosphats* (I) auf den Ertrag mit der einer *NaCl*-Düngung verglichen. Bis auf **c** ergab sich zu allen Pflanzen die gleiche Wirkung. Bei **a, b** u. **d** wurden durch I höhere Erträge erzielt als durch NaCl, so daß hier dem I über die Na-Wrkg. hinaus ein bes. Effekt zukommt, der vielleicht auf der in I vorhandenen Kieseläure beruht. M. WINIKER. 6304

Beweis für den Eintritt von mineralischen Nährstoffen durch die Rinde von Obstbäumen. R. L. Ticknor und H. B. Tukey. (Proc. Amer. Soc. horticult. Sci. **69**. 13—16. Juni 1957. East Lansing, Mich., Michigan State Univ.) (Engl.)

Bei Jefferis-Apfelbäumen wurde durch Bepinseln der Rinde mit ^{32}P enthaltender 0,3%ig. H_3PO_4-Lsg. nachgewiesen, daß der P durch die Rinde während der Vegetationsperiode eindringt, bes. wenn die Rinde vor der Behandlung verletzt wird. Die Bedeutung dieses Befundes für die Praxis des Obstbaus wird diskutiert. F. RANG. 6304 □

Die Mineralstoffernährung von Poinsettiapflanzen im Gewächshaus. Conrad B. Link und James B. Shanks. (Proc. Amer. Soc. horticult. Sci. **69**. 502—12. Juni 1957. College Park, Md., Univ. of Maryland.) (Engl.)

Düngungs-Verss. mit den Euphorbia pulcherrima-Sorten Ruth Ecke u. Barbara Ecke Supreme zeigten, daß Düngung mit Mineralstoffdünger im Verhältnis N : P : K wie

25 : 10 : 10 zu guten Erträgen führte. Die erforderlichen Düngergaben u. das Verhältnis zwischen P u. Mg in den Pflanzen variierten bei den verschiedenen Sorten.
F. Rang. 6304 □

Die Mineralstoffernährung von Poinsettia im Gewächshaus. James B. Shanks und Conrad B. Link. (Proc. Amer. Soc. horticult. Sci. **69.** 513—22. Juni 1957. College Park, Md., Univ. of Maryland.) (Engl.)

Beim Treiben von Euphorbia pulcherrima-Stecklingen wirkten sich hohe N-Gaben u. mäßige P- u. K-Mengen (25 :10: 10-Mischdünger) günstig auf die erwünschte Früh-Entw. der Pflanzen u. auf die Bldg. vieler Blütenstengel aus. F. Rang. 6304 □

Wiederbepflanzung von Pfirsichplantagen. Der Einfluß von verschiedenen Nährlösungen und Düngemitteln auf Wachstum und Entwicklung von Pfirsichbäumen im ersten Jahr nach dem Pflanzen. Frank N. Hewetson. (Proc. Amer. Soc. horticult. Sci. **69.** 122—25. Juni 1957. University Park, Pa., Pennsylvania Park Univ.) (Engl.)

Die an Stelle von ausgerodeten Bäumen gepflanzten jungen Pfirsichbäume entwickelten sich im 1. Jahr nach dem Pflanzen besser, wenn sie mit NPK-haltiger Nähr-Lsg. gedüngt wurden, als wenn sie statt dessen trockenen Volldünger erhielten.
F. Rang. 6304 □

Vergleich der Absorption von als Boden- oder Blattdüngung verabreichtem Phosphor bei Bohnen und Tomaten. S. H. Wittwer, F. G. Teubner und W. W. McCall. (Proc. Amer. Soc. horticult. Sci. **69.** 302—08. Juni 1957. East Lansing, Mich., Michigan State Univ.) (Engl.)

Gefäßkulturen von Bohnen- u. Tomatenpflanzen wurden mit durch ^{32}P markiertem Phosphat gedüngt, wobei die Applikation als Bodendüngung (**a**) wie auch als Blattspritzung (**b**) erfolgte. Die P-Ausnutzung war bei **b** wesentlich größer als bei **a**.
F. Rang. 6304 □

Absorption von Ammonium- und Nitratstickstoff aus Sandkultur durch Citronenwildlinge. A. Wallace und R. T. Mueller. (Proc. Amer. Soc. horticult. Sci. **69.** 183—88. Juni 1957. Los Angeles, Calif., Univ. of California.) (Engl.)

Wie durch Düngungs-Verss. mit ^{15}N festgestellt wurde, absorbierten Citronenwildlinge im allg. NH_3- (**I**) schneller als NO_3-Stickstoff (**II**). Durch Vorbehandlung mit **I** wurde die Aufnahme von Gesamt-N vermindert, durch Vorbehandlung mit **II** jedoch unter gewissen Bedingungen vermehrt. Die **I**-Absorption nahm mit steigendem pH zu, die von **II** nahm jedoch nur bei Verabreichung der größten Gabe (8 Milliäquivalente/Liter) ab.
F. Rang. 6304 □

Reaktion von Concord-Weintrauben auf Kulturmaßnahmen und Düngemittel. N. R. Benson, R. M. Bullock und I. C. Chmelir. (Proc. Amer. Soc. horticult. Sci. **69.** 235—39. Juni 1957. Wenatchee, Wash., Tree Fruit Exp. Stat.) (Engl.)

Mit einer Düngung von 100 lbs. N/acre wurden auf neutralem, nicht kalkhaltigem, sandigem Lehmboden gute Erträge an Concord-Weintrauben erzielt. K- u. P-Gaben waren wirkungslos. F. Rang. 6304 □

Beziehungen zwischen Beschneiden, Stickstoffmenge und Zeitpunkt der Stickstoffdüngung bei Halehaven-Pfirsichen. G. W. Schneider und A. C. McClung. (Proc. Amer. Soc. horticult. Sci. **69.** 141—47. Juni 1957. Raleigh, N.C., North Carolina Exp. Stat.) (Engl.)

Durch Steigerung der *N*-Gaben von 0,3 auf 1,2 lbs./Baum wurden Wachstum u. N-Geh. der Blätter gesteigert, das Reifen der Früchte jedoch verzögert. Der Zeitpunkt der Düngung hatte auf den Ertrag keinen deutlichen u. auf den Reifezeitpunkt nur geringen Einfluß. F. Rang. 6304 □

Der Effekt der Calciumernährung von Tomaten in bezug auf das Vorkommen und die Schwere des Auftretens der Kelchendfäule. Donald N. Maynard, Warren S. Barham und C. L. McCombs. (Proc. Amer. Soc. horticult. Sci. **69.** 318—22. Juni 1957. Raleigh, N.C., North Carolina State Coll.) (Engl.)

Verss. bei 3 Tomatensorten auf Sandkultur zeigten, daß Häufigkeit u. Schwere des Auftretens der Kelchendfäule mit steigenden *Ca*-Gaben (0,0005, 0,00275 u. 0,005n $CaCl_2$-Lsg.) abnahmen. F. Rang. 6304 □

Bekämpfung der Kelchendfäule der Tomate. C. M. Geraldson. (Proc. Amer. Soc. horticult. Sci. **69.** 309—17. Juni 1957. Bradenton, Fla., Gulf Coast Exp. Stat.) (Engl.)

Die wichtigste Maßnahme zur Verhütung der Kelchendfäule der Tomate ist das Einhalten eines günstigen *Ca*-Verhältnisses in der Boden-Lsg. durch Zufuhr lösl. Ca-Salze u. Vermeidung eines Übermaßes an lösl. K-, Mg- u. NH_4-Salzen. Gegebenenfalls wird Spritzen der Blätter mit einer 0,04m $CaCl_2$-Lsg. empfohlen. F. Rang. 6304 □

Einfluß von austauschbarem Natrium und Kalium im Boden auf Wachstum und Zusammensetzung von jungen Citronenbäumen auf verschiedenen Wurzelstöcken. Winston W. Jones, James P. Martin und Willard P. Bitters. (Proc. Amer. Soc. horticult. Sci. **69.** 189—96. Juni 1957. Riverside, Calif., Univ. of California, Citrus Exp. Stat.) (Engl.)

Junge Allen-Eureka-Citronenbäume auf 7 verschiedenen Wurzelstöcken wurden auf Böden mit 11 verschiedenen Verhältnissen von *Ca*, *K* u. *Na* kultiviert. Das Gesamtwachstum wurde durch Erhöhung der Na- u./oder K-Gaben reduziert. Bei mittleren Na-Konzz. konnte die nachteilige Wrkg. des Na durch K-Gaben vermindert werden. Das Gesamtwachstum auf allen Böden wurde durch die Wurzelstöcke stark beeinflußt. Der Ca-, Mg-, K- u. Na-Geh. der Pflanzen hing stark von der Art des Wurzelstockes ab. F. RANG. 6304□

Chlorose des Birnbaumes und ihre Behebung mit chelierten Metallen. R. J. Higdon. (Proc. Amer. Soc. horticult. Sci. **69.** 101—09. Juni 1957. Medford, Oreg., U.S. Dep. of Agric. and Oregon Agric. Exp. Stat.) (Engl.)

Bei den Verss. konnte Chlorose von Birnbäumen durch kombiniertes Spritzen mit cheliertem Fe u. Mn wirksamer behoben werden als durch Anwendung von Fe-Chelat allein. Durch Spritzen mit *EDTA* oder *Na-EDTA* bzw. durch Injektion der Präpp. in die Äste wurde chlorot. Laub gleichfalls zum Ergrünen gebracht. — Während EDTA u. ihre Fe- u. Na-Salze auf Laub u. Früchte sehr tox. wirkten, waren *DTPA* u. ihr Fe-Salz bei Spritzanwendung zu 2,5—3 lbs./acre in 100—3000 gal. W. für die handelsüblichen Birnensorten prakt. nicht toxisch. — Das Ausstreuen der Präpp. auf die Bodenfläche unter den Bäumen war wirkungslos. Injektion in den Boden war nur dann wirksam, wenn Fe-EDTA bzw. Fe-DTPA in Gaben von 1 lbs./Baum angewendet wurde. Der Geh. der Birnen an Gesamtkationen wird in ihrem pH-Wert u. dem Grad der Chlorose widergespiegelt. In vielen Fällen hatten mit Chelaten gespritzte Blätter einen ebenso großen Kationen-Geh. wie stark chlorot., wobei sie jedoch pH-Werte zeigten, wie sie sonst bei normalen grünen Blättern mit niedrigerem Geh. an Gesamtkationen gefunden werden. Von den 3 Hauptkationen (Mg, Ca, K) wurde in den Blättern durch Chelatspritzung nur das K vermindert. Die Zunahme des Geh. an Gesamtkationen in gespritzten Blättern war auf erhöhte Mg- u. Ca-Geh. zurückzuführen. F. RANG. 6304□

Auswirkung einer Molybdändüngung auf den Molybdängehalt und die Zusammensetzung verschiedener Kulturpflanzen. D. Sauerbeck. (Z. Pflanzenernähr., Düng., Bodenkunde **80** (125). 203—17. März 1958. Bonn, Univ., Agrikulturchem. Inst.) (Dt.)

In der Praxis werden zur Heilung der „Klemmherzen" (whiptail) beim Blumenkohl häufig bis zu 4 kg *Na-Molybdat*/ha angewandt. Da der Mo-Bedarf der Pflanzen jedoch nur sehr gering ist, muß angenommen werden, daß der überwiegende Teil der Mo-Düngung im Boden verbleibt u. somit auch die Folgekulturen zu beeinflussen vermag. Diese Annahme konnte Vf. in Gefäß-Verss. bestätigen. Er empfiehlt daher, an Stelle der Bodendüngung eine gezielte Mo-Therapie treten zu lassen. M. WINIKER. 6304

In der Landwirtschaft angewandte Fritten als Quelle von Spurenelementen. R. Dayton Hubbard, R. A. Costen, N. F. Childers und E. A. Crosby. (Proc. Amer. Soc. horticult. Sci. **69.** 455—63. Juni 1957. New Brunswick, N.J., Rutgers Univ.) (Engl.)

Durch Anbau-Verss. mit Rüben, Tomaten, Ringelblumen, Zinnien u. Sonnenblumen wurde festgestellt, daß durch Glasfritten den Pflanzen die erforderlichen Mengen an B, Fe, Cu, Mn bzw. Zn zugeführt werden können. F. RANG. 6304□

Toleranz von Azaleen und Gardenien gegen Salzgehalt und Bor. O. R. Lunt, H. C. Kohl jun. und A. M. Kofranek. (Proc. Amer. Soc. horticult. Sci. **69.** 543—48. Juni 1957. Los Angeles, Calif., Univ. of California.) (Engl.)

Die Azaleensorten Sweetheart Supreme (**a**) u. Mrs. Fred Saunders (**b**) zeigten ein Nachlassen ihres Wachstums um mindestens 50%, wenn sich in der Nähr-Lsg. eine Gesamt-Konz. von ca. 50 Milliäquivalenten (Ca, Mg, K, Na, NH_4) befand. Während **a** u. die Gardenie Belmont empfindlich gegen hohe B-Konzz. waren, zeigte sich **b** gegen B etwas toleranter. F. RANG. 6304□

Toleranz von Gladiolen gegen Salzgehalt und Bor. A. M. Kofranek, O. R. Lunt und H. C. Kohl jun. (Proc. Amer. Soc. horticult. Sci. **69.** 556—60. Juni 1957. Los Angeles, Calif., Univ. of California.) (Engl.)

Gladiolenpflanzen (Valeria u. Spotlight) wurden in Sandkultur mit 11, 71, 131 u. 191 Milliäquivalent Salz/Liter (Ca, Mg, K, Na, NH_4) bzw. 2, 3, 4, 8 u. 10,3 ppm B gezüchtet. Gew. u. Länge der Ähren sowie Zahl der Blümchen nahmen mit steigender Salz-Konz. stark ab. Hohe B-Konzz. führten zu starkem Auftreten von Blattverbrennungen. Die Pflanzen vermochten große Na- u. Chloridmengen zu absorbieren; bei hohen Salz-Geh. war die K-Absorption herabgesetzt. Die Ca-Konz. der Pflanzen wurde mit 16facher Zunahme des Ca-Geh. der Nähr-Lsg. nur verdoppelt. Die Mg-Konz. der Pflanzen blieb bei allen Verss. fast unverändert. Der B-Geh. der Pflanzen stieg bei Erhöhung des B-Geh. der Nähr-Lsg. im angegebenen Bereich von 150—1700 ppm. F. RANG. 6304□

Borernährung von Weichholzstecklingen von Geranium und Johannisbeere in Beziehung zur Wurzelbildung. H. R. Murray, C. D. Taper, T. Pickup und A. N. Nussey. (Proc. Amer. Soc. horticult. Sci. **69.** 498—501. Juni 1957. Quebec, Canada, Mac Donald Coll.) (Engl.)

Durch Zusatz von 0,1—0,5 ppm *B* zur Nähr-Lsg. wurde die Wurzel-Bldg. der Stecklinge von Geranium u. Johannisbeere nicht beeinflußt. B ist jedoch für ein gesundes Wachstum erforderlich. Anwendung von 10 ppm B führte zu tox. Erscheinungen. F. RANG. 6304□

Der Einfluß von Gabenhöhe, Herkunft und Unterbringungsart auf die Wirksamkeit von bei neu angepflanzten Tungbäumen angewandtem Zink. Marshall S. Neff und Harold L. Barrows. (Proc. Amer. Soc. horticult. Sci. **69.** 176—82. Juni 1957. Cairo, Ga.; Gainesville, Fla., U. S. Dep. of Agric.) (Engl.)

Mit Verabreichung von steigenden *Zn*-Gaben (0,009, 0,018 u. 0,036 lbs./Baum) erfolgte eine, wenn auch nicht bei allen Wiederholungen, signifikante Erhöhung des Zn-Geh. in den Blättern von neu angepflanzten Tungbäumen. $ZnSO_4$ war hierbei wirksamer als $ZnCO_3$. Die Zn-Düngung war am wirksamsten, wenn das Präp. am Boden der Pflanzhöhlen u. seitlich davon untergebracht wurde. F. RANG. 6304□

Über die Wirkung aus Pflanzenresten frei werdender, phenolischer Substanzen auf Mikroorganismen des Bodens. 1. Mitt. **Der Einfluß von p-Oxybenzoesäure auf die Entwicklung von Pilzen, Actinomyceten und Bakterien.** D. Knösel. (Z. Pflanzenernähr., Düng., Bodenkunde **80** **(125).** 225—37. März 1958. Stuttgart-Hohenheim, Landw. Hochschule, Inst. für Pflanzenschutz.) (Dt.)

Es wurde das Verh. einer Reihe von Bodenorganismen gegenüber *p-Hydroxybenzoesäure* (I) in Reinkultur u. in verschiedenen Bodenarten untersucht. In Reinkultur waren mit wenigen Ausnahmen alle in die Unters. einbezogenen Pilzstämme zum Abbau von I befähigt, während von den geprüften Streptomyceten hierzu nur ca. $^1/_3$ in der Lage war. Von den Bakterien verwerten Formen, die zur sog. zymogenen Flora gehören, I in größerem Maße als autochthone Formen. In Bodenproben bewirkten I-Zusätze eine relative Abnahme von Actinomyceten u. autochthonen Bakterien, während die zymogenen Bakterien mit einem Anstieg ihrer Keimzahlen reagierten. Eine Wrkg. auf die Pilzflora wurde nicht beobachtet. M. WINIKER. 6306

Über den Einsatz von chemischen Pflanzenschutzmitteln im Obstbau und die Frage der Bedeutung der Spritzrückstände für die menschliche Gesundheit. Jürg Eichenberger. (Schweiz. Z. Obst- u. Weinbau **69.** 117—20. 5/3. 139—43. 19/3. 162—65. 2/4. 179—86. 16/4. 1960.) (Dt.)

Allg. Ausführungen unter bes. Berücksichtigung der Verhältnisse in der Schweiz. M. WINIKER. 6312□

Chemische Unkrautbekämpfung bei Gladiolen. S. S. Woltz. (Proc. Amer. Soc. horticult. Sci. **69.** 549—55. Juni 1957. Bradenton, Fla., Gulf Coast Exp. Stat.) (Engl.)

Zur Unkrautbekämpfung bei Gladiolen auf den Sandböden Floridas werden empfohlen *Oktone* (*Oktachlorcyclohexenon*, 8 lbs./20—40 gallons Mineralöl) u. *Crag 1* (4 lbs./50—100 gallons W.). Eine Kombination von Crag 1 mit *Chlor-IPC* hat sich bei der Unkrautbekämpfung bewährt, es traten jedoch Schäden an den Gladiolenpflanzen auf. F. RANG. 6312□

Über ein neues Verfahren zur Bekämpfung von Huflattich (Tussilago farfara L.) und Krausem Ampfer (Rumex crispus L.) auf Ackerland. B. Rademacher und K. Kotz. (Z. Pflanzenkrankh. (Pflanzenpathol.) Pflanzenschutz **67.** 675—80. Nov./Dez. 1960. Stuttgart-Hohenheim, Landw. Hochschule, Inst. für Pflanzenschutz.) (Dt.)

Vff. berichten über Erfolge bei der Bekämpfung von Huflattich u. Krausem Ampfer mit *CMPP*-Mitteln. M. WINIKER. 6312□

Über die Eignung von CMPP zur Bekämpfung des Huflattichs (Tussilago farfara L.). F. Leuchs. (Z. Pflanzenkrankh. (Pflanzenpathol.) Pflanzenschutz **68.** 279—82. Mai 1961. Fischenich/Köln, Biolog. Bundesanst., Inst. für Gemüsekrankheiten u. Unkrautforschung.) (Dt.)

Bei Verss. zur Bekämpfung von Huflattich mit *CMPP*-Mitteln konnte Vf. im Gegensatz zu RADEMACHER u. KOTZ (vgl. vorst. Ref.) keine Erfolge erzielen. Als Ursache hierfür sieht Vf. die anders gearteten Standort-Einfl. u. Fruchtfolgen an. M. WINIKER. 6312□

Das Herbicid 2.4-D und (seine) Derivate. Howard J. Sanders und Ralph F. Prescott. (Ind. Engng. Chem. **51.** Nr. 9. [Part I] 974—80. Sept. 1959. Midland, Mich., Dow Chemical Co.) (Engl.)

Überblick über Herst., Eigg. u. Anwendungen von *2.4-D* u. *2.4-D*-Mitteln. — 15 Literaturangaben. M. WINIKER. 6312□

Die vergleichsweise Wirksamkeit des Ringelns und von 2.4.5-Trichlorphenoxyessigsäure auf Fruchtgröße und Reifebeschleunigung von Aprikosen. Julian C. Crane und Robert C. Campbell. (Proc. Amer. Soc. horticult. Sci. **69.** 165—69. Juni 1957. Davis, Calif., Univ. of California.) (Engl.)

Durch Spritzen mit 75 bzw. 100 ppm *2.4.5-T* (in Form des *Triäthylaminsalzes*) u. durch Ringeln (allein oder in Kombination) erfolgte sowohl eine Fruchtvergrößerung als auch eine Reifebeschleunigung von Aprikosen. F. RANG. 6312□

Die Wirkung von Maleinsäurehydrazid auf das vegetative Wachstum und die Blütenbildung der Nelke (Dianthus caryophyllus L.). G. E. Beck, Le Roy Holm und B. Esther Struckmeyer. (Proc. Amer. Soc. horticult. Sci. **69.** 523—34. Juni 1957. Madison, Wis., Univ. of Wisconsin.) (Engl.)

Die Blütenqualität war bei mit 500, 1000 bzw. 1500 ppm *Maleinsäurehydrazid* gespritzten jungen Nelkenpflanzen besser als bei den Kontrollen. Die end- u. achselständigen Wachstumspunkte der 2 Wochen nach dem Pflanzen behandelten Pflanzen zeigten stärkere anatom. Abnormitäten als die erst nach 4 oder 6 Wochen gespritzten. F. RANG. 6312□

Wirkungen des Zusatzmittels Tween 20 und von relativ niedrigen Temperaturen auf das Lichten von Äpfeln durch Naphthalinessigsäure-Sprays. C. P. Harley, H. H. Moon und L. O. Regeimbal. (Proc. Amer. Soc. horticult. Sci. **69.** 21—27. Juni 1957. Beltsville, Md., U. S. Dep. of Agric.) (Engl.)

Durch Spritzen mit *Tween 20* (**I**) allein nach der Blüte wurde der Fruchtansatz bei verschiedenen Apfelsorten vermindert. Spritzen mit **I** + niedrigen *NAA*-Konzz. war ebenso wirksam wie Anwendung von hohen NAA-Konzz. allein, wobei die bei diesen auftretenden Blattschäden ausblieben. — Wie durch Spritz-Verss. mit durch ^{14}C markierter NAA festgestellt wurde, wird bei niedrigen Temp. während der Blüte oder zu Beginn des Fruchtansatzes sowie durch gleichzeitige Anwendung von **I** u. NAA letztere besser aufgenommen. Die untere Blattfläche ist hierbei stärker sorptiv wirksam als die obere. F. RANG. 6312□

Der Einfluß von Naphthalinessigsäure und Naphthalinacetamid während einer vierjährigen Periode auf das Lichten und das darauffolgende Blühen von Apfelbäumen. F. W. Southwick und W. D. Weeks. (Proc. Amer. Soc. horticult. Sci. **69.** 28—40. Juni 1957. Amherst, Mass., Univ. of Massachusetts.) (Engl.)

Naphthalinacetamid (**I**) ist nach den Vers.-Ergebnissen der Vff. bei Apfelbäumen im allg. ein wirksameres Lichtungsmittel als *Naphthalinessigsäure* (**II**). Blattschäden treten bei Anwendung von **I** fast niemals auf. — Inwieweit nach Spritzen mit **I** oder **II** die Bäume wieder zum Blühen gelangen, hängt weitgehend von Sorte, Lichtungsgrad u. klimat. Bedingungen ab. — Zwischen dem Lichtungserfolg durch **I**- bzw. **II**-Anwendung u. dem N-Geh. der Blätter bestehen keine eindeutigen Beziehungen. F. RANG. 6312□

Braunfäule der Steinfrüchte in Neusüdwales. 2. Mitt. Einige Beobachtungen und Versuche in den Bewässerungsgebieten des Murrumbidgee. J. R. G. Morschel. (Agric. Gaz. New South Wales **66.** 146—50. März 1955. New South Wales Dep. of Agriculture.) (Engl.)

Entw. u. Erscheinungsform der Braunfäule, verursacht durch Sclerotinia fructicola (Wint) Rehm, sowie ihre Wetterabhängigkeit bei Trevatt-Aprikosen u. Elberta-Pfirsichen werden beschrieben. Um die Braunfäule zu verhindern, wurden in fünfjährigen Verss. verschiedene Pfirsicharten mit 73—75 u. 97%ig. Schwefelspritzpulver, 50- u. 80%ig. Thiuram, Ferbam, Kalk-Schwefel-Trockenmischungen, Zink-Bordeaux-Mischung, Ziram, K_2SO_4 u. 50%ig. Captan behandelt. Keines der angewandten Mittel bewirkte eine anhaltende Verringerung des an sich nur geringen Braunfäulebefalls. W. KREIPE. 6312□

Keimfähigkeit der Samen kleiner Hülsenfrüchte nach Begasung mit Methylbromid und Blausäure. R. G. Strong und D. L. Lindgren. (J. econ. Entomol. **54.** 21—25. Febr. 1961. Riverside, Calif., Univ. of California, Citrus Exp. Stat.) (Engl.)

Durch Begasung mit *Blausäure* (**I**) wurde die Keimzahl von Trifolium hybridum (**a**) verringert, die der anderen Sorten jedoch nicht. Mit *Methylbromid* (**II**) wurden Keimschädigungen beobachtet bei Medicago sativa, **a**, Trifolium repens u. T. pratense, nicht aber bei Lotus corniculatus. Die Unterschiede in der Empfindlichkeit der einzelnen Arten gegen **I** u. **II** reichten von vollkommener Unempfindlichkeit bis zur deutlichen

Schädigung, doch niemals bis zur vollkommenen Keimunfähigkeit. In den Fällen der Schädigung waren maßgebend die Zeitdauer der Begasung, die Höhe der Gaben, der Feuchtigkeits-Geh. der Samen u. eine mehrfache Begasung.

FRITZ MÜLLER/Ludwigshafen. 6312 □

Bekämpfung von Schnecken, Asseln, Hundertfüßern und Tausendfüßern in Gewächshaus und Garten. John C. Schread. (Connecticut agric. Exp. Stat., New Haven, Circ. **1958.** Nr. 203. 1—7. Mai.) (Engl.)

Bei der Bekämpfung von Schnecken bewährten sich *Cu*-Staub sowie *Ca-Arsenat*-Staub u. *Dieldrin* (**I**; als Spray oder als Granulat zur Bodenbehandlung). Gegen Asseln, Hundertfüßer u. Tausendfüßer war *DDT*-Staub wirksam. Auch konnten **I**-, *Heptachlor-*, *Malathion-*, *Endrin-* u. *Parathion*-Stäube mit Erfolg gegen Tausendfüßer eingesetzt werden.

M. WINIKER. 6312 □

Rückstände in Gemüse nach Bodenbehandlung mit Insekticiden. Robert P. Muns, M. W. Stone und Francis Foley. (J. econ. Entomol. **53.** 832—34. Okt. 1960.) (Engl.)

Die Rückstände beim Erntegut lagen nach Bodenbehandlung mit 10 (lbs./acre) *Chlordane* nur bei Süßkartoffeln, Karotten u. Kohlrüben über der Freigrenze von 0,3 ppm; mit *DDT* (20) lagen sie stets unter der Freigrenze von 7 ppm, bei Kartoffeln, bei denen kein Rückstand erlaubt ist, betrug er 0,5 ppm. — Begasung des Bodens mit *Äthylendibromid* (42) hatte bei Rüben u. Zwiebeln 9—11 ppm *Br* Rückstand zur Folge, jedoch sind hier keine Freigrenzen festgelegt (für andere Arten 50—75 ppm). Mit *Aldrin* (4) enthielten Rettiche nichts davon, aber 0,24 ppm *Dieldrin*, mit Dieldrin selbst (4) entstanden keine Rückstände, *Toxaphen-* (3) Rückstände lagen unter 0,4 ppm.

FRITZ MÜLLER/Ludwigshafen. 6312 □

Wirkung der Bodenbehandlung mit Heptachlor und Parathion auf Räuber und Parasiten der Wurzelmaden an Kohlrüben auf der Prince-Edward-Insel. D. C. Read. (J. econ. Entomol **53.** 932—35. Okt. 1960. Charlottetown, Prince Edward Island, Canada, Canada Dep. of Agric.) (Engl.)

Heptachlor, zur Bekämpfung von Hylemyia brassicae Bouché (**a**) längs den Kohlrübenreihen gestreut, verminderte die Anzahl der auf den Puppen parasitierenden Aleochara bilineata Gyll. (**b**) um > 80% mit dem Erfolge, daß zur Ernte doppelt so viele Puppen von **a** u. nur $^1/_4$ von **b** vorhanden waren. *Parathion* verminderte die Anzahl **b** nur um 23%, verursachte aber keinen Rückgang von **a**. Beide Insekticide waren aber vollkommen wirksam gegen **a**, wenn sie dicht unter die Bodenoberfläche eingearbeitet wurden; die Auswirkung dieses Verf. auf **b** wurde nicht bestimmt.

FRITZ MÜLLER/Ludwigshafen. 6312 □

Wirksamkeit verschiedener Zubereitungen von fünf Insekticiden auf Douglas-Tannenblöcke befallende Insekten. J. A. Rudinsky, L. C. Terriere und D. G. Allen. (J. econ. Entomol. **53.** 949—53. Okt. 1960. Oregon Agric. Exp. Stat.) (Engl.)

Behandlung frisch geschnittener Tannenstämme mit *Endrin* (**I**), *Lindan* (**II**), *Thiodan* (**III**), *Sevin* (**IV**) u. *Heptachlor* (**V**) schützte gut gegen Befall mit Dendroctonus pseudotsugae Hopk. u. andere Borken- u. Holzbohrer. Emulsionen u. Lsgg. waren wirksamer als Suspensionen. Nach 10 Wochen hatten die meisten Insekticide die Borke durchdrungen. Die Prüfung der Dauerhaftigkeit von Netzpulver ergab bei **I, III** u. **IV** eine gleichmäßige, bei **II** u. **V** eine schnelle Abnahme der Giftigkeit. Emulsionen verhielten sich ähnlich, waren aber weniger giftig. FRITZ MÜLLER/Ludwigshafen. 6312 □

Malathion gegen Bleikabelbohrer. Perez Simmons. (J. econ. Entomol. **53.** 968. Okt. 1960. Fesno, Calif., Stored Product Insects Labor.) (Engl.)

Frische Beläge von *Malathion* auf Papier töteten Scobicia declivis Lec. schnell ab, die Wrkg. ließ aber bald nach u. war nach 10 Tagen nur noch gering. Netzpulver war besser als Emulsion. Netzpulverbeläge schützten auch Holzstapelenden oder papierbedeckte Rosinenstapel, die Schutz-Wrkg. nahm aber ziemlich schnell ab.

FRITZ MÜLLER/Ludwigshafen. 6312 □

Brachyrhinus sulcatus Fabr. John C. Schread. (Connecticut agric. Exp. Stat., New Haven, Circ. **1960.** Nr. 211. 2—4. März.) (Engl.)

Bei der Bekämpfung des Schädlings bewährten sich *DDT*, *Chlordan* sowie *Dieldrin* u. *Aldrin*.

M. WINIKER. 6312 □

Bewertung chemischer und mikrobiologischer Materialien zur Bekämpfung des Kohlspanners. I. M. Hall, R. L. Hale, H. H. Shorey und K. Y. Arakawa. (J. econ. Entomol. **54.** 141—46. Febr. 1961. Riverside, Calif., Univ. of California, Citrus Exp. Stat.) (Engl.)

In der Wrkg. gegen Trichoplusia ni Hbn. an Kohl, Blumenkohl u. Kopfsalat war den Standardinsekticiden *DDT* + *Toxaphen* u. *Parathion* nur *General Chemicals 3583* vergleichbar, obwohl *Dibrom, Ethion, Guthion, Malathion, Perthane, Thiodan* u. *Sevin* auch ganz gute Ergebnisse zeitigten. Nur *Diazinon*, *Silicagel* u. *Dimethoate* wirkten ungenügend. Zubereitungen von *Bacillus thuringiensis Berliner* verschiedener Hersteller zeigten unterschiedliche Wrkg.; 2 von ihnen waren recht gut u. den besten chem. Insekticiden vergleichbar. FRITZ MÜLLER/Ludwigshafen. 6312□

Der Einfluß einiger organischer Insekticide auf den Ertrag von Weizenkulturen. J. G. Pawar und V. S. Rathore. (Current Sci. **28.** 415. Okt. 1959. Gwalior, Agric. Res. Inst., Div. of Entomology.) (Engl.)

Vff. berichten über Feld-Verss. zu Weizen, bei denen durch *DDT* u. *Folidol* gewisse Ertragssteigerungen erzielt werden konnten, die nicht nur auf die erfolgreiche Bekämpfung von Schädlingen zurückgeführt werden können. M. WINIKER. 6312□

Dimetilanköder, Fliegenbänder und Schnüre zur Bekämpfung von Stubenfliegen. Carroll N. Smith, G. C. LaBrecque, H. G. Wilson, R. A. Hoffman, Calvin M. Jones und J. W. Warren. (J. econ. Entomol. **53.** 898—902. Okt. 1960.) (Engl.)

Dimetilan (I) in Zuckerköder erwies sich in Labor.-Verss. gut wirksam gegen Musca domestica L., u. zwar sowohl gegen normale als auch gegen solche, die gegen *Malathion* resistent waren. In Freiland-Verss. gegen als resistent bekannte Fliegen war I dem *Dipterex* überlegen, wirkte jedoch nur in einem der beiden Verss. vollkommen. — Bänder mit Sirup u. 1 g I/m sowie Baumwollschnüre getränkt mit *Parathion* + *Diazinon* waren speziell in Schweineställen, nicht jedoch an anderer Stelle wirksam. Verss. mit Fliegen in einem Windtunnelkäfig ergaben, daß I + *Piperonylbutoxyd* (1:10) gesprüht ca. 2½mal stärker wirkte als I allein. FRITZ MÜLLER/Ludwigshafen. 6312□

Freilanduntersuchungen zur Bekämpfung widerstandsfähiger Stubenfliegen. H. B. Weinburgh, J. W. Kilpatrick und H. F. Schoof. (J. econ. Entomol. **54.** 114—16. Febr. 1961. Savannah, Ga., Techn. Developm. Labor.) (Engl.)

Beläge von *Bayer 29493* (I; 50 mg/sq.ft.) hatten eine gute, mehrere Wochen andauernde Wrkg. gegen Musca domestica L.; *Malathion* wirkte 1, *Dibrom* 4 Wochen lang genügend. Als Köder befriedigte I nicht. — Mit *Dimetilan* getränkte Bänder hatten 14 Wochen lang gute Wirkung. Mit *Ronnel* getränkte Schnüre waren 2—4 Wochen nach der Einrichtung bis Ende der Jahreszeit wirksam. FRITZ MÜLLER/Ludwigshafen. 6312□

Wirksamkeit von Ruelene nach dem örtlichen Ausgieß- oder dem Sprühverfahren zur Dassellarvenbekämpfung. Wm. M. Rogoff und Paul H. Kohler. (J. econ. Entomol. **53.** 814—17. Okt. 1960. Brookings, S.Dak., South Dakota Agric. Exp. Stat.) (Engl.)

Anwendung von *Ruelene* als konz. Emulsion auf die Rücken der Rinder gegossen war mit 99%ig. Wrkg. gegen Hypodermalarven dem Sprüh-Verf. (0,25%) mit 80%ig. Wrkg. überlegen. Leichte Cholinesterasehemmung wurde beobachtet.
FRITZ MÜLLER/Ludwigshafen. 6312□

Vergleichende Untersuchung verschiedener Blattproben und der Bestimmung der Gesamt- und der löslichen Nährstoffe als Indicatoren der Stickstoff-, Kalium- und Magnesiumernährung von Apfelbäumen. Fred H. Emmert. (Proc. Amer. Soc. horticult. Sci. **69.** 1—12. Juni 1957. Storrs, Conn., Storrs Agric. Exp. Stat.) (Engl.)

Einjährige Apfelbäume wurden in voller Nähr-Lsg. derart kultiviert, daß der N-, K- bzw. Mg-Geh. der Pflanzen regelmäßig abnahm. In 3—4tägigen Abständen wurde der Geh. an *Gesamtnährstoffen* (**a**) u. an *lösl. Nährstoffen* (**b**) der end-, mittel- u. grundständigen Blätter bestimmt. — Bei den verschiedenen Blattarten wirkten sich Änderungen der N-Zufuhr nicht aus. Die mittel- u. endständigen Blätter waren gegen Änderung der K- u. Mg-Zufuhr empfindlicher als die grundständigen. — Änderungen des K-Geh. der Pflanzen konnten durch Prüfung auf **a** ebenso genau bestimmt werden wie durch Prüfung auf **b**. Bei endständigen Blättern wurden Änderungen des Mg-Geh. durch Prüfung auf **b** deutlicher angezeigt. Bei grundständigen Blättern wurden Änderungen im Mg-Geh. durch Prüfung auf **a** genauer erkannt als durch Prüfung auf **b**. — Die relativen Unterschiede im Nährstoff-Geh. der verschiedenen Blattarten sind nur vom N- u. K-Geh., nicht jedoch vom Mg-Geh. abhängig. — 26 Literaturangaben. F. RANG. 6320□

Über die Verwendung der chemischen Analyse des Heues zur Ermittlung des Phosphat- und Kalidüngebedürfnisses von Wiesenböden. Roman Moraczewski. (Z. Pflanzenernähr., Düng., Bodenkunde 92 (137). 1—16. Jan. 1961. Warszawa, Wiesen- u. Weidebauanst.) (Dt.)

Vierjährige Unterss. über das *Kali*- u. *Phosphat*-Düngebedürfnis von Wiesenböden zeigten, daß das Düngebedürfnis für Kali u. Phosphat am besten durch die chem. Analyse des Grasheues vom 1. Schnitt u. durch exakte Wiesendüngungs-Verss. mit Ertragsfeststellung ermittelt werden kann. M. WINIKER. 6320□

Eine neue Methode zur Bestimmung des pflanzenaufnehmbaren Stickstoffs im Boden. L. Gutschy. (Wein-Wiss. [Beil. zu: Dtsch. Weinbau] **16.** 40—46. März 1961. Zagreb, Landw. Fak., Inst. für Landw. Mikrobiologie.) (Dt.)

Ausführliche Beschreibung einer biolog. Meth. zur Best. des pflanzenaufnehmbaren N im Boden mit Hilfe von Azotobacter chroococcum. M. WINIKER. 6324□

Über methodische Ergebnisse von stationären Feuchtigkeitsmessungen in sandigen Waldböden. 1. Mitt. **Messungen der elektrischen Leitfähigkeit.** E. Vetterlein. (Z. Pflanzenernähr., Düng., Bodenkunde **92 (137).** 16—32. Jan. 1961. Eberswalde, Inst. für forstl. Bodenkunde u. Standortslehre der Humboldt-Univ. zu Berlin.) (Dt.)

Vf. berichtet über stationäre Feuchtigkeitsmessungen mittels unmittelbar in den Boden eingebauter Stahlelektroden. Es konnte gezeigt werden, daß die elektr. Leitfähigkeit im wesentlichen durch den Bodenfeuchtigkeits-Geh. bestimmt wird, u. daß Schwankungen in der Elektrolyt-Konz. der Boden-Lsg. u. a. störende Faktoren von untergeordneter Bedeutung sind. Die Ergebnisse der direkten Messungen der elektr. Leitfähigkeit sind als halbquant. anzusehen. M. WINIKER. 6324□

Über methodische Ergebnisse von stationären Feuchtigkeitsmessungen in sandigen Waldböden. 2. Mitt. **Ergebnisse mit der Gipsblockmethode.** E. Vetterlein. (Z. Pflanzenernähr., Düng., Bodenkunde **92 (137).** 97—105. Febr. 1961.) (Dt.) — 1. vgl. vorst. Referat.

Blöcke aus reinem Alabastergips, aus Alabastergips–Bimssteinpulverersatz-Mischungen u. poröse Gipsblöcke mit gegenüberliegenden Elektroden wurden in einem mittelfeinkörnigen Sandboden neben unmittelbar in den Sandboden eingebauten Stahlelektroden in stationären Anlagen erprobt. Alle 3 Gipsblockarten reagierten bei Saugspannungsmessungen mittels Vakuumcapillarimeters u. Druckmembranen-App. bereits bei Saugspannungen oberhalb 0,2 atm. Bei geringen Saugspannungswerten reagierten poröse Gipsblöcke am stärksten. Bei Eich-Verss. in Sandböden ließ sich dagegen erst bei Saugspannungen von 1—2 atm ein Ansprechen der Gipsblöcke beobachten. Durch Vgl. mit den Ergebnissen direkt in den Boden eingebauter Stahlelektroden konnte wahrscheinlich gemacht werden, daß infolge von „Außenströmen" vorwiegend die Veränderungen im Feuchtigkeits-Geh. außerhalb der Gipsblöcke erfaßt wurden. Schwankungen in der Elektrolyt-Konz. der Außen-Lsg. gehen in die Meßergebnisse ein.

M. WINIKER. 6324□

Bestimmung der Bodenfeuchte aus der Messung der Wärmeleitfähigkeit. Karl Bollmeyer. (Z. Pflanzenernähr., Düng., Bodenkunde **80 (125).** 245—53. März 1958. Braunschweig-Völkenrode, Forschungsanst. für Landwirtsch., Inst. für Bodenbearbeitung.) (Dt.)

Beschreibung der Methode. M. WINIKER. 6324

Zur Methodik der photogrammetrischen Strukturanalyse des Bodens. W. Kubiena, W. Beckmann und E. Geyger. (Z. Pflanzenernähr., Düng., Bodenkunde **92 (137).** 116—26. Febr. 1961. Reinbek bei Hamburg, Bundesforschungsanst. für Forst- u. Holzwirtschaft, Abt. für Bodenkunde u. Forstökologie.) (Dt.)

Es wurde ein weitgehend automatisiertes Serien-Verf. zur Struktur-Unters. land- u. forstwirtschaftlicher Kulturböden entwickelt, das auf der quant. photometr. Auswertung von Schwarz-Weiß-Photogrammen von Bodendünnschliffen beruht. Die Leistungsfähigkeit dieses Verf. wird an Beispielen demonstriert. M. WINIKER. 6324□

Bestimmung von Sabadilla-Alkaloiden. Theodore Woodward. (J. Assoc. off. agric. Chemists **43.** 374—75. Mai 1960. Beltsville, Md., U. S. Dep. of Agriculture, Agricult. Res. Serv.) (Engl.)

Eine Modifikation des vom Vf. früher vorgeschlagenen Verf. zur Best. von Alkaloiden in Sabadillasamenmehl (Extraktion der ammoniakal. Lsg. mit Chlf., Extraktion der Chlf.-Lsg. mit H_2SO_4, Neutralisation mit NH_4OH, Extraktion mit Chlf., Verdampfung des Chlf. u. Wägung der Alkaloide) führte zu annehmbaren Werten; die Trennung der Lsgm.-Schichten ist zeitraubend u. schwierig. W. WESLY. 6328□

Bestimmung von elementarem Schwefel in Schädlingsbekämpfungsmitteln. Herman Beckman und J. F. Fudge. (J. Assoc. off. agric. Chemists **43.** 372—74. Mai 1960. College Station, Texas Agricult. Exp. Stat., State Chem. Labor.) (Engl.)

Man wäscht 2 g der Probe in einem Glasfiltertiegel 2mal mit je 15 ml S-gesätt. *Aceton* (I) unter Aufrühren u. 3mal mit je 10 ml I ohne Rühren, saugt mindestens 2 Min. ab, trocknet 1 Std. bei 100°, kühlt ab, wägt, wiederholt die Waschungen, wobei CS_2 an Stelle von I verwendet wird, trocknet 1 Std. bei 100°, kühlt ab, wägt u. ermittelt den S aus der Differenz beider Wägungen. Beleganalysen zeigen die Genauigkeit des Verf. (höchste Abweichung vom Mittelwert $\pm$ 0,24% bei S-Geh. von ca. 40%).

W. WESLY. 6328□

Trennung und Unterscheidung von Gemischen von 2.3;4.5-Bis-(Δ^2-butenylen)-tetrahydrofurfurol, seinem Alkohol und seiner Säure durch Papierchromatographie. Lloyd C. Mitchell. (J. agric. Food Chem. **5**. 748—49. Okt. 1957. Washington, D.C., Dep. of Health, Educat. and Welfare, Div. of Food, Food and Drug Admin.) (Engl.) *R 11* [*2.3;4.5-Bis-(Δ^2-butenylen)-tetrahydrofurfurol*, Fliegenschutzmittel für Vieh], *2.3;4.5-Bis-(Δ^2-butenylen)-tetrahydrofurfurylalkohol* u. *2.3;4.5-Bis-(Δ^2-butenylen)-tetrahydrobrenzschleimsäure* werden papierchromatograph. aufsteigend getrennt. Das Papier wird frisch imprägniert mit einer Lsg. von Dimethylformamid in Ae., als Laufmittel dient Octan, Laufzeit 1 Stunde. Nach 15—30 Min. langem Trocknen wird mit einer frischen Mischung von 4 Vol. einer Lsg. von 1 g KJO_4/100 ml W. + 1 Vol. einer Lsg. von 1 g $KMnO_4$ u. 2 g Na_2CO_3/100 ml W. besprüht. PH. FRESENIUS. 6328□

Alexander Erdely, Buenos Aires, Argentinien, **Herstellung von flüssigen Mischungen** aus Monocalciumphosphatlösungen. Man setzt dieser Lsg., die neben dem Phosphat noch $CaCl_2$ enthält, $(NH_4)_2SO_4$ u./oder K_2SO_4 zu, trennt das ausgefällte $CaSO_4$ ab u. erhält eine Lsg., die neben NH_4-Phosphat noch KCl enthält. Das N:P:K-Verhältnis der Lsg. kann man durch Zufügen von NH_4NO_3, Harnstoff, K-Salzen oder Phosphaten variieren. (**Ind. P. 60 269** vom 23/4. 1957, ausg. 28/8. 1958.) H. NEBELSIEK. 6291

Wacker-Chemie G. m. b. H. (Erfinder: Karl Milles), München, **Unkrautvertilgungsmittel,** enthaltend eine Kombination aus Phenolen u. anderen bekannten Herbiciden unter Zusatz von anorgan. u./oder organ. Bor-Verbb., wie $Na_2B_4O_7$, H_3BO_3 oder Borsäuretrimethylester, u. ggf. aryloxyaliphat. Säuren. Die Mittel eignen sich bes. zur Bekämpfung dikotyler Unkräuter in Getreide. — Beispiel: 65 (Teile) Pentachlorphenol-Na, 20 $Na_2B_4O_7$, 14 Na_2CO_3 u. 1 Netzmittel. (**D. A. S. 1 110 466** Kl. 45 l vom 28/3. 1959, ausg. 6/7. 1961.) H. NEBELSIEK. 6313

Nehézvegyipari Kutató Intézet (Erfinder: Frau László Görög, Viktor Andriska, György Matolcsi und Bela Ráskai), Budapest, Ungarn, **Herstellung von Abkömmlingen des Aminochlortriazins.** Die zur wirksamen u. sparsamen Verw. als *Unkrautbekämpfungsmittel* erforderliche feinste Verteilung wird dadurch erreicht, daß man Cyanurchlorid mit organ. Aminen in wss. Medium reagieren läßt, welches ein säurebeständiges Emulgiermittel enthält. — *2.4-Bis-[äthylamino]-6-chlortriazin* wird hergestellt, indem man 184 (g) Cyanurchlorid u. 5 Emulat P-141 (Polyalkylenglykoläther) in 2500 W. suspendiert u. nach Zugabe von 106 Na_2CO_3 in 500 W. ein Gemisch von 90 Äthylamin u. 90 W. zutropfen läßt; F. 225—227°; Ausbeute 87%. (**Ung. P. 149 189** vom 21/9. 1960, ausg. 20/7. 1961.) F. LANDSBERGER. 6313

Monsanto Chemical Co., St. Louis (Erfinder: Philip Curtis Hamm, Webster Groves), Mo., V.St.A., **Pflanzenvernichtungsmittel,** enthaltend ein halogeniertes Toluol der allg. Formel I, in der X ein Halogenatom, p eine ganze Zahl von 2—5, m eine ganze Zahl von 0—3 u. n eine ganze Zahl von 0—3 bedeuten, wobei die Summe von m u. n stets 3 ist, im Gemisch mit einem anderen bekannten Herbicid, bes. einem Halogenacetamid, wie N.N-Dimethyl-, N-Propyl-, N.N-Diallyl-, N-Furfuryl- oder N-Cyclohexylchloracetamid. — Beispiele für I: α.x.x.x-Tetrachlortoluol; 2.3.6-Trichlortoluol; α.2.3.5.6-Pentachlortoluol; α-Jod-x.x.x-trichlortoluol; *α.2.3.6-Tetrachlortoluol*, Kp.$_{10}$ 132—135°; *α.2.3.4-Tetrachlortoluol*, Kp.$_{10}$ 137—142°; *α.2.3.5-Tetrachlortoluol*, Kp.$_{10}$ 137—141°. Man erhält z. B. letzteres durch lichtkatalysierte Chlorierung von 2.3.5-Trichlortoluol bei 140—160°. (**D. A. S. 1 108 978** Kl. 45l vom 13/8. 1959, ausg. 15/6. 1961. A. Prior. 16/3. 1959.) H. NEBELSIEK. 6313

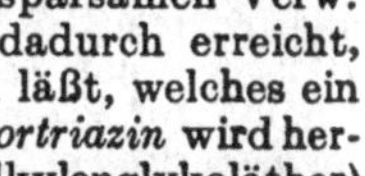

I

Vineland Chemical Co. (Erfinder: Herbert Schwartz), Vineland, N.J., V.St.A., **Herstellung von fungiciden, germiciden und herbiciden 4-substituierten 1-Bromacetoxybutenen-(2)** der allg. Formel $BrCH_2COOCH_2CH{=}CHCH_2X$, in der X die Hydroxy- oder Bromacetoxygruppe bedeutet, dad. gek., daß entweder *Buten-(2)-diol-(1.4)* (I) mit einer prakt. äquimol. Menge *Bromessigsäure* (II) unter Bldg. der entsprechenden cis- oder trans-Form des 1-Bromacetoxybuten-(2)-ols-(4) oder daß I mit mindestens der 2fach äquimol. Menge II oder 1-Bromacetoxybuten-(2)-ol-(4) mit II unter Bldg. von 1.4-Bis-(bromacetoxy)-buten-(2) verestert werden. Zweckmäßig wird die Veresterung in einem organ. Lsgm., wie Bzl., bei 70—90°, bes. $<85°$, durchgeführt. Man erhält so: cis-1.4-Bis-(bromacetoxy)-buten-(2), farblose Fl., Kp.$_{0,005}$ 135—136°, n_D^{20} 1,5223, welches mit Br_2 in Bzl. das kristalline trans-Isomere, F. 56—58,5°, ergibt; cis-1-Bromacetoxybuten-(2)-ol-(4), farblose Fl., Kp.$_{0,001}$ 76—78°, n_D^{20} 1,5023, bzw. dessen trans-Form, F. 59—60°, n_D^{20} 1,502. Die Diester sind bes. herbicid u. die

Monoester bes. germicid wirksam. (**D. A. S. 1 092 461** Kl. 12o vom 12/7. 1956, ausg. 10/11. 1960. Israel. Prior. 13/7. 1955.) W. GRÄGER. 6313

Farbenfabriken Bayer Akt.-Ges., Leverkusen (Erfinder: Ewald Urbschat, Köln, und Fritz Steinfatt, Opladen), **Mittel zur Konservierung von Bananenfruchtstämmen,** enthaltend Phenylazoformamid u. ggf. Tetramethylthiuram-mono- oder -disulfid in Verbindung mit einem üblichen Trägerstoff. Auf 0,1—1 (Gew.-Teile) Phenylazoformamid wird bes. 1 Thiuram-Deriv. angewendet. Man wendet diese Mischung bes. in Anstrichen an, sie ist bes. wirksam bei der Bekämpfung der Stielfäule. (**D. A. S. 1 109 443** Kl. 45l vom 5/1. 1960, ausg. 22/6. 1961.) H. NEBELSIEK. 6313

Nicola Di Costanzo und Angelo Di Costanzo, S. Arpino, Italien, **Mittel zur Behandlung des Roten Krebses des Kastanienbaumes** u. anderer Bäume, bestehend aus 100 (kg) W., 45 $FeSO_4$, 3 S, 3 $CuSO_4$. (**It. P. 515 320** vom 13/3. 1953.) K. KOEBKE. 6313

Instituto Rosenbusch Soc. An., Buenos Aires, Argentinien, **Schädlingsbekämpfungsmittel.** Durch Rk. von $CuSO_4$ u. Na_2HAsO_4 wird in Ggw. eines Emulgiermittels in wss. Lsg. Cu-Arsenat in feinstverteilter emulgierter Form ausgefällt. Dieser so erhaltenen Emulsion wird Nicotinsulfat sowie CCl_4 u. ein Leichtmineralöl mit einer ausreichenden Menge eines Emulgiermittels zugesetzt. Bes. geeignet zur *Bekämpfung der Endoparasiten der Schafe.* (**Aust. P. 168 190** vom 15/4. 1952, ausg. 10/1. 1957.) W. GRÄGER. 6313

Union Carbide Corp., New York (Erfinder: Harry Leonard Haynes, Irvington), N.Y., V.St.A., **Nematocide Mittel,** enthaltend einen üblichen Trägerstoff u. *Diphenylsulfid*, *Bis-(p-chlorphenyl)-sulfid* u./oder *p-Chlorbenzyl-p-chlorphenylsulfid* als Wirkstoff. — Die Herst. der Wirkstoffe ist bekannt. Anzuwendende Menge 25—410, bes. 62—256, kg/ha Wirkstoff. (**D. A. S. 1 108 506** Kl. 45l vom 3/10. 1959, ausg. 8/6. 1961. A. Prior. 6/10. 1958.) H. NEBELSIEK. 6313

Boots Pure Drug Co. Ltd. (Erfinder: Herbert Aubrey Stevenson, Douglas Greenwood und John Ernest Cranham), Nottingham, England, **Herstellung neuer aromatischer Chlor und Schwefel enthaltender Verbindungen** der allg. Formel $R_1—S—CCl{=}CCl—R$, in der R H oder $—SR_1$ u. R_1 ein durch 1 oder mehr Halogenatome substituierter Phenylrest bedeuten. Man erhitzt unter Rückfluß ein Thiol R_1SH u. ein Polychloräthylen der Formel $CCl_2{=}CClX$ (X = H oder Cl) zweckmäßig in wasserfreiem A. in Ggw. von einem alkal. Kondens.-Mittel, bes. Na-Äthylat. Man erhält so 1.2-Dichlor-1.2-di-(p chlorphenylmercapto)-äthylen (I), F. 89—90°, u. 1.2-Dichlor-1-(p-chlorphenylmercapto)-äthylen, $Kp._2$ 115—120°. *Akaricide,* bes. gegen Tetranychidae oder Rote Spinne (Tetranychus telarius L. u. Metatetranychus ulmi Koch). Die Mittel können in wss. Dispersionen oder Emulsionen oder als Stäubepulver angewendet werden. Beispiel: Stäubepulver aus 20 (g) **I**, 8 Alkylarylsulfonat–CH_2O-Kondens.-Prod., 41 Kaolin, 11 Na-Salz einer Alkylarylsulfonsäure u. 20 $MgSO_4$. (**E. P. 753 810** vom 9/9. 1954, ausg. 1/8. 1956.) W. GRÄGER. 6313

Lee Ratner (Erfinder: Willis Nels Bruce), **Insektenbekämpfungsmittel,** bestehend aus einem n-Propyl- oder n-Butylester einer Dicarbonsäure (z. B. Bernstein-, Fumar-, Maleinsäure) u. Piperonylbutoxyd (3.4-Methylendioxy-6-propylbenzyl-n-butyldiäthylenglykoläther), „n-Octylsulfoxyd von Isosafrol“, 2-Äthylhexylimid der Endomethylentetrahydrophthalsäure, Polypropylenglykolbutyläther oder ungesätt. Fettsäuren u. ihren Estern. — Beispiele: 2 (%) Di-n-butylsuccinat, 5 Ölsäure, 92,5 Petroleumdestillat, 0,5 Methoxychlor; 20 (%) Di-n-butylsuccinat, 50 Ölsäure, 29 Petroleumdestillat, 1 Methoxychlor; 10 (%) Polyoxyäthylensorbitolester von Öl- u. Laurinsäuregemischen, 32 Di-n-butylsuccinat, 53 Ölsäure, 5 Methoxychlor. (**Aust. P. 220 891** vom 20/11. 1956, ausg. 16/4. 1959. A. Prior. 12/3. 1956.) K. DEMMLER. 6313

Farbenfabriken Bayer Akt.-Ges., Leverkusen (Erfinder: Gerhard Schrader, Wuppertal), **Herstellung von Dithiophosphonsäureesteramiden** der Formel RP(:S)SR‴(NR′R″) **I** durch Rk. von Alkyldithiophosphonsäureamiden der Formel RP(:S)(SH)(NR′R″), in der R, R′ u. R″ ein niederer Alkylrest ist oder R′ u. R″ zusammen mit dem N-Atom einen heterocycl. Rest bilden können, mit einem substituierten Alkylhalogenid R‴ Hal in Ggw. säurebindender Mittel. — Zu 0,25 (Mol) K-Salz des Methyldithiophosphonsäuredimethylamids in 150 cm^3 Acetonitril gibt man bei 45° 0,25 α-Chlormethylphenylthioäther, erhitzt die Mischung 1 Std. auf 45° u. gießt sie dann in Eiswasser. Nach der Aufarbeitung erhält man in 79%ig. Ausbeute Methyldithiophosphonsäure-N.N-dimethylamidphenylmercaptomethylester, schwachgelbes Öl, unlösl. in Wasser. Analog folgende Verbb. der Formel **I** mit R = CH_3 u. R‴ = $CH_2—C_6H_4—Cl$-(p), $Kp._{0,01}$ 118°; $—CH_2—S—C_6H_4—Cl$-(p), schwachgelbes Öl; $—CH_2—SC_2H_5$, $Kp._{0,01}$ 74°; I-$CH_2—CN$, $Kp._{0,01}$ 86°; I-$CH_2—C(:O)OC_2H_5$,

Kp.$_{0,1}$ 78°; $-CH_2-C_6H_3-SCH_3$-(2)$-CH_3$-(5), gelbes Öl; $-CH_2-C(:O)-C_6H_5$, gelbes Öl; $-CH_2-J$, schwachgelbes Öl; $-CH_2-S-CH_2-J$, schwachgelbes Öl; $-CH_2CH_2SC_2H_5$, Kp.$_{0,01}$ 83°; R = *C_2H_5* u. R''' = $-CH_2-SC_2H_5$, Kp.$_{0,01}$ 80°; $-CH_2-CH_2-SC_2H_5$, Kp.$_{0,01}$ 91°; $-CH_2CH_2N(C_2H_5)_2$, Kp. 92°; $-CH_2CN$, Kp.$_{0,01}$ 92°; $-CH_2C_6H_4$-Cl-(p), Kp.$_{0,01}$ 128°; $-CH_2-C(:O)OC_2H_5$, Kp.$_{0,01}$ 84°; $-CH_2CH_2CN$, Kp.$_{0,01}$ 106°; $-CH(CH_3)CH_2SC_2H_5$, Kp.$_{0,01}$ 98°; $-CH(CH_3)C(:O)OC_2H_5$, Kp.$_{0,01}$ 87°. *Kontaktinsekticide, Ovicide.* (**D. A. S. 1 108 216** Kl. 12o vom 16/4. 1959, ausg. 8/6. 1961.) A. JAHN. 6313

Farbenfabriken Bayer Akt.-Ges., Leverkusen, **Thiophosphorsäureester** der allg. Formel I (R u. R_1 = H, Alkyl mit 1—4 C-Atomen, Halogen, NO_2, die gleich oder verschieden sein können; R_2 u. R_3 = Alkyl, bes. mit 1—4 C-Atomen; R_4 = Alkyl, Aryl, die bes. Halogen enthalten können; R_5 = H oder SO_2-R_4) erhält man durch Kondens. von O-Aminophenyl-O.O-dialkylthionophosphaten mit den entsprechenden Sulfonsäurehalogeniden bei niedrigen Temp., bes. unter 0 bis 50—60°, in Ggw. eines säurebindenden Mittels. — Aus 130 g $(C_2H_5O)_2P(=S)OC_6H_4NH_2$(p) in 400 cm³ Chlf. u. 40 g Pyridin durch Zusatz von 58 g Methansulfonsäurechlorid bei Raum-Temp. → *$(C_2H_5O)_2P(=S)OC_6H_4NHSO_2CH_3$(p)*, olivgrünes, wasserunlösl., im Hochvakuum nicht destillierbares Öl; Ausbeute 72%; Giftigkeit an der Ratte DL_{95} 1000 mg/kg. — *$(C_2H_5O)_2P(=S)OC_6H_4N(SO_2CH_3)_2$(p)*, aus wasserfreiem A. F. 136°. Weitere Beispiele vgl. F. P. 1 174 285; C. **1961.** 1707 u. D. A. S. 1 092 030; C. **1961.** 13697. — *Insekticide.* (**E. P. 820 522** vom 25/4. 1957, ausg. 23/9. 1959. D. Prior. 26/4. 1956.) G. KRAUSS. 6313

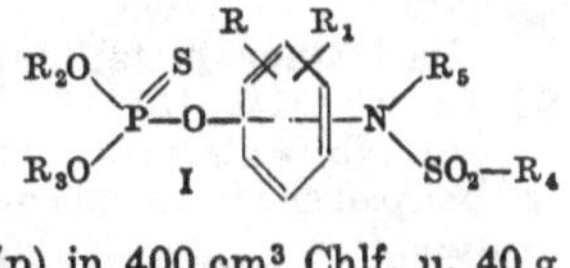

Farbenfabriken Bayer Akt.-Ges., Leverkusen, **Herstellung von Thiophosphorsäureestern** der allg. Formel I (R = H oder Cl) durch Rk. von 3-Nitro-4-chlorphenol oder 3-Nitro-4.6-dichlorphenol mit O.O-Dimethylthiophosphorsäurechlorid bei 50—100°. — *O.O-Dimethyl-O-(4-chlor-3-nitrophenyl)-thiophosphat*, Kp.$_{0,01}$ 122°. — *Schädlingsbekämpfungsmittel.* (**Ind. P. 58 783** vom 31/10. 1956, ausg. 10/1. 1958. E. Prior. 18/7. 1956.) H. NEBELSIEK. 6313

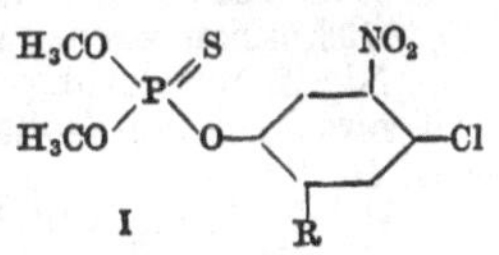

Deutsche Hoffmann-La Roche Akt.-Ges., Grenzach (Erfinder: Adolf Butenandt, München, Waldemar Guex, Bottmingen, Schweiz, Erich Hecker, München, Rudolf Rüegg, Bottmingen, und Ulrich Schwieter, Basel, Schweiz), **Insektenlockmittel,** enthaltend, bes. zur Anlockung von männlichen Tieren, geradkettige, aliphat. prim. Alkohole (I) mit 14—18 C-Atomen u. zwei konjugierten Doppelbindungen im Mol., wobei auf jeder Seite der beiden Doppelbindungen noch mindestens 3 C-Atome vorhanden sind, bes. in Kombination mit einem Insekticid. — Beispiele für I: Tetradecadien-(6.8)-ol-(1); Pentadecadien-(10.12)-ol-(1); Hexadecadien-(9.11)-ol-(1); Hexadecadien-(11.13)-ol-(1). — Man erhält die I z. B. durch Red. der entsprechenden Diencarbonsäuren. — Anzuwendende Menge Insekticid u. Lockstoff (I) im Verhältnis 5:1 bis 10000:1. (**D. A. S. 1 108 976** Kl. 451 vom 29/1. 1960, ausg. 15/6. 1961. Schwz. Prior. 16/2. 1959.) H. NEBELSIEK. 6313

Farbwerke Hoechst Akt.-Ges., vormals Meister Lucius & Brüning, Frankfurt/M.-Höchst, *Mittel zur selektiven Unkrautbekämpfung.* (**Oe. P. 211 101** vom 23/12. 1958, ausg. 26/9. 1960. D. Prior. 27/12. 1957. — C. **1961.** 4141 [D. A. S. 1 088 757].)

Badische Anilin- & Soda-Fabrik Akt.-Ges., Deutschland, *Herbicide.* (**F. P. 1 197 845** vom 11/1. 1958, ausg. 3/12. 1959. D. Prior. 12/1. 1957. — C. **1959.** 5281 [D. A. S. 1 034 912].)

American Chemical Paint Co., Ambler (Erfinder: **Anthony J. Tafuro,** Roslyn, und **Richard Thornton Guest,** Norristorn), Pa., V.St.A., *Unkrautvertilgungsmittel.* (**Schwz. P. 346 393** vom 13/8. 1956, ausg. 30/6. 1960. A. Prior. 22/9. 1955. — C. **1960.** 13815 [F. P. 1 155 006].)

Armour & Co., Chicago, Ill., V.St.A., *Fungicide Mittel.* (**E. P. 820 598** vom 12/7. 1957, ausg. 23/9. 1959. A. Prior. 13/7. 1956. — C. **1960.** 15882 [A. P. 2 902 401].)

Hooker Electrochemical Co., Niagara Falls, N.Y., V.St.A., *Herstellung von Hexachlorcyclopentadien.* (**Aust. P. 162 790** vom 5/3. 1952, ausg. 26/5. 1955. A. Prior. 20/3. 1951. — C. **1955.** 9198 [A. P. 2 650 492].)

Farbwerke Hoechst Akt.-Ges., vormals Meister Lucius & Brüning, Frankfurt/M., *Fluorhaltige aromatische Verbindungen.* (**It. P. 514 735** vom 1/4. 1954. D. Prior. 24/12. 1953. — C. **1958.** 13087 [F. P. 1 099 850].)

North American Philips Co., Inc., New York, N.Y., V.St.A., übert. von: **Jan Hendrik Uhlenbroek,** Weesp, Holland, *Trichlormethylcarboxybenzolthiolsulfonate.* (**A. P. 2 857 307** vom 26/8. 1955, ausg. 21/10. 1958. Holl. Prior. 27/8. 1954. — C. **1958.** 13086 [D. A. S. 1 009 182].)

Farbenfabriken Bayer Akt.-Ges., Leverkusen, *Arylalkylthioäther.* (**E. P. 840 911** vom 11/4. 1958, ausg. 13/7. 1960. D. Prior. 13/4. 1957. — C. **1961.** 2420 [D. A. S. 1 051 863].)

Imperial Chemical Industries Ltd., London, England, *Insekticide Thiophosphorsäureverbindungen.* (**It. P. 514 015** vom 16/9. 1953. E. Prior. 19/11. 1952. — C. **1958.** 11355 [E. P. 738 839].)

Farbenfabriken Bayer Akt.-Ges., Leverkusen (Erfinder: **Gerhard Schrader,** Wuppertal), *Herstellung von Thiophosphorsäureestern.* (**Jap. A. S. 4959/1959** vom 12/3. 1957, ausg. 13/6. 1959. D. Prior. 12/3. 1956. — C. **1960.** 4332 [A. P. 2 862 019].)

Farbenfabriken Bayer Akt.-Ges., Deutschland (Erfinder: **August Dörken** und **Gerhard Schrader**), *Herstellung von Thiophosphorsäureestern.* (**F. P. 1 178 349** vom 10/7. 1957, ausg. 6/5. 1959. D. Prior. 10/7. 1956. — C. **1961.** 2763 [D. A. S. 1 035 153].)

Farbenfabriken Bayer Akt.-Ges., Leverkusen (Erfinder: **Gerhard Schrader** und **Walter Lorenz**), *Herstellung von Thiolphosphorsäure- und Dithiophosphorsäureestern* (**Jap. A. S. 4960/1959** vom 20/4. 1957, ausg. 13/6. 1959. D. Prior. 21/4. 1956. — C. **1959.** 4289 [D. A. S. 1 022 579].)

Farbwerke Hoechst Akt.-Ges., vormals Meister Lucius & Brüning (Erfinder: **Otto Scherer** und **Helmut Hahn**), *Schädlingsbekämpfungsmittel.* (**Aust. 219 564** vom 19/9. 1957, ausg. 29/1. 1959. — C. **1961.** 3129 [A. P. 2 915 429].)

VIII. Metallurgie. Korrosion

Darbietung metallurgischer Information. J. W. Jenkin. (Metal Ind. [London] **92.** 85—87. 31/1. 107—10. 7/2. 134—36. 14/2. 1958. Tube Investments Ltd.)

Vf. gibt Ratschläge für die Abfassung von Vorträgen u. Veröffentlichungen u. zeigt an Beispielen die grundlegenden Unterschiede zwischen geschriebenen u. gesprochenen Worten. M. GEHLEN-KELLER. 6350

Kriterien für die Bestimmung des Erforschungsgrades von Lagerstätten nutzbarer Mineralstoffe und die Festsetzung des Verhältnisses zwischen den Reserveklassen für Projektierungszwecke. A. Gurău, N. Maghiaru, M. Murgu und T. Plisca. (Rev. Minelor **10.** 347—51. Sept. 1959.) (Rum.)

Übersicht über die bei der Unters. der Abbauwürdigkeit von Minerallagerstätten zu beachtenden Faktoren u. die Schätzung der Reserven; Gleichungen für Projektierungsberechnungen; Tabelle über bereits untersuchte Vorkommen. R. K. MÜLLER. 6354□

Radioaktive Mineralien in Süd-Nyassaland. V. L. Bosazza. (Mining Mag. **101.** 326. Dez. 1959.) (Engl.)

Diskussion zu der C. **1961. 7373** referierten Arbeit. F. VIER. 6354□

Die Bemusterung des konglomeratischen Erzkörpers des Maubacher Bleibergs mit verschiedenen Bohrverfahren. Walter Miederer. (Z. Erzbergbau Metallhüttenwes. **14.** 274—83. Juni 1961. Gey bei Düren.) (Dt.)

Beschreibung von Bohrgeräten. — Diskussion. F. VIER. 6354□

Ein Plan zur Errichtung einer Aluminiumindustrie in Zentralindien in der Nähe von Rihand Dam, Uttar Pradesh. Balram K. Mahendra. (Bull. geol., Mining metallurg. Soc. India **1956.** Nr. 16. 1—32. 3 Tafeln. März.) (Engl.)

Überblick über die *Bauxit*-Vork., Eigg. chem. Zus., Abbau, Transport, weitere Rohstoffe, elektr. Energie u. anderes. M. GEHLEN-KELLER. 6354□

Verbesserungen der in den Erzlagerstätten des Bergtrustes DEVA angewandten Abbaumethoden und die Aussichten für die Einführung neuer Verfahren oder Verbesserungen. V. Popa, S. Bîtcan, R. Bratosin und V. Hrişcă. (Rev. Minelor **10.** 353—61. Sept. 1959.) (Rum.)

Die bisher angewandten Abbau-Meth. werden in Diagrammen dargestellt u. erörtert; neue Meth. werden skizziert. R. K. MÜLLER. 6360□

Die Trennung von Uran und Kupfer bei der Säure-Drucklaugung sulfidischer Uranerze. J. Halpern und F. A. Forward. (Bull. Instn. Mining Metallurgy Nr. **610.** Trans. **66.** 624—29. Sept. 1957.) (Engl.) — Vgl. C. **1958.** 4015.

Diskussion zu der C. **1957.** 10862 referierten Arbeit. W. WESLY. 6360□

Der ungekühlte basische Kupolofen. B. R. Douglas. (Brit. Foundryman **53.** 74—78. Febr. Diskussion: **8.** 569—71. Dez. 1960. John Williams of Cardiff Ltd.) (Engl.)

Beschrieben wird ein ohne Heißwind u. ohne Wasserkühlung betriebener, bas. ausgekleideter Kupolofen mit einem Ø von 32 inch. Der Ofen verarbeitet Beschickungen mit bis zu 70% Stahl u. erzeugt ein Gußeisen mit S-Geh. unter 0,020%, das sich bes. gut zur Herst. von Gußeisen mit Kugelgraphitausbildung eignet.

H. HOCHSNEIN. 6370□

Formsande mit Zusatz von Glykolen, besonders für Schwermetallguß. Ernst Brunhuber und Wolfgang Büchen. (Giesserei **47.** 358—61. 30/6. 1960. München u. Düsseldorf.) (Dt.)

Die durch den Wasseranteil der üblichen Formsande verursachten Oberflächenfehler lassen sich durch *Äthylen-* u. *Diäthylen-Glykol*-Zusätze beseitigen.

K. HILLINGER. 6382□

Das Eindringen von Metallen mit niedrigem Schmelzpunkt in Formsand. K. Fursund. (Giesserei **47.** 347—57. 30/6. 1960. Kopenhagen.) (Dt.)

Beim Eindringen von Metall wird festgestellt, daß hierfür die gleichen physikal. Gesetze gelten, gleich, ob Metalle mit niedrigem oder hohem F. vergossen werden. Die einzelnen für das Eindringen verantwortlichen Faktoren werden aufgezeigt.

K. HILLINGER. 6382□

Die Seigerung des Kugelgraphites im mit Magnesium behandelten Gußeisen. S. N. Prosskurina. (Доклады Академии Наук БССР [Ber. Akad. Wiss. BelorussSSR] **4.** 466—68. Nov. 1960. Physikal.-techn. Inst. der Akad. der Wiss. der BelorussSSR.) (Russ.)

Auf Grund von Verss. an untereutekt., mit Mg behandeltem Gußeisen wird bestätigt, daß die Seigerung der Graphitkugeln infolge des Auftauchens der Primärausscheidungen des Kugelgraphits stattfindet, die bis zu bedeutenden Abmessungen in der fl. Schmelze zunehmen u. nicht vom Austenit umschlossen werden. Infolgedessen muß bei der Auswahl der chem. Zus. der Gußstücke die mögliche Erniedrigung des C-Geh. in der metall. Grundmasse infolge der Ansammlung des Kugelgraphits im Gußstück berücksichtigt werden. H. HOCHSTEIN. 6404□

Untersuchungen über den Einfluß von Natrium- und Titanschlacken auf die chemischen, strukturellen, mechanischen und Gieß-Eigenschaften des Graugusses. Břetislav Sochor und Ivan Pavlík. (Slévárenství **5.** Nr. 7. Práce českoslov. Výzkumu slévárenského **4.** Nr. 43. 315—24. Juli 1957. Brünn [Brno], Výzk. úst. mat. a technol., výzk. slév.) (Tschech.) — Vgl. C. **1961.** 14077.

In einem Kupolofen (160 mm ∅) mit einer Std.-Leistung von 100—110 kg werden Vers.-Schmelzen bei Kaltwind, in Ausnahmen mit Heißwind von 430°, von *Gußeisen* (**I**) [durchschnittliche Zus.: 3,5 (%) C, 2,0 Si, 0,45 Mn, 0,50 P u. 0,08 S] unter sauren u. bas. Schlacken mit verschieden abgestufter Basizität unter Zusatz von Na- u. Ti-Verbb. erschmolzen. Es wird gefunden (5 Tabellen): Die Raffinierfähigkeit der gewöhnlichen sauren Schlacken ist niedrig. Durch Änderung der Zus. u. Erhöhung des Fließvermögens der Schlacke ist eine geringe Güteerhöhung des **I** möglich. Durch Schmelzen unter sauren Schlacken mit Na-Verbb. können Verbesserungen der mechan. Eigg. um 25% erzielt werden. Mit Ti-Verbb. kann dieser Effekt nicht erreicht werden. Die Raffinierfähigkeit der bas. Schlacken u. deren Einfl. auf die Struktur des **I** wird bestätigt; die mechan. Eigg. werden kaum verbessert. Das Fließvermögen ist um 28% höher, bei Na-Schlacken bis um 65%. Durch Aufbereitung von bas. Schlacken mit Zusatzschmelzmitteln wird eine Erhöhung bei fast allen mechan. Eigg. um 25% erreicht. Bei Na-Schmelzmitteln wird eine höhere Entschwefelung bei gleichbleibenden mechan. Werten erzielt. Bei Heißwindanwendung wird mit Erhöhung der Fließbarkeit der Schlacken eine Verbesserung des Verlaufs der Schmelze u. der Güte des **I** erreicht.
E. ROTTER. 6404□

Einfluß der Tieftemperaturbehandlung auf die Graphitisierung von Vakuumstücken aus Weißguß. O. M. Galemina und W. N. Plachotnik. (Доповіді Академії Наук Української РСР [Ber. Akad. Wiss. UkrainSSR] **1961.** 329—31. Dnepropetrowsk, Chem.-technolog Inst.) (Russ.; Auszug: Engl.)

In Verss. mit Vakuumweißguß, hergestellt bei 10^{-4} mm Hg, geschmolzen bei 1600° u. vergossen bei 1450° im Vakuum, wurden die Proben in N_2 36 Std. auf —196° abgekühlt oder 10 Std. auf 200° erhitzt oder beiden Behandlungen unterworfen u. bei 950° 1—2 Std. graphitisierend geglüht. Es zeigte sich, daß die Tieftemp.-Behandlung die Graphitisierung von Vakuumguß, im Unterschied zum Nichtvakuumguß, nicht beeinflußt. O. LEBTAG. 6404□

Die Carbidphase im siliciumreichen Gußeisen. Ja. N. Malinotschka und G. S. Kowaltschuk. (Доповіді Академії Наук Української РСР [Ber. Akad. Wiss. UkrainSSR] **1961.** 25—28. Inst. für Eisenmetallurgie der Akad. der Wiss. der Ukrain. SSR.) (Ukrain.; Auszug: Engl.)

Durch Unterss. an synthet. Gußeisen mit 1,49 (%) *C*, 5,82 *Si*, 0,06 *Mn*, 0,041 *S*, 0,005 *P* u. 0,12 *Cu* wird festgestellt, daß die Kristalle des eutekt. u. nacheutekt. Carbids aus einem Gemisch von 2 Phasen bestehen, die beim therm. Beizen leicht voneinander getrennt werden können. Beim Erhitzen des Gußeisens erfolgt die Graphitisierung des dunklen Carbids rascher als die des hellen. Bei der Austenitisierung u. bei der Graphitisierung bei niedriger Temp. (750—850°) wird das dunkle Carbid rascher gelöst als das helle. Durch Beizen bei hoher Temp. wird das helle Carbid orange gefärbt.
O. LEBTAG. 6404□

Das Problem der Kalkqualität bei der basischen Stahlherstellung. K. Radźwicki, Z. Kuliński und B. Paczuła. (Hutnik **27.** 283—86. Juli/Aug. 1960. Gliwice, Inst. Metalurg. Żelaza.) (Pol.)

Das in Polen für metallurg. Zwecke verwendete CaO enthält 0,16—0,20% *S*. Der S stammt aus den S-reichen Brennstoffen beim Brennen von Kalkstein. CaO mit <0,005% S wird nur bei Anwendung eines gereinigten Heizgases beim Kalkbrennen erhalten. In diesem Fall wird sogar ein Teil des S, der im Kalkstein enthalten ist, verbrannt. Das erhaltene CaO enthält somit weniger S als das Ausgangsprodukt.
F. URBAN. 6408□

Untersuchung des Einschmelzens in Martin-Öfen bei verschiedenen Verfahren der Sauerstoffeinführung. K. M. Trubetzkow, W. N. Kornfeld, Je A. Grekow, A. O. Woitow, L. Ss. Steinberg und G. A. Lomtatidse. (Сталь [Stahl] **21.** 214—22. März 1961.) (Russ.)

Die Gesetzmäßigkeit des Einschmelzvorgangs von Schrott im SIEMENS-MARTIN-Ofen, die durch ein Verf. mit Isotopenverdünnung festgestellt wurde, war sowohl bei O_2-Einführung in die Flamme als auch beim O_2-Durchblasen durch das Stahlschmelzbad gleich. Die Beschleunigung der Entkohlung der Schmelze, wie sie durch das O_2-Durchblasen erzielt wurde, führte zu einem niedrigeren C-Geh. im Stahl. Die Veränderung der Einschmelzgeschw. des Schrotts hat bei beiden O_2-Einführungs-Verff. den gleichen Charakter. Mit einer Erhöhung der O_2-Einführung in die Flamme über 1500 Nm^3/h hinaus bei einem 200 t-Ofen nimmt die C-Verbrennung im Verlauf der Schmelzung zu. H. HOCHSTEIN. 6408☐

Einfluß der Verformungstemperatur auf die Eigenschaften des Stahls. W. P. Ssewerdenko und I. N. Meched. (Доклады Академии Наук БССР [Ber. Akad. Wiss. BelorussSSR] **4.** 295—97. Juli 1960. Physikal.-techn. Inst. der Akad. der Wiss. der BelorussSSR.) (Russ.)

Bei den Stählen 12 ChNSA, 18 ChGT, 40 Ch u. SchCh 15, die nach einer induktiven Erhitzung verformt wurden, wurden die Plastizitätskennwerte (spezif. Dehnung, Einschnürung u. Kerbschlagzähigkeit) mit steigender Verarbeitungs-Temp. durch Druck erniedrigt, die Festigkeit aber wurde erhöht. Eine Verbesserung der mechan. Eigg. von Stahl, der bei Temp. von 20—50° unterhalb des Schmelzbeginns verformt ist, wird durch eine normale Ausglühung oder durch Beendigung der Verformung bei niedrigen Temp. erzielt. H. HOCHSTEIN. 6408☐

Rekristallisation von Austenit im Konstruktionsstahl nach heißer plastischer Verarbeitung. Stanisław Gorczyca. (Mém. sci. Rev. Métallurgie **57.** 153—58. Febr. 1960.) (Franz.) — C. **1960.** 4007. F. URBAN. 6408☐

Niedriglegierter Blechstahl erhöhter Festigkeit. M. I. Kurmanow, A. G. Rabinowitsch und Sch. R. Dobrusskina. (Металловедение и Термическая Обработка Металлов [Metallkunde therm. Metallbearb.] **1960.** Nr. 5. 30—39. Mai. Ukrain. Forschungsinst. für Metalle.) (Russ.)

Ein Stahl mit 0,13—0,18 (%) *C*, 1,20—1,50 *Mn*, 0,15—0,37 *Si*, 0,30—0,50 *Cu*, 0,06—0,10 *Ti*, 0,04—0,08 *Al*, bis 0,04 *S* u. *P* erwies sich als bes. geeignet als Werkstoff von Blechen u. Platten mit einer Streckgrenze nicht unter 40 kg/mm^2. Die Unters.-Ergebnisse zeigen, daß die technolog. u. plast. Eigg. dieses Stahls als voll befriedigend bezeichnet werden können. Sein Streckgrenzenverhältnis ist hoch. Die Kerbschlagzähigkeit bei Raum-Temp. wird mit einer Erhöhung des Werts Σ (C + 0,25 Mn) verringert, bes. nach einer mechan. Alterung. Bei der Best. des Einfl. der Ti-Verteilung zwischen den Phasen auf die Stahl-Eigg. wird festgestellt, daß Ti am intensivsten aus der festen Lsg. bei der Normalisierung u. bei der Härtung von 900° ausgeschieden wird. Diese Ausscheidung aus fester Lsg. durch eine Wärmebehandlung erhöht die plast. u. zähen Eigg. des 0,05% Ti enthaltenden Stahls. Ein unter Werksbedingungen erschmolzener niedriglegierter Stahl wird auf Schweißbarkeit, Biegung u. Fließpressen untersucht. Die Unters.-Ergebnisse zeigen, daß die Eigg. des untersuchten Stahls auf gleicher Höhe wie die der teueren Vgl.-Stähle *10 ChGSND* u. *10 ChSND* liegen. H. HOCHSTEIN. 6408☐

Der Einfluß des Sauerstoffs auf die Zähigkeit und das Altern der Stähle. Josef Čabelka. (Wiss. Z. Hochschule Schwermaschinenbau Magdeburg **3.** 133—42. Dez. 1959.) (Dt.) — C. **1961.** 11499. H. HOCHSTEIN. 6408☐

Stahlforschung und Kerntechnik. 3. Mitt. L. Dolle. (Atomwirtschaft **4.** 426—29. Okt. 1959.) (Dt.) — 1. u. 2. vgl. C. **1961.** 5591.

Einfl. der Bestrahlung auf die Korrosion (in Kernreaktoren) u. die Änderung von physikal. Eigg. durch Bestrahlung. — 38 Literaturstellen. HERBERT WEBER. 6408☐

Einwirkung von Mo auf B enthaltenden, schwach legierten, hochfesten Stahl. Yunoshin Imai und Toshio Saitô. (Nippon Kinzoku Gakkai-Si [J. Japan Inst. Metals] **25.** 11—15. 1961.) (Jap.; Auszug: Engl.)

Unterss. über den Einfl. von Mo auf die mechan. Eigg. von Stahl mit 0,3 (%) *C*, 1,00 *Cr*, 0,3 *Cu*, 0,01 *Ti*, 0,002 *B* u. 0—0,5 *Mo* zeigen, daß Zusätze von *Mo* (bes. 0,4 bis 0,5%) die Festigkeit, Zähigkeit u. Härtbarkeit verbessern. Mo verbessert auch die Umwandlungs-Eigg. bei niedriger Temp. (—78°), wenn der Stahl ölabgeschreckt u. getempert worden ist. W. WESLY. 6410☐

Die Einwirkung des Kaltziehens und Anlassens auf den Steifheitsmodul und die innere Reibung in rostfreiem Stahldraht. Seita Sakui und Hideo Takei. (Nippon Kinzoku Gakkai-Si [J. Japan Inst. Metals] **25.** 30—33. 1961.) (Jap.; Auszug: Engl.)

Unterss. von Stahl mit 13 (%) *Cr* u. mit 18 Cr u. 8 *Ni* zeigen: Der Steifheitsmodu (SM) von 13 Cr-Stahl fällt etwas durch das Kaltziehen bei $>30\%$ Querschnittsabnahme. Die innere Reibung (IR) desselben Stahls fällt durch Kaltziehen mit $<10\%$ Querschnittsabnahme u. steigt mit $>10\%$ Querschnittsabnahme. Die IR von 18-8-Stahldraht steigt durch Kaltziehen mit $<3\%$ Dickenabnahme u. fällt mit $>3\%$ Dickenabnahme. Der SM beider Stähle steigt schwach durch Anlassen $>150^0$. Die IR von 13-Cr-Stahl fällt durch Anlassen bei 100—300° u. steigt durch Anlassen bei 400—650°.
W. Wesly. 6410□

Die Einwirkung der Alterungshärtung auf den Steifheitsmodul und die innere Reibung von 17-7 PH-rostfreiem Stahldraht. Seita Sakui und Hideo Takei. (Nippon Kinzoku Gakkai-Si [J. Japan Inst. Metals] **25**. 34—36. 1961.) (Jap.; Auszug: Engl.) — Vgl. vorst. Referat.

Unterss. an rostfreiem 17-7-Stahl mit 1,24% *Al* zeigen: Die Härte wird durch Alterung bei 100—200° schwach, bei 400—500° stark erhöht. Der elektr. Widerstand fällt durch Alterung in den Temp.-Bereichen 150—200, 300—450 u. 500—600°. Der Steifheitsmodul steigt durch Alterung bei 100—250 u. 400—500°; er fällt durch Alterung $>550^0$. Die innere Reibung fällt durch Alterung bei 100—300° u. steigt durch Alterung bei 550—650°.
W. Wesly. 6410□

Einfluß der Kaltverfestigung auf die Feinstruktur von hitzebeständigen austenitischen Stählen. M. L. Bernstein und Shi-Tschshan Tschshu. (Металловедение и Термическая Обработка Металлов [Metallkunde therm. Metallbearb.] **1960**. Nr. 6. 7—9. Juni. Stahl-Inst.) (Russ.)

Untersucht wurden aus Schmelzen mit 0,48 (%) *C*, 13,92 *Cr*, 14,34 *Ni*, 0,3 *Mo*, 2,54 *W* oder mit 0,08 C, 15,91 Cr, 25,04 Ni, 6,4 Mo, 0,15 N_2 (Rest jeweils Fe) mit den üblichen Verunreinigungen hergestellte Stahlfedern von 20 mm ∅, die von 1180 bzw. 1200° in W. abgeschreckt, um 25, 50 oder 75% kaltgezogen u. darauf gealtert wurden. Röntgenograph. u. mkr. wurde die Feinstruktur untersucht; es wurden Härte u. elektr. Widerstand gemessen. Hierbei zeigte sich, daß die plast. Kaltverformung beim Ziehen, die das Kristallgitter verzerrt u. die Mikrospannungen erhöht, zu einer Erhöhung des spezif. elektr. Widerstands führt, der Zerfall der festen Lsg. jedoch als Ergebnis der plast. Verformung den elektr. Widerstand verringert. Eine geringe Änderung des spezif. elektr. Widerstands der um 25% kaltverformten Proben hängt offenbar von einem Kompensations-Einfl. dieser beiden Faktoren ab. Bei einer Abnahme von 75% wird der elektr. Widerstand wesentlich verringert, was von dem überwiegenden Einfl. des Zerfalls der festen Lsg. infolge der Kaltverfestigung zeugt. Die Messung des Gitterparameters an Proben nach dem Kaltziehen zeigte, daß mit zunehmender Stauchung der Gitterparameter stark verringert wird, was als direkter Nachw. des Zerfalls der übersätt. festen Lsg. während der Verfestigung angesehen wird.
H. Hochstein. 6410□

Hochchromhaltige Stähle mit Titan und Stickstoff als Ersatz für die Stähle 1 Ch 18 N 9 und 1 Ch 18 N 9 T. D. A. Odesski und M. F. Alexejenko. (Сталь [Stahl] **21**. 262—66. März 1961.) (Russ.)

Cr-reiche Stähle ohne *Ni* oder mit niedrigem Ni-Geh. ermöglichen durch ihre Verw. an Stelle der nichtrostenden Ni-haltigen Stähle eine wesentliche Ni-Einsparung. Der Cr-reiche Stahl *Ch 17 T* (*EI 645*) besitzt gute mechan. u. technolog. Eigg. u. ist an der Luft sowie in einer Reihe aggressiver Mittel korrosionsbeständig. Auch neigt dieser Stahl nicht zur interkristallinen Korrosion. Er eignet sich daher als Ersatz für die nichtrostenden Stähle für die Herst. von Konstruktionsteilen, in denen die Anwendung von Schmelzschweißung erforderlich ist. Der Cr-reiche Stahl *Ch 28 T* (*EI 457*) besitzt eine hohe Säure- u. Warmbeständigkeit sowie gute mechan. Eigg. bei Raum-Temp., zufriedenstellende Festigkeit bei kurzzeitiger Belastung bei 500°, einen geringen linearen Ausdehnungs-Koeff., eine gute Fähigkeit zur Kalt- oder Warmverarbeitung durch Druck sowie eine gute Schweißbarkeit. Der Stahl *Ch 28 NA* (*EI 657*) enthält bis 2% Ni u. ca. 0,2% N_2, weshalb er sich hinsichtlich seiner mechan. Eigg. bei Raum- u. hohen Temp. sowie hinsichtlich der Warmfestigkeit nicht von austenit. Cr-Ni-Stahl *1 Ch 18 N 9 T* unterscheidet, jedoch hinsichtlich des linearen Ausdehnungs-Koeff. u. der Wärmeleitfähigkeit besser ist. Auch besitzt er gute technolog. Eigg. u. läßt sich bei hoher Korrosionsbeständigkeit gut schweißen.
H. Hochstein. 6410□

Der Einfluß der Zusammensetzung von Chromaluminiumstählen auf die Entstehung von Fleckenseigerungen. A. T. Perewjasko und N. M. Tschuiko. (Сталь [Stahl] **21**. 267—71. März 1961. Dnepropetrowsk, Metallurg. Inst.) (Russ.)

Der Hauptgrund für die Entstehung von Fleckenseigerung in Cr–Al-Stählen ist offensichtlich eine erhöhte Verunreinigung dieser Stähle mit schwer schmelzbaren feinverteilten Al_2O_3-Einschlüssen. Vorheriges Oxydieren der Stähle mit Silicocalcium vermindert diesen Fehler wesentlich. Die Faktoren des technolog. Erschmelzens u. Gießens dieser Stähle, die eine Abnahme des Geh. an S, P, Gasen u. nichtmetall. Einschlüssen ermöglichen, bedingen eine Abschwächung der Fleckenseigerung. Der Geh. an H u. N in den üblichen Grenzen zeigt keinen entscheidenden Einfl. auf die Entstehung dieses Fehlers. H. HOCHSTEIN. 6410□

Blockstruktur und Rekristallisation von Austenit im Schnelldrehstahl. W. D. Ssadowski. (Металловедение и Термическая Обработка Металлов [Metallkunde therm. Metallbearb.] **1961.** Nr. 1. 48—57. Jan. Inst. für Metallphys. der Akad. der Wiss. der UdSSR.) (Russ.)

In Abhängigkeit von der Ausgangsstruktur u. den Erwärmungsbedingungen kann sich der Austenit eines Schnelldrehstahls im unrekrist. oder rekrist. Zustand befinden. Der erste Zustand ist durch den Blockaufbau der Austenitkörner (Substruktur) gekennzeichnet. Im rekrist. Austenit dagegen fehlt die Substruktur. Die Ggw. der Substruktur ist offenbar ein Anzeichen der Phasenverfestigung; eine analoge Substruktur wird als Ergebnis einer plast. Austenitverformung bei hohen Temp. erhalten. Infolge der Phasenverfestigung tritt eine Rekristallisation des Austenits ein; es entstehen neue, substrukturfreie Körner. Die mit einer normalen plast. Verformung zusammenhängende Rekristallisation des Austenits führt auch zur Entstehung von Körnern, die keine Blockstruktur aufweisen. Die Möglichkeit der Austenitrekristallisation, die mit einer Phasenverfestigung verbunden ist, gibt auch eine Erklärung der Gründe u. des Mechanismus der Entstehung eines anomalen groben Korns bei der wiederholten Erwärmung des abgeschreckten Schnelldrehstahls. H. HOCHSTEIN. 6410□

Einfluß des zusätzlichen Legierens auf die Austenitumwandlung von Silicium-Mangan-Stahl. M. P. Braun. (Доповіді Академії Наук Української РСР [Ber. Akad. Wiss. UkrainSSR] **1961.** 335—39. Inst. für Gießereiwesen der Akad. der Wiss. der UkrainSSR.) (Russ.; Auszug: Engl.)

In Unterss. mit Si-Mn-, Si-Mn-Ni-, Si-Mn-Cu-, Si-Mn-Ni-Cu- u. Si-Mn-Cu-Mo-Ti-Stählen wird gezeigt, daß durch Zusatz von *Cr, Cu, Mo* u. *Ti* zu Si-Mn-Stahl die Beständigkeit des *Austenits* (I) im Temp.-Bereich 450—550° erhöht wird. **I** ist jedoch in diesem Fall im unteren Bainit-Gebiet weniger beständig. Die geringe **I**-Beständigkeit im Perlit-Gebiet erleichtert das isotherm. Glühen. Die verminderte **I**-Beständigkeit im Gebiet 250—450° ermöglicht eine isotherm. Erzielung einer Bainitstruktur ohne lange Haltezeiten im Übergangsgebiet. Das zusätzliche Legieren der Si-Mn-Leg. senkt die krit. Punkte beim Abkühlen an der Luft. O. LEBTAG. 6410□

Zeitgemäßes siliciertes Eisen. Weston Morrill. (Metal Progr. **78.** Nr. 3. 84—87. Sept. 1960. Pittsfield, Mass., Gen. Electric Co.) (Engl.)

Überblick über die Verw. von mit einer Textur versehenen anisotropen *Fe–Si*-Leg. auf Grund ihrer magnet. Eigg., bes. als Werkstoff für Umwandler u. elektr. Instrumente. H. HOCHSTEIN. 6410□

Über die Rekristallisationstextur von kaltgewalztem elektrotechnischen Stahl. I. P. Kudrjawzew. (Физика Металлов и Металловедение [Physik Metalle Metallkunde] **9.** 939—40. Juni 1960. Uraler Polytechn. Kirow-Inst.) (Russ.)

Rechner. u. opt. Best. der ξ-Werte für verschiedene elektrotechn. Stahlmarken. H. HOCHSTEIN. 6410□

Ausglühen von Transformatorenblechen im Vakuumofen. Zdisław Kotarbo. (Wiadomosci Hutnicze **16.** 371—76. Dez. 1960.) (Pol.)

Das Ausglühen von Transformatorenblechen erfolgt bei 0,5 Torr u. 1150°. Unter diesen Bedingungen erreicht der dielektr. Verlust (DV) Werte $<$1,05 W/kg. Bei Temp. $>$1200° hat das Überschichten der Bleche mit chem. akt. Substanzen keinen Einfl. mehr auf den DV. F. URBAN. 6410□

Charakteristiken von Gußteilen aus 70/30 Cupronickel. B. F. Shepherd. (Mod. Castings **37.** Nr. 5. 120—30. Mai 1960. Phillipsburg, N.J., Ingersoll-Rand Co.) (Engl.)

Die Gießeigg. von *70/30 Cupronickel*, bes. für dickwandige Gußstücke, werden untersucht. Sie sind, ebenso wie die Schweißbarkeit, sehr abhängig von der chem. Zus. u. von der Abkühlungsgeschwindigkeit. Durch Zusatz von *Nb* neben *Si* zu 70/30 Cupronickel wird eine neue schweißbare Leg. erhalten, deren mechan. Eigg. viel besser sind als die von Legg., die nur Si enthalten. Bei 40000 lbs./sq.in. Zugfestigkeit betrug der Nb- bzw. Si-Geh. je ca. 0,45%, die Schweißbarkeit ist bei höherem Si-Geh. besser bei Zusatz von Si $<$ Nb u. die Zugfestigkeit bei kleinerem Si-Geh. ist größer bei Zusatz von Nb $>$ Si. Schnelle Abkühlung aus Rotglut vermindert die physikal. Eigenschaften. Durch Wiedererhitzen auf 1200° F u. langsames Kühlen auf 500° F können die besten techn. Eigg. erhalten werden. F. VIER. 6432□

Zinkentfernung aus technischen Nickelsulfatlösungen unter Verwendung radioaktiven Zinks 65. Alfred Lange. (Z. Erzbergbau Metallhüttenwes. **14.** 283—92. Juni 1961. Freiberg/Sa., Bergakad., Metallhütteninst.) (Dt.)

Untersucht wurde die Möglichkeit, aus Zn enthaltenden $NiSO_4$-Lsgg. Zn elektrolyt. zu entfernen. Es gelang, aus Lsgg., die auf 1100 Teile Ni 1 Teil Zn enthielten, Ni-Ndd. mit 1% Zn abzuscheiden u. den Zn-Geh. im Elektrolyten auf 5 mg/Liter zu drücken, u. zwar unter folgenden Arbeitsbedingungen: Kathod. Stromdichte 0,3 A/dm², Elektrolyt-Temp. 40°, pH 3 u. starke Bewegung des Elektrolyten. Geringer Cu-Geh. begünstigt die Entzinkung, höherer verzögert sie. F. VIER. 6434□

Der Fortschritt in der Anwendung von Aluminium als Baumaterial. E. H. Laithwaite. (Metallurgia [Manchester] **59.** 74—78. Febr. 1959. London, Brit. Aluminium Co. Ltd.) (Engl.) K. STEIN. 6446□

Die Herstellung und hauptsächliche Verwendung von Aluminiumfolien. L. W. Swann. (Light Metals **21.** 293—95. Sept. 1958. Wembley, Fisher's Foils Ltd.) (Engl.)

Erörterung der Verw. von Al-Folien in der Druck- u. Warmverpackungstechnik. H. HOCHSTEIN. 6446□

Entwicklungstendenzen der Gießverfahren für Aluminium-Legierungen. A. P. Fenn. (Metallurgia [Manchester] **59.** 63—66. Febr. 1959. Birmingham Aluminium Casting [1903] Co. Ltd.) (Engl.)

Beschrieben wird die Entw. unter techn. u. wirtschaftlichen Gesichtspunkten vom Sandguß zum Dauerformguß u. Spritzguß. K. STEIN. 6446□

Plattierte Aluminium-Legierungen. F. C. Porter. (Metallurgia [Manchester] **59.** 67—73. Febr. 1959. Aluminium Dev. Assoc.) (Engl.)

Angaben über Herst. sog. *Clad*-Legg. u. Zus. von Grundmaterial u. Deckschicht (beide aus Al bzw. Al-Legg.), mechan. Eigg., Korrosionsbeständigkeit, Wärmebehandlung, Anwendung vor allem in der Flugzeugindustrie. K. STEIN. 6446□

Ein neues Verfahren zur Veredelung von GAlSi. G. N. Cherry. (Giessereipraxis **75.** 263—66. 10/7. 1957. Birmingham.) (Dt.)

Zur Veredlung (Verbesserung der mechan. Eigg.) von *GAlSi*-Legg. mit 11,5—13% *Si* ist die Einführung von 0,06% metall. Na notwendig. Man fügt der entgasten Schmelze im Vakuum behandeltes, d. h. öl-, gas- u. oxydfreies, Na, das in luftdichten Behältern aufbewahrt wird, zu. Dieses Na ist rohem Na überlegen u. dem bisher zur Veredlung verwendeten NaF–NaCl-Gemisch gleichwertig. W. WESLY. 6446□

Titan. Howard B. Bomberger. (Ind. Engng. Chem., int. Edit. **51.** Nr. 9. [Part II] 1228—30. Sept. 1959.) (Engl.) — Vgl. C. **1960.** 5627.

Fortschrittsbericht 1958. — 71 Literaturangaben. M. WINIKER. 6448□

Trennung von Tantal und Niob durch Flüssig-Flüssig-Extraktion. 2. Mitt. **Das System Fluorwasserstoffsäure-Salzsäure-Hexon.** Isao Kushima, Jyoichirō Moriyama und Sanji Nishimura. (Suiyokwai-Shi [Trans. Mining metallurg. Alumni Assoc.] **14.** 140—44. Aug. 1960.) (Jap.; Auszug: Engl.) — 1. vgl. C. **1961.** 9577.

Der F^--Komplex von Ta u. Nb läßt sich aus HF–HCl-Lsg. mit *Methylisobutylketon* (**I**; Hexon) extrahieren. Die Gleichgewichtsverteilung begünstigt die Ta-Extraktion, weil Nb aus sehr saurer Lsg. extrahiert wird. Die günstigsten Arbeitsbedingungen zur quant. Trennung ergeben sich bei Anwendung von 60—10n HF u. 4—8n HCl. Man versetzt die nach der Extraktion gewonnene Lsg. mit 0,5—1n HF u. 1—2n HCl, schüttelt, trennt beide Phasen, extrahiert die organ. Phase mit verd. HCl; sie enthält sehr reines Ta, wogegen die wss. Phase sehr reines Nb aufweist. W. WESLY. 6448□

Trennung von Tantal und Niob durch Flüssig-Flüssig-Extraktion. 3. Mitt. **Das System Fluorwasserstoffsäure-Schwefelsäure-Hexon.** Isao Kushima, Jyoichirō Moriyama und Sanji Nishimura. (Suiyokwai-Shi [Trans. Mining metallurg. Alumni Assoc.] **14.** 145—49. Aug. 1960.) (Jap.; Auszug: Engl.) — 2. vgl. vorst. Referat.

Der Trennungsfaktor bei Anwendung von 0,64n HF u. 0,71n H_2SO_4 beträgt 3370. Auf diese Weise lassen sich reines Ta u. reines Nb aus Ta- u. Nb-reichen u. -armen Erzen gewinnen. — 18 Literaturangaben. W. WESLY. 6448□

Trennung von Tantal und Niob durch Flüssig-Flüssig-Extraktion. 4. Mitt. **Das System Flußsäure-Hexon.** Isao Kushima, Jyoichiro Moriyama und Sanji Nishimura. (Suiyokwai-Shi [Trans. Mining metallurg. Alumni Assoc.] **14.** 212—15. Dez. 1960.) (Jap.; Auszug: Engl.) — 3. vgl. vorst. Referat.

Die Extrahierbarkeit der Nb- u. Ta-Fluoridkomplexe aus HF-Lsg. mit Hexon (**I**) ist eine Funktion der HF-Konz., der Oxyd-Konz. u. des Verhältnisses HF : **I**. Aus wss. Lsg. eines Fluotantalat- u. -niobatgemisches wird von **I** bei niedriger Acidität Ta extrahiert; Nb bleibt in der wss. Phase. Bei hoher Acidität werden Nb u. Ta von **I** extrahiert. W. WESLY. 6448□

Das Verhalten von Ti bei der Flüssig–Flüssig-Extraktion von Nb und Ta. Sanji Nishimura, Joichiro Moriyama und Isao Kushima. (Nippon Kinzoku Gakkai-Si [J. Japan Inst. Metals] **25.** 27—30. 1961.) (Jap.; Auszug: Engl.) — Vgl. vorst. Referat.)

Unterss. mit HF–Hexon (I), HF–HCl–I, HF–H_2SO_4–I u. HF–HNO_3–I zeigen: Bei individueller Messung der Verteilungs-Koeff. von Ti, Nb u. Ta kann Ti von Nb u. Ta getrennt werden. Die Extrahierbarkeit von Ti steigt mit der Mineralsäureacidität bei konst. HF-Acidität; sie fällt in der Reihenfolge: HF–HCl- > HF–H_2SO_4- > HF–HNO_3-System. Der Gesamt-Ti-Geh. in organ. Extrakt steigt mit wiederholter Extrahierung im HF–HCl-, HF–H_2SO_4- u. HF–HNO_3-System. Im allg. ist die Extrahierbarkeit von Ti im HF–I-Syst. geringer als in den anderen HF–Mineralsäure–I-Systemen. W. WESLY. 6448□

Elektrolytisches Abscheiden von Platin aus Platinchlorwasserstoffsäure. Ralph H. Atkinson. (Trans. Inst. Metal Finishing **36.** 7—16. 1959. Bayonne, N.J., Internat. Nickel Co.) (Engl.)

Das elektrolyt. Abscheiden von Pt aus wss. Lsgg. von 15—25 g/Liter H_2PtCl_6 u. 10—390 g/Liter HCl bei Abscheidungs-Geschw. von 0,1—1,1·10^{-3} in./h u. bei 45—75° wurde untersucht, um die Bedingungen für die Herst. duktiler Pt-Bleche zu ermitteln. Die Güte der erhaltenen Bleche wurde mikrograph., durch Härteprüfungen u. einfache Walztests untersucht. Als Anoden wurden lösl. Pt-Anoden verwendet. Die elektrolyt. Zelle wurde mit u. ohne Diaphragma betrieben. Am einfachsten war es, ohne Diaphragma zu arbeiten. Die besten Ergebnisse wurden bei einer Badbewegung erzielt, die bei 60—70° allein durch Wärmeströme entstand. Unter einer Abscheidungs-Geschw. von 0,7·10^{-3} in./h bei 225 g/Liter HCl bis 0,35·10^{-3} bei 290 g/Liter HCl waren die Ndd. spröde u. rissen beim Walzen. Bis zu einer Abscheidungs-Geschw. von 1,0·10^{-3} in./h ohne Rücksicht auf den HCl-Geh. blieben die Ndd. duktil, darüber hinaus wurden sie schwammig u. rauh. Unter einem HCl-Geh. von 220 g/Liter konnten keine genügend duktilen Ndd. erhalten werden. Bis 0,013 in. Dicke blieben die Ndd. glatt. Bei Erhitzen auf über 1100° F wurden sie blasig infolge eingeschlossener Pt-Verbindungen. Eine merkliche Hydrolyse der H_2PtCl_6 begann bei dem pH-Wert 2,2. — 13 Literaturangaben. F. VIER. 6462□

Einige Probleme der hydrostatischen Pressung von Pulvern. M. Ju. Balschin und A. P. Dubrowski. (Доклады Академии Наук СССР [Ber. Akad. Wiss. UdSSR] **136.** 332—35. 11/1. 1961. Baikow-Inst. für Metallurgie der Akad. der Wiss. der UdSSR.) (Russ.)

Bei Vgl.-Verss. an *Cu-*, *Fe-*, *Ni-* u. *Mo-*Pulvern wird festgestellt, daß zur Erzielung hoher Dichte- u. Festigkeitswerte eine hydrostat. Pressung für die Formgebung harter Metallpulver, z. B. aus Mo, im Gegensatz zu weichen Metallpulvern, z. B. aus Cu, bes. wirksam ist. H. HOCHSTEIN. 6474□

Sintern unter Glas. D. Yarnton und M. Argyle. (Metallurgia [Manchester] **61.** 239—40. Juni 1960. Rotherham Coll. of Technol.) (Engl.)

Alcomax- u. *Fe-*Pulver werden in geschmolzenes Glas getaucht, anschließend gesintert. Im Vgl. zum Sintern im Vakuum oder einer kontrollierten Atmosphäre werden die Vor- u. Nachteile behandelt, die Güte des Erzeugnisses hängt davon ab, ob sich okkludierte Luft störend bemerkbar macht u. ob Glas in die Poren eindringt. Andererseits ergibt sich daraus die Entw. neuartiger Werkstoffe. K. STEIN. 6474□

Die Mikrohärte von Ferrit in Kohlenstoffstählen. Ju. Je. Bondarew. (Физика Металлов и Металловедение [Physik Metalle Metallkunde] **10.** 308—10. Aug. 1960. Nowosibirsk, Inst. für Maße u. Meßgeräte.) (Russ.)

Durch Verss. an Stählen mit 0,16—0,74% C wird festgestellt, daß die Mikrohärte des Ferrits kontinuierlich mit der Erhöhung des C-Geh. im Stahl zunimmt. H. HOCHSTEIN. 6480□

Rißerscheinungen im Stahlguß. R. Domanowski. (Giessereipraxis **1957.** 505—08. 10/12. 528—31. 25/12.) (Dt.)

Die Bldg. von Warm- u. Spannungsrissen wird als ein Erstarungs- u. Schwindungsproblem beschrieben u. Maßnahmen zur Verhütung u. Beseitigung von Rissen aufgezeigt. M. GEHLEN-KELLER. 6480□

Über Sprödbrüche von Werkstücken aus austenitischen Stählen. Je. I. Urjupina. (Металловедение и Термическая Обработка Металлов [Metallkunde therm. Metallbearb.] **1960.** Nr. 6. 43—45. Juni. Zentr. Forschungsinst. für Eisenhüttenkunde.) (Russ.)

Bei Temp.-Erhöhung auf 800° wird die Streckgrenze von austenit., abgeschrecktem Stahl mit homogener, nicht im Gleichgewicht stehender Struktur fast auf die Hälfte, die spezif. Dehnung auf $^1/_3$ im Vgl. zu den Werten dieser Kennwerte bei Raum-Temp.

erniedrigt. Die Bldg. von sek. Phasen während der Alterung führt zu einer Erniedrigung der Stahlverformbarkeit sowohl bei Raum-Temp. als auch bei erhöhten Temperaturen. Eine unvollkommene Beseitigung der durch Kaltziehen bewirkten Verfestigung führt zu einer starken Erniedrigung der Plastizität des austenit. Stahls bei erhöhten Temperaturen. Infolge der plast. Verformung (Durchbiegung im kalten Zustand) nimmt die Plastizität des austenit. Stahls bei erhöhten Temp. um so mehr ab, je größer der Verformungsgrad war. Sprödbrüche (ohne Kriechen) der austenit. Stähle unter Betriebsbedingungen beruhen auf gemeinsamer Wrkg. der die Plastizität des Stahls senkenden Faktoren u. sind das Ergebnis eines erhöhten Werts eines beliebigen dieser Faktoren.
H. HOCHSTEIN. 6480□

Die Ultraschallprüfung von Stäben. M. E. Churgin und F. A. Shisslin. (Заводская Лаборатория [Betriebs-Lab.] **26.** 458. 1960.) (Russ.)

Zur Feststellung von Längsfehlern in Stangen wird die Ultraschall–Kontakt–Echo-Meth. angewendet, die mit einem Defektoskop vom Typ *W 4-7 I* mit einem einen *Be*-Boden aufweisenden Sucherkopf ausgeführt wird. Die Durchführung der Ultraschallprüfung wird beschrieben u. es wird angegeben, daß die Empfindlichkeit der Meth. sehr hoch ist. H. HOCHSTEIN. 6480□

Sichtbarmachen des γ-Kornes durch Kondensation von synkristallisierenden Nickellegierungen. G. Vigneron. (Rev. du Nickel **27.** 39—45. März/April 1961.) (Franz.)

Um die Größe des austenit. γ-Korns im Stahl auch bei Raum-Temp. messen zu können, wird eine polierte Stahloberfläche bei der Temp. des Austenits mit Ni oder Ni-Legg. im Vakuum bedampft. Die Struktur des Stahles wird so fixiert, da die aufgedampfte Ni-Schicht beim Aufdampfen die Struktur der Stahloberfläche übernommen hat u. sie beim Abkühlen nicht verändert. Verf. u. Vorr. werden beschrieben.
F. VIER. 6482□

Beobachtung der elektronenmikroskopischen Struktur von spannungsgealtertem Schmiedeeisen. Tadashi Kawasaki, Takehiko Shibai und Hisashi Izumi. (Nippon Kinzoku Gakkai-Si [J. Japan Inst. Metals] **25.** 68—72. 1961.) (Jap.; Auszug: Engl.)

Elektronenmkr. Unterss. von Schmiedeeisen mit 0,05 (%) *C*, 0,08 *Si*, 0,28 *Mn*, 0,08 *P*, 0,015 *S* u. 0,0087 *N*, das bei 100 u. 200° spannungsgealtert ist, zeigen, daß die Alterung durch mechan. Belastung während der Spannungsalterung gefördert wird. Eine Gefügeänderung läßt sich nicht erkennen. W. WESLY. 6482□

Dickenmessung mit Bremsstrahlung. Karl-Heinz Waechter. (Elektrotechn. Z., Ausg. A **82.** 372—78. 5/6. 1961. Nürnberg, Frieseke & Hoepfner GmbH, Erlangen.) (Dt.)

Die Eigg. der Bremsstrahlung u. der Aufbau von Bremsstrahlungsquellen wird erläutert. Es wird eine Anlage beschrieben, mit der techn. Dickenmessungen in einem Bereich von 0,3—6 mm Stahl durchgeführt werden. — 16 Literaturangaben.
F. VIER. 6484□

Ursachen der Rißbildung beim Schmieden von Stangen. Ss. Ss. Gorelik, Ss. M. Fainbron, A. M. Katkowa und L. W. Schelgajewa. (Металловедение и Термическая Обработка Металлов [Metallkunde therm. Metallbearb.] **1960.** Nr. 9. 17—19. Sept.) (Russ.)

Die Stengelzone in geschmiedeten Knüppeln aus der Leg. *EI 437 B* bewirkt eine Anisotropie der plast. Eigenschaften. Beim Stauchen längs der Stangenachse ist das Metall in Richtung der größeren Achse der Stengelkristallite plastischer als in der senkrechten Richtung. Die Anisotropie der plast. Eigg. ist um so größer, je niedriger die Temp. u. je höher der Verformungsgrad ist. Offenbar ist die Anisotropie bes. eine Folge der verschiedenen Plastizität des Kernteils der Kristallite u. des unelast. Zwischenkornskeletts. Die Anisotropie bedingt die Bldg. von Mikrorissen beim Stauchen von Blöcken u. Stangen mit Stengelstruktur. Zur Beseitigung der Anisotropie der plast. Eigg. der Stengelkristallite u. des Ausschlusses der Möglichkeit der Bldg. von Rissen beim Schmieden muß man das Schmieden in engen Bereichen der Temp. u. Verformung durchführen; diese Bedingungen sind jedoch für die zentrale gleichachsige Zone nicht immer anwendbar. Daher ist die Ggw. von Spuren von Stengelstruktur in Stangen, die zum Ausschmieden von entsprechenden Gegenständen komplizierter Form dienen sollen, nicht zulässig. H. HOCHSTEIN. 6490□

Die Planung der Wärmebehandlungsverfahren für Stahl. Ernst Liebchen. (Fertigungstechn. u. Betr. **10.** 317—21. Juni 1960. Brand-Erbisdorf/Sachsen.) (Dt.)

Für die Planung von Wärmebehandlungs-Verff. werden Richtwerte angegeben. Die Grundlagen der Stahlerwärmung, die Einteilung der Stähle u. deren Gefüge werden aufgeführt. W. WESLY. 6492□

Der Einfluß des Wärmebehandlungsverfahrens auf die Härte und den Verschleiß von Schnelldrehstahl. Je. P. Nadeinskaja und A. A. Badajewa. (Металловедение и Термическая Обработка Металлов [Metallkunde therm. Metallbearb.] **1961.** Nr. 1. 57—61. Jan.) (Russ.)

Mittels radioakt. Isotopen durchgeführte Unterss. über den Einfl. verschiedener Wärmebehandlungen auf die Härte u. den Verschleiß von Schnelldrehstählen ergaben, daß die Bereiche der auch für die Verschleißfestigkeit günstigsten Härte der Schnelldrehstähle bei verschiedenen Wärmebehandlungs-Verff., bei verschieden behandelten Werkstoffen sowie bei verschiedenen Schneidbedingungen unterschiedlich sind. H. HOCHSTEIN. 6492□

Die Anwendung einer zweifachen Härtung. B. A. Stetzenko. (Металловедение и Термическая Обработка Металлов [Metallkunde therm. Metallbearb.] **1961.** Nr. 1. 62—63. Jan. Gorki, Automobilwerk.) (Russ.)

Eine doppelte Härtung der Stähle *40 Ch*, *20 ChNM* u. *18 ChNWA* erhöht die Festigkeits-Eigg. dieser Stähle. Für Gegenstände, die ihrer Form nach bei der Härtung nicht zu einer wesentlichen Verformung neigen, kann die doppelte Härtung als wirksames Mittel zur Festigkeits- u. Haltbarkeitserhöhung dienen. Für Gegenstände jedoch, die einer wesentlichen Verformung bei der Härtung unterliegen, wird die doppelte Härtung nicht empfohlen. H. HOCHSTEIN. 6492□

Einfluß einer Härtung auf die Graphitisierung von Gußeisen und Stahl. E. N. Pogrebnoi und Ju. N. Taran. (Металловедение и Термическая Обработка Металлов [Metallkunde therm. Metallbearb.] **1960.** Nr. 5. 48—52. Mai.) (Russ.)

Überblick auf Grund von 14 Literaturangaben. H. HOCHSTEIN. 6492□

Die Entwicklung und Zukunft der Gasaufkohlung. T. W. Ruffle. (Iron and Steel **34.** 142—45. April 1961.) (Engl.)

Nach einem Überblick über die Zunahme der Anwendung von Aufkohlungsbehandlungen von Stahlteilen in einer Gasatmosphäre in den letzten 20—30 Jahren werden Angaben über geeignete Behandlungsöfen, Ofenatmosphären, die Aufkohlungstechnik u. über Entw.-Aussichten gemacht. H. HOCHSTEIN. 6492□

Wirkung von aufeinanderfolgenden Wärmebehandlungen auf die innere Reibung von kaltgepreßtem polykristallinem Aluminium handelsüblicher Reinheit bei Raumtemperatur. Genjiro Mima. (Technol. Rep. Osaka Univ. **8.** 373—83. Okt. 1958.) (Engl.) — Vgl. C. **1959.** **8699.**

Die Wrkg. der Auslagerung bei Raum-Temp. auf Proben von Al verschiedener Kaltbearbeitungsstufen sowie die aufeinanderfolgenden Wärmebehandlungen bei um 65,4% gepreßten Proben auf die innere Reibung bei Raum-Temp. wurde untersucht. Danach zeigt die Kurve innere Reibung/Verformungsstufe für 50 Min. bei Raum-Temp. ausgelagerte Proben nach Kaltpressung deutlich Spitzen bei 15 u. bei 55% Abnahme. Die 1. Spitze verschwand nach Auslagern von 5000 Min., dagegen die 2. auch nach 31 Tagen nicht. Die Abnahme der inneren Reibung durch Kaltpressung beim Auslagern bei niedrigen Temp. ist durch GRANATO u. LÜCKES Theorie zu erklären, sie wird nämlich nicht durch Abnahme der Versetzungsdichte bewirkt, sondern durch spannungsbedingte Diffusion von gelösten Atomen an den Versetzungen. Die innere Reibung bei Raum-Temp. für 65,4% verformte Proben nimmt bei Wärmebehandlungen, außer bei 270 u. bei 600°, im allg. ab. Bei 270° steigt sie abrupt an, um dann auf einen konst. Wert abzusinken. — 23 Literaturangaben. F. VIER. 6492

Einfluß der Erwärmungsgeschwindigkeit bei der Wärmebehandlung. 3. Mitt. **Einwirkung der Erwärmungsgeschwindigkeit bei der Wärmebehandlung von Stahlblechen für die Verzinkung.** Seita Sakui und Tsutomi Mori. (Tetsu to Hagane [J. Iron Steel Inst. Japan] **46.** 1740—44. Dez. 1960.) (Jap.; Auszug: Engl.) — 2. vgl. C. **1959.** 17412.

Unterss. über die Einw. von raschem u. langsamem Erhitzen auf die Eigg. von kalt gewalztem C-Stahl nach der Wärmebehandlung zeigen, daß die Temp., bei der die Probe völlig erweicht, durch rasches Erhitzen um 100° erhöht wird u. daß rasches Erhitzen zu kleinerem Korn führt. Die A_3-Umwandlung ist bei langsamem Erhitzen bei 950°, bei schnellem Erhitzen bei 980° vollendet. Schnelles Erhitzen feint das Korn wirksamer als langsames Erhitzen. W. WESLY. 6492□

Borierung von hochlegierten Stählen. Ju. M. Lachtin und M. A. Ptschelkina. (Металловедение и Термическая Обработка Металлов [Metallkunde therm. Metallbearb.] **1961.** Nr. 3. 27—35. März. Moskau, Autobahn-Inst.) (Russ.)

Die Möglichkeit einer Gasborierung hochlegierter Stähle, bes. auch austenit. Stähle, wird experimentell nachgewiesen u. gezeigt, daß zu Beginn des Prozesses bei der Sättigungs-Temp. eine 2phasige Schicht entsteht, nämlich eine gesätt. feste Lsg.

von Borid in Stahl u. darauf eine kompakte Boridschicht. Die borierte Schicht aus hochlegierten Stählen besitzt eine hohe Härte u. Verschleißfestigkeit. H. HOCHSTEIN. 6492□

Kontinuierliches Ausglühen und Beizen von Bändern aus Messing. P. Guesne. (Cuivre, Laitons, Alliages **1961.** 13—17. März/April.) (Franz.)

Beschreibung einer Anlage. Das Ausglühen wird in einem Heizgas aus Propan u. Luft vorgenommen, das leicht reduzierend eingestellt ist. F. VIER. 6492□

Lötfähigkeit von Zinn, Zinnlegierungen und anderen Metallüberzügen. C. J. Thwaites. (Trans. Inst. Metal Finishing **36.** 203—19. 1959. Greenford, Middles., Tin Res. Inst.) (Engl.)

Die Lötfähigkeit von *Sn,* Sn-Legg. mit *Pb, Zn, Cd* u. von Cd u. *Ag* wurde unter Anwendung eines Tropfenausbreitungstestes untersucht. Danach haben Überzüge von Sn oder Sn-Legg. mit Pb, Zn oder Cd im allg. nach ihrer Herst. eine ausgezeichnete Lötfähigkeit u. behalten sie auch bei, wenn sie nicht unter 0,0003 in. dick sind. Schmelzfl. aufgebrachte Sn-Überzüge sind für das Löten am besten geeignet. Wenn es allein auf die Lötfähigkeit ankommt, besteht zwischen Sn u. den Sn-Legg. kein Unterschied. Bei Überzügen auf Stahl ist beim Lagern keine Abnahme der Lötfähigkeit festzustellen. Dagegen kann bei Überzügen auf Messing infolge der Diffusion von Zn unter gleichzeitigem Einwirken von feuchter Luft beim Lagern Verschlechterung auftreten. Durch Aufbringen von *Cu*-Zwischenschichten kann dieser Mangel beseitigt werden. Auch *Ni*-Zwischenschichten sind dafür geeignet. — 26 Literaturangaben. F. VIER. 6504□

Die aluminothermische Schweißung. W. Günther und F. Proschek. (Schweißtechnik **6.** 139—42. Mai 1956. Halle.) (Dt.) M. GEHLEN-KELLER. 6506□

Gasschweißen von Aluminium-Gußlegierungen mit Sauerstoff-Überschußflamme. G. Kürschner. (Schweißtechnik **6.** 144—48. Mai 1956. Halle/Saale, ZIS.) (Dt.) M. GEHLEN-KELLER. 6506□

Extrem große Fleckenbildung in dauerzugschwellbeanspruchten Schweißverbindungen unlegierter Kohlenstoffstähle. F. Erdmann-Jesnitzer, H. Klaas und S. Müller. (Schweißtechnik [Berlin] **6.** 133—39. Mai 1956. Freiberg/Sa., Bergakad., Inst. für Metallkunde u. Materialprüfung.) (Dt.) M. GEHLEN-KELLER. 6506□

Die Zusammensetzung des Blindschiffchens bei der Analyse des Sauerstoffes in Schweißnähten nach der Methode der Vakuumschmelze. W. I. Lakomski. (Автоматическая Сварка [Automat. Schweissen] **14.** Nr. 4. 88—90. April 1961.) (Russ.)

Untersucht wird der Einfl. der Zus. des Blindschiffchens bei der O-Analyse in Schweißnähten nach der Vakuumschmelzmethode. Hierbei zeigt sich, daß ein Ni-Schiffchen weniger C löst als ein aus Fe bestehendes; jedoch wirkt sich dieses nicht auf die Red.-Bedingungen der Oxyde aus, weil die C-Aktivität in allen Schmelzen, die mit C gesätt. sind, gleich ist u. P_{CO} als Maß der Reduzierbarkeit des Oxyds nur von der Aktivität des Oxydmetalls in der Schmelze abhängt. H. HOCHSTEIN. 6506□

Untersuchung der Alterungsprozesse von Schweißnähten bei zweiphasigen Titanlegierungen. 1. Mitt. **Alterung der Schweißnähte im Zustand nach der Schweißung.** W. F. Grabin, Ss. M. Gurewitsch, W. A. Rafalowski und W. I. Trefilow. (Автоматическая Сварка [Automat. Schweissen] **14.** Nr. 4. 3—12. April 1961. Paton-Inst. für Elektroschweißung der Akad. der Wiss. der UkrainSSR u. Inst. für Metallphysik.) (Russ.)

Die Struktur u. die mechan. Eigg. der Schweißnähte von 3 Ti-Legg. mit 6,1 (%) Al, 4,1 V oder 2,5 Al, 9,7 V, 3,8 Mn oder nur 6,34 Mn werden nach der Schweißung sowie nach einer künstlichen Ausalterung bei Temp. zwischen 200 u. 500° untersucht. Es wird dabei festgestellt, daß im Metall der Naht sowie des Nahtbereichs der Ti–Mn-Leg. unmittelbar nach der Schweißung die spröde ω-Phase entsteht. Es wird ferner nachgewiesen, daß die Schweißverbindungen aus der Ti-Leg. mit 6,1 Al u. 4,1 V gegen Alterung ausreichend beständig sind. Durch elektronenmkr. Unterss. wird festgestellt, daß die ω-Phase in der Schweißnaht die Form von abgerundeten sowie gestreckten Ausscheidungen besitzt, die ungleichmäßig in der Grundmasse, u. zwar innerhalb der Körner, verteilt sind. In den Schweißnähten tritt nach der Schweißung in Ggw. von β-stabilisierenden Elementen (V + Mn) sowie eines α-Stabilisators (Al) die ω-Phase nicht auf. Die Ausalterungsprozesse der Schweißnähte verlaufen in den beiden erstgenannten Legg. im Temp.-Bereich 200—450° am intensivsten. Isotherm. Haltezeiten bis zu 100 Std. beseitigen in diesen Legg. die Sprödigkeit der Schweißnaht nicht. Sehr wahrscheinlich kann diese Erscheinung durch die Ausscheidung der α-Phase an den Korngrenzen als Folge einer $\beta + \omega \rightarrow \beta + \alpha$-Umwandlung erklärt werden. Wenn für die Ti-Leg. mit 6,1 Al u. 4,1 V in der Schweißnaht nicht über 100 kg/mm² verlangt wird, soll die Leg. zweckmäßig einer Hochtemp.-Wärmebehandlung unterworfen werden. — 14 Literaturangaben. H. HOCHSTEIN. 6506□

Ätzen von Stahl 1 H 13 in Salzschmelzen. E. Gąsior. (Prace Inst. Ministerstwa Hutnictwa **9.** 61—69. 1957. Inst. Metal. Żelaza.) (Pol.)

Stahl *1H13* (0,12% C, 12,64% Cr) wurde bei 900° an der Luft geglüht. Die gebildete Oxydschicht (*Cr_2O_3* u. *Fe-Oxyde*) wird in einer Schmelze von 80 (%) NaOH u. 20 $NaNO_3$ bei 500° um so besser gelöst, je weniger *Fe_2O_3* sie enthält. *FeO* u. *Fe_3O_4* werden in der Schmelze zu Fe_2O_3 oxydiert. Da Fe_2O_3 in der Schmelze prakt. unlösl. ist, muß das Ätzen in einem Säurebad vervollständigt werden. F. URBAN. 6512□

Elektrolytische Abscheidung von Kupfer-Nickel-Legierungen aus Citrat-Lösungen. B. H. Priscott. (Metal Ind. [London] **95.** 43—44. 21/8. 1959.) (Engl.)

Glatte, festhaftende Überzüge aus Cu-Ni-Legg. können aus Elektrolyten abgeschieden werden, die Cu- u. Ni-Sulfate u. Tri-Na-Citrat enthalten. Die optimale Zus. des Bades wird angegeben. — Diskussion. F. VIER. 6516□

Ermüdungskorrosion. T. D. Weaver. (Chem. and Ind. **1957.** 1190—94. 7/9. Bristol Aero-Engines Ltd.) (Engl.)

Überblick über die Probleme der Ermüdungskorrosion, ihre Ursachen, Prüfung auf Anfälligkeit u. ihre Verhinderung durch Oberflächenschutz. — 12 Literaturangaben. H.-G. MOSLÉ. 6538□

Lochfraß an durch Gießen mit verlorener Gießform hergestellten korrosionsbeständigen Stählen. L. W. Duffen und D. C. Jarman. (Brit. Foundryman **53.** 79—82. Febr. 1960. Havilland Engine Co. Ltd.) (Engl.)

Es werden Möglichkeiten zur Behebung des Auftretens von Lochfraßkorrosion an der Gußstückoberfläche von durch Gießen mit verlorener Gießform hergestellten korrosionsbeständigen Stählen erörtert. Es wird nachgewiesen, daß Lochfraß bei den so hergestellten, korrosionsbeständigen Stählen nach der Erstarrung durch Bldg. eines Metalloxydes u. durch nachfolgende Rk. dieses Oxydes mit der feuerfesten Formauskleidung auftritt. Er kann vollständig durch Abkühlung des Gußstückes in einer O_2-freien Atmosphäre vermieden werden. — 15 Schrifttumsstellen. H. HOCHSTEIN. 6538□

Korrosion von Aluminium in entsalztem Wasser bei erhöhten Temperaturen. 1. Mitt. Masayuki Kawasaki, Sueo Nomura und Tatsuo Kondo. (Nippon Kinzoku Gakkai-Si [J. Japan Inst. Metals] **25.** 76—79. 1961.) (Jap.; Auszug: Engl.)

Unterss. über die Einw. von entsalztem W. auf Al (99—99,99% Reinheit) bei Temp. bis 200° zeigen: Mit steigender Reinheit sinkt die Korrosionsfestigkeit u. steigt der interkristalline Angriff. Feinkörniges Al mit 99,99% Reinheit ist nicht so widerstandsfähig wie grobkörnige Proben. Die interkristalline Korrosion wird durch H_2 gefördert, durch O_2 gehemmt. Bei pH <3 wird die Korrosion auf einen Mindestwert verringert, interkristalline Korrosion findet nicht statt. Starke Dickenabnahme durch Walzen bringt die interkristalline Korrosion zum Verschwinden, fördert aber die Oxyd-Zersetzung. W. WESLY. 6538□

Korrosion von Aluminium in entsalztem Wasser bei erhöhten Temperaturen. 2. Mitt. Masayuki Kawasaki, Tatsuo Kondo und Sueo Nomura. (Nippon Kinzoku Gakkai-Si [J. Japan Inst. Metals] **25.** 80—83. 1961.) (Jap.; Auszug: Engl.) — 1. vgl. vorst. Referat.

Auf Grund des Korrosions-Verh. mehrerer bin. Al-Legg. bei 300° lassen sich diese einteilen in Legg., die zu interkristalliner Korrosion neigen u. daher keine Verzögerung der Korrosions-Geschw. (KG) aufweisen, in Legg. mit 2stufiger, erst langsamer, später linear beschleunigter Korrosion mit örtlichem Eindringen an den Phasengrenzen u. Legg. mit geringer KG; sie sind am beständigsten. Die Verzögerung der KG der 2. Gruppe wird von den Leg.-Elementen u. deren Konz. bestimmt. Die Gew.-Zunahme der Legg. in stetigem Zustand beträgt ca. 30 mg/dm². W. WESLY. 6538□

Untersuchung über rostfreien 17-7-PH-Stahl. 5. Mitt. **Über die Korrosionsfestigkeit von wärmebehandeltem rostfreiem 17-7-PH-Stahl mit ungefähr 1% Al.** To-oru Furukawa und Tomo-o Sato. (Nippon Kinzoku Gakkai-Si [J. Japan Inst. Metals] **25.** 23—26. 1961.) (Jap.; Auszug: Engl.) — 4. vgl. C. **1961.** 4864.

Unters. über die Säurefestigkeit von rostfreiem Stahl mit ca. 17 (%) *Cr*, 7 *Ni*, 0,93 *Al* nach Lösungsbehandlung bei 1050°, Abkühlung in W. oder Luft von 750—800° u. ½—500std. Alterung bei 400—500° zeigen: Gegen 10%ig. H_2SO_4 u. gegen 40%ig. sd. HNO_3 ist der Stahl beständiger als 18-8-Stahl. W. WESLY. 6538□

Einfluß von Metallionen auf die Korrosion von nichtrostendem Stahl in konzentrierten HNO_3-Lösungen. M. M. Kurtepow und A. Ss. Grjasnowa. (Доклады Академии Наук СССР [Ber. Akad. Wiss. UdSSR] **135.** 899—901. 1/12. 1960. Inst. für physikal. Chem. der Akad. der Wiss. der UdSSR.) (Russ.)

Eine von Vff. beobachtete Vergrößerung der Korrosions-Geschw. von nichtrostendem Stahl in sd. konz. HNO_3-Lsgg. (12—14n) mit der Zeit wird durch eine Anreicherung von Korrosions-Prodd. in der Lsg. in Form von Metallionen (von Cr, Mn, Fe) mit verschiedener Oxydationsstufe bedingt. H. HOCHSTEIN. 6538□

Der Einfluß von geschmolzenem Boroxyd auf ausgesuchte Hochtemperatur-Legierungen. David Roller und C. R. Andrews. (Corrosion [Houston] **15.** Nr. 2. 49—60. Febr. 1959. Wright-Patterson, Ohio, Dayton Univ.) (Engl.)

Die Hochtemp.-Legg. *Stellite 25, R-235, Multimet N-155, Inco 702, Nimonic 75, Inconel* u. *SS 310* werden in unbelastetem Zustand der Einw. von geschmolzenem B-Oxyd ausgesetzt. Die Verss. wurden im Temp.-Bereich von 1600—2150° F in Luft oder in einer inerten Atmosphäre für eine Dauer von 150 Std. ausgeführt. Ein spezieller Hochtemp.-Ofen, der unter wiederholbaren u. genau geregelten Betriebsbedingungen betrieben wurde, ließ die Proben abwechselnd zwischen der Schmelze aus B-Oxyd u. einer Gasatmosphäre pendeln. Die Ergebnisse zeigten, daß das geschmolzene B-Oxyd sehr korrosiv ist, bes. gegenüber Fe- u. Co-haltigen Legg. bei Temp. über 1800° F. Einige Leg.-Bestandteile, wie C, Al, Ti u. Fe scheinen bei geringen Konz.-Geh. den Leg.-Widerstand gegen B-Oxyd zu verringern. Die mechan. Festigkeitswerte zeigen, daß die plast. Eigg. schneller beeinflußt werden als die elast. Eigenschaften. Der Einfl. der Atmosphäre, Temp., Zus. u. andere Faktoren wird erörtert. Mehrere Vorgänge von korrosivem Angriff durch geschmolzenes B-Oxyd werden zur Erklärung herangezogen. — 21 Literaturangaben. H. HOCHSTEIN. 6538□

Spannungskorrosions-Rißbildung austenitischer nichtrostender Stähle in verschiedenen Konzentrationen von Alkali- und Erdalkali-Chloriden. Stig Berg und Sture Henrikson. (Jernkontorets Ann. **144.** 392—96. 1960.) (Engl.)

Gefunden wird ein allg. Grenzwert für die Chloridion-Konzz., welcher für den geprüften austenit. nichtrostenden *SIS 2332*-Stahl in Lsgg. von NaCl, $CaCl_2$, $MgCl_2$ u. LiCl bei einaxialer Belastung mit 15 kg/mm² bei 100° u. einem pH-Wert von 6 gültig ist. In der Praxis kann die Anwendung dieses Grenzwertes schwierig sein, da die Werksbedingungen selten den Prüfbedingungen im Labor. entsprechen. H. HOCHSTEIN. 6538□

Einige Ursachen der Schädigung der Innenflächen von Stahlkühlröhren durch Sole. Miroslav Černý. (Průmysl Potravin **9.** 640—42. Dez. 1958. Praha, Státní výzk. úst. ochr. mat. G. V. Akimova.) (Tschech.)

Die Korrosion von Solekühlrohren ist vorwiegend auf elektr. Ströme zurückzuführen. Neben kathod. Korrosionsschutz oder Isolierung mit Nichtleitern wird kontinuierliche oder period. Filtration der Sole u. period. Reinigung des Rohrinnern mit einem starken Wasser- oder Dampfstoß als Gegenmaßnahme erörtert. R. K. MÜLLER. 6538□

Ergebnisse neuerer Versuche mit verdampfenden Inhibitoren. Károly Tajthy und Imréné Szücs. (Csomagolástechnika [Verpackungstechnik] **6.** 35—40. März/April 1961.) (Ung.)

Dicyclohexylammoniumnitrit (*VPI 260, Correx II*) schützt aus Eisen gefertigte Gegenstände gegen Rosten, wenn die relative Luftfeuchtigkeit 50% überschreitet. Der Inhibitor kann als Streupulver oder in Tüten innerhalb der Verpackung verwendet werden, da die Verb. leicht verdampft u. so als Korrosionsschutzmittel wirkt. Mit dem imprägnierten Papier schützt man in einfacher Lage 2 Monate vor Korrosion. Mit 5—10%ig. alkohol. Lsg. besprüht man innere Maschinenteile, wo imprägniertes Papier oder eine Tüte mit dem Pulver nicht angebracht werden kann. Die Wrkg. des Inhibitors auf *Anstriche, Emaillacke* ist bei gleichem Material auch von der Farbe abhängig. Der Dampf ist nicht gesundheitsschädlich, der Staub irritiert die Atmungsorgane. J. PLANK. 6538

Sauerstofftransport und Stahlkorrosion durch Natrium-Vanadin-Oxyd. Lewis B. Johnson jun. (Ind. Engng. Chem., int. Edit. **52.** Nr. 8. 55A—56A. Aug. 1960. Univ. of Virginia.) (Engl.)

An rostfreiem Stahl wird der Korrosions-Einfl. der Gase aus einer erhitzten Mischung von 21 Gew.-% *$NaVO_3$* u. 79% *V_2O_5* bei 830° u. 40 Std. Dauer in Luft, O_2-, Ar- u. N_2-Atmosphäre untersucht. Die Stahlproben erfahren bei Erhitzung in O_2 eine Gew.-Zunahme von 0,1%, bei Erhitzung in dem Salzgemisch ohne O_2 verlieren sie 1—2% an Gew. u. in Ggw. vom Salzgemisch + O_2 verlieren sie über 65% an Gewicht. Die Ölaschen — in den Verss. die $NaVO_3$-V_2O_5-Schichten — sind als die O_2-Überträger wirksam. H. SCHIBILLA. 6538

Bekämpfung von Korrosionen und Krusten in den Dampfkesseln beim Verfeuern schwefelreicher Heizöle. E. Zehnder. (Schweiz. Arch. angew. Wiss. Techn. **27.** 193—98. Mai 1961. Basel, CIBA AG.) (Dt.)

Bei der Verfeuerung schwerer Öle in Dampfkesseln können durch Krusten u. Korrosionen Störungen oder Schäden auftreten. Die Gegenmaßnahmen werden beschrieben, bes. das Einblasen von MgO in die Brennkammer. W. Wesly. 6538□

Die Wirkung des Vanadingehalts des Nagylengyeler Heizöls auf die Verzunderung von wärmebehandelten Gegenständen. Gyula Bácskai. (Nehézvegyipari Kutató Intézet Közleményei [Mitt. Forsch.-Inst. chem. Schwerind.] **1.** 331—35. Juni 1959. Veszprém, Nehézvegyipari Kut. Int.) (Ung.)

Das Nagylengyeler Heizöl enthält 4,3% *S* u. 0,0106% *V*. Nach elektrochem. u. Röntgen-Unterss. besteht der sich in Ggw. von V bildende Zunder hauptsächlich aus Fe_2O_3. Die starke Verzunderung kann dadurch erklärt werden, daß V_2O_5 als O-Überträger wirkt u. die bereits gebildete Oxydschicht zerstört. N. Seiler. 6538□

Polarisationsuntersuchungen von Flußstahl in Kulturen von sulfatreduzierenden Bakterien. G. H. Booth und A. K. Tiller. (Trans. Faraday Soc. **56.** 1689—96. Nov. 1960. Teddington, Nat. Chem. Labor.) (Engl.)

Kathod. u. anod. Polarisationskurven wurden für Flußstahlelektroden in reinen Kulturen zweier Arten von sulfatreduzierenden Bakterien aufgenommen, von denen nur eine Art Hydrogenase enthält. Beide Organismen verursachen eine anod. Anregung durch die Erzeugung von Sulfidionen, gefolgt von einer anod. Polarisation infolge Bldg. von teilweise schützenden Sulfidfilmen. Nur der die Hydrogenase enthaltende Organismus ist in der Lage, die kathod. Polarisation zu beeinflussen. Die Ergebnisse werden in bezug auf die Theorien der anaeroben Korrosion von Metallen erörtert. H. Hochstein. 6540□

South African Iron & Steel Industrial Corp. Ltd., Pretoria, Südafrikanische Union, **Umwandlung von festen Teilchen mit unregelmäßiger Form in feste, glatte und kugelförmige Teilchen,** z. B. aus *Ferrosilicium*, dad. gek., daß man die unregelmäßigen oxydierbaren Teilchen von Metallen oder Metall-Legg. durch einen hocherhitzten Kanal hindurchströmen läßt, in dem die Teilchen wenigstens an ihrer Oberfläche schm., worauf sie sofort durch W. oder eine andere geeignet. Fl. abgekühlt werden. Zweckmäßig durchströmen die Teilchen im Kanal eine Flammenzone mit einer Temp. von 2000°. Das Verf. wird bes. zur Behandlung von Teilchen aus Ferrosilicium mit 12—17% Si, das auch noch geringe Mengen an Cu, Al u./oder anderen Bestandteilen enthalten kann, angewendet. — Abbildung. (**F. P. 1 204 442** vom 31/3. 1958, ausg. 26/1. 1960. **E. P. 842 284** vom 24/3. 1958, ausg. 27/7. 1960. Beide Südafrikan. Prior. 4/4. 1957.) H. Hochstein. 6377

Union Carbide Corp. (Erfinder: Joseph Harrison Brennan und Cecil George Chadwick), New York, N.Y., V.St.A., **Verringerung des Schwefelgehaltes in einem schwefelhaltigen Metall durch eine Vakuum-Wärmebehandlung,** dad. gek., daß dem Metall eine Menge *Sn* zugesetzt wird, die annähernd ausreicht, um mit dem gesamten *S* zu reagieren, worauf das Metall mit dem Sn bei einem Druck u. einer Temp. unterhalb des F. des Metalls einer Vakuumwärmebehandlung derart unterworfen wird, daß Sn u. S unter Bldg. des sich verflüchtigenden *Sn-Sulfids* reagieren. Bes. wird dieses Verf. zur Entschwefelung von *Ferrochrom*-Legg. angewendet. (**E. P. 836 648** vom 23/8. 1957, ausg. 9/6. 1960. A. Prior. 24/8. 1956.) H. Hochstein. 6381

Staveley Iron & Chemical Co. Ltd., England (Erfinder: Ralph Victor Riley, Arthur Geoffrey Deeming und George Edwin Else), **Gußeisen mit hohem P-Gehalt,** in dem wenigstens ein merklicher Anteil der Phosphide in kugeliger Form vorliegt. Hierzu wird dem geschmolzenen Gußeisen ein aus einer *Mg-Ce*-Leg., *Te*, *B* oder einer *Cu-Te*-Leg. bestehendes Zusatzmittel zugesetzt, worauf das Gußeisen in eine Kokille vergossen u. nach der Erstarrung einer Glühbehandlung bei 800—1000° unterworfen wird. Zweckmäßig wird das Gußeisen vor dem Abguß durch Soda entschwefelt. Bei Verw. von Mg-Ce als Kokillenzuschlagmittel beträgt die Zusatzmenge 0,1—1%, bei Cu-Te-Leg. 0,01—0,2% u. bei B-Zusatz 0,002—0,1%. — Abbildung. (**F. P. 1 216 519** vom 28/11. 1958, ausg. 26/4. 1960. E. Prior. 28/11. 1957 u. 24/11. 1958.) H. Hochstein. 6405

Régie Nationale des Usines Renault, Billancourt, Frankreich, **Wärmebehandlung eines Gußstückes großer Zähigkeit und mit einer Dicke von höchstens 20 mm aus in Kokillen gegossenem Gußeisen,** das außer *C*, *Si*, *Mn*, *S* u. *P* noch ein die Umwandlung verzögerndes Element, wie *Cu*, *Ni*, *Ti*, *Al*, *Cr*, *Co* u. *Mo*, in solcher Menge enthält, daß die Erstarrung mit weißem Gußgefüge zwar stattfindet, jedoch das Gußstück durch Wiedererhitzung graphitisiert werden kann, dad. gek., daß das Gußstück nach dem Abguß von Gieß-Temp. auf Raum-Temp. unter Bldg. eines Gefüges, das außer Zementit ein Gemisch aus Martensit u. Austenit aufweist, rasch abgekühlt, darauf der Restaustenit in Martensit bei einer Temp. unter 0° umgewandelt, darauf der Martensit mit Graphitkeim-Wrkg. angelassen u. schließlich die Graphitisierung bei einer über der Anlaß-Temp. liegenden Temp. durchgeführt wird. Zweckmäßig enthält das Gußeisen 1,8—3,5 (%) *C*, 1—3 *Si*, 0,6—2 *Mn*, bis 3 *Cu*, bis 3 *Ni*, 0,05—0,15 *S* + *P*, bis 0,15 *Ti*, bis 0,15 *Al*, bis 0,30 *Zr*, bis 0,25 *Cr* u. bis 0,20 *Mo*. (**E. P. 846 477** vom 21/2. 1957, ausg. 31/8. 1960. F. Prior. 16/3. 1956.) H. HOCHSTEIN. 6405

Röchling'sche Eisen-und Stahlwerke G.m.b.H., Völkingen/Saar, **Durch Schmelz- und Lichtbogenschweißung schweißbarer, beruhigter und besonders nach der Schweißung alterungsbeständiger Stahl** enthält in Form einer festen Lsg. 0,12—1,0, bes. 0,15—0,50%, *Al*, mit der Maßgabe, daß der Al-Geh. wenigstens das Zehnfache des N-Geh. ausmacht. Zweckmäßig enthält der Stahl so viel metall. Al in Lsg., daß bei der Schmelzschweißung eine zusätzliche Desoxydation u. eine Ausscheidungsbeschleunigung der Desoxydations- u. Schlackenbestandteile stattfindet. Bei C-Gehh. über 0,20—0,25% hat der Stahl im Walzzustand eine Streckgrenze über 40 bis 50 kg/mm². (**Belg. P. 562 399** vom 14/11. 1957, ausg. 3/6. 1960. D. Prior. 14/11. 1956.) H. HOCHSTEIN. 6409

Stahlwerke Bochum Akt.-Ges., Bochum (Erfinder: Walter Eilender, Aachen, Heinrich Arend, Mülheim/Ruhr-Styrum, und Hansalbert Becker, Heinitz bei Neunkirchen/Saar), **Einsatzstähle** mit 0,025—0,2% *B*. Durch den Zusatz der angegebenen B-Menge zu den Einsatzstählen wird eine bemerkenswerte Beschleunigung der C-Diffusion erzielt. Die beschleunigende Wrkg. nimmt mit der Erhöhung der Einsatz-Temp. zu. (**D. B. P. 973 786** Kl. 18d vom 31/8. 1943, ausg. 9/6. 1960. Anmeldung bekanntgemacht 20/11. 1952.) H. HOCHSTEIN. 6411

Arthur Patrick Taylor-Gill, Sheffield, England, **Herstellung von harten, zähen, maßhaltigen Stählen** zur Verw. als Maschinenwerkzeuge u. -teile, dad. gek., daß die Stähle auf Austenitisierungs-Temp. erhitzt, bei dieser Temp. zwecks Lsg. u. Diffusion der Bestandteile sowie zur Regelung der Austenitkorngröße gehalten u. rasch zur Unterdrückung der Perlitumwandlung auf 1050—200° für Schnellarbeitsstähle, auf 950—200° für hochlegierte Stähle sowie auf 750—200° für übereutektoide niedrig- u. unlegierte Stähle abgekühlt werden; jedoch sind hierbei Abkühl-Temp. von 950 bis 650° für die Schnellarbeitsstähle, 850—550° für die hochlegierten Stähle sowie 700—400° für die übereutektoiden niedrig- u. unlegierten Stähle wegen der in diesen Temp.-Bereichen raschen Bldg. weicher Zwischengefüge zu vermeiden. Die Stähle müssen bei den für die in Frage kommenden Temp. zur Erzielung einer Feingefügezunahme durch Vorkeim-Wrkg. mit oder ohne Umwandlung gehalten u. erst dann zur Erzielung der Endumwandlung endgültig abgekühlt werden. (**E. P. 833 078** vom 2/8. 1957, ausg. 21/4. 1960.) H. HOCHSTEIN. 6411

Standard Oil Co., Chicago, Ill., übert. von: George F. Tisinai, Highland, Ind., James K. Stanley und Carl H. Samans, Chicago, Ill., V.St.A., **Herstellung einer im wesentlichen ferritfreien austenitischen Stahllegierung** ohne Geh. an Austenitbildnern, wie Ni, Mn u. dgl., dad. gek., daß eine hauptsächlich aus 0,2—1,0 (%) *C*, ca. 21—33 *Cr*, 0,3—1,0 *N* in stabil gebundener Form, Rest *Fe* mit zufälligen Verunreinigungen bestehende Schmelze hergestellt, die Schmelze abgegossen u. das Gußstück schnell auf unter 800° F abgekühlt, darauf zur Gefügefeinung wieder auf 900—1300° F unter Zers. der Leg. zu einer Mischphase u. sodann zur Reaustenitisierung auf 2000 bis 2400° F erhitzt sowie schließlich die reaustenitisierte Leg. schnell auf unter 800° F abgekühlt wird. Durch das Verf. wird eine *Ni-freie* stabil austenit. Stahl-Leg. mit hoher Festigkeit u. Korrosionsbeständigkeit sowie mit guter Bearbeitbarkeit u. Schweißbarkeit hergestellt. — Abbildung. (**A. P. 2 940 879** vom 29/12. 1955, ausg. 14/6. 1960.) H. HOCHSTEIN. 6411

Alfred Teves Maschinen- und Armaturenfabrik K.-G., Deutschland, **Sonderstahl für Ventilkegel.** Die als Werkstoff zur Herst. von Ventilkegeln zu verwendende Stahl-Leg. nach F. P. 1 149 380 mit 0,7—0,8 (%) *C*, 1,0—1,5 *Mn*, 12—30 *Cr*, 2—6 *Mo*, 0,4—2,0 *V*, Rest *Fe* ist hinsichtlich der C- u. Mo-Geh. auf 0,5—1,5, bes. 0,8—0,9 C u. 1,8—6 Mo zwecks Erzielung besonderer Festigkeits-Eigg. abgeändert. (**F. P. 72 051** vom 7/6. 1957, ausg. 21/3. 1960. D. Prior. 2/8. 1956. **Zusatz zu F. P. 1149 380; C. 1959. 949.**) H. HOCHSTEIN. 6411

Alfred Teves Maschinen- und Armaturenfabrik K. G., Frankfurt/M. (Erfinder: Gerhard Kubera, Blumberg), **Verwendung einer Stahllegierung als Werkstoff zur Herstellung von Ventilkegeln** nach D. A. S. 1 072 260, mit der Maßgabe, daß die Geh.-Grenzen für *Cr* auf 12,0—30,0%, *Mo* auf 2,0—6,0% u. *V* auf 2,0% ohne Beeinträchtigung der günstigen Eigg. des Stahles gemäß Hauptpatent erweitert sind. (**D. A. S. 1 076 162** Kl. 18d vom 4/11. 1955, ausg. 25/2. 1960. **Zusatz zu D. A. S. 1 072 260; C. 1961. 12263.**) H. HOCHSTEIN. 6411

Schoeller-Bleckmann Stahlwerke Akt.-Ges., Österreich, **Stahllegierung für Kalt- und Warmarbeitswerkzeuge,** bes. für Schmiedematrizen mit hoher Verschleiß- u. Warmfestigkeit besteht aus 0,40—0,80 (%) *C*, 0,20—0,90 *Si*, 0,20—0,80 *Mn*, 6,5—9,0 *Cr*, 0,5—2,0 *W* u./oder 0,3—2,5 *Mo*, bis 0,10 *B*, bis 1,20 *Ti*, bis 1,50 *V*, bis 1,0 *Nb*, mit der Maßgabe, daß der Gesamt-Geh. an B, Ti, V u. Nb 3,5% nicht überschreitet, Rest *Fe* mit den üblichen Verunreinigungen an *S* u. *P*. Zweckmäßig wird der Stahl von 1000—1060° in Öl abgeschreckt u. bei 450—650° angelassen. (**F. P. 1 214 618** vom 27/1. 1959, ausg. 11/4. 1960. Oe. Prior. 29/1. 1958.) H. HOCHSTEIN. 6411

Uddeholms Aktiebolag, Uddeholm (Erfinder: Klas-Erik Johansson, Hagfors), Schweden, **Verwendung eines Stahls für Warmarbeitswerkzeuge,** z. B. für Strangpressen, Warmpressen u. Spritzguß von Metallen u. Legg., mit hoher Härte u. Verschleißstärke bei hoher Temp., Unempfindlichkeit gegen Temp.-Wechsel u. Verformungsfreiheit bei der Wärmebehandlung, dad. gek., daß ein Werkzeug aus einer Leg. mit höchstens 0,5 (%) *C*, mehr als 8, höchstens 15 *Cr*, 6—10 *W*, 2—15 *Co* u. ggf. bis zu 2% jedem der Stoffe *Si*, *V*, *Ti*, *Ta*, *Nb* u. dem Rest *Fe* mit gewöhnlich vorkommenden Verunreinigungen einer Wärmebehandlung, bestehend aus Kühlung in Luft oder kräftiger wirkendem Kühlmittel, von einer Temp. im Bereich von 900—1200°, zweckmäßig 1000 bis 1100°, vorzugsweise von ca. 1050°, u. einer nachfolgenden Anlaßbehandlung bei 500 bis 700°, unterworfen ist, so daß eine Härte von 30—60 ROCKWELL-C-Einheiten erhalten wird. — Diagramme. (**D. A. S. 1 090 245** Kl. 18d vom 27/7. 1955, ausg. 6/10. 1960. Schwed. Prior. 17/3. 1955.) H. HOCHSTEIN. 6411

United Steel Co. Ltd. (Erfinder: Matthew George Gemmill), Sheffield, England, **Austenitischer Chrom-Nickel-Mangan-Stahl** mit erhöhter Warmfestigkeit u. Verformbarkeit für die Herst. von bis zu 700° arbeitenden Überhitzerrohren besteht aus 0,05—0,25 (%) *C*, 12—18 *Cr*, 6—10 *Ni*, 3—10 *Mn*, 0,005—0,5 *B*, wenigstens 0,25 *Nb* mit oder ohne *V*, wobei der Gesamt-Geh. Nb + V 2% nicht übersteigen darf, wenigstens 0,5 *Mo* mit oder ohne *W*, mit der Maßgabe, daß der Mo + W-Geh. 4% nicht übersteigen darf, Rest *Fe* mit zufälligen u. den in Cr-Ni-Stahl üblichen Verunreinigungen. Bes. enthält der Stahl 0,5—2,5 Mo + W, mindestens 5 Mn u. 0,075—0,125 B. (**E. P. 838 294** vom 13/4. 1956, ausg. 22/6. 1960.) H. HOCHSTEIN. 6411

Union Carbide Corp. (Erfinder: Joseph Harrison Brennan), New York, N.Y., V.St.A., **Gleichzeitige Erzeugung einer Ferrochromlegierung und einer hochchromhaltigen Schlacke aus Cr-Erzen** durch Red. mit einer *Fe-Cr-Si*-Leg., dad. gek., daß das Cr-Erz mit der Fe-Cr-Si-Leg. ohne Kalkzusatz eingeschmolzen u. eine Ferrochrom-Leg. hierbei erhalten wird sowie daß die entstehende im wesentlichen neutrale Cr-haltige Schlacke, in der das Cr/Fe-Verhältnis wenigstens 4:1 beträgt, mit einem C-haltigen Red.-Mittel u. SiO_2 zu einer Fe-Cr-Si-Leg. zur Wiederverw. bei der Herst. der Ferrochrom-Leg. im Ofen umgewandelt wird. Zweckmäßig besteht das Ofenfutter aus Cr-Erz. Bes. enthält das hergestellte Ferrochrom unter 0,5% C, während die Fe-Cr-Si-Leg. 30—50% Si aufweist. Auch kann die Ferrochrom-Leg. 0,5—4% C u. die Fe-Cr-Si-Leg. 15—30% Si enthalten. — Abbildung. (**E. P. 841 352** vom 28/11. 1958, ausg. 13/7. 1960. **F. P. 1 215 416** vom 1/12. 1958, ausg. 19/4. 1960. Beide A. Prior. 2/12. 1957.) H. HOCHSTEIN. 6419

Union Carbide Corp., V.St.A. (Erfinder: Delmont Davis Barbor), **Gleichzeitige Erzeugung einer Ferrochromlegierung und einer Schlacke mit einem erhöhten Chromgehalt,** dad. gek., daß das Cr-Erz mit einem Flußmittel u. mit einem C-haltigen Red.-Mittel unterhalb der stöchiometr. Menge geschmolzen wird, um den gesamten Fe-Geh. des Erzes zum metall. Zustand zu red., während ein genügend hoher Anteil des Cr-Geh. des Erzes zum metall. Zustand unter Erzeugung einer Ferrochrom-Leg. mit 15—50% Cr u. einer Schlacke, die ein Cr/Fe-Verhältnis von 3 zu 1 besitzt, red. wird. (**F. P. 1 221 541** vom 15/4. 1959, ausg. 2/6. 1960. A. Prior. 21/4. 1958.) H. HOCHSTEIN. 6419

Council of Scientific & Industrial Research, Neu-Delhi (Erfinder: Ganes Chandra Mitter, Benoy Kumar Bose und Sunderrao Ganpatrao Dighe, Calcutta), Indien, **Gewinnung von Kupfer aus Kupferchlorid.** Das nach verschiedenen Verff. aus Cu-Pyriten erhältliche $CuCl_2$ löst man in wss. NaOH (4n), säuert mit 0,5—0,6n HCl an u. elektrolysiert unter Benutzung einer Graphitanode u. einer Kathode aus dünnem Cu-Blech. (**Ind. P. 58 384** vom 11/9. 1956, ausg. 22/7. 1958.) C. LÜTTGEN. 6433

Mario Pieri, Carrara, Italien, **Gewinnung von Mangan** aus Mineralien, die wenig Mn enthalten. Das MnO_2 enthaltende Mineral wird mit HCl behandelt, bis das MnO_2 unter Entw. von Cl_2 als $MnCl_2$ in Lsg. gegangen ist, dann fällt man das Mn mit $NaCO_3$ u. unterwirft das $MnCO_3$ der therm. Zersetzung. Die erhaltenen reinen *Oxyde des Mn* können auf übliche Weise zum metall. Mn verarbeitet werden. Das im Prozeß gebildete

NaCl wird elektrolyt. zersetzt, das NaOH mit dem CO_2 zu $NaCO_3$ umgesetzt, welches in den Prozeß zurückgeht. Die verbrauchte HCl wird aus dem Cl_2 mit Wasserdampf u. durch die NaCl-Elektrolyse regeneriert. (**It. P. 515 809** vom 9/2. 1953.) K. KOEBKE. 6437

United Steel Co. Ltd., Sheffield (Erfinder: Lewis Reeve und Frederick Walter Thrupp, Scunthorpe, Lincolnshire), England, **Rückgewinnung von Vanadin aus Schlacken,** bei welchen die bei der Fe- u. Stahl-Herst. anfallende Schlacke in heißer HCl gelöst u. die Lsg. von Chloriden zur Trockne verdampft wird, dad. gek., daß V als *Chlorid* aus dem trockenen Rückstand in Ggw. von HCl-Gas bei höchstens 400°, bes. bei 150—300°, dest. wird. Die Chloride im Dest.-Rückstand werden zur Rückgewinnung von HCl hydrolysiert. Zur Trennung von Fe u. Mn erfolgt die Hydrolyse in 2 Stufen, wobei $FeCl_2$ in der 1. Stufe bei 350—400° u. $MnCl_2$ in der 2. Stufe bei 500—550° hydrolysiert wird. (**D. A. S. 1 080 309** Kl. 40a vom 30/4. 1957, ausg. 21/4. 1960. E. Prior. 1/5. 1956.) K. BAYER. 6441

Titangesellschaft m. b. H., Leverkusen (Erfinder: John Miles Daubenspeck, Westfield, und Charles Louis Schmidt, Fair Haven, N.J., V.St.A.), **Abtrennen des Eisens aus Titan und Eisen enthaltenden Materialien** durch selektive Chlorierung mit Cl_2 in Ggw. von C-haltigem Red.-Mittel unter Bldg. von $FeCl_3$, dad. gek., daß zunächst eine Vorred. durchgeführt wird, um die Fe-Anteile in 2wertiges *Fe* zu überführen, u. daß danach das vorred. Material chloriert wird, wobei eine zur Aufnahme des gesamten O-Inhalts der Fe(II)-Verb. ausreichende Menge von C-haltigem Red.-Mittel u. eine ausschließlich zur Überführung der Fe(II)-Verb. in flüchtige $FeCl_3$ erforderliche theoret. Menge an Cl_2-Gas verwendet wird. Die Rk. wird bes. in einer Wirbelschicht durchgeführt, die aus aufgearbeitetem Ti-haltigem Material mit maximal 8% Fe-Geh. gebildet wird. (**D. A. S. 1 079 841** Kl. 40a vom 8/12. 1953, ausg. 14/4. 1960. A. Prior. 8/12. 1952.) K. BAYER. 6449

Matti Haakon August Tikkanen, Helsingfors, Finnland, **Selektives Auslaugen von Eisen aus eisenhaltigen Titanrohstoffen** mit verd. H_2SO_4 unter reduzierenden Bedingungen u. unter Bewegung bei gleichzeitigem Mahlen der Rohstoffe, dad. gek., daß die Ti-Rohstoffe erst oxydierend geröstet werden u. daß das so vorbehandelte Material in Ggw. von nichtreaktionsfähigen Mahlkörpern z. B. bei einer Temp. unter 120° ausgelaugt wird. (**D. A. S. 1 092 210** Kl. 40a vom 4/9. 1956, ausg. 3/11. 1960. **E. P. 836 032** vom 27/8. 1956, ausg. 1/6. 1960. Beide Schwed. Prior. 9/9. 1955.) K. BAYER. 6449

Titangesellschaft m. b. H., Leverkusen (Erfinder: Leonard Walter Gendvil, Staten Island, N.Y., Oliver Walton Moles, Plainfield, N.J., und Howard Roger Palmer, Henderson, Nev., V.St.A.), **Elektrolytische Herstellung eines schwerschmelzenden Metalls, insbesondere von Titan,** in einem Schmelzbad aus *Alkali-*, *Erdalkali-* oder *Mg-Chlorid*, *-Bromid* oder *-Jodid* oder deren Mischungen, wobei z. B. $TiCl_4$ in das Bad eingeleitet u. an der Kathode z. B. Ti abgeschieden wird, dad. gek., daß über dem Bad eine Atmosphäre aus einem gasförmigen Halogen durch Überleiten des Halogens, z. B. Cl_2, aufrechterhalten wird. (**D. A. S. 1 093 562** Kl. 40c vom 24/6. 1957, ausg. 24/11. 1960. A. Prior. 18/10. 1956.) K. BAYER. 6449

United Kingdom Atomic Energy Authority, London, England (Erfinder: John Nelson Wanklyn), **Zirkoniumlegierung,** besteht aus 1—5 (%) *Ta*, 0,5—1,0 *Ni*, Rest *Zr* einschließlich Verunreinigungen. Diese Leg. besitzt einen guten Widerstand gegen Korrosion durch W. u./oder Wasserdampf bei hohen Temperaturen. (**D. A. S. 1 092 214** Kl. 40b vom 13/12. 1957, ausg. 3/11. 1960.) W. HAUSWALD. 6449

United States Atomic Energy Commission, Washington, D.C. (Erfinder: Archie E. Ruehle, Pacific, und John W. Stevenson, Webster Groves, Miss.), V.St.A., **Herstellung von Uran** durch Red. von UF_4 mit Mg. dad. gek., daß durch Erhitzen des *Mg* mit einem Zusatz von $NaHF_2$, UO_2F_2, wasserhaltigem UF_4 oder UO_3 auf dem Mg ein Oberflächenfilm erzeugt wird (Temp. $< 625°$) u. durch Erhitzen des so behandelten Mg in einem Autoklav mit UF_4 metall. U gebildet wird, das dann von der Schlackenphase abgetrennt wird. (**D. A. S. 1 081 674** Kl. 40a vom 29/10. 1957, ausg. 12/5. 1960.) K. BAYER. 6449

Siemens-Plania Akt.-Ges. für Kohlefabrikate (Erfinder: Waldemar Kaufmann und Erich Fitzer), Meitingen bei Augsburg, **Herstellung von Formkörpern aus Oxyden und Siliciden beziehungsweise Boriden.** Mehr oder weniger poröse Formkörper werden aus einem pulverförmigen silicid- bzw. boridbildenden Metall u. weniger als 50 Gew.-% Oxyden als Bindestoff geformt u. gesintert. Die Formkörper werden dann durch Umsetzung mit Si bzw. B abgebenden Verbb. in die entsprechenden Hartstoff-Oxyd-Körper umgewandelt. (**D. A. S. 1 091 762** Kl. 40b vom 25/10. 1956, ausg. 27/10. 1960. Oe. Prior. 23/7. 1956.) W. HAUSWALD. 6477

Schmidt & Clemens Edelstahlwerk, Berghausen (Erfinder: Walter Baumann, Hardt bei Engelskirchen, und Emil Jamelle, Unterwürden/Bez. Köln), **Verwendung von Cr-Ni-Stählen für Streckspinnwalzenkörper.** Verwendet werden an sich bekannte u. in an sich bekannter Weise an ihrer Oberfläche durch Druckpolieren kaltverfestigte austenit. Cr-Ni-Stähle als Werkstoff für Streckspinnwalzenkörper, deren Oberfläche, z. B. mittels Kreuzrändels, aufgerauht oder profiliert u. wobei diese Aufrauhung oder Profilierung zur Beseitigung von Kanten oder Ecken überschliffen ist. Bes. wird zu diesem Zweck ein Stahl mit ca. 0,3 (%) *C*, 20—30 *Cr*, 20—50 *Ni*, Rest Fe, vorzugsweise mit zusätzlichen Geh. an 2—12 *Cu*, 3—10 *Mo* u. 2—8 *Si* verwendet. — Zeichnung. (**D. A. S. 1 085 551** Kl. 18d vom 30/7. 1956, ausg. 21/7. 1960.) H. HOCHSTEIN. 6491

La Salle Steel Co., Hammond, Ind., übert von: Elliot S. Nachtman, Park Forest, Ill., V.St.A., **Verbesserung der physikalischen und mechanischen Eigenschaften durch eine Kaltfertigverformung eines nichtaustenitischen Stahls** mit einer perlit. Struktur in einer ferritfreien Grundmasse, dad. gek., daß der Stahl austenitisiert, dann zur Erzielung einer Phasenumwandlung unter Martensit-Bldg. abgeschreckt u. sodann im martensit. Zustand unter Querschnittsverringerung durch eine Ziehmatrize bei einer Stahl-Temp. zwischen 400° F u. seiner unteren krit. Temp. gezogen wird (A. P. 2 924 543). Nach einer weiteren Ausbildung dieses Verf. gemäß A. P. 2 924 544 wird der abgeschreckte martensit. Stahl zunächst angelassen, z. B. im Temp.-Gebiet zwischen 400 u. 900° F, u. erst dann bei Temp. zwischen 200 u. 1200° F gezogen. (**A. PP. 2 924 543** u. **2 924 544** vom 22/10. 1956, ausg. 9/2. 1960.) H. HOCHSTEIN. 6493

Rolls-Royce Ltd. (Erfinder: Norman Edmund Ballard und Frank Cork), Derby, England, **Vermeidung einer Aufstickung bestimmter Oberflächenstellen bei der Nitrierung von Eisenteilen,** dad. gek., daß die nicht aufzustickenden Oberflächenteile der Teile mit einem Überzug aus *Lackfirnis*, in dem eine Menge von feingepulvertem *Sn* gleichmäßig verteilt ist, versehen werden. Zweckmäßig besteht der Lackfirnis aus einer Lsg. von entwachstem *Schellack* in Methylalkohol. (**E. P. 832 403** vom 31/7. 1957, ausg. 13/4. 1960.) H. HOCHSTEIN. 6493

Leon R. Westbrook, Solon, Ohio, V.St.A., **Zusatzmittel für saure galvanische Kupferbäder** besteht aus einem im Bad lösl. Polyoxyäthanol mit einem Molgew. größer als 300 u. der allg. Formel $R-(CH_2CH_2O-)_n-H$, in der R bei nichtsubstituierten Verbb. die OH-Gruppe ist u. bei substituierten eine Phenol-, Alkohol-, Äther, Säure- oder Amingruppe sein kann. n ist größer als 5. Gleichzeitig muß das Bad 0,02—1 g/Liter Cl-Ionen enthalten. Beispiel: 200 (g/Liter) $CuSO_4 \cdot 5\,aq$, 75 H_2SO_4, 0,25 $CuCl_2 \cdot 2\,aq$ u. 0,3 *Polyoxyäthanol*, in dem R = β-Naphthyl u. n ca. 15 ist. Der Zusatz verbessert die Streufähigkeit der Cu-Bäder, er ist bei höherer Temp. beständig. Die Cu-Schichten eignen sich als *Zwischenschicht vor der Vernicklung.* (**A. P. 2 931 760** vom 25/9. 1957, ausg. 5/4. 1960.) F. MARKHOFF. 6517

United States Rubber Co., New York, N.Y., V.St.A., **Flammenspritzen von Metallen.** Auf eine Oberfläche werden gleichzeitig mehrere Metalle mit F.-Unterschieden von mindestens 150° F aufgespritzt, wobei das Metall mit dem niedrigen F. als Lot wirken u. schmelzen soll, während die anderen Metalle einen F. oberhalb der angewendeten Temp. haben sollen. Zum Beispiel werden gespritzt: *P-Bronze* mit einem *P* enthaltenden *Ag*-Lot, *Cr-Cu* mit einem P enthaltenden Ag-Lot, *Stähle* mit einem *Li* enthaltenden Ag-Lot oder mit Li oder *B* enthaltenden *Cu-Ni*-Lot oder *Be-Cu* mit einem Li enthaltendem Lot. Die zu behandelnde Oberfläche kann vorher mit einem *Alkalisilicat* überzogen sein. Das Verf. eignet sich bes. zur Behandlung von Formteilen für plast. Massen u. Gummi. (**E. P. 827 266** vom 30/1. 1958, ausg. 3/2. 1960. A. Prior. 18/3. 1957.) F. VIER. 6517

Siemens & Halske Akt.-Ges., Berlin und München (Erfinder: Albert Lotz, Berlin), **Verhinderung des Anlaufens von Gegenständen aus Silber,** Ag-Legg. oder versilberten Werkstoffen, die in einem Behälter aufbewahrt oder transportiert werden. Auf die Innenwände des Behälters wird ein Überzug aus *Cu* aufgespritzt. (**D. A. S. 1 091 404** Kl. 48d vom 30/10. 1953, ausg. 20/10. 1960.) H. BAUR. 6539

Friedrich Johannsen, Clausthal-Zellerfeld, *Behandlung von oxydischem Rohmaterial des Eisens und ähnlichen Metallen.* (**E. P. 834 169** vom 17/4. 1958, ausg. 4/5. 1960. D. Prior. 18/4. 1957. — C. **1961.** 2778 [F. P. 1 194 706].)

Akt.-Ges. für Unternehmungen der Eisen- und Stahlindustrie, Deutschland, *Reduktion von Erz und oxydierten Rückständen im Drehrohrofen.* (**F. P. 1 151 376** vom 12/6. 1956, ausg. 29/1. 1958. D. Prior. 16/6. 1955. — C. **1961.** 2085 [Belg. P. 548 719].)

National Research Development Corp., England (Erfinder: **Michael Davis, Reginald Frank Lever** und **John Buckingham**), *Reinigung von schwerschmelzenden Metallen. wie W und Ta.* (**F. P. 1 168 232** vom 19/12. 1956, ausg. 5/12. 1958. E. Prior. 20/12. 1955. — C. **1961.** 2779 [Belg. P. 553 562].)

Vereinigte Aluminium-Werke Akt.-Ges., Bonn/Rh., *Stranggießen von Elektrolytaluminium.* (**It. P. 514 164** vom 11/3. 1954. D. Prior. 4/5. 1953. — **C. 1959.** 7952 [Oe. P. 191 619].)

Metallgesellschaft Akt.-Ges., Frankfurt/M., *Verbundgießen von Eisen und Magnesium.* (**It. P. 513 860** vom 6/3. 1954. D. Prior. 6/3. 1953. — **C. 1957.** 6274 [F. P. 1 094 740].)

Shaw Processes Ltd., Paris, Frankreich, *Herstellung von Gießformen für den Metallguß.* (**It. P. 514 222** vom 5/3. 1954. E. Prior. 1/4. 1953. — **C. 1956.** 12680 [E. P. 741 381].)

Gebrüder Böhler Akt.-Ges., Wien, Österreich, *Stranggießen von Metallen.* (**It. P. 513 338** vom 16/2. 1954. Oe. Prior. 16/2. 1953. — **C. 1958.** 4620 [Oe. P. 185 515].)

Texaco Development Corp., New York, N.Y., V.St.A. (Erfinder: **F. B. Sellers** und **P. L. Paull**), *Reduktion von Eisenoxyden.* (**Belg. P. 564 753** vom 13/2. 1958, ausg. 15/7. 1960. A. Prior. 15/2. 1957. — **C. 1961.** 2085 [F. P. 1 198 813].)

Klöckner-Werke Akt.-Ges., Duisburg, *Entschwefelung von Roheisen, Vormetall und Stahl über die Schlacke in geeigneten Schmelzapparaten.* (**Belg. P. 563 568** vom 27/12. 1957, ausg. 17/6. 1960. — **C. 1961.** 2780 [F. P. 1 189 450].)

Inland Steel Co., Chicago, Ill., V.St.A. (Erfinder: **F. W. Luerssen**), *Reduktion von Eisenerzen.* (**Belg. P. 563 866** vom 10/1. 1958, ausg. 17/6. 1960. A. Prior. 15/1. 1957. — **C. 1961.** 1356 [F. P. 1 197 780].)

Armco International Corp., V. St.A., *Gewinnung von flüssigem Eisen aus Erz.* (**F. P. 1 153 768** vom 8/6. 1956, ausg. 21/3. 1958. — **C. 1961.** 1357 [Belg. P. 548 475].)

Régie Nationale des Usines Renault, Frankreich, *Graphitisierungsbehandlung von bei niedrigen Temperaturen in eine Druckgußkokille vergossenem, weißerstarrtem, porenfreiem Gußeisen.* (**F. P. 1 056 330** vom 21/2. 1952, ausg. 25/2. 1954. — **C. 1950/54.** 1292 S [Belg. P. 516 698].)

Régie Nationale des Usines Renault, Frankreich, *Kokillen-Preßguß aus Gußeisen mit erhöhten mechanischen Eigenschaften und hoher Maßhaltigkeit.* (**F. P. 67 518** vom 1/2. 1955, ausg. 13/3. 1958. Zusatz zu F. P. 1 056 330; s. vorst. Ref. — **C. 1960** 13839 [E. P. 814 656].)

Régie Nationale des Usines Renault, Frankreich, *Gußstück aus in eine Druckgußkokille gegossenem Gußeisen.* (**F. P. 69 029** vom 5/8. 1955, ausg. 27/8. 1958. Zusatz zu F. P. 1 056 330; s. vorvorst. Ref.)

Stora Kopparbergs Bergslags Aktiebolag, Falun, Schweden, *Herstellung von Stahl durch Frischen eines P-haltigen Roheisens in einem basisch ausgekleideten Drehofen.* (**Belg. P. 560 065** vom 14/8. 1957, ausg. 22/4. 1960. Schwed. Prior. 16/8. 1956. — **C. 1961.** 2431 [E. P. 817 786].)

Gesellschaft der Ludw. von Roll'schen Eisenwerke Akt.-Ges., Schweiz, *Herstellung von Stahl aus Roheisen unter Zusatz von Eisenerzen oder anderen Eisenoxyden.* (**F. P. 1 209 587** vom 14/8. 1958, ausg. 2/3. 1960. D. Prior. 20/8. 1957. — **C. 1961.** 2780 [Oe. P. 205 528].)

Aciéries Réunies de Burbach-Eich-Dudelange Soc. An., Luxemburg, Luxemburg, *Herstellung von Stahl in einem Konverter mit festem, düsenlosem Boden.* (**E. P. 822 270** vom 8/10. 1957, ausg. 21/10. 1959. Belg. Prior. 19/10. 1956. — **C. 1960.** 15208 [F. P. 1 184 016].)

Aciéries Réunies de Burbach-Eich-Dudelange Soc. An., Luxemburg, Luxemburg, *Herstellung von Stahl durch Frischen von Roheisen in einem Konverter mit Düsenboden.* (**E. P. 822 271** vom 8/10. 1957, ausg. 21/10. 1959. Belg. Prior. 19/10. 1956. — **C. 1960.** 15208 [F. P. 1 189 971].)

Soc. des Aciéries de Pompey, Pompey (Erfinder: **Eugène M. Herzog**, Nancy), Frankreich, *Vergüten niedrig legierter, kohlenstoffarmer Stähle.* (**D. A. S. 1 082 290** Kl. 18c vom 3/3. 1954, ausg. 25/5. 1960. F. Prior. 7/3. 1953. — **C. 1959.** 2607 [Aust. P. 167 780].)

Hüttenwerk Oberhausen Akt.-Ges., Oberhausen, *Herstellung von stickstoffarmem Stahl in einem Trommelofen.* (**E. P. 825 694** vom 18/6. 1958, ausg. 23/12. 1959. D. Prior. 19/6. 1957. — **C. 1961.** 2780 [F. P. 1 198 249].)

Armco International Corp. (Erfinder: **Donald Leonard Loveless**), Middletown, Ohio, V.St.A., *Austenitische Stahllegierung mit verbesserter Warmverformbarkeit durch Walzen.* (**E. P. 831 372** vom 20/3. 1958, ausg. 30/3. 1960. — **C. 1960.** 12499 [A. P. 2 839 391].)

Aktiebolaget Bofors, Bofors, Schweden, *Beruhigter feinkörniger Stahl, vorzugsweise Panzerplattenstahl mit hoher Beschußfestigkeit.* (**E. P. 820 769** vom 18/10. 1957, ausg. 23/9. 1959. Schwed. Prior. 3/12. 1956. — **C. 1960.** 12498 [F. P. 1 186 544].)

Allegheny Ludlum Steel Corp., Pittsburgh, Pa., V.St.A., *Wärmebehandlung von nichtrostendem Stahl.* (**E. P. 832 562** vom 21/5. 1957, ausg. 13/4. 1960. A. Prior. 5/11. 1956. — **C. 1960.** 12499 [F. P. 1 177 901].)

Armco International Corp., Middletown, Ohio, V.St.A., *Austenitischer nichtrostender Stahl unter Bildung eines freifließenden Schaumes auf der Oberfläche der Schweiße bei Schweißtemperaturen.* (**E. P. 831 728** vom 5/6. 1957, ausg. 30/3. 1960. A. Prior. 31/10. 1956. — **C. 1961.** 1721 [F. P. 1 186 262].)

Jörgen August Kolflaath, Oslo, Norwegen, *Reinigen von handelsüblichem Ferrosilicium und technischem Silicium.* (**Oe. P. 211 276** vom 2/12. 1957, ausg. 26/9. 1960. — **C. 1961.** 1358 [F. P. 1 196 991].)

E. Pauling, Troisdorf bei Köln, *Herstellung von Zink.* (**Belg. P. 562 488** vom 19/11. 1957, ausg. 3/6. 1960. D. Prior. 19/11. 1956. — **C. 1961.** 3141 [F. P. 1 194 447].)

Molybdenum Corp. of America, V.St.A. (Erfinder: **Arthur Linz**), *Behandlung von Kupfer und Kupferlegierungen.* (**F. P. 1 209 105** vom 6/5. 1958, ausg. 29/2. 1960. A. Prior. 8/5. 1957. — **C. 1961.** 293 [Oe. P. 205 006].)

Electric Furnace Products Co. Ltd., Toronto, Canada, *Elektrolysezelle für die Gewinnung von Mangan.* (**It. P. 514 123** vom 3/3. 1954. A. Prior. 5/3. 1953. — **C. 1957.** 6586 [D. B. P. 939 955].)

Foundry Flux Ltd. und **David Lumb**, Birmingham, England, *Behandlung von geschmolzenen Aluminium- oder Magnesium-Legierungen.* (**E. P. 837 016** vom 29/12. 1956, ausg. 9/6. 1960. — **C. 1961.** 1719 [F. P. 1 189 045].)

Magnesium Elektron Ltd., Clifton Junction, England, *Magnesiumlegierung.* (**It. P. 513 863** vom 6/3. 1954. E. Prior. 9/4. 1953. — **C. 1957.** 10059 [F. P. 1 097 816].)

Imperial Chemical Industries Ltd., London, England, *Herstellung von Titan und Zirkoniumlegierungen.* (**It. P. 514 443** vom 5/4. 1954. E. Prior. 8/4. 1953. — **C. 1956.** 10117 [E. P. 735 483].)

E. I. du Pont de Nemours & Co., übert. von: **Thor N. Rhodin jun.**, Wilmington, Del., V.St.A., *Nioblegierung.* (**A. P. 2 838 396** vom 14/11. 1956, ausg. 10/6. 1958. — **C. 1961.** 1722 [F. P. 1 190 582].)

Röchling'sche Eisen- und Stahlwerke G. m. b. H., Völklingen/Saar, *Herstellung von unlegierten oder legierten Stählen mit geringem Gehalt an nichtmetallischen oxydischen Eigenschaften.* (**Belg. P. 554 950** vom 12/2. 1957, ausg. 12/2. 1960. Zusatz zu Belg. P. 552 201; C. 1961. 295. — **C. 1961.** 3142 [F. P. 71034].)

Bendix Aviation Corp., übert. von: **Thomas J. Bulat**, Davenport, Iowa, V.St.A., *Verringerung des Verlustes an flüssigem Abschreckmittel bei der Abschreckung von Stahlgegenständen in solchen Abschreckflüssigkeiten.* (**A. P. 2 920 988** vom 2/7. 1956, ausg. 12/1. 1960. — **C. 1961.** 1723 [E. P. 822 040].)

Paul Ferd. Peddinghaus, Gevelsberg, *Wiederhärten gebrauchter Kaltwalzen.* (**It. P. 514 424** vom 3/4. 1954, D. Prior. 7/4. 1953. — **C. 1958.** 7890 [E. P. 747 983].)

Armco Steel Corp., Ohio, übert. von: **George E. Linnert**, Timonium, und **Robert M. Larrimore jun.**, Baltimore, Md., bzw. **Armco International Corp.**, Middletown, Ohio, V.St.A., *Schweißelektrode zur Herstellung einer austenitischen, unmagnetischen, festen zähen und rißbeständigen Schweiße.* (**A. P. 2 894 833** vom 9/2. 1955, ausg. 14/7. 1959. **E. P. 830 608** vom 23/1. 1956, ausg. 16/3. 1960. A. Prior. 9/2. 1955. — **C. 1960.** 11814 [F. P. 1 146 109].)

American Chemical Paint Co., V.St.A. (Erfinder: **John Henry Geyer** und **John Augustine Carroll**) *Verbesserung des Korrosionswiderstandes einer Mehrmetallverbindungsstelle.* (**F. P. 1 199 295** vom 15/1. 1958, ausg. 11/12. 1959. **E. P. 819 624** vom 16/12. 1957, ausg. 9/9. 1959. Beide A. Prior. 14/2. 1957. — **C. 1960.** 11466 [Aust. P. 217 574].)

Acorn Anodising Co. Ltd., London, England, *Chemisches Glänzen von Aluminium.* (**It. P. 513 343** vom 20/2. 1954. E. Prior. 20/2. 1953. — **C. 1957.** 3121 [F. P. 1 093 415].)

Általános Géptervező Iroda (Erfinder: **Pálma Széki, Teréz Eöllös** und **Izidor Nemenyi**), Budapest, Ungarn, *Galvanisieren von eisenhaltigen pulvermetallurgischen Formkörpern.* (**Oe. P. 201 963** vom 26/11. 1957, ausg. 10/2. 1959. Ung. Prior. 12/7. 1957. — **C. 1960.** 8001 [D. A. S. 1 060 215].)

Herbert Donald Walton, Johannesburg, Süd-Afrika, *Elektrolytische Reinigung von Metallgegenständen.* (**It. P. 514 328** vom 16/3. 1954. Südafrikan. Prior. 18/3. 1953. — **C. 1958.** 9906 [E. P. 771 314].)

Seymour Mfg. Co. (Erfinder: **Eugene Nicholas Castellano**), Seymour, Conn., V.St.A., *Saures galvanisches Kupferbad.* (**D. A. S. 1 086 508** Kl. 48a vom 12/1. 1959, ausg. 4/8. 1960. A. Prior. 4/2. 1958. — **C. 1961.** 3144 [A. P. 2 871 173].)

Her Majesty the Queen in the Right of Canada, Minister of National Defence, Ottawa, Ontario (Erfinder: **James Thomas Nesbitt Atkinson**, Dartmouth, Nova Scotia), Canada, *Galvanisches Bad zum Abscheiden von Kupfer.* (**D. A. S. 1 090 910** Kl. 48a vom 7/5. 1957, ausg. 13/10. 1960. **E. P. 840 429** vom 2/5. 1957, ausg. 6/7. 1960. Beide A. Prior. 10/5. 1956. — **C. 1961.** 2783 [A. P. 2 871 171].)

Mond Nickel Co. Ltd., London, England, *Galvanisch abgeschiedene schwarze Nickelüberzüge.* (**E. P. 825 031** vom 6/2. 1958, ausg. 9/12. 1959. **Belg. P. 564 818** vom 14/2. 1958, ausg. 15/7. 1960. Beide A. Prior. 15/2. 1957. — **C. 1961.** 2435 [D. A. S. 1 068 970].)

Rockwell Spring Axle Co., Coraopolis, Pa., V.St.A., *Glanzzusatz für Vernicklungsbäder.* (**It. P. 514 838** vom 11/3. 1954. A. Prior. 20/7. 1953. — **C. 1959.** 9048 [Belg. P. 528 458].)

AMP, Inc., Harrisburg, Pa., V.St.A., *Galvanisches Verzinnen von Aluminium.* (**E. P. 817 144** vom 20/12. 1956, ausg. 22/7. 1959. A. Prior. 20/12. 1955. — **C. 1960.** 9718 [F. P. 1 168 223].)

Inland Steel Co., Chicago, Ill., übert. von: **Vincent P. Pearson**, Chesterton, und **Michael O. Holowaty**, Gary, Ind., V.St.A., *Markierung galvanisch verzinnter Bleche.* (**A. P. 2 876 176** vom 25/1. 1956, ausg. 3/3. 1959. — **C. 1961.** 2784 [D. A. S. 1 062 080].)

Sel-Rex Corp. (Erfinder: **Edwin Cornell Rinker**), Nutley, N.J., V.St.A., *Antimonhaltige Elektrolytlösung zum Erzeugen glänzender, hellgelber Goldüberzüge.* (**D. A. S. 1 085 741** Kl. 48a vom 10/10. 1957, ausg. 21/7. 1960. A. Prior. 19/10. 1956. — **C. 1961.** 1363 [F. P. 1 184 396].)

Sel-Rex Corp., V.St.A. (Erfinder: **Karl Schumpelt**), *Galvanisches Abscheiden von Rhodiumüberzügen.* (**F. P. 1 189 477** vom 3/1. 1958, ausg. 2/10. 1959. A. Prior. 10/1. 1957. **A. P. 2 895 889** vom 10/1. 1957, ausg. 21/7. 1959. — **C. 1961.** 1363 [D. A. S. 1 068 081].)

Clevite Corp., Cleveland (Erfinder: **Arthur Donald Schwope**, South Euclid), Ohio, V.St.A., *Herstellen eines Schutzüberzuges auf hochschmelzenden Metallen.* (**D. A. S. 1 068 082** Kl. 48b vom 7/8. 1956, ausg. 29/10. 1959. A. Prior. 8/8. 1955. — **C. 1961.** 1723 [A. P. 2 854 353].)

Aluminium Laboratories Ltd., Montreal, Quebec, übert. von: **Roy C. Spooner**, Kingston, Ontario, Canada, *Versiegeln anodisch erzeugter Oxydschichten auf Aluminium und dessen Legierungen.* (**A. P. 2 899 368** vom 29/7. 1957, ausg. 11/8. 1959. E. Prior. 30/7. 1956. — **C. 1961.** 1724 [E. P. 810 231].)

G. M. Borodulin, The use of oxygen in the electrometallurgy of steel. Translated from the Russian by G. F. Modlen. London: Pergamon Pr. 1961. (120 S. m. Diagr.) 50 s.

A. J. Maurin, Manuel d'anticorrosion. Tome I: Introduction à l'étude de la technique d'anticorrosion. Paris: Eyrolles. 1961. (350 S. m. 106 Abb.) 60 NF.

—, Hütte. Taschenbuch für Eisenhüttenleute. 5., neubearb. Aufl. Herausgeg. vom Akademischen Verein Hütte in Berlin. Berlin: Ernst; Düsseldorf: Verl. Stahleisen. 1961. (XXXII + 1342 S. m. 1406 Abb.) 8°. DM 112.—.

Cobalt-Monograph. Unter Mitarbeit von the Staff of Battelle Memorial Institute, Columbus, Ohio, USA. Herausgeg. vom Centre D'Information Du Cobalt, Brüssel, Belgien. Brüssel: Weissenbruch Ltd. 1960. (XV + 515 S.) B. F. 750,—.

Die Monographie enthält alle — bis in die Drucklegung hinein erhaltbaren — Daten über Vork., Gewinnung u. physikal., mechan. u. chem. Eigg. des Co u. alle Unterss. über Kobaltlegierungssysteme. Die techn. Literatur ist bis einschließlich 1958 berücksichtigt. Bei der Verwendung des Kobalts zwang die Fülle der Veröffentlichungen zu einer etwas summarischeren Behandlung. Fast jedes Kapitel hat umfangreiche bibliograph. Angaben, auf ein allgem. Sachregister konnte daher verzichtet werden.

M. GEHLEN-KELLER

IX. Organische Industrie

Rückgewinnung und Reinigung von Tetrachlorkohlenstoff aus Dithizon enthaltenden Lösungen. Antonio Catino. (Rassegna Chim. 10. Nr. 2. 22—23. März/April 1958. Torino, Univ., Ist. di Chim. gen. e Chim.-Fis.) (Ital.)

Man schüttelt die zu untersuchende Lsg. mit konz. H_2SO_4 (Zerstörung der organ. Substanzen), neutralisiert mit NaOH, wäscht mit W., behandelt die CCl_4-Schicht 2mal mit 40%ig. $NaHSO_3$-Lsg., schließlich mit Na_2CO_3 u. dest. bei 76—77° über wasserfreiem CaO nach Trocknen mit Na_2SO_4. — 6 Literaturangaben. G. Platzer. H 510□

Herstellung von Acetylen. Fritz Rosendahl. (Chim. et Ind. **84**. 357—74. Sept. 1960.) (Franz.)

Die Herst. von *Acetylen* erfolgt auf 3 Wegen: Umwandlung von KW-Stoffen durch unvollständige Verbrennung von CH_4, Pyrolyse von Propan oder Butan oder Bestandteilen des Rohpetroleums u. Einw. eines elektr. Lichtbogens auf CH_4. Für die 3 Möglichkeiten werden die 3 wichtigsten Verff. geschildert. F. Rosendahl. H 530□

Das Problem der Separierung einiger neutraler Verbindungen bei der Fabrikation der Fettsäuren durch die Oxydation der Paraffine. Iosif Drimus, Marcel Klang und Fany Scheuermann. (Bul. Inst. politehn. București **20**. Nr. 2. 129—39. April/Juni 1958. Bukarest, Polytechn. Inst., Labor. f. organ. Technologie.) (Dt.)

Vff. beschreiben Verss. zur Trennung der bei der Fabrikation der synthet. Fettsäuren auftretenden Emulsionen. Untersucht wurde der Einfl. der Konz., der Temp., des Druckes u. des pH-Wertes auf die Stabilität der Emulsionen auf Grund dessen ein Verf. ausgearbeitet werden konnte, das bessere Ergebnisse erzielte als in der Literatur angegeben sind. C. Gottfried. H 810

Beiträge zur Kenntnis der Synthese der Cyanwasserstoffsäure aus Methan, Ammoniak und Luft nach dem Verfahren von Andrussow. Dan Costescu. (Studii Cercetări Chim. [București] **5**. 91—106. Jan./März 1957. ICECHIM, Labor. de chim. organ.) (Rum.)

Nach dem Verf. von Andrussow [1935] werden äquimol. Gemische von CH_4 u. NH_3 zusammen mit Luft über Pt-Netze geleitet, wobei HCN entsteht. Die Rk. verläuft am besten bei gewöhnlichem Druck unter rascher Abkühlung der Gase. Das optimale Verhältnis beträgt $O_2 : (CH_4 + NH_3) = 0{,}6$ (Vol.); bei diesem Verhältnis u. einer Gesamtgeschwindigkeit von 50 cm/s nimmt die HCN-Ausbeute proportional einem CH_4-Überschuß gegenüber NH_3 (bis zum Verhältnis 4 : 1) zu; gegenüber $CH_4 : NH_3 = 1$ erhöht sich die Rk.-Dauer für $CH_4 : NH_3 = 2$ (4) auf das 3 (4,25) fache. An Stelle des von Andrussow empfohlenen Verhältnisses $CH_4 : NH_3 : O_2 = 1 : 1 : 1{,}5$ wird das Verhältnis 4 : 1 : 3 vorgeschlagen. R. K. Müller. H 890□

Universal Oil Products Co., Des Plaines, übert. von: Ralph B. Thompson, Hinsdale, Ill., V.St.A., **Trennung von Kohlenwasserstoffgemischen, die geradkettige Bestandteile enthalten.** Zur Abtrennung eines relativ geradkettigen Sorbat-KW-Stoffes mit mindestens 4C-Atomen im Mol. von einem Raffinat-KW-Stoff, bestehend aus verzweigtkettigen aliphat. u. cycl. KW-Stoffen, behandelt man die Mischung mit einem Adsorbens, das aus dem Kondens-Prod. eines Phenols mit mindestens 2 u. nicht mehr als 3 phenol. OH-Gruppen mit einem Benzaldehyd mit nicht mehr als 2 Substituenten von denen einer eine OH-Gruppe, der andere eine OH-, Alkoxy- oder Alkylgruppe sein kann, besteht. (**A. P. 2 944 093** vom 26/5. 1958, ausg. 5/7. 1960.) P. Unger. H 500

Heinrich Koppers G. m. b. H., Deutschland, **Herstellung gasförmiger Kohlenwasserstoffe,** bes. *Äthylen-* u./oder *Propylen*-haltiger Gemische, aus fl. KW-Stoffen, bes. aus höhersd. Leichtölfraktionen, durch therm. Spaltung in der Dampfphase, dad. gek., daß die fl. Fraktion, ggf. im Gemisch mit einem auf < 150° erhitzten gas- oder dampfförmigen Wärmeträger, in eine Rk.-Kammer eingesprüht u. in gleichem oder Gegenstrom mit einem gas- oder dampfförmigen Wärmeträger vermischt wird, wobei die Oberflächenberührung mit der Rk.-Wand möglichst gering sein soll. — Skizze. (**F. P. 1 186 454** vom 31/10. 1957, ausg. 25/8. 1959. D. Prior. 10/11. 1956.) Eberhard Riedel. H 520

Imperial Chemical Industries Ltd., England, **Oxydation von Olefinen,** z. B. Isobuten, zu *HCHO*, dad. gek., daß man bei 300—600° mit Luft an einem Katalysator oxydiert, der auf SiO_2, SiC oder Kohle zusammengeschmolzene Oxyde, wie 5—80 (Mol.-%) MoO_3 u. 95—20 CuO, enthält. Die Kontaktdauer beträgt 0,1—2 Sekunden. (**F. P. 1 196 949** vom 21/11. 1957, ausg. 26/11. 1959. E. Prior. 21/11. 1956 u. 1/11. 1957.) S. Böttcher. H 520

Imperial Chemical Industries Ltd., England, **Dimerisation von Olefinen,** z. B. von Propylen zu *2-Methylpenten-(1)* u. von Buten-(1) u. -(2), dad. gek., daß man die Olefine in einem inerten Lsgm. (Dekalin) bei 200—360°, bes. 250—300°, u. 225 bis 350 at mit einem Trialkyl-Al (Triäthyl-Al) behandelt. (**F. P. 1 196 950** vom 21/11. 1957, ausg. 26/11. 1959. E. Prior. 23/11. 1956, 31/5. u. 30/10. 1957.) S. Böttcher. H 520

E. I. du Pont de Nemours & Co., übert. von: Warren John Brehm, Keith George Bremer, Herbert Sousa Eleuterio und Robert Walter Meschke, Wilmington, Del., V.St.A., **Perfluorolefine mit nichtendständiger Doppelbindung** erhält man durch Erhitzen von Perfluorolefinen mit endständiger Doppelbindung u. wenigstens 3 C-Atomen in Ggw. von bes. 0,001—10% eines Halogenids oder Hydroxyds der Metalle der 1. Gruppe des Period. Syst. (Alkalien, Au, Ag, Cu) als Katalysator u. N.N-Dialkylamiden, N.N-Dialkylphenylaminen u. Dialkylsulfoxyden als Lsgm. oder quatern. NH_4-Salzen der allg. Formel $(R)_4NX$ (R = KW-Stoffrest; X = Anion) als Katalysator u. KW-Stoffen, N.N-Dialkylaminen u. N.N-Dialkylamiden als Lsgm. bei 0—200, bes. 25—100°. — Aus Hexafluorpropylen in Ggw. von Dimethylformamid u. NaBr bei 100° nach 6 Std. → *Perfluor-4-methylpenten-(2)*, $CF_3CF(CF_3)CF{=}CF{-}CF_3$, Kp. 46° u. *Perfluor-2-methylpenten-(2)*, $CF_3C(CF_3){=}CFCF_2CF_3$, Kp. 50,5°; bei der Oxydation entstehen aus diesen Fluoroform u. 2-Hydroheptafluorpropan bzw. Pentafluoräthan. — *Perfluor-2.3.5-trimethylhexen-(3)* → *Perfluor-2.3.5-trimethylhexen-(2)*, Kp. 114° u. *Perfluor-2.4.5-trimethylhexen-(2)*, Kp. 105—106°. — Perfluor-4-methylpenten-(2), Kp. 46°, → *Perfluor-2-methylpenten-(2)*. — 8-Hydroperfluorocten-(1), Kp. 70—72°, → *1-Hydroperfluorocten-(1)*. — Die Verbb. sind chem. u. wärmebeständig u. dienen als *Lösungsmittel*. (**A. P. 2 918 501** vom 27/2. 1958, ausg. 22/12. 1959.) G. KRAUSS. H 520

Farbwerke Hoechst Akt.-Ges., vormals Meister Lucius & Brüning, Frankfurt/M., **Katalysatoren oder Träger für Katalysatoren.** Man mischt gepulverte Metalloxyde oder Metall-Verbb., welche unter den Rk.-Bedingungen Metalloxyde ergeben u./oder Si-haltige Verbb., wie Silicate, Kieselgur, Kaolinit, mit einer wss. Dispersion eines verkohlbaren Thermoplasten wie Polymerisate oder Mischpolymerisate von Vinyl-Verbb., trocknet die Mischung, formt unter Druck u. verkohlt die Thermoplaste unter Ausschluß von Luft oder verbrennt sie auch in Ggw. von O_2. Als Metalloxyde kommen bes. in Betracht Al_2O_3, NiO, Fe_2O_3, CuO, Cr_2O_3. Verwendung zur *Wasseranlagerung an Olefine* u. zu Oxydationen, z. B. von Bzl. zu *Maleinsäureanhydrid*. — Vgl. F. P. 1 162 498; C. **1960**. 646. (**E. P. 839 882** vom 17/12. 1956, ausg. 29/6. 1960. D. Prior. 16/12. 1955 u. 9/8. 1956.) G. KÖNIG. H 560

Soc. An. des Usines Dior, Frankreich (Erfinder: Albert Dunet), **Trennung von Kohlenwasserstoffen und aliphatischen Phosphorsäureestern**, dad. gek., daß man das Gemisch mit H in statu nascendi red., die KW-Stoffe mit Wasserdampf oder durch Abdekantieren oder mit konz. Säure entfernt u. den gereinigten Ester ggf. mit $KMnO_4$ in alkal. Lsg. entfärbt. (**F. P. 1 208 203** vom 3/8. 1956, ausg. 22/2. 1960.) S. BÖTTCHER. H 590

Hubert Schade, Leuna, **Herstellung von N und S enthaltenden Verbindungen** aus Alkylidenvinylaminen u. S oder organ. u. anorgan. Polysulfiden, ggf. in einem Lsgm., bei erhöhter Temp., wobei die Sulfurierung auch gleichzeitig mit der Herst. der Alkylidenvinylamine aus Carbonyl-Verbb. u. NH_3 erfolgen kann. — Durch 4std. Erhitzen von 800 (g) Isobutyliden-β.β-dimethylvinylamin mit 205 S auf 150° u. Vakuum-Dest. erhält man 400 einer N u. S enthaltenden *Verb.* mit $Kp._5$ 55—56° (*Pikrat*, F. 116°) u. 280 einer *Verb.* mit $Kp._5$ 115°. Ca. 800 bzw. 350 der Verbb. entstehen auch durch Einleiten von NH_3 in 1704 Isobutyraldehyd u. 384 S, Abtreiben des W. u. 3std. Erwärmen auf 150°. — Analog ca. 400 einer *Verb.* mit $Kp._3$ 90° (*Pikrat*, F. 279°) u. ca. 290 *Verb.* mit $Kp._3$ 150° aus 800 Isohexyliden-β-methyl-β-propylamin u. 140 S. — Vgl. UdSSR. P. 117057; C. **1961**. 9592 (**D. P.** [**DDR**] **16 004** Kl. 12p vom 13/2. 1957, ausg. 11/12. 1958 [Wirtschaftspatent].) H.-J. NITSCHKE. H 600

Crown Zellerbach Corp., San Francisco, Calif., übert. von: David W. Goheen, Camas, Wash., V.St.A., **Methylmercaptan** erhält man durch Erhitzen einer wss., alkal., nicht sulfonierten Lignin-Lsg. (Alkalilignin, Lignocellulose), die 30—60% Feststoff-Geh. u. pH 10—14, bes. 11—13 hat, mit S, wasserlösl. Sulfiden, Hydrogensulfiden, Polysulfiden oder Thiosulfaten auf 170—500, bes. 200—300° im Druckgefäß. Ist der pH >14, so entsteht Dimethylsulfid. — Aus alkal. Thiolignin-Lsg. mit 53,2% Feststoff-Geh. nach Zusatz von 12n H_2SO_4 bis pH 12,4, dann Zugabe von S u. Erhitzen im Druckgefäß auf 215—220° → *Methylmercaptan*, Ausbeute 2,43%, neben etwas Dimethylsulfid. Der Zusatz von S oder S-Verbb. soll bis zu 15% des Feststoff-Geh. betragen bzw. mindestens 3% über der stöchiometr. Menge liegen, die zur Umwandlung der Methoxygruppen des Lignins notwendig sind. — *Zwischenprodukt*. — Fließbild. (**A. P. 2 840 614** vom 22/10. 1956, ausg. 24/6. 1958.) G. KRAUSS. H 600

Esso Research and Engineering Co., übert. von: Charles E. Cordes, Roselle, N.J., V.St.A., **Ketone** erhält man durch Dehydrieren der entsprechenden sek. Alkohole, die zuerst verdampft u. deren Dämpfe nach dem Erhitzen auf 800—900° F über einen Dehydrierungskatalysator (Metalloxyde der 2. Gruppe des Period. Syst., der außerdem noch Stabilisierungsmittel u. Beschleuniger enthält) geleitet werden, dessen Temp. nur durch die eingeführten heißen Dämpfe aufrechterhalten wird. Anschließend werden die Gase noch durch mindestens einen weiteren Rk.-Raum, der mit dem gleichen Katalysator gefüllt ist, unter den gleichen Bedingungen geleitet; durch Verflüssigung der Gase werden die Ketone abgeschieden. — Aus 99% ig. sek.-Butanol bei 900° F in Ggw. von 94% ZnO u. 6% Na_2CO_3 auf Koks → *Methyläthylketon*; Umwandlungsgrad: 80%. Als Katalysatoren sind noch geeignet: die Oxyde von Mg, Cu, Be, Cr, Bi, Sb, Zr, Th, Ce, V auf Bimsstein, Al_2O_3, Porzellan u. Metallspänen, die noch 1—15% Na_2CO_3 enthalten können. — Vorr., Zeichnung. — Vgl. Aust. P. 218 977; C. **1961. 1371.** (**A. P. 2 835 706** vom 4/5. 1956, ausg. 20/5. 1958. **E. P. 801 880** vom 12/4. 1957, ausg. 24/9. 1958. A. Prior. 4/5. 1956.) G. KRAUSS. H 700

Metal & Thermit Corp., Woodbridge, N.J., V.St.A., **Herstellung von Methylheptenon.** Man mischt 1 (Mol) 1-Chlor-3-methylbuten-(2) mit 1—5, bes. 3, Aceton u. 1,25—3, bes. 2, NaOH oder KOH u. rührt dieses Gemisch bei 0—80°, bes. 10—30°, ½—8, bes. 1—4 Std., worauf W. zugefügt u. die wasserunlösl. Schicht abgetrennt, getrocknet u. fraktioniert dest. wird. An Stelle von Aceton kann man auch Diacetonalkohol verwenden. Das gewonnene *2-Methylhepten-(2)-on-(6)*, $Kp._{11}$ 55—58°, $n_D^{26,5}$ 1,4341, bzw. $Kp._6$ 50—55°, n_D^{25} 1,4368, ist geeignet als *Zwischenprod. für die Herst. von Citral, Citronellol, Vitamin A u. Linalool.* (**E. P. 851 658** vom 2/1. 1959, ausg. 19/10. 1960. A. Prior. 3/1. 1958.) W. GRÄGER. H 710

Deutsche Gold- und Silber-Scheideanstalt vormals Roessler, Frankfurt/M., **Telomerisationen** erfolgen durch Rk. eines Olefins, wie C_2H_4, C_3H_6, C_6H_{12}, C_8H_{16} oder Styrol („Taxogen") mit einem aliphat. Chlor-KW-Stoff, wie CCl_4 oder $CHCl_3$, ClCN oder einem Aldehyd („Telogen") in Ggw. eines freie Radikale bildenden Katalysators (**I**), wie bes. Azodiisobutyronitril, H_2O_2, Benzoylperoxyd, bei normaler Temp. bis 250° u. ggf. bei 20—1000 at, wobei **I** in feinverteilter fl. Form, z. B. im „Telogen" gelöst, in das dampfförmige oder fl. Rk.-Gemisch eingedüst wird. Man erhält z. B. durch Rk. von ClCN mit C_2H_4 ein bis 245°/10 mm übergehendes Gemisch aus 3,7 (%) *β-Chlorpropionitril* ($Kp._{10}$ 55°), 12,6 *δ-Chlor-n-valeronitril* ($Kp._{10}$ 92°), 14,9 *ω-Chlor-n-önanthsäurenitril* ($Kp._{10}$ 121°), *ω-Chlor-n-pelargonsäurenitril* ($Kp._{10}$ 140°), *ω-Chlor-n-undecansäurenitril* ($Kp._{10}$ 158°). Die Rk. von C_2H_4 mit CCl_4 liefert ein bis 250°/5 mm übergehendes Gemisch aus 6,2 *1.1.1.3-Tetrachlorpropan*, 34,9 *1.1.1.5-Tetrachlorpentan*, 27,6 *1.1.1.7-Tetrachlorheptan*, 11,5 *1.1.1.7-Tetrachlornonan.* (**E. P. 836 895** vom 14/1. 1957, ausg. 9/6. 1960. **Belg. P. 554 115** vom 11/1. 1957, ausg. 29/1. 1960. Beide D. Prior. 13/1. 1956.) O. MÜLLER-MEININGEN. H 810

Distillers Co. Ltd., Edinburgh, England (Erfinder: John Bentley Williamson), **Perfettsäuren** erhält man durch Umlagerung der Monoperacylate von C_2–C_6-Aldehyden, bes. von CH_3CHO u. C_2H_5CHO bei —50 bis 200°, bes. 10—120°, in Ggw. eines Lsgm., bes. von CH_3COOH, u. 0,005—2% einer organ. oder anorgan. Base oder eines Alkali- oder Erdalkalisalzes einer schwachen organ. oder anorgan. Säure, z. B. von Pyridin u. a. Aminen, NH_3 u. bes. CH_3COONa als Katalysator. Die umkehrbare Rk. verläuft nach: R—CO—OO—CH(OH)—R' → R—CO—OOH + R'—CHO. Beispiele zur Herst. von Peressigsäure. (**E. P. 811 893** vom 24/1. 1957, ausg. 15/4. 1959.) O. MÜLLER-MEININGEN. H 810

Franz Ravenhorst, Berlin-Alt-Glienicke, **Herstellung von Dibenzoyl-d-weinsäurehydrat,** F. 91—93°, durch Zugabe der erforderlichen Menge Weinsäure zu auf 100° vorerhitztem Benzoylchlorid, wobei die Temp. bei 100—130° gehalten u. die Rk. so reguliert wird, daß kein C_6H_5COCl mit dem gebildeten HCl entweichen kann; das gebildete *Dibenzoyl-d-weinsäureanhydrid* wird mit Bzl. gewaschen u. durch kurzes Erhitzen mit W. zum Endprod. umgesetzt. (**D. P. [DDR] 16 622** Kl. 12o vom 20/10. 1956, ausg. 24/3. 1959 [Wirtschaftspatent].) H.-J. NITZSCHKE. H 850

Centre National de la Recherche Scientifique, Seine, Frankreich (Erfinder: H. Gault und R. Onno), **Herstellung von α.α'-Dihydroxypimelinsäureestern und ihren α-Alkylverbindungen** durch Druckhydrierung entsprechender α.α'-Diketopimelinsäureester in Ggw. von RANEY-Ni bei 80—200°. — *α.α'-Dihydroxypimelinsäurediäthylester*, $Kp._{13}$ 184—186°, durch Hydrierung von 70 g α.α'-Diketopimelinsäurediäthylester ($Kp._{13}$ 172—174°) mit 5 g RANEY-Ni in 400 ml abs. A. im Autoklaven bei zuletzt 100°; Ausbeute 70%. — Ebenso läßt sich das Na-Salz der Diketosäure in W. bei zuletzt 200° reduzieren. (**F. P. 1 179 094** vom 18/7. 1957, ausg. 20/5. 1959.) H.-J. NTIZSCHKE. H 850

Monsanto Chemical Co., St. Louis, Mo., übert. von: Bobbie D. Stone, Miamisburg, und Morris L. Nielsen, Centerville, Ohio, V.St.A., **Herstellung von Thiocarbonaten** durch Rk. von CS_2 mit einem anorgan. Sulfid (Kation: NH_4, Alkalimetall, Erdalkalimetall) in fl. Medium, bestehend aus 97—70 (%) einer inerten organ. Fl. (aliphat. Paraffin, Cycloparaffin, aromat. u. halogenierter aliphat. KW-Stoffe mit Kpp. von 30—100°) u. 3—30 eines Lsgm. (CH_3OH, C_2H_5OH, Isopropanol, Dimethylformamid). (**A. P. 2 893 835** vom 17/3. 1955, ausg. 7/7. 1959.) E. MIESSGANG. H 880

Recherches et Propagande Scientifiques S. à r. l. (Erfinder: Maurice Joullie, Michel Laurre, Gabriel Maillard und Pierre Muller), Frankreich, **Herstellung von Cystin.** Inhaltlich ident. mit D. A. S. 1 035 149; C. **1959.** **4628.** (**F. P. 1 186 138** vom 30/11. 1955, ausg. 14/8. 1959.) EBERHARD RIEDEL. H 950

Recherches et Propagande Scientifiques S. à r. l., Frankreich (Erfinder: Maurice Joullie, Michel Laurre, Gabriel Maillard und Pierre Muller), **Synthese von Cystin,** dad. gek., daß man ein Bis-[α-formamido-α.α-dicarbalkoxy-äthyl]-disulfid in Dioxan mit HCl u. Essigsäure hydrolysiert u. decarboxyliert. Verwendet werden *Bis-[α-acetamido-*, F. 125—125,5°, *-[α-formamido-*, F. 107°, *-[α-phthalimido-*, F. 113,5—114,5°, *-[α-benzamido-*, F. 89—89,5°, u. *-[α-amino-α.α-dicarbäthoxy-äthyl]-disulfid,* deren Herst. aus Acetamido-, Formamido-, Phthalimido-, Benzamido- bzw. Aminomalonsäureäthylester u. Bis-[chlormethyl]-disulfid in Xylol oder A. beschrieben wird. (**F. P. 71 220** vom 22/9. 1956, ausg. 30/10. 1959. **Zusatz zu F. P. 1 186 138; s. vorst. Ref.**) S. BÖTTCHER. H 950

Omnium de Produits Chimiques pour l'Industrie et l'Agriculture (OPCIA), Frankreich (Erfinder: Jean Charles Eugène Bolle), **Herstellung von Phosphorsäureamiden** der Formel $R-N(R_1)-P(=Y_1)$ $(Y_2R_2)(Y_3R_3)$ (R = gesätt. oder ungesätt. Alkyl-, Aryl- oder Aralkylrest mit einer funktionellen Gruppe, R_1, R_2 u. R_3 = H oder ggf. substituierter Alkyl-, Aryl- oder Aralkylrest; Y_1, Y_2 u. Y_3 = 0 oder S) durch Kondens. von entsprechenden Dialkylphosphiten mit polyfunktionellen Aminen $HN(R)R_1$ in einem chlorierten Lsgm. in Ggw. eines chlorierten Kondens.-Mittels bei normalem oder erhöhtem Druck unter Zusatz von Na_2CO_3 oder $NaHCO_3$ bei einer Temp. unterhalb des Kp. der Rk.-Lsg. oder durch Kondens. eines Phosphorsäuredialkylesterhalogenids mit einem $HN(R)R_1$-Hydrochlorid oder mit einer Verb. $HN(R)R_1$ in Ggw. eines tert. Amins oder von Pyridin oder durch Umsetzung einer Verb. $RN(R_1)-P(=Y_1)(X)_2$ (X = Halogen) mit einem Alkohol oder Thioalkohol oder durch Rk. von $POCl_3$ oder $PSCl_3$ mit polyfunktionellen Aminen in alkal. Medium. Die erhaltenen Verbb. werden sulfoniert oder mit Äthylenoxyd oder Alkyl- oder Aralkylhalogeniden umgesetzt. — *β-Hydroxyäthylamidophosphorsäuredi-[äthylhexylester]*, aus Di-[äthylhexyl]-phosphit u. Monoäthanolamin durch 3std. Rk. in Chlf. in Ggw. von Bromtrichlormethan bei 45 bis 50°. — *Äthylen-bis-[amidophosphorsäurediisobutylester]*, F. 52° (Rohprod.), aus Diisobutylphosphit u. Äthylendiamin (I) in Chlf. durch Rk. in Ggw. von CCl_4 bei 40°; kristallisiert. — *Diäthylen-tris-[amidophosphorsäuredibutylester]*, aus Dibutylphosphit u. Diäthylentriamin durch 6std. Rühren in Chlf. mit CCl_4 u. Na_2CO_3 bei 50°; Öl. — *Äthylendiamidodiphosphorsäure-Na-Salz,* aus $POCl_3$ durch Verrühren mit I bei 0° u. Versetzen mit wss. NaOH. — *Oberflächenakt. Prodd., Emulgatoren, Weichmacher.* (**F. P. 1 186 826** vom 2/5. 1956, ausg. 2/9. 1959.) EBERHARD RIEDEL. H 980

Imperial Chemical Industries Ltd., England, **Oxydation von Aromaten,** z. B. p- u. m-Chlortoluol, p- u. m-Toluolsulfonamid, p- u. m-Kresylbenzoat, p-Toluolsulfonsäure u. ihre Methylester, p-Toluamid, β-Picolin u. p-Kresolmethyläther unter Bldg. von *p-* u. *m-Chlorbenzoesäure, p-*, F. 280°, u. *m-Sulfonamidobenzoesäure, p-*, F. 208 bis 211°, u. *m-Benzoxybenzoesäure, p-Carboxybenzolsulfonsäure* u. ihres *Methylesters, Terephthalmonamid* bzw. *Anissäure,* F. 184°, in Propionsäure in Ggw. von $CoBr_2 \cdot 6\,H_2O$ u. $MnBr_2 \cdot 4\,H_2O$ mit O_2 oder O_3. (**F. P. 1 196 925** vom 12/11. 1957, ausg. 26/11. 1959. E. Prior. 16/11. 1956 u. 18/10. 1957.) S. BÖTTCHER. H 1000

Mid-Century Corp., Chicago, Ill., übert. von: Robert B. Egbert, Roslyn Heights, Ralph Landau, East Hills, und Alfred Saffer, Bayside, N.Y., V.St.A., **Herstellung von p-Äthyltoluol.** Toluol wird mit Äthylen alkyliert, wobei ein Rk.-Gemisch mit einem Mol-Verhältnis der Alkylreste zu Bzl. wie 1,4:2,1 verwendet wird u. die Alkylierung bei 50—90° in Ggw. von $AlCl_3$ durchgeführt wird. Das Rk.-Gemisch wird fraktioniert u. eine Toluolfraktion, eine Äthyltoluolfraktion u. eine Diäthyltoluolfraktion erhalten. Das Diäthyltoluol wird in Ggw. von $AlCl_3$ bei $< 90°$ disproportioniert. Das Rk.-Prod. wird fraktioniert u. eine Toluolfraktion, eine Äthyltoluolfraktion u. eine Diäthyltoluolfraktion erhalten. Die vereinigten Äthyltoluolfraktionen werden fraktioniert u. dabei eine Kopffraktion mit $> 30\%$ p-Äthyltoluol u. eine an o-Äthyltoluol reiche Bodenfraktion erhalten. Die Bodenfraktion wird bei $< 90°$ in Ggw. von $AlCl_3$ isomerisiert. Das Isomerisat wird fraktioniert u. eine Toluolfraktion, eine Äthyltoluolfraktion u. eine Diäthyltoluolfraktion erhalten. Der $AlCl_3$-Zusatz beträgt 0,5—3,5 Gew.-%, bezogen auf die KW-Stoffe. (**A. P. 2 920 119** vom 2/6. 1955, ausg. 5/1. 1960.) E. KAHLES. H 1010

Hans Grunewald, Markkleeberg, und Kurt Drews, Frohburg, **Gewinnung von Phenolen aus Abwässern,** bes. solchen aus Kohleveredlungsanlagen, durch Eindampfen mit Alkali- oder Erdalkalioxyden, -hydroxyden oder -carbonaten, dad. gek., daß das von CO_2 u. H_2S befreite Abwasser vor dem Einlauf in eine mehrstufige Verdampferanlage mit den Brüden der 1. Stufe im Gegenstrom geführt wird, wobei sich in diesen die Hauptmenge der dampfflüchtigen Phenole anreichert, die nach Abtreibung des NH_3 mit wasserunlösl. Ketonen, Estern oder Äthern extrahiert werden, während die in den Brüden der 2. u. 3. Stufe enthaltenen Phenole mit Lsgg. von Alkali- oder Erdalkalihydroxyden ausgewaschen u. die dabei anfallenden Phenolatlaugen dem Einsatzwasser zugesetzt werden. Es wird das gesamte dampfflüchtige Phenol aus den Brüden der 1. Stufe bzw. ihrem Kondensat gewonnen u. eine Brüdenwäsche mit Kalkmilch ermöglicht. (**D. P. [DDR] 17 836** Kl. 12q vom 11/8. 1957, ausg. 2/12. 1959 [Wirtschaftspatent].) L. GROSSNER. H 1060

Rudolf Bemmann, Leuna, und Reinhold Büchner, Halle/Saale, **Raffination von Phenolen** (Phenol, Kresole, Xylenole) mit Alkalicarbonat-Lsg. unter Druck bei erhöhter Temp. nach D. P. [DDR] 12 135; C. **1957.** 7495. — Reinphenol aus Braunkohlenschwelteer mit 0,015% S-Geh. wird mit Alkalicarbonat-Lsg. unter Druck bei erhöhter Temp. behandelt; die am unteren Ende der Kolonne abgezogene Phenolatlauge wird mit dem im Prozeß selbst entwickelten CO_2 carbonisiert, das erhaltene wasserhaltige Prod. wird dest., wonach reines *Phenol* mit 0,0036% S-Geh. gewonnen wird. — Weiteres Beispiel. (**D. P. [DDR] 15 657** Kl. 12q vom 9/11. 1955, ausg. 22/10. 1958 [Wirtschaftspatent].) H.-J. NITZSCHKE. H 1060

Imperial Chemical Industries Ltd., England, **Herstellung aromatischer Hydroperoxyde,** z. B. *Diisopropylbenzol-*, *Cumol-*, *sek.-Butylbenzol-*, *Cyclohexylbenzol-* u. *α-Isopropylpyridinhydroperoxyd*, dad. gek., daß man die KW-Stoffe bzw. die Pyridin-Verb. bei 50—150° u. 1—50 at in fl. Phase in Ggw. von $<$ 5 Gew.-% HBr u. NaBr + Benzoesäure als Stabilisator mit O_2 oder O_3 behandelt. (**F. P. 1 196 926** vom 12/11. 1957, ausg. 26/11. 1959. E. Prior. 16/11. 1956 u. 18/10. 1957.) S. BÖTTCHER. H 1060

Bataafse Petroleum Mij. N. V., Den Haag, Holland, **Herstellung von aromatischen Dicarbonsäuren.** Aus dem durch Oxydation einer Lsg. von Dialkylbenzol in Essigsäure mit O_2 in Ggw. von Schwermetallkatalysatoren entstandenen Rk.-Gemisch entfernt man die als Nebenprod. entstandene Ameisensäure durch selektiven Abbau bei 80—220°, bes. 100—200°, in Ggw. von Pt, Ir, Os, Ru, Pd, Rh, Al_2O_3 oder Kupferchromit, die auch auf Trägern aufgebracht sein können, bes. in Ggw. von O_2. Die Essigsäure wird als Lsgm. in die Rk.-Mischung zurückgeführt. — Beispiel: p-Diisopropylbenzol → *Terephthalsäure.* (**E. P. 855 751** vom 16/4. 1959, ausg. 7/12. 1960. Holl. Prior. 18/4. u. 7/8. 1958.) L. STADELMANN. H 1220

Werner Hackbart und Max Fleissner, Erfurt, **Isolierung von Mandelsäure (I)** aus einem rohen I-Salz-Gemisch durch Extraktion mit Ketonen, bes. Aceton. — 975 g rohe **I**, aus Mandelsäurenitril u. Mineralsäure erhalten, wird trocken in 1 Liter Aceton gelöst; das Filtrat wird eingeengt, die ausgeschiedenen Kristalle werden abzentrifugiert; Ausbeute ca. 93% **I**, F. 118—119°. (**D. P. [DDR] 16 621** Kl. 12o vom 9/2. 1957, ausg. 23/3. 1959 [Wirtschaftspatent].) H.-J. NITZSCHKE. H 1250

E. I. du Pont de Nemours & Co., Wilmington, Del., V.St.A. (Erfinder: Edward Leo Reilly), **Oxime.** Zu A. P. 2 749 358; C. **1957.** 7177 ist nachzutragen: Verbb. der allg. Formel $X-CH_2-Y$ werden mit NO in Verbb. der allg. Formel $X-C(Y) = NOH$ übergeführt (X u. Y = Acyl, Carboxyl, Carbalkoxy, NO_2, CN, Carbimino, Aryl; Y auch H, Alkyl, Alkyl u. Aryl können auch substituiert sein; X = Carbonyl, dann Y = Polymethylen, die beide zusammen einen Ring bilden). Ferner sind in Oxime überführbar: Cyanessigsäureäthylester, Nitrophenylacetonitril, Malonsäurenitril, Aceton, Äthylisobutylketon, Methylcyclohexylketon, Methylbenzylketon, Cyclohexanon u. Acetylaceton. An Stelle von NO sind noch verwendbar: Nitrite in Ggw. von Säure, Alkylnitrit, NOCl, Nitrosylschwefelsäure, N_2O_3. — Höchste genannte Ausbeute 99%. *Zwischenprodd.*, bes. zur Herst. von *Lactamen*; *Katalysatoren*; *photograph. Sensibilisierungsmittel*; *Insekticide, Fungicide, Bakericide.* (**Belg. P. 545 356** vom 18/2. 1956, ausg. 9/10. 1959. **E. P. 815 235** vom 17/2. 1956, ausg. 24/6. 1959. Beide A. Prior. 18/2. 1955.) G. KRAUSS. H 1350

Phillips Petroleum Co., übert. von: George D. Kittredge, Bartlesville, Okla., V.St.A., **Herstellung von Naphthenen.** Ein Paraffin, wie n-Paraffin oder Isoparaffin wird in Abwesenheit von Metalldämpfen einer γ-Strahlung von 10^7-10^{10} ausgesetzt. Als Paraffine werden Leichtbenzine mit C_5 u. einem Kp. oberhalb 400° F verwendet. (**A. P. 2 956 942** vom 29/7. 1957, ausg. 18/10. 1960.) E. KAHLES. H 1810

Günther Seitz, Dresden, **Herstellung von Organohalogensilanen,** dad. gek., daß man Si in Ggw. von Metallkatalysatoren mit Alkylhalogeniden (z. B. Methylchlorid) umsetzt, die daraus entstehenden Si-Rückstände bei 300—600°, bes. 400—500°, mit Arylhalogeniden (z. B. Chlorbenzol) umsetzt, die Katalysatorrückstände nach dem Abrösten in verd. Säure gelöst u. das Katalysatormetall durch unedlere Metalle zementiert. (**D. P. [DDR] 20 712** Kl. 12o vom 10/1. 1957, ausg. 24/1. 1961 [Wirtschaftspatent].)
S. BÖTTCHER. H 1380

Monsanto Chemical Co., St. Louis, Mo., V.St.A. (Erfinder: D. R. Cova), **Cyclohexanon** (**I**), das z. B. durch Dehydrieren von Cyclohexanol (**II**) bei 161° in Ggw. von feinverteiltem Ni hergestellt worden ist, wird aus dem Rk.-Gemisch dad. quantitativ abgetrennt, daß man in die Rektifikationskolonne laufend W. in solcher Menge einführt, daß sich ein azeotrop sd. **I**-W.-Gemisch bilden kann. Dieses wird zusammen mit etwas **II**, z. B. als Gemisch mit 61% **I**, 26% **II** u. 13% W., abgetrennt u. in üblicher Weise destillativ aufgearbeitet. **II** wird in die Dehydrierungsstufe zurückgeleitet. vgl. auch F. P. 1 179 713; C. **1961.** 13004. (**Belg. P. 559 420** vom 22/7. 1957, ausg. 8/4. 1960. A. Prior. 23/7. 1956.)
R. LINK. H 1960

Stamicarbon N. V., Heerlen, Holland, **Herstellung von Katalysatoren,** die neben ZnO, MgO u./oder BeO 1—15 CeO_2, ZrO_2 u./oder ThO_2 enthalten, z. B. *für die Dehydrierung von Cyclohexanol zu Cyclohexanon.* Man fällt die entsprechenden Oxalate oder Formiate gemeinsam aus einer Lsg. aus u. erhitzt den Nd. auf 300—550°. — Zum Beispiel versetzt man eine Lsg. von 1000 (g) Ammoniumoxalat in 10 Liter W. bei 50° mit einer Lsg. von 1875 $Zn(NO_3)_2$ u. 110 $Zr(NO_3)_4$ in 20 Liter W. u. erhitzt den Nd. auf 400°. (**Holl. P. 96 114** vom 8/8. 1958, ausg. 15/11. 1960.)
F. BÖHM. H 1960

Soc. des Usines Chimiques Rhône-Poulenc, Frankreich (Erfinder: Marc Julia), **Herstellung von trans-Cyclopropancarbonsäuren,** z. B. *trans-2-Phenyl-*, F. 89—90°, *-2-Phenoxycyclopropancarbonsäure*, F. 110—111°, u. *Chrysanthemumsäure*, F. 45—47°, dad. gek., daß man entsprechende Ester der cis-Form, z. B. cis-2-Phenyl- (F. 102—104°), -2-Phenoxycyclopropancarbonsäuremethylester bzw. Chrysanthemumsäuremethylester, mit einer Lsg. von Na-tert.-Amylat in Bzl. behandelt. (**F. P. 1 203 902** vom 28/7. 1958, ausg. 21/1. 1960.)
S. BÖTTCHER. H 2000

Monsanto Chemical Co., St. Louis, Mo., übert. von: Robert H. Cooper, Nitro, Kenneth L. Godfrey, St. Albans, W.Va., und William A. Garlette, Brentwood, Mo., V.St.A., **2.2'-Thio-bis-(polyhalogenphenole)** werden durch Erwärmen von in 2.4- oder 2.4.5-Stellung halogensubstituierten Phenolen mit einem Schwefelchlorid oder -bromid in inerten Lsgm. in Ggw. von $AlCl_3$ hergestellt. — Aus 2.4-Dichlorphenol u. S_2Cl_2 in CCl_4 in Ggw. von $AlCl_3$ bei 48—52° gewinnt man *2.2'-Thio-bis-(4.6-dichlorphenol)*, F. 186—188°. Die Prodd. werden durch Zugabe einer Mineralsäure, z. B. HCl, zum rohen Rk.-Prod., erhitzen u. filtrieren gereinigt. (**A. PP. 2 849 494** vom 17/5. 1956, ausg. 26/8. 1958 u. **2 868 841** vom 31/5. 1956, ausg. 13/1. 1959.)
A. DANDL. H 2290

Hoffmann-La Roche, Inc., Nutley, übert. von: Benjamin Pecherer, Montclair, N.J., V.St.A., **Reinigung von N.N'-Diphenyl-p-phenylendiamin,** dad. gek., daß man das rohe Prod., gelöst in z. B. Bzl., Toluol oder Chlorbenzol, über sauer aktiviertss bas. Mg-Al-Silicat in einer inerten Atmosphäre perkoliert, das Perkolat kühlt u. das reine Prod. durch Filtration isoliert. (**A. P. 2 833 824** vom 10/4. 1956, ausg. 6/5. 1958.)
W. HEYER. H 2510

Firmenich & Cie. (Successeurs de la Soc. An. Naef & Cie.), Schweiz, **Herstellung von der isomeren 1.1.6-Trimethyl-6-hydroxyoktahydronaphthaline,** dad. gek., daß man Dihydro-α-jonon (ggf. im Gemisch mit etwas Dihydro-γ-jonon), hergestellt aus Geranylaceton, mit 2—8% Pyridin enthaltender H_3PO_4 6 Std. bei 2—4° rührt. Nach Dest. erwärmt man mit Äthylborat u. dest. nochmals: $Kp._{0,03}$ 63—66°; $D._4^{20}$ 0,967—0,968; n_D^{20} 1,499—1,500. (**F. P. 71 508** vom 6/5. 1957, ausg. 5/1. 1960. Schwz. Prior. 13/6. 1956. **Zusatz zu F. P. 1128538; C. 1959. 2633.**)
S. BÖTTCHER. H 2700

Office de Recherches Industrielles de Laboratoire, Frankreich, **2-Methyl-5-alkylfurane** werden durch Alkylierung von 2-Methylfuran (**I**) mit Alkylhalogeniden in Ggw. von Na, ggf. in einem organ. Lsgm., oder durch Umsetzung von **I** mit Li u. Isoamylchlorid (**II**) u. Rk. mit z. B. Diäthylsulfat (**III**) gewonnen. — 2-Methylfurane: *5-Hexyl-*, $Kp._{30}$ 102—105, aus 500 cm^3 **I** u. 23 (g) Na durch 3std. Kochen mit 165 Hexylbromid; 58 g (Ausbeute). — *5-Heptyl-*, $Kp._{16}$ 107—110°, aus 250 **I** u. 360 n-Heptylbromid durch Rk. mit Na in Ae. unter N_2; n_D^{23} 1,4522; $D._4^{24}$ 0,8705; 72 g. Daneben 80 Heptan u. 50 Tetradecan. — *5-Octyl-*, $Kp._4$ 95—97°, aus 80 **I** u. 193 Octylbromid mit Na in Toluol durch 9std. Kochen unter N_2; n_D^{19} 1,4590; $D._4^{23,5}$ 0,8775; 29g. — *5-Äthyl-*, Kp.$_{760}$ 115—120°, durch 3std. Rühren von 70 I in Bzl. mit Li u. 54 II u. 2std. Kochen mit 80 III; n_D^{20} 1,4337; $D._4^{18}$ 0,9035; 25 g. Daneben etwas Isopentan. (**F. P. 1 186 346** vom 24/9. 1957, ausg. 20/8. 1959.) EBERHARD RIEDEL. H 3061

Centre National de la Recherche Scientifique (Erfinder: Henry Gault, Marguerite Selim-Dorgans und Mohamed Selim), Frankreich, **Herstellung von ß-Ketoadipinsäure und Methronsäure.** Aus 3-Hydroxy-5-methyl-2.3-dihydrofurancarbonsäure-(4)-acetylessigsäure-(2)-diäthylester wird durch Wasserabspaltung in 50%ig. H_2SO_4 bei normaler Temp. *5-Methylfurancarbonsäure-(4)-acetylessigsäure-(2)-diäthylester,* Kp.$_{0,1}$ 145°, 90% (Ausbeute), gewonnen, der durch 24std. Kochen in methanol. HCl, 3std. Kochen des gebildeten Ketals in wss. HCl u. 15 Min. Rühren in wss. NaOH in *β-Ketoadipinsäure,* F. 124°, 91%, bzw. durch 2std. Rühren in wss. NaOH bei normaler Temp. u. Ansäuern mit 20%ig. HCl in *Methronsäure* (*5-Methyl-2-carboxymethylfuran-4-carbonsäure*), F. 207°, quantitativ, übergeführt wird. (**F. P. 1 185 403** vom 12/2. 1957, ausg. 31/7. 1959.) EBERHARD RIEDEL. H 3061

Laboratoires Français de Chimiothérapie, Frankreich (Erfinder: André Allais und Jirair Enezian), **Herstellung von 6-Dimethylaminotryptamin** (*Pikrat*, F. 215—216°; *Acetat*, F. 160°). Aus N.N-Dimethyl-2-nitro-p-toluidin u. Diäthyloxalat stellt man in Ggw. von K-Äthylat *4-Dimethylamino-2-nitrophenylbrenztraubensäureäthylester* her, den man in saurem Medium red. u. cyclisiert zu *6-Dimethylaminoindol-2-carbonsäureäthylester,* F. 145°. Man verseift u. decarboxyliert die *6-Dimethylaminoindol-2-carbonsäure* zu *6-Dimethylaminoindol,* F. 106—107°, das man mit Dimethylamin u. HCHO zu *6-Dimethylaminogramin,* F. 125,5—126°, kondensiert; dessen *Sulfomethylat* setzt man mit KCN zu *6-Dimethylaminoindolyl-(3)-acetonitril* um, F. 198,5°, das man an RANEY-Ni hydriert. (**F. P. 1 203 195** vom 25/7. 1958, ausg. 15/1. 1960.) S. BÖTTCHER. H 3081

J. R. Geigy Akt.-Ges., Basel, Schweiz, **Herstellung von 3.5-Dioxopyrazolidinen** der Formel I (R_1, R_2 = ggf. durch Halogen oder Alkylreste substituierter Phenylrest; R_3 = Alkyl-, Cycloalkyl-, Aralkyl- oder Arylrest). Man läßt ein Mono-acyl-N.N'-diarylhydrazin der Formel $R_3-CH_2-CO-NR_1-NH-R_2$ bei erhöhter Temp. in Ggw. eines alkal. Kondens.-Mittels mit einem Kohlensäurediester (II) oder in Ggw. von höchstens 2 Äquivalenten Na-Alkoholat mit einem Halogenameisensäureester reagieren. Man kann die Rk. mit dem II auch erst in Abwesenheit eines Kondens.-Mittels durchführen u. das dabei erhaltene N-Acyl-N'-carbalkoxyhydrazin in Ggw. eines alkal. Kondens.-Mittels erhitzen. — Zum Beispiel erhält man durch Kochen von N-Phenacetylhydrazobenzol mit Kohlensäurediäthylester u. Na-Äthylat in A. → *1.2.4-Triphenyl-3.5-dioxopyrazolidin,* F. 183°, u. durch Erhitzen von n-Caproyl-N.N'-diphenylhydrazin mit Chlorameisensäureäthylester auf 120—150° (Außen-Temp.) zunächst *N-Carbäthoxy-n-caproyl-N-N'-diphenylhydrazin,* gelbliches Öl, das durch Kochen mit $NaNH_2$ in Bzl. in *1.2-Diphenyl-3.5-dioxo-4-n-butylpyrazolidin,* F. 103—104°, übergeführt wird. — Analog: *1.2-Diphenyl-3.5-dioxo-4-n-propylpyrazolidin,* F. 108—109°, *1.2-Diphenyl-3.5-dioxo-4-benzylpyrazolidin,* F. 137—138°. — Vgl. D. B. P. 972 261; C. **1960.** 3700. (**Holl. P. 95 651** vom 3/3. 1956, ausg. 15/10. 1960. D. Prior. 5/3. u. 3/8. 1955.) F. BÖHM. H 3122

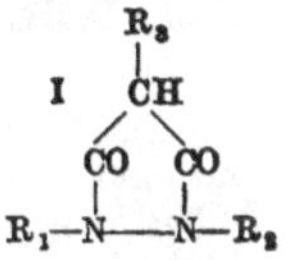

I

Carlo Erba S. p. A., übert. von: Willy Logemann und Francesco Lauria, Mailand, Italien, **4-Acyl-1.2-diphenyl-3.5-dioxopyrazolidine** der allg. Formel **I**, in der R' = aliphat. Acylrest mit 2—4 C-Atomen, R'' u. R''' = Phenyl, werden durch Rk. eines aliphat. Carbonsäurehalogenides mit 2—4 C-Atomen mit dem entsprechenden 3.5-Dioxopyrazolidin unter FRIEDEL-CRAFTS-Rk.-Bedingungen hergestellt. — Aus 1.2-Diphenyl-3.5-dioxopyrazolidin u. Acetylchlorid gewinnt man beim Kochen in Pyridin unter Rückfluß *4-Acetyl-1.2-diphenyl-3.5-dioxopyrazolidin,* F. 268—270°. (**A. P. 2 873 278** vom 3/6. 1955, ausg. 10/2. 1959. It. Prior. 9/6. 1954.) A. DANDL. H 3122

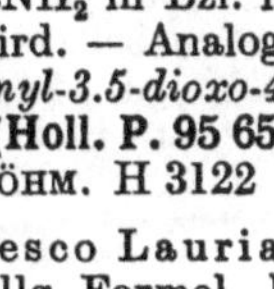

I

Rayonier, Inc., übert. von: Herbert L. Hergert, Shelton, Wash., V.St.A., **Gewinnung von Myricetin** (*3.3'.4'.5.5'.7-hexahydroxyflavon*) aus der Rinde von Coniferen, wie *Pinus jeffreyi* oder *Pseudotsuga elliotti,* dad. gek., daß man die Rinde mit Ae. extrahiert, die Ae.-Lsg. zur Trockne bringt, mit Bzl. aufnimmt, den in Bzl. unlösl. Rückstand, der die Flavonoide enthält, mit Ae., Aceton, Methyläthylketon oder Äthylacetat darin löst, filtriert, das Filtrat mit W. verd., in Eis kühlt u. das ausgefallene Quercetin aus Aceton umkristallisiert. (**A. P. 2 870 165** vom 20/6. 1956, ausg. 20/1. 1959.) W. HEYER. H 3211

Erich Hesse, Halle, **Herstellung von Monochloralkylpyridinen** durch Chlorierung der entsprechenden wasserfreien Salze (Hydrochloride, Sulfate, Acetate) in der Schmelze bei normalem Druck u. 50—150°. — Nach Einleiten von Cl_2 in 350 Teile 2-Methyl-5-äthylpyridinhydrochlorid bei 100—110° unter UV-Bestrahlung bis zur theoret. Gew.-Zunahme u. 2std. Kochen des zitronengelben Rk.-Prod. mit verd. CH_3·COONa-Lsg., Alkalisieren, Dampfdest. u. Ausziehen des Rückstands mit Chlf. wird *2-Methyl-5-[α-hydroxyäthyl]-pyridin*, $Kp._{15}$ 140—150°, erhalten; n_D^{20} 1,5280; Ausbeute 49%. (**D. P. [DDR] 16 743** Kl. 12p vom 30/1. 1957, ausg. 8/4. 1959 [Wirtschaftspatent].)
H.-J. Nitzschke. H 3231

Farbenfabriken Bayer Akt.-Ges., Leverkusen, **Kernfluorierte N-Heterocyclen** werden durch Rk. von monocycl. 6gliedrigen oder bicycl. 10gliedrigen N-Heterocyclen, deren Derivv., welche in α-Stellung oder γ-Stellung eine OH-Gruppe tragen, oder deren Tautomeren mit 2.4.6-Trifluor-1.3.5-triazin hergestellt. — Aus Chinaldon-(4) u. Cyanurfluorid bei 80—90° u. Wasserdampf-Dest. erhält man *4-Fluorchinaldin*, $Kp._{16}$ 114°. — Analog werden hergestellt: *2-Fluorlepidin*, $Kp._{16}$ 140°; *2-Fluorpyridin*, Kp. 126°; *1.3-Difluorisochinolin*, $Kp._{14}$ 112°. — Pflanzenschutzmittel, Zwischenprodd. für Farbstoffe u. pharmaceut. Produkte. (**E. P. 845 062** vom 27/8. 1958, ausg. 17/8. 1960. D. Prior. 27/8. 1957.)
A. Dandl. H 3231

Erich Hesse und Peter Müller, Halle, **Herstellung von 2-Methyl-5-vinylpyridin (I)** durch Dehydrieren von 2-Methyl-5-äthylpyridin (II) in der Gasphase unter Verw. von Katalysatoren, die mindestens 80—90% ZnO, aber nur geringe Mengen Al_2O_3 enthalten; zweckmäßig sind noch Zusätze von CaO u. Oxyden u. Salzen der 1. u. 2. Gruppe des Period. Syst., z. B. K_2SO_4, K_2CrO_4, K_2CO_3, MgO, zusammen 10—20%. Bes. vorteilhaft ist ein Katalysator mit $<$ 5% Al_2O_3 u. 4—5% B-Phosphat. Herst. der Katalysatoren durch Anteigen von ZnO oder Gemischen von ZnO mit $Al(OH)_3$, B-Phosphat u. Erdalkalioxyd mit der wss. Lsg. der als Aktivatoren dienenden Salze, Formen u. Trocknen. — 2std. Überleiten von 210 g **II** mit der 3,4fachen Menge Wasserdampf über 400 ml Katalysator aus 90 (%) ZnO, 2 K_2SO_4 u. 8 Al_2O_3 bei 610° ergibt 74 rohes **I**, das durch Vakuum-Dest. gereinigt wird; F. —11°; n_D^{20} 1,5454. — 2 weitere Beispiele. (**D. P. [DDR] 16 727** Kl. 12p vom 30/1. 1957, ausg. 1/4. 1959 [Wirtschaftspatent].)
H.-J. Nitzschke. H 3231

Dr. F. Raschig G. m. b. H., Deutschland, **Herstellung von Pyridylglykolen**, dad. gek., daß man Pyridylglykolsäure in Ggw. von Aldehyden decarboxyliert. — Äthylenglykole: *Bis-[pyridyl-(2)]-*, F. 150°, aus α-Pyridylglykolsäure u. Pyridin-2-aldehyd. — *Pyridyl-(2)-*, F. 90°, aus HCHO. — *Pyridyl-(2)-trichlormethyl-*, F. 120°, aus Chloral. — *α-Pyridiylphenyl-*, F. 143°, aus Benzaldehyd. — *1-[Pyridyl-(2)]-1-methyl-2-[chinolyl-(2)]-*, geliert bei 209—210° (Zers.), *-[chinolyl-(4)]-*, geliert bei 186—187°, *-phenyl-*, geliert bei 119—211°, u. *-[pyridyl-(4)]-* (*Monohydrat*, F. 93—95°), aus Pyridyl-(2)-, hydroxypropionsäure u. Chinolin-2- bzw. -4-aldehyd, Benzaldehyd bzw. Pyridin-4-aldehyd. — *1-[Pyridyl-(4)]-1-methyl-2-phenyl-*, geliert bei 149,5—151° (*Hydrochlorid*, geliert bei 179—181°), *-2-[trichlormethyl]-*, geliert bei 189—190,5° (*Hydrochlorid*, F. 206—207°), u. *-2-[pyridyl-(3)]-*, geliert bei 188,5°, aus Pyridyl-(4)-hydroxypropionsäure u. Benzaldehyd, Chloral bzw. Pyridin-3-aldehyd. (**F. P. 1 196 440** vom 28/5. 1958, ausg. 24/11. 1959. D. Prior. 31/5. 1957 u. 7/5. 1958.)
S. Böttcher. H 3231

Fabriques de Produits de Chimie Organique de Laire, Frankreich, **Herstellung von Pyridincarbonsäuren** durch katalyt. Oxydation von Alkylpyridinen mit Luft-O_2 in einem inerten, mit W. unmischbaren Lsgm., wie Bzl., bei 100—250°, bes. 160—200°, in Ggw. von Essigsäure u. von Mn- oder Co-Salzen, bes. Bromiden, oder Gemischen derselben bei $>$ 4 at Druck. Das gebildete Rk.-Wasser wird während der Rk. durch Dest. über einen Wasserabscheider abgetrennt. — β-Picolin → *Nicotinsäure* (**I**); Ausbeute 72%. — Methyläthylpyridin → *Isocinchomeronsäure* neben **I**. — Schema der Anlage. (**F. P. 1 185 919** vom 8/11. 1957, ausg. 10/8. 1959.)
Eberhard Riedel. H 3231

Louis L. Zempliner, New York, N.Y., V.St.A., **Isolierung von Pyridincarbonsäurebisulfat oder Chinolinsulfonsäure** aus solche enthaltenden, H_2SO_4-haltigen Rk.-Gemischen, dad. gek., daß man das Rk.-Gemisch mit Methylisobutylketon, Methylisopropylketon, Diisobutylketon, Methyl-n-amylketon, Cyclohexanon oder Acetophenon bzw. Diisopropyläther, n-Dibutyläther, Anisol, Tetrahydrofuran oder Äthylenglykol-di-n-butyläther im Überschuß versetzt, das kristallin. ausfallende Pyridincarbonsäurebisulfat, die Chinolin-8- bzw. -6- oder -5-sulfonsäure oder Chinolinsulfat abfiltriert u. reinigt. (**A. PP. 2 949 468** vom 19/3. 1958, ausg. 16/8. 1960 u. **2 950 283** vom 26/5. 1958, ausg. 23/8. 1960.)
W. Heyer. H 3231

Troponwerke Dinklage & Co., Deutschland, **Herstellung von Estern der Nicotinsäure** (I), z. B. I-*n-Hexyl-*, $Kp._{15}$ 158°, *-n-Octyl-*, $Kp._{12}$ 175—176°, *-Benzyl-*, $Kp._{8}$ 177°, *-β-Phenyläthyl-*, $Kp._{12}$ 197—199°. *-Tetrahydrofurfuryl-*, $Kp._{12}$ 170—172°, *-Cinnamyl-*, $Kp._{0,2}$ 155—156°, *-Phenylpropyl-*, *-sek.-Octyl-*, $Kp._{6}$ 152°, u. *-4-Phenylbutylester*, $Kp._{0,4}$ 147—148°, dad. gek., daß man I mit n-Hexanol-(1), n-Octanol-(1), Benzyl-, β-Phenyläthyl-, Tetrahydrofurfuryl-, Zimt-, sek.-Octylalkohol bzw. Methyl-β-phenyläthylcarbinol umsetzt, wobei als Katalysatoren B-Verbb., z. B. H_3BO_3, B_2O_3, H_3BO_3 in Glycerin, Borsalicylsäure, verwendet werden. (**F. P. 1 188 431** vom 29/11. 1955, ausg. 22/9. 1959.) S. BÖTTCHER. H 3231

Helmut Röhnert, Radebeul, **Herstellung substituierter 2.4.6-Trioxopiperidine,** dad. gek., daß man Cyandialkylacetylmalonsäureester u. Cyandialkylacetylalkylmalonsäureester mit H_2SO_4 u. Eisessig auf 90—100° erhitzt. — *2.4.6-Trioxo-3.3-diäthylpiperidin*, F. 231—233°, *5-Methyl-3.3-diäthyl-*, F. 181°, *3.3.5-Triäthyl-*, F. 188—189°, u. *5-Butyl-3.3.Diäthyl-2.4.6-trioxopiperidin*, F. 165—166°, aus Malonsäurediäthylester bzw. Methyl-, Äthyl- oder Butylmalonsäurediäthylester u. Cyandiäthylacetylchlorid über *Cyandiäthylacetyl-*, $Kp._{4}$ 150—156°, bzw. *Cyandiäthylacetylmethyl-*, $Kp._{22}$ 183—190°, *-äthyl-*, $Kp._{16}$ 178—183° u. *-butylmalonsäurediäthylester*, $Kp._{6}$ 178—180°. (**D. P. [DDR] 16 307** Kl. 12p vom 23/10. 1956, ausg. 30/1. 1959 [Wirtschaftspatent].) S. BÖTTCHER. H 3231

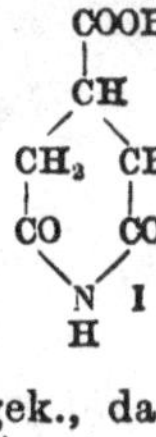
I

American Home Products Corp., New York, N.Y., V.St.A., übert. von: André L. Langis, St. Laurent, und Roger Gaudry, Mount Royal, Canada, **2.6-Dioxopiperidin-4-carbonsäure** der Formel I wird durch Hydrierung bzw. von Citrazinsäure mit H_2 unter Druck in Ggw. von Katalysatoren, z. B. Pd, hergestellt, F. 211—212°. (**A. P. 2 874 158** vom 16/8. 1957, ausg. 17/2. 1959.) A. DANDL. H 3231

Hubert Schade, Leuna, **Herstellung hochsiedender Amine,** dad. gek., daß man Pyridin u./oder Piperidin bzw. ihre Derivv. in A. in Ggw. von Al_2O_3–Ni-Katalysatoren bei 150—200° hydriert. — *1.5-Dipiperidinopentan* entsteht in 90%ig. Ausbeute neben Piperidin durch Hydrierung von Pyridin bei 185° u. 200 at an einem Al_2O_3–Ni–Co-Katalysator. — Als Ausgangsstoffe können auch Piperidin, α-, β-, γ-Methyl- u. a. Alkylpyridine verwendet werden. (**D. P. [DDR] 16 279** Kl. 12p vom 26/7. 1956, ausg. 28/1. 1959 [Wirtschaftspatent].) S. BÖTTCHER. H 3231

Soc. des Usines Chimiques Rhône-Poulenc, Frankreich (Erfinder: Robert Michel Jacob und Nicole Maria Joseph), **Herstellung von Piperidyl-(2)-arylmethyläthern,** z. B. *1-Phenyl-1-methoxy-* (*Hydrochlorid*, F. 217°) u. *-1-äthoxy-1-[piperidyl-(2')]-methan* (*Hydrochlorid*, F. 234°) (beide B-Form), dad. gek., daß man 1-Phenyl-1-[1'-benzylpiperidyl-(2')]-methanol (F. 91°), das man durch Benzylierung von 1-Phenyl-1-[piperidyl-(2')]-methanol hergestellt hat, in Ggw. von $NaNH_2$ mit Methyl- bzw. Äthyljodid umsetzt, mit wss. HCl extrahiert, NaOH zusetzt, ausäthert u. durch Hydrierung an Pd debenzyliert. (**F. P. 1 204 319** vom 1/8. 1957, ausg. 25/1. 1960.) S. BÖTTCHER. H 3231

Merck & Co., Inc., Rahway, N.J., V.St.A., **Herstellung von N-[β-(p-Aminophenyl)-äthyl]-4-phenyl-4-carbäthoxypiperidin** (I), *N-[β-(p-Acylaminophenyl)-äthyl]-4-phenyl-4-carbäthoxypiperidin und deren Salzen* durch Rk. von β-(p-Aminophenyl)-äthylhalogenid mit 4-Phenyl-4-carbäthoxypiperidin (II) u. Acetylieren der Rk.-Produkte. Man erhitzt ein Gemisch aus 7,8 (g) β-(p-Aminophenyl)-äthylchloridhydrochlorid, 12,5 II-Carbonat, 10,5 $NaHCO_3$ u. 100 cm³ wasserfreiem A. ca. 40 Std. unter Rückfluß, konz. im Vakuum zur Trockne, zerreibt den Rückstand mit 50 W., dekantiert, wiederholt den Vorgang u. trocknet im Vakuum. Nach dem Lösen in A. u. alkohol. HCl im Überschuß u. Zugabe von Ae. 12,7 I-*Dihydrochlorid*, F. 275—277°. Die freie Base wird mit Eisessig u. Essigsäureanhydrid auf dem Wasserbad erhitzt, mit W. verd. u. mit $NaHCO_3$ versetzt. Man dekantiert, wäscht den gummiartigen Nd. mehrmals mit W. u. trocknet im Vakuum. *N-[β-(p-Acetylaminophenyl)-äthyl]-4-phenyl-4-carbäthoxypiperidin* (III), das mit alkohol. HCl in III-*Hydrochlorid*, F. 264—265°, übergeführt wird. (**Ind. P. 57 243** vom 3/5. 1956, ausg. 18/7. 1958.) C. LÜTTGEN. H 3231

F. Hoffmann-La Roche & Co. Akt.-Ges., Basel, Schweiz, **Racemisierung optisch-aktiver Verbindungen,** z. B. von *l-1-[p-Methoxybenzyl]-2-methyl-1.2-3.4.5.6.7.8-oktahydroisochinolin*, $[\alpha]_D^{20}$ —75° (c = 1; Methanol), das aus dem Oxalat, $[\alpha]_D^{20}$ —38.5° (c = 1; Methanol) in Freiheit gesetzt wurde, u. von *1-[p-Hydroxybenzyl]-1.2.3.4.5.6.7.8-oktahydroisochinolin*, $[\alpha]_D^{20}$ +159 3° (c = 1; Methanol) F. 162—164° (hergestellt aus p-Benzyloxyphenylessigsäure u. β-Cyclohexenyläthylamin; d-Tartrat, F. 200°, $[\alpha]_D^{21}$ +104 ± 2° (c = 1; Methanol)], zu einem Gemisch aus 47% *d-* u. 53% *l-1-[p-Methoxybenzyl]-2-methyl-1.2.3.4.5.6.7.8-octahydroisochinolinoxalat,* $[\alpha]_D^{20}$ −3,0° (c = 1; Methanol), bzw. *1-[p-Hydroxybenzyl]-1.2.3.4.5.6.7.8-octahydroisochinolin,* $[\alpha]_D^{20}$ +153,7° (c = 1; Methanol, dad. gek., daß man die opt. akt. Form in Ggw. eines Katalysators (im Gew.-Verhältnis 12,5:1) in Methanol bei pH 8 einige Std. auf 65° erhitzt. Der Katalysator wird aus $FeCl_2 \cdot 4\,H_2O$, $ZnCl_2$, einer wss. $PdCl_2$-Lsg. u. einer wss. HCOONa-Lsg. so hergestellt, daß er 20 (Grammatome) Pd, 5 Zn, 4 Fe(III) u. 1 Fe(II) (Zn u. Fe als Hydroxyde) enthält. — Vgl. Aust. P. 215 744; C. **1960.** 9036. (**Oe. P. 198 270** vom 14/1. 1957, ausg. 25/6. 1958. A. Prior. 16/1. 1956.) S. BÖTTCHER. H 3231

Werner Wunderlich, Berlin-Adlershof, und Susanne Guter, Berlin, **Herstellung von 1-[p-Methoxybenzyl]-10-hydroxydekahydroisochinolin,** F. 144—146°, dad. gek., daß man p-Methoxyphenylglycidester bei pH 3—4 >100 Std. unter N_2 mit Cyclohexenyläthylamin, das vorher durch Lösen in Säure von Cyclohexenylacetonitril befreit wurde, kondensiert. (**D. P. [DDR] 16 207** Kl. 12p vom 9/8. 1955, ausg. 9/1. 1959 [Wirtschaftspatent].) S. BÖTTCHER. H 3231

W. R. Grace & Co., New York, N. Y., übert. von: Bernard Rudner, Pittsburgh, Pa., und Mary Jo Woods, Catonsville, Md., V. St. A., **Tetahydropyridaziniumverbindungen** der allg. Formel I, in der R, R^1, R^2 niedrige Alkylgruppen, R^3, R^4, R^5 = H, niederes Alkyl, Phenyl, niederes Alkylphenyl oder Halogenphenyl, X ein Anion ist, werden durch Rk. von Chloramin mit substituierten γ-Keto-tert.-aminen der Formel $R{-}CO{-}CR^5R^4{-}CH_2 \cdot CHR^3{-}NR^1R^2$ in inerten Lsgm. hergestellt. — Aus 6-Dimethylamino-4.4-diphenyl-3-heptanonhydrochlorid in Chlf. wird mit $Na_2 \cdot CO_3$ in W. die freie Base hergestellt, deren Lsg. getrocknet u. in diese frisch aus Cl_2 u. NH_3 dargestelltes Chloramin eingeleitet. Man erhält *1.1.6-Trimethyl-3-äthyl-4.4-diphenyl-Δ²-tetrahydropyridaziniumchlorid,* F. 167—168°. — Analog wird *1.1.6-Trimethyl-3-äthyl-4.4-diphenyl-Δ²-tetrahydropyridaziniumhexafluorphosphat,* F. 155°, hergestellt. (**A. P. 2 946 790** vom 20/3. 1959, ausg. 26/7. 1960.) A. DANDL. H 3272

I
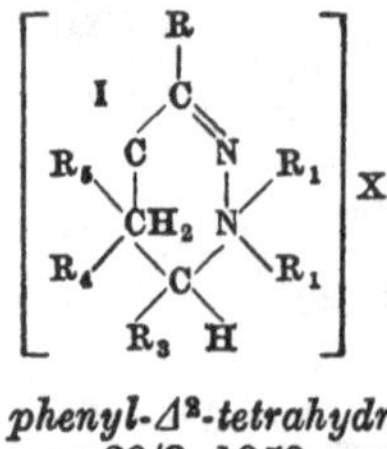

Armour & Co., V. St. A., **Herstellung von Uracilderivaten,** dad. gek., daß man 5-Diazouracil mit einer Verb., die ionisierbaren S oder eine enolisierbare C=S-Gruppe enthält, umsetzt. — 5-Aminouracil (I) wird diazotiert u. die Lsg. bei 0° mit Thioharnstoff u. alkohol. HCl versetzt. Nach Zusatz von NaOH wird bei pH 5—6 nochmals Thioharnstoff zugesetzt u. 4 Std. gekocht. Bei Ansäuern krist. *Uracilyl-(5)-bisulfid* (II), aus dem Filtrat *Uracil-5-isothiouroniumchlorid,* F. 259—263° (Zers.). Durch Behandeln von II mit alkal. Glucose entsteht *5-Mercaptouracil,* das man auch aus diazotiertem I u. K-Äthylxanthat erhält u. das bei der Behandlung mit Alkali u. J_2 in II übergeht. — *Orotsäure-5-bisulfid,* Zers. 274—277°, aus 5-Aminoorotsäure. — *6-Methyluracilyl-(5)-äthylxanthat,* F. 224—226°, aus 5-Amino-6-methyluracil, daraus *5-Mercapto-6-methyluracil.* (**F. P. 1 188 411** vom 19/4. 1955, ausg. 22/9. 1959.) S. BÖTTCHER. H 3272

Harvel Research Corp., übert. von: Mortimer T. Harvey, South Orange, N.J., V.St.A., **Halogenderivate des Kondensationsproduktes von Thioharnstoff und Diacetonalkohol** der Bruttoformel $C_7H_{12}N_2S$ (I), seiner Dihydro-Verb. $C_7H_{14}N_2S$(II) u. seiner Hydrohalogen-Verb. $CH_{13}N_2SX$ (III) [X = Halogen] werden erhalten durch Rk. von **I, II** oder **III** mit freiem Halogen in einem geeigneten Lsgm., z. B. Alkohol. — **I,** der wahrscheinlichen Konstit. **A,** wird wie folgt hergestellt: In 76 (g) Thioharnstoff u. 174 Diacetonalkohol wird unter Rühren wasserfreier HCl eingeleitet, wobei die ansteigende Temp. auf 70—80° geregelt wird. Sobald sich eine homogene Lsg. gebildet hat, wird die HCl-Zugabe beendet u. das Rk.-Gemisch über Nacht stehengelassen. Nach Neutralisation mit einer stark verd. Lauge u. Zugabe der gleichen Menge an W. wird das Rk.-Prod. abgetrennt u. durch mehrfaches Anschlämmen in W. u. Abfiltrieren gereinigt → I (aus 50%ig. A.), F. 246,5—247,5°. — Es werden die *Dibrom-, Dichlor-, Dijod-* u. *Difluor-Verbb.* von I hergestellt, die durch Analyse identifiziert, jedoch nicht näher gek. sind. Es können ferner die *Halogen-Verbb.* von **II** u. **III** mit 1—5 Halogenatomen hergestellt werden. — Tierfutterzusatzstoffe mit vitaminähnlicher Wrkg., Fungicide oder Kautschukzusatzstoffe. (**A. P. 2 782 196** vom 28/12. 1953, ausg. 19/2. 1957.) H. BRÄUCKER. H 3272

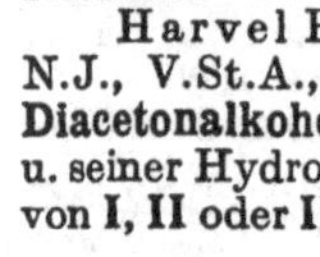
A

Siegfried Schwarz, Berlin-Niederschöneweide, und Curt Handritschk, Berlin-Köpenick, **Herstellung von Murexid,** dad. gek., daß man Alloxan in Essigsäureanhydrid unter Einleiten von NH_3 mit Isopropanol umsetzt. (**D. P. [DDR] 17 589** Kl. 12p vom 1/6. 1957, ausg. 1/10. 1959 [Wirtschaftspatent].) S. BÖTTCHER. H 3272

Farbenfabriken Bayer Akt.-Ges., Deutschland, **Herstellung von 2-Oxo-1.4-oxazinen,** z. B. *2-Oxo-1.4-oxazin-3-essigsäureäthylester,* F. 75°, *3-Phenyl-6-äthyl-2-oxo-1.4-oxazin,* $Kp._1$ 142—144°, neben *2-Aminobutanol-(1)-phenylglyoxalamid,* F. 130°, *3-Phenyl-cis-,* F. 121°, u. *-trans-(5.6)-cyclohexan-2-oxo-1.4-oxazin,* F. 130°, dad. gek., daß man 1-Amino-2-hydroxyäthane mit α-Ketocarbonsäureestern kondensiert. — Als Ausgangsstoffe werden genannt: Äthanolamin, 2-Aminobutanol-(1), cis- u. trans-2-Aminocyclohexanol-(1), FF. 65 bzw. 72°, Oxalessigester, Phenylglyoxalsäureäthylester. (**F. P. 1 197 698** vom 11/12. 1957, ausg. 2/12. 1959. D. Prior. 11/12. 1956.) S. Böttcher. H 3282

Helmut Wunderlich, Dresden, **Herstellung von Phenothiazin (I)** u. seinen Derivv. durch Erhitzen von Diphenylamin (II) u. seinen Derivv. mit einer zum vollständigen Umsatz nicht ausreichenden S-Menge in Ggw. von Katalysatoren ($AlCl_3$, J_2) auf 180—220° u. Auswaschen der Rohschmelze mit CH_3OH oder anderen organ. Lösungsmitteln. — Von 634 (g) II, 216 S u. 2,5 J_2 werden 5% des II vorgelegt u. auf 220° erhitzt, wonach die restlichen, vorgeschmolzenen Rk.-Komponenten zugetropft werden; die Schmelze wird in auf 100° erhitzte Essigsäure ausgedrückt u. das Rohprod. mit CH_3OH aufgekocht: I, F. 181—183°; Ausbeute 90—95%. (**D. P. [DDR] 15 739** Kl. 12p vom 10/11. 1956, ausg. 10/11. 1958 [Wirtschaftspatent].) H.-J. Nitzschke. H 3292

Egyesült Gyógyszer és Tápszergyár, Ungarn, **Herstellung von N-Aminoalkylphenthiazinderivaten,** dad. gek., daß man Phenthiazin-N-alkylsulfonsäureester in Ggw. eines säurebindenden Mittels mit einem Amin umsetzt. — *3-Chlor-10-[3'-dimethylaminopropyl]-,* F. 57—58° (*Hydrochlorid,* F. 190—192°) u. *-[3'-diäthylaminopropyl]-phenthiazin* (*Hydrochlorid,* F. 178°), aus 3-Chlorphenthiazin u. Acrylnitril u. Verseifung des Nitrils zu 3-Chlorphenthiazin-10-propionsäure, Rk. mit $LiAlH_4$ zu 3-Chlor-10-[3'-hydroxypropyl]-phenthiazin, F. 124—125°, Rk. mit Methansulfochlorid in Pyridin zu 3-Chlor-10-[3'-mesyloxypropyl]-phenthiazin, F. 100—101°, das man in A. mit Dimethyl- bzw. Diäthylamin umsetzt. (**F. P. 1 195 211** vom 14/2. 1957, ausg. 16/11. 1959. Ung. Prior. 7/1. 1956.) S. Böttcher. H 3292

Soc. des Usines Chimiques Rhône-Poulenc, Frankreich (Erfinder: Raymond Jacques Horclois und Robert Michel Jacob), **Herstellung von Derivaten der Phenothiazinyl-(10)-dithiocarbonsäure,** z. B. des *Li-, Na-, Zn-* u. *Cu-Salzes,* dad. gek., daß man Phenothiazin mit Phenyl-Li in Brombenzol u. Ae. oder mit $NaNH_2$ in Xylol behandelt u. das Alkali-Deriv. mit CS_2 umsetzt. Die Alkalisalze werden ggf. mit $ZnSO_4$ oder $CuSO_4$ umgesetzt. (**F. P. 1 186 819** vom 17/1. 1956, ausg. 2/9. 1959.) S. Böttcher. H 3292

Esso Research and Engineering Co., Elizabeth, N.J., V.St.A., *Abtrennen von Kohlenwasserstoffen aus Gemischen.* (**E. P. 821 020** vom 2/5. 1958, ausg. 30/9. 1959. A. Prior. 20/5. 1957. — **C. 1960.** 17665 [D. A. S. 1 075 250].)

Texaco Development Corp. (Erfinder: **Randlow Smith** und **Charles William Petterson**), *Alkylierung von Isobutan.* (**Aust. P. 204 672** vom 19/7. 1955, ausg. 3/1. 1957. A. Prior. 2/8. 1954. — **C. 1959.** 2282 [F. P. 1 134 904] u. **C. 1960.** 4998 [E. P. 801 145].)

Soc. Belge de l'Azote et des Produits Chimiques du Marly Soc. An., Lüttich, Belgien, *Trennung und Reindarstellung von Acetylen aus einem Acetylen und olefinische Kohlenwasserstoffe enthaltenden Pyrolysegas.* (**Oe. P. 203 472** vom 23/7. 1957, ausg. 25/5. 1959. Belg. Prior. 25/8. 1956. **Belg. P. 550 605** vom 25/8. 1956, ausg. 18/12. 1959. — **C. 1960.** 16257 [D. A. S. 1 047 195].)

Soc. des Produits Chimiques de Bezons, übert. von: **Michel Roussos** und **Yves Bourgeois,** Bezons, Frankreich, *Myristinalkohol.* (**A. P. 2 897 243** vom 20/5. 1958, ausg. 28/7. 1959. F. Prior. 28/5. 1957. — **C. 1960.** 12846 [D. A. S. 1 066 195].)

Chas. Pfizer & Co., Inc., Brooklyn, N.Y., V.St.A., *Herstellung ungesättigter tertiärer Carbinole.* (**Ind. P. 54 296** vom 19/4. 1955, ausg. 21/12. 1956. Can. Prior. 28/10. 1954. — **C. 1957.** 10284 [D. B. P. 958 473].)

Dow Chemical Co., Midland, Mich., V.St.A., *Acetylendiole.* (**E. P. 802 794** vom 30/4. 1957, ausg. 8/10. 1958. A. Prior. 4/5. 1956. — **C. 1960.** 15218 [D. A. S. 1 072 985].)

Inventa Akt.-Ges. für Forschung und Patentverwertung, Luzern, Schweiz, *Mehrwertige Alkohole.* (**E. P. 820 662** vom 18/3. 1957, ausg. 23/9. 1959. Schwz. Prior. 12/4. 1956. — **C. 1960.** 14182 [F. P. 1 169 484].)

E. I. du Pont de Nemours & Co., Wilmington, Del., V.St.A., *3.5.5-Trimethylhexancarbonsäure.* (**E. P. 664 180** vom 7/2. 1949, ausg. 2/1. 1952. A. Prior. 25/2. 1948. — **C. 1950.** I. 2033 [A. P. 2 470 859].)

N. V. de Bataafsche Petroleum Mij., Den Haag, Holland, *Entfernung von Ameisensäure.* (**E. P. 820 693** vom 17/2. 1958, ausg. 23/9. 1959. Holl. Prior. 18/2. 1957. — **C. 1960.** 14517 [A. P. 2 913 492].)

Farbenfabriken Bayer Akt.-Ges., Deutschland (Erfinder: **Erich Elmers**), *Herstellung organischer Sb-Verbindungen.* (**F. P. 1 196 646** vom 5/6. 1958, ausg. 25/11. 1959. D. Prior. 20/7. 1957. — **C. 1959.** 15191 [D. A. S. 1 053 486].)

Koninklijke Industrieele Mij. voorheen Noury & van der Lande N. V., Deventer, übert. von: **Dirk W. van Gelder,** Maasniel, Holland, *Gluconsäure-Monohydrat.* (**A. P. 2 916 515** vom 16/9. 1957, ausg. 8/12. 1959. Holl. Prior. 17/9. 1956. — **C. 1960.** 10405 [D. A. S. 1 069 610].)

Monsanto Chemical Co., St. Louis, übert. von: **Angelo J. Speziale,** Kirkwood, Mo., V.St.A., *Ungesättigte Cyanamide.* (**A. P. 2 858 338** vom 30/12. 1954, ausg. 28/10. 1958. — **C. 1960.** 6661 [Aust. P. 212 744].)

Farbenfabriken Bayer Akt.-Ges., Deutschland (Erfinder: **Hans Leuchs, Walter Salzer** und **Wilhelm Schacht**), *Herstellung von Aminhydrochloriden oder quaternären Ammoniumchloriden.* (**F. P. 1 199 004** vom 10/3. 1958, ausg. 10/12. 1959. D. Prior. 12/3. 1957. — C. **1960.** 12847 [D. A. S. 1 059 913].)

Monsanto Chemical Co., St. Louis, Mo., V.St.A., *Halogenieren von Phenolen in p-Stellung.* (**Aust. P. 168 189** vom 22/4. 1954, ausg. 3/1. 1957. A. Prior. 27/4. 1953. — C. **1959.** 7961 [A. P. 2 777 002].)

Monsanto Chemical Co., St. Louis, Mo., V.St.A., *Herstellung von Arylsulfonen.* (**Aust. P. 168 164** vom 28/10. 1953, ausg. 29/11. 1956. A. Prior. 30/10. 1952. — C. **1960.** 3378 [A. P. 2 781 402].)

Chemische Werke Hüls Akt.-Ges., Marl/Recklinghausen, *Herstellung von Benzolcarbonsäuren.* (**E. P. 783 286** vom 30/9. 1954, ausg. 18/9. 1957. — C. **1958.** 12823 [D. B. P. 968 484].)

N. V. de Bataafsche Petroleum Mij., Den Haag, Holland (Erfinder: **Jan Pieter Fortuin** und **Gottfried Ernst Rumscheidt**), *Herstellung von Isophthalsäure.* (**E. P. 778 946** vom 1/6. 1954, ausg. 17/7. 1957. — C. **1957.** 14137 [D. A. S. 1 007 762].)

Dow Chemical Co., Midland, Mich., V.St.A., *Aromatische Monocarbonsäuren.* (**E. P. 816 420** vom 5/3. 1958, ausg. 15/7. 1959. A. Prior. 6/5. 1957. — C. **1960.** 11470 [A. P. 2 906 775].)

Ciba Ltd., Basel, Schweiz, *Kontinuierliche Herstellung von Benzonitril.* (**E. P. 820 125** vom 6/6. 1956, ausg. 16/9. 1959. Schwz. Prior. 9/6. 1955. — C. **1959.** 4630 [F. P. 1 150 400].)

California Research Corp., San Francisco, Calif., V.St.A., *Herstellung von Phthalsäuren.* (**E. P. 788 212** vom 15/3. 1956, ausg. 23/12. 1957. A. Prior. 24/3. 1955. — C. **1959.** 2617 [F. P. 1 144 410].)

E. I. du Pont de Nemours & Co., Wilmington, Del., V.St.A., *Abbau von Polyäthylenterephthalat mit Methanol zu reinem Dimethylterephthalat.* (**E. P. 784 248** vom 18/4. 1955, ausg. 9/10. 1957. A. Prior. 30/4. 1954. — C. **1958.** 9063 [F. P. 1 117 646].)

N. V. de Bataafsche Petroleum Mij., Den Haag, Holland, *Herstellung von aromatischen Carbonsäuren.* (**E. P. 785 072** vom 25/5. 1955, ausg. 23/10. 1957. A. Prior. 27/5. 1954. — C. **1959.** 2618 [F. P. 1 132 434].)

Perfogit S. p. A. (Erfinder: **Werner Muench, Giuliana Silvestri** und **Levio Spano**), *Herstellung von Cyancarbonsäuren.* (**Aust. P. 204 695** vom 10/10. 1955, ausg. 3/1. 1957. It. Prior. 21/10. 1954. — C. **1958.** 10784 [F. P. 1 120 373].)

Shell Development Co., New York, N.Y., übert. von: **Lloyd C. Fetterly**, El Cerrito, Calif. V.St.A., *Oxydation von Alkylbenzolen in Gegenwart von aliphatischen Kohlenwasserstoffen.* (**A. P. 2 802 859** vom 27/4. 1954, ausg. 13/8. 1957. — C. **1959.** 2618 [F. P. 1 132 434].)

Imperial Chemical Industries Ltd., London, England (Erfinder: **Anthony John Harding**), *Herstellung aromatischer Dicarbonsäuren.* (**E. P. 786 747** vom 20/12. 1954, ausg. 27/11. 1957. — C. **1959.** 3974 [F. P. 1 138 986].)

Standard Oil Co., V.St.A. (Erfinder: **James Timothy Corcoran** und **Kenneth Carl Peterson**), *Herstellung von reinstem Terephthalsäuredimethylester.* (**F. P. 1 196 573** vom 3/6. 1958, ausg. 25/11. 1959. A. Prior. 7/6. 1957. — C. **1960.** 4673 [A. P. 2 875 237].)

E. I. du Pont de Nemours & Co., Wilmington, Del., V.St.A., *Bis-(2-hydroxyäthyl)-terephthalat.* (**E. P. 822 106** vom 22/7. 1957, ausg. 21/10. 1959. A. Prior. 30/7. 1956. — C. **1960.** 13524 [A. P. 2 905 707].)

Badische Anilin- & Soda-Fabrik Akt.-Ges., Ludwigshafen/Rh., *Herstellung von Terephthalsäure.* (**Oe. P. 196 400** vom 17/1. 1957, ausg. 10/3. 1958. D. Prior. 3/3. 1956. — C. **1960.** 5976 [D. A. S. 1 068 689].)

Chempatents, Inc., New York, N.Y., V.St.A., *Aromatische Carbonsäuren.* (**Belg. P. 551 255** vom 24/9. 1956, ausg. 18/12. 1959. A. Prior. 28/9. 1955. — C. **1960.** 11820 [Aust. P. 217 507].)

Hercules Powder Co. (Erfinder: **John Frederick Walker**), Wilmington, Del., V.St.A., *Dikaliumterephthalat.* (**D. A. S. 1 069 139** Kl. 12o vom 26/2. 1958 ausg. 19/11. 1959. A. Prior. 4/3. 1957. — C. **1960.** 6999 [A. P. 2 864 860].)

Henkel & Cie. G. m. b. H., Deutschland, *Herstellung aromatischer Carbonsäuren, bes. Terephthalsäure.* (**F. P. 1 178 129** vom 3/7. 1957, ausg. 4/5. 1959. D. Prior. 4/7. 1956. — C. **1959.** 13942 [D. A. S. 1 053 491].)

Imhausen Werke G. m. b. H., Witten/Ruhr (Erfinder: **Ewald Katzschmann**, Dortmund-Kruchel), *Herstellung von Chloriden aromatischer Mono- oder Polycarbonsäuren.* (**Oe. P. 199 634** vom 25/6. 1957, ausg. 25/9. 1958. D. Prior. 12/7. u. 16/7. 1956. — C. **1960.** 8013 [E. P. 813 888].)

Imperial Chemical Industries Ltd., London, England, *Terephthalsäuredialkylester.* (**Belg. P. 551 307** vom 26/9. 1956, ausg. 18/12. 1959. E. Prior. 28/9. 1955 u. 14/9. 1956. — C. **1960.** 13196 [F. P. 1 163 081].)

General Aniline & Film Corp., New York, N.Y., V.St.A., *Katalytische Reduktion von aromatischen Dinitroverbindungen.* (**E. P. 805 249** vom 25/1. 1957, ausg. 3/12. 1958. A. Prior. 6/2. 1956. — C. **1960.** 15568 [F. P. 1 172 211].)

Deutsche Gold- und Silber-Scheideanstalt vormals Roessler, Frankfurt/M., *Borsäuretriamide.* (**E. P. 819 455** vom 7/5. 1957, ausg. 2/9. 1959. D. Prior. 6/6. 1956. — C. **1960.** 16592 [D. A. S. 1 044 822].)

F. Hoffmann-La Roche & Cie. Soc. An., Schweiz, *Herstellung von Carotinoiden.* (**F. P. 1 171 322** vom 20/7. 1956, ausg. 23/1. 1959. Schwz. Prior. 22/7. 1955. — C. **1960.** 11478 [Aust. P. 215 544].)

Esso Research and Engineering Co., Elizabeth, N. J., V.St.A., *Carbonylierung einer Cycloalkenverbindung.* (**D. A. S. 1 058 503** Kl. 12o vom 7/2. 1957, ausg. 4/6. 1959. A. Prior. 24/2. 1956. — C. **1960.** 15576 [F. P. 1 172 338].)

Monsanto Chemical Co., St. Louis, Mo., V.St.A., *Herstellung von organischen Isocyanaten.* (**Aust. P. 168 177** vom 2/3. 1954, ausg. 20/12. 1956. A. Prior. 2/3. 1953. — C. **1957.** 1297 [A. P. 2 733 254].)

Universal Oil Co., Des Plaines, Ill., V.St.A., *Gewinnung von Naphthalinen aus Kohlenwasserstoffgemischen.* (**E. P. 823 902** vom 12/11. 1957, ausg. 18/11. 1959. A. Prior. 15/11. 1956. — C. **1960.** 9385 [A. P. 2 878 261].)

Monsanto Chemical Co., St. Louis, Mo., V.St.A., *Substituierte Phenanthren-2-one.* (**Aust. P. 168 137** vom 4/2. 1954, ausg. 1/11. 1956. A. Prior. 9/2. 1953. — C. **1957.** 6900 [D. B. P. 951 005].)

Ciba Akt.-Ges., Basel, Schweiz (Erfinder: **William Edward Rosen**, Summit, N.J., V.St.A.), *Herstellung von 2 quaternäre Ammoniumgruppen aufweisenden Salzen von 2-(tert.-Amino-niederalkyl)-Bz-polychlorisoindolinen.* (**Schwz. P. 338 829** vom 22/8. 1957, ausg. 31/7. 1959. A. Prior. 4/9. 1956 u. 5/7. 1957. Zusatz zu Schwz. P. 335 523; C. 1960. 4292. — C. **1960.** 9728 [D. A. S. 1 058 059].)

Österreichische Stickstoffwerke Akt.-Ges., Linz, Österreich, *Imidazolderivate*. (**E. P. 812 117** vom 25/10. 1957, ausg. 15/4. 1959. Oe. Prior. 30/10. 1956. — **C. 1960.** 10065 [Oe. P. 197 821].)

E. I. du Pont de Nemours & Co., Wilmington, Del. (Erfinder: **Richard David Cramer**, Landenberg, Pa.), V.St.A., *Herstellung von 3.3'-Bis-isoxazol*. (**D. A. S. 1 064 065** Kl. 12p vom 16/11. 1957, ausg. 27/8. 1959. A. Prior. 16/11. 1956. — **C. 1960.** 10065 [A. P. 2 855 402].)

Celanese Corp. of America, New York, N.Y., übert. von: **Alexander F. MacLean** und **Adin L. Stautzenberger**, Corpus Christi, Tex., V. St.A., *Herstellung von Piperidinen*. (**A. P. 2 885 402** vom 1/4. 1953, ausg. 5/5. 1959. — **C. 1960.** 7001 [E. P. 772 446].)

Farbenfabriken Bayer Akt.-Ges., Leverkusen (Erfinder: **Friedrich Bossert**, Wuppertal), *Herstellung von Thiochromonen*. (**D. A. S. 1 048 926** Kl. 12q vom 6/7. 1955, ausg. 22/1. 1959. **A. P. 2 923 716** vom 3/7. 1956, ausg. 2/2. 1960. D. Prior. 6/7. 1955. — **C. 1960.** 11822 [F. P. 1 169 556].)

C. F. Boehringer & Soehne G. m. b. H. (Erfinder: **Onno Onnen**, Mannheim, **Wilhelm Peschke**, Ziegelhausen, und **Erich Rabald**, Mannheim), *Herstellung von 5-Amino-1.3-dioxanen*. (**D. B. P. 972 617** Kl. 12q vom 20/10. 1951, ausg. 20/8. 1959. Anmeldung bekanntgemacht 19/3. 1953. — **C. 1960.** 9656 [Holl. P. 92 228].)

Union Carbide Corp., New York, übert. von: **Arthur B. Steele**, Pittsburg, Pa., V.St.A., *1.4-Disubstituierte Piperazine*. (**A. P. 2 868 791** vom 19/10. 1954, ausg. 13/1. 1959. — **C. 1960.** 7688 [E. P. 808 178].)

Dow Chemical Co., Midland, Mich., V.St.A., *Herstellung von Piperazinen*. (**E. P. 819 126** vom 20/3. 1958, ausg. 26/8. 1959. — **C. 1959.** 14564 [A. P. 2 839 533].)

J. R. Geigy Akt.-Ges., Basel (Erfinder: **Walter Schindler**, Riehen), Schweiz, *Herstellung von Dibenzoazepinen*. (**D. A. S. 1 056 133** Kl. 12p vom 12/11. 1957, ausg. 30/4. 1959. Schwz. Prior. 13/11. 1956. — **C. 1960.** 11823 [Oe. P. 200579])

Monsanto Chemical Co., St. Louis, Mo., V.St.A., *Herstellung von Polyvinylsulfonamiden*. (**Aust. P. 168 171** vom 4/3. 1954, ausg. 13/12. 1956. A. Prior. 6/3. 1953. — **C. 1957.** 9222 [A. P. 2 754 287].)

X. Färberei. Organische Farbstoffe

Das Verhalten der Querschnittfärbung in bezug zum Quellungsgrad bei Cellulosefasern. Koichi Katō. (J. Soc. Textile Cellulose Ind., Japan [Sen-i Gakkaishi] **16.** 831—38. Okt. 1960. Otsu, Shiga-ken, Japan. Tokyo Rayon Co. Ltd. Central Research Labors.) (Jap.; Auszug: Engl.) — Vgl. C. **1961.** 18136.

Cellulosereyon wurde verschiedenen, den Quellungsgrad beeinflussenden Behandlungen unterworfen u. die Wrkg. dieser Behandlungen auf die Färbung des Faserquerschnitts mkr. untersucht. Es wurde eine gute Beziehung zwischen der Abnahme des Quellgrades u. dem Übergang von Kernfärbung zu Randfärbung im Faserquerschnitt gefunden. Bei Anordnung typ. Cellulosefasern nach der Art ihrer Querschnittfärbung ergab sich eine interessante Beziehung zwischen dem Grad der Feuchtigkeitsaufnahme u. dem Quellgrad. H. Sontag. 7002□

Das Färben der Kräuselgarne. Heinz Dittrich. (Riv. Tessile Textilia **37.** 125—29. April 1961.) (Ital.) — C. **1961.** 18137. A. Sander. 7020□

Zusammenhänge zwischen dem Vorausrüsten und dem Färben von Trevira/Wolle-Geweben. Helmut Röhser. (Melliand Textilber. **42.** 314—17. März 1961.) (Dt.)

Die Hostapal WN-Marken erweisen sich als bes. geeignet für das Waschen von Mischgeweben aus Wolle (45%) u. Trevira (55%). In den meisten Fällen ist das Auftreten von Laufstreifen u. Schwielen beim Färben dieser Gewebe auf Fehler in der Gewebekonstruktion zurückzuführen. Für eine einwandfrei stückgefärbte Ware ist das Einspringen in der Vorausrüstung u. beim Färben zu beachten. Die Thermofixierung wird am vorteilhaftesten bei 185—190° u. 30 Sek. durchgeführt. Das Ausmaß der Schrumpfung im Färbebad ist von der Kochzeit u. der Carrier-Konz. abhängig. H. Grimm. 7020□

Praktische Gesichtspunkte des Färbens, Druckens und Ausrüstens von Geweben und Maschenwaren aus Chlorfasern. M. Gord. (Teintex **26.** 107—25. 15/2. 1961.) (Franz.)

Vf. gibt einen Überblick über die chem. u. physikal. Eigg. der Chlorfasern Thermovyl, Fibravyl u. Rhovyl, wobei er die Thermoplastizität bes. ausführlich behandelt. Da die Chlorfasern keine reaktiven Gruppen aufweisen, kommen zum Färben prakt. nur Dispersionsfarbstoffe in Ggw. von Carriern in Frage, da die Anwendung hoher Temp. wegen des niedrigen Erweichungspunkts nicht möglich ist. An Hand von zwei Carrierbeispielen, dem Solvant FT u. dem o-Phenylphenol, wird die Wirkungsweise der Carrier beim Färben von Chlorfasern erklärt. Die Probleme beim Drucken sind die gleichen wie beim Färben. Therm. stabilisierte Artikel können nach dem klass. Verf. mit Dispersionsfarbstoffen bedruckt werden, wobei beim Fixieren u. Trocknen Temp. von 100° nicht überschritten werden dürfen, schrumpfbare Artikel müssen mit Pigmentfarbstoffen bedruckt u. bei niedrigen Temp. länger getrocknet werden. Die Ausrüstung der Gewebe u. Maschenwaren kann auf den meisten der üblichen App., möglichst unter Zusatz eines Thermostaten, vorgenommen werden. L. Jentgen. 7020□

Färben von Mischungen aus Polyesterfasern/Wolle auf Kreuzspulen und im Stück sowie Hinweise zur Ausrüstung. W. Kunze. (Z. ges. Textilind. **63.** 196—200. März 1961.) (Dt.)

Es werden Rezeptbeispiele für das Färben von Mischungen aus Polyesterfasern u. Wolle aufgeführt. Auf die Notwendigkeit der Prüfung der Hitzebeständigkeit der Färbungen wird hingewiesen. H. Grimm. 7020□

Färben und Ausrüsten von Gemischen aus Polyester- und Cellulosefasern. H. Stern. (Fibre e Colori **11.** 87—90. März 1961. Basel, Ciba-A.G.) (Ital.)

Übersicht über Färbe-Verff. der meist aus (%) 67—60 Polyester + 33—40 Baumwolle bzw. 70 Polyester + 30 Reyon bestehenden Fasergemische mit Küpen-, Küpenleukoester- u. Pigmentfarbstoffen mit bes. Hinweis auf das *Microfix-Verf.* der Ciba sowie nach der Pad-Roll-Meth. u. mittels Hochtemp.-Druckfärbung auf Kreuzspulen. Anschließend streift Vf. das kombinierte Verf. mit Dispersions- u. reakt. Farbstoffen zur Herst. brillanter Drucke sowie geeigneter Fixier- u. Ausrüstungs-Meth. zur Herst. kochu. waschbeständiger u. wasserundurchlässiger „no iron"- u. a. Appreturen, die auch bei Mischungen bis zu 50% Cellulosezusatz brauchbar sind. Zur Beseitigung evtl. „pilling"-Schäden wird rasches Absengen der Mischgewebeoberflächen nach dem Färben empfohlen. A. Sander. 7020□

Neue Methode für die Herstellung farbiger Pigmente, die für die Deckfarbenzurichtung von Leder geeignet sind. František Bělohradský und Miroslav Kulhánek. (Věda Výzkum Průmyslu koželnném **5.** 101—12. 1958. Otrokovice, Výzk. úst. koželný.) (Tschech.)

Auf Grund der Rk. der bas. kationakt. Aminoharze auf Phenol–Formaldehyd-Grundlage mit den reagierenden Gruppen von sauren u. direkten Anilinfarbstoffen wird ein neues Verf. zur Vorbehandlung der bei der Deckfarbenzurichtung von Leder verwendeten Pigmente u. Lacke entwickelt, das eine Ausfällung der Farbstoffe auf verschiedene Substrate ermöglicht. R. K. Müller. 7024□

Neue Ansichten über das Pelzfärben. Rudolf Vrbacký. (Věda Výzkum Průmyslu koželnném **5.** 113—22. 1958. Trutnov-Poříčí, Kara n. p.) (Tschech.)

Als rationelles Verf. der Pelzfärbung hat sich die Kombination von Gerbung u. Färbung in einem Gang ohne Trocknung u. Zurichtung ergeben, wobei durch die Wahl von pH, Redoxpotentialen u. Komplexbildnern eine Stabilisierung erzielt wird. Eine weitere Vereinfachung erscheint in Anlehnung an die Wollfärbung bei niedriger Temp. möglich. R. K. Müller. 7024□

Chromatographische Bestimmung der ortho-Hydroxyarylamide der Naphthol-AS-Reihe. Flaminio Pagani. (Tinctoria [Milano] **58.** 107—08. März 1961. Genova, Univ., Ist. di chimica farmazeutica e toxicologia.) (Ital.)

Nach einem allg. Überblick über techn. Bedeutung u. Entw. chromatograph. Analysen-Meth. bis zur mikroanalyt. Meth. auf chromatograph. Filterpapier zur Best. der R_F-Werte berichtet Vf. über Ergebnisse chromatograph. R_F-Best. von 15 verschiedenen Naphthol-AS-Basen des Handels. Von den verwendeten 25 Lsgm. bzw. deren Gemischen erwies sich Methanol unter den näher beschriebenen Ausführungsbedingungen der Verss. als bes. geeignet. Die gefundenen R_F-Werte sind in Tabellen zusammengestellt. — 23 Literaturhinweise. A. Sander. 7086□

Hubert Edouard Henri Raskin, Brüssel, Belgien, **Bedrucken lackierter Oberflächen.** Man bedruckt mit einer Druckpaste, die eine Farbstoff-Lsg., ein Lsgm. u. ein Beizmittel für den Lack sowie ein in W. gelöstes Verdickungsmittel enthält, erweicht den Lack durch Erwärmen oder Einw. von Lsgm.-Dampf, wäscht zweckmäßig das Verdickungsmittel mit W. aus u. erhitzt dann auf höhere Temp. (z. B. 140°), wobei gleichzeitig mit der Fixierung des Druckes das ggf. zur Erweichung des Lackes benutzte Lsgm. ausgetrieben u. der Lack ggf. auspolymerisiert wird. — Auf einem Glycerin–Phthalsäure-Lack verwendet man z. B. eine Druckpaste der Zus. 85 (g) Celluloseäther, gelöst in 625 W., 40 Glycerin, 80 Butanol, 40 Essigsäure, 25 Anilinfarbstoff, gelöst in 105 Methylglykol. (**Holl. P. 96 435** vom 27/3. 1958, ausg. 15/12. 1960. Belg. Prior. 21/2. 1958.) F. Böhm. 7007

Farbenfabriken Bayer Akt.-Ges., Leverkusen, **Eisfarben für den Textildruck.** Man verwendet eine Diazoamino-Verb., die aus einem schwach negativ substituierten Amin der Benzolreihe, z. B. 1-Amino-2-methyl-5 chlorbenzol, u. 2-Carboxy-5-nitrophenylaminoessigsäure hergestellt wird, im Gemisch mit einer Eisfarben gebenden Komponente, z. B. 1-[2'.3'-Hydroxynaphthoylamino)-2-äthoxybenzol (I), u. entwickelt den Farbstoff nach dem Auftrag auf die Textilien durch Dämpfen mit neutralem Wasserdampf. Man erhält bei Anwendung der beispielsweise genannten Verbb.

eine scharlachrote, lichtechte Färbung, bei Verw. von 1-(2'.3'-Hydroxynaphthoylamino)-2-methylbenzol an Stelle von I leuchtend rote Färbungen. (**Ind. P. 58 164** vom 16/8. 1956, ausg. 1/4. 1958.) C. Lüttgen. 7021

J. R. Geigy Akt.-Ges. (Erfinder: Heinrich Häusermann), Basel, Schweiz, **4-Nitrostyryl-2-sulfonsäurearylverbindungen.** Zu Oe. P. 203 489; C. **1961.** 2098 ist nachzutragen: Es sind Verbb. der allg. Formel I herstellbar (Ar = Aryl oder heterocycl. Rest mit aromat. Eigg.) durch Rk. von 4-Nitro-1-methylbenzol-2-sulfonsäure in Form ihrer schmelzbaren oder in organ. Lsgm. lösl. Salze mit einem aromat. oder heterocycl. Aldehyd, der noch Halogen, Alkyl, Alkoxy, CN, Alkyl- oder Arylsulfon, tert.-Sulfonsäureamid, NO_2, Acylamino u. Dialkylamino enthalten kann, wie Furfurol, Isophthal- u. Naphthaldehyd. — *Farbstoffzwischen-Prodd.*, bes. zur Herst. von *opt. Aufhellern.* (**D. A. S. 1 065 838** Kl. 12o vom 23/4. 1958, ausg. 24/9. 1959. Schwz. Prior. 29/4. 1957.) G. Krauss. 7049

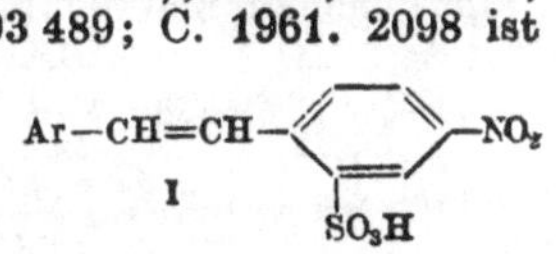

J. R. Geigy Akt.-Ges., Basel (Erfinder: Jean-Pierre Jung, Riehen, und Meinrad Hürbin, Basel), Schweiz, **Herstellung von Monoazofarbstoffen.** Eine diazotierte 2-Aminobenzol-1-sulfonyl-Verb. mit $-SO_2-R$ (R = KW-Stoff-, Aryloxy- oder organ. Aminrest) u. worin alle organ. Reste weiter substituiert sein können, wird mit einem 1-Aryl-5-aminopyrazol gekuppelt. Der Farbstoff muß eine saure, Alkalisalze bildende Gruppe enthalten. Die Farbstoffe besitzen ein gutes Ziehvermögen auf Wolle. Sie eignen sich auch zum Färben von Seide, Polyamid- u. Polyurethanfasern. *3-Amino-1.1'-diphenyläther-4-sulfonsäuredicyclohexylamid* → *1-(4'-Sulfophenyl)-3-methyl-5-aminopyrazol* Der Farbstoff färbt Wolle sehr gleichmäßig licht- u. naßecht gelb. — *2-Aminobenzolsulfonsäure-4'-amylphenylester* → *1-(3'-Chlor-6'-sulfophenyl)-3-methyl-5-aminopyrazol.* Der Farbstoff färbt Wolle licht- u. alkaliecht grünstichiggelb. — Weitere Ausführungs- u. Tabellenbeispiele. (**D. A. S. 1 100 846** Kl. 22a vom 22/10. 1958, ausg. 2/3. 1961. **F. P. 1 214 975** vom 22/10. 1958, ausg. 13/4. 1960. **E. P. 844 427** vom 22/10. 1958, ausg. 10/8. 1960. Alle Schwz. Prior. 23/10. 1957.) F. Rath. 7053

J. R. Geigy Soc. An., Basel (Erfinder: Guido Schetty, Basel), Schweiz, **Herstellung von chromhaltigen Monoazofarbstoffen** der allg. Formel HO—A—N=N—B (A = sulfonsäuregruppenfreier o-Hydroxyphenylrest, der jedoch einen ionogenen Substituenten enthält, u. B = 1-Acylamino-7-hydroxynaphthalinrest in 8-Stellung an die Azogruppe gebunden, wobei die Acylgruppe Rest einer Benzolcarbon- oder -sulfonsäure ist. Die Farbstoffe werden anschließend auch im Gemisch mit anderen Farbstoffen in die (1:2) Cr-Komplex-Verbb. übergeführt. Die Farbstoffe färben Leinen, Seide u. Leder oliv, grau, grün oder graublau. Die Färbungen sind bemerkenswert lichtecht. *6-Nitro-4-methyl-2-amino-1-hydroxybenzol* → *N-3'-Acetylaminobenzoyl-1-amino-7-hydroxynaphthalin.* Der Farbstoff färbt Leinen aus neutralem Bad graublau. *6-Nitro-2-amino-4-amyl-1-hydroxybenzol* → *N-3'-Methylsulfonylaminobenzolsulfonyl-1-amino-7-hydroxynaphthalin.* Der Farbstoff färbt Leinen grau. Weitere Ausführungs- u. Tabellenbeispiele. (**F. P. 1 205 275** vom 28/3. 1958, ausg. 2/2. 1960. **Belg. P. 533 179** vom 23/3. 1958, ausg. 29/7. 1960. **E. P. 844 333** vom 28/3. 1958, ausg. 10/8. 1960. **A. P. 2 891 939** vom 17/3. 1958, ausg. 23/6. 1959. Alle Schwz. Prior. 20/3. 1957.) F. Rath. 7053

Farbwerke Hoechst Akt.-Ges., vormals Meister Lucius & Brüning, Frankfurt/M. (Erfinder: Herbert Kracker und Hans Albert, Offenbach/M.), **Herstellung von wasserunlöslichen Azofarbstoffen.** Diazotierte o-Aminoazo-Verbb. der allg. Formel I werden mit Arylamiden der 2.3-Hydroxynaphthoesäure der allg. Formel II (R = Phenylrest mit mindestens einem O-Alkylrest, der außerdem Halogen u. Alkyreste enthalten kann, oder Naphthylrest) in Substanz auf der Faser oder auf einem anderen Substrat gekuppelt. Die Farbstoffe färben pflanzliche Fasern nach üblichen Druck- oder Färbe-Verf. grünstichigbraun bis grün u. mit guter Echtheit. Sie können auch zum Färben von hochmol. plast. Massen u. zur Herst. von Farblacken verwendet werden. — *2-Amino-4-methoxy-5-methyl-2'-phenylsulfonyl-4'-nitro-1.1'-azobenzol* → *1-(2'.3'-Hydroxynaphthoylamino)-2-methoxybenzol.* Der getrocknete Farbstoff ist grünstichigschwarz. — Vier weitere Beispiele u. Tabellenbeispiele. (**D. A. S. 1 084 402** Kl. 22a vom 1/10. 1957, ausg. 30/6. 1960. **F. P. 1 215 661** vom 30/9. 1958, ausg. 20/4. 1960. D. Prior. 1/10. 1957.) F. Rath. 7053

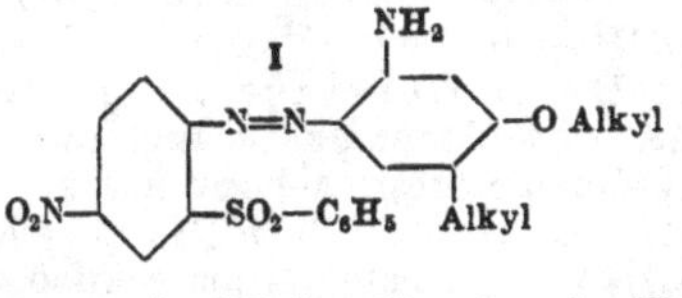

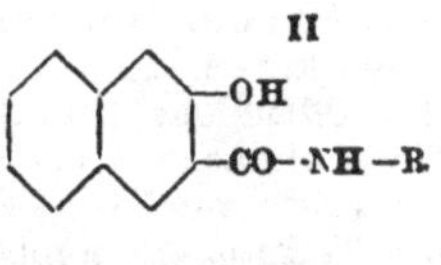

Farbwerke Hoechst Akt.-Ges., vormals Meister Lucius & Brüning, Frankfurt/M. (Erfinder: Herbert Kracker, Roland Bamberger, Reinhard Mohr und Joachim Ribka, Offenbach/M.), **Herstellung von metallhaltigen Azofarbstoffen.** Diazo-Verbb. aus prim. aromat. Aminen, die in o-Stellung zur Diazoniumgruppe eine zur Metallkomplex-Bldg. befähigte Gruppe enthalten u. frei von SO_3H- u. COOH-Gruppen sind, werden mit Azokomponenten der allg. Formel I (R = Alkyl, Aryl, Cycloalkyl oder Aralkyl) gekuppelt u. dann metallisiert. — 14,35 (Gew.-Teile) *1-Amino-2-hydroxy-5-chlorbenzol* → 21,4 *2.4-Dihydroxybenzophenon*. Durch Behandlung mit 14,5 $CoSO_4 \cdot 7\,H_2O$ entsteht der Co-haltige Farbstoff als braunes Pulver, das Wolle bräunlich-granat u. Polyamidfasern rostrot gut, echt u. bes. gut lichtecht färbt. — Weitere Tabellenbeispiele. (**D. A. S. 1 077 350** Kl. 22a vom 16/4. 1957, ausg. 10/3. 1960. **Zusatz zu D. A. S. 1 014 249; C. 1960. 2353. Schwz. P. 350 053** vom 14/4. 1958, ausg. 31/12. 1960. **Zusatz zu Schwz. P. 348 761; C. 1961. 13730. Belg. P. 566 836** vom 16/4. 1958, ausg. 12/8. 1960. **Zusatz zu Belg. P. 553 480; C. 1960. 16949.** Beide D. Prior. 16/4. 1957.) F. Rath. 7053

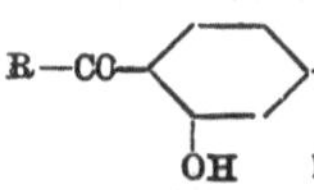

I

Cassella Farbwerke Mainkur Akt.-Ges. (Erfinder: Richard Fleischhauer), Frankfurt/M., **Herstellung von Trisazofarbstoffen.** Diazotierte Aminomonoazofarbstoffe der allg. Formel I (D = Rest einer aromat. Diamino-Verb.) werden in neutralem bis alkal. Medium mit diazotierten Aminoarylsulfonsäureamiden der allg. Formel $H_2N \cdot Ar \cdot SO_2 \cdot NHX$ (Ar = Benzol- oder Naphthalinrest, X = H oder KW-Stoff-Rest mit 1 bis 6 C, Ar kann CH_3, OCH_3 oder Cl enthalten) zu Diazodisazofarbstoffen vereinigt u. diese mit 1-Amino-3-hydroxybenzolen gekuppelt. Die Farbstoffe färben pflanzliche u. tier. Fasern, bes. jedoch Leder, u. sind auch zum Färben von Polyamidfasern geeignet. — *1-Aminobenzol-3-sulfonsäureamid* → *1-Amino-8-hydroxynaphthalin-3.6-disulfonsäure* → *4.4'-Diaminodiphenyl* → *1-Amino-3-hydroxybenzol*. Der Farbstoff färbt Leder etwas rotstichig tiefschwarz. (**F. P. 1 198 096** vom 11/4. 1958, ausg. 4/12. 1959. **E. P. 820 199** vom 28/3. 1958, ausg. 16/9. 1959. Beide D. Prior. 12/4. 1957. **D. A. S. 1 079 249** Kl. 22a vom 12/4. 1957, ausg. 7/4. 1960.) F. Rath. 7055

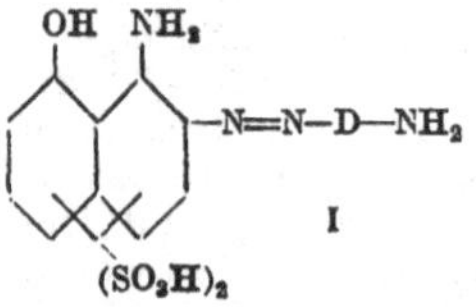

I

Imperial Chemical Industries Ltd., London, übert. von: Frank Lodge, Blackley, Manchester, England, **Anthrachinonfarbstoffe.** Zu E. P. 721 885; C. **1957.** 2599 ist nachzutragen: Durch 18std. Verrühren von 5 (Gew.-Teilen) 1.5.8-Trihydroxy-4-nitroanthrachinon, 10β-Äthoxyäthanol u. 5 m-Aminobenzyl-β-(β'-hydroxyäthoxy)-äthyläther bei 170—175° erhält man einen weiteren Farbstoff, der Acetatkunstseide in gut rauchgas- u. lichtechten rotstichigblauen Tönen färbt. (**A. P. 2 933 508** vom 12/12. 1952, ausg. 19/4. 1960. E. Prior. 21/12. 1951.) O. Roick. 7059

Imperial Chemical Industries Ltd., London, England, **Herstellung von neuen Anthrachinonfarbstoffen.** Man fügt zu einer Triazin-Verb. u. z. B. einer 1-Amino-4-(3-aminoanilino)-anthrachinon-2.4'-disulfonsäure eine Puffersubstanz, z. B. ein Gemisch aus Alkalisalzen der Phosphorsäure, um ein pH von 6—8 aufrechtzuerhalten. — Z. B. fügt man zu einer Lsg. von 8,35 (Teilen) Cyanurchlorid in 40 Aceton 170 W. u. 170 Eis u. hält diese Suspension unter Rühren bei 0—4°. Dann setzt man ihr in 1½ Std. eine Lsg. aus 22,2 Di-Na-Salz der 1-Amino-4-(4'-aminoanilino)-anthrachinon-2.3'-disulfonsäure in 500 W. zu u. rührt weitere 45 Minuten. Nach dem Neutralisieren salzt man aus u. filtriert den Farbstoff ab. Nach dem Trocknen fügt man 11,4 wasserfreies $Na_2 \cdot HPO_4$ u. 7,2 KH_2PO_4 zu, so daß der Farbstoff ca. 12 Monate haltbar ist. (**Ind. P. 59 914** vom 18/3. 1957, ausg. 20/3. 1959. E. Prior. 23/3. 1956.) H. Nebelsiek. 7059

Farbenfabriken Bayer Akt.-Ges., Leverkusen (Erfinder: Georg Rösch, Leverkusen, und Karl-Heinz Gehringer, Köln), **Herstellung von Azofarbstoffen der Phthalocyaninreihe.** Phthalocyanin-Derivv., die über Methylenbrücken durch einen bis acht Acetessigsäureamidreste substituiert sind, werden in Substanz oder auf der Faser mit Diazo-Verbb. umgesetzt. 10,28 (Gew.-Teile) des Tetraacetessigsäureamids des Tetra-ω-aminomethylkupferphthalocyanins werden mit 20 Methanol u. 16 NaOH (10%ig.) angerührt u. 60 Vol.-Teile W. zugegeben. Die blaue Lsg. wird in eine Diazonium-Lsg. aus 6,7 1-Amino-2-methoxy-4-nitrobenzol, 6 HCl (37%ig.), 10 Vol.-Teile W. u. 13,8 Vol.-Teile $NaNO_2$-Lsg. (20%ig.) eingerührt. Dann wird mit Na-Acetat die freie Säure abgestumpft u. der grüne Farbstoff isoliert; Ausbeute = 17. Er ist als Einspinnfarbstoff für Polyacrylnitril oder im Pigmentdruck verwendbar. Das verwendete Phthalocyanin-Deriv. erhält man wie folgt: 83,8 Tetrahydrochlorid des Tetra-ω-aminomethylkupferphthalocyanins werden in 2000 kaltem W. gelöst u. durch Zugabe von 21,2 Soda in feiner Verteilung ausgefällt. Bei Raum-Temp. werden 37 Diketen eingetropft. Der blaue Nd. wird isoliert; Ausbeute = 102. Ein Baumwollgewebe wird auf dem Foulard bei 50° mit der folgenden Lsg. imprägniert, abgenutscht u. getrocknet: 30 Oktaacetessigsäureamid des Okta-ω-aminomethylkupferphthalocyanins, 100 (Vol.-Teile) A., 30 Na-Türkischrotöl u. 18 NaOH (38° Bé) werden angeteigt u. mit W. von 50° auf 1000 eingestellt. Das blaugefärbte Gewebe wird mit einer Lsg. aus 10 (Gew.-Teile) des Diazoniumsalzes von 1-Amino-2-methoxy-4-nitrobenzol u. 2 (Vol.-Teile) Eisessig in 1000 W. bei 20° ½ Std. behandelt, dann gespült u. geseift. Das Gewebe ist dann grün gefärbt. Das verwendete Phthalocyanin-Deriv. erhält man wie folgt: 109,9 Oktahydrochlorid des Okta-ω-aminomethylkupferphthalocyanins werden in 1000 kaltem W. gelöst u. wie oben mit 42,4 Soda gefällt, dann Zugabe von 74 Diketen. Der blaue Nd. wird isoliert; Ausbeute = 147. — Vier weitere Mengenbeispiele. (**D. A. S. 1 109 288** Kl. 22a vom 27/3. 1957, ausg. 22/6. 1961. **F. P. 1 204 395** vom 27/3. 1958, ausg. 26/1. 1960. **Belg. P. 566 116** vom 27/3. 1958, ausg. 29/7. 1960. **A. P. 2 882 267** vom 26/3. 1958, ausg. 14/4. 1959. Alle D. Prior. 27/3. 1957.) F. Rath. 7073

Fontaine Converting Works, Inc., Martinsville, Va., V.St.A., *Färben von Textilstoffen.* (**It. P. 514 769** vom 8/4. 1954. A. Prior. 1/12. 1953. — C. **1957.** 9223 [F. P. 1 095 941].)

Comp. Française des Matières Colorantes Soc. a. r. l., Paris, Frankreich, *Herstellung von Diazoaminoderivaten.* (**It. P. 514 203** vom 15/9. 1952. F. Prior. 21/9. 1951, 18/1., 14/5. u. 17/7. 1952. — C. **1958.** 2876 [D. B. P. 959 552].)

Comp. Française des Matières Colorantes, Paris, Frankreich, *Herstellung von Oxydationsfarbstoffen.* (**It. P. 514 254** vom 11/11. 1952. F. Prior. 28/11. 1951. — C. **1956.** 11850 [E. P. 730 106].)

J. R. Geigy Akt.-Ges., Basel, Schweiz, *Färben von Wolle.* (**It. P. 513 854** vom 5/3. 1954. Schwz. Prior. 6/3. 1953. — C. **1957.** 5707 [E. P. 750 648].)

Farbenfabriken Bayer Akt.-Ges., Leverkusen, *Herstellung von Monoazofarbstoffen.* (**It. P. 514 697** vom 12/4. 1954. D. Prior. 13/4. 1953. — C. **1956.** 8760 [D. B. P. 927 944].)

Farbwerke Hoechst Akt.-Ges., vormals Meister Lucius & Brüning, Frankfurt/M., *Herstellung von Monoazofarbstoffen.* (**It. P. 514 048** vom 10/3. 1954. D. Prior. 11/3. 1953. — C. **1957.** 804 [D. B. P. 940 482].)

Farbwerke Hoechst Akt.-Ges., vormals Meister Lucius & Brüning, Frankfurt/M., *Herstellung unlöslicher Monoazofarbstoffe.* (**Holl. P. 94 034** vom 31/5. 1957, ausg. 19/4. 1960. D. Prior. 6/6. 1956. — C. **1961.** 307 [D. A. S. 1 047 342].)

Ciba Akt.-Ges., Basel, Schweiz, *Herstellung von metallhaltigen Azofarbstoffen.* (**It. P. 514 793** vom 17/4. 1954. Schwz. Prior. 21/4. 1953. — C. **1959.** 2971 [F. P. 1 098 877].)

Imperial Chemical Industries Ltd., London, England, *Farbstoff.* (**It. P. 514 797** vom 21/4. 1954. E. Prior. 23/4. 1953. — C. **1957.** 2338 [E. P. 743 865].)

XIa. Farben. Anstriche. Lacke. Naturharze

Das Problem des Anstrichs rostigen Stahls. J. E. O. Mayne. (J. appl. Chem. **9.** 673—80. Dez. 1959. Cambridge, Univ., Dep. of Metallurgy.) (Engl.)

Unterss. bewitterter Stahlproben ergaben, daß auftretender Rost immer gewisse Mengen $FeSO_4$ enthielt u. daß dieser Geh. im Juli am geringsten, im Januar—Februar am höchsten ist. Es wurde festgestellt, daß die Haftung von Anstrichen auf rostigem Stahl um so schlechter ist, je höher der $FeSO_4$-Geh. des Rostes ist, wobei als obere Grenze 0,6 mg $FeSO_4$/in.^{2} genannt wird. Beschreibung eines für die Praxis geeigneten Prüfgerätes (*Limpet cell*) zur in situ-Best. des $FeSO_4$-Geh. von Rost auf geformten Gebilden, dad. gek., daß eine 6·4·¹/₄ in. große Glasplatte mit Plasticine auf die rostige Oberfläche aufgesetzt u. der Zwischenraum zwischen Metall- u. Glasfläche mit W. ausgefüllt wird. Nach 18—24std. Einw. ist das $FeSO_4$ extrahiert u. läßt sich in dem Extrakt quant. nachweisen. H. Sontag. 7090□

Ockerfarben. Anonym. (Peintures, Pigments, Vernis **35.** 630—33. Dez. 1959.) (Franz.)

Überblick über Eigg., Gewinnung u. Anwendungen. M. Winiker. 7092□

Die thermische Polymerisation von trocknenden Ölen mit nichtkonjugierten Doppelbindungen. Pierre Sigwalt. (Bull. Soc. chim. France, Mém. [5] **1955.** 1643 bis 1650. Nov./Dez. Paris, École Sup. de Physique et de Chim. Ind., Labor. de Chimie Macromol.) (Franz.)

Gegen die Theorie der therm. Polymerisation trocknender Öle mit nichtkonjugierten Doppelbindungen von Kappelmeier u. Scheiber, die eine Isomerisierung in ein Syst. mit konjugierten Doppelbindungen u. anschließende Diels-Alder-Rk. mit einer isolierten Doppelbindung eines zweiten Mol. annimmt, wurde von anderen Autoren angeführt, daß in der ersten Rk.-Phase ein schneller Abfall der Ungesättigtheit ohne entsprechende Molgew.-Zunahme stattfindet u. daß zum Ende der Rk. einer geringen Änderung der Ungesättigtheit eine starke Zunahme des Molgew. entspricht. Diese Anomalien wurden nun erklärt durch eine intramol. Rk. zwischen den Doppelbindungen zweier ungesätt. Fettsäurereste, wodurch bei Rk.-Beginn keine Molgew.-Vergrößerung eintritt, während bei Rk.-Ende die Molgew.-Vergrößerung durch intermol. Veresterung zwischen dimeren u. monomeren Gruppen eintreten soll. Aus den experimentellen Ergebnissen folgt, daß die zur Erklärung herangezogenen Rkk. reell sind u. daß die der DIELS-ALDER-Rk. entgegengestellte Möglichkeit der 1.4-Addition einer Methylengruppe an ein konjugiertes Dien-Syst. nicht zutrifft. Für die DIELS-ALDER-Rk. spricht vor allem die Isolierung von dimeren cycl. Zwischen-Prodd. u. das Auffinden der *Prehnitsäure* (*Benzol-1.2·3.4-tetracarbonsäure*) bei Abbaureaktionen. — 48 Literaturhinweise.

H. GIEHRING. 7096□

Die Möglichkeit, das chinesische Holzöl und Leinöl durch Ricinusöl zu ersetzen. Iosif Drimus und Emil Schuster. (Bul. Inst. politehn. Bucureşti **20.** Nr. 2. 123—28. April/Juni 1958. Bukarest, Polytechn. Inst., Labor. für organ. Technologie.) (Dt.)

Vff. berichten über Verss., bei denen festgestellt wurde, daß man chines. Holzöl u. Leinöl durch polymerisiertes entwässertes Ricinusöl (*Polyridesol*; I), bes. bei der Verw. zur Herst. von Elektroisolierlack ersetzen kann. Es wurde gefunden, daß die I-Schicht elast. ist als diejenige aus den beiden anderen Ölen, wodurch das Spulen erleichtert wird. Ebenso hat diese Schicht eine höhere Durchbruchspannung. Ferner ist die Feuchtigkeitsbeständigkeit der mit I imprägnierten Gewebe höher. Im Gegensatz zu den Schichten aus den beiden anderen Ölen zeigt die I-Schicht sowohl an der Luft als auch in Transformatorenöl nur eine geringe Alterung. Die Trocknungs-Geschw. von Lack, der mit I u. Co-Oleat als Trockenmittel hergestellt wurde, lag höher als von Lack, der aus den anderen Ölen hergestellt worden war. C. GOTTFRIED. 7096

Methode zur Prüfung innenlackierter Musterschalen auf ihre chemische Beständigkeit. A. Werner. (Werkstoffe u. Korrosion **11.** 155—56. März 1960. Mainz, Degussa, Korrosionslabor.) (Dt.)

Mit dem Probelack überzogene Eisenblechschalen werden mit dem Korrosionsmittel gefüllt u. mit einem Schauglas aus Jenaer Glas luftdicht abgedeckt, durch das das Verh. des Probelackes beobachtet werden kann. F. VIER. 7158□

Farbenfabriken Bayer Akt.-Ges., Leverkusen, **Herstellung von Monohydroxypolyäthern,** dad. gek., daß man 1 (Mol) eines Polyalkohols bei 50—150° je nach Anzahl seiner freien OH-Gruppen mit 1, 2 oder 3 eines organ. Halogenids u. Alkalihydroxyd umsetzt. — 1340 (Gew.-Teile) Trimethylolpropan werden bei 60—70° 1 Std. mit 220 NaOH verrührt, dann allmählich 417,5 Allylchlorid zugesetzt; der Vorgang wird 3mal wiederholt. Nach 1std. Rühren wird mit Säure neutralisiert, mit W. gewaschen u. fraktioniert. Man erhält 2000 *Trimethylolpropandiallyläther*, $Kp._{2-5}$ 95 bis 105°, den man zur besseren Durchführung der Rk. als Lsgm. zusetzen kann. — *Trimethylolpropandibenzyläther*, $Kp._{1-2}$ 195—205°, u. *-dibutyläther*, $Kp._{1-2}$ 120—140°, *-monoallyldibenzyläther*; *Pentaerythrittriallyl-*, $Kp._{1-2}$ 126—130°, *-diallyl-*, $Kp._{1-2}$ 139—144°, u. *-monoallyläther*, $Kp._{1-2}$ 163—170°, *-monobenzyldiallyläther*, $Kp._{3}$ 180—185°; *3.3-Dimethylolbutanol-(2)-diallyläther*, $Kp._{3}$ 103°, aus Benzylchlorid, n-Butylchlorid, Trimethylolpropanmonoallyläther, Pentaerythrit, seinem Monobenzyl- bzw. Diallyläther bzw. 3.3-Dimethylolbutanol-(2). — *Trimethyloläthandiallyläther*, $Kp._{0,2-0,3}$ 95—105°, aus Trimethyloläthan. — *Trimethylolpropandimethallyläther*, $Kp._{0,2}$ 102—105°, aus Methallylchlorid. — *Lsgm.* für *Lacke.* — Vgl. D. A. S. 1 065 401; C. **1961.** 1011. (**Oe. P. 205 473** vom 8/2. 1958, ausg. 25/9. 1959. A. Prior. 25/6. 1957.) S. BÖTTCHER. 7101

Alex Kamp & Co., Deutschland, **Überzugs- und Dichtungsmittel** für Kunststoff-Fläschchen aus elast. plast. Material, wie Polyäthylen, z. B. für Parfüms u. flüchtige Stoffe. Das Überzugsmittel besteht aus 2 (Teilen) Nitrocellulose, 5 Polymerisations-Prod. von α.β-ungesätt. Carbonsäureestern, 5 Alkydharz, 4,4 chloriertem Diphenyl, 4 Isocyanat, 79,6 Bzn. als Lsgm. u. einer geringen Menge Acetat. Das Alkydharz kann durch Harnstoffharz u. das Isocyanat durch Epoxydharz oder ein Polyamid ersetzt werden. Ggf. wird auf die Überzugsschicht eine metall. Schicht oder ein Metalloxyd aufgebracht. — Vgl. D. A. S. 1 028 408; C. **1960.** 8369. (**F. P. 69 971** vom 16/4. 1956, ausg. 30/1. 1959. D. Prior. 22/4., 13/5. u. 14/12. 1955. **Zusatz zu F. P. 1 111 431; s. nachst. Ref.**)

M. F. MÜLLER. 7107

Alex Kamp & Co., Deutschland, **Kunststoffbehälter,** bes. für flüchtige Stoffe (äther. Öle u. dgl.), aus einem plast. Material, bes. Polyäthylen, u. einer äußeren transparenten Lackschicht auf Basis von Nitrocellulose, z. B. unter Zusatz von polymeren α.β-ungesätt. Carbonsäureestern, Alkydharzen, natürlichen Harzen. In den Überzug können Metallpulver (Bronzepulver) in koll. Form eingearbeitet werden. — Vgl. D. A. S. 1 056 013; C. **1961.** 8490. (**F. P. 1 111 431** vom 3/11. 1954, ausg. 27/2. 1956. D. Prior. 5/11. 1953 u. 25/8. 1954.) H.-J. NITZSCHKE. 7107

M. W. Kellogg Co., V.St.A., **Plastizieren von polymeren Perfluorchlorolefinen,** auch deren Mischpolymeren, mit anderen Mischpolymeren von Polyfluorchlorolefinen u. anderen Halogenolefinen als Plastiziermittel. Diese Plastiziermittel können auch durch Erhitzen mit Peroxyden, bas. Metalloxyden oder organ. Polysulfiden vernetzt sein. — Man mischt mit polymerem Trifluorchloräthylenpulver eine 12%ig. Lsg. eines Trifluorchloräthylen–Vinylidenfluorid (75:25)-Mischpolymerisats in einer Mischung aus Tetrahydrofuran u. Xylol, so daß die Mischung 5 Gew.-% Plastiziermittel enthält u. verpreßt bei 370° u. 175 kg/cm² 20 Min. zu einer biegsamen, transparenten Folie. (**F. P. 1 150 839** vom 23/4. 1956, ausg. 20/1. 1958.) M. Pankow. 7107

E. I. du Pont de Nemours & Co., Wilmington, Del., V.St.A., **Überzugsmasse,** bestehend aus einer wss. Dispersion von 5—60% eines Mischpolymeren aus Vinylidenchlorid mit mindestens einem anderen monoolefin. Monomeren (I), welche 10—30% (bezogen auf das Gew. der Dispersion) eines mehrwertigen Alkohols oder eines Polyglykols (II) enthält. Die M. dient zur *Behandlung von hydrophilen Filmen* (z. B. Cellulose), um diese wasserbeständig zu machen. Als I dienen Methylacrylat, Acrylnitril, Butylmethacrylat, Vinylchlorid, Methacrylnitril, Methyl-, Äthyl-, Isobutyl-, Butyl-, Octyl-, 2-Äthylhexylacrylat oder -methacrylat, sowie weitere Acrylate u. Methacrylate u. Vinylester, Ester ungesätt. Säuren, ungesätt. Äther u. Ketone, Styrol u. Pyridinderivate. Als II dienen Glycerin, Propylenglykol, Äthylenglykol, Diäthylenglykol, Polyäthylenglykol vom Molgew. 200. (**E. P. 831 995** vom 26/2. 1957, ausg. 6/4. 1960. A. Prior. 30/3. 1956.) A. Dandl. 7107

Rheinpreussen Akt.-Ges. für Bergbau und Chemie, Deutschland, **Mischung für Überzüge** aus einem ungesätt. Alkydharz, einem modifizierten Phthalatharz (Alkydharz), Oxydationsmitteln oder Sikkativen. Die Mischung wird in einer Vinyl- oder Allyl-Verb. gelöst u. in bekannter Weise verarbeitet. — Zu einem Polyester aus Fumarsäure, Phthalsäureanhydrid, Butandiol-(1.3) u. Tricyclodecandimethylol gibt man 0,01% Hydrochinon, 25% eines Alkydharzes mit 50% Phthalat u. 50% Leinöl, löst in Styrol, gibt 4% einer 50%ig. Lsg. von Peroxyd in Methyläthylketon u. 0,1% Co-Octoat zu u. versprüht, z. B. auf Holzflächen. (**F. P. 1 180 863** vom 6/8. 1957, ausg. 10/6. 1959. D. Prior. 9/8. 1956.) M. Pankow. 7107

National Steel Corp., übert. von: Garold C. Jenison, Carrollton, Ohio, V.St.A., **Schutz von metallischen, besonders verzinnten Gegenständen.** Auf die Metalle wird in dünner Schicht, zweckmäßig durch elektrostat. Spritzen, Di-2-äthylhexylsebacat in einer Menge von 0,05—0,5 g/62720 square-inch, aufgebracht. (**A. P. 2 884 338** vom 12/6. 1956, ausg. 28/4. 1959.) P. Krug. 7107

Rheinpreussen Akt.-Ges. für Bergbau und Chemie, Deutschland, **Herstellung ungesättigter Polyester** durch Kondens. ungesätt. Dicarbonsäuren, auch unter Zusatz gesätt. Dicarbonsäuren, mit 2wertigen Alkoholen mit OH-Gruppen in relativer β-Stellung, deren die beiden alkohol. Gruppen verbindendes C-Atom wenigstens einmal substituiert ist [2-Methylbutandiol-(1.3) (I), 5-[α-Hydroxyäthyl]-5-hydroxymethyl-1.3-dioxan, 2.2-Dimethylpropandiol-(1.3), Pentaerythritmonoformal], auch unter Mitverw. anderer mehrwertiger Alkohole. — 93 (Gew.-Teile) Fumarsäure, 178 Phthalsäureanhydrid u. 229 I werden in einem indifferenten Gas bis SZ. 20 bei 180—200° in Ggw. von 0,001 Gew.-% Hydrochinon unter Wasserentfernung ca. 8 Std. kondensiert; der Polyester wird in Styrol gelöst u. dient mit Peroxyd u. Co-Octoat-Trockner als *Überzug* auf Holz oder Glas. Gut trocknendes Material. (**F. P. 1 182 955** vom 18/9. 1957, ausg. 1/7. 1959. D. Prior. 29/9. 1956.) M. Pankow. 7107

Allied Chemical Corp., New York, übert. von: Waclaw Szukiewicz, Snyder, N.Y., V.St.A., **Kratzfeste Oberflächen ergebende Polyesterurethane** erhält man durch 30—90 Min. dauernde Rk. von Ricinusöl mit Diphenylmethan-4.4'-diisocyanat (I) im Verhältnis von OH- : NCO-Gruppen = 1 : 2,5—2,1 bei 50—150° u. folgende Zugabe von wenigstens 4%, bezogen auf I, an Toluylendiisocyanat unter Erhöhung des OH- : NCO-Gruppenverhältnisses auf 1 : 2,1—3,5. Die ggf. in inerten Lsgm. gelösten Prodd. dienen als Klebstoff u. Gießmasse u. zur Herst. von Filmen u. Überzügen. Sie werden durch Erhitzen, ggf. nach Zusatz von tert. Aminen, gehärtet. (**A. P. 2 956 069** vom 29/10. 1958, ausg. 11/10. 1960.) G. Tewes. 7107

Dr. Walter Mäder, Lack- & Farbenfabrik Akt.-Ges., Schweiz, **Herstellung teilweise verätherter und veresterter Kondensationsprodukte** (Harnstoff- u./oder Aminotriazin–CH_2O-Kondens.-Prodd.). Nach teilweiser Veresterung der Kondens.-Prodd. behandelt man sie mit einem organ. Deriv. eines Metalls der Gruppe 4 des Period. Syst., z. B. Ti-Butylat oder Orthokieselsäureestern: *Harze,* die allein oder mit Alkydharzen, Cellulosenitrat usw. für *Lacke* verwendet werden. — 600 (g) 37%ig. CH_2O, 12 konz. NH_3-Lsg. u. 190 Harnstoff werden 15 Min. gekocht, 300 W. bei 55—60°

u. Unterdruck entfernt, langsam 5 85%ig. HCOOH in 240 Butanol in 1 Std. bei Temp.-Erhöhung bis zum Sieden zugesetzt, W. wird entfernt u. in 1 Std. eine Butanol–Toluol-Mischung zugesetzt, um das W. zu entfernen. Man gibt dann 40 Ti-Butylat in 40 wasserfreiem Butanol–Toluol (gleiche Teile) in 50 Min. zu, heizt in 2 Std. bis 114° unter Ergänzung der Lsgm. u. entfernt diese bis zu einer 50%ig. Harz-Lsg.: Härtbares, lichtfestes *Harz*. (**F. P. 1 178 270** vom 8/7. 1957, ausg. 5/5. 1959.) M. PANKOW. 7107

R. A. Brand & Co. (Erfinder: Donald William Harbour), Manchester, England, **Spritzbares Überzugsmittel zur Herstellung leicht entfernbarer Verpackungen,** bestehend aus einer Lsg. eines Vinylmischpolymerisats, eines Gemisches von Vinylmischpolymerisaten oder eines chlorierten Polyvinylchlorids in einem Gemisch flüchtiger Lsgm., das überwiegend aus einem aromat. KW-Stoff (Toluol) u. in geringerer Menge (2—10%) aus einem Keton (Aceton) oder Ester besteht. Als Mischpolymerisate sind bes. verwendbar solche aus Vinylchlorid u. Vinylacetat oder Vinylchlorid u. Vinylidenchlorid, welchen Weichmacher, wie chloriertes Diphenyl, zugesetzt sein können. Auf diese Überzüge können weiterhin noch 1 oder mehr Überzüge aus bituminösen, mit AL-Pulver pigmentierten Gemischen aufgebracht werden. — Beispiel: 600 (Gew.-Teile) Vinylchlorid–Vinylacetat-Mischpolymer, 3195 Toluol, 252 Aceton, 150 Dioctylphthalat, 30 Dioctylsebacinat, 15 Butylacetylricinoleat u. 12 anorgan. Sr-Salz als Stabilisator. (**E. P. 735 859** vom 5/10. 1951, ausg. 31/8. 1955.) W. GRÄGER. 7107

American Cyanamid Co., New York, N.Y., V.St.A. (Erfinder: Edward Strazdins), **Gegen Auskristallisieren stabiles Harz (Kolophonium)** erhält man, wenn man dem fl. Kolophonium ein Kondens.-Prod. aus Kolophonium u. einem Mono- oder Disalicylalkohol oder dessen Alkalisalz, in kleinen Mengen zufügt. (**E. P. 817 741** vom 17/5. 1956, ausg. 6/8. 1959.) F. KOCH. 7141

Alice-Marguerite Deprez, Genf, Schweiz, **Kopal für technische Zwecke.** Man suspendiert den zerkleinerten Rohkopal in W., erhitzt, gibt ein saures Phosphat, bes. Na_2HPO_4, zu u. nach ca. 1 Std. ein Acetat, bes. $(CH_3COO)_2Pb$, erhitzt noch $^1/_4$ Std., läßt abkühlen, filtriert, trocknet den Rückstand u. löst unter Erwärmen in n-Butanol(I). Ist das Harz nach ca. 1 Std. vollständig gelöst, wird das I abdest. u. der Rückstand pulverisiert. (**Ind. P. 58 473** vom 21/9. 1956, ausg. 4/3. 1958.) C. LÜTTGEN. 7141

Alice-Marguerite Deprez (Erfinder: Louis Lacroix), **Herstellung von Kopal für technische Zwecke.** Der gepulverte Rohkopal wird in wss. Suspension, z. B. auf 60—70°, erhitzt u. filtriert; der Filterrückstand gewaschen, getrocknet u. bei 260—270° geschmolzen, wobei nach der Trocknung bis zum Transparentwerden das Kopalpulver in einem organ. Lsgm., z. B. n-Butylalkohol, gelöst, filtriert u. erst dann geschmolzen werden kann. Der wss. Suspension kann noch CH_2O, eine Säure, z. B. H_3PO_4, oder ein Oxydationsmittel, z. B. H_2O_2, zugesetzt werden. (**Aust. P. 219 499** vom 12/11. 1956, ausg. 29/1. 1959.) K. DEMMLER. 7141

National Lead Co., New York, N.Y., übert. von: **Roland W. Brickenkamp**, St. Louis, Mo., und **Charles L. Schmidt**, Fair Haven, N.J., V.St.A., *Herstellung von Titandioxydpigmenten in Rutilform.* (**A. P. 2 818 347** vom 25/9. 1953, ausg. 31/12. 1957. — C. **1957.** 275 [F. P. 1 110 531].)

Laporte Titanium Ltd. (Erfinder: **James Thomson Richmond** und **Raymond James Wigginton**), *Herstellung von Titandioxydpigmenten.* (**Aust. P. 219 614** vom 21/2. 1957, ausg. 5/2. 1959. E. Prior. 21/2. 1956. — C. **1960.** 17289 [Belg. P. 555 181].)

Columbian Carbon Co., New York, N.Y., V.St.A., *Pelletierung von Ruß.* (**E. P. 824 589** vom 28/10. 1957, ausg. 2/12. 1959. A. Prior. 24/12. 1956. — C. **1960.** 16558 [A. P. 2 900 737].)

Philips Electrical Industries Ltd., London, England, *Herstellung eines Silicatleuchtstoffes.* (**E. P. 809 069** vom 27/5. 1955, ausg. 18/2. 1959. Holl. Prior. 2/6. 1954. — C. **1959.** 1279 [Oe. P. 194 006].)

Lonza Electric & Chemical Works Ltd., Basel, Schweiz, *Behandlung von Polyestern.* (**E. P. 815 843** vom 7/12. 1956, ausg. 1/7. 1959. Schwz. Prior. 10/12. 1955. — C. **1960.** 15591 [F. P. 1 162 802].)

Salimuzzaman Siddiqui und **Mohammad Aslam**, *Herstellung eines Firnisses auf Baumwollsaatölbasis.* (**Aust. P. 218 208** vom 8/4. 1957, ausg. 27/11. 1958. — C. **1960.** 7008 [D. A. S. 1 064 177].)

Union Carbide Corp., New York, N.Y., V.St.A. (Erfinder: **John Wilbur Biddle** und **James Morgan Davison**), *Überführen von (Misch-)Polymerisaten des Äthylens in Pulverform.* (**E. P. 824 193** vom 27/6. 1956, ausg. 25/11. 1959. A. Prior. 28/6. 1955. — C. **1960.** 665 [A. P. 2 831 845].)

Samuel Clipson, London, England, *Herstellung von isolierenden und dekorativen Schutzüberzügen.* (**Aust. P. 168 116** vom 3/8. 1949, ausg. 18/10. 1956. — C. **1953.** 3481 [Schwed. P. 133 750].)

Pearl Varnish Co. Ltd., Glamorganshire, Wales, England, *Überzugsmittel gegen Kondenswasserbildung.* (**Aust. P. 168 163** vom 22/9. 1953, ausg. 29/11. 1956. E. Prior. 30/9. 1952. — C. **1959.** 17500 [E. P. 762 272].)

General Electric Co. (Erfinder: **Kenneth Natt Mathers** und **Harry Irvin Morgan**), *Herstellung von radioaktiven Polyäthylenprodukten.* (**Aust. P. 204 685** vom 28/10. 1955, ausg. 3/1. 1957. A. Prior. 3/11. 1954. — C. **1959.** 15200 [E. P. 785 505].)

California Research Corp., San Francisco (Erfinder: **Maurice J. Schlatter**, Berkeley, und **Funston G. Lum**, Richmond), Calif., V.St.A., *Herstellung von mageren bis fetten Alkydharzen.* (**D. A. S. 1 072 388** Kl. 39c vom 1/10. 1955, ausg. 31/12. 1959. A. Prior. 5/10. 1954. **A. P. 2 895 932** vom 5/10. 1954, ausg. 21/7. 1959. — C. **1960.** 7351 [F. P. 1 142 404].)

Farbenfabriken Bayer Akt.-Ges., Leverkusen, und **Mobay Chemical Co.**, Pittsburgh, Pa., V.St.A., übert. von: **Peter Hoppe**, Troisdorf, *Deckschichten auf Polyurethanschaumstoffen.* (A. P. 2 893 063 vom 2/2. 1955, ausg. 7/7. 1959. D. Prior. 9/2. 1954. — C. **1960.** 12520 [D. A. S. 1 071 942].)

Dow Corning Corp., Midland, Mich., übert. von: **John L. Speier**, Pittsburgh, Pa., V.St.A., *Organopolysiloxanelastomere.* (A. P. 2 925 402 vom 14/2. 1955, ausg. 16/2. 1960. — C. **1960.** 14541 [D. A. S. 1 045 091].)

E. I. du Pont de Nemours & Co., Wilmington, Del., V.St.A., *Flüssige, nicht gelierende Überzugsmischungen.* (Belg. P. 541 327 vom 15/9. 1955, ausg. 14/8. 1959. A. Prior. 20/9. 1954. — C. **1960.** 10076 [Holl. P. 92 706].)

XIb. Plaste (Kunstharze. Plastische Massen)

Die Technik der Polymerisation. Heinrich Hopff. (Kunststoffe **49.** 494—500. Okt. 1959. Zürich.) (Dt.)

Übersicht über die Polymerisations-Verff. (Block-, Lsg.-, Fällungs-, Perl- u. Emulsionspolymerisation) u. ihre Anwendungen. W. WESLY. 7170□

Formen und Pressen der neuen Polyolefine. Russell D. Hanna und John Y. Lomax. (Mod. Plastics **36.** Nr. 6. 111—13. 116—18. 120. 122. Febr. 1959. Parlin, N.J., Hercules Powder Co.) (Engl.)

Vgl. der Arbeitsbedingungen beim Formen u. Pressen von Polypropylen mit denen von Polyäthylen u. Angaben über die Beziehung von Enthalpie, spezif. Vol. u. Verhältnis Schubwert : Schubspannung zum Herst.-Verlauf. Aus der Abhängigkeit der zur Herst. von Tafeln nötigen Erhitzungszeit von der Tafeldicke u. der Erhitzer-Temp. folgt, daß eine rasche Erhitzung in befriedigender Weise durch einen Strahler mit hoher Wattdichte erzielt wird. W. WESLY. 7172□

Zeitstandfestigkeit und Spannungsrißbildung von Niederdruckpolyäthylen. E. Gaube. (Kunststoffe **49.** 446—54. Sept. 1959. Frankfurt/M.-Höchst.) (Dt.)

Zeitstand-Unterss. an Niederdruckpolyäthylen führen zu erst flach, später steiler abfallenden Zeitstandkurven. Der Übergang vom flachen zum steilen Kurvenast ist von einem Wechsel des Bruchverlaufs begleitet; der flache Ast ist durch Verformungs-, der steile durch verformungslose Brüche, sog. Spannungsrisse, gekennzeichnet. Die die Spannungsrisse beeinflussenden Faktoren (Medium, Molgew., Kristallinität, Verarbeitung Vernetzung) werden erörtert. Für den Verlauf der Spannungsriß-Bldg. wird eine Modellvorstellung entwickelt. W. WESLY. 7172□

Das Polyäthylen auf dem Spritzgußgebiet. H. H. Schönborn. (Kunststoffe **49.** 569—75. Okt. 1959. Ludwigshafen/Rh., Bad. Anilin- u. Soda-Fabrik A.G., Anwendungstechn. Abt., Kunststoff-Rohstoff-Labor.) (Dt.)

Eigg. der verschiedenen Polyäthylenmarken u. ihre Verarbeitung durch Spritzgießen, im Vgl. mit anderen Spritzgußmassen, bes. Polystyrol. W. WESLY. 7172□

Trinkwasserrohre aus Niederdruckpolyäthylen. K. Richard, E. Gaube und G. Diedrich. (Kunststoffe **49.** 516—25. Okt. 1959. Frankfurt/M.-Höchst, Farbwerke Höchst A.G., Werkstoffstelle.) (Dt.) — Vgl. C. **1960.** 2703.

Eigg. von Rohren aus Niederdruckpolyäthylen u. ihre Prüfung, bes. für die Verw. zur Trinkwasserförderung. W. WESLY. 7172□

Einfluß von Polyäthylenwachsen mit niedrigem Molekulargewicht auf Polyäthylen-Spritzformstücke. K. A. Kaufmann und C. S. Imig. (Mod. Plastics **36.** Nr. 6. 137—40. Febr. 1959. Chicago, Ill., Armco Chem. Corp., Kansas City, Mo., Spencer Chem. Co., Plastics Techn. Serv.) (Engl.)

Der Zusatz von Polyäthylen (**I**)-Wachsen zu I-Harzen bietet die Vorteile einer leichten Verbesserung der Fließbarkeit, der Färbbarkeit u. der Steifheit. Nachteile sind die geringere Beständigkeit gegen niedrige Temp., die Verschlechterung der meisten physikal. Eigg. u. die Schwierigkeit, eine befriedigende Mischhomogenität von **I** u. Wachs zu erreichen. W. WESLY. 7172□

Über die Wechselwirkung zwischen Polyvinylchlorid und Weichmachern. 2. Mitt. A. Hartmann. (Kolloid-Z. **148.** 30—36. Juli/Aug. 1956. Hannover, Hackethal-Draht- u. Kabelwerke A.G., Kunststoff-Labor.) (Dt.) — 1. vgl. Kolloid-Z. **142.** [1955.] 123.

An Hand von Messungen des dielektr. Verlustfaktors tgδ wird die Wechselwrkg. zwischen PVC u. Weichmachern als Assoziation je eines Weichmacher-Mol. mit einer bestimmten Zahl von Vinylchlorid-Einheiten aufgefaßt. Im einzelnen wird gezeigt, daß bei allen untersuchten homologen Phthalsäureestern (*Dimethyl-*, *Diäthyl-*, *Di-n-butyl-*, *Di-2-äthylhexyl-* u. *Di-n-octylphthalat*) als PVC-Weichmacher die auf rheolog. Wege bestimmte charakterist. Konz. von ca. 15 Mol-% Phthalsäureester im Rahmen der experimentellen Genauigkeit ident. ist mit der auf dielektr. Wege bestimmten krit. Phthalsäureester-Konzentration. Letztere wird dabei definiert als die jeweils höchste Konz. an Weichmacher, bei der noch der gesamte Weichmacher als Solvat gebunden ist

u. daher das sek., den freien Weichmacher-Moll. zugehörige tg δ-Maximum noch nicht in Erscheinung tritt. Benzoesäureester (*Äthyl-*, *Isobutyl-*, *Phenyl-* u. *Benzylbenzoat* u. *Trikresylphosphat*) als PVC-Weichmacher zeigen eine dielektr. bestimmte krit. Konz. von 20 Mol-%, während sie bei *Benzophenon* u. wahrscheinlich auch *Acetophenon* bei 15 Mol-% liegt. Die zunächst nur an Phthalsäureestern gemachte Beobachtung, daß homologe Verbb. als PVC-Weichmacher die gleiche krit. Konz. zeigen, wird damit auch auf diese Verbb. erweitert. Die erhaltenen Ergebnisse werden so gedeutet, daß die krit. Weichmacher-Konz. einer vollständigen Solvatation des Polymeren u. damit der Zus. des Solvats entspricht. Ein Mol. Benzoesäureester als Weichmacher vermag demnach 4 PVC-Grundeinheiten assoziativ zu binden, während Phthalsäureester- u. Benzophenon-Moll. sich mit je 6 PVC-Grundeinheiten vereinigen können. W. HEIN. 7172□

Wetterbeständigkeit von weichgemachten PVC-Massen für die Kabel- und Leitungstechnik. W. Birnthaler und G. Falk. (Kunststoffe **49.** 439—46. Sept. 1959. Nürnberg, Kabel- u. Metallwerke Neumeyer A.G., Entw.-Abt.) (Dt.)

Die in 8 Jahren an Weich-PVC-Fellen durch natürliche Bewitterungs-Einw. sich ergebende Versprödung wird vor allem durch die empfindliche Kälteschlagprüfung ermittelt. Die Ergebnisse zeigen den Einfl. der Mischungsbestandteile auf den Bewitterungseffekt. Durch passenden Mischungsaufbau erhält man den prakt. Anforderungen genügendes Weich-PVC. W. WESLY. 7172□

Ein neues PVC für Plastisole Vestolit SB 70. Georg Wick und Gerhard Weber. (Kunststoffe **49.** 455—58. Sept. 1959. Marl, Krs. Recklinghausen, Chem. Werke Hüls A.G., Anwendungstechn. Abt. Kunststoff-Entw.) (Dt.)

Vestolit SB 70, eine neue PVC-Sorte, ist für Pasten geeignet u. zeichnet sich durch geringen Emulgator-Geh., geringe Wasserempfindlichkeit u. niedrige Viscosität aus. Die Eigg. u. Verarbeitungsweisen (Streichen, Spritzen, Tauchen, Gießen, Rotationsguß) werden besprochen. W. WESLY. 7172□

Einfluß von Säuren und Basen auf die Herstellung von Urethanpolymeren. H. L. Heiss, F. P. Combs, P. G. Gemeinhardt, J. H. Saunders und E. E. Hardy. (Ind. Engng. Chem. **51.** 929—34. Aug. 1959. New Martinsville, W.Va., Mobay Chem. Co.) (Engl.)

Die Neigung zur Bldg. von verzweigten (hochviscosen bzw. gelartigen) Polyurethanen (Aktivität) hängt von der Acidität des gesamten Ansatzes, nicht allein von der der Isocyanat-Komponente ab. Es wurden Verss. zur Bldg. von Vorpolymeren unter Verw. von 2.4-Toluylendiisocyanat (I) u. Polyäthylenglykol (II) vom Molgew. 400 (NCO : OH = 2) angestellt. Dabei ergab sich, daß die Aktivität stieg, wenn durch Behandlung von I mit CaO, anderen alkal. Substanzen sowie Aktivkohle u. durch Dest. die Acidität herabgedrückt war. Zusatz von HCl, $AlCl_3$, $FeCl_3$, SO_2 sowie Phosgen u. in geringerem Maße von Dimethylcarbamylchlorid zu dest. I senkte die Aktivität wieder. Nach den Ergebnissen ist der Geh. an sog. „hydrolysierbarem Chlorid“ kein direkter Maßstab für die Aktivität. Erhöhte Rk.-Temp. begünstigt die Viscositätszunahme, stellt aber keinen entscheidenden Faktor für die Verfestigung des Syst. dar. Die Aktivität eines Gemisches ist nicht eine Folge der Reinheit der Komponenten, sondern der Ggw. von Verunreinigungen, da dest. Alkohole, wie Cyclohexanol oder Äthylenglykol, auch mit säurefreiem I keine akt. Gemische geben. Im Gegensatz zu kleinen Säuremengen wirken größere von HCl oder H_3PO_4 katalytisch. Dabei wird allerdings die Bldg. linearer Polyurethane u. nicht die Verzweigung katalysiert, da sich in diesem Falle unter 100° keine festen Polymere bildeten. Bei wachsender Menge von zu II zugegebener KOH ist die Zunahme der Aktivität gemessen an der auftretenden Rk.-Temp. bei einem gewissen Grenzwert sprunghaft. Diese Funktion verläuft bei gepufferten Syst. anders. Es wurden Messungen mit II + Na-Phosphat, Benzyltrimethylammoniumhydroxyd u. den Na-Salzen von Phenol, 2-Phenylphenol, 2.4.5-Trichlorphenol, 2.3.4.6-Tetrachlorphenol u. Pentachlorphenol sowie mit Polypropylenglykol + N-Äthylmorpholin angestellt. — Für die Praxis ist es jedoch zur Erzielung brauchbarer Vorpolymerer für Lacke vorteilhaft, im inakt. Gebiet zu bleiben, durch Erhitzen auf Temp. von ca. 100—120° Verzweigungsvorgänge hervorzurufen u. dadurch eine erwünschte Art der Film-Bldg. beim Kontakt des Kondensats mit der atmosphär. Feuchtigkeit zu erhalten. Optimale Adhäsion, Bindungsstärke, Viscosität u. Stabilität wurden beim Vorpolymer vom Aminäquivalentwert von ca. 500 entsprechend einem Assoziationswert der I–II–I-Einheit von 2 (theoret. Molgew. 1496) beobachtet. — 10 Diagramme, 6 Tabellen.
W. WILLENBERG. 7180□

Bestimmung der organischen Peroxyde aus Halbwertszeiten. F. Doehnert und Orville L. Mageli. (Mod. Plastics **36.** Nr. 6. 142. 144. 146—48. Febr. 1959. Wallace and Tiernan, Inc., Lucidol Div.) (Engl.)

Für die Auswahl eines wirksamen Initiators für Polymerisations-Syst. freier Radikale dienen die Halbwertszeiten u. Aktivierungsenergien einer großen Anzahl von organ. Peroxyden, die sich aus Unterss. über die Zers. in verd. Lsgg. ergeben. Durch Vgl. dieser Werte mit denen der anderen Peroxyde errechnen sich 2 Skalen einer relativen Peroxydwirksamkeit. W. WESLY. 7210□

Die Messung des Kraftverlaufs beim kurzzeitigen Zerreißen von Kunststoffen durch eine Sprengstoffdetonation mittels Dehnungsmeßstreifen. H. Käufer und W. Christmann. (Kolloid-Z. **152.** 18—23. Mai 1957. Schlebusch, Dynamit A.G., vorm. Alfred Nobel & Co., Wiss. Labor.)

Eine Zerreißapp., bei der ein Kunststoffprüfstab durch kurzzeitige definierte Einw. einer Sprengstoffdetonation beansprucht wird, u. die Meth. (Meßelement) zur Messung des Kraftverlaufs (Genauigkeit der Kraftmessung $\pm 10\%$) beim Zerreißen des Prüfstabs u. der Beanspruchungszeit (Zerreißvorgang zwischen 10^{-3} bis 10^{-5}s) werden beschrieben. Die damit bei unterschiedlichen Ladungsmengen untersuchten verschiedenen Kunststoffe werden hinsichtlich ihres unterschiedlichen Verh. bei diesen Bedingungen verglichen. Das für den Beanspruchungsbereich gewonnene Kurvenstück (Abhängigkeit der Zugfestigkeit von der Beanspruchungszeit) läßt sich zwanglos mit der bekannten Zugfestigkeit bei normalen Beanspruchungszeiten in Verbindung bringen (Beispiele: Polyester, Polystyrol, Polyamid, Polyvinylchlorid, Celluloseacetat, Polyurethan, Acrylonitril-Butadien-Mischpolymerisat). R. SCHÄFF. 7210□

Eastman Kodak Co., Rochester, N.Y., übert. von: Hugh J. Hagemeyer jun. und Marvin B. Edwards, Longview, Tex., V.St.A., **Polymerisation von Olefinen mit Metalloxydkatalysatoren und Alkalimetallalkylen als Promotoren.** Bei der Polymerisation von α-Monoolefinen, bes. Äthylen oder Propylen, mit teilweise reduzierten Oxyden von Metallen der Gruppen 5a u. 6a des Period. Syst. als Katalysatoren, z. B. Oxyden des Mo, V, Cr, W usw., auf schwer reduzierbaren Metalloxyden als Träger, z. B. auf α-Al_2O_3, verwendet man in einer inerten, keinen O enthaltenden Fl., z. B. Xylol oder dgl., bei 75—325° u. einem Druck von 200—2000 lbs./sq.in. als Promotoren Alkalimetallalkyle mit 1—10 C-Atomen, wie Li-Butyl oder Na-Amyl, im mol. Verhältnis von Promotor zu Katalysator von 1 : 1 bis 10 : 1. Man erhält Polymere mit höherem Molgew., verbesserter kristalliner Beschaffenheit, in größerer Ausbeute u. mit schnellerem Polymerisationsverlauf als ohne oder mit Alkalimetallen oder Metallhydriden als Promotoren. (**A. P. 2 908 669** vom 18/10. 1956, ausg. 13/10. 1959.) K. SARRE. 7173

Esso Research and Engineering Co., Elizabeth, N.J., V.St.A., **Bestrahlung von Polymeren.** Polymere aus Olefinen, wie Äthylen, Propylen, die in Ggw. eines Katalysators polymerisiert sind, der durch Vermischen einer reduzierenden Metall-Verb., bes. AlR_2Hal oder AlR_3, wobei R einen niederen Alkylrest mit 2—4 C-Atomen u. Hal Cl oder Br bedeutet, mit einer reduzierbaren Verb. eines Metalls der Gruppen IVa, Va, VIa oder VII des Period. Syst., bes. $TiCl_4$, gewonnen ist, werden zwecks Verminderung ihres Molgew. mit γ-Strahlen in einem O-haltigen Gas, z. B. Luft, behandelt. Die Strahlungsdosis kann 0,1—100 MR/Std. bei 0—250° F betragen. Als Strahlungsquelle dient z. B. ^{60}Co. Das Verf. zeichnet sich durch Billigkeit, gute Kontrollmöglichkeit, keine Verunreinigung des Prod. u. leichte Anpassung an kontinuierliches Arbeiten aus. — Vgl. auch F. P. 1 165 597; C. **1961.** 14480. (**E. P. 819 147** vom 4/12. 1956, ausg. 26/8. 1959. A. Prior. 7/12. 1955.) K. SARRE. 7173

Farbwerke Hoechst Akt.-Ges., vormals Meister Lucius & Brüning, Deutschland, **Isolieren von Polymeren aus ihren Lösungen oder Suspensionen.** Man führt die Lsgg. oder Suspensionen [von Äthylen- oder Propylen-Polymeren oder -Mischpolymeren, deren Halogenisierungs-Prodd. (I) oder Sulfochlorierungsprodd. (II), deren Mischungen mit Polyvinyl- oder Polyvinylidenchlorid] in einen ausreichenden Wasserstrom von einer Temp. in der Nähe des Kp., wobei man durch Rühren oder Atomisieren für eine feine Verteilung der Lsg. oder Suspension im W. sorgt u. den Kp. des W. durch Über- oder Unterdruck dem jeweiligen Polymeren anpaßt. — Lsgg. oder Suspensionen von I oder II, auch in Mischung mit den Polyolefinen, werden mittels eines Trockenzerstäubers durch Düsen oder Scheiben zerstäubt, wobei in der Nähe der Düse u. an der Stelle, wo sich die Tröpfchen bilden, durch Zuführung von Lsgm. eine daran gesätt. Atmosphäre hergestellt wird. (**F. PP. 1 189 651** u. **1 189 652** vom 9/1. 1958, ausg. 6/10. 1959. D. Prior. 9/1. 1957.) M. PANKOW. 7173

Siemens-Schuckertwerke Akt.-Ges., Deutschland, **Vernetzen von Kunststoffen,** wie *Polyäthylen, Kautschuk, synthet. Kautschuk, Poly-p-xylylen, Polyvinylalkohol, Polyacrylnitril.* Man führt das Kunststoffpulver in einem Gasstrom durch eine Zone, in der es bis zu dem gewünschten Effekt mit energiereicher Wellen- oder Korpuskularstrahlung (UV-Licht, radioakt. Abfälle) bestrahlt wird. Das Pulver wird dann, wie üblich, durch Pressen, Spritzen oder Spritzguß verarbeitet. (**F. P. 1 186 536** vom 18/11. 1957, ausg. 26/8. 1959. D. Prior. 27/3. 1957.) M. PANKOW. 7173

Dow Chemical Co., übert. von: John M. Flynn, Midland, Mich., V.St.A., **Reinigende Nachbehandlung von polymerisierten Olefinen, die mittels katalytischer Metallverbindungen hergestellt sind.** Polymere, die nach dem ZIEGLER-Verf. mit Hilfe von Katalysatoren aus Gemischen, z. B. von Triisobutyl-Al mit $TiCl_4$, aus Olefinen hergestellt u. vor Berührung mit Luft zwecks Inaktivierung des Katalysators mit einer H-enthaltenden Verb., z. B. aliphat. Alkoholen, wie Isopropanol, oder Wasserdampf, behandelt sind, werden in zerkleinertem Zustand, zweckmäßig auf einem Sieb oder Netz, mit Dampf u./oder heißer Luft von einer Geschw. von 0,15—3,0 Fuß/Sek. bei 90—115° während 5—15 Min. unter Verflüssigung nachbehandelt. Dadurch wird der Cl-Geh. der Polymeren erniedrigt u. ihre Farbe aufgehellt. (**A. P. 2 918 461** vom 9/1. 1957, ausg. 22/12. 1959.) K. SARRE. 7173

Farbwerke Hoechst Akt.-Ges., vormals Meister Lucius & Brüning, Deutschland, **Herstellung von Polyäthylen** mit Molgew. <100000, bes. <50000, das nicht vernetzt ist. Man polymerisiert in Ggw. von H_2 mit einem Katalysator-Syst. aus Bicyclopentadienyl–Ti-Verbb. u. Metallalkylen der Hauptgruppen 1—3 u. der Untergruppe 2 des Period. Syst., auch unter Zusatz geringer Mengen von O_2. — Man gibt unter N_2 zu 2000 (Vol.-Teilen) p-Xylol bei 80—90° 16 einer Lsg., die man aus 25 $(C_2H_5)_2 \cdot AlCl$ u. 25 Gew.-Teilen Bis-cyclopentadienyl–Ti-Dichlorid (I) in 200 Toluol durch längeres Rühren erhält, leitet Äthylen, das 1,2 Mol-% H_2 u. 0,1 Mol-% O_2 enthält ein u. tropft während der Polymerisation (5 Std.) eine kalte Lsg. von 5 Gew.-Teilen I u. 5 $(CH_3)_2AlCl$ in 500 p-Xylol zu, wobei man bei 80—90° hält. Die Polymeren haben eine Dichte von 0,96—0,98 u. F. bis 138°. (**F. P. 1 177 316** vom 15/6. 1957, ausg. 23/4. 1959. D. Prior. 15/6. 1956.) M. PANKOW. 7173

Ruhrchemie Akt.-Ges., Deutschland (Erfinder: Nikolaus Geiser, Helmut Kolling und Edward Stichling), **Reinigen der bei der Äthylenpolymerisation als Hilfsflüssigkeit verwendeten Mischungen gesättigter aliphatischer Kohlenwasserstoffe.** Für die Niederduck-Äthylenpolymerisation mit ZIEGLER-Katalysatoren verwendet man Destillate mit einem Kp.-Bereich von Bzn. bis Gasöl u. leitet sie mit H_2 über einen Hydrierungskatalysator (Ni, Co), trocknet u. behandelt in Abwesenheit jeglicher Feuchtigkeit mit $TiCl_3$. — Arab. Erdöl (Kp. 80—180°, S-Geh. 0,07 Gew.-%) wird bei 520° über einen Al_2O_3-Katalysator mit 1 Vol.-Teil fl. Öl pro 1 Vol.-Teil Katalysator pro Std. geleitet, dann bei 20 at u. 220° durch ein vertikales 6 m hohes Rohr mit 50 mm lichter Weite, das Ni-Katalysator-Stücke enthält aus 100 (Gew.-Teilen) Ni, 15 MgO u. 100 Kieselgur. Aufenthalt im Rohr ca. 2 Std., dann leitet man das Prod. durch ein mit calcinierten $CaCl_2$-Körnern gefülltes 4-m-Rohr in 2 Std., verrührt 10 Liter des Prod. bei 20° mit 3 g $TiCl_3$, läßt absitzen u. verwendet das Prod. bei der Polymerisation von Äthylen, wobei es gegenüber nicht mit $TiCl_3$ behandeltem Prod. eine fast verdoppelte Polymerisatausbeute gibt. (**F. P. 1 185 056** vom 23/10. 1957, ausg. 29/7. 1959. D. Prior. 5/11. 1956.) M. PANKOW. 7173

Hercules Powder Co., Wilmington, Del., V.St.A., **Verbessern der Eigenschaften von Niederdruck-Polyäthylen.** Man behandelt das bei der Polymerisation mit ZIEGLER-Katalysatoren anfallende Prod. mit Alkalien, z. B. einer 5%ig. NH_4OH-Lsg., wäscht u. trocknet es. Das erhaltene Polyäthylen wirkt bei der Weiterverarbeitung nicht mehr korrodierend. (**Ind. P. 58429** vom 17/9. 1956, ausg. 22/12. 1958. Can. Prior. 6/4. 1956.) C. LÜTTGEN. 7173

Phillips Petroleum Co., Bartlesville, Okla., V.St.A., **Chlorierung von Polyäthylen.** Man erhält Prodd. mit stark verbesserten Eigg., bes. hoher Reißfestigkeit, wenn man Polyäthylen, das in Ggw. eines Cr_2O_3 enthaltenden Katalysators erzeugt worden ist u. das ein Molgew. von mindestens 30000, eine Dichte von mindestens 0,94 bei 20° u. eine Kristallinität von mindestens 80% besitzt, bis zu einem Cl-Geh. von 17—33, bes. 20—30 Gew.-%, chloriert. Die Rk. wird zweckmäßig in einem organ. Cl-haltigen Lsgm. bei erhöhter Temp. unter Druck, z. B. bei 80—120° u. 0,35—7 kg/cm², durchgeführt. (**Holl. P. 95 980** vom 8/9. 1956, ausg. 15/11. 1960. A. Prior. 9/9. 1955.) F. BÖHM. 7173

Farbwerke Hoechst Akt.-Ges., vormals Meister Lucius & Brüning, Deutschland, **Stabilisieren fluorhaltiger Polymerer** durch Zusatz wenigstens einer anorgan. u./oder organ. Verb. eines oder mehrerer Elemente der Untergruppe 1—5 des Period. Syst. in Mengen von 0,01—10, bes. 0,2—2 Gew.-%, z. B. der Oxyde, Sulfide, Sulfate, Acetate von Zn, Cd, Hg, Ti, Seltenen Erden. — So mischt man Polytetrafluoräthylenpulver mit 0,7 Gew.-% ZnO oder Polytrifluorchloräthylen mit 0,5 Gew.-% CdS oder Cd-Sulfidselenid. (**F. P. 1 185 159** vom 24/10. 1957, ausg. 30/7. 1959. D. Prior. 24/10. 1956.) M. PANKOW. 7173

Farbwerke Hoechst Akt.-Ges., vormals Meister Lucius & Brüning, Deutschland, **Feuersichere plastische Massen.** Sie enthalten als feuerfestmachende Stoffe Sb_2O_3 u. halogenierte, bes. chlorierte Makromolekulare (chloriertes Polyäthylen oder Polypropylen mit einem Cl-Geh. $<$50%, Polytrifluorchloräthylen, Polytetrafluoräthylen). — So gibt man zu 75 (Gew.-Teilen) Hochdruckpolyäthylen 15 chloriertes Polyäthylen mit 35% Cl-Geh. u. 10 Sb_2O_3. (**F. P. 1 179 192** vom 19/7. 1957, ausg. 21/5. 1959. D. Prior. 20/7. 1956.) M. PANKOW. 7173

Monsanto Chemical Co., St. Louis, Mo., übert. von: Richard H. Martin jun., Springfield, Mass., V.St.A., **Suspensionspolymerisation von Vinylhalogeniden** Bei der Herst. von *Homopolymeren aus Vinylhalogeniden*, bes. Vinylchlorid, oder *Interpolymeren* aus jenen mit weniger als 50 Gew.-% Vinylestern von Carbonsäuren, bes. Vinylacetat, oder Estern von $\alpha.\beta$-ungesätt. Carbonsäuren, wie Äthylacrylat, in wss. Suspension in Ggw. eines in W. lösl. Interpolymeren aus einer Maleinsäure-Verb. als Suspensionsmittel, z. B. aus Maleinsäureanhydrid u. Vinylacetat oder Äthylen, das auch zu 1—10 Gew.-% mit einem gesätt. Alkohol esterifiziert sein kann, setzt man eine kleine Menge, wie 0,005—2 Gew.-%, bezogen auf die Monomeren, eines Interpolymeren aus Allyl- oder Methallylalkohol u. einem Vinylester mit einer 1—10 C-Atome enthaltenden Monocarbonsäure, das 1,5—12 Gew.-% Hydroxylgruppen enthält, als Hilfssuspensionsmittel zu u. polymerisiert in üblicher Weise unter Zusatz eines freie Radikale bildenden Katalysators, z. B. Lauroylperoxyd. Man erhält gleichmäßig kleine, poröse Polymerteilchen, die Weichmacher leicht absorbieren. (**A. P. 2 917 494** vom 20/6. 1956, ausg. 15/12. 1959.) K. SARRE. 7173

Badische Anilin- & Soda-Fabrik Akt.-Ges., Deutschland, **Stabilisieren von Polyvinylhalogeniden** mit bis zu 1% Dialkyl-Sn-dimercaptanen, $R_1R_2Sn(SR_3)SR_4$ (R_1—R_4 = gleiche oder verschiedene Alkylreste) u. einem Schwermetallsalz. Man verwendet z. B. Dioctyl-Sn-bis-dodecylmercaptid u. bas. Pb-Sulfat. (**F. P. 1 177 558** vom 26/6. 1957, ausg. 27/4. 1959.) M. PANKOW. 7173

E. I. du Pont de Nemours & Co., übert. von: Stanley Dixon, Wilmington, Del., V.St.A., **Trifluorvinyläther** der allg. Formel R—O—CF=CF_2 erhält man durch Rk. eines Fluorolefins mit einem Alkalialkoholat der Formel R—O—M (R = Alkyl, Fluoralkyl, Alkenyl; M = Alkalimetall, bes. Na). — Aus 0,5 Mol Tetrafluoräthylen (I) u. 0,33 Mol Na-n-Propylat in 53,1 g Ae. in Ggw. von „Terpen B" (Mischung aus Dipenten u. Terpinolen, Kp. 176—196°) als Polymerisationsverzögerer bei 90° u. 315 bis 330 lbs./sq.in., dann bei 110° → *Propyltrifluorvinyläther*, Kp. 63°. — Na-n-Butylat + I → *Butyltrifluorvinyläther*, Kp. 90—95°, daraus mit Br_2 in CS_2 → *Butyl-1.2-dibrom-1.2.2-trifluoräthyläther*, Kp. 152°. — Na + 4-Penten-1-ol + I → *4-Pentenyltrifluorvinyläther*, $Kp._{98}$ 54—57°. — 2.2.2-Trifluoräthylalkohol + Na + I → *2.2.2-Trifluoräthyltrifluorvinyläther*, Kp. 40—41,5°. — Na-Methylat + I → *Methyltrifluorvinyläther*, Kp. 10,5 bis 12,5°; red. $KMnO_4$-Lösung. — I kann noch umgesetzt werden mit: den Na-Alkoholaten von A., Undekan-1-ol, 2.2-Difluoräthylalkohol, 2.2.3.3.3-Pentafluorpropanol, 2.2.3.3-Tetrafluorpropanol, 1.1.11-Trihydroperfluorundekan-1-ol, Allylalkohol, 3-Buten-1-ol, 2-Buten-1-ol, Propargylalkohol u. 10-Undecen-1-ol. — *Zwischenprodd. zur Herst. von Polymeren.* (**A. P. 2 917 548** vom 28/2. 1957, ausg. 15/12. 1959.) G. KRAUSS. 7173

Minnesota Mining & Mfg. Co., St. Paul, Minn., übert. von: Elizabeth S. Lo, Elizabeth, N.J., V.St.A., **Copolymere des Dichlorhexafluorbutens,** wie des 2.3-Dichlorhexafluorbutens-(2) oder des 4.4-Dichlorhexafluorbutens-(1). Diese Butene werden zu 20—60 (Mol-%) mit 80—40 teilweise halogenierten 1.3-Butadienen, wie Trifluorbutadien, 1.1-Difluor-2-methyl-1.3-butadien, Fluoro- oder Chloropren, bei —20 bis ca. +100° u. einem pH von 7—11 in Ggw. eines Polymerisationskatalysators copolymerisiert. Die Copolymeren besitzen bessere physikal. u. chem. Eigg., bes. größere Ölfestigkeit, als die Homopolymeren aus den entsprechenden Butadienen. (**A. P. 2 914 514** vom 30/4. 1956, ausg. 24/11. 1959.) K. SARRE. 7173

American Cyanamid Co. (Erfinder: Guido Mino und Samuel Kaizerman), **Herstellung von Polymerisaten** durch Polymerisieren von eine polymerisierbare CH_2=C$<$-Gruppe enthaltenden monomeren Verbb., z. B. Methylacrylat, Arylonitril, Acrylamid, Styrol, in wss. Medium bei pH $<$3,5 in Ggw. eines in wenigstens einer Komponente des Rk.-Mediums lösl. Ce-Salzes u. eines polymeren organ. Red.-Mittels, das durch das Ce-Salz oxydiert werden u. die Polymerisierung einleiten kann, z. B. Polyvinylalkohol, Mischpolymerisat von Acrolein u. Styrol, Polyvinylpyrrolidon, Polyvinylamin. — Man löst 15 (Teile) Acrylnitril u. 5 Polyvinylamin in 300 W. von 25°, spült mit N_2, säuert auf pH 1,5 mit HNO_3 an, fügt 0,6 Ce—NH_4-Nitrat zu, gießt nach

70 Min. die polymere Dispersion in überschüssiges Aceton u. erhält nach dem Filtrieren 17 Teile Polymerisat bei einer 75%ig. Umsetzung des Acrylnitrils. (**Aust. P. 220 922** vom 26/3. 1957, ausg. 23/4. 1959. A. Prior. 12/4. u. 14/12. 1956.) K. DEMMLER. 7173

American Cyanamid Co., New York, N.Y., übert. von: Tzeng Jiueq Suen, New Canaan, und Richard L. Webb, Noroton Heights, Conn., V.St.A., **Herstellung von wasserlöslichen thermoplastischen Polymerisaten** aus (Meth-)Acrylsäure oder (Meth-)Acrylamid erfolgt in Ggw. von Per-Verbb. oder Redox-Syst. bei ca. 80° u. chelatbildenden Stabilisatoren der allg. Formeln **I** u. **II**, worin Z = Alkylen (C_{2-3}), X = H, NH_4 oder Alkalimetall, m u. n = 1 oder 2,

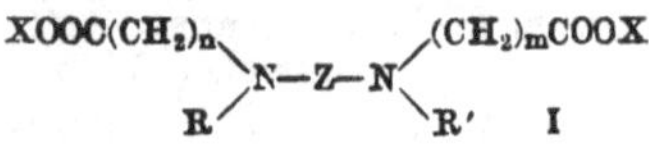
I

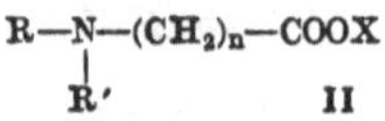
II

R u. R′ = H, Alkyl (C_{1-5}), deren Hydroxy-Derivv., oder $(CH_2)_mCOOX$, in dem m u. X obige Bedeutung haben. In den Mengenbeispielen sind genannt: Äthylendiamintetraessigsäure, deren Tetra-Na-Salz, Trimethylendiamintetraessigsäure, Nitrilotriessigsäure, N′-(2-Hydroxyäthyl)-äthylendiamin-N.N.N′-triessigsäure, N.N-Bis-(β-hydroxyäthyl)-glycin. Zusatzmenge 0,01—1% des Monomerengewichts. — Hochmol. Prodd. ohne Verfärbung. (**A. P. 2 917 477** vom 21/1. 1955, ausg. 15/12. 1959).
H. SCHINDLER. 7173

E. I. du Pont de Nemours & Co., Wilmington, Del., V.St.A., **Kontinuierliche Polymerisation von Acrylnitril** oder dessen 85%ig. Mischungen mit anderen mischpolymerisierbaren äthylen. ungesätt. Verbb. erfolgt in einem wss. Medium in Ggw. eines Katalysator-Syst. aus einem wasserlösl. Salz der Perschwefelsäure u. einer wasserlösl. Verb. mit höchstens 4wertigem S, wie Na-Metabisulfit, NaHS, $Na_2S_2O_3$, Alkalisalzen höherer Alkylsulfate (C_{10-18}), sulfonierten KW-Stoffen oder S-Derivv. von Dicarbonsäuredialkylestern, z. B. Sulfobernsteinsäuredibutylester. Mengenbeispiele. — Tabellen. Farbose Polymere. (**E. P. 837 041** vom 26/8. 1957, ausg. 9/6. 1960. A. Prior. 24/8. 1956. **Zusatz zu E. P. 823 345; C. 1961. 10414.**) H. SCHINDLER. 7173

Monsanto Chemical Co., St. Louis, Mo., übert. von: Joseph A. Blanchette, East Longmeadow, Mass., V.St.A., **Aminierte Polystyrole.** Homopolymere aus Styrol oder dessen Derivv., wie α-Methylstyrol oder p-Butylstyrol, mit einem Molgew. von 10000—60000, werden nach FRIEDEL-CRAFTS mit dem Rest einer aliphat. Säure von 2—24 C-Atomen acyliert, darauf mit Hydroxylaminchlorid in üblicher Weise in das entsprechende Oxim übergeführt u. alsdann, z. B. mittels Li-Al-Hydrid, zum Amin reduziert. Die so erhaltenen, in p-Stellung durch Alkyle, die in α-Stellung Aminogruppen tragen, substituierten Polystyrole sind als *Kunststoffe* verwendbar, ferner auch als *Ionenaustauscher* u. als *Zwischenprodd.*, z. B. zur Herst. von Kunstharzen vom Typ der Polyamide. (**A. P. 2 915 512** vom 27/11. 1956, ausg. 1/12. 1959.) K. SARRE. 7173

Minnesota Mining & Mfg. Co., St. Paul, Minn., übert. von: George H. Crawford jun., Rahway, und Elizabeth Shen Lo, Fords, N.J., V.St.A., **Fluorhaltige Mischpolymere** werden erhalten durch Polymerisation einer Mischung aus 3-Trifluormethyl-α-trifluormethylstyrol (I; $Kp._4$ 87,5°, n_D^{21} 1,4148, $D._4^{24}$ 1,4267, MR_D 45,30) u. aus 2-Fluorbutadien (II) in Ggw. eines Katalysators, z. B. einer organ. Verb. mit Peroxydbindung, von anorgan. Halogenen vom FRIEDEL-CRAFTS-Typ oder Katalysatoren vom ZIEGLER-Typ, zwischen —40 u. 100°, wobei in der Mischung I in Mengen von wenigstens 3 Mol-% vorhanden ist. Bevorzugt kann an Stelle von I 3.5-Bis-(trifluormethyl)-α-trifluormethylstyrol u. an Stelle von II Fluor-1.3-butadien, 1.1-Difluorbutadien oder 1.1.2-Trifluorbutadien verwendet werden. — Erhaltene Prodd. sind kautschukartig weich u. werden z. B. verwendet für Dichtungen, Membranpumpen, Ventile oder auf Grund ihrer guten Isolier-Eig. für Drahtüberzüge, die auch bei relativ niedriger Temp. nicht rissig werden. (**A. P. 2 909 509** vom 16/8. 1956, ausg. 20/10. 1959.)
F. LAASS. 7173

Quaker Chemical Products Corp., Conshohocken, übert. von: Bernard H. Kress, Lafayette Hill, Pa., V.St.A., **Phenolmodifizierte Polyacetale.** Das Acetal (I) wird hergestellt in Ggw. eines Säurekatalysators durch Rk. bei erhöhter Temp. zwischen einem Monoalkylen- oder Polyalkylenglykol (II), in welchem das Alkylen 2—10 C-Atome aufweist, u. einem aliphat.-, carbocycl. oder heterocycl. Aldehyd (III) mit 1—8 C-Atomen. I wird mit einem Phenol (IV) kondensiert, welches 1—3 aromat. Kerne mit 1—3 OH-Gruppen u. KW-Stoffreste mit 1—35 C-Atomen aufweist. Das Kondens.-Prod. soll pro Mol. wenigstens 2 Polyoxyalkylenreste vom Alkylenglykol u. wenigstens 2 Alkylidenreste vom Aldehyd enthalten. Bevorzugt genannt sind für II Diäthylen- u. Dipropylenglykol, für III Formaldehyd u. für IV Phenol u. Resorcin. — Erhaltene Prodd. sind von heller Farbe oder farblos u. geeignet zur Endbehandlung von Textilgeweben aus Fäden natürlicher oder regenerierter Cellulose, zum Imprägnieren von Papier, Jute,

Hanf u. Vulkanfiber, zur Herst. von Formkörpern u. von Ionenaustauschern, u. werden zur Herst. von Druckfarben, Klebstoffen u. Drahtlacken verwendet. (**A. P. 2 902 470** vom 30/11. 1956, ausg. 1/9. 1959.) F. LAAS. 7177

E. I. du Pont de Nemours & Co., Wilmington, Del., übert. von: Francis Peter Alles, Westfield, N.J., V.St.A., **Folie aus einem linearen Polyäthylenterephthalat** (I), dessen Kristalle durch gleichzeitiges Recken in 2 Richtungen u. Erhitzen auf eine Temp. zwischen 150 u. ca. 20° unterhalb des F. des I, orientiert sind, wird nochmals auf 20—205° erwärmt u. auf das 1,4—2fache seiner ursprünglichen Ausdehnung in einer Richtung gestreckt u. sodann im gespannten Zustand bei 150—235° nachgehärtet. (**A. P. 2 884 663** vom 20/12. 1956, ausg. 5/5. 1959.) F. KOCH. 7177

Imperial Chemical Industries Ltd., England, **Herstellung von Estern, z. B.** von *Terephthalsäure* (I) mit *Äthylenglykol* (II), dad. gek., daß man I zur Salz-Bldg. mit wenig CaO versetzt u. das Gemisch im Autoklaven bei 220—250° u. 3,5 kg/cm² in Ggw. von 0,05—10, bes. 0,1—2,5 Gew.-% TiO_2 mit II umsetzt. Die *Polykondens.* des Esters wird in Ggw. von Sb-Oxyd durchgeführt. (**F. P. 1 196 911** vom 31/10. 1957, ausg. 26/11. 1959. E. Prior. 2/11. 1956.) S. BÖTTCHER. 7177

Allied Chemical Corp., New York, N.Y., V.St.A., **Härtungsbeschleuniger für ungesättigte Polyesterharze,** die in einem anpolymerisierbaren Monomeren gelöst sind u. mit einem organ. Peroxyd gehärtet werden, sind Organo-V-Verbb. (0,003 bis 0,5 Gew.-% V-Naphthenat) zusammen mit Benzolphosphinsäure (0,03—0,5 Gew.-%). Dieses Beschleuniger-Syst. ergibt gegenüber den bekannten, auf die hingewiesen wird, bes. kurze Härtungszeiten. (**E. P. 840 021** vom 10/11. 1958, ausg. 6/7. 1960. A. Prior. 13/11. 1957.) F. KOCH. 7177

General Electric Co. (Erfinder: Daniel Wayne Fox), **Linearpolymere Carbonatharze.** Ggf. substituierte *Dihydroxyaryläther* werden mit *Diarylcarbonaten* bei 150—300° in 1—15 Std. bei 0,01—10 mm Hg in inerter Atmosphäre (N_2, Ne_2, Kr_2) zweckmäßig in Ggw. von Katalysatoren (Li, K, Cd, Cr, Ag, Pt) umgesetzt. — 1 (Mol) *p-Dihydroxydiphenyläther* u. 2 *Diphenylcarbonat* (I) werden 6 Std. auf 300° in N_2-Atmosphäre erhitzt, wobei Phenol u. überschüssiges I abdest., worauf 6 Std. bei 5—10 mm Hg u. 4 Std. bei 375° gehalten wird. Auch *p-Dihydroxytriphenyläther* ist so mit I umzusetzen. (**Aust. P. 221 811** vom 15/7. 1957, ausg. 25/6. 1959. A. Prior. 19/7. 1956.) H. MÖLLERING. 7177

Union Carbide Corp., New York, N.Y., V.St.A. (Erfinder: Howard Russell Guest, Joe Taylor Adams und Ben Wilton Kiff), **Feste Acrolein-Pentaerythrit-Harze** erhält man durch Rk. von Acrolein (I) u. Pentaerythrit (II) im Mol-Verhältnis 1,3:1 bis 1,9:1 in Ggw. von HCl als Katalysator, wobei sich ein fl. Harz bildet, das nach Entfernung der flüchtigen Anteile durch Erhitzen in Ggw. eines sauren Katalysators (III), jedoch nichtHCl, gehärtet wird. III ist z. B.: H_2SO_4, Toluolsulfonsäure (IV), Phosphorsäure, $SnCl_4$, $TiCl_4$, $AlCl_3$, $FeCl_3$, BF_3 oder eine Alkansulfonsäure. — Ein durch 1std. Erhitzen von 121 g II, 86 g I u. 0,898 g HCl (37%ig) bei 75° erhaltenes Harz wird nach Abzug der flüchtigen Stoffe bei 76°/4 mm mit 0,38% IV 8 Std. auf 100° erhitzt, wobei man ein festes Harz von hoher Festigkeit u. Zähigkeit erhält. — Vgl. A. P. 2 913 434; C. **1961.** 1030. (**E. P. 822 668** vom 5/7. 1957, ausg. 28/10. 1959. A. Prior. 9/7. 1956.) J. MÜHLEISEN. 7177

Union Carbide Corp., übert. von: Howard L. Bender, Bloomfield, N.J., und Benjamin Phillips, Charleston, W.Va., V.St.A., **Härtbare Polyepoxydmassen** enthalten 4-Vinylcyclohexendioxyd u. ein wenigstens 2 akt. H-Atome am N aufweisendes polyfunktionelles Amin [Diäthylentriamin u. Di-(aminophenyl)-methan], wobei 0,3—4,0 dieser H-Atome auf jede Epoxydgruppe treffen. Als Härtungsmittel werden auch Amin-Komplex-Verbb. der Säuren vom LEWIS-Typ verwendet. — Herst. von Kunststoffen, bes. Ionenaustauschern. — Wendet man >4,0 Amino-H-Atome an, so erhält man Härter für Epoxyharze. (**A. P. 2 948 688** vom 21/5. 1957, ausg. 9/8. 1960.) G. TEWES. 7177

Union Carbide Corp., New York, N.Y., V.St.A.), **Herstellung von thermoplastischen Polymeren,** die zur Bereitung biegsamer Filme geeignet sind, durch Rk. einer Mischung aus einem prim. u. einem sek. aliphat. Glykol (mit je 4 C-Atomen) mit einer aliphat. Diisocyanat-Verb., die zwei Gruppen der Formel —N=C=X, getrennt durch wenigstens 4 C-Atome enthält u. in der X für O oder S steht. — Zum Beispiel wird ein Gemisch aus 169,2 g Tetramethylenglykol u. 24,7 g 2.5-Hexandiol zu einem Lsgm.-Gemisch aus 200 cm³ o-Dichlorbenzol u. 1800 cm³ Chlorbenzol zugefügt u. das Ganze auf 60—70° erhitzt. Anschließend fügt man tropfenweise 350 g Hexamethylendiisocyanat zu u. erhitzt das Gemisch ca. 8 Std. am Rückfluß → *Polyurethan*, F. 178°, Viscosität 0,71 in einer Lsg. aus 90% Phenol u. 10% W. bei 25°. (**Ind. P. 58 886** vom 14/11. 1956, ausg. 12/8. 1958.) H. NEBELSIEK. 7181

Hodogaya Kagaku Kogyo Kabushiki Kaisha, Tokyo (Erfinder: Mitsuo Koga, Yokohama, und Kazuo Kawakami, Tokyo), Japan, **Polyurethanharzpräparat.** Das Harz enthält als Schutz gegen Sonnenlicht 2.2′-Dihydroxy-4.4′-dialkoxybenzophenon. — Man erhitzt 1 Mol Adipinsäure u. 1,12 Mol Äthylenglykol auf 200°, bis der Polyester eine SZ. 1,1 aufweist, zerkleinert, mischt 0,5% 2.2′-Dihydroxy-4.4′-dimethoxybenzophenon ein, gibt pro 100 (Teile) Polyester 25 2.4-Toluylendiisocyanat u. 0,25 Feuchtigkeit zu, mischt schnell u. erhält ein weiches poröses Harz, das sich bei 5std. Aufenthalt im Sonnenlicht nicht färbt. (**Jap. A. S. 6444/1959** vom 9/10. 1956, ausg. 24/7. 1959.) M. Pankow. 7181

Farbwerke Hoechst Akt.-Ges., vormals Meister Lucius & Brüning, Deutschland, **Herstellung härtbarer Kondensationsprodukte mit quaternären Gruppen.** Man wandelt in bekannter Weise Polyamine mit wenigstens 3 Aminogruppen, von denen wenigstens 2 prim. oder sek. sind, in Harnstoffe mit wenigstens 1 freien Aminogruppe um, quaterniert die freie(n) Aminogruppe(n), wandelt die quatern. Harnstoffe in Methylol-Verbb. um u. veräthert ggf. die Methylolgruppen. *Antistatica* für Kunstfasern; Fixiermittel für Textilien. — 189 (Gew.-Teile) des aus Diäthylentriamin u. Harnstoff erhaltenen β.β′-Bis-ureidodiäthylamins werden in 300 W. in 2 Std. bei 40° mit 220 Dimethylsulfat bei pH 8—10 versetzt, bei 40° wird weiter gerührt, bis sich der pH-Wert nicht mehr ändert, u. bei 60—65° mit 240 g einer 30%ig. CH_2O-Lsg. versetzt. Die Rk. wird bei 60° u. pH 8 in 1—2 Std. beendet. Man neutralisiert mit 30%ig. CH_3COOH u. erhält eine 28%ig. wss. Lsg. der quatern. Verbindung. (**F. P. 1 185 865** vom 7/11. 1957, ausg. 7/8. 1959. D. Prior. 8/11. 1956.) M. Pankow. 7181

Dow Corning Corp. (Erfinder: Harold A. Clark), Midland, Mich., V.St.A., **Härtbares Siloxanpräparat** aus 1. einem fl. Siloxan der Viscosität <60 cSt bei 25° mit wenigstens 2 SiH-Resten im Mol., wenigstens 1 Phenyl-, Xenyl-, Phenylen- oder Xenylenrest pro Mol., wobei die restlichen Si-Valenzen mit CH_3 abgesätt. sind, 2. einem Polysiloxan mit 15—60 Mol-% Vinylsiloxan u. durchschnittlich 8 Si-Atomen pro Mol., wobei das Verhältnis Phenyl:Si wie 0,21:1 bis 1,75:1 ist u. durchschnittlich wenigstens 1 KW-Stoffrest pro Si-Atom, wobei der KW-Stoffrest aus CH_3, C_6H_5 u. Vinyl besteht, u. 3. einem Härtemittel aus Pt oder auf Holzkohle aufgebrachtem Pt, H_2PtCl_6, Pt-Chlorid, -Sulfid, -Sulfat u. anderen Pt-Salzen u. -Verbb., wobei man die Mischungen von 1. u. 2. im Verhältnis SiH-Rest zu Vinylrest = 0,4:1 bis 2:1 nimmt. — Man mischt 45 g eines Harzes aus einem Mischpolymeren von 33 (Mol-%) Monovinylsiloxan, 33 Monophenylsiloxan, 17 Phenylvinylsiloxan u. 17 Phenylmethylsiloxan mit 28 g $HSi(CH_3)_2O\cdot Si(C_6H_5)_2OSiH(CH_3)_2$ u. soviel H_2PtCl_6–Diäthylenglykoldimethyläther-Lsg., daß man ca. 2 Gew.-Teile pro Million Pt pro Gesamt-Gew. Siloxan hat, u. vulkanisiert in 3mm Stärke 16 Std. bei 110°, 4 Std. bei 150° u. 24 Std. bei 200°. — Verw. für *Überzüge, Preßmassen* u. *Imprägnierungen*, z. B. bei elektr. Anlagen u. elektr. Leitungen. — Vgl. A. P. 2 915 497; C. **1961.** 3111. (**Jap. A. S. 990/1959** vom 8/8. 1957, ausg. 26/2. 1959. **F. P. 1 188 564** vom 7/11. 1957, ausg. 23/9. 1959. Beide A. Prior. 29/11. 1956.) M. Pankow. 7189

American Cyanamid Co., New York, N.Y., übert. von: Arthur K. Hoffmann, Stamford, und Walter M. Thomas, Noroton Heights, Conn., V.St.A., **Borhaltige Polymere** erhält man durch Polymerisation von Vinylphenylboroxolen oder deren Mischungen mit anderen rein organ. polymerisierten Verbb., welche die Gruppe $CH_2{=}C{<}$ aufweisen, mit Katalysatoren für die kation. oder anion. Polymerisation, wie BF_3-Ätherat, Na, organ. Peroxyden oder Azoverbindungen. — Zu einer auf −60° gekühlten Lsg. von 5 g p-Vinylphenylboroxol in 45 g Chlf. gibt man 1 g BF_3-Ätherat (I), läßt auf Zimmer-Temp. erwärmen u. gibt noch 1 g I zu, wobei in 1 Std. Gelierung eintritt. Nach Aufbrechen des Gels auf Zusatz von Chlf., Waschen mit Chlf. u. Vakuumtrocknen erhält man ein festes Polymerisat, das in W. u. den meisten organ. Lsgm. unlösl., jedoch in wss. Pyridin u. in wss. Ätzalkalien lösl. ist u. einen F. von $>300°$ aufweist. — Imprägnierungs-, Überzugs-, Klebemittel, Preßmassen u. Gelierstoffe. (**A. P. 2 934 526** vom 6/9. 1957, ausg. 26/4. 1960.) J. Mühleisen. 7199

Peterlite Products Ltd., London, England, *Polymerisationsverfahren.* (**Ind. P. 55 868** vom 19/11. 1955, ausg. 18/1. 1958. **Holl. P. 95 442** vom 6/6. 1956, ausg. 15/9. 1960, Beide E. Prior. 6/6. 1955. — C. **1960.** 8698 [Aust. P. 214 858].)

Robert Smith-Johannsen, Niskayuna, N.Y., V.St.A., *Herstellen von mikroporösen Filmen.* (**D. A. S. 1 048 018** Kl. 39a vom 23/6. 1955, ausg. 31/12. 1958. A. Prior. 25/6. 1954. — C. **1960.** 12882 [F. P. 1 132 915].)

Esso Research and Engineering Co., Elizabeth, N.J., V.St.A., *Als Weichmacher dienende Ester.* (**E. P. 809 788** vom 15/10. 1957, ausg. 4/3. 1959. A. Prior. 31/10. 1956. — C. **1960.** 7355 [A. P. 2 883 416].)

Monsanto Chemical Co. (Erfinder: **James William Lynn Fordham** und **William Arthur Dallman**), *Polymerisationsverfahren für konjugierte 1,3-Diene.* (**Aust. P. 216 583** vom 22/6. 1956, ausg. 28/8. 1958. A. Prior. 27/6. 1955. — C. **1960.** 14890 [E. P. 828 803].)

Phillips Petroleum Co., Bartlesville, Okla., V.St.A., *Kontinuierliche Polymerisation von 1-Olefinen.* (**E. P. 815 520** vom 4/7. 1955, ausg. 24/6. 1959. A. Prior. 9/7. 1954. — C. **1960.** 10424 [F. P. 1 134 078].)

Phillips Petroleum Co. (Erfinder: **James Thomas Edmonds jun., Harold Dwight Lyons** und **Gene Nowlin**), *Katalysatoren für die Herstellung von Olefinpolymeren.* (**Aust. P. 216 534** vom 10/8. 1956, ausg. 28/8. 1958. A. Prior. 22/8. 1955. — C. **1960.** 14882 [E. P. 807 628].)

Standard Oil Co., Chicago, Ill., V.St.A., *Behandlung von viscosen Lösungen aus gewöhnlich festen Polymerisaten.* (**E. P. 808 327** vom 24/10. 1956, ausg. 4/2. 1959. A. Prior. 10/11. 1955. — C. **1960.** 7357 [Oe. P. 204 260].)

Monsanto Chemical Co., St. Louis, Mo., V.St.A., *Polystyrolharze von hoher Dichte.* (**Aust. P. 168 144** vom 24/12. 1953, ausg. 15/11. 1956. A. Prior. 26/12. 1952. — C. **1957.** 3404 [E. P. 742 234].)

Monsanto Chemical Co., St. Louis, Mo., V.St.A., *Modifikation von Polystyrol-Polyäthylen-Gemischen.* (**Aust. P. 168 136** vom 5/1. 1954, ausg. 1/11. 1956. A. Prior. 8/1. 1953. — C. **1957.** 6003 [F. P. 1 095 054].)

Monsanto Chemical Co., St. Louis, Mo., V.St.A., *Herstellung von Polystyrol.* (**Aust. P. 168 182** vom 7/1. 1954, ausg. 3/1. 1957. A. Prior. 12/1. 1953. — C. **1958.** 3463 [E. P. 751 497].)

Imperial Chemical Industries Ltd. (Erfinder: **Victor Denis Tughan**), *Lichtbeständige Polymerisate.* (**Aust. P. 216 512** vom 30/5. 1957, ausg. 28/8. 1958. E. Prior. 15/6. 1956. — C. **1960.** 12176 [A. P. 2 889 310].)

W. C. Heraeus G. m. b. H. und **Deutsche Gold- und Silber-Scheideanstalt vormals Roessler**, Deutschland, *Polymerisieren von Vinylverbindungen mittels Redoxsystem.* (**F. P. 64 318** vom 2/6. 1953, ausg. 9/11. 1955. D. Prior. 5/6. 1952. Zusatz zu F. P. 1 052 147; C. 1950/54. 8717 S. — C. **1959.** 9745 [D. A. S. 1 019 827].)

California Research Corp., San Francisco, Calif., V.St.A., *Herstellung von Propylenpolymerisaten.* (**E. P. 800 708** vom 20/9. 1956, ausg. 3/9. 1958. A. Prior. 30/9. 1955. — C. **1961.** 8520 [A. P. 2 814 655].)

N. V. de Bataafsche Petroleum Mij., Den Haag, Holland (Erfinder: **Edward Charles Shokal**, Contra Costa, und **Paul Aloysius Devlin**, Orinda, Calif., V.St.A.) *Herstellung von Mischpolymerisaten aus Allylalkohol und einer vinylaromatischen Verbindung.* (**D. A. S. 1 059 665** Kl. 39c vom 2/9. 1957, ausg. 18/6. 1959. A. Prior. 4/9. 1956 u. 22/7. 1957. — C. **1960.** 17294 [Aust. P. 219 050].)

N. V. de Bataafsche Petroleum Mij., Den Haag, Holland (Erfinder: **Nicolaas Dost** und **Eduard Lelyveld**), *Entfernen von Katalysatorrückständen aus (Di-)Olefinpolymeren.* (**E. P. 804 304** vom 1/11. 1955, ausg. 12/11. 1958. — C. **1960.** 11834 [F. P. 1 165 103].)

Distillers Co. Ltd. (Erfinder: **Henry Malcolm Hutchinson** und **Stefan Kazimierz Lachowicz**), Edinburgh, Schottland, *Polymerisieren eines α-Olefins oder von 2 oder mehreren α-Olefinen.* (**E. P. 813 905** vom 22/7. 1955, ausg. 27/5. 1959. — C. **1960.** 9739 [F. P. 1 155 965].)

Dow Chemical Co., Midland, Mich., V.St.A., *Herstellung stabilisierter Mischpolymerisate.* (**Ind. P. 55 813** vom 15/11. 1955, ausg. 14/3. 1958. — C. **1960.** 667 [Holl. P. 90 234].)

Dow Chemical Co. (Erfinder: **Theodore B. Lefferdink** und **Teddy G. Traylor**), *Stabilisieren von Polyvinylpyrrolidon.* (**Aust. P. 217 551** vom 16/10. 1956, ausg. 30/10. 1958. **E. P. 807 456** vom 3/10. 1956, ausg. 14/1. 1959. Beide A. Prior. 16/11. 1955. — C. **1960.** 7349 [F. P. 1 163 929].)

Imperial Chemical Industries Ltd., London (Erfinder: **John Wolley Batty, Arthur Lambert, Gerald Scott**, Manchester, **Frank Bebbington** und **Leslie Seed**, Northwich), England, *Polymerisation von olefinisch ungesättigten Verbindungen.* (**D. A. S. 1 060 601** Kl. 39c vom 2/5. 1957, ausg. 2/7. 1959. E. Prior. 2/5. 1956 u. 24/4. 1957. **E. P. 814 668** vom 2/5. 1956, ausg. 10/6. 1959. — C. **1960.** 11485 [Aust. P. 217 616].)

United States Rubber Co., New York, N.Y., V.St.A., *Dimaleinsäurealkylenpolyoxyalkylenmonoester.* (**E. P. 795 262** vom 28/11. 1955, ausg. 21/5. 1958. A. Prior. 17/2. 1955. — C. **1960.** 11487 [F. P. 1 144 274].)

Westinghouse Electric Corp. (Erfinder: **N. C. Foster**), East Pittsburgh, Pa., V.St.A., *Härtbare Epoxyharzmassen.* (**Belg. P. 550 506** vom 22/8. 1956, ausg. 4/12. 1959. A. Prior. 23/8. 1955. — C. **1960.** 13861 [Jap. A. S. 3888/1958].)

N. V. de Bataafsche Petroleum Mij., Den Haag, Holland, *Epoxyester von aromatischen Polycarbonsäuren und Estersäuren sowie deren Polymere.* (**E. P. 770 795** vom 9/2. 1955, ausg. 27/3. 1957. A. Prior. 11/2. 1954. — C. **1958.** 6688 [F. P. 1 123 634].)

Chemstrand Corp. (Erfinder: **William Kenneth Easley, Julian Keith Lawson jun.** und **James Bruce Ballentine**), *Herstellung von Polyäthylenterephthalat.* (**Aust. P. 212 441** vom 13/6. 1956, ausg. 20/2. 1958. A. Prior. 1/8. 1955. — C. **1960.** 6678 [A. P. 2 857 363].)

N. V. de Bataafsche Petroleum Mij., Den Haag (Erfinder: **Pieter Bruin**, Amsterdam), Holland, *Herstellung von härtbaren Epoxyharzen.* (**D. A. S. 1 053 781** Kl. 39c vom 15/5. 1957, ausg. 26/3. 1959. **A. P. 2 902 471** vom 13/5. 1957, ausg. 1/9. 1959. Beide Holl. Prior. 17/5. 1956. — C. **1960.** 11487 [E. P. 814 695].)

Devoe & Raynolds Co., Inc., New York, N.Y. (Erfinder: **Harold Groves Cooke**, Louisville, Ky.,), V.St.A., *In Gegenwart von Katalysatoren hitzehärtbare stickstoffhaltige Epoxyharze.* (**D. A. S. 1 058 255** Kl. 39c vom 1/12. 1956, ausg. 27/5. 1959. A. Prior. 5/12. 1955. — C. **1960.** 7702 [A. P. 2 864 805].)

Perfogit S. p. A. (Erfinder: **Luigi Notarbartolo**), Mailand, Italien, *Rückgewinnung von Aminoundecansäure.* (**Aust. P. 219 146** vom 20/12. 1956, ausg. 15/1. 1959. **E. P. 823 735** vom 18/12. 1956, ausg. 18/11. 1959. Beide It. Prior. 22/12. 1955. — C. **1960.** 14202 [F. P. 1 169 031].)

Union Carbide & Carbon Corp. (Erfinder: **Donald Mackey Young** und **Fritz Hostettler**), *Polyurethanharze.* (**Aust. P. 219 224** vom 27/3. 1957, ausg. 15/1. 1959. A. Prior. 13/4. 1956. — C. **1960.** 12185 [F. P. 1 174 203].)

Monsanto Chemical Co., St. Louis, Mo., V.St.A., *Aminoplaste.* (**Aust. P. 168 197** vom 5/4. 1954, ausg. 17/1. 1957. A. Prior. 7/4. 1953. — C. **1959.** 17517 [A. P. 2 804 442].)

Imperial Chemical Industries Ltd., London, England, *Herstellung von Polymerisaten.* (**Ind. P. 56 700** vom 2/3. 1956, ausg. 13/3. 1958. E. Prior. 1/12. 1955. — C. **1960.** 8702 [Aust. P. 214 810].)

Ciba Ltd., Basel, Schweiz, *Polyglycidyläther von Polyhydroxy-1.3.5-triazinen.* (**E. P. 814 511** vom 25/6. 1957, ausg. 3/6. 1959. Schwz. Prior. 26/6. 1956. — C. **1960.** 10410 [Schwz. P. 345 347].)

Ciba Akt.-Ges., Basel (Erfinder: **Walter Hofmann**, Basel, und **Paul Zuppinger**, Arlesheim), Schweiz, *Herstellung von Glycidylpolyäthern von Di- oder Trihydroxy-1.3.5-triazinen.* (**D. A. S. 1 045 099** Kl. 39c vom 21/6. 1957, ausg. 27/11. 1958. Schwz. Prior. 26/6. 1956. — C. **1960.** 10082 [Oe. P. 213 216].)

Celanese Corp. of America, New York, N.Y., V.St.A., *Alkoholmodifizierte Amino-Aldehyd-Harze*. (E. P. 823 246 vom 6/6. 1956, ausg. 11/11. 1959. A. Prior. 6/6. 1955. — C. 1960. 2016 [A. P. 2 851 442].)

Wacker-Chemie G. m. b. H., München (Erfinder: **Siegfried Nitzsche** und **Manfred Wick**, Burghausen), *Herstellung von Formkörpern und Überzügen*. (**Belg. P. 550 105** vom 4/8. 1956, ausg. 4/12. 1959. **E. P. 841 825** vom 30/7. 1956, ausg. 20/7. 1960. **Schwz. P. 351 104** vom 4/8. 1956, ausg. 15/2. 1961. Alle D. Prior. 5/8., 29/9., 11/10., 28/10., 10/11., 29/11., 22/12. 1955 u. 20/1. 1956. **D. A. S. 1 102 393** Kl, 39b vom 28/10. 1955, ausg. 16/3. 1961. — C. **1960.** 8703 [F. P. 1 179 969].)

Monsanto Chemical Co., St. Louis, Mo., V.St.A., *Arylbiguanide enthaltende Melaminharze*. (**Aust. P. 168 184** vom 16/3. 1954, ausg. 3/1. 1957. A. Prior. 19/3. 1953. — C. **1958.** 13916 [A. P. 2 773 793].)

Bitumex Ltd. (Erfinder: **Harry Shaw**), London, England, *Thermoplastische, bitumenhaltige Preßmassen*. (**E. P. 807 611** vom 11/2. 1954, ausg. 21/1. 1959. — C. **1960.** 6342 [Aust. P. 210 345].)

Soc. Belge de l'Azote et des Produits Chimiques du Marly Soc. An., Lüttich, Belgien, *Harnstoffaldehydharz*. (**Belg. P. 540 286** vom 2/8. 1955, ausg. 31/7. 1959. — C. **1960.** 5994 [F. P. 1 155 307].)

XII. Kautschuk

Die Blattanalyse der Mineralstoffversorgung von Hevea in Beziehung zur Analyse der Baumrinde. E. W. Bolle-Jones. (J. Rubber Res. Inst. Malaya **15.** 109—27. 1957. Kuala Lumpur, Rubber Res. Inst. of Malaya, Soils Div.) (Engl.)

Verss. ergaben, daß zur Beurteilung der Mineralstoffversorgung von *Hevea brasiliensis* die Analyse der Baumrinde ebenso geeignet ist wie die Blattanalyse.

M. WINIKER. 7220□

Über die Benutzung von statistischen Methoden bei der Entwicklung der Zusammenstellung von Kautschukgemischen. M. Felix und K. Bláha. (Chem. Průmysl **6** (**31**). 291—92. Juli 1956. Praha, Výzkumný ústav technicko-ekonomický chemického průmyslu.) (Tschech.)

Diskussionsbeitrag zu der Arbeit von MEISSNER u. SCHÄTZ (vgl. C. **1957.** 7192). Vff. kritisieren das prakt. Beispiel über die Kautschukvulkanisation, das aus der GORE-Arbeit „Statistical Design in Compounding Elastomers" übernommen wurde u. führen den Beweis, daß dieses Beispiel falsch gewürdigt wurde. J. SCHNEIDER. 7230

Struktur und Eigenschaften von durch Strahlungsvulkanisation gewonnenem Gummi. B. A. Dogadkin, S. N. Tarassowa, M. Ja. Kaplunow, W. L. Karpow und N. A. Klausen. (Коллоидный Журнал [Kolloid-J.] **20.** 260—71. Mai/Juni 1958. Moskau, Forschungsinst. der Reifenind.) (Russ.; Auszug: Engl.)

Vers. zur Vulkanisation durch Strahlung in einem Reaktor bei ca. 100—150° u. mittels einer ^{60}Co-Quelle (integrale Dosis 10^7—10^8, Leistung 1,36—0,43·10^6 r/Std.) bei Raum-Temp. wurden an techn. u. gereinigten *Natur* (**I**)-, *Butadienstyrol* (**II**; SKS-30A)-, *ölgestrecktem* **II** (SKS-30 AM)-, *Isopren* (SKI)- u. *Na-Butadienkautschuk* (SKB) sowie an Mischungen mit 40% (bezogen auf 100 Gew.-Teile Kautschuk) *Kanal-* u. *Ofenruß* ausgeführt. Die Vernetzungsdichte ist abhängig von der aufgenommenen Energie, vom Kautschuktyp, von der Temp., dem Medium (Luft, Vakuum), den Beimengungen des Kautschuks (Antioxydantien) sowie verschiedenen anderen Faktoren. Die stärkste Vernetzung zeigen pro 100 eV in Luft extrahierter **II** mit ca. 12, extrahierter **I** mit ca. 4 u. techn. **II** mit ca. 2,5. Der Effekt nimmt mit steigender Temp. zu u. mit steigendem Phenyl-β-naphthylamin-Geh. ab. Für die an der Luft gewonnenen Vulkanisate findet man durch IR-Spektren Carboxyl-, Hydroxy- u. Äthergruppen; die Ungesättigtheit nimmt ab (bei 60·10^6 r für extrahierten **I** keine mehr, für techn. **I** nur noch ca. 30%). Für die Vernetzung wird eine C—C-Bindung angenommen. Die Kristallinität von **I**-Vulkanisaten ist bei niedrigen Strahlendosierungen (20—30·10^6 r) prakt. gleich der von S-Vulkanisaten gleicher Vernetzungsdichte, nimmt jedoch mit steigender Strahlungsdosis ab. Die physikal.-mechan. Eigg. der Strahlenvulkanisate sind gegenüber den normalen S-Vulkanisaten bis auf schlechtere Festigkeitswerte sehr gut. Bes. günstig sind sie bei der Alterung, auch bei höheren Temp. (130°) u. haben geringe bleibende Verformung, niedrige Hysteresiswerte, gute Ermüdungs-Eigg. u. hohe Thermostabilität. In der Stärke der Proben von 0,1—40 mm lassen sich gleichmäßige Vernetzungen erreichen.

O. KRAMM. 7230□

Reibung von Gummi. Vernon Eric Gough. (Kautschuk u. Gummi **11.** Nr. 11. WT303—WT312. Nov. 1958. Birmingham. (Dt.); Rubber Chem. Technol. **33.** 158—80. Jan./März 1960.) (Engl.)

Vortrag. — 49 Literaturangaben. M. WINIKER. 7230□

Mikroskopische Untersuchungen von Kautschukdispersionen in Bitumen. K. Nachtigall und Th. G. F. Schoon. (Kolloid-Z. **156.** 122—32. Febr. 1958; Bitumen, Teere, Asphalte, Peche verwandte Stoffe **10.** 146. April 1959. Bogor, Indonesien, Kautschukforschungs-Inst.) (Dt.)

Mit dem Ziel der Aufklärung der Wirkungsweise von Kautschuk in Bitumen wurde die Mikromorphologie des Syst. Kautschuk/Bitumen an Kautschuk–Bitumen-Mischungen phasenkontrastmkr. untersucht. Es wurde gefunden, daß selbst die kleinsten sichtbaren Kautschukteilchen nicht mol. gelöst sind, sondern koll. dispergierte Mol.-Aggregate mit Kugelgestalt darstellen, solange die Kautschuk-Konz. einen bestimmten Wert nicht überschreitet bzw. die Restbitumenphase zu hart wird. Die Teilchengröße ist vom verwendeten Bitumen (aromat. oder normal) abhängig. Bei Einmisch-Temp. unter 250° wird der Kautschuk nicht abgebaut (unverändertes mkr. Bild); oberhalb 250° tritt therm. Zers. des Kautschuks (keine Kautschukteilchen mehr sichtbar) ein. Die in manchen Bitumen vorhandenen weißen Kristalle verschwinden beim Einmischen von genügend Kautschuk. R. SCHÄFF. 7230□

Die elektrostatische Aufladung und das Problem ihrer Messung. Otto Umminger. (Kautschuk u. Gummi **11**. Nr. 11. WT297—WT303. Nov. 1958. Marl, Chem. Werke Hüls A.G., Anwendungstechn. Abt.) (Dt.)

Vortrag, in dem die Probleme aufgezeigt werden, die sich bei der Messung elektrostat. Aufladungen von Kautschukmischungen ergeben. — 26 Literaturangaben. M. WINIKER. 7248□

Mikro-Technik G. m. b. H., Deutschland, **Verringerung der Schrumpfung von Kautschukwaren** durch Zusatz von 2—50%, bes. 5%, Cellulosepulver, das vorher mit 2—20, bes. 3% eines wasserabstoßenden Stoffs, wie einer aliphat. Carbonsäure, bes. Stearinsäure, gemischt wurde, zu der Kautschukmischung. (**F. P. 1 173 788** vom 29/4. 1957, ausg. 2/3. 1959. D. Prior. 18/10. 1956.) M. PANKOW. 7227

Goodyear Tire & Rubber Co., Akron, Ohio, V.St.A., **Diisocyanatmodifizierte Polymere** erhält man in Ggw. katalyt. Mengen MgO oder BaO bei 125—145° durch Rk. von Tolylen- oder 3.3′-Dimethyl-4.4′-diphenyldiisocyanat mit einem Polyalkylen-, z. B. Polybutylenglykoläther, oder einem Polyester, der aus wenigstens 1 Glykol, z. B. Äthylen- u. Propylenglykol, u. wenigstens 1 Dicarbonsäure, z. B. Adipinsäure, erhalten wurde. Das Molgew. des Polyglykoläthers oder des Polyesters soll 1000—3000 betragen u. die SZ. nicht >5 sein. Die unvulkanisierten Elastomeren haben ähnliche physikal. Eigg. wie Naturkautschuk. Sie lassen sich mit letzterem mischen u. wie dieser verarbeiten. — Mengenbeispiele. (**E. P. 819 610** vom 5/7. 1957, ausg. 9/9. 1959. A. Prior. 20/11. 1956.) H. SCHINDLER. 7227

Esso Research and Engineering Co., übert. von: George E. Serniuk, Roselle, und Francis P. Baldwin, Colonia, N.J., V.St.A., **Vernetzbare Kautschukmassen** auf Grundlage kautschukartiger Mischpolymerisate von 85—99,5 (%) C_4—C_8-Isoolefinen u. 0,5—15 C_4—C_{14}-Multiolefinen, z. B. Butylkautschuk, enthalten 0,1—10,0 einer aromat. Mononitroso-Verb. (Nitrosobenzol, p-Nitrosophenylmethyläther, m-Nitrosophenylcyclohexan, p-Nitrosobenzylalkohol, p-Nitrosochlorbenzol, N-Nitroso-p-nitrosomethylanilin, N-Nitroso-β-alanin, Nitrosopyridine, Nitrosochinoline u. N.N′-Dinitrosouretidin usw.) u. 0,1—20,0 aliphat. oder aromat. Diiso(thio)cyanate. Die Masse vernetzt zu Elastomeren bei 20—200°. (**A. P. 2 918 446** vom 31/12. 1956, ausg. 22/12. 1959.) G. TEWES. 7227

Dunlop Rubber Co. Ltd., London, England (Erfinder: Walter Cecil Davey, Wilfried Cooper und Theodore Bassett Bird), **Vulkanisierverfahren.** Die S-freie Vulkanisation von Butadien-Copolymerisaten durch Erhitzen mit Alkylacrylat oder einem Alkylacrylat mit einem elektrophilen Substituenten, z. B. der Cyanogruppe, in der Alkylgruppe wird durch den Zusatz eines bas. Oxyds oder Hydroxyds eines mehrwertigen Metalls u. einer neutralen oder bas. organ. Hydroxy-Verb., z. B. CaO, PbO oder $Ca(OH)_2$ bzw. Stärke, Zucker oder mehrwertige Alkohole, beschleunigt. (**E. P. 851 045** vom 9/3. 1956, ausg. 12/10. 1960.) W. OVERBECK. 7229

Régie Nationale des Usines Renault, Frankreich, **Herstellung eines Co-Komplexes** der Formel I, dad. gek., daß man die wss.-alkohol. Lsg. eines Mercaptobenzthiazolalkalisalzes mit $CoCl_2$ umsetzt. — *Vulkanisationsbeschleuniger.* (**F. P. 1 201 638** vom 7/7. 1958, ausg. 4/1. 1960.) S. BÖTTCHER. 7229

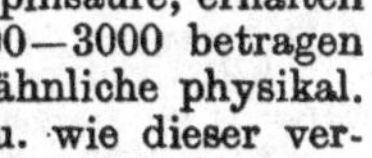

Goodyear Tire & Rubber Co., Akron, Ohio, V.St.A. (Erfinder: William M. Larson), **Elastomere Polyurethane** erhält man durch Rk. eines Polyesters (Molgew. 1500—2500; OH-Zahl 45—75; SZ. <5) aus einer Dicarbonsäure u. einem Glykol, wie Äthylenglykolpropylenglykoladipat, mit überschüssigem 3.3′-Dimethyldiphenyl-4.4′-diisocyanat, Erhitzen der Masse 30—45 Min. auf 100—140° u. Vernetzung des Prod. durch o-Dichlorbenzidin. — Herst. von *Reifenkarkassen*. (**F.P. 1 222 071** vom 2/4. 1959, ausg. 8/6. 1960. **D. A. S. 1 109 362** Kl. 39b vom 17/3. 1959, ausg. 22/6. 1961. Beide A. Prior. 7/4. 1958.) G. TEWES. 7231

Dunlop Rubber Australia Ltd., Melbourne, Australien, **Vulkanisierbare Kautschukmasse.** Inhaltlich ident. mit E. P. 686 757; C. **1954.** 5642. (**Aust. P. 151 877** vom 31/7. 1950, ausg. 2/7. 1953. E. Prior. 30/7. 1949.) G. FRIKELL. 7231

Dunlop Rubber Australia Ltd. (Erfinder: Roy Hickson), **Mischungen aus Kautschuk und härtbaren Harzen** bieten trotz Beibehaltung der guten physikal. Eigg. des Kautschuks mit Pigmenten bessere u. erweiterte Färbemöglichkeiten als die Komponenten für sich. Hierzu werden bereits polymerisierte Harzbestandteile, wie Arylamin-, z. B. Anilin–Formaldehyd-Harz, in feiner Zerteilung mit einer wss. Dispersion eines vulkanisierbaren natürlichen oder synthet. Kautschuks vermischt u. diese durch Änderung des pH-Wertes zum Koagulieren gebracht. Die Härtung des Harzes erfolgt durch Verkneten der Masse mit einem CH_2O abgebenden Härter, wie Hexamethylentetramin, bei erhöhter Temp., z. B. 153°. (**Aust. P. 216 411** vom 6/8. 1956, ausg. 21/8. 1958. **Zusatz zu Aust. P. 151 877; s. vorst. Ref.**) G. FRIKELL. 7231

Dasher Rubber & Chemical Co., Fairport Harbour, Raynesville, übert. von: Paul J. Dasher, Willoughby, Ohio, V.St.A., **Regenerierverfahren.** Zerkleinerte u. entfaserte (z. B. chem. entfaserte) Ganzreifenabfälle werden folgenden Behandlungsstufen unterworfen: 1. Intensive Scherbehandlung unter mechan. Druck, z. B. im BANBURY-Mischer, 1—4 Min. lang bei 150—250° F (ca. 65—120° C), worauf $>$80% des so erhaltenen Pulvers ein 40-Maschensieb passieren; 2. Abtrennung des ein 20-Maschensieb passierenden Anteils; 3. erneute Scherbehandlung dieses Anteils 5—8 Min. lang bei 300—400° F (ca. 150—200° C), wobei der Kautschuk devulkanisiert wird, u. 4. Plattenziehen aus der erhaltenen Masse. (**A. P. 2 966 468** vom 9/10. 1959, ausg. 27/12. 1960.) W. OVERBECK. 7233

Columbian Carbon Co., New York, N.Y. (Erfinder: **James Wilfred White**, West Monroe, La.), V.St.A.. *Koagulieren von Kautschuklatex.* (**D. A. S. 1 051 484** Kl. 39a vom 5/9. 1957, ausg. 26/2. 1959. A. Prior. 19/9. 1956. — C. **1960.** 15925 [A. P. 2 915 489].)

O. W. Burke jun., Grosse Point Park, Mich., V.St.A., *Ozonschutzmittel für Kautschuk.* (**Belg. P. 542 994** vom 22/11. 1955, ausg. 11/9. 1959. A. Prior. 22/11. 1954. — C. **1960**, 10424 [F. P. 1 140 433].)

Universal Oil Products Co., V.St.A. (Erfinder: **Joseph Albert Chenicek** und **William Lester Cox**), *Schutzmittel gegen Ozoneinwirkung auf Kautschuk.* (**F. P. 1 169 035** vom 27/12. 1956, ausg. 22/12. 1958. **Jap. A. S. 2340/1953** vom 28/12. 1956, ausg. 12/4. 1958. **Aust. P. 212 896** vom 27/12. 1956, ausg. 6/3. 1958. Alle A. Prior. 29/12. 1955. — C. **1960.** 7021 [E. P. 810 529].)

American Cyanamid Co. (Erfinder: **Elwin Oscar Hook** und **Arnold Rogers Davis**), *Herstellung von als Weichmacher verwendbaren Zinksalzen der acylierten Aminothiophenole.* (**Aust. P. 204 197** vom 27/9. 1954, ausg. 13/12. 1956. A. Prior. 22/10. 1953. — C. **1958.** 2291 [E. P. 761 824] u. C. **1961.** 8503 [D. A. S. 1 086 427].)

Comp. Française Thomson-Houston, Seine, Frankreich (Erfinder: **Maurice Prober**), *Stabilisieren von Organopolysiloxanen.* (**F. P. 1 160 080** vom 24/10. 1956, ausg. 7/7. 1958. A. Prior. 27/10. 1955. — C. **1961.** 11168 [A. P. 2 945 838].)

Norden's Gummivärk Juul Johansen (Erfinder: **Juul Johansen**), Odense, Dänemark, *Herstellen geformter Platten aus Zellkautschuk.* (**D. A. S. 1 062 428** Kl. 39a vom 10/6. 1954, ausg. 30/7. 1959. Dän. Prior. 20/2. 1954. — C. **1960.** 7707 [Schwz. P. 337 334].)

Goodyear Tire & Rubber Co. (Erfinder: **Carl Ramsey Parks**), *Vulkanisieren von Naturkautschuk.* (**Aust. P. 204 627** vom 4/11. 1955, ausg. 3/1. 1957. A. Prior. 20/6. 1955. — C. **1961.** 1035 [E. P. 801 105].)

Imperial Chemical Industries Ltd. (Erfinder: **David James Bryans Coulter** und **Vincent Kerrigan**), *Vulkanisieren von Kautschuk.* (**Aust. P. 215 435** vom 6/2. 1957, ausg. 3/7. 1958. E. Prior. 6/2. 1956. — C. **1960.** 12185 [E. P. 808 431].)

Clevite Corp. (Erfinder: **Henry W. Luetkemeyer** und **Rober H. Josephson**), *Gegen Reibung widerstandsfähige Produkte für Lager, Kupplungen, Bremsen u. dgl.* (**Aust. P. 204 192** vom 9/8. 1954, ausg. 13/12. 1956. . Prior. 10/8. 1953 u. 27/7. 1954. — C. **1957.** 11739 [E. P. 742 043].)

XIII. Ätherische Öle. Parfümerie. Kosmetik

Zedernöle (Gewinnung, Verwendung, wirtschaftliche Bedeutung). Karl Dopf. (Riechstoffe u. Aromen **9.** 354—55. Nov. 1959.) (Dt.)

Allg. Ausführungen. M. WINIKER. 7262□

Die Limette. G. Hartmann. (Riechstoffe u. Aromen **9.** 293—94. Sept. 1959. Berlin, Destillateurfachschule.) (Dt.)

Botan. Merkmale der verschiedenen Limettearten u. ihre techn. Verarbeitung zu Säften sowie die Gewinnung von Limetteöl unter bes. Berücksichtigung der Dest.-Verf. werden beschrieben. H. SONTAG. 7262□

Über die parfümistische Anwendung von Weinhefenöl. Horst Schmidt. (Riechstoffe u. Aromen **9.** 371—73. Nov. 1959.) (Dt.)

Allg. Ausführungen mit Rahmenrezepten. M. WINIKER. 7276□

Kosmetika und die Haut: Kosmetische Präparate. G. M. Howard. (Perfum. essent. Oil Rec. **51.** 613—19. Nov. 1960. London.) (Engl.)

Die Kosmetika für die Haut werden in 5 Klassen, bzgl. Heil-, Schutz- u. Reinigungs-Wrkg., eingeteilt. Im Gegensatz zu den bisherigen Vorschriften der brit. Pharmakopoe für Salbengrundlagen werden die Vorteile der neuen kosmet. Salben- u. Cremegrundlagen unter Anwendung von Fettsäureestern, z. B. Isopropylmyristat, ferner Glycerinacetaten u. a., an Hand von mehreren Rezeptvorschriften erläutert. Für die Herst. dermatolog. Präpp. für orale Anwendung werden eine Anzahl neuer Wirkstoffe angeführt. A. HAHN. 7284□

Verwendung von Wachsen in kosmetischen Präparaten. W. Schweisheimer. (Fette, Seifen, Anstrichmittel **62.** 1038—41. Nov. 1960. New York.) (Dt.)

Allg. Abhandlung über die Verw. von Lanolin, Bienen-, Carnauba-, Candelillawachs, Stearinsäure, mikrokristallinen Wachsen aus Rückständen der Petroleumindustrie, Ozokerit, Walrat, Cetylalkohol, Eigg. u. Wrkg. in kosmet. Präparaten. B. T. LASSER. 7284□

Bienenwachs in Emulsionen. Paul Mannheim. (Soap, Perfum. Cosmet. **32.** 1119—22. Nov. 1225—28. Dez. 1959. Tel Aviv.) (Engl.)

Bienenwachs (I) ist auch heute noch als nichtionogener Emulgator u. Konsistenz vermittelnder Rohstoff für die Herst. kosmet. Cremes gut geeignet. I kann, wie ausführlich dargelegt wird, sowohl W.-in-Öl- als auch Öl-in-W.-Emulsionen bilden. Die Zugabe von Borax, was die Bldg. von Na-Cerotat zur Folge hat, wird für nicht zweckmäßig erachtet. I–Borax-Cremes behindern die Feuchtigkeitsabgabe der Haut u. schädigen den Haut-pH-Wert. Vf. schlägt für eine Reinigungscreme folgende Rezeptur vor: 160 bis 170 (Teile) I, gebleicht, 340—330 W., 500 Paraffinöl u. 7 Mg-Sulfat. Diese Rezeptur hat s ioht gut bewährt. H. P. FIEDLER. 7284□

Adsorptions-Dermographie. Arpád Skutta. (Parfümerie u. Kosmet. **41.** 181—85. Mai 1960. Debrecen, Ung., Univ.-Hautklinik.) (Dt.)

Die Methodik der Adsorptionsdermographie mit Druckerschwärze u. ihre Bedeutung u. Anwendung in der Dermatologie zur Registrierung von durch Mikroreize von Kosmetika verursachte Hautveränderungen werden beschrieben. K. HINTERAUER. 7284□

Neue Untersuchungen auf dem Gebiet der Desodorantien. H.-A. Oelkers. (Seifen-Öle-Fette-Wachse **86.** 663—65. 12/10. 1960.) (Dt.)

Vortrag. Die Resultate eigener Verss. bei Anwendung verschiedener Metallsalze u. antisept. organ. Stoffe als Desodorantien u. Antitranspirationsmittel an Vers.-Personen werden in 3 Tabellen angegeben. Als wirksamstes Mittel sowohl der Schweißsekretionshemmung als auch der Desodorierung hat sich $AlCl_3$ erwiesen. Zusatz von Netzmitteln war ohne Einfluß. A. HAHN. 7284□

N. V. Chemische Fabriek „Naarden", Holland, **Herstellung von Thialactonen,** $R_1—S—R_2COO$ (R_1 u. R_2 = Alkylenreste), dad. gek., daß man Mercaptocarbonsäuren in Ggw. eines Initiators (Azoisobuttersäurenitril) mit einem ungesätt. Alkohol oder eine ungesätt. Säure mit einem Mercaptoalkohol umsetzt u. die Hydroxythiocarbonsäure über den Glycerinester lactonisiert. — *3-Thiatetradecanolid,* Kp.$_3$ 135°, aus *13-Hydroxy-2-thiatridecancarbonsäure,* F. 83—84°, die aus Thioglykolsäure u. Decenol hergestellt u. über den Glycerinester lactonisiert wurde. — *12-Thiatetradecanolid,* Kp.$_3$ 130°, aus *13-Hydroxy-11-thiatridecancarbonsäure,* F. 67—68° (aus Undecylensäure u. 2-Mercaptoäthanol). — *12-Thiapentadecanolid,* Kp.$_3$ 145°, aus Allylalkohol u. ω-Mercaptodecansäure über *14-Hydroxy-11-thiatetradecancarbonsäure,* F. 57 bis 58°. — *12-Thiahexadecanolid,* Kp.$_5$ 160°, F. 44—45°, aus 4-Mercaptobutanol über *15-Hydroxy-11-thiapentadecancarbonsäure* (F. 70,5—71,5°). — *Riechstoffe.* (**F. P. 1 195 917** vom 14/5. 1958, ausg. 20/11. 1959. Holl. Prior. 29/6. 1957.) S. BÖTTCHER. 7277

Centre National de la Recherche Scientifique, Frankreich (Erfinder: Kergomard, Philibert und Geneix), **Gewinnung von Terpenäthern** aus Terpenoxyden durch Kochen mit Alkoholen in Ggw. von Alkalialkoholaten. Die Rk.-Lsgg. werden eingeengt, gewaschen, mit einem organ. Lsgm. extrahiert u. dest., die gewonnenen Hydroxyterpenäther durch Kochen mit Acetanhydrid (I) in Acetoxyterpenäther übergeführt, die der Pyrolyse bei normalem Druck unterworfen u. dest. werden. — 7-Äthoxy-Δ^1-p-menthene: *8-Hydroxy-,* Kp.$_{12}$ 122—125°, aus Norpinenepoxyd (II) durch 24std. Kochen in A. in Ggw. von Na-Äthylat; n_D^{23} 1,4752; $D._{20}^{23}$ 0,9788; 52% (Ausbeute). — *8-Acetoxy-,* Kp.$_{12}$ 120—130°, aus vorst. Verb. durch 15std. Kochen mit I; n_D^{18} 1,4682; 70%. — *7-Äthoxylimonen* (*Perillaalkoholäthyläther*), Kp.$_{12}$ 98—106°, aus vorst. Verb. durch Erhitzen; n_D^{23} 1,4729; $D._{20}^{24}$ 0,9314; 59%. — 7-Methoxy-

Δ^1-p-menthene: *8-Hydroxy-*, $Kp._{14}$ 112—113°, aus **II** u. CH_3OH durch 24std. Kochen in Ggw. von Na-Methylat; n^{21} 1,4792; 53%. Daneben ein Aldehyd (*Phellandrenaldehyd?*) vom $Kp._{12}$ 80—86°; n_D^{20} 1,4763; $D._{20}^{20}$ 0,9392; 20%. — *7-Methoxylimonen* (*Perillaalkoholmethyläther*), $Kp._{12}$ 98—102°, aus 134 (g) vorst. Verb. durch 6std. Kochen mit **I** u. anschließende Pyrolyse; n_D^{20} 1,4789; $D._{20}^{20}$ 0,9498; 42 g. — 2-Äthoxy-Δ^8-p-menthene: *1-Hydroxy-*, $Kp._{13}$ 110—112°, aus Limonen-1.2-epoxyd in A. in Ggw. von Na-Äthylat; n_D^{19} 1,4716; $D._{20}^{20}$ 0,953; 70%. — *1-Acetoxy-*, $Kp._{12}$ 116—120°, aus vorst. Verb. u. **I**; n_D^{20} 1,4580; 80%. — *2-Äthoxy-$\Delta^{5.8}$-p-manthadien* (*Carveoläthyläther*), $Kp._{12}$ 90 bis 95°, aus vorst. Verb.; n_D^{21} 1,4693; 42%. — 2-Äthoxy-p-menthane: *1-Hydroxy-*, $Kp._{12}$ 112—115°, aus Carvomenthenepoxyd (**III**) u. A.; n_D^{21} 1,4567; 80%. — *1-Acetoxy-*, $Kp._{12}$ 120—123°, aus vorst. Verb. u. **I**; n_D^{23} 1,4435; 62%. — 2-Methoxy-p-menthane: *1-Hydroxy-*, $Kp._{18}$ 115—117°, aus **III** in CH_3OH; n_D^{15} 1,4657; 80%. — *1-Acetoxy-*, $Kp._{12}$ 118—120°, aus vorst. Verb. u. **I**; n_D^{15} 1,4502; 80%. — *Riechstoffe*. (**F. P. 1 185 651** vom 31/10. 1957, ausg. 4/8. 1959.) EBERHARD RIEDEL. 7277

Soc. Monsavon-l'Oréal, Frankreich (Erfinder: Grégoire Kalopissis und André Viout), **Dauerwellenmittel** enthält zur Erweichung des Keratins im Haar als Wirkstoff eine Verb. der allg. Formel R·CO·S·CHR'·CONHR'' (R = niederer Alkyl- oder Carboxyalkylrest; R', R'' = H oder niederer Alkylrest), z. B. S-Acetylmercapto-, S-Succinylmercaptoacetamid oder S-Acetylmercapto-N-methylacetamid. Man behandelt das Haar mit einer wss. Lsg., die Triäthanolamin enthält. (**F. P. 1 204 564** vom 17/4. 1958, ausg. 27/1. 1960.) S. BÖTTCHER. 7285

Gillette Co., Boston, Mass., V.St.A., **Dauerwellmittel,** gek. durch den Geh· an *α.α'-Dimercaptoadipinsäure* oder einem Salz, Ester oder Amid dieser Säure. (**E. P. 839 923** vom 13/3. 1958, ausg. 29/6. 1960. A. Prior. 27/3. 1957.) E. PETERSEN. 7285

P. & H. Appel G. m. b. H., Erlangen (Erfinder: Werner Schultheis, Forchheim), **Herstellung von Mercaptofettsäurehydraziden,** dad. gek., daß man Ester von Mercaptofettsäuren mit N_2H_4 umsetzt. — Beispiele zur Herst. der *Hydrazide* von: *Thioglykolsäure*, F. 48—49° (Ae.); *Thiomilchsäure*, F. 87—89° (Bzl.); *β-Mercaptopropionsäure*, F. 108—110° (Isopropanol). — Die Verbb. dienen zur Herst. von *Dauerwellen*. (**D. A. S. 1 108 703** Kl. 12q vom 16/7. 1957, ausg. 15/6. 1961.) O. MÜLLER-MEININGEN. 7285

Laurence Richard Bruce, Inc., Stamford, Conn., V.St.A. (Erfinder: Bernard Lustig), **Bleichen von Haar.** Man verwendet eine Paste, die außer MgO u./oder $MgCO_3$ sowie einer wss. Lsg. von H_2O_2 0,01—10% feinverteilte Phthalocyanine (**I**) von Cu, Co, Ni oder Zn oder ihren Derivv. enthält, die am Benzolring sulfoniert sind oder durch Cl substituiert sind. — Beispiel: 100 (Teile) $MgCO_3$, 200 MgO, 100 $K_2S_2O_8$, 35 $(NH_4)_2S_2O_8$, 0,5 Cu-**I** (5 μ). 1 Teil dieses Gemisches mit 36%ig. H_2O_2 anpasten u. in üblicher Weise auf das Haar zur Wrkg. bringen. (**E. P. 852 777** vom 9/4. 1958, ausg. 2/11. 1960.) E. PETERSEN. 7285

Schwartz Bio Research, Inc., Mount Vernon, übert. von: David R. Schwarz, Larchmont, N.Y., V.St.A., *Haarfestlegemittel*, gek. durch den Geh. an Nucleinsäure, bes. Desoxyribonucleinsäure, bes. in Form einer versprühbaren 0,1—5,0%ig. wss. Lsg. mit einem pH-Wert von 5,0—9,0, bes. 6,0—8,0. (**A. P. 2 960 442** vom 24/4. 1958, ausg. 15/11. 1960.) E. PETERSEN. 7285

Dragoco Spezialfabrik konz. Riech- und Aromastoffe Gerberding & Co. G. m. b. H., Deutschland, *Herstellung von terpenartigen Riechstoffen*. (**F. P. 1 131 573** vom 16/6. 1955, ausg. 25/2. 1957. D. Prior. 16/7. 1954. — C. **1961.** 8863 [E. P. 807 616].)

Ciba Soc. An., Basel, Schweiz, *Hautpflegemittel*. (**Schwed. P. 156 368** vom 18/11. 1953, ausg. 2/10. 1956. Schwz. Prior. 17/12. 1952. — C. **1958.** 11093 [Belg. P. 524 131].)

J. L. Younghusband, Chicago, Ill., V.St.A., *Siloxanpräparat*. (**Schwed. P. 157 226** vom 23/12. 1954, ausg. 11/12. 1956. A. Prior. 3/9. 1954. — C. **1959.** 13960 [Holl. P. 82 576].)

Blanche Posnack geb. **Jampel**, New York, und **Emanuel R. Posnack**, Great Neck, N. Y., V.St.A., *Flüssiges kosmetisches Präparat zum Festlegen der Haut in modelliertem Umriß*. (**D. A. S. 1 010 703** Kl. 30h vom 18/9. 1954, ausg. 19/6. 1957. **E. P. 795 583** vom 14/9. 1954, ausg. 28/5. 1958. — C. **1950/54.** 8807 S. [A. P. 2 689 561].)

Colgate-Palmolive Co., Jersey City, N.J., V.St.A., *Antischweißmittel*. (**Schwed. P. 157 384** vom 23/9. 1952, ausg. 2/1. 1957. A. Prior. 19/12. 1951. — C. **1955.** 8987 [E. P. 718 342].)

Colgate-Palmolive-Peet Co., Jersey City, N.J., V.St.A., *Antischweißmittel*. (**Aust. P. 161 528** vom 17/12. 1952, ausg. 17/3. 1955. A. Prior. 19/12. 1951. — C. **1955.** 8987 [E. P. 718 342].)

Gillette Co., Boston, Mass., V.St.A., *Dauerwellenmittel*. (**Schwed. P. 157 383** vom 22/4. 1952, ausg. 2/1. 1957. A. Prior. 23/4. 1951. — C. **1955.** 3506 [F. P. 1 062 508].)

Ashe Laboratories Ltd., übert. von: **Lionel Leslie Frederick Deadman**, Leatherhead, England, *Dauerwellenmittel in fester Form*. (**A. P. 2 751 327** vom 12/9. 1952, ausg. 19/6. 1956. E. Prior. 4/4. 1952. — C. **1961.** 10005 [E. P. 748 823].)

Soc. Monsavon-l'Oréal (Erfinder: **John Robert Seemüller**), *Haarfärbemittel*. (**Aust. P. 221 195** vom 29/11. 1956, ausg. 14/5. 1959. F. Prior. 29/11. 1955. — C. **1958.** 13375 [F. P. 1 137 929].)

XV. Gärungsindustrie

Brennerei-Darrmalze. H. Specht. (Branntweinwirtschaft **81.** 115—16. 10/3. 1959. Berlin, Inst. für Gärungsgewerbe.) (Dt.)

Laufende Unterss. von Brennereidarrmalzen zeigten, daß neben äußeren Eigg., wie Verunreinigungen, Farbe, Geruch u. Geschmack, für die Beurteilung vor allem die chem. Eigg., wie diastat. Kraft, Wasser-Geh. u. Alkoholergiebigkeit, von Bedeutung sind. Die Best. der diastat. Kraft nach der Meth. von Windisch-Kolbach gibt Aufschluß über das Verzuckerungsvermögen des Malzes. Um eine unnötige Gew.-Belastung zu verhindern, sollte der Wasser-Geh. unter 8% liegen. Da die diastat. Kraft keineswegs der Alkoholergiebigkeit, die mit den Darrmalzen zu erzielen ist, entspricht, muß auch diese ermittelt u. bei der Bewertung der Malze unbedingt berücksichtigt werden. W. Kreipe. 7540 □

Über Ultraschallversuche nach dem Hopfen-Doppelextraktionsverfahren. E. Schild und H. Weyh. (Brauwissenschaft **13.** 206—11. Juli 1960. Beil. zu: Brauwelt, Ausg. B. Weihenstephan, TH München, Inst. für chem.-techn. Analyse.) (Dt.)

3 Vgl.-Sude wurden hergestellt. Der erste Sud wurde mit 223 g Hopfen/hl Anstellwürze gekocht, der zweite mit 150 g/hl nach dem Doppelextraktions-Verf. von *Arentoft* mit Ultrabeschallung gebraut u. der dritte mit 190 g/hl ohne Ultraschall. Die 3 Biere waren in ihrer Qualität, im Schaum, in der Stärke u. Feinheit der Bittere nur wenig verschieden. Bei der Verkostung der Biere erwies sich Bier 3 als das bitterste, dann folgte Bier 2 u. zuletzt das Normalbier. Die spektroskop. Analyse der Iso-α-Säuren führte zu demselben Befund, während die Chlf.-Extraktion der Bitterstoffe zwar bei Bier 3 ebenfalls den höchsten Wert anzeigte, Bier 2 jedoch einen erheblich niedrigeren Wert als Bier 1 ergab. Vor- u. Nachteile des Verf. werden mitgeteilt. K.-U. Riedel. 7544 □

Über den durch die Entfernung der Hopfentreber entstehenden Extraktverlust. E. Schild und T. Zangrando jun. (Brauwissenschaft **13.** 150—56. Mai. 186—94. Juni 1960. Beilage zu: Brauwelt, Ausg. B. Weihenstephan, TH München, Inst. für chem.-techn. Analyse.) (Dt.)

Vff. haben zur Berechnung des Würzeverlustes durch Hopfentreberimbibition in der Brauerei eine Formel entwickelt, ferner die unlösl. Hopfensubstanz in der Würze festgestellt, den Einfl. verschiedener Faktoren auf die Extraktgewinnung aus Hopfentrebern in der Praxis sowie die Abhängigkeit der Naßtreber-Zus. vom Preßdruck ermittelt. Ferner wurden verschiedene Syst. für die Entfernung der Hopfentreber aus Würze in der Praxis in quant. u. qual. Hinsicht verglichen u. die Richtigkeit der Literaturangaben über die Extraktverluste durch Hopfentreber, über Höhe der Fl.-Imbibition in denselben u. der zollamtlichen Schwundsätze nachgeprüft. K.-U. Riedel. 7544 □

Einige Bemerkungen zum Problem der Faßbierhaltbarkeit. Franz Suntrup. (Brauwelt, Ausg. B **100.** 1477—79. 8/9. 1960. Dortmund.) (Dt.)

An Hand von Membranfilterproben wurde die Wrkg. von Reinigungs- u. Desinfektions-Meth. beim Eichenschwer- u. beim Al-Faß verglichen. Bei Eichenholzfässern reicht die übliche Reinigungs-Meth. nicht aus; der biolog. Zustand kann aber durch Pichen, Desinfektion mit SO_2 u. quatern. Ammonium-Verbb. verbessert werden. Bei älteren Al-Fässern läßt sich durch Anwendung von Heißwasser beinahe Sterilität erreichen. K.-U. Riedel. 7550 □

Sind die modernen Methoden der Weinbereitung schädlich für die Qualität des Weines und damit auch schädlich für die Gesundheit der Verbraucher? E. Nègre. (Progr. agric. viticole **136 (76).** 123—27. 15/9. 155—59. 30/9. 1959.) (Franz.)

Diskussion des SO_2-Zusatzes zum Wein; dabei wird auf die Möglichkeit des Ersatzes, der Einsparung u. der Wahl des günstigsten Zeitpunkts der SO_2-Zugabe hingewiesen. F. Radler. 7554 □

Untersuchungen über den Einfluß von Mineralstoffen auf den bakteriellen Säurerückgang in Trauben- und Fruchtweinen. Harald Bocker. (Zbl. Bakteriol., Parasitenkunde Infektionskrankh. Hyg., II. Abt. **112.** 337—50. 25/6. 1959. Berlin, Dt. Akad. der Landwirtschaftswiss., Biolog. Zentralanst.; Naumburg/Saale, Inst. für Phytopatol.; Jena, Univ., Inst. für allg. Botan.) (Dt.)

An Saale-Unstrut-Weinen, bulgar. Weinen u. Fruchtweinen wurde festgestellt, daß der Reifegrad der Trauben, die chem. Zus. u. den biolog. Säureabbau beeinflußt u. Weine aus unreifen Trauben die Äpfelsäure besser halten. Von Mineralstoffen wirkt Na- u. Ca-Geh. nicht, Mg-Geh. etwas, K-Geh. stark fördernd auf den biolog. Säureabbau. Die Beziehungen des K zum Säureabbau werden graph. dargestellt. — 25 Literaturangaben. G. Trewendt. 7554 □

Zur Kenntnis der Eiweißstoffe des Weines. 1. Mitt. Chemische Zusammensetzung des Wärmetrubes kurzzeiterhitzter Weißweine und seine Beziehung zur Eiweißtrübung

und zum Weineiweiß. J. Koch und G. Bretthauer. (Z. Lebensmittel-Unters. u. Forsch. **106**. 272—80. Okt. 1957. Geisenheim, Rheingau, Lehr- u. Forschungsanst. für Wein-, Obst- u. Gartenbau, Inst. für Obst- u. Gemüseverwert.) (Dt.)

Es wurde festgestellt, daß das Weineiweiß u. der bei der Kurzzeiterhitzung entstehende Wärmetrub, ebenso wie die natürlich auftretende Eiweißtrübung aus folgenden 17 Aminosäuren bestehen: *Alanin, Arginin, Asparaginsäure, Glutaminsäure, Glykokoll, Histidin, Isoleucin, Leucin, Lysin, Methionin, Ornithin, Phenylalanin, Prolin, Serin, Threonin, Tyrosin* u. *Valin.* Freie Aminosäuren kommen im Wärmetrub u. im natürlichen Eiweißtrub nicht vor. M. Winiker. 7554 □

Über die Messung der Bierfarbe mittels Spektrophotometer. G. Krauß, H. Egner und A. Rebmann. (Brauwissenschaft **13**. 181—83. Juni 1960. Beilage zu: Brauwelt, Ausg. B. Stuttgart-Vailingen, Brauerei Rob. Leicht AG.) (Dt.)

Die Farbe von 28 Bieren verschiedener Brauereien wurde mit Hilfe des Hellige-Komparators gemessen. Von diesen Bieren wurde die Extinktion bei 430 mμ (Maßzahl für die Farbe) u. 700 mμ (Maßzahl für die Trübung) bestimmt. Falls die Extinktion 700 mμ einen bestimmten Betrag überstieg, wurde von der Extinktion 430 mμ eine entsprechende Korrektur abgezogen. Aus der berichtigten Extinktion 430 mμ läßt sich die Bierfarbe in EBC-Einheiten nach der Formel EBC-Einheiten = 0,724 + 22,7766 · Extinktion 430 mμ (korr.) berechnen. Hierbei beträgt der Standardfehler 0,36 EBC-Einheiten. Bleibt ein Standardfehler von 0,39 unberücksichtigt, so kann auch die Formel EBC-Einheiten = 24,527 · Extinktion 430 mμ (korr.) verwendet werden. Beide Formeln gelten nur für Farbmessungen an hellen Bieren. K.-U. Riedel. 7600 □

Bestimmung der Gesamtacidität im Wein. P. Jaulmes. (Ann. Falsificat. Fraudes **48**. 157—63. April 1955. Montpellier, Pharmazeut. Fak.) (Franz.)

Die Vgl.-Lsg. wird aus 5 ml decarbonisierten Weins, 25 ml dest. W. u. 1 ml Bromthymolblau (4 g pro Liter) hergestellt, mit n/20 Na_2CO_3-Lsg. neutralisiert (Umschlag nach Blau) u. mit 5 ml Puffer-Lsg. vom pH 7 versetzt. Von dem zu untersuchenden Wein (decarbonisiert) werden 5 ml mit 30 ml dest. W. u. 1 ml Bromthymolblau versetzt u. mit n/20 Na_2CO_3-Lsg. bis zur Erhaltung der Färbung der Vgl.-Lsg. titriert. M. Wroblewski. 7606

Neue Technik der quantitativen Bestimmung des Kaliums im Wein durch Fällung der Tartrate. Léonce Deibner und Pierre Benard. (Ann. Falsificat. Fraudes **48**. 165—80. April 217—20. Mai 1955. Narbonne, Zentr. Forschungsstat. für Wein-, Apfelwein- u. Fruchtsaftbereit., Nat. Agronom. Forschungsinst.) (Franz.)

Vff. untersuchen Bedingungen zur vollständigen K-Fällung sowie Faktoren, die die Analysenergebnisse beeinflussen. Dies sind im wesentlichen: der Einfl. von anderen Salzen, Dauer der Fällung, Verdünnung u. Temperatur. Unter den vorgeschlagenen Bedingungen zur Herst. von Lsgg. zur Fällung von K-Hydrogentartrat beeinflussen andere Salze, vor allem Phosphate, die Analysenergebnisse nur wenig. Die Fällung von K-Bitartrat geht am besten bei einer Temp. von 0° vor sich. Natürliche Weine enthalten in mg pro Liter: 250—1000 (bis 1400) K^+, 435—800 Na^+, 100 Ca^{2+}, 300 Mg^{2+}, 1320 PO_4^{3-}, bis 1164 SO_4^{2-}. M. Wroblewski. 7606

Geo. Wiedemann Brewing Co., Newport, Ky., übert. von: Frank Otto Rickers, Cincinnati, Ohio, V.St.A., **Herstellung eines carbonisierten Malzgetränkes.** CO_2 wird mit Drucken von 180 lbs./sq.in. u. darüber direkt durch eine Röhre injiziert, in der das Bier unter einem bedeutend niedrigerem Druck von 10—60 steht u. wobei durch zerstäubende Wrkg. eine maximale Kontaktoberfläche erzeugt u. so eine bedeutend intensivere Carbonisierung bewirkt wird als bisher. Die CO_2-Zufuhr wird durch ein Kontrollventil gesteuert. Sie kann nicht nur beim Schlauchen des Jungbiers, sondern auch beim Pumpen des fertigen Biers in die Flaschentanks bzw. aus diesen in den Abfüll-App. erfolgen. (**A. P. 2 926 087** vom 8/4. 1959, ausg. 23/2. 1960.) L. Macher. 7551

Brewing Industries Research Institute, Chicago, Ill., übert. von: Mortimer W. Brenner, Hartsdale, N.Y., V.St.A., **Stabilisierung von Malzgetränk.** Die in allen Getreidearten u. im Hopfen reichlich enthaltenen Oxalate, namentlich Ca-Oxalat, verursachen in carbonisierten Malzgetränken infolge ihres metastabilen Gleichgewichtszustands Trübungen. Normal eingebraute Malzgetränke enthalten beim Abfüllen 8—20 ppm Oxalationen. Sie werden gemäß der vorliegenden Erfindung enzymat. zu CO_2 u. Ameisensäure abgebaut. Oxalatfreiheit kann man auch durch Passierenlassen des Malzgetränks durch eine Kolonne erreichen, die mit $CaSO_4$, Apatit, Marmor, Gips, Dicalciumphosphat oder Ca-Ionen austauschenden Kunstharzen gefüllt ist. Neben Kunstharzaustauschern bevorzugt man Tricalciumphosphat, dessen Wirksamkeit sehr hoch ist, so daß eine Kolonnentiefe von einigen in. genügt. Von Kunstharzaustauschern werden „Dowex-1 u. -2“ oder „Amberlite IRA-400“ verwendet. Komplexe Koll., die die völlige Ausscheidung von Oxalaten verhindern, können durch enzymat. Abbau mittels aus Bakterien oder Schimmelpilzen gewonnenen Hemicellulase enthaltenden Rohenzymen beseitigt u. so das Ausfallen von Ca-Oxalat befördert werden. Je 100 barrel gelagerten Biers verwendet man 1 lbs. Rohenzym, das aus *Schizophyllum commune, Collybia velutipes* u./oder *Polyporus hirsutus* extrahiert wurde u. das in einer Lagerzeit von 1 Woche oder mehr wirksam ist. Für den Maischprozeß werden 1 Pfund Rohenzym (aus *Pseudomonadaceae*) je 1000 lbs Malz verwendet. (**A. P. 2878125** vom 11/10. 1956, ausg. 17/3. 1959.) L. MACHER. 7551

Imperial Chemical Industries Ltd., London (Erfinder: Antony Borrow, Edward Garstang Jefferys und Ian Stewart Nixon, The Frythe, Welwyn, Hertfordshire), England, **Herstellung von Gibberellinsäure** durch Kultivierung eines akt. Stamms von *Gibberella fujikuroi*, wobei dem Kulturmedium zwecks Steigerung der Säure-Bldg. als C-Quelle Saccharose, Glucose, Glycerin bzw. dessen Ester oder auch vegetabil. Öle kontinuierlich oder absatzweise in Intervallen zugesetzt werden. Als N-Quelle dienen Ammoniumsalze, Nitrate, Maisquellwasser, Pepton. Das Verhältnis C : N sei 10 : 1 oder 15 : 1. Der Glucose-Geh. soll während der Säureproduktion 0,1—10%, bes. 1—4%, betragen. Das Gärmedium soll während der Säure-Bldg. zwei- oder mehreremale belüftet werden. (**E. P. 838 033** vom 13/2. 1957, ausg. 22/6. 1960.) L. MACHER. 7579

Imperial Chemical Industries Ltd., Millbank, London, Antony Borrow, Edward Garstang Jefferys und Ian Stewart Nixon vom Akers Research Laboratories, The Frythe, Welwyn, Hertfordshire, England, **Herstellung von Gibberellinsäure** durch Kultivierung eines akt. Stamms von Gibberella fujikuroi in einem belüfteten Nährmedium bei 27,5—30,5° als Mehrstufenprozeß, wobei die N-Konz. 0,017—0,26% bzw. in Form von NH_4NO_3 0,05—0,75% beträgt u. wobei C : N = 10 : 1 bzw. 25 : 1 ausmacht, so daß auf 0,24% NH_4NO_3 3,18% Glucose entfallen. C : N kann auch von 25 : 1 bis 200 : 1 gewählt werden, so daß dann auf 0,11—0,5% NH_4NO_3 3,3—26% Glucose entfallen. Für die Gärung sollen stets 0,5—1,0% bzw. 1—4% C verfügbar sein. (**E. P. 850 018** vom 27/1. 1958, ausg. 28/9. 1960.) L. MACHER. 7579

R. F. Beers jun., Baltimore, Md., V.St.A., *Gärprozeß durch Immersion.* (**Belg. P. 562 340** vom 13/11. 1957, ausg. 30/11. 1958. A. Prior. 21/11. 1956. — C. **1960.** 1356 [D. A. S. 1 056 560].)

Permutit Co. Ltd., London, England, *Gewinnung von Weinstein aus Weingelägerlösung.* (**Aust. P. 167 855** vom 13/4. 1954, ausg. 28/6. 1956. E. Prior. 16/4. 1953. — C. **1958.** 10224 [E. P. 756 854].)

S. E. G. Jönsson, Stuvsta, Schweden, *Entgeisten und Eindampfen alkoholhaltiger Lösungen.* (**Schwed. P. 156 096** vom 27/4. 1954, ausg. 18/9. 1956. — C. **1958.** 5236 [Oe. P. 191 824].)

Etienne Barrey, *Herstellung von Bier.* (**Aust. P. 219 522** vom 16/1. 1957, ausg. 29/1. 1959. F. Prior. 27/1. 1956. — C. **1960.** 14546 [E. P. 816 251].)

Usines de Melle, Saint Leger-les Meller, Frankreich, *Gewinnung von organischen Säuren durch aerobe Gärung.* (**Ind. P. 57 754** vom 2/7. 1956, ausg. 24/7. 1958. — C. **1957.** 10353 [F. P. 1 128 746].)

Kyowa Hakko Kogyo Kabushiki Kaisha, Tokyo, Japan (Erfinder: **Shukuo Kinoshita, Katsunobu Tanaka, Shigezo Udaka** und **Sadao Akita**), *Herstellung von Aminosäuren.* (**Aust. P. 216 545** vom 18/10. 1956, ausg. 28/8. 1958. **E. P. 849 279** vom 20/3. 1957, ausg. 21/9. 1960. Beide Jap. Prior. 5/9. 1956. — C. **1960.** 13221 [F. P. 1 185 382].)

Kyowa Hakko Kogyo Kabushiki Kaisha, Tokyo, Japan, *Herstellung von l-Glutaminsäure durch Fermentation.* (**Ind. P. 58 998** vom 27/11. 1956, ausg. 2/3. 1959. — C. **1959.** 17544 [Oe. P. 200 544].)

Kyowa Hakko Kogyo Kabushiki Kaisha, Tokyo, Japan, *Herstellung von l-Glutaminsäure.* (**Ind. P. 58 654** vom 17/10. 1956, ausg. 13/10. 1958. — C. **1959.** 17544 [Oe. P. 200 544].)

Imperial Chemical Industries Ltd., England (Erfinder: **Antony Borrow, Edward Garstang Jefferys** und **Ian Stewart Nixon**), *Gewinnung von Gibberellsäure.* (**F. P. 1 198 014** vom 6/2. 1958, ausg. 4/12. 1959. E. Prior. 6/2. 1957. — C. **1961.** 691 [A. P. 2 906 673].)

Imperial Chemicals Industries Ltd., England (Erfinder: **Antony Borrow, Edward Garstang Jefferys** und **Ian Stewart Nixon**), *Gewinnung von Gibberellsäure.* (**F. P. 1 198 861** vom 13/2. 1958, ausg. 10/12. 1959. E. Prior. 13/2. 1957. — C. **1961.** 691 [A. P. 2 906 671].)

XVI. Nahrungs-, Genuß- und Futtermittel

Zur Begriffsbestimmung „Konservierungsmittel“. Th. Sabalitschka. (Riechstoffe u. Aromen 8. 112—14. April. 152—55. Mai 1958.) (Dt.)
Allg. Ausführungen. M. WINIKER. 7634 □

Über Konservierung von Lebensmitteln auf chemischem Wege. Emil von Skramlik. (Riechstoffe u. Aromen 8. 156—58. Mai. 181—85. Juni. 218—22. Juli. 249—51. Aug. 312—15. Okt. 359—62. Nov. 391—93. Dez. 1958.) (Dt.)
Umfassender Überblick. — 45 Literaturangaben. M. WINIKER. 7634 □

Der wissenschaftliche und technische Stand der Gefriertrocknung von Lebensmitteln. P. Görling. (Z. Lebensmittel-Unters. u. -Forsch. **114.** 128—39. 6/2. 1961. München, Inst. für Lebensmitteltechnol. u. Verpackung.) (Dt.)

Zusammenfassender Überblick. — 45 Literaturangaben. M. WINIKER. 7636☐

Wirkung der Gammastrahlung auf einige Arten von Lagerschädlingen. Norman M. Dennis. (J. econ. Entomol. **54.** 211—13. Febr. 1961. Savannah, Ga., Stored-Product Insects Labor.) (Engl.)

Bestrahlung der Larven oder Vollkerfe verschiedener Getreideschädlinge in Gelatinekapseln mit 100800 r (^{60}Co) hatte innerhalb 2 Monaten restlose Abtötung zur Folge. Tribolium confusum Duv. vermehrten sich 2 Monate nach Bestrahlung mit 8400 r nicht mehr. FRITZ MÜLLER/Ludwigshafen. 7664☐

Wirksamkeit von Sevin–Sesamex-Gemischen gegen Vollkerfe der Mehlkäfer (Tribolium spp.). Roy D. Speirs. (J. econ. Entomol. **53.** 974. Okt. 1960. Savannah, Ga., Stored-Product Insects Labor.) (Engl.)

Bei Tribolium-Käfern auf Belägen von *Sevin* (I) u. Gemischen von I + *Sesamex* (II) in verschiedenen Verhältnissen wurde der gleiche Abtötungserfolg erzielt mit I (10,4 mg/sq.ft.) wie mit einem Gemisch von I + II, 1 : 1 (3,5 : 3,5), das also 2/3 weniger I enthielt. FRITZ MÜLLER/Ludwigshafen. 7664☐

Mikroskopischer Aufbau und Zusammensetzung des Weizenkornes und mögliche Beziehungen zur Konditionierung. M. M. MacMasters, D. Bradbury und M. J. Wolf. (Arbeitsgemeinsch. Getreideforsch. E.V., Ber. Getreidechem.-Tag. **1959.** 96—103. Juni. Peoria, Ill.) (Dt.) — C. **1961.** 10394. M. WINIKER. 7664☐

Histochemische Charakterisierung von Weizen und Weizenprodukten. 4. Mitt. **Aufzeichnung der freien Fettsäuren in keimendem Weizen.** Y. Pomeranz und J. A. Shellenberger. (Cereal Chem. **38.** 122—32. März 1961.) (Engl.) — 3. vgl. C. **1961.** 18543.

Vff. verfolgten den Geh. an freien Fettsäuren in keimendem Weizen über 8 Tage auf mkr. Wege durch Färbung mit Acridinorange in Xylol. Die Betrachtung halbierter Körner im UV-Licht zeigte, daß das Scutellum der hauptsächliche Sitz der Lipaseaktivität ist. Mit fortschreitender Keimung über einen Zeitraum von 8 Tagen stieg der Geh. an Fettsäuren im Scutellum an, bis nach 8 Tagen meßbare Mengen freier Fettsäuren im Kern vorhanden waren. H. HAEVECKER. 7664☐

Die Mikroflora des Getreides im Reinigungs- und Vermahlungsdiagramm. 1. Mitt. **Untersuchungen über die Auswirkung einer Dampfkonditionierung auf den Keimgehalt des Weizens.** Gottfried Spicher. (Getreide u. Mehl **10.** 125—28. Nov. 1960. Beil. zu: Mühle. Detmold, Bundesforschungsanst. für Getreideverarbeitung.) (Dt.)

Verss. über die Auswrkg. einer Dampfkonditionierung von Weizen deutscher Provenienz ergaben: Es wurde bei 40° eine Verminderung der Bakterienflora um 19% erzielt. Die Abnahme des Keim-Geh. steigerte sich bei Erhöhung der Temp. auf 48° um weitere 16% u. erreichte bei Temp. zwischen 65 u. 70° etwa 94—98%. Bei Schimmelpilzen kam die Wrkg. der Dampfkonditionierung noch stärker zum Tragen. Die Verminderung des Keim-Geh. blieb in gewissen Grenzen auch bei Abstehen des Getreides erhalten. Bei Abstehzeiten $>$6 Std. wurde der Erfolg teilweise wieder aufgehoben. M. WINIKER. 7664☐

Der Nährwert von Erdnußmehl mit niedrigem Fettgehalt. V. Subrahmanyan, M. Narayana Rao und M. Swaminathan. (Bull. centr. Food technol. Res. Inst., Mysore **6.** 5—10. Jan. 1957.) (Engl.)

Zusammenfassender Überblick über Herst., chem. Zus., Verdaulichkeit u. Nährwert von Erdnußmehl mit niedrigem Fettgehalt. — 66 Literaturangaben. M. WINIKER. 7670☐

Die Unterdrückung der Pilzbildung während des Mälzens von Weizen. James R. Fleming, John A. Johnson und Byron S. Miller. (Cereal Chem. **38.** 170—78. März 1961. Manhattan, Kansas Agricult. Exp. Stat.) (Engl.)

Eine vollständige Unterdrückung des Pilzwachstums während des Mälzens von Weizen wird erzielt durch kleine Mengen von Formaldehyd (I) oder 8-Hydroxychinolinsulfat, $HgCl_2$, Methylmercuricyandiamid, o-Phenylphenolat, Tetrachlor-p-benzochinon, n-Propylvanillat, 2-Thiobarbitursäure, Thioharnstoff, n-Trichlormethylthiotetrahydrophthalimid u. andere Substanzen, die aber wie die vorgenannten zum größten Teil für Tiere u. Menschen giftig sind. Prakt. verwendbar ist allein I in einer Konz. von 0,02% im Netzwasser während der letzten 6 Stunden. Die im Malz verbleibende I-Menge schädigt weder die Hefegärung, noch ist sie nach vollendeter Gärung im Brot für den Menschen schädlich. H. HAEVECKER. 7674☐

Einige flüchtige Carbonylverbindungen, die während der Brotgärung entstehen. F. E. Kohn, L. Wiseblatt und L. S. Fosdick. (Cereal Chem. **38.** 165–69. März 1961. Chicago, Ill., American. Inst. of Baking.) (Engl.)

Vff. untersuchten direkt geführte Teige aus normalen u. mit geringem Bakterienbefall behafteten Bestandteilen auf die während der Gärung gebildeten Carbonylverbindungen. In beiden Teigen wurden nachgewiesen: *Aceton, Acetaldehyd, Brenztraubenaldehyd, n-Hexanal, n-Butyraldehyd, Isovaleraldehyd* u. *Hexanon-*(2). *Benzaldehyd* wurde in normalen u. nicht in den mit Bakterien befallenen Teilen gefunden. Alle Verbb. waren nicht in den Bestandteilen, sondern erst in den Gärprodd. enthalten.

H. HAEVECKER. 7674□

Wechselwirkung zwischen Substanzen mit das Altbackenwerden vermindernder Wirksamkeit und Stärke. E. J. Bourne, A. I. Tiffin und H. Weigel. (Nature [London] **184.** 547. 15/8. 1959. Englefield Green, Surrey, Univ. of London, Royal Holloway Coll.) (Engl.)

Vff. untersuchten folgende Substanzen mit das Altbackenwerden vermindernder Wirksamkeit auf ihre Wechselwrkg. mit Stärke: *Saccharosemonostearat* (**I**), *Saccharosedistearat* (**II**), *Polyoxyäthylenmonostearat* (**III**), *reines* (**IV a**) u. *techn. Glycerylmonostearat* (**IV b**) u. *Stearoyltartrat* (**V**); außerdem wurden untersucht: ein *sulfonierter KW-Stoff* (**VI**; anion.), *Cetyltrimethylammoniumjodid* (**VII**; kation.) u., als Vergleichssubstanzen, *n-Butanol* (**VIII**) u. *Thymol* (**IX**). — Die 0,005–0,075%ig. Test-Lsgg. (Ausnahme **V**; maximale Konz.: 0,03%ig.) wurden zu 0,5%ig. Lsgg. von Weizenstärke hinzugegeben u. die Menge an Nd. turbidimetr. bestimmt. — Von den getesteten Substanzen zeigen **I, IV a** u. **III** die stärkste fällende Wirksamkeit; **IV b** ist geringfügig weniger u. **II** weit weniger wirksam als die vorst. genannten 3 Substanzen. **V** zeigt nur sehr geringe Wirksamkeit. **VI–IX** sind in dem getesteten Konzentrationsbereich ohne Wirkung. — Diese Ergebnisse, in Beziehung gesetzt zu den Resultaten anderer Autoren über die das Altbackenwerden vermindernde Wrkg. der getesteten Substanzen, gestatten den Schluß, daß zwischen der Stärke u. derartigen Verbb. in Mehl-Prodd. die Bldg. von Komplexen anzunehmen ist, woraus sich die Wrkg. der Verbb. erklärt. H. KOCKERT. 7674□

Eine Bemerkung über die Selbstdiffusion in Teigen, die ^{82}Br-markiertes Bromat enthalten. C. C. Lee und R. Tkachuk. (Cereal Chem. **38.** 194–97. März 1961. Saskatoon, Saskatchewan., Univ. of Saskatchewan, Dep. of Chemistry.) (Engl.)

Es wurden 2 Teige mit 30 ppm gewöhnlichem $KBrO_3$ u. der gleichen Menge mit ^{82}Br markiertem Bromat hergestellt. Die Teige wurden im gleichen Gärgefäß nebeneinander, jedoch getrennt durch ein feuchtes Filterpapier, zu Gärung gebracht u. nach 4 Std. u. 20 Min. bei 30° auf Radioaktivität untersucht. Aus den Aktivitäten, aufgetragen gegen die Entfernung zum begrenzenden Filterpapier, ergaben sich typ. Diffusionskurven, die für die dynam. Natur lösl. Bestandteile im Teig von Bedeutung sind.

H. HAEVECKER. 7674□

Der Einfluß von Vanillin auf die Stabilität eines vegetabilischen Backfetts. K. M. Narayanan, N. S. Kapur, G. S. Bains und D. S. Bhatia. (Food Sci. [India] **6.** 245 bis 248. Nov. 1957.) (Engl.)

Durch *Vanillin*-Zusatz (0,3–0,6%) konnte das Ranzigwerden eines Backfettes (partiell hydriertes Erdnußöl) wesentlich verzögert werden. M. WINIKER. 7674□

Die Beziehung der physikalischen Eigenschaften und der chemischen Zusammensetzung zur Mehligkeit der Kartoffel. 2. Mitt. Die chemische Zusammensetzung. A. M. Unrau und R. E. Nylund. (Amer. Potato J. **34.** 303–11. Nov. 1957.) (Engl.) — 1. vgl. C. **1961.** 14492.

Es wurde festgestellt, daß die Mehligkeit der Kartoffeln in Beziehung steht zu ihrem Geh. an Trockenmasse, Stärke, Zucker u. Polysacchariden, N-Verbb. mit niedrigem Molgew. sowie an Amylose. M. WINIKER. 7678□

Reaktion von im Frühling angebauten Kartoffeln auf die Behandlung mit Barsprout bei der Lagerung in gewöhnlichen Räumen während verschiedener Perioden bis zu zehn Monaten. C. L. Isbell. (Proc. Amer. Soc. horticult. Sci. **69.** 427–30. Juni 1957. Auburn, Ala., Alabama Polytechn. Inst., Agric. Exp. Stat.) (Engl.)

Durch Stäuben von in einem ungeheizten Raum gelagerten Kartoffeln mit 1 lb./ 8 bushels *Barsprout* (ein 2,2% *Naphthalinessigsäuremethylester* enthaltendes Stäubemittel) konnten Austreiben u. Fäulnis der Knollen deutlich eingeschränkt werden.

F. RANG. 7678□

Der mit Wasser extrahierbare Stickstoff indischer Hülsenfrüchte. G. Rama Rao und S. B. Kadkol. (Food Sci. [India] **6.** 154–55. Juli 1957.) (Engl.)

Vff. bestimmten den Geh. von 10 Arten ind. Hülsenfrüchte an mit W. extrahierbarem N sowie dessen Beeinflussung durch Kochen. M. WINIKER. 7684□

Reaktionen von Anjou-Birnen auf den Kohlendioxyd- und Sauerstoffgehalt der Luft im Lagerraum. Elmer Hansen. (Proc. Amer. Soc. horticult. Sci. **69.** 110–15. Juni 1957. Corvallis, Oreg., Oregon State Coll.) (Engl.)

Anjoubirnen wurden 223 Tage lang bei 30–31° F in Luft mit Geh. von 1–20% CO_2 bzw. in O_2-N_2-Gemischen mit 1–20% O_2 gelagert. Bei einem Geh. von 5% CO_2 u. darüber färbte sich das Birnengehäuse braun. Das Weichwerden der Birnen wurde bei Lagerung in 5% CO_2 u. mehr bzw. in 5% O_2 u. weniger enthaltender Luft verzögert. Geschmacklich und in ihrer Textur am besten waren die in nur geringe O_2-Konzz. enthaltender Luft gelagerten Birnen. F. Rang. 7688□

Fortschrittsbericht über die Lagerung von Jonathan-Äpfeln in kontrollierter Atmosphäre. D. H. Dewey, W. E. Ballinger und I. J. Pflug. (Michigan State Univ. Agric. appl. Sci., agric. Exp. Stat., quart Bull. **39.** 691–700. Mai 1957.) (Engl.)

Für die Lagerung von Äpfeln (Sorte Jonathan) kann eine kontrollierte Atmosphäre mit 2,5–5% CO_2 u. 3% O_2 (Temp.: 32° F) empfohlen werden. M. Winiker. 7688□

Einfluß von Polyäthyleneinlagen in den Kisten auf Hautbräune, Festigkeit, Gewichtsverluste und Verfaulen von gelagerten Äpfeln aus dem Osten (der Vereinigten Staaten). R. E. Hardenburg und H. W. Siegelman. (Proc. Amer. Soc. horticult. Sci. **69.** 75–83. Juni 1957. Beltsville, Md., U.S. Dep. of Agric.) (Engl.)

Durch versiegelte Polyäthyleneinlagen in den Verpackungskisten wurden bei mehreren bei 31° F gelagerten Äpfelsorten die Gewichtsverluste verhindert, das Reifen verlangsamt u. der Befall durch Hautbräune vermindert. F. Rang. 7688□

Weitere Versuche mit versiegelten Polyäthyleneinlagen bei gelben Newton-Äpfeln aus dem Pajaro-Tal. A. Lloyd Ryall und M. Uota. (Proc. Amer. Soc. horticult. Sci. **69.** 84–90. Juni 1957. Fresno, Calif., U.S. Dep. of Agric.) (Engl.) — Vgl. C. **1958.** **13380.**

Bei Äpfeln, die in versiegelten *Polyäthylenfolien* verpackt waren u. bei 40 u. 45° F gelagert wurden, konnten Fäulnis u. Befall durch Hautbräune weitgehend vermindert werden. F. Rang. 7688□

Vergleich von Behandlungsmethoden zur Bekämpfung der Hautbräunekrankheit bei Äpfeln. R. M. Smock. (Proc. Amer. Soc. horticult. Sci. **69.** 91–100. Juni 1957. Ithaka, N.Y., Cornell Univ.) (Engl.)

Durch Eintauchen der Äpfel in Lsgg. (500–2000 ppm) von *Diphenylamin* (I) bzw. *Santoquin* (*6-Äthoxy-1.2-dihydro-2.2.4-trimethylchinolin*) wurde der Hautbräunebefall erfolgreich bekämpft. Sprühen vor der Ernte mit I u. *Prorex M*-Ölemulsion war wirkungslos. Ferner wurden keine Erfolge mit folgenden Präpp. erzielt: *Chloramin T*, *Na-Bisulfit*, Mineralöl, *2.4-Dichloranisol*, *α-Tocopherol*, *butyliertes Hydroxyanisol*, *Citronensäure*, *Äpfelsäure*, *Ascorbinsäure*, *Analin*, *Triphenylamin*, *Hydroxylamin* u. *Diphenyl*. Durch Verw. von Polyäthyleneinlagen in den Kisten wurde der Hautbräunebefall häufig vermindert. F. Rang. 7688□

Versuche, Drosophila von Trockenobst abzuhalten. Perez Simmons. (J. econ. Entomol. **53.** 969. Okt. 1960. Fresno, Calif., Stored-Product Insects Labor.) (Engl.)

Drosophila konnte von frisch gepflückten Weinbeeren durch Anblasen mit Lüftern abgehalten werden. Schalen mit zerdrückten Weinbeeren oder Kürbis wurden mit Geweben von 10 Fäden/in. einfach oder doppelt bedeckt, die z. T. in *Pyrethrum* + *Piperonylbutoxyd* oder *Methoxychlor* + *Dimethylphthalat* getaucht waren. Alle behandelten oder unbehandelten Gewebe ließen Drosophila simulans Sturtevant durch, nur ein 40 Maschengewebe schützte vollkommen gegen den Befall. Fritz Müller/Ludwigshafen. 7688□

Malathionsprühungen zur Verminderung des Befalles von Trockenobstpackhäusern. Perez Simmons. (J. econ. Entomol. **53.** 969–70. Okt. 1960.) (Engl.)

Verschiedene Obstpackhäuser wurden an Wänden u. Fußböden teilweise mit *Malathion*-Belägen durch Besprühen mit Netzpulver u. W. (3 oder 5 lbs./100 gall.) versehen u. die Anzahl der Insekten mit Fallen bestimmt. Die Behandlung verringerte den Befall ganz erheblich. Fritz Müller/Ludwigshafen. 7688□

Beziehungen zwischen Blattstickstoff und Konservenqualität von Elberta-Pfirsichen. E. L. Proebsting jun., G. H. Carter und A. M. Neubert. (Proc. Amer. Soc. horticult. Sci. **69.** 131–40. Juni 1957. Prosser, Wash., Fruit and Vegetable Products Labor and Irrigation Exp. Stat.) (Engl.)

Konservierte Pfirsiche, die von Bäumen mit einem N-Geh. der Blätter von 1,59 bis 3,20% stammten, wurden analysiert. Ihre Qualität nahm mit steigendem N-Geh. der Blätter zu. Der Tannin-Geh. lag am niedrigsten in Früchten von hohem N-Gehalt. In Früchten mit hohem N-Geh. war der Geh. an lösl. festen Stoffen u. die Acidität niedriger u. der Geh. an Ascorbinsäure höher als in Früchten mit niedrigem N-Gehalt. F. Rang. 7688□

Untersuchungen über die Stabilität von Ölen in Pickles. K. Krishnamurthy, A. J. Pantulu, M. Swaminathan und V. Subrahmanyan. (Food Sci. [India] **6.** 133 bis 135. Juni 1957.) (Engl.)

Vff. stellten *Mango-* u. *Limonen*-Pickles unter Verw. verschiedener Öle her u. bestimmten deren Lagerbeständigkeit bei Raum-Temp. (25—30°) sowie bei 37°. Prodd. mit *rohem Cocosnußöl* oder *rohem Erdnußöl* waren noch nach 12 Monaten Lagerung genießbar. Hingegen waren Pickles mit *rohem Sesamöl* unter den gleichen Bedingungen in ihrer Genießbarkeit stark beeinträchtigt, während solche mit *raffiniertem Baumwollsaatöl* ungenießbar waren. M. WINIKER. 7688□

Analyse von Speise-Shati. S. B. Kadkol. (Food Sci. [India] **6.** 135—36. Juni 1957.) (Engl.)

Speise-Shati ist ein ind. Prod., das aus dem Rhizom der Curcuma zedoaria (Zingiberaecae) gewonnen wird. Die Unters. seiner chem. Zus. ergab: 13,0 (%) Feuchtigkeit, 0,3 Protein, 86,4 Stärke, 0,7 Asche, 0,1 Fett, 41,0 mg% Ca u. 18,0 mg% P. M. WINIKER. 7690□

Über Granatäpfel und Granatäpfelsaft. E. Benk. (Riechstoffe u. Aromen **9.** 194. Juni 1959. Reutlingen, Chem. Landesuntersuchungsamt.) (Dt.)

Allg. Ausführungen über Zus. u. Einsatzmöglichkeiten in der Lebensmittelindustrie. — 5 Literaturangaben. M. WINIKER. 7706□

Kakaoglykosidase und Farbveränderungen während der Fermentation. W. G. C. Forsyth und V. C. Quesnel. (J. Sci. Food Agric. **8.** 505—09. Sept. 1957. Trinidad, Colonial Microbiol. Res. Inst.) (Engl.)

Im Verlauf der Fermentation von Kakaobohnen findet eine Zerstörung der Anthocyaninfarbstoffe derselben statt. Vff. konnten nachweisen, daß diese Zerstörung durch eine Hydrolyse durch eine Glykosidase eingeleitet wird. M. WINIKER. 7726□

Kohlenhydratderivate im Tabak und im Rauch. R. Wahl. (Tabak-Forsch. **1957.** 61—64. Nov. Forchheim.) (Dt.)

In ofengetrocknetem Virginiatabak wurden papierchromatograph. *Triose-Redukton, Glykolaldehyd* u. *Glyoxylsäure* nachgewiesen. Die mögliche Bedeutung dieses Befundes für die Deutung der Vorgänge bei der Fermentation wird diskutiert. — Im Zigarettenrauch wurden (ebenfalls papierchromatograph.) *Methylglyoxal* u. *Reduktinsäure* (I) nachgewiesen. Die I wird als Deriv. der im Tabak enthaltenen Pektinsubstanzen angesehen. M. WINIKER. 7734□

Der Zusatz von Oxytetracyclin zum Futter bewirkt keine Modifizierung des Cholesteringehalts der verschiedenen Gewebe des Hühnchens. W. Jousselin, P. Gantes und J. Ladrat. (C. R. hebd. Séances Acad. Agric. France **46.** 303—08. März 1960. Grignon, École Nat. d'Agricult., Labor. de Zootechnic.) (Franz.) M. WINIKER. 7750□

Proteinhydrolysat aus Fisch. N. K. Velankar. (J. sci. ind. Res. [New Delhi], Sect. A **16.** 141—42. März 1957. Mandapam Camp, Central Marine Fisheries Res. Stat.) (Engl.)

Vf. berichtet über erfolgreiche Verss. im Labor.-Maßstab zur Gewinnung eines Proteinhydrolysats aus Sardinen (vorwiegend Sardinella dayi Regan). M. WINIKER. 7752□

Methylsulfid und der Geruch von Milch. S. Patton, D. A. Forss und E. A. Day. (J. Dairy Sci. **39.** 1469—70. Okt. 1956. Pennsylvania State Univ.) (Engl.)

Unterss. der aus einem Vollmilchbehälter abgesaugten Gase (Einleiten in 1%ig. wss. $HgCl_2$-Lsg. u. Zusatz von 0,1nHCl unter Erwärmen) lassen auf Grund des Geruches die Ggw. von *Methylsulfid* vermuten, was durch Dampfphasenchromatographie u. das IR-Spektrum des entsprechenden Sulfons (Auffangen der Gase in $KMnO_4$-Lsg.) bestätigt wird. W. WESLY. 7756□

Die Milch-Gerinnungs-Aktivität von Pepsin und Rennin. C. A. Ernstrom. (Milk Products J. **52.** Nr. 5. 8—9. 33. Mai 1961. Univ. of Wisconsin, Dept. of Dairy and Food Ind.) (Engl.)

Übersicht über die Möglichkeiten eines Ersatzes des Labes durch Pepsin u. andere proteolyt. Fermentpräparate. E. LÜCK. 7756□

Untersuchungen über den Stoffwechsel von Starterkulturen. 4. Mitt. Die Einwirkung verschiedener Substrate auf die Bildung von Acetoin durch eine Starterkultur gemischter Stämme. W. G. Mizuno und J. J. Jezeski. (J. Dairy Sci. **42.** 251—63. Febr. 1959.) (Engl.) — 3. vgl. GREENE u. JEZESKI, C. **1958.** 10805.

Unterss. über Verlauf u. C-Quelle der *Acetoin* (I)-Bldg. durch eine hauptäschlich aus Streptococcus cremoris u. Leuconostoc-Arten bestehende Mischkultur u. Anwendung von rekonstruierter Milch u. dialysierter Milch zeigen, daß *Citronen* (II)-, *Oxalessig-, Brenztrauben-* u. *α-Ketobuttersäure* die Ketol-Bldg. begünstigen; *Acet-* u. *Isobutyraldehyd* u.

Crotonsäure inhibieren die I-Bildung. Ein Zusatz von *Glucose* (III) zu dialysierter Milch führt nicht zur I-Bildung. II entwickelt bei pH = 5 (7) viel (Spuren) I. II u. III zusammen führen unabhängig vom pH zu beträchtlichen I-Mengen. Verss. mit Stoffwechselinhibitoren zeigen, daß Säure-Bldg. leichter als I-Bldg. verhindert wird.

W. WESLY. 7756□

Die Herstellung von Kindernährmitteln und anderen Produkten aus Büffelmilch in Indien. V. Subrahmanyan, M. R. Chandrasekhara, D. S. Bhatia und M. Swaminathan. (Bull. centr. Food technol. Res. Inst., Mysore **6.** 52—57. März 1957.) (Engl.)

Allg. Ausführungen. — 16 Literaturangaben. M. WINIKER. 7756□

Biochemische Untersuchung von „Penicillium caseicolum". Jiri Dolezalek. (Ind. aliment. agric. **73.** 535—39. Juli/Aug. 1956. Praha, Univ. de Technol.) (Franz.)

Es wurde festgestellt, daß die Inkubations-Temp. einen merklichen Einfl. auf die proteolyt. Aktivität u. die Aktivität der Polypeptidasen von *Penicillium caseicolum* ausübt. Bei Unterss. an nur mit P. caseicolum hergestelltem Camembert-Käse wurde gefunden, daß die Geh. an *freien Aminosäuren* mit dem Alter des Käses variieren. So nahmen mit fortschreitender Reifung die Geh. an *Glykokoll, Citrullin, Glutaminsäure, Lysin, Valin* u. *Methionin* zu. Ebenso nahmen, wenn auch in geringerem Maße, die Geh. an *Threonin, Histidin, Glutamin, Asparaginsäure* u. *Serin,* welches allerdings in überreifem Käse nicht mehr nachweisbar war, zu. Hingegen nahm der Geh. an *α-Aminobuttersäure* etwas ab. *Tyrosin* fand sich nur in jungem Käse, während *Arginin* u. *Cystidin* nur in reifem (nicht aber überreifem) Käse nachgewiesen werden konnten. M. WINIKER. 7760□

Der Käse von Sainte-Maure. A. Fatoux. (Ind. laitière **1961.** 56—59. Febr.) (Franz.)

Kurzer Überblick über Herst. u. Eigg. dieser französ. Käsespezialität.

M. WINIKER. 7760□

Über die Silierfähigkeit und den Futterwert von Ölkürbis (Cucurbita pepo). K. Scharrer, R. Schreiber und H. Kühn. (Z. Tierphysiol., Tierernähr. Futtermittelkunde **15.** 265—73. Okt. 1960. Gießen, Justus-Liebig-Univ., Agrikulturchem. Inst.) (Dt.)

In Verdauungs-Verss. zu Hammeln erwies sich der Ölkürbis als sehr gern gefressenes Futter hoher Verdaulichkeit u. guten Futterwertes. Bei Silier-Verss. mit Ölkürbis, allein sowie im Gemisch mit Zuckerhirse bzw. Weizenspreu, wurde in jedem Falle erstklassiges Gärfutter erhalten. Die bei der Einsäuerung von Ölkürbis festgestellte Abnahme des Stärkewerts (20%) wird im wesentlichen auf einen Abbau des Ölkürbisfettes im Verlauf des Gärprozesses zurückgeführt. M. WINIKER. 7782

Verdauungs- und Schweinemastversuch mit Malzkaffeetreber. W. Wöhlbier, M. Kirchgessner und H. Giessler. (Z. Tierphysiol., Tierernähr. Futtermittelkunde **15.** 158—65. Juni 1960. Hohenheim, Landw. Hochschule, Inst. für Tierernährung.) (Dt.)

Vff. berichten über Verss., deren Ergebnisse zeigen, daß *Malzkaffeetreber* als Futtermittel begrenzt zur Schweinemast verwendet werden können, u. daß selbst Mengen von 8 kg je Tier u. Tage gut vertragen werden. M. WINIKER. 7786□

Versuche über den Ersatz von Fischmehl durch Soja-Extraktionsschrote bei der Getreideschnellmast von Schweinen. W. Kirsch und M. Fender. (Z. Tierphysiol., Tierernähr. Futtermittelkunde **15.** 257—65. Okt. 1960. Hohenheim, Landw. Hochschule Inst. für Tierzuchtlehre.) (Dt.)

Vff. berichten über Verss., aus deren Ergebnissen hervorgeht, daß bei der Getreideschnellmast von Schweinen das Fischmehl durch hochwertiges dampferhitztes *Sojaextraktionsschrot* ersetzt werden kann, wenn günstige Haltungs- u. Fütterungsverhältnisse bestehen. M. WINIKER. 7786□

Der Nährwert von Futtermitteln als Energiequelle, eine Übersicht. K. L. Blaxter. (J. Dairy Sci. **39.** 1396—1424. Okt. 1956. Kirkhill, Schottland, Hannah Dairy Res.) (Engl.)

Erörterung des Nährwertes von Lebensmitteln u. Verff. zu seiner Bestimmung. — 146 Schrifttumshinweise. W. WESLY. 7788□

Elektrophoretische Zonenfärbung freier Aminosäuren als Index der Lagerungsbedingungen von Weizen. Pekka Linko. (Cereal Chem. **38.** 187—94. März 1961. Manhattan, Kansas State Univ.) (Engl.)

Unter Anwendung von 0,025 m Kaliumhydrogenphthalat-Lsg. (pH 4,0) als Puffer konnten elektrophoret. gut nachgewiesen werden: Asparaginsäure (I), Glutaminsäure (II), γ-Aminobuttersäure (III) u. neutrale Aminosäuren bei 500 Volt (18,5 V/cm) u. 30 Minuten. Weizen guter Qualität u. hoher Lebensfähigkeit zeigten hohen Geh. an II, ein durchschnittliches Verhältnis von II:I u. geringen Geh. an III. Der II-Spiegel u. das II:I-Verhältnis fielen mit steigender Weizenschädigung. Bei ungünstiger Lagerungsbedingung

stieg der Geh. an **II** an. Tote Weizen sind durch hohen Geh. an freien Aminosäuren infolge weitgehender Protein-Zers. gek., keimende Weizen durch starken Anstieg von **II**.
H. HAEVECKER. 7796□

Eine Schnellmethode zur Bestimmung der α-Amylase-Aktivität. Sven Hagberg. (Cereal Chem. **37**. 218—22. März 1960. Stockholm, Statens Handverksinstitut.) (Engl.)
5 g Mehl werden in 25 cm^3 W. sehr schnell erhitzt u. der Zeitpunkt der Gelatinierung u. danach der Verflüssigung bestimmt. Die diastat. Zahl wird gleich 100 gesetzt, wenn 100% Stärke in 60 Sek. verflüssigt worden sind. Hieraus ergibt sich diastat. Zahl = 100 · 60/Verflüssigungszeit–Gelatinierungszahl. Dauer der Best. 2 Minuten.
H. HAEVECKER. 7798□

Bewertung der Mahlfähigkeit von Weizen mit dem Bühler-Mahlautomaten. W. Seibel und H. Zwingelberg. (Getreide u. Mehl **10**. 129—32. Nov. 1960. Beil. zur Mühle. Detmold, Bundesforschungsanst. für Getreideverarbeitung.) (Dt.)
Erfahrungsbericht. M. WINIKER. 7798□

Die Verfahren zur Bestimmung der Backqualität kleiner Weizenproben. B. Belderok, E. K. Meppelink und D. De Ruiter. (Nederl. Graan-Centrum **1960**. 1—47. Sept., Sep. Wageningen, Inst. voor Graan, Meel en Brood, T.N.O.) (Holl.)
Die meisten der im Schrifttum angegebenen Verff. zur Best. der Backqualität kleiner Weizenproben beruhen auf der Ermittlung von Mengen u./oder Beschaffenheit der im Mehl anwesenden kleberbildenden Bestandteile. Zur Ausführung einer Mikrobackprobe dient eine Mühle (Gewinnung von 25 g Mehl) u. ein Verf. zum Backen von Brotlaiben aus 10 g Mehl. Ein Vgl. dieses Verf. mit den übrigen Verff. zur Unters. der Backqualität zeigt: Das Mikro-Verf. steht in guter Wechselbeziehung zur Standardbackprüfung. Die Zentrifugier-Verff., die Absitzprüfung nach ZELENY u. (in geringerem Maße) die Teigkugelprobe liefern gute Werte. W. WESLY 7798□

Zur Frage der Stärkebestimmung in Kartoffeln. E. Welte und K. Müller. (Landwirtsch. Forsch. **14**. 100—04. 1961. Hannover-Kirchrode, Landwirtsch. Forschungsanst. Büntehof.) (Dt.)
Ein krit. Vgl. der Verff. von EVERS sowie von STEINER u. GUTHRIE zur Best. der Stärke in Kartoffeln zeigt, daß die EVERSsche Arbeitsweise für Reihen-Unterss. zuverlässige Werte ergibt. Für Stärke-Best. in anderen, pflanzlichen Stoffen erscheint vor der Anwendung dieser Arbeitsweise eine Überprüfung mittels des substratunabhängigen Verf. von STEINER u. GUTHRIE notwendig. W. WESLY. 7802□

Die Triphenyltetrazoliumchlorid-Reduktionsprobe in Beziehung zur Fischart, zum pH des Mediums und zur Inkubationsdauer. M. N. Moorjani und J. R. Iyengar. (Food Sci. [India] **6**. 203—05. Sept. 1957.) (Engl.)
Unterss. zur Eignung der *Triphenyltetrazoliumchlorid*-Red.-Probe für die Bewertung des Frischezustandes von Fischen zeigten, daß die Art der Fische, das pH des Mediums u. die Inkubationsdauer den Ausfall der Probe beeinflussen. M. WINIKER. 7852□

Die Verwendung von 2.3.5-Triphenyltetrazoliumchlorid zur Bewertung der Qualität von Fischen. M. N. Moorjani, J. R. Iyengar, D. S. Bhatia und V. Subrahmanyan. (Food Sci. [India] **6**. 275—76. Dez. 1957.) (Engl.) — Vgl. vorst. Referat.
Bei Verss. mit verschiedenen ind. Fischarten erwies sich die Triphenyltetrazolium-Red.-Probe für die Qualitätsbewertung als gut geeignet. M. WINIKER. 7852□

Prefecture of Okayama, übert. von: Hitoshi Sugitani, Okayama City, Japan, **Herstellung von Succaden mit natürlicher Form.** Man taucht in fast reifem Zustand gepflückte *Früchte* in eine $CaCO_3$ enthaltende wss. Lsg. von SO_2, wäscht u. gefriert dann schnell die aus der Lsg. entfernte Frucht auf 20° mindestens 2 Std. lang u. reinigt u. blanchiert die gefrorene u. in W. aufgetaute Frucht durch abwechselndes Waschen in heißem u. kaltem W., wodurch man etwaige Reste an schwefliger Säure aus dem Fruchtfleisch vollständig entfernt. Dann taucht man die gereinigte u. blanchierte Frucht in einen dextrinreichen Sirup, bis das Fruchtfleisch $>65°$ Brix erreicht. Schließlich taucht man die getrocknete Frucht in eine Pektin- u. dann in eine $CaCl_2$-Lsg., um die Frucht mit einem Film aus Ca-Pektinat zu überziehen, den man noch trocknet. (**A. P. 2 946 691** vom 21/10. 1957, ausg. 26/7. 1960. Jap. Prior. 29/10. 1956.)
H. MAASS. 7689

J. A. H. Knop, Amersfoort, Holland, **Herstellung einer synthetischen Milch,** wobei man zu einem Gemisch von Milchpulver u. anderen Verbb., worunter auch B-Vitamine sein können, Fett oder ein Gemisch von Fetten hinzufügt, welche Vitamine A, D u./oder E enthalten können, dad. gek., daß man als Emulgator oder als einen der Emulgatoren ein Salz des Cholins mit einer aliphat. Carbonsäure, welche gesätt. oder ungesätt.

sein kann, verwendet. Es handelt sich z. B. um Cholinoleat oder Cholinstearat. (**Belg. P. 565 547** vom 10/3. 1958, ausg. 15/7. 1960. Holl. Prior. 12/3. 1957.) H. MAASS. 7757

James Gordon Roberts, Elkhorn, Nebr., V.St.A., **Herstellung eines butterartigen Lebensmittelerzeugnisses.** Man vereinigt 22—28% Butterfett, 15—16% fettfreie feste Milchbestandteile, die Na-Caseinat u. 3,5—4,5% Lactose enthalten, bezogen auf das Gesamterzeugnis. Das Na-Caseinat besteht aus 50% fettfreien festen Milchbestandteilen u. der Anteil an W. überschreitet nicht 60%. (**A. P. 2 878 126** vom 31/12. 1956, ausg. 17/3. 1959. **E. P. 833 116** vom 24/12. 1957, ausg. 21/4. 1960. **Belg. P. 563 657** vom 31/12. 1957, ausg. 17/6. 1960. Beide A. Prior. 31/12. 1956.) H. MAASS. 7759

Commonwealth Scientific & Industrial Research Organization, Melbourne, Australien, **Herstellung von Chesterkäse.** Man setzt der Milch einen hitzebeständigen Säurewecker (I), z. B. Streptococcus durans u. einen oder mehrere hitzeempfindliche I, z. B. Streptococcus lactis, cremoris oder diacetilactis, zu, labt ein, zerteilt das Gel, verrührt, erhitzt auf ca. 100°F wie im normalen Verf., trennt die Hälfte der Molke ab, erhitzt auf 105—120°F, trennt die restliche Molke ab u. arbeitet nach dem normalen Verf. weiter. (**Aust. P. 160 811** vom 25/3. 1954, ausg. 10/2. 1955.) C. LÜTTGEN. 7761

Monsanto Chemical Co., St. Louis, Mo., übert. von: Constantine E. Anagnostopoulos, Waltham, und Robert J. Wineman, Concord, Mass., V.St.A., **α-Hydroxy-β-mercaptopropionsäure und deren Salze.** Zu A. P. 2 727 065; C. **1959.** 3676 ist nachzutragen: α-Hydroxy-β-mercaptopropionsäure (I) erhält man durch Rk. einer 5—50%ig. wss. α-Hydroxy-β-chlorpropionsäure mit einem 5—50, bes. 5—25%ig. wss. Alkalihydrogensulfid bei pH ca. 7 durch Zusatz von Alkalicarbonat oder -hydroxyd bei 15—120, bes. 15—100°. Anschließend wird die Mischung auf 50—120, bes. 90—100° erhitzt u. nach dem Abkühlen I durch Zusatz von Mineralsäure, bes. H_2SO_4, ausgefällt. Man kann I auch mit CuO als wasserunlösl. *Cu-Salz* fällen. *NH_4-, Na-, K-, Ca-, Ba-* u. *Mg-Salz. — Zusatzmittel für Federviehfutter.* (**A. P. 2 823 203** vom 31/12. 1953, ausg. 25/3. 1958.) G. KRAUSS. 7787

Rosner-Hixson Laboratories, Inc., übert. von: Lawrence Rosner und Raymond O. Foster, Chicago, Ill., V.St.A., **Beifuttermittel.** Nichttox., wasserlösl. koll. Stoffe, die für den tier. Organismus assimilierbar sind, z. B. Gelatine, Agar, Alginate, Pektin, Stärke, Polyvinylalkohol, Polyvinylpyrrolidon, Celluloseäther, Methylcellulose, Carboxymethylcellulose oder Peptide, werden mit Kohlenhydraten, z. B. Zuckerarten, Maissirup, Glycerin, Mannit, Sorbit, Glucose, Saccharose, Dextran u. Dextrine, unter Zusatz von heißem W. u. unter Rühren innig vermischt. Dem Gemisch wird <1% einer östrogenen Verb., wie Diäthylstilböstrol, Dienöstrol, Hexöstrol, Sulfachinoxalin u. dgl., die in einem flüchtigen mit W. mischbaren, organ. Lsgm. gelöst ist, zugesetzt. Nach gründlicher Durchmischung u. Verdampfung des Lsgm. wird die Masse gekühlt, bei ca. 60° getrocknet u. feingemahlen. Das getrocknete Gel kann noch mit Ae., Aceton oder aliphat. Ketonen gewaschen werden. Die Masse wird in Mengen, die ca. 1—10 mg Diäthylstilböstrol oder dgl. entsprechen, den normalen Futtermitteln, bes. für Geflügel, beigemischt. Das Beifuttermittel ist für die Haut u. Atmungsorgane der damit in Berührung kommenden Personen unschädlich. (**A. P. 2 930 695** vom 23/2. 1956, ausg. 29/3. 1960.) H. KARST. 7787

Intervétra Soc. An., Genf, Schweiz (Erfinder: Kurt Kaemmerer, Wuppertal, und Hans Albert Offe, Elberfeld), **Wachstum förderndes Mittel für junge Tiere** (Kälber, Schweine, Küken). Man setzt dem Futter 0,001—1% N-substituierte Hydrazide von Pyridin- oder Furancarbonsäuren bzw. deren N-Acyl-Derivv., Hydrazone oder Komplex-Verbb. mit Metallen der 8. Gruppe des Period. Syst. zu, z. B. Isonicotinsäurehydrazid (I), Benzol- oder Salicyl-I, p-Hydroxypropiophenonhydrazon von I oder den I-$CoSO_4$-Komplex. (**Holl. P. 96 369** vom 16/2. 1957, ausg. 15/12. 1960. D. Prior. 22/2. 1956.) F. BÖHM. 7787

Percy George Weston, Eurobin, Victoria, Australien, **Mineralische Beifuttermittel und Lecksteine für Schafe und Rindvieh.** Die Beifuttermittel u. Lecksteine enthalten ca. 20—70% freien S, Spurenelement-Salze, z. B. $FeSO_4$, $MgSO_4$, $MnSO_4$, $CuSO_4$, $CoSO_4$, $ZnSO_4$, K_2SO_4, KJ u. dgl., Ca-Salze, wie $CaCO_3$, $CaSO_4$, $CaHPO_4$, Rohphosphate, $MgCO_3$, gepulvertes Kiefernharz, Anisöl u. Melasse. Der gesundheitliche Zustand der gefütterten Tiere wird verbessert u. Qualität u. Quantität der Wolle erhöht. Tabellen mit der prozentualen Zus. der Beifuttermittel. (**E. P. 841 058** vom 23/10. 1956, ausg. 13/7. 1960. Aust. Prior. 26/10. 1955.) H. KARST. 7787

Wallace & Tiernan, Inc. (Erfinder: **Henry Clay Marks, Robert Russell Ioinar** und **Hugh Klemme Parker**), *Behandlung von Mehl.* (Aust. P. 218 764 vom 4/1. 1957, ausg. 18/12. 1958. A. Prior. 12/1. 1956. — C. 1960. 2726 [E. P. 804 617].)

Alginate Industries Ltd., übert. von: **Robert Ralph Merton** und **Richard Henry McDowell**, London, England, *Alginat-Trockenpräparat für Gelierungszwecke.* (A. P. 2 930 701 vom 3/2. 1958, ausg. 29/3. 1960. Aust. P. 219 029 vom 6/2. 1958, ausg. 8/1. 1959. Beide E. Prior. 14/2. 1957. — C. 1960. 14551 [F. P. 1 198 852].)

R. Paul, Saint Étienne-La-Thillaye-Calvados, Frankreich, *Herstellung von Kaffee-Extrakt.* (Belg. P. 564 643 vom 8/2. 1958, ausg. 15/7. 1960. F. Prior. 7/3. u. 22/11. 1957. — C. 1961. 2825 [D. A. S. 1 085 407].)

American Home Products Corp., New York, N.Y. (Erfinder: **John Gordon Kennedy**, Mason, und **Elbert Ray Spence**, Holt, Mich.), V.St.A., *Herstellung eines in Wasser unter Bildung einer sich nicht absetzenden Suspension augenblicklich dispergierbaren Milch- oder Fremdfett enthaltenden Pulvers aus Milch bestandteilen.* (D. A. S. 1 094 081 Kl. 53e vom 17/7. 1957, ausg. 1/12. 1960. A. Prior. 26/7. 1956. — C. 1960. 9412 [E. P. 814 924].)

Eduard Belik, Roztoky, **Milos Herold**, Prag, und **Jiri Doskocil**, Roztoky, Tschechoslowakei, *Herstellung von Vitamin B_1, und ein Antibioticum enthaltenden Stoffwechselprodukten.* (D. A. S. 1 074 824 Kl. 30h vom 15/5. 1956, ausg. 4/2. 1960. E. P. 828 921 vom 8/5. 1956, ausg. 24/2. 1960. Beide Tschech. Prior. 26/5. 1955. — C. 1961. 3184 [Holl. P. 93 433].)

Adolf Beythien, Einführung in die Lebensmittelchemie. 5. neubearb. Aufl. v. **Werner Heimann**. Dresden, Leipzig: Th. Steinkopff. 1961. (XV + 491 S. m. 2 Abb.) 8°. DM 20,—.

XVII. Fette. Seifen. Wasch- u. Reinigungsmittel. Wachse. Bohnermassen usw.

Das Vakuum und seine Anwendung in der Fettindustrie. Rolando Rigamonti. (Riv. ital. Sostanze grasse **38.** 144—49. Febr. 1961. Torino, Politecnico, Ist. di Chim.) (Ital.)

In einem Vortrag wird aufgezeigt, welche Vorteile das Vakuum z. B. bei der Dest., Desodorierung, Umesterung von Fetten usw. bietet. H. P. FIEDLER. 7870□

Die Verteilung der Fettsäuren in den Glyceriden. Giorgio Nebbia. (Riv. ital. Sostanze grasse **38.** 154—57. Febr. 1961. Bari, Univ., Ist. di Merceologia.) (Ital.)

Übersicht über die Verteilung der Fettsäuren in den natürlichen Glyceriden u. über die Möglichkeit der Beeinflussung der Zus. der Glyceride durch Umesterung usw. — 43 Literaturangaben. H. P. FIEDLER. 7870□

Rapsöl als Nahrungsmittel. Joyce L. Beare. (Food Manufact. **32.** 378—84. 1/8. 1957. Ottawa, Canada, Food and Drug Lab., Dep. Nat. Health and Welfare.) (Engl.)

Übersicht über Eigg. u. physiolog. Wrkg. des *Rapsöls* (I). Es zeigt sich, daß die physikal. Daten je nach Ursprungsland u. Pflanzenart nicht sehr verschieden sind, jedoch die Zus. im ungesätt. Fettsäureanteil variiert. Es werden die Gewinnung u. Hydrierung des Öls beschrieben. Am kanad. Öl zeigt sich, daß es nach entsprechender Behandlung dem Maisöl gleichwertig ist. Hinsichtlich Kalorienzahl ist I dem Schweinefett gleichwertig. Allg. wird eine Wachstumshemmung an Ratten, jedoch Lebensverlängerung u. erhöhte Cholesterin-Konz. in Leber u. Faeces beobachtet, Erscheinungen, welche dem hohen Anteil an *Erucasäure* zugeschrieben, durch Hydrierung jedoch verringert werden. — 106 Literaturangaben. J. MILLER. 7894□

Einfluß der Trocknung von Reisschalen auf die Ölextraktion mit Äthylalkohol. R. G. Krishnamurthy und Y. K. Raghunatha Rao. (Food Sci. [India] **6.** 47—49. März 1957.) (Engl.)

Bei der Gewinnung von Öl aus Reisschalen hat es sich als vorteilhaft erwiesen, die Hülsen vor der Extraktion zu trocknen. M. WINIKER. 7894□

Raffination der Speisefette mittels ausschließlich physikalischer Verfahren — Chromatographie — UV-Spektrophotometrie. Aldo Gatto. (Riv. ital. Sostanze grasse **38.** 140—42. Febr. 1961. Genf.) (Ital.)

Die Dest. der Fette nach den verbesserten LURGI- bzw. WECKER-Verff. gestattet bei guter Ausbeute die Herst. ausreichend raffinierter, entsäuerter u. desodorierter Fette, die sich in ihrer Zus., wie dies bes. aus UV-spektrophotometr. Unterss. abgeleitet wird, von den Ausgangsfetten prakt. nicht unterscheiden. H. P. FIEDLER. 7900□

Probleme bei der Parfümierung synthetischer Waschmittel. Benno Streschnak. (Parfümerie u. Kosmet. **40.** 201—02. April 1959.) (Dt.) — Vgl. C. **1961.** 13038.

Vf. gibt Ratschläge u. diskutiert zu berücksichtigende Tatsachen. G. MEINHARDT. 7912□

Über den Einfluß des Lösungsmittels auf die Beschaffenheit von Wachspasten, E. Peter. (Seifen-Öle-Fette-Wachse **82.** 341—44. 6/6. 1956. Hamburg-Barmstedt. Schlickum-Werke.) (Dt.)

Vf. untersucht die Verw.-Möglichkeit der verschiedenen Lsgm. wie Alkohole, Tetralin u. Dekalin, sowie der Wachsseifen von Triäthanolamin, da diese Verbb. nicht durch eine allzugroße Flüchtigkeit ausgezeichnet sind. F. ROSENDAHL. 7926

Betrachtungen über die Farbbestimmung von Ölen mittels der trichromatischen Methode. Goffredo Fiorenzi. (Riv. ital. Sostanze grasse **38.** 125—27. Febr. 1961. Bologna, Univ., Ist. di Merceologie.) (Ital.)

Es wird die schon seit langem bekannte trichromat. Meth. zur Farb-Best. von Ölen, die im Prinzip auf einer spektrophotometr. Best. der Transparenz des zu untersuchenden Öles bei 380 u. 730 mμ u. einer entsprechenden Auswertung der anfallenden Werte beruht, beschrieben. Die Vorteile des Verf. werden aufgezeigt. H. P. FIEDLER. 7932□

Thiobarbitursäurezahl (TBA) und Jodzahl in verschiedenen Specktiefen. M. Arefjord. (Nord. Jordbrugsforskn. **42.** 111—14. 1960. Tjaereviken, Straumsgrend, Norge, Sildolje-og sildemelindustriens forskningsinstitutt.) (Schwed.)

Das Fett mit dem am stärksten ungesätt. Charakter liegt unmittelbar unter der Schwarte. Bei der Probenahme von Speck müssen alle Fettschichten zwischen Fleisch u. Schwarte enthalten sein. Die Analyse mittels der Thiobarbitursäurezahl ist empfindlicher, aber weniger genau als durch Best. der Jodzahl. K. ZINGRAF. 7934□

Gaschromatographische Untersuchung von Olivenölen und die Möglichkeit des Nachweises der Unverfälschtheit. M. Vitagliano, A. M. Leone und A. Vodret. (Riv. ital. Sostanze grasse **38.** 111—20. Febr. 1961. Sassari, Univ., Ist. Ind. Agrar.) (Ital.)

Gaschromatograph. Unterss. an 64 verschiedenen *Olivenölen* (I) zeigen, daß die Zus. der Fettsäuren, bes. in Abhängigkeit von den Kultur- u. Erntebedingungen, recht unterschiedlich sein kann: 8,1—16,0 (%) Palmitin-, 0,5—5,5 Palmitolein-, 0,5—3,2 Stearin-, 64,1—80,2 Öl- u. 5,4—15,1 Linolsäure. Nur in einem Muster konnten 0,03 Laurin- u. 0,08 Myristinsäure nachgewiesen werden. Trotz dieser Schwankungen können durch Gaschromatographie nachfolgende Fette in I nachgewiesen werden, sofern der Zusatz mindestens 10% beträgt: Erdnuß-, Rüb-, Soja-, Cocos-, Palm- u. Palmkernöl, Pferde- u. Schweinefett u. mit Talg umgeestertes I. Sonnenblumen-, Traubenkern- u. Baumwollsaatöl können durch Gaschromatographie erst bei einem Zusatz von ca. 25%, Tee- u. Leinsaatöl bei einem Zusatz von ca. 40% nachgewiesen werden. Wird jedoch die gaschromatograph. Unters. durch einzelne bekannte Prüf-Verff. ergänzt, lassen sich I-Verschnitte mit ausreichender Sicherheit nachweisen. — 28 Literaturangaben.
H. P. FIEDLER. 7934□

Über den Nachweis pflanzlicher und tierischer Fremdfette in Olivenöl. B. Doro und V. Sadini. (Riv. ital. Sostanze grasse **38.** 135—40. Febr. 1961. Trieste, Labor. Chim. Provinciale.) (Ital.)

Da bei der Herst. von rektifiziertem *Olivenöl* (I) Type B die isolierten, vornehmlich aus Ölsäure bestehenden Fettsäuren mit Glycerin verestert werden, besteht die Möglichkeit, das anfallende Prod. mit Ölsäuretriglyceriden anderer Fette zu verschneiden. Werden solche verschnittenen I nach angegebener Vorschrift hydrolyt. gespalten, die Fettsäuren abgetrennt, bei —18° fraktioniert, krist. u. die anfallenden Fraktionen anschließend mit Glycerin verestert, so kann im Rahmen des Verf. das Vorhandensein von Fremdstoffen sichergestellt werden. Bei der fraktionierten Kristallisation der Triglyceride können die Ölsäuretriglyceride aus Schweineschmalz, Talg oder Pferdefett direkt abgetrennt werden. Die anschließende Ermittlung typ. Kennzahlen u. Vornahme bestimmter Rkk. sowie die UV-spektrophotometr. Unters. geben weiteren Aufschluß über den möglichen Verschnitt des untersuchten I. H. P. FIEDLER. 7934□

Nachweis von Methyl- und Äthylestern in Olivenölen. Luigi Lipparini. (Riv. ital. Sostanze grasse **38.** 142—43. Febr. 1961. Bologna, Univ., Ist. di Merceologia.) (Ital.)

Um in Olivenöl Methyl- oder Äthylester nachzuweisen, werden 5 g Öl mit 25 ml 10%ig. KOH verseift u. von der anfallenden Lsg. 10 ml abdestilliert. Im Dest. kann der Methyl- bzw. Äthylalkohol in üblicher Weise durch Oxydation bestimmt werden. Nur in einer von 10 Proben konnte Äthylalkohol nachgewiesen werden. H. P. FIEDLER. 7934□

Quantitative Gaschromatographie der Methylester der Fettsäuren. 2. Mitt. F. De Francesco und D. Avancini. (Riv. ital. Sostanze grasse **38.** 128—31. Febr. 1961. Trento, Labor. Chim. Provinciale u. S. Michele all'Adige, Staz. Speriment.) (Ital.) — Vgl. C. **1961.** 10021.

Werden die Fettsäuren nach näher angegebener Vorschrift abgetrennt u. in die Methylester übergeführt, so können, auch in Ggw. niederer Fettsäuren, Gaschromatogramme, die zur quant. Auswertung geeignet sind, hergestellt werden. Es werden die Chromatogramme von Butter u. 2 Margarinemustern, ferner ein Chromatogramm der C_4- bis C_{12}-Fettsäuremethylester wiedergegeben. H. P. FIEDLER. 7936□

Carmelo Vaccarino und Giuseppe Vaccarino, Messina, Italien, **Raffination von pflanzlichen und tierischen Ölen und Fetten mit Alkalien.** Man löst die Öle in einem mit W. mischbarem Lsgm., neutralisiert mit Alkalihydroxyd- oder -carbonat-Lsg., gibt heißes W. zu u. trennt die entstandene Öl- von der Wasserphase, aus denen das Lsgm. durch Dest. wiedergewonnen wird. (**A. P. 2 944 072** vom 5/6. 1956, ausg. 5/7. 1960. It. Prior. 7/6. 1955.) C. LÜTTGEN 7875

Eastman Kodak Co., Rochester, N.Y., übert. von: Alan Bell und Gerald R. Lappin, Kingsport, Tenn., V.St.A., **Stabilisierung von oxydierbaren Verbindungen, pflanzlichen, tierischen, mineralischen Ölen, Fetten und Fettsäuren,** wie Lein-, Menhaden-, Ricinus-, Oliven-, Raps-, Cocosnuß-, Palm-, Baumwollsamen-, Sojabohnen-, Mais-, Erdnuß-, Sesam-, Babassuöl, Lebertran, Butter, Schmalz, Rindertalg, Ölsäure, *Erdölen, Gasolin, KW-Stoffen* u. *Kautschuk,* erfolgt durch Zusatz von 0,005—0,5 oder 1—2% eines Hydroxybenzamids der allg. Formeln I—III (R u. R′ = H, Alkyl, monocycl. Aryl, das noch Alkyl, Alkoxy, OH, Cl, Br, F oder NO_2 enthalten kann), die durch Rk. von Hydroxybenzoesäure mit Essigsäureanhydrid, Behandeln des entstandenen Acetyl-Deriv. mit PCl_5, Rk. des entstandenen Acetoxybenzoylchlorids mit NH_3, Alkylamin oder Aminobenzol, Verseifen des Acetoxybenzamids mit NaOH u. Neutralisieren mit HCl erhalten wurden. — Aus Gentisinsäurediacetat in Bzl. u. PCl_5 → 2.5-Diacetoxybenzoylchlorid, daraus in Ae. mit Anilin → 2.5-Diacetoxybenzanilid, daraus mit 10%ig. wss. NaOH u. Ansäuern mit HCl → *2.5-Dihydroxybenzanilid* (= Gentisanilid), $C_{13}H_{11}NO_3$, aus A., F. 187—188°; 83% (Ausbeute). — n-Butylamin → *N-n-Butyl-2.5-dihydroxybenzamid,* $C_{11}H_{15}NO_3$, F. 85 bis 86°; 80%. — n-Dibutylamin → *N.N-n-Dibutyl-2.5-dihydroxybenzamid,* $C_{15}H_{23}NO_3$, F. 103—105°; 76%. — n-Dodecylamin → *N-n-Dodecyl-2.5-dihydroxybenzamid,* $C_{19}H_{31}NO_3$, F. 77—79°; 74%. — 2.4.5-Triacetoxybenzoesäure → 2.4.5-Triacetoxybenzoylchlorid → *2.4.5-Trihydroxybenzanilid,* $C_{13}H_{11}NO_4$, F. 209—211°; 68%. — p-Anisidin → *Gentis-p-anisidid,* $C_{14}H_{13}NO_4$, F. 114—115°. — 2-Aminopyridin → *N-[Pyridyl-(2)]-2.5-dihydroxybenzamid* (= N-[Pyridyl-(2)]-gentisamid), $C_{12}H_{10}N_2O_3$, F. 222 bis 225°. — *2.4.5-Trihydroxybenz-p-anisidid,* $C_{14}H_{13}NO_5$, F. 154—156°; 42%. — *N-Dodecyl-2.4.5-trihydroxybenzamid,* $C_{19}H_{31}NO_4$, F. 105—108°; 62%. — *2.5-Dihydroxybenzamid.* — *N-Methyl-, N-Äthyl-, N-Isopropyl-, N-Isobutyl-, N-n-Hexyl-, N-n-Octyl-, N-n-Decyl-, N-N-Dimethyl-, N-N-Diäthyl-2.5-dihydroxybenzamid.* — *3.4.5-Trihydroxybenzamid, -anilid.* — *N-Methyl-, N-Äthyl-, N-Propyl-, N-n-Butyl-, N-n-Hexyl-, N-n-Octyl-, N-n-Decyl-, N.N-Dimethyl-, N.N-Diäthyl-3.4.5-trihydroxybenzamid. 2.4.5-Trihydroxybenzamid. N-Methyl-, N-Äthyl-, N-n-Propyl-, N-n-Butyl-, N-n-Hexyl-, N-n-Octyl-, N-n-Decyl-, N.N-Dimethyl-, N.N-Diäthyl-2.4.5-trihydroxybenzamid.* — Stabilisierungs-Wrkg. bei Schmalz u. pflanzlichen Ölen vgl. Tabellen. (**A. P. 2 848 335** vom 25/3. 1954, ausg. 19/8. 1958.) G. KRAUSS. 7879

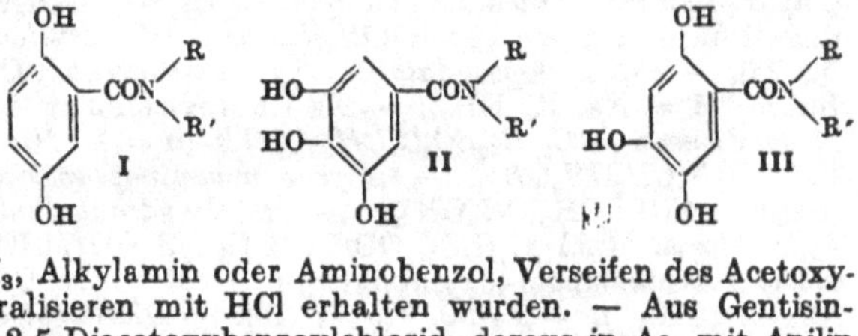

General Aniline & Film Corp., übert. von: Dmitry Alexis Shiraeff, New York, N.Y., V.St.A., **Stückförmige Waschmittel** aus fl. Alkylphenylpolyglykoläthern (I) aus einwertigen aliphat. u. alicycl. C_8—C_{20}-Alkoholen u. C_5—C_{20}-Alkylphenolen, die eine Kette von 4—40 Oxyalkylenresten aufweisen. Die Verfestigung erfolgt durch Zusatz von 4—2 (Teilen) eines Hydrats von $Mg(NO_3)_2$, $Ca(NO_3)_2$, $Al(NO_3)_3$, $MgCl_2$, $CaCl_2$ oder CH_3COONa auf 1—3 I unter Zumischung von 0,6 Harnstoff (II). Man schmilzt 30 II, gibt 10 $Ca(NO_3)_2 \cdot 4\,H_2O$ u. 10 Isooctylphenylpolyäthylenglykolmonoäther mit 8—10 Äthylenoxydresten zu u. verformt. (**A. P. 2 927 900** vom 10/7. 1951, ausg. 8/3. 1960.) C. LÜTTGEN. 7913

Universal Oil Products Co., Des Plaines, übert. von: Victor Mark, Evanston, Ill., V.St.A., **Sulfoester** der allg. Formel $R-SO_2-O-R'-X$ (R = Alkyl mit wenigstens 8 C-Atomen, Cycloalkyl, Aryl, Aralkyl, Alkylaryl, teilweise hydriertes Aryl, Aralkyl u. Alkylaryl mit je wenigstens 11 C-Atomen, die je 1—4 hydrophile Gruppen enthalten) erhält man durch Verestern der entsprechenden Sulfonsäuren mit einer einen hydrophilen Rest enthaltenden Hydroxyverbindung. — Dodecan (hergestellt aus Laurylalkohol durch Wasserabspaltung u. Hydrierung oder durch Hydrieren von tetramerem Propylen) wird mit Cl_2 u. überschüssigem SO_2 bei 25—35° unter Belichtung (Wellenlänge 3000—5000 Å) umgesetzt, das entstandene Dodecylsulfonylchlorid gibt nach der Dest. mit Äthylenchlorhydrin in Ggw. von wss. Na_2CO_3 bei 50° Dodecyl-

[2-chloräthoxy]-sulfon, das in Ae. mit wasserfreiem Na_2SO_3 bei 100° *Dodecyl-[Na-sulfoäthoxy]-sulfon*, $C_{12}H_{25}SO_2OC_2H_4SO_3Na$, liefert, Gesamtausbeute 82%; eine 0,3%ig. wss. Lsg. hat eine größere Reinigungs-Wrkg. als eine gleich konz. Laurylsulfatlösung. — Dodecyltoluol + $ClSO_3H$ → Dodecyltolylsulfonylchlorid + 6 Mol Äthylenglykol → Dodecyltolylhydroxyäthylsulfonat + Äthylenoxyd + NaOH → Poly-(oxyäthylen)-Prod. + 98,5%ig. H_2SO_4 → *Na-Dodecyltolyl-[polyoxyäthylen-ω-sulfato]-sulfon*, $CH_3C_6H_3\cdot(C_{12}H_{25})SO_2(OC_2H_4)_{13-15}-SO_4Na$. — Nonylbenzol + Chlormethyläther in Ggw. von FRIEDEL-CRAFTS-Katalysator → Nonylbenzylchlorid, $Kp._2$ 125—127°; Ausbeute 60%, + Na_2SO_3 bei 120° → Nonylbenzyl-Na-sulfonat + Na-Chloracetat bei 150° → *Nonylbenzyl-Na-carboxymethoxysulfon*, $C_9H_{19}C_6H_4CH_2SO_2OCH_2COONa$. — Dodecan + SO_2 + Cl_2 → Dodecylsulfonylchlorid + Triäthanolamin → *ω-[N.N-Diäthanolamino]-äthoxydodecylsulfon*, $C_{12}H_{25}SO_2OC_2H_4N(C_2H_4OH)_2$, weiche, wachsartige Masse; lösl. in W., fl. KW-Stoffen, Alkoholen, Äthern u. Ketonen; daraus mit Äthylenoxyd → *Dodecyl-[N-bis-(ω-hydroxypolyoxyäthylen)-aminoäthoxy]-sulfon*, $C_{12}H_{25}SO_2OC_2H_4N([C_2H_4O]_{8-12}H)_2$, in KW-Stoffen unlöslich. — *ω-Hydroxypoly-(äthylenoxy)-dodecylsulfon*, $C_{12}H_{25}SO_2(OC_2H_4)_nOH$ (n = 1 bis 25), → *ω-Sulfatopoly-(äthylenoxy)-dodecylsulfon*, $C_{12}H_{25}SO_2(OC_2H_4)_nOSO_3M$ (n = 1 bis 25; M = Na, K, NH_4). — Na-Undecylsulfonat + Chlor- oder Bromalkansäure u. Neutralisieren → $C_{11}H_{23}SO_2OC_nH_{2n}COOM$ (n = 1—10; M = wie vorst.). — $C_{14}H_{29}SO_2O\cdot CH_2CH_2N(CH_2CH_2OH)_2$. — *Dipropanolaminopropoxyoctadecylsulfon*, $C_{18}H_{37}SO_2OCH\cdot(CH_3)CH_2N(CH[CH_3]CH_2OH)_2$. — *β-[Dihydroxyäthyl]-aminoäthoxynonylphenylsulfonhydrochlorid*, $C_9H_{19}C_6H_4SO_2OCH_2CH_2N(C_2H_4OH)_2\cdot HCl$. — *Dodecylphenyltriäthanolammoniumsulfatopoly-(oxypropylen)-sulfonat*, $C_{12}H_{25}C_6H_4SO_2O(CH[CH_3]CH_2O)_nSO_3NH\cdot(CH_2CH_2OH)_3$ (n = 1—50, bes. 2—10). — *Diäthanolaminoäthoxyalkylnaphthalylsulfon*, $(C_nH_{2n+1})_xC_{10}H_4(C_mH_{2m+1})_2SO_2OCH_2CH_2N(CH_2CH_2OH)_2$ (n = 1—3; m = 3—9; x = 0, 1 oder 2). — In W. u. in wasserfreiem Lsgm. *oberflächenakt. Mittel*. (**A. P. 2 831 013** vom 30/12. 1953, ausg. 15/4. 1958.) G. KRAUSS. 7913

General Aniline & Film Corp., New York, N.Y., V.St.A., **Herstellung von Estern und Amiden von Carbonsäuren und Amino- oder Hydroxyalkansulfonsäuren** durch Erhitzen bei Unterdruck von 1,2—10 (Mol) einer aliphat., aromat. oder cycl. alipbat. Carbonsäure mit wenigstens 6 C-Atomen mit 1 eines Salzes einer Alkansulfonsäure der allg. Formel I, in der R für H oder eine niedere Alkylgruppe mit 1—2 C-Atomen, R_1 für H oder einen KW-Stoffrest mit 1 bis 20 C-Atomen u. M für ein Alkali- oder Erdalkalimetall stehen, auf 200—320° in Ggw. einer B-Verb., z. B. B_2O_3, als Katalysator. —

$HO-CH(R)-CH(R)-SO_3M$ I $HN(R_1)-CH(R)-CH(R)-SO_3M$

Beispiel: Unter Rühren werden bei 140° 36,8 (Teile) eines Na-Salzes des Methyltaurins mit 85,2 Stearinsäure u. 3,66 H_3BO_3 verschmolzen. Von dieser Schmelze werden 7,44 in einem auf 220° gehaltenen Ölbad unter Vakuum 2 Std. erhitzt. Man erhält eine Verb., die *anion., oberflächenakt. Mittel* darstellt. (**Ind. P. 57 568** vom 9/6. 1956, ausg. 4/8. 1958.) H. NEBELSIEK. 7913

Esso Standard Soc. An. Française, Seine, Frankreich (Erfinder: A. Marter), **Extraktion von Kohlenwasserstoffsulfonaten.** Man neutralisiert die erhaltenen Sulfonsäuren mit einem Alkali- oder Erdalkalicarbonat oder -hydroxyd u. extrahiert die gebildeten Sulfonate durch Waschen mit einer wss. Lsg. oder einer W.-A.-Lsg., welche ein oberflächenakt. Mittel (z. B. Na-Cerylbenzol-, Na-Tetrapropylbenzolsulfonat) enthält. (**F. P. 1 162 563** vom 1/12. 1955, ausg. 15/9. 1958.) T. OPPERMANN. 7913

Protamin Ltd. (Erfinder: **Charles Townsend**), *Aufarbeiten von Abwässern, die ungesättigte Öle und Ester der Clupanodonsäure enthalten.* (**Aust. P. 203 817** vom 30/3. 1955, ausg. 22/11. 1956. — **C. 1956.** 6269 [E. P. 738 746].)

Unilever Ltd. (Erfinder: **Hendrick Jan Duin** und **Jacob Arie Schaap**), *Herstellung von Speisefetten.* (**Aust. P. 209 040** vom 25/2. 1955, ausg. 25/7. 1957. E. Prior. 26/2. 1954. — **C. 1960.** 14554 [Oe. P. 202 432].)

Scottish Oils Ltd., Glasgow (Erfinder: **Daniel Stewart**, Uphall, Broxburn), England, *Flüssiges Reinigungsmittel.* (**D. A. S. 1 098 661** Kl. 23e vom 6/8. 1953, ausg. 2/2. 1961. E. Prior. 12/8. 1952. — **C. 1956.** 9882 [E. P. 741 478].)

XVIIIa. Holz. Cellulose. Zellstoff. Papier. Papierdruck. Celluloid. Linoleum

Über die Durchlässigkeit von Holz. N. A. Ossnatsch. (Деревообрабатывающая Промышленность [Holzverarb. Ind.] **10.** Nr. 3. 11—13. März 1961.) (Russ.)

Im Hinblick auf die Durchtränkbarkeit von Hölzern für antisept. oder andere Fll. untersucht Vf. die Luftdurchlässigkeit verschiedener Holzarten mit 9 ± 1% Feuchtigkeits-Geh. unter Verw. von Druckluft. Kernholz zeigt (mit Ausnahme von Eichenholz) eine 10—20mal geringere Durchlässigkeit als Splintholz. Zwischen der Luftdurchlässigkeit

u. dem Vol.-Gew. besteht keine direkte Abhängigkeit. Jüngere u. ältere Holzschichten zeigen bei verschiedenen Hölzern ein verschiedenes Verhalten. Die Koeff. der Durchlässigkeit u. der Filtrationsfähigkeit sind in radialer Richtung wesentlich größer als in tangentialer. Tabellar. wird ein großes Vers.-Material gebracht. M. ULMANN. 7952□

Einfluß des Feuchtigkeitsgehaltes und der Zusammensetzung des Oxydationsmittels auf die Oxydation von Cellulose mit Stickoxyden. I. N. Jermolenko, F. N. Kaputzki und M. M. Pawljutschenko. (Доклады Академии Наук БССР [Ber. Akad. Wiss. BelorussSSR] **4.** 417—20. Okt. 1960. Inst. für allg. u. anorgan. Chem. der Akad. der Wiss. der BelorussSSR.) — Vgl. C. **1961. 7444.**

Bei Zimmer-Temp. (3 Std.) unter Verw. von Baumwollcellulose durchgeführte Oxydations-Verss. ergaben in bezug auf die Ausbeute an *Monocarboxycellulose* Maxima in Abhängigkeit von der Wassermenge (ca. 3%) u. auch von der Menge des im N_2O_4 vorliegenden N_2O_3. Nur bei Vorliegen von geringen Mengen N_2O_3 im N_2O_4 wird die Bldg. von COOH-Gruppen positiv beeinflußt. Die oxydierende Wrkg. von reinem N_2O_3 ist ganz gering, steigt jedoch stark bei UV-Bestrahlung an. Wird jedoch unter trocknem N_2 gearbeitet, so zeigt UV keinen positiven Einfluß. M. ULMANN. 7954□

Waschverfahren bei Sulfit-Zellstoffen. Jerzy Nowakowski. (Przegląd päpierniczy **17.** 48—51. 1961. Inst. Celulozowo-Papierniczy.) (Pol.)

Vf. beschreibt das Waschen des Zellstoffs im Kocher, in der Stoffgrube, im Diffuseur, im Saugfilter, in Schnecken- u. Scheibenpressen u. macht einige Angaben über das Verh. verschiedener Zellstoffe u. die Möglichkeiten der Rückgewinnung von Chemikalien bei einzelnen Waschverfahren. H. DEMUS. 7962□

Organisch-chemische Erzeugnisse aus den Ablaugen der Zellstoffindustrie. Terje Enkvist. (Teknillisen Kemian Aikakauslehti **17.** 126—33. 20/2. 1960.) (Finn.)

Übersicht über die Gewinnung organ.-chem. Prodd. aus Zellstoffablaugen. — 13 Literaturangaben. S. BECKMANN. 7966□

Die Verwertung von Sulfitablaugen aus neuen Sulfitzellstoffarten. Gabriel Michalič, Zdeněk Raděj und Mária Křižanová. (Papír a Celulosa **16.** 15—17. Jan. 1961. Bratislava, Výsk. úst. papieru a celulózy.) (Slowak.)

Wegen zunehmender Bedeutung von Hochausbeutezellstoffen wurde die Verwertbarkeit der Ablaugen (L) untersucht, da diese nur bei $>$3000 t Monosacchariden/Jahr u. $>$14(8) kg/m³ zur Herst. von A. (Nährhefe) wirtschaftlich tragbar erscheint. Analyt. Best.: $Ca(HSO_3)_2$-Verf.: Fichtenspäne wurden mit 6% Gesamt-SO_2 u. 1% CaO bis 135° gekocht; anschließend wurde die Kochlauge in drei Stufen durch Arbeitswasser aus vorherigen Kochungen verdrängt, wodurch 85—95% Trockenrückstand erfaßt wurden; L (Waschwasser) bei 58% Ausbeute: pH 1—1,7 (3,9—5,1), SO_2 frei 0,23—0,41 (0,013 bis 0,065) %, SO_2 aldehyd. gebunden (geb.) 0,7 (0,14—0,26) %; bei 54% Ausbeute: pH 2,5 (4,7), SO_2 frei 0,36 (0,01) %, SO_2 geb. 0,71 (0,19) %. Auf 1 t atro Zellstoff entfallen bei 58 (54) % Ausbeute kg: reduzierende Stoffe 247 (266,8), Glucose (I) 24,12 (29,75), Mannose (II) 100,53 (114,75), Galaktose (III) 12,06 (19,20), Xylose (IV) 50,26 (55,25), Arabinose (V) 16,08 (17). Bei Kochung mit $NaHSO_3$ + freiem SO_2 enthielten die L entsprechend der Ausbeute prakt. gleiche Mengen an Zuckern. Gär-Vers.: Wegen des gebundenen SO_2 müssen die L mit Wasserdampf ausgekocht, die Arbeitswässer können direkt zugemischt werden; nach Klärung u. Kühlung ließen sich die $Ca(HSO_3)_2$-L gut vergären u. verhefen. $NaHSO_3$-Verf.: Die Hefe Torulopsis utilis wurde angesetzt auf Buchen-L mit %: 5,25 **IV**, 0,2 **V**, Spuren **I** u. **III**; Austreiben mit Dampf senkte den Geh. an freiem (gebundenem) SO_2 0,26 → 0,026 (0,6 → 0,12) %, Fural 0,38% → Spuren (gleichzeitig verflüchtigen sich schädliche Terpene u. HCOOH); später auf Fichten-L mit %: 0,45 **I**, ?,4 **II**, 0,4 **III**, 0,9 **IV**, 0,15 **V**, 0,062 Fural, freies (gebundenes) SO_2 0,032 (0,3) %, ohne Wasserdampfkochung verarbeitbar. Bei Neutralisation mit Na_2CO_3 auf pH 5,5 entsteht kein Nd., daher entfällt die Reinigung; NH_3 gibt schwarze, trübe L u. Nährhefe, die auch beim Waschen dunkel bleibt. Für je 100 g Zucker wurden zugesetzt 5 g $(NH_4)_2HPO_4$, 2,3 g $(NH_4)_2SO_4$, 2,5 g K_2SO_4 u. 1 g $MgSO_4 \cdot 7\,H_2O$. Die Verhefung bei 30° erfolgte mit einem stündlichen Zufluß von 6,7% (des nutzbaren Gärraums) L bei Buche, bis 22% bei Fichte. Beim Na- u. Ca-Verf. wurden 40—45% Hefe/vergärbare Zucker gewonnen. H. DEMUS. 7966□

Harzkontrolle durch kombinierte Alkali- und Aluminiumsulfatzugabe. Einige Prinzipien bei der Kontrolle von Störungen durch Harz. Ernst Back. (Svensk Papperstidn. **59.** 319—25. 15/5. 1956. Paper Technol. Dep., Swedish Forest Prod. Res. Labor.; Central Labor. of the Swedish Mechan. Pulp Ind.) (Engl.)

Es werden Labor.-Unterlagen für die Harzkontrolle bei der Verarbeitung von Holzschliff von Pinus silvestris u. ungebleichtem Sulfitzellstoff aus Picea excelsa beigebracht. Bei 4—4,5%ig. Stoff-Konz. ist unter Zugabe von wechselnden Mengen von

Gemischen aus NaOH u. $Al_2(SO_4)_3$ mit wechselndem NaOH-Geh. u. wechselndem NaOH-$Al_2(SO_4)_3$-Verhältnis die Harzabscheidung an Wollfilz u. Kupfer geringer als bei alleiniger Zugabe von $Al_2(SO_4)_3$; sie fällt mit steigendem NaOH-Gehalt. $Al_2(SO_4)_3$ muß im Überschuß sein; es gibt dafür einen von der NaOH-Menge abhängigen optimalen Konz.-Bereich. Ein Zusatz von Polyphosphaten wirkt sich ungünstig aus. Es wird angenommen, daß die im Zellstoff suspendierten Harzteilchen als lyophobe Koll. durch eine positive Oberflächenaufladung stabilisiert werden. Die damit verbundenen chem. Rkk. u. Gleichgewichte werden besprochen u. einige Prinzipien für die Harzkontrolle als solche sowie für Betriebsmaßnahmen entwickelt. M. HAGEDORN. 7974□

Hochausbeute-Sulfitzellstoffe aus Laubhölzern als Rohstoffe zur Herstellung von Halbpergamin-Papier. Irena Łapińska und Jerzy Nowakowski. (Przegląd păpierniczy **17**. 33—35. 1961. Inst. Celulozowo-Papierniczy.) (Pol.)

Analyse der Ausgangshölzer Espe/Pappel/Fichte: Cellulose nach KÜRSCHNER % 52,8/52,6/55,1; Lignin nach JAYME-KNOLL % 19,2/23,4/29,9; nach Inst.-Meth. Pentosan-% 19,9/15,3/7,5; lösl. in 1% ig. NaOH % 19,9/18,6/10,3; Extrakt A.-Bzl. % 3/2,2/1,6; Asche % 0,3/0,36/0,24. Holzaufschluß: normale Holzschnitzel mit 5% Gesamt-SO_2 u. 1% CaO; Flotte 4½ : 1; 24 Min. Aufheizen bis 125—130°, Kochzeiten 45—170 Minuten. Beste Ergebnisse bei 2—3 Std. Kochzeit. Die kurzfasrigen Laubhölzer ließen sich im Labor.-Zerfaserer sehr gut zerfasern (30 Min.) u. zeigten bei Ausbeuten um 60% bei 50° SR für Pappe/Espe: Reißlänge m ca. 7300/8900, Berstdruck kg/cm² ca. 5/5,8, Doppelbiegungen ca. 440/500—1000, Pergaminierung ca. 3400/3400. Fichtenstoff zeigt bessere Festigkeiten u. Pergaminierung von 5670—8360. Pappelstoffe werden zur Herst. von Halbpergamin (für Zigarettenpapier) empfohlen. H. DEMUS. 7974□

Neutralsulfithalbzellstoffaufschluß. 3. Mitt. **Die Zerfaserung von Papierstoffen.** W. J. Nolan. (Tappi **41**. 41—48. Jan. 1958.) — 2. vgl. C. **1959**. 2323.

Zur Ermittlung der Zerfaserungsenergie u. der Papierstoffqualität wurden Hartholzgemische u. Holz von Eucalyptus einer Zerfaserung bei hohen Stoffdichten in einem handelsüblichen Rotationszerfaserer unterworfen. Gegenüber dem industriellen Niederdichte-Verf. weist diese Meth. einen erheblich geringeren Energieverbrauch bei gleicher Stoffqualität auf. R. SCHÖLLHORN. 7976□

Die innere Behandlung von Papier mit Polyvinylacetat. 3. Mitt. **Die Wirkung der Partikelgröße und von Zusätzen.** W. J. Andrews, R. P. Barber, R. W. Reiter und V. Stannett. (Tappi **40**. 744—49. Sept. 1957. Syracuse, N.Y., Syracuse Univ., State Univ. Coll. of Forestry; Plainfield, N.J., Nat. Starch Prod., Inc.) (Engl.) — 2. vgl. BHARGAVA u. Mitarbeiter, Tappi **40**. [1957.] 457.

Vff. untersuchten die Wrkg. der Partikelgröße (3—0,2 mμ) von *Polyvinylacetat*-Emulsionen auf die Papier-Eigg. (Naß- u. Trockenberstdruck, Reiß- u. Falzfestigkeit) bei Zugabe der Emulsionen im Holländer. Während die Partikelgröße keinen Einfl. hat, führt die Ggw. von oberflächenakt. Stoffen in der Emulsion mit kleinster Partikelgröße zu einer Verminderung der Festigkeit des Papiers. Zugabe von Weichmacher (*Dibutylphthalat*) bewirkt eine Verbesserung der Trockenfestigkeit von etwas wärmenachbehandeltem Papier, jedoch tritt allg. eine Verschlechterung der Naßfestigkeit auf. Auch die Verw. von *Hexylhydroxycrotonsäureester* als Weichmacher hatte keinen befriedigenden Effekt. Bei Zusatz von 10% *Phenolharz* (bezogen auf Polyvinylacetat) wurde eine erhebliche Steigerung des Naßberstdrucks u. der Naßfestigkeit beobachtet. Diese Kombination erwies sich überlegen gegenüber der Wrkg. von Latices auf Basis *Butadien-Styrol-Mischpolymerisaten* mit normalem u. hohem Anteil an Styrol, *Nitrilkautschuk* u. *Styrol-Butadien-Acrylnitril*-Mischpolymerisaten. B. GNAUCK. 7978□

Versuche zur Anwendung von Carboxymethylcellulose bei der Herstellung von Sackpapier. Włodzimierz Surewicz und Jan Rutkowski. (Przegląd păpierniczy **17**. 35—40. 1961. Łódź, Katedra Techn. Celulozy i Papieru Politechniki.) (Pol.)

Carboxymethylcellulose (CMC) wurde als 5% ig. Lsg. zugesetzt; die Viscositäten der 2% ig. Lsgg. (pH 8—9) betrugen cP 10 u. cP 5. Optimale Ergebnisse wurden erhalten, wenn CMC vor dem Mahlen des Zellstoffs zugesetzt wurde, wobei Typ cP 10 wesentlich besser abschnitt. Bei Zusatz von 0,5 u. 1% Typ cP 10 zum Zellstoff, Mahlen bis ca. 22° SR stieg im Labor.-Vers. die stat. Papierfestigkeit bis um 25%, die Biegefestigkeit bis um ca. 50% bei etwas geringerer Einreißfestigkeit. Betriebs-Vers.: Zusatz von 1,2% Typ cP 10/Zellstoff → Hydrofiner → Zusatz von 1,5% Gesamtharz/Zellstoff als 3% ig. Leim-Lsg. → JORDAN-Mühle → Ausfällung des Harzes mit 10% ig. $Al_2(SO_4)_3$-Lsg. im Behälter vor der Gießmaschine optimal auf pH 5. Die stat. Papierfestigkeit stieg um ca. 10%, so daß das Gew. des Papiers von 80 auf 75 g/m² gesenkt werden soll. Bei Zusatz von CMC steigt die Schmierigkeit des Stoffes um ca. 5° SR. H. DEMUS. 7978□

Das Kaschieren von Polyäthylen auf Papier. R. Reiter. (Plaste u. Kautschuk 7. 224—29. Mai 1960. Prag, Stavební isolace, n. p.) (Dt.)

Vf. gibt einen Überblick über die Beschichtung von Papier mit Polyäthylen (I) mittels Schneckenpresse, über das Bedrucken, Schweißen u. Kleben, die Eigg. (bes. Wasserdampfdichte) u. die Anwendung (bes. für Verpackungszwecke) von mit I beschichtetem Papier. B. GNAUCK. 7982□

Die Anwendung von Schlagwellen für die Herstellung von Kaolinsuspensionen. I. N. Kusmin und A. G. Shukow. (Бумажная Промышленность [Papier-Ind.] 36. Nr. 6. 8—9. Juni 1961.) (Russ.)

Eine Meth. zur Herst. von feinstverteiltem Kaolin in Schutzsuspensionen zur Verbesserung der Papierqualität wird beschrieben. Durch Zerkleinerung von Kaolin mit Hilfe elektr. Schlagwellen werden Suspensionen hohen Dispersionsgrads erhalten. Diese Art der Herst. verkürzt den Arbeits- u. Energieaufwand gegenüber bisherigen Meth. beträchtlich. Außerdem sind keine neuen komplizierten Ausrüstungen u. Vorbehandlungsarbeiten der Oberfläche notwendig. Die Oberfläche der Arbeitselektrode aus Eisen oder ähnlichem Metall wird sehr klein gehalten. Der Eisen-Geh. der Kaolinsuspension ist $\leq$0,06%. W.-D. HEUSSNER. 7984□

Gedanken und Erfahrungen über die Feuchtigkeitsregelung der Papierbahn. Niilo Ryti. (Paperi ja Puu 42. 63—68. 29/2. 1960. Jyväskylä, Finnland, G. A. Serlachius Oy.) (Finn.)

Die Feuchtigkeitsregelung der Papierbahn untersucht Vf. theoret. u. prakt. an einer Feinpapiermaschine durch die hygrometr. Messung der DK u. bei Regelung des Dampfdrucks der Trockenzylinder. Durch Einbau einer Leimpresse wurde der Feuchtigkeits-Geh. der Bahn gleichmäßiger. — 4 Abbildungen. E. BORCHERS. 7984□

Schutz von Faser- und Spanplatten gegen holzzerstörende Organismen in den Tropen. Günther Becker. (Composite Wood 6. 33—36. Juli 1959. Bundesanst. für Materialprüf.) (Engl.)

Übersicht über fungicide u. insekticide Schutzmittel, die Technik ihrer Anwendung u. Erfahrungen mit ihnen in Labor.- u. Feldversuchen. M. HAGEDORN. 7992□

Midland Chemical Corp., Dayton, Ohio, V.St.A. (Erfinder: Patricia Q. Peake und Folsom E. Drummond), **Holzbeizmittel,** enthaltend einen durch eine oder zwei 8—12 C-Atome enthaltende Alkylgruppe(n) substituierten aromat. Monoazofarbstoff (I), wobei der aliphat. u. aromat. Teil von I durch die —CO—- oder —CH_2—-Gruppe verbunden sind, sowie ein organ., über 100° sd. Lsgm., bes. einen Glykoläther, z. B. Diäthylenglykolmonomethyläther. — Beispiel für den Farbstoff: 2.4.6-Trihydroxy-3-nonylcarbonylphenylazo-2′-naphthalin, 2.4-6-Trihydroxy-3-undecylcarbonylphenylazo-p-octylbenzol, p-Octylphenylazo-2-naphthol oder p-Dodecylphenylazo-2-naphthol. Das Mittel kann außerdem Füllstoffe, Filmbildner u. opt. Aufheller enthalten. (**E. P. 825 857** vom 25/4. 1956, ausg. 23/12. 1959.) K. WOLK. 7953

Nippon Kagaku Seni Kenkyujo, Kyotocity, Japan, **Herstellung von Zellstoff,** der sich bes. für die Herst. von Cellulose-Derivv., wie Viscose, Cellophan u. dgl., eignet, durch Kochen des Rohmaterials, z. B. Bambus oder Bagasse, mit W. oder Dampf oder mit einer einfachen oder gemischten Lsg. aus H_2SO_4, H_2SO_3, HCl oder einem Bisulfit zwecks Hydrolyse u. Sulfatisierung der in dem Rohmaterial vorhandenen Hemicellulose. Den so erhaltenen Zellstoff reinigt u. bleicht man in üblicher Weise in einem Mehrstufenprozeß. Man erhält so einen Zellstoff mit $>$95% α-Cellulose (**Ind. P. 60 051** vom 30/3. 1957, ausg. 8/7. 1959.) H. NEBELSIEK. 7957

Nippon Kakagu Seni Kenkyujo, Kyoto City, Japan, **Herstellung von Zellstoff,** der sich bes. für die Herst. von Cellulose-Derivv., wie Viscose oder Cellophan, eignet. Man unterwirft die Holz- oder Bambusschnitzel einer Vorhydrolyse, z. B. mit Dampf unter Druck, u. anschließend einer ca. 1std. Sulfatdigerierung bei ca. 160°. Zum Schluß reinigt man den erhaltenen Zellstoff in üblicher Weise durch Bleichen. (**Ind. P. 60 052** vom 30/3. 1957, ausg. 8/7. 1959.) H. NEBELSIEK. 7957

Minnesota Mining & Mfg. Co., St. Paul, übert. von: Leonard R. Nestor, St. Paul, und Robert A. Le Page, West Lakeland Township, Washington County, Minn., V.St.A., **Herstellung von Holzschliff** durch Auffasern des Holzes in Längsrichtung mittels eines umlaufenden endlosen, abgerundete Schleifkörner tragenden Schleifbands oder dgl., gegen das die aufzufasernden Holzstämme längsseitig unter Zugabe von W. angepreßt werden. Die erzielten Faserbestandteile sind im Verhältnis zu Ihrem Durchmesser von großer Länge u. bes. zur Herst. von festen dünnen u. opaken

Papieren, wie hochqualifiziertem Buch- u. Magazinpapier, geeignet. (**A. P. 2 934 279** vom 29/6. 1955, ausg. 26/4. 1960.) F. ZIERHOLD. 7957

Badische Anilin- & Soda-Fabrik Akt.-Ges., Ludwigshafen/Rh. (Erfinder: Huber Wilfinger), **Imprägnierter Film aus Celluloseregenerat.** Das Imprägnierungsmittel ist ein Rk.-Prod. aus einem 1.2-Alkylenimin (oder 1.2-Polyalkylenimin) u. einem Alkylierungs- oder Acylierungsmittel im Mol-Verhältnis 5 : 1 bis 100 : 1. Es dient zur Hydrophobierung u. zum Verhindern des Aneinanderklebens der Filme. (**E. P. 853 240** vom 9/2. 1959, ausg. 2/11. 1960. D. Prior. 10/2. 1958.) W. OVERBECK. 7971

Kimberley-Clark Corp., Neenah (Erfinder: Dexter Leigh Wolfe und Lefroy Wesley Hoel), Wis., V.St.A., **Herstellung von Streichpapier.** Das z. B. unmittelbar von der Papiermaschine kommende Papier wird in einem Walzenauftragswerk zunächst mit einer härtbaren Überzugsmasse versehen, die 35—60% Feststoffe einer Mischung aus Pigment u. härtbarem Bindemittel (I) enthält. I kann bestehen aus eiweißhaltigem Klebstoff, wasser- oder alkalilösl. Cellulose-Derivv., Latex, Emulsionen von Polyvinyl-Verbb., Na-Alginat oder Na-Salzen von Styrol–Maleinsäureanhydrid-Polymeren. Der Papierüberzug wird anschließend in einer Presse mit einem Härtungsmittel (II) behandelt, dadurch in einen nicht klebrigen Zustand übergeführt u. getrocknet. II setzt sich zusammen aus Verbb., enthaltend 2- oder 3wertige Ionen, bes. Cu, Zn, Al, H·CHO + Alaun oder Al u. Pb, Ca u. Al, Al u. Fe oder saure Salze oder Elektrolyte, wie Na_2CO_3. — Zeichnungen. (**E. P. 832 073** vom 23/10. 1956, ausg. 6/4. 1960. **A. P. 2 772 184** vom 21/9. 1953, ausg. 27/11. 1956.) F. ZIERHOLD. 7985

Columbia-Southern Chemical Corp., Pittsburgh, Pa., V.St.A. (Erfinder: Mathias Patrick Boland), **Maternmaterial für Stereotypiezwecke.** Die Maternmasse besteht aus einem Gemisch von 100 (Teilen) verfilzten Cellulosefasern u. 10—25 SiO_2 mit einer inneren Oberfläche von 10—200 m^2, bes. 10—60 m^2/g. (**E. P. 822 126** vom 25/11. 1957, ausg. 21/10. 1959. A. Prior. 30/11. 1956.) A. KALIX. 7989

A/S Hunton Bruk, Gjövik, Norwegen, *Unentflammbare Holzfaserplatten.* (**Belg. P. 559 291** vom 16/7. 1957, ausg. 8/4. 1960. Norw. Prior. 18/7. 1956. — C. **1960.** 10799 [F. P. 1 178 816].)

Escher Wyss G. m. b. H., Ravensburg, Württemberg, *Erzeugung von Zellstoff und Halbzellstoff.* (**Oe. P. 209 705** vom 8/7. 1958, ausg. 25/6. 1960. D. Prior. 10/7. 1957. — C. **1960.** 10 800 [D. A. S. 1 070 013].)

R. T. Vanderbilt Co., Inc. (Erfinder: **William Lutton Craig**), *Herstellung von Füllstoffen oder Pigmenten zur Verarbeitung in Papier, Kautschuk, Farben und keramischen Stoffen.* (**Aust. P. 219 321** vom 5/9. 1956, ausg. 22/1. 1959. A. Prior. 2/3. 1956. — C. **1961.** 1412 [E. P. 832 636].)

Otto C. Strecker K. G., Pfungstadt, *Grundiermittel für Druckformen und Bildträger.* (**Oe. P. 208 892** vom 17/4. 1958, ausg. 10/5. 1960. D. Prior. 15/4. 1958. — C. **1959.** 15219 [D. A. S. 1 053 533].)

Ruberoidwerke Akt.-Ges., Hamburg-Billstedt (Erfinder: **Horst Walther**, Hamburg), *Herstellung von Dachpappe.* (**D. P. [DDR] 19 242** Kl. 81 vom 4/10. 1957, ausg. 14/7. 1960 [Ausschließungspatent]. — C. **1961.** 343 [D. A. S. 1 078 990].)

XVIIIb. Textilfasern

Optische Aufheller: Ihr Abbau in wässeriger Lösung und auf der Faser durch Lichteinwirkung und ihre schädigende Einwirkung auf Cellulose. E. H. Daruwalla und C. I. Peter. (Textile Res. J. **31.** 263—76. März 1961. Bombay, Indien, Univ. of Bombay, Dep. of Chem. Technol.) (Engl.)

Es werden die Absorptionscharakteristiken aufgenommen sowie die Zerstörung opt. Aufheller, wie Blankophor R u. B u. Pontamine Weiß 2 GT auf Basis 4.4′-Diaminostilben-2.2′-disulfonsäure einerseits u. Uvitex RS (Thiazol-Deriv.) andererseits in wss. Lsg. u. auf Baumwoll- bzw. Viscosereyon nach Einw. von Sonnenlicht bzw. Fade-Ometer Belichtung ermittelt. Parallel hierzu wird der Abfall der Faserfestigkeit u. der Viscosität bestimmt. Die im einzelnen erhaltenen Ergebnisse zeigen, daß das Ausmaß der Faserschädigung von der Menge des auf der Faser befindlichen opt. Aufhellers, der Dauer u. Art der Belichtung (Fade-Ometer-Belichtung schädigt mehr als doppelt so stark, vgl. mit Sonnenlicht) sowie der chem. Konst. abhängt. Außerdem wurde gefunden, daß die Faserschädigung als Folge der Einw. von Licht um so stärker ist, je rascher sich der opt. Aufheller zersetzt. Die hierbei entstehenden Abbau-Prodd. bewirken eine zusätzliche Faserschädigung, wie gezeigt werden konnte. — 2 Tabellen, 14 Figuren, 20 Literaturzitate. H. G. FRÖHLICH. 8032 □

Untersuchungen über die Vernetzung von Baumwollcellulose. 2. Mitt. Mikroskopische Beobachtungen. Verne W. Tripp, Anna T. Moore und Mary L. Rollins. (Textile Res. J. **31.** 295—301. April 1961. New Orleans, La., Southern Reg. Res. Labor.) (Engl.) — 1. vgl. C. **1961.** 5654.

Elektronenopt. Unterss. über das Quellungs- u. Lösungsvermögen von mit Monomethylolharnstoff, Dimethylolharnstoff u. Dimethyloläthylenharnstoff ausgerüsteter Baumwolle unter Verw. von Kupferoxydammoniak u. Kupferäthylendiamin als Lsgm. werden mitgeteilt. Hierbei wurde gefunden, daß bei Vernetzung der Cellulose im gequollenen Zustand weniger Querverbb. sich ausbilden, als bei Verw. trockener Cellulose. Die im einzelnen gefundenen Ergebnisse werden an Hand von 12 Photos ausführlich diskutiert. H. G. FRÖHLICH. 8044□

Untersuchungen über die Qualität der Baumwolle. Knitterfreiheit und Erholungsvermögen nach Deformationen. Henry Tovey. (Textile Res. J. **31**. 185—252. März 1961. Washington, D.C., Nat. Cotton Council of America.) (Engl.)

An Hand einer umfassenden Literaturzusammenstellung (820 Zitate) werden alle bekannten Probleme des Knitterns u. der Knitterfreiausrüstung besprochen. Nach einer einleitenden Darst. über den chem. u. physikal. Faseraufbau u. das Zug-Dehnungs-Verh. von Baumwolle werden die Ursachen des Knitterns, die zur Knitterfreiausrüstung gebräuchlichen Prodd. einschließlich der Anwendungs-Verff. ausführlich u. krit. behandelt. In diesem Zusammenhang wird der Einfl. der Garn- u. Gewebestruktur auf das Knittern sowie die Knitterfreiausrüstung ausführlich berücksichtigt. Zum Schluß wird ein Ausblick auf weitere Forschungen gegeben sowie die Test-Meth. u. App. zur Beurteilung der Knitterfreiausrüstung besprochen. — 22 Figuren u. Abbildungen.
H. G. FRÖHLICH. 8044□

Dimethyloltriazon-Verbindungen mit langen Alkylketten für die Ausrüstung von Baumwoll-Textilien. Sidney L. Vail, J. G. Frick jun., Paul J. Murphy jun. und J. David Reid. (Amer. Dyestuff Reporter **50** (200). 19—23. 20/3. 1961. New Orleans, La., Southern Reg. Res. Labor.) (Engl.)

Es wird die Verw. von Octyl-, Dodecyl- u. Octadecyltriazon zur Hochveredlung von Baumwollgeweben untersucht. Hierbei wurde gefunden, daß Triazone mit Alkylketten > Octyl keine Knitterfreiheit mehr bewirken, dafür jedoch gewisse weichmachenden Eigg. zeigen. Wasserabweisende Effekte wurden dagegen nicht beobachtet. — 5 Tabellen. H. G. FRÖHLICH. 8044□

Die Reaktionsfähigkeit einiger Epoxyde gegenüber Cellulose. Richard Steele. (Textile Res. J. **31**. 257—62. März 1961. Philadelphia, Pa., Rohm & Haas Co., Text. Res. Labor.) (Engl.)

Es wird die Rk.-Fähigkeit von 25 aliphat. u. alicycl. Mono- u. Diepoxyden gegenüber Cellulose geprüft. Die hierbei erhaltenen Ergebnisse zeigen, daß immer dann eine Rk. mit der Faser erfolgt, wenn das verwendete bifunktionelle Epoxyd eine Löslichkeit von ca. 1% u. mehr in W. aufweist, möglichst wenig flüchtig (Kp. > 200°) u. frei von ster. u. polaren Effekten ist, welche geeignet sind die Rk. mit den OH-Gruppen der Cellulose zu beeinträchtigen oder sogar zu verhindern. Die Verss. wurden durch Behandlung von Baumwollgewebe mit der emulgierten 1,5% $Zn(ClO_4)_2$ enthaltenden Epoxyd-Lsg. während 15 Min. bei 150° in einem Rohr ausgeführt. Zur Beurteilung der stattgefundenen Rk. wurde die Verminderung der Faserdichte herangezogen. H. G. FRÖHLICH. 8044□

Die Verbesserung der Knitterfreiheit von Baumwolle durch Reaktion mit Formaldehyd. S. J. O'Brien und W. J. van Loo jun. (Textile Res. J. **31**. 276—81. März 1961. Bound Brook, N.J., Americ. Cyanamid Comp.) (Engl.)

Mercerisierte Baumwollgewebe werden mit wss. $MgCl_2$ bzw. $Zn(NO_3)_2$ enthaltenden CH_2O-Lsgg. geklotzt, auf 85% abgequetscht, 1 Min. bei 107° vorgetrocknet u. 1—2 Min. zwischen 165—177° auskondensiert. Danach wird alkal. bei ca. 40° gewaschen u. getrocknet. Die behandelte Baumwolle zeigt eine deutlich verbesserte Knitterfreiheit, die parallel mit der Menge an gebundenem CH_2O verläuft. Bes. gute Ergebnisse erhält man bei Behandlung mit einer 5%ig. 0,9% $Zn(NO_3)_2$ enthaltenden CH_2O-Lsg. u. einer Kondens.-Dauer von 90 Sek. bei 165°. Der Knitterwinkel wird hierbei von 150 auf 260 erhöht. Bei Verw. von $MgCl_2$ als Katalysator werden etwa doppelt so konz. CH_2O-Lsgg. benötigt, um die mit $Zn(NO_3)_2$ erhaltenen Ergebnisse zu erhalten. — 32 Literaturzitate.
H. G. FRÖHLICH. 8044

Schmälzen und Avivieren unter Berücksichtigung der Faserarten und Spinnprozesse. W. Sprenkmann. (Z. ges. Textilind. **63**. 163—68. März 1961.) (Dt.)

Quant. Ergebnisse aus Verss. in Wollkämmereien u. Baumwollspinnereien werden besprochen u. der Einfl. der Teilchengröße der Spinnavivagen zur Diskussion gestellt.
H. GRIMM. 8060□

Der Verlauf der Faserbildung aus Viscose. — Der Mechanismus der Koagulation. Akiyoshi Nakai. (J. Soc. Textile Cellulose Ind., Japan [Sen-i Gakkaishi] **15**. 527—31. Juli 1959. Kyoto, Univ., Fac. of Agricult., Dep. of Agricult. Chem.) (Jap.; Auszug: Engl.)

Nach der Färbungs-Meth. wurden Querschnitte von Fäden untersucht, die bei verschiedenen Bad-Zus. ausgefällt waren. Die Fäden wiesen eine aus mehreren Lagen bestehende Struktur auf, in der abwechselnd eine α-Schicht (bessere Farbstoffabsorption, geringere Kristallisation) u. eine β-Schicht (schlechtere Farbstoffabsorption, höhere Kristallisation) aufeinanderfolgten. In einem zinkfreien Fällbad ist die α-Schicht äußerst dünn. Die Ursache für die Aufeinanderfolge von Schichten wird vom chem. u. kolloidchem. Standpunkt aus diskutiert. A. SEUFFERT. 8074□

Untersuchung über den Spinnmechanismus von Viscose. 1. Mitt. Innere Struktur der Viscose. 2. Mitt. Innere Struktur des Cellulosexanthatgels. Naoji Komatsu, Rinzo Ono und Shigeo Nonaka. (J. Soc. Textile Cellulose Ind., Japan [Sen-i Gakkaishi] **15.** 532—39. Juli 1959. Uji, Kyoto, Nippon Rayon Co. Ltd., Res. Inst.) (Jap.; Auszug: Engl.)

Die innere Struktur der Viscose wird eher als eine konz. Lsg. des Polymeren statt als eine Polyelektrolyt-Lsg. des Cellulosexanthats betrachtet. Es wird wahrscheinlich gemacht, daß die innere Struktur des Cellulosexanthatgels durch die der Viscose beeinflußt wird, wobei aber auch die Art der Fällung von Bedeutung ist.
A. SEUFFERT. 8074□

Cellulosetriacetat-Herstellung, Spinnen und Eigenschaften. D. Finlayson und E. B. Thomas. (Chem. and Ind. **1957.** 928—35. 6/7. London, Brit. Celanese Ltd.) (Engl.)

Die verschiedenen Acetylierungs-Meth. des Cellulosetriacetats (I) werden besprochen, dann wird auf die Verformung (hauptsächlich im Trockenspinn-Verf.) eingegangen. In einigen Eigg., wie Festigkeit, Dehnung, ist I Cellulosediacetat u. Wolle, in anderen, z. B. rasches Trocknen, Plissieren, Terylen u. Nylon vergleichbar.
A. SEUFFERT. 8076□

Untersuchungen über den Schmelzspinnprozeß von Polyvinylchlorid. 7. Mitt. Über das Herauspressen des Polyvinylchlorids. Tadasi Muroi und Yukihiko Emura. (J. Soc. Textile Cellulose Ind., Japan [Sen-i Gakkaishi] **14.** 515—19. Aug. 1958. Yokohama, Japan, Text. Res. Inst., Japanese Government.) (Jap.; Auszug: Engl.) — 6. vgl. J. Soc. Textile Cellulose Ind., Japan [Sen-i Gakkaishi] **13.** [1957.] 817.

Es werden Unterss. über die Herst. von Fäden aus plastifiziertem u. unplastifiziertem Polyvinylchlorid nach dem Schmelzspinn-Verf. mitgeteilt. Als Spinn-App. wurde eine geeignete Strangpresse mit heizbarer Austrittsöffnung verwendet. — 3 Abb., 3 Figuren, 5 Tabellen. H. G. FRÖHLICH. 8080□

Die Bestimmung von Natriumsulfid und freiem Alkali in solchen Gemischen. Paolo Carboni. (Riv. Tessile **36.** 467—68. Mai 1960. Staz. sperim. per la seta.) (Ital.)

Zum Reinigen der Abfallseide von Haaren u. anderen animal. Verunreinigungen wird alkalifreies Na_2S benötigt, um alkal. Abbau der Seidenfaser zu verhüten. Da sich der Geh. an freiem Alkali im techn. Na_2S mittels normaler acidimetr. Meth. nicht genau bestimmen läßt, entwickelte Vf. eine kombinierte ionometr. Fällungs-Meth., deren chem. Grundlagen u. prakt. Ausführung ausführlich beschrieben werden. Kontroll-Verss. mit künstlichen Mischungen von bekanntem Na_2S- u. freiem Alkali-Geh. ergaben hierbei theoret. Werte.

Versuche: 10 ml einer wss. Lsg. von 12 g/Liter der zu bestimmenden Na_2S-Probe werden mit dest. W. auf 50 ml verd. u. mit verd. H_2SO_4 auf pH 10,30—10,40 eingestellt. Nach Zulauf einer 0,1n Lsg. von krist. $ZnSO_4 \cdot 7\,H_2O$ bis zum pH 4 bringt man das Gemisch mit verd. NaOH wieder auf den ursprünglichen pH-Wert von 10,30—10,40 zurück u. erhitzt nach sorgfältigem Abspülen der Ionometerelektroden in einem Becherglas auf 60—70° zwecks Zusammenballung des ZnS-Niederschlages. Nun setzt man aus einer Bürette tropfenweise 0,1n $ZnSO_4 \cdot 7\,H_2O$-Lsg. zu, bis eine Probe der Fl. mit Dithizon (10 mg Dithizon in 100 ml CCl_4) einen deutlichen $ZnSO_4$-Überschuß anzeigt. Der Na_2S-Geh. ergibt sich durch Abzug von 0,1 von den angewandten ml der obigen $ZnSO_4$-Lsg., wobei 1 ml Lsg. 3,9025 mg Na_2S entsprechen. — Das freie Alkali wird mit einer neuen, auf 50 ml verd. Probe der Na_2S-Lsg. gefunden, indem man das ausgefällte ZnS auf einem Frittenfilter „17 G 4" absaugt u. nach sorgfältigem Auswaschen des Nd. im Filtrat in Ggw. von Methylorange acidimetr. den Alkali-Geh. titriert.
A. SANDER. 8096□

Ciba Ltd., Basel, Schweiz, **Herstellung von neuen Acylaminoverbindungen** durch Kondens. einer aliphat. Hydroxydicarbonsäure, deren COOH-Gruppen durch eine Brücke mit 2 C-Atomen verbunden sind, von denen wenigstens eine mit einer OH-Gruppe verbunden ist, mit einem prim. Arylamin, das in Nachbarstellung zu der NH_2-Gruppe eine OH-Gruppe trägt. — Man kondensiert z. B. 109 (Teile) 1-Amino-2-hydroxybenzol u. 67 Maleinsäure unter O_2-Ausschluß mit 55 Chlorbenzol → I, F. 165°.

Weitere Beispiele: *α.β-Di-[benzoxazolyl-2-]-äthylen*, F. 242–243°; *α.β-Di-[5-chlorbenzoxazolyl-(2)]-äthylen*, F. 262–263°; *α.β-Di-[5-methylbenzoxazolyl-(2)]-äthylen*, F. 183–184°; *α.β-Di-[4-methylbenzoxazolyl-(2)]-äthylen*, F. 190–191°. — Zwischenprodd. für die Herst. von Farbstoffen u. opt. Aufhellungsmitteln. (**Ind. P. 57 611** vom 13/6. 1956, ausg. 21/1. 1959.) H. NEBELSIEK. 8033

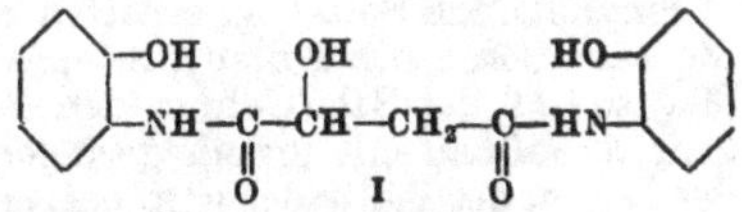

I

Farbenfabriken Bayer Akt.-Ges., Leverkusen, **Hydrophobierverfahren für Textilien, Leder, Papier, Pappen.** Man behandelt das Gut gleichzeitig oder in beliebiger Reihenfolge mit einem hydrophobierenden Cr-Komplexsalz u. einem hydrophobierenden Silicon. — Wollgewebe wird z. B. mit einer wss. Flotte behandelt, die in 1 Liter Flotte 60 cm³ folgenden Ansatzes enthält: 9 (Teile) einer Lsg. von *Stearato-Chromichlorid* in Isopropylalkohol (30%ig. Lsg.), 17 W. u. 33 *Hydrogenmethylpolysiloxan* sowie 10 Methylenchlorid werden innig verrührt u. unter starkem Rühren mit 31 W. verdünnt. Das imprägnierte Gewebe wird abgequetscht u. bei 60–90° getrocknet. (**E. P. 844 985** vom 25/7. 1958, ausg. 17/8. 1960. D. Prior. 26/7. 1957.) H. MÖLLERING. 8037

F. D. Farnam Co., Chicago, Ill., V.St.A., **Herstellung von Überzügen auf Fasern tierischer, pflanzlicher oder mineralischer Herkunft.** Man dispergiert die Fasern in W. zu einer höchstens 2%ig. Dispersion, die mittels eines von unten einströmenden Gases in lebhafter Bewegung gehalten wird, versetzt mit einem Koaguliermittel u. gibt eine Emulsion des Überzugsmittels zu (Al-Sulfat in Kunstharz- oder Kunstkautschuklatex). (**It. P. 514 630** vom 18/3. 1954.) K. KOEBKE. 8037

Malise Graham Mackeurtan, Durban, Südafrikanische Union, **Rösten von Cellulose enthaltenden Pflanzen,** z. B. *Bagasse, Stroh, Papyrus, Bananen, Holzpülpe,* erfolgt mit auf gleichem oder anderem Gut gezüchteten *Lactobacterien,* u. zwar bei 45–62° mit den Arten: *Bulgaricus, Thermophilus, Delbrueckii,* bei 38–45° mit den Arten: *Caucasicus, Lactis, Helveticus, Acidophilus, Bifidus,* bei 35–40° mit der Art *Fermenti,* bei 28–32° mit den Arten: *Casei, Plantarum, Leichmanii, Brevis, Buchneri* u. *Pastorianus.* (**E. P. 830 347** vom 10/7. 1956, ausg. 16/3. 1960. Südafrikan. Prior. 28/7. 1955.) H. MÖLLERING. 8043

E. I. du Pont de Nemours & Co., Wilmington, Del., V.St.A., **Bleichen von Textilien,** bes. aus *Baumwolle.* Man dämpft die Textilien mit 50–150 Gew.-%, bezogen auf das Trocken-Gew. der Textilien, einer wss. H_2O_2-Lsg. mit 0,2–1,5% H_2O_2-Geh., wobei das pH dieser Lsg. zwischen 10 u. 11,5 liegt. Anschließend bleicht man unter Druck mit Dampf bis zu 30 Sek. bei 275–350°, bes. 290–325° F. (**Ind. P. 59 720** vom 22/2. 1957, ausg. 21/1. 1959.) H. NEBELSIEK. 8045

Joseph Bancroft & Sons Co., Wilmington, Del., V.St.A., **Kräuseln von Textilfasern aus Cellulose.** Man führt die zu kräuselnden Fasern in die Kräuselzone ein, in der sich bereits eine dichte Masse fertig gekräuselter Garne befindet. Dabei nehmen die frisch eingebrachten Fasern dieselbe Form an. Während der Führung durch diese Kräuselzone läßt man bei gleichzeitiger Erhitzung ein Imprägniermittel (I) einwirken. Bei der Behandlungs-Temp. (200–450° F) wird das I getrocknet u. auf der Faser fixiert. Beispiel für I: 20 (Pfund) methyliertes Methylolmelamin, 32 Dimethylolharnstoff, 20 kation. Weichmacher u. W., aufgefüllt zu 100 Gallonen. (**Ind. P. 59 733** vom 23/2. 1957, ausg. 7/8. 1958.) H. NEBELSIEK. 8045

Chemiebau Dr. A. Zieren G. m. b. H., Köln, **Kontinuierliche Gewinnung von wasserfreiem Natriumsulfat aus verbrauchten Viscosespinnbädern.** Man dampft einen Teil des Bades ein, läßt ihn abkühlen, trennt das auskristallisierende Glaubersalz (I) ab, leitet die Mutterlauge zum Spinnbad zurück u. schmilzt I, wobei sich Na_2SO_4 abscheidet. Die hierbei gebildete gesätt. Na_2SO_4-Lsg. führt man der Kristallisations-Vorr., in der I gewonnen wird, wieder zu. — Zeichnung. (**Holl. P. 96 185** vom 22/6. 1953, ausg. 15/12. 1960. D. Prior. 23/6. 1952.) F. BÖHM. 8075

American Viscose Corp., Philadelphia, übert. von: Richard H. Braunlich, West Chester, Pa., V.St.A., **Katalysatoren, Ionenaustauscher, chromatographisches Material** oder dgl. werden in eine leicht anzuordnende Form gebracht, indem man sie einer Spinnlösung einverleibt, *Fäden* spinnt u. diese in gewünschte Faserlängen unterteilt. — Mit z. B. aktivierte Kohle enthaltenden Fäden oder Fadenbündeln gestaltete Filterkörper eignen sich zur NH_3-Gewinnung aus Gasen. Zweckmäßig besteht der Fadenbildner aus Regeneratcellulose. — 3 Abbildungen. (**A. P. 2 923 378** vom 5/4. 1955, ausg. 2/2. 1960.) H. MÖLLERING. 8075

Henry William Burrington, Calcutta, Indien, **Fasern aus Polyacrylnitril,** die durch Verspinnen einer wss. Salz-Lsg. eines Polymerisats (I) aus >85% Acrylnitril in eine fällende Salz-Lsg. erhalten werden. Man verwendet als Fällbad die gleiche Lsg. die zum Lösen des I dient, in einer $^1/_3$—$^2/_3$ geringeren Konz., in der sie I nicht mehr löst, so daß der Salz-Geh. in den Fasern red. wird. Man kann dem 1. Fällbad noch ein 2. u. 3. Fällbad mit jeweils geringerer Salz-Konz. folgen lassen. Als Salz zur Bereitung der Lsg. u. des Fällbades wird bes. ein Gemisch von $ZnCl_2$ u. $CaCl_2$ oder $MgCl_2$ verwendet. **(Ind. P. 49 429** vom 22/4. 1953, ausg. 5/5. 1955.) C. LÜTTGEN. 8081

Courtaulds Ltd., London, England, **Herstellung von Polypeptiden.** Zu E. P. 781 202; C. **1959.** 2329, ist nachzutragen: An Stelle von Pentamethylguanidin kann man auch andere Pentaalkylguanidine als Katalysator verwenden. Keine Beispiele hierfür. **(Holl. P. 93 671** vom 18/2. 1956, ausg. 15/3. 1960. E. Prior. 22/2. 1955.) F. BÖHM. 8081

Toyo Koatsu Industries, Inc., Japan, **Mehrstufige Herstellung von Polyharnstoffen.** Wss. Lsgg. von Alkylendiaminen u. Harnstoff(-Derivv.) (I) werden auf Temp. <130° erhitzt, nach Bldg. der durch Kristallisation abgetrennten ω.ω'-Aminoalkylenharnstoffe die Temp. auf nahe 130° gesteigert u. die Poly-Kondens. bei Temp. >130° (bis 270°) zu Ende geführt, wobei Mono-N-alkylcarbonsäureamide oder N-Acylalkylendiamine als die Rückbldg. der Kunstharze zu den I verhindernde Mittel dienen. — Die Lsg. von 175 (Teilen) Nonamethylendiamin, 60 Harnstoff u. 8 N-Palmitinoylnonamethylendiamin in 70 W. werden auf 70°, dann unter Rückfluß auf 98° 40 Std. erhitzt. Das zu 95% aus ω-Aminononamethylenharnstoff bestehende Rk.-Prod. wird unter Abdestillieren des W. auf 120—130°, dann weitere 3 Std. im Vakuum erhitzt. Das zur Herst. von *Fäden* geeignete Prod. hat eine innere Viscosität von 0,78 (in m-Kresol) u. beim F. von 250° eine Viscosität von 2000—2200 P. Analog erfolgt die Rk. von Methylen-bis-harnstoff bzw. vom Carbonat des Oktamethylendiamins. **(F. P. 1 228 083** vom 19/1. 1959, ausg. 26/8. 1960.) G. TEWES. 8081

Alan Carter, Berkeley, Mich., Roy Charles Hansen, Los Angeles, Calif., und Charles Manuel Heinen, Royal Oak, Mich., V.St.A., **Schutzüberzüge für Bekleidungsgewebe, Gasmasken usw.** gegen Cl_2, F_2, HCl, HF, HNO_3, H_2SO_4, UF_6, UOF_4, bestehend aus einem Gemisch von halogeniertem Butadienpolymerisat, bes. aus *Chlor-1.3-butadien*, u. einem *Erdalkalifluorid*. — Ein mit der doppelten Menge Toluol angepastetes Gemisch aus 100 (Teilen) Neopren GN, 32 CaF_2, 68 $MgCO_3$, 4 ZnO, 1 Permalux u. 10 Trikresylphosphat wird auf *Glasfaser*-Gewebe aufgebracht u. getrocknet. **(E. P. 845 741** vom 11/2. 1946, ausg. 24/8. 1960.) H. MÖLLERING. 8083

Dayton Rubber Co., Dayton, Ohio, V.St.A., *Textilwalzenbezug.* **(It. P. 513 465** vom 31/7. 1953. A. Prior. 13/12. 1952. — C. **1956.** 4022 [E. P. 730 520].)

Farbwerke Hoechst Akt.-Ges., vormals Meister Lucius & Brüning, Frankfurt/M., *Imprägnieren von Textilien.* **(It. P. 503 354** vom 9/4. 1953. D. Prior. 9/4. 1952. — C. **1956.** 5994 [F. P. 1 078 673].)

Chemische Fabrik Grünau Akt.-Ges., Frankfurt/M., *Veredeln von organischem Faser- und Folienmaterial.* **(Oe. P. 208 810** vom 20/1. 1959, ausg. 25/4. 1960. D. Prior. 24/1. 1958. — C. **1961.** 2836 [D. A. S. 1 085 492].)

Vereinigte Papierwerke Schickedanz & Co., Nürnberg (Erfinder: **Curt Walter Leupold**, Nürnberg, und **Kurt Sponsel**, Düsseldorf), *Nichtgewebte Flächengebilde mit unterschiedlicher Oberflächenbeschaffenheit auf beiden Seiten.* **(D. A. S. 1 098 907** Kl. 8k vom 31/12. 1954, ausg. 9/2. 1961. — C. **1961.** 1060 [Oe. P. 201 029].)

Farbwerke Hoechst Akt.-Ges., vormals Meister Lucius & Brüning, Frankfurt/M., *Flammfestausrüstung von Textilien.* **(E. P. 842 393** vom 24/12. 1956, ausg. 27/7. 1960. D. Prior. 24/12. 1955. — C. **1961.** 1775 [F. P. 1 166 561].)

Chemische Fabrik Pfersee G. m. b. H., Salzburg, Österreich, *Vorbehandlung von Baumwollgeweben zum Wasserabstoßendmachen.* **(Oe. P. 208 812** vom 27/2. 1959, ausg. 25/4. 1960. D. Prior. 27/2. 1958. — C. **1960.** 10804 [D. A. S. 1 071 649].)

Courtaulds Ltd., London, England, *Verbesserung von Regeneratcellulose.* **(It. P. 513 696** vom 8/3. 1954. E. Prior. 9/3. 1953. — C. **1957.** 2363 [E. P. 748 701].)

Vereinigte Papierwerke Schickedanz & Co., Nürnberg (Erfinder: **Walter Leupold**, Nürnberg, **Kurt Sponsel**, Krefeld, und **Rolf Mohr**, Nürnberg), *Verfestigung von lose gebundenen Fasergebilden.* **(Oe. P. 208 689** vom 30/7. 1957, ausg. 25/4. 1960. D. Prior. 18/9. 1956. — C. **1960.** 10104 [D. A. S. 1 073 431].)

American Viscose Corp., Philadelphia, Pa., V.St.A., *Herstellung von voluminösen Fasergebilden.* **(Belg. P. 543 917** vom 23/12. 1955, ausg. 25/9. 1959. A. Prior. 23/12. 1954. — C. **1960.** 8057 [F. P. 1 146 618].)

Rohm & Haas Co., V.St.A. (Erfinder: **Aubert Holmes Bibolet, George Lincoln Brown, Robert Paul Fellmann** und **George Alvin Richter jun.**), *Fasern, Fäden, Folien aus thermoplastischen Mischpolymeren.* **(F. P. 1 169 567** vom 6/9. 1956, ausg. 31/12. 1958. A. Prior. 6/9. 1955. — C. **1961.** 1418 [Belg. P. 550 814].)

Chemstrand Corp., V.St.A. (Erfinder: **George Edloe Ham jun.**), *Herstellung von Polymerisat ösungen.* **(F. P. 1 170 194** vom 18/10. 1956, ausg. 12/1. 1959. A. Prior. 19/10. 1955. — C. **1960.** 16301 [Belg. P. 551 898].)

Chemstrand Corp., V.St.A. (Erfinder: **Rodger Lewis Schaefer, Edward Hjalmar Sundbeck** und **Roy William Sudhoff**), *Verbessern von Polyacrylnitrilen.* **(F. P. 1 170 239** vom 19/12. 1956, ausg. 12/1. 1959. A. Prior. 19/12. 1955. — C. **1960.** 17323 [Aust. P. 216 480].)

Monsanto Chemical Co. (Erfinder: **Alva Francis Harris**), *Wasserlösliche Terpolymere.* **(Aust. P. 214 11** vom 13/12. 1955, ausg. 24/4. 1958. A. Prior. 15/12. 1954. — C. **1960.** 12547 [A. P. 2 864 808].)

XIX. Brennstoffe. Erdöl. Mineralöle

„Zulässige“ Molekularstrukturen von Huminsäuren. S. C. Srivastava und N. Berkowitz. (Fuel **39.** 513—14. Nov. 1960. Edmonton, Canada.) (Engl.)

Der aus dem rheolog. Verh. abgeleiteten flexiblen, linearen Skelettstruktur treten die Vff. entgegen u. schlagen drei „zulässige“ Typen vor: 1. polynucleare aromat. Formen, 2. 3- oder 4-Ring-Kondens. mit Methylenbrücken u. 3. kleine aromat. Kondens. mit Sauerstoffbrücken. — 11 Literaturangaben. F. SCHUSTER. 8122□

Röntgenographische Untersuchung von anorganischen Struktureinheiten in einer fusinitisierten, fossilen Pflanze (Vertebraria indica). J. Sen. (Geol. Fören. Stockholm Förn. **79.** 251—56. März/April 1957. Calcutta, Univ., Coll. of Sci., Bot. Labor.) (Engl.)

Die aus Fusit mit seinem rechteckigen Blöckchen bestehende Vertebraria wurde röntgenograph. parallel u. senkrecht zur Faserachse untersucht. Als anorgan. Mineralien wurden hierbei *Quarz* u. *Amesit* festgestellt. Amesit ist in den Fusit mit seiner Lamellenebene parallel zur Faserachse des Fusits eingelagert. F. ENSSLIN. 8124□

Zur Untersuchung der Verkokbarkeit von Kohlen nach der Dilatometer-Methode. Károlyné Schlager. (Nehézvegyipari Kutató Intézet Közleményei [Mitt. Forsch.-Inst. chem. Schwerind.] **1.** 233—38. Juni 1959. Veszprém, Nehézvegyipari Kut. Int.) (Ung.)

Es wurde der Einfl. von Beschickungsdichte, Korngrößenverteilung, Oxydation, Aufheizungs-Geschw. u. therm. Veränderung von Kohle auf die Dilatation eines selbstverfertigten Dilatometers untersucht. Die Meth. ist auch zur Klassifizierung von Kohlen geeignet. N. SEILER. 8126□

Reflexionsvermögen von Kohlen, Graphit und Diamant. S. Ergun und J. T. McCartney. (Fuel **39.** 449—54. Nov. 1960. Pittsburgh, Pa.) (Engl.)

Das Reflexionsvermögen wurde im sichtbaren Spektrum mkr. bestimmt. Der Quotient des Reflexionsvermögens in Luft zur Dichte der Vitrinite lag zwischen den entsprechenden Werten von Graphit u. Diamant. Die Quotienten für Vitrinite bei 5460 Å gingen dem H/C-Verhältnis linear parallel. Zunahme des Reflexionsvermögens von Kohlen mit dem Grad der Inkohlung scheint z. T. mit der zunehmenden Dichte zusammenzuhängen, mehr noch mit der zunehmenden Graphitierung. — 13 Literaturangaben. F. SCHUSTER. 8126□

Eine Untersuchung von Kohle mit dem Massenspektrometer. 2. Mitt. Extrakte und extrahierbare Produkte der Pyrolyse. H. W. Holden und J. C. Robb. (Fuel **39.** 485—94. Nov. 1960. Birmingham.) (Engl.) — 1. vgl. C. **1960.** 14231.

Eine massenspektrometr. Unters. der Möglichkeiten für die Anwendung dieser Meth. zur Erforschung der Konstit. von Kohle u. ihren Pyrolyse-Prodd. zeigt Wege bei geeignet vorbereiteten Proben. Es wurde bei Kohlen u. Kohlenextrakten ein Hinweis auf die aliphat. Anteile u. die Rk.-Fähigkeit der extrahierbaren Bestandteile erhalten. — 14 Literaturangaben. F. SCHUSTER. 8126□

Eine Beziehung zwischen der durch Heliumverdrängung bestimmten Dichte von Kohlen und ihrem Wasserstoffgehalt. M. Mentser und S. Ergun. (Fuel **39.** 509—10. Nov. 1960. Pittsburgh, Pa.) (Engl.)

Zwischen dem spezif. Vol. u. dem H-Geh. in Atom-% von Kohlen ergab sich für H-Werte zwischen 2 u. 20 Atom-% eine lineare Abhängigkeit, die für 0% H zur Dichte von Graphit führt. Spezif. Vol. u. H-Geh. sind ein wesentliches Mittel zur Feststellung des Inkohlungsgrades von stark inkohlten Kohlen. F. SCHUSTER. 8126□

Bestimmung des Heizwertes der Kohle durch radiologische Methoden. Sándor Bisztray-Balku, András Lévai, János Kakas, Mihály Nagy und Varga Károly. (Energia és Atomtechn. **13.** 472—78. Juni 1960. Erömü Tervezö Iroda és Csepel Vas-és Fémmü, Izotop. Labor.) (Ung.)

Vff. stellten bei der Unters. ungar. Kohle fest, daß die γ-Absorptionsfähigkeit (der lineare Schwächungs-Koeff.) mit der Dichte, dem Heizwert u. Asche-Geh. in engem Zusammenhang steht. G. HALMI. 8126□

Die Ultraviolett-Spektren von kohleähnlichen Materialien. R. Bent und W. R. Ladner. (Fuel **39.** 479—84. Nov. 1960. Leatherhead, Surrey, Großbritannien.) (Engl.)

Die UV-Spektren von *Prodd. der Tieftemp-Verkokung* unter 450° in hohem Vakuum wurden in Chlf.-Lsg. im Bereich von 2500—5000 Å untersucht. Die Lsgg. gehorchen dem BEERschen Gesetz u. zeigen ein breites Absorptionsmaximum bei 2650 Å. Die Höhe der Absorption wurde mit der von reinen aromat. Substanzen verglichen. Dabei zeigte sich, daß die Prodd. einen hohen Anteil an komplexem aromat. Material enthalten. — 7 Literaturangaben. F. SCHUSTER. 8140□

Der Gehalt an mineralischen Bestandteilen in Koks. L. H. Leighton und S. Wald. (Fuel 39. 511–12. Nov. 1960. London). (Engl.)

Es wird eine Verbesserung der Formel von BARKER u. MOTT vorgeschlagen, die sich auf Grund von S-Best. an 2500 Koksproben ergeben hat. F. SCHUSTER. 8144□

Über den Einfluß von Luft- beziehungsweise Sauerstoff-Zumischungen auf das Brennverhalten von Normgasen. K. O. Bosse. (Gaswärme **10.** 249–57. Juli 1961. Essen, Gaswärme-Inst.) (Dt.)

Aus den Kennzahlen nach WEAVER werden die höchstzulässigen Luft- bzw. O_2-Zumischungen für Normgase (Stadtgasqualität) ermittelt. Zugesetzt werden 1–5 Vol.-%. Bei Heizwerterhaltung kann Luft unbedenklich zugemischt werden, bei Heizwerterniedrigung nur bis zu 3%. Die O_2-Zumischung kann in beiden Fällen nur bis zu 1% erfolgen, um Austauschbarkeit zu gewährleisten. Der O_2-Geh. erhöht vor allem die Zündgeschwindigkeit. W. HOLLAND. 8156□

Über den Einfluß der Beimischung verschiedener Gase, insbesondere Inerte, auf Zünd- und Verbrennungseigenschaften von Methan. I. Škunca. (Gaswärme **10.** 258–61. Juli 1961. Essen, Gaswärme-Inst.) (Dt.)

Um Erdgas (hauptsächlich Methan) auf Ferngasqualität zu bringen, können Inertgase, Luft bzw. O_2 u. KW-Stoffe zugemischt werden. Zusatz von Inerten engt die Zündgrenzen ein, verringert die Zünd-Geschw. (**ZG**), Heizwert, WOBBE-Zahl u. Rückschlaggefahr. CO_2 wirkt stärker als N_2. Zusatz von KW-Stoffen bringt nur unwesentliche Änderungen, lediglich der Heizwert wird stärker erhöht. O_2-Zusatz steigert die **ZG** von 40 (cm/s) auf 330 bzw. 440. Nach Zusatz von Luft ändern bis 10% Inerte die Zündgrenzen unwesentlich, die **ZG** wird herabgesetzt. Zusatz von über 30% Methan–Luft-Gemisch zum Ferngas engt die Zündgrenzen ein u. verringert die **ZG**. W. HOLLAND. 8156□

Die Darstellung der Ergebnisse von Untersuchungen über die selektive Absorption von Schwefelwasserstoff durch Ammoniaklösung in gefüllten Absorbern auf Grund der Ähnlichkeitstheorie. Pál Takács, Lásló Harmathy und Zoltán Szücs. (Nehézvegyipari Kutató Intézet Közleményei [Mitt. Forsch.-Inst. chem. Schwerind.] **1.** 267–72. Juni 1959. Veszprém, Nehézvegyipari Kut. Int.) (Ung.)

Um die Entschwefelung von Kokereigas mit NH_3 zu untersuchen, wurde die Absorption von H_2S aus auch CO_2 enthaltenden Gasen in Füllkörperkolonnen bestimmt. Bei großen spezif. Waschoberflächen u. NH_3-Überschuß wird die H_2S-Absorption vom Widerstand der Gasschicht bestimmt, der der Verweilzeit umgekehrt proportional ist. N. SEILER. 8172□

Thermodynamische und kinetische Verteilungen von Isomeren des Tieftemperaturteers in Beziehung zur Kohlenstruktur. C. Karr jun., J. R. Comeberiati und Patricia A. Estep. (Fuel **39.** 475–78. Nov. 1960. Morgantown, West Virginia, USA.) (Engl.)

Die Teersäuren vier verschiedener Tieftemp.-Teere aus subbituminösen Kohlen enthielten hohe Anteile an Paraisomeren unter den Kresolen u. Äthylphenolen. Die thermodynam. Gleichgewichtsverhältnisse u. die kinet. Verteilungen sagen für 500° hohe Anteile an Meta- u. Orthoisomeren voraus. Die davon abweichenden prakt. Ergebnisse deuten auf einen Zusammenhang zwischen der Kohlenstruktur u. der Zus. des Tieftemperaturteers. — 10 Literaturangaben. F. SCHUSTER. 8176□

Nebenprodukte der Kohlenaufbereitung als Rohstoffquelle der ungarischen Germanium- und Galliumerzeugung. Pál Takács und Albert Horváth. (Nehézvegyipari Kutató Intézet Közleményei [Mitt. Forsch.-Inst. chem. Schwerind.] **1.** 291–95. Juni 1959. Veszprém, Nehézvegyipari Kut. Int.) (Ung.)

Erfolgt die Teerabscheidung oberhalb des Taupunktes elektrostat., so gelangen Ge u. Ga vorwiegend in den Teer, bei Abscheidung durch Kühlung in das Gaswasser. Aus der Asche dieser Nebenprodd. oder aus der Asche des Dest.-Rückstandes lassen sich 0,1 bis 0,6% $GeO_2 + Ga_2O_3$ gewinnen. N. SEILER. 8176□

Teere, erschöpfte Katalysatoren und Komplexe als Abfallquellen der Petrochemie. Jack T. Garrett. (Sewage ind. Wastes **31.** 841–45. Juli 1959. St. Louis, Mo., Monsanto Chem. Co.) (Engl.)

Als Beseitigungsmöglichkeiten für Abfall-Prodd. aus katalyt. Rkk. u. Dest. in der Petrochemie werden Verbrennung, Vergrabung, Ableitung in einen Vorfluter oder in das Meer sowie die Wiedergewinnung wertvoller Bestandteile besprochen. — 7 Literaturangaben. W. SCHÖNBORN. 8186□

Molekularsiebe als neues Hilfsmittel für die Raffination. Peter W. Sherwood. (Brennstoff-Chem. **40.** 354–58. 25/11. 1959.) (Dt.)

Die Einsatzmöglichkeit der Molekularsiebe für die verschiedensten Zwecke, wie Entfernung von CO_2 aus Äthylen, H_2S aus Brenngasen, Trennung von KW-Stoffen usw., werden an Hand des vorliegenden Schrifttums geschildert. — 14 Schrifttumsstellen.
F. ROSENDAHL. 8194□

Untersuchung einiger Eigenschaften der katalytischen Aktivität gemischter Siliciumdioxyd–Aluminiumoxyd-Gele. J. L. Weill. (Chim. mod. **5.** 193—94. Juli/Aug. 1960.) (Franz.)

Vf. untersuchte die Änderung der Oberflächen-, Struktur-, Säure- u. Katalyse-Eigg. von CRACK-Katalysatoren durch therm. u. hydrotherm. Behandlung. Dabei stellte er fest, daß die spezif. Oberfläche der Katalysatoren durch Behandlung bei niederen Temp. (therm. bis 800° u. hydrotherm. bis 600°) nicht verändert wird. Bei den Struktur-Unterss. mit Hilfe der DTA zeigte sich bei 580° eine irreversible Transformation der Gele, die allerdings nicht bei oberhalb 400° hydrotherm. behandelten Katalysatoren sichtbar wurde. Die Protonen- u. LEWIS-Acidität der Katalysatoren erreichten für eine therm. Vorbehandlungs-Temp. von 550° ein Maximum u. sanken danach ab. Die hydrotherm. Vorbehandlung senkt die Aciditäten stark. Ein Abfall der Aktivität des Katalysators wurde schließlich bei der therm. Vorbehandlung oberhalb 580° u. ein zweiter oberhalb 800° festgestellt, während bei hydrotherm. Vorbehandlung der Aktivitätsabfall schon 200° früher eintritt.
H. FRIES. 8196□

Katalytisches Reformieren. N. J. Emms. (Canad. J. chem. Engng. **36.** 267—70. Dez. 1958. Sarnia, Ontario, Canada, Imperial Oil Ltd.) (Engl.)

Am Beispiel der Powerforming werden die bei der Reformierung sich abspielenden chem. Umsetzungen dargelegt u. die grundlegenden techn. Voraussetzungen zu einem guten Ablauf des Verf. geschildert.
F. ROSENDAHL. 8200□

Lassen Sie eine Rechenmaschine ihre Alkylat-Anlage steuern. David B. Brandon. (Ind. Engng. Chem., int. Edit. **52.** Nr. 10. Part II 814—20. Okt. 1960. Beverly Hills, Calif., Thompson-Ramo-Wooldridge Products Co.) (Engl.)

Unter „*Alkylat*“ wird ein hochoctanhaltiger Treibstoff (Hauptkomponente: Isooctan) verstanden, der durch Umsetzung von Isobutan mit Buten in Ggw. starksaurer Katalysatoren (z. B. H_2SO_4) entsteht. Die Verw. von elektron. Rechenmaschinen als kostensparende Steuergeräte für eine Alkylatanlage in der Petroleumraffinerie wird ausführlich beschrieben.
G. GATTOW. 8204□

Kennzeichnung des Antiklopf-Verhaltens von Kohlenwasserstoffen in Benzinmotoren mit Hilfe von Verbrennungskenngrößen. K. C. Salooja. (Combust. and Flame **4.** 193—99. Sept. 1960. Chester.) (Engl.)

Als Kenngrößen werden der Bereich der Vorflammen-Rkk., die niedrigste Zünd-Temp. bei gegebener Verzögerung, die Beziehung von Zünd-Temp. u. Verzögerung u. die Wrkg. des Brennstoff–Luft-Verhältnisses auf die mit der Zünd-Temp. zusammenhängenden Größen angesehen. — 8 Literaturangaben.
F. SCHUSTER. 8206□

Der hydrodynamische Effekt zwischen sich nähernden Oberflächen und sein Einfluß auf das Oberflächenprofil während der plastischen Deformation. L. H. Butler. (J. Inst. Petroleum **46.** 289—93. Sept. 1960. Cardiff, Univ. College.) (Engl.)

Gut vorbereitete u. abgeschliffene zylindr. Stahlstempel wurden einander genähert, wobei einmal ohne u. einmal mit Schmieröl zwischen den Flächen gearbeitet wurde. Es konnte festgestellt werden, daß während des Zusammenpressens der Stempel stets ein Schmierstoffilm zwischen den Stücken war, selbst dann, wenn die geometr. Konfiguration der Oberflächen ungeeignet erschien u. der Druck geändert wurde, woraus sich ergibt, daß die Änderung der Oberflächen nicht durch die andere erfolgt, sondern eher einer sichtlichen Entartung entspricht. Die Berührung von Metall zu Metall ist durch das Schmieröl stark verringert, wobei der Hauptdruck durch den Film aufgefangen wird. Der Reibungswiderstand zwischen den beiden Flächen unter den jeweiligen Bedingungen von Druck u. Temp. kommt daher z. T. von der Metall–Metall-Berührung, z. T. von den Scherkräften des Schmieröls. Es wird daher angenommen, daß der Reibungs-Koeff. während der Deformation kleiner ist, als während der üblichen Gleitversuche. Es besteht auch kein Grund anzunehmen, daß der Reibungs-Koeff. während der Deformation unverändert bleibt. In dem Maße, wie die Deformation fortschreitet, werden in Verbindung mit dem Aufrauhen der Oberfläche immer mehr die Metalloberflächen in Berührung kommen, wobei ständig das Verhältnis Metall–Metall-Berührung u. die Scherkräfte des Schmierfilmes sich ändern.
F. ROSENDAHL. 8220□

Die Zähigkeit und Elastizität einiger mit Gummi gefüllter Bitumen. L. M. Smith, (J. appl. Chem. **10.** 296—305. Juli 1960. Welwyn-Garden City, Brit. Rubber Producers' Res. Assoc.) (Engl.)

Die Änderung der Zähigkeit, der Elastizität u. des Brechpunktes bei Bitumen, denen Gummi zugemischt wurde, wurde an verschiedenen Bitumen mit einer Eindringtiefe von 170—55 untersucht. Die Änderung der Zähigkeit u. der Dehnbarkeit bei tiefer Temp. beruht auf der molaren Dispersion von Gummi im Bitumen. Für einige Bitumen verläuft diese Änderung linear zur Änderung des Erweichungspunktes, wodurch der Einfl. verschiedener Sorten von Gummi leicht festgestellt werden kann. S, der einem Latex zugemischt wird oder in einem vulkanisierten Gummi vorhanden ist, verursacht einen schnellen Zusammenbruch des Gummis, wenn er mit Bitumen zusammen erhitzt wird. Für die Kennzeichnung von gummigefülltem Bitumen wurde eine äquiviscose Grundlage geschaffen. F. ROSENDAHL. 8224□

Eine graphische densimetrische Methode für die Strukturanalyse von polynuclearen aromatischen Kohlenwasserstoffen und ihre Anwendung auf Hochtemperatur-Kohlenteerpeche und Pechfraktionen. E. W. Volkmann. (Fuel **39.** 455—62. Nov. 1960. Pittsburgh, Pa., USA.) (Engl.)

Mit Hilfe von Verfeinerungen der statist. Meth. von VAN KREVELEN für die Erklärung der Struktur von Kohle wurden zwei Gleichungen für polynucleare KW-Stoffe entwickelt, in denen das Molgew. mit der Ringzahl im Mol. in Beziehung gebracht wird. In der einen Gleichung ist das H/C-Verhältnis der Parameter, in der anderen die Dichte bei $20^0/4^0$. Wenn auch die daraus sich ergebenden Diagramme nicht zur statist. Best. der Struktur von Kohlenteerpechen dienen können, ermöglichen sie doch einen guten Vgl. verschiedener Peche. — 10 Literaturangaben. F. SCHUSTER. 8228□

Die Bitumenemulsion und ihre Einsatzgebiete. Werner Hagemann. (Bitumen, Teere, Asphalte, Peche verwandte Stoffe **12.** 15—18. Jan. 1961.) (Dt.)

Vf. berichtet über Anwendung stabiler u. unstabiler Bitumenemulsionen bei der Behebung tatsächlicher Schäden an der Substanz bzw. am Profil von Pflasterdecken u. nennt weitere Einsatzgebiete im Straßenbau. R. EIDNER. 8230□

Verwitterung von Straßenteer in Belägen. E. D. Tingle und N. Wright (J. appl. Chem. **10.** 306—12. Juli 1960. Harmondsworth, Dep. Scientific and Industrial Res., Road Res. Labor.) (Engl.)

Vff. untersuchten die Oxydation von Teeren im Labor. unter bestimmten Bedingungen u. beim Liegen auf der Straße. Die Teere werden sowohl während der Oxydation u. während der Bewetterung in Abständen untersucht, wobei Fraktionen entsprechend der Löslichkeit in verschiedenen Lsgm. zur Anwendung kamen. Die Best. des Geh. an Harzen in den Teeren diente dazu, festzustellen, wieweit die Oxydation unter den Bedingungen des Verkehrs zur Verhärtung des Teeres beitrug. Wenn ein Teermacadam aus einem Teer mit nur wenig Geh. an Aromaten hergestellt wird, so ist die Oxydation ausschließlich für die Härtung verantwortlich. Bei hocharomat. Teeren ist die Oxydation etwa zur Hälfte an der Verhärtung beteiligt. F. ROSENDAHL. 8236□

Beitrag zur Analyse der Pyridinbasen in chemischen Kokereiprodukten. I. Kavan. (Práce Ústavu Výzkum Paliv **2.** 213—17. 1960.) (Tschech.) —Vgl. C. **1961.** 3530.

Best. in der Mutterlauge des NH_3-Sättigers erfolgt nach ASHMOOR: 5—7 g Mutterlauge werden mit 10% NaOH gegen Phenolphthalein neutralisiert, auf 200 ml mit W. aufgefüllt u. davon 100 ml abdestilliert. Das Destillat wird mit 0,1n HCl gegen Methylrot neutralisiert, mit 50 ml 0,2m saurem K-Phthalat u. 23,8 ml 0,2n NaOH gepuffert, auf 200 ml mit W. aufgefüllt u. wieder 100 ml abdestilliert. Im Destillat werden Pyridinbasen mit 0,1n HCl gegen Dimethylgelb-Methylenblau 1:1 bis zur Violettfärbung titriert. Gerechnet wird mit Molgew. 100. Best. im NH_3-Wasser: saure Bestandteile werden durch Kochen mit H_2SO_4 entfernt u. nach dem Neutralisieren mit NaOH, die Basen wie oben bestimmt. Best. im Bzl.: Phenole werden durch Ausschütteln mit 10% ig. NaOH entfernt, nach dem Auswaschen mit W., die Basen mit H_2SO_4 (1:3) extrahiert u. weiter wie oben bestimmt. Best. im Gas: 70 Liter Rohgas oder 100—150 Liter gereinigtes Gas werden zur Absorption der Basen durch H_2SO_4 1:3 geleitet. Die absorbierten Basen werden wie beschrieben aus gepufferter Lsg. dest. u. im Destillat nach KARAVAJEW colorimetr. bestimmt, indem 0,2 ml gesätt. Anilinwasser u. 0,2 ml einer Lsg., die aus 5% ig. NH_4SCN u. 1 ml gesätt. Br-Wasser besteht, hinzugefügt werden. N. MEDIĆ. 8242□

Oberflächengröße von Kohle. K. A. Kini und A. Lahiri. (Fuel **39.** 515—16. Nov. 1960. Dhanbad, Bihar, Indien.) (Engl.)

Aus Ergebnissen bei sehr niedrigen u. höheren Temp. wird abgeleitet, daß die Best. der Oberflächengröße mit polaren Fll. oder Dämpfen, insbes. bei Substanzen mit polaren Gruppen, nicht zulässig ist. — 13 Literaturangaben. F. SCHUSTER. 8246□

Oesterreichisch-Alpine Montangesellschaft, Wien (Erfinder: Hans Kretschmer, Trofaiach), Österreich, **Trocknung lignitischer Braunkohle mit** gespanntem Satt- oder Naßdampf in mehreren Stufen, wobei die aufgeheizte Kohle durch Entspannung weiter getrocknet wird u. die Entspannungs-Prodd. zur Aufwärmung frischen Gutes in zur Entspannung umgekehrter Stufenfolge verwendet werden. Bei drei- oder mehrstufiger Entspannung wird die höchste Druckstufe über einen Dampfspeicher entspannt u. die niedrigeren direkt von Dämpfer zu Dämpfer. — 5 Verfahrensschemata. (**Oe. P. 190 490** vom 28/1. 1954, ausg. 10/7. 1957.) E. Zapp. 8135

Bergwerksverband zur Verwertung von Schutzrechten der Kohlentechnik G. m. b. H., Dortmund, **Vorbehandlung von kohlehaltigem Material,** z. B. *Lignit u. Braunkohle,* durch Verkoken der Kohle. Dabei wird der größte Teil des W. u. der flüchtigen Bestandteile ausgetrieben, u. man erhält porösen Koks. Diesen macht man nach dem Brechen durch Besprühen mit Öl wasserabstoßend u. trennt anschließend die Komponenten in solche, die arm, u. solche, die reich an Asche-Geh. sind, durch Flotation. (**Ind. P. 59 768** vom 27/2. 1957, ausg. 16/9. 1958.) H. Nebelsiek. 8141

Kurt Hofmann, Berlin-Wilhelmsruh, **Kontinuierliches Schwelen und Entgasen von Brennstoffen** in Schachtöfen mit mittelbar beheizten Entgasungsräumen, wobei der die Kammern mit ca. 1100° verlassende Koks in einer verbreiterten Kühlzone bei verminderter Wander-Geschw. durch entgegenströmende Entgasungsgase, die im Kreislauf in Wärmeaustauschern gekühlt wurden, auf ca. 150° gekühlt u. danach erst aus dem Ofen ausgetragen wird. — Schemat. Zeichnung. (**D. P. [DDR] 9 656** Kl. 10a vom 27/3. 1953, ausg. 25/4. 1955 [Wirtschaftspatent].) E. Zapp. 8141

Heinrich Koppers G.m.b.H., Essen, **Verfahren zur Ausnutzung der fühlbaren Wärme von Gasen,** die durch Vergasen feinzerteilter Brennstoffe in der Schwebe mit O_2- u. Wasserdampf erzeugt worden sind, zwecks Dampferzeugung, wobei die Gase nach Verlassen des Gaserzeugers zunächst durch einen Strahlungskessel u. anschließend durch einen Röhrenkessel geleitet werden. Die noch feste Vergasungsrückstände in der Schwebe enthaltenden Gase werden nach Verlassen des Strahlungskessels u. vor Eintritt in den Röhrenkessel durch starke Durchwirbelung u. eine ein- oder mehrfache Verdichtung u. Entspannung bzw. Änderung der Strömungsrichtung u. -Geschw. bei gleichzeitiger Temp.-Senkung einer Nachvergasung unterworfen. — Einrichtungsansprüche u. Zeichnung. (**E. P. 837 307** vom 26/10. 1956, ausg. 9/6. 1960. D. Prior. 16/11. 1955.) W. Hauswald. 8149

N. V. de Bataafsche Petroleum Mij., Den Haag, Holland, **Herstellung einer Öl-Wasser-Mischung.** Um dickfl. Öl mit geringster zusätzlicher Kraft durch eine Pipeline transportieren zu können, vermischt man es mit 25—45, bes. 30—40 Gew.-% W., so daß eine Öl-in-W.-Suspension entsteht, die mit Hilfe einer Pumpe gut transportabel ist. Zusätzlich setzt man noch 35—100, bes. 40—75 (Teile) Ammoniak auf $1 \cdot 10^6$ Öl zu. (**Ind. P. 59 647** vom 14/2. 1957, ausg. 25/1. 1960.) H. Nebelsiek. 8189

Petrolite Corp., Wilmington, Del., übert. von: Kwan Ting Shen, Brentwood, Mo., V.St.A., **Brechung von Emulsionen des Öl-in-Wasser-Typs unter Verwendung von polymeren, quaternären Ammoniumsalzen.** Die disperse Phase (Öl) ist nicht größer als 20%. Man behandelt mit einem hydrophilen, synthet. Prod., einem quaternierten Polymeren, gek. durch die Bindung niederer Alkylreste u. Anionen an die N-Atome des Polymeren einer vinylsubstituierten heterocycl. Verb. aus der Klasse der Vinylpyridine u. alkylierten Vinylpyridine. Zusätzlich zu dem polymeren quaternären Ammoniumsalz enthält der Demulgator ein mehrfachpolares Koll. hydrophilen Charakters u. ein wasserlösl. Metallsalz. Die akt. Bestandteile des Demulgators enthalten mindestens 10% der drei genannten Bestandteile. (**A. P. 2 915 476** vom 8/12. 1952, ausg. 1/12. 1959.) P. Unger. 8191

Visco Products Co., Houston, übert. von: Willard H. Kirkpatrick, Sugar Land, und Alice Walker, Houston, Tex., V.St.A., **Chemische Produkte.** Ricinusöl (I) wird zunächst mit einer 2basigen organ. Säure (II) oder deren Anhydrid, z. B. mit Diglykol-, Phthal-, Malein- oder Bernsteinsäure, u. darauf mit einer Polyoxyalkylen-Verb. (III) vom Typ der Glykole oder der Monoäther von Glykolen, in der sich Oxyäthylen- u. Oxypropylengruppen im Gew.-Verhältnis von 1:4 bis 4:1 vorfinden u. die durchschnittlich ein Molgew. von 1700—7500 besitzt, bei 150—300° kondensiert, bes. unter Zusatz eines KW-Stoffes oder Gemischen davon, z. B. von beim Edeleanu-Prozeß erhaltenem SO_2-Extrakt, wodurch das bei der Kondens. sich bildende W. laufend entfernt wird. Dabei beträgt das Mol-Verhältnis von II zu I u. das von III zu I zweckmäßig wenigstens 1:3. Man erhält hochmol., gleichzeitig hydrophile u. hydrophobe Prodd., die sich gut zum *Brechen von W.-in-Öl-Emulsionen* (**IV**) eignen, z. B. 1 Teil auf 2000—50000 **IV.** (**A. P. 2 925 429** vom 30/9. 1950, ausg. 16/2. 1960.) K. Sarre. 8191

Shell Internationale Research Mij. N. V., Den Haag, Holland (Erfinder: George Edward Siedholm, Harry Dean Evans, Berkeley, Eldred Emsley

Young, Concord, Calif., und Michael Nicholas Papadopoulos, Walnut Creek, Calif., V.St.A.), **Herstellung von einer aromatischen und einer paraffinischen Kohlenwasserstoff-Fraktion durch Extraktion,** dad. gek., daß ein reformiertes Schwerbenzin in eine Extraktionszone geleitet wird, z. B. eine Direktdestillat-Leuchtölfraktion mit einem Geh. an gesätt. u. aromat. Verbb. u. ein selektives Lsgm. für aromat. Verbb. enthaltendes Gegen-Lsgm. im Gegenstrom durch diese Zone geleitet wird u. aus dieser Zone ein Raffinat u. ein Extrakt abgezogen werden. — Zeichnungen. (**D. A. S. 1 109 300** Kl. 23b vom 26/9. 1960, ausg. 22/6. 1961. A. Prior. 28/9. 1959.) E. KAHLES. 8195

Esso Research and Engineering Co., Elizabeth, N.J., V.St.A., **Herstellung eines farblosen Mineralöls** durch Vorbehandlung mit Oleum, Neutralisation u. Entfernung der Sulfosäuren. Das so erhaltene Öl wird ein- oder mehrmals durch Mischen mit einer relativ kleinen Menge W. u. Behandlung des Öl-in-W.-Gemisches mit so viel SO_3, daß es mit der angewendeten Wassermenge eine Säure mit 60—80 Gew.-% freien SO_3 bildet, weiterbehandelt u. darauf in üblicher Weise neutralisiert, von der entstandenen Seife befreit u. filtriert. — Zeichnung. (**D. A. S. 1 104 646** Kl. 23b vom 13/12. 1956, ausg. 13/4. 1961.) P. UNGER. 8195

Socony Mobil Oil Co., Inc., New York, übert. von: Vernon O. Bowles, Rye, N.Y., V.St.A., **Vorbehandlung von Kohlenwasserstoffen, die Stickstoffverbindungen enthalten.** Eine KW-Stofffraktion, die mindestens 30 ppm N_2 in Form organ. N-Verbb. enthält, wird mit H_2 in Ggw. eines N- u. S-festen Katalysators in einer 1. Rk.-Zone behandelt. Die hydrierenden Bedingungen sind dort strenger, als bei der hydrierenden Entschwefelung. Man erhält einen 1. Abfluß mit einem wesentlich verringertem Geh. an organ. N-Verbindungen. Man mischt diesen 1. Abfluß mit einer 2. KW-Stofffraktion mit einem niedrigeren Geh. an organ. N-Verbb., der auch Verunreinigungen in Form von S-Verbb. enthält. Diese 2. Fraktion bildet den größeren Teil der Mischung. Man behandelt letztere mit H_2 in Ggw. eines N- u. S-festen Katalysators in einer 2. Rk.-Zone unter Entschwefelungsbedingungen u. erhält einen 2. Abfluß, bestehend aus C_1-KW-Stoffen u. H-Verbb. von S u. N, die bei der Behandlung entstanden sind. Man teilt den 2. Abfluß in mehrere Fraktionen, eine davon ist eine C_5-KW-Stofffraktion mit red. N-Gehalt. Man wandelt diese C_5-KW-Stofffraktion in Ggw. eines N-empfindlichen festen Katalysators um. — Zeichnung. (**A. P. 2 937 134** vom 28/10. 1957, ausg. 17/5. 1960.) P. UNGER. 8195

Chyn Duog Shiah, Manhasset, N.Y., V.St.A., **Behandlung von Kohlenwasserstoffölen,** die schädliche Verunreinigungen enthalten, durch inniges Vermischen unter normalem Druck mit BCl_3 (I) in einer Menge von mindestens 0,01 Gew.-%. Dann läßt man das Gemisch sich trennen in eine I-Phase, die den größeren Teil des **I** u. die abgeschiedenen Verunreinigungen enthält, u. eine gereinigte Phase, die man voneinander trennt. (**A. P. 2 941 940** vom 10/3. 1958, ausg. 21/6. 1960.) P. UNGER. 8195

N.V. de Bataafsche Petroleum Mij., Den Haag (Erfinder: Adolf Christiaan van Beest und Jacobus Wilhelmus le Nobel, Amsterdam), Holland, **Raffination von naphthensäurehaltigen Kohlenwasserstoffölen mit einem Siedebereich höher als Benzin** mit einer wss. Alkalihydroxyd-Lsg., die nicht nur freies Alkalihydroxyd, sondern auch Rk.-Prodd. aus Alkalihydroxyd u. schwachen organ. Säuren enthält. Das KW-Stofföl wird anschließend mit H_2SO_4 oder einer H_2SO_4-haltigen Phase u. dann mit einer wss. bas. Lsg. (pH nicht $>8,5$) behandelt. — Zeichnung. (**D. A. S. 1 097 066** Kl. 23b vom 12/8. 1957, ausg. 12/1. 1961. Holl. Prior. 14/8. 1956.) P. UNGER. 8195

Hydrocarbon Research, Inc., New York, N.Y. (Erfinder: Michael Christopher Chervenak, Trenton, Percival Cleveland Keith, Peapack, und Helmut Rudolf Pichler, Trenton, N.J.), V.St.A., **Entfernung von Gumbildnern und S-Verbindungen aus Kohlenwasserstoff-Fraktionen** durch raffinierende Druckhydrierung in der Dampfphase. Man hydriert die Ausgangsfraktion, die $>20—30$ Vol.-% Olefine enthält, mit einem Eisenoxyd–Chromoxyd-Katalysator bei 350—540° unter einem H_2-Partialdruck von 3,5—18 kg/cm², wobei ein Nettoverbrauch an H_2 erfolgt u. die anwesenden Olefine zum größten Teil erhalten bleiben. (**D. A. S. 1 106 016** Kl. 23b vom 25/8. 1955, ausg. 4/5. 1961. A. Prior. 26/8. 1954.) P. UNGER. 8195

Hydrocarbon Research, Inc., New York, N.Y., V.St.A., **Entfernung von Gumbildnern aus hocholefinischen Kohlenwasserstoffen in der Dampfphase** mit einem Geh. von mindestens 20% (Vol.) an Olefinen durch Behandlung mit H_2 in Ggw. eines Fe–Cr-Oxydkatalysators in einer Rk.-Zone bei 675—750 °F. Man läßt bei der Rk. einen H_2-Nettoverbrauch zu, vermeidet aber die Hydrierung eines größeren Teiles der Olefine u. eine Verminderung der Octanzahl der KW-Stofffraktion. Der H_2-Partialdruck in der Rk.-Zone beträgt 50—250 lbs./sq. in. Als Abfluß gewinnt man eine hocholefin.

KW-Stofffraktion mit vermindertem Geh. an Gumbildnern, die den größeren Teil der Olefine enthält. (**E. P. 819 351** vom 25/8. 1955, ausg. 2/9. 1959. A. Prior. 26/8. 1954.) P. UNGER. 8195

Esso Research and Engineering Co., Elizabeth, N.J., V.St.A. (Erfinder: J. M. L. Rombaut, Berchem, Antwerpen, und P. De Rycke, Borgerhout, Antwerpen, Belgien), **Entschwefeln mercaptanhaltiger Erdöldestillate** durch Behandeln mit festem Alkalihydroxyd. Man stellt den Wasser-Geh. des Destillats (I) u./oder seinen Geh. an C_1—C_4-Alkoholen auf 0,01—5 Gew.-% ein, läßt I durch eine Ruheschüttung von festem NaOH oder KOH hindurchlaufen u. isoliert das entschwefelte I. — Zeichnung. (**D. A. S. 1 098 128** Kl. 23b vom 13/3. 1959, ausg. 26/1. 1961. A. Prior. 26/3. 1958.) P. UNGER. 8195

Esso Research and Engineering Co., Elizabeth, N.J., übert. von: John E. Lawson jun., Baytown, Tex., V.St.A., **Extraktion von rohen Erdölrückständen.** Die Rückstandsfraktion wird destilliert u. ein prakt. asphaltfreies Öl erhalten. Hierzu wird das Rückstandsöl mit fl. Propan gemischt. In die Zone wird von oben das Rückstandsöl eingeführt, während von unten das Lsgm. in die Extraktionszone eintritt. Die Zone wird auf 100—250° F u. auf einem Druck gehalten, der ausreicht, das Ganze fl. zu halten. Das Lsgm. u. das Rückstandsöl fließen im Gegenstrom zueinander. Hierbei bilden sich eine leichte Phase aus Lsgm. u. Öl u. eine schwere Phase, die hauptsächlich die Asphaltene enthält. Die leichte Phase hat eine Dichte von 0,4—0,6 u. die schwere Phase eine solche von 0,4—0,7 bis 0,9. Das asphaltfreie Öl wird oben abgezogen. — Zeichnung. (**A. P. 2 950 244** vom 22/9. 1958, ausg. 23/8. 1960.) E. KAHLES. 8195

Badische Anilin- & Soda-Fabrik Akt.-Ges., Ludwigshafen/Rh., **Druckhydrierung von Rohölen, Teeren oder ihren Rückständen** bei 350—550° C. Man erhitzt das Ausgangsmaterial vor der Druckhydrierung in einer Vorstufe in Ggw. großoberflächiger Substanzen, die 40—80% des freien Raumes einnehmen, auf über 250°, u. läßt in dieser Stufe eine Temp.-Steigerung von mindestens 30°, vorteilhaft 50° oder mehr, zu. (**E. P. 828 679** vom 18/3. 1958, ausg. 24/2. 1960. D. Prior. 12/3. 1957.) P. UNGER. 8199

Shell Internationale Research Mij. N.V., Den Haag, Holland (Erfinder: Fritz van Elten, Rho, Italien), **Herstellung klopffester Benzine durch Alkylieren.** Die Alkylierung wird mit H_2SO_4 als Katalysator u. mit Diisopropyläther als Promotor durchgeführt. (**Holl. P. 96 760** vom 24/10. 1958, ausg. 16/1. 1961.) E. KAHLES. 8201

Esso Research and Engineering Co., übert. von: Albert B. Welty jun., Westfield, N.J., V.St.A., **Hydroformieren von Schwerbenzin.** Beim Verf. wird der verbrauchte Katalysator abgezogen u. regeneriert. Der regenerierte Katalysator wird vom Regenerator zum untersten Teil des Katalysatorbettes des Reaktors geführt; gleichzeitig wird in das Katalysatorbett ein H_2-Gas unterhalb der Eintrittsstelle des Schwerbenzins in das Katalysatorbett mit einer Geschw. von 25—50 ft./s eingeleitet. — Vorr., Zeichnungen. (**A. P. 2 959 537** vom 1/10. 1957, ausg. 8/11. 1960.) E. KAHLES. 8201

Esso Research and Engineering Co., übert. von: Frederick W. Steffgen, Brea, Calif., und Charles Newton Kimberlin jun. und Fred J. Buchmann, Baton Rouge, La., V.St.A., **Hydroformieren von Schwerbenzin.** Die Schwerbenzindämpfe werden zusammen mit 50—6000 cu. ft. H_2-reichem Gas je barrel Schwerbenzin mit einem Pt-Al_2O_3-Katalysator bei 800—950° F u. 0—400 lbs./sq. in. in Kontakt gebracht. Der period. reaktivierte Katalysator soll eine Kristallgröße des Pt von <150 Å haben. Der entaktivierte Katalysator wird bei 900—1200° F mit einem O_2-haltigen Gas behandelt, dann mit einem trockenen Gas, zur Entfernung des W., abgestreift. Hierauf wird trockenes, Cl_2-haltiges Gas mit einem Cl_2-Partialdruck von 0,001—2 at über den Katalysator geleitet u. dann teilweise abgestreift, um den Cl-Geh. auf 0,2—1,25 Gew.-% einzustellen. Die Schwerbenzindämpfe u. H_2-reiches Gas wird nunmehr wieder mit dem reaktivierten Katalysator in Kontakt gebracht. — Zeichnung. (**A. P. 2 965 563** vom 23/3. 1959, ausg. 20/12. 1960.) E. KAHLES. 8201

Esso Research and Engineering Co., Elizabeth, N.J., V.St.A., **Isomerisieren von Paraffin-Kohlenwasserstoffen** in Ggw. von FRIEDEL-CRAFTS-Katalysatoren. Ein gesätt. KW-Stoff oder ein Gemisch von KW-Stoffen, welches >45 Gew.-% gesätt. KW-Stoffe enthält, wird mit 2—200 Gew.-% Katalysator, bezogen auf die KW-Stoffe, gemischt u. bei 40—300° F mit radioakt. Strahlen behandelt, bis $1 \cdot 10^{-6}$ kWh je Pfund gesätt. KW-Stoff an radiochem. Energie absorbiert sind. — Zeichnung. (**E. P. 854 602** vom 8/4. 1958, ausg. 23/11. 1960. A. Prior. 29/4. 1957.) E. KAHLES. 8201

Tidewater Oil Co., Del., übert. von: Louis D. Rampino und Milton J. Gorham, Concord, Calif., V.St.A., **Milde Hydrierung katalytischer Reformate** zwecks Erhöhung ihrer Lagerstabilität u. Verminderung ihrer Gumbildungsneigung. Ein olefinfreies, streng reformiertes Benzinreformat (Pt-Katalysator, H_2, Temp. >900° F), das unter Bldg. von zusätzlichem H_2 u. unter Bedingungen erhalten wurde, die ausreichten, um die BrZ. des Reformates bei <4,5 zu halten, wurde in Abwesenheit zugesetzter Olefine u. in Ggw. eines Hydrierungskatalysators bei 450—600° F milde hydriert. Die Raum-Geschw. des fl. Materials war ca. 30, der Druck der gleiche wie bei der Reformierung. Diese Hydrierung reicht nicht aus, um eine sichtbare Verminderung der Research-OZ. des Reformates zu bewirken. — Zeichnung. (**A. P. 2 946 742** vom 2/1. 1958, ausg. 26/7. 1960.) P. UNGER. 8201

N. V. de Bataafsche Petroleum Mij., Den Haag, Holland (Erfinder: John H. Raley, Richard D. Mullineaux und Seaver A. Ballard, Calif., V.St.A.), **Umwandlung von Kohlenwasserstoffen** mit wenigstens 3 C-Atomen im Mol. u. nichtaromat. C–H-Bindungen zu einem davon verschiedenen KW-Stoff mit neuen C–C-Bindungen u. einem höheren C–H-Verhältnis. Man erhitzt Mischungen aus dem Ausgangs-KW-Stoff, einem H-Atome aufnehmenden Olefin u. akt. Jod oder einer J-Verb. auf hohe Temp., spaltet die C–H-Bindungen in dem Ausgangs-KW-Stoff u. verwandelt das Olefin in das entsprechende Paraffin. — So kann man n-Butan, mit etwas He verd., mit Äthylen u. J 2,2 Sek. auf 550° bei 950 mm erhitzen, wobei vorwiegend C_4H_8 u. C_2H_6 entstehen. (**Jap. A. S. 5978/1959** vom 3/10. 1956, ausg. 7/7. 1959. A. Prior. 22/12. 1955.) M. PANKOW. 8201

Texaco, Inc., übert. von: Du Bois Eastman, Whittier, und Warren G. Schlinger, Pasadena, Calif., V.St.A., **Herstellung von Motortreibstoffen aus Rohöl.** Dieses wird in eine Fraktion vom Kp. <200° F, eine Zwischenfraktion vom Kp. 200—400 u. eine schwere Fraktion vom Kp. >400° F zerlegt. Ein Teil der schweren Fraktion wird unter starker Turbulenz in Ggw. von H_2 bei 850—1600° F u. 1000 lbs./sq.in. in einer Hydrierzone hydriert. Von den Rk.-Prodd. wird eine fl. Fraktion vom Kp. <400° F abgetrennt. Diese Fraktion wird mit der Zwischenfraktion vom Kp. 200—400° zu einem Schwerbenzin gemischt. Ein Teil des Rk.-Prod. wird unter teilweiser Verbrennung in H_2-haltiges Gas umgewandelt. Ein Teil dieses Gases wird mit dem Gemischschwerbenzin über einen Reformierungskatalysator bei 800—1000° F u. 50—750 lbs./sq.in. geleitet. Das dabei gebildete Reformat wird mit der Fraktion vom Kp. < 200° F zu hochoctanigem Leichtbenzin gemischt. — Zeichnung. (**A. P. 2 949 420** vom 17/11. 1958, ausg. 16/8. 1960.) E. KAHLES. 8205

Esso Research and Engineering Co., Elizabeth, N.J., V.St.A. (Erfinder: Benjamin Thomas Fowler), **Verbesserter Treibstoff** für Flugzeug-Gasturbinen. Man „süßt" eine KW-Stofffraktion (Kp. 100—600° F) durch Extrahieren mit Alkali-Lsg., so daß die Fraktion weniger als 0,4 Gew.-% S enthält u. gibt anschließend 0,1—0,3% Naphthensäuren zu der Fraktion hinzu. (**E. P. 846 512** vom 13/1. 1958, ausg. 31/8. 1960.) P. UNGER. 8205

Esso Research and Engineering Co., übert. von: Chester L. Read, Westfield, und William O. Heilman, Short Hills, N.J., V.St.A., **Herstellung von Erdölheizöl aus Rohöl.** Das Rohöl wird dest. u. eine hochsd. Rückstandsfraktion erhalten. Diese wird in 2 Teile zerlegt. Der 1. Teil wird bei 2—100 lbs./sq.in. u. 900—1050° F verkokt. Von den Verkokungs-Prodd. wird die schwere Aromatenfraktion abgetrennt. Diese schwere Aromatenfraktion wird in einer Entasphaltierungszone als Waschöl verwendet, in die der 2. Teil der Rückstandsfraktion eingebracht wird. Gleichzeitig wird ein Entasphaltierungs-Lsgm., wie fl. Propan, eingeleitet. Das entasphaltierende Öl wird gecrackt u. aus den Crack-Prodd. das gewünschte *Heizöl* isoliert. — Zeichnung. (**A. P. 2 947 681** vom 23/1. 1956, ausg. 2/8. 1960.) E. KAHLES. 8217

„Shell" Research Ltd., London (Erfinder: Kenneth Alan Lloyd, Long Green, Little Barrow, Chester, und Vernon Warner David, Chester), England, **Kühl- und Schmiermittel für das Walzen von Metallen,** bestehend aus bei normaler Temp. homogenen Gemischen aus einem überwiegenden Anteil W. u. einer untergeordneten Menge einer Polyoxyalkylen-Fl. mit einem negativen Löslichkeitskoeffizienten in W., die sich mindestens bei den Walz-Temp. selbsttätig zu einer Öl-in-Wasser-Emulsion umwandeln. Weiterer Zusatz an oberflächenakt. Alkali- oder Erdalkalisalzen, z. B. von Erdölsulfon- oder Naphthasulfonsäuren, Antikorrosionsmitteln. — Beispiel: 4 (%) Monobutyläther eines Polyoxyalkylenglykols mit Oxyäthylen- u. Oxypropylenresten in der Kette (Viskosität 660 S.U.S/37,8°), 0,1 Na-Naphthasulfonat, 0,06 $NaNO_2$, 0,12 Na_2H·PO_4, 0,25 Triäthanolamin, Rest Wasser. (**D. A. S. 1 104 104** Kl. 23c vom 5/9. 1957, ausg. 6/4. 1961. **Belg. P. 560 554** vom 5/9. 1957, ausg. 22/4. 1960. Beide E. Prior. 7/9. 1956 u. 24/6. 1957.) E. DREWS. 8221

Esso Research and Engineering Co., Elizabeth (Erfinder: John Angus Brown, Metuchen, und Monroe Wallwork Munsell, Plainfield), N.J.,V.St.A., **Phosphorgeschwefelte Kohlenwasserstoffe** werden erhalten, indem man einen KW-Stoff mit einem Molgew. von 500—100000 mit 5—40 Gew.-% eines Phosphorsulfids in Ggw. von 0,001—0,9 Gew.-%, bezogen auf die Gesamtmenge der Rk.-Teilnehmer, Glycerin oder eines aliphat. Alkohols oder eines ggf. alkylierten Phenols (4—32 C) auf Temp. von 177—315° erhitzt. Bei dieser Arbeitsweise wird die vollständige Phosphorschwefelung in kürzerer Rk.-Zeit erreicht. — 2000 cm^3 Polyisobutylen wurden mit 15% P_2S_5 unter N_2 auf 218° unter Zusatz verschiedener Katalysatoren erhitzt, wobei im Laboratoriumsmaßstab folgende Rk.-Zeiten in Std. festgestellt wurden: Ohne Zusatz → 8; bis 0,04% C_{10}—C_{18}-Alkoholgemisch (durch Hydrierung von Cocosnußöl, C_{10}-Alkohol 2,5%, C_{12} 55,5%, C_{14} 21,0%, C_{16} 10,2% u. C_{18} 10,8%) → 3; bis 0,01% C_{10}—C_{18} Alkoholgemisch → 1½; bis 0,002% C_{10}—C_{18}-Alkoholgemisch → 1½; bis 0,01% n-Butylalkohol → 6; bis 0,025% Glycerin → 6; bis 0,02 Phenol → 4; bis 0,07% C_{32}-Alkohol → 6,5. — Im Technikumsmaßstab: Ohne Zusatz → 14; bis 0,1% C_{10}—C_{18}-Alkoholgemisch → 8. — *Schmiermittelzusatzstoffe.* (**D. A. S. 1 107 660** Kl. 12o vom 16/4. 1958, ausg. 31/5. 1961. A. Prior. 25/4. 1957.) H. BRÄUCKER. 8223

Harald Schering, Hannover, **Feuchtigkeitskontrolle von Kohlepulvern (I)** mittels eines Meßkondensators aus einem keram. Rohr (II), durch welches I hindurchgetrieben wird, gek. durch die Verw. eines **II** aus an sich bekannter keram. Sondermasse von hoher DK, z. B. 80. (**D. B. P. 927 355** Kl. 42 l vom 2/3. 1952, ausg. 5/5. 1955. Anmeldung bekanntgemacht 14/10. 1954.) W. v. HUHN. 8243

Anglo-Iranian Oil Co. Ltd., London, England, *Katalysator zum Hydroformieren von Petroleum-Kohlenwasserstoffen.* (Aust. P. 161 509 vom 19/2. 1952, ausg. 17/3. 1955. E. Prior. 23/2. 1951. — C. 1956. 902 [E. P. 706 493].)

Shell Refining & Marketing Co. Ltd., London, England, *Additive für Brennstoffe für Verbrennungsmotoren.* (It. P. 514 003 vom 19/2. 1953. E. Prior. 21/2. 1952. — C. 1955. 10898 [E. P. 722 538].)

XX. Schieß- und Sprengstoffe. Zündmittel

Imperial Chemical Industries Ltd. (Erfinder: Kenneth John Brimley und Leslie Ernest Medlock), **Zündschnur.** In einer abgebildeten Vorr. wird *Polyäthylen* bei 180° zu einem Schlauch gezogen, in den gleichzeitig als Seele *Pentaerythrittetranitrat* (I) so eingeführt wird, daß die Temp. von I 25° nicht übersteigt. Die Abkühlung wird durch ein Wasserbad bewirkt. Vor dem Abkühlen kann noch ein *Verstrecken* der gebildeten Zündschnur erfolgen. (**Aust. P. 221 849** vom 3/9. 1957, ausg. 25/6. 1959. E. Prior. 7/9. 1956.) H. MÖLLERING. 8309

Imperial Chemical Industries Ltd., London (Erfinder: David Hardie, Saltcoats, und James Anderson Scott, Glasgow), England, **Elektrisches Zünden** zum Zünden von Feststofftreibsätzen, dad. gek., daß die Zündladung aus einer pulverförmigen, schnell abbrennenden, um den elektr. Zündkopf angeordneten, u. einer vorgelagerten Ladung aus schnellabbrennenden Preßkörpern besteht. Beide Ladungen bestehen vorzugsweise aus Schwarzpulver. (**D. A. S. 1 107 572** Kl. 78 e vom 3/1. 1958, ausg. 25/5. 1961. E. Prior. 7/3. 1957.) A. GRADL. 8309

Olin Mathieson Chemical Corp., New York, N.Y., V.St.A., **Herstellung von Kunststoff-Verschlußstopfen** für *elektr. Zünder*, dad. gek., daß eine polymerisierbare, die Zünderdrähte benetzende Fl. in eine Gußform um die Leitungsdrähte herum, die vorzugsweise mit dichtem Gleitsitz durch deren Boden hindurchgeführt sind, eingefüllt u. ausgehärtet wird. — Zeichnung. (**E. P. 860 597** vom 24/7. 1959, ausg. 8/2. 1961. A. Prior. 24/9. 1958.) A. GRADL. 8309

Soc. de Prospection Électrique Procédés Schlumberger (Erfinder: **Jacques Delacour**), *Hohlladung.* (Aust. P. 218 014 vom 20/9. 1956, ausg. 13/11. 1958. F. Prior. 9/11. 1955, 4/1. u. 23/2. 1956. — C. 1960. 11169 [Belg. P. 551 007].)

Soc. Nobel Française (Erfinder: **Jean Marie Louis Charles Fouquet**), Paris, Frankreich, *Elektrischer Zünder.* (D. A. S. 1 084 183 Kl. 78e vom 13/6. 1957, ausg. 23/6. 1960. Belg. P. 558 176 vom 6/6. 1957, ausg. 25/3. 1960. Beide F. Prior. 16/6. 1956. — C. 1960. 15279 [F. P. 1 152 383].)

XXI. Leder. Gerbstoffe

Beiträge zum Problem der Gerbung mit maskierten Chrombrühen. Gh. Havaş, I. Ney und A. Minculescu. (Ind. uşoară **5.** 89—94. März 1958.) (Rum.)

In Tabellen werden die physikal.-mechan. Eigg. von Ledern mitgeteilt, bei deren Herst. Cr-Brühen verwendet werden, die mit SO_2 red., dann mit Na-Lactat, Na-Formiat oder NH_4-Oxalat „maskiert" wurden. Durch die Maskierung der Gerbbrühen wird eine Verminderung der Basizität u. eine Zunahme des freien u. Abnahme des komplex gebundenen SO_4^{2-} erreicht. R. K. MÜLLER. 8336□

Ein neues Herstellungsverfahren für Bodenleder. Milan Kremr und Václav Hrabovský. (Kožařství **10.** 296—97. Okt. 1960. Gottwaldov, výzk. úst. kož.; Otrokovice, kož. výzk.) (Tschech.)

Vff. beschreiben ein neues Herst.-Verf. für Bodenleder. Es handelt sich um die Herst. von biegsamen Ledern ohne Anwendung von Naturgerbmitteln, da diese durch ein Gemisch von Sulfitcellulose mit Mono- oder Dimethylharnstoff ersetzt werden. Das Verf. ist einfach u. die Ausnutzung des Gemisches ist quantitativ. Das Gemisch bleibt ca. 20 Std. fl. (Dichte ca. 30° Bé) u. es kondensiert nur nach dieser Zeit zu einer festen, porösen u. unlösl. Masse. Diese Masse füllt den Faserzwischenraum des Leders aus, aber sie verbindet sich nicht mit den Fasern. Trotzdem erhält das Leder den Charakter eines lohgegerbten Leders. C. KOZÁK. 8336□

Chromatographie aromatischer Nitroverbindungen an Polyamid. Wolfgang Graßmann, Helmut Hörmann und Hans von Portatius. (Hoppe-Seyler's Z. physiol. Chem. **321.** 120—32. 2/12. 1960. München, Max-Planck-Inst. für Eiweiß- u. Lederforsch.) (Dt.)

Die säulenchromatograph. Trennung von 2.4-Dinitrophenylaminosäuren u. anderen aromat. Nitro-Verbb. an Polyamid (Polycaprolactam, Ultramid BM 228 der Fa. B.A.S.F. Ludwigshafen) wird beschrieben. Es besteht eine Wechselbeziehung zwischen den Nitrogruppen der Aromaten u. den Aminogruppen des Polyamid; wird letzteres nämlich acetyliert, so nimmt die Affinität zu den Nitro-Verbb. erheblich ab. Die Affinität phenol. Substanzen zu dem Polyamid wird dagegen durch die Acetylierung des letzteren nicht beeinflußt. Die Chromatographie an Polyamid hat sich zur Trennung u. Isolierung phenol. Natur-Prodd. wie Gerbstoffe bewährt. H.-J. STRUCK. 8336□

Neue Lederart durch Rekonstitution des Kollagens in den USA. Arnošt Leška. (Kožařství **10.** 292—95. Okt. 1960. Gottwaldov, výzk. úst. kož.) (Tschech.)

Auf der Grundlage langjähriger Forschung auf dem Gebiet der Konstit. von *Kollagen* (I) haben A. WEIS u. J. COHEH eine Meth. der Rekonstitution von zerfasertem u. aufgelöstem I zu einem neuen, von Leder nicht unterscheidbaren Material erfunden. Zum Zerfasern kann fast jede Fellsorte (ganze Stücke oder 5—25 mm große Abschnitzel) verwendet werden. Das Fell oder Leder wird zuerst chem. verarbeitet, das zerstörte Material wird dann in geeigneter Mühle mit W. vermengt u. zerfasert. Durch Vorgerben wird die Möglichkeit des Zusammenklebens ausgeschlossen. Aus der erhaltenen Fasermasse werden kleine Stücke abgerissen u. zu der I-Lsg. zugemischt. Die pastöse I-Lsg. wird hauptsächlich aus Kalbfell durch Waschen, Zerhacken, chem. Behandeln u. Mahlen vorbereitet. Nach Vermischen der Fasermasse mit der I-Lsg. wird durch weiteren Arbeitsprozeß ein dem Leder sehr ähnliches u. gleichwertiges Material erhalten. — 8 Literaturangaben. C. KOZÁK. 8340□

Beitrag zur Untersuchung der Trocknung von Rind-Box-Leder auf Spiegelglas. H. Schmid. (Rev. techn. Ind. Cuir **52.** 244—47. Nov. 1960. Leverkusen, Bayer AG., Leder-Abt.) (Franz.)

Ein Glanzleder mit voller, griffiger, ergiebiger Oberfläche wird beim Pasting-Trocknen von Box-Kalbleder erhalten, das unter Verw. bestimmter BAYER-Hilfs-Prodd. in den einzelnen Herst.-Phasen u. einer Nachgerbung mit einer Tanigan-Sorte oder Retingan R_6 hergestellt wurde. Der Trockenprozeß wird verfolgt an der Beschaffenheit der Lederoberfläche als Funktion des Wasser-Geh. des Leders beim Ablösen von der Platte; bei bestimmter Temp. u. Feuchtigkeit der Luft befindet sich dieses im hygroskop. Gleichgewicht. Die optimalen Trocknungsbedingungen sind: 7—8 Std. bei 40° u. beim Ablösen 18% W. im Leder bei 35—40% relativer Luftfeuchtigkeit. A. BEUTHER. 8340□

Über Fett und Fettausschläge. Otto Grimm. (Rev. techn. Ind. Cuir **47.** 9—14. Jan. 1955. Darmstadt, Röhm & Haas Co.) (Franz.)

Vf. untersucht die Eigg. der teilweise kristallinen Fettausschläge u. ihre Entstehung aus dem bes. in den oberen Schichten des Leders vorkommenden, natürlichen Fett unter dem Einfl. der mechan., chem., enzymat. u. Temp.-Einw. bei der Lederherstellung. Zur Vermeidung dieser Ausschläge ist weitgehendste Entfernung des natürlichen Fettes geraten. A. BEUTHER. 8340□

Fetten von Schwefelledern mit schwefelchlorierten Fetten verschiedenen Grades. Remigiusz Dzieża. (Przegląd Skórzany **14.** 168—71. Juli. 189—95. Aug. 1959. Inst. Przem. Skórzanego.) (Pol.)

Um die Bldg. von Fettflecken auf den mit Factis behandelten Schwefelledern zu vermeiden, wird teilweise schwefelchlorierter Tran zum Fetten verwendet. Das so gefettete Leder zeichnet sich außerdem durch hohe Zugfestigkeit u. geringe Wasseraufnahme aus. Die Schwefelchlorierung von Tran wird durch Verrühren von S_2Cl_2 u. Rindertalg, gelöst in PAe., Bzl. oder Toluol, mit Tran durchgeführt. Die Rk. ist exotherm u. verläuft um so heftiger, je mehr S_2Cl_2 verwendet wird. Das Fetten mit schwefelchloriertem Tran erfolgt in Trommeln unter Durchleiten von Warmluft. Die gefetteten Leder müssen mit Ammoniak oder $CaCO_3$ neutralisiert werden. F. URBAN. 8340□

Die Bestimmung des Hydrationswassers beim Quellen der Haut in der Gerberei. R. Lasserre. (Bull. Assoc. franç. Chimistes Ind. Cuir Doc. sci. techn. Ind. Cuir **22.** 195—203. Nov. 1960. Beilage zu: Rev. techn. Ind. Cuir. Lyon, Inst. de Rech. pour Ind. du Cuir.) (Franz.)

Bei der Best. des Hydrationswassers von gequollener Haut oder Leder fallen die Werte zu niedrig aus, wenn das Kapillarwasser vorher durch Pressen zwischen Platten entfernt wird, wobei hydratisierte Hautfasern verletzt werden. Ersetzt man die Preß-Meth. durch eine Kompressions-Meth. (die App. wird beschrieben), erhält man bei bestimmten Druck- u. Zeitbedingungen die gleichen Resultate wie mit der Zentrifugier-Methode. A. BEUTHER. 8362□

Die Analyse technischer Gemische zweiwertiger Phenole. 1. Mitt. Ferdinand Langmaier. (Kožařství **10.** 300—304. Okt. 1960. Gottwaldov, výzk. úst. kož.; Otrokovice, kož. výzk.) (Tschech.)

Übersicht über die analyt. Best. techn. Gemische 2wertiger Phenole, die als Rohstoffe für die Herst. von Gerbstoffen in Betracht kommen: Brenzcatechin u. Alkyl-Derivv., Resorcin u. Alkyl-Derivv., Hydrochinon, Phloroglucin u. Pyrogallol. Als beste Meth. zur Trennung der einzelnen Phenole wird die Papierchromatographie angegeben, jedoch ist die quant. Best. mittels dieser Meth. durch die leichte Oxydierbarkeit der angeführten Stoffe erschwert, was eine gewisse Ungenauigkeit der Best., die durch die bekannte Schwierigkeit der quant. Papierchromatographie noch gesteigert wird, zur Folge hat. Die Säulenchromatographie beseitigt die durch Oxydation verursachten Schwierigkeiten, aber die Trennung der Komponenten ist hier schlechter. Von den physikal. Meth. haben nur die spektralen Meth. eine Bedeutung. Ihre Applisierbarkeit auf Gemische ist aber sehr begrenzt (Gemische von höchstens 6 Komponenten). — 90 Literaturangaben. C. KOZÁK. 8364□

Council of Scientific & Industrial Research, Neu-Delhi, Indien, **Herstellung von Gerbbrühe** durch Auslaugen gerbstoffhaltiger Pflanzen, bes. der Rinde trop. Pflanzen, wie Caesalpinia coriaria Willd., Wattle, Babul, Karada, Avaram u. Kannan u. Myrobalan-Nüssen, mit W. bei 30—90°. Man fügt zuvor dem W. je 1—3% Oxalsäure, $NaHSO_3$, Ameisensäure, $Al_2(SO_4)_3$ u./oder CH_2O zu, verrührt die wss. Lsg. mit der Rinde, läßt das Ganze mehrere Std. stehen u. erhält nach dem Dekantieren die klare, gebrauchsfertige Gerbbrühe. Auf diese Weise wird eine Gerbbrühe aus einheim., d. h. ind. Pflanzen gewonnen. (**Ind. P. 49 815** vom 29/6. 1953, ausg. 25/3. 1955.)
H. NEBELSIEK. 8337

United States of America, Secretary of Agriculture, übert. von: Edward M. Filachione und Edward H. Harris jun., Philadelphia, Pa., V.St.A., **Gerbverfahren.** Man erhält weiße, gegen Auslaugung resistente Leder, indem man tier. Blößen im pH-Bereich 7—12, eingestellt durch Zusatz von ca. 0,5% Na_2CO_3 oder CaO zur Gerb-Fl., mit Lsgg. bestimmter Epoxyharze behandelt. Diese bestehen bei einem Molgew. zwischen 340 u. 3000 aus Glycidylpolyäthern von Bisphenol, wie sie durch Kondens. von Epichlorhydrin mit 2.2-Bis-[4-hydroxyphenyl]-propan (= Bisphenol) hergestellt werden. Sie besitzen die Formel **I**, worin R ein zweiwertiger KW-Stoffrest der

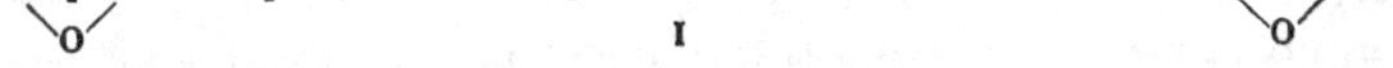

I

Formel 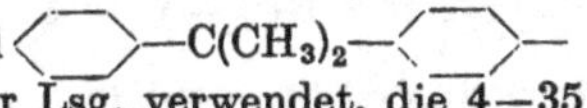 u. n eine Zahl von 0—10 sind. Die Harze werden in einer Lsg. verwendet, die 4—35% W. u. im übrigen ein inertes mit W. mischbares organ. Lsgm. enthält. Als solches dienen die Monoäther des Äthylenglykols, Propylenglykols, Diäthylenglykols u. Dipropylenglykols, bes. Äthylenglykolmonomethyläther oder Diäthylenglykolmonoäthyläther (**A. P. 2 869 970** vom 11/4. 1957, ausg. 20/1. 1959.)
E. LINDEMANN. 8337

United States of America, Secretary of Agriculture, übert. von: Percy A. Wells, Abington, Edward M. Filachione, Philadelphia, und Martin L. Fein, Elkins Park, Pa., V.St.A., **Gerbmittel für tierische Häute, Felle oder Leder,** bestehend aus Oxypolysacchariden, die durch Einw. von HJO_4 oder ihren Salzen auf z. B. Cellulose, Dextrine, Dextrane oder bes. Stärke hergestellt wurden. Hierbei werden mehr oder weniger Anhydroglucose-Einheiten unter Bldg. jeweils zweier Aldehydgruppen, jedoch ohne wesentliche Mol.-Verkleinerung gesprengt. Die zu verwendenden Prodd., wie „Dialdehydstärke", sollen zu mindestens 30% derart oxydiert sein. Sie werden in verd. wss.-alkal. Suspension (NaOH, Na_2CO_3 $NaHCO_3$, MgO) entweder durch einfaches, Erwärmen oder im Autoklaven (ca. 30 Min., ca. 120°) lösl. gemacht u. so bei pH 4,5—10 oder auch unmittelbar in der alkal. Gerbbrühe (pH 7—10) suspendiert zum Gerben verwendet. Sie kommen auch für Vor- oder Nachgerbungen in Kombination mit vegetabil., mineral. oder synthet. Gerbstoffen in Betracht. (**A. P. 2 886 401** vom 15/11. 1957, ausg. 12/5. 1959.) E. LINDEMANN. 8337

United States of America, Secretary of Agriculture, übert. von: Elmer A. Weaver, Spring Mount, und Theone C. Cordon, Philadelphia, Pa., V.St.A., **Reinigung von Canaigre-Gerbextrakten.** Die größtenteils aus Kohlenhydraten bestehenden Nichtgerbstoffe werden nach Zusatz einer Spezialhefe (NRRLY-2403) u. eines Invertase-Präp. abgebaut. Der gereinigte Gerbstoff wird nach Abtrennung der Hefezellen gewonnen. (**A. P. 2 885 325** vom 3/10. 1957, ausg. 5/5. 1959.) E. LINDEMANN. 8337

St. Lawrence Corp. Ltd., Montreal, Quebec, Canada, **Herstellung von Leder.** Bei dem Verf. nach E. P. 777 474 kann gemäß E. P. 798 779 das zweibas. Säureamid oder das wasserlösl. Kondens.-Prod. daraus ganz oder zum Teil durch Melamin oder seine wasserlösl. Aldehyd-Kondens.-Prod. ersetzt werden. Als Aldehyd verwendet man hierbei bes. CH_2O, einen CH_2O-abspaltenden Stoff oder Furfurol. — Gemäß E. P. 798 780 verwendet man als pH-Regulierungsmittel für die Gerb-Lsg. beim Arbeiten im Bereich pH $\geqq$ 7 zweckmäßig ein wasserlösl. Silicat, so daß sich beim abschließenden Ansäuern außerdem noch SiO_2 in der Haut abscheidet. — Beispiele. — Vgl. F. P. 68892; C. **1960.** 14242. (**E. PP. 798 779** vom 12/1. 1956 u. **798 780** vom 30/1. 1956, beide ausg. 30/7. 1958. A. Prior. 26/1. u. 31/1. 1955. **Zusatz zu E. P. 777 474; C. 1958. 607.**) E. LINDEMANN. 8337

Daniel Max Jacquin, Frankreich, **Behandlung von Leder und Häuten.** Zunächst findet eine Vorbehandlung mit 0,75—2,25 (Gew.-%) eines Gemisches von schwachen organ. Säuren (Butter-, Milch-, Aminosäuren, Handelsbezeichnung „Cebetol" u. „Butyrolactole"), mit einem Zusatz von 0,35—1,05 Gew.-% eines pankreat., bakteriellen oder enzymat. Mittels statt (1 Std. bei ca. 25°). Anschließend wird 8 Std. bei 40° mit einem Gemisch chromiert, welches 0,4—1,2 (%) H_3PO_3, 5—15 NaCl, 0,5—1,5 HCOOH, 5—15 $Cr_2(SO_4)_3$ (33° SCHÖRLEMMER), 55—165 g Na_2CO_3 pro kg $Cr_2(SO_4)_3$ u. 2,5—7,5 Na-Hyposulfit enthält. Das chromierte Leder wird mit synthet. Tannin (12 g im Liter) 1½ Std. bei 30° entfärbend gegerbt u. 1 Std. bei 30° in Ggw. von 0,5—1,5% Oxalsäure nachbehandelt. Durch weitere Behandlung (1 Std. bei 50—60°) mit einem sulfonierten Öl wird eine nachträgliche Gelbfärbung am Licht vermieden u. dann 1 Std. bei 50—60° in Ggw. von 0,75—2,25% TiO_2 gebleicht. Dann wird in 3 gekreuzten Schichten eine synthet. plast. Masse auf Nylonbasis mit Pigment aufgebracht u. mittels einer Spritzpistole ein wasserabstoßender Siliconölüberzug in 2 gekreuzten Schichten aufgetragen. — Das erhaltene Leder dient bes. zur Herst. von feuerfester, abwaschbarer u. undurchlässiger weißer *Schutzkleidung*, z. B. für die Polizei u. Feuerwehr. (**F. P. 1 217 888** vom 12/12. 1958, ausg. 6/5. 1960.) M. F. MÜLLER. 8341

Donald Burton, Ronald Reed und **Frances Olga Flint**, Leeds. England, *Enzymatische Behandlung tierischer Häute.* (**A. P. 2 871 162** vom 24/2. 1954, ausg. 27/1. 1959. E. Prior. 26/2. 1953. — **C. 1958.** 903 [F. P. 1 105 476].)

Soc. des Laboratoires Labaz (Erfinder: **Guy Henry Deltour** und **Jean-Marie Julien Nicolas Hubert Ghuysen**), *Enthaaren von tierischen Häuten.* (**Aust. P. 204 966** vom 6/5. 1955, ausg. 24/1. 1957. Belg. Prior. 11/5. 1954. — **C. 1958.** 10249 [F. P. 1 128 945].)

Donald Burton, Ronald Reed und **Frances Olga Flint**, Leeds. England, *Behandlung von Häuten mit Enzymen.* (**Aust. P. 187 369** vom 24/2. 1954, ausg. 19/4. 1956. E. Prior. 26/2. 1953. — **C. 1958.** 903 [F. P. 1 105 476].)

Böhme Fettchemie G. m. b. H., Düsseldorf *Verhinderung der schädlichen Bakterienentwicklung in Einweichbädern für Häute.* (**Aust. P. 162 836** vom 30/10. 1952, ausg. 26/5. 1955. D. Prior. 2/11. 1951. — **C. 1954.** 6874 [D. B. P. 903 987].)

Böhme Fettchemie G. m. b. H., Düsseldorf, *Gerben von Häuten und Fellen.* (**Schwed. P. 156 951** vom 12/5. 1952, ausg. 20/11. 1956. D. Prior. 21/6. 1951. — **C. 1957.** 10102 [Schwz. P. 312 967].)

Rohm & Haas Co. (Erfinder: **William Jamison Rau** und **Ian Campbell Somerville**), *Gerbmittel* (**Aust. P. 204 963** vom 4/5. 1955, ausg. 24/1. 1957. A. Prior. 18/5. 1954. — **C. 1958.** 11705 [F. P. 1 131 154].)

Farbenfabriken Bayer Akt.-Ges. (Erfinder: **Heinz Schultheis, Hans Hertlein** und **Detlef Delfs**), Deutschland, *Herstellung von synthetischen Gerbstoffen.* (**F. P. 1 194 212** vom 4/4. 1958, ausg. 6/11. 1959. D. Prior. 6/4. 1957. — **C. 1959.** 9779 [D. A. S. 1 031 930].)

Henkel & Cie. G. m. b. H., Düsseldorf, *Gerbverfahren.* (**Aust. P. 161 018** vom 4/8. 1952, ausg. 24/2. 195 D. Prior. 3/8. 1951. — **C. 1954.** 7103 [D. B. P. 904 098].)

Böhme Fettchemie G. m. b. H., übert. von: **Rudi Heyden, Jürgen Plapper** und **Friedrich Schmitt**, Düsseldorf, *Gerbverfahren.* (**A. P. 2 890 098** vom 4/8. 1953, ausg. 9/6. 1959. D. Prior. 11/8. 1952. — **C. 1957.** 6329 [F. P. 1 082 885].)

Böhme Fettchemie G. m. b. H., Düsseldorf, *Gerbverfahren.* (**E. P. 825 503** vom 29/6. 1956, ausg. 16/12. 1959. D. Prior. 2/7. 1955. — **C. 1957.** 13859 [D. A. S. 1 009 759].)

Böhme Fettchemie G. m. b. H. (Erfinder: **Jürgen Plapper, Rudi Heyden**, Düsseldorf, und **Gerhard Böhme**, Leichlingen), *Gerbverfahren.* (**Schwz. P. 334 324** vom 29/4. 1955, ausg. 15/1. 1959. D. Prior. 19/6. 1954. — **C. 1958.** 6718 [Oe. P. 189 740].)

Böhme Fettchemie G. m. b. H., Düsseldorf, *Gerbverfahren.* (**E. P. 772 440** vom 11/9. 1953, ausg. 10/4. 1957 D. Prior. 13/9. 1952. — **C. 1953.** 7003 [F. P. 1 087 966].)

Farbenfabriken Bayer Akt.-Ges., Leverkusen, *Synthetische Gerbmittel in Pulverform.* (**E. P. 785 104** vom 19/1. 1956, ausg. 23/10. 1957. D. Prior. 19/1. 1955. — **C. 1959.** 9106 [D. B. P. 970 814].)

Böhme Fettchemie G.m.b.H. (Erfinder: **Rudi Heyden, Gerhard Dieckelmann** und **Jürgen Plapper**), *Fetten von Leder.* (**Aust. P. 204 122** vom 9/11. 1954 ausg. 13/12. 1956. D. Prior. 9/11. u. 11/11. 1953. — **C. 1958.** 13943 [F. P. 1 111 898].)

Böhme Fettchemie G. m. b. H., Düsseldorf, *Fetten chromgegerbter Häute.* (**Schwed. P. 156 952** vom 21/4 1954, ausg. 20/11. 1956. D. Prior. 27/6. 1953. — **C. 1957.** 12940 [F. P. 1 103 200].)

Imperial Chemical Industries Ltd. (Erfinder: **Graham Henry Thomas Cole** und **Dorothy Joyce Guest**), *Zurichten von Leder.* (**Aust. P. 209 594** vom 9/1. 1956, ausg. 22/8. 1957. E. Prior. 12/1. 1955. — **C. 1961.** 1432 [E. P. 805 492].)

Böhme Fettchemie G. m. b. H., Düsseldorf, *Fetten chromgegerbter Häute.* (**Dän. P. 84 159** vom 23/6. 1954 ausg. 30/12. 1957. D. Prior. 27/6. 1953. — **C. 1957.** 12940 [F. P. 1 103 200].)

Imperial Chemical Industries Ltd., London, England, *Wasserabweisendmachen von Leder.* (**E. P. 759 395** vom 1/2. 1954, ausg. 17/10. 1956. — **C. 1958.** 10250 [F. P. 1 124 454].)

E. I. du Pont de Nemours & Co., Wilmington, Del., V.St.A., *Ledernachbehandlung.* (**Aust. P. 162 740** vom 16/3. 1954, ausg. 19/5. 1955. A. Prior. 27/4. 1953. — **C. 1953.** 1473 [F. P. 1 103 518].)

Böhme Fettchemie G. m. b. H., Düsseldorf, *Fetten von Leder.* (**E. P. 776 375** vom 8/11. 1954, ausg. 5/6. 1957. D. Prior. 9/11. u. 11/11. 1953. — **C. 1958.** 13943 [F. P. 1 111 898].)

Böhme Fettchemie G. m. b. H., Deutschland, *Trocknen von Leder durch Aufkleben auf Platten.* (**F. P. 1 198 102** vom 30/4. 1958, ausg. 4/12. 1959. D. Prior. 8/6. 1957. — **C. 1960.** 7396 [Oe. P. 203 137].)

Dunlop Rubber Co. Ltd., London, England, *Behandeln von Kunstleder.* (**Ind. P. 49 231** vom 21/3. 1953 ausg. 17/6. 1955. E. Prior. 27/3. 1952. — **C. 1958.** 12865 [E. P. 721 303].)

Wingfoot Corp., Akron, Ohio, V.St.A., *Zellkautschukvulkanisate.* (**Schwed. P. 157 224** vom 30/12. 1952, ausg. 11/12. 1956. — **C. 1956.** 6842 [E. P. 719 011].)

Wingfoot Corp., Akron, Ohio, V.St.A., *Poröse Folien.* (**Schwed. P. 156 969** vom 16/2. 1954, ausg. 20/11. 1956. A. Prior. 24/9. 1953. — **C. 1957.** 1329 [F. P. 1 097 835].)

XXIV. Photographie

Über das Verhalten photographischer Materialien bei der Wiedergabe kleiner isolierter Details. F. Hodam. (Optik **17.** 521—29. 1960. Berlin, Deutsche Akademie der Wissenschaften, Inst. für Optik u. Spektroskopie.) (Dt.)

Die Analyse photographierter Bilder zeigt, daß ihr Charakter durch die geometr. u. photometr. ähnliche Wiedergabe isolierter Details bestimmt wird, deren Schwärzung von benachbarten Details unbeeinflußt bleibt. Um Aussagen über das Verh. kleinster isolierter Details geben zu können, wurde das Schwärzungsrelief-Verf. entwickelt. Durch Belichtung u. nachfolgende Entw. entstehen in der photograph. Schicht mechan. Niveauunterschiede, deren Größe durch die auftreffende Lichtmenge beeinflußt wird, u. die sich in einer geeigneten Interferenzrichtung sichtbar machen lassen. Zur systemat. Unters. des Verh. lichtempfindlicher Materialien bei der Wiedergabe von Objektdetails wird ein Testobjekt benutzt, das isolierte Linien mit unterschiedlichen, regelmäßig gestufter Breite sowie in ihrer Größe den Linien entsprechende Quadrate enthält. Dieses Objekt wird in zwei Ausführungen, als Absorptions- u. Emissionstest verwendet. Reliefhöhe u. Schwärzung wird durch Kurven dargestellt. Beispiele von Testaufnahmen u. Kurven für die Abhängigkeit der Reliefhöhe von der Breite isolierter Linien, wobei die Reliefhöhe in Interferenzordnungen als Ordinate aufgetragen ist, vgl. Original.

W. GÜNTHER. 8590□

Einfluß von Quecksilberdämpfen auf dicke photographische Emulsionen. Marieta Nicolae. (Studii Cercetări Fizică **6.** 339—42. April/Juni 1955.) (Rum.)

Von 2 mit $Th(NO_3)_4$-Lsg. getränkten photograph. Platten zeigt die unbehandelte nach 10 Tagen 1350 Spuren von α-Teilchen, die während dieser Zeit mit Hg-Dämpfen behandelte nur 1200. Vf. nimmt an, daß Hg-Dampf entweder auf die Empfindlichkeitszentren desensibilisierend einwirkt oder regressiv auf die Zentren des latenten Bildes.

R. K. MÜLLER. 8598□

Der Einfluß von Quecksilberdämpfen auf die Regression des latenten Bildes dicker photographischer Emulsionen. M. Nicolae und F. Grünberg. (Studii Cercetări Fizică **7.** 223—24. Jan./März 1956. (Rum.) — Vgl. vorst. Referat.

Wie in den früheren Unterss. wird bei 10tägiger Einw. von Hg-Dampf (10^{-2} mm Hg) eine Abnahme der von ThC' herrührenden Spuren von 1350 (Kontrollplatte) auf 1000 u. ihre Verkürzung um 3 μ oder 6% festgestellt, während Yagoda [1946] eine Abnahme von 95% gefunden hatte. Vff. nehmen an, daß die Diskrepanz auf verschiedener Dicke der photograph. Emulsionsschicht beruht. R. K. Müller. 8598□

Die Bestimmung des Auflösungsvermögens photographischer Emulsionen in Abhängigkeit vom Kontrast des Testobjektes. Henri Thiry. (Bull. Soc. roy. Sci. Liège **30.** 146—60. 1961. Lüttich, Univ.) (Franz.)

Vf. beschreibt eine Meth. zur Best. des Auflösungsvermögens photograph. Materialien, die auf der mkr. Auswertung von Interferenzmustern beruht, die durch einen Lloyd-Spiegel erzeugt werden. Es wird gezeigt, daß das Auflösungsvermögen vom Kontrast des Testobjekts abhängig ist. Es ergibt sich eine Gerade, wenn man das Auflösungsvermögen gegen den Kehrwert des Kontrastes aufträgt. In einer Tabelle sind die an drei Emulsionen ermittelten Werte zusammengestellt. Für einen vergleichbaren Höchstkontrast c = 939 liegt das Auflösungsvermögen z. B. einer höchstempfindlichen panchromat. Emulsion bei 110 Linien pro mm, das einer wenig empfindlichen panchromat. Emulsion bei 2?5 u. das einer Positivemulsion vom Typ Process Gevaert bei 235 Linien pro mm. — 7 Literaturhinweise. W. Günther. 8600□

Die Änderung des Auflösungsvermögens photographischer Emulsionen mit der Belichtung und der Entwicklungsart. Henri Thiry. (Bull. Soc. roy. Sci. Liège **30.** 161—69. 1961.) (Franz.)

Vf. untersucht die Abhängigkeit des Auflösungsvermögens photograph. Materialien von der Belichtung u. der Entwicklung. Das Auflösungsvermögen wurde nach der vom Vf. entwickelten Interferenz-Meth. bestimmt (vgl. vorst. Ref.). Zur Unters. kamen Negativ- u. Positivemulsionen u. graph. Materialien. — Es zeigte sich, daß bei gegebener Entw. nur dann ein optimales Auflösungsvermögen erhalten werden kann, wenn die Belichtung in den Durchhang oder in den geradlinigen Teil der Schwärzungskurve fällt. Es gibt für jede Emulsion eine Entw., die zu einem optimalen Auflösungsvermögen führt. Diese Entw. ist jedoch nicht ident. mit der Entw., die ein maximales γ gibt. Zu kurze oder zu lange Entw. beeinträchtigt das Auflösungsvermögen. Mit einem Feinkornentwickler kann man ebenso wie mit einem Normalentwickler zu einem optimalen Auflösungsvermögen kommen, auch bei Entw. zu einem niedrigeren γ.
W. Günther. 8600□

Reziprozitätsfehler und Fallenverteilung, Theorie und einige empirische Gesetze. C. Candler. (Z. wiss. Photogr., Photophysik Photochem. **55.** 41—63. 64—75. Juni 1961. Adelaide, Australien, South Australian Inst. of Technol.) (Engl.)

Vf. verwirft die bisher gebräuchliche Meth., die Abweichungen von der Reziprozitätsregel durch das unterschiedliche Verh. eines photograph. Materials nach Belichten mit niedriger u. hoher Intensität zu erklären. Er diskutiert die Möglichkeit, ob alle Abweichungen von der Reziprozitätsregel auf die Wiederbefreiung gefangener Elektronen zurückgeführt werden können. Nach dieser Annahme werden bei den Abweichungen bei geringer Intensität die Elektronen während der Belichtung wieder frei, bei den Abweichungen bei hoher Intensität nach der Belichtung. Weiter wird angenommen, daß Entw.-Zentren nur dann gebildet werden, wenn zwei benachbarte Photonen sich absorbieren können. Daneben gibt es „isolierte" Fallen, die so verteilt sind, daß die eingefangenen Elektronen nicht mit einem anderen Elektron reagieren können. Diese isolierten Fallen bewirken die Abweichungen bei hoher Intensität. Auf Grund der Arbeiten von Rose über Halbleiter wird eine Differentialgleichung der Fallenbezeichnung Q abgeleitet: $J = dQ/dt + Pc(Q - Q_i)^p + rQ$, wobei J der Bruchteil der Elektronen, die aus dem Leitfähigkeitsband geliefert werden, $c(Q - Q_i)^p$ die Anzahl Entw.-Keime, die in der Sek. gebildet werden, u. r Q die Anzahl der Elektronen, die wieder frei werden u. über das Leitfähigkeitsband zum untersten Energieband zurückkehren, bedeuten. Der Wirkungsgrad für die Befruchtung E_i/E wird abgeleitet, wo E_i die ideale Belichtung darstellt, die eine Standardschwärzung hervorruft, wenn kein Elektron verloren geht. Weiter werden Gleichungen für die Kurve der Abweichung von der Reziprozitätsregel bei niedriger u. hoher Intensität aufgestellt. — Die versuchsmäßige Überprüfung der theoret. abgeleiteten Beziehungen an fünf handelsüblichen Emulsionen ergab folgende Feststellungen: Der Bruchteil der gefangenen Elektronen, die in der Hellperiode wieder frei werden, hängt in erster Linie von der Belichtungszeit, aber nicht von der Schwärzung ab. Der Bruchteil der gefangenen Elektronen, die in der Dunkelperiode wieder frei werden, hängt in erster Linie von der Intensität ab u. ändert sich nur gering mit der Schwärzung. — 77 Literaturhinweise. W. Günther. 8600□

Die Feinkorntechnik und die photographische Spektralphotometrie der Sterne. K. A. Hämeen-Anttila. (Suomalaisen Tiedeakatemian Toimituksia [Ann. Acad. Sci. fennicae] Sarja A. VI. 1—14. 1960. Helsinki.) (Dt.)

Ausgehend von den Arbeiten von SIEDENTOPF über den Informations-Geh. von Sternspektren stellt Vf. Vgl. an über die Eignung von hochempfindlichen grobkörnigen u. niedrigempfindlichen feinkörnigen photograph. Platten für Spektralaufnahmen von Sternen, z. B. B 2-Stern 12 Lacertae, A 2-Stern HD 217782, B 2-Stern HD 213420 u. andere. Für die Aufnahmen mit dem Spiegelteleskop der Sternwarte Helsinki wurden KODAK-Spektralplatten vom Typ IV-F verwendet, die bis 7000 Å sensibilisiert sind. Zur Feinkorn-Entw. wurde WINDISCH 665 verwendet (700 ml W., 65 g Na_2SO_3, 8 g o-Phenylendiamin, 8 g Metol, 7 g Kaliummetabisulfit). An einer Reihe von Abb. wird die Qualität der Spektren demonstriert. In einer Tabelle werden die Werte für die Informationsdichte, die Informationsflußdichte für zwei verschiedene Prismen u. der Wirkungsgrad des Syst. Platte–opt. Instrument (Informations-Vol. der Platte dividiert durch die während der Belichtungszeit auf die Platte einfallende Information) zusammengestellt. Es zeigt sich, daß eine feinkörnige Platte weit mehr Information enthält als eine hochempfindliche. Die Empfindlichkeit der feinkörnigen Platte beträgt nur zwei Drittel der hochempfindlichen. Eine feinkörnige Platte arbeitet wirtschaftlicher, da sie einen größeren Teil der während der Belichtung einfallenden Information registriert. Die Schwäche der Feinkorntechnik liegt in dem kleineren Informationsfluß. Weiter setzt die Feinkorntechnik ein sehr hohes Auflösungsvermögen des Teleskops voraus, das wegen der atmosphär. Turbulenz in großen Instrumenten nicht erreicht wird. Im allg. ist die Feinkorntechnik nur für kleine Instrumente geeignet.

W. GÜNTHER. 8604□

Die photoaktivierte Oxydation des Gallocyanin-Ferri-Komplexes. H. Pietsch und B. Maul. (Z. wiss. Photogr., Photophysik Photochem. 55. 1—6. Juni 1961. Berlin, Arbeitsstelle für Photochem. der Dtsch. Akad. der Wiss.) (Dt.)

Versetzt man eine wss., schwach saure Lsg. von *Gallocyanin* (I) mit $FeCl_3$, so schlägt dessen Farbe von Rotviolett nach Blauviolett um. Durch die Komplex-Bldg. wird das Absorptionsmaximum um 40 nm von 530 auf 570 nm bathochrom verschoben. Der $I-Fe^{3+}$-Komplex ist nicht beständig. Auch beim Aufbewahren im Dunkeln bleicht die Lsg. allmählich aus. Durch Licht wird die Bleich-Geschw. erhöht. Das komplex gebundene Ferri-Ion oxydiert zusammen mit mindestens einem zweiten Ferri-Ion den Farbstoff. Durch Belichtung wird die Oxydations-Geschw. erhöht.

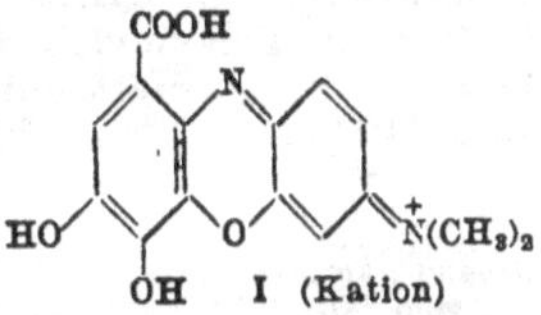

I (Kation)

W. GÜNTHER. 8604□

Beiträge zur Untersuchung der Verwendungsmöglichkeit von 1-Phenyl-3-pyrazolidon als Entwicklungssubstanz. Alfred Wiedermann. (Sci. Ind. photogr. [2] 32. 97—107. April 1961.) (Franz.)

1-Phenyl-3-pyrazolidon (I), seit 1890 bekannt, kam ab 1940 unter dem Namen *Phenidon* als photograph. Entw.-Substanz in den Handel. I hat sich, bes. in Mischung mit anderen Entw.-Substanzen, als universaler photograph. Entwickler bewährt. Es werden Unterss. angestellt für die Verw. von I in konz. Entwicklern, in Entwicklern, die hohen Kontrast geben, in Spezialentwicklern für die Reproduktions- u. Röntgenphotographie u. in Papierentwicklern. Für die verschiedenen Verw.-Zwecke werden Rezepte angegeben. — Die Kombination I-*Hydrochinon* eignet sich in gleicher Weise für Aufgaben der Berufs- u. der Amateurphotographie. Phenidonentwickler zeichnen sich aus durch richtige Detailwiedergabe in der Unterbelichtung, durch gute Ergiebigkeit u. Haltbarkeit der Lösungen. Sie färben Finger nicht braun u. erzeugen keine Dermatosen oder allerg. Erscheinungen.

W. GÜNTHER. 8618□

Imperial Chemical Industries Ltd., London, England, **Herstellung von photographischen Halogensilberemulsionen,** dad. gek., daß man eine wss. Halogensilber–Gelatine-Lsg. mit einem, in einem mit W. nicht mischbaren Lsgm., bes. Xylol, dispergierten Celluloseäther, der in W. nicht lösl., aber für W. durchlässig ist, mischt u. in Homogenisiermaschinen emulgiert. (**Holl. P. 82 522** vom 8/8. 1953, ausg. 15/8. 1956.)

C. LÜTTGEN. 8601

E. I. du Pont de Nemours & Co., Wilmington, Del., V.St.A., **Reinigung von Silbernitrat für die Herstellung von Halogensilberemulsionen.** Zur Entfernung der letzten Spuren von Schwermetallen, bes. von solchen der Pt-Gruppe aus $AgNO_3$, wird eine 3—9 m wss. Lsg. davon durch Zugabe von Ag_2O auf einen pH-Wert von 6,1—9,0 gebracht, dann wird die Lsg. mit UV-Licht bestrahlt, dessen Hauptanteil eine $\lambda > 2537$ Å hat. Der dabei entstehende Nd. wird abfiltriert u. die Lsg. mit einem porösen, feinverteilten, bas. reagierenden Material, bes. mit Al_2O_3 oder MgO, in Kontakt gebracht, das Korngrößen besitzt, die durch ein 28—100-Maschen-Sieb hindurchgehen; anschließend wird nochmals filtriert u. die Lsg. eingedampft. Die damit hergestellten Halogensilberemulsionen geben höhere Empfindlichkeit u. geringere Schleierdichte als solche, die mit ungereinigtem $AgNO_3$ gewonnen sind (Beschreibung von photograph. Vgl.-Verss.). (**E. P. 850 246** vom 7/10. 1958, ausg. 5/10. 1960. A. Prior. 29/10. 1957.) A. KALIX. 8601

Kodak S. p. A., Mailand, Italien, **Stabilisieren von photographischen Silberhalogenid-Emulsionen** durch einen Zusatz von Mol.-Verbb. von Hg-Salzen mit Amidinen. — *symm.-Triphenylguanidinhydrojodid-HgJ*, F. 227—228°; *Diphenylformamidinhydrojodid-HgJ*, F. 192—195°; *Diphenylacetamidinhydrojodid-HgJ*, F. 123—126°. (**It. P. 512 828** vom 10/10. 1953. A. Prior. 8/11. 1952.) K. KOEBKE. 8601

Gevaert Photo-Producten N. V., Mortsel (Erfinder: Alfons Jozef de Pauw und René Maurice Hart, Wilrijk), Belgien, **Herstellung von Halogensilberemulsionen.** Das Halogensilber wird zunächst in der wss. Lsg. eines Polyvinylmonoesters (I) ausgefällt u. physikal. gereift. In I sind 5—15% der Ester-Gruppen durch eine mehrbas. organ. Säure (II) verseift. — Beispiele für II: Bernstein-, Glutar-, Wein-, Äpfel-, Malein-, Glutacon-, Phthal- u. Citronensäure. Die I sollen ein Molgew. von 10000 bis 250000 besitzen. Die I werden zusammen mit dem Halogensilber durch Zugabe von A., Methanol, Aceton, Methylacetat oder konz. Lsgg. von NaCl oder Na_2SO_4 koaguliert u. aus dem Nd. die lösl. Salze ausgewaschen. Nach Zugabe eines Lsgm. für I wird die erhaltene Halogensilberdispersion unter Zugabe der üblichen Hilfsmittel (Sensibilisatoren, Stabilisatoren, Farbkuppler usw.) ausgereift u. auf einen der üblichen Träger vergossen. Hierbei können auch noch andere natürliche oder synthet. Schichtbildner, wie Polyvinylalkohol oder Gelatine, zugegeben werden. Schichten aus reinem I brauchen keinen Härtemittelzusatz. (**D. A. S. 1 102 555** Kl. 57b vom 18/7. 1958, ausg. 16/3. 1961. Belg. Prior. 30/5. 1958.) A. KALIX. 8603

Gevaert Photo-Producten N. V., Mortsel, Belgien, *Photographisches Reproduktionsverfahren.* (**E. P. 847 920** vom 24/8. 1956, ausg. 14/9. 1960. F. Prior. 25/8. 1955. — C. 1959. 13050 [D. A. S. 1 055 951].)

Agfa Akt.-Ges., Leverkusen (Erfinder: **Helfried Kloekgether, Erwin Müller** und **Armin Ossenbrunner**), *Vorbehandlung hydrophober Folien für das Auftragen von hydrophilen Schichten.* (**Schwz. P. 350 543** vom 21/6. 1956, ausg. 14/1. 1961. D. Prior. 25/6. 1955. — C. 1957. 13860 [D. A. S. 1 005 838].)

Kalle & Co. Akt.-Ges., Wiesbaden, *Lichtempfindliches Material für photomechanische Druckplattenherstellung.* (**It. P. 513 725** vom 13/2. 1954. D. Prior. 11/3. 1953. — C. 1957. 312[D. B. P. 938 233].)

REDAKTIONSSCHLUSS: 13. Oktober 1961

Herausgeber: Prof. Dr. Heinrich Bertsch, Berlin, u. Prof. Dr. Dr. h. c. Wilhelm Klemm, Münster. Chefredakteure und verantwortlich für den Inhalt: Dr. Willi Barz (komm.), Berlin N 4, Schiffbauerdamm 19, Fernsprecher: 42 55 71, u. Dr. Eugen Klever, Berlin W 30, Geisbergstraße 39, Fernsprecher: 24 95 41.

©

Verlag: Akademie-Verlag GmbH, Berlin W 8, Leipziger Str. 3—4 (Fernsprecher: 22 04 41, Telex-Nr. 011 773, Postscheckkonto Berlin 350 21), und Verlag Chemie, GmbH, Weinheim/Bergstr. (Fernsprecher: Weinheim 36 35 [Sammelnummer]; Fernschreiber: 04 655 16 chemieverl wnh; Postscheckkonten: Frankfurt/M. 145 314 u. Berlin [West] 7430). Bestellnummer: 1007/132. Das Chemische Zentralblatt erscheint wöchentlich. Preis des Jahrganges einschl. Autoren-, Patent-, Sach- u. Formelregister: DM 960,—; einseitig bedruckte Ausgabe: DM 1050,—. Abgabe der Zeitschrift nur mit sämtlichen Registern. Abbestellungen nur bis spätestens 6 Wochen vor Ablauf des Kalenderjahres.

Satz u. Druck: VEB Leipziger Druckhaus, Leipzig, III/18/203. XII. 61.
Veröffentlicht unter der Lizenznummer ZLN 5002 des Ministeriums für Kultur, Hauptverwaltung Verlagswesen.
Printed in Germany.

FSC
www.fsc.org
MIX
Papier | Fördert gute Waldnutzung
FSC® C083411

Kolibri 360 GmbH
Ferdinand-Jühlke-Straße 7
99095 Erfurt, Deutschland
produktsicherheit@kolibri360.de